环境类系列教材

大气环境化学

Atmospheric Environmental Chemistry

（第三版）

唐孝炎　张远航　邵　敏　主编

中国教育出版传媒集团
高等教育出版社·北京

内容提要

本书在总结凝练大气环境化学最新学术进展与实践成果的基础上，介绍了地球大气环境的物理化学特征与演变趋势，概述了包含温室气体在内的大气成分的源、汇及大气循环，阐述了大气中重要的气相化学与非均相化学过程和机制，分析了气溶胶化学、酸沉降化学、平流层化学的研究成果与新进展，介绍了大气化学传输模式、气候变化及室内环境化学的基础与进展。本书注重从外场观测、实验室模拟到数值模型大气环境化学研究方法的进展，介绍了以大气氧化性为突破口的大气复合污染理论体系探索历程，并结合国际、国内城市和区域的大气环境问题典型案例，进行了霾污染、臭氧污染和碳达峰碳中和的分析与研判。本书在介绍大气环境化学理论和技术的基础上，为大气污染防治和气候变化协同应对提供科学参考。

本书是全面介绍大气环境化学理论与技术方法的本科生和研究生教材，也可作为科研机构、政府部门和企事业单位专业人员了解大气环境化学的参考书。

图书在版编目（CIP）数据

大气环境化学 / 唐孝炎，张远航，邵敏主编. --3版. --北京：高等教育出版社，2024.7

ISBN 978-7-04-062139-6

Ⅰ.①大… Ⅱ.①唐… ②张… ③邵… Ⅲ.①大气环境-环境化学-高等学校-教材 Ⅳ.①X13

中国国家版本馆 CIP 数据核字（2024）第 083001 号

Daqi Huanjing Huaxue

策划编辑 陈正雄　责任编辑 宋明玥 陈正雄　封面设计 贺雅馨　版式设计 马 云
责任绘图 黄云燕　责任校对 张 薇　责任印制 赵义民

出版发行	高等教育出版社	网　址	http://www.hep.edu.cn
社　址	北京市西城区德外大街4号		http://www.hep.com.cn
邮政编码	100120	网上订购	http://www.hepmall.com.cn
印　刷	北京市白帆印务有限公司		http://www.hepmall.com
开　本	787mm×1092mm 1/16		http://www.hepmall.cn
印　张	38.25	版　次	1992年5月第1版
字　数	920千字		2024年7月第3版
购书热线	010-58581118	印　次	2024年7月第1次印刷
咨询电话	400-810-0598	定　价	80.00元

物 料 号　62139-00
审图号：GS京（2023）1384号

第三版前言

《大气环境化学》(第二版)自2006年出版以来,入选了普通高等教育"十五"国家级规划教材,成为一些高等学校和研究机构的研究生和本科生教材,以及环境领域专业技术人员的参考书。编者借此机会感谢各位读者对本书的厚爱,特别是在使用过程中给我们提出的意见和建议。

最近十余年,我国空气质量大幅度改善,主要污染物(二氧化硫、氮氧化物和一次颗粒物)实现了大幅度减排,重点城市$PM_{2.5}$浓度持续下降。在国家"大气十条"(《大气污染防治行动计划》)和"蓝天保卫战"的实践过程中,本书提出的大气复合污染理论框架、研究范畴和方法学体系也在不断拓展和深化,并为国家大气污染防治提供了理论支撑,大气环境化学的快速发展也成为国家重大需求驱动学科进步的典型案例。更重要的是,自"十四五"起,我国将开启$PM_{2.5}$和臭氧协同防控的新阶段,习近平总书记在2023年全国生态环境保护大会上系统部署了全面推进美丽中国建设的战略任务和重大举措,《大气环境化学》需要及时更新、补充和完善,以反映近十余年来在大气污染防治宏大实践中积累的新成果,更好地为实现"美丽中国"的空气质量目标提供科技支撑。在此形势下,高等教育出版社和编者对本书的修订进行了充分沟通协调,在修订工作的总体思路、修订重点和工作安排等方面达成了共识,并吸纳了出版社编辑、读者反馈和编者实践等各方面的建议,形成了本书的修订大纲。

为此,在保持《大气环境化学》第一版和第二版学科体系的基础上,全书除补充和更新了各章的最新进展外,还对内容进行了适当的调整:① 将大气污染物和大气污染的概念从传统的污染物进一步明确和拓展到包含具有辐射效应的大气成分(如温室气体);② 作为大气复合污染研究定量化能力提升的关键,增加了大气氧化能力表征和数值模拟的科学内容;③ 增加了碳达峰碳中和的科学内容,讨论了其对气候变化和空气质量趋势的影响;④ 在室内空气质量部分,增补了室内环境大气化学过程的内容。本书的第一章由刘兆荣修订,第二章由邵敏牵头修订,第三章由陈忠明修订,第四章由张远航修订,第五章由胡敏修订,第六章由谢绍东修订,第七章由王雪松修订,第八章由朱彤牵头修订,第九章由胡建信修订,第十章由刘颖君修订。全书修订的总体架构和内容安排由唐孝炎负责,张远航和邵敏对全书进行了统稿。

本次修订过程中,编者致力于将大气环境化学的前沿进展和大气污染防治实践紧密结合,使本书能更好地满足高等学校、科研机构及相关部门的系统掌握大气环境化学理论和方法的需求,但由于编者水平有限,书中不当之处在所难免,敬请读者批评指正。

编　者

2023年10月

第二版前言

《大气环境化学》自1990年出版以来，一直受到该领域和相关领域研究人员及高等学校师生的关注，并于1994年荣获第三届全国优秀教材一等奖，1995年荣获全国环境教育优秀教材一等奖，1998年荣获国家教委97年度科技进步一等奖。鉴于10年间国际、国内的大气环境化学研究取得了长足的进展，特别是中国由于快速的经济发展，大气环境状况和特征发生了深刻的变化，大气环境化学面临着新的挑战，编者深感有必要对《大气环境化学》的内容进行调整和充实，以反映当今本学科的现状和发展趋势。

《大气环境化学》（第二版）在基本保持第一版结构的基础上，增加了气候变化的大气化学原理和室内空气污染两个新的章节，对对流层气相化学和大气化学模式部分进行了比较大的内容调整，对其余部分进行了资料、方法等方面的更新。

《大气环境化学》（第二版）全书共分10章。其中，绪论由唐孝炎教授和张远航教授修订，第一章由刘兆荣副教授修订，第二章由邵敏教授修订（其中第七节由中央民族大学金军副教授编写），第三章由陈忠明副教授修订，第四章由张远航教授修订，第五章由胡敏教授修订，第六章由谢绍东教授修订，第七章由王雪松博士编写，第八章由朱彤教授负责编写（第一节参考了毛节泰教授的讲义），第九章由唐孝炎教授修订，第十章由白郁华教授编写。各章分别由唐孝炎、张远航和邵敏统稿，唐孝炎进行了全书的审核。

此外，参加本教材资料收集和部分编写工作的还有北京大学深圳研究生院何凌燕博士，以及北京大学环境学院的研究生解鑫、王彩霞、介崇禹、苏杭、高东峰、吴志军、林伟立、刘颖君、尚羽、李靖、李怡、宫继成、姚波、李宏军、李晓倩、王立鑫、李恬恬、霍铭群、汪冰冰和颜敏等。编者对他们的辛勤工作表示衷心的感谢。

本书在编写过程中得到了高等教育出版社陈文和陈海柳的大力支持和帮助，在此表示由衷的感谢。

由于大气环境化学发展十分迅速，这一领域涉及的问题非常复杂，而且由于参加修订和编写工作人员的水平有限，许多论述还很不成熟，在内容的选取、最新资料的调研和分析及文字方面都存在错误和不足之处，欢迎读者批评指正，我们将根据读者的宝贵意见不断完善本教材，共同为我国的大气环境质量改善和本学科的发展服务。

编　者

2006年2月

第一版前言

我们在 1975 年进入了大气环境化学的研究领域，并通过资料的收集，深深体会到这是一门正在蓬勃发展、极有意义和极有前途的学科。在收集资料和从事实际工作的基础上，自 1978 年起我们为历年研究生和本科生开设了大气污染化学、大气化学等课程，也曾经为一些短期培训班和从事大气环境研究和实际工作的科学技术人员讲授过有关的大气环境化学的知识，效果较好。

本书初稿于 1984 年写成。但由于 80 年代大气环境化学发展极其迅速，内容日新月异，我们一直想在原稿基础上尽量收入最新成就，加之其他各种原因，使本书的出版一拖再拖，延至今日。

全书共有八章。其中，绪论、第一、二、三、六、七章由唐孝炎教授编写；第四章由李金龙副教授编写、第五章由栗欣副教授编写、第八章由陈旦华副教授编写。张远航同志参加了第六章的编写工作，全书由唐孝炎教授审核。

本书是以大专院校大气环境、环境化学专业的研究生和本科生为主要对象来编写的。侧重于论述大气中的化学过程。使用者需具有一般的大学化学基础知识。考虑到本书对环境工程、大气物理等非化学专业的适用性，尽量避免涉及较深化学理论基础的内容，例如分子光谱、微观化学动力学等，因此在使用时，可以根据情况加以增删。本书可作高等学校环境科学系、环境工程系、化学系有关专业的教材，亦可以供环境保护和气象等部门有关科技人员参考。

本书承南开大学戴树桂教授、北京大学陈静生教授、中国环境科学研究院王文兴研究员、吉林大学岳贵春副教授审阅。高等教育出版社的张月娥副编审和陈文同志为本书的写成和出版给予了很大支持和帮助。在此表示衷心的感谢。

由于大气环境化学是一门新兴的仍在发展中的学科，许多论点尚不够成熟，有些问题尚未有定论，文献资料日新月异。因此，在内容的选取、论点的陈述方面，限于编者的水平难免有谬误及不足之处，欢迎读者批评指正。

编　者

1989 年 9 月

目　录

绪 论

大气环境化学是研究对环境有重要影响的微量气体在大气环境中的化学行为及效应的科学。它是在全球出现大气污染尤其是在世界上出现几次严重空气污染公害事件之后，在大气污染防控的重大需求驱动下发展起来的。随着全球和区域性大气污染问题的不断出现，一些全球性国际环境公约陆续签订和执行，大气中从污染现象、特征、来源、过程到归宿等的化学变化受到科学家和公众的广泛关注，大气环境化学得到了前所未有的快速发展，已经成为大气科学和环境科学的重要分支学科。

第一节 大气环境化学的发展及其研究内容和特点

大气环境化学的研究内容及研究主题是随着世界范围内大气污染新问题的出现和污染控制的需求，以及科学研究技术的发展而逐步发展的。

早在12世纪，哲学家、科学家迈蒙尼德（Moses Maimonides，1135—1204）已经关注到了环境问题，他指出城市空气与乡村空气有差别，空气质量的变化已对居民的健康产生了影响。13世纪由于用煤代替木材作燃料，在伦敦出现了空气污染问题，但当时并未引起重视。直到1952年导致约4 000人死亡的伦敦烟雾事件和1944年的洛杉矶光化学烟雾事件出现后，大气污染问题才受到了重视，大气环境的研究也自此蓬勃地开展起来。伦敦烟雾事件使人们认识到，对人体健康造成严重危害的不是由煤燃烧直接排放的二氧化硫（SO_2），而是由二氧化硫在大气中经过化学转化而产生的二次污染物硫酸烟雾（气溶胶，实际上是气体和细颗粒物的混合物）。洛杉矶光化学烟雾事件的研究使人们进一步认识到，大气中的一些化学物质可以通过光和化学作用转变成另一种或多种对环境产生更大危害的物质。例如，光化学烟雾即是由大气中氮氧化物（NO_x）和挥发性有机物（VOCs）在太阳紫外光作用下发生光化学反应而生成的二次污染物（如臭氧、细颗粒物等）。更深入的研究又发现大气中存在着多种自由基（$\cdot OH$、$HO_2\cdot$、$RO_2\cdot$ 等），它们是大气中的重要活性组分，并参与大气中各种化学和光化学反应，从而导致大气中各种物质的一系列化学变化。这些事实说明了大气中不是只有扩散、迁移等物理过程，而是自始至终充满了活跃的化学过程。这些过程改变了原来大气组分的性状和环境大气的质量，对生态和人体健康产生不良影响；更由于物理过程的作用将改变后的大气传播到上、下、左、右和更远的地方，致使局部的环境问题扩展成区域的，甚至是全球的环境问题。在这一阶段，大气环境化学实地研究与实验室研究都有了很大的发展，主要集中在气相均相化学反应及其动力学的研究方面；细颗粒物的物理、化学特性和形成过程的研究也开始吸引人们的注意；痕量气体和细颗粒物的分析测试技术也随之有很大的进展。为了描述和模拟大气中复杂化学反应的动力学过程，计算机数值模拟成为重要的手段，简单的化学反应模式应运而生，并逐步与大气物理模式相结合向空气质量模式发展。

20世纪70—80年代，酸雨问题先后在北欧、北美、亚洲（包括中国）出现，大气中的氧化剂对致酸物质的氧化问题引起了科学界的关注，大大推动了大气环境化学的发展，科学家致力于研究致酸物质在液滴中的反应，以及气液转化、气固表面催化等多相反应。由于酸雨问题污染尺度较大，呈现区域性的特征，其转化和输送也往往跨越国界，描述酸沉降的模式因此也向中尺度的气象、多相化学反应及沉降过程相耦合的模式发展。与此同时，与酸雨有关的监测网络也在各个地区相继建立，污染物在线监测技术得到了发展。

全球平流层臭氧损耗，尤其是1985年南极臭氧洞的发现，对推动大气环境化学的发展起了很重要的作用。南极每年早春出现大面积臭氧损耗的关键机制是极地平流层云中颗粒物表面发生的非均相反应（多相反应），由此，大气非均相化学反应的研究得到了蓬勃的发展。国际学术界公认，在平流层化学和对流层化学中必须考虑非均相反应，过去认为气态物质的均相反应主导了平流层大气中化学过程的观点大为改变，真正的主导者是非均相化学反应。对流层化学与平流层化学之间的关联也受到科学界的重视，含卤素化合物的化学由此得到发展。

工业革命以来，人类活动造成的影响已远超自然变化，尤为重要的是，人类活动改变了大气环境中的成分，不仅引起了严重的环境污染，也导致了全球气候变化，地球大气系统已进入全新阶段。研究结果表明，全球平均温度升高的趋势与二氧化碳（CO_2）、甲烷（CH_4）、氧化亚氮（N_2O）等温室气体的排放和大气累积密切相关，CO_2、CH_4、N_2O等温室气体的源、汇也就成了大气环境化学的研究重点。进一步的研究发现，不仅仅是温室气体，气溶胶和臭氧也具有很强的大气辐射效应，对短期气候变化具有重要的影响，因此，大气环境化学成为连接气候变化和大气污染研究的桥梁。

近20年来，大城市尤其是超大城市的大气污染问题引起了人们的广泛关注。在经济快速发展国家（如中国）的大城市，出现了严重气溶胶污染或灰霾（grey haze）污染现象，有些地方灰霾污染与光化学烟雾、酸雨问题并存。以往以单独形式出现的污染，现在已相互耦合成为复合型的污染（大气复合污染），成为更大尺度的环境问题。这些地区的城市和区域大气环境的复杂性已受到科学家和决策者的高度重视，为大气环境化学提出了亟待研究的新课题。

从大气环境化学所需解决和阐明的问题的重要性、研究内容的宽度、对象和范围的广度、研究涉及的理论深度及方法学体系的成熟度来看，大气环境化学已经成长为大气环境研究必不可少的具有鲜明特色的一门重要分支学科。随着新环境问题的不断出现和新理论、新方法的不断创新，可以预期，大气环境化学的研究对象、内容和范围还将不断拓展和深化。

大气环境化学主要研究大气中对环境有影响的重要组分在大气中的来源、存在形式，迁移过程中的化学转化、归宿及对大气质量的影响等。它的研究对象既包括大气中的气态物质，也包括大气中的颗粒物质和大气降水等；既包括人们所公认的大气污染物，如二氧化硫（SO_2）、氮氧化物（NO_x）、一氧化碳（CO）、光化学氧化剂（Ox）和大气放射性物质等，也包括对全球环境产生影响的微量气体，如二氧化碳（CO_2）、甲烷（CH_4）、全氯氟烃（CFCs）、氧化亚氮（N_2O）、黑炭（BC），以及重要的有机物如持久性有机污染物（POPs）等，还包括大气中的不稳定组分，如大气自由基（$\cdot OH$、$RO_2\cdot$ 、$NO_3\cdot$）等。这些组分在大气中随着空气的输运而迁移时，往往伴随着一系列的化学变化，了解和掌握它们在大气中的动态变化过程，研究其产生和消失的化学反应机制、存在状态和结构，以及质和量的变化都是大气环境化学的重要课题，也是控制环境污染、提升空气质量的科学基础。

大气环境化学区别于其他化学学科的特点是：① 大气本身是氧化性的介质，大气中化学过程的方向往往是使参与反应的成分由低氧化态不断转化为高氧化态。② 由于太阳辐射的作用，大气中的热化学过程往往与光化学过程结合在一起，光化学反应在大气中占有重要的地位，并且大气化学过程往往与大气辐射紧密相连。③ 由于大气始终处在物理、化学的非平衡状态，大气中发生的化学过程主要考虑的不是化学平衡问题，而是反应速率问题，因此动力学研究十分重要。④ 大气中含有多种反应，各成分之间并不是孤立的，而是通过大气自由基相互联系，大气中的化学反应十分复杂，数学模式的应用必不可少。⑤ 由于大气中的化学过程是在一定气象条件下进行的，在现场实验研究中，必须考虑气象条件的因素，因此，往往需要与大气物理和计算数学等学科紧密配合。

第二节　大气环境化学的研究方法

大气环境化学的研究方法主要可概括为以下三类。

一、现场实验研究

现场实验研究是指在所研究地区采用实地布点、采样或直接测量的办法取得所需污染物的直接数据。一般用于：① 了解大气污染物浓度的时空分布和变化规律；② 同步测定反应物、中间态组分和产物，从中找出化学转化的相互关系；③ 进行污染源及源谱的测定，弄清大气成分的排放源，开展大气污染来源解析；④ 为进行模式的验证取得现场数据。

现场实测是了解大气污染物的时空分布和变化规律最直接的手段，能得到真实的第一手资料。一般的实测，可以在地面进行（布设地面监测点），可以在水上进行（船、海洋工作台），也可以在高空进行（探空、高塔、飞机和卫星等）。为了进行特定目标的观测，常采用建立加强观测站的方法，进行针对科学目标的综合观测。图 0-1 是 2018 年 8 月在成都新津针对大气氧化性的现场综合实验，对大气自由基、自由基活性前体物、自由基中间态产物及最终产物进行了在线测量。飞机的航测常被用以取得近地面层大气成分空间分布的资料。随着卫星探测及各种光学遥感技术的迅猛发展，科学家越来越多地依靠这些手段来获取大气成分大范围空间和垂直分布的资料。探索大气复合污染的特征、成因和关键影响因素的现场实验对观测技术的要求很高，随着大气成分监测与探测的激光与光谱技术、质谱技术、机载和车载快速测量技术，以及各种技术集成的超级观测站的长足进步，现场实验中大气成分及相关天气气候因素定量研究能力快速提升，针对大气复合污染的高精度、可移动、实时、在线测量是未来现场实验研究技术的发展方向。

虽然现场实测是了解真实大气的最直接手段，但是大规模的现场实测往往需要较多的人力、物力和时间，且需要选择合适的气象条件和观测地点，因此往往只能有限度地进行。

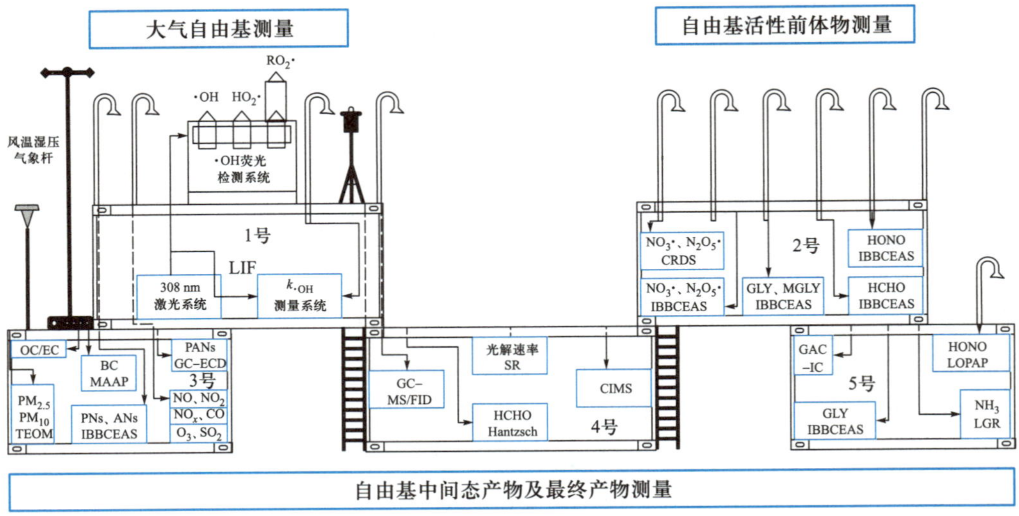

图 0–1　成都新津综合观测实验超级站（5 个集装箱及在线测量参数）

二、实验室研究

大气环境化学的实验室研究除了研发痕量物质的快速、准确、灵敏的分析技术外，还需要围绕大气污染的重点和难点问题，开展化学动力学的基础性研究，阐明大气环境化学关键过程的机制机理和影响因素。

早期的实验室研究主要集中在气相（均相）反应化学动力学，其中包括各种反应物的反应动力学常数、光解反应、自由基 – 分子反应、自由基 – 自由基反应的动力学和活性物质的光化学反应研究等。由于现场实测受气象条件、地形条件和污染源条件的限制，难以人为地控制和改变条件，要从现场实测进行规律性和机理性研究是极其费力的，为此发展了实验室模拟研究，目的是排除复杂气象、地形等因素的影响，单纯模拟大气中的化学过程，以便从复杂的现象中提炼出化学反应的本质。实验条件可以人为加以控制、改变和重复，因而在进行机理性研究和解决复杂条件下的环境问题时，具有较大的优越性。典型的实验室模拟技术即所谓的“烟雾箱”（smog chamber）实验。图 0–2 是德国于利希（Juelich）研究中心室外大气化学反应过程模拟烟雾箱系统，包含光源、特氟龙反应器、进样系统、在线测量系统，以及清洗 / 加湿系统。反应器容积为 270 m^3，表面积 / 体积为 1.2 m^{-1}，以降低壁效应的影响，混合风扇保证了样品气在反应器内混合均匀。往容器中通入所需研究的气体，在线监测其反应物、中间产物和最终产物随时间的变化，由此得出大气中化学转化的动态规律。经过几十年的努力，大气均相反应方面的研究已取得显著进展，光化学烟雾的形成机理比较清晰，其成果已被用于构建空气质量模式中的化学反应机理，使模式研究得以较好的发展，并被用于制定光化学烟雾污染的控制对策。

最近十余年来，非均相化学成为实验室研究的主导方向。大气中重要痕量物质，如 SO_2、NO_2、NO_3·、N_2O_5·、O_3、·OH、HO_2·、H_2O_2 和 VOCs 等，在颗粒物表面的非均相反应过程直接影响大气环境质量，如平流层臭氧损耗、对流层大气氧化性、二次气溶胶的形成等。因此，非均相化学反应成为大气环境化学研究的前沿。大气中颗粒物与痕量气体相互作用

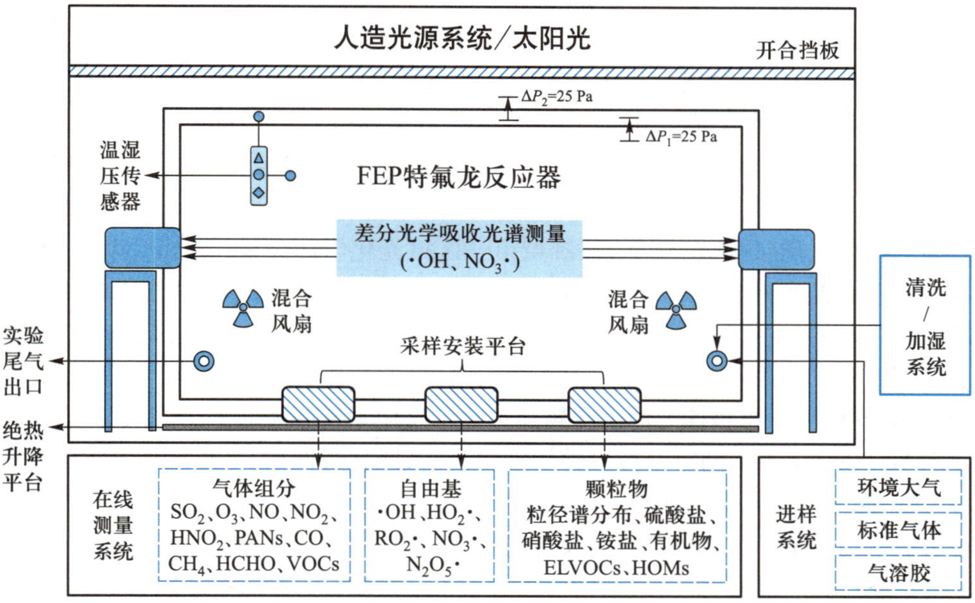

图 0-2　德国于利希（Juelich）研究中心室外大气化学反应过程模拟烟雾箱系统

的机制非常复杂，包括物理吸附、化学吸附、化学转换等。大气中颗粒物表面的非均相化学反应不但涉及颗粒物本身的物理化学特性，而且与大气中痕量气体的浓度、所处的环境等因素密切相关，因而要实现对大气中颗粒物非均相化学反应的原位研究非常困难。在实际的研究过程中，往往采用单一成分颗粒物来模拟实际大气环境中颗粒物的某种成分与痕量气体的反应，或者采集实际大气中的颗粒物与痕量气体进行反应，研究其反应转化产物及其反应机理，从而推断实际大气中颗粒物表面的多相化学反应机制和对大气环境产生的影响。研究颗粒物表面非均相反应通常采用的方法是测定气体的净损失和在颗粒物表面形成的转化产物，使用的仪器装置包括克努森（Knudsen）池、流动管、下落液滴装置、鼓泡装置、气溶胶箱、液滴喷射装置、透射红外傅里叶转换谱仪、扩散反射红外傅里叶转换谱仪、飞行时间质谱仪等。为了在分子水平了解多相化学反应过程，将实验室测量数据与实际大气结合起来，确定颗粒物表面的物化特征十分重要。例如，用电子探针 X 射线显微分析仪（EPMA）可以分析表征粒径 0.1 μm 以上的单个颗粒物的大小、形貌和化学组成。现在许多研究已开始与表面科学结合，采用 X 射线光电子能谱仪、紫外光谱仪、俄歇（Auger）电子能谱仪、扫描电子显微镜和透射电子显微镜等手段进行非均相化学的综合研究，开辟了非均相化学研究的新领域。

三、模式计算

由于大气中存在着相互关联的复杂化学反应，故往往需要用数十甚至数百个反应来描述某些物质在大气环境中生成和消亡的化学动力学过程。在计算机技术比较发达的今天，可以通过模式计算的办法来处理庞大的化学反应体系。描述真实大气情况时，往往需要将物理过程与化学过程结合在一起，在科学的理论和假设基础上，构建空气质量模式，采用数值模拟的方法来描述和预测污染物在大气中的时空分布和迁移转化。

空气质量数值模拟研究开始于20世纪60年代，至今已经发展了三代空气质量模式。60年代末，美国开始了对光化学烟雾污染的模式开发和研究，产生了以局地烟流扩散模式、盒子模式、拉格朗日轨迹模式为代表的第一代空气质量模式，美国国家环境保护局在70年代中期推行了建立在盒子模式基础上的经验动力学模拟方法（empirical kinetic modeling approach，EKMA），用于制定有关臭氧的控制对策。70年代末，空气质量模式得到了长足发展，加入了较为复杂的气象模型和详细的非线性化学反应机制，逐步形成了以欧拉网格模型为主的第二代空气质量模式，例如，三维城市—区域光化学污染模式（如CIT、UAM、SAQM模式等）和区域酸沉降模式（如RADM、STEM-Ⅱ模式等）。事实上，大气中各种污染问题往往是相互关联的，空气质量的模拟研究需要对各种相关的污染问题进行综合考虑。进入90年代，美国国家环境保护局开始致力于开发第三代空气质量模式，基于"一个大气"的思想，将大气中各种污染物和各类污染问题通过化学反应紧密联系起来，构建了综合空气质量模式（CMAQ、CAMx等），同时模拟多种污染物和污染问题，例如，光化学烟雾污染、酸沉降、颗粒物污染、能见度恶化等。2010年，我国"863"计划重大项目"重点城市群大气复合污染综合防治技术与集成示范"将区域污染源清单、中尺度气象模式和NAQPMS等多个区域空气质量模式进行高效集成，嵌入最新的污染过程诊断模块，形成了区域空气质量多模式集合预报与污染成因诊断技术体系（图0-3），不仅实现了对区域空气质量的集合预报，还可以精准解析大气复合污染的来源成因。

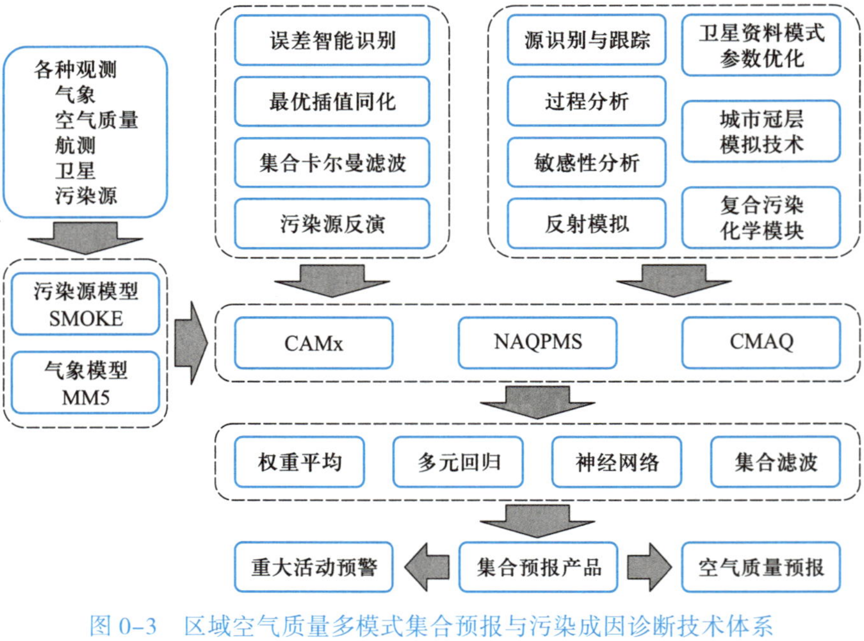

图0-3 区域空气质量多模式集合预报与污染成因诊断技术体系

现场实验研究、实验室研究和模式计算三种研究方法，各有短长。在一些大型研究计划中往往将三者结合运用：通过现场实验研究了解环境污染物在大气环境中的分布特征和变化趋势；利用实验室研究弄清其机制机理与关键影响因素；再采用模式计算在描述复杂大气环境中污染物的时空变化的基础上，开展大气污染物和温室气体变化趋势分析和预测预报。1981—1984年我国进行的"兰州西固石油化工区光化学污染规律及防治对策的研究"

课题首次在中国提供了将这三种方法综合应用的范例。通过兰州西固地区的现场实测，证实了当地光化学烟雾污染的存在，测出了主要光化学氧化剂及其前体物碳氢化合物（HC）和氮氧化物（NO_x）的环境浓度和日变化曲线，了解到该地区具有比国外光化学烟雾污染地区高得多的 HC/NO_x 值；通过室内外烟雾箱模拟实验确定了高 HC/NO_x 值条件下生成光化学氧化剂的敏感物质是 NO_x；再进一步通过模式计算，得到了该地区在不同气象条件和不同源排放条件下，光化学氧化剂可能出现的时空分布情况，为制定该地区污染控制对策提出了建议。

第三节 大气环境化学的发展动向

前已述及，大气环境化学发展至今只有几十年的历史。从这几十年的发展过程可以看出，随着研究的拓展和深入，早期所建立起来的一些概念逐渐发生了变化，有些观念不得不随之进行调整。

例如，污染物的概念已发生变化。多年来逐步形成的观念认为，所谓的大气污染物，必定是由人为源排放或产生的，天然源排放的并不被视为污染物。近期的研究结果已经说明，农业、森林、绿地生态系统等排放的生物源 VOCs 也可以产生高浓度臭氧污染；由水稻田、牲畜自然排放的甲烷可以影响对流层大气氧化能力的变化；CO_2、N_2O、CH_4、CFCs 等长寿命物种具有极强的辐射效应，可扰动地球大气能量平衡，导致全球气候变暖，进而影响大气污染的形成。因此，认为污染物都是来自人类活动源，或大气污染物都是来自燃料燃烧的观念需要进行调整。

又如，大气污染类型的概念也已发生变化。由于伦敦烟雾事件是煤燃烧引起的，洛杉矶光化学烟雾是汽车尾气引起的，两种烟雾性质不同，因此，多年来形成的观念，将前者称为煤烟型，后者称为汽车尾气型。自从在光化学烟雾形成机制研究过程中发现了大气中存在着的 ·OH、HO_2· 等活性自由基能参加各种大气反应后，SO_2 也被发现可以通过自由基的作用转化成硫酸烟雾，而这些自由基在有 VOCs 和 NO_x 存在的大气中可以不断生成。这说明，煤烟型污染物 SO_2 的化学转化与光化学烟雾的前体物 NO_x 和 VOCs 的反应密切相关。燃煤电厂也可以成为光化学烟雾的前体物源，汽车尾气在日光的作用下也可有助于硫酸烟雾的形成。此外，发达国家经历了近百年的环境污染问题在发展中国家近二三十年内的快速经济发展和城市化进程中集中爆发，多种污染物均以高浓度同时存在，各种污染相互耦合和叠加，导致光化学烟雾、大气灰霾和酸沉降污染的频繁发生，构成了复杂大气污染体系。这种复杂大气污染体系表现出与任何单一类型污染不同的化学特征，为了区别于过去熟知的煤烟型污染或汽车尾气型污染，将此称为复合型大气污染或大气复合污染，这是快速发展中城市大气污染的共同特征，因此大气污染类型的观念也需要调整。

在此过程中，大气环境化学对污染问题的认识不断深化，学科体系日臻完善。早期认为是小尺度的污染问题实际上同大尺度的问题有密切关联，例如，城市烟雾与区域光化学烟雾污染、灰霾污染与气候变化、污染物排放与对流层大气氧化性等。而且，科学家已经认识到大气中各种环境问题往往是相互关联的，例如，平流层臭氧损耗与对流层大气氧化性。全氯氟烃的替代物可以减少全氯氟烃对平流层臭氧的损耗，但由于一些含氢氯氟烃在对流层大气中极易分解，对城市和区域光化学烟雾污染有一定贡献，并因其温室效应显著而对气候变化有重大影响。基于上述认识，科学家提出了“一个大气”的概念，即所有的环境问题都发生在同一大气下，任何地点都可能处于另一污染地点的下风向，区域各种问题通过自由基化学或关键物种的化学过程而彼此相关联，应采取综合性的方法对各种相关的污染问题进行整体考虑，以避免在解决一个问题的同时又产生了新的问题。

在“一个大气”概念下，大气环境化学所涉及的问题实际上是一个多污染物的问题，多种污染物和多种过程相互作用，产生不同尺度和不同类型的污染现象，其表现形式和关注的问题在不同条件下有所不同。在大尺度上，研究者十分关注微量气体和细颗粒物排放所导致的全球大气污染、对流层大气氧化性、污染物洲际输送及各洲之间的相互影响，污染物的辐射强迫与气候变化等。在发展中国家的快速经济发展和城市化的区域，“一个大气”概念的表现就是大气复合污染，指大气中由不同来源的多种污染物在一定的大气条件下（如温度、湿度、阳光等）发生界面间相互作用、彼此耦合构成的复杂大气污染体系，见图 0–4。在此，复合的含义主要是指煤烟型污染与日益恶化的汽车尾气型污染及其他污染相叠加、大气中均相反应和多相反应相耦合，以及局地与区域大气污染的相互作用。大气复合污染在现象上表现为大气氧化性物种和细颗粒物浓度增高、大气能见度显著下降和环境恶化趋势向整个区域蔓延；在污染本质上表现为大气成分之间的交互作用及互为源汇、在大气中转化的多种过程耦合，以及环境污染影响的协同或拮抗效应。重要的是，大气复合污染以大气氧化性为主线，凸显了多污染物多尺度跨圈层的相互作用和各种环境问题的本质关联，在城市和区域尺度重点关注一次污染与二次污染及其对人体健康、生态系统和大气能见度的影响，在大区域及全球尺度则主要关注 NO_x、CO 和 CH_4 对大气氧化能力，以及 CO_2 和短寿命辐射强迫污染物对气候变化的影响。

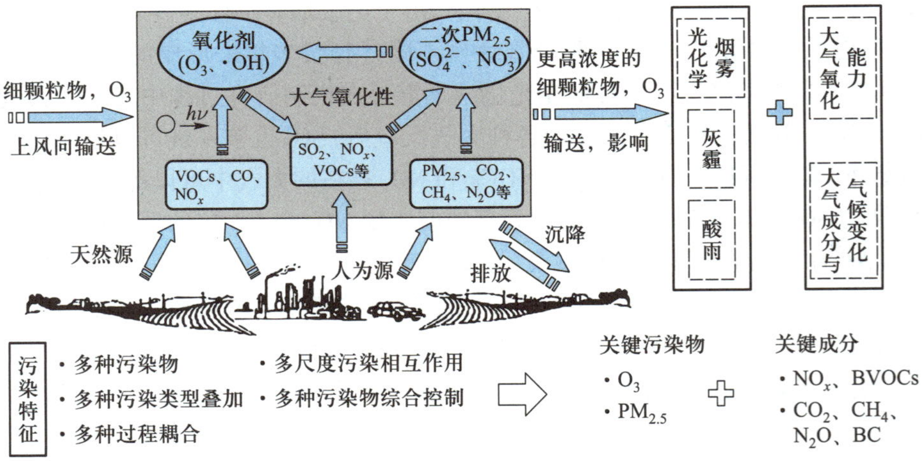

图 0–4 大气复合污染的机制

以上的例子说明，大气环境化学的发展速度极快，在观念上不能墨守成规，需要随着科学的进展而及时调整。

第四节 本书的内容与章节安排

大气环境化学是一门快速发展中的新兴边缘学科，内容涉及面极广。本书基本目的是以严谨的方式，比较系统地介绍目前大气环境化学的基本内容及有关的基础理论和实践知识。主要侧重于大气中的化学过程与化学行为。

本书的内容根据大气环境化学的内容、对象、范围，主要分成下列几个部分。

一、地球大气环境概貌

这部分包括学习大气环境化学所必备的一些基本知识，如地球大气层的形成、结构、能量来源及化学组成等。其中，大气层的能量来源主要针对大气光化学的需要，介绍太阳辐射。而大气化学组成，除了介绍天然大气一般组分外，也将自由基作为大气的一种组分。这部分内容列入本书第一章。

二、大气中对环境有影响的组分

这部分重点介绍对流层大气和平流层大气中对环境有影响的组分，并着重介绍它们的源、汇、循环，以及它们在大气中的行为、寿命和环境浓度等。这些组分除了常见的由人为源排放的大气污染物外，还包括了由天然源排放的以前不认为是“污染物”的微量气体。这些内容构成本书的第二章。

三、对流层化学

对流层化学是指大气污染物在对流层大气中的各种化学行为，包括形成、转化、去除和相互作用等，并着重于化学转化的动力学和机制。在对流层大气中比较活跃的大气组分有硫氧化物、氮氧化物、挥发性有机物和颗粒物等。它们在对流层大气中的化学过程导致了光化学烟雾、酸雨及灰霾等环境污染问题。本书将这部分内容放在第三至七章中。在章节的处理上，第三章主要集中介绍大气化学反应动力学，是对流层化学的基础。从化学反应的研究来看，气相均相反应研究开展较早并已十分深入，而液相反应及多相反应是随着酸雨及颗粒物问题而发展起来的。因此，在第四章中对对流层气相化学特别是 NO_x-VOCs 的化学进行了重点讨论，而液相和多相反应则结合气溶胶化学和酸沉降化学在第五章和第六章中介绍。大气化学传输模式专门列为第七章。

四、气候变化与大气化学

最近科学界和政府都十分关注气候变化领域的研究及其未来发展。作为一个复杂体系的变化趋势问题，气候变化的研究存在相当大的不确定性。随着研究的深入，越来越多的因素被证实在气候变化中具有重要的作用。第八章从大气化学的角度，分析化学组分和化学过程（包括城市和区域污染、海洋边界层大气化学等）在气候变化中的作用，尤其注重气候变化与大气污染及臭氧层损耗等问题之间的相互联系。

五、平流层化学

有些大气组分在对流层大气中并不活跃，当输入平流层后，在平流层的大气条件下，发生了各种化学变化，导致了平流层中臭氧层发生变化，众所瞩目的南极臭氧洞问题即属此范围。第九章将介绍导致臭氧层变化的各种化学物质及变化的化学机制，并将以当前国际上关注的氟氯烃类为重点。需要指出的是，平流层化学实际上是对流层的化学物质对平流层的影响，也是对流层与平流层之间相互作用的化学。

六、室内环境化学

大气环境化学的根本目的是保护人体健康，促进社会经济的协调发展。考虑目前的科学发展，本书安排了室内环境化学一章。从人体对空气污染物的暴露角度来看，室内空气环境的特征和影响因素是非常重要的研究内容。第十章全面分析和比较了室内外污染规律的差异，对室内空气污染的研究方法、健康评价技术及室内污染控制对策进行了详尽的介绍。应该说，从研究方法上，室内外污染规律的研究有相通之处，也有许多差异，将室内外污染问题紧密联系，将使大气环境化学的体系和科学价值更完整和丰富。

思考题

1. 简述大气环境化学的发展历程。
2. 大气环境化学区别于其他化学学科的特点是什么？
3. 大气环境化学的研究方法有三大类，请评述其各自优势和劣势。
4. 简要讨论大气复合污染的内涵和特征及其对减污降碳协同增效的作用。
5. 在各类环境问题相互影响和耦合作用的大背景下，请研判大气环境化学的发展动向。

主要参考文献

[1] 唐孝炎. 大气环境化学[M]. 北京：高等教育出版社，1990.

[2] 唐孝炎，张远航，邵敏. 大气环境化学[M]. 2 版. 北京：高等教育出版社，2006.

[3] Seinfeld J H. Atmospheric chemistry and physics of air pollution[M]. New York: Wiley, 1986.

[4] Kolb C E. The chemistry of the atmospheric oxidants: Where do we go from here? [M]// Bandy A R. Ed. The chemistry of the atmosphere: Oxidants and oxidation in the Earth's atmosphere. USA: The Royal Society of Chemistry, 1995.

[5] Gertler A W, Miller D F, Lamb D, et al. Studies of sulfur dioxide and nitrogen dioxide reactions in haze and cloud[M]// Durham J L. Ed. Chemistry of particles, fogs and rain. Acid precipitation series, Vol. 2, Teasley J I. Series Ed. Boston, MA: Butterworth, 1984.

[6] 唐孝炎，陈旦华. 大气污染化学研究概况[J]. 环境化学，1982，1(3)：179-185.

[7] 唐孝炎，毕木天，李金龙，等. 光化学烟雾箱的试制和性能实验[J]. 环境化学，1982，1(5)：344-351.

[8] 中国环境科学研究院，北京大学技术物理系，等. 兰州西固地区大气光化学污染规律和防治对策的研究[J]. 中国环境科学，1985，5(2)：1-11.

[9] Corrin M L. Atmospheric chemistry[J]. Journal of Chemical Education, 1978, 55(4): 210.

[10] Thrush B A. Recent developments in atmospheric chemistry[J]. Nature, 1978, 276(5686): 345-348.

[11] Shao M, Tang X Y, Zhang Y H, et al. City clusters in China: air and surface water pollution[J]. Frontiers in Ecology and the Environment, 2006, 4(7): 353-361.

第一章　地球的大气环境

包围地球的气体外壳称为地球大气（简称大气），地球大气环境的组成包括各种气体及悬浮其中的液态和固态微粒。地球大气平均压力为 1 个大气压（atm，101 325 Pa），相当于每平方厘米地球表面包围 1 034 g 空气，而地球总表面积为 $5.1\times10^{8}\ km^{2}$，因此大气的总质量约为 5.2×10^{18} kg，相当于地球质量的百万分之一。大气质量分布极其不均，约 50% 的质量集中在 6 km 高度以下，75% 的质量集中在 10 km 高度以下，99%的质量集中在 35 km 高度以下。

地球大气对地球上的生命有着重要的作用，是维持生物圈存在的必需因素，同时在大气中发生的各种不同物理过程和物理现象（如风、云、雷、电等），都直接或间接地与大气的成分、结构、状态有关，同时直接影响着人类的活动，所以对大气环境的物理和化学特性研究是非常重要的。本章将着重对大气的化学组成及大气的基本物理性质加以叙述。

第一节　大气的发展史

地球大气的形成与地球演化过程密切相关，大致可以分为三个阶段。

一、大气形成的初始阶段

地球大约形成于 45 亿年前，曾经是一个熔融的球体。直到 38 亿年前，地球外面逐渐包裹了一层原始大气，其成分主要是氢气（H_2）、氦气（He），并含有氮气（N_2）、水蒸气（H_2O）和二氧化碳（CO_2）等。随后地球逐渐冷却凝固，表面形成了地壳，而被吸附或保藏在地球内部的一些液体和气体则通过火山活动的形式逸出地球表面。逸出的气体主要是氢气、水蒸气、一氧化碳（CO）和稀有气体。因为地壳相对是冷的，气体一到表面就很快冷却，其中大部分水蒸气凝结成水，形成强酸性的原始海洋。一氧化碳和二氧化碳则按下列方式还原为甲烷（CH_4）：

$$CO_2(g)+4H_2(g) \longrightarrow CH_4(g)+2H_2O(g)$$
$$CO(g)+3H_2(g) \longrightarrow CH_4(g)+H_2O(g)$$

N_2 也部分还原为氨（NH_3）。这个阶段大气的主要成分是 CH_4、H_2；次要成分是 H_2O、N_2、NH_3、Ar、H_2S。随着海洋水体的扩大，原始大气中 CO 积累，太古宙地球大气演化为 CO-火山气体大气圈，这时候的大气处于还原性气氛。

早期大气环境中，存在较多的 CO_2 和低能量自由电子，CO_2 分子捕获低能电子，发生解离生成碳负离子和氧原子或氧分子，氧原子也可以再结合为氧分子。但是氧分子主要还是通过水的光化学分解产生：

$$H_2O+h\nu \longrightarrow H_2+\frac{1}{2}O_2$$

大气中的氧气（O_2）逐渐积累。这时在地球内部熔融体开始了元素的原始地球化学分异过程，即在熔融的原始地球物质 Fe-Mg-Si-O-S 体系中，氧的含量逐渐超过硫，但此时氧和硫的含量还不足以与全部能形成阳离子的元素结合。由于铁的丰度最大，氧主要用于使 Fe^{2+} 转化为 Fe^{3+}，这就导致体系中产生了铁镁硅酸盐、铁的硫化物和金属铁三种互不混溶或部分混溶的液态相（根据陨石中存在 Ni-Fe、硫化物、硅酸盐三个相得出，也有人做了模拟实验）。由于密度不同，在重力场中较轻的硅酸盐移向上层，而金属铁则下沉形成核心。铁的丰度大，在三相内部存在，而其他元素则按亲和力不同分配在三相间。这即为元素的分异过程和分壳过程，该过程大约持续了 15 亿年（地球地质时期的起点为 30 亿年前）。

二、大气由还原性气氛向氧化性气氛转化

由于铁下沉到了核心，从内部逸出的气体不再与铁接触。其中水蒸气继续凝结入海洋，CO_2 与地壳矿物反应而被除去，如 $CaSiO_3+CO_2 \longrightarrow CaCO_3+SiO_2$。当 H_2 分压降到很低时，还原性气体如 CH_4、NH_3 开始氧化成 CO_2、N_2。N_2 惰性大，就积聚起来。

这一过程中生命有机体开始出现在狭窄的水体或大海边缘。由于没有足够的氧，有机体（厌氧微生物）在缺氧的条件下利用 CO_2 供给能量，制造出碳水化合物与蛋白质，同时开始了光合作用。最早由光合作用产生氧是在 35 亿年前，与产甲烷菌和蓝细菌有关。产甲烷菌是厌氧微生物，以金属镍为食物来源，能制造大量甲烷。蓝细菌又叫蓝藻或蓝绿藻，能借助太阳能，利用水和 CO_2 生成 O_2 和有机物，这一过程就是光合作用。蓝细菌数量不如产甲烷菌多，释放出的 O_2 被产甲烷菌消耗掉，还有部分 O_2 被富含铁元素的岩石消耗了。由于所产生的 O_2 继续被地面岩石或水中沉积物捕获，所以这个阶段 O_2 仍然不能积聚。随着海洋中碳酸盐的沉积，大气中的 CO 分压降低，演化为元古宙弱氧化的 CO_2 大气圈，大气成分已经由还原性转化为氧化性，大气圈化学组成的变化如图 1-1 所示。

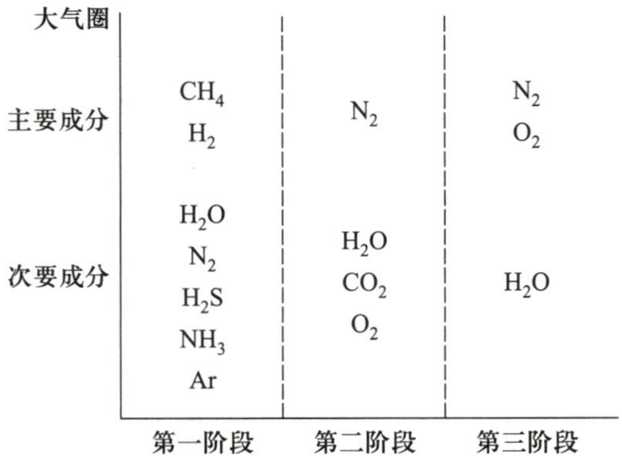

图 1-1 大气圈化学组成的变化

三、现在的大气环境

第三阶段是大气圈现今面貌的形成阶段，也是地球演化过程中的生命形成阶段。大约 25 亿年前，地壳降温，地表镍含量急剧下降，产甲烷菌随之减少，大气中 O_2 含量大幅度提

升。25 亿年前至 15 亿年前，岩石风化释放的 CO_2 促进藻类生长，更多的 O_2 产生，形成了大氧化事件（great oxidation event，GOE）。GOE 是前寒武纪一次重大地质事件，导致大量厌氧微生物灭绝，真核生物逐渐繁盛，多细胞生物开始形成并发展。GOE 导致海洋与大气从还原态突变为氧化态，深刻影响了早期地球生命演化及多种元素的地球化学循环过程。GOE 之前大气中 O_2 含量通常被认为低于现代大气中 O_2 含量的 0.001%（即 <0.001%PAL），经过 GOE 之后，大气中 O_2 含量增加到 0.1%~10%PAL 甚至更高，再经过元古宙中期持续低氧及新元古代大氧化事件（neoproterozoic oxidation event，NOE）时期，大气中 O_2 水平逐渐接近显生宙水平。

随着光合作用加强，结合在 CO_2 中的 O_2 被释放，碳进入沉积物相而从大气去除，大气中 CO_2 含量逐渐下降。某些海洋微生物和海洋沉积物中的矿物质之间的相互作用有助于防止 O_2 被消耗，它们引发了一种自放大的过程，让越来越多的 O_2 在大气中积累了下来。伴随显生宙阶段生物的繁殖，以及碳酸盐沉积量的增长和植物的出现，CO_2 大气圈逐步演化为现今的 N–O 大气圈。地球大气 O_2 含量随时间的演化如图 1–2 所示。

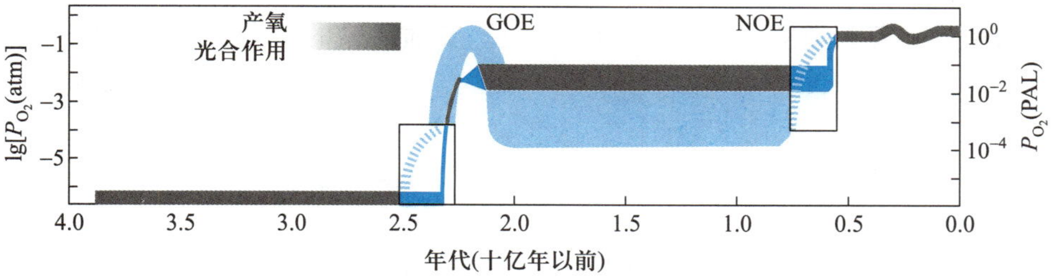

图 1–2　地球大气 O_2 含量随时间的演化

图中曲线展示了“经典两步”的大气演化途径，横轴是距今的时间，左轴 P_{O_2} 是 O_2 的大气分压（atm），右轴 P_{O_2} 是相对于当前大气浓度水平（PAL）

生命的形成是与平流层臭氧密切相关的。氧分子能吸收太阳辐射来的高能光量子，发生下列反应：

$$O_2+h\nu\ (\lambda<240\ \text{nm}) \longrightarrow O+O$$

$$O_2+O+M \longrightarrow O_3+M$$

这就是臭氧（O_3）的形成过程。O_3 一旦形成又可以吸收大量的短波太阳辐射而分解：

$$O_3+h\nu\ (\lambda<290\ \text{nm}) \longrightarrow O_2+O$$

或者与氧原子作用，又形成 O_2：

$$O_3+O \longrightarrow 2O_2$$

$$O+O+M \longrightarrow O_2+M$$

这些反应循环往复，致使在平流层高度形成了 O_3 浓度相对较高的所谓“臭氧层”。

在臭氧层形成之前，整个地球表面受到高能太阳光子的照射，生物分子难以形成并稳定存在，如对于波长（λ）为 290 nm 的光子，其能量（E）为

$$E = h\nu = \frac{hc}{\lambda}$$

$$= \frac{(6.62\times10^{-34}\ \mathrm{J\cdot s})\times3.0\times10^{8}\ \mathrm{m/s}}{200\times10^{-9}\ \mathrm{m}}$$

$$= 9.93\times10^{-19}\ \mathrm{J}$$

式中：h——普朗克常数；

c——光速。

大部分分子化学键的断裂能小于 418.4 kJ/mol，相当于 6.95×10^{-19} J/ 键。大气中 O_2 的逐渐增加，导致了高层大气中臭氧层的形成，从而过滤掉太阳辐射中的紫外线部分。随着臭氧层的发展，透过大气到达地面的紫外线越来越少，逐渐地使植物移向水面，最后出现在陆地上。植物的光合作用使 CO_2 逐渐减少，O_2 逐渐增多。从火山喷发出来的 N_2，部分进入地壳的硝酸盐中，由于 N_2 的化学惰性，并且不易溶解于水，大部分仍保留在大气中，因此 N_2 的含量在大气中就逐渐占了很大的比重。这就是现在以 N_2 和 O_2 为主要成分的大气。大气中的其他微量成分，有的是由火山喷发进入大气，有的是地球固体部分放射性物质衰变的副产品，更多的则是随着人类空间活动的增加及工业、交通运输的发展而使大量的污染物进入大气。

第二节　大气的分层

大气的物理性质不论在垂直方向还是在水平方向都是不均匀的。不同高度和不同区域的大气具有不同的特点。根据大气本身的物理或化学性质，可将大气分成若干层（见图 1–3）。

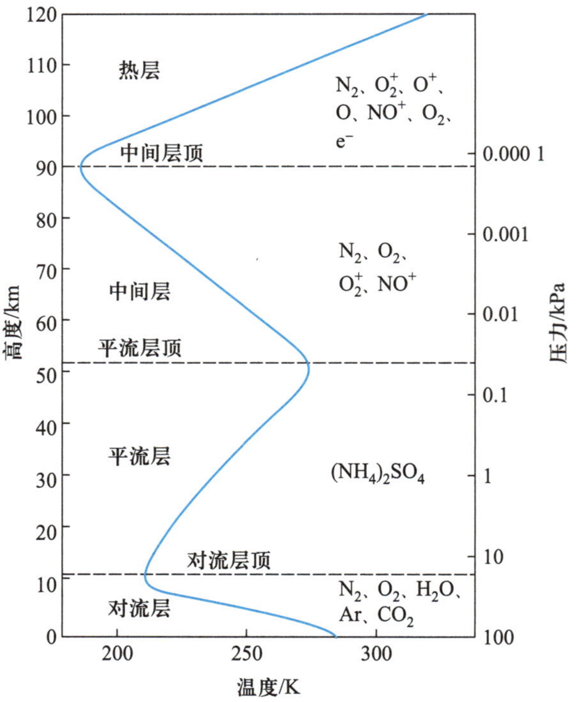

图 1–3　大气中温度、化学组成的垂直分布

一、按大气温度垂直分布分层

应用最广泛的是按大气温度结构分层，即根据大气温度的垂直分布特点对大气进行分层。描述大气温度在垂直方向上的变化，通常采用垂直温度梯度的概念。垂直温度梯度又称为气温垂直递减率，指在垂直方向上每变化 100 m 高度气温的变化值，并以温度随高度的升高而降低为正值，通常以 γ 表示。$\gamma>0$ 表示气温随高度的升高而降低；$\gamma<0$ 表示气温随高度的升高而升高，这种气层称为逆温层；$\gamma=0$ 表示气温随高度不变，这种气层称为等温层。

根据垂直温度梯度的方向，把大气分成对流层、平流层、中层和热层四层。另外由于热层上部大气多由质子组成，常有向星际空间逃逸的现象，可另外分一层称为外层。每层又可细分出若干副层。

（一）对流层

对流层是靠近地面的大气最低层，对流层的厚度随纬度和季节的不同而变化：在高纬度地区平均为 8~9 km，在中纬度地区平均为 10~12 km，在低纬度地区平均为 17~18 km；夏季的厚度大于冬季。对流层集中了大气质量的 3/4，90% 以上的水汽集中在对流层，大气中主要的天气现象如云、雾、雨、雪、雹等都形成在此层内。

对流层大气直接吸收太阳辐射很少，主要吸收地面发射的红外辐射。低层大气受到地面加热，通过空气的对流和湍流运动，将热量输送到上层大气。所以在对流层中，一般情况下，气温随高度的增加而下降。平均而言，高度每上升 100 m，气温下降 0.65 ℃，即 $\gamma=0.65$ ℃ /100 m。

对流层中从地面到 1~2 km 高度的一层称为摩擦层，又称为行星边界层。在行星边界层中，通常把地面到 50~100 m 高度的气层称为近地面层，近地面层以上到摩擦层顶称为上部摩擦层。行星边界层以上的大气层称为自由大气，在自由大气中，地球表面的摩擦作用可以忽略不计。在对流层与平流层之间，还存在一个厚度为数百米到 1~2 km 的过渡层，称为对流层顶。在对流层顶内气温随高度不变或变化较小。

（二）平流层

自对流层顶向上到距地面 55 km 左右高度的气层称为平流层。在平流层内气温最初随高度的升高不变或微升，一般自对流层顶向上到距地面 30~35 km 高度的气层称为同温层；再往上气温随高度的升高增加很快，到平流层顶部气温可升到 −3~17 ℃（270~290 K）。

平流层的特点：一是空气没有垂直对流运动，平流运动占据显著优势；二是空气比下层稀薄得多，水汽、尘埃的含量甚微，很少出现天气现象；三是在距地面 15~35 km 高度的气层内，有厚约 20 km 的臭氧层，臭氧吸收太阳辐射的紫外线，使得平流层气温升高。

（三）中层

中层又称为中间层，指自平流层顶到距地面 85 km 左右高度的气层。在中层内气温随高度的升高而降低，其顶部温度可降到 −113~−83 ℃（160~190 K）。该层中垂直温度梯度很大，有相当强烈的垂直混合，气压和空气密度随高度升高而降低的程度远小于低层大气。

中层内水汽极少，几乎没有云层出现，仅在高纬地区的黄昏前后，在距地面 75~90 km 的高度处观测到一种薄而带银白色的夜光云，但出现机会很少，这种夜光云是由何种粒子组成的还不十分清楚，有人认为是由极细微的尘埃组成的。

（四）热层

热层又称为热成层。中层顶以上为热层，这一层气温随高度的增高迅速升高。太阳辐射中波长小于 0.17 μm 的紫外辐射几乎全部被该层中的氧分子和氧原子吸收，吸收的能量大部分用于气层的增温，加之气层内分子稀少，热量无法通过热量传输的方法传递出去，因此在热层内气温可达 1 000 K 以上。这一层的气温与太阳活动有关，当太阳活动加强时，气温随高度增加很快，这时 500 km 处的气温可增至 2 000 K，当太阳活动减弱时，气温随高度增加较慢，500 km 处的气温也只有 500 K。

热层没有明显的顶部，通常认为气温从增温转为等温时，为热层顶。在太阳宁静时，热层顶的高度约为 260 km，当太阳活动强烈时，热层顶的高度约为 500 km，即热层顶的高度变化于 250~500 km。

（五）外层

外层也称为散逸层，指热层以上的大气层，为大气圈向星际空间的过渡地带，没有确定的上界。外层极度稀薄，温度随高度很少变化。由于那里地球引力很小，大气分子运动的平均自由程很大，使一些高速运动的大气质点不断地向星际空间逃逸，因此又称为散逸层。

二、按大气组分垂直分布分层

按大气的组分结构，可把大气分为均匀层和非均匀层。

（一）均匀层

在 90 km 以下的大气层中，大气中主要成分的组成比例几乎是不变的，因此这层大气称为均匀层。通常把不包含水汽的纯净大气称为干洁大气。干洁大气的主要成分是 N_2、O_2、Ar，这三种成分约占干洁大气总容积的 99.9%，还有少量的 CO_2、O_3、NO_x 及其他一些惰性气体（表 1–1）。这些成分之间大致保持固定的比例，基本上不随时间、空间变化，称为固定成分，平均分子量为 28.966，接近大气的主要成分氮的分子量（28.016）。其他一些气体在大气中所占的比例随时间、地点而变，称为可变成分。

表 1–1 均匀层大气组成

气体	含量 /%	分子量	气体	含量 /%	分子量
氮（N_2）	78.084	28.016	氖（Ne）	182×10^{-5}	20.108
氧（O_2）	20.946	32.000	氦（He）	53×10^{-5}	4.003
氩（Ar）	0.934	39.944	氪（Kr）	12×10^{-5}	83.700
二氧化碳（CO_2）	0.02~0.04	44.010	氢（H_2）	5×10^{-5}	2.016
臭氧（O_3）	$(0\sim5)\times10^{-6}$	48.000	氙（Xe）	0.9×10^{-5}	131.300

（二）非均匀层

在 90 km 以上的大气层中，由于氧分子和氮分子大量解离，大气的平均分子量随着高度的增加而降低，称为非均匀层。

三、按大气电离状态垂直分布分层

按大气的电离状态，可把大气分为非电离层、电离层和磁层。在 60~500 km 高度的大气层称为电离层。在这里，由于太阳辐射的影响，大气物质开始电离。根据电离层电子的浓度及对电磁波反射的不同效果，又可划分为 D 层（一般为 60~90 km 高度）、E 层（约 110 km 高度）、F_1 层（约 160 km 高度）、F_2 层（约 300 km 高度），以及更高的 G 层等。D 层主要是 NO 的光解离，E 层主要是 O_2 的光解离，F 层 O_2 和 N_2 都发生光解离，离子和电子浓度都很高。非电离层指地面到 60 km 高度的气层，这里大气各成分多处于中性，即非电离状态，又称为中性层；500 km 以上的气层称为磁层。

第三节 大气的能量平衡

大气的平均温度或称为地表的平均温度，就是地面气温，指地表以上 1.25~2 m 高度的气温。地球大气系统的根本能量来源是太阳辐射。目前大气和地球的平均温度维持不变，约为 15℃（12~27℃），表明地球与大气作为整体，从太阳吸收的能量与自地球辐射返回空间的能量是相等的。辐射或光子是具有能量的称为光量子的物质在空间传播的一种形态，传播时释放出的能量称为辐射能。大气辐射能的输入和输出就构成了大气的能量平衡。

一、太阳辐射

太阳辐射能随波长的分布称为太阳辐射光谱。太阳表面的温度约为 6 000 K，到达地球大气层外界的太阳辐射光谱几乎包括了整个电磁波谱，但是能量绝大部分集中在 0.17~4 μm。按照谱段分布的能量中，红外光部分（0.8~30 μm）占 49%，可见光部分（0.4~0.8 μm）占 40%，紫外光部分（0.2~0.4 μm）占 10%，其余部分（高能辐射 X 射线、γ 射线和宇宙射线）占 1%（图 1–4）。太阳最大辐射能量所对应的波长为 0.475 μm，相当于青光部分，所以一般称太阳辐射为短波辐射。观测表明，太阳辐射光谱不是严格的连续光谱，其中有两万多条吸收暗线。当太阳辐射经过地球大气时，由于地球大气的吸收作用，太阳光谱发生很大的变化。

借助卫星观测，可以直接得到没有地球大气影响的太阳辐射光谱，考虑到大气上界的太阳辐照度随日地距离的变化而有所不同，因此规定其标准值为当地球位于日地平均距离时，大气上界垂直于太阳光线的平面上单位面积、单位时间内接受的太阳辐射能量，称为太阳常数（solar constant）。1981 年世界气象组织推荐太阳常数的最佳值是 S_0=1 367 ± 7 W/m^2。

一年中，地球位于日地平均距离的时间是很少的，大气上界的太阳辐照度可以根据太阳常数来求得：

$$S=S_0\left(\frac{r_0}{r}\right)^2$$

式中：S_0——太阳常数；

S——任意时刻大气上界与太阳光线相垂直的平面上所接收的太阳辐照度；

r_0——日地平均距离；

r——任意时刻的日地距离。

上式表明，大气上界与阳光相垂直的表面上的太阳辐照度是与日地距离的平方成反比的。投射到大气上界水平面上的太阳辐照度（S），不仅与日地距离有关，还取决于太阳高度角（h）。太阳辐射日总量是地理纬度、太阳赤纬和日出（或日落）的时角的函数。

由于某些大气组分具有吸收一定波长光或者散射光的性质，因此通过大气层到达海平面的阳光，其光通量的谱分布有显著的不同。图 1-4 中斜线区域表示由各种大气天然组分所引起的光减弱。

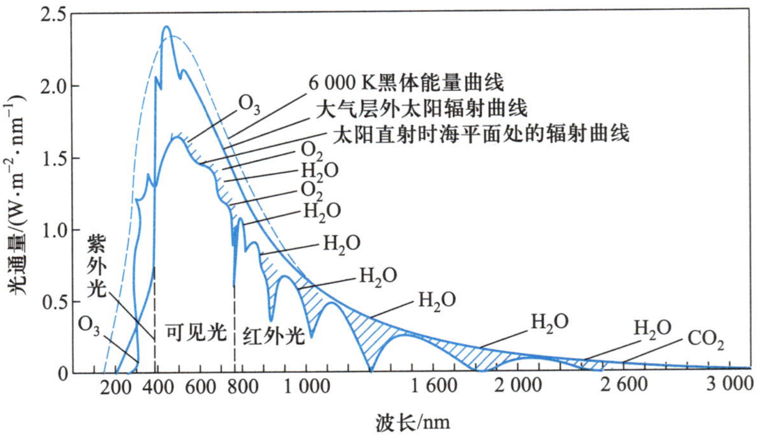

图 1-4　太阳辐射光谱

二、大气组分对太阳辐射的吸收

太阳光通量（solar flux），指地球外层空间（约 1 000 km 高度）单位面积（与太阳光线垂直）、单位时间内所获得的太阳能，其数值约为 84 kJ/（cm^2·min）。由于太阳光与地球大气层的相互作用，到达地表的太阳能仅为其中的 50%，约 30% 的能量反射回宇宙空间，另外 20% 的能量被大气层吸收。太阳辐射通过大气层到达地面时，大气中的各种组分，包括气态的 N_2、O_2、O_3、H_2O、CO_2 和颗粒物，能够吸收一定波长的太阳辐射，或者反射、散射一定波长的太阳辐射（图 1-5）。

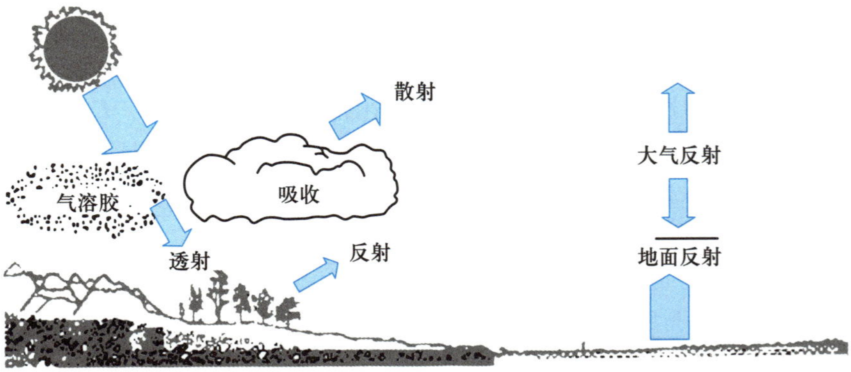

图 1-5　大气组分对太阳辐射的作用

高能量的太阳光量子还可引起分子解离：

$$N_2+h\nu \longrightarrow N+N \qquad \lambda<120\text{ nm}$$
$$O_2+h\nu \longrightarrow O+O \qquad \lambda<240\text{ nm}$$
$$O_3+h\nu \longrightarrow O+O_2 \qquad 220\text{ nm}<\lambda<290\text{ nm}$$

这几种分子和原子对波长小于 300 nm 光的最大吸收与距地面高度的关系列于图 1-6。

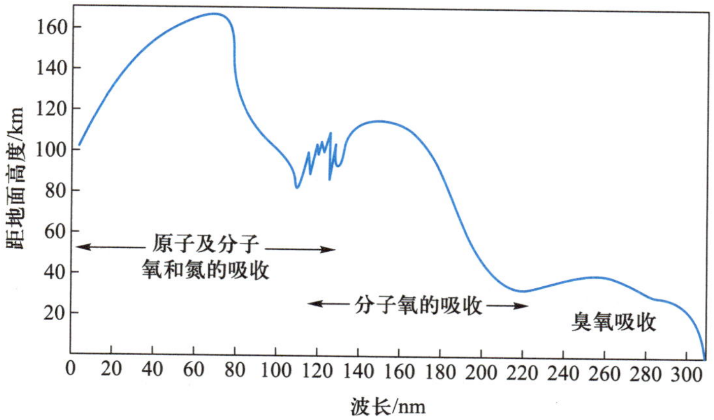

图 1-6　太阳当顶时，大气中各原子态和分子态物质对太阳辐射最大吸收波长的近似区域

由于 N_2、O_2、O_3 的吸收，波长小于 290 nm 的太阳辐射达不到地球表面。而波长为 300~800 nm 的可见光基本不被大气中分子吸收，它们能够透过大气到达地面，即构成一个所谓“光谱窗”，这部分约占太阳光总能量的 40%。波长为 800~2 000 nm 的长波辐射，则几乎都被 H_2O 和 CO_2 吸收掉（图 1-7）。

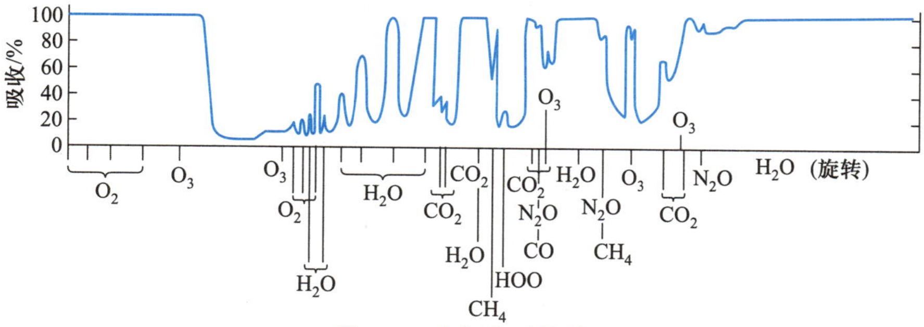

图 1-7　大气的吸收谱

三、地球的能量平衡

地球表面除了接受来自太阳的辐射外，本身也有辐射。地球表面温度平均为 285~300 K，辐射相当于 300 K 时的黑体。辐射的极大值位于 10 μm 处，即主要是红外长波辐射。地球表面辐射的能量主要被低层大气中的 CO_2 和水汽吸收，也有一部分到达空间和由大气反射回到地球表面。

因此，包围着地球的大气层在相当程度上既可以让太阳波长较短的辐射透过到达地面，又几乎可以全部吸收地面发射的长波辐射。由于在一个长时期内地面的平均温度基本上维持不变，因此可以认为入射的太阳辐射和地球的长波辐射收支是基本平衡的。

发生于地球和大气间的能量得失过程是与大气组分（尤其是 O_3、水汽和 CO_2 等）的光化学作用和光吸收作用密切相关的，大气中这些组分的变化会对地球的能量平衡产生巨大的影响。如近地面大气中水汽和 CO_2 量增加，由于它们对地面长波辐射的吸收，地面与大气之间就会形成一个绝热层，使近地面的热量得以保持，从而导致全球气温升高，这一现象就是“温室效应”。

四、大气的运动

气象现象影响大气的化学性质，反过来大气的化学性质也影响气象现象。大气的垂直温度分布与大气的成分分布直接相关。

长期的大气状态变化称为气候，短期的大气状态变化称为天气，可以通过温度、湿度、大气压、风速、云量、降雨量、水平可见度等参数来描述。天气和气候变化的推动力来自太阳辐射的时空分布，传导太阳辐射能量的最重要载体就是水。大气水表现为水蒸气、液滴和冰，大气中的水含量表示为湿度。相对湿度表示某温度时水汽含量相对于此温度下水的饱和蒸气压的比值。具有一定相对湿度的空气可以通过一些途径达到饱和，以雨、雪的形式沉降。为了能够发生沉降，大气温度必须低于露点，并且有凝结核存在。凝结核是吸湿性物质，如盐、硫酸颗粒、有机物等。某些形式的空气污染是重要的凝结核的源。

大气中的液态水大都表现为云，云的形成受到人为活动产物的影响，特别是颗粒物的释放和溶解性气体如 SO_2 和 HCl 的排放。

从成云小水滴的形成到沉降的发生是一个复杂的过程，云滴通过凝结形成的过程超过 1 min，平均粒径为 0.04~0.2 mm，雨滴粒径为 0.5~4 mm。凝结过程得不到足够大的可发生沉降的颗粒（雨、雪、雨夹雪、雹），凝结颗粒必须通过碰撞、合并达到沉降颗粒的尺寸，当小水滴达到 0.04 mm 极限时，通过与其他颗粒相互碰撞并迅速长大。

一般而言，天气是以下几个因素相互作用的结果：太阳能的重新分布；垂直和水平的空气团移动，包含水汽含量的改变；水的蒸发和凝结，伴随热量的吸收和释放。

地球不同纬度（相对赤道和极地的距离）得到的太阳能不均，随着与赤道距离的增加（高纬度），天顶角逐渐倾斜，地球表面单位面积吸收的能量逐渐减少，净作用是赤道地区吸收了更多的太阳辐射，导致空气上升。空气上升到平流层时停止上升，因为再高时空气更暖。当赤道空气在对流层上升时，通过膨胀和失水降温，然后再下沉。发生这种过程的环流模式的空气并非向正南正北运动，而是受到地球自转和与转动的地球相接触的偏转作用（称为克瑞里斯效应），形成螺旋形的空气环流模式（称为气旋和反气旋），气旋和反气旋取决于旋转的方向。重新分布的能量中约 50% 是通过空气循环携带的显热，约 30% 是由水汽携带的潜热，余下约 20% 由洋流携带。

当空气运动停息时，局地产生滞流，导致大气污染物的积聚。虽然一般条件下近地面气温随高度增加而下降，但某些相反的大气条件也可能发生温度随高度增加而升高的现象。这种现象由大气稳定度表征，称为逆温。逆温发生在不同高度，有不同的厚度和范围。它可能从地面开始，也可能从某一高度开始。逆温形成有多种机理，如辐射逆温、沉降逆温、湍流逆温、平流逆温、锋面逆温、地形逆温等，实际中可能由多种原因共同作用而成。由于限制了空气的垂直循环，逆温导致空气滞流、局地大气污染物积聚。

第四节　大气的物质组成

地球表面大气主要由 O_2、N_2 和几种惰性气体组成，它们约占空气总量的 99% 以上，其浓度在大气中一般常年不变，故称为常量组分。另外一些相对浓度较低的大气组分浓度随时空有少量变化，有的甚至是明显的变化，如水汽、CO_2、O_3 等（见表 1–2）。

表 1–2　大气组分及其循环

组分	平均体积分数 /10^{-6}	近似停留时间	循环
Ar	9 340	—	无循环
Ne	18	—	
Kr	1.1	—	
Xe	0.09	—	
N_2	780 840	10^6 a	生物和微生物
O_2	209 460	10 a	
CH_4	1.65	7 a	生物活动和化学过程
CO_2	332	15 a	人类活动和化学过程
CO	0.05~0.2	65 d	人类活动和化学过程
H_2	0.58	10 a	生物活动和化学过程
N_2O	0.33	10 a	生物活动和化学过程
SO_2	10^{-5}~10^{-4}	40 d	人类活动和化学过程
NH_3	10^{-4}~10^{-3}	20 d	生物活动，化学过程，雨除
$NO+NO_2$	10^{-6}~10^{-2}	1 d	人类活动，化学过程，闪电
O_3	10^{-2}~10^{-1}	—	化学过程
HNO_3	10^{-5}~10^{-3}	1 d	化学过程，雨除
H_2O	变化	10 d	物理化学过程
He	5.2	10 a	物理化学过程

资料来源：Seinfeld，1986。

一、大气组分的源、汇和循环

大气是一个动态体系，大气组分通过大气圈与其他三个圈（水圈、生物圈、岩石圈）发生物理、化学或生物化学过程，不断进行物质转化或转换，这称为气体“循环”（cycle）。气体通过这些过程，如大气中的化学过程、生物活动、火山喷发、放射性衰变及人类活动而产生；又通过大气中的化学过程、生物活动、物理过程（如形成颗粒物或沉降）而从大气中去除。前一过程即产生气体的过程，称为气体的源（source），后一过程就是该气体的汇（sink）。

例如，大气中的水汽主要来自海水的蒸发，少量来自江河、湖泊的蒸发，以及生物圈土壤、植物的蒸腾作用；大气中的水又可以通过凝结成降水（云、雨、雪和雾）而离开大气回到生物圈和水圈；这就构成了大气中的水循环（图 1-8）。由于蒸腾是不断进行的，而降水是间歇性的，因而造成了水汽在大气中的浓度随地点而异。

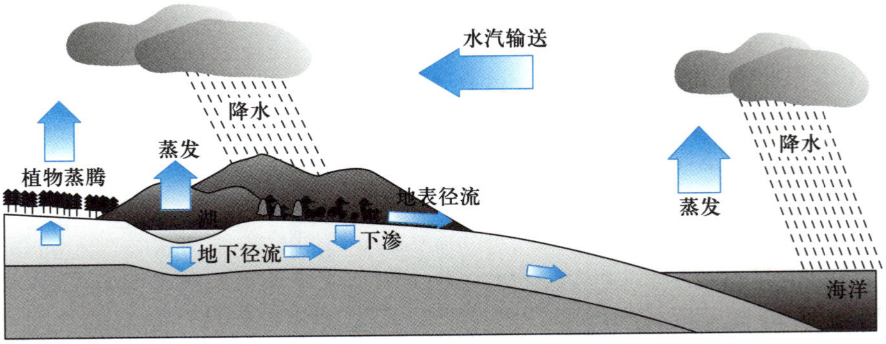

图 1-8 大气中的水循环示意图

水循环跨越了大气圈、生物圈和岩石圈：降水发生在大气圈，水汽的运移是由大气运动完成的；径流发生在岩石圈表层（地表径流）和岩石圈内部（地下径流），是水循环的重要步骤；植物蒸腾是水循环的重要方面，植被对降水的截留，改变了水循环的过程与速度。

氧（O_2）是大气主要成分之一，由陆地和海洋植物的光合作用而产生，而大气中的游离氧通过无机物氧化、古代有机沉积物的风化及氧化性衰减（动植物的呼吸和腐烂作用）等化学、生物过程不断地与其他组分结合，使氧在整个自然界构成一个循环（图 1-9）。氧循环表明，当今大气组成中 20.946% 的 O_2 始终在不断运动，这种运动包括 O_2 不断以一定速率输入大气，又以一定速率由大气输出，而且输入速率和输出速率相等，即大气中的氧处于动态平衡之中。

氧循环也跨越了水圈、大气圈、生物圈、岩石圈，是各个圈层相互作用的结果。海洋和陆地上的植物光合作用，释放出 O_2 进入大气，火山作用也能够以 CO_2 和 H_2O 的形式释放出少量氧。而与之平衡的是植物、动物、微生物的呼吸作用从大气中吸收氧，人类燃烧木材、化石燃料消耗大量的氧，森林火灾、岩石风化分解也需要消耗氧。生物制造的有机物或地球表层发生的化学反应产生的无机物（如碳酸钙）沉积下来，形成石油、天然气或岩石、煤，将一部分氧固定在岩石圈中，当化石燃料被开采、燃烧，氧又会被释放到大气中。

除水和氧以外，大气中其他组分也具有各自的循环。

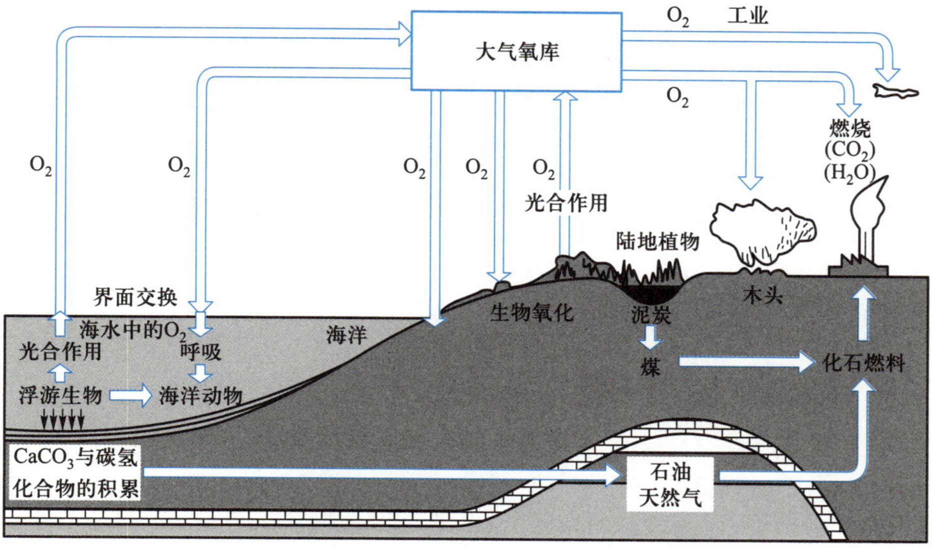

图 1-9 大气中的氧循环示意图

（资料来源：华东师范大学网络教育学院《现代自然地理学》网络版）

二、大气停留时间

大气是各种气体和微粒组分的储库（reservoir）。某种组分在大气储库中存在的平均时间称为平均停留时间或停留时间（τ）。

假定储库中某物质的总质量是 M，那么物料平衡的产率为

$$\frac{\mathrm{d}M}{\mathrm{d}t}=P+I-R-O$$

式中：P——该物质的总质量生成率；

I——该物质的总质量流入速率；

R——该物质的总质量去除速率；

O——该物质的总质量流出速率。

$$总输入速率=P+I$$

$$总输出速率=R+O$$

该物质在储库中的特征时间 τ_r，可用下方程式来表示：

$$\frac{1}{\tau_r}=\frac{1}{M}\frac{\mathrm{d}M}{\mathrm{d}t}=\frac{P+I}{M}-\frac{R+O}{M}$$

假定进一步定义：

$$生成过程的特征时间\ \tau_P=\frac{M}{P}$$

$$流入过程的特征时间\ \tau_I=\frac{M}{I}$$

$$去除过程的特征时间\ \tau_R=\frac{M}{R}$$

$$流出过程的特征时间\ \tau_O=\frac{M}{O}$$

$$该物质总的增长速率\ \tau_S^{-1}=\tau_P^{-1}+\tau_I^{-1}$$

$$该物质总的去除速率\ \tau_L^{-1}=\tau_R^{-1}+\tau_O^{-1}$$

则特征时间 τ_r 为

$$\tau_r^{-1}=\tau_S^{-1}-\tau_L^{-1}$$

当储库处在稳态条件下，即 $\frac{dM}{dt}=0$，总输入速率与总输出速率相等：

$$P+I=R+O$$

那么

$$\tau_S=\tau_L,\ \tau_r\rightarrow\infty$$

于是该物质在大气储库中的平均停留时间 τ 为

$$\tau=\frac{M}{P+I}=\frac{M}{R+O}$$

$(P+I)$ 可以看作该物质的源强，$(R+O)$ 即为汇强。

例 1-1 含硫化合物在对流层的平均浓度（体积分数）为 1×10^{-9}，而对流层空气总质量为 4×10^{21} g。对 S 来说：

$$M=4\times10^{21}\times1\times10^{-9}\ \text{g}=4\times10^{6}\ \text{t}$$

而 S 的天然源和人为源的总贡献约为 200×10^{6} t/a，那么含硫化合物在对流层中的平均停留时间为

$$\frac{4\times10^{6}\ \text{t}}{200\times10^{6}\ \text{t/a}}\approx7\ \text{d}$$

例 1-2 CH_4 在大气中的总量为 2.25×10^{14} mol，在低层大气中的浓度（体积分数）为 1.5×10^{-6}，假设全球均匀且不随时间变化，因而可以认为其输入速率和输出速率相等，估计为 9×10^{13} mol/a。由此计算出 CH_4 在大气中的平均停留时间为 2.5 a。

例 1-3 大气中水的 $M_{H_2O}=2.9\times10^{15}$ kg，换算成全球的降雨量则为 $M_{H_2O}=2.9$ cm，而地球上的年平均降雨量为 $R_{H_2O}=90$ cm/a，因此水在大气中的停留时间约为 10.1 d。

所有大气组分都有一个停留时间，仅长短不同而已。若某组分停留时间长，则表明该组分在被清除或由于化学反应而转化为其他物质以前，能够在大气中存留相当长的时间。显然，这意味着即使由于人类活动引起该组分输入（出）速率有很大变化，在人类活动时间尺度内也不会对其他储库的量有任何明显的影响。反之，若某组分停留时间短，那么该组分的储库对由人类活动的结果而造成输入（出）速率的变化就相对比较敏感。

假若考虑储库中处于稳态的某物种（species），其浓度均匀地按一级衰减，一级衰减系

数为 k。那么，当只有去除过程而无流出过程（即 $O=0$）时，

$$R=kM$$

所以

$$\tau=k^{-1}$$

推广之，如果储库中有 i 个一级去除过程，那么

$$\tau=\sum_i k_i^{-1}$$

如果去除过程有多个途径，那么

$$\frac{1}{\tau}=\frac{1}{\tau_1}+\frac{1}{\tau_2}$$

$$\tau=\frac{\tau_1\tau_2}{\tau_1+\tau_2}$$

如果 $\tau_1 \gg \tau_2$，那么总的停留时间就受控于 τ_2（最短的特征时间或最快的去除速率）。

此处引入特征混合时间的概念，特征混合时间是组分在大气储库中混合均匀所需时间的一种表示，该时间取决于其他大气物理过程，此处不详细讨论。如果将某组分在大气中的特征混合时间用 $\tau_{M,i}$ 表示（i 表示不同方向），那么 X、Y、Z 方向就为 $\tau_{M,X}$、$\tau_{M,Y}$、$\tau_{M,Z}$。对于在储库中混合均匀的组分，必须满足：

$$\tau_{M,i} \ll (\tau_P, \tau_R)$$

$$\tau_{M,i} \ll (\tau_I, \tau_O)$$

因此，一个混合得很好的稳态储库必然是

$$\frac{1}{\tau_{M,i}} \gg \frac{1}{\tau_S}=\frac{1}{\tau_L}=\frac{1}{\tau} \gg \frac{1}{\tau_r}$$

由于 X、Y、Z 方向的特征混合时间往往不同，只要在储库中有一个特征混合时间大于物种的停留时间，就可认为该储库没有混合完全。因此一个储库对某些组分来说是混合均匀的，而对另一些组分则是混合不均匀的，其混合程度取决于组分的停留时间 τ。如果将整个对流层作为一个储库考虑，那么其 $\tau_{M,Z}$ 约为 7 d，$\tau_{M,X}$ 和 $\tau_{M,Y}$ 约为 1 a。从上述三个例子来看，CH_4（停留时间约 2.5 a）可以被认为在对流层是混合均匀的，而含硫化合物及水汽在对流层的混合则是不均匀的。

一般在进行全球性化学循环研究时，往往把对流层看成一个大的、混合均匀的储库，或者把南、北半球分开各作为一个储库来看待。对流层和平流层之间也和南、北半球之间一样，在半球内或层内的混合要比层间和半球间的混合快。

三、大气组分及其分类

天然大气是多种气体的混合物。除气体外，大气中还悬浮有大量的固体和液体颗粒，如水滴、冰晶、灰尘、盐粒、花粉等。按照停留时间的长短，可将大气组分分成三类，如表 1-3~表 1-5 所示。

（一）准永久性气体

表 1–3 准永久性气体

组分	Ar	Ne	Kr	Xe	He	N_2	O_2
τ/a	$\approx 10^7$	$\approx 10^7$	$\approx 10^7$	$\approx 10^7$	$\approx 10^7$	$\approx 10^6$	$>10^3$

（二）可变化组分

表 1–4 可变化组分

组分	CO_2	CH_4	H_2	N_2O	O_3
τ/a	5~15	2.5~8	6~8	>10	≈2

（三）强可变组分

表 1–5 强可变组分

组分	H_2O	CO	NO_x	SO_2	H_2S	HC	SPM
τ/d	≈10	73~185	8~10	2~4	0.5~2	≈2	10~30

注：SPM 包括海盐、土壤、有机来源。

这类组分的停留时间都小于 1 a，通常为几天至几个星期。

在大气环境化学研究中，人们对准永久性气体关注较少，因为这类组分无所谓源和汇，也不发生化学变化。根据理论计算，对某一大气组分在半球范围内混合均匀需要 1~2 个月，在全球范围混合均匀一般需要 1~2 a。因此只要某物种的停留时间大于 2 a，风就足以使其在全球范围内混合均匀。准永久性气体停留时间很长，即使它们的源分布不均匀，也会在全球范围内混合均匀。

人们所感兴趣的主要是可变化组分和强可变组分，由于这两类组分在大气中停留时间短，有可能积极参与平流层或对流层中的化学变化，它们在大气中的分布受局地源影响，在不同地区和不同高度，它们的分布往往有很大的不同。即它们对由人类活动造成的输入（出）速率的变化相对比较敏感。

第五节 大气组分的浓度表示方法

大气中各种组分的浓度通常可采用如下几种方法来表示。

一、混合比浓度表示法

这种浓度表示法主要用于气态污染物，对于大气中低浓度组分是合适的。当表示浓度相对较高的组分时，如源排放的组分浓度，可用体积（或质量）分数表示。

$$x=\frac{\text{部分}}{\text{全部}}\times 10^6\ (\text{以 ppm 计}) \qquad x=\frac{\text{部分}}{\text{全部}}\times 10^8\ (\text{以 pphm 计})$$

$$x=\frac{部分}{全部}\times 10^9（以 ppb 计）\qquad x=\frac{部分}{全部}\times 10^{12}（以 ppt 计）$$

因为这种浓度表示方法是相同量纲数值的比例，所以也可以用科学记数法来表示。例如，大气中 O_3 的本底浓度（体积分数）是 0.03 ppm，或表示为 0.03×10^{-6}；CO_2 的本底浓度（体积分数）是 350 ppm，或表示为 350×10^{-6}。在大气环境化学的研究文献中，仍然有很多研究人员习惯使用这种混合比浓度表示法。

二、数浓度表示法

这种浓度表示法用于量级比 ppt 还要低的浓度水平，如自由基浓度等，表示单位体积的物质的量（分子、原子或自由基）。

在大气压为 101 325 Pa（标准气压）、温度为 25℃（298 K）时，单位体积的物质的量为

$$\frac{n}{V}=\frac{P}{RT}$$

$$=\frac{101\ 325\ \text{Pa}}{8.314\ \text{J}\cdot\text{mol}^{-1}\cdot\text{k}^{-1}\times 298\ \text{K}}=0.040\ 9\ \text{mol/L}$$

换算成单位体积分子数为

$$0.040\ 9\ \frac{\text{mol}}{\text{L}}\times 10^{-3}\ \frac{\text{L}}{\text{cm}^3}\times 6.02\times 10^{23}\ \text{mol}^{-1}=2.46\times 10^{19}\ \text{cm}^{-3}$$

即常温常压下体积分数为 1×10^{-6} 的气体分子数浓度为 2.46×10^{13} 个 /cm^3。例如，·OH 在污染空气中的体积分数是 0.1×10^{-12}，相当于分子数浓度为 2.46×10^{6} 个 /cm^3。

三、质量浓度表示法

一般对气体常用 mg/m^3，对颗粒物则用 μg/m^3。

$$x(\text{mg/m}^3)=\frac{气态污染物的质量(\text{g})}{空气的取样体积(\text{m}^3)}\times 10^3$$

$$x(\mu\text{g/m}^3)=\frac{颗粒物的质量(\text{g})}{空气的取样体积(\text{m}^3)}\times 10^6$$

在大气压为 101 325 Pa（标准气压）、温度为 25℃（298 K）时，

$$x(质量分数)=\rho(\text{mg/m}^3)\times\frac{22.4}{M}$$

式中：22.4 L/mol——101 325 Pa、298 K 时 1 mol 的理想气体体积；

M——气体摩尔质量，g/mol。

第六节　大气中的自由基

自然界排入大气的大多数微量气体往往是还原态的，如硫化氢（H_2S）、氨（NH_3）、甲烷（CH_4）等。但是由大气回到地表的物质，如干沉降或降水带下的物质却往往是高氧化

态的，如硫酸（H_2SO_4）、硝酸（HNO_3）、硫酸盐（SO_4^{2-}）、硝酸盐（NO_3^-）、二氧化碳（CO_2）等。这些还原性气体并非主要被空气中的 O_2 氧化，这是由于 O_2 中的 O—O 键相对较强（502 kJ/mol），在常温常压下难以与大多数还原性气体发生反应。

在 20 世纪初期，人们曾经认为上述还原性气体被 O_2、H_2O_2 氧化，而现在人们已经认识到，主导氧化作用的是大气中的高活性自由基，它们在洁净大气中的浓度仅为 10^{-8}（体积分数）左右，对这些自由基的认识是 20 世纪下半叶在对流层光化学领域的重要突破。

自由基在其电子壳层的外层有一个不成对电子，它们对于增加第二个电子有很强的亲和力，因此能起强氧化剂的作用。大气中存在的重要自由基包括·OH、HO_2·、RO·、RO_2·，尤其以·OH 和 HO_2·最为重要（合称为 HO_x·）。

一、HO_x·的大气浓度与变化趋势

由于人类活动的影响，全球·OH 的浓度比工业革命前降低了，但是在一些污染地区，由于氮氧化合物（NO_x）对·OH 的负反馈作用，在一定程度上弥补了·OH 的净损失。在最近 20 年中，·OH 在对流层中的浓度基本稳定在 10^6 个 /cm^{-3}。

对流层 HO_x·浓度的变化受双重因素影响，一方面工业排放的 CO 和 RH 是·OH 的主要汇，另一方面 NO_x 浓度的增加及臭氧层变薄却可以增加对流层中·OH 的浓度。由于 HO_x·的高活性并受气候、地理环境及工业分布等诸多因素影响，HO_x·浓度在不同地域之间存在巨大差异。因此，直接观测全球对流层·OH 变化趋势是重要的但也是很困难的。

研究全球对流层中 HO_x·的储量及其变化需要综合考虑诸多因素的影响，一般采用数值模式模拟其在整个对流层中的变化趋势。Thompson 总结了化学传输模式对 CO、RH 及 NO_x 进行的模拟，提出对流层中·OH 浓度比工业革命前降低了 10%~30%。Lelieveld 等通过化学传输模式模拟了地球表面年平均·OH 浓度，发现对流层·OH 的最高浓度出现在热带，主要原因在于温度高、臭氧层最薄、紫外线强度高、空气湿度最大、太阳天顶角最小而辐射强。Lelieveld 等对最近 20 多年的研究成果综合评估后认为全球·OH 的浓度可能保持在一个稳定水平，认为全球由挥发性有机物等消耗的·OH 可能会被 NO_x 所产生的·OH 弥补。

也有研究者采用相关气体法间接预测全球对流层中 HO_x·的储量及其变化。所谓相关气体法，是指某一种气体的浓度与·OH 浓度的变化呈正相关，通过研究该种气体的浓度及其变化可以得到·OH 平均浓度及变化趋势。·OH 的相关气体主要有 CH_3CCl_3、CHF_2Cl、CH_2Cl_2、CCl_4 和 CO，常选用 CH_3CCl_3 作为研究对象，通过监测 CH_3CCl_3 的变化来推导出·OH 的浓度及全球分布。Prinn 等通过分析全球 CH_3CCl_3 在 30 余年中的浓度变化，发现其浓度从 1978 年开始稳步增长，到 1992 年达到最大值，随后迅速降低，到 2000 年时其浓度已低于 1978 年的测量值。由此得出·OH 的全球平均浓度在 1979—1989 年比过去增长了（15 ± 22）%，但是其增长速率却以每年（0.23 ± 0.18）% 递减。这样在 1989 年之后全球·OH 的浓度开始缓慢降低。2000 年·OH 的浓度比 1979 年低（10 ± 24）%，1978—2000 年的趋势是每年降低（0.64 ± 0.60）%。

二、HO_x·的源、汇及相互转化

对流层大气中·OH 的形成主要受光化学过程控制。在清洁大气中，·OH 主要来自平流层向下输送的 O_3 的光解，光解过程主要受太阳辐射和大气湿度控制：

$$O_3+h\nu(\lambda<340\ nm)\longrightarrow O(^1D)+O_2$$

$$O(^1D)+M\longrightarrow O(^3P)+M$$

$$O(^3P)+O_2(+M)\longrightarrow O_3(+M)$$

$$O(^1D)+H_2O\longrightarrow 2\cdot OH$$

在污染大气中，NO_x、O_3 与 $HO_2\cdot$ 反应会产生 ·OH：

$$O_3+HO_2\cdot\longrightarrow 2O_2+\cdot OH$$

$$NO+HO_2\cdot\longrightarrow NO_2+\cdot OH$$

夜间化学产生并积累的亚硝酸（HONO）在早晨会迅速光解产生 ·OH：

$$HONO+h\nu(\lambda<400\ nm)\longrightarrow\cdot OH+NO$$

Jesse 等认为 O_3 与烯烃的反应是夜间 ·OH 与 $HO_2\cdot$ 的主要来源。Wennberg 等在 1995—1996 年通过 NASA ER-2 飞机对对流层上部的 ·OH 和 $HO_2\cdot$ 进行了观测，发现 ·OH 和 $HO_2\cdot$ 的实际浓度比模式计算得到的浓度低，指出丙酮和 H_2O_2 在对流层顶部的光解可能是 ·OH 和 $HO_2\cdot$ 的重要来源。

·OH 的汇机制主要是氧化还原性气体，如 CH_4、CO、NH_3、CH_3CCl_3、非甲烷碳氢化合物（NMHC）、H_2S 和 SO_2 等，产物通过干、湿沉降过程被清除。目前仍然有很多反应过程尚有待深入研究：如 NMHC、含氧挥发性有机物（OVOCs）、颗粒物等参与的大气化学过程，可能消耗 ·OH，但是反应产物也可以产生 ·OH；此外颗粒物等对 ·OH 浓度变化的影响存在不确定性，一方面颗粒物会影响辐射平衡进而影响光化学过程，另一方面颗粒物的表面提供发生多相反应的反应床，这两方面对 ·OH 浓度的综合效应还不完全确定。

$HO_2\cdot$ 主要来自大气中 ·OH 与 $NO_3\cdot$、CO、挥发性有机物（VOCs）的反应，同时 $HO_2\cdot$ 通过氧化其他反应物而被清除。

·OH 和 $HO_2\cdot$ 都具有高反应活性，因此它们在对流层中的浓度很低。对流层中 ·OH 的浓度约为 1.0×10^6 分子 /cm^3，寿命约为 1 s；对流层中 $HO_2\cdot$ 的浓度为（1~5）$\times10^7$ 分子 /cm^3，寿命约为 1 min。

三、$HO_x\cdot$ 的重要性

·OH 与 $HO_2\cdot$ 是大气中重要的氧化剂，对流层大气中几乎所有可被氧化的痕量气体都主要是通过与 ·OH 反应而被转化和去除的（参见图 1-10）。20 世纪 70 年代初 Levy 首次提出对流层大气是以自由基化学反应为核心的氧化性环境，·OH 和 $HO_2\cdot$ 控制着对流层大气的氧化能力，·OH 浓度水平可以作为大气氧化能力的指标，也是大气自清洁能力的一个量度，因此 ·OH 又有大气“清洁剂”之称。

大气中 ·OH 主要来自 O_3 紫外光解产物 $O(^1D)$ 与空气中水分子的反应，O_3 的浓度、空气湿度和紫外辐射强度决定 ·OH 的生成速率，而各种消耗 ·OH 物质的含量与反应活性则决定 ·OH 的去除速率。大气中 ·OH 浓度（或大气氧化能力）的变化趋势取决于 ·OH 的生成和消耗速率。大气氧化能力与大气污染和气候变化关系密切。大气 ·OH 化学反应过程能够影响区域和全球气候变化、颗粒物和臭氧污染水平等重大环境问题，对其进行深入的研究有助于认识区域大气复合污染和全球气候的潜在影响。因此国际上非常重视自由基化学的研究。

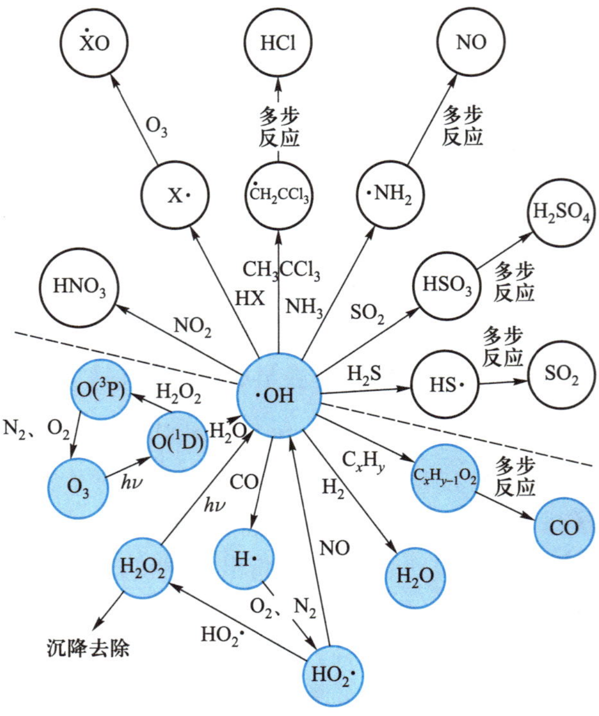

图 1-10 ·OH 参与的各种大气化学过程

四、HO_x· 的测定

大气 HO_x· 浓度极低而且时空变化幅度很大，对其进行准确的测量较为困难，是当前大气化学领域非常重要的一项研究。现在已经开发了基于 HO_x· 光学性质和化学活性的多种测量方法，如气体扩张激光诱导荧光技术、差分吸收光谱技术和化学电离质谱技术等，在实际测量中得到广泛应用。

（一）气体扩张激光诱导荧光技术（FAGE-LIF）

常规的激光诱导荧光技术（LIF）测量 ·OH 的原理是在大气压下，用一束特定波长的激光照射 ·OH 使之发生共振跃迁，由于激光线宽很窄，可以把处于低能态的特定振转能级的 ·OH 激发到高能态的某一特定振转能级，激发态 ·OH 回落时，发射出具有特定波长的荧光。在保持实验条件不变的情况下，荧光强度正比于 ·OH 的浓度。

气体扩张激光诱导荧光技术（FAGE-LIF）是一种在低压条件下测量 ·OH 的技术，测定时空气以高流速经直径约 1 mm 的喷嘴进入荧光检测池，气体样品迅速膨胀而减压，最低压力可达 500 Pa 以下。气体扩张（FAGE）技术被广泛地应用于大气 ·OH 的测量，目前几乎所有基于 LIF 的方法都采用了气体扩张（FAGE）技术，近 10 年来在全球多地对流层 ·OH 测量中取得了许多实测数据。

（二）差分吸收光谱技术（DOAS）

差分吸收光谱技术利用气体分子的窄带吸收特性来鉴别气体成分，并根据窄带吸收强度来推算微量气体浓度。该法的测量遵守比尔－朗伯（Beer-Lambert）吸收定律，即

$$[\cdot OH]=\frac{\ln(I_0/I)}{\sigma_{\cdot OH,\lambda}L}$$

式中：I_0——发射光强；

I——接收到的光强；

$\sigma_{\cdot OH,\lambda}$——·OH 在波长 λ 时的吸收截面；

L——吸收光程；

[·OH]——光程以内的平均浓度。

（三）化学电离质谱技术（CIMS）

FAGE-LIF 和 DOAS 都是基于·OH 的光学特性，而 CIMS 则是基于·OH 的化学特性。测量原理是将·OH 转化为没有自然背景的 $H_2{}^{34}SO_4$，整个过程在一个大气压力下的反应通道中进行：

$$\cdot OH+{}^{34}SO_2+M \longrightarrow H^{34}SO_3+M$$

$$H^{34}SO_3+O_2 \longrightarrow {}^{34}SO_3+HO_2\cdot$$

$${}^{34}SO_3+H_2O+M \longrightarrow H_2{}^{34}SO_4+M$$

随即 $H_2{}^{34}SO_4$ 与 NO_3 反应：

$$NO_3\cdot HNO_3+H_2{}^{34}SO_4 \longrightarrow H^{34}SO_4\cdot HNO_3+HNO_3$$

$H^{34}SO_4\cdot HNO_3$ 进一步电离为 $H^{34}SO_4$ 和 HNO_3 碎片，可用灵敏而精确的化学电离质谱法测得，最后用 $H^{34}SO_4$–NO_3^- 浓度比计算出·OH 的绝对浓度。由于 ^{34}S 在自然界的丰度极低，因此 $H^{34}SO_4$ 的背景值非常低。在·OH 外场测量中，CIMS 是一种高灵敏度的技术。

（四）过氧自由基测定

过氧自由基反应活性高，因此大气浓度低，寿命短（约 1 min），测量困难。对流层 $HO_2\cdot$ 的浓度为 $0\sim80\times10^{-9}$，平流层 $HO_2\cdot$ 的浓度为 $100\times10^{-9}\sim450\times10^{-9}$；对流层夜间也有一定的 $HO_2\cdot$ 浓度值，主要来自 NO_3 与有机物的暗反应。目前主要的测量方法有直接法和间接法两类。

直接法指直接测量由 $HO_2\cdot$ 本身引起的信号响应，基本上是光学方法。其中基体分离的电子自旋共振技术（MIESR）检测限约为 $1.23\times10^8\ cm^{-3}$，优点是选择性好、精度高，适用于对流层和平流层 $HO_2\cdot$ 和 $RO_2\cdot$ 的测量；远红外和毫米波发射光谱技术检测限约为 $2.46\times10^8\ cm^{-3}$，优点是可测垂直廓线，适用于平流层 $HO_2\cdot$ 的测量。

间接法指将 $HO_2\cdot$ 通过化学转化生成另一种物质，再用适当的方法对生成物进行测定。其中，化学放大法检测限约为 $2.46\times10^7\ cm^{-3}$，优点是方便且灵敏度高，适用于对流层 $HO_2\cdot$ 和 $RO_2\cdot$ 的测量；LIF 检测限约为 $9.84\times10^5\ cm^{-3}$，优点是检测限低，适用于对流层 $HO_2\cdot$ 的测量。

第七节 大气环境质量及标准

洁净大气是人类赖以生存的必需条件之一，一个人在 5 个星期内不吃饭或 5 d 内不喝水，尚能维持生命，但超过 5 min 不呼吸空气，便会死亡，人体每天要吸 $10\sim12\ m^3$ 的空气。

自然过程或人类活动，向大气释放了一些化学成分，当排放量足够大，环境空气中化学成分浓度达一定限度时，原来洁净空气的品质就会下降，若这种情况维持时间足够长，便会对生态系统、人群健康等产生危害和不良影响，这种大气状态称为空气污染，导致空气污染的大气成分有颗粒物、O_3 等，以及引起全球气候变化的 CO_2、黑炭等，这些成分统称为大气污染物。

空气污染的形成有三个要素：污染源、污染物浓度、对人群和生态系统的危害。向大气排入污染物的源地称为污染源。大气污染源分自然源和人为源，自然源包括森林植被、海洋、火山喷发和风吹扬尘等，人为源包括工业源、农业源、流动源和生活源等。

大气污染物分为一次污染物和二次污染物，它们的种类超过 100 种。从污染源排进大气后，直接污染空气的称为一次污染物，其中最主要的有 SO_2、CO、NO_x、一次颗粒物（扬尘、油烟等）、CO、NH_3，以及含氧、氮、氯、硫有机物和放射性物质等。所谓二次污染物则是从污染源排入大气的一次污染物经过化学反应或光解作用生成的污染物，光化学烟雾就是一种典型的二次污染现象。

大气污染对人群健康及生态系统的危害已逐渐为人们所认识，归结起来有如下几个方面：直接损伤人体和经由食物链传递的危害；对生态环境和人造物品的危害；导致酸沉降、臭氧层损耗及天气气候异常等。大气污染的人群健康影响受到高度重视，主要有三条影响途径，即吸入污染空气、表面皮肤接触污染物和进食含大气污染物的食物。

大气有一定的自净能力，工业革命以前，自然过程等的大气污染物排放量与由大气自净过程从大气清除的量基本平衡。但是 20 世纪 60 年代以后，人类排进大气的污染物量大大超过大气自净能力，致使目前全球大气都遭到不同程度的污染。中国已把保护环境（大气环境、水环境等）作为国家的基本国策。

大气环境对人类生存与发展的优劣程度，称为大气环境质量或大气品质。空气洁净则其大气环境质量便高，如远离城市或工业区的山区；大城市或工业区的空气污染严重，其大气环境质量便低。

大气环境质量高低或好坏常用大气污染物浓度的大小来衡量，单位体积空气中含某种污染物的多少称为该种污染物的浓度。根据不危害人体和生态系统与物品的考虑，人为规定污染物浓度的允许值，称为大气环境质量标准。相应污染物浓度低于规定的允许值，称大气质量达到标准（简称达标），高于规定值则称大气质量超过标准（简称超标）。超标越多，则大气环境质量越差。

世界卫生组织（WHO）基于广泛的科学证据，提出推荐性空气质量指导值（AQG）来确保全球公众健康所需的空气质量水平。该指导值可用作循证参考，以帮助决策者为空气质量管理制定具有法律约束力的标准和目标，设计有效措施以减少空气污染从而保护人类健康。2021 年 11 月 2 日 WHO 发布了最新的 AQG。世界各国都制定了各自的大气环境质量标准。美国《清洁空气法案》要求美国国家环境保护局（USEPA）为六种主要污染物制定国家环境空气质量标准，这些污染物对公众健康和环境有害。《清洁空气法案》确定了两种类型的国家环境空气质量标准。初级标准提供公共健康保护，包括保护“敏感”人群的健康，如哮喘患者、儿童和老年人。二级标准提供公共福利保护，包括防止能见度降低和对动物、作物、植被及建筑物的损害。USEPA 定期审查标准，最新修订版于 2015 年颁布。

我国于 1982 年首次颁布《大气环境质量标准》，2012 年第三次修订时更名为《环境空气质量标准》,2018 年 8 月 13 日生态环境部与国家市场监督管理总局联合发布标准修改单,于 2018 年 9 月 1 日起实施。标准按照环境空气功能区分为两类:一类区为自然保护区、风景名胜区和其他需要特殊保护的区域,适用一级浓度限值;二类区为居住区、商业交通居民混合区、文化区、工业区和农村地区,适用二级浓度限值。

思考题

1. 大气环境演变过程中,大气氧化性是如何变化的?
2. 对流层和平流层大气的特性是怎样的?
3. 不同大气层存在的化学组分有什么差异?
4. 大气组分如何影响进入大气圈的太阳辐射?
5. 怎样定量描述地气能量平衡的关系?
6. 地气能量平衡如何影响天气过程?
7. 什么是气旋和反气旋?
8. 什么是温室效应? 温室效应怎样影响地球的生态?
9. 什么是逆温层? 逆温层如何影响大气污染?
10. 简述大气组分的源、汇概念。
11. 如何理解大气组分的循环过程,试举例说明。
12. 什么是大气组分储库,如何理解储库分子的概念?
13. 什么是大气停留时间? 试定量计算某大气组分的停留时间。
14. 大气组分是如何分类的?
15. 大气组分的浓度表示方法有哪些? 怎样选择适当的浓度表示方法?
16. 什么是自由基? 大气中的自由基主要有哪些?
17. 大气中 ·OH 的源、汇有哪些?
18. 怎样理解大气氧化性和 HO_x· 浓度之间的关系?
19. HO_x· 的测定方法有哪些?
20. 什么是大气环境质量? 为什么要制定大气环境质量标准?

主要参考文献

[1] Akimoto H. Atmospheric reaction chemistry [M]. Berlin: Springer, Asakura Publishing Company, Ltd., 2014.

[2] Brasseur G P, Orlando J J, Tyndall G S. Atmospheric chemistry and global change [M]. New York: Oxford University Press, 1999.

[3] Cantrell C A, Stedman D H. A possible technique for the measurement of atmospheric peroxy radicals [J]. Geophysical Research Letters, 1982, 9(8): 846-849.

[4] Cantrell C A, Shetter R E, Calvert J G, et al. Peroxy radicals from photo stationary state deviation and steady state calculations during the Tropospheric OH Photochemistry Experiment at Idaho Hill, Colorado [J]. Journal of Geophysical Research, 1997, 102(D5): 6369-6378.

[5] De Zafra R L, Parrish A, Solomon P M, et al. A measurement of stratospheric HO_2 by ground-based millimeter-wave spectroscopy [J]. Journal of Geophysical Research, 1984, 89(D1): 1321-1326.

[6] Heard D E, Pilling M J. Measurement of OH and HO_2 in the troposphere [J]. Chemical Reviews, 2003, 103(12): 5163–5198.

[7] Finlayson-Pitts B J, Pitts J N Jr. Chemistry of the upper and lower atmosphere: theory, experiments, and applications [M]. San Diego: Academic Press, 2000.

[8] George L A, Hard T M, O'Brien R J. Measurement of free radicals OH and HO_2 in Los Angeles smog [J]. Journal of Geophysical Research, 1999, 104(D9): 11643–11655.

[9] Hard T M, O'Brien R J, Chan C Y, et al. Tropospheric free radical determination by fluorescence assay with gas expansion [J]. Environmental Science and Technology, 1984, 18(10): 768–777.

[10] Hard T M, Chan C Y, Mehrabzadeh A A, et al. Diurnal HO_2 cycles at clean air and urban sites in the troposphere [J]. Journal of Geophysical Research, 1992, 97(D9): 9785–9794.

[11] Hastie D R, Weissenmayer M, Burrows J P, et al. Calibrated chemical amplifier for atmospheric RO_x measurements [J]. Analytical Chemistry, 1991, 63(18): 2048–2057.

[12] Hobbs P V. Introduction to atmospheric chemistry: a companion text to basic physical chemistry for the atmospheric sciences [M]. New York: Cambridge University Press, 2000.

[13] Holland H D. The oxygenation of the atmosphere and oceans [J]. Philosophical Transactions of the Royal Society of London B: Biological Sciences, 2006, 361(1470): 903–915.

[14] Hu J, Stedman D H. Free radical detector for tropospheric measurement using chemical amplification [J]. Analytical Chemistry, 1994, 66(20): 3384–3393.

[15] Lee B-K, Jun N-Y, Lee H K. Comparison of particulate matter characteristics before, during, and after Asian dust events in Incheon and Ulsan, Korea [J]. Atmospheric Environment, 2004, 38(11): 1535–1545.

[16] Lelieveld J, Dentener F J, Peters W, et al. On the role of hydroxyl radicals in the self-cleansing capacity of the troposphere [J]. Atmospheric Chemistry and Physics, 2004, 4(9): 2337–2344.

[17] Levy H Ⅱ. Tropospheric budgets for methane, carbon-monoxide, and related species [J]. Journal of Geophysical Research, 1973, 78(24): 5325–5332.

[18] Lyons T W, Reinhard C T, Planavsky N J. The rise of oxygen in Earth's early ocean and atmosphere [J]. Nature, 2014. 506(7488): 307–315.

[19] Kump L R. The rise of atmospheric oxygen [J]. Nature, 2008, 451(7176): 277–278.

[20] Mihelcic D, Klemp D, Müsgen P, et al. Simultaneous measurements of peroxy and nitrate radicals at Schauinsland [J]. Journal of Atmospheric Chemistry, 1993, 16(4): 313–335.

[21] Montzka S A, Spivakovsky C M, Butler J H, et al. New observational constraints for atmospheric hydroxyl on global and hemispheric scales [J]. Science, 2000, 288(5465): 500–503.

[22] Platt U, Alicke B, Dubois R, et al. Free radicals and fast photochemistry during BERLIOZ [J]. Journal of Atmospheric Chemistry, 2002, 42(1): 359–394.

[23] Platt U, LeBras G, Poulet G, et al. Peroxy radicals from night-time reaction of NO_3 (nitroso dioxy radical) with organic compounds [J]. Nature, 1990, 348(6297): 147–149.

[24] Prinn R G. Is the cleansing capability of the atmosphere (OH concentration) changing ? [J]. Annual Review of Environment and Resources, 2003, 28: 29–57.

[25] Seinfeld J H, Pandis S N. Atmospheric chemistry and physics: from air pollution to climate change [M]. 3rd ed. New Jersey: John Wiley & Sons, Inc., 2016.

[26] Sloane C S, Tesche T W. Atmospheric chemistry: models and predictions for climate and air quality [M]. Chelsea, Michigan: Lewis Publishers, 1991.

[27] Wallace J M, Hobbs P V. Atmospheric science: an introductory survey [M]. New York: Academic Press, 2006.

[28] Wennberg P O, Hanisco T F, Jaegle L, et al. Hydrogen radicals, nitrogen radicals, and production of O_3 in the upper troposphere [J]. Science, 1998, 279(5347): 49–53.

第二章 大气组分的源、汇与循环

人类活动（包括生产活动和生活活动）及自然界都不断地向大气排放各种各样的物质，而这些物质能在大气中以一定的寿命（停留时间）存在。当大气中某种物质的浓度超过了正常水平，而对人类、生态、材料或其他环境要素（如大气性质、水体水质、气候等）产生不良效应时，就构成了大气污染。导致大气污染的大气组分即为大气污染物，如 SO_2、NO_x、挥发性有机物（VOCs）、颗粒物、O_3 及 CO_2、CH_4 和黑炭等。

大气污染物一旦由人为源或天然源进入大气（源），就加入了大气这个动态体系，与植物、海洋、土壤等不断进行物质交换，参与大气的循环过程，经过一定的停留时间后，又通过大气中的化学反应、生物活动和物理沉降等过程从大气中去除（汇）。如果它们从大气中去除的速率小于输入大气的速率，就会在大气中相对地积聚，造成大气中该物质浓度的升高。当浓度升高到超过安全水平时，就会直接地或间接地对人、畜、水体、植被或材料等造成急、慢性伤害，这就是大气污染形成的过程。

一般认为，大气污染只发生在城市和工业区，那里的大气污染物浓度往往要比农村或郊区高出许多倍，似乎大气污染是局部地区或区域性问题。但是，从广义上来说，大气污染是全球性问题，污染物最终将散布到整个大气层。

以在大气中停留时间较短的 SO_2 为例，SO_2 长期以来被看成局地性污染物，但是酸雨问题的出现已经告诉人们，它可以超越国界，造成几百、几千千米范围内的污染。又如在大气中寿命很短、只有在光化学烟雾中才生成的强刺激产物过氧乙酰硝酸酯（peroxyacetyl nitrate，简称 PAN），由于它存在热分解－复合可逆过程，建立高灵敏的检测方法后，在极边远地区亦可测出。至于停留时间长的组分，如氯氟烃类（CFCs）、CH_4 等，则更是如此，一旦浓度升高，它们就会在全球范围内均匀分布。这些微量气体虽然浓度升高后在对流层大气内对人、畜、材料等均无直接伤害，即在对流层不产生污染的直接效果，但是由于它们具有“温室气体”的性质，其浓度升高后会造成全球性大气增温，导致极地冰盖变化和海平面上升。有些含卤素烃类化合物进入平流层后，还能导致平流层臭氧的损耗，使地面受到的短波长紫外辐射增加，从而危害人类健康及植物生长等。它们在短期内不产生明显影响，但长期积累，后果不堪设想，甚至贻害子孙后代。因此局地性污染物需要引起重视，全球性污染物更要引起重视，以防患于未然。

大气环境化学的任务是针对环境已产生影响或正在产生影响的污染组分，了解其产生的源，在环境中的化学行为和浓度，以及将它们去除的机制，为制定控制对策提供有力的科学依据。

按照上述概念，环境中的主要大气污染物种类很多，若按物理状态，则可分为气态污染物和颗粒物两大类；若按形成过程，则可分为一次污染物和二次污染物。所谓一次污染物，指直接从污染源排放的污染物，如 CO、SO_2、NO 等；而二次污染物指由一次污染物经化学反应或光化学反应形成的污染物，如光化学氧化剂（Ox）、O_3、硫酸盐颗粒物等。目前已受到人们普遍重视的大气污染物主要有以下 8 类：

（1）含硫化合物[SO_2、H_2S、$(CH_3)_2S$ 和 H_2SO_4 等]；

（2）含氮化合物（ NO、NO_2、NH_3、HONO、HNO_3 和 N_2O 等 ）；

（3）含碳化合物（ CO、CO_2、CH_4、VOCs 等 ）；

（4）光化学氧化剂（ O_3、PAN、H_2O_2 等 ）；

（5）含卤素化合物（ HF、HCl 和 CFCs 等 ）；

（6）持久性有机污染物；

（7）颗粒物（ SO_4^{2-}、NO_3^-、NH_4^+、有机碳、元素碳、多环芳烃及含碳化学组分和重金属元素等 ）；

（8）放射性物质。

上述污染物许多是天然大气中原有的，只是含量甚微；有些则不是原有成分（ 如 PAN、HNO_3、H_2SO_4 等 ），而主要由大气中的化学反应产生。在分别讨论各类污染物之前，先介绍一些共同的问题：污染物的源、汇和循环。

第一节　大气污染物的源

大气污染物具有人为源和天然源两种来源。

一、人为源

人类的生产活动和生活活动是大气污染物的重要来源。通常所说的大气污染源，一般指由人类活动向大气输送污染物的发生源。

大气的人为污染源可分为以下几类。

（一）燃料燃烧

燃料（ 煤、石油、天然气、生物质等 ）的燃烧过程是向大气输送污染物的重要发生源。

煤是主要的工业和民用燃料，它的主要成分是碳，并含有氢、氧及少量的氮、硫和金属化合物。煤燃烧时除产生大量粉尘外，在燃烧过程中还会形成 CO、CO_2、硫氧化物（ SO_2 及少量 SO_3 ）、氮氧化物（ NO、NO_2 ）、碳氢化合物等有害物质。其中一部分属于不完全燃烧产物（ 如 CO、碳粒等 ），另一部分则属于完全燃烧产物（ 如 CO_2、SO_2 等 ）。而以 NO 为主的氮氧化物则是在高温条件下，由煤及大气中的 N_2 经氧化过程形成的。

由燃煤排放到大气中的污染物数量是相当大的。全世界 20 世纪 60 年代末—70 年代初由燃煤产生的大气污染物年排放量列于表 2-1 中。燃煤排放的 SO_2 占人为源年排放量的 70%，NO_2、CO_2 约占 50%，粉尘则占世界人为源年排放量的 40% 左右。

表 2-1　燃煤产生的大气污染物年排放量估计（ 20 世纪 60 年代末—70 年代初 ）

污染物	世界燃煤年排放量 / (10^6 t)	世界人为源年排放量 / (10^6 t)	燃煤年排放量占人为源年排放量的比例 /%
SO_2	102.0	146.2	70
NO_x（ 以 NO 计 ）	26.9	52.9	51
CO_2	7.33	14.03	52

续表

污染物	世界燃煤年排放量 / (10^6 t)	世界人为源年排放量 / (10^6 t)	燃煤年排放量占人为源年排放量的比例 /%
CO	4	359	1
碳氢化合物	2.9	258.3	1
粉尘	36.0	94.0	38

火力发电厂、钢铁厂和有大型锅炉的工厂是用煤量最大的工矿企业。而生活用煤即民用家庭小炉灶，由于其分布很广，排放高度很低，再加上无任何处理，所排出的各种污染物的量往往不比大锅炉低，在有些地区甚至更高。

除上述以燃煤为主的工业和民用燃烧过程外，以内燃机为主的各种交通运输工具也是重要的大气污染物发生源。汽车、火车、飞机、轮船等的内燃机燃烧排放的废气中含有 CO、NO_x、碳氢化合物、含氧有机物、硫氧化物和铅的化合物等多种有害物质。由于交通工具数量庞大，来往频繁，排放污染物的量也非常大。

表 2-2 列出了各种燃烧过程污染物的排放量。

表 2-2 各种燃烧过程污染物的排放量 单位：10^6 t/a

污染物	内燃		外燃			
	火花引擎	柴油机	燃油		燃煤	
			电厂	小炉灶	电厂	小炉灶
CO	395	9	0.005	0.025	0.25	25
NO_x	20	33	14	10	10	4
SO_2	1.55	6	20.8 × S%	20.8 × S%	19 × S%	19 × S%
碳氢化合物	34	20	0.42	0.26	0.1	5
醛、酸	1.4	6.1	0.08	0.25	0.002 5	0.002 5

注：S% 为燃料中含硫（S）百分数。

汞是具有持久性、生物累积性和生物放大作用的有毒污染物，是目前备受关注的大气污染物。燃煤电厂是全球大气中汞的最大排放源。研究表明，1995 年欧洲人为排放源排放的汞总量为 341.8 t，其中燃煤电厂排放的汞占 26%，其他燃煤工业锅炉占 26%，水泥生产占 8%，有色金属生产（锌、铅）占 5%，钢铁生产占 3%，废物处理占 3%。中国汞排放的估计，认为各经济部门中工业燃煤汞排放量最大，占总排放量的 45%~46%，其次是电力部门和生活煤炭消费，所占比例分别为 33%~36% 和 14%~15%。

（二）工业排放

工业生产过程中排放到大气中的污染物种类多、数量大，是城市大气的重要污染源。

产生工业废气的行业很多。例如，石油工业排出硫化氢和各种碳氢化合物，有色金属冶炼工业排出 SO_2、NO_x 及有毒的重（类）金属，如铅、镉、铬、锌、砷等；磷肥厂排出氟化物；酸碱盐工业排出 SO_2、NO_x、HF 及各种酸性废气；钢铁工业在炼焦、炼铁和炼钢过程中，排出大量的粉尘、CO_2、CO、NH_3、氰及相当数量的氟化物等。总之，工业排放污染物的组成与工业企业的性质有密切关系。

（三）固体废物焚烧

固体废物又称为垃圾，是多种工农业生产和生活固体废物的总称，其组成性质与来源、生活水平等密切相关，通常是极其复杂的。目前处理固体废物的主要方法之一是焚烧。用焚烧炉焚烧垃圾，其热能可加以利用，但是垃圾中的有害成分排入大气便造成了大气污染。鉴于垃圾处理十分复杂，即使采用现代设备，大气污染也难以避免，是国内外至今尚未彻底解决的问题之一。另外，垃圾填埋处理会产生大量的填埋气（landfill gas，LFG），LFG是一种混合气体，主要由 CH_4、CO_2、O_2、N_2、H_2 和多种痕量气体组成。在人为 CH_4 排放源中，垃圾填埋场位列所有排放源的第三位。

（四）农业活动排放

农药及化肥的使用，对提高农业产量起着重大的作用，但是也给环境带来了不利影响，致使施用农药和化肥的农业活动成为大气的一个重要污染源。

农药是一大类化学毒物。田间施用农药时，一部分农药会以粉尘等颗粒物形式散逸到大气中，残留在作物体上或黏附在作物表面的则可挥发到大气中。进入大气的农药可以被悬浮的颗粒物吸收并随气流向各地输送，造成大气农药污染。例如，据日本调查，在喷洒六六六时，空气中六六六的体积分数可高达 10^{-9} 量级，而在平时，空气中六六六的体积分数不超过 1×10^{-12}。在美国，由于城市用药量和用药密度大大高于农村，故城市大气中DDTs的浓度为农村大气的9 300多倍（1966年调查结果）。大气中DDTs主要是通过农药的喷洒和受污染地表的挥发进入大气的，大气中的DDTs又可以通过干、湿沉降回落到陆地或水体表面。这个挥发和沉降的过程多次重复，形成了DDTs从温暖源地区向寒冷极地地区的全球扩散，导致在从未使用过农药的南、北两极地区的大气、沉积物、冰雪和生物体内也发现了DDTs及其代谢产物的存在。各种化肥是农业生产中大量使用的另一类化学物质，对于化肥给环境带来的不利因素的认识，目前正在逐渐深入。例如，氮肥施用后，在土壤中经一系列的变化过程会产生 NO_x 释放到大气中；肥料中的氮在反硝化作用下可形成 N_2 和 N_2O 并释放到空气中，N_2O 不易溶于水，可传输到平流层，与 O_3 作用，使臭氧层遭到破坏。

（五）生物质燃烧

生物质是仅次于煤、石油、天然气的第四大能源，在世界能源总消费量中占14%，世界上约1/2的人口使用生物燃料作为生活用能源。长期以来，生物质能源一直是我国的主要能源之一，特别是在农村地区。生物质燃料的大量使用，特别是薪柴和林业废物的过度采伐利用，不仅破坏了地表植物，造成水土流失，而且燃烧产生的 SO_2、NO_x、NH_3、VOCs等也在局部造成空气污染。

二、天然源

自然界的各种物理、化学和生物过程也是大气污染物的一个重要来源。尽管与人为源相比，在城市地区由自然界产生的大气污染物种类少、浓度低，但从全球角度看，天然源是很重要的，尤其在清洁地区。

大气污染物的天然源主要有：① 自然尘（扬尘、沙尘暴、土壤粒子等）；② 森林、草原火灾（排放出 CO、CO_2、SO_x、NO_x、VOCs）；③ 火山活动（排放出 SO_2、H_2O、硫酸盐等颗粒物）；④ 森林排放（主要为萜烯类 VOCs）；⑤ 海浪飞沫（颗粒物主要为硫酸盐与亚硫酸盐）；⑥ 海洋浮游植物，海洋表层（二甲基硫等挥发性含硫气体）。

有关天然源的详细内容将在介绍各污染物时叙述。在制定某一空气污染地区的控制对策和进行模式计算时，必须考虑全部源的相对排放强度，列出污染源清单，这里不仅要考虑人为源，还要考虑天然源。在有些情况下天然源甚至比人为源更重要。根据全球的大气污染物排放量估计，全球近 10% 的 SO_2、约 50% 的 NO_x 和约 90% 的 VOCs 来自天然源。

三、污染物的来源分析技术

大气组分来源研究是一项复杂的工作，这主要是由于源的种类繁多，源的排放特征多变，一些组分还存在可能的未知源。因此，来源研究除力求准确外，来源的信息还应该动态化，不断进行更新和完善。

作为大气环境化学研究的一项基础工作，长期以来人们做了大量的研究工作，发展了从传统的扩散模式到现在技术已经比较成熟的受体模式等技术方法，目前正在积极地探索基于大气组分浓度观测结果的反演方法等。城市和区域尺度的来源研究通常采用的方法包括源清单法、扩散模式法和受体模式法。

（一）源清单法（source inventory）

源清单法是一种基本的来源研究方法，即通过测定各种污染源的排放因子和调查统计不同污染源的活动数据，来估算总的排放量和确定不同源的贡献率。

源清单法利用下式建立排放源清单：

$$EM(i,j,k,l)=EF(j,k,l)\times AC(i,j,k)$$

式中：i——地理范围或网格；

j——排放过程；

k——时间；

l——排放成分；

EM——排放量；

AC——行为方式；

EF——与行为方式相关的排放因子。

例如，驾驶烧汽油的小轿车为一种行为方式，其数量即表现为网格内的小汽车数量乘以行驶里程；其尾气排放是一种排放过程，汽油蒸发是另一种排放过程，两种过程中 VOCs 有不同的排放因子；该排放因子还随时间变化，如因行驶速度不同或气温而变化；最终的 VOCs 排放量与 i，j，k 都有关。

虽然源清单法在概念上简单易懂，但是实际应用中有代表性的排放因子和排放源的活动水平都不易获得，因此这种“自下而上”方法获得的来源信息存在较大的不确定性。

（二）扩散模式法（diffusion model）

大气扩散模式的种类很多，按模式理论的发展途径可分为统计理论模式、K 理论模式和相似理论模式；按模拟的时间尺度可分为短期平均及长期平均浓度模式；按污染源的形态又可分为点源、线源、面源、体源、多源或复合源模式。尽管大气扩散模式的种类繁多，但从应用角度出发，在实际工作中使用的大气扩散模式多属于高斯模式及高斯模式的变形。

美国、英国等国家已建立了比较完善的大气扩散模式系统，模式考虑了建筑物动力尾流效应、污染物衰变、重力沉降和干沉降，以及特殊气象条件和不平坦地形等多种复杂因素，可以应用于模拟工业区、道路和城市乃至区域等复杂环境下大气污染物的浓度分布及源排放对环境的影响。其中比较有代表性的扩散模式主要有美国国家环境保护局推荐的复合工业源大气扩散模式（ISC）和非稳态烟团散模式（CALPUFF）等。

（三）受体模式法（receptor model）

受体模式主要用于大气污染物的来源解析研究。受体模式的基本科学假设是：① 污染物从源到受体过程中质量守恒；② 受体点污染物浓度是各个源贡献的线性加和。受体模式通过分析受体大气污染物化学特性和物理特性来推断污染物的主要来源并估算各类污染源的贡献率。受体模式不依赖于气象资料和污染源清单，主要基于污染源排放特征、源排放化学成分谱和受体大气的物理化学特征，因此是一种典型的基于环境浓度水平“自上而下”的源解析方法，能有效研判影响受体大气的主要污染源，避免了重要污染源的遗漏。

最具代表性的受体模式即化学质量平衡（CMB）模式，1998 年美国国家环境保护局将 CMB 模式作为大气超标治理的法定方法在全美通用，许多国家亦纷纷将受体模式用于重点城市的大气污染物防治。经过多年的应用，该模式已形成一套包括最初概念模式的建立到最终多模式互相验证的方法体系。

化学质量平衡模式发展的同时，因子分析方法（如正定因子矩阵法 PMF）也发展很快。该方法的主要优点是：① 不需要事先设想污染源的结构和数目；② 不需要考虑污染源排放物在源和受体之间的化学变化；③ 方法中不仅包括浓度参数，还可以包括非浓度参数，为污染源的识别提供了更多的信息。正因如此，因子分析也成为源解析的重要手段之一，尤其在污染源化学成分谱尚不完全的情况下，这种方法更加显现出它的优势。但是，因子分析的解析结果仍然依赖于对源排放化学特征的了解，此外，因子分析解析结果的不唯一性成为因子分析在使用过程中遇到的主要问题。一般认为，对于污染源数目少的体系，因子分析的解析结果比较成功；对于污染源数目多的体系，化学质量平衡法显得优越一些。

受体模式最初应用于城区尺度的研究，主要用来解析颗粒物局地性污染源的贡献问题。20 世纪 80 年代，为了识别酸沉降和使能见度减低的源，许多研究把受体模式的应用扩展到区域尺度甚至全球尺度的研究。

（四）大气污染源解析的发展趋势

环境管理对大气污染源研究的巨大需求，推动了大气污染源解析技术的不断发展和完善，近几年的研究动向主要集中在下述方面。

1. 扩散模式和受体模式的联用

目前，环境管理和污染控制要求对颗粒物的来源进行更加细致的解析，将扩散模式和受体模式结合使用，成为源解析研究的趋势之一。扩散模式可以计算由于成分谱相似而使受体模式无法解析的某些特定污染源的贡献，使得污染治理方案更有针对性；受体模式的优势在于不要求对污染源进行详细调查，不依赖气象资料和气溶胶在大气中的许多特性参数，能解决扩散模式难以处理的问题。

2. 有机物示踪 CMB 模式

示踪物是一类污染源特征化学指纹的代表，是确定各类源排放的关键。大气颗粒物和 VOCs 中有机物成分丰富、来源广泛，其分子组成具有很强的源特征性，是源示踪物的最佳候选者，在一些污染源排放的无机特征物发生变化或示踪功能消失的情况下，有机物对污染源的示踪作用日益突出。例如，惹烯对于以针叶树木为主的生物质燃烧、左旋葡聚糖对于生物质燃烧、藿烷和甾烷对于机动车排放都具有很好的示踪作用。

3. 同位素示踪技术和单颗粒分析技术

同位素示踪技术对识别颗粒物来源也有重要作用，其中碳同位素示踪技术发展得较早。利用 ^{14}C 的示踪特性可以区分石化燃料燃烧源和非石化燃料燃烧源。此外，单颗粒的许多性质（如形态、化学成分），也有助于鉴别出不同来源颗粒物的“指纹”特征，并利用多元统计方法或模式识别和解析污染源。

4. 反向模式技术

反向模式将传统的受体模式和大气化学传输模式结合在一起，引入空气质量观测资料的约束，运用一定的数值方法，计算包括污染源在内的一些输入数据和参数的调整因子，使得大气化学传输模式在利用调整后的源排放和其他参数进行模拟时，污染物的模拟结果与观测数据吻合程度得以提高。从另一个角度来讲，反向模式技术的运用实际上是改进了污染源等输入数据，减少了它们的不确定性，可以更加准确地模拟和确定源 – 受体的响应关系。

第二节 大气污染物的汇机制

各种污染物由源输入大气，在源附近浓度较大，随着与越来越多空气的混合，浓度逐渐稀释。这个稀释过程可被一系列所谓的“汇机制”加速，如重力沉降、降水清除、地表吸收及大气中的化学转化等，这些过程亦被称为污染物的去除过程。

去除过程基本上可分为以下几类。

一、干沉降

重力沉降，与植物、建筑物或地面（土壤）相碰撞而被捕获（被表面吸附或吸收）的过程，统称为干沉降（dry deposition）。重力沉降仅对直径大于 10 μm 的颗粒物是有效的。过小的粒子由于其降落速度对比大气的垂直运动来说是可忽略的，因此，与植物相碰撞可能是它们在近地面处较有效的去除过程。植物对粒子的去除速率与粒子大小、植物表面大小、形状及湿度都有关系。对于气态污染物，干沉降也是一种很重要的去除途径。

大气污染物的干沉降受许多因子制约，这些制约因子大致可分为 3 类，即大气特性、表面特性和污染物本身特性，而每一类又包括许多因子。因此，在描述污染物干沉降去除速率时，人们并不试图描述其详细的去除过程，而是用干沉降速率 v_d 来代表这个过程。

当考虑一个大气成分的干沉降时，它垂直向下的干沉降通量 F_d 可表示为

$$F_d = v_d \times \rho(x, y, z_1, t)$$

式中：$\rho(x, y, z_1, t)$ ——地表上方 z_1 处的成分浓度。

从上式可见，v_d 实质上是垂直向下通量与大气浓度之间的一个比例常数。

干沉降过程大致可以分为 3 步：第一步为大气向邻近地表的大气层输运污染物，这一步主要由大气湍流控制，受控于干沉降的空气动力学阻力；第二步涉及污染物扩散通过邻近地表的 Laminar 薄层大气，这一层厚度仅为 0.1~0.01 cm，但对干沉降却相当重要，表示为干沉降的表面阻力；第三步，污染物在接受表面的溶解性或吸附性决定了有多少污染物被清除，表示为干沉降的转换阻力。如果接受表面对污染物没有吸附作用，干沉降对该物就没有去除作用。

干沉降的机制类似于电或热流通过一系列阻碍，干沉降的总阻力可以用空气动力学阻力 R_a，表面阻力 R_s 和转换阻力 R_t 来表示，总阻力与干沉降速率成反比：

$$v_d = \frac{1}{R} = (R_a + R_s + R_t)^{-1}$$

空气动力学阻力可以由特征的大气湍流参数来描述，表面阻力取决于分子扩散性质，而转换阻力则与接受表面和污染物的化学亲和性有关。

二、湿沉降

大气中的物质通过降水而落到地面的过程，称为湿沉降（wet deposition）。湿沉降对气体和颗粒物都是有效的大气净化机制。湿沉降有两类：雨除（rainout）和冲刷（洗脱）（wash-out）。雨除指被去除物质参与了成云过程，即作为云滴的凝结核，使水蒸气在其上凝结。冲刷指在云层下部即降雨过程中的去除。酸雨就是由于酸性物质的湿沉降而形成的。

目前还没有全面的资料来评价干、湿沉降的相对重要性。早期人们对 SO_2 和 SO_4^{2-} 的去除感兴趣，对总硫的干、湿去除做了一些估计，显示干沉降和湿沉降同样重要。用区域性大气污染模式（ASTAP）估算美国上空硫的干、湿沉降，结果表明湿沉降比干沉降略微有效（1.3∶1）。2001—2003 年在我国重庆市铁山坪森林公园的观测结果显示，对于硫、钙和氮等主要的化学组分，其干沉降量均超过湿沉降量的水平，硫、钙干沉降量分别是湿沉降量的 4 倍和 8 倍以上，氨态氮和硝态氮的干、湿沉降量基本接近。

三、化学反应去除

污染物在大气中通过化学反应生成其他气体或粒子而使原污染物在大气中消失的过程，称为化学去除。对于某些气体污染物如 SO_2，此过程是重要的汇机制，不过这种机制也可能产生新的污染物，因而又有新污染物的去除问题。

四、向平流层输送

向平流层输送也是对流层某些气体和气溶胶粒子的汇。

表 2-3 列出了一些典型气态污染物的汇过程。

下面分别介绍各类气态污染物。

表 2-3 典型气态污染物的汇过程

气体	汇
SO_2	雨除，冲刷；气相或液相氧化成硫酸盐；土壤中微生物降解、物理和化学反应吸收；植物的表面吸收和消化摄取；海洋和河流的吸收等
H_2S	氧化为 SO_2
O_3	光解；在植被、土壤、雪和海洋表面上的化学反应
NO_x	土壤中化学反应；植被的吸收和消化摄取；气相或液相化学反应
CO	平流层中与 ·OH 反应；土壤中微生物活动
CO_2	植被的光合作用和吸收；海洋的吸收等
CH_4	土壤中微生物活动；植被的化学反应和细菌活动；对流层及平流层中化学反应
VOCs	氧化为 CO 和 CO_2；向颗粒物转化；土壤中微生物活动；植被的吸收和消化摄取

第三节 含硫化合物

大气中含硫化合物主要有：氧硫化碳（COS）、二硫化碳（CS_2）、二甲基硫[（CH_3）$_2$S]、硫化氢（H_2S）、二氧化硫（SO_2）、三氧化硫（SO_3）、硫酸（H_2SO_4）、亚硫酸盐（SO_3^{2-}）和硫酸盐（SO_4^{2-}）等。

一、二氧化硫（SO_2）

SO_2 是无色、有刺激性气味的气体，其本身毒性不大，动物连续接触 30×10^{-6}（体积分数）的 SO_2 无明显的生理学影响。但是 SO_2 在大气中（尤其在污染大气中）易被氧化形成 SO_3，再与水分子结合生成硫酸分子，经过均相或非均相成核作用，形成硫酸气溶胶，并同时发生化学反应生成硫酸盐。硫酸和硫酸盐可形成硫酸烟雾和酸性降水，造成较大的危害。SO_2 之所以被认为是重要的大气污染物，原因就在于它参与了硫酸烟雾和酸雨的形成。

大气中 SO_2 主要来源于含硫燃料的燃烧。硫在燃料中可以有机硫化物或无机硫化物（如 FeS_2）形式存在。通常煤的含硫量为 0.5%~6%，石油为 0.5%~3%。全球除海盐外的硫排放量为 98~120 Tg（以 S 计），人为源贡献其中的 75%，而人为排放的硫 90% 来自北半球。1860 年以来，全球 SO_2 和 CO_2 的人为源排放量情况见图 2-1。

图 2-2 为世界主要地区 1750—2014 年大气 SO_2 排放量估算值的时间变化趋势。19 世纪中叶至 20 世纪中叶，北美和欧洲的 SO_2 排放主导着全球的 SO_2 排放变化。20 世纪 80 年代以来，由于排放控制，北美和欧洲 SO_2 的排放量呈现不断下降的趋势，而中国和其他亚洲 / 太平洋地区 SO_2 的排放量呈现逐渐增长的趋势。SO_2 的排放主要来自能源转化与生产和工业加工，这随着经济活动而变化。中国自 2005 年来开展对电厂排放的控制，SO_2 排放量显现出下降趋势，工业排放逐渐成为主要来源。

表 2-4 列举了全球大气 SO_2 排放中天然源和人为源的排放情况。

由表可见，SO_2 的排放中人为源的贡献比天然源大。

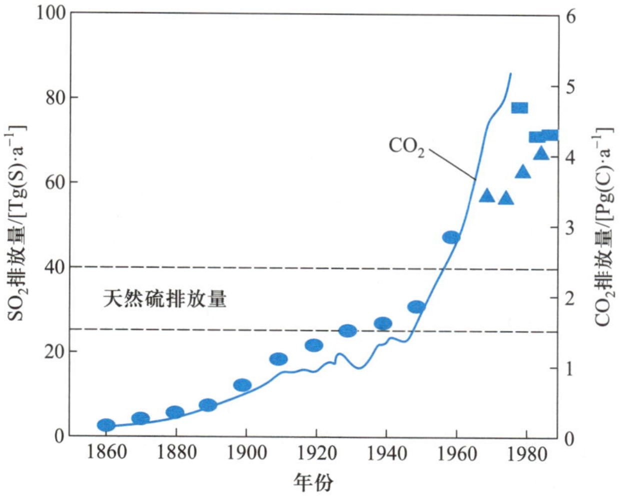

图 2-1　1860 年以来全球 SO_2 和 CO_2 的人为源排放量情况

（资料来源：Seinfeld，1998）

实线为排放量；●、▲、■为不同研究者估算出的排放量；

虚线区域为全球天然硫排放量（不包括海盐中硫酸盐的贡献）

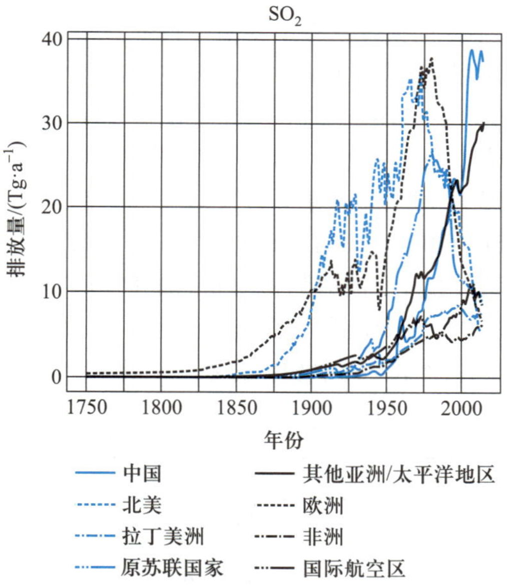

图 2-2　世界主要地区 1750—2014 年大气 SO_2 排放量估算值的时间变化趋势

（资料来源：Hoesly 等，2018）

表 2-4　全球大气 SO_2 排放量　　单位：Tg（S）/a

排放源	全球排放量	资料来源
能源转化与生产	35.75	O'Rourke 等，2021
工业	26.49	
交通运输	14.08	
航空业	0.36	
废物燃烧	0.23	
住宅、商业、其他	6.2	
火山喷发	23	Carn 等，2016；2017

二、低价硫化合物

含硫化合物来自许多天然源，如火山喷发、海水浪花、生物活动等。火山喷发产生的含硫化合物大部分以 SO_2 形式存在，小部分以 H_2S 和 $(CH_3)_2S$ 形式存在。海水浪花带出的含硫化合物主要是硫酸盐，即 SO_4^{2-}。生物活动产生的含硫化合物主要以 H_2S 和 $(CH_3)_2S$ 形式存在，少量以 CS_2、CH_3SSCH_3（二甲基二硫）及 CH_3SH 形式存在。

与人为源不同，天然源排放的硫主要是以低价态存在的，其中主要的是 H_2S、$(CH_3)_2S$、COS 和 CS_2，而 CH_3SSCH_3 和 CH_3SH 次之。对于这些低价硫化合物，海洋也是一个重要的源。据 Tesdal 等报道（2016），海洋释放出大量 $(CH_3)_2S$，其排放率为 18~24 Tg（S）/a，主要来自海藻及细菌。而 COS 的排放量仅为它的 1% 左右。

$(CH_3)_2S$（DMS）是海洋排放的主要含硫物种。1972 年，Lovelock 首先在海洋表面测到了 DMS，并提出 DMS 可能是生物源硫物种，在全球硫的源汇平衡中有重要贡献。DMS 是海水中海底生物和浮游生物产生的，这意味着它可能在海洋表面普遍存在。有观点认为 DMS 是海洋浮游生物制造的二甲基磺基丙酸酯分解产生的。在表层海水中的浓度介于几个 ng（S）/L 到几个 μg（S）/L，平均浓度约为 100 ng（S）/L。据观测，DMS 浓度存在日变化，并与海水深度和位置有关。根据 DMS 在大气中的浓度及其在海水中的亨利常数，其在海水中的浓度远远高于与大气相平衡的值。这种不平衡导致了 DMS 从海水向大气的排放。

DMS 在全球硫循环中的重要性被发现后，研究者很快进行了大量的相关测量工作（表 2-5）。DMS 在海水边界层（MBL）的平均混合比为 80×10^{-12}~100×10^{-12}（体积分数），但在海岸和上升流等水体上空可高达 1×10^{-9}。DMS 的混合比随大气高度上升而迅速下降，在对流层自由大气中降为 10^{-12} 数量级。在穿过大气－海水界面进入大气后，DMS 主要与 ·OH 和 NO_3· 反应。与 ·OH 的反应在海洋大气中占主导地位。因为 ·OH 的形成与太阳辐射密切相关，所以 DMS 在白天被清除得更快，而在夜间 DMS 与 NO_3· 的反应更重要。因此，海洋边界层的 DMS 浓度表现出昼夜循环，夜间最高，白天最低。DMS 的氧化是大气中甲烷磺酸的唯一来源，也是海洋大气中 SO_2 的主要来源。

表 2-5 全球 DMS 排放量的估计 单位：Tg（S）/a

排放源	全球	范围	资料来源
海洋排放	28.1	17.6~34.4	Lana 等，2011
陆地和土壤生物	1.0	0.4~5.6	Bates 等，1992；Andreae 和 Jaeschke，1992

氧硫化碳（COS）是大气中含量丰富的含硫气体，这主要是因为它的反应活性低，在大气中的寿命较长。除火山喷发可直接将 SO_2 送入平流层外，COS 是唯一一种能通过扩散进入平流层的含硫物种。实际上，COS 进入平流层被认为是能维持平流层中正常硫酸盐气溶胶层的主要因素。据估算，COS 的全球源强为 0.90 Tg/a，全球大气寿命约为 7 a，在对流层的平均混合比为 500×10^{-12}。由于地表植被和土壤是 COS 的重要汇，大气 COS 被认为可以指示陆地生态系统的初级生产力，在全球碳循环过程的研究中具有重要的应用前景。

大气中 H_2S 的人为源排放量不大，据估计，全世界工业排放的 H_2S 是 SO_2 的 2% 左右，因而人为排放的 H_2S 构成的污染问题不严重。

大气 H_2S 的主要来源是天然排放，除火山喷发外，H_2S 主要来自动植物机体的腐烂，即主要由动植物机体中的硫酸盐经微生物的厌氧活动还原产生。据 Watts 等报道（2000），H_2S 的天然源排放量估计为 4.4 Tg/a。

清洁地区大气中测得的 H_2S 很可能主要来自 COS 和 CS_2 的氧化。

H_2S 在大气中易被·OH、O 和 O_3 氧化为高氧化态硫化物 SO_2。但是 H_2S 还可以由 COS、CS_2 与·OH 反应而产生：

$$\cdot OH + COS \longrightarrow \cdot SH + CO_2$$

$$\cdot OH + CS_2 \longrightarrow COS + \cdot SH$$

$$\cdot SH + HO_2\cdot \longrightarrow H_2S + O_2$$

$$\cdot SH + CH_2O \longrightarrow H_2S + HCO\cdot$$

$$\cdot SH + H_2O_2 \longrightarrow H_2S + HO_2\cdot$$

$$\cdot SH + \cdot SH \longrightarrow H_2S + S$$

而 H_2S 的主要去除反应为

$$\cdot OH + H_2S \longrightarrow H_2O + \cdot SH$$

三、硫的大气化学转化及全球循环

含硫化合物在大气中存在复杂的化学转化过程，基本的过程是低价态的含硫化合物在大气中被不断氧化，高价态的含硫化合物通过干、湿沉降的方式从大气中去除（图 2-3）。

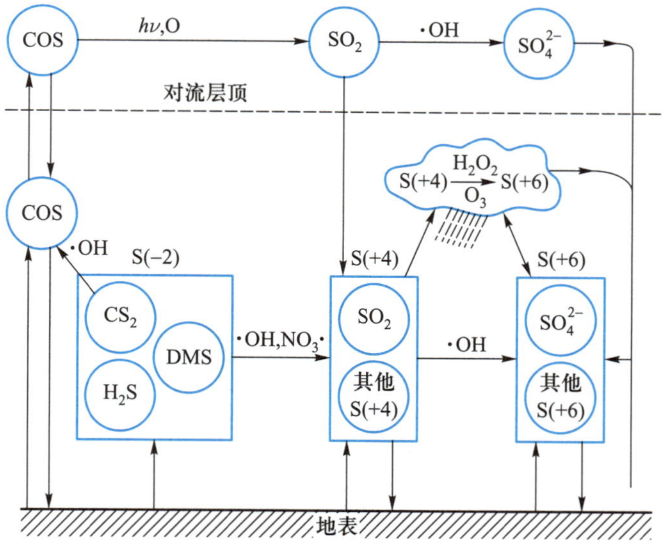

图 2-3 含硫化合物在大气中的主要转化途径

主要过程包括：① DMS、H_2S、CS_2 和 COS 的排放；② S(+4) 和 S(+6) 的排放；③ DMS、H_2S 和 CS_2 被·OH 氧化，DMS 在对流层大气中被 $NO_3\cdot$ 氧化；④ COS 传输到平流层大气中；⑤ 在平流层大气中，COS 光解或与 O 原子反应形成 SO_2；⑥ SO_2 在平流层大气中的氧化反应；⑦ 平流层中的 COS、SO_2 和 SO_4^{2-} 传输回到对流层；⑧ SO_2 和其他 S(+4)

在对流层中被·OH 氧化；⑨ 云、雾、雨滴、湿的气溶胶颗粒物等水溶胶对 S(+4)(主要是 SO_2)的吸收；⑩ 在水溶胶中，S(+4)与 H_2O_2(aq)的液相氧化反应，以及在一定浓度金属离子的催化作用下，与 O_2 反应；⑪ S(+6)，主要是 SO_4^{2-} 被水溶胶吸收；⑫ 云的蒸发残留一些 S(+6)气溶胶颗粒物；⑬ COS、S(+4)和 S(+6)的干、湿沉降。

图 2–4 为硫的生物地球化学循环示意图，图中示出了硫的主要储存地、循环途径和存在形式。

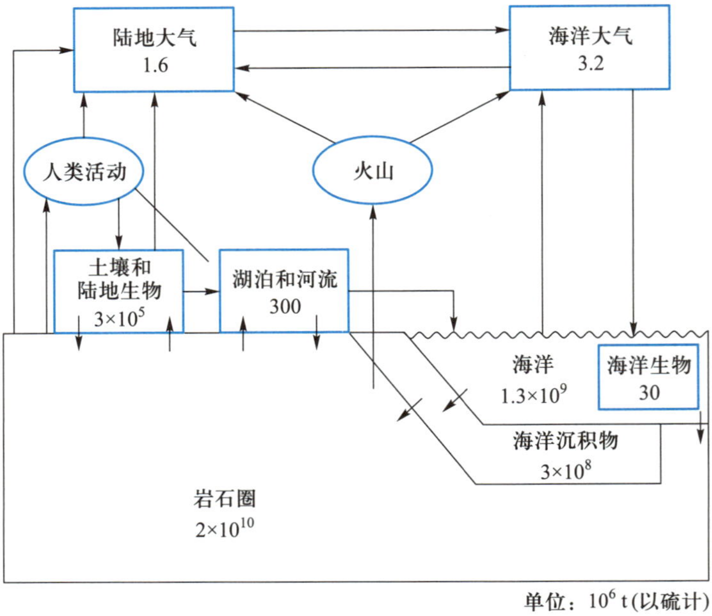

图 2–4 硫的生物地球化学循环示意图

四、含硫化合物的本底浓度

有关含硫化合物的本底浓度及在大气中的停留时间等，各文献报道略有不同，但无数量级的差异，这些值列在表 2–6 中，供参考。

表 2–6 大气含硫化合物的本底浓度和停留时间

化合物	本底浓度	停留时间
H_2S	0.2×10^{-9}~20×10^{-9}(体积分数)	<4 d
SO_2	0.2×10^{-9}~10×10^{-9}(体积分数)	<6.5 d
SO_4^{2-}	约 2 μg/m^3	7~22.7 d
COS	约 $5\,000\times10^{-12}$(体积分数)	约 2 a
CS_2	15×10^{-12}~30×10^{-12}(体积分数)	短

SO_2 作为主要气态污染物，人们对它的本底浓度特征研究较多：SO_2 的本底浓度具有明显的地区变化和高度变化。在世界不同地区测得的本底浓度具有较大的差别(见表 2–6)；在空间不同高度，SO_2 本底浓度的差异也很明显。例如，在自由大气层，即距地平面 500~1 000 m

高度上，南太平洋上空 SO_2 的体积分数为 0.04×10^{-9}~0.12×10^{-9}，美国和加拿大陆地上空则为 0.1×10^{-9} 至几个 10^{-9}。

SO_2 的城市浓度则具有日变化和明显的季节变化的性质。图 2-5 为北京地区 SO_2 的小时平均浓度的变化规律。SO_2 的浓度在夏季较低，且一天内变化不大。在冬季（采暖期）不但浓度增高，而且一天内变化较大，早 8:00 和晚 8:00 左右出现两个峰值（早、晚 SO_2 排放量大，且逆温层低，空气稳定，排放的 SO_2 不易散开）。从日变化曲线可知，北京地区 SO_2 的污染主要来源于采暖。

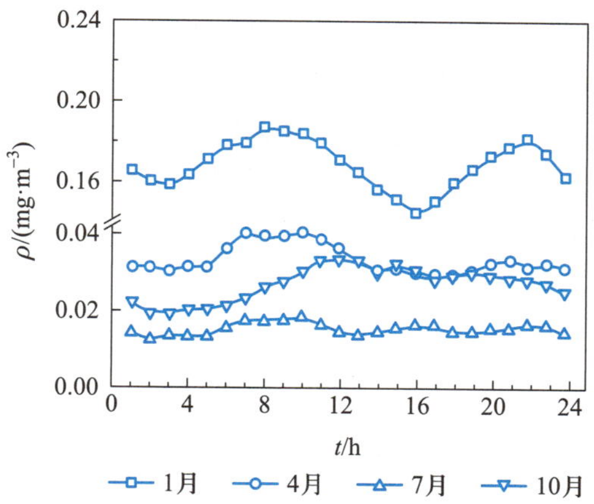

图 2-5 北京城区 SO_2 的小时平均浓度的变化规律

（资料来源：张睿等，2004）

第四节 含氮化合物

大气中以气态存在的含氮化合物有氧化亚氮（N_2O）、一氧化氮（NO）、二氧化氮（NO_2）、氨（NH_3）、亚硝酸（HNO_2）、硝酸（HNO_3），以及少量三氧化二氮（N_2O_3）、四氧化二氮（N_2O_4）、三氧化氮（NO_3）和五氧化二氮（N_2O_5）等，后者有时统称为 N_xO_y。在大气环境化学研究中往往把 NO、NO_2、NO_3、N_2O_5、HNO_2、HNO_3、HNO_4 和其他有机硝酸盐统称为奇氮化合物（odd-nitrogen compounds）。氮还能以 NO_3^-、NO_2^- 和 NH_4^+ 的形式存在于气溶胶颗粒物和降水中。

N_2O_3、N_2O_4、N_2O_5、NO_3、HNO_2 在大气中很不稳定，常温下极易转化形成 NO 和 NO_2：

$$N_2O_3 \longrightarrow NO+NO_2$$
$$N_2O_4 \longrightarrow 2NO_2$$
$$N_2O_5 \longrightarrow N_2O_3+O_2$$
$$2NO_3+h\nu\,(<0.541\ \mu m) \longrightarrow 2NO_2+O_2$$
$$NO_3+h\nu\,(<10\ \mu m) \longrightarrow NO+O_2$$
$$NO_3+NO \longrightarrow 2NO_2$$
$$HNO_2+h\nu\,(<400\ nm) \longrightarrow \cdot OH+NO$$

由于存在以上热反应和光反应，在大气中上述物种不易测到，往往测出的只是 NO 和 NO_2。例如，当 NO_2 浓度为 20 μg/m^3 时，与之平衡的 N_2O_4 浓度仅为 10^{-6} μg/m^3。

一、氧化亚氮（N_2O）

氧化亚氮（N_2O）是无色气体，是低层大气中含量最高的含氮化合物。大气中 90% 的 N_2O 由土壤中的硝酸盐（NO_3^-）经细菌的脱氮作用产生：

$$NO_3^-+2H_2+H^+ \xrightarrow{细菌} \frac{1}{2}N_2O+2\frac{1}{2}H_2O$$

目前，人们已经注意到大气中 N_2O 的浓度有所增加（图 2-6），工业革命前的 1 000 多年里，N_2O 的浓度一直维持在 270×10^{-9}（体积分数）左右，工业革命后，N_2O 以每年 0.2%~0.3%

的速率增加，从1995年到2011年，大气N_2O浓度以平均（0.79 ± 0.05）× 10^{-9}（体积分数）的速率增长，2010—2019年的增长率进一步上升，达到（0.95 ± 0.04）× 10^{-9}（体积分数），N_2O浓度在2019年达到332.1 × 10^{-9}（体积分数），与80万年前的冰川期—间冰期波动幅度相当。全球观测结果显示N_2O的浓度上升到至少80万年前所未有的水平，基于1750年的浓度水平，其增长幅度为23%。1750年以来，N_2O的浓度增加了62 × 10^{-9}（体积分数）。

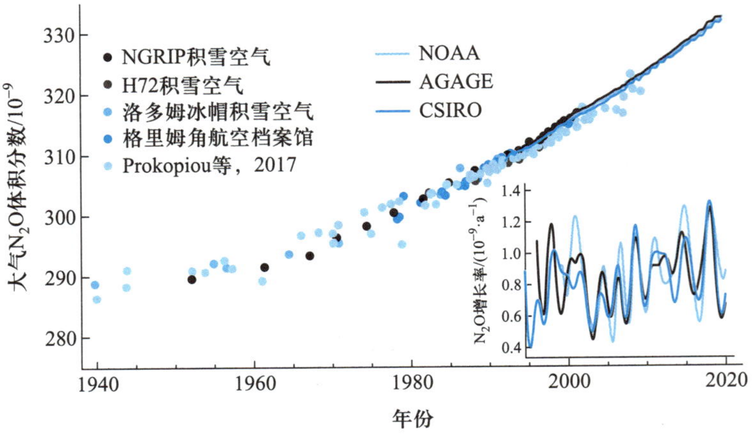

图 2-6 1940年以来大气N_2O浓度的变化

（资料来源：IPCC，2021）

N_2O的排放源既有天然源，又有人为源。天然源以海洋和热带森林为主；人为源包括农田氮肥的使用、工业生产和家畜，并以人为源排放导致的增加为主。N_2O在对流层没有显著的汇机制，只能通过平流层的缓慢光解而消除。因此，N_2O在大气中的寿命很长，约为116 ± 9 a。N_2O的人为源主要有两个：燃烧和氮肥的施用。随着合成氮肥工业和农业活动的发展，这部分源正在扩大，并越来越重要。人为源排放贡献了约43%的N_2O排放，包括农业生产（含水产养殖）、化石燃料燃烧和工业排放、生物质和生物燃料燃烧、废水、大气或水体运输或者沉积人为氮的再释放，以及由CO_2、气候和土地利用变化引起的来自生态系统的扰动。N_2O在大气中的长寿命意味着，在全球排放稳定之后，大气中的丰度需要一个多世纪才能稳定下来，因此，大气N_2O排放源的变化一直受到广泛重视（表2-7）。

表 2-7 大气中N_2O的全球估算 单位：Tg（N）/a

时间 / 年		1980—1989	1990—1999	2000—2009	2007—2016
人为源	化石燃料燃烧和工业排放	0.9（0.8~1.1）	0.9（0.9~1.0）	1.0（0.8~1.0）	1.0（0.8~1.1）
	农业生产（含水产养殖）	2.6（1.8~4.1）	3.0（2.1~4.8）	3.4（2.3~5.2）	3.8（2.5~5.8）
	生物质和生物燃料燃烧	0.7（0.7~0.7）	0.7（0.6~0.8）	0.6（0.6~0.6）	0.6（0.5~0.8）
	废水	0.2（0.1~0.3）	0.3（0.2~0.4）	0.3（0.2~0.4）	0.4（0.2~0.5）
	内陆水域、河口、海岸地区	0.4（0.2~0.5）	0.4（0.2~0.5）	0.4（0.2~0.6）	0.5（0.2~0.7）

续表

时间 / 年		1980—1989	1990—1999	2000—2009	2007—2016
人为源	海洋大气氮沉积	0.1（0.1~0.2）	0.1（0.1~0.2）	0.1（0.1~0.2）	0.1（0.1~0.2）
	陆地大气氮沉积	0.6（0.3~1.2）	0.7（0.4~1.4）	0.7（0.4~1.3）	0.8（0.4~1.4）
	其他间接影响（CO_2、气候和土地利用变化）	0.1（−0.4~0.7）	0.1（−0.5~0.7）	0.2（−0.4~0.7）	0.2（−0.6~1.1）
	人为源总计	5.6（3.6~8.7）	6.2（3.9~9.6）	6.7（4.1~10.3）	7.3（4.2~11.4）
天然源	河流、河口、海岸地区	0.3（0.3~0.4）	0.3（0.3~0.4）	0.3（0.3~0.4）	0.3（0.3~0.4）
	海洋	3.6（3.0~4.4）	3.5（2.8~4.4）	3.5（2.7~4.3）	3.4（2.5~4.3）
	天然植被覆盖土壤	5.6（4.9~6.6）	5.6（4.9~6.5）	5.6（5.0~6.5）	5.6（4.9~6.5）
	大气化学	0.4（0.2~1.2）	0.4（0.2~1.2）	0.4（0.2~1.2）	0.4（0.2~1.2）
	天然源总计	9.9（8.5~12.2）	9.8（8.3~12.1）	9.8（8.2~12.0）	9.7（8.0~12.0）
	自下而上来源总计	15.5（12.1~20.9）	15.9（12.2~21.7）	16.4（12.3~22.4）	17.0（12.2~23.5）
	观察到的增长率			3.7（3.7~3.7）	4.5（4.3~4.6）
汇	平流层汇			12.1（11.4~13.1）	13.3（11.7~13.3）
	表面下沉	−0.01（−0.3~0）	−0.01（−0.3~0）	−0.01（−0.3~0）	−0.01（−0.3~0）
	大气化学			13.3（12.2~14.4）	13.5（12.4~14.6）

资料来源：引自 Tian 等，2020。

注：表格中的数据代表各源、汇的均值，括号中数据代表源、汇的最大可能范围。

N_2O 虽然对人体无毒害，但它不易溶于水，可传输至平流层，经以下反应：

$$N_2O + h\nu\,(<315\ \text{nm}) \longrightarrow N_2 + O$$

$$N_2O + O \longrightarrow 2NO$$

产生 NO，进而引起臭氧层的破坏。因此，近年来人们对 N_2O 的人为源越来越关注。

二、氮氧化物 NO_x（NO 和 NO_2）

NO 和 NO_2 是大气中主要的含氮污染物，它们的人为源主要是燃料的燃烧。燃烧源可分为流动燃烧源和固定燃烧源。城市大气中的 NO_x（NO、NO_2）约 2/3 来自机动车等流动源的排放，1/3 来自固定源的排放。无论是流动源还是固定源，燃烧产生的 NO_x 主要是 NO，只有很少一部分（视温度等情况不同，含量为 0.5%~10%）被氧化为 NO_2。一般假定燃烧产生的 NO_x 中 NO 占 90% 以上。燃料燃烧生成的 NO_x 可分为以下两种：

（1）燃料型 NO_x（fuel NO_x）：燃料中的含氮化合物在燃烧过程中氧化生成 NO_x。

（2）温度型 NO_x（thermal NO_x）：燃烧时空气中的 N_2 在高温（>2 100 ℃）下氧化生成 NO_x。

燃烧过程中，NO_x 形成的机理为链反应机制：

$$O_2 \rightleftharpoons O+O \qquad （极快）$$

$$O+N_2 \longrightarrow NO+N \qquad （极快）$$

$$N+O_2 \longrightarrow NO+O \qquad （极快）$$

$$N+\cdot OH \longrightarrow NO+H \qquad （极快）$$

$$NO+\frac{1}{2}O_2 \longrightarrow NO_2 \qquad （慢）$$

即燃烧过程产生的高温使 O_2 热裂解为氧原子，氧原子和空气中的 N_2 反应生成 NO 和氮原子，氮原子又和 O_2 反应生成 NO 和氧原子。此外，氮原子可与火焰中的 ·OH 反应生成 NO 和氢原子。根据以上机理，燃烧过程中 NO_x 的生成量主要与燃烧温度和空燃比有关。空燃比定义为空气的质量与燃料的质量之比。当燃烧完全时，即无过量的 O_2 时，空气与燃料的混合物就称为化学计量混合物，此时的空气质量与燃料质量之比为化学计量空燃比。对于典型的汽油，其化学计量空燃比为 14.6。假若空气与燃料的混合物中空气的含量少于化学计量空燃比下的空气应有的含量，那么此燃料混合物称为“富”燃料；而空气的量过量时，称为“贫”燃料。以机动车尾气为例，燃烧温度和 NO_x 生成量的关系列于表 2–8 中。碳氢化合物、CO 和 NO_x 的排放量与空燃比的关系如图 2–7 所示，由图可见，空燃比低时，尾气中碳氢化合物、CO 含量高，而 NO_x 含量低，空燃比逐渐增大，NO_x 含量增加；空燃比等于化学计量空燃比时，NO_x 达到最大值；空燃比超过化学计量空燃比时，过量空气使火焰冷却，NO_x 又降低。

表 2–8 燃烧温度和 NO_x 生成量的关系

燃烧温度 /℃	NO_x 生成量（体积分数）/10^{-6}	燃烧温度 /℃	NO_x 生成量（体积分数）/10^{-6}
20	<0.001	1 538	3 700.0
427	0.3	2 200	25 000.0
527	2.0		

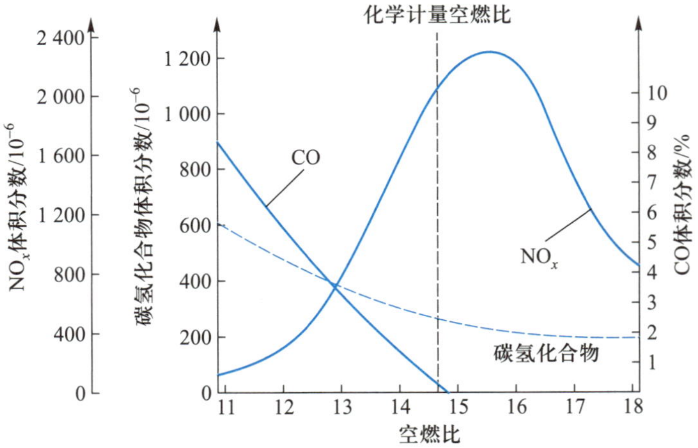

图 2–7 碳氢化合物、CO 和 NO_x 的排放量与空燃比的关系

据计算，燃烧 1 t 天然气产生 6.35 kg NO_x，燃烧 1 t 石油约产生 12.3 kg 或 9.1 kg（视燃烧装置的条件而定）NO_x；燃烧 1 t 煤则产生 8~9 kg NO_x。从全球范围看，2000 年估计排放量为 51.9 Tg（N）/a，2014 年排放量为 47.5 Tg（N）/a。由于大气 NO_x 在大气化学中的重要性，大气 NO_x 排放量的变化一直是研究的热点。NO_x 的主要来源是化石燃料的燃烧，其他比较重要的源包括生物质燃烧和土壤排放。最近的全球土壤 NO_x 排放估计显示，其排放量为 4.7 ~ 16.8 Tg（N）/a，高于早期经验估计值 5 Tg（N）/a。自由对流层的 NO_x 包括来自飞机（8~12 km）的排放，NH_3 氧化和闪电。闪电源排放量的估计争议很大，过去估计为 5~12 Tg（N）/a，最近的研究表明全球闪电频率（44 ± 5 /s）低于先前的估计，用该最佳闪电频率对全球闪电生成的 NO_x 进行估计，为 2~8 Tg（N）/a，约占 NO_x 排放总量的 10%。然而，天然源在某些区域可能成为主要的来源。NO_x 的天然源主要为生物源，包括：

（1）由生物机体腐烂形成的硝酸盐，经细菌作用产生的 NO 及随后缓慢氧化形成的 NO_2。

（2）生物源产生的 N_2O 氧化形成 NO_x：

$$N_2O+O \longrightarrow 2NO$$

（3）有机体中氨基酸分解产生的 NH_3 经 ·OH 氧化形成的 NO_x：

$$NH_3+\cdot OH \longrightarrow \cdot NH_2+H_2O$$
$$\cdot NH_2+\cdot OH \longrightarrow \cdots \longrightarrow NO_2$$

表 2-9 列出了 NO_x 的主要来源及其全球排放量的估算。由表可见，对于 NO_x 来说，人为源与天然源几乎各占一半。

表 2-9 NO_x 的主要来源及其全球排放量的估算 单位：Tg（N）/a

主要来源	全球排放量
化石燃料燃烧	28.3①，25.4⑥
飞机	—
生物质燃烧	5.5①
土壤	7.3①，12.9 ± 3.9⑤，8.9⑥，7.9⑦
氨氧化	—
农业	3.7①
闪电	4①，2~8②，2.287③，1.4~3.5④
平流层	—
总计	48.8①，47.5⑦

资料来源：① IPCC，2013；② Schumann 和 Huntrieser，2007；③ Koshak 等，2014；④ Huntrieser 等，2011；⑤ Vinken 等，2014；⑥ Jaegle 等，2005；⑦ Miyazaki 等，2017。

从各部门 NO_x 全球排放量的估算来看（表 2-10），交通运输、能源转化与生产占主导地位。由于运输及能源的转型，北美和欧洲在这两个部门的排放量呈现下降趋势，而亚洲地区呈现不断增长的趋势。总的来说，全球 NO_x 排放量在 2008 年前后先上升，然后趋于平缓略微有所下降。图 2-8 为世界主要地区 1750—2014 年大气 NO_x 排放量的估算值，2000 年以来，北美和欧洲 NO_x 排放量呈现不断下降的趋势，而中国 NO_x 排放量呈现先升后降的趋势，其他亚洲 / 太平洋地区 NO_x 排放量呈现逐渐增长的趋势。

表 2-10 各部门 NO_x 全球排放量估算 单位：$Tg(NO_2)/a$

排放部门	1980—1989 年	1990—1999 年	2000—2009 年	2010—2019 年
农业	3.74	4.03	4.39	5.03
航空业	1.79	2.23	2.79	3.45
住宅、商业与其他	9.97	10.75	10.31	9.17
能源转化与生产	23.29	29.34	31.98	30.10
工业	14.95	13.56	14.98	17.75
交通运输	36.24	37.90	38.86	38.88
废物燃烧	10.79	16.17	21.92	19.37

注：表中数据引自 O'Rourke 等，2021，代表各部门的 NO_x 排放均值。

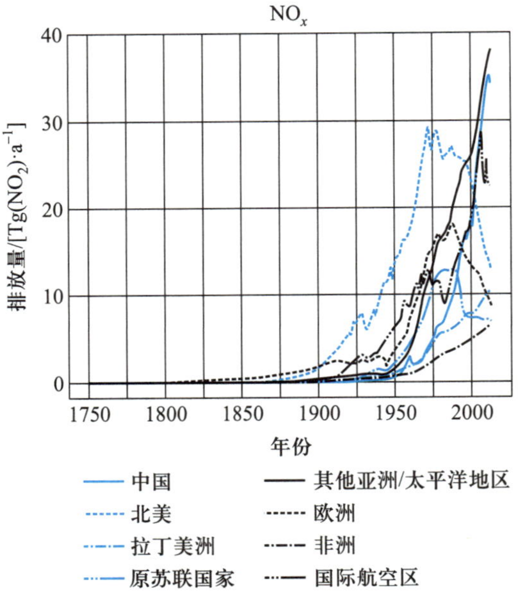

图 2-8 世界主要地区 1750—2014 年大气 NO_x 排放量的估算值
（资料来源：Hoesly 等，2018）

三、亚硝酸（HONO）

亚硝酸（HONO）是大气中重要的痕量气体，HONO 的光解是污染城市地区重要的 ·OH 来源，特别是早晨时段。HONO 具有启动和加速日间光化学反应的能力，因此了解它的源和汇对理解对流层化学至关重要。HONO 光解的逆反应是其重要的源：

$$\cdot OH + NO + M \longrightarrow HONO + M$$

据估计，白天 HONO 的光解至少占 HONO 汇的 95%，余下部分为 HONO 和 · OH 的反应：

$$\mathrm{HONO}+h\nu\,(\lambda<400\ \mathrm{nm}) \longrightarrow \cdot\mathrm{OH}+\mathrm{NO}$$

$$\mathrm{HONO}+\cdot\mathrm{OH} \longrightarrow \mathrm{H_2O}+\mathrm{NO_2}$$

HONO 浓度的日变化特征是其源和汇的综合体现。全球 46 个观测数据集的标准化 HONO 浓度的日变化分布如图 2-9 所示，在大多数城市和城郊区域，日变化一般呈“凹”形，即日间浓度低，夜间浓度高，表明 HONO 在日间的快速消耗和夜间的累积；但是在许多山区和偏远海洋地区观察到相反的情况，即日间浓度高而夜间浓度较低，说明可能有更重要的日间来源。部分沿海地区的 HONO 日变化有两个峰值，表明海陆风或额外的日间 HONO 来源的潜在影响。

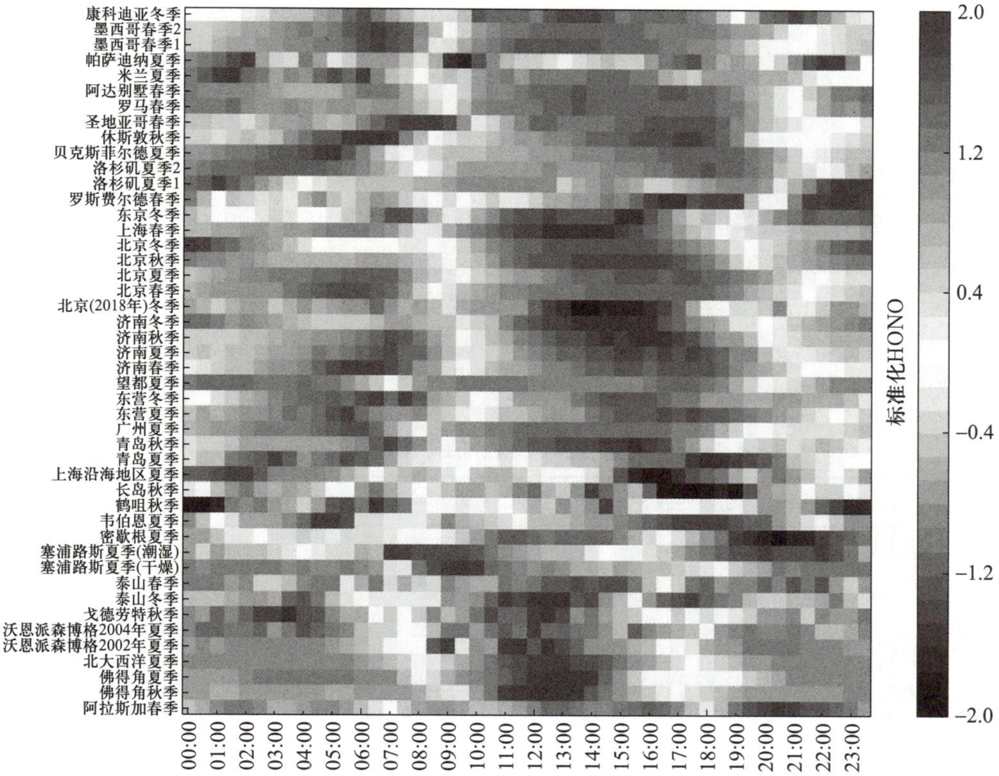

图 2-9　全球 46 个观测数据集的标准化 HONO 浓度的日变化分布

（资料来源：Jiang 等，2022）

由于观测到的 HONO 日间浓度一般远高于根据 · OH 与 NO 的气相反应计算出来的浓度，学者们提出了很多可能的 HONO 日间来源，包括：NO_2 在地表或颗粒物的非均相反应，NO_2 在地表或颗粒物表面的光催化二次生成，NO_2 在黑炭表面的光催化生成，硝酸在颗粒物表面的光解，硝酸盐的光解，酸置换反应，土壤排放和机动车排放等。对流层主要的 HONO 源和汇示意图见图 2-10。然而即使在模型中考虑当前已知的 HONO 来源，模拟浓度也经常无法解释观测到的 HONO 浓度，且这一现象并不局限在具体的某些地区或某些时间段，而在全球范围内普遍存在。

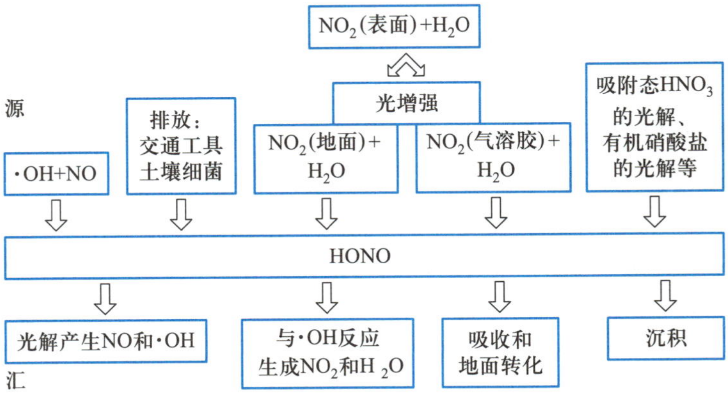

图 2-10 对流层主要的 HONO 源和汇示意图

（资料来源：Archibald 等，2020）

四、氨（NH_3）

大气中的 NH_3 是重要的污染物，它主要来自动物废物、土壤腐殖质的氨化、土壤氨基肥料的损失及工业排放。它的生物来源主要是细菌分解废弃有机物中的氨基酸产生的。由于 NH_3 能参与降水中的化学反应，中和降水的酸度，它的人为源近年来已逐渐引起关注。表 2-11 为全球各部门 NH_3 的源排放量估计。从各部门 NH_3 全球排放的估算来看，农业占主导地位。

表 2-11 全球各部门 NH_3 的源排放量估计 单位：Tg（NH_3）/a

排放部门	1980—1989 年	1990—1999 年	2000—2009 年	2010—2019 年
农业	34.04	36.34	39.85	44.70
航空业	0.02	0.03	0.04	0.04
住宅、商业与其他	2.08	2.39	2.81	3.19
能源转化与生产	0.69	0.80	0.99	1.32
工业	1.02	0.95	0.95	1.05
交通运输	0.19	0.32	0.40	0.37
废物燃烧	0.01	0.01	0.02	0.02

资料来源：O'Rourke 等，2021。

图 2-11 为世界主要地区 1750—2014 年大气 NH_3 排放量估算值的时间变化趋势。2000 年以来，由于亚洲和非洲农业排放量的增长，全球各区域 NH_3 都呈现持续稳定增长的趋势（除欧洲外），其中中国 NH_3 的排放量增长相比于亚洲其他地区而言较缓慢。

NH_3 是大气中丰度最高的碱性气体。NH_3 易溶于水形成 NH_4^+，在对流层中主要转化为气溶胶铵盐：

$$NH_3+H_2SO_4 \longrightarrow NH_4HSO_4$$

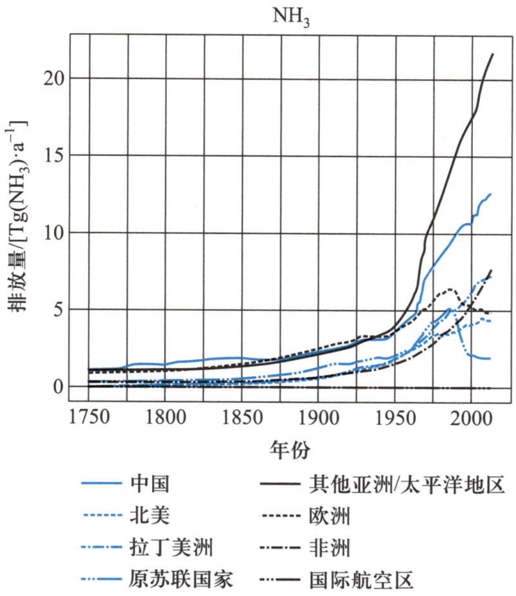

图 2-11 世界主要地区 1750—2014 年大气 NH_3 排放量估算值的时间变化趋势

（资料来源：Hoesly 等，2018）

$$NH_3+NH_4HSO_4 \longrightarrow (NH_4)_2SO_4$$

$$NH_3+HNO_3 \longrightarrow NH_4NO_3$$

$$NH_3+HCl \longrightarrow NH_4Cl$$

NH_3 经上述过程在对流层经湿沉降和干沉降去除，汇强估计湿沉降为 20.8 Tg/a，干沉降约为 24.6 Tg/a。近年来，NH_3 与·OH 反应形成 NO_x 也被认为是 NH_3 的一个重要的汇，其汇强可达到 1.7 Tg/a。

据测量，大气 NH_3 背景浓度（偏远森林地区）为（0.26~1.6）$\times 10^{-9}$。农业活动对 NH_3 浓度的影响很大，据 2002—2013 年的卫星观测资料显示，美国、欧洲联盟（欧盟）和中国农业地区 NH_3 浓度年增长率分别为 2.6%、1.8% 和 2.3%。我国大气 NH_3 平均浓度[（9.1 ± 7.0）$\times 10^{-9}$]明显高于美国[（1.8 ± 2.2）$\times 10^{-9}$]、欧洲[（2.1 ± 2.5）$\times 10^{-9}$]和非洲[（3.6 ± 2.0）$\times 10^{-9}$]。我国北方的 NH_3 浓度显著高于长江以南地区，城市大气 NH_3 浓度与农田站点相当，但是浓度的变化范围很大，如河北香河 2017—2018 年冬季的测量结果显示，当地大气 NH_3 浓度小时均值为（0.8~483）$\times 10^{-9}$，平均为（16.7 ± 19.7）$\times 10^{-9}$，远高于国内外其他站点冬季的浓度水平。

五、氮的大气循环

含氮化合物的大气循环如图 2-12 所示，图中显示 NO_x 在对流层和平流层大气中的相互转化，以及含氮化合物主要的汇机制。根据污染源强和浓度，可以算出气态 NO_x（包括 HNO_3）在大气中的停留时间为 1~4 d，颗粒物 NO_3^- 则为 3~9 d。由于 NO_x 寿命较短，它们的主要效应将表现为局地性或区域性。

氮的陆气交换与大气化学转化对氮的环境效应具有重要影响。在大气中含氮的化学成分很多，主要的大气循环过程包括：① 地表的人为和天然活动向大气释放 N_2O、NO_x

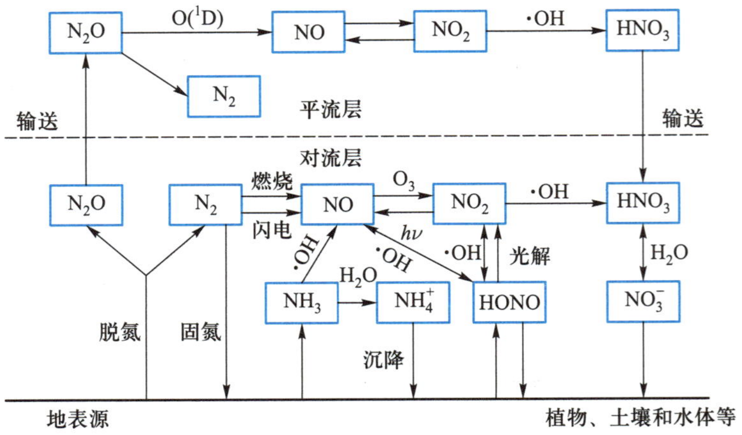

图 2-12 含氮化合物的大气循环

(NO、NO_2)、HONO 和 NH_3 等;② 闪电等过程将大气中的 N_2 转化为 NO_x;③ 低氧化态的含氮成分在大气中被氧化;④ N_2O 进入平流层大气中,在平流层被转化为活性氮 NO、NO_2;⑤ 平流层活性氮(NO、NO_2)进入平流层,并沉降到对流层被清除;⑥ 对流层中 NH_3 被氧化转化为 NO 和 NO_2;⑦ 对流层中 NH_3 与水汽、酸性气体反应,以 NO_3^- 形态进入颗粒相;⑧ 对流层中 NO 和 NO_2 参与光化学反应,并转化为 HNO_3;⑨ 对流层 NO 和 NO_2 通过均相和多项反应生成 HONO;⑩ HONO 通过光解或其他途径生成 NO 和 ·OH;⑪ HONO 通过干、湿沉降从大气中去除;⑫ 气态和颗粒态 NO_3^- 通过干、湿沉降从大气中去除。

六、含氮化合物的本底浓度

清洁大气和污染大气中的一些含氮化合物的本底浓度(体积分数)和寿命如表 2-12 所示。

NO 和 NO_2 的本底浓度随地理位置不同而具有明显的差别,综合全球报道的资料:在北半球,大西洋和太平洋对流层上层 NO 的本底浓度可达 0.03×10^{-9}(体积分数);在南半球,大西洋和太平洋对流层上层 NO 的本底浓度可达 0.05×10^{-9}(体积分数);世界其他各地 NO 约为 0.2×10^{-9}(体积分数),NO_2 约为 0.5×10^{-9}(体积分数)。全球总平均值 NO 为 1.0×10^{-9}(体积分数),NO_2 为 2.0×10^{-9}(体积分数)。

表 2-12 清洁大气和污染大气中的一些含氮化合物的本底浓度(体积分数)和寿命

含氮化合物	清洁大气 /10^{-9}	污染大气 /10^{-9}	寿命
NO	0.01~5	50~70	1~10 d
NO_2	0.1~10	50~250	1~10 d
HNO_3	0.02~0.03	3~50	—
NH_3	1~6	10~25	—
HNO_2	0.001	1~8	~14 d
N_2O	310 ± 2	310 ± 2	116 ± 9 a
NH_4^+	1.5 μg/m^3	—	2~8 d
NO_3^-	0.2 μg/m^3	—	2~8 d

第五节 含碳化合物

大气中含碳化合物主要包括碳的氧化物一氧化碳（CO）、二氧化碳（CO_2），以及碳氢化合物（HC）和含氧烃类（如醛、酮、酸等）。

一、碳的氧化物

（一）CO

CO是一种无色、无味、无臭的气体，是主要且排放量较大的大气污染物之一。CO对人体的危害主要是阻碍体内氧气输送，使人体缺氧窒息。但CO排入空气后，由于扩散和氧化，一般在大气中不会达到引起窒息的浓度。作为大气污染物的CO，其主要危害在于能参与光化学烟雾的形成，以及造成全球性的环境问题。

1. CO的人为源

CO是在燃料不完全燃烧时产生的，如氧气不足时，发生下列反应：

$$C+\frac{1}{2}O_2 \longrightarrow CO$$

$$C+CO_2 \longrightarrow 2CO$$

由于CO分子中碳、氧之间是三键，CO氧化为CO_2的速率极慢。尤其在空气不足的燃烧过程中，仅少量的CO可氧化为CO_2，大量的CO将留在烟气中。另外，高温时CO_2可分解产生CO和氧气，因此燃料的燃烧过程是城市大气中CO的主要来源。据估计，在全球范围，CO的人为源与生物质燃烧的排放总量大约为1 200 Tg（CO）/a，其中最主要的人为源包括化石燃料和生物燃料的不完全燃烧。另外，甲烷（CH_4）和其他碳氢化合物的氧化也是一个重要来源，总量为1 200 Tg（CO）/a，但是这部分CO中仅50%是由于人为源导致的。

2. CO的天然源

就全球环境看，CO的天然源很重要，主要包括以下几个方面。

（1）甲烷的氧化：生命有机体分解产生的CH_4经·OH氧化可形成CO，目前确认的机制如下：

$$CH_4+\cdot OH \longrightarrow \cdot CH_3+H_2O$$

$$\cdot CH_3+O_2 \longrightarrow HCHO+\cdot OH$$

$$HCHO+h\nu\,(320\text{~}335\ nm) \longrightarrow CO+H_2$$

（2）海水中CO的挥发：海水中CO过饱和程度很大，因此海洋可不间断地向大气提供CO，其量约为20 Tg（CO）/a。

（3）植物排放：植物排放的烃类主要是萜烯，经·OH氧化产生CO。

（4）其他：森林火灾、农业废物焚烧等。

表2-13列出了2000—2017年全球CO的源、汇估算值。

图2-13为世界主要地区1750—2014年大气CO排放量估算值的时间变化趋势。20世纪50年代后，交通运输的发展使得全球CO的排放量迅速增长。20世纪80年代和90年

表 2-13 全球 CO 的源、汇估算值(2000—2017 年) 单位:Tg(CO)/a

源	
人为源	700
生物质燃烧	500
海洋	20
天然源	200
CH_4 的氧化	900
NMVOCs 的氧化	300
总源	2 600
汇	
·OH 的反应	2 600

资料来源:Zheng 等,2019。

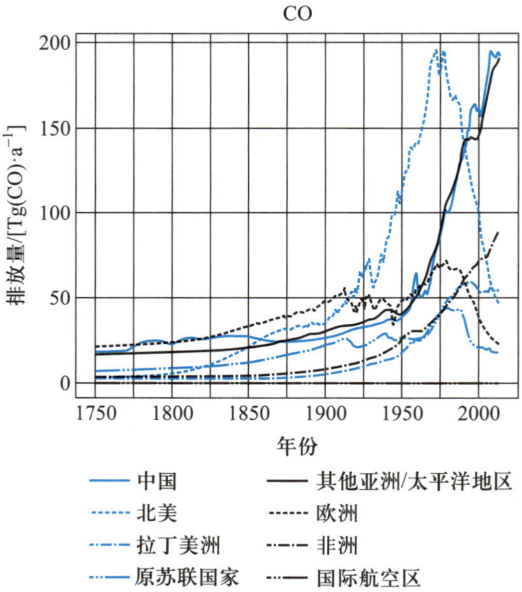

图 2-13 世界主要地区 1750—2014 年大气 CO 排放量估算值的时间变化趋势

(资料来源:Hoesly 等,2018)

代,北美和欧洲引入了催化转换器,使得 CO 排放量开始下降,全球其他地区也随后有了下降的趋势。然而,由于人口增加带来的居民广泛使用生物质燃烧,亚洲和非洲的 CO 排放量继续上升。21 世纪后全球 CO 排放量趋于平缓,北美和欧洲 CO 排放量的持续减少抵消了亚洲、非洲带来的 CO 排放量增加的影响。

3. CO 的去除

大气中 CO 可与·OH 反应转化为 CO_2,CO 可扩散至平流层,在那里与·OH 反应被氧化为 CO_2:

$$CO + \cdot OH \longrightarrow CO_2 + \cdot H$$

$$H + O_2 \longrightarrow HO_2 \cdot + M$$

$$CO + HO_2 \cdot \longrightarrow CO_2 + \cdot OH$$

以上过程为链反应，其速率取决于大气中·OH的浓度。Wofsy通过理论计算，论证了平流层提供的·OH足以同时满足CO的源和汇的需要。对流层大气中CO与·OH的反应是·OH汇中最重要的去除途径之一，约占40%，对大气氧化能力有深远影响（Lelieveld等，2016）。经由CO产生的大气驱动因子CO_2、CH_4和O_3可导致约0.2 W/m^{2}的正辐射强迫（Myhre等，2014）。

4. CO的大气寿命及浓度分布

CO的大气寿命为1~3个月，在热带地区寿命较短，在南半球温带地区寿命较长，它的浓度随纬度有较明显的变化（图2-14）。CO可作为污染物排放和传输的示踪物（Hedelius等，2019）。

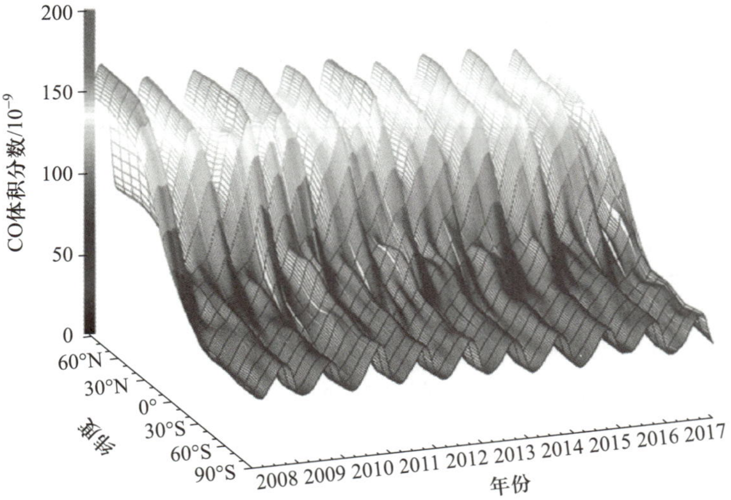

图2-14　CO浓度的全球分布

CO在对流层大气中的混合比为40×10^{-9}~200×10^{-9}（体积分数），观测结果表明，北半球大气中的CO水平高于南半球，浓度最大值位于北半球中纬度地区附近。总的来说，在北半球大气中，CO的混合比随高度上升而逐渐减小，在北纬45°附近的自由大气层中平均值约为120×10^{-9}（体积分数）；在南半球大气中，CO浓度的垂直分布相对更均一，在南纬45°附近的混合比约为60×10^{-9}（体积分数）。CO的大气浓度还表现出季节变化规律，在北半球的变化幅度平均为±40%，在南半球平均为±20%。最大浓度通常出现在春季，而最小浓度一般出现在夏末秋初。

1991—2009年，CO的全球平均浓度呈现下降的趋势，从2010年至今，CO的浓度变化较为平稳，稳定在83×10^{-9}（体积分数）左右（图2-15）。CO的城区浓度较非城区浓度要高得多（表2-14）。城区CO的浓度与交通密度有直接的关系。

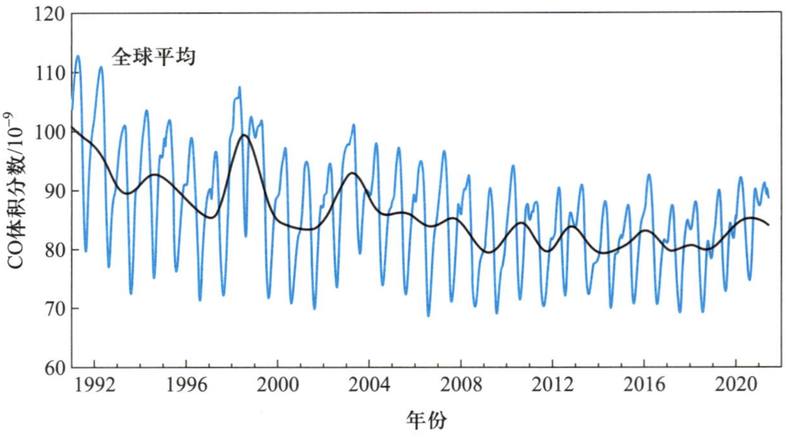

图 2-15 CO 的全球浓度变化趋势

表 2-14 不同地区大气 CO 浓度(体积分数)的比较

地点、时间	洛杉矶 2010 年 夏季	北京城区 2014 年 冬季	北京城区 2015 年 夏季	北京怀柔 2016 年 冬季	广州 2018 年 秋季	固城(站) 2018 年 冬季
CO 浓度 /10^{-9}	305	1 741	573	651	413	1 410

(二) CO_2

CO_2 是一种无毒的气体,对人体无显著危害作用。在大气污染问题中,CO_2 引起人们普遍关注的原因是它能引起全球环境的重大变化。

大气中 CO_2 的来源有天然源和人为源两种。

1. CO_2 的天然源

(1) 海洋脱气:大气圈与水圈具有强烈的交换 CO_2 的作用,海水中 CO_2 的含量通常比大气圈高 60 余倍,约为 1.3×10^{14} t。据估计,大约有 1×10^{11} t 的 CO_2 在海洋和大气圈之间不停地交换。

(2) CH_4 转化:CH_4 在平流层与 ·OH 反应,最终被氧化为 CO_2。

(3) 动植物呼吸、腐败作用及生物质燃烧:植物从大气中摄取的 CO_2 一般有 1/3~1/2 经光合作用转化为有机物 $(CH_2O)_x$,其余则经呼吸作用排入大气。另外,当自然界中的植物体(如森林、农业废物等)作为燃料燃烧或腐败而自然氧化时,会从大气中吸收氧气,并将产生的 CO_2 排入大气:

$$(CH_2O)_x + xO_2 \longrightarrow xCO_2 + xH_2O$$

2. CO_2 的人为源

CO_2 的人为源主要是矿物燃料的燃烧。据估计,由矿物燃料燃烧排放到大气中 CO_2 的量约每十年增加一次,19 世纪 60 年代平均每年增长 3.0 ± 0.2 GtC,增长率到 19 世纪 90 年代有所下降,20 世纪初开始继续升高,平均增长率为 3.0%/a,2010—2019 年平均每年增长 9.4 ± 0.5 GtC,增长率下降到 1.2%/a。从目前全球 CO_2 的源汇估计(表 2-15)来看,大气中 CO_2 浓度水平的增加将在很长时期内是一个相当重大的环境问题。

表 2-15　全球 CO_2 的源汇估计　　单位：GtC /a

时间	1990—1999 年	2000—2009 年	2010—2019 年
总排放			
化石燃料燃烧①	6.3 ± 0.3	7.7 ± 0.4	9.4 ± 0.5
土地利用变化	1.4 ± 0.7	1.4 ± 0.7	1.6 ± 0.7
总排放	7.6 ± 0.8	9.1 ± 0.8	10.9 ± 0.9
分配			
大气中浓度水平的增加	3.2 ± 0.02	4.1 ± 0.02	5.1 ± 0.02
海洋沉降	2 ± 0.5	2.1 ± 0.5	2.5 ± 0.6
陆地沉降	2.6 ± 0.7	2.9 ± 0.8	3.4 ± 0.9

资料来源：引自 Friedlingstein 等，2020。
注：① 化石燃料燃烧排放不包括水泥的碳化汇。

图 2-16 为世界主要地区 1750—2014 年大气 CO_2 排放量估算值的时间变化趋势。由于工业革命和交通运输相关行业的发展，20 世纪后全球各个地区 CO_2 的排放量均持续增加。20 世纪 70 年代后，欧洲的 CO_2 排放量开始呈现下降趋势。21 世纪后，由于中国和其他亚洲 / 太平洋地区 CO_2 排放量的稳步上升，非洲和拉丁美洲排放量的适度上升，使得全球 CO_2 排放量呈上升趋势。北美和欧洲的 CO_2 排放量在 2007 年逐步下降。

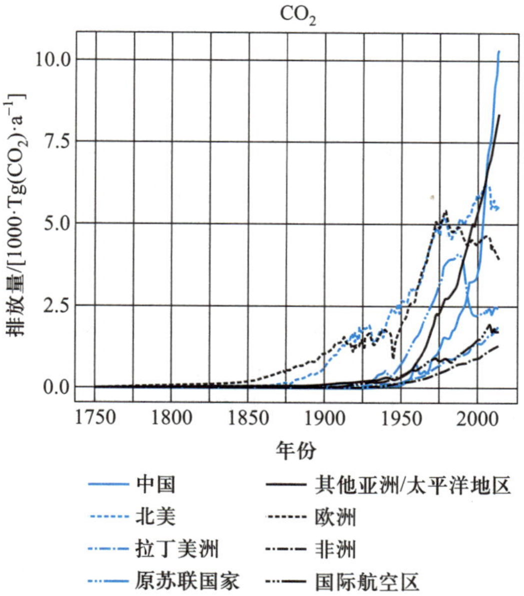

图 2-16　世界主要地区 1750—2014 年大气 CO_2 排放量估算值的时间变化趋势
（资料来源：引自 Hoesly 等，2018）

3. CO_2 的浓度变化及其危害

一方面，人类活动使 CO_2 向大气中的排放量逐年增加；另一方面，由于人类大量砍伐森林、毁灭草原，地球表面的植被日趋减少，导致整个植物界从大气中吸收 CO_2 的数量减少。全球大气中 CO_2 平均浓度的变化趋势如图 2–17 所示，CO_2 是大气中有超过 60 年连续精确测量结果的气体，图中一年的周期变化是夏季植物对 CO_2 吸收而冬季释放所致。CO_2 平均浓度的变化呈现逐年上升的趋势，2019 年浓度为 410×10^{-6}（体积分数），相比 1750 年［227×10^{-6}（体积分数）］增长了 48%。大气中 CO_2 浓度高于工业化前的水平，主要原因是人为源（化石燃料燃烧、水泥生产、生物质燃烧等）的增加。

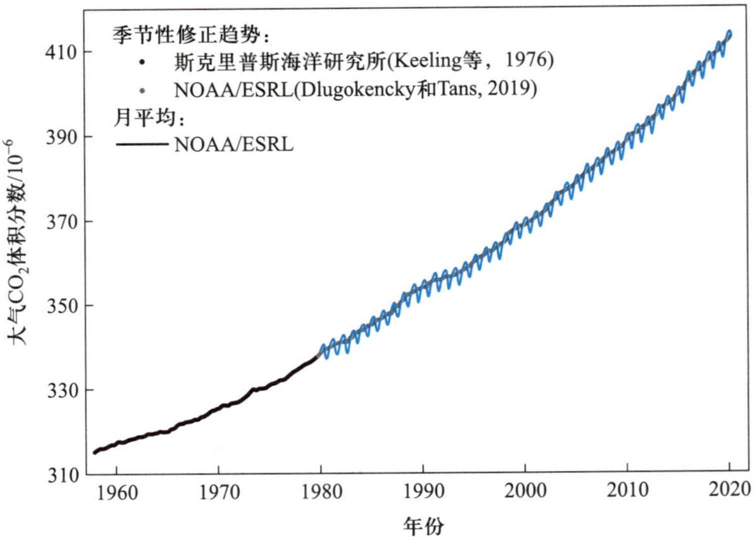

图 2–17　全球大气中 CO_2 平均浓度的变化趋势

（资料来源：引自 Friedlingstein 等，2020）

从 CO_2 的全球循环看（图 2–18），由人类活动产生的额外的 CO_2 只有 3 条可能的出路：第一条是进入海洋，使海水变酸；第二条是进入生物圈；第三条则是停留在大气圈，增加大气 CO_2 储库含量。许多研究表明，人为产生的这部分额外的 CO_2 对生物圈及海洋的 pH 影响都不大，影响最大的是大气圈本身，主要表现为对全球气候的影响。

CO_2 是温室气体，CO_2 分子几乎可以让可见光完全透过，但是对于红外热辐射，特别是波长为 12~18 μm 的辐射，则是一个很强的吸收体，因此低层大气中的 CO_2 能够有效地吸收地面发射的长波辐射，导致温室效应，使近地面大气变暖。

基于大气 CO_2 浓度的发展趋势，可以基本肯定化石燃料燃烧引起的 CO_2 排放还将起主要作用。随着大气 CO_2 浓度的升高，海洋和陆地吸收占 CO_2 排放量的比例将不断下降，陆地和海洋气候反馈的净效应将进一步增加所预测的大气 CO_2 浓度。目前的碳循环模式通过考虑陆地和海洋气候反馈，预测到 2100 年大气 CO_2 浓度为 $540\times10^{-6}\sim970\times10^{-6}$（比 1750 年的 280×10^{-6} 高出 90%~250%）。如果考虑到这一问题的不确定性，那么预计未来（2100 年）大气中 CO_2 的浓度为 490×10^{-6}~$1\ 260\times10^{-6}$，这一水平高于 1750 年浓度水平的 75%~350%。

改变土地利用会影响大气 CO_2 浓度。可以假设，即使迄今所有土地利用变化而释放的 CO_2 在 21 世纪内均为陆地生物圈所吸收（如通过再造林），大气 CO_2 浓度也只能减少 40×10^{-6}~70×10^{-6}。对于最重要的人为温室气体，碳循环模式表明，要将大气 CO_2 浓度稳定

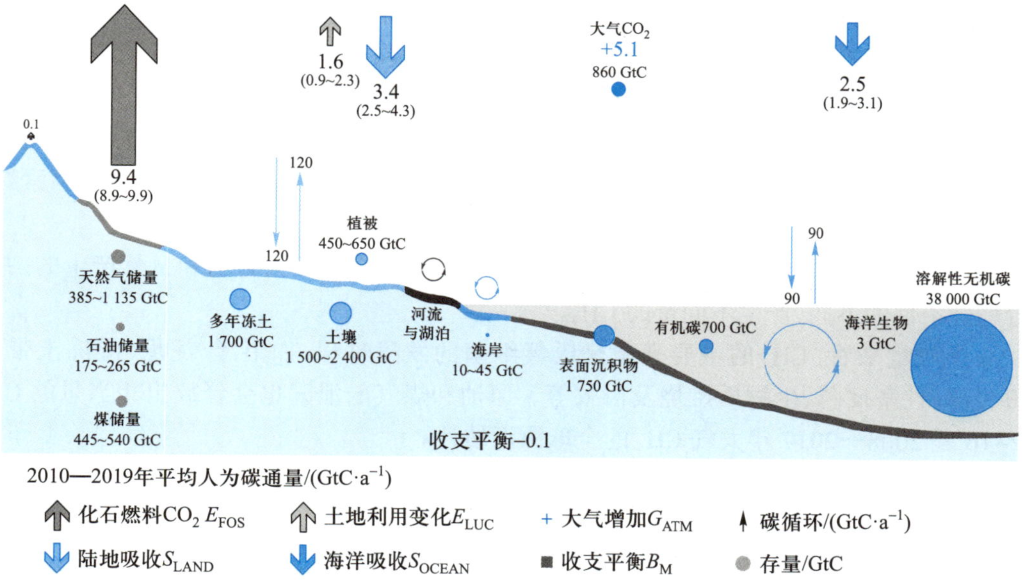

图 2-18 CO_2的全球循环（2010—2019 年）

（资料来源：引自 Friedlingstein 等，2020）

在 450×10^{-6}、650×10^{-6} 和 $1\ 000\times10^{-6}$，全球人为排放量则需分别在几十年、大约一个世纪和大约两个世纪内降到 1990 年的水平以下，而且以后也要继续稳定减少。

二、挥发性有机物

挥发性有机物（volatile organic compounds，VOCs）是大气中普遍存在的一类化合物，具有分子量小、饱和蒸气压较高、沸点较低、亨利常数较大等特征。VOCs 是形成光化学烟雾的前体物。

大气中的 CH_4 是丰度最高的气态有机物，一般占气态有机物的 80%~85%。CH_4 在大多数光化学反应中是惰性的，是一种无害烃，人们关心的主要是 CH_4 的温室效应。而除 CH_4 外的 VOCs 在大气化学中具有非常重要的作用。因此，在大气污染研究中通常把有机物区分为甲烷和非甲烷 VOCs 两类。

（一）甲烷（CH_4）

CH_4 是无色气体、性质稳定。它在大气中的浓度仅次于 CO_2，是一种重要的温室气体，一个 CH_4 分子的温室效应要比一个 CO_2 分子大 20 倍以上。CH_4 是唯一的能由天然源排放而造成如此大环境浓度的气体。

1. CH_4 的来源及其浓度分布

CH_4 的产生机制可分为 4 种，即 CO_2 的还原、乙酸的发酵、热化学反应和燃烧过程。

地壳和上地幔中捕获的简单气体如 CO_2，在热力学反应中可形成 CH_4，这种过程通常发生在火山口和地热口，但一般认为所占比例很小。埋藏在地壳中的碳是另一种甲烷源。碳一般以化石燃料的形式存在，如煤、石油和天然气。这些甲烷源通常被称为非生物成因，因为这些甲烷是由催化反应产生的。但从某种角度讲，这些甲烷源也可被看作生物成因的甲烷源，因为化石燃料的前身是生物有机体。

有机质分解过程中，在细菌参与下发生复杂的生物化学反应所产生的 CH_4 为生物成因的 CH_4。厌氧细菌的活动使有机质分解，分解产物乙酸和 CO_2 在甲烷菌的作用下生成 CH_4。由于甲烷菌是典型的厌氧细菌，需要很强的还原条件才能生存。因此，淹水的土壤、沉积物、水稻田、食草动物的肠胃、垃圾填埋场等都是 CH_4 生物来源的主要场所。许多物理、化学和生物因素都能影响甲烷菌的生理活动，某一特定生态系统产生 CH_4 的速率是这些因素综合作用的结果。

最后一种甲烷源为生物质的不完全燃烧。生物质燃烧包括人为的和自然产生的，并且随着燃烧条件的不同，产生不同量的 CH_4。

从排放量来看，CH_4 的主要来源是厌氧细菌的发酵过程，如沼泽、泥塘、湿冻土带、水稻田底部、牲畜反刍、生物质燃烧及白蚁等。原油和煤气的泄漏也会释放出相当量的 CH_4。表 2-16 是 2008—2017 年大气 CH_4 的全球源汇估计。

表 2-16 大气 CH_4 的全球源汇估计（2008—2017 年） 单位：Tg/a

源			
天然源	湿地	181（159~200）	总天然源 218（183~248）
	其他	37（21~50）	
人为源	化石燃料燃烧	111（81~131）	总人为源 359（336~376）
	农业和废物	217（207~240）	
	生物质和生物燃料燃烧	30（22~36）	
总源	576（550~594）		
汇			
化学反应	518（474~532）		
土壤吸收	38（27~45）		
总汇	556（501~574）		

资料来源：引自 Saunois 等，2020。

在这些源中，水稻田与人类关系密切，也是一个排放量很大的甲烷源。研究人员针对水稻田的 CH_4 排放开展了大量的研究工作。据 1986 年报道，水稻田的 CH_4 年排放量为 70×10^6~170×10^6 t/a。中国水稻田面积约占全球水稻田的 1/3，因而是一个很大的源。1979 年 Cicerone 首次对水稻田进行野外观测，推算出水稻田 CH_4 全球排放量为 59×10^6 t/a，并发现 $(NH_4)_2SO_4$ 氮肥对 CH_4 排放量有影响，其通量有很强的季节性。然而对西班牙水稻田的 CH_4 通量观测中发现，CH_4 通量季节性变化不大，平均排放量为 0.1 g/($m^2\cdot d$)，氮肥的施用对排放没有显著的影响。1987 年 8—10 月，中国科学院大气物理研究所在杭州郊区进行水稻田观测获得 CH_4 的平均排放量为 0.9 ± 0.1 g/($m^2\cdot d$)，由此推算出 1985 年全球水稻田总排放量为 $(130\pm30)\times10^6$ t，其中中国为 $(29\pm6)\times10^6$ t。以上实测说明，水稻田释放是复杂的生物物化过程，受土壤、气候、耕作方式、观测方法等多种因素影响。1998 年，Sass 等考察了水稻整个生长周期 CH_4 排放量，发现原来的方法大大高估了水稻田 CH_4 排放量，因此将其全球排放量从 80 Tg/a 降到 40 Tg/a。多个排放清单的结果表明，水稻田的 CH_4 排放量有所减少，这是因为 20 世纪 70 年代以来，水稻种植面积逐渐减少。Saunois 等（2020）采用自下而上的方法估计 2008—2017 年全球水稻田 CH_4 排放量为 30(25~38)Tg/a，约占全球人为 CH_4 排放总量的 8%。

根据对格陵兰岛和南极冰芯的分析(图 2-19)，古代大气中 CH_4 浓度只有 700×10^{-9}(体积分数)左右，并且持续了很长时间。1750 年以来，大气中 CH_4 浓度已经增加了 156%，2019 年 CH_4 浓度为$(1\ 866\pm3)\times10^{-9}$(体积分数)，近一百年来 CH_4 浓度则上升了一倍多，而且目前仍保持增长趋势。现在的 CH_4 浓度是过去 42 万年中所没有的。与 20 世纪 80 年代比较，20 世纪 90 年代 CH_4 浓度的年增长速率放慢且更多变，但是 2007 年左右又开始持续上升(图 2-20)，具体原因仍有很大争议。总体上 CH_4 的变化幅度很大，对气候变化产生直接影响。目前有一半略多的 CH_4 排放是人为导致的(如化石燃料的使用、水稻种植和废物填埋等)。

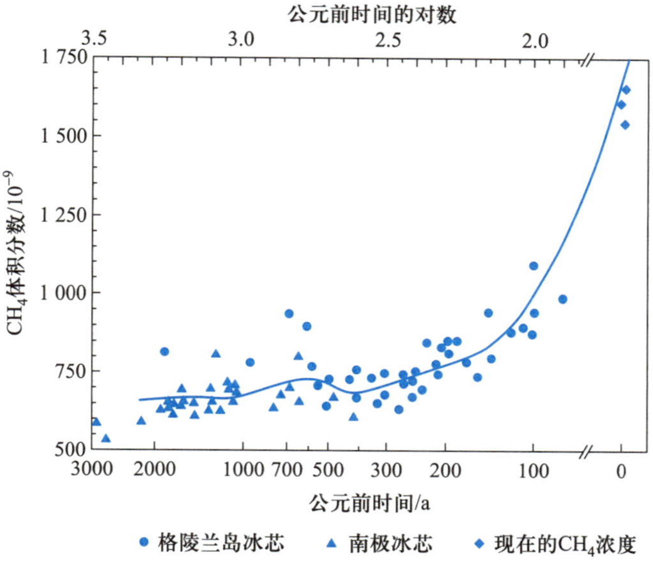

图 2-19 古大气和现在大气中 CH_4 浓度比较

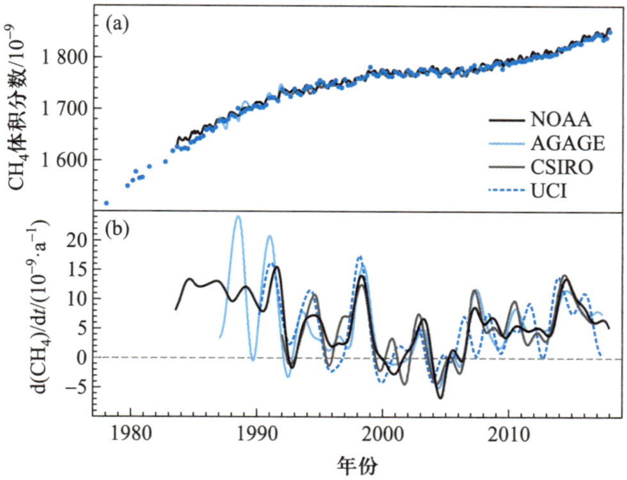

图 2-20 大气 CH_4 平均浓度和 CH_4 的增长速率变化

(资料来源：引自 Saunois 等，2020)

2. CH_4 的大气化学过程

图 2–21 归纳了 CH_4 在大气中的化学过程。CH_4 的主要大气汇是与 ·OH 的反应：

$$CH_4 + \cdot OH \longrightarrow \cdot CH_3 + H_2O$$

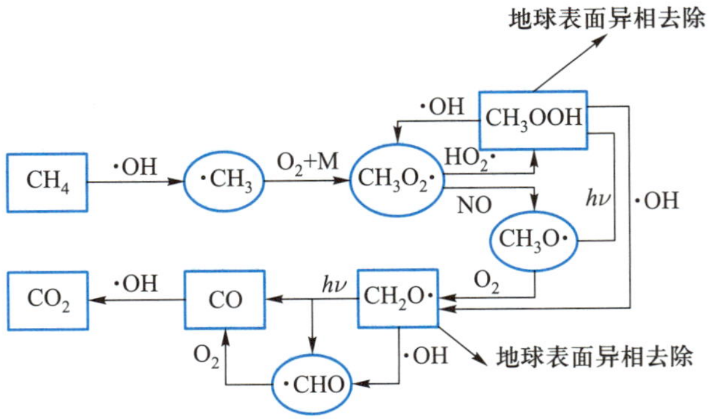

图 2–21 CH_4 在大气中的化学过程

（资料来源：Logan 等，1981）

这一反应的速率常数（k）和 ·OH 浓度决定了大气 CH_4 的氧化速率，即 CH_4 在大气中的化学清除速率。目前，·OH 大气浓度基本由大气化学模式计算得来，不确定性很大；k 主要与温度有关。因此，·OH 浓度和大气温度的任何改变都可能使大气 CH_4 的汇强发生变化，从而使其大气浓度发生变化。

该反应使 CH_4 在大气中的寿命约为 11 a。目前排放到大气中的 CH_4 大部分被 ·OH 氧化，每年留在大气中的 CH_4 约为 0.5×10^8 t，已经导致大气中 CH_4 环境浓度的上升。正如上节介绍 CO 时所提及，大气中 ·OH 的减少会导致 CH_4 浓度的增加。据估算，如果每年 CO 增加约 4.5%，·OH 的浓度将会降低，从而造成 CH_4 每年约以 1.4% 的速率增长。近 200 年来大气中 CH_4 浓度的增加，70% 是由于直接排放，30% 则是由于大气中 ·OH 浓度的下降。

干燥土壤对大气 CH_4 的吸收是一个复杂的过程。由于吸收速率很慢，实验测量很困难。但土壤微生物对 CH_4 的氧化越来越受到重视，近年来对各种土壤生态环境的大量现场测量表明，土壤是大气 CH_4 的一个重要汇。

大气中 CH_4 浓度的增加会影响大气化学过程，也会对地球的辐射平衡产生效应。CH_4 吸收波长为 7.7 μm 的红外辐射，将辐射转化为热量，影响地表温度。少量的 CH_4（≤ 15%）会扩散进入平流层，在平流层起终止氯原子反应的作用：

$$CH_4 + Cl\cdot \longrightarrow \cdot CH_3 + HCl$$

从而减少其对 O_3 的损耗。形成的 HCl 可以扩散到对流层而被雨除。因此，CH_4 可以看成是平流层氯原子的一个汇。

（二）非甲烷 VOCs（NMVOCs）

NMVOCs 包括烷烃、烯烃、炔烃、芳香烃，以及醇类、醛类、酮类、酸类等有机物。

1. NMVOCs 的天然源

NMVOCs 中排放量最大的是由自然界植物释放的萜烯类化合物，约占全球 NMVOCs 总量的 65%。目前已鉴定出的主要是 α– 蒎烯、β– 蒎烯、月桂烯、d– 柠檬烯、正庚烷、异戊二烯、檀萜、樟脑萜、α-紫罗烯、β-紫罗烯、α-鸢尾酮共 11 种。Graedel 在 1979 年指出植物排放的非甲烷有机物可达 367 种；细菌发酵、树木、谷物和草地可以排放简单烷烃（乙烷、丙烷、丁烷、戊烷等），树木、植物也可排放异戊二烯和单萜烯；水果、花卉花、叶子、根等可以排放少量乙烯；而鼠尾草（sage）和桉树会排放芳香烃和对异丙基甲苯（*p*-cymene）等。不过，最主要的天然排放物还是异戊二烯和单萜烯，因为它们还会在城市和乡村大气中发生化学作用而形成光化学氧化剂和气溶胶粒子。

萜烯是一类以异戊二烯结构为基础的有机物。异戊二烯的结构如下：

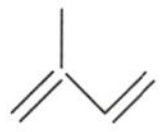

而单萜烯类化合物（如 $C_{10}H_{16}$）就是以两个异戊二烯结合在一起的有机物，如 *d*-柠檬烯：

这些排放物的排放量往往与自然条件有关，例如，异戊二烯的排放量随温度升高和光强度增大而增大，而 α-蒎烯的排放量则随相对湿度的增加而增加。图 2-22 绘出了异戊二烯和异戊二烯 + 单萜烯排放量的月变化。

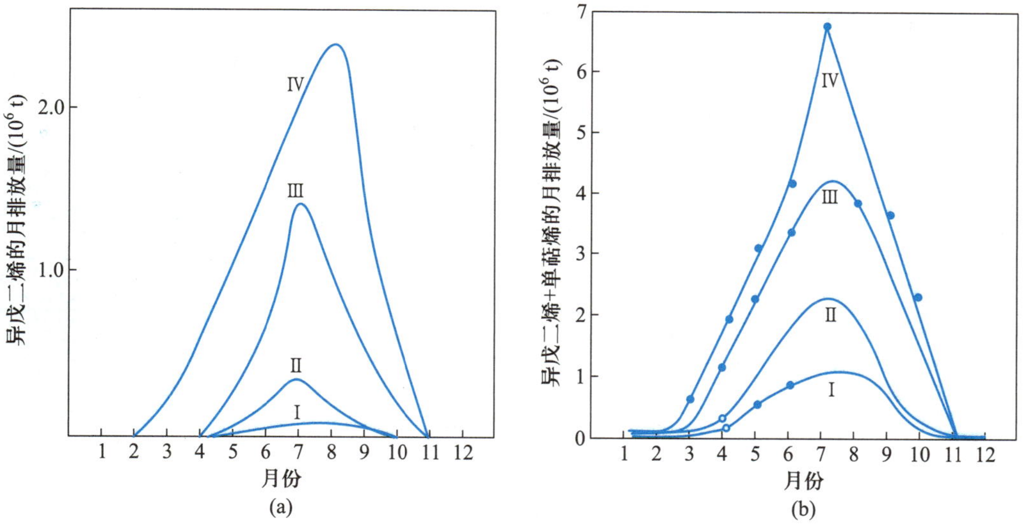

图 2-22 异戊二烯和异戊二烯 + 单萜烯排放量的月变化

（a）异戊二烯；（b）异戊二烯 + 单萜烯

Ⅰ，Ⅱ，Ⅲ，Ⅳ代表按纬度从南到北划分的 4 个独立地区

据研究，在全球尺度上天然源对 NMVOCs 的贡献超过人为源，其中最重要的排放源是陆地的森林和灌木（表 2-17）。

2. NMVOCs 的人为源

NMVOCs 的人为源十分复杂，大致可以分为固定源、流动源和无组织源三大类。其中固定源包括化石燃料燃烧、废物燃烧、溶剂使用、石油存储和转运、工业过程等；流动源包括所有和机动车、飞机和轮船等交通工具相关的排放，以及非道路机械排放；无组织源包括生物质燃烧、溶剂挥发等过程。

表 2-17 全球各类天然 NMVOCs 的排放量估算值 单位：Tg /a

源	异戊二烯	单萜烯	其他 NMVOCs
森林	462	153	249
灌木	24.9	7.92	20.0
作物	0.02	0.36	44.5
其他	18.1	0.76	78.9
总排放量	535	162	390

资料来源：引自 Guenther 等，2012。

表 2-18 给出了 2019 年 NMVOCs 的全球人为源排放量估算值。从表中可以看出，能源转变及生产源是最重要的人为排放源，溶剂使用是第二大排放源，溶剂的 NMVOCs 组成与溶剂的种类有关。居民、商业及其他源和交通运输源也是重要的 NMVOCs 人为排放源。机动车尾气排放 NMVOCs 和使用的燃料有很大关系，汽油车尾气排放的主要物种为乙烯、异戊烷、苯、甲苯，柴油车排放的主要物种为乙烯、丙烯和 C8 以上的正构烷烃，苯系物在汽油车中的比例明显高于柴油车。燃煤源排放的 NMVOCs 主要集中于 C2~C3 和 C6 部分。氯甲烷和乙腈是生物质燃烧源的特征排放物质。

表 2-18 2019 年 NMVOCs 的全球人为源排放量估算值 单位：Tg/a

源类别		排放量估算值
能源转变及生产源		35.46
工业源	工业过程	11.43
	溶剂使用	31.88
移动源	交通运输	25.26
	航空	0.11
	船舶	3.14
居民、商业及其他源		29.03
农业源		7.61
废物处理源		2.75
总计		146.67

资料来源：引自 O'Rourke 等，2021。

图 2-23 为世界主要地区 1750—2014 年大气 NMVOCs 排放量估算值的时间变化趋势。中国、其他亚洲 / 太平洋地区和非洲自 20 世纪 50 年代后 NMVOCs 排放量一直呈现高速上升的趋势，而北美和欧洲的 NMVOCs 排放量分别自 20 世纪 70 年代和 90 年代后持续下降。苏联地区在 20 世纪 90 年代后呈现下降趋势，21 世纪后略有回升。全球 NMVOCs 的排放量在 21 世纪后有所增加，各个地区导致增加的来源不同，例如，中国主要因溶剂源排放量的升高而增加，北美和欧洲因交通运输和溶剂源的减少而降低。

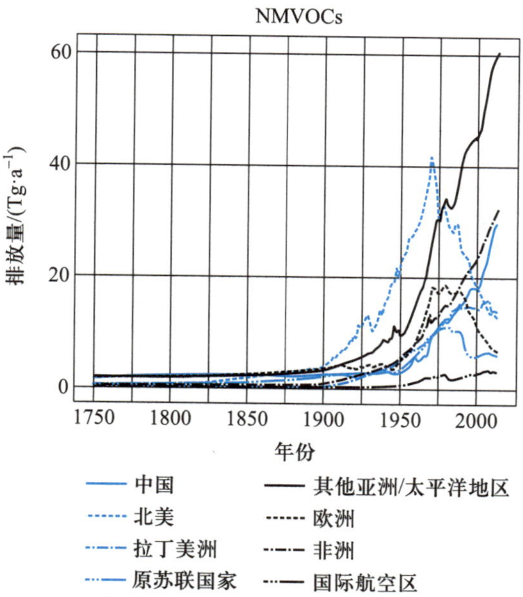

图 2-23 世界主要地区 1750—2014 年大气 NMVOCs 排放量估算值的时间变化趋势

（资料来源：引自 Hoesly 等，2018）

3. NMVOCs 的去除

大气中的 NMVOCs 可通过化学反应或转化生成有机气溶胶而去除。大气 NMVOCs 的化学反应去除过程是最为复杂也是研究得最多的领域，它们最主要的大气化学反应是与·OH 的反应。对流层 NMVOCs 的寿命变化从数月到数小时，最短寿命可以在小于 2 km 的距离内达到最大的氧化程度。烷烃、烯烃、芳香烃、含氧有机物和含硫有机物等分别与·OH、O_3、NO_3、O·和 HO_2·等组分发生一系列的自由基氧化反应。光解也是一些含氧有机物的重要去除途径。

在大气光化学反应中，生成气溶胶是 NMVOCs 迁移转化的另一个途径，它也影响大气 NMVOCs 的组成和分布。据 Spracklen 等（2011）估计，人为排放 NMVOCs 贡献了大部分的全球 SOA，约 100 Tg/a。关于 NMVOCs 沉降化学，只有很少的报道。在降雨过程中，雨水溶解和冲刷对二次有机气溶胶大气中的挥发性有机物有一定的去除作用。

4. NMVOCs 的环境浓度

与 CH_4 相比，NMVOCs 大气寿命短，源排放南、北半球差异巨大，且中间有大洋阻隔，因而 NMVOCs 不可能在全球尺度混合交换，比较大气 NMVOCs 的全球分布意义不大。只有寿命较长的轻 NMVOCs（如乙烷）在全球都有分布。乙烷浓度在两个半球都具有明显的季节变化，冬季出现乙烷浓度最大值。

据报道，大气中 NMVOCs 的环境本底值在海洋上空为 8 $\mu g/m^3$，在陆地上空为 50 $\mu g/m^3$。一些典型组分如烷烃（主要是乙烷、丙烷、丁烷）的环境本底值大约为 3×10^{-9}（体积分数），烯烃（主要是乙烯、丙烯、丁烯）在 1×10^{-9}（体积分数）左右。表 2-19 列出了全球不同地区 NMVOCs 的环境本底值。

城市地区的污染源排放集中，因此 NMVOCs 的城市浓度通常比环境浓度要高得多。在光化学烟雾治理的重大需求驱动下，以美国为代表的发达国家在机动车等与燃烧有关的

表 2-19 全球不同地区 NMVOCs 的环境本底值

单位：10^{-9}（体积分数）

地点	时间	NMVOCs	烷烃	烯烃	参考文献
瓦里关	2003 年	—	2.1	0.2	Xue 等（2013）
上甸子—华北平原	2017 年	13.0	8.4	4.0	Han 等（2021）
博尔德	2011 年	13.8	6.4	0.21	Swarthout 等（2013）
地中海—塞浦路斯	2015 年	17.74 μg/m^3	—	—	Debevec 等（2017）

大气污染物排放控制技术方面取得进展，使 NMVOCs 的浓度得以下降（图 2-24），如在美国洛杉矶，2008 年烷烃的平均浓度为 28×10^{-9}（体积分数），烯烃的平均浓度为 8×10^{-9}（体积分数），约为 20 世纪 60 年代的 1/50。表 2-20 列出了 21 世纪后国内外主要城市的 NMVOCs 环境浓度。2018 年在广州市的观测结果表明，NMVOCs 的平均浓度约为 72×10^{-9}（体积分数）。我国在机动车排放控制、油品升级和新能源汽车等方面采取有效措施，大气 NMVOCs 浓度在部分城市地区观察到下降的趋势（图 2-25）。

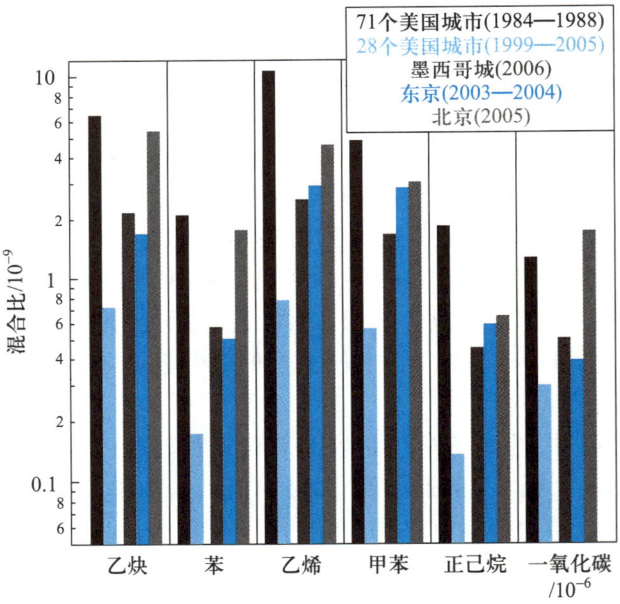

图 2-24 不同城市主要 NMVOCs 浓度的对比

（资料来源：引自 Parrish 等，2009）

表 2-20 21 世纪后国内外主要城市的 NMVOCs 的环境浓度

单位：10^{-9}（体积分数）

地点	时间	烷烃	烯烃 + 乙炔	芳香烃	OVOCs	NMVOCs 种类	参考文献
洛杉矶	2008 年 1—12 月	28.7	8.1	4.5	—	26	Warneke 等，2012
博尔德	2011 年 2—3 月	54.4	1.3	0.6	10.7	85	Swarthout 等，2013
上海	2009 年 1 月—2010 年 12 月	12.9	6.1	8.7	—	56	Wang 等，2013
北京	2008 年 6 月	16.0	11.3	7.1	—	55	Wang 等，2010
广州	2018 年 9—11 月	19.5	4.7	4.4	43.8	84	Wu 等，2020

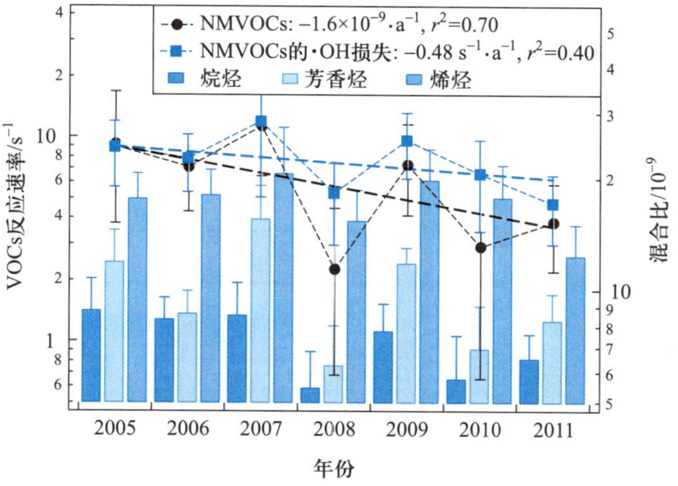

图 2-25 2005 年 8 月—2011 年 8 月,北京白天 NMVOCs 平均浓度和相应的·OH 损失
(资料来源:引自 Zhang 等,2014)

挥发性有机物是臭氧和二次有机气溶胶的重要前体物,在大气环境化学中起着重要作用,然而 VOCs 并未被纳入我国环境空气质量标准的管控范畴。自"十四五"起,国家明确以 VOCs 替代 SO_2,成为大气污染总量控制的新约束性指标,VOCs 减排提上了议事日程。而且,我国和美国建立的大气有毒有害物质名录中,VOCs 都占据了很大比例。我国于 2019 年制定的《有毒有害大气污染物名录(2018 年)》包括 11 种物质,其中 6 种为 VOCs(二氯甲烷、甲醛、三氯甲烷、三氯乙烯、四氯乙烯、乙醛)。根据《清洁空气法》,美国国家环境保护局(USEPA)需要监管有害空气污染物(hazardous air pollutants, HAPs)的排放,并制定有害空气污染物名录,在 187 种有毒有害污染物中 163 种为 VOCs。

(三)颗粒物中的有机碳和元素碳

有机碳(OC)和元素碳(EC)是颗粒物中的含碳组分,目前没有严格的科学区分,基本上是由分析方法的实际操作过程来定义的(practical definition)。有机碳是在空气中 350 ℃以下挥发的碳或在纯 He 中 600~850 ℃挥发的碳,包括脂肪族、芳香族等,如烃、醇、PAHs 和 B(*a*)Ps 等。但有机碳的大部分(约 90%)还未被鉴定出具体物质。元素碳或称为烟炱、石墨碳,指总碳分析完有机碳后剩余的碳(EC=TOC−OC)。元素碳由纯的石墨和高聚合的有机物组成,在结构、光学及热学性质上和纯的元素碳非常相似,用热力学分析法很难精确区分。

1. 有机碳和元素碳的排放源

有机碳和元素碳的来源有天然源和人为源,天然源主要产生一些烃类化合物和类脂化合物。一次人为源包括肉类烹调、道路灰尘、木材燃烧、汽车排放、燃料油锅炉和香烟颗粒等。

表 2-21 列出了有机碳和元素碳的全球排放量估算值。

一般而言,元素碳是燃料不完全燃烧的副产品,主要的排放源是柴油车尾气、工业、居民固体燃料燃烧和开放式燃烧。据 Bond 的综述(2013),全球超过 80% 的元素碳排放来自亚太地区、非洲和拉丁美洲,其中亚洲和非洲地区的 60%~80% 来自居民燃煤和生物质燃料,欧洲、北美和拉丁美洲的约 70% 则来自道路及非道路的柴油机。生物质燃烧也是有机碳的主要排放源。除一次来源之外，大气中气态及半挥发 / 中等挥发性有机物的化学转化也是有机碳成分重要的二次来源。

表 2-21 有机碳和元素碳的全球排放量估算值 单位：Tg（C）/a

源类别	有机碳	元素碳
人为源（2019 年）①		
能源转变及生产源	1.22	0.66
工业源	1.42	0.67
移动源	0.57	1.34
居民、商业及其他源	8.74	2.9
废物处理源	1.7	0.27
总计	13.64	5.84
生物质燃烧（2008 年）②	13.76~51.93	1.65~5.54

注：① 2019 年全球人为源排放量引自 O'Rourke 等，2021。
② 生物质燃烧排放量的范围，来自 6 个主流全球生物质燃烧排放清单，引自 Pan 等，2020。

2. 有机碳和元素碳的环境浓度

有机碳和元素碳的浓度数量级一般为 1~100 μg/m^3，在某些海洋地区和偏远地区（背景点），其浓度会很小，数量级有可能是 10~10^3 ng/m^3。不同的国家和地区，污染物浓度有较大差异。表 2-22 列出了一些特征地区元素碳的背景浓度。据 Philip 等（2014）估算，全球尺度的有机碳和元素碳在 $PM_{2.5}$ 中的占比分别为 32% 和 7%。

表 2-22 一些特征地区元素碳的背景浓度

地区	浓度 /（μg·m^{-3}）
乡村和边远的背景地区	0.2~2.0
城市地区	1.5~20
边远海洋地区上空	0.005~0.02
美国受城市影响的乡村和城市	1.3~3.8
美国某些城市地区	10（PM_{10} 中的浓度）
中国瓦里关山区（1994 年 7 月—1995 年年底）	0.13~0.3
全球本底浓度	0.05~0.12
EC/（EC+OC）	
乡村地区	0.15~0.20
城市地区	0.2~0.6

资料来源：引自黄虹等，2005。

第六节 含卤素化合物

大气中以气态存在的含卤素化合物大致可分为以下三类:

一、卤代烃

大气中的卤代烃包括卤代脂肪烃和卤代芳烃。其中一些高级的卤代烃,如有机氯农药DDT、六六六及多氯联苯(PCBs)等以气溶胶形式存在,两个碳原子或两个碳原子以下的卤代烃呈气态。

(一)概述

甲基氯(CH_3Cl)、甲基溴(CH_3Br)和甲基碘(CH_3I)由天然过程产生,主要来自海洋,它们在对流层中会发生化学反应。CH_3Cl 和 CH_3Br 可以和·OH反应,它们在大气中的寿命分别为1.5 a和1.6 a,该寿命可以使它们通过向上扩散而进入平流层。CH_3I 则主要吸收到达地面的阳光辐射发生光分解,产生碘原子:

$$CH_3I+h\nu \longrightarrow \cdot CH_3+I\cdot$$

此反应使 CH_3I 的寿命仅约为8 d。它们在大气中的浓度很低,仅 10^{-12}(体积分数)数量级。低级卤代烃如三氯甲烷($CHCl_3$)、三氯乙烷(CH_3CCl_3)、四氯化碳(CCl_4)、氯乙烯(C_2H_3Cl)、氯氟甲烷(CFM)等是重要的化学溶剂,也是有机合成工业的重要原料和中间体。这些卤代烃主要来自人为源,在生产和使用过程中因挥发而进入大气。海洋也排放相当量的三氯甲烷。对流层中的三氯甲烷和氯乙烯等可通过与·OH反应,转化为HCl,经降水去除。例如:

$$\cdot OH+CHCl_3 \longrightarrow H_2O+\cdot CCl_3$$
$$\cdot CCl_3+O_2 \longrightarrow COCl_2+ClO\cdot$$
$$ClO\cdot+NO \longrightarrow Cl\cdot+NO_2$$
$$ClO\cdot+HO_2\cdot \longrightarrow Cl\cdot+\cdot OH+O_2$$
$$Cl\cdot+CH_4 \longrightarrow HCl+\cdot CH_3$$

卤代烃不溶于水,脂溶性强,具有破坏肝脏、诱发癌变的危害。

(二)全氯氟烃

近年来,特别引起关注的是全氯氟烃或称氟利昂类(CFCs)化合物,其中最重要的是一氟三氯甲烷(CFC-11或F-11)和二氟二氯甲烷(CFC-12或F-12)。它们目前正广泛用作制冷剂、气溶胶喷雾剂、电子工业的溶剂、制造塑料的泡沫发生剂和消防灭火剂等。

联合国为了避免工业产品中的全氯氟烃对地球臭氧层继续造成损害,承续1985年《保护臭氧层维也纳公约》的原则,于1987年9月16日邀请所属26个会员国在加拿大蒙特利尔签署《关于消耗臭氧层物质的蒙特利尔议定书》(简称《议定书》)。该《议定书》自1989年1月1日起生效,对CFC-11、CFC-12、CFC-113、CFC-114、CFC-115等五项全氯氟烃及三项哈龙的生产做了严格的管制规定。随后经历了一系列修正与调整:1990年《伦敦修正案》,扩大列管物质,除原有列管项目之外,另增加CFC-13等10种物质、四氯化碳及三氯乙烷,共计12种化学物质,并要求于2000年前完全禁用全氯氟烃和哈龙等物质;1992年《哥本哈根修正案》,将34种氢溴氟烃加入受控物质清单中,不再称全氯氟烃为过渡物质,要求《议定书》非第五款国家（主要为发达国家）和第五款国家（主要为发展中国家）分别在 2030 年和 2040 年之前完全停止全氯氟烃的生产和使用；1995 年《维也纳调整案》，提出甲基溴淘汰的时间表，允许发展中国家推迟 10 年完成全氯氟烃和哈龙等物质的淘汰；1999 年《北京修正案》，将溴氯甲烷加入管控物质清单中，规定了氢氯氟烃的进出口限制；2007 年《蒙特利尔调整案》加速了全氯氟烃的淘汰，规定了发达国家和发展中国家在 2030 年和 2040 年之前实现全氯氟烃完全淘汰的时间表；2016 年《基加利修正案》，补充管控了作为替代品的非消耗臭氧层物质——氢氟碳化物（HFCs），该修正案于 2019 年 1 月生效，旨在未来 30 年内将 HFCs 的生产和使用减少 80% 以上，开启了协同应对臭氧层损耗和气候变化的历史新篇章。

针对全氯氟烃在大气中的去向和归宿的研究表明：① 它们能透过波长大于 290 nm 的辐射，故在对流层不发生光解反应；② 全氯氟烃与 ·OH 的反应为强吸热反应，故在对流层难以被 ·OH 氧化；③ 全氯氟烃不溶于水，故不易被降水清除。此外，全氯氟烃虽然在海洋表面和大气之间存在着平衡，但是根据计算，F-11 从大气到海洋的全球流通量（约 5.4×10^9 g/a）仅约相当于 F-11 世界年产量的 1%，即海洋也不是它们的重要归宿。因此，由人类活动排入对流层的全氯氟烃不易在对流层去除，它们唯一的去除途径是扩散至平流层，并在平流层进行光分解。例如：

$$CFCl_3 + h\nu\,(\lambda = 175 \sim 220\ \text{nm}) \longrightarrow \cdot CFCl_2 + Cl\cdot$$

光解产生的氯原子可进一步引发损耗平流层臭氧的循环，从而引起全球性的环境问题（见第八章）。

臭氧层可能会由于全氯氟烃用量增加而遭到破坏的问题，引起国际上各界人士的重视。尤其在南极臭氧洞问题出现以后，国际上开展了各种各样的活动，以期限制全氯氟烃的生产和使用。有关全氯氟烃的各种研究也相应地迅速发展起来。全氯氟烃也是温室气体，尤其是 CFC-11 和 CFC-12，它们有很强的吸收红外线的能力，比 CO_2 要强得多。并且，对它们的吸收与它们在大气中的浓度呈线性关系，而 CO_2 则呈对数关系，同时全氯氟烃在大气"窗"区域有强吸收。由于这些原因，增加一个全氯氟烃分子，相当于增加 10^4 个 CO_2 分子造成的温室效应。

因此，全氯氟烃的浓度增加具有破坏平流层臭氧和影响对流层气候的双重效应。

1. 全氯氟烃的简化名称

全氯氟烃指含有氯、氟、碳，有时也含有氢的化合物。过去几十年来这些全氯氟烃在工业发达国家广为使用，其中 F-11 和 F-12 的使用尤为广泛。以 F 数目命名全氯氟烃的办法主要是美国杜邦公司为了商业上的简化而采用的，现已被各国公认。F 仅用以表示 Freon（氟利昂），当用于表示全氯氟烃时，一般采用 CFC 来代替 F（CFC 是 chloro-fluoro-carbon 的缩写），如 CFC-11、CFC-12 和 CFC-113、CFC-114 等。这些数字依次代表了 CFC 中含碳、氢、氟的原子数。现以 CFC-113 为例说明，CFC-113 中，第一个数字表示碳原子数减 1，第二个数字表示氢原子数加 1，第三个数字表示氟原子数，对于 CFC-113 就是分子中含有 2 个碳原子、0 个氢原子和 3 个氟原子，因分子中无氢原子而有 3 个氟原子，也就必然有 3 个氯原子，这样，就可以写出其化学式为 $C_2F_3Cl_3$。同样，可写出 CFC-114 的化学式为 $CClF_2CClF_2$。对于 CFC-11 和 CFC-12 等两位数字的化合物，命名方法与上相同，但它们只含一个碳原子，第一个数字（碳原子数减 1）为 0，因而省略。因此，见到两位数字的全氯氟烃时，就可知该化合物为甲烷型。例如，CFC-22 的化学式应为 $CHClF_2$。

对于分子中含有溴的卤代烷烃，其商业名称为 Halon（哈龙）。常用的特种消防灭火剂就有 Halon-1211、Halon-1301、Halon-2401 等。此时，4 位数字的表示与上面 CFC 稍有不同，依次表示为碳原子数、氟原子数、氯原子数和溴原子数。Halon 1211 即 CF_2ClBr 或 $CBrClF_2$（一溴一氯二氟甲烷）；Halon 2402 即 $C_2Br_2F_4$。

2. 全氯氟烃的排放、寿命和环境浓度

全氯氟烃主要是通过其使用过程排入大气的，因此它们的排放量和环境浓度与使用量和生产量有关。由于科学发现证实了全氯氟烃是破坏臭氧层的主要因素，目前全球正采取一致的行动停止氟利昂的生产和使用。1987 年，《蒙特利尔议定书》签署，随后各国制定了国家方案全面淘汰氟利昂，并逐步使用替代物。《蒙特利尔议定书》中明确提出，需要限制的含卤素化合物共 8 种，它们是：CFC-11、CFC-12、CFC-113、CFC-114、CFC-115、Halon-1211、Halon-1301 和 Halon-2402。《蒙特利尔议定书》是一个国际共同接受的协议，缔约国必须控制其消耗臭氧物质的生产。许多化学物质可释放氯原子到平流层，损耗平流层的臭氧，同时这些组分也是温室气体。CFC-11（$CFCl_3$）、CFC-12（CF_2Cl_2）和 CFC-113（$CF_2ClCFCl_2$）是对气候影响最大的几种消耗臭氧物质。对这些组分的观测说明，这些物质的增长速率在不断下降。如图 2-26 所示，CFC-11 和 CFC-113 的增长速率已经为负值。CFC-12 在 2003 年后开始下降。相应的大气监测表明，大气中氟利昂类物质浓度的增长速率已经减缓，但其替代物的浓度却不断上升。据有关资料报道，近几十年来，向大气层排放的全氯氟烃量激增，如 CFC-11，1961 年的年产量约为 6×10^4 t，1974 年增至 37×10^4 t，CFC-12 则由 11×10^4 t 增至 45×10^4 t。目前，全世界每年对全氯氟烃的使用量已超过 100×10^4 t。全氯氟烃和哈龙类物质在对流层大气中十分稳定，表 2-23 列出了 1988 年 10 月荷兰海牙会议上公布的典型全氯氟烃和哈龙类物质在大气中的浓度和寿命。由表可见，有些全氯氟烃和哈龙类物质在大气中的寿命是极长的，完全能通过扩散向上进入平流层，在强紫外线作用下，进行下列反应：

$$CCl_3F + h\nu \longrightarrow \cdot CFCl_2 + Cl\cdot$$

$$Cl\cdot + O_3 \longrightarrow ClO\cdot + O_2$$

$$ClO\cdot + O \longrightarrow Cl\cdot + O_2$$

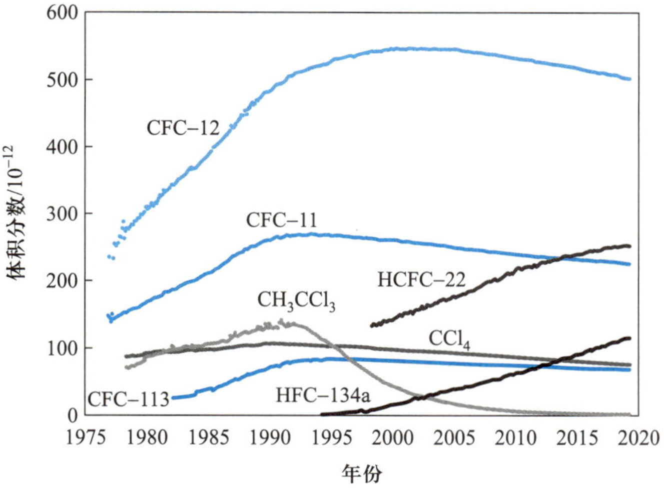

图 2-26　全球部分含卤素化合物的浓度变化

（资料来源：WMO，2021）

表 2-23 典型全氯氢烃和哈龙类物质在大气中的浓度和寿命

含卤素化合物	一般名称	浓度 /10^{-12}	寿命 /a
SF_6	六氟化硫	7.3	3 200
CF_4	全氟甲烷	79	50 000
$CFCl_3$	CFC-11	237	45
CF_2Cl_2	CFC-12	530	100
CCl_4	四氯化碳	85	26
CH_3CCl_3	甲基氯仿	6.3	5
$CF_2ClCFCl_2$	CFC-113	74	85
CF_2HCl	HCFC-22	213	11.9
CH_3CFCl_2	HCFC-141b	21.4	9.2
CH_3CF_2Cl	HCFC-142b	21.4	17.2
CH_2FCF_3	HFC-134a	62	13.4
CH_3CF_3	HFC-143a	12	47.1
CH_3CHF_2	HFC-152a	6.4	1.5
CHF_3	HFC-23	24	222
CHF_2CF_3	HFC-125	9.6	28.2

资料来源：引自 Seinfeld，2016。

从以上反应可看出，1 分子 CCl_3F 光解可释放出 1 个 Cl·，造成 1 分子 O_3 的破坏，通过 Cl· 的作用使与 O 结合的 Cl· 又被释放出，如此循环往复，每放出 1 个 Cl·，就可以和 10^5 个 O_3 分子反应，结果使臭氧层遭到破坏。

3. 消耗臭氧潜能值（ODP）

从上节全氯氟烃的大气寿命表中可以看出，凡是被卤素完全取代的全氯氟烃（即分子中无氢原子），如 CFC-11、CFC-12、CFC-113、CFC-114、CFC-115 和哈龙等都有很长的大气寿命，而在烷烃分子中尚有氢原子未被完全取代的氯氟烃（如 CFC-22、CFC-123、CFC-124 等），其寿命要短得多，这是因为含氢卤代烃在对流层大气中能与 ·OH 反应而生成 H_2O。例如：

$$CHCl_2F(CFC\text{-}22) + \cdot OH \longrightarrow \cdot CCl_2F + H_2O \quad k=7.8\times10^{-13}\,e^{-1\,530/T}$$

此反应确定了 CFC-22 的寿命约为 22 a。

由于上述化合物寿命不同，进入平流层的能力就不同，造成其消耗臭氧的潜在能力也不相同。一般采用消耗臭氧潜能值（ozone depletion potential，ODP）来表示它们对臭氧损耗的影响。ODP 定义为

$$ODP = \frac{\text{单位质量物质引起的臭氧损耗}}{\text{单位质量 CFC-11 引起的臭氧损耗}}$$

表 2-24 中列出了长寿命含卤素化合物的大气寿命及其消耗臭氧潜能值。由表可见，哈龙类物质造成的臭氧损耗潜能值要比全氯氟烃大得多。不过哈龙的总产量和使用量比 CFC-11、CFC-12 少得多，因此，二者都被列为控制物质。

表 2-24 长寿命含卤素化合物的大气寿命及其消耗臭氧潜能值

含卤素化合物	大气寿命 /a			消耗臭氧潜能值		
	Elvidge 等（2018）	Laube 等（2013）	WMO（2014）	Elvidge 等（2018）	Laube 等（2013）	WMO（2014）
CFC-11	60（54~67）	60（54~67）	—	1（根据定义）	1	1
CFC-113	83（75~94）	82（74~93）	88.4	0.68（0.61~0.76）	0.63（0.57~0.69）	0.81
CFC-12	（102）	（100）	95.5	0.70（0.62~0.79）	0.67（0.59~0.75）	0.73
HCFC-141b	101（64~221）	122（70~454）	72.3	0.083（0.069~0.10）	0.063（0.051~0.076）	0.102
HCFC-142b	178（103~459）	406（139~∞）	212	0.037（0.031~0.043）	0.019（0.015~0.025）	0.057
HCFC-22	129（94~204）	184（113~647）	161	0.028（0.022~0.035）	0.019（0.015~0.025）	0.034
Halon-1301	78（72~85）	82（75~93）	73.5	19.0（17.0~22.0）	18.7（17.0~20.3）	15.20
Halon-1211	37（32~42）	36（32~41）	41	5.51（4.89~6.24）	5.8（5.2~6.5）	6.90
CCl_4	53（46~63）	53（45~62）	44	0.92（0.80~1.05）	0.82（0.77~0.87）	0.72
CH_3CCl_3	37（26~52）	30（21~43）	38	0.13（0.11~0.14）	0.14（0.13~0.16）	0.14

目前，国际上正致力于寻找用来替代长寿命含卤素化合物的物质。含氢卤代烃由于可与·OH 反应、寿命较短而已被考虑并用作主要的替代品，如 CFC-22（为了表明其分子中含有氢原子，故亦用 HCFC-22 来表示）已被作为冷冻剂和起泡剂使用。

当氟利昂逐步被淘汰时，其他卤代烃——含氢氯氟烃（HCFCs）和氢氟碳化物（HFCs）将部分取代这些物质。大气中氟利昂的替代物浓度也因此快速上升。《哥本哈根修正案》规定，HCFCs 也将逐渐削减，发达国家到 2004 年、2010 年、2015 年分别减少 35%、65%、90%。到 2020 年，HCFCs 将停止生产，发展中国家到 2040 年停止生产。尽管比起全氯氟烃，HCFCs 对臭氧的破坏性小，但它们也是温室气体。HFCs 不含氯和氟，所以它们不破坏臭氧，不在《蒙特利尔议定书》的削减范围中，但是 HFCs 本身具有很强的温室效应，其全球变暖潜能值（GWP）是 CO_2 的几十至上万倍，对辐射强迫产生显著影响，因此《基加利修正案》补充考虑了 HFCs。我国已于 2021 年 4 月 16 日宣布接受《基加利修正案》，并于 2021 年 9 月 15 日生效。

图 2-27 为大气中全氯氟烃替代物质的全球平均浓度变化趋势。

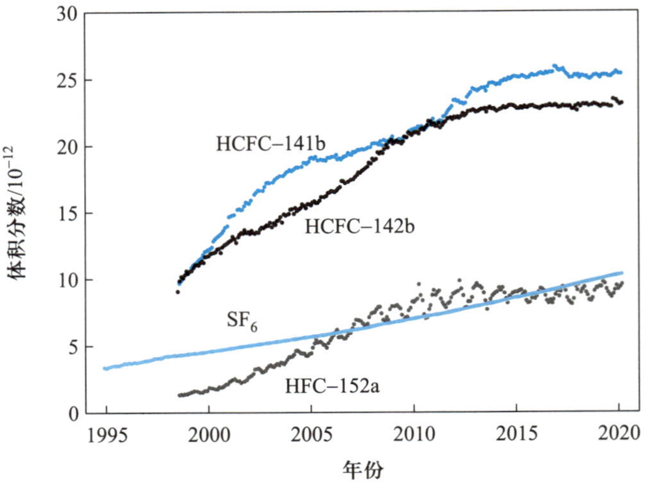

图 2-27 大气中全氯氟烃替代物质的全球平均浓度变化趋势

（资料来源：引自 WMO，2021）

二、其他含氯化合物

大气中含氯的无机物主要是氯气（Cl_2）和氯化氢（HCl）。

Cl_2 主要由化工厂、塑料厂、自来水净化厂等产生，火山活动也排放一定量的 Cl_2（约 7.6×10^6 t/a）。Cl_2 的环境浓度（体积分数）为 1×10^{-12}~35×10^{-12}（大西洋上空），一般情况下在大气中的浓度很低，对动植物危害不大。

HCl 主要来自盐酸制造、废物焚烧等。其环境浓度（体积分数）为 1.3×10^{-9}~5×10^{-9}（太平洋上空）。HCl 在空气中可形成盐酸雾，除硫酸和硝酸外，盐酸也是构成酸雨的成分。近年来，随着酸雨研究的开展，大气中的 HCl 也引起了人们的关注。

三、氟化物

氟化物是一类对动植物及人类毒性很强的大气污染物，包括氟化氢（HF）、氟化硅（SiF_4）、氟硅酸（H_2SiF_6）、氟（F_2）、全氟碳化物（CF_4、CF_3CF_3）和六氟化硫（SF_6）等。

氟在地壳中的丰度[①] 为 0.066%，主要以化合态存在，主要矿物有萤石（CaF_2）、冰晶石（Na_3AlF_6）和磷灰石[$Ca_5(PO_4)_3F$]。大量以土为原料的陶瓷、砖瓦等工业，以及燃煤量大的工业（煤含氟几十到几百微克每克）亦排放较多的氟化物。

例如，炼铝厂大量使用萤石（CaF_2）作为原料，萤石在高温处理时发生以下反应：

① 元素丰度：在自然体系中，某元素的丰度定义为该体系中某元素的总质量与体系全部元素质量之比。

$$2CaF_2+SiO_2 \longrightarrow SiF_4+2CaO$$
$$SiF_4+2H_2O \longrightarrow SiO_2+4HF$$

即有大量的 SiF_4 和 HF 进入大气。

又如，磷肥厂大量使用磷矿石[$3Ca_3(PO_4)_2 \cdot CaF_2$]作为原料，磷矿石在用硫酸处理时产生 HF、$SiF_4$ 和 H_2SiF_6，并排入大气。

因此，在这些污染源附近地区，氟化物的浓度往往很高，如铝矿附近 HF 的浓度可达 240×10^{-9}~270×10^{-9}（体积分数），而据 1960 年报道，HF 的全球环境浓度低于 1×10^{-9}（体积分数）。

全氟碳化物（PFCs）主要包括 CF_4、C_2F_6 和 C_4F_{10} 三种物质，其中 CF_4 占绝大部分，C_4F_{10} 很少，C_2F_6 排放量是 CF_4 排放量的 10% 左右。CF_4、C_2F_6 及 C_4F_{10} 具有很强的温室效应，在大气中的寿命相当长，分别为 50 000 a、10 000 a 和 2 600 a。铝生产是最大的 CF_4、C_2F_6 排放源，这些排放主要是在冶炼过程中，当炉中的铝土浓度降低时由阳极效应产生的。主要排放物是 CF_4，C_2F_6 排放量只是 CF_4 的 10%。PFCs 的排放主要来自冶炼铝的过程，其他过程的排放量只占总排放量的 1%。根据统计数据估算出 1995 年全球矿产铝产量为 216×10^4 t，矿产铝排放因子为 114 kg/t（CF_4/Al），由此估算出 1995 年全球 PFCs 总产量为 4×10^4 t。CF_4 可能有一定的天然源，据估计，人为排放量超过天然排放量的 1 000 倍以上。

SF_6 的温室效应更强，在大气中的寿命为 3 200 a。SF_6 全部是人为产物，SF_6 所具有的阻止高温熔化态的铝镁被氧化的特性使其大量应用于铝镁冶炼。镁生产时，为了防止镁的氧化，在铸炼过程中要在镁液表面抛撒 SF_6，使用多少就会排放多少。SF_6 的另一个用途是在电力行业作为气体绝缘体及高压转换器。根据统计数据估计，2018 年全球排放 9 040 t，其中 6 840 t（占 76%）来自电力行业，剩余的来自 SF_6 生产过程的损耗、镁铝工业和电子工业的生产过程。图 2-28 为爱尔兰梅斯黑德与中国北京上甸子站所测的大气中 SF_6 的浓度变化趋势。

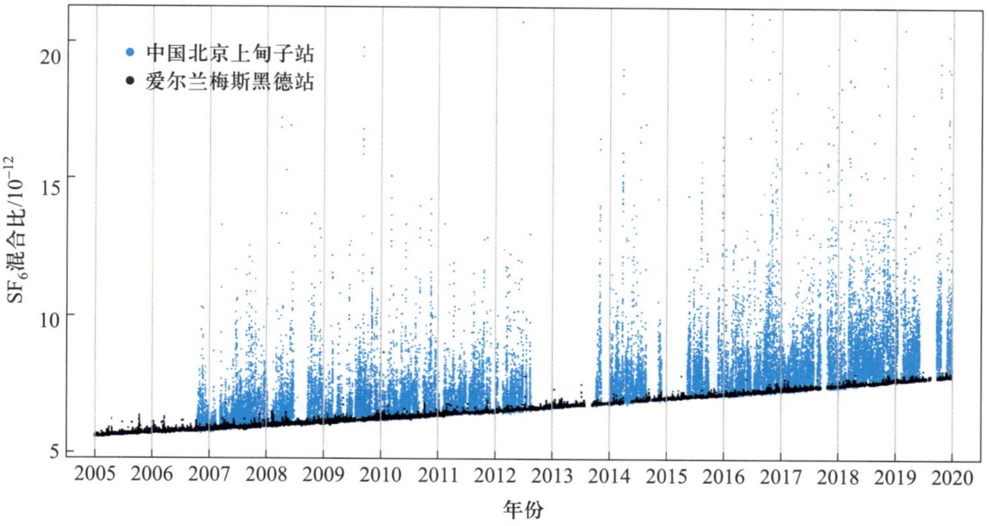

图 2-28 爱尔兰梅斯黑德站与中国北京上甸子站所测的大气中 SF_6 的浓度变化趋势

（资料来源：全球温室气体数据中心（WDCGG）和 Yao B 等，2014）

四、含溴化合物

虽然哈龙类物质是受控的化学品，但是大气中含溴化合物的浓度还在上升，主要原因是甲基溴（CH_3Br）的贡献。大约一半的 CH_3Br 来源于人为活动（如熏蒸和生物质燃烧），另一半来自生物活动等天然过程。最近，CH_3Br 已被列入受控物质清单。表 2-25 中列出了一些含溴化合物的来源和大气寿命。

表 2-25 一些含溴化合物的来源和大气寿命

化合物名称	化学式	对大气溴浓度的贡献（1997）/%	寿命 /a
甲基溴	CH_3Br	55	0.7
二溴甲烷	CH_2Br_2	5.7	42
Halon-1211	$CBrClF_2$	20	20
Halon-1301	$CBrF_3$	14	65
Halon-2402	$CBrF_2CBrF_2$	5	—

资料来源：引自赵美萍等，2005。

五、卤素的循环

全球对流层的卤素循环及主要物种如图 2-29 所示。由图可见，对于含卤素化合物，尤其是 HCl，海洋是一个重要的源，全球的环境浓度受其制约；但陆地排放，如火山、燃烧过程、工业过程等也很重要，有时会控制区域性浓度水平。海盐气溶胶会与城市气态污染物相作用，释放出 $ClNO_2$、ClNO、Cl_2 甚至气态 NaCl 等，海盐气溶胶往往是大气颗粒物中 Cl^- 的来源。

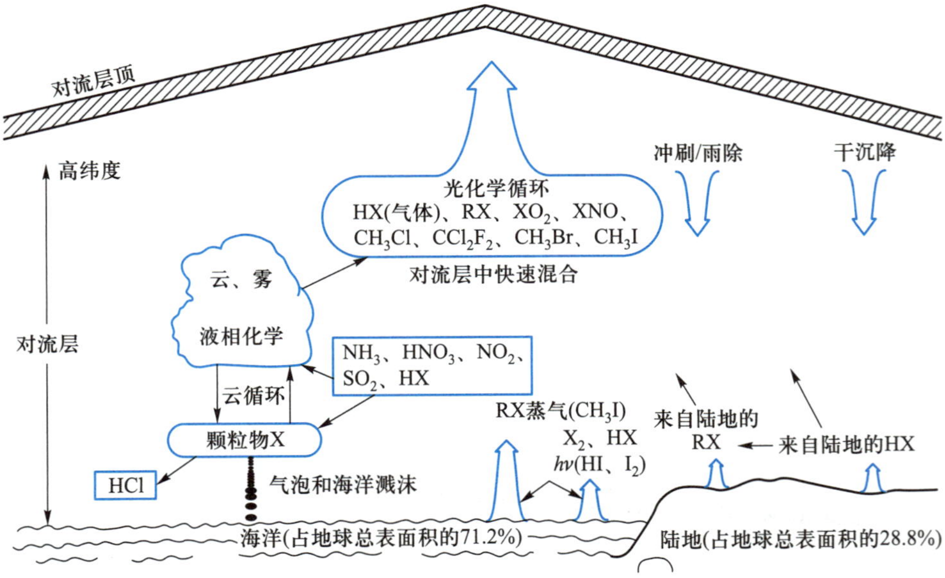

图 2-29 全球对流层的卤素循环及主要物种示意图

（资料来源：引自 Cicerone，1980）

图中 X 代表 F、Cl、Br 或 I

第七节　持久性有机污染物

一、持久性有机污染物的来源

持久性有机污染物（persistent organic pollutants，POPs）是一类重要的污染物，在环境中难以通过化学和生物过程进行降解，可以在环境中长期存留；一般具有半挥发性，能够通过大气进行长距离输送；具有脂溶性，能够进入生物体并通过食物链产生富集，并对生态系统和人体健康产生潜在的重大影响。

（一）《关于持久性有机污染物的斯德哥尔摩公约》

1995 年 9 月，联合国环境规划署理事会通过了关于 POPs 的 18/32 号决议，决定对 12 种 POPs 开展全面的评估；提出削减或终止 POPs 排放的可行战略与机制，并采取必要的国际行动。2001 年 5 月 22 日，《关于持久性有机污染物的斯德哥尔摩公约》（本节简称“公约”）获得通过，首批控制物质包括 9 种杀虫剂（艾氏剂、狄氏剂、异狄氏剂、滴滴涕、七氯、氯丹、灭蚁灵、毒杀芬和六氯苯）、1 种工业化学品（多氯联苯）及 2 种无意生产和排放的副产物（多氯代二苯并二噁英和多氯代二苯并呋喃）。2009 年以来相继增列 18 种 POPs（表 2-26）。中国政府于 2001 年 5 月 23 日签署了公约；2004 年 11 月 11 日公约正式对中国生效，中国采取了积极措施与国际社会共同逐步消除受控 POPs。

表 2-26　公约管控的 POPs 清单（截至 2021 年）

2001 年首批列入 12 种	2009 年新增 9 种	最新增列 9 种
艾氏剂●	α-六氯环己烷●	硫丹及其异构体●
狄氏剂●	β-六氯环己烷●	六溴环十二烷▲
异狄氏剂●	林丹●	六氯丁二烯▲/■
滴滴涕●	十氯酮●	五氯苯酚及其盐类和酯类●
七氯●	五氯苯●/▲/■	多氯萘▲/■
氯丹●	六溴联苯▲	十溴二苯醚▲
灭蚁灵●	四溴二苯醚和五溴二苯醚▲	三氯杀螨醇●
毒杀芬●	六溴二苯醚和七溴二苯醚▲	短链氯化石蜡▲
六氯苯●/▲/■	全氟辛烷磺酸及其盐类和全氟辛烷磺酰氯●/▲	全氟辛酸及其盐类和相关物质▲
多氯联苯▲/■		
多氯代二苯并二噁英■		
多氯代二苯并呋喃■		

注：●杀虫剂；▲工业化学品；■无意生产和排放的副产物。

目前列入公约的 POPs 具有一个共同特征，即含有卤素；事实上，有机碳上的氢被卤素取代正是 POPs 具有持久性和脂溶性等重要性质的关键。目前受控的 30 种 POPs 中，包括 23 种有机氯化物、5 种有机溴化物和 2 种有机氟化物。这类物质的来源可分为两类：有目的生产排放（包括有机氯杀虫剂和工业化学品），无意生产和排放的副产物。除了极性较强的五氯苯酚、全氟辛烷磺酸和全氟辛酸类物质外，其他 POPs 均具有半挥发性，能够以气态或颗粒态形式存在于大气中，因而大气输送是这类物质发生区域乃至全球输送的主要途径。

（二）有目的生产排放

人为合成是 POPs 类物质的主要来源，当有机碳上的氢原子被氯、溴和氟等卤素原子取代之后，其化学性质更加稳定，生物毒性增强并难以被代谢，因此广泛用作杀虫剂、阻燃剂、绝缘剂、导热剂、润滑剂和材料添加剂等。这类物质在生产、运输、使用和废物处置的全过程中均可被释放进入环境介质（包括大气）而成为重要的污染物。

以滴滴涕（dichlorodiphenyltrichloroethane，DDT）为例，它最早由德国化学家 O. Zeidler 于 1874 年合成，1939 年瑞士化学家 P. Müller 发现它的杀虫特性，随后 DDT 被大量工业化生产并用于植物保护和卫生防疫，在第二次世界大战后期有效控制了多种传染病的发生，Müller 因此获得了 1948 年诺贝尔生理或医学奖。DDT 是人工合成并被大规模使用的代表性化学品，在其广泛应用于卫生防疫和农业领域时，人们很快意识到其对环境潜在的巨大危害：DDT 难以分解，能在动物体内蓄积传递而对处于食物链顶端的生物产生严重影响。随着蕾切尔·卡逊（R. Carson）所著《寂静的春天》的发表，包括 DDT 在内的有机氯杀虫剂被禁止生产和使用。中国于 1983 年禁止了 DDT 和六六六（即六氯环己烷）在农业上的使用；2014 年彻底停止了 DDT 的生产。

除了生产和使用过程中的排放，人为合成 POPs 的一个重要来源是工业产品拆解处置时的释放。如在含有多氯联苯和多溴二苯醚的电子废物拆解回收过程中，尤其是焚烧等粗放式拆解回收中，大量 POPs 会被释放进入环境。20 世纪 90 年代起，中国曾大量进口废弃电子产品进行拆解回收，造成部分地区严重环境污染，为此国家于 2020 年彻底停止了国外固体废物的进口。

相对于具有燃烧来源的副产物型 POPs，对有目的生产的杀虫剂和工业化学品的控制相对简单，只要从源头上削减甚至禁止其生产使用，在没有新源的情况下，环境中残留的污染物就会发生降解，随着时间的推移其残留浓度逐渐降低，从而对生态和公众健康的影响逐渐减弱甚至消失。在公约中，这类物质均被列入附件 A（彻底消除）或附件 B（限制生产和使用，主要针对暂无替代品的化学品）。

（三）无意生产和排放的副产物

无意生产和排放的副产物是 POPs 的重要来源，这类物质以氯代芳烃和共轭烯烃为主，其中以多氯代二苯并二噁英（polychlorinated dibenzo-*p*-dioxins，PCDDs）和多氯代二苯并呋喃（polychlorinated dibenzofurans，PCDFs）为典型代表。PCDDs 和 PCDFs 是两组结构类似的三环含氯化合物，学界一般简称为 PCDD/Fs。由于不同数量的氯原子可任意取代苯环上的 8 个不同位置，从而可构成 75 种 PCDDs 和 135 种 PCDFs（结构式见图 2–30），其中最典型和毒性最强的物质为 2，3，7，8– 四氯代二苯并二噁英，常用作基准计算二噁英类物质的毒性当量。

除了 PCDD/Fs，其他一些氯代芳香烃，如共平面多氯联苯（polychlorinated biphenyls，PCBs）和多氯萘（polychlorinated naphthalenes，PCNs）亦具有类似的物化性质和毒性效应，被称为类二噁英物质。除了工业品外，PCBs 和 PCNs 具有和 PCDD/Fs 类似的副产物来源，故此处以 PCDD/Fs 为例进行介绍。主要来源包括以下过程。

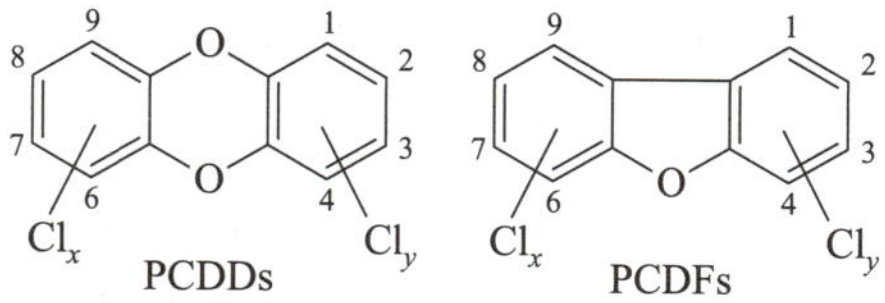

图 2-30　PCDDs 和 PCDFs 的分子结构图

（1）工业生产过程：PCDD/Fs 可通过氯化自然界存在的酚类物质（如木浆中的酚）而形成，因此在造纸工业中由于使用氯漂白纸浆而会产生 PDDD/Fs，并且存在于纸张和生产废物中。另外，PCDD/Fs 是某些化工产品生产过程中的副产物，包括氯酚（如五氯苯酚）、多氯联苯、苯氧基除草剂（如 2，4，5-T）、氯苯、脂肪族氯化物、氯化的催化剂和卤代二苯乙醚等。

（2）燃烧和焚烧过程：当存在含氯原料时，各种燃烧过程均可产生和释放 PCDD/Fs，包括：焚烧垃圾（城市固体垃圾、排污管道淤泥、医源性和危险废物等）；冶金过程（高温炼钢、熔铁、废金属回收等）；煤、木柴、石油产品等的供热燃烧等。

（3）生物产生过程：在一定环境条件下，PCDD/Fs 可在微生物对氯酚的作用过程中形成（如堆肥）。

二噁英类 POPs 含量低、毒性大且来源广泛，国际上对其排放量的估算存在很大的不确定性。因此，联合国环境规划署（UNEP）公布了《二噁英排放识别和定量工具包》，意在规范二噁英类排放清单编制方法。据吕亚辉等（2008）的研究，在我国正式提交给公约秘书处的国家排放清单中，二噁英类排放总量为 10 237 g（以毒性当量 TEQ 计），其中约 50% 进入大气，其他则分别进入水、土壤。

一般而言，燃烧过程是副产物型 POPs 的重要来源，通常可以直接排放进入大气，因此在空间上具有更大尺度的影响，进入水体和土壤的 POPs 对局地的影响更大。此外，燃烧来源的 POPs 难以彻底消除，因此在公约中被列入附件 C："缔约方必须采取措施削减无意排放以达到持续减少、在可能情况下最终消除之目标。"

二、持久性有机污染物的大气过程

除了生产、使用和废物处置过程中排放进入大气，土壤和沉积物等环境介质中残留物的挥发是大气 POPs 的重要来源，也是全球输送的关键环节。揭示 POPs 的大气行为包括气相反应、界面交换及大气输送，是把握其大气浓度水平变化，识别来源并进一步评价其生态和健康影响的关键。

（一）气相反应

尽管相对于非卤代有机物，POPs 在环境中难以降解，但气相反应仍然是大气中 POPs 的一个重要去除机制。如果大气降解反应速率过低，那么进入大气的 POPs 更易进行长距离输送。与·OH 发生的反应是最重要的气相反应，受卤素电负性的影响，反应速率通常与卤素取代数目密切相关，一般而言取代数目越大，其大气寿命越长（表 2-27）。

PCDD/Fs 的气相反应研究通常在反应室中进行，将其暴露于可见光 / 紫外光灯或自由基中，·OH 为主要的气相氧化剂。迄今未发现 PCDD/Fs 与 O_3 的反应，与 NO_3· 的反应也可忽略不计。尽管受控的实验室条件不能全面反映真实的大气反应,但可以了解这一类物质基本的物理化学过程。

表 2-27 对流层中 PCDD/Fs 与 ·OH 反应的大气寿命 单位:d

氯代数目	对流层中大气寿命(t_{life})和半衰期($t_{1/2}$)			
	PCDDs		PCDFs	
	t_{life}	$t_{1/2}$ ①	t_{life}	$t_{1/2}$
0	1.0	0.7	3.7	2.6
1	3.0	2.1	2.9	2.0
2	2.0~2.4	1.4~1.7	2.8~3.9	2.8~3.9
3	2.5~3.3	1.7~2.2	3.9~6.7	3.9~6.7
4	2.8~7.2	2.0~5.0	7.7~18	5.3 ~13
5	4.0~8.5	2.7~5.9	10~20	10~20
6	45	31	83	57
7	89	62	190	130
8	239	160	580	400

资料来源:数据来源于 Kowk 等,1995;Brubaker 和 Hites,1997。

注:① $t_{1/2}=\ln 2\times t_{life}$

(二)界面交换

地表土壤和水体既是大气中 POPs 的重要来源,也是大气中 POPs 的汇。由于地球表面大部分面积是水体,因此在 POPs 全球传输过程中,水气界面交换起着重要的作用。

水气界面交换包括干、湿沉降及气态物质交换,其中气态物质交换为双向过程,既可从大气沉降到水体,又能由水体挥发进入大气。相对于干、湿沉降,气态物质交换通常更加重要,它是半挥发性 POPs 从大气进入水体的主要途径;对于某些物质,挥发的量则可能远超过干、湿沉降及吸收量之和,即水体是大气中这些物质的源。因此多数文献中水气界面交换专指气态物质交换。

水气交换通量可以利用双膜模型估算,在模型中传质过程受空气和水体交界处的扩散速率控制,净通量为 F_{net}[$ng/(m^2\cdot s)$]:

$$F_{net}=10^9 MD_{aw}(f_w-f_a)$$

$$D_{aw}=\frac{K_{OL}}{H}$$

$$\frac{1}{K_{OL}}=\frac{1}{k_w}+\frac{RT}{Hk_a}$$

f_a 和 f_w 是该物质在大气和水体中的逸度,分别与气相中的浓度和水中溶解浓度(c_a 和 c_w, ng/m^3),以及亨利常数(H, $Pa\cdot m^3/mol$)、气温(T_a, K)、分子量(M)等参数有关:

$$f_a=10^{-9}\frac{C_aRT_a}{M}$$

$$f_w=10^{-9}\frac{C_wH}{M}$$

用于通量计算的传质系数 D_{aw}[mol/(m^2·s·Pa)]由总传质系数 K_{OL}(m/s)和亨利常数 H 计算而得。K_{OL} 与空气膜和水膜传质系数(k_a 和 k_w)有关,其中 k_a 和 k_w 是风速和分子扩散性或空气和水中该物质 Schmidt 常数的函数。

净气体交换的方向由水体、空气中的逸度比值来决定:

$$\frac{f_w}{f_a}=\frac{HC_w}{RT_aC_a}$$

逸度比值小于 1 和大于 1 分别代表净沉降或者挥发,而等于 1 则代表水气交换平衡。水体既可能是大气中 POPs 的汇,又可能是源。当水气交换平衡时,尽管净通量等于零,但是沉降和挥发速率可能依然很高。同时由于气体交换是双向的,瞬时的水体、空气逸度比值由于大气中浓度变化剧烈而有很大的差异。

以在太湖地区的水气交换观测为例,2004 年 DDT 和硫丹为净沉降通量,表明存在大气输送来源,太湖是这些 POPs 的汇;而 α-六氯环己烷为净挥发通量,表明其主要来源于历史上该地区大量使用农药在沉积物中的残留释放,太湖是大气中该物质的二次源。

(三)大气输送

经过长期的研究,目前 POPs 输送的一般模式已经较为清楚。Goldberg(1975)最早提出了"全球蒸馏"(global distillation)的概念以表示 POPs 存在独特的传输趋势,即从热带和温带地区挥发,在寒冷地区冷凝沉降。Risebrough 于 1990 年提出的"全球色谱"(global chromatography)和 Wania 与 Mackay 于 1996 年提出的"蚱蜢跳效应"(grasshopper effect)均被用来形象地描述 POPs 在传输过程中的沉降和再挥发过程。这些概念被 Wania 和 Mackay(1995,1996)通过全球尺度的模型进行了定量化。模型显示,沉降和再挥发循环会使 POPs 从温暖地区到寒冷地区传输时被"分馏",挥发性较高的输送较快,挥发性较低的输送滞后。这种输送行为取决于这些物质的物化性质,尤其是大气与地表土壤和水体等介质之间的分配系数,以及这些物质的饱和蒸气压。模型表明,迁移性较强的有机氯杀虫剂如六氯环己烷和六氯苯等,可以迁移到两极并在那里冷凝,因而会在极地地区得到富集。DDT、氯丹类物质迁移性相对较弱,这些物质在温带地区即可冷凝下来,因此主要在温带地区富集。迁移性非常弱的物质如灭蚁灵,主要停留在使用地区。北极地区的观测证明,20 世纪 90 年代早期北极大气中的六氯环己烷与六氯苯浓度可以达到几十到近百皮克每立方米,而 DDT 则较之低 2 个数量级左右。

(四)大气浓度变化

大气中 POPs 浓度除了受污染物自身物化性质特别是挥发性影响之外,还受污染源("新"或"老"源)、大气输送、去除和沉降等过程的影响,这些过程又与环境要素密切相关。

(1)温度:如果不存在使用时直接进入大气的情况,那么大气与界面物质交换是大气中 POPs 的主要来源,即从土壤、水体和植被中挥发进入大气的量控制着 POPs 的大气浓度。

受温度控制的大气 POPs 浓度表现出明显的季节变化甚至是日变化特征，可以用克拉佩龙-克劳修斯方程（Clapeyron-Clausius equation）表示：

$$\ln P = -\frac{\Delta H_{ex}}{RT} + b$$

式中：P——以分压表示的大气中 POPs 浓度，Pa；

T——气温，K；

b——常数；

ΔH_{ex}——界面交换的焓变。

当温度范围变化不大时，ΔH_{ex} 可以近似当作常数。由上式可知，大气 POPs 浓度与温度呈正相关，通常呈现夏天高冬天低，白天高夜间低的趋势。

（2）新排放源：以有机氯杀虫剂为例，喷洒时直接进入大气、施用后挥发进入大气，以及风对土壤的侵蚀是其进入大气的主要方式。Willis 等人（1983）的研究表明，施用到棉花地的毒杀芬和 DDT 在一个月内有 53%~58% 挥发进入大气。由于大气的环境容量相对极小且具有极强流动性，若短时间内出现高浓度有机氯杀虫剂，则说明可能存在该物质的当前排放源。此时温度并非没有影响，而是高浓度的杀虫剂可能在使用时直接进入大气，尚未与土壤等介质之间达到交换平衡。

如图 2-31 所示，太湖地区 2002 年夏季的观测结果显示，DDT 浓度与大气输送轨迹密切相关，当气团来自西太平洋和东海上空时，污染物浓度最低，这是清洁空气的稀释作用导致的。有趣的是 8 月 10 日这一天，受西太平洋上空热带气旋的影响，当气团来源于太湖以北地区时，DDT 类污染物浓度高达 3 000 pg/m^3，表明观测期间太湖以北地区存在新排放源，并且以 o,p'-DDT 异构体为主。由这些现象切入，可以发现中国禁用 DDT 后，三氯杀螨醇成为大气中一种重要的新型 DDT 来源，从而为中国政府履行《关于持久性有机污染物的斯德哥尔摩公约》并彻底淘汰 DDT 和三氯杀螨醇提供了关键证据。

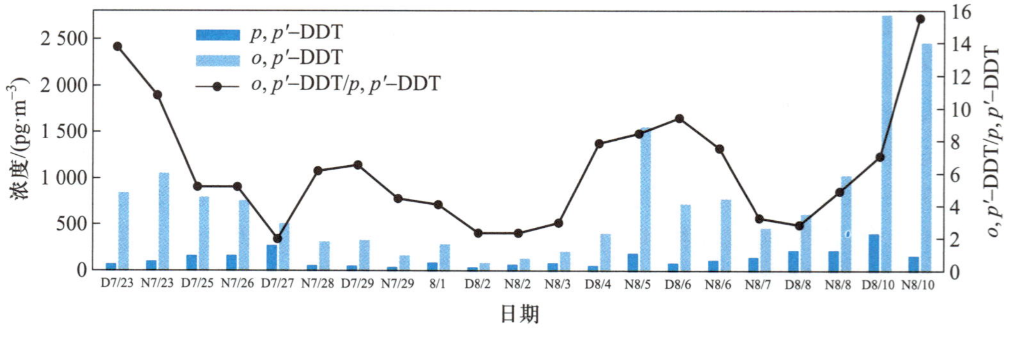

图 2-31 2002 年 7 月 23 日—8 月 10 日太湖地区观测结果

（资料来源：改自 Qiu 等，2004）

D 表示白天，N 表示夜晚

（3）控制措施：由于对 POPs 类污染物的控制，大气中这类物质在多年的尺度上通常呈现逐年下降的趋势；反之，下降的趋势可用于评价控制措施的有效性。目前已有大量研究证明，在城市工业中心，大气中 PCDD/Fs 水平呈现明显的下降趋势（图 2-32），这被认为是 20 世纪 90 年代采取积极减排措施的结果。

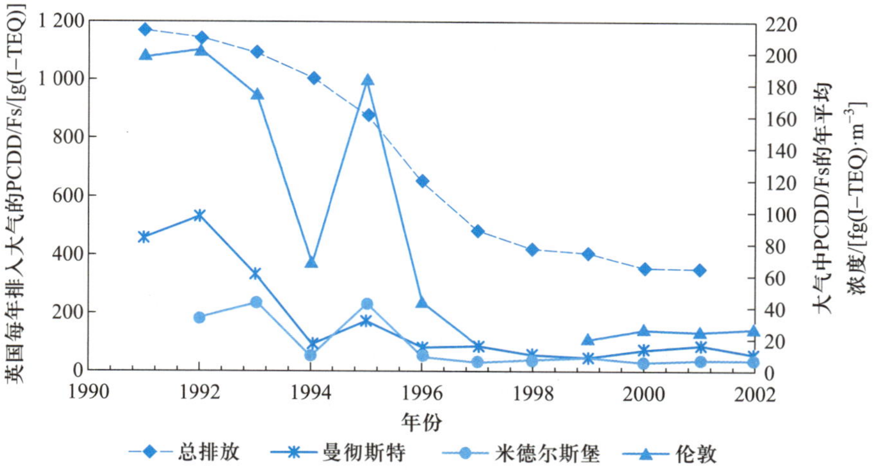

图 2-32　英国 PCDD/Fs（I-TEQ）排放毒性当量和空气中 PCDD/Fs 毒性当量浓度[fg（I-TEQ）/m^3]的变化趋势

（资料来源：引自 Basler A，2002）

1995 年峰值可能源于当年特定的气象条件

第八节　光化学氧化剂

光化学氧化剂（Ox）是由天然源和人为源排放的氮氧化物和挥发性有机物，在太阳光照射下，发生光化学反应生成的。它主要包括臭氧（O_3）、过氧乙酰硝酸酯（PAN）、二氧化氮（NO_2）、醛类（RCHO）、过氧化氢（H_2O_2）等能危害动植物，具有刺激性、氧化性的物质。其中 O_3 是代表物质，一般占 Ox 的 90% 以上，其次是 PAN。

一、臭氧（O_3）

O_3 是天然大气的重要微量组分，平均含量为 0.01×10^{-6}~0.1×10^{-6}（体积分数），大部分集中在距地面 10~30 km 的平流层，对流层 O_3 仅占 10% 左右。O_3 在地球大气化学中起着非常重要的作用，它在平流层吸收紫外线，不仅阻止了短波长紫外线到达地面，而且改变了透入对流层阳光辐射的谱分布。同时，O_3 吸收光后分解的产物引发了大气中的热化学过程。更重要的是，分解产物中的电子激发态原子氧具有足够的能量和其他不能与基态氧反应的分子发生反应（如 H_2O 和 CH_4 等），从而导致了重要自由基（如 ·OH）的生成。·OH 的存在，活跃了大气中的化学反应过程。

O_3 在平流层起到保护人类与环境的重要作用，但是，在对流层大气中如果 O_3 浓度增高，就会对人体健康、气候变化、生态系统等方面造成显著的影响。虽然研究人员至今对在 O_3 大气浓度下暴露的长期效应还不十分清楚，但是已经知道其对眼睛和呼吸道有刺激，对肺功能有影响。O_3 是一种反应性极高的气体，也是一种强氧化剂，它能在生物体中与有机物，尤其是带双键的有机物，发生快速的非均相化学反应，例如，与不饱和脂肪酸、酶中的巯基、氨基及其他重要的蛋白质发生反应。当 O_3 被吸入呼吸道时，就会与呼吸道中的细胞、流体和组织很快反应，导致肺功能减弱和组织损伤，症状如咳嗽、呼吸短促、鼻咽刺激，甚至在深呼吸时有不适或痛感。对流层 O_3 可以吸收、释放地球红外辐射，对全球气候具有间接影响，是导致全球辐射强迫增加的重要大气温室气体之一。此外，O_3 的光解对大气 ·OH 的浓度会造成影响，从而影响其他温室气体的大气寿命。O_3 浓度的升高还会对植被生态产生影响，长期暴露于高浓度 O_3 环境中的植被会出现生长发育迟缓、衰老过程加速、果实产量降低等情况。

关于平流层的 O_3 问题，将在第七章中专门论述，本节着重介绍对流层的 O_3。

（一）对流层 O_3 的来源

对流层 O_3 的来源包括天然源和人为源。

1. O_3 的天然源

对流层 O_3 的天然源，目前认为最主要的有两个：由平流层输入和由对流层光化学反应生成。此外，还有植物的直接排放，这部分的量很少。对于两个主要源，究竟何者为主，曾有过一些争论。从实际情况来看，两者均存在。现在分别叙述如下。

（1）由平流层输入：许多研究发现，平流层 O_3 在一定的大气条件下及一定地点，可以输送到对流层，导致局部地区 O_3 浓度的升高。从对流层顶温度升高的情况看来，似乎平流层大气与对流层混合是不可能发生的，但是，气象现象会造成在某一地点周期性地出现短暂的温度的连续性“破坏”，导致平流层挟带 O_3 的空气进入对流层，该情况属于所谓的“对流层顶折叠”（tropopause folds）现象，发生在当极地气团与中纬度气团或赤道气团与极地气团相遇，因热结构不同使对流层顶出现了“空隙”时。这种情况所出现的对流层 O_3 浓度的增高，往往是突然上升，并且峰值出现的时间与光化学反应最有利的时间不一定相符。

图 2-33 列出了一组 6 个背景点大气 O_3 浓度的长期变化数据，其中德国楚格峰站的数据中最大小时平均浓度（196×10^{-9}）出现在 1975 年 1 月 8 日午夜时分，而在楚格峰站周围，前一天白天并未出现过 O_3 高值，因此，该值不能认为是由于光化学反应产生后而输送到此地的。在 O_3 高值出现的同时，还观察到了 ^7Be 的高值。^7Be 被认为是平流层物种，是由宇宙射线产生而存在于平流层的，在对流层不会生成。因此，^7Be 同时进入对流层也可作为 O_3 高值来自平流层的旁证。与上述类似的情况还曾在其他地方多次发现。

2016 年 7 月 17—18 日我国东部发生了一次平流层至对流层的 O_3 传输过程，在距地面 6~8 km 处发现了显著的 O_3 羽流。此过程给南京的地面 O_3 高值贡献了 10×10^{-9}（体积分数）。

此外，如果 O_3 全年数据中高值出现在冬季或春季，或者 O_3 浓度没有明显的白昼变化等，则都可以作为平流层 O_3 输入的证据。

（2）由对流层光化学反应生成：许多实验研究表明，自然界的光化学反应是对流层 O_3 的重要来源。

Fishman 和 Seiler 等 1983 年报道了发现 O_3 浓度与 CO 浓度的垂直分布廓线具有正相关性，它们浓度廓线的主要波动具有相似性，如图 2-34 所示。作者认为，CO-O_3 的正相关性说明了对流层的 O_3 来自光化学反应，因为平流层大气中 CO 浓度极低（40×10^{-9}~50×10^{-9}），如果当时的 O_3 来自平流层，那么应当有高 O_3 浓度和低 CO 浓度同时出现的现象。而事实正相反，高 O_3 浓度伴随着高 CO 浓度。如果 O_3 是由 CO 产生的，那么只要有足够的 NO 存在，O_3 的生成应当有高 CO 浓度伴随。由 CO 产生 O_3 的光化学机制如下：

$$CO + \cdot OH \longrightarrow CO_2 + H\cdot$$

$$H\cdot + O_2 \xrightarrow{M} HO_2\cdot$$

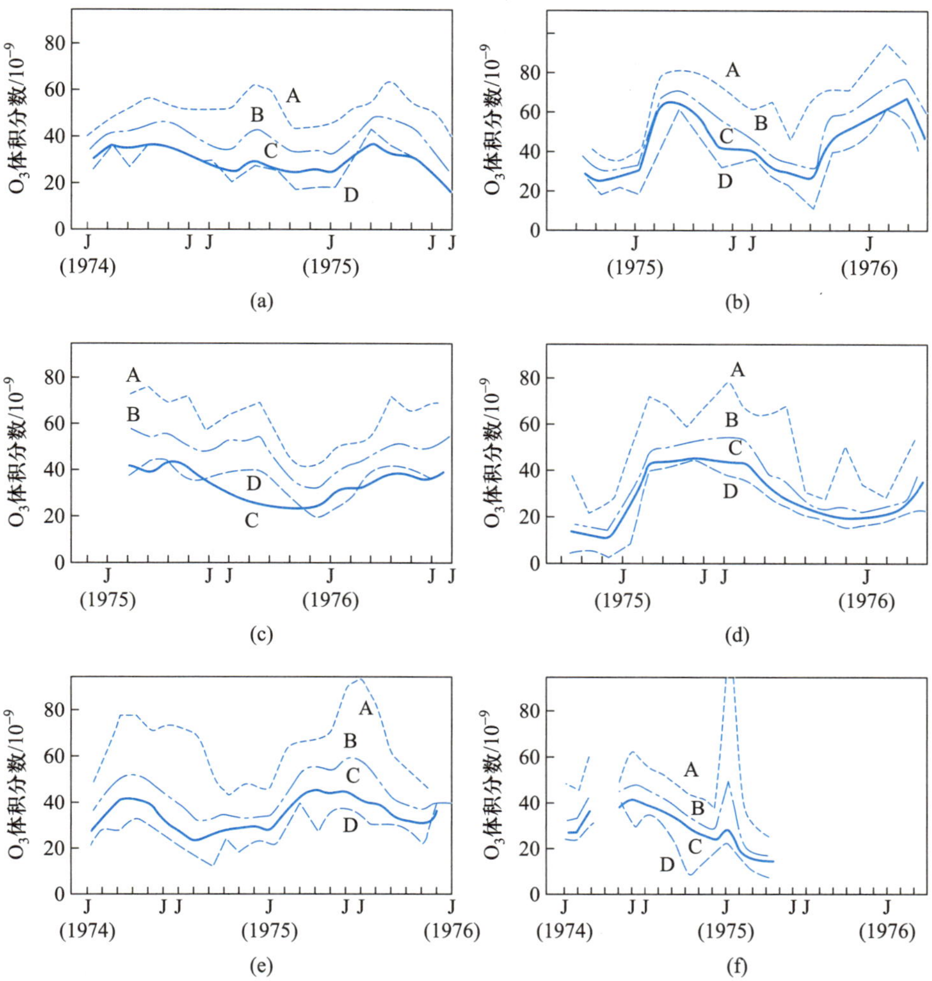

A. O_3 小时浓度的月最大值；B. 每天 O_3 小时浓度的月平均值；

C. 所有 O_3 小时浓度的月平均值；D. 每天 O_3 小时浓度的月平均低值

图 2-33 6 个背景点大气 O_3 浓度的长期变化

（a）华盛顿州奎尔拉于特；（b）蒙大拿州科尔斯特里普；（c）犹他州怀特河；

（d）科罗拉多州里奥布兰科；（e）夏威夷州莫纳罗亚火山；（f）德国楚格峰

$$HO_2\cdot + NO \longrightarrow NO_2 + \cdot OH$$

$$NO_2 + h\nu \longrightarrow NO + O$$

$$O + O_2 \xrightarrow{M} O_3$$

也有人认为天然 CH_4 可能是 O_3 的前体物：

$$CH_4 + \cdot OH \longrightarrow \cdot CH_3 + H_2O$$

↓ 一系列中间反应

CO

⋮

产生 O_3

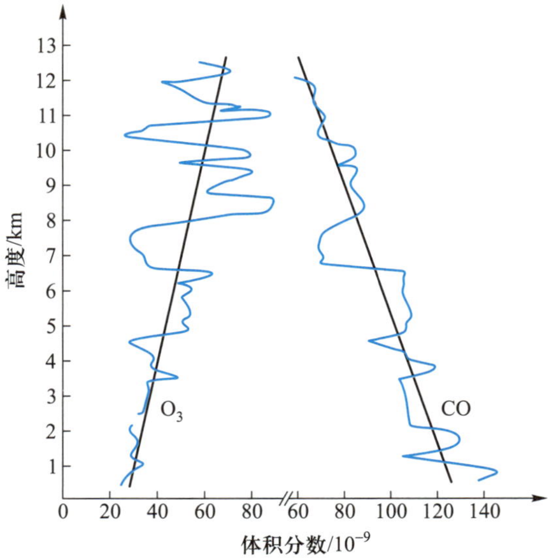

图 2-34 1974 年 7 月 27 日太平洋 41° N、126° W 处上空测得的 O_3 和 CO 的廓线

（资料来源：引自 Fishman 等，1983）

穿过廓线的直线是对该廓线的最佳拟合

总之，天然大气中存在着 O_3 的前体物，它们之间的光化学反应是 O_3 的重要天然源。由此看来，在清洁地区理想的 O_3 浓度随时间分布的曲线应具有图 2-35 所示的形状。

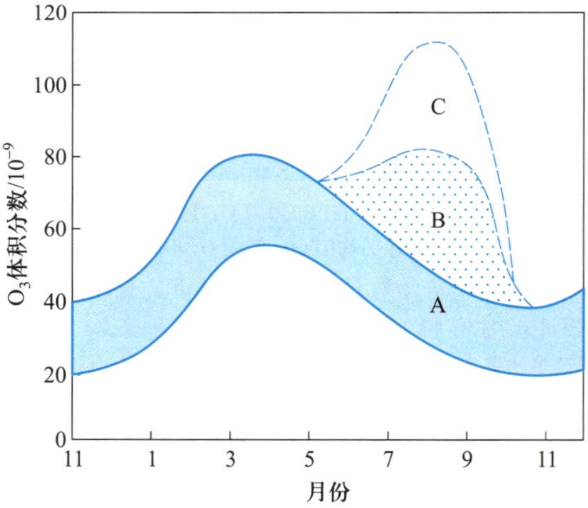

A. 天然 O_3；B. 当地生成的 O_3；C. 从市中心直接传输来的 O_3

图 2-35 清洁地区 O_3 浓度变化的理想曲线

（资料来源：引自 Singh 等，1978）

2. O_3 的人为源

对流层 O_3 的人为源，至今已经确认的有以下几类。

（1）交通运输：汽车是城市地区 O_3 的重要污染源。汽车尾气的主要成分包括 O_3 的前体物 NO 和烯烃类碳氢化合物，只要在阳光及合适的气象条件下就可以生成 O_3。

（2）石油化工综合工业：石油化工与火力发电及其他工业共存的综合工业区，排放出

大量的 NO_x 和碳氢化合物。近年来,美国相继报道了在石油综合企业和石油炼厂的下风地区观测到 O_3 的生成。我国较大的石油化工基地之一——兰州西固地区,1974 年以来已多年监测到高浓度的 O_3。

(3)燃煤电厂的烟羽:据美国报道,近年来在燃煤电厂的烟羽中观测到有高浓度的 O_3。这说明在合适的条件下,燃煤产生的 NO_x 也会对 O_3 的形成起重要作用。

另外,生物质燃烧也是重要的大气 O_3 前体物的来源。在南大西洋、非洲南部、南美洲及东南亚地区,已经确认季节性的生物质燃烧会导致对流层中下层的 O_3 增加。

春季东南亚地区及印度的中东部有大量的生物质燃烧发生,而且东南亚地区的生物质燃烧产物可以扩散到全球尺度的范围。生物质燃烧产生的大量 CO、CO_2、CH_4、NMVOCs 和 NO_x 被释放到大气中,这些燃烧产物在光的作用下可以产生高浓度的 O_3。从污染源的区分而言,生物质燃烧既有天然因素,也有人为因素。

(二)对流层 O_3 的汇

对流层大气中的 O_3 由光化学反应产生,同时又主要通过气相的光化学及热化学反应和沉降去除。

1974 年 Cruzten 提出了对流层 O_3 的主要汇机制。

1. 气相反应

$$O_3 + h\nu\ (\lambda \leqslant 320\ \text{nm}) \longrightarrow O(^1D) + O_2$$

$$O_3 + h\nu\ (450\ \text{nm} < \lambda < 320\ \text{nm}) \longrightarrow O + O_2$$

$$O + O_2 \xrightarrow{M} O_3$$

$$O(^1D) \xrightarrow{M} O$$

$$O(^1D) + H_2O \longrightarrow 2 \cdot OH$$

总反应:

$$O_3 + H_2O(g) + h\nu \longrightarrow O_2 + 2 \cdot OH$$

$$O_3 + \cdot OH \longrightarrow HO_2 \cdot + O_2$$

$$O_3 + HO_2 \cdot \longrightarrow \cdot OH + 2O_2$$

$$O_3 + NO \longrightarrow NO_2 + O_2$$

$$O_3 + NO_2 \longrightarrow NO_3 \cdot + O_2$$

2. 沉降

干沉降是通过湍流传输或引力沉降将大气成分从大气中去除并转移到地球陆地表面的过程,是对流层 O_3 的第二大去除途径。O_3 沉降到陆地表面过程的快慢取决于陆地覆盖情况,沉积到非植被地表通常比沉积到植被地表的速度要慢。O_3 沉积到植物表面时,可以通过植物气孔被植物吸收,从而对植物造成不良影响。

(三)O_3 的环境浓度

大气中 O_3 总量的 90% 以上聚集于平流层中,对流层大气中 O_3 的背景浓度一般不到 50×10^{-9}(体积分数)。由于人为排放 NO 和 VOCs 的数量增加,城市及附近地区大气中的 O_3 浓度普遍升高,一般可达 100×10^{-9}(体积分数)以上。当发生光化学烟雾污染时,大气中 O_3 浓度可高达 200×10^{-9}~400×10^{-9}(体积分数),这一浓度水平对人体健康、生态系统和材料都会造成严重危害。表 2-28 列出了不同地区夏季 O_3 的典型日最高浓度范围。

表 2-28 不同地区夏季 O_3 的典型日最高浓度范围

地区	O_3 浓度 /10^{-9}
城市 - 郊区	100~400
农村	50~120
偏远热带森林地区	20~40
偏远海洋地区	20~40

O_3 的环境本底浓度通常为 20×10^{-9}~60×10^{-9}（体积分数），平均值为 30×10^{-9} 左右，但城市 O_3 浓度要高得多。如美国洛杉矶，20 世纪 50 年代日最大小时平均值经常达 500×10^{-9}，最高浓度为 900×10^{-9}（1955 年 9 月 13 日）。近年来，对机动车尾气安装催化装置后，O_3 浓度有所下降。

北半球是人为活动密集的地方，也是人口集中的区域，因此 O_3 及其前体物排放变化较大，O_3 变化引起的影响也相对严重。图 2-36 给出了北半球若干背景观测点测得的对流层 O_3 浓度变化趋势。从图上的结果来看，O_3 浓度的变化可能具有比较明显的区域特点，不同点上的变化曲线有较大的差别。从 20 世纪 50 年代到 20 世纪末，所有观测点的 O_3 都有所增加。在 20 世纪末以后，其中许多观测点，特别是欧洲，O_3 增长率已经放缓。

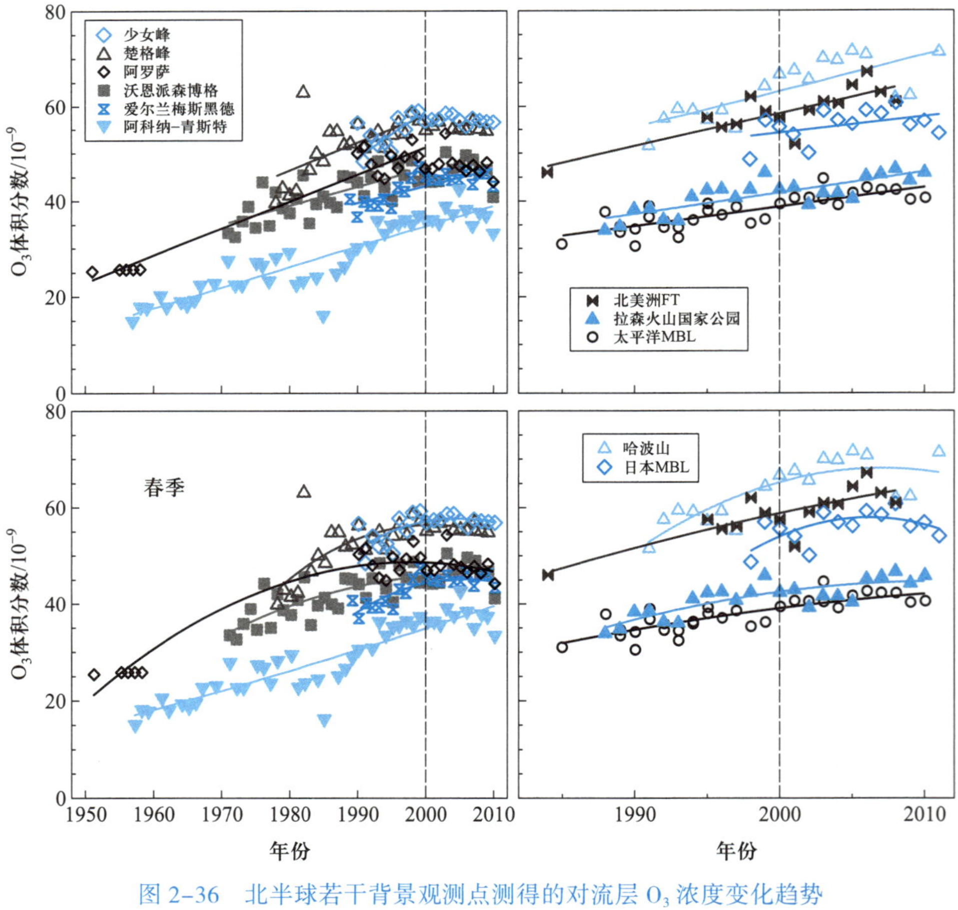

图 2-36 北半球若干背景观测点测得的对流层 O_3 浓度变化趋势

（资料来源：引自 Parrish 等，2012）

图 2-37 给出了中国瓦里关背景站点测得的大气 O_3 浓度变化趋势,不同背景站点的 O_3 浓度存在一定差异,但是整体呈现缓慢上升趋势。

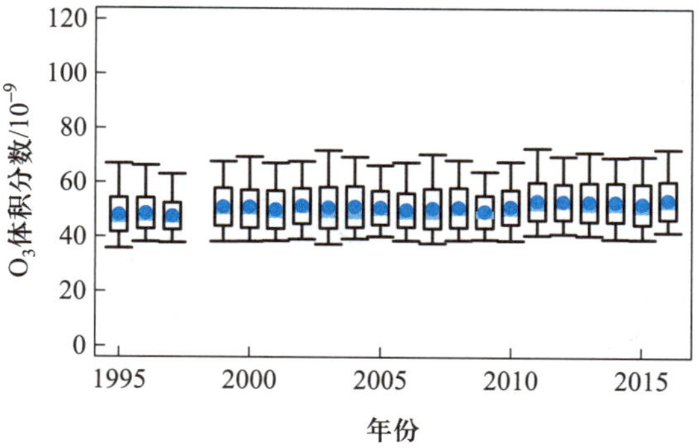

图 2-37 中国瓦里关背景站点测得的大气 O_3 浓度变化趋势

(资料来源:引自 Xu 等, 2020)

O_3 浓度不仅有明显的日变化,而且有明显的月变化(图 2-38)。在夏威夷莫纳罗亚火山本底站测到的 O_3 浓度随月份的年变化曲线表明,在 3、4、5 月份出现 O_3 浓度的增高,即所谓的“春季升高”现象,主要与对流层顶折叠多出现在春季有关;而城市 O_3 浓度的年变化曲线却在 7、8、9 月份出现高峰,这是夏季日光强、光化学反应的结果。因此,可根据 O_3 年变化曲线的峰值出现时期来作为 O_3 来源判断的一种依据。

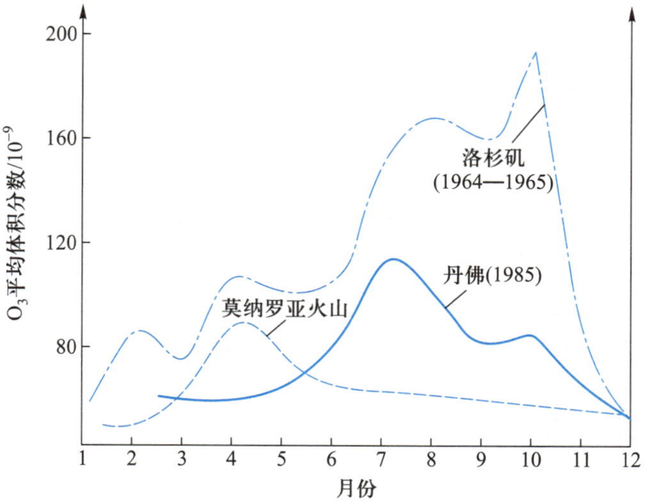

图 2-38 O_3 浓度最大值(小时平均值)的月变化

乡村地区 O_3 的变化究竟是人为因素还是天然因素所致,存在着两种观点:一种观点认为 O_3 在乡村地区的升高是活性较低的污染物经长距离传输过程在下风地区进行光化学反应的结果,即由城市污染的传输造成,另一种观点则认为乡村地区的 O_3 来自平流层,即平流层 O_3 通过对流层顶折叠进入对流层造成。最近已发现清洁地区天然排放的碳氢化合物浓度很高,很可能是乡村地区 O_3 升高的一个原因。

近年来,世界各国不仅相继报道在大城市市区有光化学烟雾污染,而且发现在许多乡村

地区 O_3 的浓度不低于市区，常常超过国家标准值。图 2-39 给出了在北京市中关村地区大气污染事件中测定的大气 O_3 浓度的日变化规律，从图上可以看到显著的 O_3 浓度峰值的上升趋势，而且近年来 O_3 浓度在一日内出现峰值的时间也有所提前。

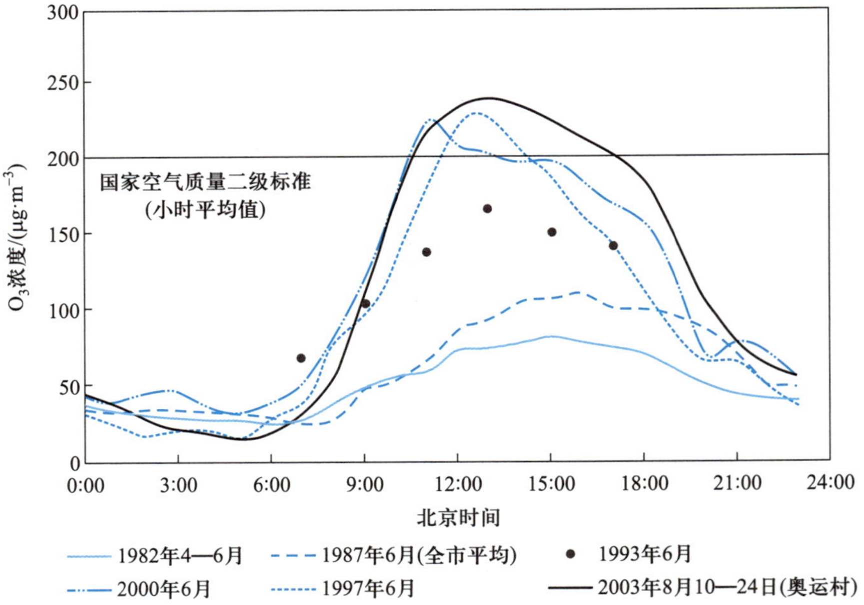

图 2-39 北京市中关村地区大气污染事件中测定的大气 O_3 浓度的日变化趋势

（资料来源：Shao 等，2006）

二、过氧乙酰硝酸酯（PAN）

过氧酰基硝酸酯系列 $R—CH_2—\overset{\overset{\large O}{\|}}{C}—O—O—NO_2$ 是光化学烟雾污染产生危害的重要二次污染物，通常包括过氧乙酰硝酸酯（PAN）、过氧丙酰硝酸酯（PPN）、过氧丁酰硝酸酯（PBN）、过氧异丁酰硝酸酯（PisoBN）、过氧苯甲酰硝酸酯（PBzN）等，其中 PAN 被发现并合成得最早，是该系列的代表。目前除 O_3 外，PAN 常被视为光化学烟雾的特征物质。

（一）PAN 的源

PAN 没有天然源，只有人为源，即全部是由污染产生的，因此，大气中测出 PAN 即可作为发生光化学烟雾的依据。

PAN 是由大气中 NO_x 和乙醛作用产生的，因此凡是能产生乙醛或乙酰基的物质都可能是 PAN 的来源：

$$CH_3CHO+\cdot OH \longrightarrow CH_3CO\cdot（乙酰基）+H_2O$$

$$CH_3CO\cdot+O_2 \longrightarrow CH_3\overset{\overset{\large O}{\|}}{C}OO\cdot（过氧乙酰基）$$

$$CH_3\overset{\overset{\large O}{\|}}{C}OO\cdot+NO_2 \longrightarrow CH_3\overset{\overset{\large O}{\|}}{C}OONO_2（过氧乙酰硝酸酯）$$

反应中醛类碳原子数增高，得到一系列同系物（PANs）。

PAN 是 20 世纪 50 年代在美国洛杉矶光化学烟雾事件的大气中发现的，之后，在全世界其他城市、边远地区、清洁大气中也都测出了 PAN。PAN 不仅是光化学烟雾中造成眼睛刺激的主要有害物，还是植物的毒剂，甚至是诱发皮肤癌的可能化合物。它能在雨水中解离成硝酸根和有机物，因此还能参与降水的酸化。

（二）PAN 的汇

PAN 的主要汇是热分解反应。在遇热的情况下，PAN 会分解成 NO_2 和 $CH_3COO\cdot$，此反应的一级反应速率常数与温度有关。例如，在 300 K 时，PAN 的寿命为 30 min；290 K 时，PAN 的寿命为 3 d；260 K 时，PAN 的寿命为 1 个月。因此，它在低温时相对稳定，在温度高时就分解。在低温地区或对流层的中上部，PAN 相对稳定，就有可能输送到较远的地方。当 PAN 由较冷的上层输送到较暖的边界层时，就会发生热分解而释放出 NO_2：

$$CH_3\overset{\overset{\displaystyle O}{\|}}{C}OONO_2 \overset{\triangle}{\rightleftharpoons} CH_3\overset{\overset{\displaystyle O}{\|}}{C}OO\cdot + NO_2$$

由于这个性质，它成为 NO_x 的储存体，通过它在输送过程中的分解、复合，将 NO_2 带到各地。

（三）PAN 的环境浓度

PAN 的环境浓度通常随光化学氧化剂的总浓度变化，一般在 O_3 测得高值时，PAN 也达到高值，PAN 与 O_3 的浓度比一般为 0.02~0.06。与 O_3 一样，PAN 的浓度具有明显的日变化和月变化，一天中最高值出现在正午前后，一年中夏季最高，冬季最低。

在北京地区，一天中由于交通量的不同和阳光照射强度的变化，PAN 浓度也相应变化。图 2-40 显示了 PAN 浓度的日变化曲线。为便于比较，同时绘出了 O_3、NO、NO_2 的浓度变化曲线。清晨，交通处于第一个高峰期，大量的 VOCs 和 NO 等排放进入大气，NO、NO_2 浓度迅速上升；在 9∶00 左右出现 PAN 浓度的第一个峰值，随后缓慢下降，此时，NO、NO_2 浓度平稳，O_3 浓度仍呈上升趋势。可以认为，O_3 在阳光照射下是稳定的，而 PAN 则由于气温的升高，前体物的排放减少，分解速率增大，造成浓度减小。午后，PAN 浓度出现小的峰值，O_3 浓度继续上升，这时阳光照射强度最大，光化学反应迅速。20∶00（夏时制）前后，出现了 PAN、NO、NO_2 和

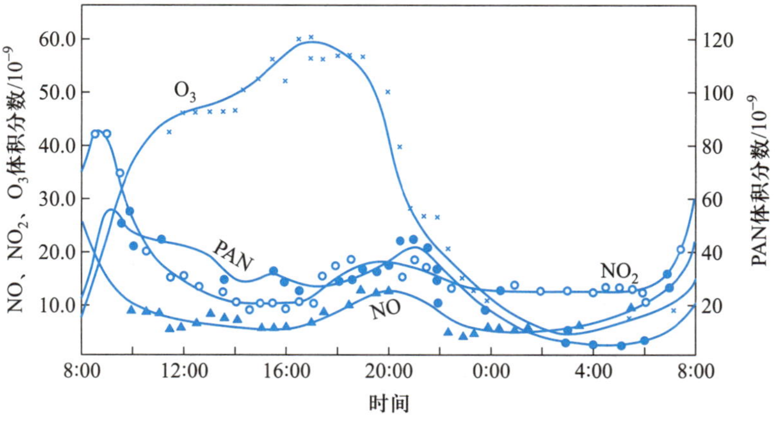

图 2-40 1990 年 5 月 27 日（夏时制）大气污染物浓度变化曲线

（资料来源：引自张剑波等，1994）

O_3浓度峰值，O_3峰、NO峰在前，NO_2峰居中，PAN峰明显延迟。这时，日照依然较强，由于经过了交通高峰期，污染物排放量大，故出现上述现象。在这以后，夜幕降临，排放减少，PAN、O_3、NO、NO_2浓度呈下降趋势，至次日清晨又开始回升。可以看出，PAN浓度明显受机动车尾气等的排放和日照强度的影响。这是一个较为典型的城市地区大气PAN当地生成的化学过程。

图2-41、图2-42、图2-43给出了1980年6月—1981年3月在伊利湖北岸加拿大锡姆科湖处对PAN浓度测定的结果。图2-41说明了PAN的月变化，夏秋季大于冬春季。其小时平均浓度具有明显的日变化，中午最高（图2-42）。图2-43示出了O_3、PAN和NO_2浓度变化三条曲线，由图可见PAN浓度与O_3浓度呈正相关，但是却与日照时间不完全一致，这说明PAN不是当地产生的，而是输送来的。通过轨迹模式可确定PAN来源于南方、西南方和西方，即伊利湖西岸的大工业城市芝加哥、南岸的底特律和克利夫兰等。

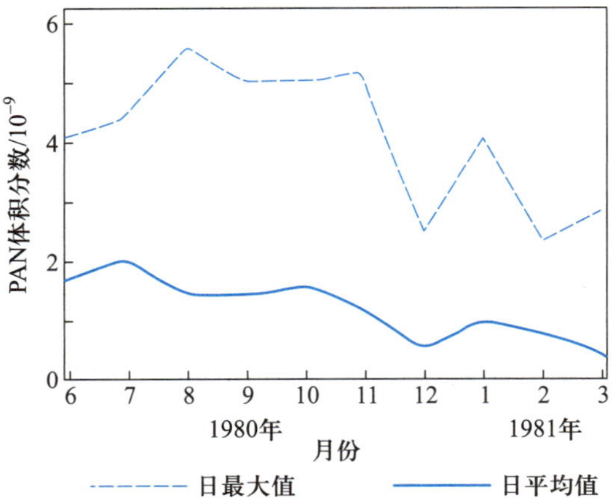

图2-41　PAN浓度的月变化

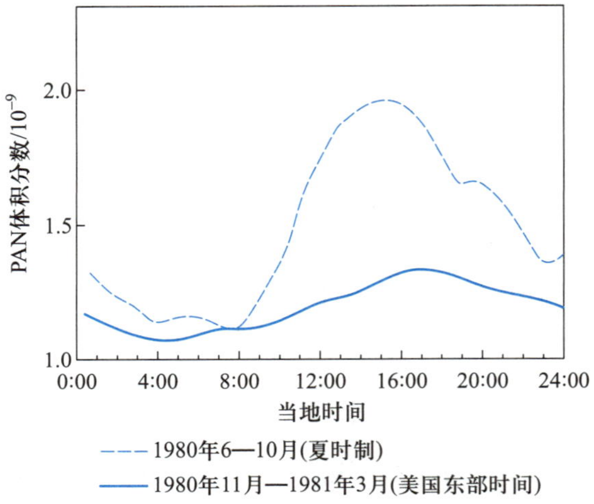

图2-42　PAN小时平均浓度的日变化

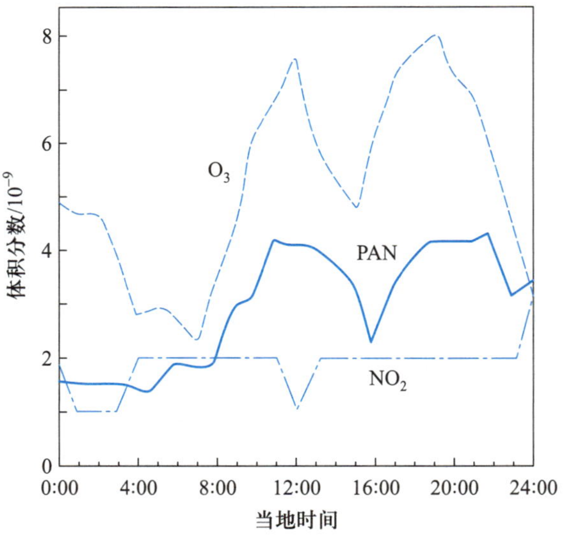

图2-43　1980年8月8日（夏时制）O_3、PAN、NO_2浓度的变化

O_3和NO_2浓度应乘以10

三、大气中的自由基

现代大气是一个氧化性的环境，大气化学最基本的特征就是氧化。羟基自由基（·OH）是大气中最重要的氧化剂，它控制了绝大多数大气痕量组分的氧化去除。在城市大气化学过程中，·OH 同样起着重要作用，尤其是在光化学烟雾的产生、城市大气中二次气溶胶的生成等过程中。

1. ·OH 的来源

在清洁大气中·OH 最重要的形成途径是 O_3 的光解离：

$$O_3+h\nu(\lambda \leqslant 320\ \text{nm}) \longrightarrow O(^1D)+O_2$$

$$O(^1D)+H_2O \longrightarrow 2\cdot OH$$

而在污染大气中，HONO 和 H_2O_2 的光解反应相对更为重要。

$$HONO+h\nu(\lambda<400\ \text{nm}) \longrightarrow \cdot OH+NO$$

$$H_2O_2+h\nu(\lambda<360\ \text{nm}) \longrightarrow \cdot OH+\cdot OH$$

从·OH 的来源可以看到，其生成与太阳辐射直接有关。因此，它的大气浓度分布特征是：白天高于晚上，夏季高于冬季，热带上空为全球最高。全球平均浓度约为 7×10^5 个 /cm^3。2000 年全球·OH 年均浓度整体呈现低纬度高于高纬度地区的趋势。

目前，文献报道的对于大气·OH 浓度的测定主要集中在边远地区的清洁大气，对城市大气尤其是污染较严重的大气·OH 浓度的测量结果较少，一般来说污染地区的·OH 浓度要高于清洁大气，不同地区大气·OH 浓度范围为：边远清洁地区 10^5~10^6 个 /cm^3，轻度污染地区 10^6~10^7 个 /cm^3，而严重污染的城市可达 10^7 个 /cm^3 以上。图 2-44 是广州市 2006 年 7 月·OH 浓度的日变化曲线，在中午前后，·OH 平均浓度达到 15×10^6 个 /cm^3。

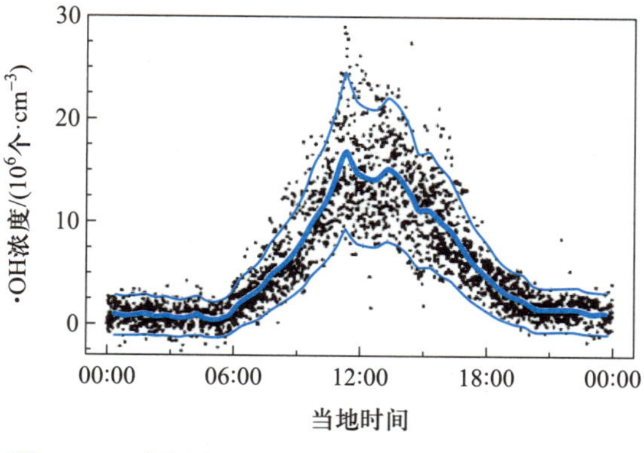

图 2-44　广州市 2006 年 7 月·OH 浓度日变化图

（资料来源：引自 Hofzumahaus 等，2009）

2. 自由基的汇

大气自由基的去除主要是通过与其他物种的反应，使自由基之间相互转化或复合生成稳定物种。

光化学氧化剂中还有 HNO_3、H_2O_2 等，由于它们在大气中的浓度很低，在第三章将会涉及，此处不做详细介绍。

第九节 大气气溶胶

迄今为止，尚没有统一的气溶胶定义。普遍采用的气溶胶定义为：气溶胶指液体或固体微粒均匀地分散在气体中形成的相对稳定的悬浮体系。所谓液体或固体微粒（particles），指粒子的动力学直径为 0.003~100 μm 的液态或固态粒子。此下限来自目前能测出的最小尺度；上限则相应于在空气中不能长时间悬浮而较快降落的尺度。

人们赖以生存的环境大气，实际上就是由各种固体或液体微粒均匀地分散在空气中形成的一个庞大分散体系，也就是一个大的气溶胶体系。人们重点关心和研究的是大气气溶胶体系中各种粒子的来源、组成、迁移变化规律，以及其最后的归宿与对生物的影响和危害等。因而，也有人将大气气溶胶体系中分散的各种粒子称为大气颗粒物（particulate matter）。

一、气溶胶的来源

气溶胶粒子的来源很复杂。地球表面的岩石和土壤风化，海洋表面由于风浪的作用使海水泡沫飞溅而形成的海盐粒子，植物花粉、孢子，人类燃烧活动和自然火灾（包括火山喷发，森林及农田火灾），以及工厂排放的气体或发生化学反应而产生的液态或固态粒子等，构成了来源广泛而又复杂的大气气溶胶体系。从上述来源特点来看，既有天然产生的气溶胶粒子，也有人类各种活动而产生的气溶胶粒子。就天然源分析，其中既有一次生成的气溶胶粒子，如风沙，地球表面的岩石风化，火山喷发、森林火灾等燃烧过程，海水溅沫和生物排放等，又有上述某些过程中所产生的气体，在漂浮过程中经过太阳光辐照或其他化学反应生成的新的气溶胶粒子，如天然过程中所排放的 H_2S、NH_3、NO_x 和挥发性有机物等气体的转化，这些粒子称为二次气溶胶粒子。人为源也有类似的情况。Seinfeld 总结了气溶胶全球排放量及其来源分配情况，其结果列于表 2-29 中。

表 2-29 气溶胶全球排放量及其来源分配

来源			排放量 /（$Tg \cdot a^{-1}$）
天然源			
一次排放	矿物粉尘	0.1~1.0 μm	48
		1.0~2.5 μm	260
		2.0~5.0 μm	609
		5.0~10.0 μm	573
		0.11~10.0 μm	1 490
	海盐		10 100
	火山灰		30
	生物碎片		50
	总量		13 160

续表

来源		排放量/(Tg·a^{-1})
二次生成	二甲基硫氧化生成的硫酸盐	12.4
	火山 SO_2 氧化生成的硫酸盐	20
	生物挥发性有机物氧化生成的二次有机气溶胶	11.2
	总量	43.6
天然源总量		13 203.6
人为源		
一次排放	工业粉尘(黑炭除外)	100
	黑炭(BC)	12①
	有机气溶胶	81①
	总量	193
二次生成	硫酸盐	48.6②
	硝酸盐	21.3③
	总量	69.9
人为源总量		262.9

资料来源:引自 Seinfeld 和 Pandis,2016。

注:① 表示 Tg(C)。

② 表示 Tg(S)。

③ 表示 Tg(NO_3^-)。

从表 2-29 中可以看出,每年气溶胶的排放量相当大。就全球而言,人为源排放量约占总排放量的 2%,天然源是人为源的 50 多倍,天然源的气溶胶是大气气溶胶的主要来源。人为源中直接排放的贡献为 73%,在天然源中直接排放更重要。在城市或城市周边的区域,人为排放是主要的颗粒物来源,要特别注意的是,气溶胶的二次转化来源也是十分重要的。人为排放的前体物影响城市的气溶胶浓度,国务院发布《大气污染防治行动计划》以来,我国二氧化硫、氮氧化物和一次细颗粒物排放量在 2013—2017 年分别下降了 1 493 万 t,561 万 t 和 408 万 t,是历史上排放量下降最快的时期,降幅分别达到 59%、20% 和 29%,取得了较为显著的成果。

二、气溶胶的汇

气溶胶粒子的去除,主要有以下几种方式。

1. 干沉降

干沉降指气溶胶粒子在重力作用下或与地面其他物体碰撞后,发生沉降而被去除。干沉降又称为干去除。设气溶胶粒子的沉降速率为 v,气溶胶粒子密度最大的高度为 H,则气溶胶粒子的沉降时间(即滞留时间)τ 为

$$\tau = \frac{\overline{H}}{v}$$

例如,在 $\overline{H}$=5 000 m 的高空,粒径为 1.0 μm 的粒子沉降到地面,需要 3 年 11 个半月的

时间。而对粒径为 10 μm 的粒子，则仅需 19 d（不考虑风力等气象条件的影响）。由此可见，干沉降对于去除气溶胶中的大粒子是一个有效的途径，但对于小粒子则不然。有人认为，靠干沉降去除的气溶胶粒子的量，从全球范围来计算，一般只占总悬浮颗粒物（TSP）量的 10%~20%。所以，干燥的大陆气溶胶粒子可以传输到距离很远的下风地区。

2. 湿沉降

湿沉降可分为雨除（rainout）和冲刷（washout）两种不同的过程。

（1）雨除：气溶胶粒子中有相当一部分细粒子可以作为形成云的凝结核，特别是粒径小于 0.1 μm 的粒子。这些凝结核成为云滴的中心，通过凝结过程和碰并过程，云滴不断增长为雨滴；当整个大气层温度都低于 0 ℃时，云中的冰、水和水蒸气通过冰 – 水的转化过程还可生成雪晶。对于那些粒径小于 0.05 μm 的粒子，布朗运动可以使其附着在云滴上或溶解于云滴中。一旦形成雨滴（或雪晶），在适当的气象条件下，雨滴（或雪晶）会进一步长大而形成雨（或雪），降落到地面上，则气溶胶粒子也就随之从大气中去除，此过程称为雨除（或雪除）。

（2）冲刷：在降雨（或降雪）过程中，雨滴（或雪晶、雪片）不断地将大气中的粒子挟带、溶解或冲刷下来，造成了降雨（或降雪）过程中大气气溶胶的粗、细粒子含量发生变化。这种以直接兼并的方式“收集”气溶胶粒子的效率是随着粒子直径的增大而增大的。通常，雨滴可兼并粒径大于 2 μm 的气溶胶粒子。

从统计平均角度来分析，气溶胶粒子移出大气的速率和移入大气的速率相近。由于气溶胶粒子的迁移率随着粒径的增大而迅速减小，所以主要是粒径小于 0.2 μm 的粒子发生凝聚现象，即因碰撞而合并成较大的粒子。如粒径为 0.01 μm 的粒子原始浓度为 10^5 个 /cm^3（城市）时，30 min 可减少一半；而粒径为 0.2 μm 的粒子原始浓度为 10^3 个 /cm^3 时，需要 500 h 才能减少一半。粒径较小的粒子，由于碰撞而凝聚成较大的粒子，虽然不能直接从大气中被清除掉，却可以改变气溶胶粒子的大小和形状，通过其他机制而被去除。

表 2–30 列出了气溶胶的源、汇和大气寿命。

表 2–30 气溶胶的源、汇和大气寿命

名称	细粒子		粗粒子	
	D_p<0.05 μm	0.05 μm<D_p<2 μm	D_p<10 μm	D_p>10 μm
源	←燃烧→			←扬尘→
	←气→粒子转化→		←海盐、花粉→	
		←核凝聚→	←工业直接排放→	
	←云滴蒸发→			
汇	←核凝聚→		←雨冲刷→	
	←滴俘获→		←干沉降→	
大气寿命	在污染空气中及云中短于 1 h	几天（3~5 d）	几小时 ~ 几天	几分钟 ~ 几小时

资料来源：引自华莱士等，1981。

三、气溶胶粒子的环境浓度

气溶胶粒子粒径可以相差5个数量级，所以即使气溶胶粒子的总质量相等，其粒子的个数也可以相差很大，而与人体健康、能见度密切相关的多是粒径较小的粒子。因此，与气态污染物不同，对气溶胶粒子，除了质量浓度外，还需关注其数浓度。并且，与气态污染物不同，体积分数或质量分数（10^{-6}、10^{-9}、10^{-12}）不被用于表示气溶胶的浓度，因为气溶胶是两相，以体积分数或质量分数表示气溶胶的浓度数值很小。常用的单位是 μg/m^3 或 mg/m^3。通常以 TSP、PM_{10}、$PM_{2.5}$ 作为大气环境质量的监测指标来衡量大气颗粒物污染水平。另一个常被测量的浓度是数浓度（单位：个 /cm^3），此外还有表面积浓度（单位：μm^2/cm^2）和体积浓度（单位：μm^3/cm^3）。由颗粒物的数浓度可以推算出颗粒物的表面积浓度、体积浓度和质量浓度（详见第五章第二节）。

常用的几种浓度的定义如下。

数浓度：单位体积（1 cm^3）空气中所含一定尺度范围内气溶胶粒子的个数，称为这一尺度范围的粒子数浓度，常用个 /cm^3 来表示。

表面积浓度：单位体积（1 cm^3）空气中所含一定尺度范围内气溶胶粒子的总表面积，称为这一尺度范围的粒子表面积浓度，常用 μm^2/cm^3 来表示。

体积浓度：单位体积（1 cm^3）空气中所含一定尺度范围内气溶胶粒子的总体积，称为这一尺度范围的粒子体积浓度，常用 μm^3/cm^3 来表示。

质量浓度：单位体积（1 cm^3）空气中所含一定尺度范围内气溶胶粒子的总质量，称为这一尺度范围的粒子质量浓度，常用 mg/m^3 或 μg/m^3 来表示。

气溶胶粒子的数浓度、表面积浓度和体积浓度随地区不同而异（表 2-31）。大气气溶胶是天然源和人为源排放的固体和液体的复杂动力学混合物，尺度范围从 10^{-3} μm 到 10^2 μm 跨越5个数量级。实际大气中气溶胶的浓度范围非常宽，其一个极端是天然背景气溶胶，即没有人为活动存在的气溶胶，另一个极端是以人为源为主的城市气溶胶。在上述两种情形下，一次颗粒物不断地排放进入大气，二次颗粒物在大气中形成。这两种颗粒物不断地生长、蒸发、化学转化，最终以各种方式去除。气溶胶粒子在大气中谱分布反映了所有这些过程复杂的相互作用。

表 2-31 不同近地面对流层气溶胶的典型质量浓度和数浓度、平均粒径
（假设平均密度为 1.8 kg/dm^3，球形颗粒）

地点	质量浓度 /（μg · m^{-3}）	数浓度 /（个 · cm^{-3}）	平均粒径 /μm
城市	约 100	105~106	0.03
乡村陆地	30~50	约 15 000	0.07
海洋背景	约 10（包括海盐 8）	200~600	0.16
北极（夏天）	约 1	25	0.17

资料来源：引自 Warneck，2000。

此外，气溶胶粒子的浓度随高度的分布也有差别。从地面算起，在最初的 4~5 km，粒子浓度随高度的增加而迅速减少。粒径为零点几微米的粒子，其浓度在高度为 18~

20 km 的气层存在一个明显的极大值，这个气溶胶层似乎是全球性的现象。就整个对流层而言，气溶胶粒子在大气中的总浓度近似为一个常数。在平流层中，气溶胶粒子浓度受火山喷发产生的烟尘影响很大。例如，1991 年菲律宾皮纳图博火山喷发使平流层的气溶胶粒子浓度突然增加了 30 多倍。

表 2–32 给出了世界各地 $PM_{2.5}$（粒径小于 2.5 μm 的粒子）的年平均质量浓度，可以看出气溶胶粒子的环境浓度在不同的国家和地区之间变化很大，是各地区受地理条件、气象条件和经济结构不同的影响的结果。从我国大气 $PM_{2.5}$ 的环境浓度的变化来看，2020 年全国 337 个地级以上城市 $PM_{2.5}$ 浓度相对于 2015 年下降了 28.3%，下降速度之快在全世界大气污染治理历史上前所未有。北京市 2020 年年均 $PM_{2.5}$ 浓度达到 38 $\mu g/cm^3$，大气重污染天数显著减少，实现了国内外普遍认为难以完成的目标。

表 2–32 世界各地 $PM_{2.5}$ 的年平均质量浓度 单位：$\mu g/m^3$

城市		$PM_{2.5}$	观测时间	参考文献
欧洲	马德里	34	1999—2000 年	Artlnanoa 等，2003
		9.9 ± 1.3	2013 年	Cheng 等，2016
	慕尼黑	13.6	1999—2000 年	Hoek 等，2002
	斯德哥尔摩	10.3	1999—2000 年	Hoek 等，2002
	米兰	66	1997—1998 年	Marcazzan 等，2001
	雅典	40.2	1999—2000 年	Chaloulakou 等，2003
	赫尔辛基	9.6	1999—2001 年	Laakso 等，2003
北美	洛杉矶	20.0	2003 年	美国国家环境保护局
	芝加哥	16.5		
	亚特兰大	19.0		
	纽约	16.8	2003 年	美国国家环境保护局
		9.1 ± 1.0	2013 年	Cheng 等，2016
	多伦多	12.7	2000—2001 年	Lee 等，2003
	多伦多	8.4 ± 0.3	2013 年	Cheng 等，2016
	迈阿密	6.7		
	费城	10.3 ± 1.0		
拉丁美洲	圣保罗	30	1997 年冬季，6—9 月	Cantanho 和 Artaxo，2001
		15	1998 年夏季，1—3 月	
	布宜诺斯艾利斯	33	1999 年冬季，4—8 月	Bogo 等，2003
		41	1999 年夏季，1—3 月	
	墨西哥城	35	1997 年冬季和 3 月	Chow 等，2002
	圣地亚哥	40	年均值	Jorquera 等，2000

续表

城市		$PM_{2.5}$	观测时间	参考文献
亚洲	新加坡	27.2	2000 年均值	Balasubramanian 等，2003
	台北	23	1996—1997 年	Chen 等，1999
	台中	40		
	高雄	48		
	首尔①	56.9	1996—1997 年	Lee 等，1999
	北京	115	1999—2000 年	He 等，2001
	上海	57.9	1999—2000 年	Ye 等，2003
	青岛	49.85	1997—2000 年	Hu 等，2003
	西安	102.2 ± 9.3	2013 年	Cheng 等，2016
	天津	95.7 ± 7.7		
	成都	89.4 ± 14.4		
	新德里	143.0 ± 17.8		
非洲	开罗	83.8	1999 年 2 月、3 月、10 月、11 月	Abu-Allaban 等，2002
		109.6 ± 27.7	2013 年	Cheng 等，2016

注：① 在文献发表时称“汉城”。

第十节 大气放射性物质

大气放射性物质是存在于大气中的含有一种或多种放射性核素的物质。在大气环境中，放射性核素主要包括天然放射性核素和人工放射性核素。这些放射性核素通过放出射线以一定速率衰变为另一种核素，其衰变速率用半衰期表示，半衰期即指放射性核素的原子核有半数发生衰变时所需要的时间。同时其特征通常以放射性活度来表征，指一定量的放射性核素在一个很短的时间间隔内发生的核衰变量除以该时间间隔，亦称衰变率，放射性活度的单位为贝克勒尔，符号为 Bq，1 Bq 表示放射性衰变 1 次每秒，$1\ \mathrm{Bq}=1\ \mathrm{s}^{-1}$。

$$10^{6}\ \mu\mathrm{Bq}=1\ \mathrm{Bq}=10^{-3}\ \mathrm{kBq}=10^{-6}\ \mathrm{MBq}=10^{-9}\ \mathrm{GBq}=10^{-12}\ \mathrm{TBq}=10^{-15}\ \mathrm{PBq}$$

放射性物质可以通过以下几种方式进入大气：核与辐射设施在正常运行时，向大气环境排放气态流出物；大气层核试验、切尔诺贝利和福岛等核事故向大气环境释放大量放射性物质；地层和建筑物等散逸到空气中的氡，经衰变生成钋、铋、铅等天然放射性子体；燃煤电厂等人为活动向大气环境排放放射性物质。

放射性物质进入大气环境中，会引起大气环境中辐射水平的变化，空气吸收剂量率可直接、快速、连续反映环境辐射水平，是重要环境辐射监测项目，其测定结果包括环境地表 γ 辐射空气吸收剂量率及仪表对宇宙射线所致空气吸收剂量率的响应，单位为戈瑞 / 小时(Gy/h)。其中环境地表 γ 辐射空气吸收剂量率为地表上方一定高度周围物质中的天然和人工放射性核素发出的 γ 射线所致空气吸收剂量率。就我国而言,2019 年全国监测结果表明,累积剂量测得的空气吸收剂量率处于本底涨落范围内,319 个监测点的年均值为 40.6~250 nGy/h,主要分布在 73.3~120 nGy/h。

一、人工放射性核素

人工放射性核素指地球上本不存在,通过粒子加速器或核反应堆人为制备出来的核素。人工放射性核素主要由人类活动(如核试验、核能生产,以及核与辐射技术在医学诊断与治疗、科学研究、工业、农业等各个领域的应用等)产生,如 ^{85}Kr、^{137}Cs、^{90}Sr、^{239}Pu、^{240}Pu 等。

(一)人工放射性核素:氪(^{85}Kr)

^{85}Kr 是一种寿命较长($T_{1/2}$=10.74 a)的重要放射性惰性气体,不参与地球化学过程,因其化学性质不活泼可应用于环境监测、大气传输模型验证和环境水样(包括地下水、海水和冰川水)的年代测定(过去 50 年形成的水和冰的理想示踪剂),具有遗传效应和致癌效应。放射性由宇宙射线对稳定氪同位素发生作用而产生(在高层大气中自然产生,大气中用 ^{84}Kr 捕获宇宙射线中子的反应和中子诱发的铀或其他锕系元素的裂变),自然源占少部分,因此比目前的人为排放量低 4 个数量级,主要人为源包括核电工业乏燃料后处理释放、核电站动力反应堆、海军反应堆和同位素生产设施、核试验爆炸、核电站严重事故等。放射性衰变和混合过程是 ^{85}Kr 在大气中唯一的去除过程。

从 ^{85}Kr 全球排放量来看,Winger 等人总结了 1945—2000 年的大气 ^{85}Kr 清单,后来 Ahlswede 等人更新了该清单,他们估计 2009 年年底大气中总共约有 5 500 PBq 的 ^{85}Kr,^{85}Kr 大气总含量从 20 世纪 50 年代中期开始相对稳定增长,其在大气中的积累会在一定程度上加剧电离过程,这可能导致不可逆转的气候变化。Kersting 等人收集了来自北半球 4 个监测站和南半球 7 个监测站的 11 个数据集,包含了近 60 年来进行的大约 80 000 次测量,可见 ^{85}Kr 已成为全球性污染物。20 世纪 50 年代以来,^{85}Kr 在大气中的活度浓度不断平稳地上升(图 2-45)。

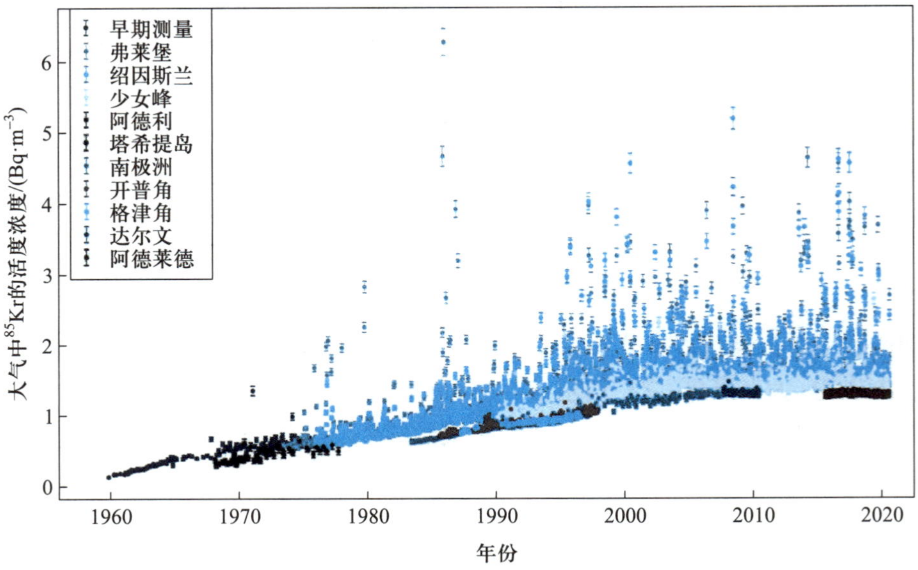

图 2-45 全球大气中 ^{85}Kr 的活度浓度

（二）人工放射性核素：铯（^{137}Cs）

^{137}Cs 是一种寿命较长（$T_{1/2}$=30.2 a）的重要人工放射性核素，通常附着在亚微米粒子上（<1 μm），因其进入土壤后能够快速地被黏土矿物和有机质强烈吸附，不易通过化学迁移和作物吸收途径而损失，从而广泛用于研究土壤侵蚀，来源于核电站事故和大气层核试验（20 世纪 50—70 年代大气层核试验）。经释放进入大气平流层，伴随大气环流运动，主要通过干、湿沉降到达地表从而从大气中去除，进入土壤体系或水体系循环（图 2-46）。

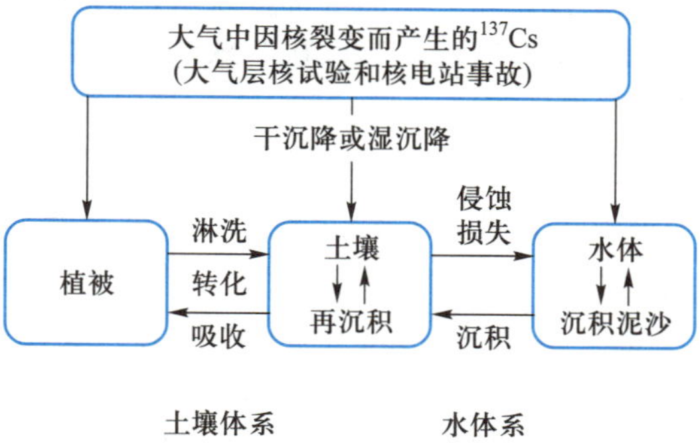

图 2-46　^{137}Cs 在自然界中的物质循环

1986 年 4 月 26 日切尔诺贝利核电站事故发生，向大气释放的 ^{137}Cs 活度估计为 3.7×10^{16} Bq，4 月 26 日—5 月 6 日，切尔诺贝利核电站事故的放射性尘埃非常广泛地散布在欧洲，^{137}Cs 在整个欧洲大气中的活度浓度增加，伴随着 ^{137}Cs 的沉积，5 月 6 日之后其在空气中的活度浓度开始不断下降（图 2-47）。在众多欧洲国家中，如塞尔维亚首都贝尔格莱德在 1986 年之前，大气中的 ^{137}Cs 稳步下降，1985 年达到最小值，1986 年切尔诺贝利事件显著增加了地表空气中的 ^{137}Cs，1989 年后 ^{137}Cs 在地面空气中的活度浓度水平恢复至事故之前的水平。

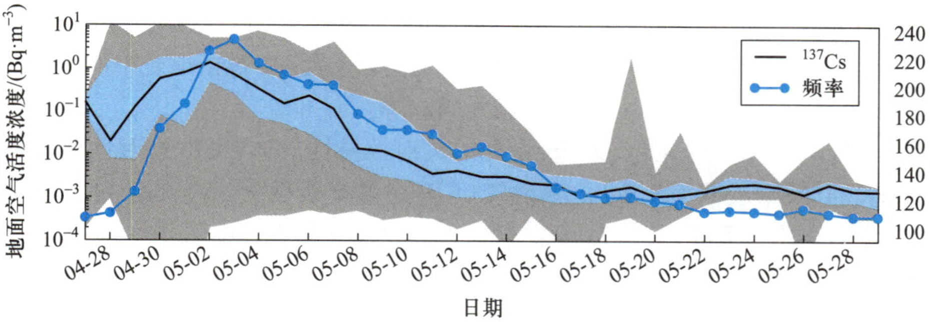

图 2-47　切尔诺贝利核电站事故后（1986 年）欧洲各地 ^{137}Cs 地面空气活度浓度

（三）人工放射性核素：钚（^{239}Pu 和 ^{240}Pu）、锶（^{90}Sr）、碘（^{131}I）、氚（^{3}H）

^{239}Pu 和 ^{240}Pu 是放射性毒性大、半衰期长（$T_{1/2}$=24 100 a 和 $T_{1/2}$=6 563 a）、累积能力强、物理化学活性高的人工放射性核素。目前环境中以痕量或超痕量水平存在的 ^{239}Pu 和 ^{240}Pu 的主要来源为 1945—1980 年有核国家开展的 543 次大气层核试验（总当量约 440 Mt），此外核工业、核事故及核废料处置等对环境中 ^{239}Pu 和 ^{240}Pu 的含量也有较重要的贡献。两者可以通过干、湿沉降从大气中去除，由于其都具有较好的颗粒活性，因此沉降到河流和海洋后能够被沉积物牢固吸附，可根据其活度进行现代沉积物沉积速率的研究。

^{90}Sr 是一种具有裂变产额高、毒性高、物理半衰期（$T_{1/2}$=28.8 a）和生物半衰期较长（$T_{1/2}\approx 7$ a）等特点的亲骨性核素，易于骨沉积，其高能 β 射线会对骨髓造血组织和骨骼组织产生较大的辐射损伤。^{90}Sr 主要通过反应堆或加速器生产，以及在核武器爆炸时产生，可参

与气溶胶的形成过程中，以气溶胶的形式沉降而从大气中去除。

^{131}I是一种极易挥发的、半衰期较短（$T_{1/2}$=8 d）的人工放射性核素。一般情况下自然界中不会存在。目前局部环境有时可观察到的微量^{131}I主要来自同位素生产、相关医疗机构和反应堆运行。其可在全球范围内弥散和迁移，通过吸入及沉降后经食物链对人造成内照射。

^{3}H既是一种天然放射性核素，又是一种人工放射性核素，半衰期较长（$T_{1/2}\approx 12.5$ a），且具有低毒性。天然存在的^{3}H是由高能宇宙射线（中子和质子）与大气中的氮和氧相互作用产生的，但其量甚微。核爆炸试验和人工核裂变的释放（核电站与核燃料后处理厂等）是环境中^{3}H的主要来源。环境中^{3}H主要是以氚化水（$H^{3}HO$，大于99%）形式存在的。工业排放物中的^{3}H虽有少量是以气体$H^{3}H$、$^{3}H_2$或$CH_3{}^{3}H$的形式存在的，但由于它们的化学不稳定性（较强的氧化性），在潮湿的空气中能较快地转变成氚化水（$H^{3}HO$）。

20世纪40年代以来的人类核活动如大气核试验、核电站泄漏事故等向环境释放了大量放射性物质，进入环境后，这些放射性物质中的各种放射性核素会和其稳定同位素一起参与环境过程，在环境中扩散、交换和循环。放射性物质进入大气之后，或直接被干、湿沉降去除，或衰变成为子体去除，或参与一系列化学反应而被去除，进而在大气－土壤－水三个体系之间交换。

二、天然放射性核素

天然放射性核素包括宇生放射性核素和地壳中的原生放射性核素，其中宇生放射性核素主要是由宇宙射线与大气层中的核素相互作用产生的核素；原生放射性核素是从地球形成开始一直存在于地壳中的放射性核素。天然放射性核素主要包括地壳中的三大放射性系核素（铀系、锕系、钍系），如^{222}Rn、^{210}Pb、^{210}Po、^{7}Be等。

氡是原子序数为86的无色、无味、无臭的放射性惰性气体，可由放射性核素铀、镭、钍衰变后产生，例如，半衰期为3.8 d的镭射气（^{222}Rn）和半衰期为55 s的钍射气（^{220}Rn）；其中^{222}Rn的化学性质不活泼，可作为示踪气体，尤其是在评估大气中物质输运模式，了解其他地面起源物质在大气中的扩散运移信息等方面具有不可代替的应用价值。同时氡继续衰变会产生氡子体，如^{210}Pb、^{210}Bi、^{210}Po。氡的排放源既有天然源，也有人为源。天然源包括：土壤岩石的析出、海洋释放、植物及随地下水的迁移；人为源包括：核工业释放、磷酸盐工业释放、燃料燃烧、建筑物的释放。来自地壳和海洋的^{238}U经过^{226}Rn衰变为^{222}Rn，^{222}Rn可从地表和海洋逃逸进入大气环境，随着大气气溶胶的运移进行扩散。^{222}Rn经过几代短寿命的子体衰变后产生^{210}Pb（$T_{1/2}$=22.3 a），^{210}Pb继续经过两次β衰变后分别产生^{210}Bi（$T_{1/2}$=5 d）和^{210}Po（$T_{1/2}$=183.4 d）。^{210}Bi、^{210}Pb和^{210}Po极易被大气中亚微米级的大气颗粒物吸附，而后通过干、湿沉降到达地表和海洋，吸附在土壤、颗粒物及沉积物上。其中^{210}Pb可用于研究陆地上的土壤侵蚀过程，水生系统中的颗粒物动力学过程，以及沉积物的来源等。

思考题

1. 大气中有哪些重要的痕量组分？

2. 什么是一次污染物，什么是二次污染物？区分一次污染物和二次污染物的科学意义是什么？

3. 请你谈谈对干沉降、湿沉降研究方法的认识。
4. 我国硫的排放量是怎样变化的？导致这一变化的关键因素是什么？
5. NO_x 与 SO_2 的来源有什么差别？
6. 大气中 CO_2 的浓度变化与哪些因素有关？
7. 挥发性有机物（VOCs）的来源在城市和全球尺度有何不同？
8. 请分析近期大气甲烷的浓度变化及其原因。
9. 什么是消耗臭氧潜能值（ODP）？
10. 大气中的全氯氟烃、哈龙及其替代物质的浓度变化情况如何？变化的原因是什么？
11. 持久性有机污染物（POPs）的源、汇和大气化学行为有什么特点？
12. 大气氧化性的科学意义是什么？请谈谈对大气氧化性研究进展的看法。
13. 大气 O_3 的主要源和汇有哪些？
14. 全球大气 O_3 的背景浓度有怎样的变化趋势？
15. 请分析大气中过氧乙酰硝酸酯（PAN）的化学特征和传输特征。
16. 哪些成分是大气气溶胶的二次成分，研究其来源有何重要意义？
17. 我国大气 $PM_{2.5}$ 的质量浓度和变化有什么特点？
18. 颗粒物中有机碳和元素碳的来源研究进展如何？
19. 大气中有哪些重要的放射性物质？试举例说明放射性物质的主要来源。
20. 大气痕量组分来源和汇的主要研究方法有哪些？

主要参考文献

[1] Carn S A, Clarisse L, Prata A J. Multi-decadal satellite measurements of global volcanic degassing [J]. Journal of Volcanology and Geothermal Research, 2016, 311: 99–134.

[2] Carn S A, Fioletov V E, McLinden C A, et al. A decade of global volcanic SO_2 emissions measured from space [J]. Scientific Reports, 2017, 7: 44095.

[3] Hofzumahaus A, Rohrer F, Lu K D, et al. Amplified trace gas removal in the troposphere [J]. Science, 2009, 324(5935): 1702–1704.

[4] Li M, Liu H, Geng G N, et al. Anthropogenic emission inventories in China: a review [J]. National Science Review, 2017, 4(6): 834–866.

[5] Lana A, Bell T G, Simó R, et al. An updated climatology of surface dimethylsulfide concentrations and emission fluxes in the global ocean [J]. Global Biogeochemical Cycles, 2011, 25(1): 1–17.

[6] Parrish D D, Law K S, Staehelin J, et al. Long-term changes in lower tropospheric baseline ozone concentrations at northern mid-latitudes [J]. Atmospheric Chemistry and Physics, 2012, 12(23): 11485–11504.

[7] Tesdal J E, Christian J R, Monahan A H, et al. Evaluation of diverse approaches for estimating sea-surface DMS concentration and air-sea exchange at global scale [J]. Environmental Chemistry, 2016, 13(2): 390.

[8] Watts Simon F. The mass budgets of carbonyl sulfide, dimethyl sulfide, carbon disulfide and hydrogen sulfide [J]. Atmospheric Environment, 2000, 34: 761–779.

[9] Xu X B, Lin W L, Xu W Y, et al. Long-term changes of regional ozone in China: implications for human health and ecosystem impacts [J]. Elementa: Science of the Anthropocene, 2020, 8(1): 13.

[10] Zheng B, Chevallier F, Yin Y, et al. Global atmospheric carbon monoxide budget 2000–2017

inferred from multi-species atmospheric inversions [J]. Earth System Science Data, 2019, 11(3): 1411–1436.

[11] Lelieveld J, Gromov S, Pozzer A, et al. Global tropospheric hydroxyl distribution, budget and reactivity [J]. Atmospheric Chemistry and Physics, 2016, 16(19): 12477–12493.

[12] Myhre G, Shindell D, Bréon F-M, et al. Anthropogenic and natural radiative forcing, in: climate change 2013 [M]//The physical science basis: working group I contribution to the fifth assessment report of the intergovernmental panel on climate change. Cambridge: Cambridge University Press, 2014.

[13] Hedelius J K, He T-L, Jones D B A, et al. Evaluation of MOPITT Version 7 joint TIR-NIR XCO retrievals with TCCON [J]. Atmospheric Measurement Techniques, 2019, 12(10): 5547–5572.

[14] Friedlingstein P, O'Sullivan M, Jones M W, et al. Global carbon budget 2020 [J]. Earth System Science Data, 2020, 12(4): 3269–3340.

[15] Guenther A B, Jiang X, Heald C L, et al. The model of emissions of gases and aerosols from nature version 2.1 (MEGAN2.1): an extended and updated framework for modeling biogenic emissions [J]. Geoscientific Model Development, 2012, 5(6): 1471–1492.

[16] Hoesly R M, Smith S J, Feng L, et al. Historical (1750–2014) anthropogenic emissions of reactive gases and aerosols from the Community Emissions Data System (CEDS) [J]. Geoscientific Model Development, 2018, 11(1): 369–408.

[17] Xue L K, Wang T, Guo H, et al. Sources and photochemistry of volatile organic compounds in the remote atmosphere of western China: results from the Mt. Waliguan Observatory [J]. Atmospheric Chemistry and Physics, 2013, 13(17): 8551–8567.

[18] Han T, Ma Z, Li Y, et al. Chemical characteristics and source apportionments of volatile organic compounds (VOCs) before and during the heating season at a regional background site in the North China Plain [J]. Atmospheric Research, 2021, 262: 105778.

[19] Swarthout R F, Russo R S, Zhou Y, et al. Volatile organic compound distributions during the NACHTT campaign at the Boulder Atmospheric Observatory: Influence of urban and natural gas sources [J]. Journal of Geophysical Research: Atmospheres, 2013, 118(18): 10614–10637.

[20] Saunois M, Stavert A R, Poulter B, et al. The global methane budget 2000–2017 [J]. Earth System Science Data, 2020, 12(3): 1561–1623.

[21] O'Rourke R P, Smith S J, et al. Community Emissions Data System (Version Apr-21-2021) [S]. 2021, Zenodo.

[22] Debevec C, Sauvage S, Gros V, et al. Origin and variability in volatile organic compounds observed at an Eastern Mediterranean background site (Cyprus) [J]. Atmospheric Chemistry and Physics, 2017, 17(18): 11355–11388.

[23] Spracklen D V, Jimenez J L, Carslaw K S, et al. Aerosol mass spectrometer constraint on the global secondary organic aerosol budget [J]. Atmospheric Chemistry and Physics, 2011, 11(23): 12109–12136.

[24] Parrish D D, Kuster W C, Shao M, et al. Comparison of air pollutant emissions among mega-cities [J]. Atmospheric Environment, 2009, 43(40): 6435–6441.

[25] Warneke C, De Gouw J A, Holloway J S, et al. Multiyear trends in volatile organic compounds in Los Angeles, California: Five decades of decreasing emissions [J]. Journal of Geophysical Research: Atmospheres, 2012, 117(D21): D00V17.

[26] Wang H L, Chen C H, Wang Q, et al. Chemical loss of volatile organic compounds and its impact

on the source analysis through a two-year continuous measurement [J]. Atmospheric Environment, 2013, 80: 488–498.

[27] Wang B, Shao M, Lu S H, et al. Variation of ambient non-methane hydrocarbons in Beijing city in summer 2008 [J]. Atmospheric Chemistry and Physics, 2010, 10(13): 5911–5923.

[28] Wu C, Wang C, Wang S, et al. Measurement report: Important contributions of oxygenated compounds to emissions and chemistry of volatile organic compounds in urban air [J]. Atmospheric Chemistry and Physics, 2020, 20(23): 14769–14785.

[29] Zhang Q, Yuan B, Shao M, et al. Variations of ground-level O_3 and its precursors in Beijing in summertime between 2005 and 2011 [J]. Atmospheric Chemistry and Physics, 2014, 14(12): 6089–6101.

[30] Pan X, Ichoku C, Chin M, et al. Six global biomass burning emission datasets: intercomparison and application in one global aerosol model [J]. Atmospheric Chemistry and Physics, 2020, 20(2) : 969–994.

[31] Pan Y P, Gu M N, He Y X, et al. Revisiting the concentration observations and source apportionment of atmospheric ammonia [J]. Advances in Atmospheric Sciences, 2020, 37, 933–938.

[32] Philip S, Martin R V, Pierce J R, et al. Spatially and seasonally resolved estimate of the ratio of organic mass to organic carbon [J]. Atmospheric Environment, 2014, 87: 34–40.

[33] Seinfeld J H, Pandis S N. Atmospheric chemistry and physics: from air pollution to climate change [M]. 3rd ed. Hoboken: John Wiley & Sons, 2016.

[34] Bond T, Doherty S J, Fahey D W, et al. Bounding the role of black carbon in the climate system: a scientific assessment [J]. Journal of Geophysical Research: Atmosphere, 2013, 118, 5380–5552.

[35] World Meteorological Organization. WMO greenhouse gas bulletin: The state of greenhouse gases in the atmosphere based on global observations through 2020 [R]. 2021.

[36] Laube J C, Keil A, Bönisch H, et al. Observation-based assessment of stratospheric fractional release, lifetimes, and ozone depletion potentials of ten important source gases [J]. Atmospheric Chemistry and Physics, 2013, 13(5): 2779–2791.

[37] Leedham Elvidge E, Bönisch H, Brenninkmeijer C A M, et al. Evaluation of stratospheric age of air from CF_4, C_2F_6, C_3F_8, CHF_3, HFC–125, HFC–227ea and SF_6; implications for the calculations of halocarbon lifetimes, fractional release factors and ozone depletion potentials [J]. Atmospheric Chemistry and Physics, 2018, 18(5): 3369–3385.

[38] Lawler M J, Sander R, Carpenter L J, et al. HOCl and Cl_2 observations in marine air [J]. Atmospheric Chemistry and Physics, 2011, 11(15): 7617–7628.

[39] Simmonds P G, Rigby M, Manning A J, et al. The increasing atmospheric burden of the greenhouse gas sulfur hexafluoride (SF_6) [J]. Atmospheric Chemistry and Physics, 2020, 20(12): 7271–7290.

[40] Prather M J, Hsu J, DeLuca N M, et al. Measuring and modeling the lifetime of nitrous oxide including its variability [J]. Journal of Geophysical Research: Atmospheres, 2015, 120(11) : 5693–5705.

[41] Tian H, Xu R, Canadell J G, et al. A comprehensive quantification of global nitrous oxide sources and sinks [J]. Nature, 2020, 586(7828): 248–256.

[42] Schumann U, Huntrieser H. The global lightning-induced nitrogen oxides source [J]. Atmospheric Chemistry and Physics, 2007, 7: 3823–3907.

[43] Koshak W, Peterson H, Biazar A, et al. The NASA Lightning Nitrogen Oxides Model (LNOM) : Application to air quality modeling [J]. Atmospheric Research, 2014, 135–136: 363–369.

[44] Huntrieser H, Schlager H, Lichtenstern M, et al. Mesoscale convective systems observed during AMMA and their impact on the NO_x and O_3 budget over West Africa [J]. Atmospheric Chemistry and Physics, 2011, 11 (6): 2503–2536.

[45] Vinken G C M, Boersma K F, Maasakkers J D, et al. Worldwide biogenic soil NO_x emissions inferred from OMI NO_2 observations [J]. Atmospheric Chemistry and Physics, 2014, 14 (18): 10363–10381.

[46] Jaegle L, Steinberger L, Martin R V, et al. Global partitioning of NO_x sources using satellite observations: relative roles of fossil fuel combustion, biomass burning and soil emissions [J]. Faraday Discuss, 2005, 130: 407–423.

[47] Miyazaki K, Eskes H, Sudo K, et al. Decadal changes in global surface NO_x emissions from multi-constituent satellite data assimilation [J]. Atmospheric Chemistry and Physics, 2017, 17 (2): 807–837.

[48] Travis K R, Heald C L, Allen H M, et al. Constraining remote oxidation capacity with ATom observations [J]. Atmospheric Chemistry and Physics, 2020, 20: 7753–7781.

[49] Wang J, Hu Z, Chen Y, et al. Contamination characteristics and possible sources of PM_{10} and $PM_{2.5}$ in different functional areas of Shanghai, China [J]. Atmospheric Environment, 2013, 68: 221–229.

[50] Shao P, Tian H, Sun Y, et al. Characterizing remarkable changes of severe haze events and chemical compositions in multi-size airborne particles (PM_1, $PM_{2.5}$ and PM_{10}) from January 2013 to 2016–2017 winter in Beijing, China [J]. Atmospheric Environment, 2018, 189: 133–144.

[51] Xue H, Liu G, Zhang H, et al. Similarities and differences in PM_{10} and $PM_{2.5}$ concentrations, chemical compositions and sources in Hefei City, China [J]. Chemosphere, 2019, 220: 760–765.

[52] Liu Y, Xu J, Chen D, et al. The association between air pollution and preterm birth and low birth weight in Guangdong, China [J]. BMC Public Health, 2019, 19 (1): 3.

[53] Bollhofer A, Schlosser C, Schmid S, et al. Half a century of Krypton–85 activity concentration measured in air over Central Europe: Trends and relevance for dating young groundwater [J]. Journal of Environmental Radioactivity, 2019, 205–206: 7–16.

[54] Khan M A H, Lowe D, Derwent R G, et al. Global and regional model simulations of atmospheric ammonia [J]. Atmospheric Research, 2020, 234: 104702.

[55] Hu J, Wang Y, Ying Q, et al. Spatial and temporal variability of $PM_{2.5}$ and PM_{10} over the North China Plain and the Yangtze River Delta, China [J]. Atmospheric Environment, 2014, 95: 598–609.

[56] Ahlswede J, Hebel S, Ross J O, et al. Update and improvement of the global krypton–85 emission inventory [J]. Journal of Environmental Radioactivity, 2013, 115: 34–42.

[57] Kersting A, Schlosser C, Schmid S, et al. Krypton–85 datasets of the northern and southern hemisphere collected over the past 60 years [J]. Data Brief, 2020, 33: 106522.

[58] Masson O, Ringer W, Mala H, et al. Size distributions of airborne radionuclides from the fukushima nuclear accident at several places in Europe [J]. Environmental Science and Technology, 2013, 47 (19): 10995–11003.

[59] Evangeliou N, Hamburger T, Talerko N, et al. Reconstructing the Chernobyl Nuclear Power Plant (CNPP) accident 30 years after. A unique database of air concentration and deposition measurements over Europe [J]. Environmental Pollution, 2016, 216: 408–418.

[60] Janković M M, Todorović D J. Examining the relationships between the activities of ^3H in precipitation

and ^{137}Cs in ground-level air in Belgrade City Area [J]. Water, Air, and Soil Pollution, 2012, 223(7): 4471–4483.

[61] Zhang F, Wang J, Baskaran M, et al. A global dataset of atmospheric ^{7}Be and ^{210}Pb measurements: annual air concentration and depositional flux [J]. Earth System Science Data, 2021, 13(6): 2963–2994.

[62] Jiang Y, Xue L, Shen H, et al. Dominant processes of HONO derived from multiple field observations in contrasting environments [J]. Environmental Science and Technology Letters, 2022, 9(4): 258.

[63] Archibald A T, Neu J L, Elshorbany Y F, et al. Tropospheric ozone assessment report [J]. Elementa: Science of the Anthropocene, 2020, 8(1): 1–53.

[64] Liu Y, Lu K, Li X, et al. A comprehensive model test of the HONO sources constrained to field measurements at rural North China Plain [J]. Environmental Science and Technology, 2019, 53(7): 3517–3525.

[65] Lee J D, Whalley L K, Heard D E, et al. Detailed budget analysis of HONO in central London reveals a missing daytime source [J]. Atmospheric Chemistry and Physics, 2016, 16(5): 2747–2764.

[66] 唐翔宇，杨浩，赵其国，等. ^{137}Cs 示踪技术在土壤侵蚀估算中的应用研究进展[J]. 地球科学进展，2000，15(5): 576–582.

[67] 齐永青，张信宝，贺秀斌，等. 中国 ^{137}Cs 本底值区域分布研究[J]. 核技术，2006，29(1): 42–50.

[68] 郑永春，王世杰. ^{137}Cs 的土壤地球化学及其侵蚀示踪意义[J]. 水土保持学报，2002，16(2): 57–60.

[69] 王勇，伍佐，苏正安，等. 土壤侵蚀示踪的 ^{137}Cs 技术研究进展[J]. 核技术，2021，44(1): 64–76.

[70] 李仁英，杨浩，唐翔宇. 土壤中 ^{137}Cs 的化学性质及其分布规律[J]. 核农学报，2001，15(6): 371–379.

[71] 邓彬彬. 基于 ^{210}Pb、^{137}Cs 和 $^{239+240}Pu$ 的不同水环境沉积物年代学比较研究[D]. 上海：华东师范大学，2021.

[72] 程业勋. 环境中氡及其子体的危害与控制[J]. 现代地质，2008，(5): 857–868.

[73] 秦敏. 新形势下环境中氡及其子体的危害与控制[J]. 资源节约与环保，2017，(4): 89–90.

[74] 张媛媛. 未结合态氡子体连续测量方法研究[D]. 衡阳：南华大学，2020.

[75] 杜娟. 大气散落放射性核素沉降过程的研究及其在示踪东海海域现代沉积过程中的应用[D]. 上海：华东师范大学，2019.

第三章　大气化学反应动力学基础

大气中存在着种类繁多的由天然排放和人为排放的微量物种，涉及众多的无机物和有机物，其中有机物包括烃类及它们的含氧、氮、硫的衍生物等，探讨它们在大气中的化学反应过程和归宿就是大气化学反应动力学的内容。大气化学反应动力学的具体任务就是定量地研究这些物种在大气中的化学反应速率，揭示化学反应机理，并为大气化学模式提供各种重要参数。由于太阳辐射的存在和大气的氧化性，各种反应主要以光解和自由基氧化的形式进行，这是大气化学反应的主要特征。大气中化合物种类过于繁多，同时反应途径也很多，因此我们一般把各种化学反应进行分类。首先，可以按照反应物的性质进行分类，例如，有机物可分为烃类有机物和含氧有机物，而烃类有机物又可分为烷烃、烯烃和芳香烃等，含氧有机物可分为醛酮类、醇类和酯类等；其次，可以按照反应类型分类，如按参加反应的氧化剂可分为 $\cdot OH$ 自由基反应、$NO_3\cdot$ 自由基反应和 O_3 反应等；最后，可以按相态分为气相反应、液相（水相）反应和颗粒物表面反应。根据各种反应的速率和机理，我们可以判断在典型大气条件下哪些反应是关键的，哪些反应是不重要的。这些判断对于有效地控制大气污染将具有重要的意义。

本章在简要地回顾化学反应动力学和光化学基本原理的基础上，比较系统地阐述大气气相化学反应的规律。考虑到酸雨的形成与大气液相化学反应密切相关，液相（云、雾和雨滴）化学反应的内容将在酸沉降一章中进行讨论。目前关于大气颗粒物表面化学反应的研究还很不充分，本章将简要介绍这类反应的一些基本规律和相关的研究进展。

第一节　化学反应动力学基本原理

一、化学反应速率与方程

（一）反应速率

反应速率就是化学反应的快慢，有严格的定义。我们考虑以下常见的化学反应：

$$aA+bB \longrightarrow cC+dD \tag{3-1}$$

或写为

$$0=\sum_i \nu_i R_i \tag{3-2}$$

式中：ν_i——化学计量系数，它对于产物为正，对于反应物为负。相应于反应（3-1），$\nu_A=-a$，$\nu_B=-b$，$\nu_C=c$，$\nu_D=d$。

在反应开始时，反应体系中组分 R_i 的粒子数为 $n_i(0)$；如果在 t 时刻，相应于反应（3-2）的基元化学物理反应已进行了 ξ 次，则此时 R_i 的粒子数为

$$n_i(t)=n_i(0)-\nu_i\xi \tag{3-3}$$

式中：ξ——反应进度（extent of reaction），其定义为

$$\xi=\frac{n_i(t)-n_i(0)}{\nu_i} \tag{3-4}$$

根据反应进度，可以定义反应速率为

$$r=\frac{1}{V}\frac{\mathrm{d}\xi}{\mathrm{d}t}=\frac{1}{V\nu_i}\frac{\mathrm{d}n_i}{\mathrm{d}t} \tag{3-5}$$

反应速率的物理意义：单位体积中反应进度随时间的变化率；或在极限意义下，单位体积中每单位（无限小）时间内进行的基元化学物理反应的数目。显然，对于反应（3-1），其反应速率可具体写为

$$r=\frac{-1}{aV}\frac{\mathrm{d}n_A}{\mathrm{d}t}=\frac{-1}{bV}\frac{\mathrm{d}n_B}{\mathrm{d}t}=\frac{1}{cV}\frac{\mathrm{d}n_C}{\mathrm{d}t}=\frac{1}{dV}\frac{\mathrm{d}n_D}{\mathrm{d}t} \tag{3-6}$$

以上各式中，$n_i(t)$或n_A、n_B、n_C和n_D分别为反应体系在t时刻各物种的量（如物质的量），V为t时刻反应体系的体积。如果在反应进程中，体积保持恒定（如反应在刚性的容器中或稀溶液中进行），则式（3-6）可改写为

$$r=\frac{-1}{a}\frac{\mathrm{d}[A]}{\mathrm{d}t}=\frac{-1}{b}\frac{\mathrm{d}[B]}{\mathrm{d}t}=\frac{1}{c}\frac{\mathrm{d}[C]}{\mathrm{d}t}=\frac{1}{d}\frac{\mathrm{d}[D]}{\mathrm{d}t} \tag{3-7}$$

式中：$[R]$——参加反应的各物种的体积浓度。

（二）反应速率方程

1. 反应速率方程

在一定温度下，反应速率往往可以表示为反应体系中各组分浓度的某种函数关系式，这种关系式称为反应速率方程。反应速率方程可以一般地表示为

$$r=f([R_i],[X_j]) \quad (i=1,2,\cdots;j=1,2,\cdots) \tag{3-8}$$

式中：$[R_i]$——反应体系中各反应物和产物的浓度；

$[X_j]$——除反应物与产物以外其他组分X_j的浓度。

对于反应（3-1），如果其总反应速率方程具有简单形式，则一般表达为

$$r=k[A]^m[B]^n[C]^p[D]^q \tag{3-9}$$

式中：　k——反应速率常数；

m、n、p和q——零、整数或分数。

反应速率方程的形式可以十分简单，也可以极其复杂。例如，HI和HBr的合成反应，其计量反应式分别表示为

$$H_2+I_2\longrightarrow 2HI,\quad H_2+Br_2\longrightarrow 2HBr$$

但是它们的反应速率方程却很不相同，分别为

$$r_{HI}=k[H_2][I_2],\quad r_{HBr}=\frac{k[H_2][Br_2]^{1/2}}{1+\frac{[HBr]}{10[Br_2]}}$$

对于大多数气相化学反应来说，产物的指数项 p 和 q 一般为零，即反应速率只与反应物浓度有关，而与产物浓度无关。

2. 反应级次

常见的具有简单形式的反应速率方程式（3–9）指出，反应速率与体系中某些组分浓度的某一方次之积成比例。这样的反应称为具有简单级次（order）的反应。各组分的级次即为反应速率方程中该组分的方次，而该反应的总级次为各组分级次之和。如前面讲到的碘化氢合成，对 H_2 和 I_2 的反应级次为一（称为一级的），而总级次为二（称为二级的）。

反应级次不仅可以具有正整数，而且可以具有分数、零甚至负数。如果反应体系中某一反应组分大量存在，反应前后浓度基本不变，则反应级次可以约减。例如，大气中 NO 的氧化反应：$2NO+O_2 \longrightarrow 2NO_2$，经实验测定该反应的速率表达式为 $r=k^{Ⅲ}[NO]^2[O_2]$，即反应级次为 2+1=3。然而在对流层大气中，O_2 浓度比 NO 浓度大得多，因此 O_2 浓度可以看成不变的常数，可以与常数项 $k^{Ⅲ}$ 合并得到常数项 $k^{Ⅱ}$，即得到速率表达式为 $r=k^{Ⅱ}[NO]^2$，此时反应速率变成了假二级（pseudo-second-order）。

3. 速率常数

反应速率方程式（3–9）中，k 是一个与浓度无关的比例系数，称为速率常数或反应比速。实际上，k 并不是一个绝对的常数，它和温度、反应介质、催化剂的存在与否有关，甚至有时与反应容器的器壁性质也有关系，只有当这些变量均已固定时，k 才真正是一个常数。k 的单位与反应级次有关；反之，从 k 的单位也可知反应级次。表 3–1 列出了不同反应级次下的 k 的单位。

表 3–1 反应速率常数 k 的单位与反应级次的关系

反应级次	反应速率方程	k 的单位
0	$r=k$	分子 · cm^{-3} · s^{-1}
1	$r=k[C]$	s^{-1}
2	$r=k[C]^2$	分子$^{-1}$ · cm^3 · s^{-1}
3	$r=k[C]^3$	分子$^{-2}$ · cm^6 · s^{-1}

（三）反应动力学方程

从实验测得的数据往往是不同时间各组分的浓度，而不是反应速率本身。因此往往需要求得各组分浓度和反应时间依存的函数关系：

$$\varphi(R_i, X_j, t)=0 \tag{3–10}$$

我们将这类方程称为反应动力学方程。它可以通过对反应速率方程（组）的积分运算或求解微分方程组得到，因此有人将式（3–10）称为反应速率方程的积分式，而将式（3–8）这类反应速率方程称为反应速率方程的微分式。

实际上，利用反应动力学方程通过对时间的求导可以求得相应的反应速率方程。例如，

定容下 N_2O_5 的气相分解反应（生成 N_2O_4 和 O_2），其速率方程为

$$r=-r_{N_2O_5}=-\frac{d[N_2O_5]}{dt}=k[N_2O_5] \tag{3-11}$$

对上式积分，得到动力学方程为

$$[N_2O_5]=[N_2O_5]_0e^{-kt} \tag{3-12}$$

将反应体系中各组分浓度随时间变化的关系用曲线描述出来，就得到反应动力学曲线。

（四）反应机理

从唯象的意义来说，反应机理指一个总反应所包含的各个基元反应的集合。基元反应（elementary reaction）指那些不能再细分为多个更简单反应的反应；总反应（overall reaction）指化学计量反应式描述的反应，如式（3-1）。一个总反应，如果只包含一个基元反应，则称为简单反应；如果包含两个或两个以上的基元反应，则称为复杂反应。对于基元反应，反应速率方程可以直接由化学计量式写出。假设式（3-1）为基元反应，则速率表达式为

$$r=k[A]^a[B]^b \tag{3-13}$$

反应速率方程的不同反映了反应机理的差异（如 HBr 和 HI 的合成反应），而反应速率方程的相似并不意味着反应机理的相似（如 HI 合成和 Diels-Alder 反应）。即反应速率方程的相似只是反应机理相似的必要而非充分条件。

（五）反应分子数

一个基元反应，无论是否唯一地存在于总反应中，都是由许多宏观上相同但微观上不同的基元化学物理反应所组成的，作为反应物参加每一基元化学物理反应的化学粒子（分子、原子、自由基或离子）的数目称为反应分子数（molecularity）。其可能采取的数值为不大于 3 的正整数。当其值为 1、2、3 时分别称为单分子反应、双分子反应和三分子反应。最常见的是双分子反应，单分子反应次之，三分子反应较罕见。下面举例说明大气中这 3 种基元反应类型。

单分子反应，PAN 的热分解：

$$CH_3C(O)OONO_2 \longrightarrow CH_3C(O)OO\cdot+NO_2 \tag{3-14}$$

双分子反应，气相硝酸自由基的形成：

$$O_3+NO_2 \longrightarrow \cdot NO_3+O_2 \tag{3-15}$$

三分子反应，基态氧原子 $O(^3P)$ 与氧分子 O_2 反应生成臭氧 O_3：

$$O(^3P)+O_2+M \longrightarrow O_3+M \tag{3-16}$$

动力学上的三分子反应，如式（3-16），需要第三体分子 M 来移去释放出来的大量能量，而 M 并不发生化学变化。在大气中，M 一般是指 O_2 和 N_2。为了不把 M 计入化学计量式，有时把式（3-16）改写为

$$O(^3P)+O_2 \xrightarrow{M} O_3 \tag{3-17}$$

需要注意，反应级次和分子数是属于不同范畴的概念。级次指某反应（总反应）宏观的速率对浓度的依赖，而分子数则指组成该反应的微观的诸基元化学物理反应的分子数。

二、平均寿命与分数寿期

（一）平均寿命

在反应式（3–1）中，反应物 A 的平均寿命定义为该反应物由开始反应到通过反应而消耗的平均经历的时间，而在 t 至 $t+dt$ 的时间间隔内，单位体积中消耗 A 的量为 $-d[A]$，这些反应物 A 的寿命为 t，则 A 的平均寿命 $\bar{t}$ 为

$$\bar{t}=\frac{1}{[A]_0}\int_0^{\infty}t(-d[A])=\frac{a}{[A]_0}\int_0^{\infty}tr\mathrm{d}t \tag{3-18}$$

式中：r——反应速率；

t——反应时间；

$[A]_0$——反应物 A 的初始浓度；

a——A 的化学计量系数。积分区间为由 0 至 A 全部消耗所花费的时间。

对于多组分反应物的情况，如果不依等当量配比组成各组分的初始浓度，那么除了当量比最小的反应物以外，其他组分不可能全部消耗完，因此不能讨论其平均寿命。

若为单组分 A 反应物的一级反应，则其反应速率为 $r=k[A]=k[A]_0e^{-akt}$，代入式（3–18）即得平均寿命为

$$\begin{aligned}\bar{t}&=\frac{a}{[A]_0}\int_0^{\infty}tk[A]\mathrm{d}t=\frac{a}{[A]_0}\int_0^{\infty}t(k[A]_0e^{-akt})\mathrm{d}t=\frac{1}{ak}\int_0^{\infty}qe^{-q}\mathrm{d}q\\&=\frac{1}{ak}\end{aligned} \tag{3-19}$$

若化学计量系数 a 为 1，则一级反应的平均寿命的倒数即为其反应速率常数。容易看出，当反应进行到平均寿命时间 $\bar{t}$ 时，反应物残余浓度下降到：

$$[A]_{\langle t\rangle}=[A]_0e^{-ak\bar{t}}=\frac{1}{e}[A]_0 \tag{3-20}$$

但我们不应以反应物浓度下降到初始浓度的 1/e 所经历的时间作为平均寿命的定义。只是当反应为一级反应时，其数值相同。

对于非一级反应（设为 n 级），将反应速率 $r=k[A]^n$ 代入平均寿命的定义式（3–18），得

$$\bar{t}=\frac{a}{[A]_0}\int_0^{\infty}kt[A]^n\mathrm{d}t=\frac{a}{[A]_0}\int_0^{\infty}kt\left[\frac{1}{[A]_0^{n-1}}+(n-1)akt\right]^{\frac{-n}{n-1}}\mathrm{d}t \tag{3-21}$$

（二）分数寿期

非一级反应讨论平均寿命较困难，故常引用分数寿期。所谓分数寿期，指反应物消耗了初始浓度的某一分数 θ 所需的时间 t_θ。此时反应物浓度为

$$[A]_{t\theta}=(1-\theta)[A]_0 \tag{3-22}$$

显然，θ 是在 0 与 1 之间的正数。用 $[\mathrm{A}]_{t_\theta}$ 代替式(3-19)与式(3-21)中的 $[\mathrm{A}]$，得到分数寿期为

$$t_\theta=\frac{1}{ak}\ln\frac{1}{1-\theta}\quad(\text{一级反应})\tag{3-23}$$

$$t_\theta=\frac{1}{(n-1)ak\,[\mathrm{A}]_0^{n-1}}\left[\frac{1}{(1-\theta)^{n-1}}-1\right]\quad(n\ \text{级反应},n\neq1)\tag{3-24}$$

常用的分数寿期是半寿期和自然寿期。半寿期是反应物消耗一半（即 $\theta=1/2$）时的反应时间，用 $t_{1/2}$ 表示；自然寿期是反应物浓度下降到初始浓度的 1/e（即 $\theta=1-1/\mathrm{e}$）时的反应时间，用 τ 表示。自然寿期也称寿命。

根据式(3-23)，对于化学计量系数为 1 的一级反应，反应物的寿命为

$$\tau=\frac{1}{k}$$

三、温度对反应速率的影响

（一）阿伦尼乌斯定理

1. 阿伦尼乌斯定理

阿伦尼乌斯（Arrhenius）通过大量实验与理论的论证揭示了反应速率常数对温度的依赖关系，进而逐步建立了反应动力学中著名的阿伦尼乌斯定理。该定理最简单的表达式为

$$k=A\mathrm{e}^{-E_\mathrm{a}/RT}\tag{3-25}$$

或

$$\ln k=\ln A-\frac{E_\mathrm{a}}{RT}\tag{3-26}$$

式中：k——当反应温度为 T(K)时的反应速率常数；

R——理想气体常数；

A 和 E_a——与反应温度无关、数值取决于反应本性的常数，分别称为指前因子与活化能（activation energy）。

利用式(3-26)，由 $\ln k$ 对 $1/T$ 作图，可得一直线，由直线的截距和斜率可分别求出 A 和 E_a。

2. 活化能

为了便于讨论活化能 E_a，常引用如下关系：

$$E_a=-R\frac{\mathrm{d}\ln k}{\mathrm{d}\dfrac{1}{T}}\tag{3-27}$$

上式可以从阿伦尼乌斯定理表达式(3-25)求微分得到。有些反应的速率常数并不满足阿伦尼乌斯定理，即以 $\ln k$ 对 $1/T$ 作图得不到直线。但此时仍然可以引用式(3-27)来决定活化能，由于这是从阿伦尼乌斯定理微分式出发得到的，故称为微分活化能，有时人们直接称为阿伦尼乌斯活化能。当 k 为某个复杂总反应的表观反应速率常数时，由式(3-27)决定的活化

能，则称为表观的微分活化能，或者就简称为表观活化能。

在化学反应动力学研究中，由 $\ln k$ 对 $1/T$ 作图求活化能是常见的方法，无论是否得到直线均可称为活化能曲线，或阿伦尼乌斯曲线。如得直线，则依式（3-27）求得的活化能为一个常数；如得非直线，则活化能与温度有关。

在对流层大气中，温度变化范围比较小，因此许多反应的指前因子 A 不依赖于温度，可以看成常数，一般可以直接使用阿伦尼乌斯定理。然而，当活化能很小或等于零时，指前因子 A 与温度有关从而与阿伦尼乌斯定理有较大的偏离。这类基元反应或简单反应的例子有 NO 的氧化，以及自由基或自由原子的重结合反应等。此时速率常数与温度的关系可以表示为

$$k=BT^n e^{-E_a/RT} \tag{3-28}$$

式中：B——与温度无关的常数；

n——拟合实验数据的调节指数。

除式（3-28）外，还有其他形式的表达式。

大气中大多数反应，反应速率常数随温度升高而增加，但也有一些反应例外，如三分子反应，其反应速率常数随温度升高而降低。

3. 反应温度对总反应速率的影响

虽然阿伦尼乌斯定理是描述基元反应的，但是对于许多包含不止一个基元反应的复杂反应来说有时也适用。对于许多复杂反应可用其表观速率常数（或反应速率）的对数对热力学温度的倒数作图，其活化能曲线在很多情况下（在一定温度范围内）可以得到一条直线，符合这一规律的反应称为阿伦尼乌斯型反应，否则为反阿伦尼乌斯型反应。

（二）速率常数及其与温度依赖关系的理论解释

碰撞理论或过渡态理论常被用来解释速率常数及其与温度的依赖关系。这里只简要地介绍碰撞理论。

分子运动论指出，假定两种分子 A 和 B 以硬球方式运动发生弹性碰撞，则它们之间的碰撞频率为

$$Z_{AB}=\pi b_{max}^2\left(\frac{8k_BT}{\pi\mu}\right)^{\frac{1}{2}} n_A^* n_B^* \tag{3-29}$$

式中：μ——分子 A 和 B 的折合质量；

n_A^* 和 n_B^*——单位体积中 A 和 B 的分子数；

b_{max}——$b^2_{max}=(r_A+r_B)^2$，其中 r_A 和 r_B 分别为 A 和 B 的分子半径；

k_B——玻尔兹曼常数（1.38×10^{-23} J · K^{-1}）；

T——热力学温度。

在考虑两个分子碰撞发生反应时，还需要考虑两个因素。首先，分子运动速率不同，分子发生碰撞时的能量不同。对于大多数反应来说，反应发生时需要克服一定的能垒（或称能阈）。能垒来源于同时发生的旧键断裂和新键形成的净能量效应；在反应过渡态，新键形成释放的能量通常小于旧键断裂所需的能量。这一能量差即为能垒，需要通过其他途径提供足够的能量来克服能垒才能使反应发生。

其次，即使反应分子碰撞时具有足够的能量来克服能垒，反应也不一定发生，这是因为分子相互碰撞的角度也很重要。这一空间因素的重要性可以用氧原子与·OH碰撞反应的例子来说明。假定氧原子与·OH的氧原子端碰撞，空间方位正好适合于总反应生成O_2+H：

$$O+\cdot O—H \longrightarrow [O\cdots O\cdots H] \longrightarrow O_2+H \tag{3-30}$$

然而，如果氧原子与·OH的氢原子端碰撞，则不会产生净的化学变化，尽管事实上发生了氧原子交换反应：

$$O+H—O\cdot \longrightarrow [O\cdots H\cdots O] \longrightarrow \cdot OH+O \tag{3-31}$$

为了考虑能量需求，我们可以改变一下式（3-29），即只计算分子A和B发生某些碰撞的数目，这些碰撞具有某一最小能量E_0。最简单的处理方法是，假定当碰撞的能量低于E_0时，反应不发生；而当能量≥E_0时，反应就会发生。换言之，可以假定当碰撞能量≥E_0时，反应概率将随着相对碰撞能量的增加而增加。

设$\sigma_{AB}=\pi(r_A+r_B)^2$为硬球分子A和B的碰撞截面，$\sigma_R$为硬球分子A和B的反应截面。根据以上假设，可以得到：碰撞能量$<E_0$时，$\sigma_R=0$，即没有反应发生；能量≥E_0时，σ_R可以看成一个常数，并与σ_{AB}相等，即高于或等于该能量阈值的所有碰撞都能发生反应。假定σ_R是总能量E的函数，则有以下表达式：

$$\begin{aligned} \sigma_R &= \sigma_{AB}\left(1-\frac{E_0}{E}\right) \quad 当\ E \geqslant E_0 时 \\ \sigma_R &= 0 \quad 当\ E<E_0 时 \end{aligned} \tag{3-32}$$

对于式（3-32）表示的σ_R，在零到无穷大的所有能量范围进行积分，可以得到反应性碰撞频率Z_R为

$$Z_R=\sigma_{AB}\left(\frac{8k_BT}{\pi\mu}\right)^{\frac{1}{2}} e^{-E_0/k_BT} n_A^* n_B^* \tag{3-33}$$

从式（3-33）得到速率常数k为

$$k=\sigma_{AB}\left(\frac{8k_BT}{\pi\mu}\right)^{\frac{1}{2}} e^{-E_0/k_BT} \tag{3-34}$$

显然，式（3-34）没有考虑碰撞发生反应所需要的空间取向，因此需要引入另外一个因子，即空间因子P。P代表碰撞分子具有恰当空间取向的概率。因此，速率常数表达式变为

$$k=P\sigma_{AB}\left(\frac{8k_BT}{\pi\mu}\right)^{\frac{1}{2}} e^{-E_0/k_BT} \tag{3-35}$$

比较式（3-35）和式（3-25），可以发现：指前因子A相当于$P\sigma_{AB}(8k_BT/\pi\mu)^{1/2}$，而活化能$E_a$相当于能阈$E_0$。需要注意的是，碰撞理论预测了指前因子依赖于温度，即与$T^{1/2}$成正比。然而在实际中，我们看到很多反应遵循阿伦尼乌斯定理，即指前因子与温度无关。这是由于指前因子与温度为指数关系，指数项$T^{1/2}$使之依赖关系较小。但是，当活化能趋近零

时，指前因子的温度依赖关系将很明显。

碰撞理论主要用于比较反应效率。例如，当反应在 25℃（298 K）发生时，设分子半径为 0.2 nm，分子量为 50 g/mol，P=1，E_0=0，由式（3–35）可以算出反应速率常数为 2.5×10^{-10} cm³/（分子·s）。因此，我们可以看出，如果无空间位阻和能垒，那么反应速率常数将在 10^{-10} cm³/（分子·s）量级。同样地，若反应速率常数在 10^{-15} cm³/（分子·s）量级，则可以推测出该反应体系每经历 10^5 次碰撞才发生一个反应。

第二节 大气光化学反应基础

一、光化学定律

1. 光化学第一定律

格鲁西斯－特拉帕（Grotthus-Draper）定律：只有被分子吸收的光，才能有效地引起分子的化学变化。此定律虽然是定性的，但它却是近代光化学的重要基础，为光化学第一定律。

2. 光化学第二定律

斯塔克－爱因斯坦（Stark-Einstein）定律：分子吸收光的过程是单光子过程。这个定律被称为光化学第二定律，其基础是：电子激发态分子的寿命很短（$\leqslant 10^{-8}$ s），在此期间再要吸收第二个光子的概率很小。例如，假定有浓度为 10^{18} 个 /cm³ 的气体，从发射 10^5 光子 /（s·cm³）的光源吸收 10% 的光子，产生了电子激发态分子，其寿命为 100 ns（1 ns=10^{-9} s），在照射期间，受激分子数为 10^7 个 /cm³。如果进而再假设基态分子和受激分子有相同的吸收系数，那么吸收第二个光子的概率仅为 $10^7/10^{18}=10^{-11}$。若用激光光源，使用波长为 300 nm、脉宽为 10 ns、能量为 7 J 的激光脉冲，每个脉冲的总输出是 1.6×10^{18} 个光量子，对于 10% 的吸收，就应当产生 1.6×10^{17} 个受激分子，因此双光子吸收的概率在脉冲的末尾就可以达到百分之十几。所以，激光的高通量光子流使多光子吸收成为光化学和光谱方面的常见现象。第二定律对激光化学不适用，但仍适用于发生在对流层大气中的光化学过程。

根据普朗克（Planck）定律，一个频率为 ν 的光子的能量是 $h\nu$。在大气光化学中，光子是化学反应的一个反应物，被写作 $h\nu$，例如，NO_2 光分解：$NO_2+h\nu\longrightarrow NO+O$。光子能量可以表示为 1 mol 的光子乘以 $h\nu$，即乘以阿伏伽德罗常数 6.022×10^{23}，1 mol 光子的能量称为 1 爱因斯坦，用符号 ε_E 表示，即

$$\varepsilon_E=6.022\times10^{23}h\nu=6.022\times10^{23}\frac{hc}{\lambda} \tag{3-36}$$

光子能量与波长 λ 有关，λ 以 nm 表示，c 为光速 $2.997\,9\times10^8$ m/s，h 为普朗克常数 6.626×10^{-34} J·s/光量子，于是有

$$\varepsilon_E(\text{kJ}\cdot\text{mol}^{-1})=\frac{1.196\,25\times10^5}{\lambda} \tag{3-37}$$

表 3–2 列出了各种光的典型波长及其能量。

表 3-2 各种光的典型波长及其能量（ε_E）

名称	典型波长 /nm	能量 /（kJ·mol^{-1}）
可见光		
红光	700	170
橙光	620	190
黄光	580	210
绿光	530	230
蓝光	470	250
紫外光	420	280
近紫外光	400~200	300~600
真空紫外光	200~50	600~2 400

3. 朗伯 – 比尔定律

当一束平行的波长为 λ、入射强度为 I_0 的单色光，穿过一个长度为 l、内装一定压力或浓度为 c 的气体容器后，它的透射光强度变为 I。朗伯（Lambert）和比尔（Beer）发现存在以下关系式：

$$\lg\left(\frac{I_0}{I}\right)=\varepsilon cl \quad 或 \quad \ln\left(\frac{I_0}{I}\right)=\alpha cl \tag{3-38}$$

$\lg(I_0/I)$ 为该气体的吸光度（或称吸光率），通常用 A 表示，A 与透射率 T（$T=I/I_0$）的关系可以写为 $A=\lg(I_0/I)=-\lg T$。ε 和 α 是比例常数，ε 称为吸收系数，而 α 则等于 2.303ε。当 l 的单位是 cm，c 的单位是 mol/L 时，ε 的单位就是 L/（mol·cm），这时 ε 称为摩尔消光系数或摩尔吸光系数。

朗伯 – 比尔定律给出了光吸收与气体浓度之间的定量关系。在对流层气相化学中应用此定律时，浓度 c 的单位通常采用分子 /cm^3，即 N；光路长度 l 的单位采用 cm，且一般采用自然对数；气相吸收系数用 σ 来表示，σ 的单位是 cm^2/ 分子，被称为吸收截面。这样，朗伯 – 比尔定律就成为

$$\frac{I}{I_0}=\mathrm{e}^{-\sigma Nl} \quad 或 \quad \ln\left(\frac{I_0}{I}\right)=\sigma Nl \tag{3-39}$$

当气相不用浓度而用压力 P 表示时，吸收系数就用 K 表示，其单位变为 Pa^{-1}·cm^{-1}。

对于对流层条件下的大部分气态物种，朗伯 – 比尔定律是一种准确计算光吸收的方法。基于相似的考虑，该定律也适用于稀溶液中的非缔合分子。

二、光化学的初级过程和量子产额

一个原子、分子、自由基或离子吸收一个光子所引发的反应，称为光化学反应。光化学第一定律指出，只有当激发态分子的能量足够使分子内最弱的化学键发生断裂时，才能引起光化学反应。这就是说在光化学反应中，旧键的断裂与新键的生成都与光子能量有关。

光子能量可以和分子键能进行比较。光子能量对应的波长在可见光谱的近红外端附近则可以和对化学键能束缚相对较松的化学物种相比较。例如，在 O_3 分子中，O—O_2 键能约

为 105 kJ/mol；而在 NO_2 分子中，O—N 键能约为 300 kJ/mol（对应波长约为 400 nm）。能够引起光化学反应的最低能量的光子位于可见光区域。可以引起光化学变化的波长与分子中发生电子转移的波长大致相当。只有当入射光子的能量可以将分子中存在的较高能量级从较低能量级分开时，辐射吸收才可能发生。小分子一般比大分子在更短的波长处显示出强的电子吸收。例如，N_2 和 H_2 在 $\lambda<100$ nm 时明显吸收，而 O_2 在 $\lambda<200$ nm 时强烈吸收，H_2O 在 $\lambda<180$ nm 时强烈吸收，CO_2 在 $\lambda<165$ nm 时强烈吸收。

（一）初级过程

光化学反应的第一步是化学物种吸收光子，形成激发态物种：

$$\mathrm{A}+h\nu \longrightarrow \mathrm{A}^*$$

A^* 是分子 A 的电子激发状态。激发态分子 A^* 随后可能进一步发生反应，这些过程有：

分解：$$\mathrm{A}^* \xrightarrow{1} \mathrm{B}_1+\mathrm{B}_2$$

直接反应：$$\mathrm{A}^*+\mathrm{B} \xrightarrow{2} \mathrm{C}_1+\mathrm{C}_2$$

放出荧光或磷光：$$\mathrm{A}^* \xrightarrow{3} \mathrm{A}+h\nu$$

碰撞失活：$$\mathrm{A}^*+\mathrm{M} \xrightarrow{4} \mathrm{A}+\mathrm{M}$$

电离：$$\mathrm{A}^* \xrightarrow{5} \mathrm{A}^++\mathrm{e}^-$$

以上过程统称为光化学的初级过程。其中第一个和第三个反应是单分子历程，第二个和第四个反应是双分子历程；第一个和第二个反应是光化学过程，第三个和第四个反应是光物理过程。对大气环境化学来说，光化学过程最重要，受激分子会在激发态通过反应而产生新的物种。

初级过程生成的产物（B_1、B_2、C_1 和 C_2 等）还可能进一步发生分解反应或与其他物种发生反应，这些反应过程称为次级过程。

（二）量子产额

由上述已知，被化学物种吸收了的光子不一定全部能引发反应，因此需要引入量子产额的概念来表示光化学和光物理过程的相对效率。分子吸收光时，其第 i 个光化学或光物理过程的初级量子产额 ϕ_i 可以由下式给出：

$$\phi_i=\frac{i\text{ 过程所产生的激发态分子数目/(单位体积·单位时间)}}{\text{吸收光子数目/(单位体积·单位时间)}} \tag{3-40}$$

例如，在以上反应中 A 分子吸收光子产生 A^* 这一过程，其量子产额为经历这一过程产生的 A^* 分子数与被吸收光子数的比值。根据光化学第二定律，形成的 A^* 分子数与吸收的光子数相等，某些次级过程 i（比如分解）的量子产额 ϕ_i 是参与该过程的 A^* 分子数的分率。例如，在初级过程的步骤 1 中，结合该步骤的量子产额 ϕ_1 和初级过程中 A^* 的生成速率，得到 B_1 的生成速率是

$$\frac{\mathrm{d}[\mathrm{B}_1]}{\mathrm{d}t}=\phi_1 j_{\mathrm{A}}[\mathrm{A}] \tag{3-41}$$

对于光化学过程，一般有两种量子产额，即初级量子产额 ϕ 和总量子产额 Φ。

以 HCHO 为例，HCHO 在 250~370 nm 吸收光后，有可能按两种途径进行反应：一种是

经解离产生自由基，另一种是经分子内部过程产生稳定分子。

$$HCHO+h\nu \xrightarrow{a} H+HCO\cdot$$

$$HCHO+h\nu \xrightarrow{b} H_2+CO$$

对于反应 a，其初级量子产额为

$$\phi_a=\frac{\text{形成的 H 原子数}}{\text{被 HCHO 吸收的光子数}}$$

但是，在实验室常常不能测到原子或自由基，只能测到稳定产物如 H_2 或 CO，而测得的 H_2 或 CO 不只是初级反应的产物，也包含次级反应的产物：

$$H+HCO\cdot \longrightarrow H_2+CO$$

$$2H \longrightarrow H_2$$

$$2HCO\cdot \longrightarrow 2CO+H_2$$

$$\longrightarrow CO+HCO\cdot+H$$

这时就需要用总量子产额来表示。对于以上反应，H_2 和 CO 的总量子产额分别被定义为

$$\Phi_{H_2}=\frac{\text{所生成的 } H_2 \text{ 分子数}}{\text{HCHO 吸收的光子数}}$$

$$\Phi_{CO}=\frac{\text{所生成的 CO 分子数}}{\text{HCHO 吸收的光子数}}$$

因此，初级量子产额仅表示初级过程的相对效率，而总量子产额则表示包括初级过程和次级过程在内的总效率。

对于光物理过程，如产生荧光过程，其初级荧光产率为

$$\phi_f=\frac{\text{产生荧光的激发态分子数}}{\text{吸收的光子数}}$$

如果一个物质在光吸收过程中有部分进行光物理过程，又有部分进行光化学过程，那么应该有

$$\phi_f+\phi_p+\cdots+\phi_a+\phi_b+\cdots=1.0 \quad \text{或} \quad \sum\phi_i=1.0 \tag{3-42}$$

即所有初级过程量子产额之和必定等于 1。单个初级过程的初级量子产额不会超过 1，只能小于或等于 1。当光化学过程的 $\phi \ll 1$ 时，说明光物理过程可能是很重要的。总量子产额可能会超过 1，甚至远远大于 1，特别在链式反应中，某些产物的量子产额可能达到 10^6 数量级。

例如，$CFCl_3$ 消耗 O_3 的反应：

$$CFCl_3+h\nu \longrightarrow Cl\cdot+\cdot CFCl_2$$

$$2\times(Cl+O_3) \longrightarrow 2\times(ClO\cdot+O_2)$$

$$ClO\cdot+ClO\cdot+M \longrightarrow Cl_2O_2+M$$

$$Cl_2O_2+h\nu \longrightarrow Cl\cdot+ClO_2\cdot$$

$$ClO_2\cdot+M \longrightarrow Cl\cdot+O_2+M$$

$$\text{总反应：} 2O_3+h\nu \longrightarrow 3O_2$$

该反应即为链式反应，在平流层催化反应中一个氯原子可以循环地和 10^5 个 O_3 分子发生反应。

(三)几种初级光化学过程

大气中某些物种可以通过吸收紫外光或可见光形成激发态，之后可能发生一系列光化学反应。激发态物种可能存在以下变化过程：① 通过荧光或磷光再发射光子并且回到一个较低的电子状态；② 与其他气体发生碰撞并把能量传递给与其碰撞的分子(猝灭)；③ 与一个碰撞分子发生化学反应；④ 通过光分解或光致同分异构化发生单分子化学转化。

下面具体介绍几种初级光化学过程。

1. 光解

光解是大气化学中最普遍的光化学反应。分子吸收光后可以解离产生原子、自由基等，它们可以通过次级过程进行热反应。这类反应在大气中很重要，光解产生的自由基及原子往往是大气中 $\cdot OH$、$HO_2\cdot$ 和 $RO_2\cdot$ 等的重要来源。对流层清洁大气、污染大气和平流层大气中的主要化学反应都与这些自由基或原子反应有关。

例 3-1 在波长小于 420 nm 的光的作用下，NO_2 光解产生的是电子基态产物(图 3-1 为 NO_2 在室温下的吸收光谱)：

$$NO_2+h\nu(\lambda<420\text{ nm})\rightarrow NO+O(^3P)$$

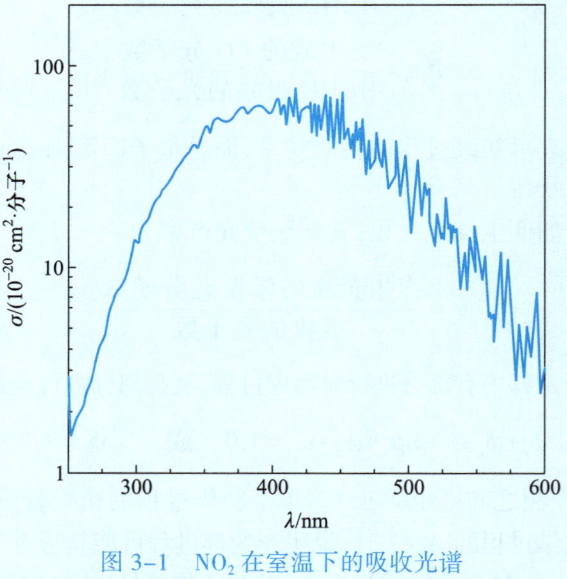

图 3-1 NO_2 在室温下的吸收光谱

(资料来源：引自 Seifeld 和 Pandis，1998)

$O(^3P)$ 为三重态即基态氧原子，其初级量子产额在 295 nm 时为 1，随着波长 λ 的增大，初级量子产额略有减小，当 $\lambda>398$ nm 时显著减少，见图 3-2。在空气中(p=101 325 Pa)，$O(^3P)$ 会立即发生如下反应：

$$O(^3P)+O_2\xrightarrow{M}O_3$$

这个反应是对流层大气中唯一已知的 O_3 的人为源。

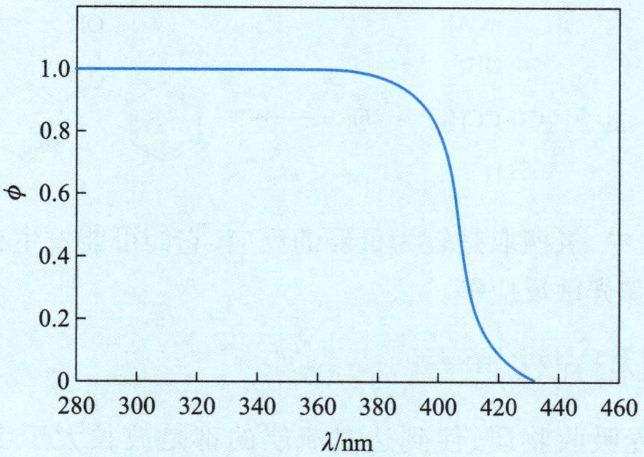

图 3-2　NO_2 光解产生 $O(^3P)$ 的初级量子产额与波长的关系
（资料来源：引自 Demerjian 等，1980）

例 3-2　O_3 在 $\lambda<320$ nm 光的作用下解离产生电子激发态的产物：

$$O_3(^1B_2)+h\nu(\lambda<320\ \text{nm})\longrightarrow O(^1D)+O_2(^1\Delta g)$$

$O(^1D)$ 和 $O_2(^1\Delta g)$ 都是电子激发态。在天然或被污染的对流层大气中，$O(^1D)$ 会很快与水分子作用生成 ·OH：

$$O(^1D)+H_2O\longrightarrow 2\cdot OH$$

这是大气中 ·OH 的重要来源。

2. 分子内重排

有时吸收光子会导致分子内重排。例如，邻硝基苯甲醛在蒸气、溶液或固相中的光解：

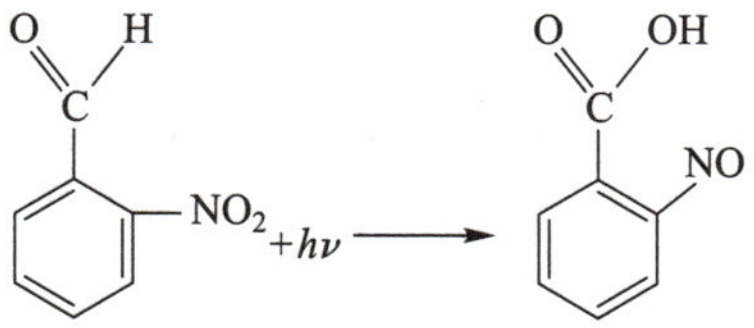

由于此量子产额在 300~410 nm 维持约 0.5 不变，因此，此反应可作为液相光强的测定剂。

3. 光异构化

分子在光的作用下产生异构化。例如：

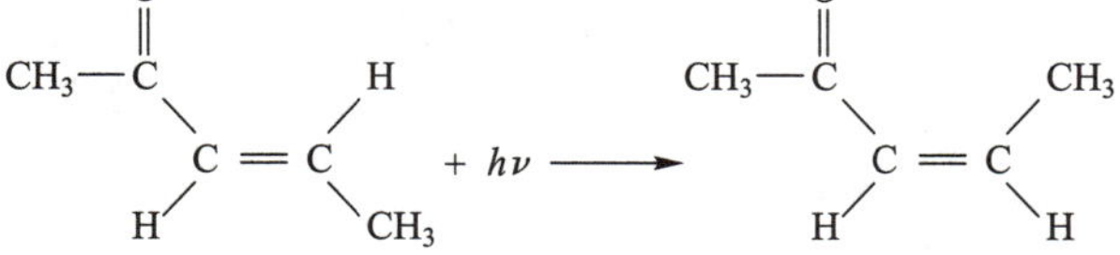

4. 氢摘取

一般羰基化合物有可能进行分子内或分子间的氢摘取。典型的例子是二苯酮在液相的光还原。当有氢给予体存在时，二苯酮会摘取一个氢，产生自由基：

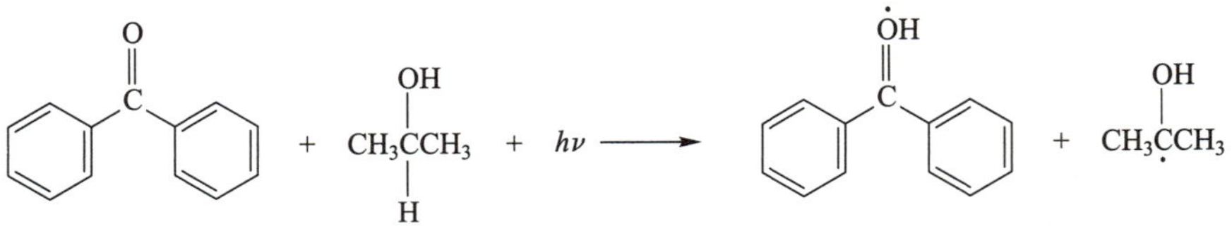

在双分子的光化学过程中,氢摘取是较为重要的反应,它们可能发生在液相表面或水滴中。

此外,还有光二聚和光敏反应等。

三、光化辐射和光化通量

大气中存在各种光吸收物质,使到达对流层的都是波长大于 290 nm 的光,只有这部分光才能参与对流层的光化学反应。因此,将波长 ≥ 290nm 的光称为光化辐射(actinic radiation)。光化辐射常被表示为从各个方向到某一球体的积分辐射。低层大气中影响光化学反应速率的主要因素就是光化辐射的强度。光化辐射的强度通常可以用光化通量[光子数 /($cm^2 \cdot s$)]来表示,即对流层中某一给定体积所受到的太阳光通量。考虑光化通量时,要考虑两部分的光:

(1)直接太阳辐射。由太阳发射经过一定的大气层被大气中气体及粒子吸收,散射削弱后到达某一体积的光,其中包括被反射回宇宙空间的部分。

(2)间接太阳辐射。间接太阳辐射包括两种:① 地面反射辐射,即入射到地面的光被地面反射回来的部分,可以用反射率(albedo)来表示反射的程度。② 散射辐射,即由太阳来的直接光或地面来的反射光被大气中气体及粒子散射后进入给定体积的部分。

大气中某一给定体积气团受到的各种辐射情况如图 3-3 所示。对于大气中某一给定体积的气团来说,波长为 λ 的辐射其光化通量 $J(\lambda)$ 即是波长为 λ 的直接辐射 $I_d(\lambda)$、地面反射辐射 $I_r(\lambda)$ 和散射辐射 $I_s(\lambda)$ 强度之和,若用 I_i 表示某一给定体积气团所得到的波长为 λ 的入射光的总强度,则有

$$J(\lambda)=I_i(\lambda)=I_d(\lambda)+I_r(\lambda)+I_s(\lambda) \tag{3-43}$$

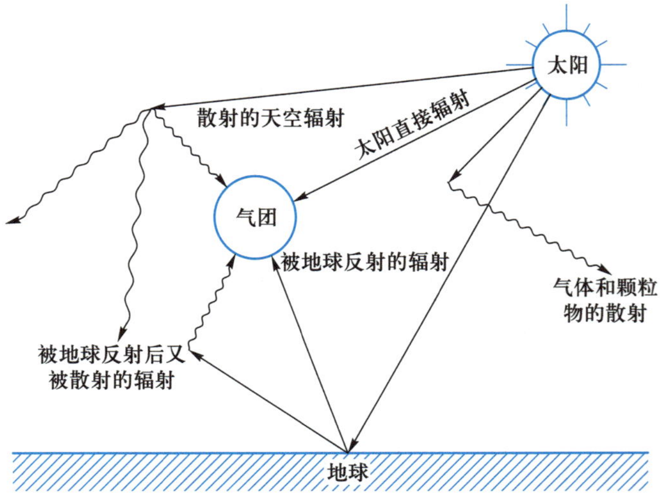

图 3-3 大气中某一给定体积气团受到的各种辐射情况

$I_i(\lambda)$是球体积的积分通量，可以用辐射计在一个选定地点测定，也可以进行计算。计算时需要考虑各种因素的影响，任何能使光的吸收和散射程度改变的因素都会使$J(\lambda)$改变。天顶角、削弱系数、所处位置、季节和云等是影响光化通量的主要因素。

1. 天顶角

太阳天顶角θ是相对于地球表面上某一定点的太阳的高度，即太阳方向与垂直方向的夹角，见图3-4。因此，$\theta=0°$即太阳当顶，$\theta=90°$即日出或日落，天顶角越大，阳光通过大气的路程越长。由于地球表面及大气层顶都是球面，当$\theta<60°$时可以认为大气层是平面平行的，误差较小；当$\theta>60°$时，误差就较大。太阳辐射到达气团所经过的距离必须做大气层曲率及阳光在大气层中折射率（因大气各层密度不一）的校正。

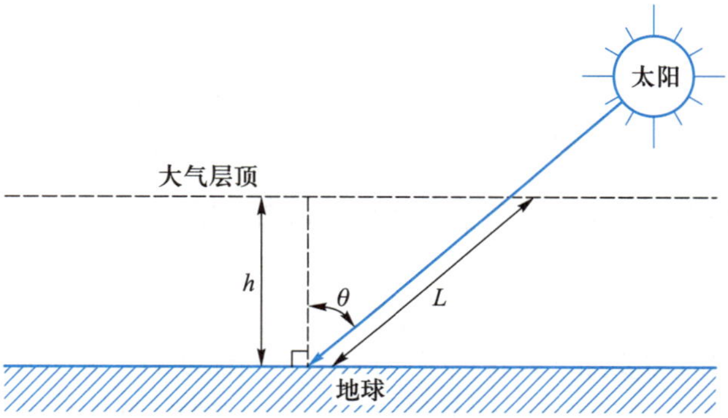

图 3-4　太阳天顶角示意图

光化通量与太阳天顶角关系的计算值以图的形式表示于图3-5，图中所示的曲线波长间隔为5 nm。

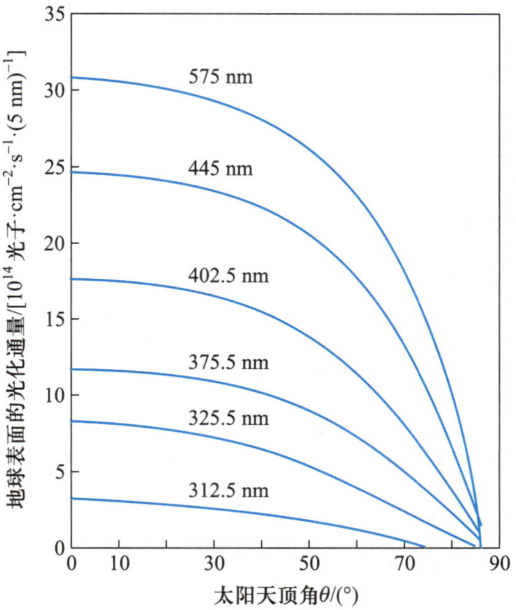

图 3-5　光化通量与太阳天顶角关系的值

2. 削弱系数(t)

太阳光经大气层到达地面期间,被大气中的气体和气溶胶粒子部分吸收和散射,使得到达地面时的太阳光谱波长分布及各波长光的强度都有了变化。该变化取决于太阳光入射光路上的气体和粒子的性质和浓度。

由吸收和散射引起的太阳光强度的削弱可由朗伯 - 比尔定律计算:

$$\frac{I}{I_0}=\mathrm{e}^{-tm} \tag{3-44}$$

式中:t——削弱系数;

m——大气质量数。

m 的计算方法为

$$m=\frac{\text{太阳辐射通过大气层的路程长度}}{\text{地面到大气层顶的垂直路程长度}} \tag{3-45}$$

当 $\theta=0°$ 时,$m=1.0$,这时的大气削弱最小;θ 增大,则削弱增加。

3. 纬度、季节和高度

季节不同,且太阳与地面距离不同,也会造成光化通量的改变。纬度不同对天顶角 θ 有影响。因此,在计算光强时需要加上校正因子。例如,不同纬度的真太阳时间(true solar time)不同。真太阳时间指参考太阳通过子午线的时间为正午而定的时标。如果一月初在 50° N 处,太阳过子午线的时间早 2 h,那么就要采用真太阳时间为 10 时的各种参数进行校正。

4. 云

当有云存在时会影响辐射的穿透率,需要对无云时的光化通量做校正。彼特森(Peterson)等提出应将无云时的光化通量乘以一个 c 系数。

$$c=\sum_{i=1}^{n}\left[1-c_i(1-T)\right] \tag{3-46}$$

式中:n——云层数;

c_i——每层云的云量;

T——辐射对云层的透射率,与云的性质有关,表 3-3 列出了太阳辐射通过各类云时透射率 T 与太阳质量常数 M 的关系。

表 3-3 太阳辐射通过各类云时透射率 T 与太阳质量常数 M 的关系

云类型	方程式	云类型	方程式
雾	T=0.162 6+0.005 4M	高层云	T=0.413 0−0.001 4M
层云	T=0.268 4−0.010 1M	高积云	T=0.545 6+0.023 6M
层积云	T=0.365 8−0.014 9M	卷云	T=0.871 7−0.017 9M
积云	T=0.365 8−0.014 9M	卷层云	T=0.905 5−0.063 8M
积雨云	T=0.236 3+0.014 5M		

四、光化学反应速率

对于一个光化学初级反应,其反应速率可由初级量子产额导出。例如,对于以下反应:

$$A+h\nu \longrightarrow A^* \longrightarrow B+C \tag{3-47}$$

初级量子产额表示为

$$\phi_{初级B}=\frac{d[B]/dt}{I_a}=\frac{r}{I_a} \tag{3-48}$$

所以

$$r=\phi_{初级B}I_a=\phi_B I_a \tag{3-49}$$

式中:r——光化学反应速率(亦称为光吸收速率)。

假设空间某一定体积的空气所得到的入射光总强度为I_i'(见图3-6),此体积吸收波长为λ的光的强度可由朗伯-比尔定律计算。盒内吸收物质X的浓度为[X]分子/cm^3,吸收截面为σ cm^2/分子。被X吸收的光$I_a(\lambda)$可以近似地表示为

$$I_a(\lambda)=\sigma(\lambda)J(\lambda)[X] \tag{3-50}$$

此处,$I_i'(\lambda)$用光化通量来表示,即$J(\lambda)$。

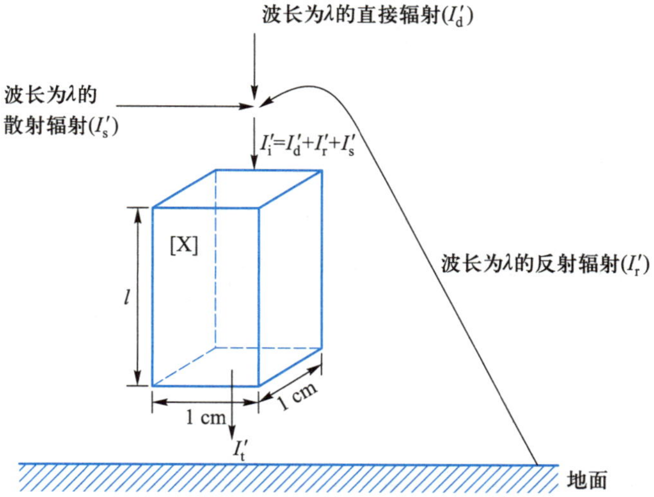

图3-6 对流层“盒子”中物质X的光吸收示意图

要计算X的光解,必须只考虑导致光化学变化部分的光,这样就要考虑量子产额的问题,即导致化学变化部分的光占总光吸收的份额。

所以,X在λ波长处光解的速率$=\sigma(\lambda)\phi(\lambda)J(\lambda)[X]$,此处$\phi$指由光解生产其他产物所占的初级量子产额。

例如:

$$HCHO+h\nu \xrightarrow{a} H+HCO\cdot$$
$$\xrightarrow{b} H_2+CO$$

$$\phi(\lambda)=\phi_a+\phi_b$$

X 的总光解速率 r_X 为

$$r_X=\int_{\lambda=290}^{\lambda_i}\sigma(\lambda)\phi(\lambda)J(\lambda)\mathrm{d}\lambda[X] \tag{3-51}$$

式中：λ_i——发生光吸收的最长波长。

在实际使用时，λ 一般采取波段而不用上述连续形式，如计算光化通量与 θ 关系时，采用不同波段来处理，即 $\Delta\lambda$，因此上式改写为

$$r_X=\sum_{\lambda=290}^{\lambda_i}\sigma(\lambda)\phi(\lambda)J(\lambda)[X] \tag{3-52}$$

此处，$\sigma(\lambda)$、$\phi(\lambda)$和 $J(\lambda)$都是指 $\Delta\lambda$ 范围内集中于 λ。当然，此处的 $J(\lambda)$应当经 θ、季节、纬度的校正，如能进行高度、反射率等校正，则更好。

光解反应相当于一级反应，因此上式亦可表示为

$$r_X=j_X[X] \tag{3-53}$$

式中：r_X 单位为分子 /($cm^3\cdot s$)；j_X 单位为 s^{-1}；[X]单位为分子 /cm^3。于是，得到一级速率系数 j_X 为

$$j_X=\sum_{\lambda=290}^{\lambda_i}\sigma(\lambda)\phi(\lambda)J(\lambda) \tag{3-54}$$

或

$$j_X=\int_{\lambda=290}^{\lambda_i}\sigma(\lambda)\phi(\lambda)J(\lambda)\mathrm{d}\lambda \tag{3-55}$$

σ 值和 j 值现已有不少实验数据。无数据时，也可以用计算的方法，即用实验测得 $\sigma(\lambda)$，然后用测得的 $J(\lambda)$来计算 j。$\phi(\lambda)$可采用文献值；当无 ϕ 值时，有时可用 ϕ=1.0 代替，但由此计算得出的应为 j 值的上限。作为例子，表 3–4 列出了 NO_2 在某一地点实际大气中的光化学参数值。

表 3–4 NO_2 在某一地点实际大气中的光化学参数值

日期：7 月 1 日　　地点：40° N　　温度：298 K

λ/nm	I_a/(光子·$cm^{-2}\cdot s^{-1}$)	$10^{19}\sigma_{NO_2}$/(cm^2·分子$^{-1}$)	ϕ	j_{NO_2}/s^{-1}
295~300	3.14×10^{12}	1.22	0.997 6	3.83×10^{-7}
300~305	3.35×10^{13}	1.43	0.996 6	4.78×10^{-6}
305~310	1.24×10^{14}	1.74	0.995 4	2.16×10^{-5}
310~315	2.87×10^{14}	2.02	0.994 4	5.77×10^{-5}
315~320	4.02×10^{14}	2.33	0.993 4	9.31×10^{-5}
320~325	5.08×10^{14}	2.65	0.992 4	1.34×10^{-4}
325~330	7.34×10^{14}	2.97	0.991 4	2.16×10^{-4}

续表

λ/nm	I_a/（光子·cm^{-2}·s^{-1}）	$10^{19}\sigma_{NO_2}$/（cm^2·分子$^{-1}$）	ϕ	j_{NO_2}/s^{-1}
330~335	7.79×10^{14}	3.28	0.990 4	2.53×10^{-4}
335~340	7.72×10^{14}	3.61	0.989 4	2.76×10^{-4}
340~345	8.33×10^{14}	3.91	0.988 4	3.22×10^{-4}
345~350	8.32×10^{14}	4.18	0.987 4	3.43×10^{-4}
350~355	9.45×10^{14}	4.51	0.986 4	4.21×10^{-4}
355~360	8.71×10^{14}	4.75	0.984 8	4.07×10^{-4}
360~365	9.65×10^{14}	5.00	0.983 4	4.75×10^{-4}
365~370	1.19×10^{15}	5.23	0.981 8	6.09×10^{-4}
370~375	1.07×10^{15}	5.41	0.979 8	5.68×10^{-4}
375~380	1.20×10^{15}	5.57	0.976 2	6.51×10^{-4}
380~385	9.91×10^{14}	5.69	0.971 1	5.48×10^{-4}
385~390	1.09×10^{15}	5.84	0.963 6	6.13×10^{-4}
390~395	1.13×10^{15}	5.86	0.936 0	6.18×10^{-4}
395~400	1.36×10^{15}	5.93	0.785 0	6.34×10^{-4}
400~405	1.64×10^{15}	5.86	0.492 5	4.74×10^{-4}
405~410	1.84×10^{15}	5.89	0.225 8	2.45×10^{-4}
410~415	1.94×10^{15}	5.78	0.091 4	1.03×10^{-4}
415~420	1.97×10^{15}	5.73	0.035 4	4.00×10^{-5}
420~422.5	9.69×10^{14}	5.78	0.018 8	1.05×10^{-5}
				总 $j_{NO_2}=8.14\times10^{-3}$ · s^{-1}
				$j_{NO_2}=0.488\ min^{-1}$

资料来源：引自 Seinfeld 和 Pandis，1998。

式（3-54）或式（3-55）也可以反过来应用，即在已知 $\sigma(\lambda)$、$\phi(\lambda)$、j_X 或测出 j_X 的情况下求出光强。因为光强用物理方法测定比较复杂，所以在光化学研究中，通常采用化学方法，即以测定某一量子产额已知的光化学反应的速率常数 j_X 作为光强的量度。目前，在大气环境光化学研究中，往往采用测定 NO_2 的初级光解常数作为紫外光强的量度的方法。这种方法可以应用于测人工光源的强度，亦可应用于实地测定某一地点的实际光强。

五、NO_2 的光解常数

（一）NO_2 的光解过程

在大气环境化学研究中，NO_2 的光解反应是一个重要的反应：

$$NO_2+h\nu\,(300\sim400\ nm)\longrightarrow NO+O$$

由于生成的氧原子非常活泼，它还会继续发生次级反应，因此，NO_2 的光解实际上是很复杂的。目前认为 NO_2 在空气中光解的化学过程如下：

反应	k
（1）$NO_2+h\nu$（300~400 nm）$\longrightarrow NO+O$	k 值随光强而变
（2）$O+O_2 \xrightarrow{M} O_3$	1.34×10^{-14} cm^3/（分子·s）*
（3）$NO+O_3 \longrightarrow NO_2+O_2$	1.62×10^{-14} cm^3/（分子·s）
（4）$NO_2+O \longrightarrow NO+O_2$	9.08×10^{-12} cm^3/（分子·s）
（5）$NO_2+O \xrightarrow{M} NO_3$	2.44×10^{-12} cm^3/（分子·s）*
（6）$NO_3+NO \longrightarrow 2NO_2$	1.90×10^{-11} cm^3/（分子·s）*
（7）$O+NO \longrightarrow NO_2$	2.69×10^{-12} cm^3/（分子·s）*
（8）$NO_3+NO_2 \xrightarrow{M} N_2O_5$	2.67×10^{-12} cm^3/（分子·s）*
（9）$N_2O_5 \longrightarrow NO_3+NO_2$	0.11 s^{-1*}
（10）$NO_2+O_3 \longrightarrow NO_3+O_2$	3.25×10^{-17} cm^3/（分子·s）
（11）$2NO+O_2 \longrightarrow 2NO_2$	2.07×10^{-38} cm^6/（分子^2·s）

* 指在 101 325 Pa 的空气或氮气中。

（二）稳态近似法的应用

上面列出的 11 个反应式即为 NO_2 光解的反应机理。当反应机理确定后，通常可用数值方法计算出每种反应物或反应产物的浓度随时间的变化。鉴于计算的复杂性，实际工作中常常做些简化的假设。其中最重要的是稳态假设。

当一个中间体，指不稳定的原子、自由基、配合物或稳定分子，在某些反应中其形成的速率等于其在另一些反应中去除的速率时，此中间体即处于稳态，它的浓度称作稳态浓度。将中间体做稳态处理的近似方法，称为稳态近似法（steady state approximation）。

对某物种而言，需首先计算其达到稳态的时间，以判断在一定时间范围内，该物种能否采用稳态法处理。某物种达到稳态时间的计算如下：

先考虑一个简单的情况，中间体 B 由物种 A 光解生成，并经与物种 C 反应去除：

$$A+h\nu \xrightarrow{1} B \quad r_1=\phi I_a$$

$$B+C \xrightarrow{2} D \quad r_2=k_2[B][C]$$

所以
$$\frac{d[B]}{dt}=\phi I_a-k_2[B][C]$$

设 t 为 0~t 时，ϕI_a 和 k[C]为常数，则

$$\frac{d[B]}{\phi I_a-k_2[B][C]}=dt$$

$$\ln(\phi I_a-k_2[B][C])=-k_2[C]t+\text{常数}$$

因为 t=0 时，[B]=0

所以
$$\ln\left(\frac{\phi I_a-k_2[B][C]}{\phi I_a}\right)=-k_2[C]t$$

故
$$[B]_t=\frac{\phi I_a(1-e^{-k_2[C]t})}{k_2[C]}=\frac{\phi I_a}{k_2[C]}(1-e^{-k_2[C]t}) \tag{3-56}$$

在稳态时，$r_1=r_2$，所以

$$[B]_s=\frac{\phi I_a}{k_2[C]} \tag{3-57}$$

这里，$[B]_s$ 为稳态时物种 B 的浓度，$[B]_t$ 为 t 时刻 B 的浓度。$t=0$ 时，$[B]_0=0$，t 增加，$[B]_t$ 也增加，并逐渐接近于 $[B]_s$。若假设当 $[B]_t=0.99[B]_s$ 时达到稳态，则 B 达到稳态的时间计算如下：

将 $[B]_t=0.99[B]_s$ 及式（3-56）代入式（3-57），可得

$$1-e^{-k_2[C]t}=0.99$$
$$e^{k_2[C]t}=100$$

所以
$$t=\frac{4.6}{k_2[C]}$$

即对于一级去除反应（对 B 而言），达到稳态的时间约为 $4.6/k_2[C]$。

如果 B 的去除反应是二级的，即 $r_2=k_2[B]^2$，或 $r_2=k_2[B]^2[C]$ 等，那么达稳态的时间 t 为

$$t=\frac{2.65}{\sqrt{\phi I_a k_2[C]}}$$

例如，NO_2 在空气中光解，O_2 浓度为 2.1×10^5（体积分数），氧原子达到稳态的时间为

$$t_O=\frac{4.6}{19.72\times2.1\times10^5}\ \text{min}\approx1\times10^{-6}\ \text{min}$$

NO_3 达到稳态的时间为

$$t_{NO_3}=\frac{4.6}{2.8\times10^4[NO]+3\ 938[NO_2]}$$

若 $[NO]=0.1\times10^{-6}$（体积分数），$[NO_2]=1\times10^{-6}$（体积分数），则

$$t_{NO_3}\approx7\times10^{-4}\ \text{min}$$

O_3 达到稳态的时间为

$$t_{O_3}=\frac{4.6}{23.89[NO]+4.84\times10^{-2}[NO_2]}$$

若 $[NO]=0.1\times10^{-6}$（体积分数），$[NO_2]=1\times10^{-6}$（体积分数），则

$$t_{O_3}\approx1.9\ \text{min}$$

N_2O_5 达到稳态的时间为

$$t_{N_2O_5}=\frac{4.6}{6.854}\ \text{min}\approx 0.67\ \text{min}$$

以上虽为近似计算，但可看出各物种达到稳态的时间范围。

采用 NO_2 光解反应测定紫外光强时，由于光解过程反应众多，在用速率方程计算光解反应的速率常数 k 值（作为光强的量度）时，通常运用稳态法处理。

六、温度和压力对光化学反应的影响

（一）温度效应

通常的化学反应，温度每升高 10 K，反应速率一般增加 2~4 倍。而温度对光化学反应的速率影响一般都不大。这是由于光化学反应的初级反应与光的强度有关，而次级反应中又常涉及自由基的反应，这些反应的活化能不大，因此温度对反应速率影响不大。但也有些光化学反应其温度系数很大，甚至可为负值。这是由于有次级反应存在，总的速率常数可能包括中间步骤的速率常数或平衡常数。一个简单的情况是，若总的速率常数中包含着某一步骤速率常数 k_1 的平衡常数 K^{θ}，并设有如下关系：

$$k=k_1K^{\theta} \tag{3-58}$$

则

$$\frac{\mathrm{dln}\ k}{\mathrm{d}T}=\frac{\mathrm{dln}\ k_1}{\mathrm{d}T}+\frac{\mathrm{dln}\ K^{\theta}}{\mathrm{d}T}=\frac{E_a}{RT^2}+\frac{\Delta_rH_m^{\theta}}{RT^2}=\frac{E_a+\Delta_rH_m^{\theta}}{RT^2} \tag{3-59}$$

如果 $\Delta_rH_m^{\theta}$ 为负值，且其绝对值大于 E_a，那么 $\mathrm{dln}k/\mathrm{d}T<0$，增加温度反应速率反而降低。例如，苯的氯化反应就属于这一类型。

（二）压力效应

某些反应的级数会随压力变化而变化。例如，两个三线基态的氧原子 O（^{3}P）（以下简写为 O）结合成 O_2 的反应，在低压是三级，在高压是二级。通过碰撞新形成的 O_2 分子拥有 O+O 的结合能，此时，除非一部分能量在一个振动周期的时间内被移走，否则新形成的 O_2 会分解回 O+O。如果多余的能量被第三体分子 M 移走，那么总反应式可以写为

$$\mathrm{O+O+M\longrightarrow O_2+M}$$

但基元步骤为

$$\mathrm{O+O\underset{r}{\overset{a}{\rightleftharpoons}}O_2^*}$$

$$\mathrm{O_2^*+M\xrightarrow{s}O_2+M}$$

这里 * 表示分子处于振动激发态。在一般体系中形成产物 AB 的速率是

$$\mathrm{A+B\underset{r}{\overset{a}{\rightleftharpoons}}AB^*}$$

$$\mathrm{AB^*+M\xrightarrow{s}AB+M}$$

采用稳态近似处理，不难得到反应速率：

$$\frac{\mathrm{d[AB]}}{\mathrm{d}t}=\frac{k_ak_s[\mathrm{A}][\mathrm{B}][\mathrm{M}]}{k_s[\mathrm{M}]+k_r} \tag{3-60}$$

如果新形成分子的原子数大于2,分子振动将有多种模式,键的结合能就可以通过多种方式发生转换。在这种情况下,新分子的寿命在处于临界状态的化合键断裂之前可以延长几个振动周期。对于一个足够大的产物分子,其寿命将相当长,通过第三体分子M碰撞移除剩余能量的步骤将不再是反应速率的决定步骤。

从式(3-60)可以看出,如果 $k_r \gg k_s[M]$,反应是三级的,则

$$\frac{d[AB]}{dt}=\frac{k_a k_s}{k_r}[A][B][M] \tag{3-61}$$

如果 $k_r \ll k_s[M]$,反应是二级的,则

$$\frac{d[AB]}{dt}=k_a[A][B] \tag{3-62}$$

当产物分子AB变得更为复杂时,k_r 值将下降,这是因为结合能被分配到越来越多的振动模式中。第三体分子的浓度[M]通常直接与压力有关,这是由于在大气中M是 N_2 和 O_2 的总和,这两种气体实际上决定了大气压力。产物分子越复杂,反应速率由三级向二级转变所需要的M浓度越低。对于简单的氢分子,一直到 10^4 个大气压,两个H结合形成 H_2 的反应都是三级。而对于较复杂的分子,例如,烯烃(如1-丁烯)与·OH的加成反应,在所有对流层压力下都为二级。大气中两个极为重要的反应,$\cdot OH+NO_2+M \longrightarrow HNO_3+M$ 和 $O+O_2+M \longrightarrow O_3+M$,在大气压力范围内它们的二级和三级动力学都存在。

速率方程式(3-60)也可以被写为假二级形式:

$$\frac{d[AB]}{dt}=k[A][B] \tag{3-63}$$

这里 k 可以被表达为高压和低压的极限值:

$$k_\infty=k_a \tag{3-64}$$

$$k_0=\frac{k_a k_s}{k_r}[M] \tag{3-65}$$

因此

$$k=\frac{k_0 k_\infty}{k_0+k_\infty} \tag{3-66}$$

假二级速率常数 k 的实际实验数据的压力变化与式(3-66)不一致。这是因为基元反应速率常数 k_a、k_r 和 k_s 应该由 AB^* 的每一个独立的量子振动能级来定义,由每一个单独速率加和得到总速率;而且,在新形成的分子里,振动和转动可以相互转化。Troe(1983)对处理压力依赖反应的方法进行了改进,并得到了广泛应用。在这一理论里,式(3-66)的右侧被乘以一个展宽因子 F:

$$k=\frac{k_0 k_\infty}{k_0+k_\infty}F \tag{3-67}$$

F 是 k_0/k_∞ 的函数。

三级反应速率通常随温度增加而降低。温度越高，反应物 A 和 B 拥有的热动力学能量越大，AB^* 分子内部振动能量就越大。这个能量越大，复合的机会越大，则 k_r 值就越大。k_a 和 k_s 并不强烈依赖于温度，因此在低压控制区，由于 k_r 随温度 T 升高而增大，总反应速率常数值就减小。k_0 对温度的这种依赖关系在总反应速率常数中经常用经验因子 T^n 来描述。

第三节 大气气相化学反应

在天然的和污染的对流层大气中含有众多的无机和有机污染物，无机污染物主要有 O_3、SO_2 和 NO_x，有机污染物包括烷烃、烯烃、芳香烃及它们的含氧、氮、硫的衍生物等。这些物质在大气中的化学反应会显著地改变区域和全球的大气物理、化学和生物性质，影响空气质量，从而影响人类和环境。有机物的反应往往进行多步，甚至构成一个链反应体系，并导致大气中更多自由基的生成，继而引发更多的化学反应。因此，大气气相化学反应在整个大气环境化学中起着十分重要的作用。

下面主要介绍大气中的光解反应和几种氧化反应，并分析各种氧化剂在大气中的循环，最后讨论各种污染物气相化学反应的机理和特点。

一、光解反应

光解反应是对流层大气中重要的光化学过程。大气中存在各种光吸收和光散射物质，这些大气组分会削弱太阳光，使得到达地面的太阳光谱波长分布及各波长光的强度都有了变化，到达大气对流层的都是波长大于 290 nm 的光，只有这部分光才能参与对流层中的气相光解反应。在大气中能够发生光解反应的大气组分包括 O_3、羰基化合物、过氧化物和含氮化合物。

（一）O_3 的光解

O_3 的吸收光谱见图 3-7。在大气中，波长小于 200 nm 的太阳光被 O_2 强烈地吸收掉，O_3 的光解反应主要发生在波长为 200~310 nm 的区域，该区域称为哈特莱（Hartley）谱带。波长大于 310 nm 的区域称为哈金斯（Huggins）谱带。

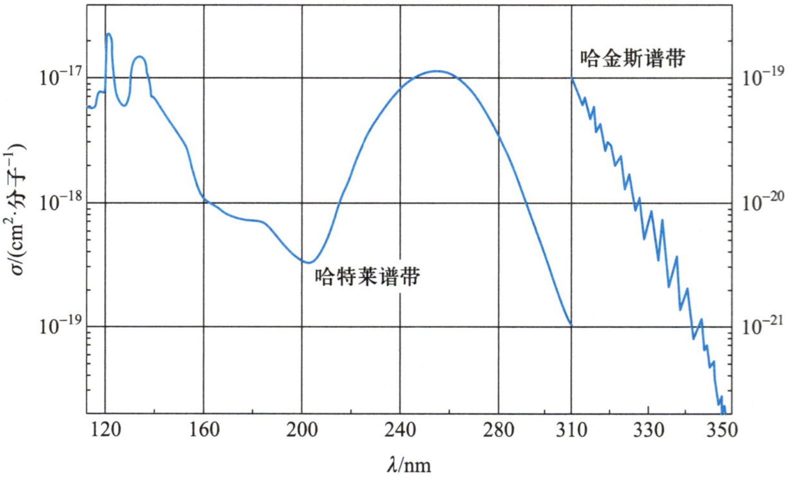

图 3-7 O_3 的吸收光谱

（资料来源：引自 Houston，2001）

根据到达对流层大气中太阳辐射强度的不同，O_3 有两条主要的光解途径。波长小于 336 nm 的太阳辐射能使 O_3 解离，生成激发态氧原子 $O(^1D)$：

$$O_3+h\nu(\lambda<336\ \text{nm})\longrightarrow O_2+O(^1D) \tag{3-68}$$

通过这一光解反应生成的 $O(^1D)$ 的量子产额随波长和温度变化。在室温下，当光解波长大于 329 nm 时，$O(^1D)$ 的量子产额只有 0.05~0.06；而波长在 300~310 nm 时，$O(^1D)$ 的量子产额大于 0.5。

$O(^1D)$ 是大气中最重要的激发态物种，它与大气中的 H_2O 分子碰撞生成 ·OH：

$$O(^1D)+H_2O\longrightarrow 2\cdot OH \tag{3-69}$$

这是对流层大气中 ·OH 重要的天然来源，对大气化学过程有着重要意义。

O_3 吸收波长为 315~1 200 nm 的太阳辐射时，发生以下过程，生成 O_2 和基态氧原子 $O(^3P)$：

$$O_3+h\nu(315\ \text{nm}<\lambda<1\ 200\ \text{nm})\longrightarrow O_2+O(^3P) \tag{3-70}$$

$O(^3P)$ 很快与 O_2 结合，进行三分子反应，重新生成 O_3：

$$O(^3P)+O_2+M\longrightarrow O_3+M \tag{3-71}$$

这是一个循环，不会引起 O_3 的消耗，因此 O_3 的这一光解途径在对流层大气化学中并不重要。

（二）羰基化合物的光解

羰基化合物包括醛类和酮类化合物，它们在大气中很容易吸收太阳光而发生光解反应，图 3-8 至图 3-10 是 HCHO 及其他一些简单羰基化合物的紫外吸收光谱，从中可以看出，与高碳数的醛酮类物质相比，HCHO 有更加精细的吸收光谱，而且其吸收延伸到更长的波段。另外，大气中太阳光的强度随着波长的增加而迅速增大，因此 HCHO 的光解反应速率常数及其光解反应过程中 ·OH 的产率远高于高碳数的羰基化合物。

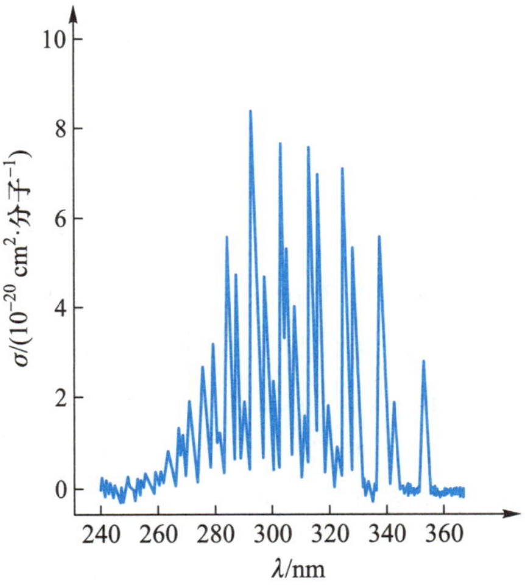

图 3-8　HCHO 的紫外吸收光谱

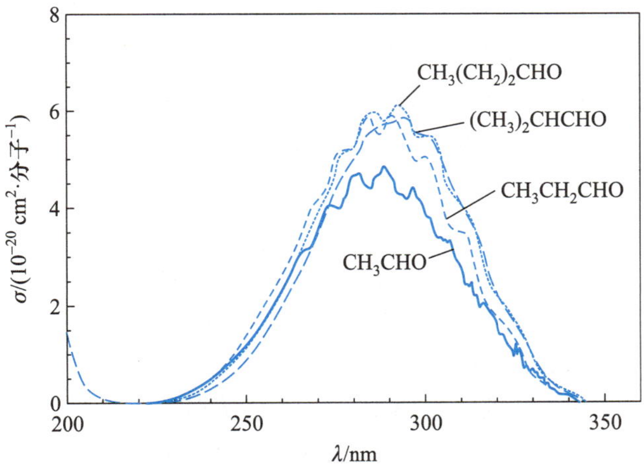

图 3-9　一些简单醛类物质的紫外吸收光谱

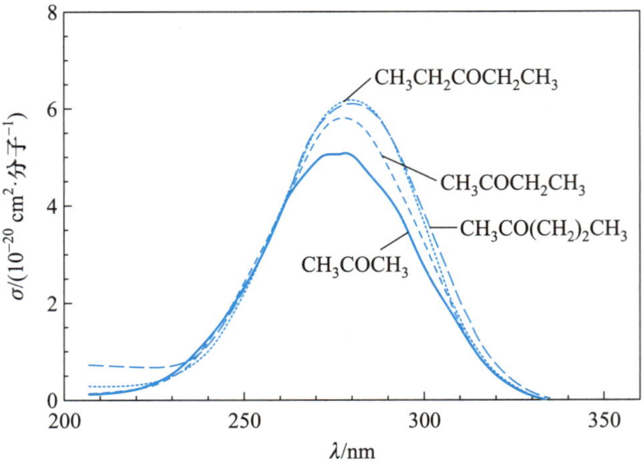

图 3-10 一些简单酮类物质的紫外吸收光谱

HCHO 在对流层大气的光解有两条途径：

$$HCHO + h\nu \xrightarrow{a} H + HCO\cdot \quad (\lambda < 370\ \text{nm})$$
$$\xrightarrow{b} H_2 + CO \quad (\lambda < 320\ \text{nm}) \tag{3-72}$$

波长为 240~305 nm 时，途径 a 的量子产额从 0.27 增到最大值 0.75；波长大于 305 nm 时，量子产额随波长增大而下降；波长大于 336 nm 时，途径 a 的量子产额小于 0.1；途径 b 的量子产额则在 333 nm 左右达到最大值。

通过途径 a 生成的 H 和 HCO· 能够迅速地与 O_2 反应形成 $HO_2\cdot$，这是大气中 $HO_2\cdot$ 的主要来源，因而也是大气 ·OH 的来源。

此外，丙酮有着广泛的天然源和人为源，其光解反应的研究也比较充分。一般认为，丙酮有两条可能的光解途径：

$$CH_3COCH_3 + h\nu \xrightarrow{a} CH_3CO\cdot + \cdot CH_3 \quad (\lambda < 338\ \text{nm})$$
$$\xrightarrow{b} 2\cdot CH_3 + CO \quad (\lambda < 299\ \text{nm}) \tag{3-73}$$

研究表明，丙酮光解反应的量子产额随着压力的增大而减小，在 101 325 Pa 的压力下，丙酮光解反应的量子产额小于 0.1，因此丙酮的光解反应在低对流层并不重要；但是在高对流层，由于压力很低，丙酮光解反应的量子产额增大，成为高对流层大气中自由基的一个重要来源。

（三）过氧化物的光解

过氧化物包括过氧化氢（H_2O_2）和有机过氧化物（ROOH），是对流层大气中 O_3 和 SO_2 化学转化过程中重要的氧化剂，同时也是 ·OH、$HO_2\cdot$ 和 $RO_2\cdot$ 等重要自由基的汇和储库分子，在大气化学中起着重要的作用。

图 3-11 是 H_2O_2 和甲基过氧化氢（CH_3OOH）在室温下的吸收截面，从图中可以看出在波长大于 290 nm 时，H_2O_2 和 CH_3OOH 的吸收速率迅速下降，但是光解反应仍是这些过氧化物在大气中的一个重要的去除途径。H_2O_2 的光解反应主要生成 ·OH：

$$H_2O_2+h\nu \longrightarrow 2\cdot OH \quad (3-74)$$

CH_3OOH 的紫外光解反应机制是 CH_3OOH 分子通过以下两个反应途径生成甲基过氧自由基（$CH_3OO\cdot$）和甲氧自由基（$CH_3O\cdot$）：

$$\begin{aligned} CH_3OOH+h\nu &\xrightarrow{a} CH_3OO\cdot +H \\ &\xrightarrow{b} CH_3O\cdot +\cdot OH \end{aligned} \quad (3-75)$$

生成的 $CH_3OO\cdot$ 有 3 条反应途径：

$$\begin{aligned} 2CH_3OO\cdot &\xrightarrow{a} 2CH_3O\cdot +O_2 \\ &\xrightarrow{b} HCHO+CH_3OH+O_2 \\ &\xrightarrow{c} CH_3O_2CH_3+O_2 \end{aligned} \quad (3-76)$$

以上三条途径的反应速率常数比值为 $k_a:k_b:k_c$=0.32 : 0.6 : 0.08（Tyndall 等，2003），因此途径 c 可以忽略。反应过程中生成的 $CH_3O\cdot$ 与 O_2 结合，又会生成 $HO_2\cdot$：

$$CH_3O\cdot +O_2 \xrightarrow{a} HCHO+HO_2\cdot \quad (3-77)$$

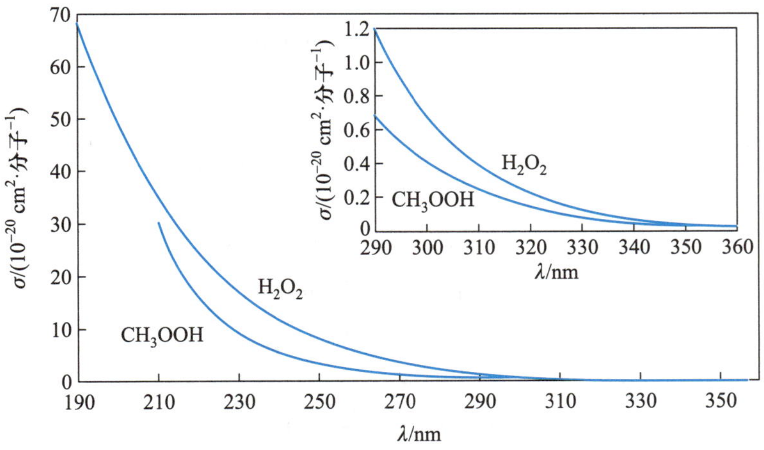

图 3-11 H_2O_2 和 CH_3OOH 在室温下的吸收截面

根据文献报道，H_2O_2 光解反应中 $\cdot OH$ 的产率为 2，而 CH_3OOH 光解反应中 $\cdot OH$ 的产率大于 0.9。因此，过氧化物的光解反应是大气中 $\cdot OH$ 和 $HO_2\cdot$ 的重要来源，在大气气相反应过程中起着关键性的作用。

（四）含氮化合物的光解

大气中以气态形式存在的含氮化合物有：二氧化氮（NO_2）、硝酸（HNO_3）、亚硝酸（HONO）、过氧硝酸（HO_2NO_2）、硝基自由基（$NO_3\cdot$）、五氧化二氮（N_2O_5）、氧化亚氮（N_2O）、烷基硝酸酯（$RONO_2$）和过氧乙酰硝酸酯[$CH_3C(O)OONO_2$]。表 3-5 中列出了大气中含氮化合物的光解反应途径及光解波长。

表 3–5 大气中含氮化合物的光解反应途径及光解波长

含氮化合物	光解反应途径	光解波长 /nm
NO_2	$NO_2+h\nu \longrightarrow NO+O$ $O+O_2 \xrightarrow{M} O_3$	<420
HNO_3	$HNO_3+h\nu \longrightarrow \cdot OH+NO_2$	200~315
HONO	$HONO+h\nu \longrightarrow \cdot OH+NO$	<400
HO_2NO_2	$HO_2NO_2+h\nu \xrightarrow{a} HO_2\cdot+NO_2$ $\xrightarrow{b} HO_2\cdot+NO+O$ $\xrightarrow{c} \cdot OH+NO_2+O$ $\xrightarrow{d} \cdot OH+NO+O_2$ $\xrightarrow{e} \cdot OH+NO_3\cdot$	
$NO_3\cdot$	$NO_3\cdot+h\nu \xrightarrow{a} NO_2+O(^3P)$ $\xrightarrow{b} NO+O_2$	470~685
N_2O_5	$N_2O_5+h\nu \xrightarrow{a} NO_3\cdot+NO_2^*$ $\xrightarrow{b} NO_3\cdot+NO+O$	
N_2O	$N_2O+h\nu \longrightarrow N_2+O(^1D)$ $O(^1D)+N_2O \xrightarrow{a} 2NO$ $\xrightarrow{b} N_2+O_2$	<315
$C_2H_5ONO_2$	$C_2H_5ONO_2+h\nu \xrightarrow{a} C_2H_5O\cdot+NO_2$ $\xrightarrow{b} CH_3CHO+HONO$ $\xrightarrow{c} C_2H_5ONO\cdot+O$	
$CH_3C(O)OONO_2$	$CH_3C(O)OONO_2+h\nu \xrightarrow{a} CH_3C(O)O\cdot+NO_3\cdot$ $\xrightarrow{b} CH_3C(O)OO\cdot+NO_2$ $\xrightarrow{c} CH_3C(O)\cdot+O_2+NO_2$	a: <1 025 b: <990 c: <445

上述含氮化合物的光解反应同样对大气化学过程起着重要的作用：NO_2 的光解反应产生的氧原子与 O_2 的反应是污染大气中 O_3 的重要来源；HONO 的光解则是污染大气中 ·OH 的一个重要来源；$NO_3\cdot$ 是大气化学过程中的重要中间体，是夜间许多污染物的主要清除

剂；N_2O 不易溶于水，寿命又较长，能够被传输到平流层，发生光解反应生产 NO，进而引起臭氧层的破坏；$C_2H_5ONO_2$ 和 $CH_3C(O)OONO_2$ 属于有机含氮化合物，二者的光解反应都会生产 NO_2，后者在低温下十分稳定，能够进行长距离传输，是大气中 NO_x 区域传输的一个载体。

综上所述，光解反应在大气气相反应中占有重要的地位，大气中的化学物质通过光解反应产生自由基，这些自由基的存在能够诱发或者参与其他化学物质的反应，促进一次污染物向二次污染物的转化。

二、氧化反应

（一）氧化反应类型

1. $HO_x\cdot$ 反应

$HO_x\cdot$（包括 $\cdot OH$ 和 $HO_2\cdot$）能与大气中自然和人为排放的大多数污染物发生反应，几乎控制了这些气体的氧化和去除过程，被称作大气的“清洁剂”。其中 $\cdot OH$ 是大气中最重要的自由基，能够氧化各种挥发性有机物（VOCs），包括烷烃、烯烃、炔烃、芳香烃及羰基化合物，决定了这些物质的大气寿命（大气寿命定义在后面介绍）。

（1）$\cdot OH$ 与烷烃反应

在低对流层大气中，$\cdot OH$ 与烷烃主要发生氢摘取反应，即 $\cdot OH$ 摘取 RH 分子中的一个氢原子，生成 H_2O 和烷基自由基 $R\cdot$：

$$RH+\cdot OH \longrightarrow R\cdot +H_2O \tag{3-78}$$

由于反应中发生了键断裂，反应的快慢取决于 C—H 键的强弱，同时也取决于被摘取的氢所在的位置。附录中总结了 $\cdot OH$ 与各种有机物反应的速率常数。对于烷烃来说，甲烷与 $\cdot OH$ 的反应最慢，反应速率常数只有 6.4×10^{-15} $cm^3/$(分子 · s)（298 K）；其他烷烃与 $\cdot OH$ 的反应速率常数在 $10^{-13}\sim10^{-11}$ $cm^3/$(分子 · s)的数量级，并随着碳数的增加而增大，高碳数的烷烃与 $\cdot OH$ 的反应速率常数可达到 10^{-11} $cm^3/$(分子 · s)的数量级，反应速率是很快的。

通过氢摘取反应生成的烷基自由基 $R\cdot$ 与 O_2 结合生成烷基过氧自由基（$RO_2\cdot$）：

$$R\cdot +O_2 \longrightarrow RO_2\cdot \tag{3-79}$$

在对流层大气中，如果存在氮氧化物（NO 和 NO_2），那么 $RO_2\cdot$ 通过以下两条途径继续与 NO 反应：

$$RO_2\cdot +NO \begin{cases} \xrightarrow{a} RO\cdot +NO_2 \\ \xrightarrow{b} RONO_2 \end{cases} \tag{3-80}$$

通过途径 a 生成的 $RO\cdot$ 与 O_2 反应生成 $HO_2\cdot$ 和羰基化合物：

$$RO\cdot +O_2 \longrightarrow HO_2\cdot + \text{羰基化合物} \tag{3-81}$$

大气中的 NO_2 也能与 $RO\cdot$ 和 $RO_2\cdot$ 发生后续反应，生成烷基硝酸酯和过氧烷基硝酸酯：

$$RO\cdot +NO_2+M \longrightarrow RONO_2+M \tag{3-82}$$

$$RO_2\cdot +NO_2+M \longrightarrow ROONO_2+M \tag{3-83}$$

$RONO_2$ 和 $ROONO_2$ 这两种分子不稳定，容易光解生成自由基和羰基化合物。当 NO 浓度很低时，$RO_2\cdot$ 主要发生以下反应：

$$RO_2\cdot + O_3 \longrightarrow RO\cdot + 2O_2 \tag{3-84}$$

$$\begin{aligned} R_1O_2\cdot + R_2O_2\cdot &\xrightarrow{a} R_1O\cdot + R_2O\cdot + O_2 \\ &\xrightarrow{b} R_1OOR_2 + O_2 \\ &\xrightarrow{c} \text{醇类} + \text{醛类} + O_2 \end{aligned} \tag{3-85}$$

其中，反应（3-85）中 R_1 和 R_2 为 H 或有机基团，具体的反应途径取决于 R_1 和 R_2 的结构和性质。若 $R_1=R_2=H$，则只有途径 b 存在，即生成 H_2O_2；$R_1=H$ 或 $R_2=H$ 也只存在于途径 b，即生成有机过氧化物（ROOH）；通过途径 b，还可能生成过氧有机酸［RC（O）OOH］或过氧醚（ROOR）；当有机基团上有 α-H 时会生成醇类和醛类，即途径 c。夜间生成的过氧化物不稳定，热分解生成的烷氧自由基也会生成羰基化合物，但这些机理远不如白天那样有利。在太阳光作用下，白天的羰基化合物产率最高。无论是白天还是夜间，都能观测到 H_2O_2 和有机过氧化物的存在，这表明途径 b 总是存在的。

图 3-12 描述了正丁烷在大气中与 ·OH 的光化学氧化反应机理。从图 3-12 中可以看出，正丁烷有两条氢摘取途径，其中甲基上的氢摘取占 15%，亚甲基上的氢摘取占 85%。通过甲基上的氢摘取反应生成的 $CH_3CH_2CH_2CH_2O\cdot$ 有 25% 与 O_2 反应，75% 发生异构化反应；第二次异构化反应的速率比 $CH_3CH_2CH_2CH_2O\cdot$ 的异构化反应快 5 倍，因此不考虑与 O_2 的反应。在正丁烷氧化过程中生成的 α- 羟基自由基 $CH_2(OH)CH_2CH_2\dot{C}HOH$ 与 O_2 迅速发生反应，最终生成 4- 羟基丁醛。

（2）·OH 与烯烃反应

烯烃分子中有双键，与 ·OH 的反应更快，其反应速率常数接近 10^{-10} $cm^3/(分子\cdot s)$ 的数量级。烯烃与 ·OH 的反应有两种方式：氢摘取反应和加成反应。烯烃与 ·OH 的氢摘取反应与烷烃的反应类似，氢摘取通常发生在碳链较长并有丙烯基的氢存在时：

$$\begin{aligned} CH_3CH_2CH{=}CH_2 + \cdot OH &\longrightarrow CH_3\dot{C}HCH{=}CH_2 + H_2O \\ CH_3\dot{C}HCH{=}CH_2 + O_2 &\longrightarrow CH_3CH(O\dot{O})CH{=}CH_2 \end{aligned} \tag{3-86}$$

其后续反应与 $RO_2\cdot$ 相同，这种反应途径对烯烃与 ·OH 的反应并不重要，所占的比例很小。

烯烃与 ·OH 的加成反应是烯烃在大气中主要的去除途径之一，·OH 首先加到烯烃的双键上，形成自由基，丙烯和 ·OH 的第一步是平行反应，可以表示为

$$\begin{aligned} CH_3CH{=}CH_2 + \cdot OH &\xrightarrow{a} CH_3\dot{C}H{-}CH_2OH \\ &\xrightarrow{b} CH_3\underset{}{C}H(OH){-}\dot{C}H_2 \end{aligned} \tag{3-87}$$

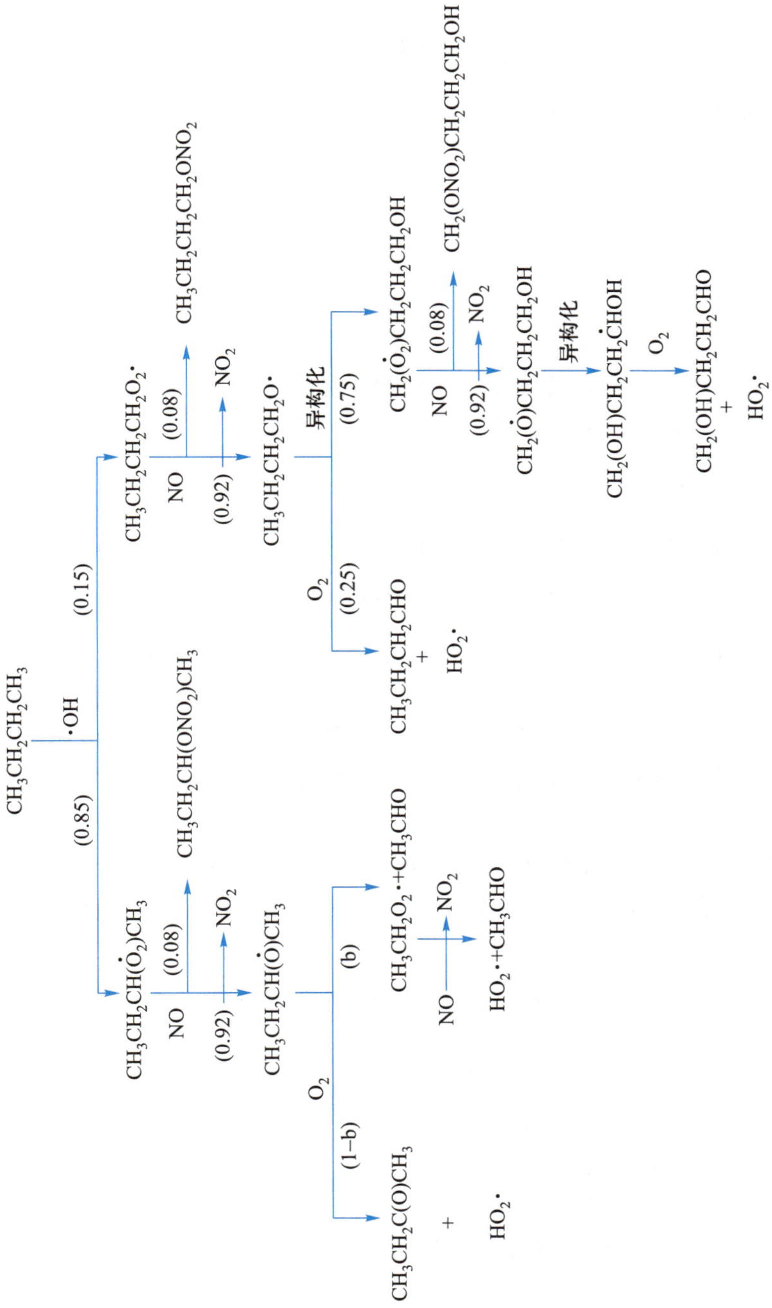

图 3-12 正丁烷在大气中与·OH的光化学氧化反应机理

途径 a 占 65%，途径 b 占 35%，因为途径 a 生成的 β- 羟基烷基自由基比途径 b 生成的 α- 羟基烷基自由基更稳定。β- 羟基烷基自由基与 O_2 发生反应，生成 β- 羟基烷基过氧自由基：

$$\mathrm{CH_3\dot{C}H—CH_2OH+O_2 \longrightarrow CH_3\overset{\overset{OO\cdot}{|}}{C}H—CH_2OH} \tag{3-88}$$

β- 羟基烷基过氧自由基的后续反应与 $RO_2\cdot$ 类似，首先也发生与 NO 的反应：

$$\mathrm{CH_3\overset{\overset{OO\cdot}{|}}{C}H—CH_2OH+NO \xrightarrow{a} CH_3\overset{\overset{O\cdot}{|}}{C}H—CH_2OH+NO_2} \tag{3-89}$$
$$\mathrm{\xrightarrow{b} CH_3\overset{\overset{ONO_2}{|}}{C}H—CH_2OH}$$

生成的 β- 羟基烷氧自由基主要的反应途径是发生单分子分解反应，生成乙醛和羟基甲基自由基，后者与 O_2 反应，最终生成甲醛和 $HO_2\cdot$ ：

$$\mathrm{CH_3\overset{\overset{O\cdot}{|}}{C}H—CH_2OH \longrightarrow CH_3CHO+\cdot CH_2OH} \tag{3-90}$$

$$\mathrm{\cdot CH_2OH+O_2 \longrightarrow HCHO+HO_2\cdot} \tag{3-91}$$

异戊二烯［$CH_2═CHC(CH_3)═CH_2$］是自然界中排放量最大的一种天然挥发性有机物，约占植物排放碳氢化合物总量的一半。异戊二烯与 ·OH 的大气化学反应机理与丙烯类似，反应过程中生成的过氧自由基与 NO_2 的反应会生成有机硝酸盐，研究表明该体系中生成的几种有机硝酸盐的总产率为 4.4%，因此这可能是森林地区大气中 NO_x 的一个重要的汇。

（3）·OH 与芳香烃反应

大气中存在着各种芳香烃类化合物，如苯、甲苯、二甲苯等，这些化合物能与 ·OH 发生反应。对于烷基取代芳香烃，·OH 反应有两条途径：取代烷基 C—H 键的氢摘取反应，以及苯环的加成反应。甲苯与 ·OH 的反应途径见图 3-13。

在常温和常压下，对于甲苯、二甲苯和三甲苯，·OH 加成反应途径占主导，占总反应的 90% 以上，而氢摘取反应占不到 10%。生成的 OH—苯环加合物将进一步与 O_2 和 NO_2 反应。根据已知的反应速率常数及 O_2 和 NO_2 的浓度水平，可以推算出在对流层大气中 OH—苯环加合物几乎全部与 O_2 反应。图 3-14 给出了 OH—苯环加合物与 O_2 的反应途径。其中，与 O_2 反应生成过氧自由基的反应途径是可逆反应。实验研究表明，该可逆反应达到平衡时，过氧自由基与 OH—苯环加合物的浓度水平相当。

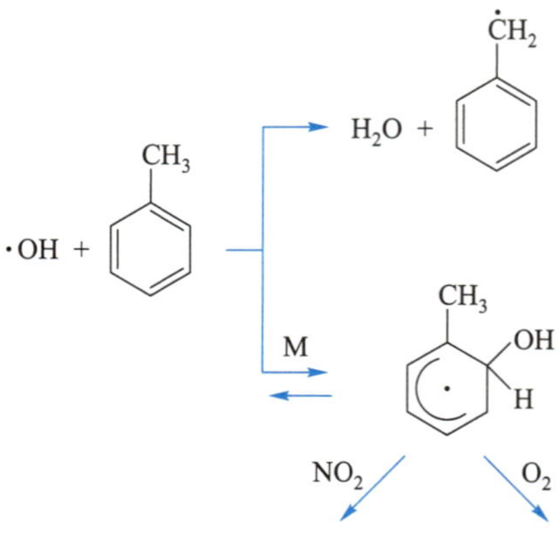

图 3-13 甲苯与 ·OH 的反应途径

除了以上讨论的烷烃、烯烃和芳香烃外，其他 VOCs 如炔烃、羰基化合物等也能够与 ·OH 反应，其机理与上述反应类似。

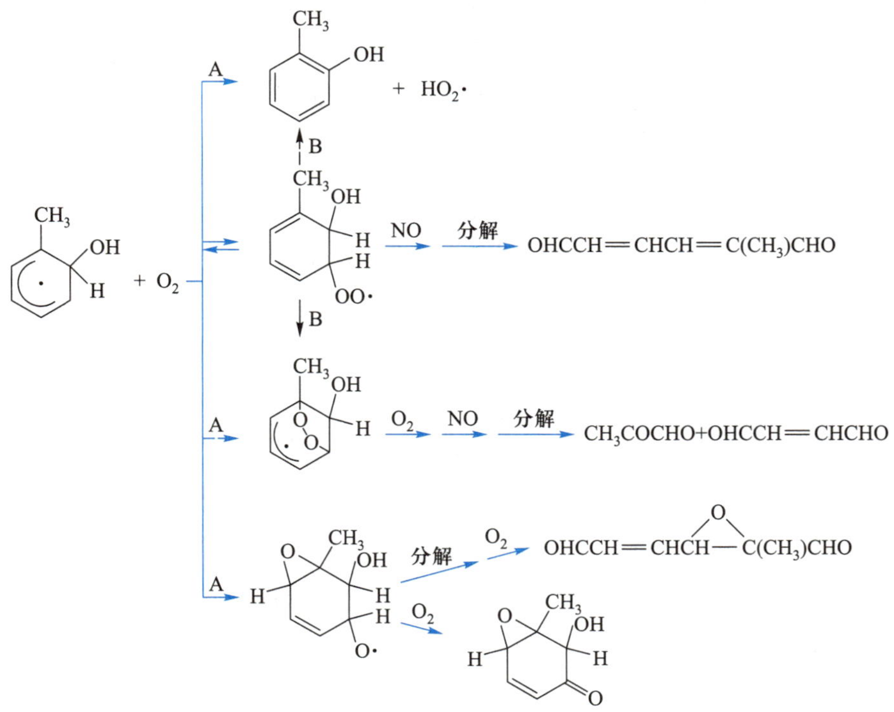

图 3-14　OH—苯环加合物与 O_2 的反应途径

2. O_3 反应

O_3 是天然大气的重要微量组分，反应性很高，是一种强氧化剂，在大气气相化学中起着非常重要的作用。一般烷烃不与 O_3 反应，而烯烃由于双键结构的存在与 O_3 的反应很快，是烯烃在大气中的主要去除途径之一。附录列出了一些烃类化合物与 O_3 反应的速率常数。所有烷烃与 O_3 的反应速率常数均小于 $1\times10^{-23}\ cm^3/(分子\cdot s)$，因此烷烃与 O_3 的大气化学反应可以不予考虑。烯烃与 O_3 的反应速率常数一般为 10^{-19}~$10^{-16}\ cm^3/(分子\cdot s)$，虽然 O_3 与烯烃的反应速率常数不如 ·OH 与烯烃反应的大，但是 O_3 在清洁或污染大气中的浓度要比 ·OH 大得多，因此 O_3 与烯烃的反应也很重要。

目前对于烯烃与 O_3 的反应研究已比较充分，反应产物包括 CO、CO_2、H_2O，以及醛、酮和羧酸等。反应机理主要是 O_3 与烯烃的双键发生加成反应，生成一个初级臭氧化物或者一分子臭氧化物的五元环氧化物，该环状化合物不稳定，迅速发生分解使 C—C 键和任意一个 O—O 键断裂，生成高能 Criegee 双自由基（简称 Criegee 自由基或克氏自由基，又称为 Criegee 中间体或克氏中间体），同时生成较稳定的醛和酮，如图 3-15 所示。反应生成的 Criegee 双自由基带有过剩的能量（式中用 * 表示），一部分发生热稳定化，另一部分发生解离或异构化，由多种途径进一步分解为其他产物；邻位含有—CH_2—基团的 Criegee 双自由基 $[R_1CH_2\dot{C}(R_2)O\dot{O}]^*$ 还会生成一定量的 $O(^3P)$ 和 ·OH（图 3-16）。

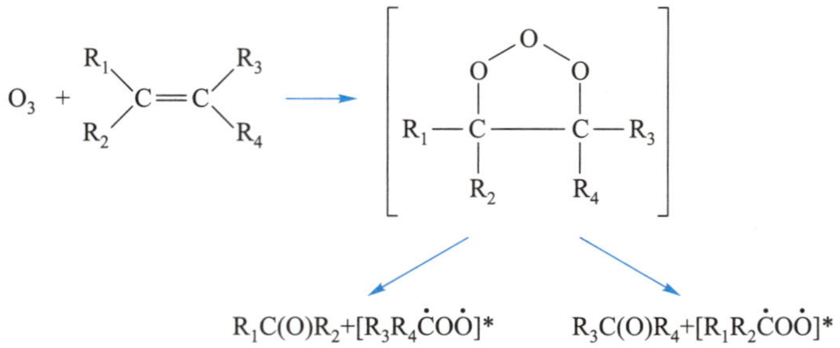

图 3-15 烯烃与 O_3 的反应途径

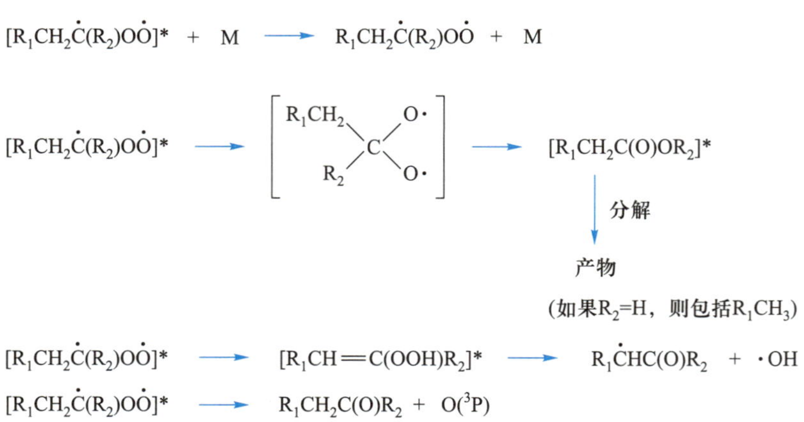

图 3-16 Criegee 双自由基的反应途径

以异戊二烯的 O_3 氧化反应为例，其主要反应机理见图 3-17。

从图可以看出，异戊二烯 O_3 氧化反应生成的主要羰基化合物包括甲醛、甲基乙烯基酮、甲基丙烯基醛、丙酮醛，生成的过氧化物包括 H_2O_2 和有机过氧化物（甲基过氧化氢、羟甲基过氧化氢、1-羟基乙基过氧化氢和几种未确定的过氧化物）。过氧化物的产率与水汽的含量有关，在干态条件下，H_2O_2 的产率约为 1%，有机过氧化物总的产率约为 7%；随着相对湿度的增加，过氧化物的产率增高，在相对湿度 80% 的条件下，H_2O_2 的产率增到 14%，有机过氧化物的产率还没有确切的实验数据。

未发生解离的 Criegee 双自由基能够与大气中的 H_2O、SO_2、NO、NO_2、CO 及羰基化合物等许多物种发生反应，但是对于这些反应在大气化学过程中的相对重要性目前尚无确定的结论。另外，近几年的研究发现在烯烃与 O_3 的反应过程中会生成 ·OH，而且对于多支链的烯烃，·OH 的产率接近 1。因此，在沙尘天气或者夜间，由于光化学反应生成的 ·OH 量很少，烯烃与 O_3 的反应成为 ·OH 的重要来源，进而影响大气中其他气相反应过程。

3. NO_3· 反应

大气中的 NO_3· 主要来源于 NO_2 与 O_3 的反应：

$$NO_2+O_3 \longrightarrow NO_3\cdot +O_2 \tag{3-92}$$

NO_3· 在可见光区有强烈的吸收，白天由于太阳光的存在，很容易发生光解反应；同时，如果 NO 浓度高，则会发生 $O_3+NO \longrightarrow NO_2+O_2$ 反应，并且 $NO_3\cdot+NO \longrightarrow 2NO_2$ 也会发生，而且该反应速率很快，当 NO 浓度为 5×10^{-9}（体积分数）时，NO_3· 的寿命仅有 0.3 s。

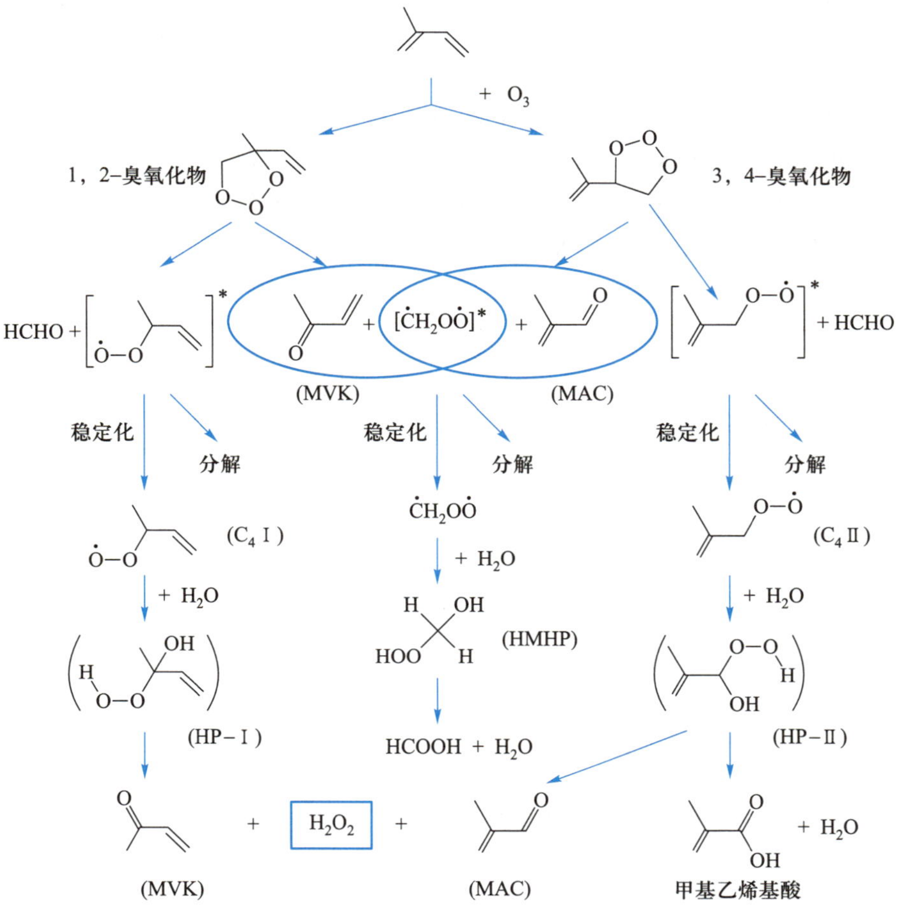

图 3-17 异戊二烯 O_3 氧化反应的主要途径

（资料来源：引自 Sauer 等，1999）

因此只有在夜间 NO_2 与 O_3 同时存在，并且 NO 浓度极低时 $NO_3\cdot$ 才能积聚。在污染城市区域，由于近地面 NO 比较多，即使在夜间近地面也不容易生成 $NO_3\cdot$，而在高空 O_3 的浓度增大，NO 由于与 O_3 反应而不能存在，$NO_3\cdot$ 得到积聚；在清洁地区，NO 排放少，近地面也可能生成 $NO_3\cdot$。

附录给出了一些物种与 $NO_3\cdot$ 的反应速率常数及其与温度的关系。从中可以看出，烷烃与 $NO_3\cdot$ 的反应速率较慢，速率常数一般为 10^{-16}~10^{-17} cm^3/(分子·s)，在白天与 ·OH 的氧化反应相比可以忽略；但是由于 $NO_3\cdot$ 与烷烃的反应是氢摘取反应，生成 HNO_3，因此是夜间 HNO_3 的主要来源。

$$NO_3\cdot + RH \longrightarrow R\cdot + HNO_3 \tag{3-93}$$

烯烃与 $NO_3\cdot$ 在室温下的反应速率常数一般为 10^{-11}~10^{-15} cm^3/(分子·s)，比烯烃与 O_3 的反应速率常数大 3~4 个数量级，并且随着双键上取代基的增加而迅速增大，因此与 $NO_3\cdot$ 的反应是大气中烯烃的一个重要的去除途径。烯烃与 $NO_3\cdot$ 的反应机理与 ·OH 的氧化反应类似，第一步是 $NO_3\cdot$ 在双键上的加成反应，生成处于激发态的中间产物，后续反应有两条主要途径：一是发生稳定化，二是较弱的 CO—NO_2 键断裂，形成环氧化合物和 NO_2。被稳定的中间体也有两条反应途径：一是发生与上面类似的反应形成环氧化合物；二是与 O_2 反应。

图 3-18 是 2，3- 二甲基 -2- 丁烯与 NO_3· 的反应机理，反应过程中生成的过氧自由基能够进一步与大气中的 NO、HO_2·、RO_2· 和 NO_2· 反应，最终生成稳定的有机物。2，3- 二甲基 -2- 丁烯与 NO_3· 通过加成反应生成的过氧自由基在大气中有多种反应途径，从图 3-19 中可以看出烷氧自由基与 NO_2 反应生成二硝酰基丁烷，烷氧自由基的分解反应生成了丙酮。

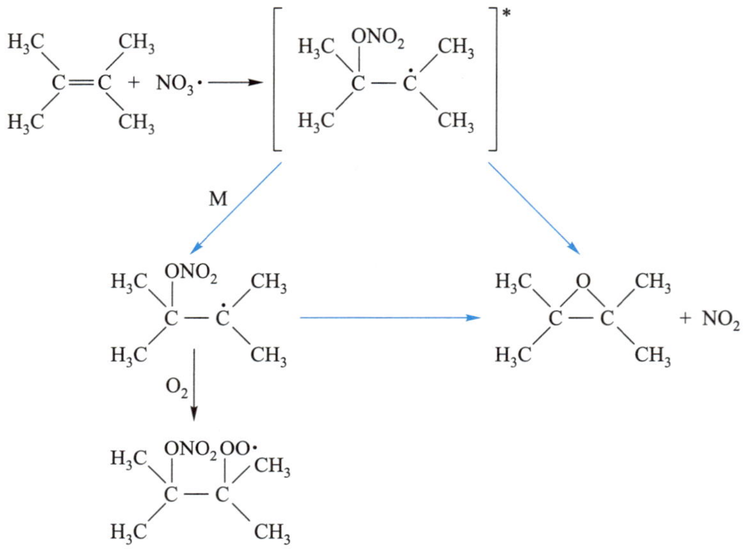

图 3-18 2，3- 二甲基 -2- 丁烯与 NO_3· 的反应机理

在近地面大气中，烯烃与 NO_3· 反应能生成一定量的环氧化合物，例如，异丁烯、反 2- 丁烯、1- 丁烯和丙烯与 NO_3· 反应的生成物中环氧化合物的产率分别为 7%、12%、18% 和 28%。

除了烯烃以外，NO_3· 还能与醛类和酚类物质反应，而且反应速率都很快，可以认为 NO_3· 是这些有机物在夜间主要的汇。最近的观测研究也表明，在森林地区 NO_3· 浓度较高时，大气中的异戊二烯能够被迅速降解，因此可以认为 NO_3· 是异戊二烯在夜间主要的去除途径。

4. $O(^1D)$ 反应

$O(^1D)$ 主要来源于 O_3 在紫外波段的光解。低对流层水汽含量高，$O(^1D)$ 迅速与大量水汽反应而被消耗；前面已经提到，$O(^1D)$ 与 H_2O 的反应是对流层 ·OH 的主要来源。在高对流层和平流层，水汽含量很低，$O(^1D)$ 有机会与其他气体分子反应，例如，它与 N_2O 的反应是平流层中 NO 的主要来源：

$$\begin{aligned} O(^1D)+N_2O &\xrightarrow{a} 2NO \\ &\xrightarrow{b} N_2+O_2 \end{aligned} \tag{3-94}$$

因此，$O(^1D)$ 在高对流层和平流层的大气化学中起着重要的作用。

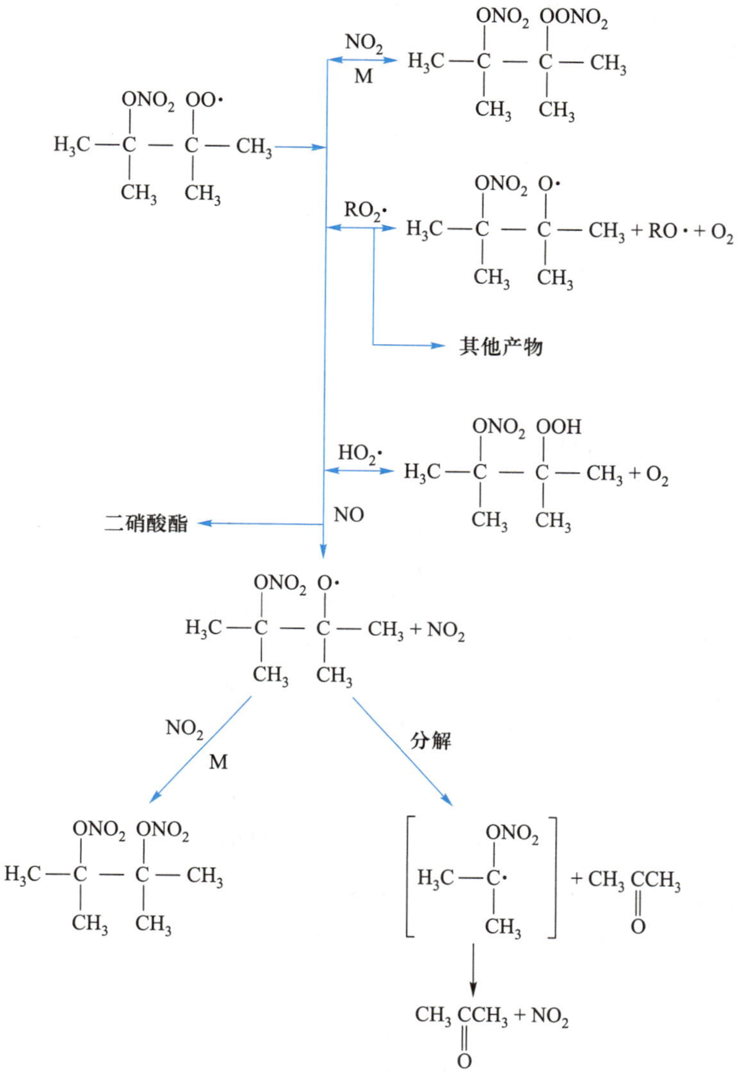

图 3-19　NO$_2$ 加成烷氧自由基的反应途径

5. 氯原子反应

近年的实验研究和区域环境监测结果表明，海盐是对流层大气中氯原子的一个主要来源。在沿海边界层的凌晨，Cl_2 光解产生的氯原子引发的氧化反应比 ·OH 引发的同类反应快近 100 倍，因此，氯原子与有机物的反应也是大气中 VOCs 的一个重要的汇，这对于对流层大气中 O_3 的生成有重要意义。全球氯原子的年平均浓度上限为 10^3 个 /cm^3，但是沿海边界层大气中氯原子的浓度水平远远高于其他地区，一般为 10^4~10^6 个 /cm^3。

大气中氯原子能够与烷烃、烯烃、炔烃、芳香烃、羰基化合物等大多数物质反应，不同程度地决定了这些物质的大气寿命（大气寿命的定义见后面内容）。根据全球氯原子的最高浓度（1.4×10^5 个 /cm^3），可以计算出丙烷的大气寿命为 14 h，当氯原子浓度为 10^3~10^4 个 /cm^3 时，丙烷的大气寿命为 200~2 000 h，而当 ·OH 浓度为 1×10^6 个 /cm^3 时，丙烷的大气寿命为 250 h。比较上面的数据可以看出，有机物与氯原子的反应也是它们的一个重要的去除途径。氯原子与这些有机物的反应途径与 ·OH 类似，也有氢摘取反应（烷烃）和加成反应（烯烃）两条反应途径：

$$Cl\cdot + RH \longrightarrow HCl + R\cdot \tag{3-95}$$

$$RCH{=}CH_2 + Cl\cdot \rightarrow R'\dot{C}HCH{=}CH_2 + HCl \tag{3-96}$$

$$\begin{aligned} RCH{=}CH_2 + Cl\cdot &\xrightarrow{a} R\dot{C}H{-}CH_2Cl \\ &\xrightarrow{b} RCH(Cl){-}\dot{C}H_2 \end{aligned} \tag{3-97}$$

生成的自由基的后续反应与前面提到的相同，在这里不再赘述。

（二）大气氧化剂循环

大气中的氧化剂包括 ·OH、O_3、过氧化物、$NO_3\cdot$ 、$HO_2\cdot$ 、$O(^1D)$ 和氯原子，这些氧化剂都有很强的氧化性，在大气气相化学中起着至关重要的作用。·OH 和 O_3 是对流层大气中主要的氧化剂，大多数的污染物都能与它们反应，并最终被去除；$NO_3\cdot$ 由于其本身的光解特性，在夜间的大气化学反应中起着重要作用；$HO_2\cdot$ 与羰基化合物的反应很快，但是由于其逆反应也很快，$HO_2\cdot$ 在对流层大气化学中的影响并不是很重要。此外，$HO_2\cdot$ 能与 NO 或者 O_3 反应，将 NO 转化为 NO_2，并导致 ·OH 的生成：

$$HO_2\cdot + NO \longrightarrow NO_2 + \cdot OH \tag{3-98}$$

$$HO_2\cdot + O_3 \longrightarrow 2O_2 + \cdot OH \tag{3-99}$$

以上两个反应也是 $HO_2\cdot$ 转化为 ·OH 的主要途径。此外，$O(^1D)$ 在高对流层和平流层有较高的浓度水平，影响高对流层和平流层的大气化学过程；氯原子则主要影响沿海边界层中各种有机物的化学转化。

过氧化物在大气中扮演活性自由基储库分子的角色，通过与活性自由基的反应平衡，它们可以对对流层大气光化学反应的进程产生抑制或加速作用。过氧化物来源于烷烃和烯烃的 ·OH 氧化和 O_3 氧化及生物质燃烧排放，过氧化物通过与 ·OH 反应消耗 ·OH，同时又通过光解等反应途径释放出 ·OH，某些有机过氧化物能发生长距离传输，因此它们将在大气 ·OH 的再分配过程中起重要的作用（图 3-20）。例如，CH_3OOH 是一种浓度水平达到 1×10^{-9}（体积分数）数量级的有机过氧化物，由它与 ·OH 的反应速率常数 3.99×10^{-12} cm^3/（分子 ·s）（Wang 和 Chen，2006）可以计算出其大气寿命约为 3.6 d，使之有足够的时间在区域间进行传输，在对流较强的情况下还会被传输到高对流层，结合光解反应，实现 ·OH 在不同区域间和高度上的再分配。

各种氧化剂在大气中的循环和相互转化过程是整个大气气相化学的核心，清楚地了解这一过程有助于更准确地预测大气的氧化能力，进而明确大气中各种物质特别是污染物的生成和去除机制。

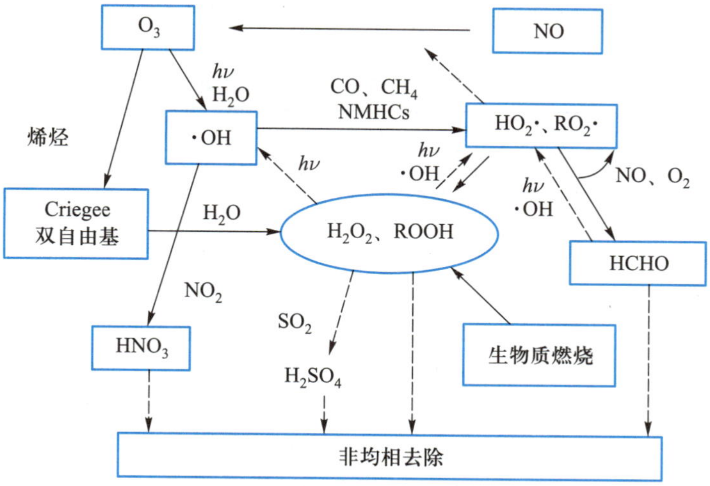

图 3-20 过氧化物在对流层的生成和去除过程

（资料来源：引自陈忠明等，2004）

三、大气寿命

本章第一节已经介绍了半寿期和自然寿期的概念，自然寿期有时也称为寿命。需要注意的是，只有一级反应体系或是两种反应物摩尔浓度相同的二级反应体系，才称得上存在反应物的寿命。这里介绍一下经常用到的大气寿命。

大气寿命是一个经常遇到并且容易引起混淆的概念。实际上，大气中只有那些符合一级反应的单分子热分解反应（高压极限下）和光解反应，以及符合假一级条件（其中一个反应物是浓度不变的常数）的双分子反应，才有反应物种的大气寿命。在大气反应中，假定所考虑的反应物种只消耗而不生成，那么它的动力学方程可以描述为

$$n^* = n_0^* \exp(-kt) \tag{3-100}$$

式中：n_0^* 和 n^*——起始和在 t 时间的单位体积浓度，个 /cm^3。

由于是一级反应，寿命 τ 就是常数 k 的倒数：

$$\tau = \frac{1}{k} \tag{3-101}$$

如果是假一级的双分子反应，那么 $k=k_X[X]$，其中 X 为浓度不变的物种。在计算各种污染物氧化反应的大气寿命时，一般假定 ·OH、NO_3· 和 O_3 等氧化剂的浓度不变。

例如，大气中 HCHO 与 ·OH 发生氧化反应，反应速率常数 k_{OH} 为 9.2×10^{-12} cm^3/(分子·s)，白天 ·OH 的浓度[·OH]为 2×10^6 个 /cm^3（白天为 12 h），考虑该反应为假一级，则 HCHO 被 ·OH 氧化的大气寿命为

$$\tau_{OH}(HCHO) = \frac{1}{k} = \frac{1}{k_{OH}[\cdot OH]} = 15\ h = 1.2\ d$$

如果多个过程对除去某一种物种都有贡献，相应的寿命分别为 τ_a, τ_b, ⋯，那么总反应速率是各个独立反应速率的加和，因此总大气寿命 τ 为

$$\tau^{-1} = \tau_a^{-1} + \tau_b^{-1} + \cdots \tag{3-102}$$

表 3-6 列出了一些有机物与氧化剂反应及光解反应的大气寿命。

表 3-6 一些有机物与氧化剂反应及光解反应的大气寿命（298K）

有机物	大气寿命			
	·OH①	NO_3·②	$O_3$③	光解④
丙烷	10 d	~7 a	>4 500 a	
正丁烷	4.7 d	2.8 a	>4 500 a	
正辛烷	1.3 d	240 d		
2,2,4-三甲基戊烷	3.2 d	1.4 a		
乙烯	1.4 d	225 d	10 d	
丙烯	5.3 h	4.9 d	1.6 d	
反-2-丁烯	2.2 h	1.4 h	2.1 h	
异戊二烯	1.4 h	50 min	1.3 d	
α-蒎烯	2.6 h	5 min	4.6 h	
苯	9.4 d	>4 a	>4.5 a	
甲苯	1.9 d	1.9 a	>4.5 a	
间二甲苯	5.9 h	200 d	>4.5 a	
1,2,4-三甲苯	4.3 h	26 d	>4.5 a	
苯乙烯	2.4 h	3.7 h	1.0 d	
苯酚	5.3 h	9 min		
对甲酚	3.3 h	2 min	65 d	
甲醛	1.2 d	80 d	>4.5 a	4 h
乙醛	8.8 h	17 d	>4.5 a	6 d
苯甲醛	11 h	18 d		
丙酮	53 d	>11 a		~60 d
乙二醛	1.1 d			5 h
丙酮醛	9.3 h		>4.5 a	2 h
2,3-丁二酮	49 d			1 h
蒎诺醛	2.9 h	2.3 d	>2.2 a	
甲醇	12 d	1 a		
乙醇	3.5 d	26 d		
2-丁醇	1.3 d	17 d		
甲醚	4.1 d	180 d		
甲基叔丁基醚	3.9 d	72 d		
甲基丙烯醛	4.1 h	11 d	15 d	~1 d
甲基乙烯基酮	6.8 h	>385 d	3.6 d	~2 d
硝酸乙酯	66 d			~7 d

资料来源：引自 Atkinson，1998。

注：① ·OH 浓度为 12 h 白天平均浓度（2.0×10^{6} 个 /cm^3）。

② NO_3· 浓度为 12 h 夜间平均浓度（5×10^{8} 个 /cm^3）。

③ O_3 浓度为 24 h 平均浓度（7×10^{11} 个 /cm^3）。

④ 太阳天顶角为 0°。

上述计算方法可以给出任何物种在任意一空间点或时间的寿命。图 3-21 总结了大气中各种组分的寿命,其变化范围很大,从几秒(对于活性自由基)到数个世纪(对于稳定分子);也显示了各种物种在时空上的可变性与它们的化学寿命呈反相关。长寿命物种(如 CFCs),往往在整个对流层中混合得相对较好,而自由基(如 ·OH)的浓度则显示出大得多的时空变化。长寿命化合物通常被当作示踪物,这是因为它们的行为受到大气动力学(物理过程)直接并且强烈的影响。对于反应速率很快的短寿命物种,它们的浓度水平由当地光化学(如太阳光通量强度)决定,并且仅受大气动力学的间接影响(通过源和汇化合物的大气传输)。

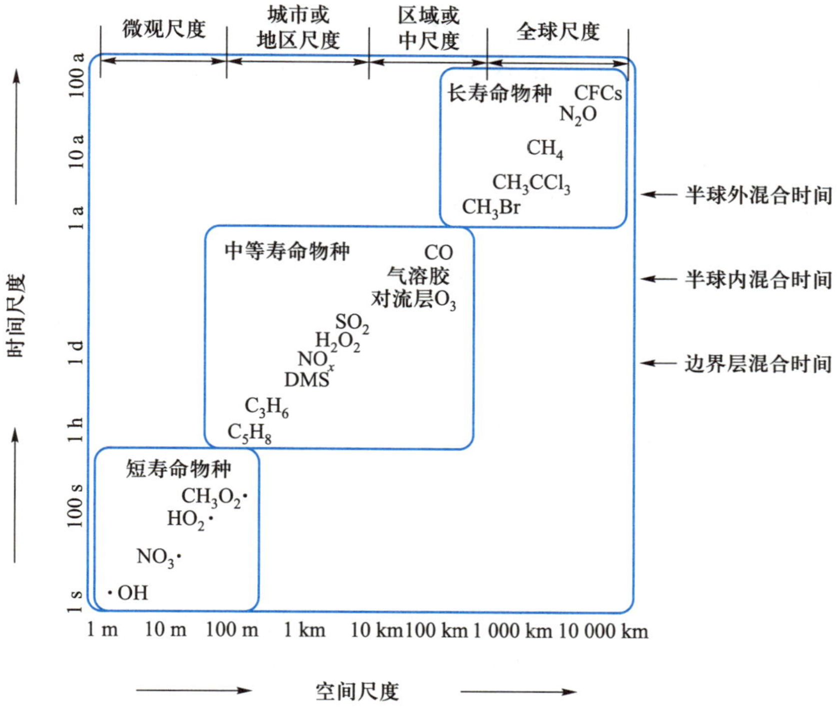

图 3-21 大气中各种组分的寿命在不同时间和空间范围的变化

(资料来源:引自 Brasseur 等, 1999)

对于某些类型的化合物,如源排放化合物 CH_4、N_2O 和 CFCs 等,我们经常对它们的全球大气寿命(或称为全球大气停留时间,简称为停留时间)感兴趣。这些物质被注入大气层后,在区域间能够传输,但伴随的去除过程和去除速率都会随空间变化而变化。这些源气体的全球大气寿命(T)被定义为它们的大气负载量(总密度)除以其积分去除速率,即

$$T=\frac{\int_V n\mathrm{d}V}{\int_V \beta n\mathrm{d}V} \tag{3-103}$$

式中:n——密度;

β——去除速率系数;

V——进行积分的大气体积。

假定达到稳态条件，则积分去除速率可以用全球排放量替代。对于CH_4而言，总的大气负载量的数量级是5 000 Tg，并且全球排放量估计接近500 Tg/a，因此它的全球稳态寿命大约为10 a。需要注意的是，全球寿命可以分为对流层和平流层两部分。当主要去除过程在这两个大气层中不相同时，则对流层寿命和平流层寿命将不同。如果一个在对流层寿命很长的物种能够在平流层中被迅速分解，那么这一物种穿越对流顶层基本上是不可逆的，即一旦传输进入平流层后就难以再回到对流层。在这种情况下，对流层寿命的上限由一个与传输穿越对流顶层相关的时间决定，通常认为是1.5 a左右。

·OH是对流层大气中最强大的氧化剂，因此许多组分的对流层寿命由与·OH的反应来控制。了解各种化合物由·OH氧化导致的大气寿命很重要。但是目前我们还无法知道全球·OH浓度水平。有人采用经验方法对全球的·OH浓度水平进行了估算。该方法采用一个源清单很清楚并且寿命足够长（可以很好地进行大气混合）的化合物（如CH_3CCl_3）来推算全球大气中·OH浓度。知道了·OH的浓度，再结合反应速率常数，就可以使用上述HCHO例子的方法，计算各种化合物被·OH氧化的大气寿命。

四、大气污染物的气相化学反应

大气中主要的污染物为挥发性有机物、含氮化合物及含硫化合物。这些化合物的化学反应构成了大气气相反应的主要部分。

（一）挥发性有机物的反应

挥发性有机物包括烷烃、烯烃和芳香烃等烃类化合物，也包括醛、酮、醇、有机过氧化物和醚等多种类型的含氧有机物。在大气中，有机物的反应非常复杂，其反应动力学一直是大气化学家们研究的重要领域。

1. 烃类有机物

前面内容已经比较详细地介绍了烃类有机物的氧化反应，后面的含氮化合物反应中，以及本章的最后一节介绍二次有机气溶胶（SOA）的生成机制中还将涉及有关反应，因此烃类有机物的反应在这里就不赘述了，只作简要说明。

图3-22显示了烃类有机物在大气中化学转化的基本过程。烃类有机物一般不发生光解，主要与氧化剂发生氧化反应，并不断地降解生成一系列醛、酮、醇、有机过氧化物、羧酸和醚等含氧有机物。

在白天，大气中的主要氧化剂是·OH和O_3，在海洋低层大气中还包括Cl·；在夜间，主要氧化剂是NO_3·和O_3。夜间也能观测到少量的·OH，但其来源不十分清楚，有人认为是由于烯烃与O_3反应生成的。烃类有机物中，烯烃最为活泼，与·OH、O_3、Cl·和NO_3·等氧化剂都能迅速反应，因此大气寿命很短，其大气浓度往往难以准确测量。烷烃和芳香烃能够与·OH、Cl·和NO_3·反应，但与O_3的反应可以忽略。

2. 含氧有机物

（1）光解

醛、酮和有机过氧化物能够发生光解。在低对流层，酮和有机过氧化物的光解能力不如醛类化合物，与氧化剂的反应能力也不如醛类，因此大气寿命比醛类长，能被传输更长的距离。Wennberg等（1998）认为，从低对流层输送而来的CH_3OOH和$CH_3C(O)CH_3$在高对流层发生光解，是高对流层·OH的一个来源。

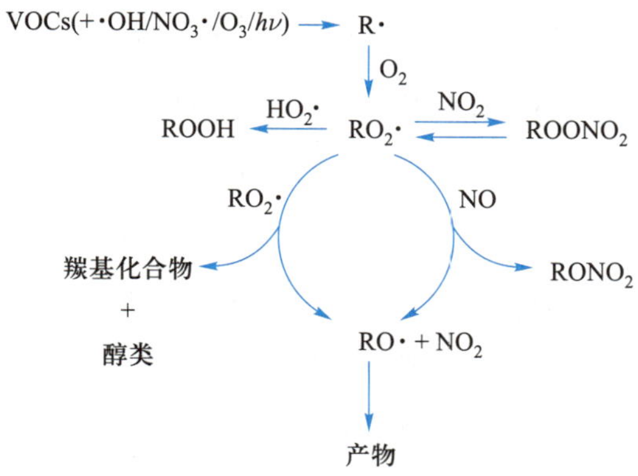

图 3-22　烃类有机物在大气中化学转化过程示意图

（2）与·OH、NO_3·和 Cl·的反应

含氧有机物与·OH 的反应很快，是大气中含氧有机物主要的去除途径，室温下其反应速率常数为 10^{-13}~10^{-11} cm^3/（分子·s）数量级。含氧有机物与 Cl·的反应也很快，而与 NO_3·的反应较慢，但是在夜间·OH 浓度很低的时候，NO_3·对醛类物质的氧化反应也有一定的贡献。

醛类与·OH、NO_3·和 Cl·的反应是醛基上的氢摘取反应。以乙醛为例：

$$\cdot OH(NO_3\cdot, Cl\cdot)+CH_3CHO \longrightarrow CH_3CO\cdot+H_2O(HNO_3, HCl) \qquad (3\text{-}104)$$

生成的 CH_3CO·继续与 O_2 发生加成反应：

$$CH_3\overset{O}{\overset{\|}{C}}\cdot+O_2 \longrightarrow CH_3\overset{O}{\overset{\|}{C}}—OO \xrightarrow{NO} CH_3\overset{O}{\overset{\|}{C}}—O\cdot+NO_2 \qquad (3\text{-}105)$$

$$CH_3\overset{O}{\overset{\|}{C}}\cdot+O_2 \longrightarrow CH_3\overset{O}{\overset{\|}{C}}—OO \xrightarrow{NO_2} \underset{PAN}{CH_3\overset{O}{\overset{\|}{C}}—OONO_2} \qquad (3\text{-}106)$$

$$CH_3\overset{O}{\overset{\|}{C}}—O\cdot \longrightarrow \cdot CH_3+CO_2 \qquad (3\text{-}107)$$

乙醛通过反应生成了过氧乙酰硝酸酯（PAN）。PAN 是一种毒性很强的物质，对人体健康有很大危害。

酮类物质与·OH、NO_3·和 Cl·的反应与醛类物质类似，是烷基上的氢摘取反应。例如，丙酮在大气中与这些自由基反应会生成 $CH_3COCH_2O_2$·，这一自由基能够与 NO 和 NO_2 快速发生反应，当 NO 和 NO_2 的浓度达 100×10^{-12}（体积分数）时，该自由基的大气寿命约为 1 min。

丙酮与 NO_2 的反应产物 $CH_3COCH_2OONO_2$ 迅速发生热分解反应，即使在高对流层的低温条件下，它的大气寿命也非常短，因此不会像 PAN 那样导致 NO_x 的长距离传输。

作为汽油的替代燃料，醇类物质，特别是简单醇类在大气中的反应十分重要。甲醇与 $\cdot OH$、$NO_3\cdot$ 和 $Cl\cdot$ 的反应有两条氢摘取途径：羟基上的氢摘取和甲基上的氢摘取。

$$CH_3OH + \cdot OH \xrightarrow{a} \cdot CH_2OH + H_2O$$
$$\xrightarrow{b} CH_3O\cdot + H_2O \qquad (3-108)$$

其中，途径 a 约占 85%。

有机过氧化物与 $\cdot OH$、$NO_3\cdot$ 和 $Cl\cdot$ 的反应也是氢摘取反应，其中与 $\cdot OH$ 的反应是大气中有机过氧化物主要的去除途径。以甲基过氧化氢为例：

$$CH_3OOH + \cdot OH \xrightarrow{a} \cdot CH_2OOH + H_2O$$
$$\xrightarrow{b} CH_3OO\cdot + H_2O \qquad (3-109)$$

根据 Niki 等的报道，a 和 b 两条途径的速率常数比值 k_a/k_b 为 0.77。

$\cdot CH_2OOH$ 不稳定，会发生单分子分解反应，生成 $\cdot OH$：

$$\cdot CH_2OOH \longrightarrow HCHO + \cdot OH \qquad (3-110)$$

（3）与 $HO_2\cdot$ 的反应

多数含氧有机物都能与 $HO_2\cdot$ 发生反应，甲醛及其他醛类与 $HO_2\cdot$ 的反应很快。其反应机理如下：

$$HO_2\cdot + H_2C{=}O \longleftrightarrow \cdot OOCH_2OH \qquad (3-111)$$

$$\cdot OOCH_2OH \rightleftharpoons HOOCH_2O\cdot \rightleftharpoons HCHO + HO_2\cdot \qquad (3-112)$$

从以上反应机理可以看出，生成的中间产物 $\cdot OOCH_2OH$ 又会发生分解，生成甲醛和 $HO_2\cdot$。由于中间产物的分解速率很快，只有极少量的通过与其他物质（如 NO）反应去除。因此在一般情况下，与 $HO_2\cdot$ 的反应不会引起含氧有机物的净消耗。

（二）含氮化合物的反应

在介绍前面内容时已多次接触到了含氮化合物的化学反应，如 NO_2 的光解反应、NO 向 NO_2 的转化、$NO_3\cdot$ 的化学反应等。由于含氮化合物在大气气相反应中的特殊重要性，有必要对重要的化学反应再做一些介绍。

1. NO 的反应

NO 在环境大气中十分活跃，它能与 $RO_2\cdot$、$HO_2\cdot$、$\cdot OH$、$RO\cdot$ 等自由基反应，也能与 O_3 和 $NO_3\cdot$ 等气体分子反应。这些反应在大气化学中具有很重要的意义。

（1）NO 向 NO_2 的转化

环境大气中 NO 向 NO_2 的转化反应包含在由 $\cdot OH$ 引发的有机碳氢化合物的链反应之中。当碳氢化合物与 $\cdot OH$ 反应生成的自由基再与大气中的 O_2 生成烷基过氧自由基 $RO_2\cdot$ 或 $HO_2\cdot$ 时，就可将 NO 氧化成 NO_2。这类反应的反应速率很快，能与 NO 和 O_3 的反应竞争，从而使 O_3 在大气中得以积聚，因而是大气中光化学烟雾污染形成的关键反应。

$$RO_2\cdot + NO \xrightarrow{a} RO\cdot + NO_2$$
$$\xrightarrow{b} RONO_2 \qquad (3-113)$$

对于碳数少的烃类，a 过程 >b 过程；当碳数≥ 4 后，则 b 过程 >a 过程。生成的 RO· 可以被 O_2 进行氢摘取而生成醛和 HO_2·，HO_2· 又可导致 NO 分子的转化：

$$HO_2\cdot + NO \longrightarrow \cdot OH + NO_2 \tag{3-114}$$

在一个碳氢化合物被 ·OH 氧化的链循环中，往往有 2 个 NO 被氧化成 NO_2，同时 ·OH 还得到了再生，此反应的重要性可想而知。

（2）NO 与 O_3 的反应

$$O_3 + NO \longrightarrow O_2 + NO_2 \tag{3-115}$$

由于此反应的存在，在空气中不能同时得到高浓度的 O_3 和高浓度的 NO，并且在 NO 浓度未下降时，O_3 的浓度不会上升到很高。因此，这个反应控制了污染地区 O_3 浓度的高值。

（3）NO 与 ·OH 和 RO· 的反应

$$\cdot OH + NO \longrightarrow HONO \tag{3-116}$$

$$\begin{aligned} RO\cdot + NO &\xrightarrow{a} RONO \\ &\xrightarrow{b} R_1R_2CO\cdot + HNO\cdot \end{aligned} \tag{3-117}$$

在 RO· 中，当碳数≥ 2 时，如 C_2H_5O·，也即有可被摘取的氢时，b 过程就可能发生，其概率可达≥ 20%。所生成的 HONO 和 RONO 极易光解，因此，此反应在白天不易维持。但是，此反应对于晚间作为 NO 的临时储存有很大的作用。

（4）NO 与 NO_3· 的反应

$$NO_3\cdot + NO \longrightarrow 2NO_2 \tag{3-118}$$

由于此反应很快，只有当 NO 浓度很低时，大气中的 NO_3· 才有可能以显著量存在。因此，NO_3· 的夜间反应能否得以进行，在很大程度上受到 NO 浓度的控制。

以上几个反应说明了 NO 在大气环境化学中的重要性。表 3–7 列出了典型污染大气中 NO 与各反应物的速率常数，以及根据污染大气中各种氧化剂浓度计算所得的寿命。

表 3–7　典型污染大气中 NO 与各反应物的反应速率常数和寿命

反应物 X	k^b/（cm^3·分子$^{-1}$·s^{-1}）	[X]/（个·cm^{-3}）	τ_{NO}
HO_2·	8.3×10^{-12}	2×10^9	60 s
RO_2·	7.6×10^{-12}	3×10^9	44 s
O_3	1.8×10^{-4}	5×10^{12}	11 s
·OH	6.8×10^{-12}	1×10^7	4 h
RO·	3×10^{-11}	1×10^4	39 d
NO_3·	3×10^{-11}	9×10^9	4 s

资料来源：引自 Finlayson-Pitts 等，1986。

注：k 均是 298 K、101 325 Pa 时的值。

表 3–7 中所采用的[X]值，除 $NO_3\cdot$ 是实测所得[430×10^{-12}（体积分数）]外，其他均为由活性$[HC]_0=0.60\times10^{-6}$（体积分数）和$[NO_x]_0=0.060\times10^{-6}$（体积分数）通过丙烯－正丁烷模式计算得出的。$\tau_{NO}$ 值则来自 $1/k[X]$。

2. NO_2 的反应

NO_2 在大气环境中最重要的化学反应是前面叙述的 NO_2 光解反应，它是对流层大气中 O_3 生成的引发反应，是 O_3 唯一的人为源。此外，NO_2 能与一系列的自由基，如 $\cdot OH$、$O(^3P)$、$HO_2\cdot$、$RO_2\cdot$ 和 $RO\cdot$ 等反应，也能与 O_3 和 $NO_3\cdot$ 反应。其中，比较重要的是与 $\cdot OH$ 及与 O_3 和 $NO_3\cdot$ 的反应。

（1）NO_2 与 $\cdot OH$ 的反应

$$NO_2+\cdot OH \xrightarrow{M} HONO_2 \tag{3-119}$$

此反应是大气中气态硝酸（HNO_3）的主要来源，对于形成酸雨和酸雾是有贡献的。这个反应主要在白天发生，由于白天 $\cdot OH$ 浓度比较高，此反应会有效地进行。

（2）NO_2 与 O_3 的反应

$$\begin{aligned} NO_2+O_3 &\xrightarrow{a} NO_3\cdot+O_2 \\ &\xrightarrow{b} NO+2O_2 \end{aligned} \tag{3-120}$$

此反应在对流层大气中也是一个重要的反应，尤其是在 NO_2 和 O_3 浓度都较高时，它是大气中 $NO_3\cdot$ 的主要来源。此反应不要求光，因而在夜间也能发生。

（3）NO_2 与 $NO_3\cdot$ 的反应

这个反应是一个平衡反应：

$$NO_2+NO_3\cdot \overset{M}{\rightleftharpoons} N_2O_5 \tag{3-121}$$

生成的 N_2O_5 又可解离为 $NO_3\cdot$ 和 NO_2。此反应的平衡常数报道不一，大致在 298 K 时为 2.2×10^{-11}~4.0×10^{-11} cm^3/(分子·s)。当夜间 $\cdot OH$ 和 NO 浓度不高，而 O_3 有一定浓度时，会发生 NO_2+O_3 反应，随后就会发生此反应生成 N_2O_5。典型污染大气中 NO_2 与各反应物的反应速率常数（298 K，101 325 Pa）和寿命的值列于表 3–8 中。

表 3–8 典型污染大气中 NO_2 与各反应物的反应速率常数和寿命

反应物 X	k/(cm^3·分子$^{-1}$·s^{-1})	[X]/(个·cm^{-3})	τ_{NO_2}	备注
光解	$\leqslant 9\times10^{-3}$ (s^{-1})	—	≥ 2 min	与光强有关
$\cdot OH$	1.1×10^{-11}	5×10^6	5 h	白天发生
O_3	3.2×10^{-17}	2×10^{12}	4 h	夜间重要
$NO_3\cdot$	1.3×10^{-12}	1.1×10^{10}	1 min	—
$O(^3P)$	1.1×10^{-11}	8×10^4	13 d	对流层不重要
$HO_2\cdot$	1.4×10^{-12}	2×10^9	6 min	产物立即分解，故不重要
$RO_2\cdot$	7×10^{-12}	3×10^9	48 s	—
$RO\cdot$	1.5×10^{-11}	1×10^4	77 d	太慢，不重要

资料来源：引自 Finlayson-Pitts 等，1986。

3. HONO 的反应

我们已经知道 HONO 光解反应很快，是大气中 ·OH 的主要来源之一，尤其是在污染地区黎明时分，光解是 HONO 在大气中最主要的反应。此外，HONO 还能与 ·OH 反应：

$$HONO + \cdot OH \longrightarrow H_2O + NO_2 \tag{3-122}$$

该反应的 k 值为 6.6×10^{-12} cm^3/（分子 · s），只有在 ·OH 浓度高时才比较重要，但 ·OH 浓度高时往往光强度也较大，HONO 的光解反应又会优先进行。

HONO 在大气中的形成机制尚未十分清楚。以前曾认为其主要来源是气相化学反应：

$$NO + \cdot OH \longrightarrow HONO$$

Atkinson 和 Lloyd 建议 k 值为 6.6×10^{-12} cm^3/（分子 · s）。

环境大气中已实测到 HONO，在污染大气中 HONO 浓度可达 8×10^{-9}（体积分数）。这一浓度水平难于通过以上气相反应来解释。近年来提出了大气非均相反应也是 HONO 的一个来源的理论。

4. HNO_3 的反应

HNO_3 和 HONO 不一样，它的光解反应很慢。据计算，当天顶角为 0° 时，HNO_3 的寿命为 21 d；当天顶角为 86° 时，寿命为 11 a。因此光解不是 HNO_3 的汇。但是 HNO_3 在大气中沉降却很快。干沉降或湿沉降使它在大气中的寿命大大缩短。由于 HNO_3 的溶解度很高，水吸收过程极快，因而对酸雨的贡献大。

HNO_3 的主要化学反应有：

（1） $$HNO_3 + \cdot OH \longrightarrow H_2O + NO_3\cdot$$

该反应 k 值约为 1.4×10^{-13} cm^3/（分子 · s）或 8.6×10^{-14} cm^3/（分子 · s），按大的 k 值计算，其寿命约为 136 d。此反应的可行性尚存在争议。

（2） $$HNO_3 + NH_3 \rightleftharpoons NH_4NO_3\text{（颗粒）}$$

由于是平衡可逆反应，还会有一部分 NH_4NO_3 解离回到气态的 HNO_3 和 NH_3。NH_4NO_3 易于吸湿潮解，在温度 25℃和相对湿度（RH）<62% 时，以固态存在；当 RH≥62% 时，则以液态存在。当大气中 RH<62% 时就会有气态 HNO_3 和 NH_3 与 NH_4NO_3 固体粒子共存；当 RH≥62% 时就会有液态 NH_4NO_3 与气态 HNO_3 和 NH_3 共存。由于液态 NH_4NO_3 的解离常数小于固态，因而也就可以解释为何采集了气溶胶的滤膜在相对湿度较低时，NH_4NO_3 的蒸发量要比相对湿度高时更大。

5. 过氧乙酰硝酸酯

前已述及，过氧乙酰硝酸酯（PAN）是由乙醛氧化产生酰基，然后再与 O_2 和 NO_2 作用形成的。也有报道认为乙烷的大气氧化也是 PAN 的一个源：

$$C_2H_6 + \cdot OH \longrightarrow \cdot C_2H_5 + H_2O$$

$$\cdot C_2H_5 + O_2 \xrightarrow{M} C_2H_5O_2\cdot$$

$$C_2H_5O_2\cdot + NO \longrightarrow C_2H_5O\cdot + NO_2$$

$$C_2H_5O\cdot + O_2 \longrightarrow CH_3CHO + HO_2\cdot$$

产生的 CH_3CHO 进一步反应生成 PAN。

PAN 具有热不稳定性，遇热会分解回到自由基和 NO_2。因而，PAN 的分解和形成之间存在着平衡，其平衡常数随温度改变。反应如下：

$$CH_3C(O)OO\cdot + NO_2 \rightleftharpoons CH_3C(O)OONO_2 \qquad (3\text{-}123)$$

此反应的速率常数可按 Atkinson 等（1984）的建议采用下列公式算出：

$$k(s^{-1}) = 1.95\times10^{16}e^{-13\,543/T}$$

式中：T——温度。

在 297 K 时，k 值为 $3.3\times10^{-4}\ s^{-1}$。由于 k 值随温度改变，PAN 的寿命也随温度而改变。按上式计算，当温度为 -20 ℃、0 ℃、20 ℃和 40 ℃时，相应的 τ 值为 105 d、50 h、1.7 h 和 5 min。温度低时，PAN 的寿命较长，可以随气流输送到外地；温度一旦升高，PAN 又可分解。由 PAN 分解出来的过氧乙酰基可以与 NO 反应：

$$CH_3C(O)OO\cdot + NO \longrightarrow CH_3C(O)O\cdot + NO_2 \qquad (3\text{-}124)$$

此 $CH_3C(O)O\cdot$ 被 NO 除去，使其不能再回到 PAN。

6. 烷基硝酸酯

烷基硝酸酯（$RONO_2$）是由烷氧基和 NO_2 作用生成的：

$$R_1R_2CH_2-O\cdot + NO_2 \xrightarrow{a} R_1R_2CH_2-O-NO_2$$
$$\xrightarrow{b} HONO + R_1R_2CH{=}O \qquad (3\text{-}125)$$

一般认为，环境大气中以加成反应为主。当烷基 R 的碳原子数大于 3 时，过氧烷基同 NO 反应也可以生成烷基硝酸酯：

$$RO_2\cdot + NO \xrightarrow{a} RO\cdot + NO_2$$
$$\xrightarrow{b} RONO_2 \qquad (3\text{-}126)$$

途径 b 约占 30%。

烷基硝酸酯的热稳定性很高，紫外吸收截面小，因此，它往往是链反应的终止产物。

关于含氮化合物在大气中的光化学反应及相互间的转化可以归纳为图 3-23。图中虚线部分是推测性的，有些次要的反应未列在内。

（三）含硫化合物的反应

1. 二氧化硫的氧化

二氧化硫（SO_2）是最早被人们注意的大气气态污染物。它一旦从排放源出来，就会在烟羽和大气中氧化生成硫酸或硫酸盐气溶胶或有机硫氧化物，并参与大气循环。

研究人员对 SO_2 的氧化问题进行了大量的研究。通过现场研究，Gillani 等曾报道在发电厂烟羽中 SO_2 的氧化速率约为 10%/h。Eatough（1984）报道了当含 SO_2 的烟羽通过云团或雾团时氧化速率会大大增加，也有人报道了 SO_2 的转化速率受季节影响，夏季大于冬季，如夏季的转化速率为 0.8%/h，而冬季只有 0.2%/h。同时，也有人报道了烟羽中中午的转化速率大于晚上。这些事实都表明了光化学和湿度在 SO_2 的转化中的重要性。此外，还有不少测量说明太阳光强度、相对湿度、云、雾和氧化剂的存在都对 SO_2 的转化速率有影响。

SO_2 在大气中的主要氧化途径有气相反应、液相（水相）反应及颗粒物表面反应。这里只介绍气相反应。

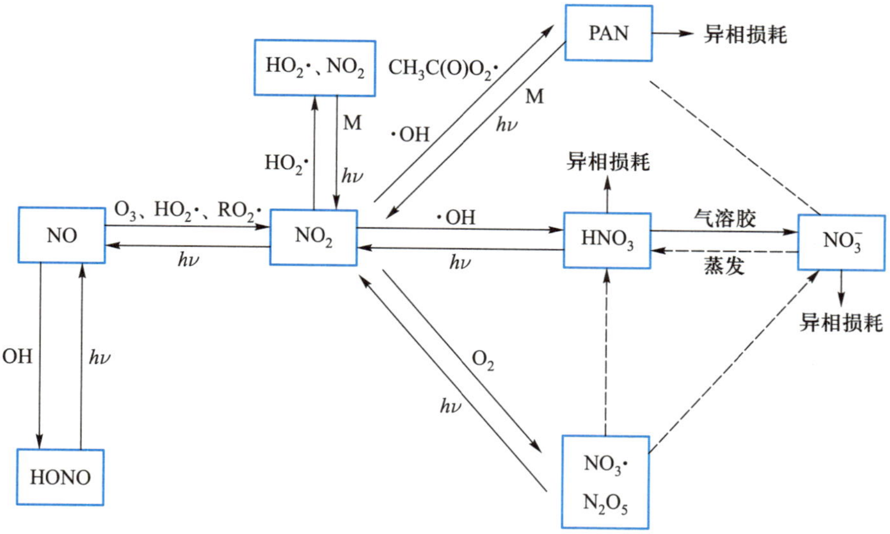

图 3-23 含氮化合物间的光化学转化

（资料来源：引自 Liu 等，1984）

在对流层大气中，SO_2 的主要光化学过程是形成激发态 SO_2 分子（单重态的 $^1SO_2$ 和三重态的 $^3SO_2$）。Okuda 等（1969）提出，在大气条件下，激发态 SO_2 主要以 $^3SO_2$ 的形式存在，$^1SO_2$ 不稳定，通过碰撞反应转化为 $^3SO_2$：$^1SO_2+M \longrightarrow {}^3SO_2+M$。$SO_2$ 直接吸收光后的最主要反应途径是物理碰撞而去活，不直接解离，因此光解不能成为 SO_2 的氧化途径。

SO_2 在大气气相中主要的氧化途径是与强氧化性自由基（如 ·OH、HO_2·、RO_2· 等自由基）发生氧化反应，称为 SO_2 的自由基氧化。

（1）SO_2 与 ·OH 的反应

$$SO_2+\cdot OH \xrightarrow{M} HOSO_2 \qquad (3-127)$$

日本国立公害研究所（1984）在实验中已经观测到 $HOSO_2$ 的存在。$HOSO_2$ 是中间产物，关于它是如何转化成 H_2SO_4 的，目前还不是很清楚，因此经常用以下不确定反应式来表示：

$$HOSO_2 \longrightarrow \longrightarrow \longrightarrow H_2SO_4 \qquad (3-128)$$

Stockwell 和 Calvert（1983）提出了对此途径的看法，并用实验证明了此途径的存在：

$$HOSO_2+O_2 \xrightarrow{M} HO_2\cdot +SO_3 \qquad (3-129)$$

$$HO_2\cdot +NO \longrightarrow \cdot OH+NO_2 \qquad (3-130)$$

$$SO_3+H_2O \longrightarrow H_2SO_4 \qquad (3-131)$$

Margitan（1984）也用实验证明了以上途径，并测出了 $HOSO_2+O_2$ 反应在 298 K 时的反应速率常数为 $(4\pm2)\times10^{-13}$ cm^3/（分子·s），大气寿命 $\tau_{HOSO_2+O_2}$ 在近地面仅为 0.5 μs，即反应很迅速。但是 $HOSO_2+O_2$ 反应实际上是一个吸热反应，不利于反应进行，因此要解释以上快速反应，需要在 $HOSO_2$ 与 O_2 反应之前引入一个水合反应机理：

$$HOSO_2+H_2O \longrightarrow HOSO_2(H_2O) \qquad (3-132)$$

此反应是放热的，可以提供 $HOSO_2+O_2$ 反应所需要的热量。因此，SO_2 被 ·OH 氧化的总反

应式可以写为

$$SO_2+\cdot OH \xrightarrow{M,O_2,H_2O} H_2SO_4+HO_2\cdot \tag{3-133}$$

总反应是放热的。反应历程中的速率决定步骤是 SO_2 与 ·OH 的反应。

(2) SO_2 与其他自由基的反应

SO_2 还能与其他自由基反应。其中一个重要反应是与 Criegee 双自由基反应。由烯烃与 O_3 反应生成激发态 Criegee 双自由基，其中部分能够在大气中通过分子碰撞去活而成为稳定态 Criegee 双自由基。由于它含有两个活性基团，很容易与大气中的物种反应。它与 SO_2 的反应如下：

$$SO_2+CH_3\dot{C}HO\dot{O} \longrightarrow SO_3+CH_3CHO \tag{3-134}$$

Atkinson 和 Lloyd (1984) 提出此反应的速率常数为 7×10^{-14} $cm^3/$(分子·s)。此反应与日照无关，因此夜间 SO_2 的自由基氧化以此反应为主。

SO_2 与 $HO_2\cdot$ 、$CH_3O_2\cdot$ 、$CH_3C(O)O_2\cdot$ 及氧原子 $O(^3P)$ 的反应也比较重要：

$$SO_2+HO_2\cdot \xrightarrow{M} SO_3+\cdot OH \tag{3-135}$$

$$SO_2+CH_3O_2\cdot \longrightarrow SO_3+CH_3O\cdot \tag{3-136}$$

$$SO_2+CH_3C(O)O_2\cdot \longrightarrow SO_3+CH_3C(O)O\cdot \tag{3-137}$$

$$SO_2+O(^3P) \longrightarrow SO_3 \tag{3-138}$$

表 3-9 列出了典型中等到重污染大气中 SO_2 与各氧化剂的氧化速率常数。在很多情况下，习惯把 SO_2 的氧化速率表示成每小时转化的百分数。该值可以由反应速率常数来换算，其方法举例如下：

$$SO_2+\cdot OH \xrightarrow{M} HOSO_2$$

此反应的反应速率可写成：

$$-\frac{d[SO_2]}{dt}=k[\cdot OH][SO_2]$$

假定 ·OH 浓度是一个定值，则积分上式可得

$$\frac{[SO_2]_t}{[SO_2]_0}=e^{-k[\cdot OH]t} \tag{3-139}$$

$[SO_2]_0$ 和 $[SO_2]_t$ 分别为反应起始时 (t=0) 和反应时间为 t 时的 SO_2 浓度。因此，每小时的 SO_2 转化百分数表示为

$$Loss(\%/h)=-100\left(\frac{[SO_2]_{t=1\,h}-[SO_2]_0}{[SO_2]_0}\right)=100\left(1-\frac{[SO_2]_{t=1\,h}}{[SO_2]_0}\right) \tag{3-140}$$

将式 (3-139) 代入式 (3-140) 中，得

$$Loss(\%/h)=100(1-e^{-k[\cdot OH]t}) \quad (t=1\ h=3\ 600\ s) \tag{3-141}$$

在使用式（3–141）时，注意 t 的单位要与 k 的单位相符。表 3–9 最后一项即由式（3–141）计算得到。

表 3–9 典型中等到重污染大气中 SO_2 与各氧化剂的反应速率常数

（25℃，101 325 Pa）

氧化剂	典型峰浓度 /（个 · cm^{-3}）	k/（cm^3 · 分子 $^{-1}$ · s^{-1}）	SO_2 的损耗 /（% · h^{-1}）
· OH	1×10^{7}	9×10^{-13}	3.2
O_3	5×10^{12}	$<8\times10^{-24}$	$<1\times10^{-5}$
R_1R_2COO ·	1×10^{6}	7×10^{-14}	3×10^{-2}
O（^3P）	8×10^{4}	6×10^{-14}	2×10^{-3}
HO_2 ·	2×10^{9}	$<1\times10^{-18}$	$<7\times10^{-4}$
RO_2 ·	3×10^{9}	$<1\times10^{-18}$	$<1\times10^{-3}$
RO ·	1×10^{4}	5×10^{-13}	2×10^{-3}

资料来源：引自 Finlayson-Pitts，1986。

2. 低价硫化物的氧化

由自然界排放的 CS_2、H_2S、COS、CH_3SCH_3 和 CH_3SSCH_3 等能在大气中被氧化成 SO_2。它们最可能的反应除了光解反应外，就是与 · OH、O_3 和 NO_3 · 反应。这些低价硫化物在 $\lambda \geq 290$ nm 区域内的吸收很小，光解反应可以不考虑。它们与 O_3 的反应也很慢。因此，与 · OH 和 NO_3 · 的反应是它们在大气中最主要的反应。表 3–10 给出了某些还原态硫化物与 · OH 和 NO_3 · 在室温下反应的速率常数及寿命。

表 3–10 某些还原态硫化物与 · OH 和 NO_3 · 在室温下反应的速率常数和寿命

化合物	· OH（白天）		NO_3 ·（夜间）	
	k/（cm^3 · 分子 $^{-1}$ · s^{-1}）	τ	k/（cm^3 · 分子 $^{-1}$ · s^{-1}）	τ
H_2S	4.7×10^{-12}	5 d	f	—
COS	1.0×10^{-15}	63 a	f	—
CS_2	2.8×10^{-12}	8 d	f	—
CH_3SCH_3	6.3×10^{-12}	4 d	9.7×10^{-13}	1.1 h
CH_3SH	3.3×10^{-11}	17 h	1.0×10^{-12}	1.1 h
CH_3SSCH_3	2.0×10^{-10}	2.8 h	4.2×10^{-14}	26 h

需要指出，目前对低价硫化物氧化的研究尚不很充分，不同研究者报道的反应动力学结论也不完全一致，这主要是低价硫化物的壁吸附造成了实验上的困难，它们的氧化机制也还不完全清楚。H_2S 首先与 · OH 反应，生成 HS · ：

$$H_2S + \cdot OH \longrightarrow H_2O + HS\cdot \quad (3-142)$$

HS· 进一步与 O_3 或者 NO_2 反应，生成 HSO·：

$$HS\cdot + O_3 \longrightarrow HSO\cdot + O_2 \quad (3-143)$$

$$HS\cdot + NO_2 \longrightarrow HSO\cdot + NO \quad (3-144)$$

HSO· 最终通过以下反应途径生成 SO_2：

$$HSO\cdot + O_3 \longrightarrow HSO_2\cdot + O_2 \quad (3-145)$$

$$HSO_2\cdot + O_2 \longrightarrow HO_2\cdot + SO_2 \quad (3-146)$$

H_2S 与 $NO_3\cdot$ 在大气中的反应很慢，可以忽略。根据 H_2S 与 ·OH 反应的速率常数[(4.7×10^{-12} cm^3/(分子·s)]和白天·OH 的浓度水平(2×10^6 个 /cm^3)，可以计算出 H_2S 的大气寿命约为 30 h。

CS_2 与·OH 的反应比较复杂，二者首先发生可逆的加成反应：

$$CS_2 + \cdot OH \xrightleftharpoons{M} CS_2OH \quad (3-147)$$

加成反应产物继续与 O_2 反应，最终产物为 SO_2(产率为 115%~120%)、OCS(羰基硫，产率为 80%~85%)和 CO(产率约为 15%)，因此，CS_2 的氧化反应是对流层中 OCS 的一个主要来源。相关的反应方程式如下：

$$\begin{aligned} CS_2OH + 2O_2 &\longrightarrow HO_2\cdot + SO_2 + OCS \\ &\longrightarrow HCO\cdot + 2SO_2 \end{aligned} \quad (3-148)$$

$$HCO\cdot + O_2 \longrightarrow HO_2\cdot + CO \quad (3-149)$$

与 H_2S 类似，CS_2 与 $NO_3\cdot$ 的反应也很慢。

OCS 与·OH 的反应很慢[反应速率常数为 2×10^{-15} cm^3/(分子·s)]，在对流层大气中的寿命可达 10 a。因此，OCS 会被传输到平流层，并在平流层中发生光解或者与氧原子反应。

有机硫的氧化反应一般很复杂。图 3-24 给出了二甲基硫(CH_3SCH_3, DMS)在对流层大气中氧化的各种途径。二甲基硫在大气中主要通过与·OH 反应去除，从图中可以看出，·OH 对二甲基硫的氧化有两条途径：

加成反应 $$CH_3SCH_3 + \cdot OH \longrightarrow CH_3S(OH)CH_3 \quad (3-150a)$$

氢摘取反应 $$CH_3SCH_3 + \cdot OH \longrightarrow CH_3SCH_2\cdot + H_2O \quad (3-150b)$$

各个反应途径所占的比例随温度而变化，其中途径 a 占的比例随温度的升高而迅速增大，途径 b 占的比例随温度升高而降低，但是变化不大。在 298 K 时，途径 a 占 20%；而在 273 K 时，途径 a 和 b 所占比例相当。

通过氢摘取反应生成的 $CH_3SCH_2\cdot$ 后续反应与其他烷基自由基类似，这里不再赘述。$CH_3S\cdot$ 是二甲基硫氧化过程中的重要中间产物，它主要与 O_2、NO_2、O_3 和 $HO_2\cdot$ 反应，并最终生成 SO_2 和 MSA(甲磺酸)。

二甲基硫主要由海洋浮游生物排放，它的氧化对于全球大气中的六价硫(硫酸和硫酸盐)具有重要贡献。

低价硫氧化物与 $NO_3\cdot$ 的反应有可能在夜间发生，其机制目前尚不能完全确定。

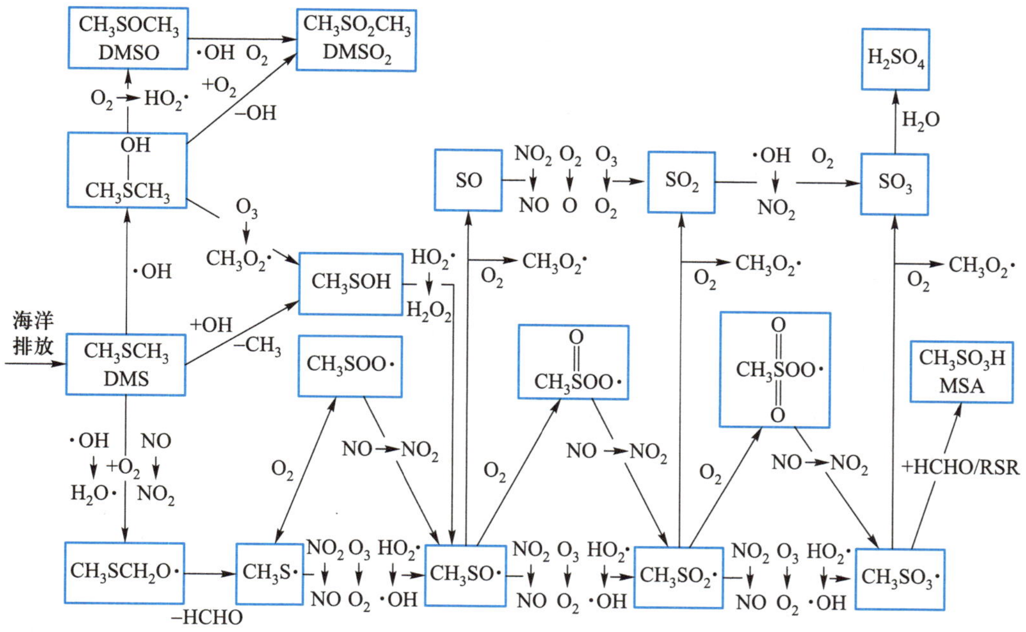

图 3-24　二甲基硫在对流层大气中的氧化反应途径

第四节　大气多相化学反应

大气颗粒物是大气中存在的各种固态和液态颗粒状物质的总称。大气对流层包含了种类众多的颗粒物，既有直接排放的海盐、矿物质、烟炱等一次颗粒物，也有化学反应生成的硫酸盐、硝酸盐和有机物等二次颗粒物；而在平流层，存在冰晶和硫酸盐等颗粒物，火山喷发时有矿物质颗粒物。在这些颗粒物的表面上可以发生各种各样的化学反应。大气颗粒物与种类繁多的痕量气体物质耦合在一起，使得大气化学反应已不局限在气相发生，而是更加复杂。大气颗粒物参与的化学反应已成为大气化学反应动力学研究的重要领域。

本节介绍涉及大气颗粒物的多相反应，包括固体颗粒物表面非均相反应和液体颗粒物反应，着重阐述固体颗粒物表面非均相反应基本概念和原理，并从实验室模拟的结果出发，分析大气颗粒物表面非均相反应的机理和特点及在实际大气中的一些应用。

一、大气颗粒物反应的分类

（一）非均相反应与液相反应

在过去，人们并没有把大气中颗粒物参与的反应严格地区分为非均相反应（heterogeneous phase reaction）和液相反应（liquid phase reaction），经常统称为多相反应（multiphase reaction）。对于“非均相反应”有许多种定义，不同的定义有各自不同的侧重点。有时笼统地把发生在大气固体颗粒物表面、含表面水层的固体颗粒物表面和云粒子表面的化学转化和光化学过程统称为非均相反应。

近年来，越来越多的研究者根据反应过程中气体分子是否能进入颗粒物体相，将颗粒物参与的大气化学反应分成非均相反应和液相反应。图 3-25 是区分这两类反应的示意图。在固体颗粒物参与的反应中，颗粒物表面不仅是反应的发生场所，也是反应的参与者，表面活性位点的存在能促进许多反应的发生；同时由于颗粒物处于固体物态，反应气体及其产物分子在颗粒物内部的扩散速率非常缓慢，反应往往局限在固体的表面。这样的反应称为非均相反应。而对于液体颗粒（云、雾和雨滴）参与的反应来说，由于大部分的气体分子在液体中扩散速率很快，反应将发生在液体颗粒物从表面到体相的整个体系中，这样的反应称为液相反应。如果固体颗粒物被水层包裹，则难于严格区分这两类反应；显然，此时水层的厚度将决定其是否作为单独的一相参与反应。也有人把颗粒物 – 水层界面称为"第四相态"，以区别于一般的气相、液相和固相。

在大气中，两种组分在液体颗粒物上反应（液相反应）可以分为 3 种情境，见图 3–26。情境 1：两种反应物均在液体体相中；情境 2（a 和 b）：一种反应物在液相体相，另一种反应物从气相而来到达液滴表面；情境 3：两种反应物均从气相到达液滴表面。情境 1 属于液体体相内的反应，也称为液相均相反应。情境 2 和情境 3 属于液滴表面反应，由于液滴表面很薄，只有 1~2 个分子层，因此这个表面也被称为界面（interface），在此发生的反应称为界面反应。

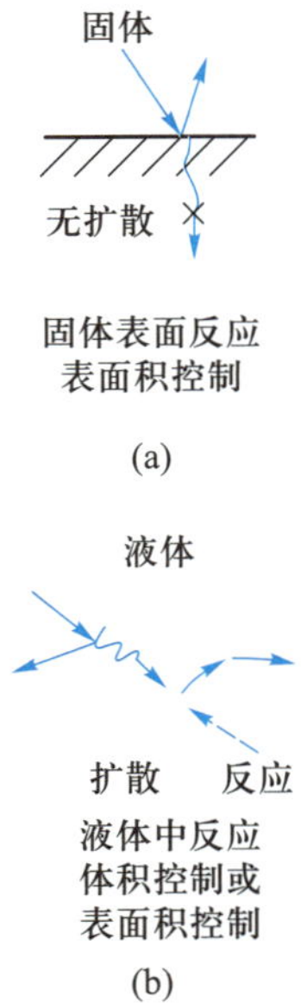

图 3–25　非均相反应和液相反应的比较

（资料来源：引自 Ravishankara，1997）

（a）非均相反应；（b）液相反应

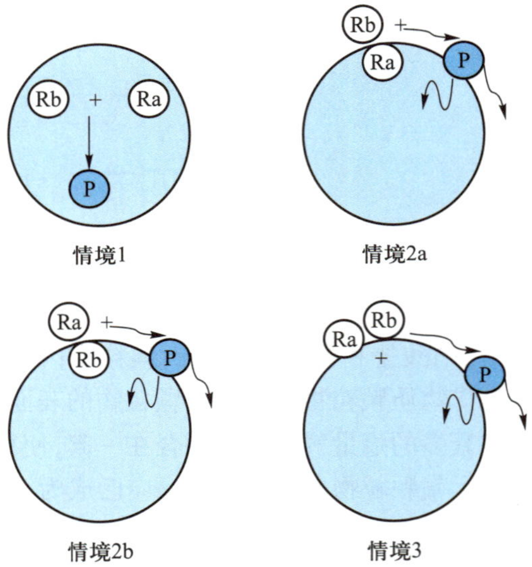

图 3–26　大气液相反应的情境

（资料来源：引自 Chen 等，2008）

Ra：反应物 a；Rb：反应物 b；P：产物

（二）动态固体与刚性固体

在非均相反应中，固体性质不同，其表面参与反应的程度不同。Ravishankara 和 Longfellow（1999）将参与非均相反应的固体分为动态固体（dynamic solid）和刚性固体（rigid solid）两类。动态固体指表面能不断被更新的固体。在这类固体表面，即使固体基质本身参与反应，由于基质分子的供应通量远大于任何反应物的供应通量，一个反应的发生也不会影响同时或随后发生的另一个反应的进行。平流层的颗粒物大多是动态固体，如冰云。刚性固体则与之相反，指固体表面基本上不能通过表面物质的沉降和蒸发而更新，反应使其表面发生不可逆的改变，即表面可以被激活或中毒。对流层的许多颗粒物都呈现刚性固体的性质，如烟炱。对于刚性固体，将实验室测出的反应系数用到大气中应格外小心。这是因为刚性固体在实验室条件和大气中暴露环境是不同的，例如，在大气中其表面可能会由于非均相反应而失活。在模式中大多将刚性固体看成反应物而非反应场所，它随着反应的进行而消耗。

当然，二者不能截然区分开。某种颗粒物对于某一个反应来说是动态固体，对于另一个反应来说则可能是刚性固体；而动态固体可能由于吸收了新物质或形成了新相而发生改变；一种刚性固体也可以被一种动态固体覆盖，而其大气反应活性取决于表面的性质。

二、非均相反应的速率

（一）非均相反应的速率

1. 非均相反应的基本过程

在大气中，气相的气体分子要在固体颗粒物表面生成新的气体分子，然后离开表面重新进入气相，其过程大致上可以分为以下几个步骤：① 大气气相的气体分子由气相向固体表面扩散；② 扩散到固体表面的气体分子被固体表面所吸附；③ 被吸附的气体分子在固体表面上发生反应，生成被固体表面所吸附的产物分子；④ 被吸附的产物分子脱附至固体表面附近的气相中；⑤ 脱附了的产物分子通过扩散而远离固体表面进入大气气相。

对于气体反应分子或产物分子，其扩散步骤的扩散活化能极小，故一般①、⑤两步是快步骤。②、④两步也是非反应性的过程，吸附和脱附过程需要一定的活化能，故这两步进行得比较慢。对于在固体表面发生的气体分子反应来说，步骤③即表面化学反应步骤一般是最慢的，并且往往与脱附步骤结合在一起，构成气－固反应的控制步骤。

2. 非均相反应速率方程

实际大气的非均相过程非常复杂，难以进行全面的描述。为了方便讨论，大气化学模式一般把非均相反应按假一级过程进行处理，此时速率常数（k_j）由下式计算得到（Dentener 等，1996）：

$$k_j = \int_{r_1}^{r_2} k_{d,j}(r)\,n(r)\,\mathrm{d}(r) \tag{3-151}$$

式中：$n(r)\mathrm{d}(r)$ ——依赖粒子大小的粒子数浓度，cm^{-4}；

$k_{d,j}$——依赖粒子大小的物质转化系数（mass transfer coefficient），cm^3/s。

$k_{d,j}$ 与物质集聚系数（mass accommodation coeffient）（α）有关，这里 α 定义为

$$\alpha = \frac{\text{气体分子被表面吸附的速率}}{\text{气体分子与表面碰撞的速率}} \tag{3-152}$$

α 通常用来表征气体分子与液体（水相）表面的碰撞吸附效率，它代表了气体分子进入水相的溶解能力。然而，固体表面无须考虑溶解作用，用摄取系数（uptake coefficient）（γ）来表示表面对气体分子的作用能力，其定义如下：

$$\gamma = \frac{\text{单位时间内气体分子从气相中减少的数目}}{\text{单位时间内气体分子与固体表面碰撞的总数}} \tag{3-153}$$

γ 有时也称为表面反应概率（reaction probability）或反应黏滞系数（reactive sticking coefficient）。对于固体颗粒物来说，γ 与 α 是等同的；模式中通常使用 γ。知道了 γ 后，可以由下式求

得 $k_{d,j}$：

$$k_{d,j}=\frac{4\pi D_j V}{1+Kn[1+4(1-\gamma)/3\gamma]} \tag{3-154}$$

式中：D_j——气相分子扩散系数，cm^2/s；

Kn——克努森数（Knudsen number），$Kn=\lambda/r$，λ 为气体分子在空气中的有效平均自由程；

V——通风系数。

γ 是一个重要的参变数，需要通过实验测定。Baltensperger 等（1996）提出，$\gamma>10^{-2}$ 的非均相反应对大气化学有重要影响，而 $\gamma<10^{-5}$ 的非均相反应对大气化学几乎没有影响。但这一结论还需要进一步论证。

Preszler 等（2002）提出另一种描述方法，一种气体在颗粒物表面通过吸附作用而损失的假一级速率常数（k）表示如下：

$$k=\frac{\gamma(\bar{c}/4)[C_m]S}{1+\gamma/f(Kn)} \tag{3-155}$$

式中：$\bar{c}$——气体分子的平均运动速率，m/s；

C_m——颗粒物样品浓度，g/m^3；

S——比表面积，m^2/g；

Kn——克努森数。

在式（3-155）中，考虑了气体扩散到达颗粒物表面的过程，该过程用 Fuchs-Sutugin 项校正：

$$f(Kn)=\frac{Kn(Kn+1)}{0.75+0.283Kn} \tag{3-156}$$

在流体系统中，气体分子的平均自由程比颗粒物的半径大得多，而且 $\gamma \leqslant Kn$，于是式（3-155）简化为

$$k=\frac{\bar{c}}{4}\gamma[C_m]S \tag{3-157}$$

此时，速率常数只与反应摄取和气体分子碰撞速率有关。相反，若 Kn 与 γ 相比要小很多，则

$$k=\frac{D[C_m]S}{r} \tag{3-158}$$

式中：D——扩散系数，m^2/s，可由 $\lambda=2D/\bar{c}$ 得到。

在这种情况下，速率常数由气体扩散到颗粒物表面的过程来控制。

3. 速率方程的应用

Dentener 等使用一个三维模式研究了矿物质颗粒物非均相化学对整个对流层大气的影响，特别是对含硫化合物、含氮化合物及光氧化剂循环的影响。该模式考虑了 $HO_2\cdot$、N_2O_5、HNO_3、O_3 和 SO_2 在矿物质颗粒物上的非均相反应，也考虑了矿物质颗粒物的来源、输送和去除过程。全球沙尘的来源采用文献报道的月平均数据，得出在沙尘的季节里每月的沙尘

暴天气为 1~3 d。根据文献分析了背景大气和沙尘天气大气的矿物质颗粒物粒径分布情况，粒径为 0.1~100 μm。模式还考虑了颗粒物的湿沉降和重力沉降（干沉降）去除速率。

非均相化学反应按假一级过程处理，模式中用到的 γ 值列于表 3–11 中，涉及的物种包括 HNO_3、N_2O_5、$HO_2\cdot$、O_3 和 SO_2。

需要注意的是，该模式采用的各物种的 γ 值大多不是直接用矿物质颗粒物测得的，而是由其他颗粒物或干沉降估计得到的，因此存在很大的不确定性。特别是 O_3 在矿物质颗粒物上的摄取，由于没有直接的测定技术，只能根据干沉降实验和在烟炱与含铁颗粒物上的摄取进行估算，因此，O_3 在矿物质颗粒物上的摄取可能是该模式中最大的不确定性。对于 $HO_2\cdot$ 在干颗粒物上的摄取也没有定量数据，目前是假设在干颗粒物上的反应情况和在潮湿的条件下相同，根据 $HO_2\cdot$ 在液滴上的摄取实验结果，估算出 $HO_2\cdot$ 在干颗粒物上的摄取系数为 0.1。采用类似的方式，通过在液滴上的相关文献，可以得到 HNO_3 的摄取系数。N_2O_5 的摄取系数是通过在硫酸和硫酸铵颗粒物表面的实验得到的。SO_2 的摄取系数随颗粒物周围环境的相对湿度而变化，这与其他物种稍微不同。在相对湿度大于 50% 的情况下，根据在液滴表面的实验结果，可以估算出摄取系数为 0.1；而在相对湿度小于 50% 的情况下，根据干沉降的观测结果，可以计算出摄取系数为 3×10^{-4}。

表 3–11 Dentener 等（1996）在矿物质颗粒物非均相化学模式中采用的不同物种的摄取系数（γ）

物种	γ
HNO_3	0.1
N_2O_5	0.1
$HO_2\cdot$	0.1
O_3	5×10^{-5}
SO_2	3×10^{-4}, RH<50%
	0.1, RH>50%

在 $HO_x\cdot$ 和 NO_y 的化学循环过程中，有几种很重要但是没有包括在模式中的化学物种。含氢自由基（$HO_x\cdot$）一般包括 $\cdot OH$ 和 $HO_2\cdot$。反应性含氮化合物（NO_y）包括 NO_x（NO 和 NO_2）及其在大气中所有的氧化产物（一般包括 HNO_3、HONO、$NO_3\cdot$ 和 N_2O_5，同时也包括过氧硝酸 $HOONO_2$ 和过氧烷基硝酸酯 $ROONO_2$）。

Dentener 等讨论了一些重要的对流层物种如 $\cdot OH$、H_2O_2 和 $NO_3\cdot$ 不受重视的原因。例如，$\cdot OH$ 的非均相反应并不如它的气相去除那么快，因此也不是很重要；H_2O_2 只有在水中容易发生反应，因此矿物质颗粒物必须吸收大量的水才能使非均相反应进行得足够快。对于 $NO_3\cdot$，目前还没有相关的实验支持要在模式中考虑 $NO_3\cdot$，并且估算表明非均相反应不会对 NO_x 的去除起重要作用。

Dentener 等估算了全球排放到大气中的沙尘总量，粒径小于 10 μm 的颗粒物为 1 800 Tg/a，粒径小于 30 μm 的颗粒物为 15 500 Tg/a。模式研究表明，对于上述半径小于 10 μm 和 30 μm 的颗粒物来说，分别只有 16% 和 3% 能够进行长距离传输。此外，如果模式中不考虑沙尘排放量很大的时期，那么全球的沙尘排放量会减少 50%。该模式也计算了沙尘的平均浓度、粒径分布、柱丰度和去除速率，计算结果与野外测定和其他模式计算得到的数据很一致。他们还发现释放到大气中的沙尘及其后续的非均相反应会影响所有的化学循环，包括含硫化合物、含氮化合物及光化学循环，但是影响程度取决于各种痕量气体的气相寿命。结果总结列在表 3-12 中。

表 3-12 根据 Dentener 等的三维全球模型得到的矿物质颗粒物排放对几种大气物种的影响

物种	在高沙尘地区对大气浓度的影响
含 NO_3^- ①	大于 40% 的总硝酸盐与沙尘有关（全球平均）
N_2O_5	很小的变化
$HO_2\cdot$	减少 10%
O_3	在沙尘季节减少 10%（年平均减少 8%，由于直接的分解减少 2%~6%）
含 SO_4^{2-} ②	50%~70% 的总硫酸盐与沙尘有关（在源地区） 大于 10% 的总硫酸盐与沙尘有关（全球平均）

注：① 硝酸盐包括但不限于固态和液态的物种如 HNO_3、NH_4NO_3、$NaNO_3$ 和 $Ca(NO_3)_2$ 及溶解的离子。
② 硫酸盐包括但不限于固态和液态的物种如 H_2SO_4、$(NH_4)_2SO_4$、NH_4HSO_4、$(NH_4)_3H(SO_4)_2$、Na_2SO_4、$CaSO_4$ 和 $MgSO_4$ 及溶解的离子。

在硫酸盐循环中，鉴于大气中大多数沙尘中含有 10% 以上的硫酸盐，在排放源附近地区，可以确定存在于大气中 50%~70% 的硫酸盐与沙尘有关。重要的是，SO_2 在沙尘上的反应是比干沉降更快的一个去除过程。由于硫酸盐颗粒物有净的致冷效应，这一现象可能会对这些颗粒物的辐射强迫产生潜在的影响。研究表明，含有硫酸盐的较大沙尘颗粒物实际的致冷效应比目前预测的要小。相反，含有硫酸盐的沙尘会增加其成为云的凝结核的可能性。

对于硝酸盐而言，研究发现在高浓度沙尘地区，几乎大气中所有的硝酸盐都存在于沙尘上，并且在南半球和北半球的大部分大气中，大于 40% 的总硝酸盐浓度与沙尘有关。由于沙尘中含有的钙对于中和硝酸有很强的缓冲能力，可以认为沙尘中含有的硝酸盐是大气中硝酸盐的重要组成部分。有关硝酸盐的一个重要结果是在源地区，HNO_3 能够吸附在沙尘的表面并被传输到遥远地区，但是由于气相 HNO_3 不能进行长距离传输，如果不是通过沙尘的传输，该地区不会有很高浓度的 HNO_3，通过沙尘传输到遥远地区的 HNO_3 就能够在当地参与光化学反应。此外，如果 HNO_3 吸附在较大的沙尘颗粒物上，就会被很快地从大气中清除，因此能够降低源附近地区 HNO_3 的浓度。

该模式结果表明，排放到对流层大气中的沙尘也会影响光化学氧化剂的循环。据估算，在高沙尘地区，O_3 的浓度会降低 10%；在相同地区年 O_3 浓度平均降低 8%。而在距离时常发生沙尘暴较远的地区，O_3 的浓度变化很小。在观测到的 10% 的 O_3 浓度减少中，2%~6% 是由于 O_3 在矿尘表面的直接分解引起的，但是由于缺少相关的数据，这一估算结果存在很大的不确定性。另外，根据模式计算，在高沙尘地区，$HO_x\cdot$ 的浓度会降低 10%，但是在这种地区 NO_x 的浓度一般也会降低，因此不会进而影响 O_3 的浓度。

尽管该模式证明沙尘对对流层化学有着重要的影响，但 Dentener 等认为由于缺少有关特定反应的实验参数，模式模拟存在不确定性，由该模式得出的一些结论也存在一定的不确定性；其中的一个不确定性是没有考虑沙尘发生地区土壤中最初含有的硫酸盐。颗粒物的化学老化或侵蚀会使其表面发生功能分化，阻碍或者增强其对其他物种的反应活性，这也需要考虑在大气模式中。另外，在该模式中用到的非均相反应假设所有的反应都遵从持续的假一级摄取，并且不随传输时间、不同表面性质或者表面反应机理而发生变化。该模式中这一假设的有效性需要进行评估。

（二）摄取系数的测量

1. 净摄取系数和反应摄取系数

摄取系数 γ 是颗粒物对气体分子摄取或反应能力的重要量化指标，它的数值一般在实验室测量确定。

气体分子在固体颗粒物表面的净摄取系数（γ_{net}）可定义为

$$\gamma_{net}=\frac{\text{气体分子被固体表面净摄取的速率}}{\text{气体分子与固体表面碰撞的速率}} \tag{3-159}$$

γ_{net} 的值一般是根据以上定义由实验装置测量得到的，因此有时也称为测量的摄取系数 γ_{meas}。如果气体分子在表面发生了不可逆的化学反应，也可以通过检测生成物浓度的变化来确定摄取系数，称为反应摄取系数（reactive uptake coefficient），用 γ_{rxn} 表示，其定义为

$$\gamma_{rxn}=\frac{\text{气体分子在固体表面反应的速率}}{\text{气体分子与固体表面碰撞的速率}} \tag{3-160}$$

在实验室，通常使用克努森池（Knudsen cell）来测定净摄取系数 γ_{net}，其测量原理如图 3-27 所示。测量分两步进行：首先，装有颗粒物的托盘被盖子紧密盖住，气体分子进入克努森池，气体与被密封的颗粒物没有接触，摄取不能发生，气体分子通过节流孔进入质谱仪被检测；然后，在持续通气的情况下，通过伸缩杆迅速拉开盖子，使气体分子与颗粒物接触，气体分子被颗粒物摄取，则质谱仪检测到的气体浓度信号减小。通过开盖前后的质谱仪检测气体浓度的比值，可计算出摄取系数。

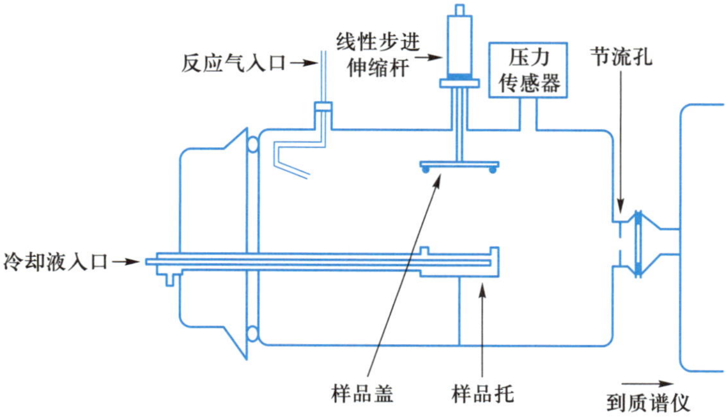

图 3-27 克努森池示意图

（资料来源：引自 Finlayson-Pitts 和 Pitts，2000）

漫反射红外傅里叶变换光谱(diffuse reflectance infrared Fourier transform spectroscopy, DRIFTS)是一种常用的测量反应摄取系数 γ_{rxn} 的技术,其原理见图 3-28。通过一定方法使红外光聚焦到颗粒物样品表面,再收集漫反射光进行分析。漫反射光可以用来测定反应产物的浓度随时间的变化,从而可以得到反应速率,再结合计算得到的分子碰撞速率,就可以得到反应摄取系数 γ_{rxn}。在实际中,通常用下式来求 γ_{rxn}:

$$\gamma_{rxn} = \frac{d\{P_a\}/dt}{Z} \tag{3-161}$$

其中:

$$Z = \frac{1}{4}\bar{v}A_s[G] \tag{3-162}$$

$$\bar{v} = \sqrt{\frac{8RT}{\pi M_G}} \tag{3-163}$$

式中:$\{P_a\}$ ——气体分子 G 在颗粒物表面反应生成的产物 P 的浓度;

Z——气体分子 G 与颗粒物碰撞的通量;

$\bar{v}$ ——气体分子 G 的平均运动速率;

M_G——G 的分子量;

A_s——颗粒物样品的有效反应面积。

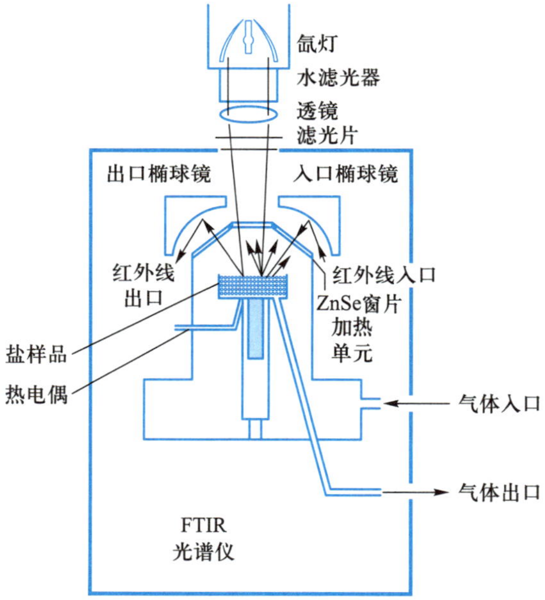

图 3-28 DRIFTS 示意图

(资料来源:引自 Vogt 和 Finlayson-Pitts, 2000)

2. 初始摄取系数和稳态摄取系数

气体分子与颗粒物暴露瞬时的摄取系数,称为初始摄取系数(initial uptake coefficient),用 γ_0 表示。初始摄取系数往往代表颗粒物在反应初始时的反应性,它不受颗粒物粒径等因素的影响,是实验室测定的最大摄取系数,通常用来评估大气环境下颗粒物的反应活性。

在实际大气中，许多反应的摄取系数将随着反应的进行而变化，此时用初始摄取系数表示反应性，往往会高估非均相反应的作用。有的反应进行到一定时间后，摄取系数趋于定值，即气－固反应达到稳态，此时的摄取系数称为稳态摄取系数（steady state uptake coefficient），用 γ_{ss} 表示。γ_{ss} 也可以用来评估颗粒物在大气中的反应能力。通过将 γ_{ss} 与 γ_0 相对比，可以更加全面地了解大气非均相反应过程。

表 3–13 列出了实验室测定的 SO_2 在不同颗粒物上的摄取系数。

表 3–13 SO_2 在不同颗粒物上的摄取系数（γ）

颗粒物	反应器	γ②	参考文献
TiO_2	克努森池	1×10^{-4}③	Usher 等，2002
$CaCO_3$	克努森池	1×10^{-4}③	
α–Fe_2O_3	克努森池	7×10^{-5}③	
MgO	克努森池	5×10^{-4}③	
α–Al_2O_3	克努森池	2×10^{-4}③	
中国黄土	克努森池	3×10^{-5}③	
矿物灰尘	克努森池	5×10^{-6}③	Ullerstam 等，2003
石灰石，砂石	由干沉降估算	5×10^{-5}	Dentener 等，1996
矿物灰尘	DRIFTS（$+O_3$）①	5×10^{-7}④	Ullerstam 等，2002
矿物灰尘	DRIFTS（$+NO_2$）①	3×10^{-10}④	
$CaCO_3$	DRIFTS（$+O_3$）①	1.5×10^{-7}④	Li 等，2006
NaCl	DRIFTS（$+O_3$）①	1×10^{-8}④	Li 等，2006
亚洲沙尘暴沙尘	DPR	1.5×10^{-4}③	Huang 等，2015
亚洲沙尘暴沙尘	DPR（$+H_2O_2$）	6.2×10^{-4}③	Huang 等，2015
亚利桑那标准沙尘	Chamber	1.2×10^{-6}③	Park 和 Jang，2016
亚利桑那标准沙尘	Chamber	1.2×10^{-5}③	Park 和 Jang，2016

注：DPR，基于膜（网）的分散颗粒物反应器（Disperse Particle Reactor based on membrane or metal mesh），常压空气；Chamber，烟雾箱，常压空气。$+O_3$，存在 O_3 时；$+NO_2$，存在 NO_2 时；$+H_2O_2$，存在 H_2O_2 时。

① DRIFTS 根据颗粒物表面硫酸盐的生成速率来测定反应摄取系数，因此需要有氧化剂的参与，括号中的物质为氧化剂。

② 用 BET 面积代表颗粒物有效表面积。

③ 为 γ_{net}。

④ 为 γ_{rxn}。

从表 3–13 可以看出，克努森池和 DRIFTS 两种实验技术测定的摄取系数有很大的区别。例如，Ullerstam 等（2003）分别用克努森池和 DRIFTS 测定了 SO_2 和 NO_2 在矿物质颗粒物表面的摄取系数。克努森池测定的 SO_2 和 NO_2 的摄取系数（γ_{net}）分别为 10^{-6} 和 10^{-7}。在 DRIFTS 测定中，当气相中只有 SO_2，未通入 NO_2 时，颗粒物表面未检测出硫酸盐的生成，而气相中增加 NO_2 时能检测到 SO_2 被氧化生成了硫酸盐，由硫酸盐的生成浓度和颗粒物的 BET 面积计算出 γ_{rxn} 为 10^{-10}。可以看出，两种方式测定得到的 SO_2 摄取系数相差约 10^4 倍。需要指出，造成 γ_{net} 和 γ_{rxn} 如此大差别的原因是测量原理不同：

（1）克努森池是低压反应器，池体内仅有一种待测气体分子与颗粒物碰撞，即颗粒物只吸附一种气体分子。DRIFTS 是常压反应器，池体内除反应气体外还含有巨大成分的载气（氮气或合成空气），因此气体分子在颗粒物表面的吸附就变成了反应气体分子和载气分子的竞争吸附，使反应气体分子被摄取的概率显著减小。

（2）克努森池测量气体分子的减少量，而 DRIFTS 测量气体分子被吸附后通过化学反应生成的产物的增加量。

（3）颗粒物暴露于气体的时间尺度不同。在克努森池中，使用四极杆质谱仪测量气体分子，仪器检测灵敏度高、响应快，所需暴露时间一般小于 100 ms。在 DRIFTS 中，使用红外光谱仪测量颗粒物上由气体生成的产物，仪器灵敏度低、响应慢，为了得到足够的产物浓度，暴露时间不能少于 10 s。因此，在测量初始摄取系数时，克努森池比 DRIFTS 更加“初始”。

实验室测定的颗粒物摄取系数会受到很多因素的影响，如颗粒物粒径、比表面积和形状等。因此，将实验室测定的摄取系数用来评估复杂多变的大气环境下的颗粒物摄取能力（反应能力）时，需要考虑数据的重复性和适用条件。

三、非均相反应的机理

（一）反应机理的类型

在大气中，气体在颗粒物表面的非均相反应途径一般有 6 种类型。图 3-29 描述了这 6 种具体的反应机理。

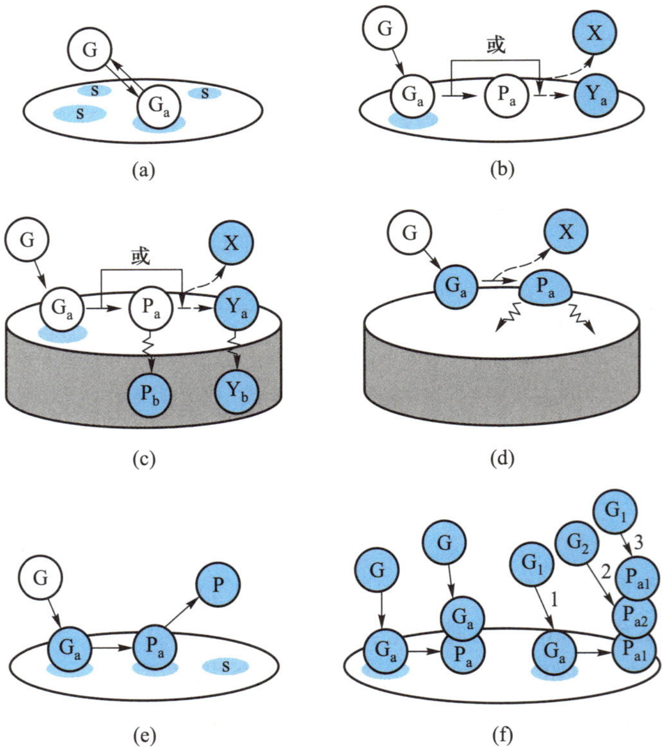

图 3-29 颗粒物表面非均相反应的 6 种类型反应机理

（资料来源：引自 Usher 等，2003）

G. 气体分子；G_a. 吸附态气体分子；S. 表面反应点位；P_a. 吸附态产物分子；X. 气态产物分子；Y_a. 吸附态二次产物；P_b、Y_b. 进入体相的产物分子；P. 解吸附的产物分子机理（a）是气体分子 G 在颗粒物表面非反应性的可逆吸附，假设吸附符合简单的朗缪尔（Langmuir）吸附机理。则气体分子 G 的覆盖度将取决于气体分子 G 在大气中的分压 P、温度和朗缪尔平衡常数 K。平衡常数定义为吸附速率与解吸速率的比值。在稳态条件下，平衡覆盖度 θ 由下式给出：

$$\theta=\frac{KP}{1+KP} \tag{3-164}$$

则摄取系数 γ 与覆盖度有如下关系：

$$\gamma=\gamma_0(1-\theta) \tag{3-165}$$

式中：γ_0——覆盖度为 0 时的摄取系数。

由式（3-165）可知，摄取系数将与覆盖度和反应时间相关。需要指出的是，机理（a）隐含了在一些情况下，当颗粒物在大气中区域之间传输的过程中，吸附的气体可能会从颗粒物表面释放，即当颗粒物环绕气体的环境浓度降低时，气体将从表面解吸。因此，矿物质颗粒物可能是气体分子在大气中传输的另一条途径，可以成为污染物的源。对于半挥发性有机物尤其重要。

机理（b）代表气体分子的可逆吸附和随后的表面反应，根据反应

$$\mathrm{G(g)+site \rightleftharpoons G(a) \longrightarrow P(a)} \tag{3-166}$$

或

$$\mathrm{G(g)+site \rightleftharpoons G(a) \longrightarrow Y(a)+X(g)} \tag{3-167}$$

反应可能生成新的气相产物。这种情况下，要考虑吸附的限制，由于反应后与表面键合的生成物可能阻碍了活性位，反应会随之减弱。该机理主要应用于 O_3 在有机物附着的烟炱表面的反应，对矿物质颗粒物表面的反应也能适用。机理（c）代表了气体分子的可逆吸附和随后的表面反应，反应可能生成新的气相产物，同时表面的产物进入颗粒物的体相中。该机理中，表面反应位得到再生，颗粒物的反应活性将由其总体积决定，而不仅仅是表面反应位。

机理（d）代表气体分子吸附在包覆于矿物质颗粒物表面的潮解液膜中，随后经过溶解、扩散进入液相并在液膜中反应，反应可能生成新的气相产物，这种反应与气体分子在含有相似组成的液滴中的反应相似。

机理（e）代表催化反应。该机理的反应能够连续地发生，表面不会达到饱和。对于催化反应，反应摄取系数在达到稳态之前也随着时间下降，因为表面的一些活性强的吸附位随着时间而活性减弱，如 O_3 在沙尘颗粒上的降解反应。但随着反应的进行，一些活性位可能失去部分活性，因此反应摄取系数一直会降低，直到达到一个稳态摄取系数值。

机理（f）代表一种更加复杂的情况，表面形成了多层覆盖，可以发生协同吸附，即一种吸附分子通过提供反应位或介质来帮助其他分子吸附。

在大气化学模式中，一般需要分析某一特定气体物种与颗粒物相互作用的具体过程，然后选择相应的机理进行讨论。

（二）实验室模拟反应

大气颗粒物表面反应很早就引起了人们的注意，其工作最早开展于 20 世纪 50 年代。然而，由于反应体系的复杂性和实验技术条件的限制，大气环境化学领域对颗粒物表面反应

的研究还主要集中在矿物质颗粒物方面，例如，SO_2 在各种单组分矿物质颗粒物（$\alpha-Al_2O_3$、$CaCO_3$、MgO 等）表面的反应。近年来，海盐、烟炱和硫酸盐等颗粒物的表面反应也逐渐开展起来。由于过于复杂，环境大气颗粒物的表面反应还几乎无人涉及。Wu 等（2015）首次在实验室模拟研究了实际大气细颗粒物（$PM_{2.5}$）与 H_2O_2 的非均相反应，发现 H_2O_2 摄取系数随相对湿度增加而增大，并探究了反应机理。这方面的工作还有赖于实验技术的进一步发展。

下面以 SO_2 在矿物质单组分颗粒物表面的非均相反应为例，阐述实验室模拟研究反应机理的方法。

$CaCO_3$ 是矿物质颗粒物的重要成分。研究发现，在 O_3 和水汽存在的条件下，SO_2 能够迅速地在 $CaCO_3$ 颗粒物上生成硫酸盐，总反应方程式为

$$SO_2(g)+2O_3(g) \xrightarrow{CaCO_3, H_2O} SO_4^{2-}(a)+2O_2(g) \tag{3-168}$$

Li 等（2006）利用 DRIFTS 研究了 SO_2 在 $CaCO_3$ 颗粒物上的 O_3 氧化反应机理。通过一系列不同条件下的实验研究，得到以下结果：① 在常压空气和一定相对湿度条件下，SO_2 在 $CaCO_3$ 颗粒物上的吸附实验中，DRIFTS 明显地观测到表面生成了亚硫酸盐；② 在常压空气和一定相对湿度条件下，O_3 在 $CaCO_3$ 颗粒物上的吸附实验中，DRIFTS 不能明显地观测到表面吸附态的 O_3；③ O_3 能将亚硫酸盐氧化成硫酸盐；④ O_3 对 SO_2 的气相氧化在实验中可以忽略。⑤ 同时通入含 SO_2 和 O_3 的空气（相对湿度为 0~60%），$CaCO_3$ 颗粒物表面上迅速地生成硫酸盐，吸附水对硫酸盐的生成有促进作用，在初始反应阶段，总反应对 SO_2 为一级，对 O_3 为零级。

根据以上实验结果，研究者使用了一个包含三个过程的简单机理来解释 SO_2 在 $CaCO_3$ 颗粒物表面的 O_3 氧化反应：

首先是吸附过程，即 SO_2 在 $CaCO_3$ 表面的吸附：

$$SO_2(g) \underset{k_{-1}}{\overset{k_1}{\rightleftharpoons}} SO_2(a) \tag{3-169}$$

该吸附过程为一个可逆过程。

其次是四价硫的形态转换过程，即吸附态的 SO_2 与表面吸附水作用，生成吸附态的亚硫酸盐：

$$SO_2(a)+H_2O(a) \xrightarrow{k_2} SO_3^{2-}(a)+2H^+(a) \tag{3-170}$$

由于 $CaCO_3$ 本身为碱性，反应生成的 H^+ 随即被 $CaCO_3$ 反应而除去，因而该反应不是可逆反应。

最后是表面氧化过程，即亚硫酸盐被 O_3 氧化生成硫酸盐：

$$SO_3^{2-}(a)+O_3 \xrightarrow{k_3} SO_4^{2-}(a)+O_2(g) \tag{3-171}$$

与亚硫酸盐不同，在 O_3 的吸附实验中，DRIFTS 不能观测到吸附态的 O_3，这说明 O_3 吸附态的浓度应该很低。虽然 O_3 在颗粒物上的摄取系数比 SO_2 在颗粒物上的摄取系数低一个数量级以上（表 3-11 和表 3-13），但是实验发现 O_3 的供应不是速控步骤。因此，O_3 很可能直

接以气态形式与 $CaCO_3$ 颗粒物上的吸附态 SO_3^{2-} 进行反应。

硫酸盐的生成速率可表示为

$$r=\frac{d\{SO_4^{2-}\}}{dt}=k_3\{SO_3^{2-}\}[O_3] \tag{3-172}$$

式中:$\{SO_3^{2-}\}$ ——亚硫酸盐的表面浓度;

$[O_3]$ ——O_3 的气相浓度。

由于体系中同时通入 SO_2 和 O_3 时观察不到吸附态的 SO_2,可以认为 SO_2 吸附后很快转化成亚硫酸盐,吸附态 SO_2 处于稳态,即它的生成速率等于消耗速率,于是有

$$\frac{d\{SO_2\}}{dt}=k_1[SO_2]-k_{-1}\{SO_2\}-k_2\{SO_2\}=0 \tag{3-173}$$

可得

$$\{SO_2\}=\frac{k_1[SO_2]}{k_{-1}+k_2} \tag{3-174}$$

式中:$[SO_2]$ 和 $\{SO_2\}$ ——SO_2 的气相浓度和表面浓度。

由于同时通入 SO_2 和 O_3 时观察不到亚硫酸盐,可以认为亚硫酸盐生成后很快转化成硫酸盐,亚硫酸盐的浓度也处于稳态,即生成速率等于消耗速率,所以有

$$\frac{d\{SO_3^{2-}\}}{dt}=k_2\{SO_2\}-k_3\{SO_3^{2-}\}[O_3]=0 \tag{3-175}$$

可得

$$\{SO_3^{2-}\}=\frac{k_2\{SO_2\}}{k_3[O_3]} \tag{3-176}$$

将式(3-174)代入式(3-176),得

$$\{SO_3^{2-}\}=\frac{k_1k_2[SO_2]}{k_3(k_{-1}+k_2)[O_3]} \tag{3-177}$$

将式(3-177)代入式(3-172),得

$$r=\frac{d\{SO_4^{2-}\}}{dt}=\frac{k_1k_2}{k_{-1}+k_2}[SO_2]=k[SO_2] \tag{3-178}$$

其中

$$k=\frac{k_1k_2}{k_{-1}+k_2} \tag{3-179}$$

由式(3-178)可知,总反应体现为对 SO_2 是一级,对 O_3 是零级。推导出的反应级数与实验测得的初始反应阶段的结果相一致。

SO_2 在 $CaCO_3$ 颗粒物表面的非均相 O_3 氧化机理可以用图 3-30 来描述。图中的质点代表 $CaCO_3$ 颗粒物表面的反应位,台阶代表 $CaCO_3$ 颗粒物表面台阶形式的表面缺陷。反应过程如

下：气态 SO_2 在表面吸附，变成吸附态 SO_2，同时水汽也在表面吸附，这两个吸附过程为可逆过程；吸附态 SO_2 在吸附水和 $CaCO_3$ 颗粒物表面碱性的作用下转化成亚硫酸盐；亚硫酸盐被 O_3 氧化成硫酸盐。

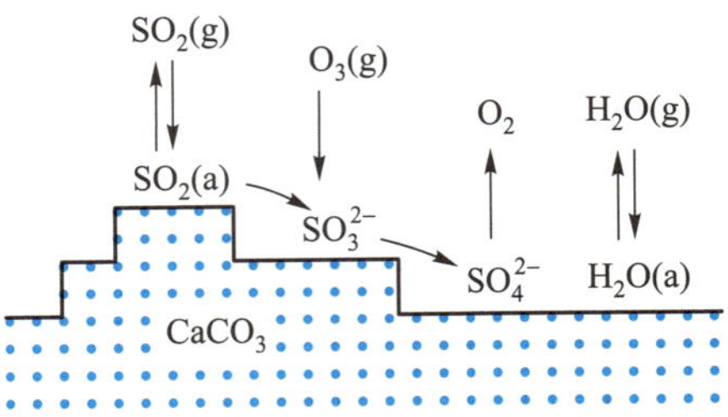

图 3-30 SO_2 在 $CaCO_3$ 颗粒物表面的非均相 O_3 氧化机理示意图

需要关注的是，大气中共同存在的氧化剂将促进 SO_2 在矿物质颗粒物表面反应。Huang 等（2015）通过实验室模拟研究了 SO_2 在实际大气亚洲沙尘暴颗粒物上的非均相反应，发现大气浓度水平中 H_2O_2 的存在可以使 SO_2 的摄取系数提高多倍（见表 3-13），高相对湿度条件更有利于摄取，使得 SO_2 在矿物质颗粒物上氧化生成硫酸（盐）的反应能持续进行。

四、表面吸附水对非均相反应的影响

在许多固体颗粒物表面的非均相反应中，表面吸附水（surface adsorbed water）的作用是至关重要的。例如，前面提到的 SO_2 在 $CaCO_3$ 颗粒物表面的 O_3 氧化反应中，表面吸附水使吸附态的 SO_2 转化为亚硫酸（H_2SO_3），使得反应容易向下进行。下面再举一些例子进一步说明吸附水在表面非均相反应中的作用。

例 3-3 NO_2 在 SiO_2 颗粒物表面的反应：

$$2NO_2(g)+H_2O(a) \longrightarrow HONO(g)+HNO_3(a) \tag{3-180}$$

在该反应中，H_2O 作为反应物，而 HNO_3 是与表面结合的产物。同时水可以作为反应物和生成物解离的介质，一般无机酸和有机酸在水中发生解离，颗粒物表面的吸附水和“液体”水层可以大大地促进解离的发生。

例 3-4 HNO_3 在 $CaCO_3$ 颗粒物表面的反应：

$$2HNO_3(g)+CaCO_3 \longrightarrow Ca(NO_3)_2+CO_2(g)+H_2O(a) \tag{3-181}$$

H_2O 是反应的产物，同时可以作为 $Ca(NO_3)_2$ 解离的介质，由于 H_2O 的生成和 $Ca(NO_3)_2$ 解离的吸水性比 $CaCO_3$ 的强，反应不仅仅局限在表面，还能进入颗粒物的内部。

例 3-5 NO_2 和 HNO_3 在 NaCl 颗粒物表面的反应：

$$HNO_3(g)+NaCl \longrightarrow NaNO_3+HCl(g) \tag{3-182}$$

$$2NO_2(g)+NaCl \longrightarrow NaNO_3+ClNO(g) \tag{3-183}$$

研究发现干态下表面生成的初始硝酸盐阻碍了后续反应的发生，但是在由吸附水于表面形成的准液体层（quasi-liquid layer）中，原来孤立的硝酸盐成为可移动的硝酸根离子，当颗粒物干燥后，随着 $NaNO_3$ 的结晶，其在 NaCl 表面形成了微晶态，使得可反应的 NaCl 表面得以再生，因而为后续反应提供了活性位。

Ghosal 等（2001）用光电子能谱在线分析的方法研究了不同颗粒物表面氧原子的浓度，提出吸附在 NaCl 颗粒物表面的水可大致可分为以下 3 类：① 以吸附态液体层存在的饱和 NaCl 溶液，通常称为“准液体层”，即使在相对湿度低于 NaCl 颗粒物潮解点时，也能观察到它的存在。② 捕获的松弛结合水，即普通吸附水，它通常与松散堆积的粉末颗粒物相关，这类吸附水通过普通加热和抽真空等手段可以去除。③ 与缺陷点相关的强吸附水，在常温、真空下不能被去除，去除它需要高温条件（>500℃）。

五、亚硝酸和氯原子的非均相生成机制

（一）HONO 的生成

亚硝酸（HONO）在大气化学中起着很重要的作用，这是因为它会在夜间积累［清晨日出前达到最大，一般为几个 ppb（$\times10^{-9}$，体积分数）］，在清晨迅速光解生成 ·OH：

$$HONO+h\nu \longrightarrow \cdot OH+NO \quad (300\ nm<\lambda<400\ nm) \tag{3-184}$$

与 O_3 和甲醛相比，HONO 是清晨 ·OH 最重要的来源，而 ·OH 与有机物的反应将引发一系列的光氧化过程，从而导致 O_3、过氧乙酰硝酸酯（PAN）和大量二次污染物的形成，而 O_3 浓度的增加将会对环境造成污染，促使光化学烟雾的产生。此外，HONO 还是一种重要的室内污染气体，它可以迅速地与机体组织的胺反应形成影响人类健康的致癌物质——亚硝胺。因此搞清 HONO 在大气中的来源并研究它的形成机理就显得尤为重要。

至今已对亚硝酸的生成提出了多种机理：

$$NO(或\ N_2O_3)+NO_2(g)+H_2O \xrightarrow{Het} 2HONO \tag{3-185}$$

$$2NO_2(g)+H_2O(a) \xrightarrow{Het} HONO+HNO_3 \tag{3-186}$$

$$NO_2(g)+Red(a) \xrightarrow{Het} HONO+Ox(a) \tag{3-187}$$

$$NO(g)+HNO_3(a) \xrightarrow{Het} HONO+NO_2 \tag{3-188}$$

其中，Het 代表非均相反应，g 代表气态，a 代表吸附态，Red 代表还原剂，Ox 代表氧化剂。

反应（3-185）和（3-186）可以发生在地表面（包括裸露的土壤、城市建筑物表面、马路街道面、雪地等）及大气颗粒物表面。大多数的外场实验结果表明，HONO 在 NO_2 和 NO 或 NO·NO_2 之间存在一定的联系。Calvert 等（1994）提出夜间 HONO 的形成机理：NO 和 NO_2 反应先生成 N_2O_3，N_2O_3 再与水蒸气发生非均相反应生成 HONO。但是 NO 的浓度受 O_3 的影响很大，而夜间 NO 浓度很小，且实验室研究表明，NO 加入 NO_2—H_2O 体系中并不影响反应，因此反应（3-185）被普遍认为存在但并不重要。大量研究结果表明，反应（3-186）是大气中 HONO 的主要来源。Harrison 等（1996）给出了该反应发生在地表面的证据：当大气 NO_2 浓度不大于 10×10^{-9}（体积分数）时，HONO 流动向向下，发生干沉降；当大气 NO_2 浓度大于 10×10^{-9}（体积分数）时，HONO 流动向向上，这可看作 NO_2 在地面生成 HONO，以及 HONO 发生干沉降两个过程的净效应。Finlayson-Pitts 等人在不同 NO 浓度和相对湿度下模拟了反应（3-186），其主要结论为：① 反应生成三种产物，即 NO、HONO 和 N_2O；② 在有限的相对湿度条件下，HONO 的生成速率与 NO_2 和水蒸气浓度的一次方成正比；③ 气相中没有 HNO_3 的存在。结合大气中实际的 NO_2 浓度和相对湿度，从动力学角度再次证明了反应（3-186）的存在。

对于发生在大气颗粒物表面的情况，一些结合了大气颗粒物观测的外场实验表明，颗粒物参与了 HONO 的形成。Lammel 等（1996）提出，在 NO 浓度较低的情况下，海盐等颗粒物表面产生的 $NO_3\cdot$ 及 N_2O_5 达到一定浓度，能促使 HONO 的形成。

无论 NO_2 的水解是发生在大气颗粒物表面还是地表面，实验室得到的 HONO 经过 NO_2 非均相水解反应的形成速率比大气中所观测到的速率要低 2~5 个数量级。根据反应（3-186）的化学计量方程式，1 mol NO_2 被转化应生成同等量的 HONO 和 HNO_3；即使是在实验室，生成的 HONO 也只占发生反应的 NO_2 的 50%。在实验室对 NO_2 与悬浮煤烟颗粒物反应的研究发现，产物中没有 HNO_3。因此，Ammann 等（1998）研究了污染空气中 HONO 在煤烟颗粒物中的非均相反应，提出了反应机理（3-187）。该反应为氧化还原反应，主要发生在还原性物质的表面，式中 Red（a）和 Ox（a）分别代表还原状态和氧化状态的表面吸附物种，当该反应中的表面吸附物种能够通过还原而再生的时候，该机理将成为大气中 HONO 的重要来源。地表面连续暴露在一个氧化性的环境中，因此地表面不可能提供还原性表面。而大气颗粒物表面可以有还原剂的存在，因此颗粒物的种类对该反应的影响很大。Santis 等（1992）发现，HONO 在燃烧途径产生的烟炱颗粒物上比在其他表面的形成速率大 2 个数量级。Kalberer 等（1999）通过实验发现，在 NO_2 浓度为 10×10^{-9}（体积分数）、相对湿度为 30% 及环境大气压力下，NO_2 在烟炱颗粒物上转化为 HONO 比 Ammann 等人测得的结果要大 5~7 个数量级，这说明烟炱对于 NO_2 在颗粒物表面生成 HONO 具有催化作用。因此，城市污染大气中烟炱颗粒物的含量会对城市大气中 HONO 的浓度造成很大影响。

城市污染大气中存在较高浓度的 NO（g）与表面吸附的 HNO_3（a），Saliba 等（2000）据此提出了反应（3-188），并得到了实验室研究的验证。因此，反应（3-188）也是城市污染大气中 HONO 的一个非常有效的来源。

（二）氯原子的生成

氯原子具有重要的大气环境意义。在平流层催化反应中一个氯原子可以和 10^5 个 O_3 分子发生链反应。对流层中自由态氯原子可以和许多烃类化合物迅速发生反应，与 ·OH 的作用类似。因此搞清大气中氯原子的来源及其生成机制对制定相应的环境措施有重要意义。这里重点介绍对流层大气中海盐颗粒物表面非均相反应生成氯原子的机理。

海盐颗粒物是对流层颗粒物的最大来源。海盐气溶胶的主要成分与海水的主要成分一致，为 NaCl。但是，人们通过研究发现海盐颗粒物中氯和钠的比值比海水中氯和钠的比值要低，于是提出在海盐颗粒物表面可以发生与大气中挥发性硫酸或硝酸的非均相反应：

$$H_2SO_4(g)+2NaCl(s)\longrightarrow 2HCl(g)+Na_2SO_4(s) \quad (3\text{-}189)$$

$$HNO_3(g)+NaCl(s)\longrightarrow HCl(g)+NaNO_3(s) \quad (3\text{-}190)$$

HCl 气体是海洋大气中最丰富的含氯组分。在海洋大气中产生的 HCl 其大部分可由干沉降和湿沉降去除。但也有部分 HCl 会和 ·OH 反应生成高反应活性的氯原子：

$$HCl(g)+\cdot OH\longrightarrow Cl\cdot+H_2O \quad (3\text{-}191)$$

另外，以下气相反应途径也被证明是存在的：

$$HCl(g)+ClONO_2(g)\longrightarrow Cl_2(g)+HNO_3(g) \quad (3\text{-}192)$$

$$HCl(g)+N_2O_5(g)\longrightarrow ClNO_2(g)+HNO_3(g) \quad (3\text{-}193)$$

$$HCl(g)+HOCl(g)\longrightarrow H_2O(g)+2Cl\cdot \quad (3\text{-}194)$$

氯原子与大气中烷烃的反应速率比 ·OH 与烷烃的反应速率要大两个数量级。Singh 等（1996）及 Jobson 等（1994）从非甲烷烃的日变化推断出大气中氯原子浓度为 10^4~10^5 个 /cm^3，该浓度比由上述 HCl 反应过程释放的氯原子的理论浓度要高得多，因此他们认为只有从其他含氯的化合物中释放出氯原子作为对 HCl 反应的补充才能解释这个现象。于是提出了如下非均相反应机理：

$$N_2O_5(g)+NaCl(s) \longrightarrow ClNO_2(g)+NaNO_3(s) \quad (3-195)$$

$$ClONO_2(g)+NaCl(s) \longrightarrow Cl_2(g)+NaNO_3(s) \quad (3-196)$$

$$2NO_2(g)+NaCl(s) \longrightarrow ClNO(g)+NaNO_3(s) \quad (3-197)$$

式中：s——固体颗粒物。

这几种反应均生成一种气态的含卤素产物及固态的硝酸盐，并且气态产物会由于太阳光的光解产生自由态的氯原子释放到大气中：

$$ClNO_2+h\nu \longrightarrow Cl\cdot+NO_2 \quad (3-198)$$

$$Cl_2+h\nu \longrightarrow 2Cl\cdot \quad (3-199)$$

$$ClNO+h\nu \longrightarrow Cl\cdot+NO \quad (3-200)$$

Rossi 等（1995）利用克努森池模拟实际反应条件在实验室测定了各个反应的动力学参数，包括以上几种气态反应物在海盐颗粒物上的摄取系数及产物的产率等，见表 3-14。Weis 和 Ewing（1999）研究了 NO_2 与海盐气溶胶颗粒的反应（3-197），颗粒物的红外光谱表明海盐颗粒物中部分 Cl^- 被 NO_3^- 取代，同时生成气相的 ClNO；NO_3^- 的生成速率随 NO_2 的分压及相对湿度的增加而增大，如在 NO_2 分压为 300 Pa，相对湿度从 9% 增加到 27% 时，NO_3^- 的生成速率由 15% 增长到 80%。在实际大气条件下，由于典型相对湿度不是很大，反应（3-197）在对流层中的作用显得不重要。一般认为，反应（3-195）和反应（3-196）是海洋对流层大气中自由态氯原子最重要的来源。

表 3-14　海盐颗粒物表面动力学参数

反应	摄取系数（γ）	产物及产率
$HNO_3(g)+NaCl(s)$	3.0×10^{-2}	生成 HCl，产率 100%
$N_2O_5(g)+NaCl(s)$	5.0×10^{-4}	$ClNO_2$ 为主要产物，产率 60%
$ClONO_2(g)+NaCl(s)$	2.0×10^{-1}	生成 Cl_2，产率接近 100%
$2NO_2(g)+NaCl(s)$	$<10^{-7}$	产物中观测到 HCl 和 HONO

第五节　二次有机颗粒物生成机制简介

有机物是大气颗粒物的重要组分。在中纬度地区，有机物在大气细颗粒物（细粒子）中的质量比一般为 20%~50%；在热带雨林地区，质量比更是高达 90%；在中对流层也能观测到相当大量的有机颗粒物。我们需要确定这些有机物究竟是通过何种途径在大气中成为颗粒态或进入颗粒相的。有机颗粒物按其来源可分为两类：直接以颗粒态形式排放的有机物称为一次有机颗粒物（气溶胶）（primary organic aerosol，POA）；气态有机物经大气化学反应生成的颗粒态有机物称为二次有机颗粒物（气溶胶）（secondary organic aerosol，SOA）。在大气中，氧化反应能使许多气态有机物转化成蒸气压较低的产物，这些半挥发性或不挥发性的有机产物就是二次有机颗粒物。由于经历了氧化反应，SOA 通常是含氧的有机物。

大气中 SOA 的生成机制非常复杂，在这里就其化学反应生成机制作简要介绍。

一、气相反应

大气是氧化性的，排放进入大气中的气态有机物将经历持续不断的氧化反应，生成各种各样的产物，其中包括蒸气压较低的产物，那些半挥发性或不挥发性的有机产物就是二次有机颗粒物，这一变化可用图 3-31 来示意。

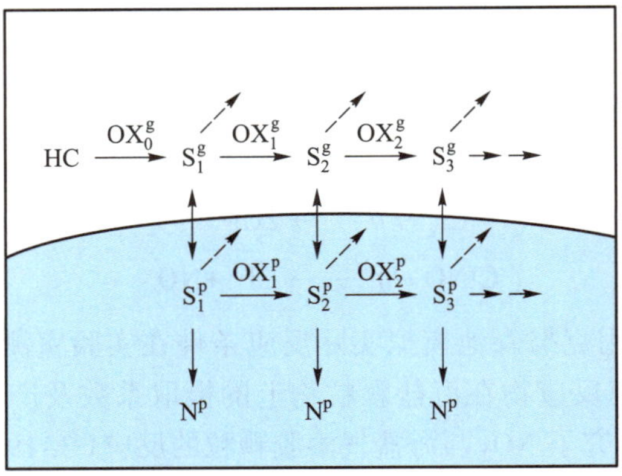

图 3-31 二次有机颗粒物形成和演变过程示意图

（资料来源：引自 Zhang 和 Seinfeld，2013）

图中显示多代气相和颗粒相的反应过程。HC，气态碳氢化合物（有机物）；OX，氧化；g，气相；p，颗粒相；S，半挥发性化合物；N，不挥发性化合物。半挥发性化合物的氧化分为两种类型：官能团化（箭头向右方向），碎片化（箭头向右上方向）。假定：瞬间达成气 - 粒分配平衡（上下双箭头方向），非氧化（增长）反应是双分子不可逆反应（箭头向下方向）。

需要注意，在大气中，气态有机物氧化反应生成的各种含氧产物一开始还是单个气态分子，它们成为颗粒物组分一般要经历气相向颗粒相的分配过程，简称为气 - 粒分配。这一颗粒物可以是气态分子集聚而成的新的颗粒物（新粒子，粒径为 1 到几纳米），也可以是大气中现成的颗粒物（种子气溶胶，粒径为几纳米到几微米）。气 - 粒分配是大气颗粒物形成的重要途径，其中包含化学过程和物理过程。

排放进入大气的气态有机物种类繁多，大气中氧化过程也非常复杂。烷烃、烯烃和芳香烃等碳氢化合物氧化反应均可能生成 SOA。下面简要地分类说明有机物通过气相反应生成 SOA 的机理。

（一）萜烯

萜烯类化合物被认为是最有潜力生成 SOA 的物种，因此过去主要从这类化合物的氧化产物中去寻找 SOA。α- 蒎烯和 β- 蒎烯在萜烯类化合物的全球排放中所占比例最大，而且这两种有机物分别代表了环内双键（α- 蒎烯）类型和环外双键（β- 蒎烯）类型，因此对这两个化合物研究得最多。

以 α- 蒎烯为例，它能与 ·OH、O_3 和 NO_3· 发生氧化反应，生成一系列产物，包括醛类、含氧醛类、羧酸类、含氧羧酸类、羟基 - 羧酸、二元羧酸及有机硝酸酯类化合物。30 种已鉴定的产物列在表 3-15 中。α- 蒎烯 O_3 氧化反应机理见图 3-32。

表 3–15　α– 蒎烯氧化反应部分产物的结构和 IUPAC 名称

1 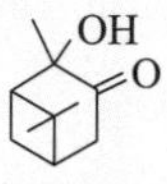 1– 羟基 –3– 蒎烷酮	2 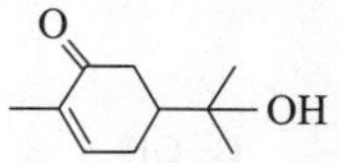 8– 羟基 – 亚甲基 –6– 酮	3 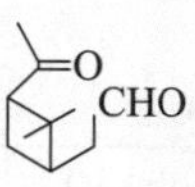 蒎酮醛	4 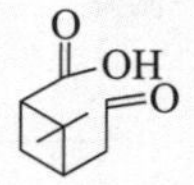 蒎醛酸	5 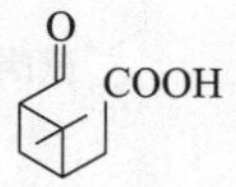 （乙酸型）蒎醛酸或乙型蒎醛酸
6 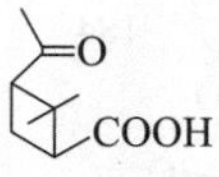 诺蒎酮酸	7 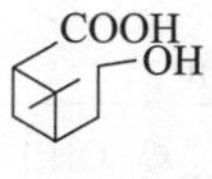 蒎醇酸	8 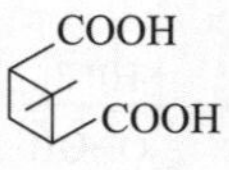 诺蒎酸	9 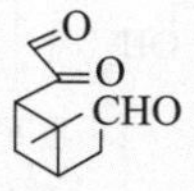 10– 酮蒎酮醛	10 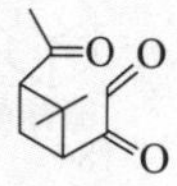 4– 酮蒎酮醛
11 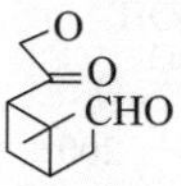 10– 羟基蒎酮醛	12 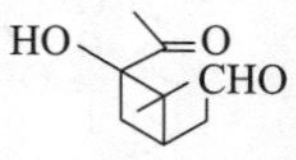 1– 羟基蒎酮醛	13 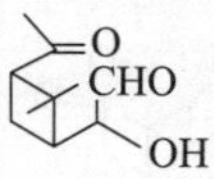 4– 羟基蒎酮醛	14 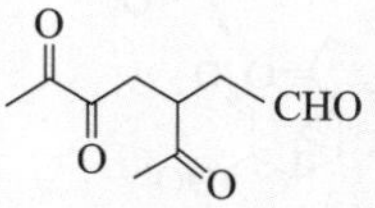 3– 乙酰基 –5，6– 二氧庚醛	15 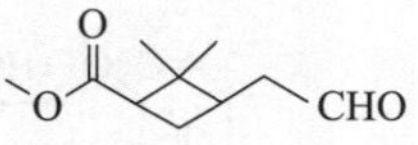 蒎醛酸甲酯
16 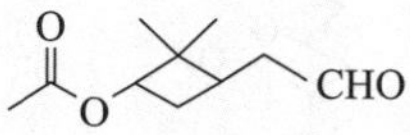 乙酸 2，2– 二甲基 –3–（2– 氧 – 乙基）– 环丁酯	17 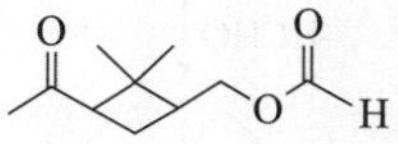 甲酸 3– 乙酰基 –2，2– 二甲基环丁酯	18 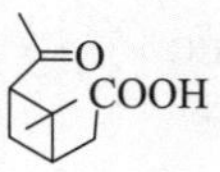 蒎酮酸	19 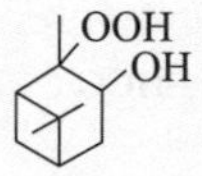 2– 过氧羟基 –2，6，6– 三甲基 – 二环［3.1.1］庚 –3– 醇	20 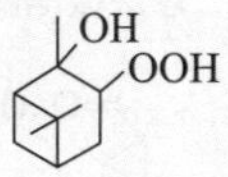 3– 过氧羟基 –2，6，6– 三甲基 – 二环［3.1.1］庚 –2– 醇
21  蒎酸	22 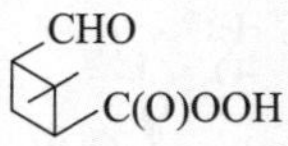 蒎醛过氧酸	23 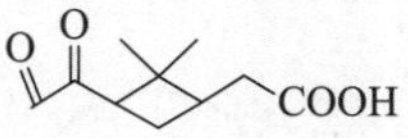 7– 酮蒎酮酸	24 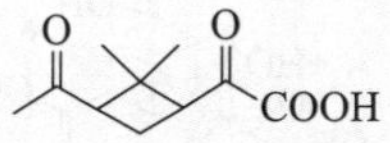 4– 酮蒎酮酸	25 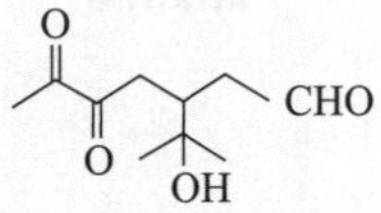 3–（1– 羟基 –1– 甲基 – 乙基）–5，6– 二氧庚醛
26 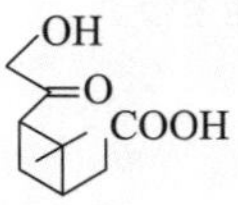 10– 羟基蒎酮酸	27 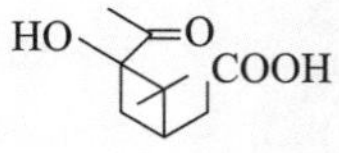 1– 羟基蒎酮酸	28 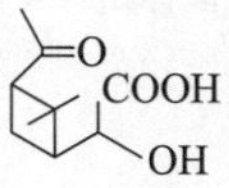 4– 羟基蒎酮酸	29 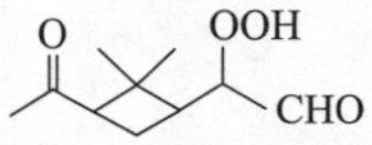 4– 过氧羟基蒎酮醛	30 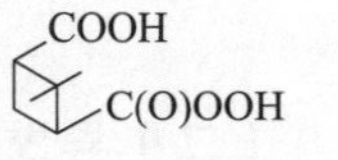 过氧蒎酸

资料来源：引自 Winterhalter 等，2003。

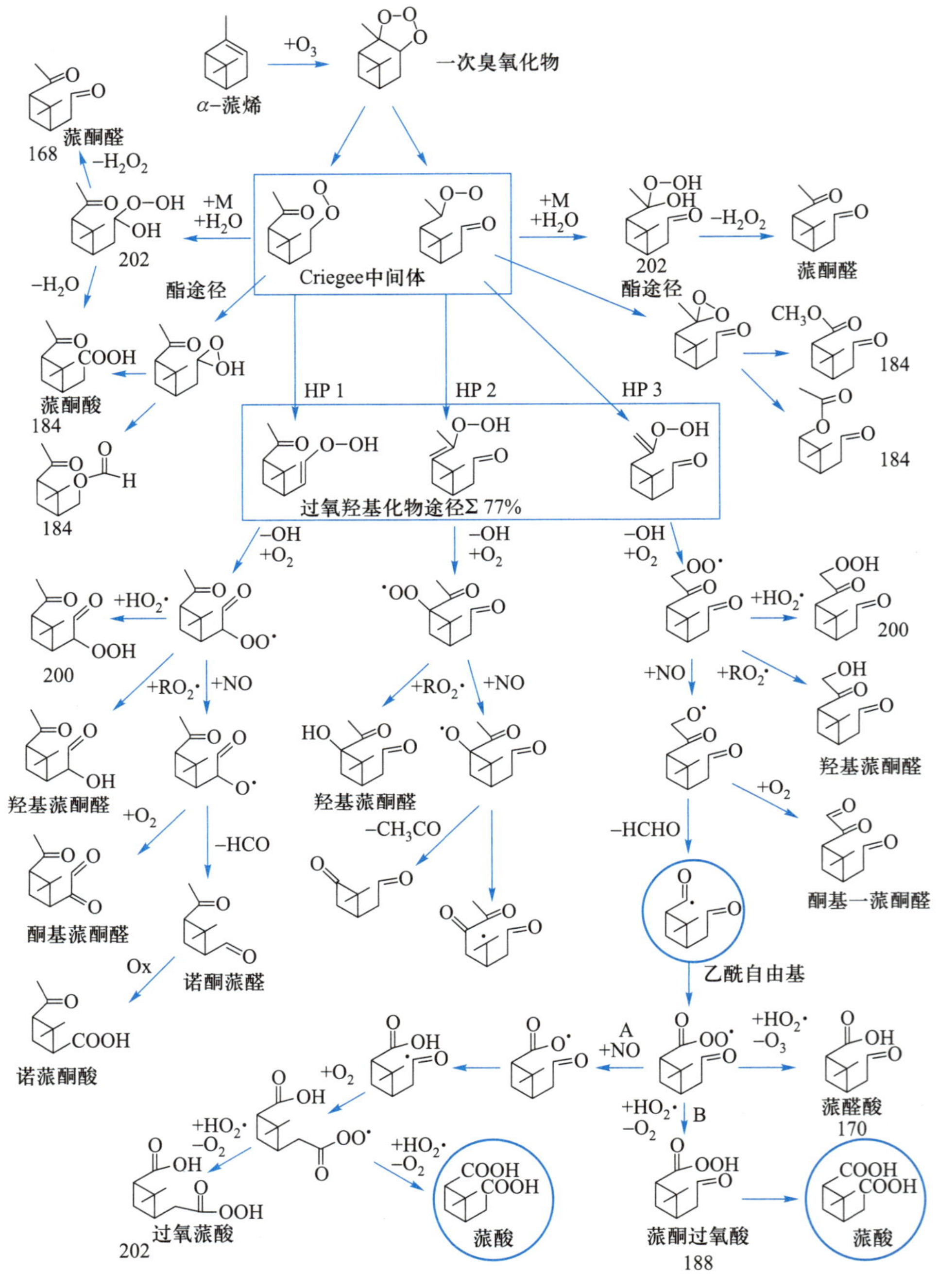

图 3-32 α-蒎烯 O_3 氧化反应机理

（资料来源：引自 Winterhalter 等，2003）

两个 Criegee 中间物和主要分解途径用方框标出。A 和 B 为不同研究者提出的两条可能途径。

（二）异戊二烯

过去认为异戊二烯气相氧化生成的产物分子量小，属于挥发性物质，因此对 SOA 没有贡献。然而，Claeys 等（2004a）在异戊二烯与 ·OH 光化学反应的烟雾箱模拟实验中发现了两种非对映异构体的 2- 甲基 – 呋喃类 SOA 物质，即赤藓糖醇和苏糖醇，并提出了生成反应机理(图 3-33)。这一机理能够解释他们在南美洲亚马孙热带雨林大气中观测到的赤藓糖醇和苏糖醇的来源。

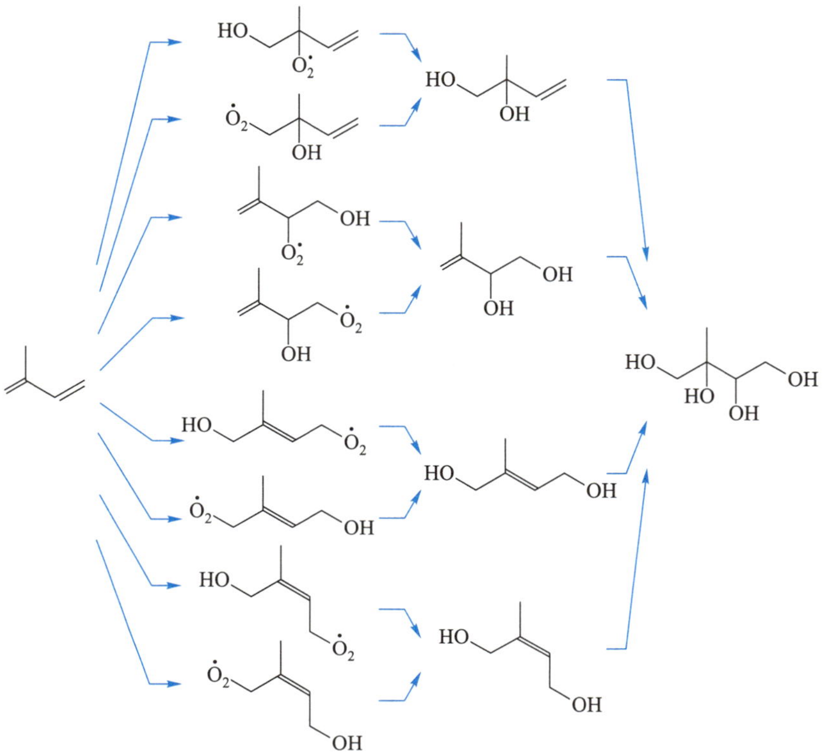

图 3-33 异戊二烯在 $\cdot$OH/O_2 氧化作用下生成 2- 甲基 - 呋喃类 SOA 物质的机理

(资料来源:引自 Claeys 等, 2004a)

反应中生成两种 2- 甲基 - 呋喃类 SOA 物质的摩尔产率为 0.2%(质量产率为 0.4%),结合异戊二烯的全球排放量为 500 Tg/a,估算出以上反应贡献的 SOA 源强为 2 Tg/a。当时研究者建议的生物源 SOA 源强为 8~40 Tg/a,因此 2 Tg/a 是不可忽视的。由于这两个产物是多羟基化合物,它们吸湿性强,能提高气溶胶的成核能力。

此后,异戊二烯生成 SOA 的机理研究不断得到发展。例如, Paulot 等(2009)发现,异戊二烯与 $\cdot$OH 反应生成两种异戊二烯有机过氧化物(ISOPOOH),而 ISOPOOH 将异构化生成异戊二烯环醚类化合物(IEPOX),IEPOX 即为大气中重要的 SOA 组分,见图 3-34。许多估算结果认为,大气中异戊二烯贡献 SOA 的能力巨大,可达几十 Tg/a,可能占每年全球 SOA 生成量的一半。

(三)芳香烃

芳香烃类化合物的气相氧化也是 SOA 的重要来源。例如 1, 3, 5- 三甲苯(1, 3, 5-TMB)的 $\cdot$OH 氧化有两条途径:取代甲基上的氢摘取反应和苯环上的加成反应。其中加成反应是生成 SOA 的途径:

$$1,3,5\text{-TMB} + \cdot\text{OH} \longrightarrow a_{\text{A}}\text{APT}_1 + \text{其他产物} \qquad (3\text{-}201)$$

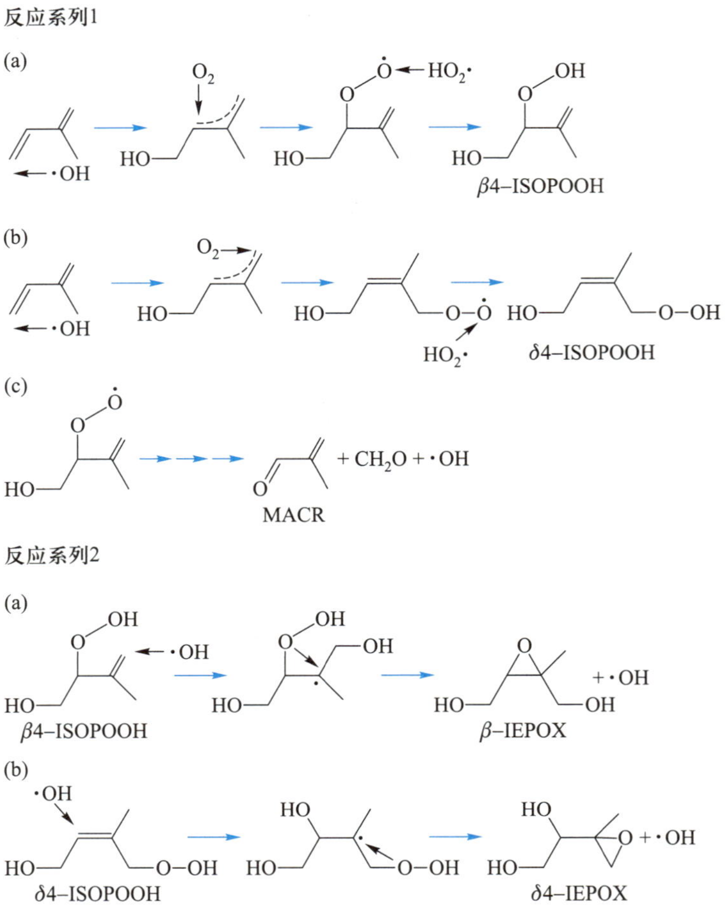

图 3-34 异戊二烯与 · OH 反应生成环醚的途径

（资料来源：引自 Paulot 等，2009）

ISOPOOH. 异戊二烯有机过氧化物；IEPOX. 异戊二烯环醚类化合物；MACR. 甲基丙烯醛

$$APT_1 + OH \longrightarrow a_B TPM_1 + a_C TPM_2 + \text{其他产物} \qquad (3-202)$$

具体的反应机理见图 3-35。从图中可以看出，加成反应生成的中间体 APT_1 经过一系列的反应将生成两种 SOA 化合物 TPM_1 和 TPM_2。反应（3-201）和反应（3-202）中的产率系数 a_A、a_B 和 a_C 与大气反应条件有关。

二、水相反应

水溶性的气态有机物可溶解进入云中或者湿气溶胶颗粒物中，在这些水相介质中，它们可能通过水相反应形成低挥发性产物，成为颗粒物组分，即 SOA。在传统的 SOA 形成过程中，那些在气相氧化中容易形成低挥发性产物的 VOCs 物质是最有效的 SOA 前体物。作为对比，参加水相反应的 VOCs 物质最重要的性质是高的水溶性。在大气中，高水溶性的 VOCs 物质往往是小的氧化性产物，如 C2 和 C3 化合物。在水相，化学反应过程通常涉及各种离子和水合化物种，这些物种一般不会出现在气相中。而且，水相 SOA（AqSOA）形成发生在两种液滴或颗粒情境，取决于液态水含量：① 云 / 雾液滴，其中溶质含量较低，为 μmol/L 到 mmol/L 浓度级范围；② 湿气溶胶颗粒物，其中溶质含量很高，达到 mol/L 浓度级。对于液滴来

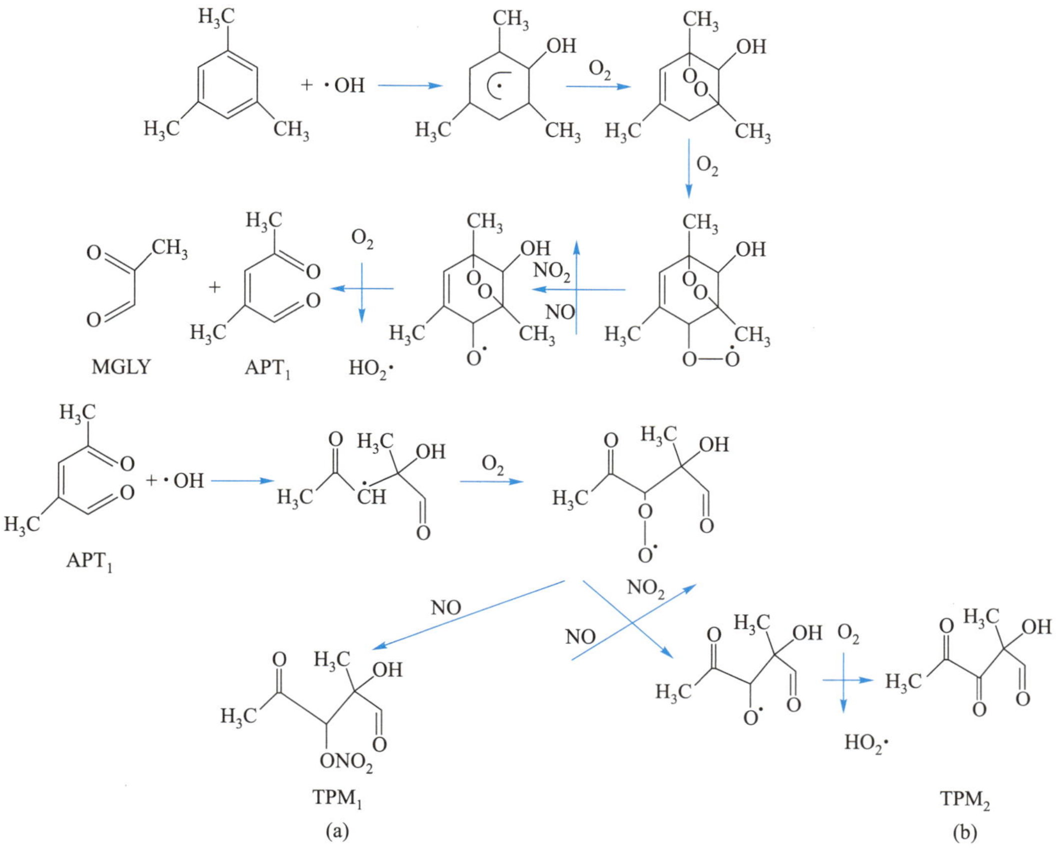

图 3-35　1, 3, 5- 三甲苯与 ·OH 发生加成反应生成 SOA 的途径

说，随着水分蒸发，水相反应中形成的高氧化低挥发性的化合物作为颗粒物保留下来，成为大气中的 SOA。

含有两个和三个碳的羰基化合物是大气中最常见的水相 SOA 的前体物。这些物质包括乙二醛、甲基乙二醛（也称为丙酮醛）、乙醇醛等。这些羰基化合物主要来源于天然排放的戊二烯和萜烯类化合物的气相氧化，以及人为源排放的芳香烃类化合物的气相氧化。与在气相中相似，·OH 也是水相氧化反应的主要氧化剂。水相中 ·OH 有两个主要来源：① 从气相直接摄取 ·OH；② 水相中原位产生 ·OH。水相中原位产生 ·OH 有时候可能不需要光照条件，例如，Fe^{2+} 与 H_2O_2 通过芬顿（Fenton）反应生成 ·OH。在云滴这样的稀溶液中，主要通过小分子羰基化合物的直接氧化生成有机酸（羧酸）及其盐的形态，形成 SOA；在典型的湿气溶胶这样的浓溶液中，有机物分子之间可能发生反应，从而形成分子量更大的产物，如低聚物。需要指出，由于 ·OH 来源不同，水相反应可以发生在白天的光化学条件下，也可以发生在黑暗中。

大气中气相和水相二次有机颗粒物（气溶胶）生成途径比较，见图 3-36。为了便于比较，通过气相反应生成的二次有机气溶胶称为气相二次有机气溶胶（GasSOA），通过水相（液相）反应生成的二次有机气溶胶称为水相二次有机气溶胶（AqSOA）。需要指出，一次有机气溶胶（POA）通过稀释蒸发过程，可能会参与 GasSOA 和 AqSOA 的形成过程（见图 3-36）。

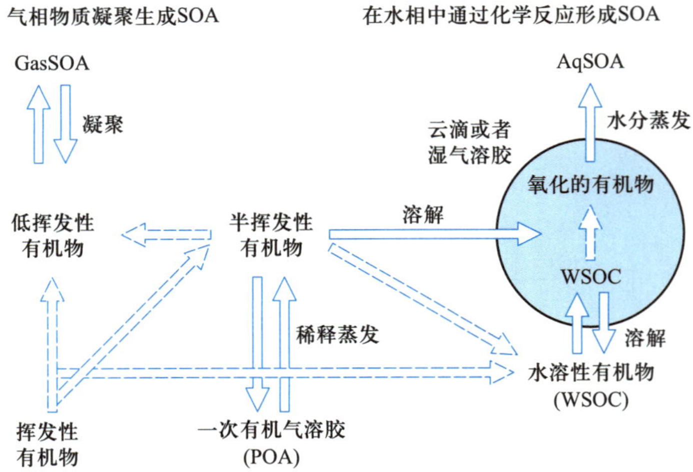

图 3-36 大气中气相和水相二次有机颗粒物（气溶胶）生成途径比较

（资料来源：引自 Ervens 等，2011）

虚线箭头表示氧化反应

三、颗粒物表面反应

（一）聚合反应

醛类化合物容易在颗粒物表面上发生聚合反应。例如，蒎诺醛在颗粒物表面酸性物质（如硫酸）催化下能发生缩合反应生成聚合物，聚合物的挥发性较低，成为 SOA 物质，见图 3-37。

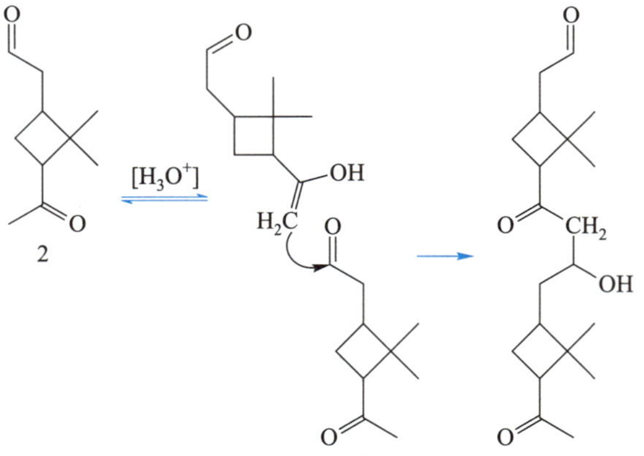

图 3-37 蒎诺醛通过醇醛缩合反应生成二聚物

（资料来源：引自 Tolocka 等，2004）

（二）氧化反应

有机物到达颗粒物表面后，在表面氧化剂和催化剂的作用下发生氧化反应生成 SOA 物质。例如，颗粒物表面水层中的硫酸能够促使异戊二烯水合化，水合异戊二烯被 H_2O_2 所氧化，Claeys 等（2004b）认为该反应也是异戊二烯生成赤藓糖醇和苏糖醇的一个机理；同时，反应还生成了 2，3- 二羟基异丁烯酸（见图 3-38）。当然，这个 H_2O_2 参与的反应机理在实际大气中是否重要还存在疑问。

萜烯类和它们的气相氧化产物，也可能通过这一机理生成 SOA。

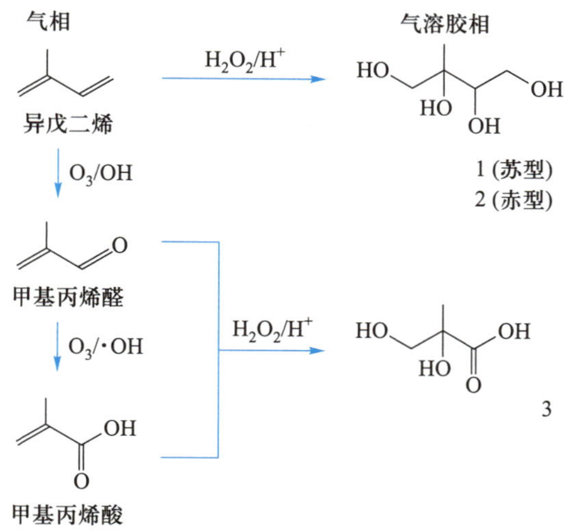

图 3-38　异戊二烯及其气相氧化产物在酸性液态颗粒物上与 H_2O_2 的反应机理

（资料来源：引自 Claeys 等，2004b）

四、自氧化反应

近年来，研究发现有机物在气相化学反应中的自氧化反应是大气 SOA 形成的重要途径。有机物自氧化反应指一个有机分子受到一个氧化剂分子（如·OH）进攻引发反应，后续反应不需要额外氧化剂即可继续加氧分子（O_2）而氧化。自氧化反应的关键步骤是某些有机过氧自由基能通过分子内或分子外的氢摘取转移实现自由基位点转移，然后在新的自由基位点上加 O_2。图 3-39 是有机物自氧化反应示意图。

由于有机物分子通过自氧化反应多次加氧，分子量变大，甚至分子极性变强，大大降低了产物分子的蒸气压，从而形成有机颗粒物。

有机物在大气液相和颗粒相是否存在自氧化反应，还不清楚。

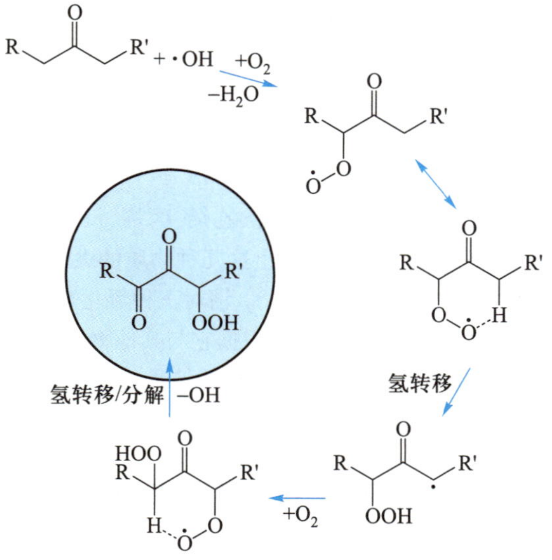

图 3-39　有机物自氧化反应示意图

（资料来源：引自 Crounse 等，2013）

思考题

1. 什么是基元反应和总反应？反应级数和反应分子数有何区别？

2. 在气相反应动力学中，往往可以用压力来代替浓度，若反应 $aA \longrightarrow P$ 为 n 级反应，则反应速率常数的微分形式可写为

$$-\frac{1}{a}\frac{\mathrm{d}P_A}{\mathrm{d}t}=k_pP_A^n$$

式中：k_p——以压力表示的反应速率常数；

P_A——A 的分压。

当为理想气体时，请证明 $k_p=k_c(RT)^{1-n}$。

当 $k_c=2.0\times10^{-4}\ \mathrm{dm^3/(mol\cdot s)}$，$T$=300 K 时，求 k_p 的值。

3. 某一反应有两种可能的历程：

（1）直接生成产物：$A \xrightarrow{k_0} P$，E_a=200 kJ/mol

（2）分两步：$A \xrightarrow[E_1]{k_1} C \xrightarrow[E_2]{k_2} R$，且已知

$$E_1=160\ \mathrm{kJ/mol},\quad E_2=120\ \mathrm{kJ/mol}$$

若忽略指前因子的差别，问两种历程中哪一种可能性更大，并计算在同一体系中两种反应历程的速率比，由上可否说明分步反应的普遍性及稳态近似的合理性？

4. 设过氧烷基硝酸酯按下述方式分解：

$$RO_2NO_2 \longrightarrow RO_2\cdot+NO_2 \tag{1}$$
$$RO_2\cdot+NO_2 \longrightarrow RO_2NO_2 \tag{2}$$
$$RO_2\cdot+RO_2\cdot \longrightarrow 2RO\cdot+O_2 \tag{3}$$
$$RO\cdot+NO_2 \longrightarrow RONO_2 \tag{4}$$

假设 RO_2NO_2 在一个反应器中分解，并观测到其衰减。希望通过衰减实验所测量的衰减速率来估计 k_1（第一个反应的速率常数）。假设 $RO_2\cdot$ 和 NO_2 处于准稳态，并且 $[RO_2\cdot]$ 近似等于 $[NO_2]$，试证明观测的 RO_2NO_2 一级衰减速率常数同体系各基元反应的速率常数的关系为

$$k_{obs}=k_1\left\{1-\frac{k_2}{k_2+2k_3}\right\}$$

5. 根据大气中几种重要有机痕量气体如正丁烷、乙烯、丙烯、反-2-丁烯、异戊二烯、α-蒎烯、甲醛和乙醛与 $\cdot OH$、O_3 和 $NO_3\cdot$ 的反应速率常数计算出这几种物质的大气寿命。设 $\cdot OH$，10^6 分子/$\mathrm{cm^3}$；O_3，30×10^{-9}（体积分数）；NO_3，10×10^{-12}（体积分数）。请对三种氧化剂的反应活性作出评估，并结合结果思考如要判断一种物质在大气中的重要性，是否只根据它与其他物质的反应速率常数大小即可？

6. 气相丙酮被一束波长为 313 nm 的单色光照射，这个波长的光可使丙酮按下式分解

$$(CH_3)_2CO+h\nu \longrightarrow C_2H_6+CO$$

实验的反应池体积为 59 $\mathrm{cm^3}$，气相丙酮吸收入射光的 91.5%，实验测得入射光能 $E=4.81\times10^{-4}$ J/s，始压 P_i=102.1 kPa，终压 P_a=104.4 kPa，反应温度为 330.0 K。试计算该反应的量子产额。

7. 在 298 K 时，乙烯与 $\cdot OH$ 的反应速率常数是 $8.52\times10^{-12}\ \mathrm{cm^3/(分子\cdot s)}$，已知该反应的活化能为 −3.64 kJ/mol，试计算在温度为 273 K 时的反应速率常数，并讨论温度对该自由基反应速率的影响。

8. 反应 $N_2O_5+NO \longrightarrow 3NO_2$，在 298 K 下进行实验，第一次实验，$P^0_{N_2O_5}$=133 Pa、$P^0_{NO}$=13.3 kPa，作 $\lg P_{N_2O_5}-t$ 图为一直线，由斜率得 $t_{1/2}$=2 h；第二次实验，$P^0_{N_2O_5}=P^0_{NO}$=6.67 kPa，测得下列数据：

$P_{总}$/kPa	13.3	15.3	16.7
t/h	0	1	2

设速率方程为 $r=kP^x_{N_2O_5}P^y_{NO}$，试求 x 和 y 的值，并推测反应历程。

9. 在高浓度的 NO_2 和 NO 存在的条件下，在异戊二烯的暗反应过程中观测到了 ·OH 的生成，请提出 ·OH 生成的可能机理。

10. 总结几种重要大气氧化剂的循环机制并讨论过氧化物在大气氧化剂循环中的作用。

11. 写出 DMS 同 ·OH 的反应历程（反应式）。

12. 作为低压反应器，在研究颗粒物表面反应中，克努森池可以有效避免壁效应，试用气体分子运动碰撞理论分析其原因。

13. 考虑表面反应 $A_2+S(a)+S(a) \longrightarrow A-S(a)+A-S(a)$ 的吸附。试证明当吸附与解吸附达到平衡时表面覆盖率 θ 与吸附分子浓度 $[A_2]$ 的函数关系为

$$\theta=\frac{K^{1/2}[A_2]^{1/2}}{1+K^{1/2}[A_2]^{1/2}}$$

14. 在用 DRIFTS 测定 SO_2 在 $CaCO_3$ 颗粒物表面 O_3 氧化反应的摄取系数实验中，使含有 SO_2 和 O_3 的空气（相对湿度为 40%）通过 $CaCO_3$ 颗粒物，在反应初始阶段，得到硫酸盐的生成速率为 6.2×10^{15} 分子 /(s·g)，试计算 SO_2 的初始反应摄取系数。已知 $CaCO_3$ 颗粒物 BET 表面积为 1.95 m^2/g，空气中 SO_2 浓度和 O_3 浓度分别为 30×10^{-6}（体积分数）和 20×10^{-6}（体积分数），反应温度为 20℃。

15. 试分析大气中 HONO 非均相生成途径。

16. 请阐述大气中有机物自氧化反应机理。

主要参考文献

[1] Ammann M, Kalberer M, Jost J J, et al. Heterogeneous production of nitrous acid on soot in polluted air masses[J]. Nature, 1998, 395: 157–160.

[2] Andreae M O, Crutzen P J. Atmospheric aerosols: biogeochemical sources and role in atmospheric chemistry[J]. Science, 1997, 276: 1052–1058.

[3] Arens F, Gutzwiller L, Baltensperger U, et al. Heterogeneous reaction of NO_2 on diesel soot particles[J]. Environmental Science & Technology, 2001, 35: 2191–2199.

[4] Atkinson R, Aschmann S M. Kinetics of the gas phase reactions of NO_3 radicals with a series of dialkenes, cycloalkenes and mono ferpenes at 295 ± 1 K[J]. Environmental Science & Technology, 1984, 18: 370–375.

[5] Atkinson R, Baulch D L, Cox R A, et al. Evaluated kinetic and photochemical data for atmospheric chemistry: Supplement VI-IUPAC subcommittee on gas kinetic data evaluation for atmospheric chemistry [J]. Journal of Physical and Chemical Reference Data, 1997, 26: 1329–1499.

[6] Atkinson R, Lloyd A C. Evaluation of kinetic and mechanistic data for modeling of photochemical smog[J]. Journal of Physical and Chemical Reference Data, 1984, 13: 315–444.

[7] Atkinson R. Atmospheric chemistry of VOCs and NO_x[J]. Atmospheric Environment, 2000, 34:

2063-2101.

[8] Atkinson R. Gas phase tropospheric chemistry of organic compounds[J]. Journal of Physical and Chemical Reference Data, 1994, 24: 11-216.

[9] Baltensperger U, Ammann M, Kalberer M, et al. Chemical reactions on aerosol particle surface: Concept and methods[J]. Journal of Aerosol Science, 1996, 27: S651-S652.

[10] Brasseur G P, Orlando J J, Tyndall G S. Atmospheric chemistry and global change[M]. New York: Oxford University Press, 1999, 112-114.

[11] Calvert J G, Yarwood G, Dunker A M. An evaluation of the mechanism of nitrous acid formation in the urban atmosphere[J]. Research on Chemical Intermediates, 1994, 20: 463-502.

[12] Chen X, Hulbert D, Shepson P B. Measurement of the organic nitrate yield from OH reaction with isoprene[J]. Journal of Geophysical Research, 1998, 103: 25563-25568.

[13] Chen Z M, Wang H L, Zhu L H, et al. Aqueous phase ozonolysis of methacrolein and methyl vinyl ketone: a potentially important source of atmospheric aqueous oxidants[J]. Atmospheric Chemistry and Physics, 2008, 8(8): 2255-2265.

[14] Claeys M, Graham B, Vas G, et al. Formation of secondary organic aerosols through photooxidation of isoprene[J]. Science, 2004, 303: 1173-1176.

[15] Claeys M, Wang W, Ion A C, et al. Formation of secondary organic aerosols from isoprene and its gas-phase oxidation products through reaction with hydrogen peroxide[J]. Atmospheric Environment, 2004, 38: 4093-4098.

[16] Crounse J D, Nielsen L B, Jørgensen S, et al. Autoxidation of organic compounds in the atmosphere[J]. Journal of Physical Chemistry Letters, 2013, 4: 3513-3520.

[17] Dentener F J, Carmichael G R, Zhang Y, et al. Role of mineral aerosol as a reactive surface in the global troposphere[J]. Journal of Geophysical Research, 1996, 101(D17): 22869-22889.

[18] Demerjian K L, Schere K L, Peterson J T. Theoretical estimates of actinic(spherically integrated) flux and photolytic rate constants of atmospheric species in the lower troposphere[J]. Advances in Environmental Sciences, 1980, 10: 369-459.

[19] Desantis F, Allegrini I. Heterogeneous reactions of SO_2 and NO_2 on carbonaceous surfaces[J]. Atmospheric Environment, 1992, 26A: 3061-3064.

[20] Ervens B, Turpin B J, Weber R J. Secondary organic aerosol formation in cloud droplets and aqueous particles(aqSOA): a review of laboratory, field and model studies[J]. Atmospheric Chemistry and Physics, 2011, 11: 11069-11102.

[21] Finlayson-Pitts B J, Pitts J N Jr. Chemistry of the upper and lower atmosphere[M]. San Diego, California: Academic Press, 2000, 54-248.

[22] Graedel T E, Keene W C. Tropospheric budget of reactive chlorine[J]. Global Biogeochemical Cycles, 1995, 9: 47-77.

[23] Houston P L. Chemical kinetics and reaction dynamics[M]. New York: McGraw-Hill, 2001, 59-60.

[24] Huang L B, Zhao Y, Li H, et al. Kinetics of heterogeneous reaction of sulfur dioxide on authentic mineral dust: effects of relative humidity and hydrogen peroxide[J]. Environmental Science & Technology, 2015, 49(18): 10797-10805.

[25] Jacob D J. Introduction to atmospheric chemistry[M]. New Jersey: Princeton University Press, 1999.

[26] Jobson B T, Niki H, Yokouchi Y, et al. Measurements of C_2–C_6 hydrocarbons during the polar sunrise 1992 experiment-Evidence for Cl atom and Br atom chemistry [J]. Journal of Geophysical Research, 1994, 99: 25355–25368.

[27] Kalberer M, Ammann M, Arens F, et al. Heterogeneous formation of nitrous acid (HONO) on soot aerosol particles [J]. Journal of Geophysical Research, 1999, 104: 13825–13832.

[28] Li L, Chen Z M, Zhang Y H, et al. Kinetics and mechanism of heterogeneous oxidation of sulfur dioxide by ozone on surface of calcium carbonate [J]. Atmospheric Chemistry and Physics, 2006, 6: 2453–2464.

[29] Li P, Al-Abadleh H A, Grassian V H. Measuring heterogeneous uptake coefficients of gases on solid particle surfaces with a Knudsen cell reactor: Complications due to surface saturation and gas diffusion into underlying layers [J]. Journal of Geophysical Research, 2002, 106: 1210–1219.

[30] Park J Y, Jang M. Heterogeneous photooxidation of sulfur dioxide in the presence of airborne mineral dust particles [J]. RSC Advances, 2016, 6: 58617–58627.

[31] Paulot F, Crounse J D, Kjaergaard H G, et al. Unexpected epoxide formation in the gas-phase photooxidation of isoprene [J]. Science, 2009, 325: 730–733.

[32] Preszler P A, Wade J L, Grassian V H, et al. Heterogeneous reactions of soot aerosols with nitrogen dioxide and nitric acid: atmospheric chamber and Knudsen cell studies [J]. Atmospheric Environment, 2002, 36: 5729–5740.

[33] Saliba N A, Mochida M, Finlayson-Pitts B J. Laboratory studies of sources of HONO in polluted urban atmospheres [J]. Geophysical Research Letters, 2000, 27: 3229–3232.

[34] Sauer F, Schafer C, Neeb P, et al. Formation of hydrogen peroxide in the ozonolysis of isoprene and simple alkenes under humid conditions [J]. Atmospheric Environment, 1999, 33: 229–241.

[35] Starn T K, Shepson P B, Bertman S B, et al. Nighttime isoprene chemistry at an urban-impacted forest site [J]. Journal of Geophysical Research, 1998, 103: 22437–22447.

[36] Ullerstam M, Johnson M S, Vogt R, et al. DRIFTS and Knudsen cell study of the heterogeneous reactivity of SO_2 and NO_2 on mineral dust [J]. Atmospheric Chemistry and Physics, 2003, 3: 2043–2051.

[37] Voigt C, Schreiner J, Kohlmann A, et al. Nitric acid trihydrate (NAT) in polar stratospheric clouds [J]. Science, 2000, 290: 1756–1758.

[38] Wennberg P O, Hanisco T F, Jaegle L, et al. Hydrogen radicals, nitrogen radicals, and the production of O_3 in the upper troposphere [J]. Science, 1998, 279: 49–53.

[39] Wu Q Q, Huang L B, Liang H, et al. Heterogeneous reaction of peroxyacetic acid and hydrogen peroxide on ambient aerosol particles under dry and humid conditions: kinetics, mechanism and implications [J]. Atmospheric Chemistry and Physics, 2015, 15 (12): 6851–6866.

[40] Zellner R. Global aspects of atmospheric chemistry [M]. Berlin: Springer, 1999.

[41] Zhang X, Seinfeld J H. A functional group oxidation model (FGOM) for SOA formation and aging [J]. Atmospheric Chemistry and Physics, 2013, 13: 5907–5926.

[42] Zhou X L, Beine H J, Honrath R E. Snowpack photochemical production of HONO: a major source of OH in the arctic boundary layer in springtime [J]. Geophysical Research Letters, 2001, 28: 4087–4090.

[43] 赵学庄 . 化学反应动力学原理（上册）[M]. 北京：高等教育出版社，1984.

第四章　对流层气相化学

对流层是各层大气中与人类活动联系最为密切的一层。与平流层相比，对流层中物种丰富、成分复杂（天然和人类排放的物种可以直接进入对流层，而其中大部分物种由于活跃的化学反应和物理清除过程而在对流层内被消耗，不能进入平流层），天气现象频繁，大气运动十分活跃，有利于各物种的混合、传输和转化。对流层大气成分对人类活动的影响十分显著，可以直接影响人类健康，通常所说的各种空气污染问题都发生在对流层。此外，对流层中温室气体和气溶胶还会影响辐射平衡和降水等过程。表 4–1 给出了对流层和平流层大气的主要区别。

表 4–1　对流层和平流层大气的主要区别

对流层	平流层
气温随高度升高而递减	下层气温随高度变化不大，上层随高度升高而升高
对流运动和天气现象显著，成分混合迅速	没有对流运动，很少出现天气现象，成分混合缓慢
热源来自地面	热源来自其中的臭氧层
成分丰富，化学性质活泼，受人类活动影响强烈	人类活动排放的少数物质可以进入平流层
大气成分的变化可以直接影响人类和生态系统	成分的变化不会直接影响人类
大气成分的改变通过影响辐射效应，改变降水等间接影响人类	臭氧层变化，导致到达地面的紫外辐射变化，间接影响人类

对流层大气最显著的特点是化学性质活泼，而 NO_x– 有机物体系是造成对流层大气氧化性活泼的主要原因。科学家常用“缓慢燃烧的火焰”形容 NO_x– 有机物体系的氧化反应：有机物可看作燃烧中的燃料，太阳光是引燃的明火，NO_x 则是重要的助燃剂（催化剂）。“燃烧”过程中，产生了以 ·OH 为代表的重要中间活性成分，通过这些中间活性成分，氧气被引入燃烧体系，维持该体系的燃烧。“燃烧”过程将主要“燃料”（有机物）逐步氧化为 CO_2 时，其他“燃烧产物”通常以 O_3、HNO_3 和 PAN 等形式出现。

O_3 是 NO_x–VOCs 体系缓慢燃烧的产物。由于对人体健康和生态环境都有很大的影响，其已成为光化学污染控制的最主要目标污染物。这股“火焰”在产生 O_3 的同时，也“点燃”了其他物质（如 H_2S、CH_3SCH_3、SO_2 和 NO_x 等），影响了酸沉降和二次有机气溶胶的生成过程。

第一节　NO、NO_2 和 O_3 的基本光化学循环

NO_x（NO 和 NO_2）在大气环境的化学过程中，尤其是污染大气中，起着很重要的作用。NO_2 光解引发了一系列的化学反应，是对流层大气中 O_3 的一个来源，NO、NO_2 与 O_3 之间的化学循环是大气光化学过程的基础。

当大气中存在 NO 和 NO_2，并且在波长 <424 nm 的太阳光照射下，O_3 就作为 NO_2 光解的产物而生成：

$$NO_2+h\nu \longrightarrow NO+O(^3P) \tag{4-1}$$

在生成 NO 的同时，该反应还生成了基态氧原子 $O(^3P)$。$O(^3P)$ 随即与 O_2 发生反应，生成 O_3。

$$O(^3P)+O_2+M \longrightarrow O_3+M \tag{4-2}$$

其中 M 是空气中的 N_2、O_2 或其他分子介质，可以吸收过剩的能量而使生成的 O_3 分子稳定。事实上，反应（4-2）是对流层大气中 O_3 的唯一化学来源。O_3 一旦生成可与 NO 再反应重新生成 NO_2。

$$O_3+NO \longrightarrow NO_2+O_2 \tag{4-3}$$

生成的 NO_2 则继续通过光解作用开始新的循环。图 4-1 简要表示了 NO_2、NO 和 O_3 的基本光化学循环过程：NO_2 通过光解作用生成 NO 和 O_3，生成的 O_3 可以将 NO 氧化成 NO_2。因此，在 NO_2、NO 和 O_3 之间形成了一个简单的基本光化学循环。

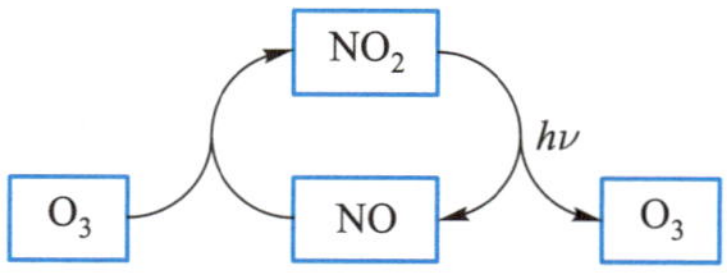

图 4-1　NO_2、NO 和 O_3 的基本光化学循环过程

假设仅有上述三个反应发生，并已知 NO 和 NO_2 的初始浓度为 $[NO]_0$ 和 $[NO_2]_0$，其间没有新的反应物加入，那么，NO_2 在太阳光照射后的浓度变化可由下式给出：

$$\frac{d[NO_2]}{dt}=-k_1[NO_2]+k_3[O_3][NO]$$

将 $[O_2]$ 看成是恒定的，此体系中有了四个成分：NO_2、NO、O 和 O_3。它们的动力学方程为

$$\frac{d[O]}{dt}=k_1[NO_2]-k_2[O][O_2][M]$$

由于氧原子极不稳定，在大气中与 O_2 的反应发生很快，一旦生成就立即消失。因此，可以用“稳态近似法”来处理，也即其生成速率与消失速率相等，于是

$$k_1[NO_2]=k_2[O][O_2][M]$$

此体系中氧原子的稳态浓度为

$$[O]=\frac{k_1[NO_2]}{k_2[O_2][M]}$$

可见 [O] 取决于 [NO_2]，随大气中 [NO_2] 的变化而改变，而一旦生成立即又进行反应（4-1）和反应（4-2）。因此，这三个反应的体系维持着稳态平衡。O_3 的稳态浓度：

$$[O_3]=\frac{k_1[NO_2]}{k_3[NO]}$$

NO、NO_2 和 O_3 之间的这种关系，被称为光稳态关系。在大气中无其他反应干预下，O_3 浓度取决于 [NO_2]/[NO]。

已知：$[NO]+[NO_2]=[NO]_0+[NO_2]_0$，并且由于 O_3 与 NO 的反应是等剂量关系，所以，

$$[O_3]_0-[O_3]=[NO]_0-[NO]$$

解 [O_3]，得

$$[O_3]=-\frac{1}{2}\left([NO]_0-[O_3]_0+\frac{k_1}{k_3}\right)+\frac{1}{2}\left\{\left([NO]_0-[O_3]_0+\frac{k_1}{k_3}\right)^2+\frac{4k_1}{k_3}([NO_2]_0+[O_3]_0)\right\}^{\frac{1}{2}}$$

假如 $[O_3]_0=[NO]_0=0$，那么

$$[O_3]=\frac{1}{2}\left\{\left[\left(\frac{k_1}{k_3}\right)^2+4\frac{k_1}{k_3}[NO_2]_0\right]^{\frac{1}{2}}-\frac{k_1}{k_3}\right\}$$

k_1 和 k_3 是已知值，其比值 $k_1/k_3=0.01\times10^{-6}$（体积分数），由此可算出不同 $[NO_2]_0$ 所产生的 [O_3]：

$[NO_2]_0\times10^{-6}$（体积分数）	$[O_3]\times10^{-6}$（体积分数）
0.1	0.027
1.0	0.095

实际上，无论是清洁大气或污染大气中的 [O_3] 都要比 $[NO_2]_0=0.1\times10^{-6}$（体积分数）时光解产生的 O_3 浓度高，因此，必然还存在能与反应（4-3）竞争的反应，使得 O_3 不断累积。这些反应主要来自大气中的活性含碳化合物。

第二节 清洁大气中的气相化学过程

清洁大气一般指远离人为污染源地区的空气，那里的空气应该具有或很接近天然的空气组成。虽然清洁大气的化学组成比污染大气简单，浓度亦低，但是研究表明：天然大气中仍然存在着一系列化学和光化学反应，其组成和浓度受这些反应控制。其中主要成分为：CH_4、CO、HCHO、NO_x、O_3、H_2O_2，以及天然排放的 VOCs 等。

一、清洁大气中的基本化学过程

引发天然对流层大气中化学反应的是 O_3 的光分解。O_3 光分解生成 $O(^1D)$，再与 H_2O 作用生成两个 ·OH：

$$O_3+h\nu \longrightarrow O(^1D)+O_2 \tag{4-4}$$

$$O(^1D)+H_2O \longrightarrow 2\cdot OH \tag{4-5}$$

随之便有一系列反应发生：

$$CH_4+\cdot OH \longrightarrow \cdot CH_3+H_2O \tag{4-6}$$

$$CO+\cdot OH \longrightarrow CO_2+H\cdot \tag{4-7}$$

$H\cdot$ 及 $\cdot CH_3$ 导致了过氧自由基 $HO_2\cdot$ 和 $CH_3O_2\cdot$ 的生成：

$$H\cdot +O_2+M \longrightarrow HO_2\cdot +M \tag{4-8}$$

$$\cdot CH_3+O_2+M \longrightarrow CH_3O_2\cdot +M \tag{4-9}$$

过氧自由基将清洁大气中的 NO 转化为 NO_2，又生成 $\cdot OH$ 和 $HO_2\cdot$ ，起到了链传递的作用：

$$CH_3O_2\cdot +NO \longrightarrow NO_2+CH_3O\cdot \tag{4-10}$$

$$HO_2\cdot +NO \longrightarrow NO_2+\cdot OH \tag{4-11}$$

$$CH_3O\cdot +O_2 \longrightarrow HCHO+HO_2\cdot \tag{4-12}$$

主要的链终止反应是

$$\cdot OH+NO_2 \longrightarrow HNO_3 \tag{4-13}$$

$$HO_2\cdot +HO_2\cdot \longrightarrow H_2O_2+O_2 \tag{4-14}$$

有人将对流层比作一个“低温的火焰”，此“火焰”将地面排放出来的还原态物质转化为氧化态物质，这些氧化态物质被降水或者与地表作用而去除，也可能向上扩散进入平流层。在该“低温的火焰”中，还原态物质是“燃料”，而 $\cdot OH$ 是“推进器”，推动这些化学过程的进行，由此可见 $\cdot OH$ 的重要性。

在对流层大气中，虽然 $\cdot OH$ 产生的速率很快，但是由于其反应活性强，它的浓度实际是不高的，因此想要直接测定它是很困难的。“清洁大气”可以解释为这种区域：其非甲烷总烃浓度很低，以致 $\cdot OH$ 的生成主要依靠了 $O(^1D)$ 与 H_2O 的作用，且其主要的汇是 CO 和 CH_4。图 4-2 给出了 CH_4 的主要反应历程。

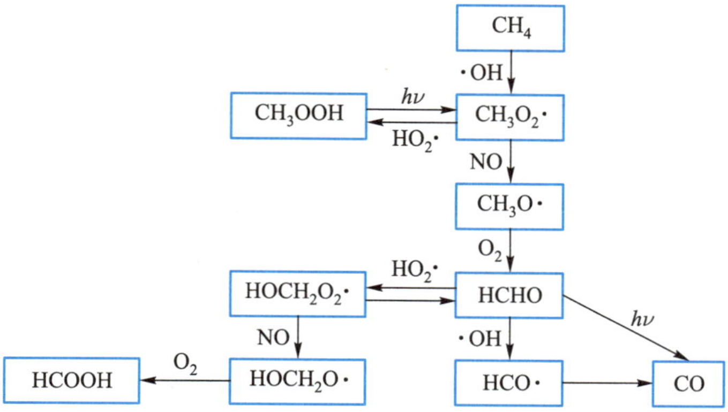

图 4-2　CH_4 的主要反应历程

二、NO 在清洁大气化学过程中的作用

美国和一些国家曾报道过在远离人为污染源的清洁地区，有时能测到很高浓度的 O_3，超过了各国制定的国家空气质量标准。该现象的出现有如下几种可能：① 污染物的长距离输送；② 平流层高浓度 O_3 的输入；③ 由天然大气的化学反应过程而生成。下面着重介绍第③种可能。

已经知道，自然界除了向大气排放 CH_4、CO 外，还排放少量的 NO 及碳数较高的碳氢化合物。这些天然的 CO 和 CH_4 等有机物，对 O_3 的大气浓度具有重要影响，能使其增加、降低或保持不变。它们对 O_3 的影响主要取决于 NO 的浓度，其原因以 CO 为例进行说明。

CO 在大气中一般不与其他大气组分相互作用，已知能对 CO 起氧化作用的氧化剂是 ·OH[反应(4-7)]，生成的 $HO_2·$ 可能发生的后续反应，包括与 NO、$HO_2·$ 和 O_3 的反应[反应(4-11)、反应(4-14)和反应(4-15)]：

$$HO_2·+O_3 \longrightarrow ·OH+2O_2 \tag{4-15}$$

NO 在大气化学过程中的作用会随着 NO 浓度的不同而发生变化，其 CO-NO_x 体系的主要反应历程及与 NO 浓度的关系见图 4-3。

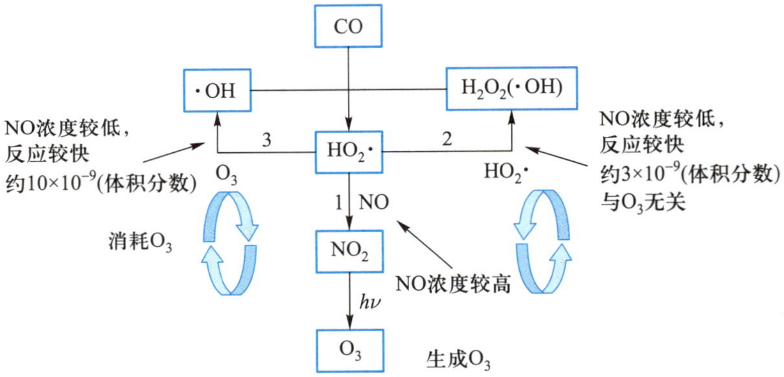

图 4-3 NO 在大气化学过程中的作用

(一) NO 浓度高时

NO 浓度高时，$HO_2·$ 与 NO 的反应(4-11)是 $HO_2·$ 参与的主要反应，$HO_2·$ 与 $HO_2·$ 的反应(4-14)和与 O_3 的反应(4-15)基本可以忽略，$HO_2·$ 此时的作用是将 NO 氧化为 NO_2，进而 NO_2 光解生成 O_3：

$$3NO_2+h\nu \longrightarrow O_3+3NO \tag{4-16}$$

将反应(4-7)、反应(4-8)、反应(4-11)、反应(4-16)加和并整理可得

$$3CO+3O_2 \longrightarrow 3CO_2+O_3$$

即当 NO 浓度足够高时，一分子 CO 可生成一分子 O_3，NO 对 O_3 的生成起促进作用。

(二) NO 浓度低时

NO 浓度低时，$HO_2·$ 与 NO 的反应(4-11)的速率较慢，且不能同反应(4-3)竞争，此

时 HO_2· 与 HO_2· 的反应（4–14）或与 O_3 的反应（4–15）成为 HO_2· 的主要反应。如果反应（4–14）是 HO_2· 参与的主要反应，则生成 H_2O_2，随后 H_2O_2 可以光解生成 ·OH［反应（4–17）］：

$$H_2O_2+h\nu \longrightarrow 2 \cdot OH \tag{4-17}$$

大部分的 HO_2· 通过上述反应转化为 ·OH，没有参与 NO 的氧化反应。综合反应（4–7）、反应（4–8）、反应（4–14）、反应（4–17）可得

$$2CO+O_2 \longrightarrow 2CO_2$$

在这种情况下就没有 O_3 的生成或消耗，即在 NO 浓度低且 HO_2· 与 HO_2· 反应较快时，NO 与 O_3 的生成或消耗无关。

然而，如果 HO_2· 与 O_3 的反应（4–15）是 HO_2· 参与的主要反应，在 HO_2· 转化为 ·OH 的同时消耗了 O_3，结合反应（4–7），则总的效果又成为

$$CO+O_3 \longrightarrow CO_2+O_2$$

此时一分子 CO 消耗了一分子 O_3。

（三）NO 浓度与 O_3 生成的关系

上一节定性讨论了 NO 浓度在 NO_x–CO 体系下对 O_3 生成的影响，下面将通过计算来确定不同反应处于主导地位时 NO 的浓度水平。如果 HO_2·+HO_2· 的反应能与 HO_2·+NO 的反应相竞争，两者的反应速率至少相等，则

$$k_{11}[HO_2\cdot][NO]=k_{14}[HO_2\cdot]^2$$

在清洁大气中，白天 HO_2· 的典型浓度为 $1\times10^8\ cm^{-3}$，已知 $k_{11}=8.3\times10^{-12}\ cm^3/$（分子 ·s），$k_{14}=5.6\times10^{-12}\ cm^3/$（分子 ·s），则

$$[NO]=\frac{k_{14}[HO_2\cdot]}{k_{11}}=7\times10^7\ cm^{-3}（体积分数约为 3\times10^{-12}）$$

同样，如果 HO_2·+O_3 的反应得以同 HO_2·+NO 的反应竞争，那么，

$$k_{11}[HO_2\cdot][NO]=k_{15}[HO_2\cdot][O_3]$$

在清洁大气中，O_3 的典型浓度约为 40×10^{-9}（体积分数）（分子数浓度约为 1×10^{12} 分子 /cm^{-3}），$k_{15}=2.0\times10^{-15}cm^3/$（分子 ·s），则

$$[NO]=\frac{k_{15}[O_3]}{k_{11}}=2.4\times10^8\ cm^{-3}（体积分数约为 10\times10^{-12}）$$

由此可见，NO 浓度小于 3×10^{-12}（体积分数）时，HO_2· 的竞争反应就会发生，这样低的 NO 浓度曾在一些清洁地区测到过。Crutzen（1979）提出，在工业化后的北半球，由于人为源排放，NO 浓度会大于 5×10^{-12}（体积分数），而南半球则低得多。这就说明了在北半球对流层 O_3 的光化学来源比南半球重要。

除 CO 外，CH_4 有类似的反应［反应（4–6）、反应（4–9）~ 反应（4–12）］。如果 NO 浓度较高，通过上述反应就有两分子 NO 被氧化为 NO_2（分别被 CH_3O_2· 和 HO_2· 氧化），也就有两分子 O_3 由 NO_2 光解而生成。与 NO_x–CO 体系中的情况一样，NO 浓度很低时，就会存在竞争性反应：

$$CH_3O_2\cdot + HO_2\cdot \longrightarrow CH_3OOH + O_2 \qquad (4\text{-}18)$$

已知：$k_{10}=7.6\times10^{-12}\ cm^3/(分子\cdot s)$，$k_{18}=3\times10^{-12}\ cm^3/(分子\cdot s)$，设 $HO_2\cdot$ 的典型浓度为 $10^8\ cm^{-3}$，则在 $CH_3O_2\cdot$+NO 反应与 $CH_3O_2\cdot+HO_2\cdot$ 反应的速率相等时，NO 的浓度为

$$[NO]=\frac{k_{18}}{k_{10}[HO_2\cdot]}\approx 2\times10^{-12}(体积分数)$$

由此可见，如果清洁大气中 NO 浓度小于 2×10^{-12}，那么 CO 和 CH_4 将消耗 O_3，成为 O_3 的汇；如果 NO 浓度大于 10×10^{-12}，那么 CO 和 CH_4 将生成 O_3，成为 O_3 的源。

三、大气氧化性与大气自净能力

大气本身是氧化性的介质，存在复杂的气、液、固均相和多相化学反应，在此过程中低氧化态物种逐步走向高氧化态，然后被大气干沉降和湿沉降清除。大气的这种基本化学属性通常称为大气氧化性（oxidative capacity）或大气自净能力（self-cleaning capacity），表现为自由基（$\cdot OH$、$NO_3\cdot$、$Cl\cdot$ 等）和 O_3 等氧化还原性物质的能力，主要用自由基浓度、$\cdot OH$ 去除速率和污染物去除速率来表征。

（一）自由基浓度

$\cdot OH$ 大气浓度通常被用作评估大气氧化性强弱的重要指标，主要受太阳辐射、前体物 NO_x 和 VOCs 浓度等因素的影响。自 20 世纪 90 年代 $\cdot OH$ 测量仪器开发后，研究人员已在不同环境条件下（包括城市、森林和极地等典型环境）开展了数十次自由基综合观测实验，2006 年在我国广州后花园观测点上测到了文献报道中最高的 $\cdot OH$ 峰值浓度水平（$16\times10^6\ cm^{-3}$，图 4-4）。国内外的观测数据表明，城市和郊区 $\cdot OH$ 浓度水平较森林和背景地区要高，反映了污染条件下氧化性增强的特征。

与 $\cdot OH$ 相比，$NO_3\cdot$ 浓度通常在夜间出现高值，由于 $NO_3\cdot$ 光解及与 NO 的快速反应，$NO_3\cdot$ 日间浓度较低。图 4-4 比较了 $NO_3\cdot$ 在城市、远郊地区和森林地区的平均夜间浓度，发现 $NO_3\cdot$ 浓度高值通常出现在城市及下风向地区，而在人为影响较小的森林、海洋及极地的浓度水平相对较低。夏季夜间近地面 $NO_3\cdot$ 平均浓度一般为 $4\times10^{-12}\sim30\times10^{-12}$（体积分数），城市地区夏季夜间峰值能够达到 $100\times10^{-12}\sim200\times10^{-12}$（体积分数）。耶路撒冷曾观测到 $NO_3\cdot$ 浓度高达 807×10^{-12}（体积分数），是目前已有观测报道的最高值。

（二）$\cdot OH$ 去除速率

有研究表明在工业革命后对流层大气 $\cdot OH$ 浓度水平增加了约 9%，但与人类活动相关的还原性污染物去除能力及臭氧等二次污染物生成能力的增幅远远大于 $\cdot OH$ 浓度的变化。事实上，$\cdot OH$ 浓度仅体现了大气氧化剂的浓度水平，并未体现对大气中还原性污染物去除的影响，因此仅用 $\cdot OH$ 浓度表征大气氧化性是不完善的。大气氧化性的内涵实质上是大气中还原性污染物通过大气氧化剂（$\cdot OH$、$NO_3\cdot$、$Cl\cdot$ 和 O_3 等）氧化被去除进而生成二次污染物的能力，可由自由基氧化去除速率来定量表征：

$$大气氧化性\ L\approx[\cdot OH]\times k_{\cdot OH}+[O_3]\times k_{O_3}+[NO_3\cdot]\times k_{NO_3\cdot}+\cdots$$

k_i 代表大气氧化剂的反应活性（$i=\cdot OH$、$NO_3\cdot$、$Cl\cdot$ 和 O_3 等），是大气中各物质与大气氧化剂发生反应能力的综合度量，数值上等于大气氧化剂寿命的倒数。$\cdot OH$ 是对流层中最

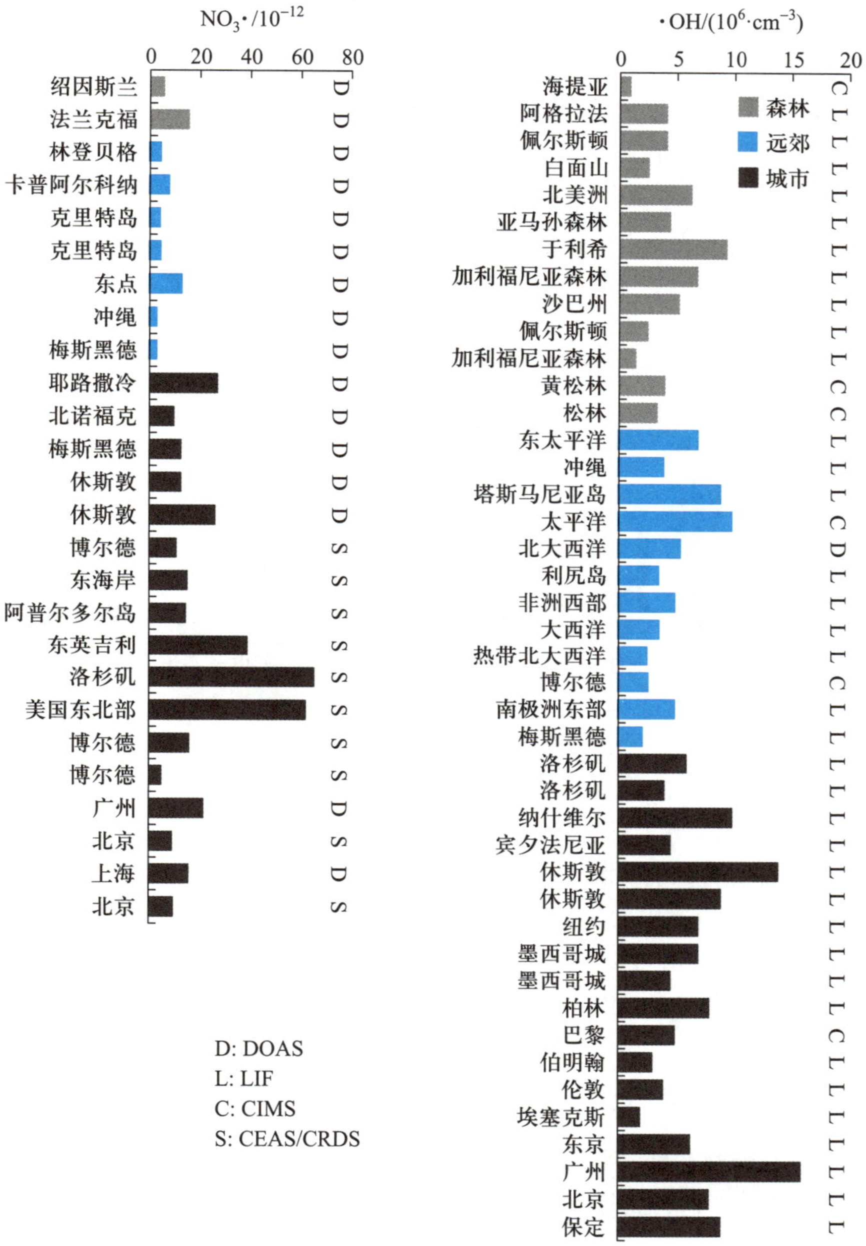

图 4-4　·OH 和 NO_3· 的典型浓度

（资料来源：Lu 等，2019）

重要的大气氧化剂，在对流层尺度上，大气自由基氧化去除速率可用 ·OH 氧化速率来简化表征。上式可简化为：

$$L \approx L_{\cdot OH} = P_{\cdot OH}(1+\rho)$$

即大气自由基氧化去除速率与 ·OH 初级来源速率 $P_{\cdot OH}$（如 O_3 光解）和再生速率（或反应链长 ρ，主要是通过 HO_2· 和 NO 反应）有关。由此，·OH 去除速率可以理解为注入光化学反应体系中的·OH 初级来源经自由基链循环放大后大气氧化能力的一种体现，对流层大气氧化能力通过 O_3 和反应链长 ρ 高度依赖于 NO_x 和 VOCs 等前体物排放，同时也受到太阳辐射强度、温度、相对湿度等气象条件及化学过程等因素的影响。

聚焦到城市和区域尺度时，·OH 去除速率还受到亚硝酸（HONO）、含氧挥发性有机物（OVOCs）等的影响，存在显著的季节差异。由于·OH 浓度与太阳辐射之间的强依赖关系，夏秋季·OH 浓度水平整体较冬季偏高（图 4–5），特别是夏季臭氧污染时·OH 浓度较冬季偏高数倍。然而由于冬季污染条件下大气边界层低，污染物易于在近地面积累，其活性水平相较于夏季显著偏高，导致·OH 氧化速率并未显著低于夏季。虽然冬季·OH 等大气氧化剂浓度大幅降低，但由于快速升高的还原态污染物浓度和活性水平，以·OH 为代表的大气氧化能力并未被明显抑制，对二次污染物生成仍具有重要影响。

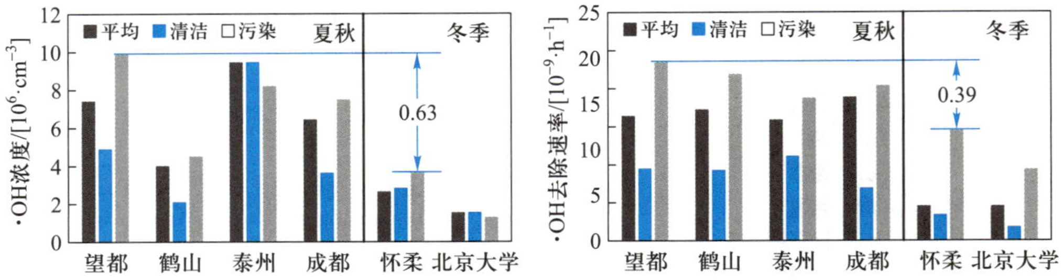

图 4–5 我国冬、夏季不同污染条件下·OH 浓度水平与对应的·OH 去除速率对比

（三）污染物去除速率

·OH 去除速率无疑是对流层大气氧化性的主要来源，但在冬季重污染天气条件时，气相氧化过程并不能完全解释大气氧化性的来源，二次污染物爆发性增长的现象表明液相和非均相反应氧化也是边界层大气氧化性的重要来源。因此，广义的大气氧化性定义还应包括多相氧化速率。基于此，可以采用两种方法对大气氧化性进行定量表征：一种是通过定量一次污染物在大气中准一级化学反应氧化去除速率的加和来表征大气氧化性，建立大气氧化潜势指数（AOIp）：

$$\mathrm{AOIp} \approx [\cdot\mathrm{OH}]\times k_{\cdot\mathrm{OH}}+[\mathrm{O_3}]\times k_{\mathrm{O_3}}+[\mathrm{NO_3}\cdot]\times k_{\mathrm{NO_3}\cdot}+\text{多相反应速率}+\xi$$

另一种是从化学反应热力学原理出发，基于气相反应和多相反应的共同作用，推算一次排放的还原性前体物向氧化态二次污染物转化过程中得失电子的总物质的量，可建立表观大气氧化指数（AOIe）：

$$\mathrm{AOIe}=f_{\mathrm{e1(S-IV\rightarrow S-VI)}}+f_{\mathrm{e2(N-II,\,III,\,VI\rightarrow N-V)}}+f_{\mathrm{e3(O_2\rightarrow O_3)}}+f_{\mathrm{e4(VOCs\rightarrow OVOCs,\,SOA)}}+\xi$$

由图 4–6 可知，北京夏季 AOIp 随着 $PM_{2.5}$ 污染程度上升缓慢升高，在中度 / 重度污染时大气氧化性得到一定程度增强；冬季 AOIp 随着污染程度加强而迅速降低，大气氧化性受到一定的抑制。而 AOIe 在夏季和冬季差别不大，冬季中度 / 重度污染时 AOIe 还略高于夏季。其原因是，夏季 O_3 浓度显著高于冬季，但冬季 NO_2 浓度则显著高于夏季，同时二次有机气溶胶和无机气溶胶浓度也高于夏季，因此表现出 AOIe 的季节差异相对较小。

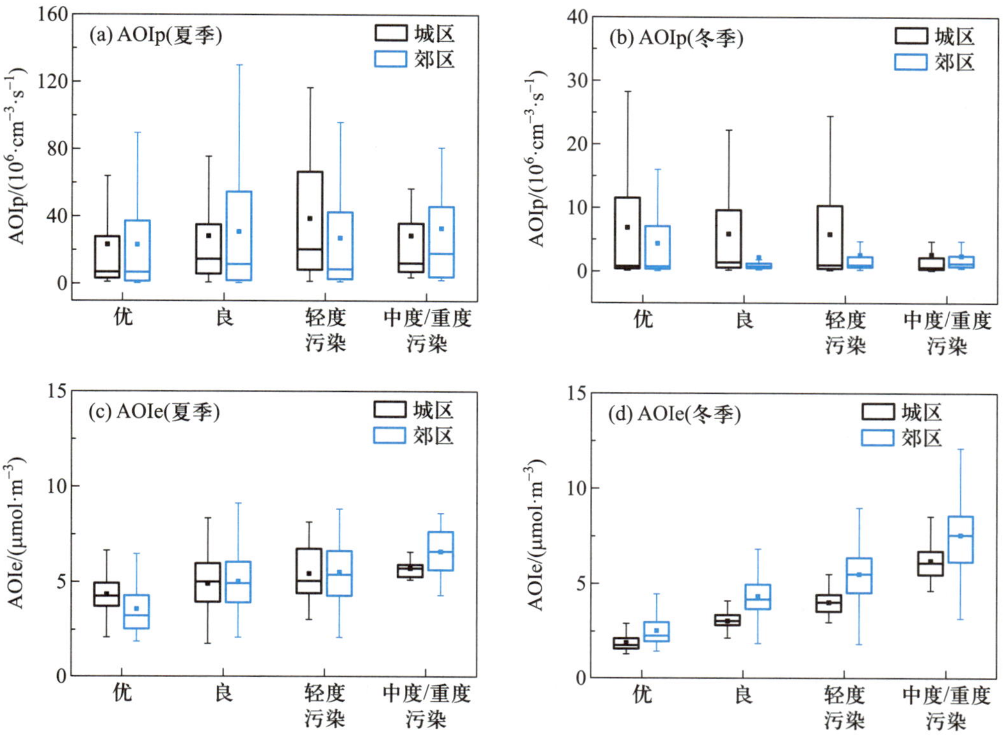

图 4-6　AOIp[(a),(b)]和 AOIe[(c),(d)]在北京夏季和冬季不同空气污染水平下的分布特征

优：$PM_{2.5} \leqslant 35\ \mu g/m^3$；良：$35\ \mu g/m^3 < PM_{2.5} \leqslant 75\ \mu g/m^3$；轻度污染：$75\ \mu g/m^3 < PM_{2.5} \leqslant 115\ \mu g/m^3$；

中度 / 重度污染：$PM_{2.5} > 115\ \mu g/m^3$

因此，无论在光热条件较强的夏季还是光热条件较差的冬季，边界层大气均存在大气强氧化性，但表现特征存在显著的季节差异。在夏季，HONO、O_3 等光解的高强度自由基初级来源和自由基快速循环放大能力共同维持了夏季大气强氧化性，在冬季则是自由基快速去除速率和污染物复杂多相反应共同维持了冬季污染过程中的大气强氧化性。

第三节　污染大气中的气相化学过程

污染大气指受人类活动影响较大的城市和区域大气，其特点是 NO_x 和 VOCs 浓度水平较高。当同时满足三个条件，即强紫外光、高浓度 NO_x 和 VOCs 时，大气就会发生一系列复杂的反应，产生一些氧化性很强的产物，如 O_3、醛类、PAN、HONO 等，形成光化学污染，习惯上称为“光化学烟雾”。

一、光化学污染（烟雾）的历史

含有 NO_x 和 VOCs 的大气，在阳光中紫外线照射下发生反应，所产生的产物和反应物的混合物称为光化学烟雾。这种烟雾不同于传统的煤烟型污染（伦敦烟雾），它们的主要区别见表 4-2。

表 4-2 光化学污染和煤烟型污染的比较

	煤烟型污染（伦敦烟雾）	光化学污染（洛杉矶烟雾）
污染发生条件	低温高湿，出现逆温层（辐射逆温层）	高温低湿，出现逆温层（下沉逆温层）
污染发生时间	清晨	午后
一次污染物	二氧化硫，煤烟颗粒	氮氧化物、挥发性有机物
二次污染物	硫酸、硫酸盐气溶胶等	臭氧、硝酸、过氧乙酰硝酸酯、醛类、硝酸盐气溶胶等

20 世纪 40 年代，美国洛杉矶首次出现了严重的光化学污染。它的特征是烟雾呈蓝色，具有强氧化性，能使橡胶开裂，刺激人们眼睛，伤害植物叶面，并使大气能见度降低；形成条件是强阳光和低湿度，其刺激物浓度的高峰在中午或午后，污染区域往往在城市下风方向几十到几百公里处。

20 世纪 50 年代初，Haggen-Smit 确定了洛杉矶空气中的刺激性气体为 O_3，首次提出了有关光化学烟雾形成的基本理论，认为洛杉矶烟雾是南加利福尼亚强太阳光引发了大气中 VOCs 和 NO_x 之间的化学反应造成的，并认为城市大气中 VOCs 和 NO_x 的主要来源是汽车尾气。由此开启了洛杉矶半个多世纪的光化学烟雾治理历程，O_3 浓度从早期的超过 600×10^{-9}（体积分数）逐渐接近美国空气质量标准（图 4-7）。

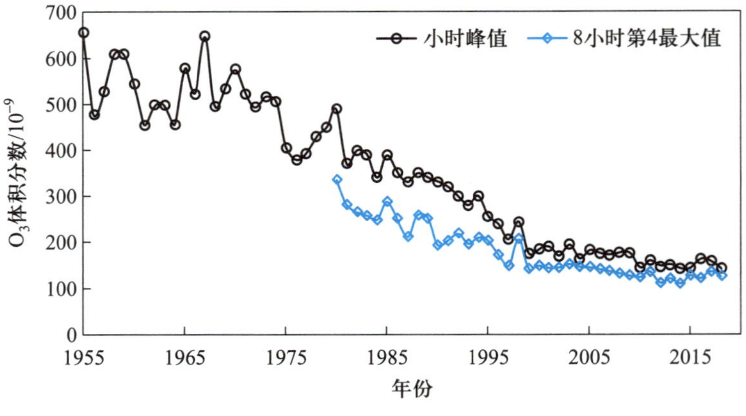

图 4-7 洛杉矶 O_3 浓度小时峰值和 8 小时第 4 最大值的演变

自洛杉矶之后，美国很多地区地面大气 O_3 浓度水平都较高，1998 年美国加利福尼亚州、中西部和东部地区 O_3 污染比较严重，2001 年全国约有 1.1 亿人口居住在臭氧污染超标区，占美国人口的 37.5%，居各种污染物之首。同时研究发现在一个区域中 O_3 浓度在城市、郊区和附近乡村地区之间没有太大的差别，反映出 O_3 呈现区域性的污染特征。迄今 O_3 污染仍是美国需要解决的主要大气环境问题。

继美国洛杉矶之后，光化学污染在世界各地不断出现。欧洲 O_3 污染的情况同美国类似。2004 年夏天，欧洲南部大气 O_3 浓度水平普遍超过欧盟标准（180 $\mu g/m^3$），在 25 个欧盟成员国中有 18 个国家出现 O_3 超标现象，意大利和西班牙 O_3 浓度甚至高达 417 $\mu g/m^3$，德国、希腊、法国、匈牙利、葡萄牙和斯洛文尼亚等欧盟国家及保加利亚、瑞典、北马其顿和罗马尼亚等国的大气 O_3 浓度超过欧盟警报水平（240 μg/m^3）。欧洲在 SO_2、PM_{10} 和 NO_2 等污染快速改善的情况下，O_3 浓度呈缓慢下降的趋势，近年来总体在欧盟标准附近波动，并时有超标现象出现。

在 20 世纪 80 年代，中国在甘肃兰州和北京先后出现了光化学污染的迹象，至 20 世纪末，在京津地区、珠江三角洲地区和长江三角洲地区出现了比较严重的区域性光化学污染，见图 4-8。研究发现，北京夏季和珠江三角洲秋季的大气 O_3 污染十分严重，是光化学污染的典型季节，O_3 浓度超过空气质量标准的频率在 50% 以上。2013 年起在全国城市逐步开展了 O_3 污染的业务化监测，数据显示中国东部城市和区域普遍存在 O_3 污染，尤其以 2019 年最为突出，见图 4-9（a）。在中国快速经济发展的区域和特大城市，O_3 平均浓度、最大浓度、超标频率及高值

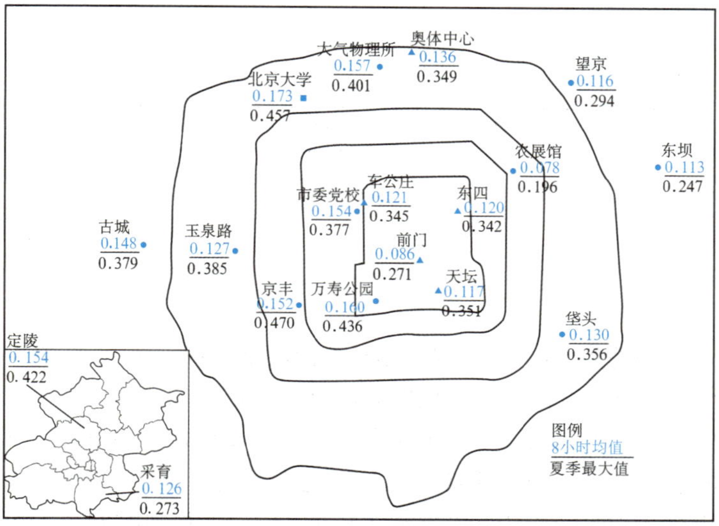

图 4-8　2000 年 7 月北京大气 O_3 污染状况（mg/m^3）

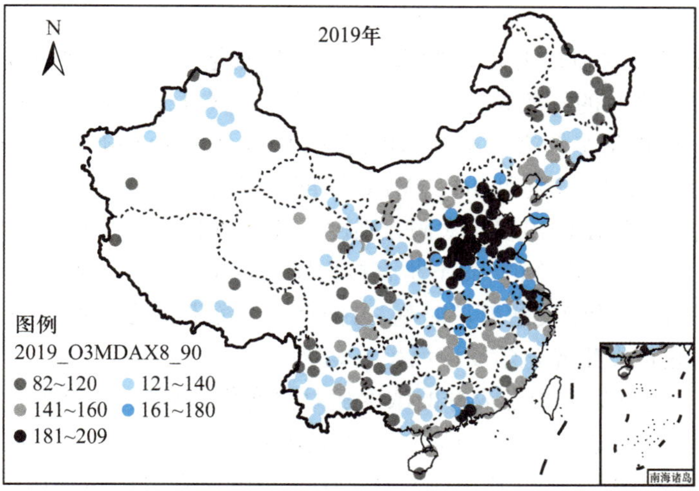

(a)

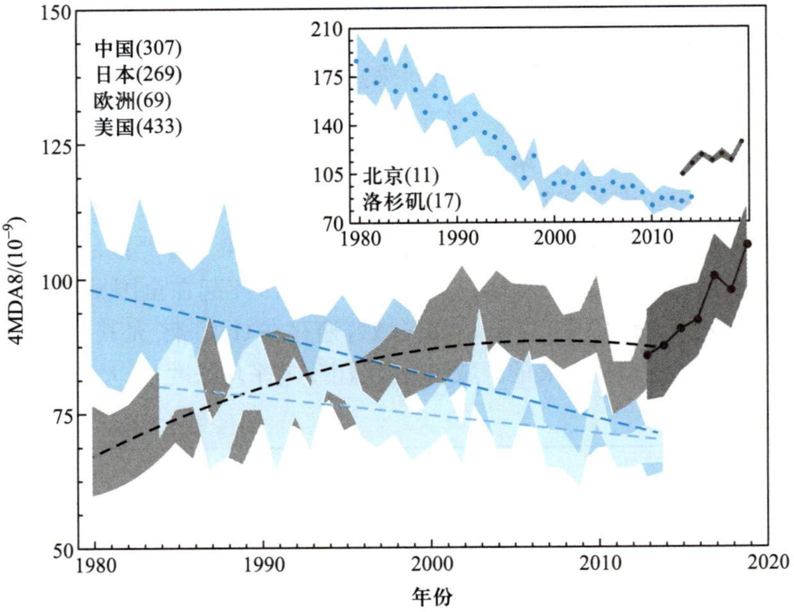

(b)

图 4-9 全国 O_3 最大 8 小时平均浓度第 90 分位数空间分布及与国外的比较

(a) $\mu g/m^3$;(b)第 4 最大值,体积分数

持续时间有逐年增加的趋势,其污染状况已超过目前的欧美特大城市,见图 4-9(b),表明大气的氧化性水平较高,并随城市化和工业化发展而有继续提升的潜势。

目前,光化学污染[包括大气 O_3 和细颗粒物($PM_{2.5}$)]已成为国内外面临的主要大气污染问题。20 世纪 50 年代至今,研究人员对光化学污染开展了大量研究,包括发生源、发生条件、化学反应机理、对人体健康和生态系统的影响、监测和控制等,并已经取得了显著成果。

二、光化学污染(烟雾)的化学特征

图 4-10 给出了日本神奈川县 1979 年 7 月 31 日光化学烟雾事件中各种污染物的浓度与时间的关系,以及当时的气象条件。从图上可以看到,CO、NMHC 及 NO 浓度的最大值出现在上午 6—10 点,正是车辆来往最频繁的时刻,傍晚又出现小峰值。值得注意的是:NO_2 浓度上升是在太阳光强度增强和 NO、NMHC 浓度下降时;而 O_3 浓度的上升是在 NO_2 浓度下降时。图中 O_3 最大浓度的出现与太阳光强度有关。由此可以推测 NO_2 和 O_3 是在太阳光照射下由大气光化学反应产生的,而不是直接由源排放的一次污染物。早晨的汽车尾气是它们产生的直接原因。傍晚交通繁忙时刻,虽仍有一次污染物的排放,但由于气象条件及微弱的太阳光,已不足以发生光化学反应而生成烟雾。

为了弄清楚光化学烟雾中各成分的浓度随时间变化的机理,研究人员开展了烟雾箱实验,即在一个大容器内,通入反应气体,在人工光源照射下,模拟大气光化学反应。照射含非甲烷烃和氮氧化物的空气,以及照射 C_3H_6-NO_x- 空气混合物的结果如图 4-11 及图 4-12 所示。

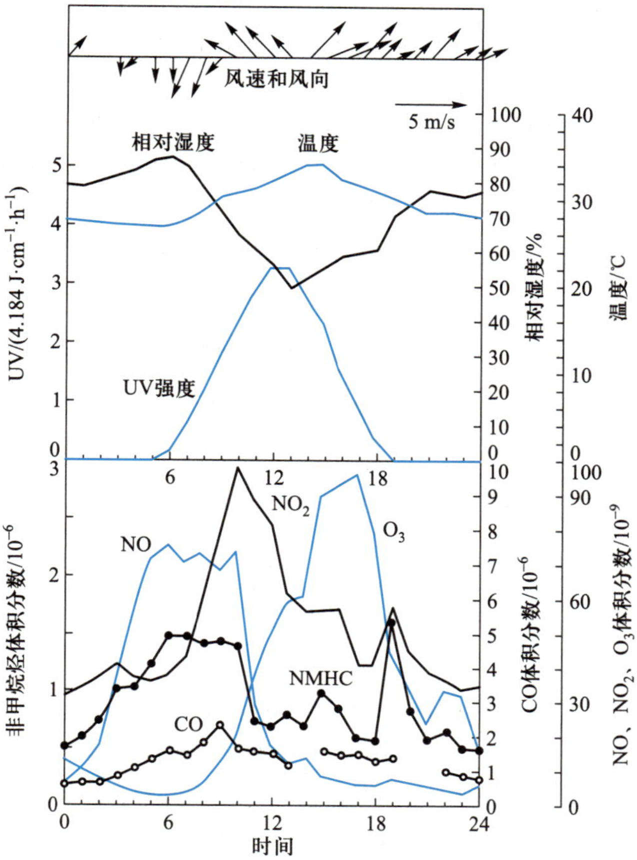

图 4-10　日本神奈川县污染物浓度与时间的关系和气候条件的日变化

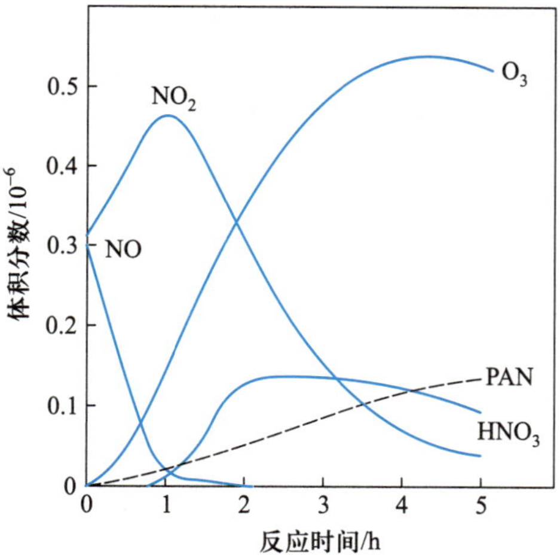

图 4-11　典型烟雾箱实验中一些反应物和产物的浓度变化

（资料来源：引自 Spicer，1983）

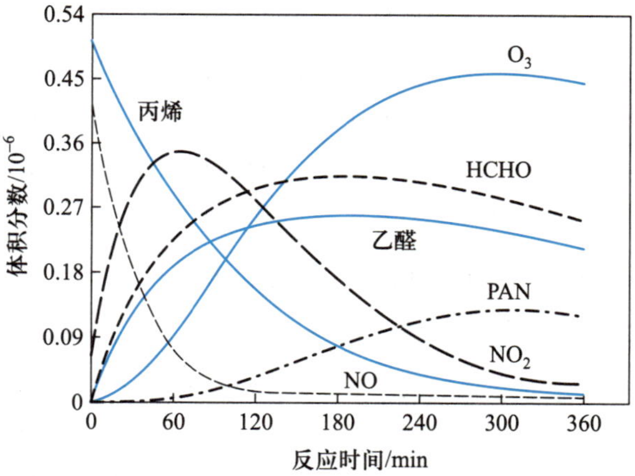

图 4-12　C_3H_6-NO_x- 空气混合物中一次污染物与二次污染物的浓度变化

（资料来源：引自 Pitts，1975）

图 4-11 及图 4-12 的结果均表明碳氢化合物和氮氧化合物共存时，在紫外射线的作用下会出现：① NO 转化为 NO_2；② 碳氢化合物氧化消耗；③ O_3 及其他氧化剂如 PAN、HCHO、HNO_3 等二次污染物的生成。

其中关键性的反应类别是：① NO_2 的光解导致了 O_3 的生成；② 碳氢化合物 RH 的氧化生成了活性自由基，尤其是 $HO_2\cdot$、$RO_2\cdot$ 等；③ 过氧自由基 $HO_2\cdot$ 和 $RO_2\cdot$ 引起了 NO 向 NO_2 转化，进一步提供了生成 O_3 的 NO_2 源，同时形成了含 N 的二次污染物如 PAN、HNO_3。这三个关键反应类别所涉及的反应很多，这里仅归纳提出其中最关键的反应。

（A）O_3 的生成反应

$$NO_2+h\nu \xrightarrow{1} NO+O$$

$$O+O_2+M \xrightarrow{2} O_3+M$$

$$O_3+NO \xrightarrow{3} NO_2+O_2$$

如果无其他成分，三者之间就会达成稳态，其光稳态关系式为

$$O_3=\frac{k_1[NO_2]}{k_3[NO]}$$

（B）·OH 反应

烷 $RH+\cdot OH \longrightarrow R\cdot+H_2O$

$R\cdot+O_2 \longrightarrow RO_2\cdot$（过氧烷基自由基）

醛 $RCHO+\cdot OH \longrightarrow RCO\cdot$（酰基自由基）$+H_2O$

$RCO\cdot+O_2 \longrightarrow RC(O)O_2\cdot$（过氧酰基自由基）

这些过氧自由基的存在引起了 NO 向 NO_2 的转化。

（C）NO 向 NO_2 的转化

$RO_2\cdot+NO \longrightarrow NO_2+RO\cdot$（烷氧基自由基）$\longrightarrow RONO_2$

$RO\cdot+O_2 \longrightarrow HO_2\cdot+R'CHO$（醛）（R′ 表示比 R 少一个碳的烃基）

$HO_2\cdot+NO \longrightarrow NO_2+\cdot OH$（回收一个 ·OH；循环使用）

$RC(O)O_2\cdot+NO \longrightarrow NO_2+RC(O)O\cdot$（氧酰基自由基）

$RC(O)O\cdot \longrightarrow R\cdot+CO_2$

$R\cdot+O_2 \longrightarrow RO_2\cdot$

将这些 RH 相关的反应联合起来可以给出：

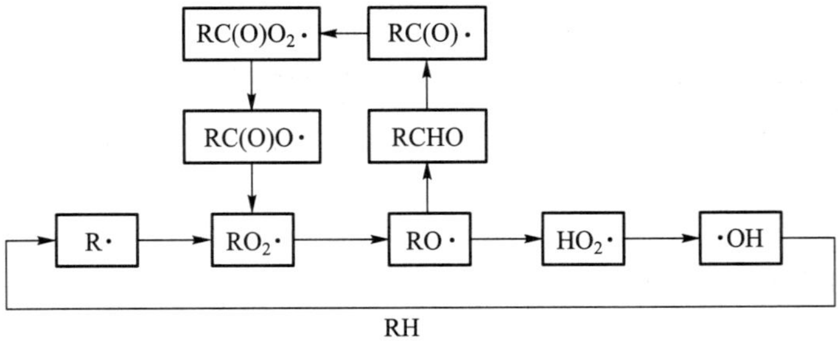

可见，在 R· 及 RCO· 寿命期内可以使多个 NO 分子转化成 NO_2。也就是说，一个自由基自生成到猝灭以前可以参加许多个自由基传递反应，这种链传递反应驱动了 NO 向 NO_2 的转化。而 NO_2 既起链引发作用，又起链终止作用，最后生成 HNO_3、PAN 和有机硝酸酯等稳定物质。

三、有利于产生光化学污染（烟雾）的气象特征

1. 热力学指标

日照时间、总云量、低云量及气温垂直递减率是影响 O_3 浓度的主要热力学因素。在日照长、总云量和低云量较少、气温垂直递减率为正值，以及相对湿度较低的情况下，往往容易出现 O_3 浓度高值。云量少与日照时间长密切相关，日照时间长有利于光化学反应的进行。正的气温垂直递减率反映了稳定的大气层结结构，这种温度层结阻碍了局地 O_3 的扩散，从而使其浓度逐渐增大。

2. 动力学指标

小风速通常在以局地光化学反应为主时对 O_3 浓度增值起作用。理查森数 Ri 值比较大时，说明大气的垂直温度梯度值大或者风速垂直切变小，反映大气比较稳定，地面和低层大气的风速较小，不利于 O_3 浓度的稀释，从而有利于 O_3 在低层大气内的积聚。逆温层高度 H_i 和混合层厚度 H_m 也是动力学和热力学的综合参数。逆温层像一层盖子限制了污染物的向上扩散，而混合层厚度同样表明垂直扩散的上界，这两项参数越小则近地面 O_3 越难以向上扩散。不过高浓度 O_3 日 $H_i<500$ m 的概率不太高，不如 H_m 的指示性强。但在一些低层大气风速增大的情况下也出现地面 O_3 浓度升高的现象，这实际上是因为垂直方向动量的增加通过垂直输送将含高浓度 O_3 的高层大气带到地面来，它完全不同于小风速时局地 O_3 浓度升高的机理。观测表明，在过渡季节常有这种情况发生。

3. 综合性指标

综合性指标只有一项，即高压天气系统，这是一项最显著的指标。这类天气系统通常引起有利于生成或增加地面 O_3 的各种气象条件，如强日照、高温、低湿、夜间出现逆温的稳定型大气、下沉气流、小风等。

四、光化学污染（烟雾）形成的简化机制

Seinfeld（1986）用 12 个反应所组成的简化机制来概括描述光化学烟雾的形成过程，在 1997 年该简化机制增加至 20 个反应。

引发反应：

$$NO_2+h\nu \longrightarrow NO+O$$

$$O+O_2+M \longrightarrow O_3+M$$

$$O_3+NO \longrightarrow NO_2+O_2$$

自由基形成：

$$O_3+h\nu \longrightarrow O(^1D)+O_2$$

$$O(^1D)+H_2O \longrightarrow 2\cdot OH$$

$$HCHO+h\nu \xrightarrow{O_2} 2HO_2\cdot+CO$$

$$\longrightarrow H_2+CO+O_2$$

自由基传递反应：

$$RH + \cdot OH + O_2 \longrightarrow RO_2\cdot + H_2O$$
$$HCHO + \cdot OH + O_2 \longrightarrow HO_2\cdot + H_2O + CO$$
$$RCHO + \cdot OH + O_2 \longrightarrow RC(O)O_2\cdot + H_2O$$
$$RO_2\cdot + NO \longrightarrow NO_2 + RO\cdot$$
$$RC(O)O_2\cdot + NO + O_2 \longrightarrow NO_2 + RO_2\cdot + CO_2$$
$$RO\cdot + O_2 \longrightarrow R'CHO + HO_2\cdot \text{（R' 表示比 R 少一个碳的烃基）}$$
$$HO_2\cdot + NO \longrightarrow NO_2 + \cdot OH$$

终止反应：

$$\cdot OH + NO_2 + M \longrightarrow HNO_3 + M$$
$$HO_2\cdot + HO_2\cdot \longrightarrow H_2O_2 + O_2$$
$$RO_2\cdot + HO_2 \longrightarrow ROOH + O_2$$
$$RC(O)O_2\cdot + NO_2 + M \longrightarrow RC(O)O_2NO_2 + M$$
$$RC(O)O_2NO_2 \longrightarrow RC(O)O_2\cdot + NO_2$$
$$HO_2\cdot + O_3 \longrightarrow \cdot OH + 2O_2$$

上述反应机制可用图 4–13 作简要表示。图中存在两个循环：NO_x 循环和 $HO_x\cdot$ 循环。$NO_2 + h\nu \longleftrightarrow O_3 + NO$ 是一个快速的循环，很快处于光稳态，但仅有此循环，O_3 不能积累，O_3 浓度很低。$HO_x\cdot$ 循环（$\cdot OH$、$HO_2\cdot$、$RO\cdot$、$RO_2\cdot$）相对于 NO_x 是一个慢循环，在 $HO_x\cdot$ 循环中各种自由基相互转化，氧化 VOCs 并抑制了 O_3+NO 的反应。NO_x 循环和 $HO_x\cdot$ 循环相互耦合作用的结果，不断将 NO 转化为 NO_2，从而使 O_3 逐渐积累。直到自由基被清除，整个循环系统才被终止。

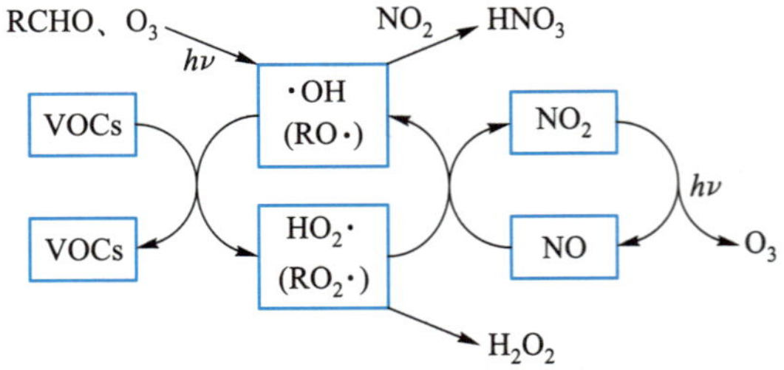

图 4–13 光化学烟雾的形成机制

对流层大气的氧化反应及其涉及的物质数量很多，可达几千种物质和 20 000 多个反应。详细列出大气化学反应中所包括的反应物、产物、中间产物，以及它们的反应速率和反应机理，称为特定化学反应机理。例如，1996 年 Jenkin 发展的机理包括 2 500 种物质（含 120 种大气挥发性有机物 VOCs）和 7 000 个化学反应。

由于大气中存在的有机成分很多，要全部用特定机理来描述，并将其用于区域和全球大气化学传输模式，目前的计算机容量和速度还不能满足要求；同时对于大气中一些化学过程的反应机制还不甚了解，缺乏反应动力学数据，例如，对芳香烃类化合物及天然源排放 VOCs 的氧化机理尚不完全清楚。因此，目前在区域空气质量模式中通常不直接使用特定机理，而是以特定机理为基础，按照一定的方法进行归纳、合并，提出归并机理。由于无机物的种类和反应个数较少，归并机理主要是针对有机物及反应，减少有机成分的种类和反应个数。目前常用的归并机理有两类：按分子结构归并的碳键机理，以及按分子类别和性质归纳的分子归并机理。减少反应的技术包括删去次要的反应途径，以及用参数化的方法处理有机过氧化物。

第四节　臭氧生成与 NO_x 和 VOCs 的关系

现场观测和数值模拟研究工作表明，臭氧（O_3）生成与前体物（NO_x 和 VOCs）呈高度非线性关系，并且同气象条件和污染源排放有关。确定一个城市、区域或特定地点大气 O_3 生成究竟是由 VOCs 控制还是由 NO_x 控制的，这不仅是 O_3 生成机制的核心科学问题，而且对制定污染控制对策也十分重要。

一、VOCs/NO_x 值对臭氧生成的影响

采用 VOCs 与 NO_x 的比值来判断 O_3 生成是由 VOCs 控制还是由 NO_x 控制的，是光化学研究早期采用的一种比较粗略的判别方法。·OH 与 VOCs 反应是大气光化学链反应过程的开始，在此过程中 VOCs 与 NO_x 争夺 ·OH。在一个特定 VOCs/NO_x 值下，·OH 与 VOCs 的反应速率和与 NO_2 的反应速率相等。由于 ·OH 和不同 VOCs 反应速率差别很大，这个比值有赖于特定 VOCs 的种类和浓度。在 VOCs/NO_x 值较小时，·OH 和 NO_x 的反应占主导地位，O_3 生成对 VOCs 浓度比较敏感。在 VOCs/NO_x 值较大时，·OH 主要和 VOCs 反应，O_3 生成对 NO_x 浓度比较敏感。

在城市典型大气条件下，VOCs+·OH 与 NO_2+·OH 反应速率的比值约为 5.5（该比值随污染源排放和气象条件而变化）。因此，当 VOCs/NO_x 值小于 5.5 时，NO_2+·OH 反应就比 VOCs+·OH 快，NO_2+·OH 反应从 VOCs 氧化循环中去除了 ·OH，从而抑制了 O_3 的生成，在此条件下，减少 NO_x 将有利于 O_3 的生成。相反的情况，当 VOCs/NO_x 值大于 5.5 时，·OH 主要同 VOCs 反应，减少 NO_x 将有利于过氧自由基之间的反应，从而通过去除自由基而阻碍 O_3 的生成。

通常，增加 VOCs 浓度就意味着产生更多的 O_3；而增加 NO_x 则由于 VOCs/NO_x 值的不同，会对 O_3 生成产生促进或抑制作用。因此，O_3 生成速率并非与 NO_x 的浓度成比例。在一定的 VOCs 浓度条件下，存在一个特定的 NO_x 浓度，使产生的 O_3 浓度最高，即最适宜的 VOCs/NO_x 值，当比值小于最适宜比值时，NO_x 的增加导致 O_3 的减少，这种情况通常在市中心或在临近 NO_x 源下风向的烟羽中存在。乡村地区大气特征表现出非常高的 VOCs/NO_x 值，这是由于 NO_x 的大气清除速率比 VOCs 快，且乡村地区往往没有大的 NO_x 排放源。实际上在大部分对流层，NO_x 支配了 O_3 的生成。

二、臭氧生成的等浓度曲线（EKMA 曲线）

对于不同的初始 NO_x 和 VOCs 浓度都可以得到一个 O_3 生成的最大值，依据此峰值与初始 NO_x 和 VOCs 浓度作图，就可以绘出 O_3 峰值的等浓度曲线，该曲线反映了 O_3 生成与前体物的非线性关系。采用臭氧等浓度曲线为制定控制对策提供服务的方法称为 EKMA 方法（Empirical Kinetic Modeling Approach），是用于研究城市 O_3 浓度与其前体物敏感性关系的方法。

美国最早使用了 EKMA 曲线来表征 O_3 与 NO_x 和 NMHC 的关系，1977 年 Dodge 采用臭氧等浓度曲线模式（ozone isopleth plotting package，OZIPP）在下述假设条件下得到了 EKMA 曲线（图 4-14）：

（1）碳氢化合物包括丙烯、丁烷（含量为 1∶3）和醛类（占总量的 50%）；

（2）初始的 NO_2 浓度为 NO_x 浓度的 25%；

(3) 计算时考虑了日照强度从 8:00 到 17:00 的变化，纬度为北纬 34°；

(4) 模拟过程中不断有新鲜的污染物加入；

(5) 15:00 时稀释速率为 3%，15:00 以后无稀释；

(6) 忽略 O_3 输送。

EKMA 方法中的化学反应模式已几度更换，最早用 Dodge 的模式，后来改用碳键模式、集总模式等。EKMA 曲线反映了在控制 O_3 生成上 NMHC 及 NO_x 的重要性，以及 NMHC/NO_x 值对 O_3 生成的影响，这对制定控制对策是很有用的。

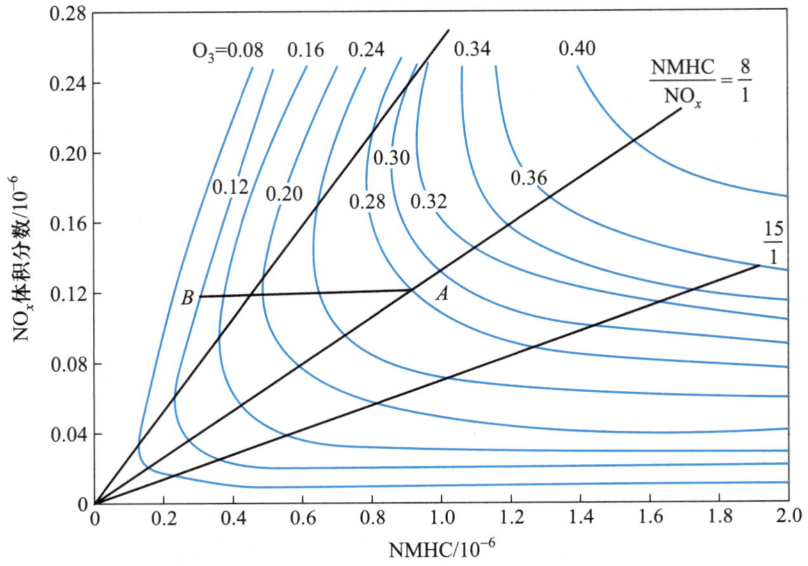

图 4-14 EKMA 方法中的臭氧等浓度曲线

（资料来源：Dodge，1977）

将图中各等浓度线的转折点连接成一条线，即 NMHC/NO_x ≈ 8∶1，此线为脊线，脊线上各点均有同一 NMHC/NO_x 值。脊线将图分为两部分，从图右侧可见，当 NO_x 浓度固定时，NMHC 浓度改变对 O_3 浓度影响不大，即不是很灵敏，但是由于 O_3 与 NO_x 有关，当固定 NMHC 浓度时，NO_x 浓度的减少会导致 O_3 的减少，即 O_3 生成处于 NO_x 控制区。此外，若两者同时减少，则 O_3 也会减少。但在脊线左侧，NO_x 浓度维持不变，降低 NMHC 浓度，O_3 浓度就会显著降低，即 O_3 生成处于 VOCs 控制区。若二者同时降低且维持同一比值，则 O_3 浓度也降低。当 NMHC/NO_x<4∶1 时，减少 NO_x，O_3 会增加，直到达到脊线，即存在 NO_x 减少的不利效应。

导致此现象的原因，可根据上述化学反应机理求解 O_3 生成速率表达式，来对不同情况下 NO_x 和 VOCs 对 O_3 生成的影响进行分析。污染大气中 HO_x· 循环和 O_3 的生成途径如图 4-15 所示，在一次链传递过程中生成两

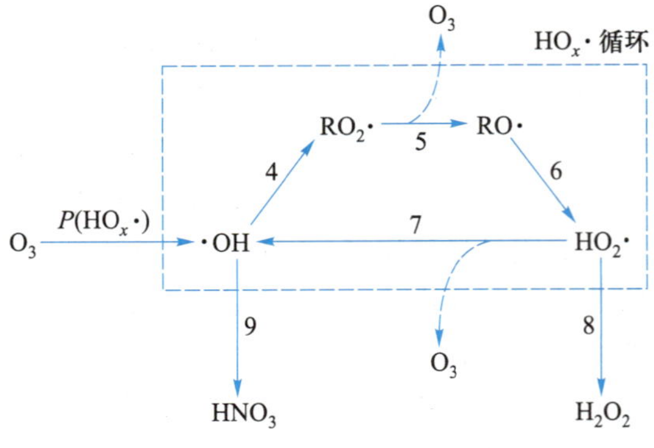

图 4-15 污染大气 HO_x· 循环和 O_3 的生成途径

分子 O_3（反应 5 和反应 7）。同时，在污染大气中可假设链循环和传递十分有效，则反应 4、5、6 和 7 的速率相等。

根据图 4-17，在该系统中，O_3 的生成速率为

$$P(O_3)=k_5[RO_2\cdot][NO]+k_7[HO_2\cdot][NO] \tag{4-19}$$

设反应 5 和反应 7 的速率相等，则

$$P(O_3)=2k_7[HO_2\cdot][NO] \tag{4-20}$$

·OH 稳态浓度为

$$[\cdot OH]=\frac{k_7[HO_2\cdot][NO]}{k_4[VOCs]} \tag{4-21}$$

在稳态条件下，$HO_x\cdot$ 生成速率（O_3 光解）和消耗速率（反应 8 和反应 9）相当，则

$$P(HO_x\cdot)=k_8[HO_2\cdot]^2+k_9[NO_2][\cdot OH] \tag{4-22}$$

当 $VOCs/NO_x$ 值高时，即 NO_x 控制区，NO_x 浓度低，反应 8 的速率 ≫ 反应 9 的速率，式（4-22）中第二项忽略，代入式（4-20）可得

$$P(O_3)=2k_7\left[\frac{P(HO_x\cdot)}{k_8}\right]^{\frac{1}{2}}[NO] \tag{4-23}$$

可见，O_3 浓度正比于 NO_x，因此 O_3 生成对 NO_x 浓度的变化非常灵敏，处于 O_3 生成的 NO_x 控制区。

当 $VOCs/NO_x$ 值低时，即 VOCs 控制区，NO_x 浓度高，反应 8 的速率 << 反应 9 的速率，式（4-22）中第一项忽略：

$$[\cdot OH]=\frac{P(HO_x\cdot)}{k_9[NO_2]} \tag{4-24}$$

代入式（4-21），可得

$$[HO_2\cdot]=\frac{P(HO_x\cdot)k_4[VOCs]}{k_7k_9[NO][NO_2]} \tag{4-25}$$

将式（4-25）代入式（4-20），则

$$P(O_3)=\frac{2P(HO_x\cdot)k_4[VOCs]}{k_9[NO_2]}$$

O_3 生成速率正比于 VOCs、反比于 NO_x，O_3 生成对 VOCs 浓度的变化非常灵敏，并随 NO_x 浓度下降而增加，即处于 O_3 生成的 VOCs 控制区。此时，O_3 的生成不受制于 NO_x 的量而受制于太阳光照射的时间和 O_3 的形成速率。因为 $VOCs/NO_x$ 值低即 VOCs 的量少，所以相应的自由基的浓度也低，NO 向 NO_2 的转化就慢，O_3 可能在日落前达不到最大值，这种条件下照射时间是影响 O_3 生成量的主要因素。

三、基于 NO_x 和 VOCs 的臭氧诊断模型

O_3 生成的敏感性分析方法大致可以分为两种，一种是基于源排放的研究方法，另一种是基于观测的研究方法。基于观测的模型（observation-based model，OBM）是用实际观测

资料来评价 O_3 对 NO_x 排放和 VOCs 的诊断性模型。

基于观测的模型(OBM)是美国佐治亚理工学院 Cardelino 和 Chamedies 在 1995 年开发的一个盒子模型,假设盒子内污染物充分混合,在一些物种逐时浓度实测数据的约束下,模拟 O_3 生成的大气化学过程,反推 NO_x 和 VOCs 的源排放效应,然后设定源效应的削减情景,计算不同 O_3 前体物的相对增量反应活性(RIR),据此来分析 O_3 的生成机制及其对 VOCs 和 NO_x 的敏感性。由于该方法输入的是观测数据而不是源排放数据,能够较为客观地反映实际大气的污染状况和 O_3 与其前体物的敏感性。同基于源排放的模型(emission-based model, EBM)相比,避免了由于源排放清单的不确定性带来的误差。OBM 模型作为一种诊断模型,不能用来预测到底削减多少前体物的排放才能达到 O_3 污染控制目标,并且对观测成分的完整性和观测数据的精确性提出了很高的要求。

OBM 模式中,最重要的核心概念是臭氧生成潜势、增量反应性和相对增量反应性。

臭氧生成潜势 $P_{O_3\text{-NO}}$:生成的臭氧量与消耗的 NO 总量之和,称为臭氧生成潜势,可以表示为

$$P_{O_3\text{-NO}}=O_3\text{ 净生成 }+\text{NO 净消耗}$$

这里将 NO 的消耗考虑进去,是因为光化学反应机理中,NO 的消耗过程基本上是同过氧自由基反应生成 NO_2 的过程,而 NO_2 光解生成 O_3 是近地面大气中 O_3 生成的唯一来源,因此将 NO 净消耗作为一种能产生 O_3 的潜势。

增量反应性(incremental reactivity, IR):IR 表示的是每分子 X 排放(对于 VOCs 来说是每个碳原子,对于 NO 来说是每个 NO 分子)生成的 O_3 总量:

$$\text{IR}^S(X)=\frac{P^S_{O_3\text{-NO}}(X)-P^S_{O_3\text{-NO}}(X-\Delta X)}{\Delta S(X)}$$

式中:X 代表某个特定成分,$S(X)$ 是一定时间内成分 X 的排放总量,$\Delta S(X)$ 是假设的源效应变化造成排放总量的变化,ΔX 是由于假设的源效应变化造成成分 X 浓度的变化量。

相对增量反应性(relative incremental reactivity, RIR):RIR 体现的是 $P_{O_3\text{-NO}}$ 变化的百分比同特定成分源变化百分比的比值:

$$\text{RIR}^S(X)=\frac{\dfrac{P^S_{O_3\text{-NO}}(X)-P^S_{O_3\text{-NO}}(X-\Delta X)}{P^S_{O_3\text{-NO}}(X)}}{\dfrac{\Delta S(X)}{S(X)}}$$

式中变量的含义等同于 IR 中的变量,是用来评估 O_3 生成对单个前体物敏感性的有效指标之一,它可以反映 O_3 光化学生成过程中的主要控制因素,以揭示 O_3-NO_x-VOCs 的敏感性,其结果对于制定区域 O_3 污染防控措施具有科学指导意义。

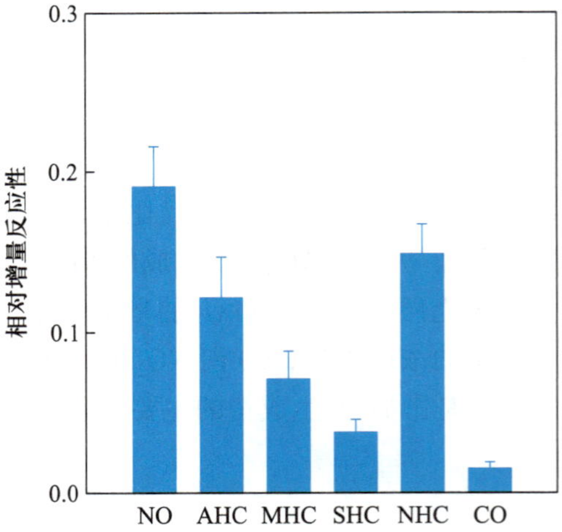

图 4-16 美国亚特兰大地区 O_3 前体物的 RIR
(资料来源:摘自 Cardelino 和 Chameides, 1995)

图 4-16 是利用 OBM 模型计算的美国亚特兰大地区 O_3 前体物的 RIR,结果显示亚特兰大地区总

VOCs 的 RIR 最高，O_3 生成对 VOCs 最为敏感，但其中人为 VOCs（AHC）的 RIR 要小于天然 VOCs（NHC）的 RIR，在此情况下，控制人为源排放 VOCs 将不能有效地降低 O_3 浓度。通常天然源排放是难以控制的，亚特兰大地区人为源 VOCs 的 RIR 小于 NO 的 RIR，因此要控制 O_3 生成，削减 NO 将更为有效。模拟中将人为源区分为移动源（MHC）和固定源（SHC），模拟结果表明亚特兰大地区移动源 VOCs 对 O_3 生成的作用约是固定源 VOCs 的 2 倍，因此，削减流动源排放比削减固定源排放对控制 O_3 更加有效。

四、指示剂法

指示剂法是基于已有的光化学理论，使用光化学反应中某些特定的成分、成分组合或成分比值等作为指示剂，从而将指示成分与观测成分相关联。如果能够建立 O_3 生成敏感性与指示剂之间的关系，那么臭氧生成的敏感性就可以直接根据实测值进行评估，从而克服模式方法的一些欠缺，同时还可以对模式研究结果进行比对分析。表 4-3 总结了 O_3 敏感性判别常用指标及限值。基于 O_3 反应过程中各类产物的比值，可初步判断区域中 NO_x 控制区、VOCs 控制区及过渡区的分布规律。

表 4-3　O_3 敏感性判别常用指标及限值汇总

比值	限值	来源
H_2O_2/HNO_3	NO_x 控制区：≥ 2.4 VOCs 控制区：<2.4	（Zhang 等，2009）
$H_2O_2/(NO_2+O_3)$	NO_x 控制区：≥ 0.02（夏季为 0.04） VOCs 控制区：<0.02（夏季为 0.04）	（Tonnesen 和 Dennis，2000） （Zhang 等，2009）
H_2O_2/NO_z	NO_x 控制区：≥ 0.38 VOCs 控制区：<0.38	（Ye 等，2016）
$HCHO/NO_2$	NO_x 控制区：≥ 1 VOCs 控制区：<1	（Tonnesen 和 Dennis，2000）
$HCHO/NO_y$	NO_x 控制区：≥ 0.41 VOCs 控制区：<0.41	（Ye 等，2016）
O_3/NO_y	NO_x 控制区：≥ 10.2 VOCs 控制区：<10.2	（Ye 等，2016）
O_3/NO_z	NO_x 控制区：≥ 14.0 VOCs 控制区：<14.0	（Ye 等，2016）

Sillman 进一步发展了指示成分的概念，提出三种比值 $O_3/(NO_y-NO_x)$、$HCHO/NO_y$ 和 H_2O_2/HNO_3 可作为 O_3 生成敏感性的指示剂。模式模拟结果表明，在 NO_x 控制区，上述比值较大，而在 VOCs 控制区，上述比值较小，在 NO_x 和 VOCs 过渡区，其值一般为 $O_3/(NO_y-NO_x)=8\sim10$、$HCHO/NO_y=0.2\sim0.39$、$H_2O_2/HNO_3=0.25\sim0.6$。

上述比值可以方便地用于模式工作中，讨论 O_3 生成的 VOCs 控制区和 NO_x 控制区的空间分布。根据光化学反应机理，当 NO_x 过量时，$HO_x\cdot$ 的终止反应主要是

$$\cdot OH+NO_2 \longrightarrow HNO_3$$

此时 O_3 生成速率由自由基的生成速率制约，O_3 生成受 VOCs 控制，因此 HNO_3 的产率可作为 VOCs 控制的指示剂。当 NO_x 浓度较低时，自由基与自由基之间的反应控制了 $HO_x\cdot$ 的去除：

$$HO_2\cdot+HO_2(+M) \longrightarrow H_2O_2+O_2(+M)$$

$$HO_2\cdot+RO_2\cdot \longrightarrow ROOH+O_2$$

此时 O_3 生成速率受与 $HO_2\cdot$ 和 $RO_2\cdot$ 反应的 NO_x 浓度水平制约，是 NO_x 控制的，因此 ROOH 和 H_2O_2 的产率可作为 NO_x 控制的指示。Sillman 建议用过氧化物与 HNO_3 的产率比值作为 O_3 生成受 NO_x 控制或 VOCs 控制的判断阈值：

$$\frac{P_{ROOH}+P_{H_2O_2}}{P_{HNO_3}}=0.5$$

P_{ROOH}、$P_{H_2O_2}$、P_{HNO_3}分别是 ROOH、H_2O_2 和 HNO_3 的产率。由于碳键机理中不计算 ROOH 的产率，Sillman 建议用下式判断：

$$\frac{P_{H_2O_2}}{P_{HNO_3}}=0.35$$

即 $P_{H_2O_2}/P_{HNO_3}$ 超过 0.35，O_3 生成受 NO_x 控制；$P_{H_2O_2}/P_{HNO_3}$ 小于 0.35，O_3 生成受 VOCs 控制。

王雪松采用 CAMx 模式中的臭氧源识别技术 OSAT，以 $P_{H_2O_2}/P_{HNO_3}=0.35$ 为判据，得到了北京和天津地区在 NO_x 和 VOCs 控制下的 O_3 生成贡献及区域分布，见图 4-17。在 2000 年 6 月 27 日，NO_x 控制下生成的 O_3 高值区出现在北京市近郊区下风方向相对较远的区域，即昌平、延庆、怀柔等地，而北京市近郊区、天津市区等污染物高排放地区则是 NO_x 控制下 O_3 生成的低值区域；与此相应，VOCs 控制下生成的 O_3 主要分布在城区及其下风地区，往往对应着位于城区及其下风附近的 O_3 高值区，而这一位置 NO_x 控制下的 O_3 生成浓度往往很低。2000 年 7 月 1 日区别于 6 月 27 日之处在于，当日位于大城市城区以外的郊区和大面积乡村的 O_3 生成主要处于 NO_x 的控制之下。

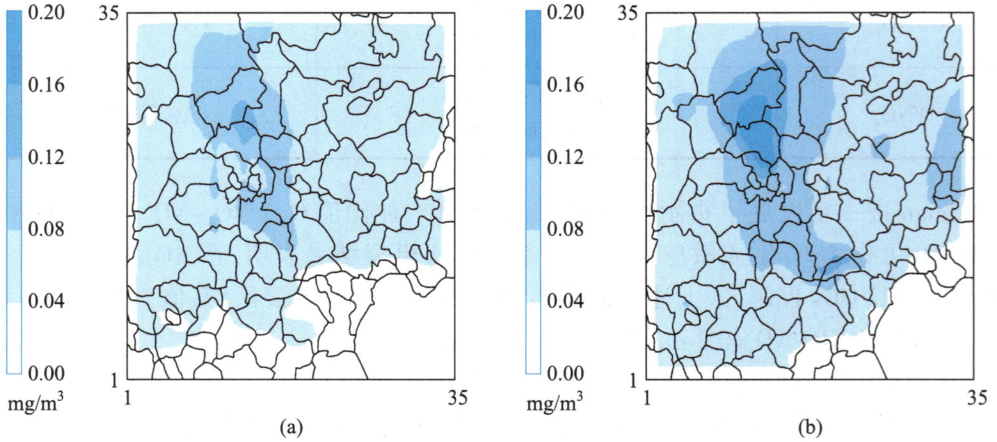

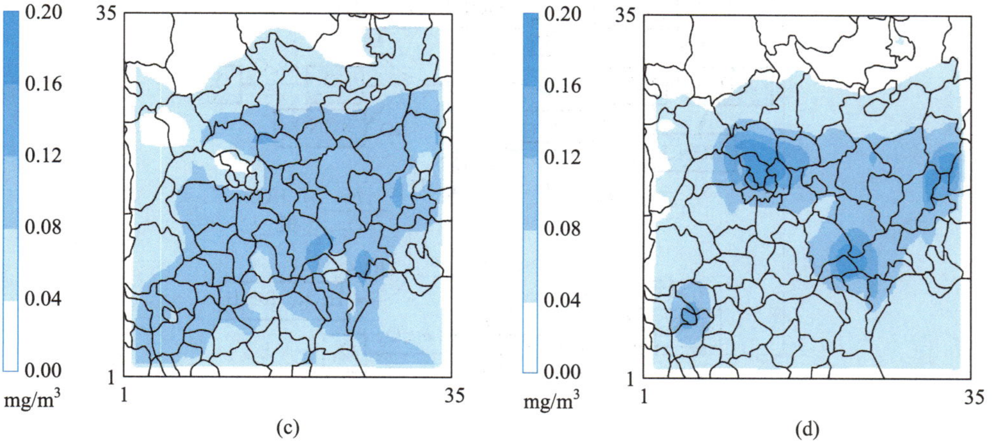

图 4-17　NO_x 和 VOCs 控制下的 O_3 生成贡献及区域分布

（资料来源：王雪松，2002）

（a）6 月 27 日 14 时 NO_x 控制（O_3 最大浓度 =140 μg/m^3）；
（b）6 月 27 日 14 时 VOCs 控制（O_3 最大浓度 =210 μg/m^3）；
（c）7 月 1 日 14 时 NO_x 控制（O_3 最大浓度 =140 μg/m^3）；
（d）7 月 1 日 14 时 VOCs 控制（O_3 最大浓度 =340 μg/m^3）

根据以上 NO_x 和 VOCs 控制下的 O_3 分布特征，可以总结出 O_3 生成敏感性的区域变化规律：在大城市的城区及近郊区，VOCs 控制下的 O_3 生成贡献显著，一般浓度水平较高，是区域 O_3 高值的主要来源，反映出 O_3 生成对 VOCs 的源排放和浓度水平比较敏感；在远郊区和广大乡村地区，NO_x 控制下的 O_3 生成逐渐变得重要，甚至超过 VOCs 控制下的 O_3 生成贡献，在这些地区 O_3 生成对 NO_x 的敏感性增强，而对 VOCs 的敏感性减弱，此时 NO_x 源排放和浓度水平成为控制 O_3 生成的主要因素。

第五节　自由基收支与循环

如前所述，在大气化学过程存在 NO_x 循环和 $HO_x\cdot$ 循环，相互耦合作用的结果是不断将 NO 转化为 NO_2，从而使 O_3 逐渐积累，低氧化态物种也通过各种过程逐步走向高氧化态，即二次污染物。因此，自由基化学（如 $HO_x\cdot$）是大气氧化性的核心，也是大气二次污染形成的主要驱动力。

一、大气 $HO_x\cdot$ 的来源、循环与去除

（一）$HO_x\cdot$ 收支的基本理论

以 ·OH 为代表的短寿命成分，其源汇机制仅与原位化学过程有关，不受传输过程影响。经典大气 $HO_x\cdot$ 循环机制如图 4-18 所示。大气中自由基主要来源是 O_3、HONO、H_2O_2、ROOH 和 RCHO 光分解，主要去除过程是生成 HNO_3、H_2O_2、ROOH 和 PAN 等，更重要的是自由基之间存在相互转化，这是维持光化学反应中有机物氧化的重要基础。定量分析自由基的收支和循环，可以深入理解大气化学过程的特点和掌握大气氧化能力的演变。

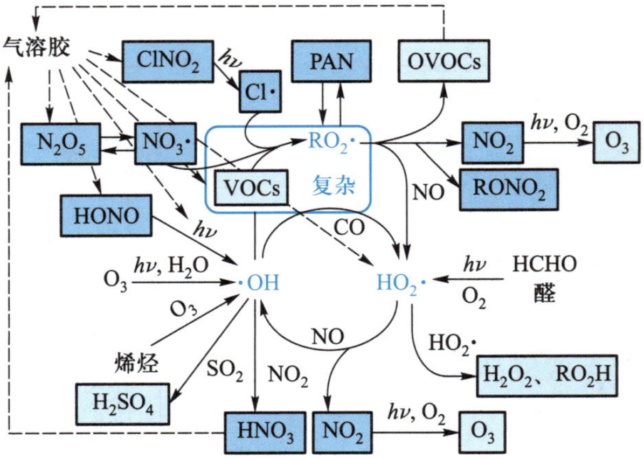

图 4-18 经典大气 HO_x· 循环机制示意图

1. 初级来源

新自由基生成（HO_x· 初级来源）：气体分子（O_3、HONO、HCHO 等）通过光解或者化学反应（包括 O_3、NO_3·、Cl·、Br· 等对有机物的氧化）生成自由基的过程。其中 O_3 光解是全球尺度最重要的自由基来源，HONO 光解则在城市、森林地区更为重要，O_3 与烯烃反应生成自由基在夜间或冬季相对重要。

2. 链传递反应

自由基循环再生（HO_x· 之间的链传递过程）是自由基化学中反应速率最快的过程，也直接决定了区域自净能力的大小和二次污染物的生成速率。在这些再生过程中，HO_2· 与 NO 的反应是 ·OH 最重要的再生机制。由于 VOCs 组成复杂，·OH 向 RO_2· 的转化，以及 RO_2· 向 HO_2·/·OH 的循环再生过程极为复杂。特别是在低 NO_x 条件下，RO_2· 通过氢转移过程实现自氧化，推动了 HO_x· 再生或者形成高氧化态有机成分，对维持区域大气氧化性具有重要意义，也是大气化学当前研究的难点和热点。

3. 链终止反应

自由基链终止反应（HO_x· 去除反应）是自由基被去除或两个自由基碰并失活的过程。主要包括为两类：在低 NO_x 浓度条件下，自由基去除过程主要是过氧自由基的自我碰并；在高 NO_x 浓度条件下，自由基去除过程主要是 HO_x· 与 NO_x 之间的反应。此外，自由基链终止还包括 HO_2· 的颗粒物非均相摄取过程，与颗粒物表面积浓度和化学组成等有关，在颗粒物浓度较高时，非均相摄取可能是 HO_2· 的重要汇机制。

（二）HO_x· 收支的定量关系

基于自由基化学关键前体物（光解速率常数、NO_2、VOCs、OVOCs、O_3 浓度等）的观测数据约束，采用盒子模型（RACM-2 机制，Regional Atmospheric Chemistry Mechanisms version 2）对北京、上海、广州和重庆四个特大城市的光化学典型污染季节开展了自由基收支定量表征，发现在高 NO_x 和 VOCs 条件下自由基收支具有较好的一致性，图 4-19 给出了北京的定量分析结果。

在当前污染条件下，大气 HONO 光解是 ·OH 最重要的初级来源，远高于 O_3 光解；HO_2· 的初级来源速率与 ·OH 相当，主要来自 HCHO 光解和 O_3 与烯烃反应；RO_2· 的初级来源速率比 ·OH 和 HO_2· 的初级来源速率低，主要由 O_3 与烯烃反应和 OVOCs 光解组成。

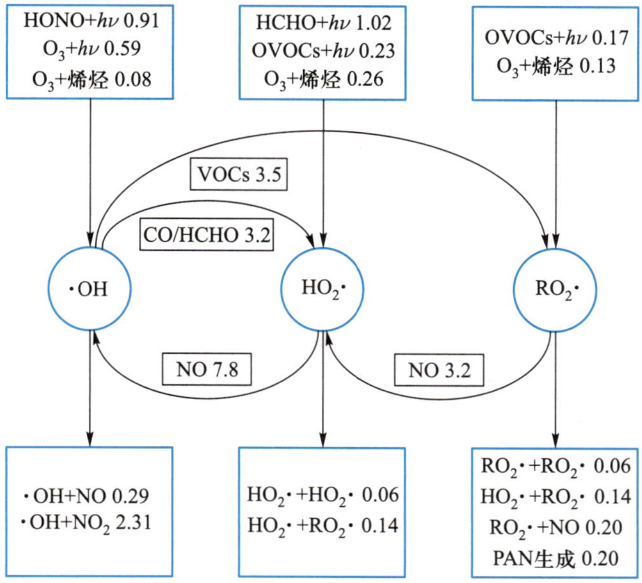

图 4–19 北京市区日间大气自由基收支定量分析

单位：10^{-9}（体积分数）·h^{-1}

在自由基循环过程中，·OH 与 VOCs（除甲醛）和 CO 反应分别生成 RO_2· 和 HO_2·，结果显示·OH 向 RO_2· 的转化速率略高于 HO_2·，揭示了 VOCs 和 CO 在光化学污染中的重要性。RO_2· 同 NO 反应生成 HO_2·，HO_2· 将 NO 氧化为 NO_2，同时·OH 得以再生，但 RO_2· 向 HO_2· 的转化速率仅约为 HO_2· 向·OH 转化速率的一半。在·OH 再生的过程中，RO_2· 和 HO_2· 将 NO 氧化为 NO_2，后者则通过光解产生 O_3，可据此评估 O_3 的局地生成速率[$P(O_3)$]。

自由基的去除过程主要包括·OH 与 NO_2 反应生成 HNO_3 和 HO_2· 与过氧自由基（HO_2·、RO_2·）反应生成过氧化物，两个通道反应速率的相对大小也给出了 O_3 生成速率与 NO_x 和 VOCs 敏感性的指向，在图 4–19 中·OH 与 NO_2 的反应速率远高于其他，说明北京市区 O_3 生成处于 VOCs 控制区。

（三）·OH 再生循环新机制

上述结果是基于传统理论开展的自由基模拟，较好再现了污染条件下自由基的化学行为，也大致勾勒出自由基化学与 O_3 生成的关系。在传统理论中，·OH 再生循环主要依赖于 NO 的浓度水平。在高浓度 NO_x 作用下，RO_2· 向 HO_2· 以及 HO_2· 向·OH 的快速转化使·OH 得以再生，维持了大气氧化性，同时也伴随着 O_3、HNO_3 等二次污染物形成；在低 NO 区间，RO_2· 向 HO_2· 转化继而再生·OH 的过程被抑制，自由基链传递过程受限。

然而，2006 年在广州后花园低 NO_x 浓度和高 VOCs 浓度条件下观测到很高的·OH 峰值浓度，在长寿命污染物（NO_x、VOCs 等）和光解速率常数及气象参数的实测数据约束下，传统理论模拟·OH 峰值浓度远远低于观测值[图 4–20（a）]，但模型可以很好地拟合 HO_2· 浓度和·OH 反应活性（去除速率）日间变化的测量值。通过对·OH 初级来源、去除过程和模型各种约束参数的不确定分析和敏感性分析，在排除了现有理论上可以增加的·OH 未知来源概念性反应机制之后，引入了一种简单的基元反应过程：$RO_2·+X \longrightarrow HO_2·$，$HO_2·+X \longrightarrow ·OH$（图中深蓝色，简称 X 机制），模型系统可以同时较好地拟合·OH 和 HO_2· 观测结果[图 4–20（b）]。其中假设 X 具有与 NO 相同的反应活性，二级反应速率常数与对应的 NO 反应相同，X 浓度（体积分数）约为 0.85×10^{-9}，没有明显的日变化趋势。值得一提的是，在较高的 NO 浓度区间，X 机制对反应体系没有影响，同时 X 机制不涉及 NO 和 NO_2 之间的转化，因此对 O_3 生成也没有影响。

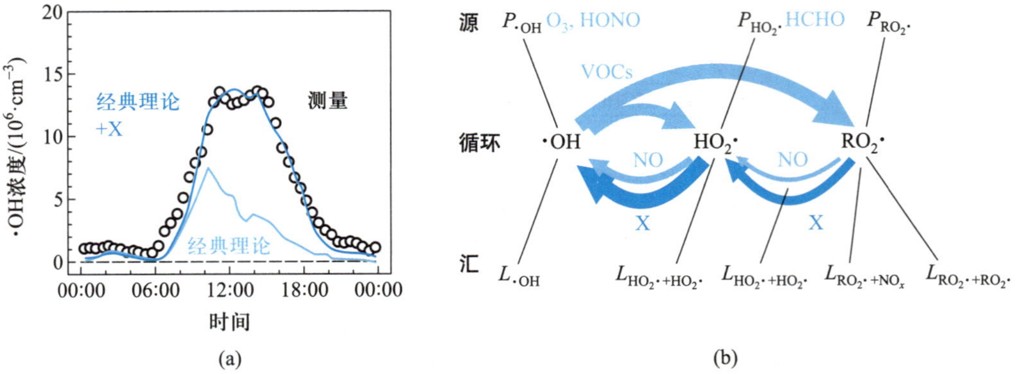

图 4-20 广州后花园 ·OH 来源、循环和去除过程的定量评估

在京津冀地区、珠江三角洲地区、长江三角洲地区和成渝地区的一系列观测实验中也发现了 X 机制的存在，但 X 的绝对值具有区域差异性，可能与 OVOCs 和 NO 反应活性的比值呈正相关。特别是在对以异戊二烯为代表的 VOCs 氧化过程深入研究中，发现了过氧自由基的自氧化过程能够不依赖 NO 再生 ·OH，在低 NO 浓度条件下成为重要的自由基再生过程，这可能就是 X 机制或非传统再生机制存在的理论解释之一。在国外的若干综合性观测实验中也发现了类似现象，传统理论不能重现观测的 ·OH 高浓度。通过构建归一化的 NO_x 和 ·OH 化学坐标系，对全球 10 余个高 VOCs 浓度地区的 ·OH 观测结果进行集成分析（图 4-21），发现这种非传统再生机制在我国典型地区和不同季节普遍存在，并且在国外几个综合观测实验中得到验证，·OH 再生新机制可能在对流层 ·OH 化学中具有普适性。

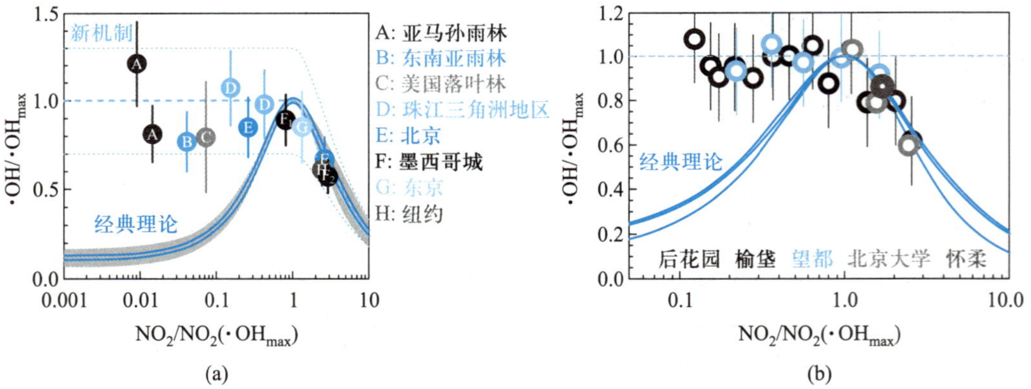

图 4-21 不同 NO_2 浓度区间 ·OH 浓度水平理论与观测结果对比

·OH 新机制提升了自由基的反应链长和循环传递效率，维持了全球高 VOCs 浓度和低 NO_x 浓度条件下的大气氧化能力，这对评估 CH_4 等短寿命温室气体浓度的演变趋势及其气候效应具有重要意义。而在区域低 NO_x 浓度下，VOCs 氧化速率可以最多超过 O_3 生成速率一个数量级，·OH 再生新机制可加速可氧化成分的降解并减少臭氧的净生成量，这为制定大气复合污染防治策略提供了新思路。

（四）$NO_3\cdot$ 与 N_2O_5 的来源与去除

对流层 $NO_3\cdot$ 和 N_2O_5 的主要来源和去除过程总结如图 4-22。NO_2 和 O_3 反应是 $NO_3\cdot$ 生成的主要通道[反应(4-26)],其他生成途径还包括·OH 和 HNO_3 的反应,以及部分有机硝酸酯的光解等,但这些途径在对流层大气中被证实对 $NO_3\cdot$ 的生成贡献较小。此外,Criegee 双自由基与 NO_2 反应被认为是 $NO_3\cdot$ 可能的来源之一,但存在较大不确定性。N_2O_5 主要来自 NO_2 和 $NO_3\cdot$ 的反应[反应(4-27)],但该反应可逆,N_2O_5 可分解生成 NO_2 和 $NO_3\cdot$[反应(4-28)]。

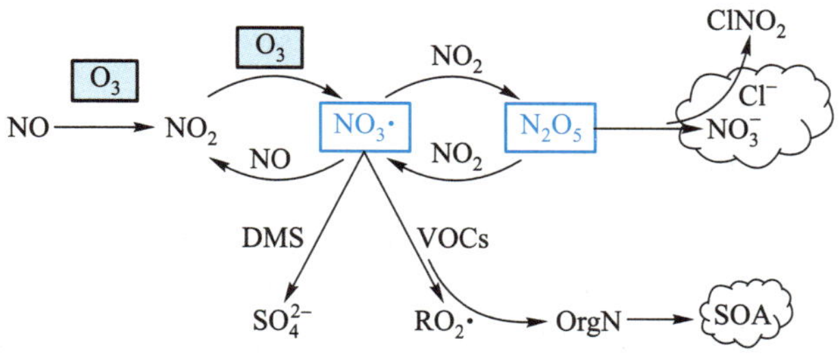

图 4-22 对流层 $NO_3\cdot$ 与 N_2O_5 的主要来源和去除过程

$$NO_2+O_3 \longrightarrow NO_3\cdot+O_2 \tag{4-26}$$

$$NO_3\cdot+NO_2 \longrightarrow N_2O_5 \tag{4-27}$$

$$N_2O_5 \longrightarrow NO_3\cdot+NO_2 \tag{4-28}$$

目前 $NO_3\cdot$ 的主要来源比较清楚,但对去除过程的研究还不够充分。$NO_3\cdot$ 的直接去除途径主要是 $NO_3\cdot$ 同 VOCs、NO、$RO_2\cdot$ 的气相反应,以及 $NO_3\cdot$ 在颗粒物表面的非均相反应。$NO_3\cdot$ 和 VOCs 的反应是夜间 $NO_3\cdot$ 化学中最重要的反应之一,$NO_3\cdot$ 和烷烃主要发生摘氢反应,但该反应速率较慢。$NO_3\cdot$ 和烯烃发生加成反应[反应(4-29)],该反应速率较快,随后和 O_2 反应生成 $RO_2\cdot$,进一步生成有机硝酸酯,该反应具有较高的二次有机气溶胶(SOA)产率,是 SOA 的重要来源之一。

$$2NO_3\cdot+2R_1R_2C=CR_3R_4 \longrightarrow R_1R_2C—C(NO_3)R_3R_4+R_1R_2C(NO_3)—CR_3R_4 \tag{4-29}$$

值得重视的是,$NO_3\cdot$ 氧化是 BVOCs 去除的重要途径,显著影响夜间 BVOCs 的大气寿命,是一种典型的人为排放 NO_x 影响生物排放 VOCs 并生成 SOA 的案例。此外,$NO_3\cdot$ 还能与 $RO_2\cdot$ 反应,其作用类似于日间 $HO_x\cdot$ 循环过程中 NO 的角色,导致·OH 的生成。在沿海地区,$NO_3\cdot$ 主导二甲基硫(DMS)的氧化反应并生成硫酸盐,模型估算全球 24% 的 DMS 由 $NO_3\cdot$ 氧化,这可能对全球硫循环及海洋地区的云凝结核生成有重要影响。虽然 $NO_3\cdot$ 在颗粒物表面非均相反应摄取系数相对较高,但是和其他去除途径相比可以忽略不计。

N_2O_5 的去除途径被认为是 $NO_3\cdot$ 化学的间接去除途径,是 $NO_3\cdot$ 化学收支中的重要部分,对流层大气中 N_2O_5 最重要的去除途径是在颗粒物表面的非均相反应(4-30):

$$N_2O_5+(H_2O \text{ 或 } Cl^-) \longrightarrow (2-f)NO_3^-+f\,ClNO_2 \tag{4-30}$$

通过定量颗粒物表面积(S_a)和 N_2O_5 在颗粒物表面的摄取系数(γ),其反应速率 $k(N_2O_5)$ 计算公式如下,其中 C 是 N_2O_5 平均分子自由程:

$$k(N_2O_5)=0.25S_a\gamma C$$

N_2O_5 非均相摄取系数 γ 的大小和不确定性是评估该反应和后续反应重要性的主要因素。N_2O_5 非均相反应主要产物是硝酸盐，该反应能促进大气环境中的 NO_x 去除，一些研究表明部分城市地区夜间 N_2O_5 非均相反应是 NO_x 去除过程的重要途径，其对 NO_x 的去除能力甚至和日间 NO_2 与 ·OH 的反应相当。此外，夜间 N_2O_5 和高含氯颗粒物非均相反应可以生成 $ClNO_2$，在日间光照下 $ClNO_2$ 光解生成 Cl·，可加速 O_3 生成和 VOCs 降解，是制定 O_3 污染防治战略时不能忽视的因素。

二、HO_x· 和 NO_x 收支及循环的模式研究

（一）HO_x· 收支和循环

根据实测资料定量分析 HO_x· 循环，是探索实际的大气化学过程与大气氧化能力的可靠手段。但是，由于所涉及的测量参数多，特别是受到 ·OH、HO_2· 和 RO_2· 测量技术的局限，通常难以精准获得 HO_x· 循环规律及相关的反应速率。利用空气质量模型技术追踪反应体系的演变历程，计算重要反应的积分反应速率（IRR），可以识别对关键成分生成或消耗起决定作用的反应途径，定量地厘清复杂的化学反应体系，成为研究 HO_x· 循环的重要方法。

北京市区和定陵的研究提供了一个采用IRR方法量化分析自由基收支、循环，进而探索 O_3 生成与前体物关系的案例，见图 4–23。在 2000 年 6 月 26 日 8:00—16:00 O_3 生成时段，新生自由基和被清除自由基的总量大致相当，但由于三种自由基间存在相互转换，对某一种自由基而言，新自由基生成量和被清除的自由基量并不相等。从图 4–23 可见，市区大气新生自由基 HO_x· 总量为 64×10^{-9}，比下风向低排放地区定陵高 1 倍多。·OH 在新生自由基中所占份额不足 1/3，其中一半来自 O_3 光解，由于市区 HONO 浓度水平较高，HONO 光解对新生自由基的贡献占比超过 1/3；VOCs 及其反应中间产物的醛类通过光解过程生成 RO_2· 和 HO_2·，在新生自由基中占比约为 2/3。虽然市区新生 RO_2· 和 HO_2· 产量大，但通过 HO_x· 循环，约 78% 的自由基经 ·OH 的终结途径被清除，主要产物是 HNO_3。由图 4–23 中数据计算 6 月 26 日自由基间循环的平均速率为 0.45×10^{-9}（体积分数）/min，自由基间转换速率越快，单位时间内氧化 VOCs 和将 NO 转化成 NO_2 的量越大，表明大气氧化性越强。

在下风向定陵大气中，自由基产生量和循环速率及终结途径与市区有很大差异。新自由基生成中约一半来自 ·OH，新生成的 ·OH 几乎全部来自 O_3 光解，较低的大气 VOCs 浓度造成了定陵大气 RO_2· 和 HO_2· 生成量远低于市区。定陵大气自由基间的循环速率仅约为市区大气的 1/4，由于 NO_x 浓度水平较低，高达 73% 的自由基经 HO_2· 生成 H_2O_2 的反应通道被清除，造成自由基循环有效性下降，大气活性远低于市区。

自由基终结途径的分析也有助于了解当地的 O_3 生成类型：自由基过剩（NO_x 控制区）还是 NO_x 过剩（VOCs 控制区）。市区由于 NO_2 浓度高，虽然新生成的 RO_2· 和 HO_2· 浓度大，但是大多转化成 ·OH 并通过 $\cdot OH+NO_2 \longrightarrow HNO_3$ 的终结途径被去除，计算出的 $P_{H_2O_2}/P_{HNO_3}$ 值为 0.2，低于 Sillman 建议的阈值 0.35，说明尽管市区 VOCs 排放量较高，但是 NO_x 仍然过剩，自由基相对缺乏，O_3 生成属于 VOCs 控制区。定陵大气 VOCs/NO_x 值较市区高，NO_2 浓度相对较低，尽管 ·OH 生成量占新生自由基总量的近一半，但是大都经转换通过生成 HO_2· 的消耗途径被去除，主要终结产物是 H_2O_2，其 $P_{H_2O_2}/P_{HNO_3}$ 值为 1.58，说明下风向定陵自由基过剩，属于 O_3 生成的 NO_x 控制区。

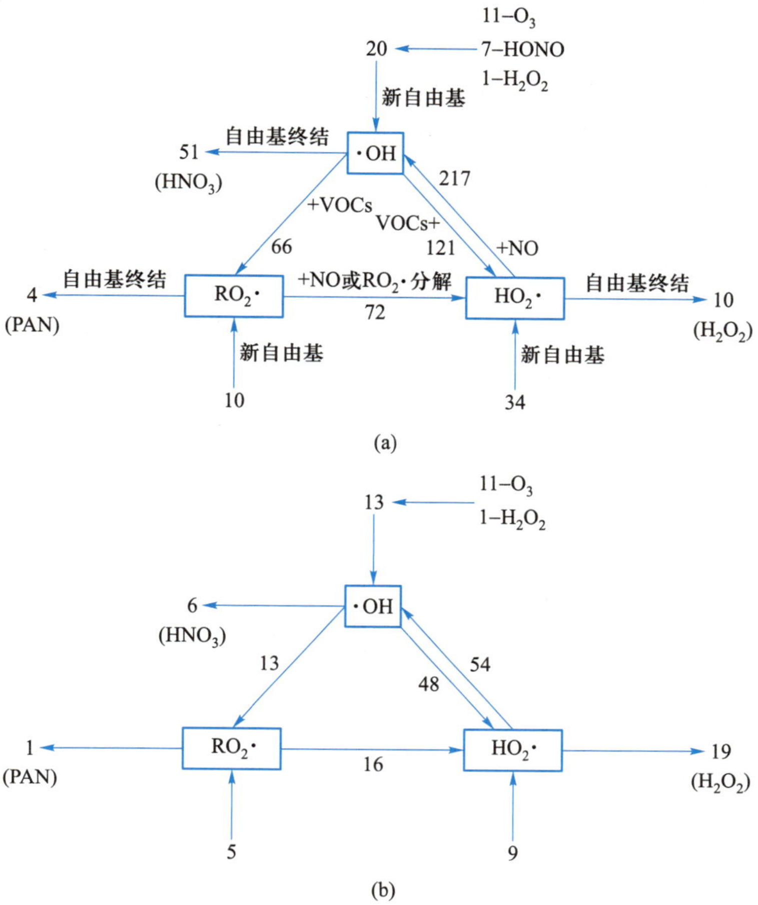

图 4–23　北京市区（a）和定陵（b）近地层大气自由基收支循环[$\times 10^{-9}$（体积分数）]

（二）NO_x 收支和循环

在光化学反应体系中，存在 HO_x· 循环（·OH $\longleftrightarrow$ HO_2·）和 NO_x 循环（$NO_2+h\nu \longleftrightarrow O_3+NO$），两个循环相互耦合作用推动 NO 不断转化为 NO_2，导致 O_3 的积累。其中：HO_x· 是动力、NO_x 是催化剂，因此，分析 NO_x 循环特征和量化 NO_x 收支将有助于深入理解大气 O_3 的污染过程及其影响因素。

图 4–24 给出 2000 年 6 月 26 日 8：00—16：00 北京市区近地层大气 NO_x 循环各过程的累积量。NO_x 排放集中在近地层，达 372×10^{-9}；大部分自由基都被用来将新注入的 NO 转化为 NO_2，使得自由基氧化再生 NO 的剂量不高，导致 NO_x 循环次数很低，仅为 1.3。NO_2 光解生成的 O_3 大部分通过 $NO_2+O_3 \longrightarrow NO_3$、$O_3$ 光解生成 ·OH、O_3 和 VOCs 的反应，以及参与 ·OH 和 HO_2· 的相互转换等被消耗，最终因化学过程而积累的 O_3 较少。市区近地层大气自由基氧化 NO 的能力相当强，NO_2 化学生成量达到 532×10^{-9}，但参加光解反应的 NO_2 只占 NO_2 生成总量的 17%，大部分 NO_2 通过其他途径被消耗，其中：56% 的 NO_2 被输送到高层大气和下风向地区，13% 的 NO_2 通过 $NO_2+O_3 \longrightarrow NO_3$· 反应损失，10% 的 NO_2 经气相终止反应生成 HNO_3、PAN 等稳定成分而被去除。在整个 NO $\longrightarrow$ NO_2 循环内还存在着 $NO_2 \longrightarrow NO_3$· $\longrightarrow NO_2$ 的循环，在市区存在很强的 NO_x 排放和较高 NO_x 浓度时，NO_3· 驱动的这个循环变得比较重要。

市区 NO_x 循环效率和 O_3 化学生成量随高度变化，近地层新 NO 注入量大，尽管近地层大气氧化性较强，也无法维持较高的 NO_x 循环次数。随高度上升 NO_x 循环次数逐渐增大，相应的 O_3 化学生成量也逐渐上升，到 500 m 高度 NO_x 循环次数为 5.0，O_3 化学生成量达到最大值。500 m 高度以上虽然维持了较高的 NO_x 循环次数，但 O_3 生成量随高度逐渐下降，边界层以上 O_3 的化学生成量已远低于边界层内。

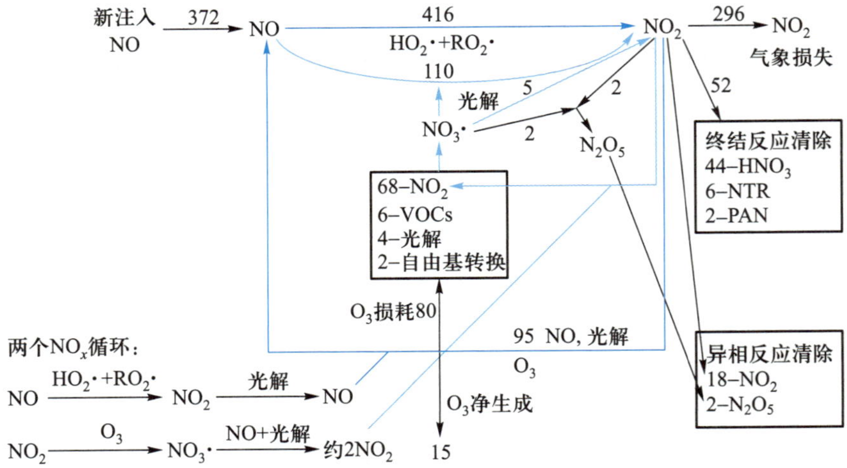

图 4-24　2000 年 6 月 26 日 8:00—16:00 北京市区近地层大气 NO_x 循环各过程的累积量[$\times 10^{-9}$（体积分数）]

在定陵近地层大气中，新注入的 NO 只有 18×10^{-9}（体积分数），大多来自上风向的输送过程。由于 NO_x 浓度水平较低，NO_2 的化学生成量仅为市区的 1/5，主要来自 $HO_2\cdot$ 和 $RO_2\cdot$ 氧化 NO。与市区不同，定陵没有 PAN 的净生成，上风向输送的 PAN 热解对 NO_2 收支有一定贡献。NO_2 的气相化学损耗和输出量都较小，因此，NO_2 光解生成 O_3 的比例很高。定陵近地层大气 O_3 损耗过程较市区大幅度减弱，O_3+NO 和 O_3+NO_2 反应的速率较慢，O_3 的主要消耗过程来自同 $HO_2\cdot$ 的反应和 O_3 光解。由于定陵近地层大气 NO 浓度很低，NO_x 主要以 NO_2 形式存在，在自由基和 NO_x 双循环作用下，NO_x 循环次数高达 5.7，表明定陵近地层大气 NO_x 对 O_3 生成的有效性要远远高于市区，亦即定陵本地 NO_x 排放的增加可能会有效提升当地大气 O_3 的浓度水平。

第六节　大气挥发性有机物反应活性

大气中挥发性有机物（VOCs）的组成极其复杂，随着分析测试技术的发展，已经检测出 1 000 多种有机物，单纯汽油的蒸发气体中，就检测出 850 余种，受机动车尾气排放污染的空气样品中检测出 300 多种。Atkinson（2000 年）根据 VOCs 分析测试技术和大气化学反应机理，提出对流层大气 VOCs 的分类为：① 烷烃和卤代烷烃；② 烯烃和卤代烯烃；③ 芳香烃；④ 含氧有机物；⑤ 含氮有机物；⑥ 含硫有机物共六大类型。而通常所说的非甲烷碳氢化合物（NMHC）指除甲烷以外由碳和氢元素组成的 C2~C12 碳数分布范围的烷烃、烯烃和芳香烃。

对流层中 VOCs 是光化学反应中的重要“燃料”，“燃烧过程”除了受 ·OH 等自由基影响外，同样还会受到“燃料”自身性质和浓度的影响。大气有机物反应活性（VOCs reactivity）指某一有机物通过反应生成产物或生成 O_3 的潜势。通常，不同 VOCs 成分的反应活性大致有如下规律：内双键的烯烃 > 二烷基或三烷基芳香烃和外双键烯烃 > 乙烯 > 单烷基芳香烃 >C5 和 C8 以上烷烃 >C2~C5 烷烃。但在不同地区，大气 VOCs 各成分的化学反应活性差异非常大，与各成分在大气中的浓度、光化学反应常数和自由基浓度等因素有关。低反应活性 VOCs 成分即使其大气浓度很高也未必是 O_3 的重要前体物；同样，高反应活性 VOCs 成分浓度很低，也有可能对 O_3 生成具有重要贡献。

综合衡量有机成分在光化学过程中的反应性和在 O_3 生成中贡献的指标很多，这里主要介绍有机物与 ·OH 的反应性和增量反应活性两种指标。

一、等效丙烯浓度

VOCs 活性分析方法是把所有 VOCs 置于某一个大气化学效应的基点上进行比较，同时考虑成分的浓度和与 ·OH 的反应常数，常用方法包括等效丙烯浓度和 ·OH 的消耗速率等。

对某一种 VOCs 成分，其等效丙烯浓度定义为

$$\text{VOCs 等效丙烯浓度} = \text{VOCs 浓度} \times \frac{k_{\text{VOCs}}^{\cdot\text{OH}}}{k_{\text{丙烯}}^{\cdot\text{OH}}}$$

式中：$k_{\text{VOCs}}^{\cdot\text{OH}}$或 $k_{\text{丙烯}}^{\cdot\text{OH}}$ ——某一种 VOCs 成分或丙烯同 ·OH 反应的速率常数。

在图 4-25 给出了 2018—2020 年北京市夏季（6—8 月）大气中各类 VOCs 浓度及等效丙烯浓度的百分比。VOCs 总浓度及总等效丙烯浓度（体积分数）分别为 24.6×10^{-9} 和 6.6×10^{-9}，等效丙烯浓度比实际浓度的 1/3 还要小。烯烃及单环芳香烃的大气反应性强，其等效丙烯浓度比其实际浓度要大，而饱和烷烃的等效丙烯浓度比实际浓度要小。对含氧有机物，此处仅考虑了与 ·OH 的反应性而没有考虑其光解反应，因此其等效丙烯浓度比其实际浓度要小。通过对各类化合物占等效丙烯浓度的百分比大小进行排序，可以得到该地区 VOCs 的总体活性排序为：烯烃 > 单环芳香烃 > 烷烃 ≈ 含氧有机物，可见烯烃和单环芳香烃是该地区参与大气光化学反应的重要活性成分，特别是烯烃对该地区大气环境中活性化学物质的贡献率占绝对优势。

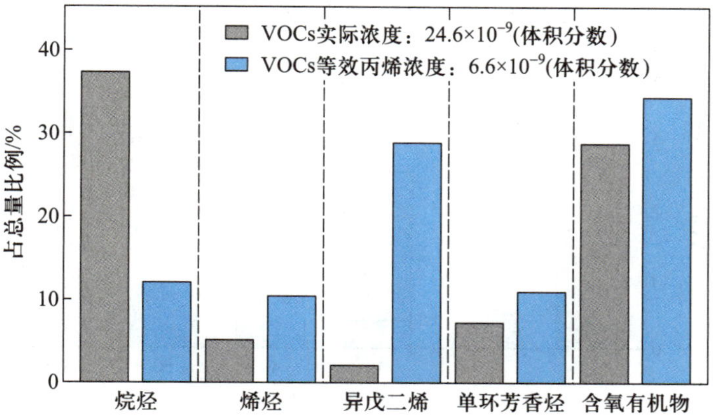

图 4-25　2018—2020 年北京市夏季（6—8 月）大气中各类 VOCs 浓度及等效丙烯浓度的百分比

二、·OH 反应性

通常用大气中 VOCs 引起的 ·OH 化学损耗来表征 VOCs 的 ·OH 反应性。·OH 氧化 VOCs 的反应速率为

$$-\frac{\mathrm{d}[\cdot \mathrm{OH}]}{\mathrm{d}t}=k_{\cdot \mathrm{OH+VOC}_i}\times[\mathrm{VOC}_i]\times[\cdot \mathrm{OH}]$$

式中：$k_{\cdot \mathrm{OH+VOC}_i}$——VOCs 成分 i 与 ·OH 的二级化学反应速率常数。

定义 VOCs 成分 i 的 ·OH 反应性 $k_{\cdot \mathrm{OH}}^{\mathrm{VOC}_i}$ 为其大气浓度与 ·OH 反应速率常数的乘积（·OH reactivity，单位：s^{-1}）：

$$k_{\cdot \mathrm{OH}}^{\mathrm{VOC}_i}=k_{\cdot \mathrm{OH+VOC}_i}\times[\mathrm{VOC}_i]$$

一方面，在一定 ·OH 浓度下，$k_{\cdot \mathrm{OH}}^{\mathrm{VOC}_i}$ 表征了 VOC_i 与 ·OH 反应的快慢程度，$k_{\cdot \mathrm{OH}}^{\mathrm{VOC}_i}$ 越大，VOC_i 的化学活性也就越高。另一方面，$k_{\cdot \mathrm{OH}}^{\mathrm{VOC}_i}$ 越大，·OH 的反应消耗也越快，如果把所有 VOCs 成分的 $k_{\cdot \mathrm{OH}}^{\mathrm{VOC}_i}$ 加和起来，就代表了 VOCs 对大气 ·OH 消耗的总贡献。除 VOCs 外，大气中 NO_x、CO、CH_4 等成分也可以与 ·OH 反应，类似地也可定义这些成分的 ·OH 反应性，如果把所有成分的 ·OH 反应性进行加和，就得到了 ·OH 总反应性 $k_{\cdot \mathrm{OH}}$。

虽然 VOCs 的 ·OH 反应性不能全面反映特定 VOCs 成分的所有大气化学反应过程，但是，通过考察 $k_{\cdot \mathrm{OH}}^{\mathrm{VOC}_i}$ 在 $k_{\cdot \mathrm{OH}}^{\mathrm{VOCs}}$ 或 $k_{\cdot \mathrm{OH}}$ 中的占比情况，至少可以评估该成分对日间光化学反应的相对重要性。

根据对 2018—2020 年北京市夏季（6—8 月）99 种大气 VOCs 成分（包括烷烃 29 种、烯烃 11 种、单环芳香烃 16 种、含氧有机物 14 种、卤代烷烃 16 种、卤代烯烃 7 种、卤代芳香烃 5 种、炔烃 1 种）的浓度在线测量，按上式计算烷烃、烯烃和芳香烃的 ·OH 反应性，以柱状图叠加的方式显示在图 4-26 中。结合图 4-25 可以看到，大气总 VOCs 浓度的体积分数为 80.0×10^{-9}~187.6×10^{-9}，烯烃大致只占 VOCs 浓度的 7.2%，但却占 VOCs 的 ·OH 总反应性（$k_{\cdot \mathrm{OH}}^{\mathrm{VOCs}}$）的 39.5%，是北京市大气 VOCs 化学活性的最大贡献者。与之相反的是，虽然烷烃类浓度超过总 VOCs 的 37.5%，但是在 $k_{\cdot \mathrm{OH}}^{\mathrm{VOCs}}$ 中仅贡献 12.1%。芳香烃对 $k_{\cdot \mathrm{OH}}^{\mathrm{VOCs}}$ 的贡献在 10.9% 左右。

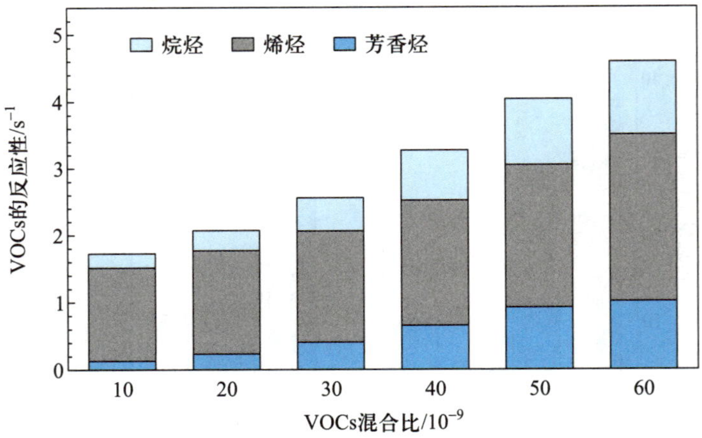

图 4-26 2018—2020 年北京市夏季（6—8 月）大气烷烃、芳香烃和烯烃的 ·OH 反应性

三、VOCs 增量反应活性

等效丙烯浓度和 ·OH 反应性仅考虑了 VOCs 同 ·OH 的反应速率，没有考虑 ·OH 引发反应之后的后续反应，也忽略了大气中其他反应过程如光解反应、NO_3 及 O_3 与 VOCs 的反应，以及生成有机硝酸酯和 PAN 等对 NO_x 去除而减少的臭氧生成潜势。

为综合衡量各 VOCs 化合物的反应活性及臭氧生成潜势，提出了 VOCs 增量反应活性（IR）的概念。增量反应活性 IR 的定义为：在给定空气团的 VOCs 混合物中，加入或去除单位特定 VOC_i 所产生的 O_3 浓度变化：

$$IR=\frac{d[O_3]}{d[VOC_i]}$$

增量反应活性 IR 考虑了给定 VOCs 产生的 O_3 分子数（机理反应性），也考虑了 ·OH 或动力学反应性和混合物的相互作用。同时，IR 与给定的代表性气团的性质及 VOCs/NO_x 值有关，并且同制定控制对策紧密联系。变化 VOCs/NO_x 值，使得上式最大，则有最大增量反应活性 MIR。变化 VOCs/NO_x 值，使得 O_3 峰值最大，则有最大臭氧反应活性 MOR。

VOCs 增量反应活性的概念将 VOCs 氧化分成两个独立的反应步骤：① ·OH 同 RH 的动力学反应活性；② VOCs 初始反应之后的机理反应活性。对于给定的 VOCs，IR 可以用两者的乘积表示，反映了单位 VOCs 成分所生成 O_3 的量：

$$\text{增量反应活性}=\text{动力学反应性}\times\text{机理反应性}$$

其中，动力学反应性定义为通过任何途径在给定时间内有机物通过反应而生成过氧自由基的分子数（Carter，1991），也就是 VOCs 消耗掉的分子数：

$$RH+\cdot OH\longrightarrow RO_2\cdot+H_2O$$

机理反应性则反映了 NO 转化为 NO_2 的分子数及 ·OH 和其他产物的分子数：

$$RO_2\cdot+\alpha NO\longrightarrow\beta NO_2+\gamma\cdot OH+\delta\ \text{产物}$$

通常，大气中 VOCs 的反应越快、RO_2· 产率越高，其增量反应活性 IR 就越大。但 VOCs 初始反应之后的后续反应对 VOCs 的臭氧生成潜势有很大影响。在同样的动力学反应性下，如果反应机理中存在 NO_x 的汇（β 很小或者 $\alpha-\beta>0$），如有机硝酸酯的产生，O_3 生成量就会减少。在自由基循环中，·OH 可能增加（$\gamma>1$）或损耗（$\gamma<1$），这将通过影响过氧自由基的生成速率而导致 VOCs 反应活性的增加或减小。

尽管不同有机物 ·OH 反应性会有几个数量级的差异，但其机理反应活性相差不大，只相差 2~3 倍。表 4–4 是基于美国 12 个城市区域最大 O_3 生成情况计算得到的 CO 和部分 VOCs 成分的增量反应活性、动力学反应活性和机理反应活性。可看出烯烃类生成 O_3 的能力是最强的，每摩尔 C 可生成 0.7~0.8 摩尔的 O_3，通常比烷烃类高出约 10 倍，而芳香烃类特别是间二甲苯的增量反应活性也较大。

表 4-4 CO 和部分 VOCs 成分的增量反应活性、动力学反应活性和机理反应活性（基于美国 12 个城市区域最大 O_3 生成情况的情境分析）

名称	增量反应活性 摩尔 O_3/ 摩尔 C	动力学反应活性 反应比率	机理反应活性 摩尔 O_3/ 摩尔 C
一氧化碳	0.019	0.043	0.45
烷烃			
甲烷	0.002 5	0.001 6	1.6
乙烷	0.030	0.049	0.61
丙烷	0.069	0.21	0.34
正丁烷	0.124	0.37	0.34
正辛烷	0.081	0.75	0.107
烯烃			
乙烯	0.77	0.81	0.95
丙烯	0.82	0.97	0.85
反 -2- 丁烯	0.81	0.99	0.82
异戊二烯	0.70	1.00	0.70
α 蒎烯	0.21	0.99	0.21
芳香烃			
苯	0.023	0.21	0.111
甲苯	0.106	0.64	0.17
间二甲苯	0.50	0.96	0.52
羰基化合物			
甲醛	1.26	0.97	1.30
乙醛	0.70	0.92	0.77
苯甲醛	−0.29	0.95	−0.31
丙酮	0.055	0.058	0.95
醇			
甲醇	0.147	0.16	0.93
乙醇	0.19	0.44	0.42

资料来源：Carter，1991。

由于 IR 反映了单位 VOCs 成分所生成 O_3 的量，IR 的结果能为制定控制对策提供有针对性的 VOCs 控制建议。通常，VOCs 成分的臭氧生成潜势可粗略定义为其浓度与动力学反应活性和机理反应活性三者的乘积。动力学反应活性与各地气象条件相关，变化较大；机理反应活性与机理和参考气团的构成有关，变化较小。图 4-27 给出了 2018—2020 年夏季北京市区各 VOCs 成分浓度及臭氧生成潜势，可见芳香烃类的间 / 对二甲苯、甲苯及烯烃类的异戊二烯、乙烯和丙烯等成分对 O_3 生成有相当大的贡献，控制上述成分的源排放将能有效降低当地 O_3 的浓度水平。

四、我国典型城市大气 VOCs 浓度及关键活性成分

为了解我国主要城市 VOCs 污染状况和化学成分构成，2019 年对全国 106 个城市、京津冀 2+26 城市群、长江三角洲及珠江三角洲地区进行了 VOCs 测量研究，并对其浓度水平等效丙烯浓度、·OH 反应性和臭氧生成潜势进行了分析（图 4-28）。

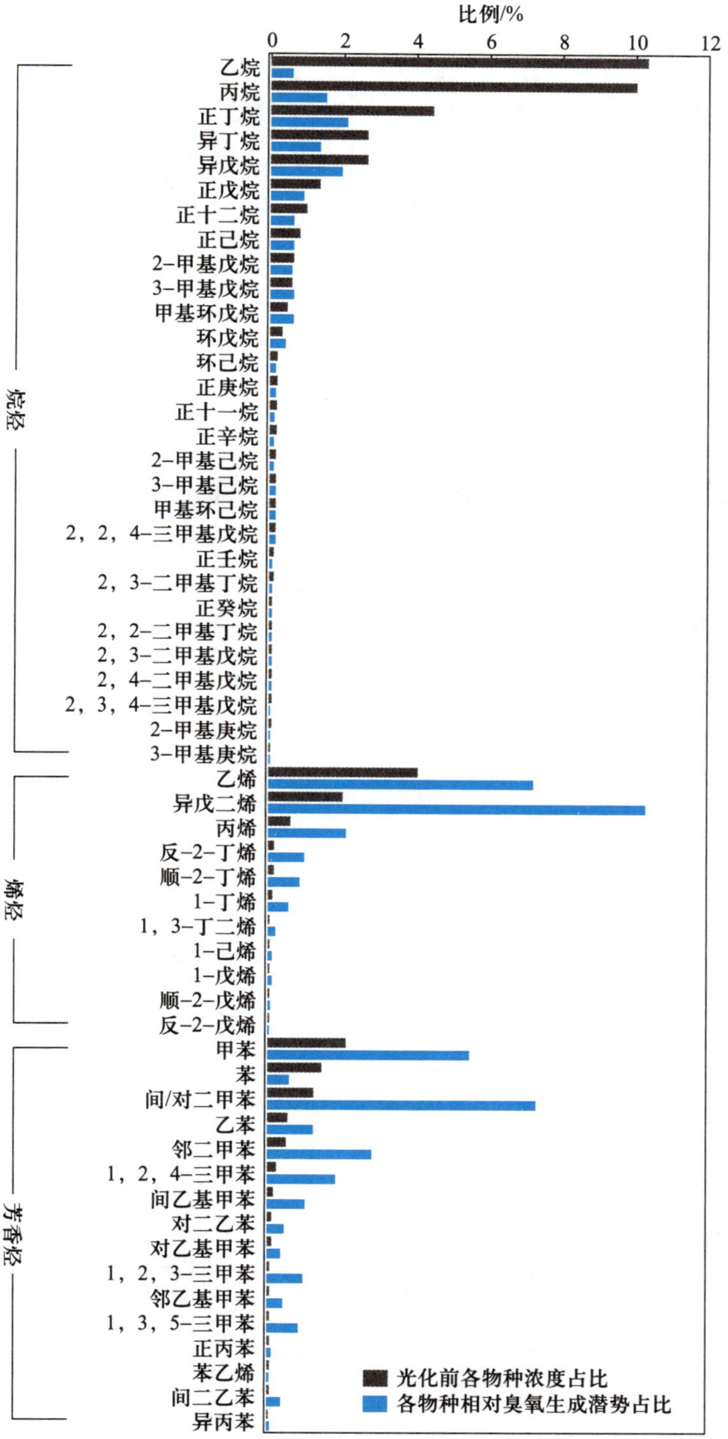

图 4-27 2018—2020 年夏季北京市区各 VOCs 成分浓度及臭氧生成潜势

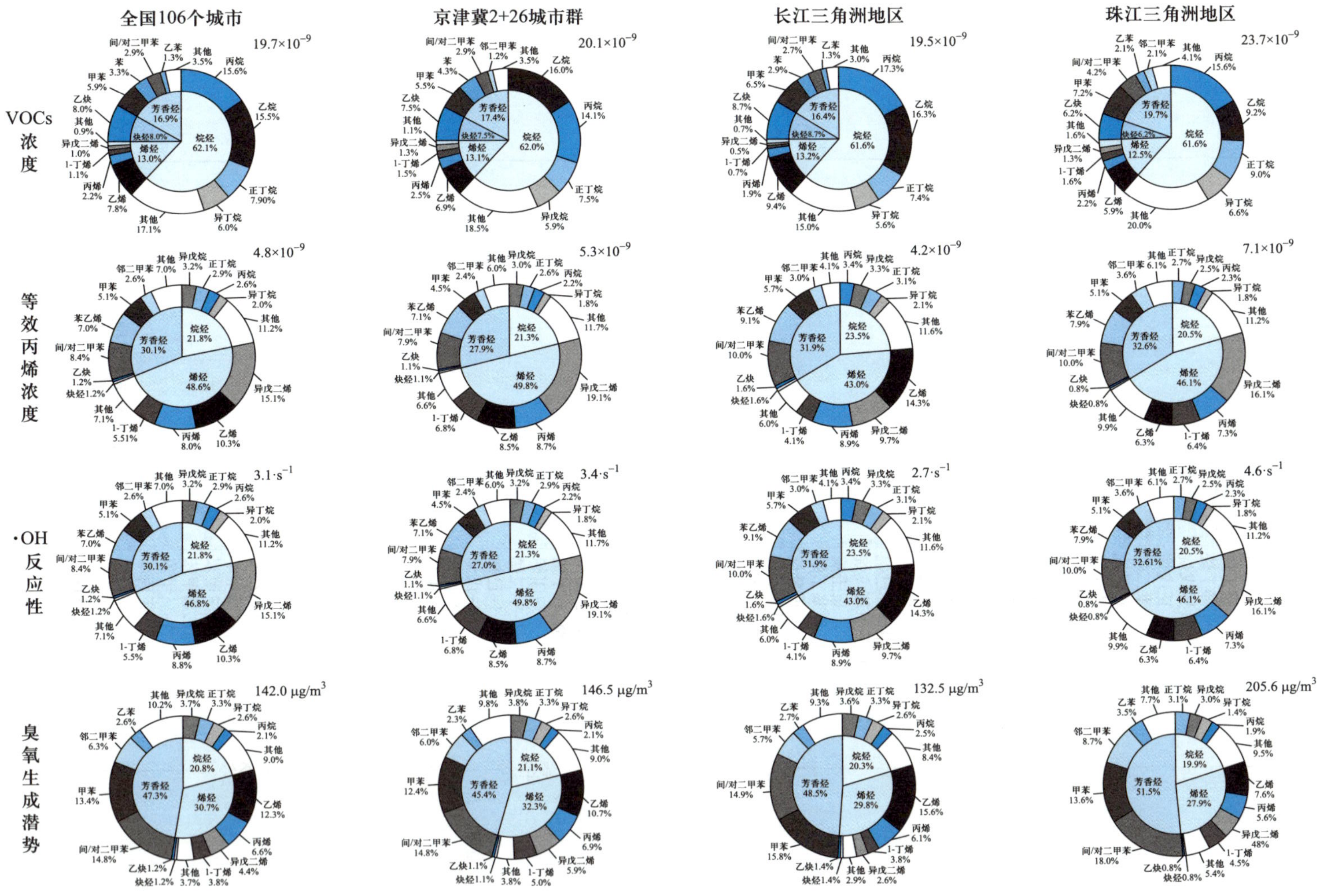

图 4-28 2019 年全国 106 个城市及典型城市群 VOCs 浓度、等效丙烯浓度、·OH 反应性和臭氧生成潜势

从浓度水平来看，全国主要城市及三大城市群VOCs浓度水平和化学成分构成差异不大，其中，珠江三角洲地区的VOCs浓度最高（体积分数平均值为23.7×10^{-9}），其次为京津冀2+26城市群、全国106个城市及长江三角洲地区。从浓度的化学成分构成来看，烷烃类含量最为丰富，以丙烷、乙烷、正丁烷和异丁烷为主，其次为芳香烃，以甲苯、苯和间/对二甲苯为主要组成物质，烯烃类以乙烯、丙烯、1-丁烯及异戊二烯为主。

VOCs的化学活性则表现出与浓度不同的特征。从等效丙烯浓度（体积分数）和·OH反应性来看，全国106个城市的平均值分别在4.8×10^{-9}和3.1 s^{-1}，其中，珠江三角洲地区的活性水平显著高于京津冀2+26城市群和长江三角洲地区。在化学成分贡献方面，烯烃贡献最为显著，其中，长江三角洲地区烯烃贡献以乙烯为主，其他地区则以异戊二烯为主，丙烯和1-丁烯在烯烃中的占比也较高；其次是芳香烃，各地区差别不大，以间/对二甲苯、苯乙烯及甲苯贡献最为显著；烷烃贡献最低，主要来自异戊烷、正丁烷、丙烷和异丁烷。

从臭氧生成潜势来看，各地VOCs的臭氧生成潜势相对变化趋势与等效丙烯浓度和·OH反应性所反映的情况基本一致，全国106个城市的平均值为142 $\mu g/m^3$，其中，珠江三角洲地区最高（205.6 $\mu g/m^3$），其次为京津冀2+26城市群（146.5 $\mu g/m^3$），长江三角洲地区臭氧生成潜势最低（132.5 $\mu g/m^3$）。然而，与等效丙烯浓度和·OH反应性不同的是，芳香烃对臭氧生成潜势的贡献（45%~50%）整体超过了烯烃，优势成分也有所变化，芳香烃主要以甲苯和二甲苯贡献为主，乙烯和丙烯等人为源烯烃贡献也显著高于天然源排放的异戊二烯。

第七节　光化学污染的控制策略

美国从20世纪70年代起开始关注光化学污染的控制，在早期曾将污染控制重点放在VOCs的控制，走过很长时间的弯路，直到80年代中期才发现NO_x对光化学污染生成的重要性。美国亚特兰大的研究结果表明，控制人为源排放VOCs不能有效控制O_3浓度水平，而只有将NO_x排放削减至现有排放量的80%时才能实现O_3浓度达标。世界许多城市都曾受到光化学污染的危害，研究结果表明光化学污染控制是一个长期和复杂的系统工程，各国光化学污染的形成机制具有各自的特色，必须制定符合本国情况的控制对策。美国科学院组织了几十位科学家对美国30年大气污染控制和管理进行回顾分析，评估结果表明大气污染是区域性的，同时又是多污染物共同作用的结果，应该实施多污染物的区域控制战略。

一、VOCs和NO_x控制区及影响因素

O_3生成的NO_x和VOCs控制区并不只取决于地点和污染源排放，也取决于随污染输送、扩散和化学寿命而变化的气团化学特征。通常，城市处于O_3生成的VOCs控制区或过渡区，而乡村则处于NO_x控制区。

采用箱式模型，在美国典型夏日和中等垂直混合条件下，以及初始VOCs浓度$=1.5 \times 10^{-6}$（体积分数）和初始NO_x浓度$=0.25 \times 10^{-6}$（体积分数）（基准情境）时，模拟一天的大气反应历程，并对NO_x和VOCs初始浓度分别减半的情境做了分析，模拟结果见图4-29。由于NO_x和VOCs初始浓度较高，O_3浓度快速上升，在中午—下午时达到最大值130×10^{-9}（体积分数）。

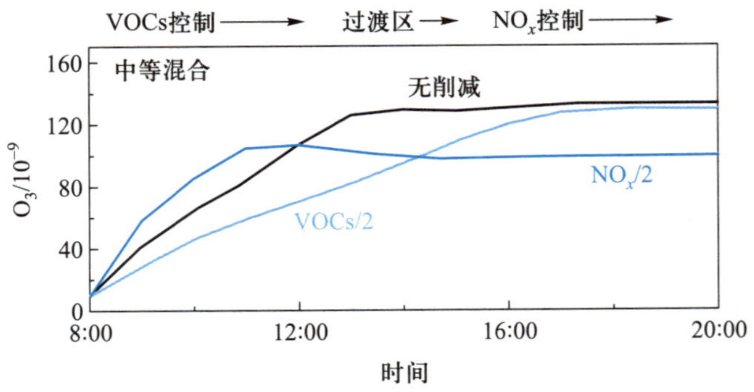

图 4-29 美国典型夏日和中等垂直混合条件下 O_3 生成与 NO_x 和 VOCs 的敏感性

（资料来源：摘自 The NARSTO Synthesis Team，2000）

图中的关键特征是 O_3 对不同 VOCs 和 NO_x 初始浓度响应的变化。由于市区污染的特点，空气团初始通常处于 VOCs 控制区。VOCs 浓度减半比 NO_x 在初始几个小时对 O_3 浓度的减少要有效得多，NO_x 浓度减少导致了 O_3 浓度的升高，即出现了 NO_x 的不利效应，这是 ·OH 被快速清除（$\cdot OH+NO_2 \longrightarrow HNO_3$）所致。由于 NO_x 被快速清除，NO_x 不利效应出现的时间非常短，且随时间逐渐减弱。随着 NO_x 浓度持续下降，当 NO_x 不利效应消失时，空气团开始从 VOCs 控制区变化为 VOCs 控制区与 NO_x 控制区之间的过渡区，并在 14：00 后达到 NO_x 控制区，此时 NO_x 初始浓度减半比 VOCs 初始浓度减半对 O_3 更敏感。同时，化学过程的一个特点是 O_3 浓度通常在过渡区达到最大值。

NO_x 被快速清除在培育 VOCs-NO_x 控制过渡区中起到了重要作用。随着 NO_x 被快速清除，VOCs/NO_x 值快速增加，驱使气团由 VOCs 控制区转向 NO_x 控制区，由此产生了 VOCs 控制区转向 NO_x 控制区的区域分布：① 市区，气团暴露在新排放的污染物中，气团倾向于 VOCs 控制区；② 郊区和乡村，气团含有高浓度的 O_3，化学过程培育了气团的 VOCs-NO_x 控制过渡区或 NO_x 控制区；③ O_3 日变化，峰值表明了 VOCs 控制区和 NO_x 控制区的过渡，峰值左边为 VOCs 控制区，峰值右边为 NO_x 控制区。

VOCs 控制和 NO_x 控制的有效性取决于许多因素，每个气团的化学过程都不一样。停滞气团不但污染严重，而且倾向于减慢从 VOCs 控制区向 NO_x 控制区的过渡，有时在 NO_x 被充分反应并使气团从 VOCs 控制区走向过渡区之前，太阳已落山了，VOCs 控制区贯穿始终。大城市存在大量的分散 NO_x 排放源，可能导致整个市区存在高浓度 NO_x，培育了连续 VOCs 控制区。因此，VOCs 控制和 NO_x 控制的有效性取决于污染过程。

二、基于 VOCs 和 NO_x 控制的 O_3 削减战略

尽管不同地点，甚至不同污染过程 VOCs 控制和 NO_x 控制的有效性都不相同，但仍可以根据 O_3 生成的科学规律，给出降低 O_3 浓度的 VOCs 和 NO_x 排放削减策略的一般性指南。但是，一个局地和区域的优化控制战略，取决于该地的污染特征和削减方案中所确定的优先策略。

（一）城市核心地区的 O_3 削减

由于城市核心地区机动车尾气排放量大，NO_x 浓度很高，而 VOCs 相对 NO_x 来说浓度较低，一般属于很强的 VOCs 控制区，基于 VOCs 的控制策略对降低 O_3 浓度最有效，同时

注重控制具有较大臭氧生成潜势的 VOCs 活性成分。例外情况：① 天然 VOCs 浓度高，由于天然 VOCs 的活性普遍较高，天然源排放占的比例较大的话，可能会使控制策略发生变化。② O_3 从上风向传输，如果区域传输占到很大比例，那么局地排放源的削减对于削减 O_3 峰值浓度可能仍然效果不佳，需要从区域范围的角度来考虑。③ 老化的局地污染对核心区 O_3 浓度影响大，导致 O_3 峰值浓度的前体物多次累积，削减污染源新排放的效果可能不明显，需要综合分析这一情况下的气象过程和化学转化过程。

（二）区域尺度的 O_3 削减

在此情况下，基于 NO_x 的控制战略最有效。城市气团的 VOCs/NO_x 值很小，处于 VOCs 强控制区，随着气团向下方向的传输其 VOCs/NO_x 值逐渐增大，达到最适比值时出现 O_3 峰值浓度。从区域平均浓度来看，O_3 浓度受 NO_x 控制。控制 NO_x 将因 NO_x 的不利效应增加城市核心地区的 O_3 浓度，但 NO_x 的不利效应通常限制在市中心和主要源区附近比较小的面积。即使会导致市中心大气 O_3 浓度升高，削减 NO_x 也将有效削减周边高浓度 O_3 污染地区的 O_3 浓度。

（三）降低市区及周边地区 O_3 的峰值浓度

这种情形非常复杂，受各种因素如气象条件、污染源分布等的影响。当城市 O_3 污染气团从城市核心区向低排放的郊区和远郊显著输送时，O_3 峰值浓度具有从 VOCs 控制向 NO_x 控制过渡的化学特征，O_3 峰值浓度出现（通常在郊区）的局地 O_3 生成是在过渡区的 VOCs 一侧还是 NO_x 一侧将可能随不同过程而变化，取决于气象条件和排放的分布，局地峰值浓度的削减战略需要同时削减 NO_x 和 VOCs 浓度。而当在市区和郊区存在分散污染源和强停滞性 O_3 污染时，整个地区都会保持高 NO_x 浓度，化学过程在太阳落山前不能进行到底，O_3 生成及峰值浓度都受 VOCs 控制，此时需要强化控制 VOCs。

三、典型区域臭氧控制战略

O_3 浓度与 NO_x 和 VOCs 的非线性响应关系是制定 O_3 污染防治对策的科学基础。通常采用基于观测的模型（OBM）和基于排放的模型（EBM）相结合的技术路线对 O_3 形成机制进行多视角的研究并相互印证，这对 O_3 污染过程的外场综合观测和模型技术均提出了很高要求。

北京大学设立了珠江三角洲地区区域空气质量综合实验计划 PRIDE-PRD，以大气氧化性为重点，自 2004 年起先后五次在珠江三角洲地区开展外场综合观测实验，对 O_3、NO、NO_2、HONO、VOCs、CO 等进行了精细化测量，建立了 O_3 污染形成机制研究的高质量数据集，进而采用 OBM-RIR、EBM-OSAT 和区域 EKMA 模型方法对 O_3 浓度与 NO_x 和 VOCs 的非线性响应关系进行了诊断。

图 4-32 给出了 2004 年 10 月珠江三角洲地区 O_3 污染状况与前体物非线性关系的综合解析结果。秋季是珠江三角洲地区 O_3 污染严重的季节，上风向地区 O_3 月平均浓度已接近国家空气质量标准，中部和西南部是 O_3 污染的高值区，超标现象频发［图 4-30（a）］。OBM-RIR 解析结果显示［图 4-30（b）］，广州市区 O_3 与 NO_x 呈负相关、与 VOCs 呈正相关，O_3 生成处于 VOCs 控制区（或 NO_x 滴定区）；在下风向局地排放源稀少的新垦，O_3 生成处于很强的 VOCs 控制区。2006 年 7 月，广州市区处于 O_3 生成的 VOCs 控制区，下风向广州后花园 O_3 与 NO_x 和 VOCs 呈弱的正相关，总体上仍处于 O_3 生成的 VOCs 控制区。EBM-OSAT 进一步揭示［图 4-30（c）］，2004 年 10 月珠江三角洲地区中部和西南部整体上处于 O_3 生成的 VOCs 控制区，上风向东

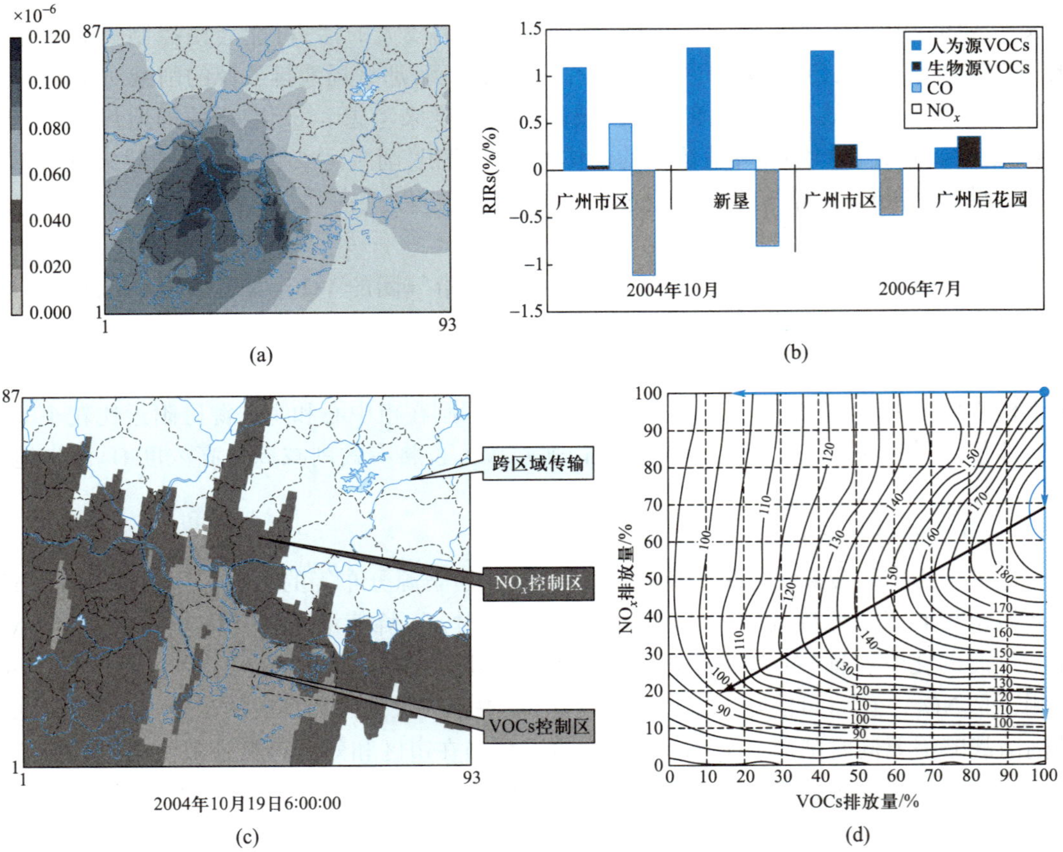

图 4-30 2004 年 10 月珠江三角洲地区 O_3 污染状况与前体物非线性关系的综合解析

（a）O_3 污染空间分布（体积分数）；（b）典型站点 RIR；（c）O_3 生成敏感区（体积分数）；（d）EKMA 曲线

2004 年 10 月珠江三角洲地区 O_3 污染状况与前体物非线性关系的综合解析

北部地区主要受传输影响，对 NO_x 和 VOCs 的局地光化学反应不敏感，其他地区处于 O_3 生成的 NO_x 控制区。在区域层面，绘制了 NO_x 和 VOCs 珠江三角洲地区整体减排情境与区域最大 1 小时 O_3 浓度的 EKMA 曲线［图 4-30（d）］，结果显示珠江三角洲地区区域 O_3 最大浓度处于 VOCs 控制区，减排 NO_x 会导致明显的不利效应，直到 NO_x 减排 30% 才进入过渡区。

图 4-31 总结了珠江三角洲地区不同城市和不同地点 2000 年以来 O_3 与前体物关系 RIR 解析的演变，由于 NO_x 污染负荷仍较高、VOCs 减排成效不显著，珠江三角洲地区 O_3 与前体物的关系没有显著变化，OBM 和 EBM 结果都表明珠江三角洲地区和重点城市长期处于 VOCs 控制区，珠江三角洲地区边缘城市一些污染过程处于 NO_x 控制，应采用区域一体化和城市差异化的控制策略。

图 4-32 给出了珠江三角洲地区 2018 和 2019 年 7—11 月 O_3 污染季节 EKMA 曲线，两年的 EKMA 曲线基本相似，2019 年由于气象条件不利，O_3 污染非常突出，O_3 生成均处于很强的 VOCs 控制区。单独控制 VOCs 能逐步降低 O_3 浓度，但很难使 O_3 浓度达标；而单独控制 NO_x 会使得 O_3 浓度不降反升，直到 EKMA 图的脊线（2018 年 20%，2019 年 30%）；VOCs 与 NO_x 按照大于 2.5∶1 的比例协同减排时，对持续降低 O_3 浓度最为有效。当 NO_x 排放量下

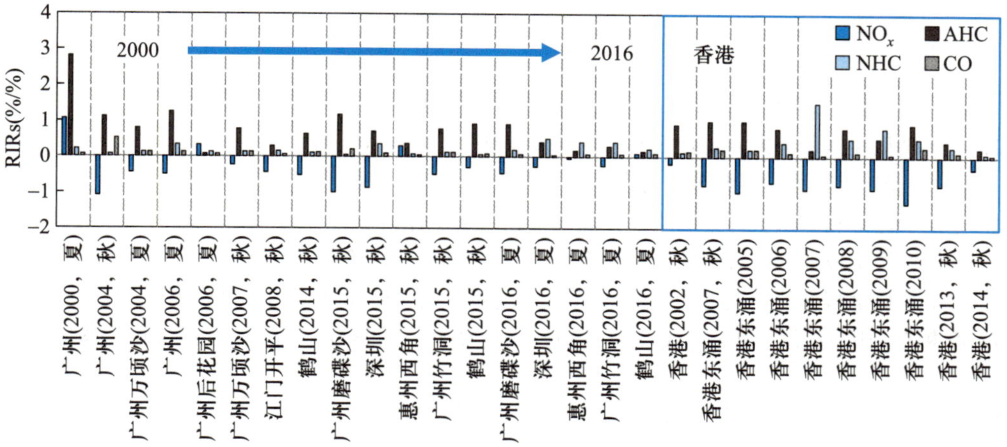

图 4-31 珠江三角洲地区 O_3 与前体物关系 RIR 解析的演变

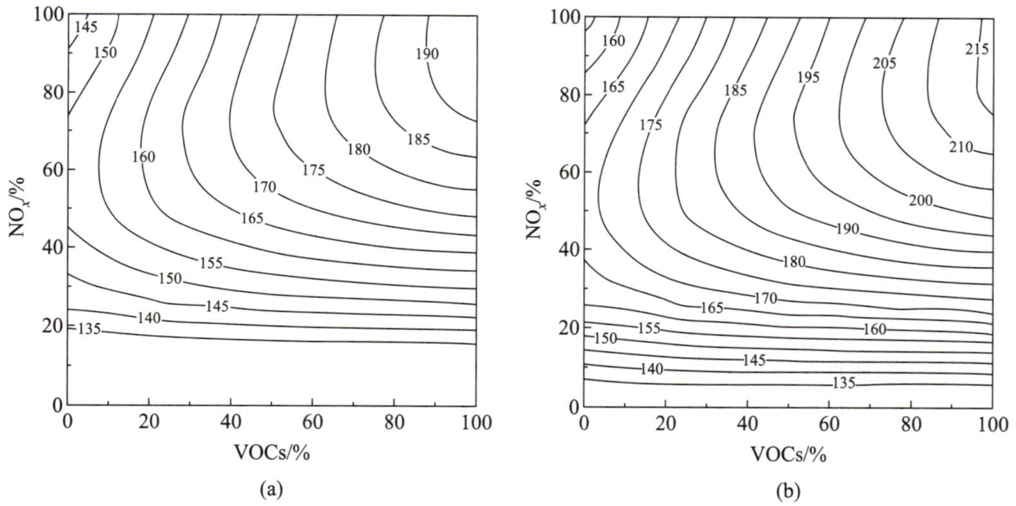

图 4-32 珠江三角洲地区 2018（a）和 2019 年（b）7-11 月 O_3 污染季节 EKMA 曲线（μg/m^3）

降至当前的 70%~80% 时，持续 NO_x 减排成为降低 O_3 浓度的有效途径；NO_x 减排至当前排放量的 20%~30% 时，O_3 污染能得到有效管控，这一排放量即可近似认为是 O_3 控制目标下的 NO_x 承载力。近年来，在京津冀地区、长江三角洲地区、成渝地区等重点区域和重点城市也开展了 O_3 污染特征和来源成因的研究，O_3 与前体物的关系总体上与珠江三角洲地区相似，O_3 生成对 VOCs 非常敏感。因此，近期强化 VOCs 减排兼顾 NO_x，中长期以 NO_x 减排为主，应该是 VOCs 和 NO_x 协同控制实现 O_3 有效防控的基本策略。

2020 年广东省探索以“区域一体化和城市差异化”为指导的 $PM_{2.5}$ 和 O_3 联防联控，推行珠江三角洲核心区以 VOCs 减排为重点、珠江三角洲周边地区和非珠江三角洲地区兼顾 NO_x 减排的控制策略，全省和珠江三角洲地区 $PM_{2.5}$ 和 O_3 浓度均实现双下降，较 2019 年降幅分别在 19% 和 13% 以上，珠江三角洲地区 O_3 浓度整体达标，其中多污染物协同减排的贡献为 49%，高于气象和新型冠状病毒感染疫情防控的影响。北京、上海、成都等城市在控制 NO_x 的基础上，强化活性 VOCs 减排，取得了遏制 O_3 污染的初步成效，O_3 浓度表现出下降的趋势。

思考题

1. 在 $NO-NO_2-O_3$ 简单体系中,试用稳态假设法分析 NO_x 在 O_3 稳态浓度中的作用。
2. 大气氧化性的科学内涵是什么? 如何定量表征?
3. 以对流层清洁大气为例,分析自由基在大气化学中的作用。
4. 光化学污染和煤烟型污染的主要特征和主控因子是什么?
5. 如何看待全球和一些典型地区近地面大气 O_3 浓度的变化趋势,为什么?
6. 讨论光化学烟雾的生成过程,并分析 HO_x· 循环与 NO_x 循环对 O_3 生成的作用。
7. 诊断 O_3 与 NO_x 和 VOCs 非线性关系的方法有哪些? 请从反应机理的角度讨论 EKMA 曲线的特点。
8. 结合污染物迁移转化规律,讨论 O_3 生成的 NO_x 控制区和 VOCs 控制区的空间分布。
9. 低 NO_x 浓度、高 VOCs 浓度下大气 ·OH 可能存在收支平衡问题,分析其主要原因。
10. 近地面大气 NO_x 收支的主要影响因素是什么?
11. 大气中 VOCs 在光化学烟雾生成中有何作用? 怎样评估大气中 VOCs 的化学活性?
12. 制定光化学烟雾控制策略需要考虑哪些因素?

主要参考文献

[1] Finlayson-Pitts B J, Pitts J N. Atmospheric chemistry. Fundamentals and experimental techniques [M]. New York: Wiley, 1986.

[2] Seinfeld J H, Pandis S N. Atmospheric chemistry and physics: From air pollution to climate change [M]. Hoboken: John Wiley & Sons, Inc., 1997.

[3] 唐孝炎. 大气环境化学[M]. 北京: 高等教育出版社, 1990, 90-128.

[4] 唐孝炎, 张远航, 邵敏. 大气环境化学[M]. 2 版. 北京: 高等教育出版社, 2006.

[5] Atkinson R. Kinetics and mechanisms of the gas-phase reactions of the hydroxyl radical with organic compounds[J]. Journal of Physical and Chemical Reference Data, 1989, 20: 459-507.

[6] Blanchard C L, Stoeckenius T. Ozone response to precursor controls: comparison of data analysis methods with the predictions of photochemical air quality simulation models[J]. Atmospheric Environment, 2001, 35(7): 1203-1216.

[7] Cardelino C A, Chameides W L. An observation-based model for analyzing ozone-precursor relationships in the urban atmosphere[J]. Journal of the Air and Waste Management Association, 1995, 45: 161-180.

[8] Cardelino C A, Chameides W L. The application of data from photochemical assessment monitoring stations to the observation-based model[J]. Atmospheric Environment, 2000, 34(12-14): 2325-2332.

[9] Carter W P L. Development of ozone reactivity scales for volatile organic compounds[S]. EPA 600/3-91-050. U.S. Environmental Protection Agency, Research Triangle Park, NC, 1991.

[10] Committe on Tropospheric Ozone Formation and Measurement, National Research Council. Rethinking the ozone problem in urban and regional air pollution[M]. Washington, D. C.: The National Academies Press, 1991.

[11] Crutzen P J. The role of NO and NO_2 in the chemistry of the troposphere and stratosphere[J]. Annual Review of Earth and Planetary Sciences, 1979, 7: 443-472.

[12] Dodge M C. Combined use of modeling techniques and smog chamber data to derive ozone precursor relationships[M]//Dimitriades B, Ed. Proceedings of the International Conference on Photochemical Oxidant Pollution and Its Control, Vol Ⅱ, EPA-600/3-77-0016, US EPA, RTP, NC, 1977, 881–889.

[13] Fiore A M, Jacob D J, Logan J A, et al. Long-term trends in ground level ozone over the contiguous United States, 1980–1995[J]. Journal of Geophysical Research: Atmospheres, 1998, 103(D1): 1471–1480.

[14] Haagen-Smit A J. Chemistry and physiology of Los Angeles Smog[J]. Industrial and Engineering Chemistry, 1952, 44(6): 1342–1346.

[15] Hofzumahaus A, Rohrer F, Lu K D, et al. Amplified trace gas removal in the troposphere[J]. Science, 2009, 324(5935): 1702–1704.

[16] Liu Z R, Wang Y S, Hu B, et al. Elucidating the quantitative characterization of atmospheric oxidation capacity in Beijing, China[J]. Science of the Total Environment, 2021, 771: 145306.

[17] Lu K D, Guo S, Tan Z F, et al. Exploring atmospheric free-radical chemistry in China: the self-cleansing capacity and the formation of secondary air pollution[J]. National Science Review, 2019, 6: 579–594.

[18] Ma X F, Tan Z F, Lu K D, et al. Winter photochemistry in Beijing: Observation and model simulation of OH and HO_2 radicals at an urban site[J]. Science of the Total Environment, 2019, 685: 85–95.

[19] Pitts J N Jr., Doyle G J, Lloyd A C, et al. Chemical transformations in photochemical smog and their applications to air pollution control strategies[R]. NSF-RANN Grant No. ENV73-02904-A03, First Annual Progress Report, 1975.

[20] Sillman S, He D Y, Pippin M R, et al. Model corelations for ozone, reactive nitrogen, and peroxides for Nashville in comparison with measurements: Implications for O_3–NO_x–hydrocarbon chemistry [J]. Journal of Geophysical Research, 1998, 103(D17): 22629–22644.

[21] Sillman S, He D Y. Some theoretical results concerning O_3–NO_x–VOC chemistry and NO_x–VOC indicators[J]. Journal of Geophysical Research, 2002, 107(D22): 4659.

[22] Sillman S. The use of NO_y, H_2O_2 and HNO_3 as indicators for O_3–NO_x–ROG sensitivity in urban locations[J]. Journal of Geophysical Research, 1995, 100(D7): 14175–14188.

[23] Tan Z F, Lu K D, Jiang M, et al. Daytime atmospheric oxidation capacity in four Chinese megacities during the photochemically polluted season: a case study based on box model simulation[J]. Atmospheric Chemistry and Physics, 2019, 19: 3493–3513.

[24] The NARSTO Synthesis Team. An assessment of tropospheric ozone pollution: A North American perspective[R]. 2000.

[25] Xu J, Zhang Y H, Fu J S, et al. Process analysis of typical summertime ozone episodes over the Beijing area[J]. Science of the Total Environment, 2008, 399(1–3): 147–157.

[26] 王雪松 . 区域大气中臭氧和二次气溶胶的数值模拟研究[D]. 北京: 北京大学, 2002.

[27] 张远航, 邵可声, 唐孝炎, 等 . 中国城市光化学烟雾污染研究[J]. 北京大学学报(自然科学版), 1998, 34(2–3): 392–400.

第五章　气溶胶化学

气溶胶（aerosol）通常指液体或固体微粒（particles）均匀地分散在气体中形成的稳定体系。其中，液体或固体微粒是分散质，称为“颗粒物”或“粒子”，气体是分散介质。气溶胶是由分散质和分散介质构成的稳定体系，颗粒物是气溶胶的一部分，但是气溶胶和颗粒物常常被混用，不加以区分。

人们呼吸的空气本身就是一种大气气溶胶，即液滴或固态粒子悬浮在大气中形成的稳定体系。大气气溶胶体系中分散的各种粒子被称为“大气颗粒物”（atmospheric particles），其大小在几纳米至 100 μm（指空气动力学粒径），该粒径的下限（几纳米）是目前能测到的最小尺度，而上限（一般认为是 100 μm）则对应于粒子在空气中不能长时间悬浮而较快降落的尺度，其中空气动力学粒径小于等于 10 μm 的粒子被认为能够进入人体呼吸系统，称为“可吸入颗粒物”，而空气动力学粒径小于等于 2.5 μm 的粒子则称为“细颗粒物”，大于 2.5 μm 的粒子，一般称为“粗颗粒物”。本书提及的气溶胶均指大气气溶胶，其来源、组成、转化和演变规律及对环境质量、气候和人体健康的影响，是大气环境化学的关注焦点和大气污染的防控重点。

大气颗粒物是空气污染物，现行国家空气质量标准中的 6 项污染物中，大气颗粒物指标有 2 个，即 $PM_{2.5}$ 和 PM_{10} 的质量浓度，单位是 $\mu g/m^3$。大气颗粒物对气候系统有重要影响：直接参与云的形成和干、湿沉降（雨、雪、冰和雾等）过程；当太阳光通过大气时，颗粒物通过散射或吸收太阳光而削弱太阳辐射，降低大气能见度，同时影响地 - 气辐射平衡。另外，大气中许多气态污染物的最终归宿是形成颗粒物，从源汇的角度来看，颗粒物就成了这些气态污染物的汇。颗粒物在大气非均相化学中起着重要作用，由于颗粒物（特别是细颗粒物）粒径小、表面积大，为大气化学转化提供了良好的反应床，颗粒物中的某些化学成分（如微量金属）也会对化学反应起到催化作用。而且，大气颗粒物通过呼吸进入人体，在人体呼吸系统的不同部位沉积，危害人体健康。

由于大气颗粒物的环境、气候及健康效应，气溶胶研究成为大气环境化学的前沿领域。本章重点讨论大气颗粒物的主要物理特征、化学组成和来源。

第一节　大气颗粒物形貌、粒径和分类

环境大气中颗粒物无处不在、无时不在。颗粒物来源多样，其形貌也各异。那么，如何描述颗粒物的大小并依次区分颗粒物呢？这是本节介绍的内容。

一、大气颗粒物形貌

大气颗粒物的形貌多种多样，液体颗粒物近似于球形，固体颗粒物呈现出球形、片状、柱状、结晶体、针状及不规则形状。例如，矿物颗粒物是我国环境大气中主要的粗颗粒物，来源

于建筑扬尘、土壤扬尘、道路扬尘和工业扬尘，以及西北戈壁的春季沙尘暴等，它们一般具有不规则的形态特征[图 5-1(a), (b), (f)]，其表面发生非均相反应后形成了薄薄的硝酸钙包裹层；在高湿度条件下含钙的矿物颗粒(如方解石和白云石)表面可发生液相反应生成长条状的新硫酸钙石膏矿物[图 5-1(b)]，其主要成分为 Ca、S 和 O；大气中飞灰颗粒粒径为 100~400 nm，主要来源于燃煤电厂或重工业排放，在高温燃烧条件下形成的含 Si 和 Al 的球形颗粒物，有时其颗粒表面也吸附一些重金属或二次颗粒物[图 5-1(c)]；生物气溶胶包括细菌、真菌孢子或植物残肢体等，一般是棒状或球形，其成分通常含有少量磷，图 5-1(d)显示的生物气溶胶很可能来源于植物残肢体；二次颗粒物主要由 SO_2、NO_x 和 VOCs 等气态污染物在大气中化学转化形成的硫酸盐、硝酸盐、铵盐和有机物等组成，其形态变化多样，通常随着湿度(如潮解或风化)及其包裹的一次颗粒核(如黑炭、飞灰、矿物颗粒等)的形态变化而不同[图 5-1(d)]；黑炭颗粒(也叫烟尘颗粒)主要来源于化石燃料和生物质的不完全燃烧排放，黑炭颗粒由几个到上百个 10~80 nm 的碳质小球黏结形成链状集合体，其颗粒粒径为 100~400 nm；焦油球颗粒属于一次排放的有机颗粒，主要来源于燃煤和生物质燃烧排放，其颗粒形态呈现出圆形或椭圆形[图 5-1(e)]，这类有机颗粒属于典型的吸光棕色碳颗粒。

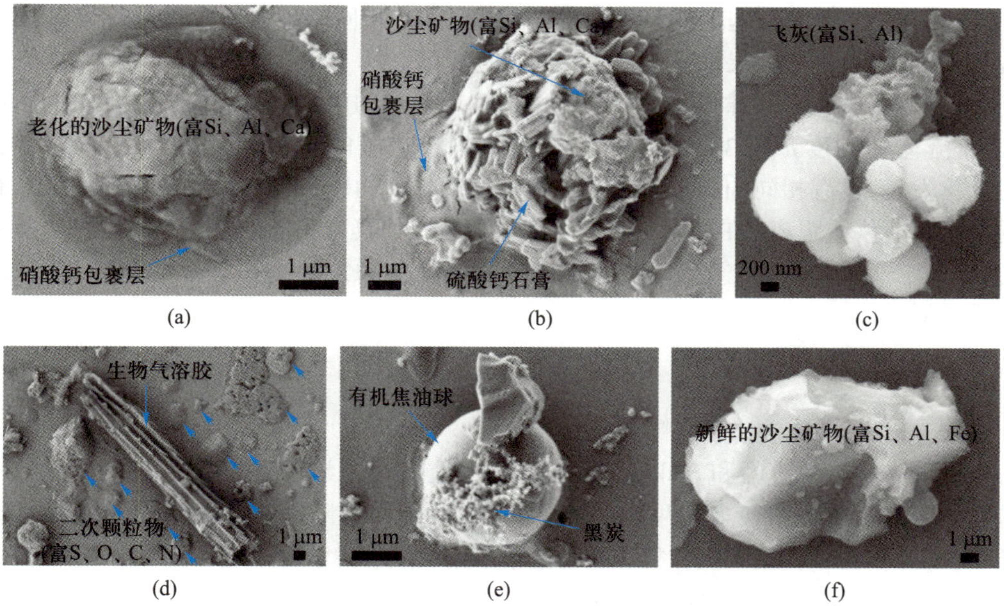

图 5-1　我国华北地区霾污染天不同类型大气颗粒物的显微形貌

(资料来源：Li et al. 2016)

(a) 表面反应后的老化沙尘矿物颗粒，其表面形成硝酸钙包裹层；(b) 棒状硫酸钙石膏和沙尘矿物集合体，其表面形成硝酸钙包裹层；(c) 球形飞灰集合体；(d) 生物气溶胶颗粒和二次颗粒物；(e) 有机焦油球颗粒表面包裹着链状的黑炭颗粒；(f) 新鲜的沙尘矿物颗粒

二、大气颗粒物粒径

大气颗粒物的大小是其最重要的性质之一，它反映了颗粒物的来源，影响光的散射性质和气候效应，大气颗粒物的数浓度、表面积浓度、体积浓度、质量浓度和沉降速度等都与颗

粒物的大小有关。因为最简单的几何体是球体，用一维尺度即球体直径就能表征颗粒物的大小，所以在度量大气颗粒物大小时，通常采用简单的等效直径方法。颗粒物的粒径用 D_p、d 或 d_p 表示，常用单位为 μm 或 nm。应该指出的是，等效直径描述的不是单个粒子的粒径，而是粒子群的统计特征。

根据测量方法和研究目的的不同，定义了几种等效直径（也被称为等效粒径）。

（1）光学等效直径：如果所研究的不规则形状粒子与直径为 D_p 的球形粒子具有相同的光散射能力，则定义 D_p 为所研究粒子的光学等效直径。粒子的光散射能力与光波波长有关，一般以 0.55 μm 绿光为标准来定义光学等效直径。

（2）体积等效直径或几何直径：如果所研究的不规则形状粒子的体积与直径为 D_p 的球形粒子体积相同，则 D_p 定义为所研究粒子的体积等效直径。

（3）空气动力学等效直径（d_a）：如果所研究的不规则形状粒子与密度为 1 g/cm^3、直径为 D_p 的球形粒子具有相同的终端沉降速度，则定义 D_p 为所研究粒子的空气动力学等效直径。这种粒径表示法很有用也最常用，是默认的颗粒物粒径。它反映了粒子的大小与沉降速度的关系，可直接表达出粒子的性质和行为，如粒子在空气中的停留时间，不同大小粒子在呼吸道中沉积的不同部位等。应特别注意，定义的标准粒子的密度是单位密度。

（4）斯托克斯（Stokes）粒径（d_S）：与研究粒子有相同密度和终端沉降速度的球体直径，d_S 仅与颗粒物形态和尺度有关，与密度无关。

根据斯托克斯定律，球形物体在流体中运动所受到的阻力，等于该球形物体的直径 D、速度 V、流体的黏度 μ 与 3π 的乘积：$F_d=3\pi\mu DV$。这里的直径 D 采用的是 Stokes 粒径。同时计算发现，具有相同 Stokes 粒径和相同密度的任何两颗粒物在某一初始速度下具有相同的斯托克斯停止距离（在黏度相同的空气中），即它们具有相同的空气动力学行为。正因如此，我们定义了颗粒物空气动力学等效直径 d_a。空气动力学等效直径和 Stokes 粒径之间的关系如下：

$$d_a = \sqrt{\rho_p}\, d_S$$

式中：ρ_p——忽略了浮力效应的粒子密度。

空气动力学等效直径和 Stokes 粒径与颗粒的空气动力学行为密切相关，是除尘技术和颗粒物测定技术中应用最多的两种直径。在大气颗粒物的测量中，小粒径颗粒物通常采用电迁移粒径（Stokes 粒径），大粒径颗粒物通常采用空气动力学等效直径。

本章以下所用的粒径，除标明以外均指空气动力学等效直径。

图 5-2 覆盖了 7 个数量级的颗粒物粒径，范围从 0.001 μm 到 10 000 μm，涵盖气体分子到毫米量级的颗粒。其中尘、地面矿物质、孢子为 mm 量级，烟和烟雾是 μm 量级，超细粒子（ultrafine particles）指粒径为 1~100 nm 的粒子。

三、大气颗粒物分类

大气颗粒物没有严格的分类标准，一般按颗粒物的物理形态及其生成过程分类。

（一）按颗粒物成因分

分散性颗粒物是固态或液态物质经粉碎、喷射，形成微小粒子，分散在大气中形成的颗粒物。例如，海浪飞溅、液态农药喷洒形成的颗粒物。

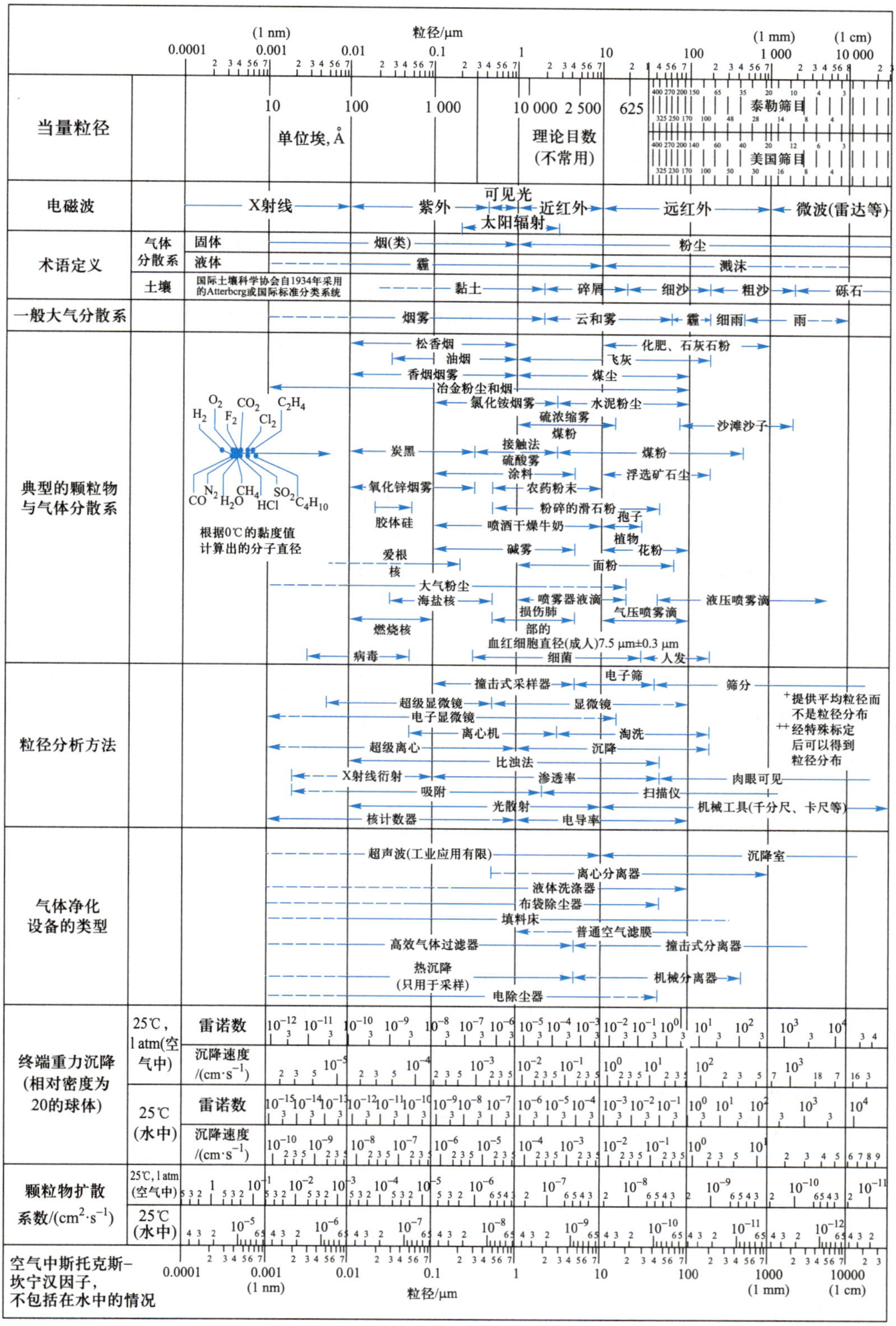

图 5-2 大气颗粒物的尺度和性质

(资料来源:Lapple C E, *Standord Res. Inst. Jour.*, 1961 Vol. 5, p.94,引自:Nevers Noel de, Air Pollution Control Engineering (second edition), published by McGraw-Hill Companies, Inc., 2000, Figure 8.1, p210)

凝聚性颗粒物是由气体或蒸气（其中包括固态物升华而成的蒸气）遇冷凝聚成液态或固态微粒而形成的颗粒物。

（二）按颗粒物的物理状态分

（1）固态颗粒物，如烟和尘。烟是燃烧过程产生的或燃烧产生的气体通过转化形成的粒径小于 1 μm 的粒子；尘是通过各种碎裂过程而直接产生的粒径大于 1 μm 的粒子。

（2）液态颗粒物，如大气中的云滴和雾滴。

（3）固液混合态颗粒物，烟雾（smog=smoke + fog），烟雾微粒的粒径一般小于 1 μm。

（三）按颗粒物粒径大小分

（1）总悬浮颗粒物（total suspended particulate，TSP）：用标准大容量采样器（流量在 1.1~1.7 m^3/min）在滤膜上所收集到的颗粒物总质量，通常称为总悬浮颗粒物。它是分散在大气中的各种粒子的总称，也是大气质量评价中一个通用的重要污染指标。其粒径绝大多数在 100 μm 以下，多数在 10 μm 以下。

（2）飘尘：可在大气中长期漂浮的悬浮物。主要是粒径小于 10 μm 的颗粒物。由于飘尘粒径小，能被人直接吸入呼吸道内造成危害，并且其在大气中长期漂浮，易将污染物带到很远的地方，使污染范围扩大，同时在大气中还可为化学反应提供反应床。因此，飘尘是最受关注的研究对象之一。

（3）降尘：用降尘罐采集到的大气颗粒物。在总悬浮颗粒物中属于粒径大于 30 μm 的粒子，由于其自身的重力作用会很快沉降下来，所以将这部分微粒称为降尘。单位面积的降尘量可作为评价大气污染程度的指标之一。

（4）可吸入颗粒物（inhalable particle，IP）或 PM_{10}：美国国家环境保护局（USEPA）1978 年引用了米勒（Miller）等人所定的可进入呼吸道的粒径范围，把粒径 $D_p \leqslant 15$ μm 的粒子称为可吸入粒子。国际标准化组织（ISO）建议将 IP 定为粒径 $D_p \leqslant 10$ μm 的粒子。PM_{10} 指粒径 $D_p \leqslant 10$ μm 颗粒物的质量浓度。美国国家环境保护局于 1985 年在国家环境空气质量标准中增加了 PM_{10}，并于 1990 年和 1997 年对 PM_{10} 标准进行了修订。我国也在 1996 年颁布的《环境空气质量标准》（GB 3095—1996）中规定了 PM_{10} 的标准，并统一在空气质量日报中采用 PM_{10} 指标。

（5）细颗粒物或细粒子（fine particle）或 $PM_{2.5}$：根据气溶胶粒子的组成及来源随着粒径大小而明显不同的特点，也可将气溶胶粒子分为细粒子（粒径 $D_p \leqslant 2.5$ μm）和粗粒子（粒径 $D_p>2.5$ μm）两大类。$PM_{2.5}$ 指粒径 $D_p \leqslant 2.5$ μm 颗粒物的质量浓度。美国最早将 $PM_{2.5}$ 作为大气环境质量中表征大气颗粒物污染的一个指标。美国国家环境保护局于 1997 年提出并于 2003 年通过了 $PM_{2.5}$ 国家环境空气质量标准（National Ambient Air Quality Standards），该标准规定 $PM_{2.5}$ 的年均浓度和日均浓度限值分别为 15 μg/m^3 和 65 μg/m^3。可见美国环境空气质量标准对大气颗粒物的控制经历了 TSP—PM_{10}—$PM_{2.5}$ 的历程。我国于 2012 年颁布了《环境空气质量标准》（GB 3095—2012），该标准将环境空气功能区分为两类，按照功能区规定了相应的 $PM_{2.5}$ 浓度限值，规定 $PM_{2.5}$ 一类区的年均浓度和日均浓度限值分别为 15 μg/m^3 和 35 μg/m^3，二类区的年均浓度和日均浓度限值分别为 35 μg/m^3 和 75 μg/m^3。

应该指出的是，各个学科有各种颗粒物的专门名称。在环境科学领域，定量描述和评价环境大气质量的颗粒物概念是 TSP、PM_{10}（IP）、$PM_{2.5}$（单位是 μg/m^3）和降尘（单位是 g/m^2）。

（四）其他相关概念

（1）一次气溶胶（primary aerosol）：由排放源直接排放到大气中的颗粒物；

（2）二次气溶胶（secondary aerosol）：在大气中通过化学反应生成的颗粒物；

（3）均质气溶胶（homogeneous aerosol）：所有颗粒物的化学组成相同；

（4）单分散气溶胶（monodisperse aerosol）：所有的颗粒物粒径大小相同，只能在实验室内发生，用于测试气溶胶物理化学性质；

（5）多分散气溶胶（polydisperse aerosol）：多种粒径大小的颗粒物。

在日常生活中或者根据不同学科的需要，对于大气中常见的颗粒物也定义了一些专门名称（通俗的术语），见表 5-1。

表 5-1 常见颗粒物及其主要特征

常见颗粒物及相应英文	分散质	粒径 /μm	形成过程	主要效应
轻雾（mist）	水滴	>40	雾化、冷凝	净化空气
浓雾（fog）	液滴	<10	雾化、蒸发、凝结和凝聚	降低能见度、有时影响人体健康
粉尘（dust）	固体粒子	>1	机械粉碎、扬尘、煤燃烧	能形成冰核
烟尘（气）（fume）	固、液微粒	0.01~1	蒸发、凝集、升华等过程一旦形成很难再分散	影响能见度
烟（smoke）	固体微粒	<1	升华、冷凝、燃烧	降低能见度、影响人体健康
烟雾（smog）	液滴、固粒	<1	冷凝、化学反应	降低能见度、影响人体健康
烟炱（soot）	固体微粒	<0.5	燃烧过程、冷凝、化学反应	影响人体健康
霾（haze）	液滴、固粒	<1	凝结、化学反应	降低能见度、影响人体健康

第二节 大气颗粒物粒径谱分布

环境大气中的颗粒物是由不同来源、化学组成多样的粒子构成的，其粒径为 1 nm~100 μm，粒径范围跨越 4~5 个数量级，浓度水平和化学组成也随之存在着很大的差别。不同粒径大小颗粒物受来源、化学转化、碰并、传输和沉降等过程影响，其在大气中的浓度水平、物理和化学性质随粒径大小存在着模态分布的特征，有必要用数学的方法定量描述颗粒物浓度等特性随粒径大小的变化，即颗粒物粒径谱分布。

颗粒物粒径谱分布描述不同粒径大小颗粒物的浓度和性质随粒径的分布，是决定颗粒物在大气中的传输、寿命及其效应的重要因素之一。实际大气颗粒物粒径谱分布可以近似地看成是连续谱。描述大气颗粒物粒径谱分布的数学公式，称为谱分布函数。这一节介绍常见的大气颗粒物粒径谱分布函数的表示方法。

一、大气颗粒物粒径谱分布函数的表示方法

（一）数浓度分布函数

在第 i 个粒径区间，粒径范围从 D_{pi} 到（$D_{pi}+\Delta D_p$），粒径区间为 ΔD_p，该粒径区间内颗

粒数浓度为 N_i，颗粒物数浓度粒径谱分布函数（简称为“数浓度分布函数”或“数谱分布函数”）n_i 的值可以表示为数浓度 N_i 与粒径区间 ΔD_{pi} 的比值。颗粒物数浓度可以由下式计算：

$$N_i=n_i\Delta D_p$$

采用任意区间 ΔD_p 会造成混淆，使得谱分布难以相互比较。为避免其复杂性，并包含气溶胶分布的所有信息，应采用更小的粒径区间，即 ΔD_p 趋近极限，$\Delta D_p\rightarrow 0$，这时 ΔD_p 变成无限小，等于 dD_p。这样，数浓度分布函数可以定义为 $n_N(D_p)$。为区别数浓度、表面积浓度、体积浓度和质量浓度分布函数，加脚标分别标注为 $n_N(D_p)$、$n_S(D_p)$、$n_V(D_p)$、$n_M(D_p)$，其中 N、S、V、M 分别表示数浓度、表面积浓度、体积浓度及质量浓度。

定义 $dN=n_N(D_p)dD_p$ 为单位体积（1 cm^3）空气中，粒径为 D_p~D_p+dD_p 的数浓度，式中 $n(D_p)$ 称为气溶胶数浓度分布函数，即

$$n(D_p)=\frac{dN}{dD_p}[\text{个}/(\mu m\cdot cm^3)]$$

1 cm^3 空气中所有粒径大小的粒子总数 N 为

$$N=\int_0^{\infty}n_N(D_p)dD_p$$

采用数谱分布函数 $n_N(D_p)$，其中隐含的假设是：数谱分布不再是粒子数分立的函数，而是粒径 D_p 的连续函数。在一定粒子数以上连续数谱分布是有效的。在环境大气中，绝大多数粒子 D_p< 0.1 μm，数谱分布函数通常在原点处是很窄的峰（图 5-3）。

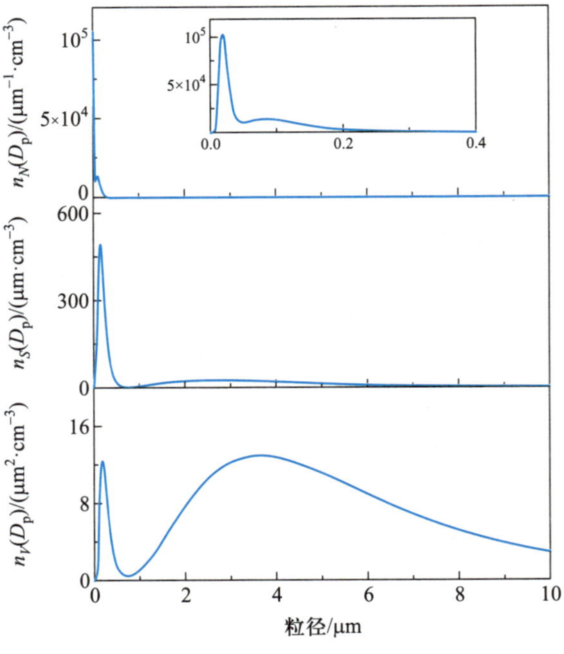

图 5-3 大气颗粒物数浓度、表面积浓度、体积浓度的数谱分布函数（粒径在 0~0.4 μm 的数谱分布函数用另一张小图表示）

（资料来源：Seinfeld 和 Pandis，2020）

也可以定义标准化数谱分布函数$\bar{n}_N(D_p)$：

$$\bar{n}(D_p)=\frac{n_N(D_p)}{N}$$

$\bar{n}_N(D_p)$的单位是μm^{-1}，可看作随机选取的颗粒在粒径为D_p~D_p+dD_p的概率。而$\bar{n}_N(D_p)\mathrm{d}D_p$表示在$D_p$~$D_p$+d$D_p$粒径段每立方厘米空气中颗粒数占总粒子数浓度的份额（或分数），也可视为在此粒径范围内随意选择粒子的概率。

$\mathrm{d}N=n(D_p)\mathrm{d}D_p$表示在$D_p$~$D_p$+d$D_p$粒径段颗粒物的数浓度，这样，数谱分布函数可以写作：

$$n_N(D_p)=\frac{\mathrm{d}N}{\mathrm{d}D_p}$$

上式两边表示同样的数谱分布函数，常用$\frac{\mathrm{d}N}{\mathrm{d}D_p}$代替$n_N(D_p)$。应该注意的是不能说某一粒径$D_p$的d$N$，而是$D_p$~$D_p$+d$D_p$粒径段的d$N$；$n_N(D_p)$单位与d$N$不同。

（二）表面积浓度、体积浓度和质量浓度分布函数

大气颗粒物的一些性质依赖于其表面积浓度、体积浓度和质量浓度谱分布。类似于数浓度分布函数，定义$\mathrm{d}S=n_S(D_p)\mathrm{d}D_p$为单位体积（1 cm^3）空气中，粒径为$D_p$~$D_p$+d$D_p$的表面积浓度，式中$n_S(D_p)$称为颗粒物表面积浓度分布函数，也称为表面积谱分布函数。

$$n_S(D_p)=\frac{\mathrm{d}S}{\mathrm{d}D_p}\ [\mu\mathrm{m}^2/(\mu\mathrm{m}\cdot\mathrm{cm}^3)]$$

假设所有粒子均为球形，且所有粒子在无限小的粒径范围内粒径相等，为D_p，对应的表面积为πD_p^2。在此粒径范围内粒子的表面积为$\pi D_p^2 n_N(D_p)\mathrm{d}D_p$，因此定义：

$$n_S(D_p)=\pi D_p^2 n_N(D_p)$$

这样，单位体积空气中粒子的总表面积为

$$S=\pi\int_0^\infty D_p^2 n_N(D_p)\mathrm{d}D_p=\int_0^\infty n_S(D_p)\mathrm{d}D_p(\mu\mathrm{m}^2/\mathrm{cm}^3)$$

定义$\mathrm{d}V=n_V(D_p)\mathrm{d}D_p$为单位体积（1 cm^3）空气中粒径为$D_p$~$D_p$+d$D_p$的粒子的体积浓度，其中$n_V(D_p)$称为气溶胶体积浓度分布函数，又称为体积谱分布函数。

$$n_V(D_p)=\frac{\mathrm{d}V}{\mathrm{d}D_p}\ [\mu\mathrm{m}^3/(\mu\mathrm{m}\cdot\mathrm{cm}^3)]$$

同理

$$n_V(D_p)=\frac{\pi}{6}D_p^3 n_N(D_p)\mathrm{d}D_p$$

单位体积空气中，颗粒物总体积V等于体积分布函数$n_V(D_p)$曲线下的积分。

$$V=\frac{\pi}{6}\int_0^\infty D_p^3 n_N(D_p)\mathrm{d}D_p=\int_0^\infty n_V(D_p)\mathrm{d}D_p(\mu\mathrm{m}^3/\mathrm{cm}^3)$$

如果粒子的质量密度为ρ_p（g/cm^3），则颗粒物的质量分布函数如下：

$$n_m(D_p)=\left(\frac{\rho_p}{10^6}\right)n_V(D_p)=\left(\frac{\rho_p}{10^6}\right)\frac{\pi}{6}D_p^3 n_N(D_p)[\mu\mathrm{g}/(\mu\mathrm{m}\cdot\mathrm{cm}^3)]$$

式中：10^6——ρ_p 的单位从 g/cm³ 换算成 μg/μm³ 的换算因子。

（三）基于对数的谱分布函数

上面以粒径 D_p 为自变量的各种颗粒物浓度谱分布函数存在两个问题：① 因为颗粒物粒径范围跨越几个数量级，横坐标用对数坐标才能覆盖很宽的粒径范围。② 实际测得的颗粒物粒径区间范围不等。因此，气溶胶粒径分布函数用粒径的自然对数 $\ln D_p$ 或以 10 为底的对数 $\lg D_p$ 作为独立的自变量表示比较方便。为了区别以 D_p 为自变量的气溶胶粒径分布函数，以 $\ln D_p$ 为自变量的分布函数以上角标 e 标注，如 $n_N^e(\ln D_p)$、$n_S^e(\ln D_p)$、$n_V^e(\ln D_p)$；以 $\lg D_p$ 为自变量的分布函数以上角标 ° 标注，如 $n_N^\circ(\lg D_p)$、$n_S^\circ(\lg D_p)$、$n_V^\circ(\lg D_p)$。注意 n_N、n_N^e、n_N° 对同一粒径 D_p 是不同的数学函数，其自变量不同，分别是 D_p、$\ln D_p$、$\lg D_p$。

$n_N^e(\ln D_p)$ 表示基于 $\ln D_p$ 的数浓度分布函数，定义 $dN=n_N^e(\ln D_p)d\ln D_p$ 为单位体积（1 cm³）空气中，粒径为 $\ln D_p$~$\ln D_p+d\ln D_p$ 的粒子数浓度。$\ln D_p$ 是无量纲量，$n_N^e(\ln D_p)$ 单位是 cm^{-3}，与数浓度单位相同。

同样定义 $dN=n_N^\circ(\lg D_p)d\lg D_p$ 为单位体积（1 cm³）空气中，粒径为 $\lg D_p$~$\lg D_p+d\lg D_p$ 的粒子数浓度，式中 $n_N^\circ(\lg D_p)$ 称为粒子的数浓度函数，单位为 cm^{-3}。

以 $\ln D_p$ 或 $\lg D_p$ 为自变量的谱分布函数比以 D_p 为自变量的谱分布函数更能清楚地反映颗粒物谱分布的情况（图 5-4）。$\ln D_p$ 或 $\lg D_p$ 本身是无量纲量，$\ln D_p$ 可以理解为以粒径为 1 μm 的粒子作为参考粒子，那么，$\ln D_p$ 的真正含义为 $\ln(D_p/1)$。同样 $\lg D_p$ 的真正含义为 $\lg(D_p/1)$。

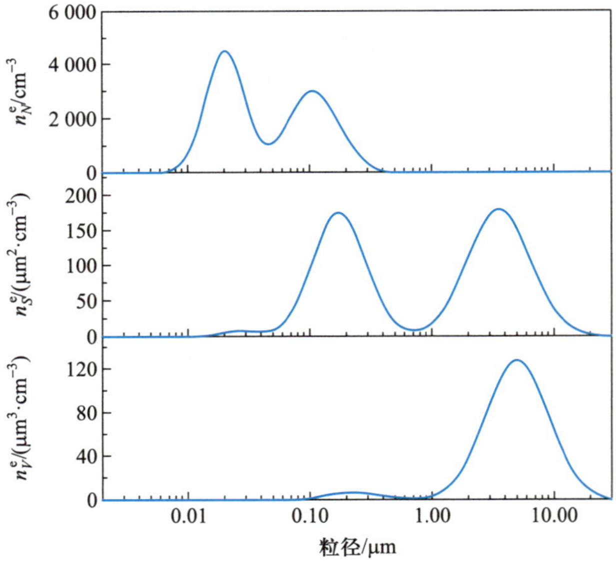

图 5-4 以 $\lg D_p$ 分布函数表示的颗粒物谱分布

（横坐标为 $\lg D_p$，曲线以下的面积分别代表颗粒物总数浓度、总表面积浓度和总体积浓度）

（资料来源：Seinfeld 和 Pandis，2020）

颗粒物总浓度 N 为

$$N=\int_{-\infty}^{\infty} n_N^e(\ln D_p)\,d\ln D_p\ (\text{个}/cm^3)$$

自变量为 $\ln D_p$ 时，积分的上限和下限分别是正无穷大和负无穷大。

以 $\ln D_p$ 为自变量，表面积和体积分布定义分别为

$$n_S^e(\ln D_p)=\pi D_p^2 n_N^e(\ln D_p)$$

$$n_V^e(\ln D_p)=\frac{\pi}{6}D_p^3 n_N^e(\ln D_p)$$

颗粒物总表面积：

$$S=\pi\int_{-\infty}^{\infty} D_p^2 n_N^e(\ln D_p)\,\mathrm{dln}\,D_p=\int_{-\infty}^{\infty} n_S^e(\ln D_p)\,\mathrm{dln}\,D_p$$

颗粒物总体积：

$$V=\frac{\pi}{6}\int_{-\infty}^{\infty} D_p^3 n_N^e(\ln D_p)\,\mathrm{dln}\,D_p=\int_{-\infty}^{\infty} n_V^e(\ln D_p)\,\mathrm{dln}\,D_p$$

与这些函数相关的表达式推导：

$$\mathrm{d}N=n_N(D_p)\,\mathrm{d}D_p=n_N^e(\ln D_p)\,\mathrm{dln}\,D_p=n_N^\circ(\lg D_p)\,\mathrm{dlg}\,D_p$$

$$\mathrm{d}S=n_S(D_p)\,\mathrm{d}D_p=n_S^e(\ln D_p)\,\mathrm{dln}\,D_p=n_S^\circ(\lg D_p)\,\mathrm{dlg}\,D_p$$

$$\mathrm{d}V=n_V(D_p)\,\mathrm{d}D_p=n_V^e(\ln D_p)\,\mathrm{dln}\,D_p=n_V^\circ(\lg D_p)\,\mathrm{dlg}\,D_p$$

$\mathrm{d}N$、$\mathrm{d}S$、$\mathrm{d}V$ 分别表示粒径为 $D_p \sim D_p+\mathrm{d}D_p$ 的颗粒物数浓度、表面积浓度和体积浓度的微分。各种谱分布函数表示为

$$n(D_p)=\frac{\mathrm{d}N}{\mathrm{d}D_p}$$

$$n_N^e(\ln D_p)=\frac{\mathrm{d}N}{\mathrm{dln}\,D_p}$$

$$n_N^\circ(\lg D_p)=\frac{\mathrm{d}N}{\mathrm{dlg}\,D_p}$$

$$n_S(D_p)=\frac{\mathrm{d}S}{\mathrm{d}D_p}$$

$$n_S^e(\ln D_p)=\frac{\mathrm{d}S}{\mathrm{dln}\,D_p}$$

$$n_S^\circ(\lg D_p)=\frac{\mathrm{d}S}{\mathrm{dlg}\,D_p}$$

$$n_V(D_p)=\frac{\mathrm{d}V}{\mathrm{d}D_p}$$

$$n_V^e(\ln D_p)=\frac{\mathrm{d}V}{\mathrm{dln}\,D_p}$$

$$n_V^\circ(\lg D_p)=\frac{\mathrm{d}V}{\mathrm{dlg}\,D_p}$$

在无限小的粒径范围（D_p~D_p+dD_p）内，不论谱分布函数是什么形式，其对应的数浓度 dN 是相同的（即谱分布函数曲线下的面积是相等的）。因此，有如下气溶胶粒径分布函数的关系：

$$n_N(D_p)dD_p=n_N(\lg D_p)d\lg D_p$$

因为

$$d\lg D_p=\frac{d\ln D_p}{2.303}=\frac{dD_p}{2.303D_p}$$

所以，有以下换算公式：

$$n_N^{\circ}(\lg D_p)=2.303dD_p n_N(D_p)$$

$$n_S^{\circ}(\lg D_p)=2.303dD_p n_S(D_p)$$

$$n_V^{\circ}(\lg D_p)=2.303dD_p n_V(D_p)$$

$$n_N^{e}(\ln D_p)=D_p n_N(D_p)$$

$$n_S^{e}(\ln D_p)=D_p n_S(D_p)$$

$$n_V^{e}(\ln D_p)=D_p n_V(D_p)$$

二、大气颗粒物粒径谱分布函数的经验描述

通常用一到两个特性（如平均粒径和描述谱分布范围的方差）来描述气溶胶谱分布，而不是用整个函数 $n_N(D_p)$。假设一个离散分布由 M 组粒径为 D_k，数浓度为 N_k（其中 k=1，2，…，M）的气溶胶粒子组成，则

$$N=\sum_{k=1}^{M}N_k$$

$$\bar{D}_p=\frac{\sum_{k=1}^{M}N_kD_k}{\sum_{k=1}^{M}N_k}=\frac{1}{N}\sum_{k=1}^{M}N_kD_k$$

$$\sigma^2=\frac{\sum_{k=1}^{M}N_k(D_k-\bar{D}_p)^2}{\sum_{k=1}^{M}N_k}=\frac{1}{N}\sum_{k=1}^{M}N_k(D_k-\bar{D}_p)^2$$

$$\bar{D}_p=\frac{\int_0^{\infty}D_p n_N(D_p)dD_p}{\int_0^{\infty}n_N(D_p)dD_p}=\frac{1}{N}\int_0^{\infty}D_p n_N(D_p)dD_p$$

$$\sigma^2=\frac{\int_0^{\infty}(D_k-\bar{D}_p)^2 n_N(D_p)dD_p}{\int_0^{\infty}n_N(D_p)dD_p}=\frac{1}{N}\int_0^{\infty}(D_k-\bar{D}_p)^2 n_N(D_p)dD_p$$

颗粒物总数浓度 N 是 M 组颗粒物数浓度的加和。D_p 是群体颗粒物平均数浓度对应的粒径。方差 σ^2 描述谱分布粒子平均粒径的跨度，即以气溶胶粒子平均粒径为中心的宽度。若 $\sigma^2=0$，则意味着谱分布中所有粒子大小相同，粒径均为平均粒径$\overline{D}_p$。σ^2 增加，谱分布范围也在平均粒径$\overline{D}_p$附近增加，谱分布变宽。通常以连续函数形式处理气溶胶谱分布，假设数浓度分布 $n_N(D_p)$ 是连续函数。谱分布颗粒物的平均粒径$\overline{D}_p$和谱分布的方差 σ^2 以上式积分的形式表示。

大气颗粒物粒径谱分布随时间变化很大，在描述实际大气颗粒物粒径谱分布时，一般不考虑时间谱，而使用时间平均浓度谱分布函数。实际观测时各种颗粒物测定仪抽取有限体积的样气，测定结果仅代表观测点空间平均的谱分布。因此，大气颗粒物粒径谱分布是时间和空间平均浓度的谱分布，需要多台仪器同时测定，采用经验公式分段描述其谱分布函数。半经验公式用简单的数学函数描述大气颗粒物粒径谱分布，与实测谱分布拟合很好。下面介绍 2 种大气颗粒物粒径谱分布函数的经验描述。

（一）对数正态分布

对数正态分布（自然对数 $\ln D_p$ 或以 10 为底的对数 $\lg D_p$）能很好地拟合大气颗粒物粒径谱分布。例如：

$$n_N^e(\ln D_p)=\frac{dN}{d\ln D_p}=\frac{N}{(2\pi)^{1/2}\ln\sigma_g}\exp\left[-\frac{(\ln D_p-\ln\overline{D}_{pg})^2}{2\ln^2\sigma_g}\right]$$

$$n_N(D_p)=\frac{dN}{dD_p}=\frac{N}{(2\pi)^{1/2}\ln\sigma_g}\exp\left[-\frac{(\ln D_p-\ln\overline{D}_{pg})^2}{2\ln^2\sigma_g}\right]$$

式中：N——气溶胶总数浓度；

$\overline{D}_{pg}$——峰值对应粒径；

$\ln\sigma_g$——正态分布的标准偏差。

正态分布的特点是分布函数的图形为钟形，最大值在 $\ln\overline{D}_{pg}$处，标准偏差 $\ln\sigma_g$ 是谱分布宽度定量描述的参数。谱分布曲线在（$\ln\overline{D}_{pg}$，$\pm\ln\sigma_g$）横坐标范围内对应面积为 68%。

大气颗粒物粒径谱分布函数常用 n 个对数正态分布来描述：

$$n_N^{\circ}(\lg D_p)=\sum_{i=1}^{n}\frac{N_i}{(2\pi)^{1/2}\lg\sigma_i}\exp\left[-\frac{(\lg D_p-\lg\overline{D}_{pi})^2}{2\lg^2\sigma_i}\right]$$

其中，N_i 是数浓度，$\overline{D}_{pi}$ 是平均粒径，σ_i 是第 i 个正态分布模态的标准偏差。Jaenicke（1993）建议七种典型气溶胶数浓度谱分布表示为 3 个对数正态分布模态的参数见表 5–2。

表 5–2　七种典型气溶胶数浓度谱分布表示为 3 个对数正态分布模态的参数

气溶胶类型	模态 Ⅰ			模态 Ⅱ			模态 Ⅲ		
	N/cm^{-3}	D_p/μm	lg σ	N/cm^{-3}	D_p/μm	lg σ	N/cm^{-3}	D_p/μm	lg σ
城市气溶胶	9.93×10^4	0.013	0.245	1.11×10^3	0.014	0.666	3.64×10^4	0.05	0.337
海洋气溶胶	133	0.008	0.657	66.6	0.266	0.210	3.1	0.58	0.396
乡村气溶胶	6 650	0.015	0.225	147	0.054	0.557	1 990	0.084	0.266

续表

气溶胶类型	模态 Ⅰ			模态 Ⅱ			模态 Ⅲ		
	N/cm^{-3}	$D_p/\mu m$	$\lg\sigma$	N/cm^{-3}	$D_p/\mu m$	$\lg\sigma$	N/cm^{-3}	$D_p/\mu m$	$\lg\sigma$
遥远陆地气溶胶	3 200	0.02	0.161	2 900	0.116	0.217	0.3	1.8	0.380
自由对流层气溶胶	129	0.007	0.645	59.7	0.250	0.253	63.5	0.52	0.425
极地气溶胶	21.7	0.138	0.245	0.186	0.75	0.300	3×10^{-4}	8.6	0.291
沙漠气溶胶	726	0.002	0.247	114	0.038	0.770	0.178	21.6	0.438

资料来源：Jaenicke，1993。

（二）幂指数定律

德国科学家 Junge 在总结了大量实验观测结果的基础上，于 1963 年首先提出以“幂指数定律”表示的数浓度分布函数，其数学表达式为

$$\frac{dN}{dr}=Cr^{-\beta}$$

式中：β——幂指数；

γ——粒子半径；

C——不随 r 改变的常数。

陆地表面大气颗粒物的 β 值约为 4，对流层下大气颗粒物的 β 值约为 5，上式表明颗粒物的数浓度随其半径的增加而急剧减少。

后来 Junge 等人又发现，对于 D_p>0.1 μm 的颗粒物，相应于 $\lg D_p$ 的数谱分布可表示为

$$n_N^{\circ}(\lg D_p)=\frac{C}{(D_p)^{\alpha}}$$

其中，C 和 α 是常数，在双对数坐标内幂指数分布作图得到一条斜率为 $-\alpha$ 的直线，D_p=1 μm 时，$n_N^{\circ}=C$（图 5-5）。对环境大气气溶胶 α 一般取 3~5。对大多数陆地气溶胶数谱分布的一级近似可以用 -3 幂指数定律函数拟合，即 α 取 3。

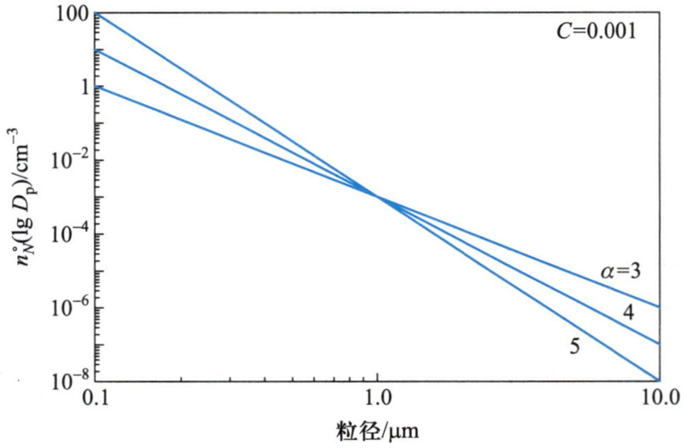

图 5-5 C=0.001 不同 α 值时幂指数定律分布（Junge 分布）

（资料来源：Seinfeld 和 Pandis，2020）

Junge 分布具有简洁明了的特点，但应该指出的是，Junge 分布是基于颗粒物数浓度仅仅随着粒径的增加而减少的假设提出的，在实际大气环境中并非总是如此，Junge 分布只适用于 0.1~10 μm 粒径范围内数浓度谱分布。幂指数定律可以很好地拟合城市气溶胶数谱分布。由此幂指数定律数谱分布推导出体积浓度谱分布：

$$n_V^{\circ}(\lg D_p)=\frac{\pi C}{6}D_p^{3-\alpha}$$

其在双对数坐标内也应该是一条直线，但实际测得的体积浓度谱分布和质量浓度谱分布从来就不是一条直线。由幂指数定律数谱分布推导出的体积浓度谱分布将过高地估计亚微米颗粒物的体积，而严重地低估粗粒子的体积。可见，幂指数定律不适用于体积浓度谱分布的拟合，同样也不适于表面积浓度谱分布和质量浓度谱分布的拟合。因此，不能用此拟合的幂指数定律数浓度谱分布函数计算大气颗粒物的某些性质（如光学性质、凝结速率）。

三、大气颗粒物模态分布及其特性

惠特比（Whitby）概括提出了大气颗粒物的三模态模型：粒径小于 0.05 μm 的粒子称为爱根核模态（aitken mode）；0.05 μm ≤粒径≤ 2 μm 的粒子称为积聚模态（accumulation mode）；粒径大于 2 μm 的粒子称为粗粒子模态（coarse particle mode）。在惠特比的三模态模型中，将爱根核模态和积聚模态合起来称为细粒子；粒径大于 2 μm 的粒子称为粗粒子。对细粒子和粗粒子的粒径分界线文献中稍有差别。一般定在 2.5 μm，也有定在 1.0 μm 和 3.5 μm 的。Seinfeld 和 Pandis（2006）进一步定义了核模态（nucleation mode）和爱根核模态的粒径范围，分别是 1~10 nm 和 10~100 nm。图 5-6 和图 5-7 分别介绍四个模态的颗粒物粒径范围。

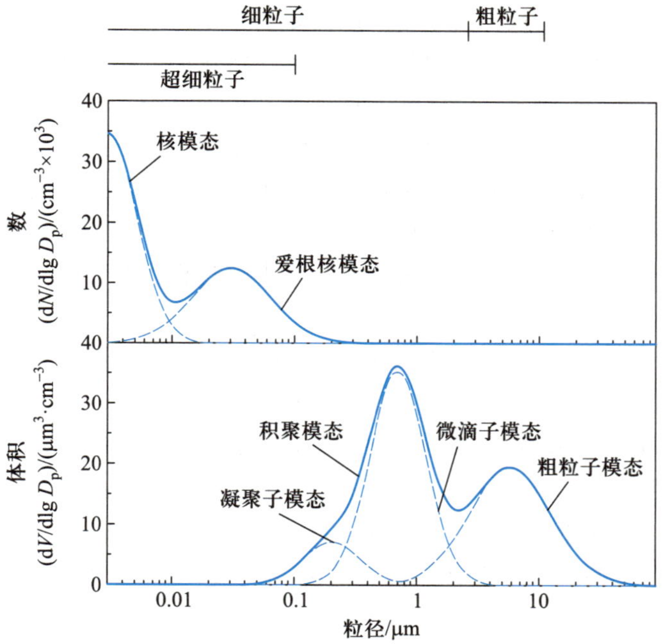

图 5-6　大气颗粒物不同模态的典型数浓度谱分布（上）和体积浓度谱分布（下）

（资料来源：Seinfeld 和 Pandis，2020）

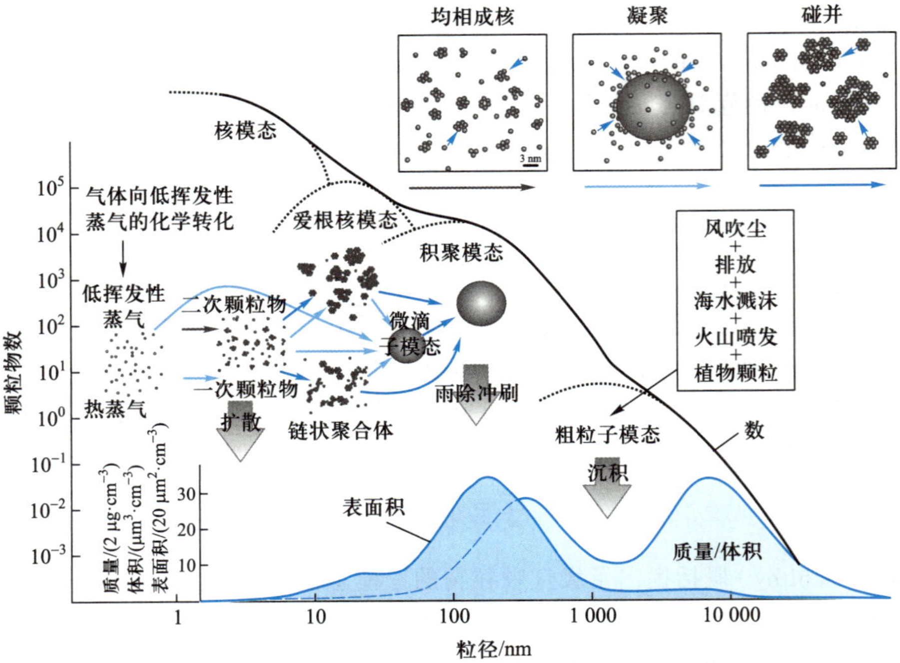

图 5-7 颗粒物数浓度、表面积浓度和体积浓度的谱分布及不同模态颗粒物的来源

（资料来源：Peter R B 和 Kouji A，2008）

（一）核模态（nucleation mode）

核模态大气颗粒物的粒径一般为 1~10 nm，主要源自气态污染物氧化生成的过饱和气态前体物（如硫酸、低挥发性有机物等）在大气中冷凝为分子簇，继而通过冷凝碰并形成纳米级颗粒物的过程，这种过程也被称为“新粒子生成”，是光化学驱动的气 – 粒转化过程。新粒子生成分为核化和增长两个阶段，核化指通过气 – 粒转化形成热力学稳定的 1 nm 大小的分子簇；而增长则划分为分子簇通过成核蒸气的冷凝、非均相成核等增长至 3 nm 的初始增长过程，以及通过碰并和蒸气冷凝等增长为更大尺寸粒子的后续增长过程。新粒子生成事件多发生在具有足够高浓度的气态前体物、颗粒物汇较低的大气环境和光辐射充足的地域和时段。新粒子生成时间会持续几个小时，纳米级颗粒物数浓度明显地增长 1~2 个数量级。

此外，机动车尾气、工业生产、燃煤和发电站等燃烧过程也会直接排放纳米级颗粒物。

（二）爱根核模态（Aitken mode）

爱根核模态大气颗粒物的粒径一般为 10~100 nm，主要来源于燃烧过程产生的一次颗粒物及大气成核增长的二次颗粒物。这种模态颗粒物多在源（如交通源）附近或者大气新粒子发生后观测到。随着时间的推移，易由小粒子的相互碰撞或者低挥发性物质凝结增长而长大。

（三）积聚模态（accumulation mode）

积聚模态大气颗粒物的粒径一般为 100 nm~1 μm 或 2.5 μm，主要来源于爱根核模态的凝聚，燃烧过程所产生的蒸气冷凝、凝聚，以及由大气化学反应所产生的各种气体分子转化成的二次颗粒物等。

（四）粗粒子模态（coarse particle mode）

粗粒子模态大气颗粒物的粒径一般为 2.5~100 μm，主要来源于机械过程产生的扬尘、海盐溅沫、火山灰和风沙等一次颗粒物。这种颗粒物的化学成分与地表土的化学成分相近。而且，各地区的平均值变化不大。这个模态的颗粒物主要靠干沉降和雨除冲刷去除。

大气颗粒物粒径大小反映其来源或形成过程。细粒子和粗粒子之间存在着明显的差别。粗、细粒子来源不同，化学组成也不同。粗粒子多是机械过程生成的，含有土壤尘、海盐、飞灰、轮胎碎片等；核模态和积聚模态含有由从燃烧源排放的一次颗粒物和经气粒转化形成的二次颗粒物（如 SO_4^{2-}、NO_3^-、NH_4^+、二次有机气溶胶等）。

核模态向积聚模态转化的主要机理是凝结（condensation）增长，以及在已有颗粒物表面的碰并（coagulation）。而积聚模态粒子间的碰并是很慢的过程，因为粒子扩散减弱，所以不能转移到粗粒子模态。

云中过程也可以改变积聚模态和粗粒子模态颗粒物的浓度和化学组成，液相化学反应发生在云滴和雾滴中及液滴颗粒物中（当 RH 接近 100% 时），生成硫酸盐和硝酸盐二次颗粒物。其水分蒸发后，较大的粒子留在大气中，因此，这种转化可以在 0.1~1 μm 积聚模态内形成两个峰，分别由“凝结”和“液滴”（droplet）过程形成。

颗粒物在不同的大气环境下受到排放源、气象条件和地形地势等因素的影响，浓度水平和谱分布特征存在很大差异。

（1）城市气溶胶：城市气溶胶是由工业、交通、燃烧过程和天然源等一次源排放和气粒转化生成的二次颗粒物组成的混合物，数浓度谱分布以小于 0.1 μm 的粒子为主，表面积浓度谱分布集中在 0.1~0.5 μm 粒径范围内，正因有此可用的颗粒物表面，气粒转化才能有效地发生。质量浓度谱分布具有多模态分布的特点。城市大气颗粒物质量浓度谱分布变化很大，在源附近可发现非常高浓度的细粒子，但其浓度随着离源距离变远而很快下降。大多数城市大气颗粒物质量浓度谱分布中主要以积聚模态和粗粒子模态为主，除了靠近燃烧源以外的地区，核模态所占的体积浓度和质量浓度是可以忽略的。

（2）海洋气溶胶：如果没有明显的陆地气溶胶传输影响，那么边远海域的颗粒物主要源于海洋。海洋大气颗粒物浓度通常为 100~300 cm^{-3}，其数浓度谱分布（注意这里是数浓度谱分布而不是质量谱分布）通常呈三模态分布：核模态（D_p<0.1 μm）、积聚模态（0.1~0.6 μm）和粗粒子模态（D_p>0.6 μm），典型海洋气溶胶粗粒子模态占总质量浓度的 95%，但仅贡献数浓度 5% ~10%。海洋飞沫蒸发后形成海洋气溶胶，在海洋边界层内典型海盐气溶胶浓度一般为 5~30 cm^{-3}。

（3）乡村气溶胶：乡村气溶胶主要源于天然源，但受到人为源一定程度的影响，数浓度谱分布呈双模态分布，峰值粒径分别在 0.02 μm 和 0.08 μm，但质量浓度谱分布以粗粒子模态为主。中心在 7 μm 处，不受局地源影响的陆地气溶胶质量浓度谱分布有一个很小的积聚模态，没有核模态，乡村气溶胶 PM_{10} 约为 20 μg /m^3。

（4）极地气溶胶：在靠近北极和南极地表观测到的极地气溶胶，浓度非常低。北极有许多观测结果，质量谱分布为双模态，在 0.75 μm、8 μm 出现峰值。冬季和早春（2—4 月）北极受人为源影响突出，这一现象常被称为“北极霾”，这期间气溶胶数浓度上升为大于 200 cm^{-3}。模态平均粒径为 0.05 μm，积聚模态在 0.2 μm。极地气溶胶含有来自中纬度污染源的含碳化合物、周围海洋的海盐和来自相应半球干燥区域的矿物尘。

（5）沙漠气溶胶：矿物颗粒物源于沙漠地区，但可以传输到很远的距离。其数谱分布的形状与边远陆地气溶胶很相似，但沙漠气溶胶浓度强烈依赖于风速，其数谱分布呈三个相互重叠的模态，分别在 0.01 μm 或更小，0.05 μm 和 10 μm 处出现峰值。

第三节 大气成核与增长

大气颗粒物的成核是通过物理过程和化学过程形成的。气体经过化学反应，向粒子转化的过程从动力学角度上可分为以下四个阶段：

① 均相成核或非均相成核，形成细粒子分散在空气中；

② 在细粒子表面，经过多相反应，使粒子长大；

③ 由布朗凝聚和湍流凝聚，粒子继续长大；

④ 通过干沉降（重力沉降或与地面碰撞后沉降）和湿沉降（雨除或冲刷）清除。

以上过程虽属于物理过程，但实际上都是以化学反应为推动力的，即气体在大气中的化学反应提供了分子物质或自由基，它们在互相碰撞中结成分子簇（均相成核）。如果大气中已存在大小适宜的颗粒物，则气体分子或自由基就优先沉降在颗粒物的表面上（非均相成核）。颗粒物表面的非均相过程在本书其他章节中介绍，本章仅就均相成核过程扼要地进行介绍。

一、经典均相成核理论

当某成分的蒸气在气体中达到一定过饱和度时，由单个蒸气分子凝结成为分子簇的过程，称为均相成核。基于能量最低原理，气体分子若能形成新核，则必须在成核后使体系能量降低，新核才能稳定。下面我们从单一成分的气体分子（如 H_2O）凝结成小液滴（粒子）的初期过程探索其成核规律。

（一）均相成核过程初期自由能的变化

由热力学第一、二定律和自由能的定义可以得到

$$dG = -SdT+VdP-\delta W' \tag{5-1}$$

式中：G——吉布斯自由能；

S——熵；

T——热力学温度；

V——体积；

P——压力；

W'——非膨胀功。

式（5-1）适用于封闭体系，无相变的可逆过程。以 H_2O 为例，由气态分子凝结成稳定的多聚体时称为形成胚芽。此过程吉布斯自由能的变化 ΔG，可通过下面设计的过程求出：

$$\begin{array}{ccc} H_2O(\text{气}、T、e) & \xrightarrow{\Delta G_T} & H_2O(\text{液}、T、e) \\ \text{始态} & & \text{终态} \\ dT=0 \downarrow \Delta G_1 & & dT=0 \uparrow \Delta G_3 \\ H_2O(\text{气}、T、e_s) & \xrightarrow[\text{可逆相变}]{\Delta G_2=0} & H_2O(\text{液}、T、e_s) \end{array}$$

其中 e 和 e_s 分别为 H_2O 的蒸气压和饱和蒸气压。根据 G 的状态函数性质有：

$$\Delta G_T=\Delta G_1+\Delta G_2+\Delta G_3 \tag{5-2}$$

因为 ΔG_2 是等温等压可逆相变过程的吉布斯自由能变化，所以 $\Delta G_2=0$。式（5-2）中 ΔG_1 是气态 H_2O 在等温条件下，蒸气压从 e 变到 e_s 时吉布斯自由能的变化。设水蒸气是理想气体，且只做膨胀功，结合式（5-1）式有：

$$\Delta G_1 = nkT\ln\left(\frac{e_s}{e}\right) \tag{5-3}$$

式中：n——一个胚芽中的分子数；

k——波尔兹曼常数。

ΔG_3 是液态 H_2O 在等温条件下，蒸气压从 e_s 变到 e 时吉布斯自由能的变化。由式（5-1）可以得到

$$\Delta G_3 = V\mathrm{d}P-\delta W' \tag{5-4}$$

因为液体的 G 随 P 改变所引起的变化较小，可以忽略不计，所以式（5-4）变为

$$\Delta G_3 = -\delta W'$$

如果分子质量为 $m=\frac{M}{N_0}$（M 为分子量，N_0 为阿伏伽德罗常数），则有

$$\begin{aligned}\Delta G_T &=\Delta G_1+\Delta G_3\\ &=\left(\frac{\frac{4}{3}\pi\rho r^3 N_0}{M}\right)\cdot kT\ln\left(\frac{e_s}{e}\right)-\delta W'\\ &=\frac{4\pi}{3M}\rho R r^3\ln\left(\frac{e_s}{e}\right)-\delta W'\end{aligned} \tag{5-5}$$

式中：ρ——气体的密度；

R——常数。

当气体分子形成胚芽后，胚芽表面上的分子受到向内的拉力。在无外来作用力的情况下，液体都有缩小其表面积的趋势，在各种形状的物体中，以球形表面积与体积的比最小，因此液滴均呈球形。由此可见，表面上的分子比内部的分子具有更高的能量，即更不稳定。这样一来，在等温等压条件下，液滴要扩展其表面所接受的功 $\delta W'$ 与液滴表面增加的面积 $\mathrm{d}A$ 成正比，即

$$\delta W' \propto \mathrm{d}A$$

所以

$$\delta W'=\sigma \mathrm{d}A \tag{5-6}$$

式中：σ——表面张力。

将式（5-6）代入式（5-4）得

$$(\mathrm{d}G)_{T,P}=\sigma \mathrm{d}A \tag{5-7}$$

则

$$\sigma=\left(\frac{\partial G}{\partial A}\right)_{T,P}$$
$$W'=\int_0^A -\sigma \mathrm{d}A=-\sigma A=-4\pi r^2\sigma \tag{5-8}$$

显然，在这里非膨胀功 W' 等于液滴的比表面能。将式（5-8）代入式（5-5），整理后得

$$\Delta G_T=-\frac{4\pi}{3M}\rho r^3 RT\ln\left(\frac{e}{e_s}\right)+4\pi r^2\sigma \tag{5-9}$$

将式（5-9）写成 $\Delta G_T=ar^3+br^2$，则

$$a=-\frac{4\pi}{3M}\rho RT\ln\left(\frac{e}{e_s}\right)$$
$$b=4\pi\sigma$$

（二）胚芽初期形成的可能性

（1）未饱和状态

当 $e<e_s$（即未饱和状态），因为 $\ln(e/e_s)<0$，所以 $a>0$，见图 5-8。由式（5-9）可知，ΔG_T 将随着 r 的增大而增加，即 $\Delta G_T>0$。根据热力学原理，在等温等压条件下，$\Delta G_T>0$ 的过程为非自发过程，因此不利于 r 的增大，即不利于胚芽的自发形成。在这种情况下，即使由于分子碰撞形成了胚芽，这种胚芽仍会由于蒸发（自发过程）而难以稳定存在。

（2）过饱和状态

若 $e>e_s$（即过饱和状态），$\ln(e/e_s)>0$，则 $a<0$，那么 ΔG_T 可能大于零，也可能小于零。初始阶段，随 r 的增加 ΔG_T 有所增大。当 $r=r^*$ 时，ΔG_T 达到最大值 ΔG_T^*。当 r 继续增大时，ΔG_T 反而减小。r^* 称为临界半径，这时的胚芽称为临界胚芽。当 $r=r^*$ 时，ΔG_T^* 可以通过下式得到：

$$r^*=-\frac{2b}{3a} \tag{5-10}$$

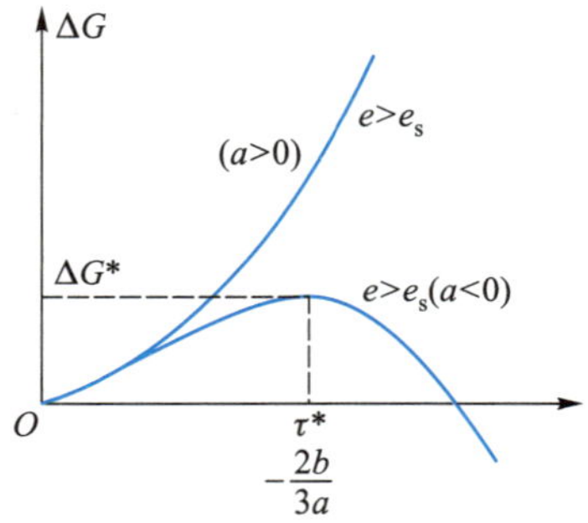

图 5-8　胚芽形成时自由能的变化
（资料来源：Wallace，1980）

将 a 和 b 的值代入式（5-10）后得

$$r^*=\frac{2M\sigma}{\rho RT\ln(e/e_s)} \tag{5-11}$$

半径为 r^* 的胚芽一旦形成，由于 $\Delta G<0$，它就能自发地继续长大。令 $(e/e_s)-1=s$，称 s 为过饱和度，将 s 代入式（5-11）后得

$$r^*=\frac{2M\sigma}{\rho RT\ln(1+s)} \tag{5-12}$$

因为 $\Delta G^*=ar^{*3}+br^{*2}$，

所以

$$\Delta G^*=\frac{4b^3}{27a^2}=\frac{16\pi\sigma^3M^2}{3\rho^2R^2T^2}\left[\frac{1}{\ln(1+s)}\right] \tag{5-13}$$

可以证明，具有 ΔG 的胚芽数为 $N\exp\left(\frac{\Delta G}{kT}\right)$，临界胚芽数 n^* 可由下式算出：

$$n^*=N\exp\left(\frac{-\Delta G^*}{kT}\right) \tag{5-14}$$

N 为 n 从 1 到临界胚芽的总分子数，将式（5-13）代入式（5-14）后得

$$n^*=N\exp\left\{\frac{-16\pi\sigma^3M^2N_0}{3\rho^2R^3T^3}\left[\frac{1}{\ln(1+s)}\right]^2\right\} \tag{5-15}$$

假设每一个同蒸气分子碰撞的临界胚芽都能越过位垒成为一个“永久性”的核，那么成核速度可按下式进行计算：

$$J=a\cdot 4\pi r^{*2}n^*\gamma N \tag{5-16}$$

式中：a——调节因子；

$\gamma=\sqrt{RT/2\pi M}$，为动力学系数。

从式（5-12）、式（5-13）和式（5-14）可以看出，当 s 越大时，临界胚芽的粒径越小，所产生的临界胚芽数目越多，越容易自发成核。又因为 s 对 n^* 的影响比 r^* 的影响大，所以 s 的增加会使成核速度增大。这就是说，若想有较大的成核速度，则必须要有较大的过饱和度。

实际上，大气中临界胚芽很少是单一组分的物质，往往是多种物质的聚合体，其形成初期都要在大小超过某一临界值之后才能形成稳定的胚芽并不断长大，这是气体分子向气溶胶粒子转化初期的一般规律。

二、环境大气中的新粒子生成与增长

环境大气中新粒子生成（new particle formation，NPF）是低挥发性气态物质凝结成核长大的过程，称为“新粒子生成事件”或“新粒子生成现象”，包括成核（nucleation）与增长（growth）两个过程。成核是气体分子生成稳定分子簇的过程；增长是稳定分子簇持续增长生成较大颗粒物的过程（Zhang 等，2012）。新粒子增长过程又分为两个阶段，如图 5-9 所示，即初始增长阶段和后续增长阶段。初始增长阶段指新粒子成核生成的稳定分子簇增长至 1~3 nm 可被测定颗粒物的过程，后续增长阶段指后续持续增长至 20 nm 及更大颗粒物的过程。

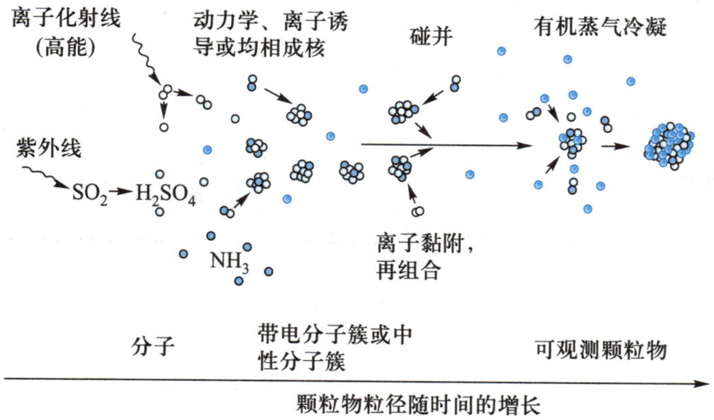

图 5-9 新粒子生成与增长过程示意图

（资料来源：Laakso 等，2004）

判断环境大气中是否发生新粒子生成现象，主要的观测要点是：① 观测到 1~10 nm 或 20 nm 核模态颗粒物（新粒子），其数浓度急剧增高；② 持续几个小时，③ 生成的新粒子粒

径持续增长。Aitken 早在 1897 年就报道了大气中存在新粒子生成的迹象，但是受到当时纳米级颗粒物测量技术的限制，针对新粒子生成与增长的观测直到 21 世纪才广泛和深入地开展起来。最近开发的仪器可以检测的最小粒径为 1 nm，为研究大气新粒子生成和增长提供了有力的技术手段。观测发现新粒子生成几乎遍布全球不同大气环境中。从干净的北欧森林到乡村，从清洁偏远的大陆到污染严重的城市，均观测到了新粒子生成现象。

新粒子生成在大气中形成高浓度的核模态颗粒物，同时这些颗粒物可以通过碰并、凝结等过程迅速增长至较大尺寸，是从气相向颗粒相转化的过程，也是大气中二次颗粒物、云凝结核的重要来源，可以影响全球云的形成和区域尺度空气质量：① 研究表明新粒子生成在全球范围内贡献了约 50% 的云凝结核，并通过改变云凝结核的数量来影响云的微物理性质（如数量、尺寸、水含量、云量等），进而影响全球辐射平衡和气候变化。② 北京大学团队研究发现新粒子生成致霾是霾污染形成的机制之一（图 5-10），清洁条件下发生的新粒子生成能够产生高浓度的纳米颗粒物“种子”。纳米颗粒物“种子”在静稳天气条件下可以持续快速长大，粒径最大增长至 100 nm。伴随着颗粒物粒径增长，颗粒物质量浓度快速增加，最大超过 300 μg/m³，造成严重霾污染现象。

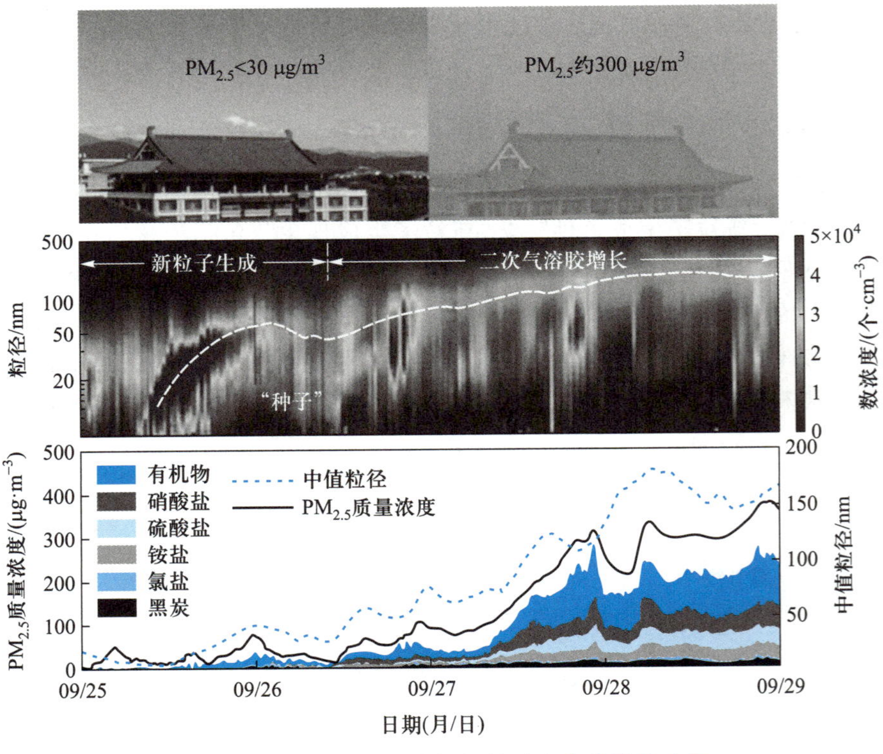

图 5-10 北京市城区大气新粒子生成致霾的过程

（资料来源：Guo 等，2014）

新粒子生成的成核机制是大气环境化学的前沿科学问题之一。传统上，气态硫酸被认为是引发新粒子成核的核心成分，大量实验与观测结果表明，气态硫酸可以与水结合发生二元均相成核反应，导致新粒子生成现象。但是在真实的环境大气中，单纯的气态硫酸分子和水的成核速率并没有实际观测到的那样高，需要第三类介质的加入，于是陆续有研究提出了一些新的成核机制，如硫酸－水－氨/有机胺三元成核、碘参与成核、离子诱导成核、有机酸参与成核，以及高含氧有机物（HOMs）参与成核机制。大气中氨的存在会大大降低气态硫酸分子的表面蒸气压，故可能参与硫酸和水均相成核。有机胺的作用与无机氨类似，且对成核的促进作用相比于氨更强，气态硫酸－二甲胺成核被认为是中国城市地区新粒子生成的主导机制。在海岸地区或者海面上空的大气中，较高浓度的含碘有机物可以作为凝结蒸气快速形成大量颗粒物。由海藻释放出的碘在经过氧化后生成的碘酸，可以参与大气中新粒子的成核过程。另外，在离子存在的情况下，气态硫酸的成核速率将大大提高。对于乡村地区，有机酸（二元羧酸）参与成核机制在低硫酸环境中扮演着主要角色。最近，越来越多的研究发现 VOCs 的氧化产物 HOMs 由于较低的挥发性，更利于与硫酸结合参与成核，因此 HOMs 与气态硫酸的聚合被认为是成核的潜在机制之一。

（一）二元成核

对于均相分子成核，参与成核的分子蒸气压必须达到过饱和状态。如果存在两种或者几种气态物质，即使蒸气压没有达到过饱和状态，只要参与成核的成分对于液滴表面是过饱和的，成核就可以发生。非均一成分的成核在纯成分未达到饱和状态时，只要有一种成分达到饱和就可以发生。

经典的均相同一分子的成核速率可以用下式表示：

$$J=C\exp\left(\frac{-\Delta G^*}{kT}\right)$$

ΔG^* 是成核需要的自由能，C 是动力学因子。该式可以推广应用到二元均相成核速率计算。

在大气中最重要的二元成核是硫酸－水体系。在含水的大气中，硫酸分子以各种状态的水合分子形式存在：$H_2SO_4\cdot H_2O$、$H_2SO_4\cdot 2H_2O$、$H_2SO_4\cdot nH_2O$。硫酸和水分子的成核过程不是硫酸分子和水分子的成核，而是以水合形式存在的分子簇的成核。

二元成核理论可以解释一些观测到的新粒子生成现象，如 Weber 在海拔 4 km 左右的海面观测到的新粒子生成速率与经典二元成核理论相互吻合。随着测量技术的发展，可以用化学电离质谱（CIMS）对大气中硫酸蒸气浓度进行测量，为进一步验证二元成核理论提供依据。

二元成核理论有其适用的条件：低温、高湿、大气中已存在的颗粒物比较少、硫酸蒸气浓度比较高。只有满足了这些极端的条件，二元成核理论才可以解释所观察到的新粒子生成速率。在一些地区观察到新粒子生成速率相对比较快，无法用二元成核理论解释。

（二）三元成核

由于大气中氨的存在会大大降低硫酸蒸气压，这样氨可能与大气中硫酸蒸气或者硫酸－水成核。假设氨－硫酸－水三元成核在液相中进行，则成核速率公式与二元成核公式相同。

最小吉布斯自由能改变可以从下式得到：

$$\Delta G^* = \frac{4}{3}\pi r^* \sigma_{s,a}$$

r^* 是新形成分子簇临界半径，$\sigma_{s,a}$ 是表面张力。

$$r^* = \frac{2\sigma_{s,a}v_i}{kT\ln\left(\frac{P_i}{P_{s,i}}\right)}$$

其中 i：水或者氨或者硫酸蒸气；

P_i：成分 i 的大气中蒸气分压；

$P_{s,i}$：成分 i 平面溶液表面的平衡蒸气压；

v_i：成分 i 的部分分子体积。

在环境大气中典型的硫酸蒸气浓度下（10^5~10^7 cm^{-3}），与二元成核理论相比，三元成核理论给出了足够高的成核速率，合理解释了海岸地区观测到的新粒子生成事件中的高成核速率。在相同成核速率条件下，三元成核所需要的硫酸蒸气浓度比二元成核要小几个数量级。

量子化学的计算结果表明，有机胺与气态硫酸的结合能力强于无机氨，气态硫酸－有机胺分子簇的稳定性高于气态硫酸－无机氨，对成核有更显著的促进作用。烟雾箱实验结果显示，气态硫酸－水体系中加入 10^{-12} 数量级的二甲胺所测量到的新粒子成核速率比加入无机氨高 1 000 倍。观测结果也发现气态硫酸－二甲胺机制能够解释上海地区新粒子的高成核速率。

有研究表明，在海岸地区或者海面上空的大气中，海洋中藻类物质排放的较高浓度含碘有机物（如 CH_2I_2），其光解产生可凝结含碘类物质，可以作为凝结蒸气参与大气新粒子的成核过程。由于碘参与成核成分的特殊性，研究大多集中在海岸环境下。

近年来，大量实验室研究与外场观测研究揭示，高含氧有机物（HOMs）可以参与新粒子成核。烟雾箱实验发现，相比于气态硫酸－水与气态硫酸－水－无机氨体系，高含氧有机物体系的成核速率更接近于实际观测结果。在芬兰森林观测点、中国北京城市观测点都观测到了 HOMs 和 HOMs－硫酸分子簇，在分子水平上证实了 HOMs 可以参与成核。

（三）离子诱导成核

对于均相成核，分子簇优先在离子周围形成，因为离子与可凝结分子之间的作用力总是小于分子形成分子簇的自由能，离子的存在加速了过饱和蒸气的成核速率。大气中的离子是连续生成、无处不在的。离子可以由宇宙射线产生，产生速率在地面大约为 2 离子对 /（$cm^3 \cdot s$）；上层大气一般为 20~30 离子对 /（$cm^3 \cdot s$）；离子也可以通过局地源产生，如放射性元素衰变、发光、电晕放电等。Yu 和 Turco 提出大气离子参与成核，提高了成核速率，弥补了观测值和理论值之间的差别，这一理论较好地预测了飞机排放气溶胶的演变过程。

新粒子成核过程受制于大气化学物质［尤其是硫酸和其他低挥发性可凝结蒸气（condensable vapor）］和已有颗粒物的浓度水平。可凝结蒸气是新粒子生成的物质基础，是由光化学过程驱动生成的。新生成的分子簇易被大气中已有颗粒物碰并捕获，抑制成核过程（汇机制），新粒子生成现象是光化学过程和汇机制共同作用的结果，一般发生在空气干洁、太阳光充足的天气条件下。

（四）新粒子增长

新粒子增长过程是连接新粒子成核与其气候和环境效应的纽带。在成核过程中生成稳定分子簇后，新粒子主要通过凝结、非均相反应、碰并等方式实现粒径增长。气态前体物凝结是新粒子增长的主要机制，凝结过程遵守 Nano－寇拉理论，即气态物质在纳米级颗粒物表面凝结的平衡受到大气中可凝结蒸气饱和度和颗粒物性质的影响。气态前体物的挥发性决定了其是否能够凝结在新粒子表面。已发现能够凝结在新粒子表面的成分包括气态硫酸和 HOMs 等成分。新粒子在增长过程中需要克服开尔文效应的限制。开尔文效应在新粒子初始增长阶段影响大，随着粒径增长，开尔文效应的影响不断减小。因此随着粒径改变，不同成分对于新粒子增长的贡献也是不断变化的。在新粒子初始增长阶段，气态硫酸和HOMs 中极低挥发性有机物（ELVOC）凝结对增长的贡献最大；HOMs 中低挥发性有机物（LVOC）对增长的贡献随着粒径增长而增大；当粒径增长到一定程度后，HOMs 中半挥发性有机物（SVOC）对新粒子增长的贡献开始占主导。烟雾箱实验结果表明气态硝酸在无机氨的作用下能够凝结在新粒子表面。有机物非均相反应对新粒子增长过程也具有重要贡献。

（五）基于观测的新粒子生成速率和增长速率估算

基于观测的新粒子生成速率和增长速率估算方程总结在表 5-3 和表 5-4 中，分析示例图如图 5-11 所示。颗粒物粒径随时间的变化为新粒子增长速率，如方程（1）所描述。颗粒物生成速率为单位时间内由于颗粒物的增长而通过某一固定粒径的颗粒物个数。一般选择某一粒径段内颗粒物个数随时间的变化作为颗粒物生成速率，由于可能被其他颗粒物捕获损失，在颗粒物生成速率计算时考虑由于损失而去除的颗粒物个数，生成速率方程为方程（2）。

新粒子增长是由于低挥发性蒸气冷凝造成的，粒径增长与可凝结蒸气浓度之间存在如方程（3）的关系。粒径增长与蒸气浓度、颗粒物粒径及冷凝气体的特性相关。方程（3）积分得到可凝结蒸气的浓度，如方程（4）。

方程（5）描述大气中可凝结蒸气浓度随时间变化。Q 为大气可凝结蒸气的源强。可凝结蒸气浓度的变化等于源强与由于冷凝到颗粒物上的损失之差。如果假设可凝结蒸气浓度不随时间变化，即稳态假设，那么就可以得到可凝结蒸气源强，如方程（6）。硫酸蒸气是最常见的可凝结蒸气。

凝结汇 CS（condensation sink）描述可凝结蒸气分子凝结到大气中已有颗粒物上的速度。这一参数主要受颗粒物粒径谱分布的影响。可以通过积分颗粒物粒径谱分布获得 CS，如方程（7）。

表 5-3 方程的含义

方程序号	方程	方程含义
（1）	$GR=\dfrac{\Delta D_{\mathrm{m}}}{\Delta t}$	新粒子增长速率：新形成模态的几何平均粒径 D_{m} 随时间变化。表示大气中新粒子增长
（2）	$J_D=\dfrac{\Delta N_{D,D_{\max}}}{\Delta t}\Big\vert observed+\dfrac{\Delta N_{D,D_{\max}}}{\Delta t}\Big\vert coag\text{-}loss$	新粒子生成速率：颗粒物数浓度变化与碰并损失之和，表示单位时间内通过粒径 D 的颗粒物的数目。D 一般取观测的最小粒径
（3）	$\dfrac{\mathrm{d}r}{\mathrm{d}t}=\dfrac{m_{\mathrm{v}}\beta_{\mathrm{m}}DC}{r\rho}$	颗粒物粒径增长与可凝结蒸气浓度之间关系，表示由于可凝结蒸气冷凝在颗粒物上颗粒物长大程度
（4）	$C=\dfrac{\rho\left\{\dfrac{r^2-r_0^2}{2}+\left[\dfrac{4}{3\alpha}-0.623\right]\lambda(r-r_0)+0.623\lambda^2\ln\dfrac{\lambda+r}{\lambda+r_0}\right\}}{\Delta t}$	方程（3）积分之后得出可凝结蒸气浓度方程

续表

方程序号	方程	方程含义
(5)	$\frac{dC}{dt}=Q-CS\cdot C$	可凝结蒸气浓度变化等于源强与蒸气浓度和冷凝沉降系数乘积之差
(6)	$Q=CS\cdot C$	稳态假设可凝结蒸气浓度变化为零，可以近似计算可凝结蒸气的源强
(7)	$CS=2\pi D\int_0^{\infty} d_p\beta_m(d_p)n(d_p)dd_p=2\pi D\sum_i \beta_m d_{p,i}N_i$	凝结汇，衡量可凝结蒸气冷凝到颗粒物表面的速度

表 5-4 方程中的符号含义

符号	符号含义	单位
GR	新粒子增长速率	h/s
D_m	新形成模态的几何平均粒径	nm
T	新粒子生成持续时间	h
J_D	粒径为 D(nm)粒子的生成速率	$cm^{-3}\cdot s^{-1}$
D_{max}	在 Δt 时间内增长达到的最大粒径	nm
$N_{D,D_{max}}$	在(D, D_{max})粒径段内颗粒物数浓度	cm^{-3}
observed	在 Δt 时间内观测到的 $N_{D,D_{max}}$ 的变化	cm^{-3}
coag-loss	在 Δt 时间内颗粒物的凝并损失	cm^{-3}
R	颗粒物的半径	nm
m_v	可凝结蒸气的分子量	—
β_m	质量通量变迁的校正因子	—
D	扩散系数	cm^2/s
ρ	颗粒物密度	G/cm^3
C	可凝结蒸气浓度	cm^{-3}
α	质量调节系数	—
λ	平均自由程	cm
Q	蒸气源速率	$s^{-1}\cdot cm^{-3}$
CS	凝结到已有颗粒物上的汇	s^{-1}
$n(d_p)$	颗粒物粒子谱分布	cm^{-3}
N_i	在粒径段 i 上颗粒物的数浓度	cm^{-3}

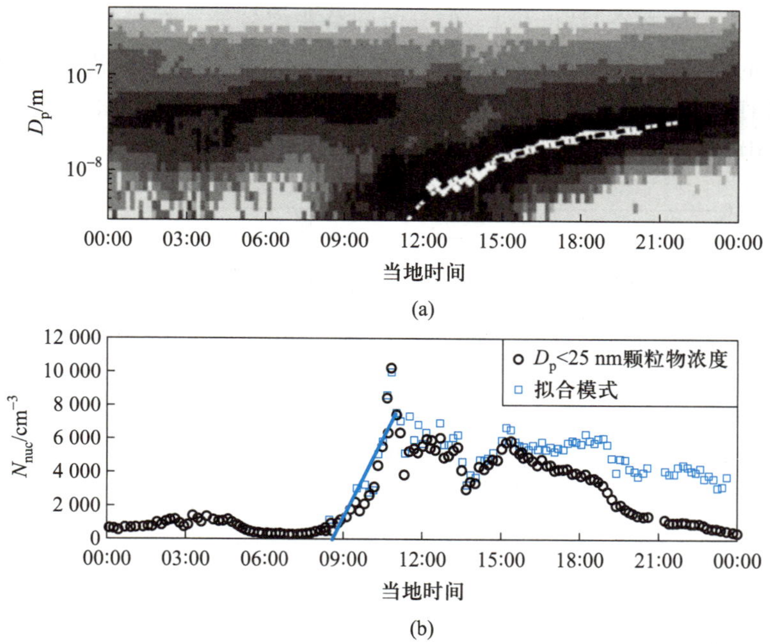

图 5-11 新粒子生成事件分析示例图

（资料来源：Dal Maso 等，2005）

（a）一个新粒子爆发事件的表面图。白点标记成核模态的几何平均直径（通过拟合获得），黑色虚线代表一阶多项式拟合结果，从中可以得到粒子的增长速度。（b）核模态颗粒物数浓度随时间的变化，这里的核模态数浓度包括 D_p<25 nm 颗粒物数浓度（圆圈），以及通过对数正态拟合程序获得的核模态颗粒物数浓度（方框）。实线显示了用于获得 dN_{nuc}/dt 的一阶多项式拟合结果。

第四节 大气颗粒物的化学组成

大气颗粒物的化学组成十分复杂，因其来源的差异，不同大气环境下颗粒物的化学组成差别很大，而且会随时间和地点变化。来自土壤和道路扬尘、海盐和由污染源直接排入大气中的一次颗粒物往往含有大量的 Fe、Al、Si、Na、Mg、Cl 和 Ti 等地壳元素，以及有机碳、元素碳等碳质组分；二次转化的颗粒物则含有大量硫酸盐、硝酸盐、铵盐和二次有机物等。

大气颗粒物根据其粒径大小分为四个模态，对应的大致粒径范围是：核模态（1~10 nm）、爱根核模态（10~100 nm）、积聚模态（100 nm~1 μm 或 2.5 μm）和粗粒子模态（>1 μm 或 2.5 μm）。常见气体分子在 1 nm 以下，而可入肺颗粒物 $PM_{2.5}$ 粒径范围涵盖了核模态、爱根核模态、积聚模态与少部分粗粒子模态。不同粒径的颗粒物化学组成存在显著差异（如图 5-12 所示）：硫酸盐（SO_4^{2-}）、铵盐（NH_4^+）、有机碳（OC）和元素碳（EC）及某些过渡金属主要存在于前三个模态的细颗粒物中。而地壳物质，如 Si、Ca、Mg、Al 和 Fe 及生物有机物（花粉、孢子、植物碎屑等）主要存在于粗粒子模态中。硝酸盐（NO_3^-）在细粒子和粗粒子中都存在。细粒子硝酸盐来自大气中气态硝酸和氨气反应生成的硝酸铵，而粗粒子硝酸盐主要来自粗粒子与气态硝酸的反应。

颗粒物化学组分的测量技术发展很快，表 5-5 汇总了常见分析测量方法。离线分析方法是先将颗粒物收集在采样膜上（通常是 Teflon 膜或是石英膜，分别分析水溶性离子组分和元素、碳质组分），然后经过前处理或者不处理进入测量仪器进行分析，离线分析测量的化学成分种类多，组分齐全，精度较高，但是时间分辨率较低。在线分析实现了采样－前处理－分析测量的原位测量，采样测量过程简单，获得的数据时间分辨率高，但是测量化学成分有限，测量精度相对离线方法低。离线与在线方法各有优势，可结合在一起使用，取长补短。实际应用中，应根据监测目的灵活选择适当的分析方法。

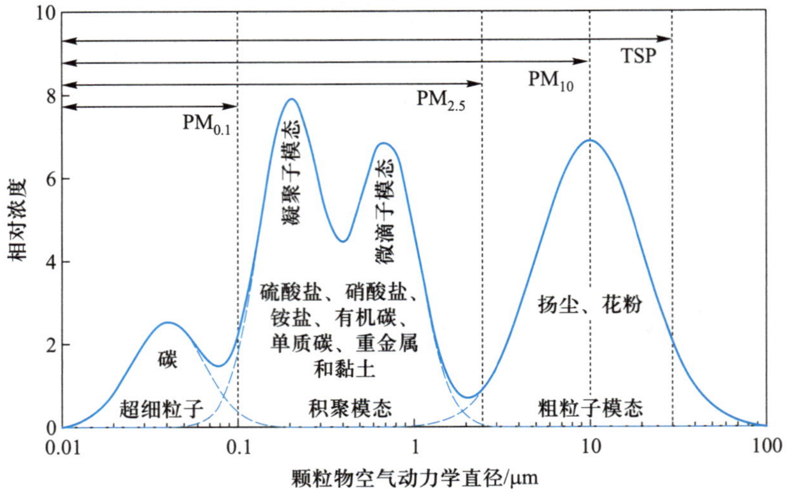

图 5-12 大气颗粒物粒径分布及化学组成

表 5-5 常见颗粒物化学组分测量方法

方法	测量参数	推荐仪器	时间分辨率	行业标准
离线分析	水溶性离子（包括 SO_4^{2-}、NO_3^-、Cl^-、K^+、Ca^{2+}、Na^+、Mg^{2+}、NH_4^+）	Teflon 膜采样 离子色谱（IC）	6~24 h	《环境空气 颗粒物中水溶性阳离子（Li^+、Na^+、NH_4^+、K^+、Ca^{2+}、Mg^{2+}）的测定 离子色谱法》（HJ 800—2016） 《环境空气 颗粒物中水溶性阴离子（F^-、Cl^-、Br^-、NO_2^-、NO_3^-、PO_4^{3-}、SO_3^{2-}、SO_4^{2-}）的测定 离子色谱法》（HJ 799—2016）
	痕量元素（包括 Al、As、Br、Ca、Cr、Cu、Fe、Mn、Ni、Pb、Rb、Se、Si、Sr、Ti、Zn 等）	Teflon 膜采样 ICP-MS XRF 光谱仪 原子荧光光谱仪	6~24 h	《空气和废气 颗粒物中铅等金属元素的测定 电感耦合等离子体质谱法》（HJ 657—2013） 《环境空气 颗粒物中无机元素的测定 波长色散 X 射线荧光光谱法》（HJ 830—2017） 《环境空气和废气 颗粒物中砷、硒、铋、锑的测定 原子荧光法》（HJ 1133—2020）
	总有机碳（TOC）	石英膜采样 总有机碳分析仪	6~24 h	
	有机碳、元素碳	石英膜采样 OC/EC 碳分析仪	6~24 h	

续表

方法	测量参数	推荐仪器	时间分辨率	行业标准
离线分析	水溶性有机物（C2~C10 水溶性有机酸）	Teflon 膜采样离子色谱（IC）	6~24 h	
	有机物成分（包括多环芳烃、正构烷烃、脂肪酸、二元羧酸、藿烷、单糖、固醇等）	石英膜采样气相色谱质谱联用仪（GC-MS）	6~24 h	《环境空气 总烃、甲烷和非甲烷总烃的测定 直接进样－气相色谱法》（HJ 604—2017） 《环境空气和废气 气相和颗粒物中多环芳烃的测定 气相色谱－质谱法》（HJ 646—2013） 《环境空气 多氯联苯的测定 气相色谱－质谱法》（HJ 902—2017） 《环境空气 酞酸酯类的测定 气相色谱－质谱法》（HJ 867—2017）
	类腐殖质 HULIS（包括硝基酚类物质、有机硝酸酯、有机硫酸脂）	石英膜采样静电场轨道阱高分辨率液质联用仪（Orbitrap）	6~24 h	《环境空气 硝基苯类化合物的测定 气相色谱－质谱法》（HJ 739—2015） 《环境空气 挥发性有机物的测定 罐采相/气相色谱－质谱法》（HJ 759—2015）
在线分析	水溶性离子（包括 SO_4^{2-}、NO_3^-、Cl^-、K^+、Ca^{2+}、Na^+、Mg^{2+}、NH_4^+）	GAC-IC	30 min	
		MARGA	1 h	
	非难溶性组分（有机物、SO_4^{2-}、NO_3^-、Cl^-、NH_4^+）	高分辨率飞行时间气溶胶质谱（HR-ToF-AMS）	5 min	
		颗粒物化学组分监测仪（ACSM）	15 min	
	黑炭（BC）	多角度吸收光度计（MAAP）	5 min	
		AE31 型黑炭气溶胶监测仪（AE31）		
	有机碳、元素碳	OC/EC-100 大气碳质组分分析仪	1 h	
	氧化性高和多官能团的有机成分	基于膜采样的气体和气溶胶过滤器进样系统（FIGAERO）的化学电离质谱仪 FIGAERO-CIMS	1 s	

一、水溶性离子组成

水溶性离子是大气颗粒物（$PM_{2.5}$ 和 PM_{10}）的重要化学组成，其中阴离子主要以硫酸盐、硝酸盐、卤素离子的形式存在，而阳离子则以铵盐、碱金属离子和碱土金属离子，以及地壳元素（如硅、铝和铁等）的形式存在。地壳元素主要以氧化物的形式存在，大部分是不溶的。水溶性组分可占大气颗粒物中所有无机组分的 90% 以上。最主要的离子组分是二次水溶性离子，包括硫酸盐（sulfate）、硝酸盐（nitrate）和铵盐（ammonium），三者的英文合称为 SNA。SNA 主要来自气粒转化，气态前体物有二氧化硫、二甲基硫、氨和氮氧化物等。

水溶性组分在大气过程中起着重要的作用：颗粒物中水溶性离子组分具有吸湿性，是云凝结核（CCN）的主要成分，影响云的寿命；在低于水汽饱和蒸气压条件下形成雾滴，雾滴的粒径随着相对湿度的变化而变化，从而影响大气的光学性质进而影响大气能见度，并导致地球–大气系统能量平衡的变化。

（1）硫酸盐（SO_4^{2-}）

非海盐硫酸盐（nss-SO_4^{2-}）是对流层大气气溶胶中普遍存在的组分，在海洋和陆地环境中都能检测到。但在海洋和大陆环境下其气态前体物是不同的，分别来自海洋浮游生物排放的二甲基硫（DMS）和人为排放的二氧化硫（SO_2），二者在大气中经过二次化学转化生成硫酸盐。

硫酸盐的一次排放有工业源，包括硫酸工业和硫酸矿的制造及使用（如石膏）。生物质燃烧和机动车尾气排放也会生成硫酸盐。一次排放产生的硫酸盐只占很少一部分，硫酸盐主要来自 SO_2 的二次转化。

SO_2 的大气氧化途径有很多，主要分为三类，即均相气相氧化、SO_2 和氧化剂进入云、雾水或颗粒物液滴发生液相氧化，以及 SO_2 或氧化后生成的气态硫酸在沙尘颗粒物等表面发生的非均相反应。均相气相氧化中许多氧化剂起着重要作用，·OH 的氧化速率通常高于其他途径几倍甚至上百倍。图 5–12 中，微滴子模态（droplet）下硫酸盐可能来自更小粒子的冷凝和凝结、云中过程及颗粒物的液滴过程；凝聚子模态（condensation）中，硫酸盐主要来自 SO_2 的气相光化学氧化及气 – 粒转化；粗粒子模态硫酸盐的生成可能来自 SO_2 在土壤颗粒表面上的非均相反应。

工业过程、发电、供暖和民用锅炉等燃煤过程和柴油机向大气中排放大量 SO_2。SO_2 在大气中二次转化生成硫酸盐，是大气细颗粒物的重要化学组成。硫酸盐颗粒物较气态 SO_2 引发更严重的环境问题：① 酸雨问题，硫酸和酸式硫酸盐是大气中最主要的强酸，是使降水酸化的主要因素之一，由此可能引起一系列严重的生态问题；② 硫酸和硫酸盐主要分布在亚微米颗粒物中，不易沉降，并可通过呼吸道进入人体肺部，损害人体健康，如著名的伦敦烟雾事件；③ 硫酸盐具有较高的消光系数，是影响大气能见度的重要因素；④ 大气中的硫酸盐颗粒物影响辐射平衡，具有负的辐射强迫，起到抵消温室气体温室效应的致冷作用，对气候变化产生影响。

（2）硝酸盐（NO_3^-）

对气态硝酸及硝酸盐颗粒物的研究远不及硫酸盐颗粒物深入。由于硝酸的易挥发性，大气颗粒物中硝酸盐的形成对温度和相对湿度等影响因素更为敏感，不易把握 NO_3^- 的大气物理化学规律。大气中硝酸盐的一次排放很少，仅在硝酸铵肥料厂附近能够监测到。二次转化有 2 个主要途径：首先，大气中硝酸及硝酸盐是光化学反应的典型产物，氮氧化物的光化学反应生成了气态硝酸，气态硝酸在适当的条件下进入颗粒相；其次，NO_2 被 O_3 氧化生成 $NO_3\cdot$，随后在夜间 $NO_3\cdot$ 与 NO_2 结合生成 N_2O_5，N_2O_5 发生非均相摄取直接进入颗粒相，转化为硝酸盐。

由于 NH_4NO_3 的热力学不稳定性，根据相对湿度（RH）将硝酸盐粒度分布分为三类：① 当 RH 低于 50% 时，硝酸与 $CaCO_3$、K_2CO_3 或 NaCl 反应生成粗粒子模态硝酸盐。② 当 RH 为 50%~70% 时，NH_4NO_3 可部分分解，存在于细粒子和粗粒子中。③ 当 RH 超过 70% 时，NH_4NO_3 存在于细粒子中。硝酸盐除以 NH_4NO_3 的形式存在之外，也会与其他阳离子结合。地壳气溶胶（如 $CaCO_3$）也能与气态硝酸反应生成 $Ca(NO_3)_2$。此外，K^+ 在细粒子中含量丰富，因此细粒子中硝酸盐也可能以 $Ca(NO_3)_2$ 或 KNO_3 的形式存在。HNO_3 与土壤颗粒的反应不仅在粗粒子中重要，在细粒子中也很重要。在沿海环境大气中，硝酸盐一般以硝酸钠的形式存在于粗粒子中，它主要来自气态硝酸和海盐的反应；而在城市大气中，硝酸盐则主要以硝酸铵的形式存在于细粒子中，它是大气中的气态硝酸被氨中和的产物。硝酸和硝酸盐是城市大气中氮氧化物的最终氧化产物，在大气的氮氧化物循环中起着重要作用。同时，硝酸是大气中的强酸，对大气酸沉降也有明显贡献，颗粒物中的硝酸盐在一些地区被认为与大气能见度降低也有一定关系。

（3）铵盐（NH_4^+）

气态氨是大气中唯一的碱性气体，主要来自动植物活动排放、动植物尸体腐烂、土壤微生物排放等天然过程。工业过程也会排放出氨，但是其源强仅约占天然源的十分之一。在城市大气中，气态氨与大气化学过程产生的二次污染物硫酸和硝酸结合成盐，形成硫酸铵和硝酸铵，是大气颗粒物细粒子的重要二次组成。氨还可以与燃煤排放到大气中的气态氯化氢反应生成氯化铵，同样存在于细粒子中。

（4）氯盐（Cl^-）：海盐粒子是大气颗粒物中 Cl^- 的主要贡献者。由于海洋向大气中排放的海盐粒子主要为粗粒子模态，因此，沿海地区的大气颗粒物中的海盐 Cl^- 主要存在于粗粒子中。化石燃料如煤的燃烧也可以向大气中排放氯，但存在于细粒子中，这就使得燃煤取暖地区冬季细粒子中 Cl^- 会富集。

（5）钠盐（Na^+）：Na^+ 是海水中含量最高的阳离子（约为 Mg^{2+} 的 9 倍，Ca^{2+} 和 K^+ 的 450 倍）。沿海地区大气颗粒物中的 Na^+ 几乎都来自海洋排放，并以粗粒子模态存在，化学性质稳定，常被作为海洋源的示踪元素。

（6）钾盐（K^+）：大气颗粒物中的 K^+ 主要以细粒子模态存在，并推断其主要来自生物质燃烧。因此，K^+ 被认为是木材燃烧、森林大火、秸秆燃烧等生物质燃烧的示踪物。为了得到可信的值，需把与土壤有关的 K^+ 除去。Weast（1977）给出沉积岩中 K/Fe 的比例为 0.6。则生物质燃烧产生的 K^+ 可从细粒子 K^+ 中减去与土壤有关的 K^+ 得到，即

$$\text{生物质燃烧产生的 } K^+ = (K - 0.6 \times Fe)$$

（7）钙盐（Ca^{2+}）：大气颗粒物中的 Ca^{2+} 主要来自土壤，是土壤扬尘的标识元素，以粗粒子模态存在。另外，道路扬尘和建筑尘中也含有较多 Ca^{2+}。

（8）镁盐（Mg^{2+}）：大气颗粒物中的 Mg^{2+} 既有海洋源的贡献，又有土壤源的贡献，并且都分布在粗粒子中，含量相对较低。

二、痕量元素组成

颗粒物中痕量元素包括一些地壳元素和微量元素，共七十余种。来自多种天然源和人为源：风沙和火山喷发是最主要的天然源；其人为源则主要是化石燃料、工业过程的高温燃烧，尤其是来自有色金属硫化物的提取过程，如燃煤、燃油、木材燃烧、钢铁厂、锅炉、冶炼厂、沙尘、废物燃烧和刹车磨损等。痕量元素主要来自天然源和人为源的一次排放，其中包含对人体有害的元素，如 Pb、As、Be、Cd、Cr、Zn 等，可以引起短期和长期的疾病问题。

不同源排放的主要元素也不相同，因此元素可作为颗粒物源排放的示踪物。比如 Be、Co、Mo、Sb 和 Se 主要来自燃煤排放，而 As、Cd 和 Cu 主要来自冶炼厂和二次有色金属厂，Mn 和 Cr 主要来自制铁、炼铁和铁合金的工厂。Mn 是合金制作过程中最广泛使用的元素，其次是 Si、Cr 和 P。Mn、Zn 和 Fe 来自铁锰炼制过程。炼钢过程产生的 Cr 蒸气可以氧化物的形式沉积在各种大气颗粒物的表面。已发现 Cr 可以浓缩在燃烧源颗粒物的表面，形成各种含 Cr 颗粒物，从而使源的鉴别变得复杂。水泥工业是大气中 Cr 的另一个潜在来源。大气中 Pb 的来源广泛，其中 50% 以上来自汽油的燃烧。但随着无铅汽油的使用，Pb 的含量急剧减少。其他主要的来源有燃煤、钢铁工业和水泥厂。Pb、Cl 和 Br 主要来自机动车排放。而 Pb 与 Ca 或 P 来自肥料工业或水泥工业。Ni 和 V 来自电厂的燃油过程。天然源对 Ni 和 V 的贡献很低，分别为 14% 和 16%。因此，Ni 和 V 被用作燃油电厂和各类工业燃油源的指示剂。Ti 主要来自颜料喷雾，还有少量来自土壤、沥青工业和燃煤锅炉和电厂。根据这些特征，可以从这些元素在某地区的富集情况来鉴别污染源的类型和分布情况。常见的元素中，Pb、Fe 和 Cu 的浓度水平最高，而 Co、Hg 和 Se 的浓度很低。燃烧过程中产生的元素主要以其氧化物的形式存在，但化学结构有一定的不确定性。

在工业地区，重金属浓度很高，强烈地受工业活动的影响。在乡村和边远地区，重金属浓度很大程度上取决于临近工业和人为源的影响，但比城市地区低得多。因此，颗粒物中痕量元素随污染源的不同，其种类和浓度也不一样，不同地区以及同一地区不同时期，各种元素的排放量也不完全相同。

微量金属的粒径分布随着元素的不同而变化，在不同的地方也会有差别，但基本上都呈双模态分布，最大峰在亚微米，第二个峰在粗粒子，大多数情况下，最大峰是主要的，受到其来源的影响。高温过程（如燃烧过程）产生的颗粒物粒径通常在 1 μm 以下，而来自机械过程的颗粒物粒径通常大于 1 μm，因此一般认为细粒子来自人为源，而粗粒子主要来自天然源。地壳元素如 Si、Fe、Al、Sc、Na、Ca、Mg 和 Ti 等以氧化物的形式存在于粗粒子模态中；Zn、Cd、Ni、Cu、Pb 和 S 等元素大部分存在于细粒子模态中。大气中 Pb 的粒径主要在细粒子模态，而 Mn 和 Fe 主要在大于 1 μm 的粒径范围。Cd、Cu 和 Zn 在两个模态都有发现。

三、含碳组成

（一）有机碳和元素碳

大气颗粒物中含碳组成按测量方法定义为有机碳（organic carbon，OC）和元素碳（elemental carbon，EC）。有机碳指颗粒有机物中的碳元素，而元素碳包括颗粒物中以单质形态存在的碳和少量的高分子量难溶有机物中的碳，两者的单位是 $\mu g(C)/m^3$。化石燃料、生物质燃烧等排放的含碳组成，或不完全燃烧产生的黑炭颗粒物在大气中老化，被有机物包裹(coating)生成的气溶胶,常被称为碳质气溶胶(与土壤尘、道路尘、风扬尘和沙尘等矿质气溶胶对应)。一次排放和大气中二次老化生成的含碳组成常常是相伴相生的,因此,也常将元素碳和有机碳放在一起研究。颗粒有机物除含碳元素外,也包括一些其他元素,如氧、氢和氮等。颗粒有机物总量不能直接测量,常用有机碳浓度乘以一个因子(1.2~2.0)来估算。因子的大小取决于有机物被氧化的程度,或一次有机物与二次有机物的相对比例(POA/SOA)。离污染源较近的环境因子低,区域点或背景点因子高一些。由于碳酸盐含量相对较低且性质稳定,总碳(total carbon)可近似认为是有机碳与元素碳之和。大气颗粒物有机碳与元素碳组分对环境空气质量、大气能见度、全球气候变化和人体健康等方面都有重要的影响,因此对二者的研究是大气化学的一个热点。不同地区有机碳和元素碳的浓度水平及占 $PM_{2.5}$ 质量浓度的比例如表 5-6 所示。

表 5-6 不同地区有机碳和元素碳的浓度水平及占 $PM_{2.5}$ 质量浓度的比例

采样点	采样时间	OC		EC		参考文献
		μg(C)/m³	%	μg(C)/m³	%	
城市点						
长春	2013—2014 年	36.39	28.09	6.18	4.77	Kin-Fai Ho 等,2021
北京		18.81	21.15	3.87	4.35	
天津		32.47	18.54	9.10	5.20	
太原		33.14	21.39	10.45	6.75	
哈尔滨		41.9	26.56	10.85	6.88	
西宁		31.23	18.26	7.33	4.29	
石家庄	2009—2010 年	26.5	13.9	9.8	5.1	Zhao 等,2013
成都		19.0	20.6	7.4	8.0	
横滨(日本)	2007—2008 年	3.8	18.4	1.9	9.2	Khan 等,2010
雅典(希腊)	2010 年	2.4	12.0	1.0	5.0	Remoundaki 等,2013
彭萨科拉(美国)	2001—2005 年	2.7	19.9	0.8	5.9	Chen 等,2012
郊区点						
宁波	2012—2013 年	7.0	16.5	1.8	4.2	Li 等,2017
上海	2011—2012 年	10.7	15.6	2.0	2.9	Zhao 等,2015
厦门	2009—2010 年	15.3	17.7	3.0	3.5	Zhang 等,2012
乡村点						
春川(韩国)	2005—2009 年	5.6	18.1	1.9	6.1	Han 等,2011
亚特兰大(美国)	2001—2005 年	2.8	19.6	0.6	4.2	Chen 等,2012
广州	2012—2013 年	6.1	13.8	0.8	1.8	Lai 等,2016
背景点						
上甸子	2009—2010 年	10.8	15.0	3.9	5.4	Zhao 等,2013

Jimenez 在综合了气溶胶质谱（AMS）在北半球多个点位测量的亚微米颗粒物化学组成结果后发现：城市地区有机物占比为 40%~70%；城市下风向地区有机物占比为 60%~70%；偏僻地区有机物占比为 20%~60%。北京大学团队在京津冀地区、长江三角洲地区、珠江三角洲地区和四川盆地等全国 17 个点位的 $PM_{2.5}$ 观测结果显示，中国 $PM_{2.5}$ 中有机物和二次无机成分占主导，其中碳质组分占比约为 30%，OC/EC 值为 2.74~7.46。元素碳和有机碳两者在颗粒物质量浓度中的占比存在着明显的时空变化，与监测点大气污染物排放量、地理位置和气象条件等都存在着密切关系。

（二）颗粒有机物

大气颗粒物中的有机物，也被称为颗粒有机物（particulate organic matter，POM），主要存在于细颗粒物中。无论在污染地区还是在偏远的背景地区，有机颗粒物都是由数千种有机物组成的混合物，按其来源可分为两类：① 直接排放到大气中的一次有机气溶胶，如燃烧过程、植物碎屑等排放的有机气溶胶；② 人为源和生物源排放的挥发性有机物在大气中发生氧化、硝化、缩聚等一系列反应形成低挥发性物质并进入颗粒相的二次有机气溶胶。一次有机气溶胶的化学组成包括脂肪酸、脂肪醇、长链烃、多环芳烃、固烷、藿烷等。二次有机气溶胶的化学组成是异戊二烯、萜烯、苯系物等挥发性有机物经过二次转化形成的多官能团氧化态有机物，包括蒎酸、甲基丙烯醛、环氧二醇、芳香族多元羧酸、硝基酚、含氮杂环化合物等。

由于多环芳烃（polycyclic aromatic hydrocarbons，PAHs）具有显著的毒性，因此以往大气颗粒有机物的研究工作大部分集中在 PAHs 上，人们对 PAHs 的了解要远远多于其他有机物。PAHs 不仅具有冬高夏低的季节变化规律，还具有明显的日变化规律。在大城市早晨和下午交通高峰期间 PAHs 浓度出现高值，而白天由于混合层高度上升，PAHs 浓度开始下降。苯并［*a*］芘（B*a*P）被认为是 PAHs 中毒性最强的化合物。由于全球大气循环，在南极的雪和冰中也都检测到了 B*a*P。

颗粒有机物的化学组成繁多，对污染源有很好的示踪作用。颗粒有机物对人体健康、能见度和全球气候变化都有重要影响。这些效应取决于它们自身的物理和化学性质，如粒径、水溶性和折射率等，以及来源、转化和传输过程。与颗粒物中的无机组分相比，人们对颗粒有机物的化学组成、浓度水平和形成机制的认识仍十分有限，主要是因为颗粒有机物由上千种有机物组成，化学性质和热力学性质差异很大，这给相关研究带来很大困难。另外，半挥发性化合物的存在使得颗粒有机物的采集变得困难，对颗粒有机物的定量测量还很有限。

到目前为止，已经从颗粒有机物中鉴别出了几百种有机物，但是这些有机物总和仅占颗粒有机物质量浓度的 10%~40%。Rogge 等（1993）在加利福尼亚州的研究中得到的细粒子化学组分质量平衡中，有机物约占 $PM_{2.5}$ 的 15%，而检测出的八十多种有机物约占总有机物的 13%，只占细粒子质量的 2% 左右。徐楠等在北京冬季的研究发现，有机物约占 $PM_{2.5}$ 的 50%，而检测出的 129 种有机物仅占总有机物的 10% 以内（图 5-13）。未鉴别出的部分包括腐殖酸、高分子量化合物、高极性化合物和不能分辨的环烷烃和支链烷烃混合物（UCM）。

颗粒物中 SOA 的化学组成和来源较为复杂，通常是多官能团的氧化态有机物。其前体物包括生物源挥发性有机物和人为源挥发性有机物。

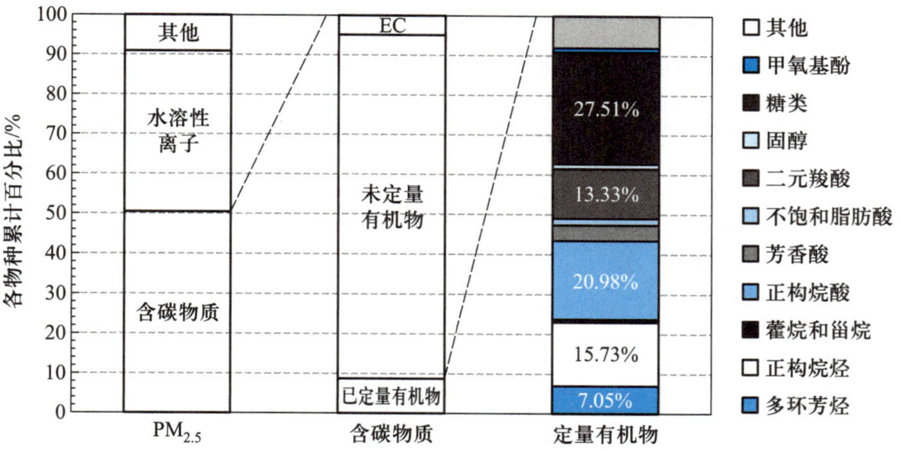

图 5-13　定量有机物主要类别的占比

（资料来源：徐楠等，2021）

生物源 VOCs 包括植物大量排放的异戊二烯、单萜烯、倍半萜烯等。异戊二烯在大气中可通过光氧化或液相氧化生成 SOA，图 5-14 为部分以异戊二烯为前体物的 SOA 结构，通过大气氧化形成了羟基、羧基、硝酸酯键、硫酸酯键等氧化程度较高的官能团，包括 2- 甲基丁四醇、2- 甲基丁四醇 -4- 硫酸酯等以异戊二烯骨架为基础的颗粒有机物。

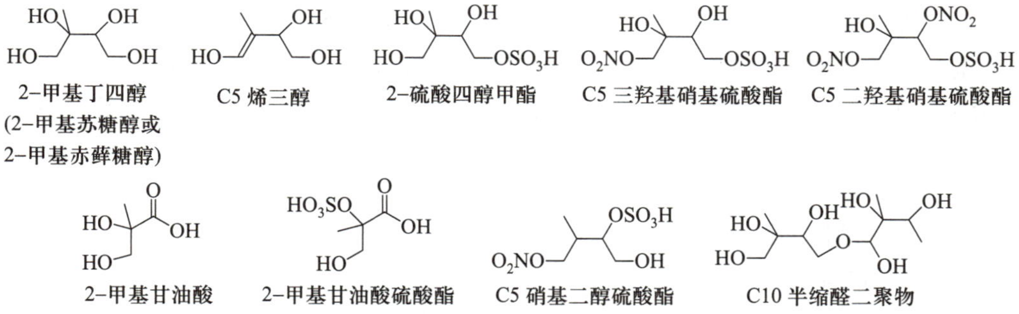

图 5-14　部分以异戊二烯为前体物的 SOA 结构

（资料来源：Carlton 等，2009）

植物排放的萜烯因具有较大的碳链骨架和较多的碳碳双键结构，可以与臭氧、NO_3· 、·OH 等自由基反应。蒎酮醛（顺 -3- 乙酰基 -2，2- 二甲基 - 环丁基乙醛）是 α- 蒎烯氧化的主要产物之一，产率可达 0.3~0.6，此外还包括蒎酮酸（顺 -3- 乙酰基 -2，2- 二甲基 - 环丁基乙酸）、降蒎酮酸（顺 -3- 乙酰基 -2，2- 二甲基 - 环丁基甲酸）、蒎酸（顺 -3- 羰基 -2，2- 二甲基 - 环丁基乙酸）、降蒎酸（顺 -3- 羰基 -2，2- 二甲基 - 环丁基甲酸）等，具体结构如图 5-15 所示，其中的羧酸氧化程度较高，在大气中更加稳定，可用作生物源 SOA 的示踪物。

人为源 VOCs 中最重要的是芳香族化合物，如苯、甲苯、二甲苯、乙苯等。这类前体物不仅能通过氧化和硝化反应在苯环上添加取代基，形成硝基芳香化合物（nitroaromatic compounds，NACs），还可以进一步氧化得到开环产物，如甲苯可开环得到羰基丁香酸、二羰基戊烯酸、甲基–羰基–乙烯二酸等。其中 NACs 在近紫外和可见光波段具有较强的光吸收能力，是气溶胶对辐射强迫影响的重要体现，是较为重要的一类 SOA。

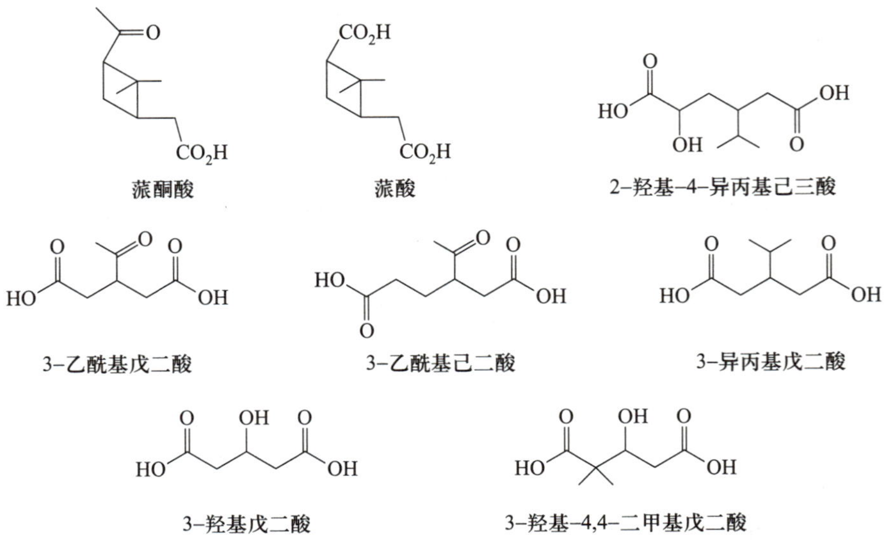

图 5–15　以 α– 蒎烯为前体物生成的 SOA 主要组成的结构
（资料来源：郭松，2011）

SOA 生成过程受到许多因素影响，太阳辐射是影响 SOA 光化学生成的决定性因素之一。气态污染物也对 SOA 的生成途径产生影响，在城市地区的污染大气中往往存在较高的 NO_x，会影响 VOCs 的氧化过程，生成有机硝酸酯，但该类产物在大气中通常不够稳定，可能会发生分解反应，或与其他物质进一步反应。高相对湿度条件下可能会为 VOCs 提供液相反应的途径，如 α– 二羰基化合物与铵盐 / 胺在水相发生缩聚反应，形成含氮杂环化合物，该反应途径还受到酸度的影响。

（三）水溶性有机物

颗粒有机物又可分为水溶性有机物（water soluble organic compound，WSOC）和非水溶性有机物（图 5–16）。WSOC 是有机气溶胶的重要组成部分，对大气颗粒物的环境和气候效应有着十分重要的贡献。部分 WSOC 在近紫外和可见光波段有较强的吸光能力，能对辐射强迫产生直接的影响。同时，由于有较强的水溶性和表面活性，WSOC 能作为云凝结核（cloud condensation nuclei，CCN）影响云的形成，从而间接影响全球气候变化。此外，通过改变气溶胶的吸湿性，WSOC 还可以显著降低大气能见度。WSOC 还可能广泛地参与含水气溶胶和云中复杂甚至未知的液相化学，在大气化学循环转化中起重要作用。

WSOC 是一个基于操作的定义，即大气颗粒物中能用水作为溶剂提取出来的有机物，一般占有机物的 10%~70%。乔保清等（2020）总结了世界各地不同地区大气颗粒物中 WSOC/OC 值和 WSOC 浓度分布。研究表明背景地区 WSOC 浓度可相当于或高于无机离子组分。从季节变化来看，WSOC 浓度基本呈现秋、冬季高于春、夏季的季节变化趋势。但是，WSOC/OC 值呈现与 WSOC 质量浓度相反的变化趋势。背景地区 WSOC/OC 值高于城区和郊区。此外，夏季的 WSOC/OC 值一般高于冬季。

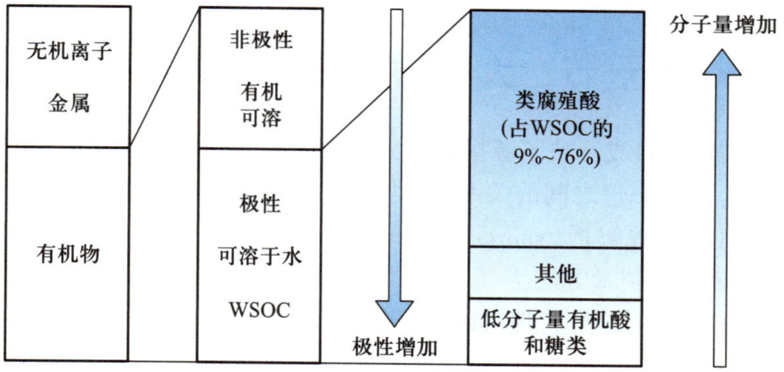

图 5-16 颗粒有机物按极性和水溶性分类

WSOC 的化学组成对了解颗粒物的来源、人体健康影响、干湿沉降及调节全球辐射平衡的作用具有重要意义，然而 WSOC 的测定并不广泛。WSOC 组成十分复杂，从分子水平上经常被测定出来的成分只有低分子量的一元羧酸和二元羧酸、酮酸、醛酸、醇类、醛类、多羟基化合物等。其组分组成中多数含有一些强氧化基团，并且大部分组分含有两种以上官能团，如—COOH、—COH、—CO、—COC—、$—CNO_2$、$—CONO_2$、—CNH 等，其中羧酸类（包括一元和二元羧酸、酮酸等）是 WSOC 中最主要的一类有机物。WSOC 中研究最多的就是低分子量二元羧酸。二元羧酸具有高水溶性，有能力改变大气颗粒物的吸湿性，进而改变颗粒物尺寸、酸性、吸湿性和云凝结核活性。这些二元酸既可以通过化石燃料和生物质燃烧直接排入大气，也可以在大气中通过人为源或天然源产生有机物的二次光化学氧化生成。

WSOC 还可以依据其分子量和极性进一步分为小分子极性化合物（如硝基酚、醛酮、酮酸和二元酸等）及大分子化合物。受分析方法、仪器和标样的限制，低分子量 WSOC 研究较多，这类成分只占 WSOC 的 15% 左右，WSOC 中很大一部分由高分子量的化合物组成，其性质与腐殖质相似，被称为类腐殖酸（humic-like substances，HULIS）。HULIS 是大气颗粒物中未被完全识别的一类重要有机组分，是 WSOC 的重要组成部分，可占到 9%~76%。大气 HULIS 的组成极其复杂，难以对其所有成分进行分离和测定，对类腐殖酸化学组成和性质等的认识还很有限。通常是基于具体的提取或分离方法的操作来定义 HULIS 的量，主要提取方法包括：固相萃取法、离子交换色谱法、液相色谱法和空间排阻色谱法，其中，固相萃取法是较为广泛采用的方法。已有的研究表明 HULIS 可影响活性氧（reactive oxygen species，ROS）的生成，对人体健康造成不利影响。HULIS 由于具有重要的直接或间接气候效应，以及近年来被关注的人体健康影响，成为科学研究的一类重要物质；同时，由于其组成的复杂性，HULIS 也成为研究的难点。

外场观测和实验室研究表明，大气 HULIS 最主要的来源既包括土壤 / 海洋或生物质燃烧的一次排放，也包括挥发性有机物等前体物在大气中的二次转化生成。生物质燃烧过程中 HULIS 的生成机制可能包括：生物质燃料或最初挥发性燃烧产物的转化及烟羽冷却过程中低分子量燃烧产物的聚合反应。二次来源则主要是异戊二烯、蒎烯等生物源 VOCs 在酸性条件下的氧化反应。

第五节 大气颗粒物的来源解析

大气颗粒物的化学组成反映了源排放和大气中二次生成的信息。基于大气颗粒物化学组成构建污染源与空气质量之间的关系，即“源－受体”关系，是大气污染防控和空气质量改善的关键。大气污染源解析（source apportionment）技术是定性识别和定量分析大气污染来源、计算源贡献率的技术方法。

利用大气环境的监测技术，人们可以获得各类污染源排放和环境大气颗粒物化学组成数据，包括颗粒物的质量浓度、离子组成、元素成分、EC/OC 和有机成分等，并采用多元统计分析方法，结合当时当地的气象条件、经济结构特点和污染源的调查结果进行综合分析，对当地污染状况、污染程度、污染来源的类型和贡献做出科学的判断。最早的数理统计方法，包括相对浓度法、富集因子法和相关分析法等，仅能对颗粒物的来源进行简单识别而不能精准定量。随着观测手段的进步和解析技术的发展，逐渐形成了化学质量平衡模型、多元统计分析（如因子分析、正矩阵因子分析等）等较为复杂的数学统计方法，用于识别和定量颗粒物的来源。

针对国家空气质量标准中的大气颗粒物指标（$PM_{2.5}$ 和 PM_{10}）的来源解析研究很多，方法相对成熟，生态环境部颁布了相应的技术指南。颗粒有机物中的许多成分具有良好的源示踪特点，由于颗粒有机物的成分繁多、成因复杂、测量难度大，其来源解析是大气环境化学的一个难点。本节介绍了多种大气颗粒物来源解析的定性、定量技术方法，也总结了颗粒有机物信息在来源解析中的应用。

一、大气颗粒物来源解析方法

对大气污染来源的研究始于构建污染源排放清单和以排放清单为基础的化学传输模型（源模型）；20 世纪 70 年代将着眼点由排放源转移到受体，开始了受体模型的研究，即基于观测的来源解析。源解析技术的两大主流方向是：① 从源出发基于化学传输模型的源解析技术；② 从环境大气出发基于受体模型的源解析技术。其中基于各种化学传输模型的技术广泛应用于一次及二次的气态污染物和颗粒物的来源解析；受体模型技术主要用于大气颗粒物来源解析。这两种解析技术方法各有优点和不足，相互补充，不能相互替代。大气颗粒物源解析技术的发展趋势是采用多种技术方法进行相互验证，或进行不同方法的综合集成，如动态化源排放清单、空气质量模型和受体模型的综合集成应用。

源排放清单是基于对各污染源的详细调查，根据各源的活动水平和排放因子，构建污染源的排放数据库，据此分析各类源对总排放量和空气质量的相对贡献，以识别实现空气质量目标需要管控的重点污染源。源排放清单是支撑空气质量改善的基础信息，目前应用十分广泛。不同大气成分的源排放清单存在一定的不确定性，主要从以下方面进行评估：① 清单编制过程是否存在源类缺失；② 活动水平及排放因子信息的准确度及完整性如何；③ 源排放信息是否及时更新等。

扩散模型根据源排放清单、天气气象条件和大气化学机制模拟污染物的生成、传输和沉降等过程，估算污染源对颗粒物质量浓度的贡献，可具体到估算每一个排放源的贡献情况，对城市大气污染防控综合规划具有重要意义。扩散模型的空气质量预测预报结果在很大程度上依赖源排放清单的准确性，一些源类如无组织排放源、天然源和二次来源等的不确定性较大，扩散模型需要进一步提升精准化水平，并与其他技术方法的结果进行比较和相互验证，以拓展其在源解析中的应用。

受体模型是一种基于观测的源解析技术方法，通过分析受体点大气颗粒物化学成分和物理特性来推断污染物来源，估算各类污染源的贡献率。受体模型经过了近 50 年的发展，逐渐形成了富集因子、化学质量平衡模型、因子分析、正矩阵因子分析等用于识别和解析颗粒物来源的方法。但受体模型亦存在以下难点：① 建立不同地区排放源化学成分谱库不仅工作量大，而且技术难度高；② 有些污染源的化学成分谱接近，产生共线性问题，影响计算结果的准确性；③ 受体点观测数据的时间和空间代表性问题等。

本节重点介绍大气颗粒物源解析的各种定性、定量受体模型方法。

二、受体模型解析大气颗粒物来源和贡献

（一）相对浓度法

为了判断污染的相对程度，消除大气颗粒物总量变化的影响，通常采用监测浓度相对于某一参考标准物浓度的比值来衡量，即用相对浓度来衡量。如果相对浓度值比 1 大得多，则认为污染严重；反之，如果相对浓度值比 1 小得多，则认为是比较清洁的。

参考标准物浓度应该是该物质在大气中的自然本底浓度（或背景浓度）。由于很难获得没有受到人类活动影响的自然本底浓度，一般选择相对清洁地区或时段的浓度来替代。

常用的参考标准浓度确定的方法有两种：

（1）采用某化学成分 R 在大气颗粒物中的平均浓度作为参考标准浓度。

定义 X_{iR} 为

$$X_{iR}=\frac{X_i}{X_R}$$

式中：X_i——大气颗粒物中化学成分 i 的平均浓度；

X_R——大气颗粒物中参考标准成分 R 的平均浓度；

X_{iR}——化学成分 i 的相对浓度。

许多文献中选用 Fe 或 Si 作为参考标准成分 R。

（2）采用同一化学成分的浓度监测值与浓度几何平均值相比的方法。

基于大气污染物的浓度多数符合对数正态分布。定义 X_{ir} 为

$$X_{ir}=\frac{X_i}{\overline{X}_G}$$

式中：$\overline{X}_G$——大气颗粒物中化学成分 i 的几何平均浓度值。

相对浓度的方法是将监测数据进行标准化处理，相对浓度稳定就意味着污染源的变化不大（至少在采样期间）。但是这种方法是一种定性的研究方法，不能鉴别具体污染源的类型，更不能估计不同污染源的贡献大小。而且采样时的条件不同、距离污染源的远近不同等因素对处理结果都有很大的影响。

（二）富集因子法

为了鉴别污染源的类型，消除采样过程中各种可变因素（如气象条件）及距离污染源远近的影响，可采用简便的双重归一化的处理方法——富集因子法（enrichment factor，EF）。

富集因子法是戈登(Gorden)于1974年首先提出来的。用于研究大气颗粒物中元素的富集程度,判断和评价大气颗粒物中元素的自然来源和人为来源。其优点是能消除采样过程中各种不确定因素的影响。比用相对浓度来解释源的性质更为确切可靠。同样富集因子法也只能做出定性的判断,不能给出不同污染源相对贡献的定量结果。

选择一种相对稳定的元素 R 作参比元素,计算大气颗粒物中待考察元素 i 与参比元素 R 的相对浓度 $(X_i/X_R)_{颗粒物}$ 和地壳中相对应元素 i 与 R 的相对浓度 $(X_i'/X_R')_{地壳}$,按下式求得富集因子 $(\mathrm{EF})_{地壳}$:

$$(\mathrm{EF})_{地壳}=\frac{(X_i/X_R)_{颗粒物}}{(X_i'/X_R')_{地壳}}$$

式中:X_i' 和 X_R'——元素 i 和 R 的地壳丰度,多取自 B. 梅森(Mason)1966年的数据,或采用 K. H. 韦德波尔(Wedepohl)和泰勒(Taylor)1964年的数据。

参比元素通常选择地壳中普遍大量存在的、人为污染源很少、化学稳定性好和挥发性较低的元素。国际上多选用 Fe、Al 或 Si 为参比元素。研究海洋大气颗粒物时,常选用 Na 作为参比元素,也可以选用 Sc 作为参比元素。尽管 Sc 的地壳丰度很小,但其人为污染源较少,而且化学稳定性好,挥发性较低,与 Fe、Al 之间有很强的相关性。Sc 可用中子活化法精确分析,因此用中子活化法分析各种元素的含量时,选用 Sc 更为适宜。

考虑到元素来源的多样性(其中包括天然排放和特殊排放),在识别人为排放源的可能性时,也常采用以地表土壤物质相对浓度为基准的富集因子 $(\mathrm{EF})_{土壤}$:

$$(\mathrm{EF})_{土壤}=\frac{(X_i/X_R)_{颗粒物}}{(X_i/X_R)_{土壤}}$$

当颗粒物中某元素相对于地壳的富集因子较大时,表明该元素有了适当的富集,如果同时它们相对于地表土的富集因子较小,则表明当地地表土本身对这个元素已经有了富集。为了进一步查明地表土与地壳之间的差别,探究地表土是否有富集,还可以再计算地表土相对于地壳物质的富集因子 $(X_i/X_R)_{土壤}/(X_i'/X_R')_{地壳}$。

Lautzy 等人提出,如果某种元素的富集因子小于10,则认为地壳(地表土)来源没有富集,主要是由土壤或岩石风化的扬尘进入大气中造成的;如果富集因子增大到 $10\sim10^4$,则可认为该元素被富集了,它不仅有地壳物质的贡献,而且可能与人类活动有关。这时要结合污染源的调查,进一步计算某种可能的人为源,如汽车尾气的 $(\mathrm{EF})_{汽车}$ 及煤燃烧的 $(\mathrm{EF})_{煤}$ 等,当所求得的相应 $(\mathrm{EF})_{汽车}$ 及 $(\mathrm{EF})_{煤}$ 接近1时,就证明该元素的主要来源是相应的污染源。此外,还应将相应的浓度与清洁地区浓度进行比较,最好能按粗粒子和细粒子的范围分别进行比较,以便从不同角度来判断污染水平和来源。

城市大气颗粒物中有些元素的富集原因是很容易理解的:Pb 和 Br 主要来自汽油,Na 则主要来自海洋气溶胶,Cl 可来自海洋,也可来自陆地,V 主要来自石油残渣。还有一些微量元素,如 Zn、Se、Sb 和 Cd 的来源主要是煤及其他废物的燃烧及飞灰等。对于非城市环境大气颗粒物中某些元素的富集则可能是由于煤燃烧出现的选择性富集,也可能是自然过程造成的(如火山作用)。这种情况下单从富集因子本身是无法分辨清楚的。

(三)相关分析法

通过相关分析,可以考察颗粒物的物理性质(如颗粒大小、光散射系数等)、气象条件

（如温度、相对湿度和风向等）与化学组成之间变化的内在规律性；元素浓度之间的相关分析对推断污染物类型与来源有帮助。有研究发现，日本测到的 Al、Sc、Ti、La、Sm 和 Th 的浓度两两之间的线性相关系数均为 0.75 ~ 1.95。这些元素的大部分在安德森采样器的 $D_p>1.5$ μm 范围，而 $D_p \leq 1.5$ μm 的粒子不到 20%，它们的来源主要是土壤扬尘；Ca、Rb 和 Cs 的浓度两两之间的线性相关系数均为 0.77 ~ 0.92，这些元素都和水泥工业中使用石灰石密切相关。而 V 和 Ni 之间的线性相关系数为 0.81，则与石油的燃烧有关。总之，颗粒物化学组成之间的线性相关关系，在一定程度上反映了它们的共同来源，或来自同一种化合物的组成。有些元素虽然从 $(EF)_{地壳}$ 或 $(EF)_{土壤}$ 的计算值来分析都有一定的富集，但它们之间的相关性却很差，这种现象是由于元素来源类型的差异较大：如 Ni 和 Cl 的 $(EF)_{土壤}$ 分别是 20 和 350，而它们的线性相关系数仅为 0.29；S 和 Ti 也有类似的情况，它们的线性相关系数只有 0.36，可它们的 $(EF)_{土壤}$ 却分别为 480 和 0.64。由此可见，将相关分析方法与富集因子法结合起来运用，对判断污染物的来源及污染类型会有很大的帮助。

（四）因子分析法

因子分析法（factor analysis，FA）也是多元素统计分析方法的一种，属于受体模型。布利福德（Blifford）等人最早采用因子分析法分析了美国三十个城市的颗粒物来源，识别出汽车排放、燃料燃烧和工业污染等七个污染源，并对其中四个污染源做了较为细致的解释。

因子分析法把许多相关的因子经过处理和简化，结果减少了因子个数。集中化简后，由少数几个独立的因子尽可能多地综合反映出原有因子的信息。因子分析法的主要优点是：① 不需要事先设想污染源的结构和数目。这样一来，它就有可能处理二次颗粒物；② 不需要有来自同一来源的所有化学组分在到达采样点之前一直保持等同相关的假设。因子分析法中不仅包括浓度参数，还可以包括非浓度参数，如粒径、气象条件（相对湿度、温度、风向和混合层高度等）及散射系数等。

因子分析法分为两种类型：R 型因子分析和 Q 型因子分析。前者研究变量之间的相关关系，从变量的相关系数矩阵出发，找出对所有变量起控制作用的主要因子，因此 R 型因子分析又称为主因子分析。后者研究样品之间的相关关系，从样品的相似矩阵出发，找出对所有样品之间起控制作用的主要因素，因此 Q 型因子分析又称为主因素分析。这两种类型的因子分析虽然是从两种不同的原始数据出发，但是其运算过程却是相同的，可以根据研究目的和要求的不同，选用不同的方法。

因子分析法的基本假设是：从源到采样点之间，污染物在途中保持质量守恒。这是一般受体模型的共同要求。污染物中第 i 种化学成分是由 k 个污染源贡献的线性组合，这 k 个污染源之间是互不相关的，这是因子分析法的基础。由各个污染源贡献的某化学成分的量（称为因子载荷 a_{ij}）应有足够的差别，而且它在采样和分析期间变化不大。

在上述基本假定的基础上，我们举例说明因子分析法中数学模型的物理意义。设大气颗粒物中，Pb 的总量是由 m 个污染源贡献的，这些污染源可以包括汽车排放、垃圾焚烧和发电厂排放等，于是即可写出：

$$X_T(\mathrm{Pb})=C_1(\mathrm{Pb})+C_2(\mathrm{Pb})+C_3(\mathrm{Pb})+\cdots+C_m(\mathrm{Pb})$$

式中：$X_T(\mathrm{Pb})$ ——监测到的单位体积气体中颗粒物 Pb 的量，μg/m^3；

C_1(Pb)——来自第一个污染源的单位体积气体中颗粒物 Pb 的量,μg/m³;

C_2(Pb)——来自第二个污染源的单位体积气体中颗粒物 Pb 的量,μg/m³;

C_m(Pb)——来自第 m 个污染源的单位体积气体中颗粒物 Pb 的量,μg/m³。

第 m 个污染源对 Pb 的贡献 C_m(Pb)又可以看成是两部分的乘积:其中一部分是第 m 个污染源排放的单位质量颗粒物中所含 Pb 的量(μg/mg),记为 a_m(Pb);另一部分是第 m 个污染源所排放的单位体积气体中含有的颗粒物的量(mg/m³),记为 f_m。于是 C_m(Pb)可表示为

$$C_m(\text{Pb})=a_m(\text{Pb})\times f_m$$

由此可写出因子分析的数学模型如下:

$$X_{ij}=\sum_{k=1}^{m}a_{ik}f_{kj}+d_iu_i \tag{5-17}$$

式中:a_{ik}——第 k 个污染源排放物中第 i 种化学成分的含量,μg/mg,称为因子载荷;

f_{kj}——第 k 个污染源对第 j 个样品所贡献的质量浓度,mg/m³,它对所有的元素(变量)都有贡献,称为公共因子;

u_i——仅对第 i 种化学成分有贡献的特殊源的排放量(mg/m³),称为唯一因子;

d_i——唯一因子系数;

m——公因子数。

因子分析的目的就是从实测数据(作为变量)X_{ij} 出发,根据它们之间的相关关系,从全部变量数据中综合、归纳出最少数目的公因子,计算出因子模型中的各个因子载荷。

在因子分析法广泛应用的基础上,20 世纪 70 年代又提出了目标变换因子分析(target transformation factor analysis,TTFA)法。这里首先针对大气颗粒物研究中常用的主因子分析(principal factor analysis,PFA)的原理、步骤和应用实例做简要地介绍,并将它与目标变换因子分析法进行比较。

1. 主因子分析

主因子分析的一般数学模型,如式(5-18)所示。需要解决的问题是如何根据已知的数据确定各个因子 f_m 及其载荷。

数据标准化

为了消除变量间在数量级或量纲上的不同,在因子分析之前要对原始数据进行预处理,即数据标准化,使各类数据处于同等的地位。

第 i 个变量 X_{ij} 的标准化公式为

$$Z_{ij}=\frac{X_{ij}-\bar{X}_i}{\sigma_i}(j=1,2,\cdots,N) \tag{5-18}$$

式中:$\bar{X}_i$——第 i 个变量的平均值;

σ_i——标准偏差;

Z_{ij}——标准化变量。

经过标准化后的变量,满足其平均值为零,标准偏差为 1 的条件,此时(5-18)式可表示为

$$Z_{ij}=\sum_{k=1}^{m}a_{ik}f_{kj}+d_iu_i \tag{5-19}$$

$$(k=1,2,\cdots,m;i=1,2,\cdots,n;j=1,2,\cdots,N)$$

写成矩阵形式为

$$[Z]=[A][F]+[D][U] \tag{5-20}$$

其中

$$[Z]=\begin{bmatrix} Z_{11} & Z_{12} & \cdots & Z_{1N} \\ Z_{21} & Z_{22} & \cdots & Z_{2N} \\ \vdots & \vdots & & \vdots \\ Z_{n1} & Z_{n2} & \cdots & Z_{nN} \end{bmatrix} \quad [F]=\begin{bmatrix} f_{11} & f_{12} & \cdots & f_{1N} \\ f_{21} & f_{22} & \cdots & f_{2N} \\ \vdots & \vdots & & \vdots \\ f_{m1} & f_{m2} & \cdots & f_{mN} \end{bmatrix}$$

$$[A]=\begin{bmatrix} a_{11} & a_{12} & \cdots & a_{1m} \\ a_{21} & a_{22} & \cdots & a_{2m} \\ \vdots & \vdots & & \vdots \\ a_{n1} & a_{n2} & \cdots & a_{nm} \end{bmatrix} \quad [U]=\begin{bmatrix} u_{11} & u_{12} & \cdots & u_{1N} \\ u_{21} & u_{22} & \cdots & u_{2N} \\ \vdots & \vdots & & \vdots \\ u_{n1} & u_{n2} & \cdots & u_{nN} \end{bmatrix}$$

$$[D]=\begin{bmatrix} d_1 & & & & & \\ & d_2 & & & & \\ & & \cdot & & & \\ & & & \cdot & & \\ & & & & \cdot & \\ & & & & & d_n \end{bmatrix}$$

式中:$[Z]$——数据矩阵;

$[F]$——因子矩阵;

$[A]$——因子载荷矩阵;

$[U]$——唯一因子矩阵;

$[D]$——唯一因子载荷矩阵。

如前所述,因子分析法正是从变量之间的相关关系出发求解公因子及因子载荷。因此首先要找出变量相关关系与公因子和因子载荷之间的关系。

变量相关关系和公因子方差

通常用相关系数 r 来表示变量之间的相关关系。对于任何两个变量 Z_{pi} 和 Z_{qi} 之间的相关定义为

$$r_{pq}=\sum_{i=1}^{n}\frac{z_{pi}z_{qi}}{N} \tag{5-21}$$

n 个变量两两之间的相关系数构成了$[R]$方阵:

$$[R]=\begin{bmatrix} r_{11} & r_{12} & \cdots & r_{1n} \\ r_{21} & r_{22} & \cdots & r_{2n} \\ \vdots & \vdots & & \vdots \\ r_{n1} & r_{n2} & \cdots & r_{nn} \end{bmatrix}=\begin{bmatrix} 1 & r_{12} & \cdots & r_{1n} \\ r_{21} & 1 & \cdots & r_{2n} \\ \vdots & \vdots & & \vdots \\ r_{n1} & r_{n2} & \cdots & 1 \end{bmatrix}$$

$[R]$称为相关系数矩阵。数据矩阵$[Z]$和相关系数矩阵$[R]$的关系为

$$[R]=[Z][Z]' \tag{5-22}$$

式中：[Z]′——矩阵[Z]的转置矩阵。

将式（5-20）代入上式，同时考虑了 f_{ki} 和 u_{ij} 的正交性，于是得到

$$[R]=[A][A]'+[D][D]' \tag{5-23}$$

式中：[A]′和[D]′——因子载荷矩阵[A]和唯一因子载荷矩阵[D]的转置矩阵

令

$$[R^*]=[R]-[D][D]' \tag{5-24}$$

则

$$[R^*]=[A][A]' \tag{5-25}$$

式中：[R^*]——约相关矩阵。

式（5-26）表示由 n 个变量之间的相关关系转化为 n 个变量之间的约相关关系与 m 个因子载荷 a_{ik} 之间的关系。已知公因子系数，即因子载荷 a_{ik} 的平方和等于公因子方差 h_i^2：

$$h_i^2=a_{i1}^2+a_{i2}^2+\cdots+a_{im}^2 \tag{5-26}$$

公因子方差 h_i^2 是全部公因子对变量 X_i 总方差的贡献；而变量总方差除了公因子的贡献之外，还有特定变量本身产生的方差。这部分方差是唯一因子对变量方差的贡献，称为唯一因子方差 d_i^2。对于已标准化的数据，变量总方差等于 1，因此有下式成立：

$$h_i^2+d_i^2=1 \quad h_i^2=1-d_i^2 \tag{5-27}$$

由式（5-24）、式（5-26）和式（5-27）可知，[R^*]与[R]的区别仅仅在于，[R]矩阵的主对角线元素均为 1，而[R^*]矩阵的主对角线元素则是由各个变量的公因子方差 h_i^2 组成的，两个矩阵的其他元素都是相同的。

有关 h_i^2 的精确计算比较困难，因此采用近似方法进行计算。主要的近似方法有迭代法、复相关系数法（SMC）等。对 h_i^2 值进行计算后，就可以通过[R^*]矩阵求解[A]矩阵了。

主因子解

如果式（5-25）成立，令[Q]是任意一个 $k\times k$ 阶的正交矩阵，那么就有：

$$([A]\cdot[Q])([A]\cdot[Q])'=[A][Q][Q]'[A]'=[R^*] \tag{5-28}$$

因此，[A]·[Q]也就是式（5-25）的解。由于[Q]的任意性，式（5-25）的解是无穷多的，只有当[A]满足下列附加条件时，才是真正要求的解：第一个公因子 f_1 是所有可能因子中对[Z]的方差贡献最大者；公因子 f_2 是在它与 f_1 不相关的情况下，对[Z]的方差贡献最大者，……，依此类推，并假定 f_1、f_2、…、f_m 等各个变量公因子对总方差的贡献等于[Z]的总方差，也就是使每个主因子对方差贡献最大。这是一个条件极值的问题，常用拉格朗日乘数法处理。依次提取主因子，其结果便归结为解矩阵[R^*]的特征方程：

$$\left|[R^*-\lambda[I]]\right|=0 \tag{5-29}$$

式中：[I]——单位矩阵；

λ——特征值。

同理可知，从去掉 f_1 后的剩余约相关矩阵[R^*]提取 f_2。可以证明，[R_1^*]的特征向量与[R^*]特征向量相同。所以，可从原始的约相关矩阵[R^*]直接求出第一个公因子的剩余约相关矩阵[R_1^*]的最大特征值和与之相对应的特征向量，即 λ_2 和 a_2；依次可以求出各个剩余约相关矩阵[R_2^*]、[R_3^*]、…、[R_{m-1}^*]的最大特征值 λ_3、λ_4、…、λ_{m-2} 和对应的特征

向量 a_3、a_4、…、a_{m-2}，而且有 $\lambda_1 \geqslant \lambda_2 \geqslant \lambda_3 \cdots \geqslant \lambda_k$，将求因子载荷转化为求约相关矩阵 $[R^*]$ 的特征向量。

约相关矩阵 $[R^*]$ 的特征值和相应的特征向量与因子载荷 a_{ik} 的关系式为

$$[A]=[\alpha][\Lambda]^{1/2} \tag{5-30}$$

式中：$[\alpha]$ —— $[R^*]$ 的特征向量矩阵；

$[\Lambda]$ —— $[R^*]$ 的特征值矩阵。

正交旋转

如上所述，主因子解，即初级因子载荷不是唯一的，因此要对主因子解进行线性变换，即做旋转。在旋转前先要确定主因子数 m。已知主因子数 m 等于约相关矩阵 $[R^*]$ 的秩。但由于约相关矩阵一般不再保持半正定，因此确定 $[R^*]$ 的秩是较困难的。通常选用下列经验标准中的一种来确定主因子数 m。

① 公因子方差累计百分数。选择合适的方差累计百分数来确定 m。

② 特征值大于 1。相关矩阵的特征值平均为 1。在确定 m 时，要求特征值大于平均特征值的特征向量才有意义。

③ 方差大于 1。即旋转后因子对总方差的贡献大于 1。

旋转目的是使最后得到的因子模型尽量符合实际情况，使旋转后的每一个公因子只和最少个数的变量有相关关系，以达到简单结构的程度，使每个因子的载荷平方按列向等于 0 或 1，两极分化。常用的正交旋转法有四次方差极大法和方差极大法两种。旋转等式为

$$[B]=[A][T] \tag{5-31}$$

式中：$[B]$ ——旋转后的因子载荷矩阵；

$[T]$ ——正交旋转矩阵。

计算因子得分

在因子分析中，因子的取值称为因子得分或因子计量。它是每个因子对每个样品重要性的综合指标。因子得分越大，说明该因子对样品的贡献就越大。

通常采用两种方法来计算因子得分。

（1）旋转过的因子载荷直接计算：

$$[Z]=[B][F] \tag{5-32}$$

$$[F]=([B]'[B])^{-1}[B]'[Z] \tag{5-33}$$

由于式（5-32）忽略了唯一因子，因此所得到的因子得分只是一个近似值。

（2）采用回归法计算：建立 $[F]$ 对 $[Z]$ 的最小二乘方拟合。假定回归方程为

$$[\hat{F}]=[Z][P] \tag{5-34}$$

式中：$[\hat{F}]$ —— $[F]$ 的最小二乘解；

$[Z]$ ——数据矩阵；

$[P]$ ——回归系数矩阵。

对 R 型因子分析，可得到

$$[\hat{F}]=[Z][R]^{-1}[A] \tag{5-35}$$

当因子得分的绝对值大于3时，表明该因子对样品的影响突出，必须注意查找原因，做出合理的解释。

总之，主因子分析是根据已标准化的数据，从其相关矩阵和约相关矩阵出发，通过求解$[R^*]$的特征方程以确定其特征值和相应的特征向量，进而确定主因子数m，提取初因子，最后经过对$[A]$实行正交旋转，将初因子解转化成具有简单结构的公因子，将变量表示为公因子和唯一因子的线性组合。结合有关源的特征元素的知识，以鉴别源的性质。

2. 目标变换因子分析（TTFA）

目标变换因子分析与主因子分析的原理基本相似。由于主因子分析只对偏离平均值的部分进行解析，它不能定量地描述污染源的组成。目标变换因子分析法对变量进行了处理，能够得到源的组成和对颗粒物质量浓度的贡献。在大气颗粒物源解析研究中，目标变换因子分析法中的因子代表污染源，并将因子载荷矩阵与特定源的浓度廓线联系起来。

目标变换因子分析法忽略了误差项，认为它反映在较小的特征值上。同时也忽略了唯一因子u，从而简化了因子模型：

$$[X]=[A][F] \tag{5-36}$$

同一种元素可能来自几个不同的源。因此，目标变换因子分析法采用了另一种旋转变换方式：利用实际的源浓度廓线（即检验矢量）来调整初因子解$[A]$的因子轴。检验矢量由已知的资料或实例得到，这种变换方式称为目标变换。它允许研究者利用对体系的理解，来确定源的组成。

设检验矢量为b，检验矢量矩阵为$[B]$，旋转矩阵为$[R]$，使

$$[X]=[A][F]=[A][R][R]^{-1}F \tag{5-37}$$

旋转矩阵$[R]$是用最小二乘法，使$[A]$的旋转轴与检验矢量b的差（ε）最小而得到的。通过对ε求极值的方法得出

$$r=([A]'[W][A]^{-1})[A]'[W]b \tag{5-38}$$

式中：$[W]$——权重对角矩阵。

由于各个元素的含量相差很大，如不加权重，则最小二乘法的结果容易突出含量较大元素的作用，而忽略了微量元素的作用。通常采用的权重有实验误差平方与数据方差两种。

由最小二乘法所得到的旋转矢量为r，有

$$[A]r=b' \tag{5-39}$$

如果拟定的检验矢量b是一个确实存在的源，那么b'与b的差值应在允许的实验误差范围内。反之，则b就不是实际存在的源。这时应将b'替代b代入式（5-38）中，用迭代法进行运算，如此反复直到b'收敛为止。这样，如果有n个元素，就有n个b，迭代后产生n个b'。霍普克（Hopke）利用欧氏距离最小原则对n个b'聚类，选择m个b'。迭代式矢量采用相似系数的逐步聚类法聚类，以挑选源廓线。

（五）化学质量平衡模型

1. 化学质量平衡模型的基本原理

化学质量平衡模型（chemical mass balance，CMB）是基于以下假设，根据质量平衡原

理建立起来的：① 可以识别出对环境受体中的大气颗粒物有明显贡献的所有污染源类，并且各源类所排放颗粒物的化学组成有明显差别；② 各源类所排放颗粒物的化学组成相对稳定，化学组分之间无相互影响；③ 各源类所排放的颗粒物之间没有相互作用，在传输过程中的变化可以被忽略；④ 所有污染源成分谱是线性无关的；⑤ 污染源种类低于或等于化学组分种类；⑥ 测量的不确定度是随机的，符合正态分布。那么，在受体上测量的颗粒物总质量浓度 C 就是每一源类贡献浓度值的线性加和。

$$C=\sum_{j=1}^{J} S_j$$

式中：C——受体大气颗粒物的总质量浓度，$\mu g/m^3$；

S_j——每种源类贡献的质量浓度，$\mu g/m^3$；

J——源类的数目，$j=1, 2, \cdots, J$。

如果受体大气颗粒物上化学成分 i 的浓度为 C_i，那么公式可以写成：

$$C_i=\sum_{j=1}^{J} F_{ij}\cdot S_j (i=1,2, \cdots, I; j=1,2, \cdots, J)$$

式中：C_i——受体大气颗粒物中化学成分 i 的浓度测量值，$\mu g/m^3$；

F_{ij}——第 j 类源的颗粒物中化学成分 i 的含量测量值，$\mu g/g$；

S_j——第 j 类源贡献的浓度计算值，$\mu g/m^3$；

J——源类的数目，$j=1, 2, \cdots, J$；

I——化学成分的数目，$i=1, 2, \cdots, I$。

把受体大气颗粒物中化学成分 i 的浓度测量值 C_i（$\mu g/m^3$）和颗粒物中化学成分 i 的含量测量值 F_{ij} 代入，就得到一个方程组，只要所选择的化学成分数 i 大于或等于污染源数 j，理论上就能解出各类源对受体的贡献浓度 S_j，那么就可得到各源类的贡献率：

$$\eta_j=\frac{S_j}{C}\times 100\%$$

在 CMB 受体模型发展过程中，对方程组的求解提出过很多种算法，主要有示踪元素法、线性程序法、普通加权最小二乘法、岭回归加权最小二乘法、部分最小方差法、神经网络法、有效方差最小二乘法等。示踪元素法比较简单，但准确度不高，可用于粗略估计源的贡献值。线性程序法在提出后没有得到充分发展。普通加权最小二乘法考虑了环境受体处物质实测浓度的误差，为解析结果提供了置信区间。岭回归加权最小二乘法在解析共线性源方面体现了普通加权最小二乘法不具备的优点。有效方差最小二乘法不仅考虑了环境受体处物质实测浓度的误差，而且考虑了在确定源成分谱时的分析误差。

目前 CMB 受体模型最常采用的算法是有效方差最小二乘法，该方法就是使加权的化学成分测量值与计算值之差的平方和最小，即使下式最小：

$$m^2=\sum_{i=1}^{I}\frac{\left(C_i-\sum_{j=1}^{J}F_{ij}\cdot S_j\right)^2}{V_{eff,i}}$$

其中 $V_{eff,i}$ 为有效方差，即权重值。

$$V_{eff,i}=\sigma_{C_i}^2+\sum_{j=1}^{J}\sigma_{F_{ij}}^2\cdot\sigma_{S_j}^2$$

式中：σ_{C_i}——受体大气颗粒物的化学成分测量值 C_i 的标准偏差，μg/m³；

$\sigma_{F_{ij}}$——排放源的化学成分测量值 F_{ij} 的标准偏差，%；

$\sigma_{S_j}^2$——源的化学成分贡献计算值的标准偏差，μg/m³。

2. 应用实例：长江三角洲地区 $PM_{2.5}$ 来源解析

Hua 等（2015）在长江三角洲地区的四个城市（上海、苏州、南京、宁波）同时采集 22 h 大气环境中的 $PM_{2.5}$ 样品。采样时段是 2011 年 10 月 20 日—11 月 30 日。测定 $PM_{2.5}$ 详细的化学组成，包括水溶性离子（Cl^-、NO_3^-、SO_4^{2-}、NH_4^+、K^+、Na^+、Mg^{2+}、Ca^{2+}、F^-）、16 种金属元素（Al、As、Br、Ca、Cr、Cu、Fe、Mn、Ni、Pb、Rb、Se、Si、Sr、Ti、Zn）和含碳组分（OC 、EC）。$PM_{2.5}$ 浓度在非霾日（$PM_{2.5}$ 浓度小于等于 75 μg/m³）和霾日（$PM_{2.5}$ 浓度大于 75 μg/m³）的监测结果列于表 5-7 中。

表 5-7 不同城市大气 $PM_{2.5}$ 浓度水平 单位：μg/m³

采样点	非霾日	霾日
上海	24 ± 11	127 ± 76
苏州	33 ± 16	99 ± 76
南京	38 ± 34	63 ± 27
宁波	33 ± 17	103 ± 60

$PM_{2.5}$ 部分化学组分监测浓度平均值见表 5-8。

表 5-8 $PM_{2.5}$ 部分化学组分监测浓度平均值 单位：μg/m³

采样点	时段	EC	Cl^-	NO_3^-	SO_4^{2-}	NH_4^+	OM=OC × 1.4	K^+	土壤①
上海	非霾日	1.9	0.6	3.9	6.6	3.0	8.6	0.1	1.6
	霾日	5.8	1.8	29.6	24.3	14.9	33.3	1.6	5.0
苏州	非霾日	3.9	2.2	8.2	9.4	5.5	22.3	0.5	3.7
	霾日	9.0	3.4	25.8	31.4	17.0	58.6	1.9	9.5
南京	非霾日	3.4	1.5	11.8	12.7	7.7	21.6	0.5	2.4
	霾日	6.1	1.5	21.8	20.7	12.0	38.2	1.4	5.3
宁波	非霾日	3.4	2.0	4.2	6.6	4.2	11.7	0.2	1.6
	霾日	8.4	4.9	15.7	16.8	11.1	37.4	0.9	4.3

注：① 土壤一列数值为 Al、Si、Ti、Ca 和 Fe 元素浓度之和。

由表 5-8 可以看出，这四个城市的 OM、EC 和 SO_4^{2-} 在霾日的增长具有相似性（OM 为 1~4 倍，EC 为 1~3 倍，SO_4^{2-} 为 2~4 倍）。K^+ 作为生物质燃烧的示踪物，在霾日，上海和其他城市 K^+ 浓度分别增长了约 15 倍和 2~4 倍，表明生物质燃烧可能是霾日的重要污染源。与此同时，NO_3^- 在上海和其他城市分别增长了约 7 倍和 2~4 倍，而 NH_4^+ 在上海和其他城市分别增长了约 4 倍和 2~3 倍。NO_3^- 和 NH_4^+ 是典型的城市大气二次污染的标志产物，考虑一次污染源的排放相对稳定，上海市二次污染物的较高增长可能来自二次颗粒物的生成。

对长江三角洲地区环境空气中有贡献的主要排放源类为：工业燃煤、民用燃气、民用生物质燃烧、钢铁生产、机动车排放、扬尘、开放式生物质燃烧、二次硫酸盐和二次硝酸盐。$PM_{2.5}$ 源解析结果见表 5-9，各化学组分的含量为同一源不同样品分析结果的平均值。

源成分谱的特征化学成分也称为标识物，是某源类区别于其他源类的重要标志。特征化学成分有以下几个特点：一是特征化学成分在某源类中的含量比在其他源类中要高几倍到几十倍；二是其化学性质最稳定，在迁移扩散过程中不易发生化学变化；三是特征化学成分的标准偏差较小。如二次硫酸盐和二次硝酸盐分别以 SO_4^{2-}、NH_4^+ 和 NO_3^-、NH_4^+ 为标识物。民用生物质燃烧和机动车排放对有机物的贡献最大，而机动车和扬尘是 EC 的主要污染源。

表 5-9 $PM_{2.5}$ 源解析结果 单位：%

来源	$PM_{2.5}$	OC	EC	NH_4^+	NO_3^-	SO_4^{2-}
工业燃煤	7.13	5.61	14.14	1.94	0.43	9.19
民用燃气	2.23	5.68	2.22	0.08	0.39	1.37
民用生物质燃烧	12.63	33.15	15.52	1.23	0.06	1.61
钢铁生产	2.93	1.82	0.78	0.16	0.15	2.10
机动车排放	12.55	35.94	32.68	1.60	0.10	0.49
扬尘	3.65	4.38	29.34	0.04	0.13	0.17
开放式生物质燃烧	7.26	13.41	5.33	3.83	0.16	0.60
二次硫酸盐	24.85	0.00	0.00	50.52	0.00	84.47
二次硝酸盐	26.77	0.00	0.00	40.62	98.58	0.00

长江三角洲地区四个城市 $PM_{2.5}$ 化学质量平衡法源解析结果列于表 5-10。

表 5-10 长江三角洲地区四个城市 $PM_{2.5}$ 化学质量平衡法源解析结果 单位：%

采样点	上海	苏州	南京	宁波
工业燃煤	11	7	5	5
民用燃气	4	0	0	5

续表

采样点	上海	苏州	南京	宁波
民用生物质燃烧	11	21	11	7
钢铁生产	1	4	5	2
机动车排放	8	6	15	22
扬尘	2	7	4	2
开放式生物质燃烧	5	5	5	14
二次硫酸盐	25	26	25	22
二次硝酸盐	33	24	30	21

表 5-10 的结果表明，在四个城市中，机动车排放是宁波最重要的一次污染源，占比为22%。生物质燃烧（包括民用生物质燃烧和开放式生物质燃烧）是南京、上海和苏州最大的一次污染源，分别占 16%、16% 和 26%，可能是从周边地区传输而来的。与一次污染源相比，二次污染源（包括二次硫酸盐和二次硝酸盐）是四个城市最重要的污染来源，占比可达43%~58%。

（六）正矩阵因子分析模型

1. 正矩阵因子分析模型的基本原理

随着大气监测和分析测量技术的进步，对大气污染物及其颗粒物物理化学性质的测量参数增加很多，高时间分辨、高化学成分分辨和高粒径分辨的大气颗粒物测量数据越来越丰富。为更好地利用这些逐渐丰富的数据资源，受体模型已变得更为复杂。正矩阵因子分析（positive matrix factorization，PMF），由芬兰赫尔辛基大学的 Paatero 在 20 世纪 90 年代中期开发，随着 PMF2、PMF3 等版本的发布，该模型已被广泛地应用于大气颗粒物的源解析中。

假设 X 为 $n\times m$ 矩阵，n 为样品数，m 为化学成分（如 OC、EC、各种离子和元素等）数目，那么 X 可以分解为 $X=GF+E$，其中 G 为 $n\times p$ 的矩阵，F 为 $p\times m$ 的矩阵，p 为主要污染源的数目，E 为残数矩阵。定义

$$e_{ij}=x_{ij}-\sum_{k=1}^{p}g_{ik}f_{kj}\,(i=1,\ \cdots,n;j=1,\ \cdots,m;k=1,\ \cdots,p)$$

$$Q(E)=\sum_{i=1}^{n}\sum_{j=1}^{m}\left(\frac{e_{ij}}{s_{ij}}\right)^2$$

式中：x_{ij}——第 i 天第 j 种化学成分在受体的浓度；

g_{ik}——第 i 天第 k 个因素对受体的贡献；

f_{kj}——第 j 种化学成分在第 k 个因素的分数；

e_{ij}——第 i 天第 j 种化学成分的残余；

s_{ij}——X 的标准偏差。

约束条件是 G 和 F 中的数值都为非负值，最优化目标是使 Q 趋于自由度值，这样可以确定 G 和 F。通常认为 G 是源的载荷，F 是主要污染源的源廓线。由于矩阵的可旋性在任

何因子分析方法中都存在，PMF 利用一些参数来压缩解的空间，达到控制结果的目的。

假设只知道 x_{ij}，目标是估算贡献 g_{ik} 和分数 f_{kj}。假设贡献和质量分数均为非负值，因此用最小二乘法来计算。此外，允许使用者指出每个 x_{ij} 的不确定性。和具有小的偏差一样，种类及时间的许多偏差不会影响贡献和分数的估算结果，这也是最小二乘法的重要部分。

PMF 的目标就是将平方和最小化：

$$Q(E)=\sum_{i=1}^{n}\sum_{j=1}^{m}\left(\frac{e_{ij}}{s_{ij}}\right)^2$$

如果模型与数据相符并且指定的偏差真实地反映出数据中的不确定性，那么 Q 应近似等于浓度数据中数据点的个数。用这个作为基本设定进行优化。因此，PMF 的基本输入是：

（1）颗粒物各化学成分的浓度、总质量浓度；

（2）各化学成分的测量偏差。

基本输出是：

（1）源廓线（化学成分在源谱中的份额）及不确定性；

（2）各类源对总颗粒物浓度的贡献（绝对或者相对）；

（3）源贡献的时间序列。

2. 应用实例

在北京大学城市大气环境定位观测站进行颗粒物观测和分析，时间选择在 2009 年 4 月、7 月和 10 月及 2010 年 1 月，分别代表春、夏、秋、冬四季。对采集的样品进行称重和多种化学组分分析，遴选 34 种化学成分输入 PMF 模型中，分别是 $PM_{2.5}$、Al、Fe、Na、Mg、K、Ca、Ba、Ti、Mn、Co、Ni、Cu、Zn、Mo、Cd、Sn、Sb、Pb、V、Cr、As、Se、Rb、Na^+、NH_4^+、K^+、Mg^{2+}、Ca^{2+}、Cl^-、SO_4^{2-}、NO_3^-、OC 和 EC，识别了土壤尘、煤燃烧、生物质燃烧、交通和垃圾焚烧、工业污染和二次无机气溶胶六种来源，源廓线如图 5-17 所示。

土壤尘源的特征表现为高比例的地壳元素，如 Al、Ca（Ca^{2+}）、Fe、Mg、K 和 Ti。Ca 元素的含量高于 Al，说明是富含 Ca 的尘颗粒物。OC 含量接近 12%，表明是多种天然或人为活动产生的颗粒物混合物。

煤燃烧源的特征是高比例的 Cl^-，并且伴随着高比例的 Na^+、OC 和 EC。在北京冬季的细颗粒物中有极高浓度的 Cl^-，源自采暖期的煤燃烧。煤是中国常用的能源，煤燃烧和机动车排放都是一次 OC 的主要来源。

生物质燃烧会排放大量的 K（K^+），还有丰富的 EC、OC 和 NO_3^-。生物质燃烧在春季和秋季的贡献高于夏季和冬季，与春季的耕作和秋季的收获等农业活动有关。

交通和垃圾焚烧产生的颗粒物中含有高浓度的 EC、Cu、Zn、Cd、Pb、Mo、Sb 和 Sn。禁止使用含铅汽油后，煤燃烧成为 Pb 的主要来源。

工业污染源的特征是高含量的 OC、EC、Zn、Mn 和 Cr。这个源可能也与二次有机气溶胶相关。工业污染是碳质气溶胶的一个重要来源。此外，Zn 和 Cr 的含量也很高，此污染源可能与熔炼和冶金工业相关。

最后一个源与二次无机气溶胶相关，表现为显著的 SO_4^{2-}、NO_3^- 和 NH_4^+ 含量。某些特定的源，如生物质燃烧、煤燃烧、机动车尾气和垃圾焚烧，都能通过它们的前体物排放贡献二次无机气溶胶和二次有机气溶胶。

PMF 解析出的六类源对 $PM_{2.5}$ 的贡献如图 5–18 所示。沙尘暴是春季扬尘颗粒物的主要来源，而在秋、冬季，建筑尘和道路再悬浮尘是主要来源。由于采暖，冬季煤燃烧的贡献显著高于其他季节。由于耕作和收获，生物质燃烧在春季和秋季有较高的贡献。对于交通和垃圾焚烧源，其时间序列没有明显的季节特征。工业污染在夏季和秋季有较高的贡献，可能是由于 Zn 和 Cr 的季节性。但是，这种季节性没有在 OC 中体现出来，因为 OC 有多种来源。二次无机气溶胶在春季和夏季的贡献最高，反映出硫酸盐、硝酸盐和铵盐的季节性，这个结果在一定程度上与其形成过程的光化学相关。这些源及其贡献的季节特征的一致性，证明了 PMF 源解析结果的可靠性。

应该指出的是，PMF 来源解析方法，仅需用受体—环境大气中污染物化学成分的浓度水平，是一种简便可行的方法，但其对污染物来源的识别有一定的主观性，需要结合各种源时间序列等检验其合理性。

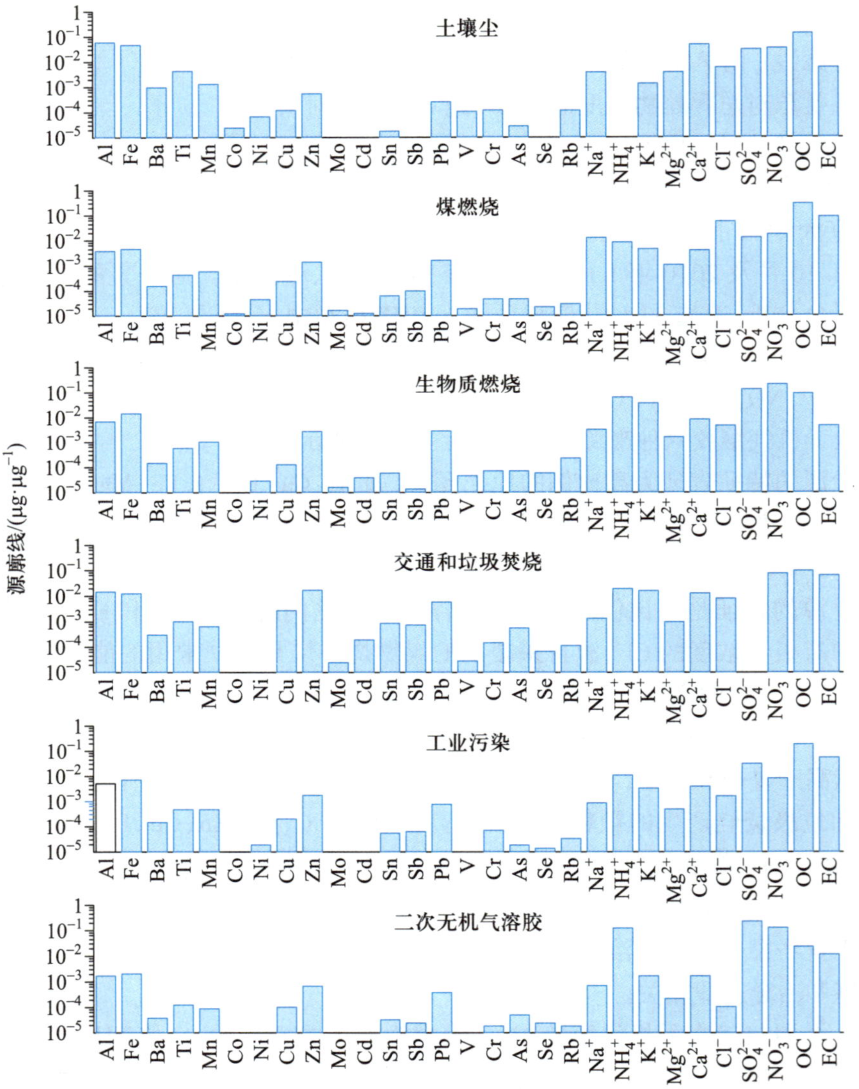

图 5–17 土壤尘、煤燃烧、生物质燃烧、交通和垃圾焚烧、工业污染和二次无机气溶胶的源廓线

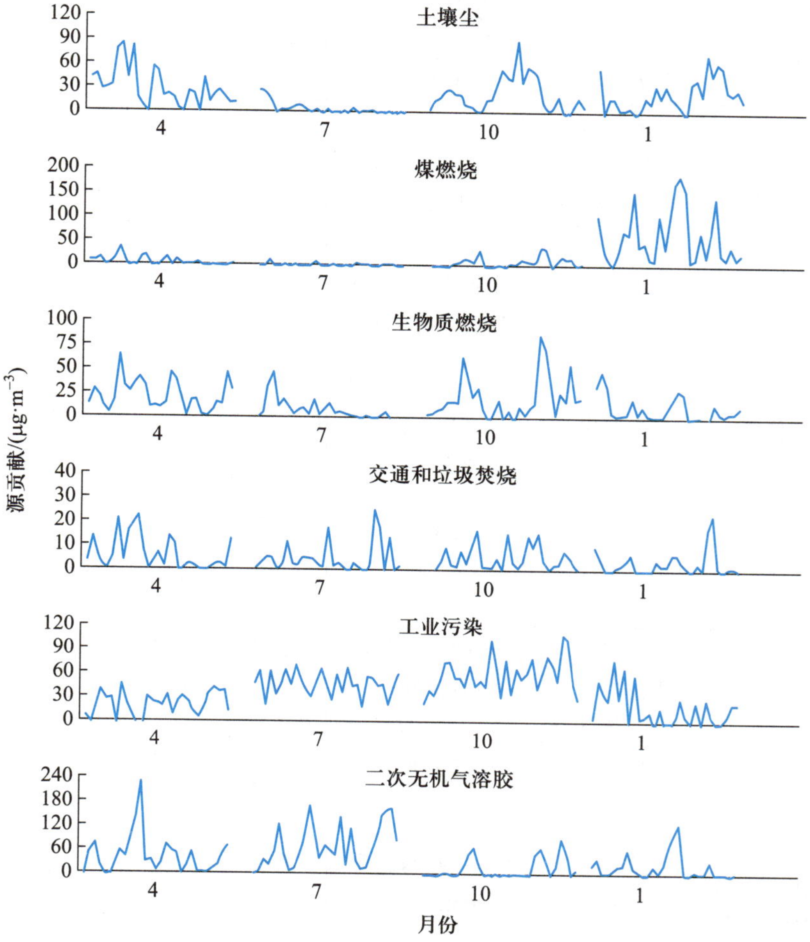

图 5-18　PMF 解析出的六类源对 $PM_{2.5}$ 的贡献

三、有机气溶胶来源解析

作为颗粒物的主要化学组成，有机气溶胶（organic aerosol，OA）因其多样的分子结构和复杂的反应过程，一直是大气环境化学研究的挑战。有机气溶胶按照排放及形成过程的不同，可分为一次有机气溶胶（POA）和二次有机气溶胶（SOA）。POA 来源包括各种燃烧过程（如机动车排放、生物质燃烧及煤燃烧等）直接排放，还包括自然生物源排放，如植物直接排放或海洋中藻类排放等。SOA 来自气态前体物向颗粒物的转化过程，如核化、凝结和非均相及多相化学反应等过程。

基于测量的有机气溶胶来源解析方法主要包括元素碳示踪法、水溶性有机碳（WSOC）源解析法、基于有机物示踪的化学质量平衡（CMB-MM）受体模型法、放射性碳同位素示踪法、PMF 模型法、示踪物 - 产率法、基于有机物质谱碎片的 PMF 模型法（AMS-PMF）和基于有机物质谱碎片的 ME-2 模型法（AMS-ME-2）等。表 5-11 总结了基于测量的有机气溶胶来源解析方法及优缺点。

表 5-11 基于测量的有机气溶胶来源解析方法及优缺点

方法	简介	优缺点
元素碳示踪法	确定一次排放 OC/EC 的比值，SOA 为有机气溶胶总量与 POA 的差值	方法简单； 但 SOA 估算的不确定性大
水溶性有机碳（WSOC）源解析法	测定溶于水的碳质有机物，认为其全部来自二次生成和生物质燃烧，在生物质燃烧较低的地区可代表 SOA 浓度	方法简单； 但利用 WSOC 代替 SOA 不确定性大，可能会低估
基于有机物示踪的化学质量平衡（CMB-MM）受体模型法	测量特定有机示踪物，输入已知源谱，利用 CMB 模型对有机气溶胶进行一次源解析；有机气溶胶总量与一次解析结果的差值为 SOA 浓度	方法简单，需要的样品量少； 但区分排放物相似的排放源困难
放射性碳同位素示踪法	利用化石燃料和现代生物燃料中 $^{14}C/^{12}C$ 值不同来区分一次生物源和一次化石源	能识别生物源和化石源； 但参数的不确定性大，应用范围不广
PMF 模型法	假定从源排放到受体点的过程中成分均质量守恒，再基于观测数据利用模型进行解析	方法简便，无须输入源谱； 但解析因子的识别较难
示踪物 - 产率法	通过烟雾箱实验确定二次有机示踪物占总二次有机物的质量分数，再结合样品中该 SOA 示踪物的浓度计算得到不同前体物 VOCs 对 SOA 的贡献	不需要对二次有机示踪物进行表征； 但对来自前体物氧化的 SOA 识别不全
基于有机物质谱碎片的 PMF/ME-2 模型法（AMS-PMF/AMS-ME-2）	利用气溶胶质谱仪获得高质量分辨率的有机碎片，采用 PMF/ME-2 模型对其进行源解析	示踪成分丰富，样本量大，能够对 POA、SOA 进行来源分类； 但需要建立基于 AMS 等仪器的有机气溶胶参考源谱，并对参考源谱在模型运算中的变异范围进行约束

（一）元素碳示踪法

元素碳示踪法是 Turpin 和 Huntzicker 等人于 1991 年提出的。假设 EC 和一次有机碳（primary organic carbon，POC）大部分来自燃烧源，两者有固定不变的排放比。可通过确定一次燃烧源排放的 OC 和 EC 的比值 $(OC/EC)_{primary}$，来估算 POC 浓度。总 OC 浓度减去 POC 浓度得到二次有机碳（secondary organic carbon，SOC）浓度。

$$POC=OC_{nc}+(OC/EC)_{primary}\times EC$$

$$SOC=OC-POC$$

式中：OC_{nc}——一次非燃烧源有机碳。

元素碳示踪法只需 OC 与 EC 的数据。EC 和 OC 可通过外场在线测量和实验室离线测量获取，常用仪器包括美国 Sunset 实验室的半连续或离线 OC/EC 分析仪（Sunset Laboratory Inc.），以及美国沙漠研究所开发的 OC/EC 分析仪（DRI Model）。

$(OC/EC)_{primary}$ 的获取主要通过以下几种方式：① 各种一次源排放清单中 OC/EC 值的平均值；② 在光化学反应较弱（如光照强度弱、臭氧浓度低）、一次源排放占主导的相对稳定的大气环境下，将环境样品中 OC、EC 数据做线性相关分析，回归曲线的截距即为 OC_{nc}，斜率则被视为 $(OC/EC)_{primary}$，OC_{nc} 通常被忽略不计；③ 观测期间环境大气颗粒物中 OC 与 EC 最小比值，即利用统计学方法，对观测所得的 OC/EC 值做频率分布，选择一定置信区间（一般为 5% 或 10%）的最小比值作为一次源排放的 OC/EC 值。

该方法只需大气颗粒物中 OC、EC 的观测数据，计算方法简单，因此得到广泛应用。实际大气中，由于污染物排放源种类多，且各源贡献随着时间也会变化，因此该方法对 SOA 的估算存在很大的不确定性。以北京冬、夏季及中国东部长岛的研究为例，利用元素碳示踪法，分别计算三次观测得到的二次有机碳浓度及其在有机碳中的比例，与同期观测数据的受体模型正矩阵因子分析（PMF）解析出的 POA 与 SOA 结果进行比较，发现元素碳示踪法应用于源复杂地区的有机碳估算时，可能会对二次有机碳产生低估。研究指出，通过元素碳示踪法对二次有机碳进行估算时会因存在具有较高 OC /EC 值的一次排放源（如生物质燃烧源产生的一次有机碳具有一定的氧化性特征），从而将部分一次有机碳误判为二次有机碳，最终导致对二次有机碳的估算较低（低估 10%~40%），低估程度的高低可能与生物质燃烧源有机气溶胶的含量多少有关。因此在利用元素碳示踪法进行源解析之前，需对数据进行综合分析，利用日变化或者其他的示踪物对该地区的有机碳来源进行预判，剔除生物质燃烧等一次排放源影响的时间段后，再利用元素碳示踪法进行估算。在无法剔除该类一次排放源影响的情况下，应该充分考虑到估算的不确定性。

（二）水溶性有机碳（WSOC）源解析法

水溶性有机碳（WSOC）主要来自二次生成和生物质燃烧。总 WSOC 扣除生物质燃烧贡献即为二次生成的 WSOC。在生物质燃烧贡献较低的地区，基本可以用 WSOC 代表 SOC。

生物质燃烧产生的 WSOC 可通过其分子示踪物左旋葡聚糖（levoglucosan）来估算。

$$\mathrm{WSOC_{BB}}=\left(\frac{\mathrm{WSOC}}{\mathrm{levoglucosan}}\right)_{\mathrm{BB}}\times C_{\mathrm{levoglucosan}}$$

$$\mathrm{SOC}=\mathrm{WSOC_{total}}-\mathrm{WSOC_{BB}}$$

式中：$WSOC_{total}$——测量得到的总 WSOC 浓度；

$WSOC_{BB}$ 与 $(WSOC/levoglucosan)_{BB}$——生物质燃烧源贡献的 WSOC 和 WSOC 与左旋葡聚糖浓度的比值；

$C_{levoglucosan}$——左旋葡聚糖浓度。

水溶性有机碳估算 SOC 的方法中需测定 WSOC 及对应的左旋葡聚糖浓度。利用在线水萃取装置（particle into liquid sampler，PILS）或在线气体 - 气溶胶收集仪（online gas and aerosol collector，GAC）连接 TOC 分析仪，可获取连续在线的 WSOC 浓度。利用超纯水超声萃取离线采样的滤膜，进入 TOC 分析仪分析可得到离线的 WSOC 浓度。左旋葡聚糖的浓度可通过在线 GC/MS 或者离线石英滤膜采样 GC/MS 分析获得。方法中 $(WSOC/levoglucosan)_{BB}$ 需借助当地生物质燃烧源的源谱获取，该比值与燃烧生物质的种类和燃烧条件有关。

SOC 中有很多不溶于水的组分，且生物质燃烧贡献的水溶性有机物含量也随着燃烧类型和燃烧物质而变化，因此利用 WSOC 代替 SOA 的不确定性大，可能会低估 SOA 的贡献。

（三）基于有机物示踪的化学质量平衡（CMB–MM）受体模型法

CMB 受体模型的基本原理是假设各类源排放的颗粒物之间没有相互作用，化学组分之间无相互影响。基于有机物示踪的化学质量平衡（CMB–MM）受体模型法是在 CMB 中利用有机示踪物定量各种源对有机气溶胶贡献的方法。CMB–MM 解析结果是 POA 的贡献，OA 与 POA 差值即可作为 SOA。

$$\mathrm{POA} = \sum_{i=1}^{n} S_i(\mathrm{primary}) \quad (i = 1,2,3,\cdots,n)$$

$$\mathrm{SOA} = \mathrm{OA} - \mathrm{POA}$$

式中：S_i—— 一次源 i 对 OA 浓度的贡献。

CMB–MM 受体模型法解析 OA 来源时输入数据包括受体点有机示踪物的浓度及其不确定性，以及污染源成分谱。有机示踪物包括烷烃、藿烷、PAHs 及左旋葡聚糖等，一般通过基于石英膜的大流量采样和后续前处理进行 GC/MS 分析得到。

有机示踪物是一类污染源特征化学指纹的代表，是确定各类源排放的关键。选择有机示踪物的条件是：在大气中能够相对稳定存在，既不能通过大气化学反应形成，也不容易在传输扩散过程中挥发或降解；在某类源成分谱中含量高，而在其他源成分谱中含量低的物质；或者在源成分谱中含量不高，但其组成是独特的，其“化学指纹”是源特定的；许多化合物在不同源中存在，但根据它们同系物或同分异构体之间的相对比值也可以区分其来源。

根据某些特定有机物在污染源和大气样品中的含量和稳定程度，确定了几类污染源的有机示踪物（见表 5–12）。

表 5–12 主要污染源排放的有机物类别和有机示踪物

污染源	主要化合物	有机示踪物
肉类烹饪（餐饮源）	烷烃、脂肪酸、PAHs、二元羧酸、烷醛、烷酮、内酯	胆固醇、十六烷酸、十八烷酸、十八烯酸（油酸）
木材燃烧	烷烃、脂肪酸、PAHs、甲氧基酚（取代愈创木酚和取代丁香醇）、二萜类化合物（树脂质酸等）、三萜类化合物、无水单糖类	取代愈创木酚和取代丁香醇、二萜类化合物（脱氢松香酸）、三萜类化合物、左旋葡聚糖、植物固醇
机动车排放	烷烃、脂肪酸、PAHs、芳香酮和芳香醌、取代苯甲醛、藿烷、甾烷	藿烷类化合物、甾烷类化合物、晕苯
植物表面碎屑	烷烃、脂肪酸、PAHs、烷醇、烷醛、异和反异烷烃、单萜、倍半萜和三萜类化合物	高分子量奇碳烷烃（C27 ~ C33）
燃煤排放	烷烃、烯烃、脂肪酸、甲基酮、烷基苯、PAHs、藿烷、萜类、酚	烷基芘类化合物、藿烷类化合物
天然气设施	烷烃、脂肪酸、PAHs、芳香酮和芳香醌、杂环化合物	苯并［*a*］蒽 –7, 12– 二酮
轮胎碎屑	烷烃、脂肪酸、PAHs、取代苯甲醛、藿烷、甾烷、苯并噻唑、天然树脂	高分子量偶碳烷烃、苯并噻唑

续表

污染源	主要化合物	有机示踪物
室外香烟烟雾	烷烃、异和反异烷烃、脂肪酸、二元羧酸、烷醛、酚、PAHs、植物固醇、三萜类、含氮化合物	高分子量异和反异烷烃(C29 ~ C33)
屋顶焦油罐排放	烷烃、脂肪酸、PAHs、藿烷、甾烷	
蒸汽锅炉排放	烷烃、脂肪酸、PAHs、芳香酮和芳香醌、有机氯化合物、芳香酸、藿烷、甾烷	
道路尘	烷烃、脂肪酸、PAHs、烷醇、烷醛、芳香酮和芳香醌、藿烷、甾烷	混合体,兼有多种污染源的特点

城市大气颗粒物比较确定的有机示踪物包括:肉类烹饪中的胆固醇,植物表面碎屑中的高分子量奇碳烷烃,室外香烟烟雾中的高分子量异和反异烷烃,轮胎碎屑中的苯并噻唑,燃煤排放的烷基苉类化合物和木材燃烧排放的左旋葡聚糖等。还有一些化合物在几种源中都存在,但可以通过其同分异构体或同系物的分布特征来区分不同的来源,如十六烷酸、十八烷酸和十八烯酸在所有污染源样品中都存在,但通过三者之间比值可以区分肉类烹饪的来源;藿烷和甾烷类化合物在机动车排放、道路尘、轮胎碎屑、屋顶焦油罐排放中都检测到,但可以通过它们的同系物和同分异构体之间的分布和比值来区分不同的来源;甲氧基酚中的取代愈创木酚和取代丁香醇的含量可用来区分软木和硬木的燃烧排放,而二萜类(主要是脱氢松香酸)和三萜类化合物可以区分软木和硬木的燃烧排放。因为道路尘本身就是各种源排放颗粒物的混合体,所以兼有多种源的特点。

木材燃烧、机动车排放、餐饮源、燃煤排放等源谱不断得到完善,有机示踪物 CMB 源解析方法(CMB-MM)在我国得到了广泛的应用。该方法借助已知源成分谱,结合排放源中的示踪物成分,进行先行拟合再估算贡献,具有方法简单、需要样品数据少的优点。但由于源与源之间存在的共线性问题,这一方法难以区分相似排放源。

(四)放射性碳同位素示踪法

大气有机物的化石燃料源和生物源可以利用放射性碳同位素示踪法进行示踪。其原理是:大气 $^{14}CO_2$ 中的 ^{14}C 通过光合作用可储存在新形成的含碳物质(植物和树木)中,即现代碳源;而化石燃料的形成时间远远大于 ^{14}C 的半衰期(约 5730 年),因此化石燃料排放的碳几乎不含 ^{14}C。通过测量 ^{14}C,即可定量估算颗粒物中来自化石燃料源和现代碳源的贡献。现代碳源最主要来自生物质燃烧和其他生物质排放,因此被认为是生物源,也叫非化石燃料源。^{14}C 丰度只与碳的年龄有关,不受排放环境和传输过程的影响。放射性碳同位素一般采用加速器质谱仪(AMS)进行测定,加速器质谱仪输出样品的现代碳百分比值(percent modern carbon, pMC),代表样品的放射性碳同位素比值($^{14}C/^{12}C$)与现代碳标准样品(草酸)的放射性碳同位素比值二者比例的百分数。常用现代碳比例(fraction of modern carbon, f_M)来表示现代碳源的贡献占总贡献的比例:

$$f_M = \frac{pMC}{100}$$

除了宇宙射线产生的 ^{14}C 外，人类核试验也是 ^{14}C 的一个重要来源。因此所测得的样品现代碳源比例需要经过校正，得到非化石燃料源即生物源的比例（fraction of non-fossil carbon，f_{NF}）。

$$f_{NF}=\frac{f_M}{f_{NF(ref)}}$$

式中：$f_{NF(ref)}$——测得的大气背景放射性碳同位素比值（$^{14}C/^{12}C$）。

化石燃料源比例（fraction of fossil carbon，f_F）则可表示为

$$f_F=1-f_{NF}$$

化石燃料源中，燃煤和机动车都对大气碳质气溶胶的来源有重要贡献，且差异较大。只将来源划分为化石燃料源和生物源已经不能满足对来源解析精细化的要求，需将放射性碳同位素示踪法和其他方法联用，获得精细化源解析结果。由于大气中二氧化碳、不同生物体、煤、石油等的碳同位素比值不同，这些差异也在形成的颗粒物中得到继承，因此可以通过测定单个有机物的稳定碳同位素（^{13}C）区分其污染的来源。李梦仁等（2018）将放射性碳同位素示踪法和稳定碳同位素方法联用（称为双碳同位素比值法），分析得到生物源是北京大学站点 2014 年夏季污染过程的主要来源，贡献高达 47%，其次来自机动车源（28%）和燃煤源（25%）贡献；结合受体模型，得到二次生物源对有机气溶胶的贡献占比为 41%，略高于二次化石源（36%）的贡献。

（五）示踪物 – 产率法

示踪物 – 产率法是利用大气颗粒物中可检测的 VOCs 氧化产物作为二次有机示踪物来估算人为源及天然源 SOA 的一种方法。

该方法基于烟雾箱实验，首先通过 GC/MS 测定每种 VOCs 前体物在烟雾箱中反应生成的一系列有机示踪物的浓度，将所有 SOA 有机示踪物的浓度之和除以烟雾箱反应后产生的总 SOA 浓度，即为 SOA 质量分数（F_{SOA}）。

$$F_{SOA}=\frac{\sum_i \text{示踪物}i}{[SOA]}$$

利用烟雾箱获得的 SOA 与有机碳的比值，经过 SOA 与 SOC 转换为 SOC 质量分数（F_{SOC}）。通过测量实际大气中各种前体物产生的 SOA 示踪物浓度，借助 F_{SOA}（F_{SOC}）估算某一特定 VOCs 前体物产生的总 SOA（SOC）浓度，并推算不同来源 SOA（SOC）对 OA（OC）的贡献。

$$[SOC_x]=\frac{[SOA_x]}{F_{SOC}}$$

x 是特定的 VOCs 前体物，通常是异戊二烯、α– 蒎烯、β– 丁香烯、甲苯，前三者为生物源前体物，甲苯指代人为源前体物。Kleindienst 等人根据烟雾箱实验得到异戊二烯、α– 蒎烯、β– 丁香烯、甲苯前体物对应的 F_{SOC} 经验值分别是 0.155、0.231、0.023 和 0.007 9。

需测定的异戊二烯 SOA 产物有：2– 甲基甘油酸、顺式 –2– 甲基 –1，3，4– 三羟基 –1– 丁烯、3– 甲基 –2，3，4– 三羟基 –1– 丁烯、反式 –2– 甲基 –1，3，4– 三羟基 –1– 丁烯、2– 甲基苏

糖醇、2- 甲基赤藻糖醇、2- 甲基丁四醇和 C5- 烯烃三醇；α- 蒎烯 SOA 产物有：顺式 - 蒎酸、3- 羟基戊二酸、3- 羟基 -4，4- 二甲基戊二酸、3- 甲基 -1，2，3- 丁基三羧酸；β- 丁香烯 SOA 产物有：β- 石竹酸；甲苯 SOA 产物有：2，3- 二羟基 -4- 氧代戊酸。上述 SOA 产物可通过石英膜采样，由 GC/MS 分析测得。这一方法的不确定性在于，烟雾箱实验无法完全模拟实际大气条件，无法重现前体物 VOCs 在大气中经历的所有反应过程。另外示踪物的选择不确定性也很大，难以全面准确地表征 SOA。但是该方法可估算来自特征前体物的人为源 SOA 和生物源 SOA 的各自贡献，具有一定实际应用价值。郭松等（2012）测量了北京夏季异戊二烯、α- 蒎烯、β- 丁香烯和甲苯生成的 SOA 示踪物浓度，并跟国际上不同地区的测量结果进行比较，发现在北京郊区站点，二次有机碳对总有机碳的贡献高达 38.4%，其中 17.3%、13.9%、5.6% 和 1.7% 分别来自甲苯、异戊二烯、α- 蒎烯及 β- 丁香烯前体物贡献。总体而言，北京大气中 SOA 具有很高的区域背景，而且老化程度要低于国外，可能是受到大量一次排放源的影响。

（六）基于有机物质谱碎片的 PMF 模型法（AMS–PMF）

随着气溶胶质谱仪器（aerosol mass spectrometer，AMS）的应用，基于有机物质谱碎片的源解析方法日益成熟起来。高时间分辨率飞行时间气溶胶质谱（HR–Tof–AMS）可提供高时间分辨率的化学成分信息，满足 PMF 大量数据的要求。通过筛选 AMS 提供高质量分辨率的有机气溶胶离子碎片（m/z 一般为 1~300），输入 PMF 受体模型进行来源解析。

AMS–PMF 模型可简单表示为：$X = GF + E$

式中 X 矩阵为基于 AMS 离子碎片高质量分辨率质谱信息，X 矩阵的列对应离子碎片质荷比信息，行则对应时间序列，矩阵中的一个网格即为某一质荷比离子碎片在某一时间段的浓度。G 矩阵的列是解析因子的时间序列，F 矩阵的行是 PMF 解析因子的谱图。E 矩阵为残差矩阵。残差矩阵输入数据必须全部为正值。基于有机物质谱碎片的 PMF 模型法源解析示意图如图 5–19 所示。等式左边即为有机气溶胶离子碎片时间序列矩阵 X，等式右边分别为解析因子的时间序列 G、源谱图 F 及残差矩阵 E。有机物质谱的时间序列来自几个因子谱图的线性加和。

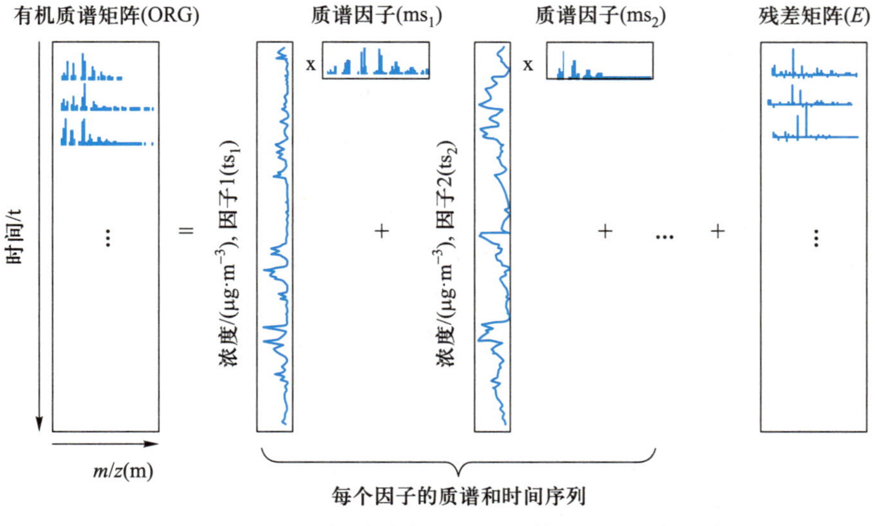

图 5–19 基于有机物质谱碎片的 PMF 模型法源解析示意图

（资料来源：Zhang 等，2011）

该法通过最小二乘法迭代拟合确定 G 和 F 的最优解，此过程得到尽量小的拟合优度参数 Q。Q 值是源判断最重要的参数之一，然而 Q 值会受到输入数据矩阵大小的影响，因此一般不直接应用 Q 值来判断 PMF 解析结果的合理度。通常需要计算预期最佳的 Q 值（Q_{exp}），计算公式如下，Q_{exp} 约等于拟合参数的自由度。

$$Q_{exp} \approx n \times m - p \times (m+n)$$

其中，n 列为时间序列，m 行则为单位时间范围内平均有机气溶胶质谱图，$n \times m$ 即为数据矩阵，p 则表示因子数。

假设模型对于颗粒物有机气溶胶的解析是合理的，并且考虑了所有的不确定性，则 Q/Q_{exp} 应接近 1。若 $Q/Q_{exp}>>1$，则表明低估了输入数据的误差，因子质谱的变化不能简单地模拟为给定数量因子的总和，即目前的解析因子不能合理解释有机气溶胶的来源；若 $Q/Q_{exp}<<1$，则表示高估了输入数据的误差。可通过比较 Q/Q_{exp} 在不同源解析方案下的变化来判断源解析结果的合理性。当 PMF 解析因子数逐渐增加时，自由度增加，更多的解析因子可以使得输入数据被更好地拟合，此时 Q/Q_{exp} 会逐渐减小。当增加一个因子，Q/Q_{exp} 降低幅度较大时，暗示增加一个因子可以很好地解释有机气溶胶的来源。

一旦选定因子数，应检查因子的稳定性、唯一性和可解释性。对于 AMS-PMF 模型来说，通过改变旋转因子（fpeak）可以探索方案的旋转不确定性。在使用 PMF 模型进行源解析时，需调整矩阵旋转寻求最优解。

虽然 AMS-PMF 模型可以根据不同物质的变化特征从复杂数据中提取各种因子，但是其仅仅为数学计算的结果，不能仅凭数学诊断参数对其结果进行评判，如果仅遵循较低的 Q/Q_{exp} 判断标准，那么可能会解析出无意义的因子或导致因子分裂。AMS-PMF 解析结果的科学认知，必须根据因子质谱特征、时间序列、日变化等信息来证实每个因子的物理意义，将源解析结果与实际大气状况联系起来。

AMS-PMF 模型主要借助 Ulbrich 建立的基于 igor 为载体的 PMF 解析平台和 Paatero 创立的运行代码对观测期间的有机气溶胶进行来源识别，具体操作如下：

（1）输入数据准备

需要输入 AMS-PMF 模型中的数据作为不同离子碎片浓度的时间序列矩阵和误差矩阵。AMS 的质量浓度矩阵是基于 IE 校正换算得到的高质量分辨率离子碎片的信号，输入的误差矩阵则是通过计算离子信号的泊松分布程度及其电信噪声得到的。

（2）数据前处理

为了将原始数据格式转化为 AMS-PMF 软件所需的数据，需要对数据进行前处理，包括删除共线性离子碎片，优化信噪比及调整离子碎片权重等。针对共线性的单粒子碎片，特别是同位素成分，需要从原始输入的数据矩阵中删除。计算单离子信噪比（signal to noise ratio，SNR），当离子 SNR 小于 0.2 时，该离子作为坏（bad）离子被剔除；针对 SNR 为 0.2~2 的离子，将其不确定性增大 2~3 倍。降低 CO_2^+ 相关离子碎片（如 O、HO、H_2O、CO、CO_2）权重以消除共线性问题。

AMS-PMF 模型在世界范围内得到广泛应用，很多研究将 AMS 测量得到的单位分辨率质谱（UMR）或高分辨率质谱（HR）应用于 PMF 模型中。Lanz 等（Lan 等，2008）首次运用 PMF 方法解析瑞士苏黎世夏季 AMS 数据，结果识别出包括还原性有机气溶胶（HOA）、烧烤源、生物质燃烧源、餐饮源 4 个一次源因子和 2 个氧化性含氧有机气溶胶 OOA［高度氧化（OOA-1）和新鲜氧化（OOA-2）］等不同来源的 6 种亚微米级颗粒物有机气溶胶因子，其中 2 个氧化性含氧有机气溶胶被认为可替代 SOA。这是第一次在有机气溶胶源解析中，按氧化性对 PMF 解析出的 SOA 进行分类。随后 Jimenez 等（2009）把挥发性较低的 OOA-1 重命名为低挥发氧化性有机物（LV-OOA），把与半挥发性硝酸铵时间序列相吻合的 OOA-2（属于新鲜生成的 SOA）重命名为半挥发氧化性有机物（SV-OOA）。随后，氧化性含氧有机气溶胶 OOA 也依据不同的 O/C 值被鉴定为高氧化的 OOA（MO-OOA）和低氧化的 OOA（LO-OOA）。被识别出的有机气溶胶因子：① 一次有机气溶胶，包括还原性有机气溶胶（HOA）、生物质燃烧源有机气溶胶（BBOA）、餐饮源有机气溶胶（COA）、燃煤源有机气溶胶（CCOA）、化石燃料源有机气溶胶（FFOA）、局地源含 N 有机气溶胶（NOA 或 LOA）；② 二次有机气溶胶 SOA，包括高氧化性含氧有机气溶胶（MO-OOA）和低氧化性含氧有机气溶胶（LO-OOA）。值得注意的是，HOA 通常被认为与化石燃料的燃烧排放有关，城市地区 HOA 多被认为来自机动车排放。

胡伟等（2017）基于 AMS-PMF 模型对北京大学站点 2012 年冬季有机气溶胶进行来源解析，共识别出 5 种有机气溶胶因子，分别是 HOA、COA、CCOA、MO-OOA 和 LO-OOA（图 5-20）。HOA、COA、CCOA 均为典型的一次有机气溶胶，其质谱主要由长链的碳氢化合物断键后的烷基类碎片组成，同时在一些特定的质荷比下会具有各自的源排放特征。而 LO-OOA 与 MO-OOA 均为典型的二次有机气溶胶，具有较高的含氧碎片丰度，并且后者的含氧碎片丰度更高、氧化态更高。通过 AMS-PMF 源解析发现，北京冬季观测期间一次有机气溶胶对总有机气溶胶的贡献与二次有机气溶胶相当（50%）。

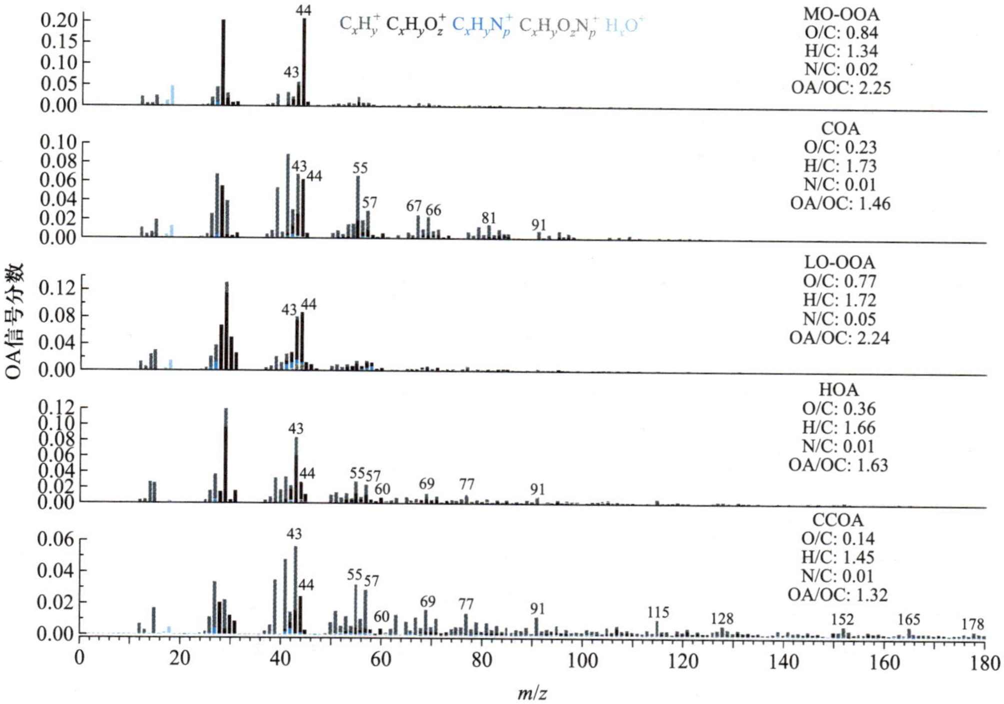

图 5-20　利用 AMS-PMF 模型解析得到北京大学站点 2012 年冬季有机气溶胶因子的质谱图

虽然 AMS-PMF 模型可以对有机气溶胶进行有效鉴别量化，但不难发现该模型得到的有机气溶胶质谱的时间序列是一些静态因子谱的时间序列线性加和。该模型默认每个因子谱图信息不变，且各有机物因子时间变化基本一致。因此 AMS-PMF 模型有时会出现因子混合的现象或者产生一些无实际意义的因子。

（七）基于有机物质谱碎片的 ME-2 模型法（AMS-ME-2）

为了使解析结果具有更好的物理意义，以便更好地诠释解析因子，除了标准的 PMF 双线性模型，研究者将更多的解析手段合并应用到 AMS 数据解析上。如 Lanz 等人于 2008 年引入多线性驱动算法（multi-liner engine algorithm，ME-2）进行有机气溶胶的源识别。ME-2 模型在双线性模型的基础上，能够根据使用者提供的信息进行限制性的源解析，即 PMF 表达式中 G（因子时间序列）和 F（因子质谱图）可以在一定范围内有所限制，相当于 PMF 和 CMB 模型的结合，这在一定程度上弥补了两个模型单独使用时的不足。例如，圣路易斯地区针对 $PM_{2.5}$ 的多点观测结果显示，尽管这一地区均不同程度地受到已知污染源的影响，但是 PMF 模型给出的源解析结果出现已知污染源缺失的现象。ME-2 模型通过对所有已知源的源谱进行限制，最终获得更加真实可靠的结果。

考虑实际操作的复杂性，瑞士学者开发了 SoFi（source finder）交互界面，将对因子解析的控制方法与 PMF 模型合并在一起，实现较为快速的计算工作。郑竞等（2017）基于 SoFi 平台，在 PMF 模型基础上，利用 ME-2 模型根据特征谱图信息对解析结果进行限制，发现北京夏季主要受到新鲜生成的 OOA 的影响（贡献高达 50%）。冬季则受到燃煤源、生物质燃烧源等更多一次燃烧源的影响。相比于 PMF 模型，ME-2 模型不仅实现了多种一次燃烧源的识别，还优化了谱图特征，排除了不同源的相互干扰。尤其是针对冬季多种一次燃烧源共同排放的复杂情况，实现了对燃煤源和生物质燃烧源的识别，排除了生物质燃烧源对其他一次燃烧源的干扰，使研究更加准确地评估不同一次燃烧源的贡献。表 5-13 比较了夏季和冬季，PMF 模型和 ME-2 模型解析结果中 HOA 和 COA 对应特征比值的变化。结果显示，经过 ME-2 模型对因子组成的进一步优化，其离子碎片组成特征均进入合理范围内，剔除了两者之间的相互干扰。

表 5-13 PMF 模型和 ME-2 模型解析结果中 HOA 和 COA 对应特征比值的变化

$f_{55}:f_{57}$ 比值	COA		HOA	
	夏季	冬季	夏季	冬季
范围	2.2~2.8		0.9~1.1	
PMF	2.3	1.4	1.5	1.6
ME-2	2.8	2.7	1.1	0.9

有机气溶胶全成分测量具有很大的困难，因此很多研究者采用不同的手段对有机气溶胶进行了来源估算。这些方法，或基于某种假设，或利用实验室模拟的结果，或采用受体模型，各有各的优势与局限性，对于认识有机气溶胶的来源和生成机制都是有益的探索。

思考题

1. 大气颗粒物在局地、区域和全球大气污染中的作用是什么？

2. 以下是用大气颗粒物多级采样器 MOUDI 测得的各级颗粒物的质量浓度和水溶性离子组分浓度，单位为 μg/m^3。请画出各级颗粒物质量浓度及化学组分的柱状图和谱分布图。

MOUDI 各级粒径段 /μm	总浓度	F^-	Cl^-	NO_3^-	SO_4^-	NH_4^+	K^+	Ca^{2+}	Na^+	其他
10.0~18.0	9.36	0.09	0.2	0.28	0.23	0.17	0.04	0.51	0.12	7.72
5.6~10.0	12.05	0.17	0.27	0.54	0.54	0.16	0.04	0.82	0.12	9.38
3.2~5.6	18.49	0.13	0.19	0.52	0.52	0.31	0.04	0.4	0.1	16.27
1.8~3.2	10.3	0.11	0.31	1.01	1.46	1.25	0.09	0.17	0.11	5.79
1.0~1.8	14.74	0.1	0.68	2.03	3.32	2.61	0.23	0.05	0.17	5.56
0.56~1.0	25.04	0.03	0.18	0.21	0.15	0.23	0.02	0.02	0.06	24.14
0.32~0.56	15.91	0.04	0.65	1.33	2.12	1.93	0.14	0.02	0.19	9.48
0.18~0.32	2.11	0.02	0.17	0.26	0.29	0.36	0.03	0.02	0.07	0.88
0.100~0.18	2.11	0.02	0.14	0.21	0.21	0.29	0.02	0.03	0.06	1.13
0.056~0.10	0.7	0.01	0.11	0.11	0.07	0.11	0.01	0.02	0.07	0.19

3. 大气细颗粒物主要化学组成及其来源是什么？

4. 作为有机示踪物的要求有哪些？举例说明主要污染源的有机示踪物。

5. Turpin 和 Huntzicker（1995）的研究表明，在加利福尼亚州夏季一次 OC 与 EC 的浓度关系为

$$OC(一次) = 1.9 + 2.1\ EC$$

基于以下在洛杉矶一次重污染事件中 OC 和 EC 的测定值，估计二次 OC 的贡献。画出二次 OC 随时间的变化曲线，并解释观测到的现象。

时间（PST）	OC 浓度 /[μg（C）·m^{-3}]	EC 浓度 /[μg（C）·m^{-3}]
2	4	1
4	5.2	1.1
6	5.4	1.1
8	8.1	1.7
10	8.2	1.7
12	13.6	2.7
14	14.1	2.4
16	14.9	2.1
18	14	1.8
20	12.5	1.9
22	8.1	1.4
24	6.5	1.3

6. 常用的大气颗粒物来源解析方法有哪些，请做比较说明。

主要参考文献

[1] 乔保清,徐布一,史海霞,等. 大气颗粒物中水溶性有机物的理化性质和污染特征研究进展[J]. 地球化学, 2020, 49(3): 12.

[2] 徐楠,王甜甜,李晓,等. 北京冬季 $PM_{2.5}$ 中有机气溶胶的化学特征和来源解析[J]. 环境科学, 2021, 42(5): 2101-2109.

[3] 郑竞. 有机气溶胶来源解析与机动车排放二次生成贡献研究[D]. 北京:北京大学, 2017.

[4] Cass G R. Organic molecular tracers for particulate air pollution sources[J]. Trends analytical chemistry, 1998, 17(6): 356-366.

[5] Charlson R J, Schwartz S E, Hales J M, et al. Climate forcing by anthropogenic aerosols[J]. Science, 1992, 255(5043): 423-430.

[6] Chen X R, Wang H C, Lu K D, et al. Field determination of nitrate formation pathway in winter Beijing[J]. Environmental Science and Technology, 2020, 54(15): 9243-9253.

[7] Fang X, Hu M, Shang D J, et al. Observational evidence for the involvement of dicarboxylic acids in particle nucleation[J]. Environmental Science & Technology Letters, 2020, 7(6): 388-394.

[8] Guo S, Hu M, Guo Q F, et al. Primary sources and secondary formation of organic aerosols in Beijing, China[J]. Environmental Science and Technology, 2012, 46(18): 9846-9853.

[9] Graber E R, Rudich Y. Atmospheric HULIS: How humic-like are they? A comprehensive and critical review[J]. Atmospheric Chemistry and Physics, 2006, 6(3): 729-753.

[10] Dal Maso M, Kulmala M, Riipinen I, et al. Formation and growth of fresh atmospheric aerosols: eight years of aerosol size distribution data from SMEAR II, Hyytiälä, Finland[J]. Boreal Environment Research, 2005, 10: 323-336.

[11] Guo S, Hu M, Wang Z B, et al. Size-resolved aerosol water-soluble ionic compositions in the summer of Beijing: Implication of regional secondary formation[J]. Atmospheric Chemistry and Physics, 2009, 10(3): 947-959.

[12] Hildemann L M, Markowski G R, Jones M C, et al. Submicrometer aerosol mass distribution of emissions from boilers, fireplaces, automobiles, diesel trucks, and meat-cooking operations[J]. Aerosol Science and Technology, 1991, 14: 138-152.

[13] Hua Y, Cheng Z, Wang S X, et al. Characteristics and source apportionment of $PM_{2.5}$ during a fall heavy haze episode in the Yangtze River Delta of China[J]. Atmospheric Environment, 2015, 123: 380-391.

[14] Huang X F, He L Y, Hu M, et al. Annual variation of particulate organic compounds in $PM_{2.5}$ in the urban atmosphere of Beijing[J]. Atmospheric Environment, 2006, 40(14): 2449-2458.

[15] Hu W, Hu M, Hu W W, et al. Seasonal variations in high time-resolved chemical compositions, sources, and evolution of atmospheric submicron aerosols in the megacity Beijing[J]. Atmospheric Chemistry and Physics, 2017, 17: 9979-10000.

[16] Jaenicke R. Tropospheric aerosols[M]// Hobbs P V. Aerosol-Cloud-Climate Interactions. San Diego, CA: Academic Press, 1993: 1-31.

[17] Kulmala M. How particles nucleate and grow[J]. Science, 2003, 302(5647): 1000-1001.

[18] Laakso L, Anttila T, Lehtinen K E J, et al. Kinetic nucleation and ions in boreal forest particle formation events[J]. Atmospheric Chemistry and Physics, 2004, 4: 2353-2366.

[19] Lanz V A, Alfarra M R, Baltensperger U, et al. Source attribution of submicron organic aerosols during wintertime inversions by advanced factor analysis of aerosol mass spectra [J]. Environmental Science and Technology, 2008, 42 (1): 214–220.

[20] Li W, Peng Y, Bai Z. Distributions and sources of n-alkanes in $PM_{2.5}$ at urban, industrial and coastal sites in Tianjin, China [J]. Journal of Environmental Sciences, 2010, 22 (10): 1551–1557.

[21] Li W J, Shao L Y, Zhang D Z, et al. A review of single aerosol particle studies in the atmosphere of East Asia: morphology, mixing state, source, and heterogeneous reactions [J]. Journal of Cleaner Production, 2016, 112: 1330–1349.

[22] Merikanto J, Napari I, Vehkamäki H, et al. New parameterization of sulfuric acid-ammonia-water ternary nucleation rates at tropospheric conditions [J]. Journal of Geophysical Research: Atmospheres, 2007, 112, D15207.

[23] Peter R B, Kouji A. Nanoparticles in the Atmosphere [J]. Elements, 2008, 4 (6): 389–394.

[24] Saxena P, Hildemann L M. Water-soluble organics in atmospheric particles: A critical review of the literature and application of thermodynamics to identify candidate compounds [J]. Journal of Atmospheric Chemistry, 1996, 24 (1): 57–109.

[25] Seinfeld J H, Pandis S N. Atmospheric chemistry and physics: From air pollution to climate change [M]. 2nd ed. New York: Wiley, 2006.

[26] Sheoran R, Dumka U C, Kaskaoutis D G, et al. Chemical composition and source apportionment of total suspended particulate in the Central Himalayan Region [J]. Atmosphere, 2021, 12 (9): 1228.

[27] Simoneit B, Chester R, Eglinton G. Biogenic lipids in particulates from the lower atmosphere over the eastern Atlantic [J]. Nature, 1977, 267 (5613): 682–685.

[28] Taylor J W, Allan J D, Allen G, et al. Size-dependent wet removal of black carbon in Canadian biomass burning plumes [J]. Atmospheric Chemistry and Physics, 2014, 14 (24): 13755–13771.

[29] Turpin B J, Saxena P, Andrews E. Measuring and simulating particulate organics in the atmosphere: problem and prospects [J]. Atmospheric Environment, 2000, 34: 2983–3013.

[30] Weber R J. New particle formation in the remote troposphere: A comparison of observations at various sites [J]. Geophysical Research Letter, 1999, 26: 307–310.

[31] Xiang D, Mei Z, Edgerton E S, et al. Contemporary or fossil origin: split of estimated secondary organic carbon in the southeastern United States [J]. Environmental Science and Technology, 2008, 42: 9122–9128.

[32] Yao L, Garmash O, Bianchi F, et al. Atmospheric new particle formation from sulfuric acid and amines in a Chinese megacity [J]. Science, 2018, 361 (6399): 278–281.

[33] Yu F Q, Turco R P. Ultrafine aerosol formation via ion-mediated nucleation [J]. Journal of Geophysical Letter, 2000, 27 (6): 883–886.

[34] Zhang Q, Jimenez J L, Canagaratna M R, et al. Understanding atmospheric organic aerosols via factor analysis of aerosol mass spectrometry: a review [J]. Analytical and Bioanalytical Chemistry, 2011, 401: 3045–3067.

[35] Zhou W, Xu W, Kim H, et al. A review of aerosol chemistry in Asia: insights from aerosol mass spectrometer measurements [J]. Environmental Science: Processes and Impacts, 2020, 22 (8): 1616–1653.

第六章　酸沉降化学

酸沉降（acid deposition）指大气中的酸通过降水，如雨、雾、雪等迁移到地表，或在含酸气团气流的作用下直接迁移到地表。前者即是湿沉降（wet deposition），后者即是干沉降（dry deposition）。湿沉降指 pH 小于 5.6 的酸性降水，就是通常所讲的“酸雨”（acid rain，acid precipitation）。现在“酸雨”通常指 pH 小于 5.6 的大气降水（目前有些专家学者把 pH 小于 5.0 作为酸雨指标），它包括酸性雪、冰雹、露水、霜等多种形式。通常认为，导致正常雨水 pH<5.6 的酸性物质主要是人类排放的硫氧化物和氮氧化物，它们在大气环境中经过各种氧化反应生成了硫酸和硝酸。干沉降指污染物与地表接触，沉积在土壤、水面或植被上被清除的过程。酸沉降化学就是研究干、湿沉降过程中与酸有关的各种化学问题，包括降水的化学组成，酸物质的来源、形成过程和机制、存在形式、化学转化，以及降水组成的变化与趋势等。

酸沉降化学的研究始于酸的湿沉降即酸雨的研究。20 世纪 50 年代欧洲发现了降水酸性逐渐增强的趋势，尤其是随后在北美均发现酸雨对湖泊、土壤、森林等有严重危害后，酸雨问题受到了各国的普遍重视，各国相继大力开展酸雨的研究，纷纷建立酸雨的监测网站，制定长期研究计划，开展国际合作。早期的研究几乎集中于湿沉降即酸雨的研究，但随着研究的深入，人们发现引起环境效应的往往是干、湿沉降综合的结果，便开始重视干沉降的研究。于是，过去被大量引用的“酸雨”也逐渐被“酸沉降”所取代。由于目前关于干沉降中化学过程的相关资料较少，本章将着重介绍酸的湿沉降化学，即酸性降水化学。

第一节　酸雨研究的历程

早在 1761—1767 年，Marggraf 就实施了雨和雪的降水化学测定。1872 年英国化学家史密斯（R. A. Smith）在其编著的《空气和降雨：大气气象学的开端》一书中最早提出“酸雨”这一术语。史密斯对曼彻斯特附近雨水的分析结果指出有三种类型的降水：离城远处降水含碳酸铵，郊区降水含硫酸铵而城镇降水则含硫酸或酸性硫酸盐。他首次提出了降水化学的空间可变性，并提出降水采集后应对组成做分析和实验研究，还指出了酸雨对植物和材料的危害。

降水的第一个监测网于 1850 年左右在英国的罗撒姆丹建立，它连续提供了 50 年以上降水化学组成的测定数据。1905 年在 Miller 提出的报告中，对各地区 NO_3^-、SO_4^{2-}、Cl^- 的浓度做了比较，证实了这些组分的浓度和沉降量在全球范围有很大变化。Potter（1930）最早采用“pH”来表示雨水、饮用水和工业用水的测定结果。

1947 年瑞典土壤学家 H. Egner 创建了斯堪的纳维亚半岛降水监测网。该网最初由位于瑞典东南部的 28 个站组成，每月收集一次样品，结果表明斯堪的纳维亚半岛降水酸性偏高，尤其在冬天化石燃料燃烧量大的时期。1954年斯堪的纳维亚半岛降水监测网扩展到包括大不列颠岛和斯堪的纳维亚半岛的全部，这是酸性降水监测首次国际协作的标志。该网后来又扩大到包括法国、德国和苏联的一些监测站。许多欧洲的科学工作者利用该网提供的数据，对降水化学做了广泛的研究。该网的工作证实了北欧的“酸雨”问题是比较严重的，尤其在挪威和瑞典，自20世纪50年代以来雨水酸性逐渐增强。

可见，酸雨这一概念虽然提出得很早，但是直到20世纪40年代人们对酸雨及其影响才开始有所认识。20世纪70年代初酸雨出现的范围日趋扩大，降水酸度也表现出逐渐增加的趋势，对生态环境产生越来越明显的影响，因而引起各国政府的关注和科技工作者的重视。然而，酸雨真正被人们作为一种国际性环境问题被正式提上议事日程，则是从1972年在斯德哥尔摩召开的联合国人类环境会议开始的。斯德哥尔摩会议之后的10余年中，酸雨在欧洲的危害范围越来越广，最早酸雨多发生在挪威、瑞典等北欧国家，后来又由北欧扩展到东欧和中欧，直至几乎覆盖整个欧洲。据估算，在酸雨最严重时期，斯堪的纳维亚半岛有一万个湖泊完全酸化，另有一万个湖泊受到严重威胁，欧洲有15个国家的近680万公顷的森林受到“森林死亡症”的蹂躏。随着酸沉降危害的日益严重，欧洲各国纷纷制定了适合自己国情的控制策略。

酸雨是跨国环境问题，酸雨及致酸物质往往存在越境迁移，这使得缔结国际公约成为各国酸雨控制对策的重要组成部分。1977年，经济合作和发展组织（OECD）实行了欧洲国家间的合作计划，以研究空气污染物的长距离输送及各国排放对邻国造成的影响。1982年在斯德哥尔摩环境酸化会议上，挪威、芬兰、瑞典建议全体与会国为减少硫的排放而选定一个国家标准。1983年6月，联合国欧洲经济委员会（UNECE）与会30个国家的全体代表支持会议声明，有8个国家承诺到1993年年底前减少各自30%的污染排放。1984年3月在渥太华召开的环境部长会议上，10个国家宣布结成“百分之三十俱乐部”，其宗旨是要求各成员国1993年SO_2的排放量比1980年下降30%。1995年6月26—30日在瑞典的斯德哥尔摩召开了第五届酸沉降——科学与政策国际会议，该会议的声明中声称欧洲的SO_2排放量在经历了20世纪40年代到60年代的高速增长之后，已经开始下降，在1980—1992年，欧洲已削减了其排放量的39%。1991年欧洲提出了酸沉降临界负荷的概念，编制出第一幅酸沉降临界负荷图，同时开发出新的酸沉降模型如RAINS模型和EMEP拉格朗日轨迹模型。

北美对酸沉降的个别研究始于1923年。20世纪50年代到70年代中期，美国东北部和加拿大降水pH变小的趋势十分明显，pH为3~4的酸性雨水已非常普遍，北美的湖泊酸化十分严重，据称到1981年年底，美国每年因受酸沉降造成的损失达50亿美元。酸雨问题引发了美国和加拿大两国之间酸的污染来自何方的争议，1978年美国和加拿大建立了“关于空气污染物长距离输送”的双边研究顾问组，1980年签署了空气污染跨越边界双边协议的备忘录。在此情况下，两国酸雨研究发展十分迅速，1978年美国“全国大气沉降监测计划网”（NADP）开始工作，加拿大于1977年建立了“加拿大大气沉降监测网”（ANSAP），大力开展对酸沉降来源、形成过程、化学转化机制及效应的研究。1980年美国开展了名为“全国酸沉降评价计划”（NAPAP）的历时10年的关于酸沉降成因和影响的研究。在对酸沉降危害造成的损失进行调查的基础上，NAPAP在水生生态系统、陆生生态系统、材料、能见度和人体健康受到的影响等五个方面对控制酸沉降的环境效益和经济效益进行了评价。基于

NAPAP 的研究成果，美国国会于 1990 年 11 月 15 日通过了《清洁空气法》修正案，其中新增了有关控制酸沉降和致酸物质排放量的条款。为了确保控制目标的实现，修正案还规定一系列具体的实施办法，并根据酸沉降是区域性污染的特点决定实施总量控制，采用灵活的可交易 SO_2 排污许可额度的制度。

日本的酸雨研究起步较晚。1973—1976 年，日本关东等地区居民曾在降毛毛雨时感到眼睛及皮肤有刺激感，怀疑刺激感是酸雨造成的，但未发现有明显生态效应。1983 年日本环境厅组织酸雨委员会进行降水化学组成的监测和湖泊水质调查，结果初步表明：pH 的年均值为 4.3~5.6；在工业区和城市，SO_4^{2-} 和 NO_3^- 的含量在降水中较高；酸雨问题不如欧洲和北美严重；湖泊水质调查表明 pH 小于 5.5 的湖泊可能主要受火山和矿物的影响。日本于 1984 年成立了研究酸雨形成机理和酸雨对环境影响的委员会。

我国由于燃煤排放大量的 SO_2，导致大面积酸雨的出现，继欧洲、北美之后在世界上出现第三大片酸雨区。1974 年在北京西郊开始了酸雨监测，1979 年在上海、南京、重庆、贵阳等城市相继开展起来。1981 年 11 月在北京召开了全国第一次酸雨科学讨论会，这次会议对中国的酸雨研究起了很大的促进作用。1982 年，国家环境保护局（现为生态环境部）组织了全国酸雨普查和西南地区酸雨研究，开始了对酸雨形成、影响和对策的综合性研究，同年建立了全国酸雨监测网络，截至 2020 年，全国开展例行降水监测的城市超过了 450 个。

1985 年中国在酸雨研究方面取得了第一批成果，初步阐述了中国酸雨形成和影响的现状和特点，为进一步深入研究打下了良好基础。1986—1995 年，中国将酸雨研究列为重点研究课题。1986—1990 年，在酸雨严重和对酸化敏感的西南和华南地区，开展了多学科综合性研究，弄清了中国酸雨的形成、危害和发展趋势，在此基础上制定出切合中国实际的酸沉降控制对策。1990—1995 年，重点查清中国酸沉降现状和发展趋势，提供酸沉降对森林、农林和土壤的影响及其造成的经济损失，研究中国大气输送规律，定量地求得省区间和跨国输送量及沉降量，阐明大气酸化和沉降过程的机制和规律。这些研究使人们认识到，中国酸雨的存在使中国自然资源、生态系统、材料和人群健康蒙受了重大损失，酸雨和二氧化硫污染已成为中国亟待解决的重大环境问题之一。“十一五”期间国家设立了重点基础研究发展计划项目（973 计划）“中国酸雨沉降机制、输送态势及调控原理”，同时还组织实施了国际合作研究，如 2000 年至今的东亚酸沉降监测网（EANET）和 2000—2005 年中国 – 挪威重大环境合作项目“陆地生态系统酸化的综合观测”。我国针对酸沉降的化学过程、输送规律、生态环境影响和控制对策的研究已逾 40 年。

第二节 降水和液滴化学特征

一、降水的化学组成

降水的化学组成通常包括以下几类：① 大气固定气体成分，如 O_2、N_2、CO_2、H_2 及惰性气体；② 无机物，如土壤衍生矿物离子 Al^{3+}、Ca^{2+}、Mg^{2+}、Fe^{3+}、Mn^{2+} 和硅酸盐等，海洋盐类离子 Na^+、Cl^-、Br^-、SO_4^{2-}、HCO_3^- 及少量 K^+、Mg^{2+}、Ca^{2+}、I^- 和 PO_4^{3-}，气体转化产物 SO_4^{2-}、NO_3^-、NH_4^+、Cl^- 和 H^+，人为排放源 As、Cd、Cr、Co、Cu、Pb、Mn、Mo、Ni、V、Zn、Ag、Sn 和 Hg；③ 有机酸（以甲酸和乙酸为主，曾测出 C1~C30 酸）、醛类（甲醛、乙醛等），烯烃、芳香烃和

烷烃；④ 光化学反应产物，如 H_2O_2、O_3 和 PAN 等；⑤ 不溶物，主要来自土壤粒子和燃料燃烧排放尘粒中的不溶部分，其含量可达 1~3 mg/L。

（一）降水离子组成

表 6-1 列出了国内外部分地区降水的无机离子组成。人们关心的降水组成中的阴离子是 SO_4^{2-}、NO_3^-、Cl^-，阳离子是 NH_4^+、Ca^{2+} 和 H^+，因为这些离子参与了地表土壤的平衡，对陆地和水生生态系统有很大影响。

表 6-1　国内外部分地区降水的无机离子组成　　单位：μeq/L

资料来源	SO_4^{2-}	NO_3^-	Cl^-	NH_4^+	Ca^{2+}	Mg^{2+}	Na^+	K^+	pH
土耳其，Karadeniz 等，2020	476.0	333.0	556.0	36.7	665.0	80.2	694.0	54.0	6.33
巴西，Martins 等，2019	15.6	14.7	7.1	34.4	54.9	17.4	22.4	5.7	5.62
印度，Bisht 等，2017	15.9	10.0	70.6	10.0	123.2	41.6	51.9	39.6	5.5
西班牙，Jorge 等，2014	56.8	31.5	180.6	32.5	121.7	53.7	188.2	15.1	5.55
南非，Conradie 等，2016	67.2	33.4	18.0	28.5	16.4	5.5	17.8	7.4	4.32
泸州，王念飞等，2020	64.2	50.1	5.6	108.0	39.7	15.0	5.2	6.8	5.4
重庆，张永江等，2018	131.1	10.9	10.5	61.4	89.2	19.5	9.1	8.5	6.3
济南，刘建军，2021	93.0	78.0	24.8	153.1	148.7	21.6	16.4	4.6	6.8
深圳，蒋冰艳等，2019	22.4	18.6	27.1	17.4	28.2	6.9	23.1	5.4	4.7
上海，张丽明等，2020	39.3	39.0	21.5	63.5	27.4	6.6	14.2	3.9	5.5

各地区降水中 SO_4^{2-} 含量有很大差别，除来自岩石矿物风化作用、土壤中有机物、动植物和废物分解外，还来源于燃煤排放出的颗粒物和排放的 SO_2 在大气中的转化，因此工业区和城市降水中 SO_4^{2-} 含量一般较高，而且冬季高于夏季。我国城市降水中 SO_4^{2-} 含量高于国外，这与我国燃煤污染严重有关。

降水中含氮化合物主要以 NO_3^-、NO_2^- 和 NH_4^+ 形式存在，通常 NH_4^+ 含量大于 NO_3^-。NO_3^- 部分来自人为污染源排放的 NO_x 和尘粒，也有部分 NO_3^- 可能来自空气放电产生的 NO_x。NH_4^+ 的主要来源可能是生物腐败及土壤和海洋挥发等天然源，以及农用肥料的施用和生物质燃烧等人为源排放出的 NH_3。NH_4^+ 的分布与土壤类型有较明显的关系，碱性土壤地区降水中 NH_4^+ 含量相对增加。我国城市雨水中 NH_4^+ 含量很高，可能与人为源有关。

降水中 Ca^{2+}、K^+、Mg^{2+} 及 Na^+，主要来源于海水喷溅、土壤和建筑扬尘及生物质燃烧等，

其中 Ca^{2+} 能够提供相当大的中和能力。

中国降水中阴、阳离子组成如图 6-1 所示。由图 6-1 可见，1993 年降水的阴离子中 SO_4^{2-} 构成比最高，其次为 Cl^- 和 NO_3^-，阳离子中 Ca^{2+} 构成比最高，其次为 NH_4^+ 和 Na^+，与人类活动有关的 SO_4^{2-}、NO_3^-、NH_4^+ 和 Ca^{2+} 分别占 30.9%、5.0%、17.2% 和 20.4%；2018 年降水中主要阴离子仍然为 SO_4^{2-} 和 NO_3^-，主要阳离子为 Ca^{2+} 和 NH_4^+，SO_4^{2-}、NO_3^-、NH_4^+ 和 Ca^{2+} 分别占 20.3%、10.0%、15.2% 和 25.9%。

可见，中国降水中的主要酸性离子是 SO_4^{2-} 和 NO_3^-，主要碱性离子为 Ca^{2+} 和 NH_4^+，前者主要来自人为排放源，后者主要来自土壤和生物质腐败等非人为直接排放源。降水中 SO_4^{2-}/NO_3^- 值由 1993 年的 6.2 下降到 2018 年的 2.0，表明中国酸性降水基本仍是硫酸型，但近 30 年来硫酸型的比例已显著下降，硫酸和硝酸的比值也已达到国外的 2 : 1（表 6-1），表明中国降水的硫酸型正在变化。降水中 NO_3^- 已与 SO_4^{2-} 浓度接近，这可能与机动车尾气排放有关。

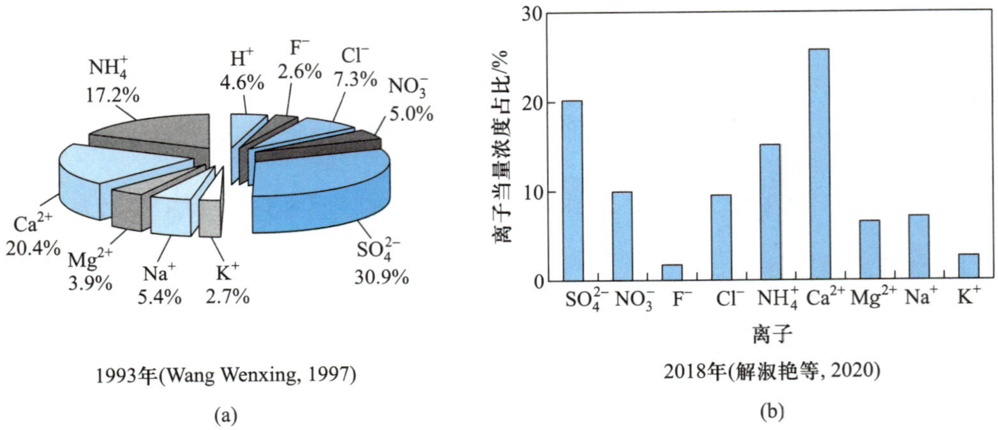

图 6-1 中国降水中的阴、阳离子组成

（二）降水中的有机酸

世界各地降水中都已发现有机酸的存在，虽然通常都认为降水酸度主要来自硫酸和硝酸等强酸，但多年实测结果表明有机弱酸（甲酸和乙酸等）也对降水酸度有贡献。美国城市地区有机酸对降水自由酸度的贡献为 16%~35%，僻远地区它们可能成为降水的主要致酸成分，对酸度的贡献有时可高达 60% 以上。

表 6-2 列出了美国 Galloway 等人在澳大利亚凯瑟琳陆地背景点 1980—1984 年取得的雨水中有机酸浓度和百慕大群岛 1981—1984 年取得的雨水中有机酸的平均浓度。百慕大群岛雨水的酸度受控于 H_2SO_4、HNO_3、HCOOH 和 CH_3COOH，其贡献比为 67∶20∶8 ∶3。凯瑟琳的雨水中则是有机酸（主要是甲酸和乙酸）对酸度起了主要作用，H_2SO_4 和 HNO_3 对酸度的贡献仅占 18% 和 21%，有机酸的贡献高达约 64%。

环境大气中有机酸的来源包括人为排放、生物排放和有机物的化学转化。有机酸在大气中的反应活性小，干、湿沉降是水溶性有机酸从大气中去除的主要方式。研究表明，C1~C10 的一元羧酸、C2~C10 的二元羧酸及 C1~C2 的醛是降水中主要的有机组分。

表 6-2 雨水中有机酸的平均浓度 单位：μmol/L

地点	pH	H^+	NH_4^+	Ca^{2+}	Mg^{2+}	K^+	Cl^-	SO_4^{2-}	NO_3^-	甲酸	乙酸
百慕大群岛（1981—1984）	4.88	13.1	2.8	2.5	0.75	0.9	3.0	7.1	4.4	2.0	0.8
凯瑟琳（1980—1984）	4.77	16.9	2.9	0.95	0.7	1.1	8.0	2.0	4.1	10.5	4.2

我国某些地区也测定了降水中有机酸含量（表 6-3）。我国南方城市降水中有机酸浓度并不很高，对自由酸的贡献不大，而在高山降水中，虽然有机酸的绝对浓度并不很高，但是对自由酸的贡献相对较高且与国外僻远地区十分接近（表 6-2）。

表 6-3 我国降水中有机酸含量 单位：μeq/L

地点	降水类型	pH	甲酸	乙酸	草酸	在总阴离子中含量占比（%）	对自由酸的最大贡献（%）
庐山（2011—2012）	云	3.81	10.83	9.29	9.90	6.70	2.50
庐山（2011—2012）	雨水	4.44	10.21	11.20	5.07	27.89	17.66
衡山（2009）	云	3.80	19.65	16.04	10.22	7.93	3.53
衡山（2009）	雨水	4.35	14.30	16.46	3.31	24.50	16.78
深圳（2005—2009）	雨水	4.56	2.26	0.55	1.15	3.64	2.86
安顺（2007—2008）	雨水	4.67	8.77	6.93	5.68	15.00	8.1

北京大学曾测定了北京、广州白云山和广西桂林大气中气态有机酸的浓度，浓度范围和中位数见表 6-4。由表可见，大气中气态有机酸浓度较低，三个地点甲酸、乙酸浓度都小于 1×10^{-9}。北京大气中甲酸、乙酸浓度范围及中位数与美国洛杉矶大气中有机酸浓度范围相近，而广州白云山大气中甲酸与意大利罗马附近乡村大气中甲酸浓度范围比较接近，乙酸浓度有一定的差别。

表 6-4 大气中气态有机酸的浓度

地点	甲酸				乙酸			
	体积分数 $/10^{-9}$		$\mu g/m^3$		体积分数 $/10^{-9}$		$\mu g/m^3$	
	范围	中位数	范围	中位数	范围	中位数	范围	中位数
北京（1988.1）	0.10~1.01	0.52	0.20~2.03	1.04	0.15~3.31	0.81	0.39~8.73	2.13
广州白云山（1988.3）	0.10~0.49	0.25	0.20~0.98	0.50	0.15~2.37	0.26	0.39~6.25	0.68

续表

地点	甲酸				乙酸			
	体积分数 /10^{-9}		μg/m^3		体积分数 /10^{-9}		μg/m^3	
	范围	中位数	范围	中位数	范围	中位数	范围	中位数
广西桂林（1988.3）	0.18~0.20	0.18	0.37~0.40	0.37	0.17~0.41	0.36	0.45~1.08	0.96
意大利罗马附近乡村（1986）	—	—	0.02~1.16	0.77	—	—	0.33~4.08	3.16
美国洛杉矶（1985）	0.066~2.98	0.697	—	—	0.262~3.9	1.09	—	—

（三）降水中的金属元素

降水中的金属元素特别是有毒金属元素引起人们高度重视。由于收集降水量少和金属元素浓度较低，有关降水中金属元素化学行为的研究比较少。Galloway 等人（1982）综合评述了大气沉降中的金属元素，给出了湿沉降中金属元素在僻远（remote）地区（具有最低浓度的任何地区）、乡村地区（能代表区域背景的任何采样点，不直接受当地人为源的影响）和城市等地的浓度范围（表 6–5）。金属元素在城市湿沉降中较高，在僻远地区较低。虽然金属元素浓度水平还不能十分肯定，但是可以肯定人为活动对金属元素湿沉降的影响是明显的（表 6–6），城市和乡村地区湿沉降中金属元素浓度各自与僻远地区之比代表了人为源对湿沉降的影响，表 6–6 说明即使在乡村地区金属元素的湿沉降也受到人为源的影响。

表 6–5 湿沉降中金属元素浓度范围

	城市		乡村地区		僻远地区	
	范围	参考资料数量	范围	参考资料数量	范围	参考资料数量
Sb	—	—	—	—	0.034	1
As	5.8	1	0.005~4	9	0.019	1
Cd	0.48~2.3	5	0.08~46	23	0.004~0.639	4
Cr	0.51~15	4	0.1~30	9	—	—
Co	1.8	1	0.01~1.5	2	—	—
Cu	6.8~120	6	0.4~150	19	0.035~0.85	5
Pb	5.4~147	8	0.59~64	32	0.02~0.41	6
Mn	1.9~80	8	0.2~84	28	0.018~0.32	5
Hg	0.002~3.8	6	0.005~2.2	10	0.011~0.428	4
Mo	0.20	1	—	—	—	—
Ni	2.4~114	6	0.6~48	15	—	—
Ag	3.2	1	0.01~0.48	7	0.006~0.008	2
V	16~68	3	0.13~23	6	0.016~0.32	3
Zn	18~280	9	1~311	32	0.007~1.1	8

资料来源：摘自 Galloway 等，1982。

表 6-6　湿沉降中金属元素中的人为活动因子（根据中值浓度）

金属元素	城市/僻远地区	乡村地区/僻远地区
As	305	15
Cd	88	66
Cu	683	90
Pb	489	128
Mn	121	29
Hg	9.4	1.1
Ag	457	7.8
V	258	54
Zn	155	167

资料来源：摘自 Galloway 等，1982。

二、降水 pH

（一）酸雨的定义

降水 pH 用来表示降水的酸度。自然降水的酸度是由其中所溶有的酸、碱性物质的相对含量决定的，在只考虑大气中 CO_2 与纯水平衡的条件时，有如下关系式

$$CO_2(g) + H_2O \xrightleftharpoons{H} CO_2 \cdot H_2O$$
$$CO_2 \cdot H_2O \xrightleftharpoons{K_1} H^+ + HCO_3^-$$
$$HCO_3^- \xrightleftharpoons{K_2} H^+ + CO_3^{2-}$$

式中：H——CO_2 的亨利常数；

K_1 和 K_2——二元酸 $CO_2 \cdot H_2O$ 的一级和二级电离常数。

按电中性原理得

$$[H^+] = [OH^-] + [HCO_3^-] + 2[CO_3^{-2}]$$
$$= \frac{K_w}{[H^+]} + \frac{K_1 H P_{CO_2}}{[H^+]} + \frac{2K_1 K_2 H P_{CO_2}}{[H^+]^2}$$

式中：K_w——水的离子积常数；

P_{co_2}——CO_2 在大气中的分压。

当大气压为 1 atm、CO_2 浓度为 330×10^{-6} 时，便可计算出普通雨水的 pH 在 25℃时为 5.66，0℃时为 5.58。因此，通常认为雨水的“天然”酸度为 pH 5.6。多年来国际上一直将此值看作未受污染的天然雨水背景值。pH 小于 5.6 的雨水被认为是酸雨，其酸性增加被认为来自人为污染，因此 pH 是否小于 5.6 实际上已被国际上用作判别雨水是否受到人为污染的界限。

实际上，影响降水酸度的气体除 CO_2 外，还有衡量气体 SO_2、H_2S、NH_3、HCl、HNO_3 和 HNO_2 等物质，因此有人还认为酸雨应是 pH<5.0 或 pH<4.7 的降水。近年来通过对降水的观测，已经对 pH 5.6 能否作为酸雨的界限以及判别人为污染的界限提出了异议。主要论点为：

（1）在高清洁的大气中除 CO_2 外，还存在着各种酸、碱性气态和气溶胶物质，它们通过成云过程和降水冲刷过程进入雨水，降水酸度是降水中各种酸、碱性物质综合作用的结果，其 pH 不一定正好是 5.6。

（2）作为对降水 pH 有决定影响的强酸，尤其是硫酸和硝酸，并不都来自人为源。以硫为例，由生物过程产生的 H_2S、CH_3SCH_3，由火山喷发放出的 SO_2 和海盐中的 SO_4^{2-} 等都对雨水 pH 有贡献。Charlson 和 Rodhe 在 1982 年通过计算指出，如果没有碱性物质（如 NH_3 和 $CaCO_3$ 等）的存在，那么单由天然硫化合物所产生的 pH 为 4.5~4.6，平均值为 5.0。Stensland 等（1982）在分析了美国东部 1955—1956 年的降水数据后指出 pH 的背景值约为 5.0。

（3）降水 pH 大于 5.6 的地区并不意味着没有人为污染，有的地区空气中酸性污染严重，但碱性尘粒或其他碱性气体如 NH_3 含量高，降水冲刷的结果使 pH 大于 5.6。我国北方一些城市就属于此类情况，例如，东北某城市降水年平均 pH 为 6.41，不属于酸雨污染区，但降水中 SO_4^{2-} 浓度却达到 199 μmol/L，NH_4^+ 和 Ca^{2+} 浓度达到 203 μmol/L。

（4）H^+ 浓度不是一个守恒量，它不能表示降水受污染的程度。同一酸度下，降水的离子浓度可以相差很大。在僻远地区，降水的 pH 低不一定表明污染严重。城市附近的降水，有时 pH 并不低，而其他离子含量很高，降水实际上已受到污染。

因此，pH5.6 不是一个判别降水是否受到酸化和人为污染的合理界限，于是提出了降水 pH 的背景值和降水污染与否判别标准的问题。

（二）降水 pH 的背景值

从 1979 年开始，美国着手于全球降水化学研究计划（GPCP），致力于全球背景点降水组成的测定，计划建立 11 个点，这些背景点都选在离大工业中心城市 1 000 km 以外，同时远离火山区的地方。最早建立的 5 个背景点是：

阿姆斯特丹岛（Amsterdam，南半球印度洋中的小火山岛）：主导气流由西向东，上风向最近陆地是相距 5 000 km 的南部非洲。

波格弗来特（Pokerflat，阿拉斯加）：海拔 202 m，地处阿拉斯加中部的塔纳诺谷地，具有典型的阿拉斯加气候。

凯瑟琳（Katherine，澳大利亚）：在达尔文东南约 275 km，属于热带稀树干草原地区。

圣卡洛斯（San Carlos，委内瑞拉）：海拔 119 m，属于热带雨林地区。

圣乔治（百慕大群岛）：海拔 60 m，地处岛屿东端，距美国南部海岸约 1 000 km。

表 6-7 列出了 Galloway 等 1982 年发表的这 5 个背景点降水初步监测结果。总的看来，这些背景点上的降水除两个海洋点有明显的海洋盐类来源（Na^+、Mg^{2+}、Cl^-、SO_4^{2-}）外，其余各背景点降水中的离子浓度都很低，雨水的 pH 也明显低于 5.6。

表 6-7 全球 5 个背景点降水初步监测结果（雨量加权平均值） 单位：μmol/L

监测指标	阿姆斯特丹岛	波格弗来特	凯瑟琳	圣卡洛斯	圣乔治
pH	4.92	4.96	4.78	4.81	4.79
SO_4^{2-} ①	4.4	3.55	2.75	1.35	9.15
NO_3^-	1.7	1.9	4.3	2.6	5.5
Cl^-	208	2.6	11.8	2.5	175
Na^+	177	1.0	7.0	1.8	147
K^+	3.7	0.6	0.9	0.8	4.3
Ca^{2+}	3.7	0.05	1.25	0.15	4.85
Mg^{2+}	19.4	0.1	1.0	0.25	17.3
NH_4^+	2.1	1.1	2.0	2.3	3.8

资料来源：摘自 Galloway 等，1982。

注：① SO_4^{2-} 为非海盐硫酸根。

Seinfeld 在 1986 年出版的《空气污染中的大气化学和物理》中指出，pH 大于 5.6 的降水未受到人类的干扰，即使有人类的干扰，这种雨水也有足够的缓冲容量，不会使雨水酸化；pH 为 5.0~5.6 的雨水有可能受到人为活动的影响，但没有超过天然本底硫的影响范围，或者说人为影响即使存在也被天然缓冲作用所调节，因为雨水和天然本底硫平衡时的 pH 即为 5.0；如果雨水 pH 小于 5.0，就可以确信人为影响是存在的。他认为 pH 小于 5.0 的降水为酸雨。

我国在 1985—1986 年已选择了一些地点作为背景点进行降水的长期测定。由图 6-2 可见，与我国西部背景点相比，东部的 3 座高山背景点降水 pH 均较低，属于酸性降水。可见东部背景点降水酸化较为严重。20 世纪 90 年代，在丽江陆地背景点测量并确定降水 pH 的背景值约为 5.0。

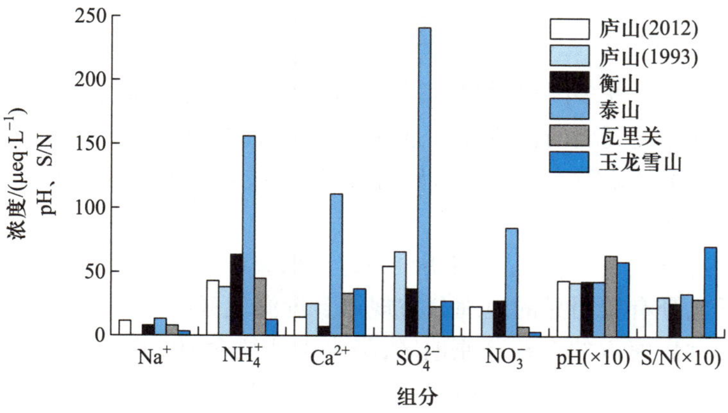

图 6-2 全国部分背景点降水 pH 及化学组分对比

（资料来源：张等，2016）

总之，降水 pH 背景值的确定不是轻而易举的。降水 pH 背景值有无意义，应为多少，全球是否只有一个背景值等许多问题尚无定论，只有在全球范围内找到合适的具有代表性的背景点，并在这些背景点上获得较长期的系统降水数据的基础上，才能得出结论。

（三）降水是否受到人为污染的判别

由于降水的 H^+ 是酸（H_2SO_4、HNO_3、HCOOH 等）和碱（NH_3 和 $CaCO_3$ 等）综合作用的结果，因此控制僻远地区降水中 H^+ 浓度的酸碱混合物可能完全不同于城市降水中的酸碱混合物，因而 H^+ 不是一个守恒（conservative）的组分，单用降水酸度或 H^+ 浓度不能表示出不同地区降水组成由于受污染而引起的变化。为了区别和比较污染和未受污染降水的情况，必须找到比 H^+ 更为守恒的成分。

此处所谓守恒是指该组分在降水中的浓度不会由于降水中的化学作用或生物作用而改变。此外，由于判别污染与否，目的在于考察污染对环境尤其是对生态环境的影响，因此所选择的用于判别的组分最好是对环境产生直接影响的组分。

Galloway（1984）等在总结了背景点的降水组成数据后于 1984 年提出：非海盐 SO_4^{2-} 可以作为降水组成变化较好的指示剂，理由如下：

（1）在 5 个背景点的数据中 SO_4^{2-} 的雨量加权平均值随地区的变化不大，即海洋与陆地，南半球与北半球无显著差别。H^+ 和 NO_3^- 就不同，5 个背景点之间有显著差异。

（2）SO_4^{2-} 对环境有明显影响，尤其是水生生态系统的酸化，材料腐蚀等。而 NO_3^- 会很快被陆生和水生生态系统中的生物质吸收，不会促使水生生态系统长期酸化。H^+ 会受降水样品中微生物的作用而改变，如果不加保护剂，那么有机酸会在样品采集到分析期间被微生物氧化，使 pH 上升。因此他们认为对美国东北部和僻远地区之间，SO_4^{2-} 是降水组成变化的最佳指示剂。

我国降水是硫酸型降水，用 SO_4^{2-} 作为污染指示剂应更有实际意义。

根据 5 个全球背景点的数据，僻远地区非海盐 SO_4^{2-} 在降水中的浓度为 1.5~5.1 μmol/L。美国东北部污染地区的降水中 SO_4^{2-} 的富集因子（污染地区 SO_4^{2-} 浓度与僻远地区之比）存在空间分布，富集因子从小于 2 变化到大于 16。我国许多地区的降水中 SO_4^{2-} 的富集因子更高。

应该指出，根据 SO_4^{2-} 浓度并不能判别雨水是否酸化，因为降水中还有大量的碱性物质存在。而将 pH 和 SO_4^{2-} 相结合就可以判别降水是否酸化或是否受到人为污染。

三、降水化学组成的时空变化

降水的化学组成受许多因素影响，不仅有地域变化，降水与降水之间的变化，而且在同一次降水中其组成浓度还随时间变化。这些变化与云的结构（垂直运动、云滴大小和蒸气压），云中雨除和云下冲刷效率的时空差别有关，还与酸雨前体物的排放有关。通常大气降水的化学组成具有以下特点。

（一）降水中化学成分及含量具有明显的地理规律

降水中离子成分有较明显的地理分布规律。近海地区的降水中通常含有较多的 Na^+、Cl^- 和 SO_4^{2-}，而在远离海洋的森林草原地区，降水中往往含 HCO_3^-、SO_4^{2-}、Ca^{2+} 和有机成分较多；在荒漠干燥草原地带，降水中含 CO_3^{2-}、Cl^-、SO_4^{2-} 和 Na^+ 较多，而在工业区和城市，降水中则含 SO_4^{2-}、NO_3^- 和 NH_4^+ 较多。当气候异常时如风暴期间，降水中 Cl^- 含量明显增加。

SO_4^{2-} 浓度的时空变化较大，在一些背景点，雨水中 SO_4^{2-} 浓度仅为 1.35~9.15 μmol/L

（表 6–7），一些西方国家降水中 SO_4^{2-} 浓度上升到几十至近 100 μmol/L（表 6–1）。在我国，由于大气中硫含量高，气溶胶浓度大，降水中 SO_4^{2-} 浓度普遍较高，一般为 50~200 μmol/L（表 6–1），比国外要高出许多倍。NO_3^- 的背景本底值较小，仅为 1.7~5.5 μmol/L，中欧、北欧为 31 μmol/L，北美大陆为 19~50 μmol/L，我国降水中 NO_3^- 浓度普遍比国外略低，西南地区 NO_3^- 浓度均为 10~30 μmol/L，北京、天津则高达 30~50 μmol/L，与国外相当。降水中 NH_4^+ 的背景本底值仅为 1~4 μmol/L，国外降水中 NH_4^+ 浓度也较低（20~30 μmol/L），而我国降水中 NH_4^+ 浓度高达 50~150 μmol/L，个别雨水样品中 NH_4^+ 浓度可达 250 μmol/L 以上。NH_4^+ 与 NO_3^- 的比值与地理环境有关，在内陆地区，NH_4^+/NO_3^- 值约为 9，沿海地区约为 2，赤道附近约为 0.4~1，即从内陆到沿海、从高纬度到赤道，NH_4^+/NO_3^- 值逐渐下降，其原因是沿海和赤道附近雷电活动比较频繁，闪电产生的 NO_3^- 量较大。

H^+ 浓度取决于降水酸、碱性物质的综合作用，因此，它的地理分布不如其他离子那样明显。Vet 等（2014）给出了降水 pH 的全球分布，其中，pH 最低和酸度最高（pH=4.1~5.2）的区域主要是在北美东部、欧洲、东亚及中非 SO_2 和 NO_x 排放较高的区域及其附近。

（二）降水组成与降水持续时间有关

以 Cl^- 为例，一般前 10~15 分钟收集的雨水中 Cl^- 含量较以后雨水中要高。原因在于降水中的 Cl^- 来自雨除和冲刷两条路径，当 Cl^- 作为云凝结核参与成云过程时，其含量比较稳定，一般为 0.02~0.5 mg/L，而当大量的 Cl^- 作为悬浮颗粒物的成分被雨水冲刷下来时，其含量随地理位置及气象条件有较大变化，通常在 10~15 分钟内被雨水冲刷下来。因此，在 10~15 分钟后收集的雨水中主要含有参与成云的凝结核中的 Cl^-，这就表现出降水中 Cl^- 含量随收集雨水的时间而变化。其他离子成分也有类似规律，北京大学曾测得一场雨中各离子浓度随时间的变化关系（图 6–3），证实了上述规律，而且离子浓度总和随时间的变化也符合上述规律。至于 H^+ 浓度的变化则不同于其他离子，它要受雨水中各种阴阳离子相互作用的制约。根据我国各地区降水组成的分时段观测，降水 pH 变化有以下几种情况：① 随降水时间增加，pH

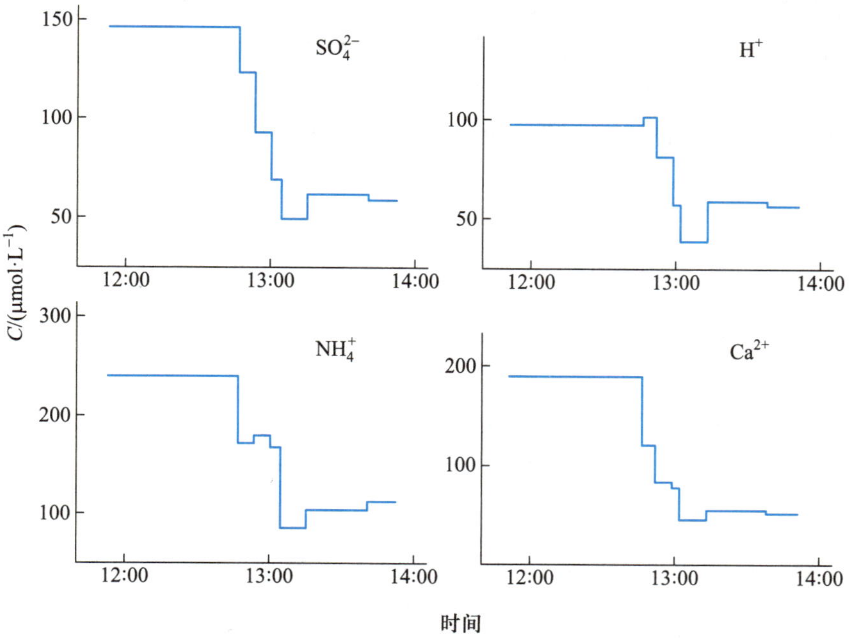

图 6–3　各离子浓度随时间的变化

逐渐增大，最后趋于一定值（图 6-3）；② pH 在降水初期较大，然后下降，中后期变化缓慢，稍有上升，终止期又逐渐低下或升高；③ pH 在整个降水期间变化不大。

鉴于降水初期的化学成分及含量与降水后期有很大不同，因此研究降水组成及其变化时，应观测一次降水过程中不同时间的降水组成及其含量。

（三）降水组成与降水量有关

一般说来降水量大，降水中各组分浓度低；降水量小，各组分浓度高（图 6-4）。这主要是由于降水量与雨滴粒径分布有关，降水量小，小雨滴较多，降水量大，大雨滴较多。小雨滴在大气中停留时间长，冲刷吸附的污染物较多，大雨滴停留时间短，冲刷吸附的污染物较少。

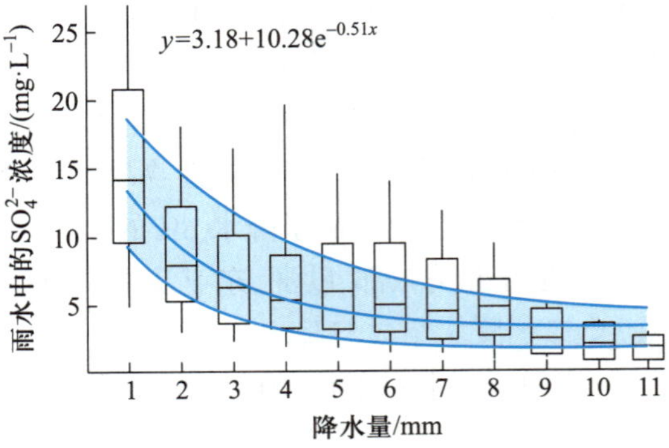

图 6-4 SO_4^{2-} 浓度随降水量的变化
（资料来源：Ge 等，2021）

1960 年 Georgli 和 Weber 讨论了一次降水中各组分浓度最大值与最小值的比值 K（某组分最大值 / 某组分最小值）与降水量 P 之间的关系：

当 $P=1$ mm 时 $K>20$

$P=10$ mm 时 $K\sim10$

$P=20$ mm 时 $K\sim5$

即当降水量小时，一次降水中组分浓度前期和后期之间的差别较大，随着降水量的增加，这种差别逐渐减小。K 值的减小完全是由于最大浓度的减小，因为最小浓度主要由雨除决定，对降水量的依赖性较小。降水量小时，云下冲刷对降水组成影响较大，降水量大时，云下冲刷的影响大大减小。考虑降水量对降水组分浓度的影响，在降水化学研究中，常采用沉降量来表示各组分在降水中的含量。

沉降量在考虑环境效应和长期效应时尤为重要，因为对环境接受体真正起作用的不是一次降水中的离子浓度，而是该离子的沉降量。沉降量表示每次降水中化学成分的绝对量，消除了降水量的影响，因而在酸雨对生态环境的损害、材料的腐蚀等方面的研究中得到广泛应用。

此外，沉降量具有累积的性质，浓度没有这种性质。图 6-5、图 6-6 和图 6-7 是美国 MAP3S/RAINE 监测网测得的 1977—1979 年降水中 H^+、SO_4^{2-} 和 NO_3^- 累积沉降量与累积

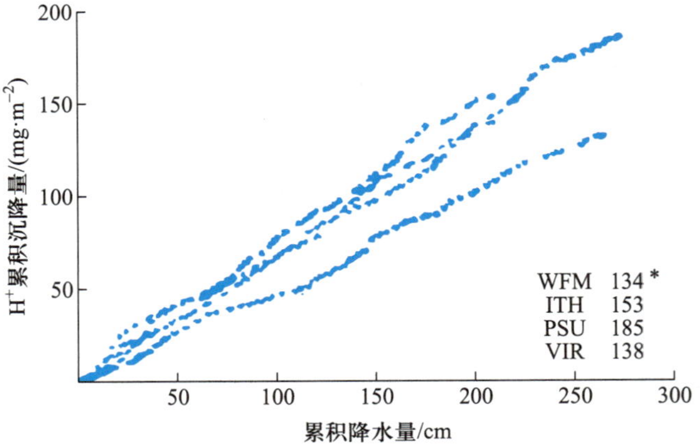

图 6-5 H^+ 累积沉降量与累积降水量之间的关系

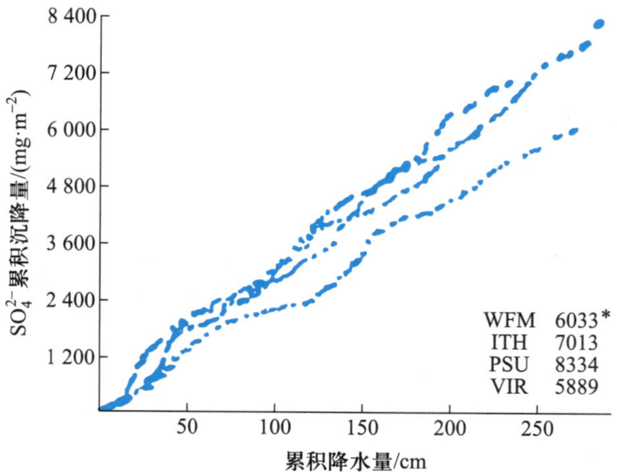

图 6-6 SO_4^{2-} 累积沉降量与累积降水量之间的关系

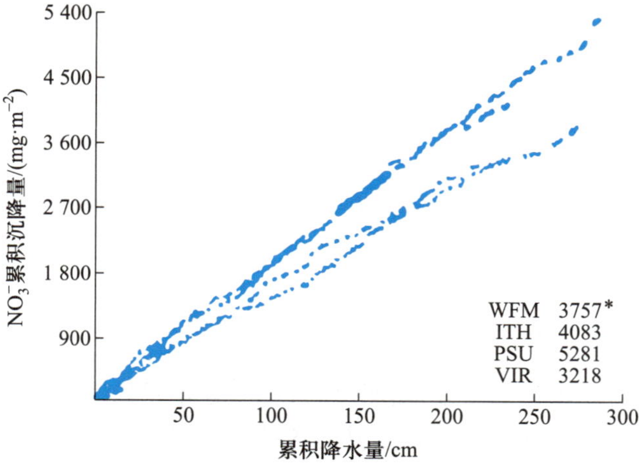

图 6-7 NO_3^- 累积沉降量与累积降水量之间的关系

降水量之间的关系，图中四条曲线分别代表四个监测点的数据。H^+ 和 SO_4^{2-} 累积沉降量与累积降水量的曲线表现出周期性的振动，这种周期性的振动是该地区夏季 SO_4^{2-} 大幅度增加的结果，而 NO_3^- 累积沉降量和累积降水量基本上呈线性关系，没有周期性的振动。尽管 H^+ 和 SO_4^{2-} 的曲线有些振动，但所有的曲线都近似为一条直线，这说明 H^+、SO_4^{2-} 和 NO_3^- 的累积沉降量与累积降水量之间总体上是相关的，在此期间，该地区降水中 H^+、SO_4^{2-} 和 NO_3^- 含量基本无变化。

（四）降水的化学组成与天气类型有关

不同季节酸雨前体物的排放源和排放量有较大差别，天气条件各异，大气扩散条件也大不相同，因此不同气团带来的物质类型和浓度也就不同。图 6-8 表明美国长岛中部降水 H^+ 加权平均浓度随季节、降水类型和天气类型的变化。从图 6-8 可见，长岛中部以夏季降水酸度最高，冬季最低；降水类型以雷阵雨时酸度最高，一般雪水和雨水酸度较低；天气类型以飑线时降水酸度最高，飓风时酸度最低。一般认为夏季的阵雨比冬季的锋面暴雨能更有效地清除大气中的硫酸盐和硝酸盐，同时降水的最低 pH 出现在与冷锋空气团有关的阵雨与雷阵雨中。

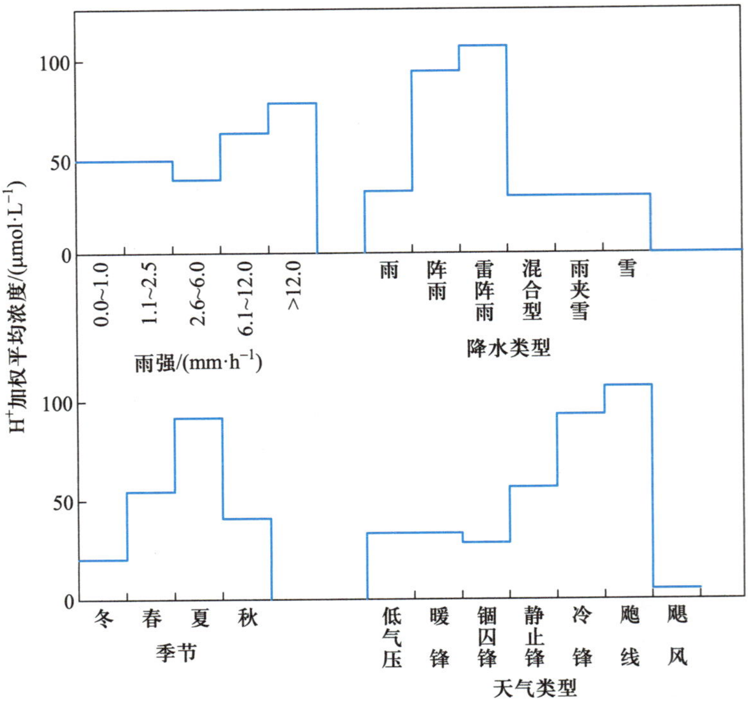

图 6-8 美国长岛中部降水 H^+ 加权平均浓度随季节、降水类型和天气类型的变化

（资料来源：Raynor 等，1981）

四、降水中离子成分的相关性

pH 是一个重要的降水化学参数，然而仅 pH 本身还不足以表示降水的质量，因为 H^+ 浓度不是一个守恒量。除人为因素外，自然界的各种物理、化学和生物过程都对降水的 H^+ 浓度产生影响。因此，pH 不能作为降水污染与否的表征。正因为如此，在酸性降水的研究中更重要的是知道降水的总组成及其离子平衡关系。

（一）根据降水中阴、阳离子之间是否平衡可以判断出测定的降水组成是否可靠

降水始终维持着电中性。如果对降水的化学组分做全面测定，那么最后阳离子的当量浓度之和必然等于阴离子的当量浓度之和。据此可以分别计算降水中阴、阳离子的当量浓度和，以检查是否有主要离子被遗漏。

Likens 等概括了美国新罕布什尔州 HBEF 站 11 年的降水组成，见表 6-8。结果表明阴、阳离子基本平衡，可以认为该数据基本可靠。而从阴、阳离子总量看，其总和标准为 ± 1.75 μmol/L，那么可判断出其他还可能存在的阴离子浓度必为 0.75~8 μmol/L。

表 6-8 美国新罕布什尔州 HBEF 站 11 年的降水组成　　单位：μmol/L

	阴离子				阳离子					
	SO_4^{2-}	NO_3^-	Cl^-	PO_4^{3-}	H^+	NH_4^+	Ca^{2+}	Na^+	Mg^{2+}	K^+
含量	29.85	23.1	14.4	0.25	73.9	12.1	4.3	5.4	1.85	1.9
离子浓度和	29.85 × 2+23.1+14.4+0.25 × 3=97.95				73.9+12.1+4.3 × 2+5.4+1.85 × 2+1.9=105.6					

（二）根据阴、阳离子之间的相关性可以判断降水中离子的存在形式

降水中阴、阳离子之间存在着一定的相关关系，可采用线性回归分析法确定各种离子和各种离子对之间的相关程度，进而判断降水的污染状况和各种离子存在的形式。

表 6-9 列出了我国部分南方和北方城市（2014—2020 年）降水中阴、阳离子的平衡情况。南方各城市 $\sum A^+$ 与 $\sum B^-$ 的比值接近 1，$\sum A^+$ 略大于 $\sum B^-$，北方城市非酸雨区 $\sum A^+$ 远远大于 $\sum B^-$。一般认为这是由于漏测了 HCO_3^-。当 pH>5.6 时，HCO_3^- 对阴离子的贡献不容忽略，pH 越高，HCO_3^- 的贡献越大。而南方城市降水的离子不平衡则可能是由于漏测了 $HCOO^-$、CH_3COO^- 及 F^-、Br^- 和 PO_4^{3-} 等。

表 6-9 我国部分南方和北方城市（2014—2020 年）降水中阴、阳离子的平衡情况

地点		样本数	$\sum A^+$	$\sum B^-$	$\overline{pH}$	$\sum A^+/\sum B^-$
北方	济南	51	344.4	195.8	6.80	1.76
	郑州	26	443.5	214.7	7.12	2.07
	烟台	361	696.4	486.2	6.82	1.43
	铜川	52	792.7	396.6	6.85	2.00
南方	重庆	91	187.7	152.5	6.30	1.23
	泸州	64	174.7	119.9	5.40	1.46
	深圳	82	80.9	68.1	4.70	1.19
	上海	97	109.0	99.8	5.45	1.09

由表 6-8 得到 $(H^++NH_4^+)/(SO_4^{2-}+NO_3^-)=1.04\sim1$，这说明 SO_4^{2-} 与 NO_3^- 可能以 H_2SO_4、HNO_3 形式存在，或以 $(NH_4)_2SO_4$、NH_4NO_3 形式存在。H^+ 浓度要比 NH_4^+ 浓度大 5.9 倍，这进一步说明该地的降水主要为 H_2SO_4 和 HNO_3 污染，其中又以 H_2SO_4 为主，其 pH 大约为 4.1。

在我国的一些降水化学研究中，发现雨水酸度很多时候与某一个单独离子没有明显的相关性，只有把主要的阴、阳离子（SO_4^{2-}、NO_3^-、Ca^{2+}、NH_4^+）都考虑进去，才表现出 H^+ 浓度与它们的相关性。例如，某城市降水中离子组分的逐步回归分析结果表明，H^+ 浓度主要由 NH_4^+、SO_4^{2-}、Ca^{2+} 和 NO_3^- 四种离子决定，回归方程：

$$[H^+]=47.3+2.92[NO_3^-]+3.74[SO_4^{2-}]-1.61[NH_4^+]-1.33[Ca^{2+}]-3.13[Mg^{2+}]$$

同时发现 $[Ca^{2+}]+[NH_4^+]$ 和 $[SO_4^{2-}]+[NO_3^-]$ 也高度相关，这说明 SO_4^{2-} 和 NO_3^- 主要以钙盐或铵盐的形式存在。

$$[SO_4^{2-}]+[NO_3^-]=34.2+0.86([Ca^{2+}]+[NH_4^+])$$

（三）从阴、阳离子浓度的变化综合判断降水酸化的原因

降水酸化一方面可以归因于大气中酸性物质的增加，但另一方面如果大气中碱性物质减少了，就相当于增加了大气中的酸性物质，同样可以导致降水酸化。

Stensland（1977）根据离子组成及平衡关系研究了美国伊利诺伊州 1954 年与 1977 年降水化学的差异。他收集了该地区 1953 年 10 月 26 日—1954 年 8 月 12 日及 1977 年 5 月 15 日—1978 年 2 月 6 日的降水数据，发现 1954 年当地降水的 pH=5.9，而 1977 年的 pH=4.1。那么是否可得出结论：1954—1977 年，该地区降水中酸性物质增加了呢？Stensland 全面分析

了这两年的降水数据(表 6-10),根据离子组成及平衡关系,他得出了否定的结论。他认为 1954 年样品之所以较 1977 年具有更低的酸性,原因在于:1954 年土壤释放的组分如 Ca^{2+}、Mg^{2+} 是高浓度水平,它们导致 1954 年较高的 pH。如果令 1954 年 $[Ca^{2+}]+[Mg^{2+}]=5\ \mu mol/L$,即 1977 年的水平,那么由离子平衡计算出的 pH=4.18,几乎与 1977 年 pH=4.1 相同。这说明碱性物质浓度降低同样可导致降水酸化。

表 6-10 美国伊利诺伊州 CMI 站降水离子浓度(中值) 单位:μmol/L

时间	SO_4^{2-}	NO_3^-	$Ca^{2+}+Mg^{2+}$	pH
1954 年	30	20	41	6.05
1977 年	35	30	5	4.1

上述三个方面证实,为了确定降水的质量,以及是否为酸性物质所污染,不能只根据降水的 pH,而必须具体分析:分析降水的总组成,阴阳离子的平衡,以及当地土壤和天然源排放对降水 pH 的影响。仔细分析各地区降水组成及阴、阳离子之间的各种关系,还可以得到更多的关于污染来源和成因的信息,这里就不一一列举了。

五、雾、露、霜的化学组成

雾、露、霜都是水蒸气在近地面大气层中凝结或凝华的结果。与雨和雪相比,雾、露、霜似乎是一些不显著的微气象现象,因此有关它们的化学研究开展得较少,尤其是露和霜。一般认为导致雨水和云水酸化的机制也应存在于雾水中。但是雾是一个近地面的气象现象,由于近地面大气中浓集着大量的污染气体和气溶胶,同时雾滴粒径约为雨滴粒径的 1/100,可以预测雾滴对污染物的清除应该比雨滴更为有效,雾滴内的化学反应也不受传质过程的限制,因此雾应比雨水更酸,离子浓度更高。

当雾由饱和空气的水形成时,水滴在气溶胶颗粒上浓缩。除气溶胶的组分外,雾滴能够吸收 NO_x、SO_2、NH_3 和 HCl,它们构成了各种氧化过程的良好环境,特别是 H_2SO_4 的形成。雾滴(直径 10~50 μm)远小于雨滴,雾的液体水含量常常在 $1\times10^{-4}\ L/m^3$(空气)左右,因此雾中的酸是雨水中形成酸的 10~50 倍,如图 6-9 所示。

大体积空气的云水过程将越过相对较长的距离,因此可能吸附较大区域的气体和气溶胶。雾是在较低的气团中形成的,因此雾滴能够有效地捕集接近地表的污染物。于是,雾的化学组成更能够反映局地排放的影响,如农业区域排放的 NH_3 或靠近垃圾焚烧场排放的 HCl。典型的雾总离子浓度为 0.5~15 μeq/L,如图 6-9 所示。在雾中能够观测到显著不同的 pH 差异。除中性的雾(pH 5~7)外,许多雾滴含有相当高的阴离子浓度,极端酸度雾滴的 pH 可以达到 1.8。

Houghton(1955)收集了美国东北部沿海和高山的 90 个雾样品,测得雾样品的 pH 约为 4.5;Morse(1966)发现联邦德国 100 个雾样品的 pH 为 3.8~5.1;Anderson(1978)在美国马里兰州卡托克丁山测得辐射雾的 pH 为 5.5。对美国纽约白面山的雾的研究(1977—1979)揭示了雾 pH 为 2.4~6.0,平均值为 3.5,比同地区雨水酸 10 倍。近几年许多科学家对洛杉矶及附近地区的雾做了广泛研究,Brewer 等报道了洛杉矶及附近地区四个测点上轻雾和雾的化学组成,并与该地区的雨水组成做了比较(表 6-11),说明雾酸度和其他离子浓度

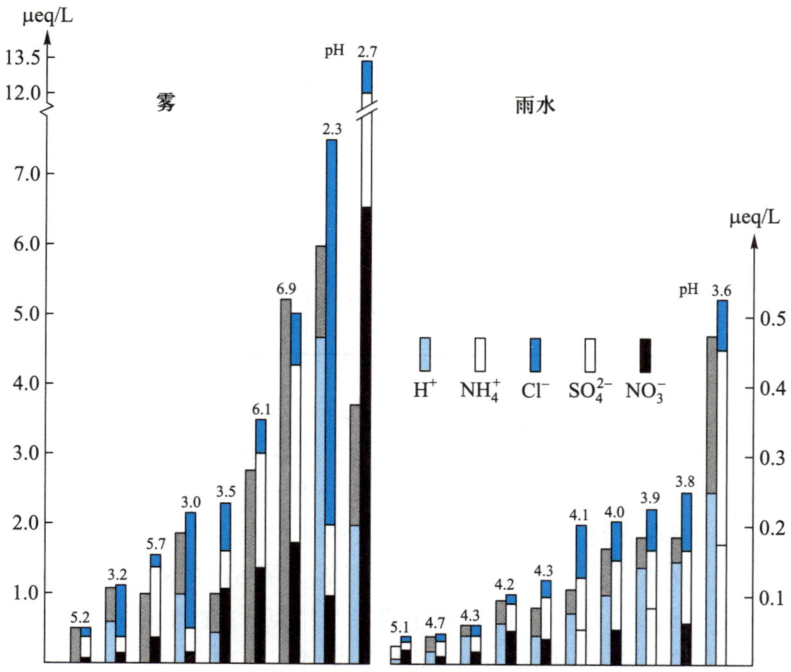

图 6-9 雾和雨水样品的离子组分

（资料来源：Werner Stumm, Laura Sigg, Jerald L. Schnoor, 1987）

都比当地雨水高得多。值得注意的是，雾中 H^+、NH_4^+、SO_4^{2-} 和 NO_3^- 浓度处于同一数量级，几乎占总离子浓度的 90%，其中以 NO_3^- 浓度最高。

表 6-11 洛杉矶及附近地区轻雾、雾和雨水的分析 单位：μmol/L

项目	轻雾		雾		雨水
	平均值	范围	平均值	范围	降水量加权平均值
pH	3.605	2.15~6.71	3.32	2.70~7.13	4.49
H^+	248	0.19~7 080	479	0.07~2 000	32
NO_3^-	887	69~6 820	1110	581~2 980	34
SO_4^{2-}	219	17~1 670	292	177~938	28
Cl^-	104	25~507	223	68~423	40
NH_4^+	518	109~2 950	1 580	420~4 260	36
Na^+	84	17~457	139	30~617	34
K^+	16	0.8~92	24	8~220	4.9
Ca^{2+}	49	5~117	84	3~230	7.5
Mg^{2+}	19	4~160	27	11~165	5.5

续表

项目	轻雾		雾		雨水
	平均值	范围	平均值	范围	降水量加权平均值
Pb^{2+}	1.1	3~19	4.6	0.3~27	—
Fe^{3+}	4.1	0.4~19	7.9	1.6~90	—
Ni^{2+}	0.32	0.02~1.4	0.48	0.1~4.0	—

Hoffmann 等发现在发生光化学烟雾后，雾特别酸，这似乎说明雾是水蒸气凝结在光化学烟雾产生的二次气溶胶上而形成的，当二次气溶胶浓度高时，形成的雾离子浓度就很高。据此，Hoffmam 假设存在一个“光化学烟雾—雾—光化学烟雾”循环。晚上当空气滞流并湿润时，雾形成在光化学烟雾产生的二次气溶胶上，第二天早上，雾蒸发，留下二次气溶胶，二次气溶胶又有助于再次产生光化学烟雾。图 6-10 说明了这样的循环。“光化学烟雾—雾—光化学烟雾”是南加州雾酸化的一个特点，该地雾的另一个特点是 NO_3^- 浓度特别高，NO_3^-/SO_4^{2-} 值约为 2.5，而雨水中的此值一般都小于 1。在某些情况下，尽管雾中其他离子浓度下降，H^+ 和 NO_3^- 浓度却同步增长。模式计算结果认为雾中 NO_3^- 主要来自气相 HNO_3 的清除，而不是 N_2O_5 的水解。同时认为雾中 S(Ⅳ)的主要氧化剂是 Mn^{2+}、Fe^{3+}，其次为 H_2O_2。

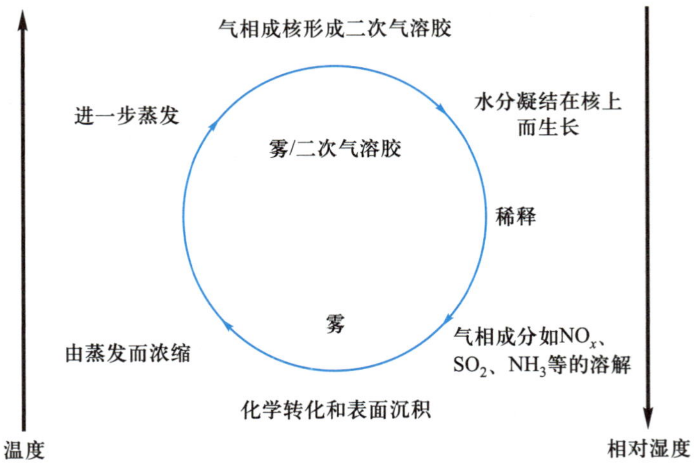

图 6-10 二次气溶胶在雾形成和蒸发中的作用

（资料来源：Munger 等，1993）

Brewer 等认为雾中离子浓度高的主要原因在于：① 近地面的雾通常与高浓度的环境污染物相接触；② 雾滴粒度小，使得雾滴很快饱和，因此雾滴内的液相反应时间长，速率快，SO_4^{2-} 等二次离子的生成浓度较高；③ 雾滴小，表面积大，提高了气体和离子的扩散速率，使得这些成分的最后浓度或它们的反应产物浓度较高；④ 降水通常伴随着新鲜空气团的对流，因而雨滴所经历的环境逐渐清洁，而雾滴的污染环境始终如一。

在我国,研究人员对部分高山点的雾、云雾水和雨水的主要化学成分进行了测量,结果见表6-12。一般来说云雾水中主要离子浓度大于或远远大于雨水,主要离子浓度大小的顺序为$SO_4^{2-}>NH_4^+>Ca^{2+}>NO_3^-$。同时$SO_4^{2-}$的当量浓度远远大于$NO_3^-$,这与中国酸雨属于硫酸型是一致的。从表6-12可见,在较高的山上,云雾水比雨水略酸,离子浓度比雨水略高,而在较低的山,云雾水的pH等于或大于雨水,但离子浓度却远高于雨水,尤其在相对高度最低的300 m山上更为明显,看来这是由于山越低,云雾水受局地的影响越大。

表6-12　我国部分高山点雾、云雾水和雨水的主要化学成分　单位:μmol/L

所在地	高度/m	采样时间	降水类型	pH	NH_4^+	Ca^{2+}	NO_3^-	SO_4^{2-}
安徽黄山	1 840	2009年7—8月	云雾水	6.4	293.5	130.0	121.4	161.6
山东泰山	1 534	2007年3—4月	云雾水	3.7	1 375.9	312.9	772.4	665.9
湖南衡山	1 269	2009年3—5月	云雾水	3.8	356.5	29.9	158.8	196.4
江西庐山	1 165	1993年3月	云雾水	4.19	179	78.2	128	205.5
			雨水	4.26	38.7	13.1	21	33.2
河南	1 200	1988年3月	云雾水	4.47	333.2	50.6	88.9	163.5
			雨水	4.47	79.91	16.89	33.87	41.81
广西	2 140	1988年3月	云雾水	4.43	129.2	36.3	59.1	57.0
			雨水	4.82	60.05	43.65	52.88	25.72
广东大瑶山	800	2001年2—3月	雾	5.2	82.1	818.3	8.3	687.9
			雨水	4.5	43.9	53.4	2.7	46.2
广东	300	1988年3月	雾	4.64	2 642.0	851.0	707.0	1 888.0
			雨水	3.82	684.4	53.3	91.6	153.9

至于露和霜,测定它们化学成分的资料极少。Brimbkcombe和Todd测定单个露珠的pH为5~7;Anderson在马里兰州的三个地点测量了露的pH为5.0~6.2,三个地点各自的平均pH分别为5.45、5.5和5.65。在唯一的霜测定中,Anderson发现pH为5.4~6.1,与同地点测量的露pH没有什么差别。Wisniewski认为这些测量可能低估了露的酸度,通过理论计算,他认为露的pH在极端的情况下可达2.0。

第三节　降水的酸化过程

如前所述,大气降水的酸度与降水中的酸性和碱性物质的性质(强或弱)及相对比例有关。这些物质是如何进入降水,又如何造成降水酸化的呢?

在自由大气里由于存在0.1~10 μm的凝结核而造成了水蒸气的凝结,然后通过碰并和聚结等过程进一步生长从而形成云滴和雨滴。在云内,云滴相互碰并或与气溶胶粒子碰并,同时吸收大气气体污染物,在云滴内部发生化学反应,这个过程称为污染物的云内清除或雨除(in-cloud scavenging or rain-out)。在雨滴下落过程中,雨滴冲刷着所经过空气中的气体和气溶胶,雨滴内部也会发生化学反应,这个过程称为污染物的云下清除或冲刷(below-cloud scavenging or washout）。因此在地面收集到的雨水的 pH 和化学组成取决于发生在采样点一定距离内的各种物理和化学过程的总和。这些过程也就是降水对大气中气态物质和颗粒物质的清除过程，酸化就是在这些清除过程中形成的。

例如，对于造成降水酸化的 SO_4^{2-} 来说，一般认为它进入降水主要通过以下五个途径：

（1）由源排放的气态 SO_2 经气相反应生成 H_2SO_4 或硫酸盐气溶胶：

（2）云形成时，含 SO_4^{2-} 的气溶胶粒子以凝结核的形式进入降水；

（3）云滴吸收了 SO_2 气体，在水相氧化形成 SO_4^{2-}。

（4）云滴成为雨滴降落时清除了含 SO_4^{2-} 的气溶胶；

（5）雨滴下降时吸收 SO_2，再在水相中转化成 SO_4^{2-}。

途径（2）和（3）即为雨除，（4）和（5）为冲刷，在雨除和冲刷过程中，同时进行 SO_2 的液相氧化。

与 SO_2 相同，大气中的其他气态物质如 NH_3、HNO_3、H_2O_2、O_3 和碳氢化合物等也会被清除进入降水，从而在降水中对酸化起作用。因此，酸化的化学过程是与清除的物理过程交织在一起的。为了弄清这些过程，需要对影响这些过程的物理和化学因素有所了解，才能确定控制酸化的主要因素，并为制定缓解酸化的对策提供依据。本节将首先介绍清除过程，在下节中再介绍大气水相中的化学转化问题。

在介绍清除过程之前有必要先介绍大气中气态物质的传质过程。

一、质量传输动力学

气态物质从气相进入液相，并在液相发生化学反应的总过程可以认为是由一系列质量传输而后发生化学反应的分过程组成的（图 6-11）。这些过程包括：① 气体迁移到液滴表面；② 气体越过气液界面进入液滴内表面；③ 溶解物种在液滴内表面建立解离平衡；④ 各溶解物种在液滴内迁移；⑤ 在液滴内发生化学反应。

上述各分过程的快慢可用特征时间表示，特征时间是过程达到适度稳态或平衡的时间。例如，过程①的特征时间是气体在液滴周围的大气中达到稳态浓度分布所需的时间。液相中物种的转化或反应速率由上述五个分过程组成，但是转化速率由最慢的分过程控制。在酸雨研究中，人们最关心的是 SO_4^{2-}，因此以 SO_2 为例来讨论从 SO_2 气体到液相 SO_4^{2-} 生成各个分过程的特征时间。

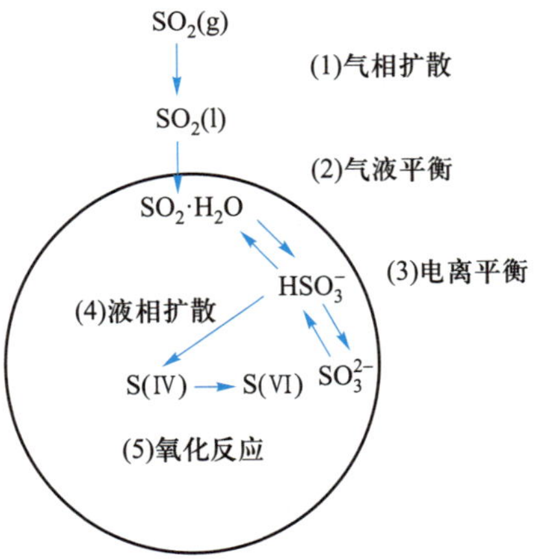

图 6-11 SO_2 产生气相转移到液相，并在液相氧化等分过程示意图

（资料来源：Pitts，1986）

（一）气体迁移到液滴表面的特征时间

设气体的混合是由分子扩散而不是机械扩散和对流形成的，那么气体扩散到液滴表面的特征时间τ_{dg}为

$$\tau_{dg} = \frac{R_P^2}{4D_g} \tag{6-1}$$

式中：R_P——液滴粒径；

D_g——分子在大气中的扩散系数，分子的典型扩散系数为 0.1 cm^2/s。

气体在粒径为 10^{-5}~10^{-2} cm 的液滴周围达到稳态分布的特征时间为 10^{-10}~10^{-4} s。

（二）气体越过气液界面进入液滴内表面的特征时间

当气液相达到平衡时，某物种（指分子、原子和自由基等）在气、液相的浓度遵从亨利定律，达到平衡的特征时间τ_P为

$$\tau_P = D_l\left(\frac{4RTH}{\alpha\bar{c}}\right)^2 \tag{6-2}$$

式中：D_l——物种的液相扩散系数；

T——绝对温度；

R——气体常数；

H——物种的亨利常数；

$\bar{c}$——气体分子运动的平均速度；

α——供应系数（accommodation coefficient）或称黏附系数（sticking coefficient），α 的物理意义是碰撞液滴表面的气体分子被捕获进液滴的分数。

由式（6-2）可见，某物种建立相平衡的特征时间τ_P取决于该物种的亨利常数 H 和供应系数 α。H 越大，τ_P 就越大，这是因为 H 大，需要有更多的气体分子越过气液界面进入液滴；供应系数 α 越小，τ_P 越大，因为 α 小即碰撞液滴的分子被液滴捕获的效率低。有人提出 α 约为 10^{-4} 数量级，有人认为 α 接近 1，在缺乏资料时通常采用 α 等于 1。若设 α 为 1，则当液滴 pH 为 2~6 时，SO_2 达到气液平衡的特征时间为 10^{-8}~0.1 s。O_3 的亨利常数为 9.28×10^{-8} mol/（L·Pa）特征时间为 6.4×10^{-15} s。H_2O_2 的亨利常数为 0.7 mol/（L·Pa），特征时间为 0.26 s。

（三）溶解物种在液滴内表面建立解离平衡的特征时间

SO_2 在水中的解离平衡为

$$SO_2 \cdot H_2O \underset{k_b}{\overset{k_f}{\rightleftharpoons}} H^+ + HSO_3^-$$

$k_f=3.4\times10^6\ s^{-1}$，$k_b=2\times10^8$ mol/（L·s）。通常在酸雨 pH 范围内 SO_3^{2-} 可以忽略，则 SO_2 与 HSO_3^- 达到平衡的特征时间τ_i可以表示为

$$\tau_i = [k_f + k_b([H^+]_e + [HSO_3^-]_e)]^{-1} \tag{6-3}$$

式中：$[H^+]_e$ 和 $[HSO_3^-]_e$——H^+ 和 HSO_3^- 的平衡浓度。

当 SO_2 气体浓度为 1×10^{-9}，液相 pH=4 时，解离平衡特征时间约为 2×10^{-7} s。用同样的方法计算，HSO_3^- 与 SO_3^{2-} 的平衡特征时间小于 10^{-3} s。因此可以假设 SO_2 被液滴吸收后，在液滴内立即达到解离平衡。

（四）溶解物种在液滴内迁移的特征时间

物种在液相的扩散与在气相的扩散相似，但在液相的扩散系数比在气相中要小得多，典

型的液相中扩散系数为 $10^{-5}\ cm^2/s$。液相中扩散的特征时间τ_{ds}为

$$\tau_{ds}=\frac{R_P^2}{\pi^2 D_1} \tag{6-4}$$

与气相中扩散的特征时间相比，由于扩散系数小四个数量级，所以液相中扩散的特征时间比从气相到液相界面迁移的特征时间要大约四个数量级。对于粒径为 $10^{-5}\sim10^{-2}$ cm 的液滴，特征时间一般为 $10^{-6}\sim1$ s。

（五）液滴内化学反应的特征时间

液滴内某物种化学反应的特征时间定义为该物种浓度同其衰减速率之比。以 S(Ⅳ)为例：

$$\tau_{r\alpha}=\frac{[S(IV)]}{-d[S(IV)]/dt} \tag{6-5}$$

由 $[S(Ⅳ)]=[SO_2\cdot H_2O]+[HSO_3^-]+[SO_3^{-2}]$ 和式（6-5）可以导出：

$$\tau_{r\alpha}^{-1}=\alpha_0\tau_{SO_2\cdot H_2O}^{-1}+\alpha_1\tau_{HSO_3^-}^{-1}+\alpha_2\tau_{SO_3^{2-}}^{-1} \tag{6-6}$$

式中：α_0、α_1、α_2——$SO_2\cdot H_2O$、HSO_3^- 和 SO_3^- 的分配系数；

$\tau_{SO_2\cdot H_2O}$、$\tau_{HSO_3^-}$、$\tau_{SO_3^{2-}}$——$SO_2\cdot H_2O$、HSO_3^- 和 SO_3^- 化学反应的特征时间。

从式（6-5）和式（6-6）可见，S(Ⅳ)化学反应的特征时间$\tau_{r\alpha}$与 S(Ⅳ)的形态（$SO_2\cdot H_2O$、HSO_3^-、SO_3^-）和氧化剂的类型（H_2O_2、O_3 等）及其浓度等因素有关。同样，可以定义相对于气相浓度的化学反应的特征时间τ_{rg}：

$$\tau_{rg}=\frac{[SO_2(g)]}{-d[S(Ⅳ)]/dt} \tag{6-7}$$

对均一液相浓度，$[S(Ⅳ)]=\frac{H}{\alpha_0}RT[SO_2(g)]$，因此$\tau_{r\alpha}$和$\tau_{rg}$的关系为

$$\tau_{r\alpha}=\left(\frac{H}{\alpha_0}RT\right)\tau_{rg} \tag{6-8}$$

τ_{dg}、τ_P、τ_i、τ_{ds} 和 $\tau_{r\alpha}$ 这五个特征时间表征了物种从气相到在液滴内发生化学反应的各个分过程的快慢，从这五个特征时间的比较中可以得出是哪个分过程控制了 S(Ⅳ)在液滴中的转化速率。与其他特征时间相比，τ_i 要小得多，因此可以设想为液滴内各处均维持离子平衡。如果 $\tau_{ds}\ll\tau_{r\alpha}$，即液滴小或化学反应速率慢，那么液滴内的转化速率由化学反应速率控制，这时液滴内的浓度分布是均匀的。相反，如果 $\tau_{ds}\gg\tau_{r\alpha}$，即液滴大或反应快，由于液相扩散慢，反应进行的速率只能追随反应物从液滴表面迁移到内部的速率，这样就使得液滴内部各处的浓度有了差异。如果 $\tau_{dg}\ll\tau_{rg}$，气相浓度分布就能达到稳态。如果 $\tau_p\ll\tau_{r\alpha}$，那么可以认为物种在气液界面达到了平衡。

二、云内清除过程

一般认为大气中反应产生的硫酸盐和硝酸盐气溶胶作为活性凝结核参与了云的形成过程，而水蒸气过饱和产生的均相成核并不重要。水蒸气凝结在云滴上和云滴间的碰并，使云滴不断生长，各种污染气体也同时溶于云滴并在云滴中发生化学反应，当云滴成熟后即变成雨滴从云滴下落。大气污染物的云内清除过程是一个非常复杂的过程，还没有定量的理论能包括云内清除过程的所有方面。从大气的性质来看，云内清除受云的类型和云滴谱、大气

温度和湿度等因素的影响；从化学角度来看，主要有两个过程影响云滴酸度：① 含 SO_4^{2-} 和 NO_3^- 的气溶胶作为活性凝结核参与成云；② 云滴生长过程中云滴吸附污染气体并在云滴内发生化学反应。

Daum 等（1984）在南加利福尼亚州查尔斯顿（Charleston）测量了非降水层云（non-precipitating liquid water stratiform clouds）的化学组成，结果如表 6-13 所示。主要阳离子是 H^+ 和 NH_4^+，主要阴离子是 SO_4^{2-} 和 NO_3^-，此外还有少量的 Na^+ 和 Cl^-。在所测样品中，云水严重酸化。数据结果表明，云水主要离子浓度与云的含水量有关，含水量小，云水中离子浓度就高；云水主要离子浓度与云间微量气体浓度有关，气体浓度高，云水中离子浓度就高；云水主要离子浓度与采样高度有关，高度不同，云水的组成也不相同。

表 6-13　非降水层云的化学组成

飞行序号	样品序号	海拔高度/m	采样时间 EST		样品质量/g	H^+		NH_4^+/(μmol·L^{-1})	SO_4^{2-}/(μmol·L^{-1})	NO_3^-/(μmol·L^{-1})	Na^+/(μmol·L^{-1})	Cl^-/(μmol·L^{-1})
			开始	结束		现场/(μmol·L^{-1})	实验室/(μmol·L^{-1})					
1	1	500	0743	0757	15.5	145	162	54	43	89	7	<15
1	2	500	0757	0803	8.1	138	151	62	48	81	12	<15
1	3	500	0810	0817	10.0	174	166	76	69	122	7	19
1	4	500	0817	0830	7.2	141	145	55	51	83	6	<15
2	1	500	1520	1543	7.5	501	631	328	278	177	—	—
2	2	550	1545	1609	9.2	537	617	213	276	184	7	14
2	3	550	1609	1626	1.1	575	631	—	—	—	—	—
3	1	450	0910	0915	5.9	251	214	63	137	197	—	—
3	2	450	0915	0923	5.6	275	257	111	97	135	18	—
3	3	450	0924	0931	7.3	251	257	57	75	107	12	15
3	4	450	0931	0936	6.7	190	200	31	60	80	4	<15
3	5	450	0937	0942	5.1	199	214	35	55	85	5	—
3	6	450	0942	0947	6.0	223	177	37	55	85	6	—
3	7	450	0948	0958	9.0	199	200	34	60	76	6	<15
3	8	450	0959	1009	9.1	251	240	81	96	104	9	15
3	9	450	1009	1019	8.3	282	282	87	61	116	—	—
3	10	450	1020	1025	8.1	195	229	36	79	77	5	—
3	11	450	1026	1034	12.4	219	191	24	58	64	4	—
3	12	450	1035	1043	9.6	234	245	43	74	77	5	—

续表

飞行序号	样品序号	海拔高度/m	采样时间 EST		样品质量/g	H^+		NH_4^+/($\mu mol\cdot L^{-1}$)	SO_4^{2-}/($\mu mol\cdot L^{-1}$)	NO_3^-/($\mu mol\cdot L^{-1}$)	Na^+/($\mu mol\cdot L^{-1}$)	Cl^-/($\mu mol\cdot L^{-1}$)
			开始	结束		现场/($\mu mol\cdot L^{-1}$)	实验室/($\mu mol\cdot L^{-1}$)					
3	13	450	1044	1054	9.0	234	224	49	85	81	6	<15
3	14	450	1054	1111	12.0	263	257	50	93	84	9	<15
4	1	600	1323	1333	17.4	282	295	57	104	76.5	4	<15
4	2	600	1333	1348	25.3	234	263	40	83	62.1	3	<15
4	3	600	1355	1407	15.9	199	234	31	81	49.4	4	<15
4	4	600	1408	1422	26.9	240	275	50	100	66.1	2	<15
4	5	900	1426	1436	17.2	87	83	5	21	22.7	5	<15
4	6	900	1436	1450	10.0	59	71	<2	11	14.4	4	<15

资料来源：摘自 Daum 等，1984。

（一）气溶胶的雨除

气溶胶的成分与地理环境、气象条件及大气污染状况等因素有关，在光化学烟雾污染严重的大气中，气溶胶中含有较多的 SO_4^{2-} 和 NO_3^-，甚至有硫酸气溶胶存在。气溶胶粒子进入云滴可通过以下三种机制。

1. 活性凝结核

气溶胶粒子作为水蒸气的活性凝结核进入云滴。理论上可以认为每个气溶胶粒子都是活性的，活性的大小可用临界过饱和度来度量。每种粒子都具有一个临界过饱和度，气溶胶粒子的临界过饱和度是水蒸气在其表面凝结所需达到的最低过饱和度。显然，临界过饱和度越低的气溶胶粒子活性越大，也就越容易参与云滴成核过程。气溶胶粒子的临界过饱和度主要取决于粒子的物理及化学特性。热力学研究表明，同样粒径的水溶性粒子的临界过饱和度小于非水溶性粒子；较大粒子的临界过饱和度小于较小粒子的临界过饱和度。实验结果也表明，活性大的凝结核主要是粒径为 0.01~0.05 μm 的水溶性硫酸及硫酸铵粒子。

云水成分分析表明，云水中化学成分浓度具有如下规律：① 空气中低临界过饱和度的气溶胶粒子多，云水中化学成分的浓度大；② 云的边缘部分的化学成分浓度大于云的中部。

作为活性凝结核进入云滴参与雨除过程是气溶胶粒子雨除的主要机制。

2. 气溶胶粒子与云滴的碰并

气溶胶粒子与云滴的碰并遵从以下规律：

$$N_P(t)=N_P(0)\exp[-(K_B+K_f)N_c(t)] \tag{6-9}$$

式中：$N_P(0)$、$N_P(t)$ ——0 和 t 时刻气溶胶粒子的数浓度；

$N_c(t)$ ——t 时刻云滴的数浓度；

K_B——布朗碰并系数；

K_f——湍流碰并系数。

气溶胶粒子通过布朗运动和湍流运动与云滴碰并，其浓度随时间以指数规律衰减，据估算粒径小于 0.01 μm 的气溶胶粒子几乎完全经该机制进入云滴，这种机制尤其容易在云的边缘部分发生。

3. 气溶胶粒子受力运动进入云滴

云滴附近由于水蒸气的凝结，通常存在蒸气压梯度。伴随水蒸气分子的扩散，气溶胶粒子受到一个力的作用，以致可沿着蒸气压梯度方向移动而进入云滴。计算表明该机制对气溶胶的去除仅在所谓的混合云（即液滴与冰晶同时存在）中较为有效。

Junge 提出气溶胶的雨除过程可用下式表示：

$$C_{1\alpha}=\frac{E_\alpha M_\alpha}{L} \tag{6-10}$$

式中：M_α——空气中某组分的浓度（μg/m^3）；

$C_{1\alpha}$——云水中某组分浓度（mg/L）；

L——云中液态水含量（g/m^3）；

E_α——雨除系数，表示某组分进入云水中的分数（$0\leqslant E_\alpha\leqslant 1$）。

据 Junge 估算，对于浓度小于 200 cm^{-3} 的对流层气溶胶，E_α 一般为 0.9~1.0，即在云形成时几乎全部粒子都从空气中被清除。

（二）微量气体的雨除

气体的雨除取决于气体分子的传质过程（分子的扩散速率、在水中的溶解性等）和在溶液中的反应性，同时还与云的类型和云滴谱有关。通常云滴在大气中的停留时间较长，Beilke 和 Hales 等人的研究表明，由于云滴粒径较小，气态 SO_2 和液相 S（Ⅳ）之间达到平衡的时间不到 1 s，而由 S（Ⅳ）向 S（Ⅵ）的化学转化速率比气液间达成平衡要慢得多。因此，在污染气体的云内清除过程中，化学氧化速率是整个过程的决速步骤。液相氧化反应的速率取决于氧化剂的类型和浓度，而污染气体在云滴中的溶解度取决于气相浓度和云滴的pH。关于云滴中的化学反应将在下节液相氧化中介绍。

污染气体雨除对云水组成的影响与气溶胶雨除同样重要。Daum 等（1984）将云水中物种浓度用式（6-11）转化为云水潜分压：

$$\hat{P}_x=\mathrm{LRT}[X] \tag{6-11}$$

云水潜分压表示一定体积云的云水中所含物种全部转化为气态时的气态浓度。云水潜分压和云间气溶胶摩尔分数、气体分压的比较列于表 6-14。表中最显著的特点是云水中 H^+ 在总 H^+ 中占有绝对优势。云水潜分压同云间分压的比值对 H^+ 为 5，对 NO_3^- 为 >3，对 SO_4^{2-} 为 >2，表明这些物种的主要部分在云水中。但云水潜分压除 H^+ 外，其他都在清洁大气（代表云形成前大气状况）各组成分压范围内。云间气溶胶中的 H^+/NH_4^+ 值（0.1~0.9）比云水中的 H^+/NH_4^+ 值（1.9~35）要小得多，比清洁大气气溶胶中的 H^+/NH_4^+ 值（0.1~0.8）也要小，因此云水中的酸性不能完全用气溶胶的雨除来解释。他们认为云水中的酸性超过清洁大气气溶胶的部分可能来自云中 SO_2 或 SO_2+NO_x 的液相氧化。

表 6-14 云水潜分压和云间气溶胶摩尔分数、气体分压的比较

飞行序号	样品序号	L/(cm^3·m^{-3})	云水潜分压					云间气溶胶摩尔分数和气体分压							
			H^+/10^{-9}	NH_4^+/10^{-9}	SO_4^{2-}/10^{-9}	NO_3^-/10^{-9}	$\frac{H^+}{NH_4^+}$	H^+/10^{-9}	NH_4^+/10^{-9}	SO_4^{2-}/10^{-9}	NO_3^-/10^{-9}	SO_2/10^{-9}	$\frac{H^+}{NH_4^+}$	P_{NO_x}/10^{-9}	P_{O_3}/10^{-9}
1	1	0.37	1.5	0.5	0.4	0.8	3.0	—	—	—	0.1	—	—	2.5	20~25
1	2	0.42	1.5	0.6	0.5	0.9	2.4	0.01	<0.4	<0.3	—	0.7	—	2.5	20~25
1	3	0.45	1.8	0.8	0.8	1.4	2.2	—	—	—	—	—	—	3.5	20~25
1	4	0.25	0.9	0.3	0.3	0.5	2.6	0.39	0.7	<0.3	<0.1	2.6	0.6	2.5	20~25
2	1	0.15	2.3	1.2	1.0	0.7	1.9	0.44	0.5	0.3	0.2	0.3	0.9	3.5	25~30
2	2	0.10	1.5	0.5	0.7	0.5	2.9	—	—	—	—	—	—	3.5	25~30
3	1	0.37	1.9	0.6	1.3	1.8	3.4	—	—	—	—	—	—	>3.5	30
3	2	0.43	2.7	1.2	1.0	1.3	2.3	—	—	—	—	—	—	2.5	30
3	3	0.53	3.3	0.7	1.0	1.4	4.5	—	—	—	—	—	—	1.0	30
3	4	0.58	2.8	0.4	0.9	1.1	6.5	0.03	0.5	0.5	0.2	1.2	0.1	0.8	30
3	5	0.50	2.6	0.4	0.7	1.1	6.1	—	—	—	—	—	—	0.8	30
3	6	0.55	2.4	0.5	0.8	1.2	4.8	—	—	—	—	—	—	0.8	30
3	7	0.43	2.1	0.4	0.6	0.8	5.9	—	—	—	—	—	—	0.8	30
3	8	0.43	2.5	0.9	1.0	1.1	3.0	—	—	—	—	—	—	>3.5	30
3	9	0.45	3.1	0.9	0.7	1.3	3.2	0.13	0.5	<0.3	0.1	1.5	<0	2.5	30
3	10	0.53	3.0	0.5	1.0	1.0	6.4	—	—	—	—	—	—	1.2	30
3	11	0.52	2.4	0.3	0.8	0.8	8.0	—	—	—	—	—	—	0.9	30
3	12	0.44	2.9	0.5	0.9	0.9	5.7	0.22	0.7	0.4	0.3	<0.2	<0	0.9	30
3	13	0.44	2.4	0.5	0.9	0.9	4.6	—	—	—	—	—	—	0.9	30
3	14	0.44	2.8	0.5	1.0	0.9	5.1	—	—	—	—	—	—	1.0	30
4	1	0.60	4.3	0.8	1.6	1.1	5.2	—	—	—	—	—	—	2.4	30
4	2	0.60	3.9	0.6	1.2	0.9	6.6	0.20	0.5	0.3	0.2	0.2	<0	1.5	30
4	3	0.57	3.3	0.4	1.2	0.7	7.5	—	—	—	—	—	—	0.8	30
4	4	0.57	3.8	0.7	1.4	0.9	5.5	0.18	<0.4	0.5	0.3	0.2	<0	3.0	30
4	5	0.35	0.7	0.04	0.2	0.2	17	—	—	—	—	—	—	—	40
4	6	0.32	0.6	<0.02	0.1	0.1	>35	—	—	—	—	—	—	0.4	40

云内清除过程与云的类型有关，通常在中纬度地区可将云系分为锋面和对流云两类。Hegg、Rutledge 和 Hobbs 对冷锋雨云和暖锋雨云的云内清除做了数值模拟，Scott 则模拟了对流云的云内清除，详细情况请参考有关资料。

三、云下清除过程

雨滴离开云滴，在其下落过程中有两种可能：① 水分部分或全部蒸发，这种情况下雨滴内的微量成分就成为气溶胶粒子回到环境大气中，但这时得到的气溶胶粒子谱有别于进入云滴前的粒子谱，其平均粒径一般要增大一些，因为一个液滴往往捕获好几个气溶胶粒子，并且有些微量气体在水中转化成酸或盐的过程是不可逆的；② 继续吸收和捕获大气中的污染气体和气溶胶，这就是污染物的云下清除或降水的冲刷作用。

（一）微量气体的云下清除

同污染气体的雨除一样，云下清除过程与气体分子同液相的交换速率、气体在水中的溶解度、液相氧化速率，以及雨滴在大气中的停留时间等因素有关。

雨滴由于自身重量而从大气中去除，其降落速率 u（m/s）为

$$u=9.58\left\{1-\exp\left[-\left(\frac{R_P}{0.885}\right)^{1.147}\right]\right\} \tag{6-12}$$

式中：R_P——雨滴粒径（mm）。

雨滴的粒度谱常用 Marshall-Palmer 密度函数或 Best 密度函数来描述。

Marshall-Palmer 密度函数：

$$f_{MP}(R_P)=N_{MP}R_P^3\exp[-2R_PE] \tag{6-13}$$

式中：$E=4.1P^{-0.21}$；

P——降水量，mm/h；

N_{MP}——与 P 无关的常数。

Best 密度函数：

$$f_B(R_P)=N_BR_P^{1.25}9.58\exp\left[-\left(\frac{2R_P}{\alpha}\right)^{2.25}\right] \tag{6-14}$$

式中：$\alpha=1.3P^{0.232}$；

N_B——归一化常数。

当雨滴粒径为 2 mm 时，u=8.83 m/s，降落 1 000 m 仅需不到 2 min；当雨滴粒径为 0.1 mm 时，u=0.754 m/s，降落 1 000 m 也只需 22 min。通常雨滴粒径主要分布于 0.05~2.5 mm，因此雨滴在大气中的停留时间很短。

雨滴进入大气后会产生污染气体从气相向液相的传质过程或从液相向气相的传质过程。通常需要考虑气相和液相对传质的阻力，然而 Garland 认为雨滴降落时在雨滴表面产生的剪切力使雨滴内部的混合速率显著增大，因此液相对传质的阻力可以忽略。气相的传质系数 k_g（m/s）可应用 Frossling 相关式计算：

$$Sh=2+0.6Re^{1/2}Sc^{1/3} \tag{6-15}$$

式中：Sh——舍伍德（Sherwood）数，$Sh=\dfrac{2R_Pk_g}{10D}$；

Re——雷诺数，$Re=\dfrac{20uR_P}{\nu}$；

Sc——施密特数，$Sc=\dfrac{\nu}{D}$；

ν——空气动力学黏滞系数，0.133 cm^2/s；

D——污染气体在空气中的分子扩散系数，cm^2/s

表 6-15 列出了常见气体在空气中的扩散系数。以 SO_2 为例，当 R_P=0.1 mm 时，k_g=0.27 m/s，当 R_P=2 mm 时，k_g=0.11 m/s。即传质系数随雨滴粒径增加而减小。

表 6-15　常见气体在空气中的扩散系数

气体	SO_2	O_3	CO_2	NH_3	H_2O_2	HNO_3	HCOOH	CH_3COOH	HCHO	CH_3CHO
D（cm^2/s）	0.136	0.157	0.166	0.234	0.186	0.136	0.160	0.140	0.199	0.164

至于雨滴内的化学反应，由于雨滴在大气中的停留时间较短，只有一些快反应如离子反应，强氧化剂 H_2O_2、O_3 及重金属离子 Mn^{2+}、Fe^{3+} 等对 S（Ⅳ）的氧化反应才会对雨滴的化学组成产生影响，而大多数慢反应对雨滴的影响较小。

在污染气体的云下清除过程中，气液间的传质速率和液相化学反应速率共同决定污染气体在液相的反应速率。Overton 等用模式模拟污染气体的云下清除，指出气液传质速率控制了大雨滴的液相反应速率，化学反应速率则控制了小雨滴的液相反应速率。

对在水中溶解度极大或在溶液中仅参加快速离子反应使溶解度增大的微量气体，可以认为它们的云下清除是不可逆的，它们的去除率与已进入液相的浓度无关，仅与气相浓度有关。例如，在常见酸雨 pH 范围内，HNO_3 和 NH_3 在液相几乎全部以 NO_3^- 和 NH_4^+ 形式存在：

$$HNO_3(g) \rightleftharpoons NO_3^- + H^+$$

$$NH_3(g) + H_2O \rightleftharpoons NH_4^+ + OH^-$$

单位时间内，R_P 雨滴中污染气体的增加速率为

$$\frac{dC_T}{dt} = \frac{30k_g}{R}(C_g - HC) \tag{6-16}$$

式中：C 和 C_g——某物种在液相和气相中的浓度；

C_T——其在液相中各种形式浓度的总和；

H——亨利常数。

对溶解度大的气体如 HNO_3 和 NH_3，存在 $C_g \gg HC$，同时 $t=\dfrac{Z}{u}$，上式变为

$$\frac{dC_T}{dZ} = \frac{30k_g}{R_P u}C_g \tag{6-17}$$

如果气体浓度垂直分布均匀，那么对降落距离 Z 积分可得

$$C_T = \frac{30k_g}{R_P u}Z \tag{6-18}$$

当 C_g 为常数时，不可逆清除的气体在液相中的总浓度随雨滴降落距离增大而线性增加。对雨滴粒径积分可得雨水中的平均浓度 $\overline{C}_T$：

$$\overline{C}_T = \frac{\int_0^{\infty} u(R_P C_T(R_P) f(R_P)\,\mathrm{d}R_P)}{\int_0^{\infty} u(R_P) f(R_P)\,\mathrm{d}R_P} = \frac{\int_0^{\infty} \frac{30k_g}{R_P} f(R_P)\,\mathrm{d}R_P}{\int_0^{\infty} u(R_P) f(R_P)\,\mathrm{d}R_P} C_g Z = BC_g Z \qquad (6\text{-}19)$$

雨水中平均总浓度仍随雨滴降落距离增大而线性增加,式中的 B 仅与气体的特性及雨滴谱和降水量有关。

对污染气体气相浓度的清除率可计算如下。单位时间内,雨滴(粒径为 R_P)中气体不可逆清除的增量为 $4\pi R_P^2 k_g C_g f(R_P)\,\mathrm{d}R_P$,所有雨滴中的增量为 $\int_0^{\infty} 4\pi R_P^2 k_g C_g f(R_P)\,\mathrm{d}R_P$,则清除率为

$$\Lambda = \frac{1}{C_g}\int_0^{\infty} 4\pi R_P^2 k_g C_g f(R_P)\,\mathrm{d}R_p = \int_0^{\infty} 4\pi R_P^2 k_g f(R_P)\,\mathrm{d}R_p \qquad (6\text{-}20)$$

从式(6-20)可见,气体不可逆清除的清除率与其他气体无关,仅与自身的特性和雨滴谱及降水量有关。图 6-12 是 HNO_3 的清除率 $\Lambda(R_P)=4\pi R_P^2 k_g f(R)$ 与雨滴粒径的关系,清除率随降水量增加而增加,计算出 HNO_3 云下不可逆清除率为(1~3)% /min。

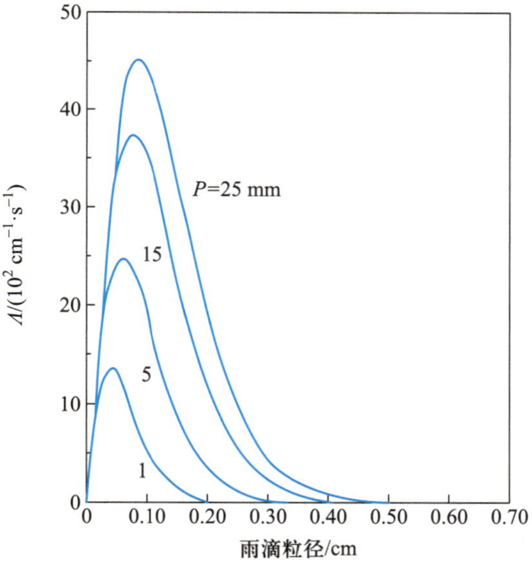

图 6-12　清除率与雨滴粒径的关系

(资料来源:引自 Leyine 和 Schwartz, 1982)

微量气体的可逆清除受许多因素的影响,首先 $C_g \gg HC$ 可能不成立,同时还受雨滴中其他成分的影响。单位时间内进入雨滴中的微量气体的量为

$$\frac{\partial C(Z,t)}{\partial t} + u(R_P)\frac{\partial C(Z,t)}{\partial Z} = \frac{30k_g}{R_P}(C_g - HC) + \Gamma(C) \qquad (6\text{-}21)$$

云下气体浓度的变化为

$$\frac{\partial C_g(Z,t)}{\partial t} = D\frac{\partial^2 C_g(Z,t)}{\partial Z^2} - 4\pi R_P^2 k_g f(R)(C_g - HC) \qquad (6\text{-}22)$$

D 为大气湍流扩散系数(eddy diffusion coefficient),如果忽略大气湍流的影响,同时假

设 $C(Z,t)$ 和 $C_g(Z,t)$ 在 Δt 时间内不随时间变化，那么上两式可变化为

$$\frac{dC}{dZ}=\frac{30k_g}{R_p u}(C_g-HC)+\Gamma(C) \tag{6-23}$$

$$\frac{dC_g}{dt}=-4\pi R_p^2 k_g f(R_p)(C_g-HC) \tag{6-24}$$

Durham、Overton 和 Kumar 分别用 Lagrangian 模式[式(6-23)和式(6-24)]、Eulerian 模式[式(6-21)和式(6-22)]模拟了大气中常见污染气体 SO_2、H_2O_2、O_3、HNO_3、NH_3 和 HCHO 的云下清除。Graedel 等则将模拟云下清除的物质扩大到无机气体、有机气体和大气中的自由基。

（二）气溶胶的云下清除

1. 雨滴对气溶胶粒子的捕获

雨滴在下落过程中捕获气溶胶粒子，单位时间内被雨滴（粒径为 R_P）捕获的气溶胶粒子质量为

$$\frac{dM_R}{dt}=\int_{r_1}^{r_2}\pi(R_P+r)^2E(R_P,r)[u(R_P)-u(r)]\frac{4}{3}\pi r^3\rho n(r)dr \tag{6-25}$$

式中：M_R——雨滴捕获的气溶胶质量；

r——气溶胶粒子的粒径；

ρ——气溶胶粒子密度；

$n(r)$——气溶胶粒子的粒度分布函数；

$E(R_P,r)$——雨滴对气溶胶粒子的捕获系数，它等于雨滴和气溶胶粒子之间的碰撞系数与两者碰撞后合并在一起的保留系数的乘积，通常设保留系数为 1，即捕获系数等于碰撞系数，$u(R_P)$ 和 $u(r)$ 分别是雨滴和气溶胶粒子的下落速度。

由于 $u(R_P)>>u(r)$，上式简化为

$$\frac{dM_R}{dt}=\int_{r_1}^{r_2}\pi(R_P+r)^2E(R_P,r)u(R_P)\frac{4}{3}\pi r^3\rho n(r)dr \tag{6-26}$$

气溶胶的化学成分十分复杂，含有大量的 SO_4^{2-}、NO_3^-、NH_4^+ 和金属元素，气溶胶的来源不同，它的组成和酸碱性就不一样。雨滴捕获气溶胶后，气溶胶的可溶部分释放出 SO_4^{2-}、NO_3^-、NH_4^+、Ca^{2+}、Mg^{2+}、Mn^{2+}、Fe^{3+}、H^+ 和 OH^-，从而影响雨滴的化学组成和酸度。目前，在气溶胶的云下清除研究中，对其组成如何影响雨滴在降落时的化学组成的工作做得较少，人们主要关注的是雨滴对气溶胶本身的清除。

2. 捕获系数的确定

在气溶胶云下清除过程中，最关键的因素是捕获系数 $E(R_P,r)$。$E(R_P,r)$ 受到各种极为复杂的微物理过程的影响：布朗扩散、惯性撞击、拦截、扩散运动、热泳动和静电效应等都是影响 $E(R_P,r)$ 的因素，因此，$E(R_P,r)$ 随雨滴粒径和气溶胶粒子的粒径不同而发生明显变化。$E(R_P,r)$ 的精确求解非常困难，通常采用无量纲因次分析法与实验数据相结合的方法，用半经验函数表示 $E(R_P,r)$，即使这样也只能包括上述部分的影响因素。

设雨滴在下落过程中无蒸发或凝结，并与周围空气保持相同温度，无湍流混合与交换作用。对单分散相气溶胶粒子可用四个无因次特征量的组合来表示 $E(R_P,r)$：

$$E(R_P,r)=E(Re,Sc,Ic,S) \tag{6-27}$$

式中：雷诺数 $Re=\frac{R_P u(R_P)}{\nu}$；

施密特数 $Sc=\frac{\nu}{D_P}$；

斯特克数或碰撞参数 $S=\frac{2[u(R_P)-u(r)]\tau}{R_P}$；

拦截参数 $Ic=\frac{r}{R_P}$；

D_P——气溶胶粒子的扩散系数；

τ——张弛时间。

雷诺数 Re 和施密特数 Sc 反映了布朗扩散对 $E(R_P,r)$ 的作用，Re 和斯特克数 S 代表了惯性撞击对 $E(R_P,r)$ 的作用，Re 和拦截参数 Ic 代表了拦截效应对 $E(R_P,r)$ 的作用。在这三种作用下，$E(R_P,r)$ 的半经验函数为

$$E(R_P,r)=\frac{4}{Re\cdot Sc}(1+0.4Re^{\frac{1}{2}}Sc^{\frac{1}{3}}+0.16Re^{\frac{1}{2}}Sc^{\frac{1}{2}})+4Ic[\omega^{-1}+(1+2Re^{\frac{1}{2}})Ic]+\left(\frac{S-S^*}{S-S^*+2/3}\right)^{\frac{3}{2}} \tag{6-28}$$

式中：$\omega=\mu_\omega/\mu_a$，为水与空气的黏滞系数之比；

$$S^*=\frac{1.2+\frac{1}{12}\ln(1+Re)}{1+\ln(1+Re)}$$

式(6-28)右边第一项表示布朗扩散的贡献，第二项表示拦截效应的贡献，第三项表示惯性撞击的贡献。

图 6-13 是雨滴粒径为 0.2 mm 和 2.0 mm 时，从式(6-28)计算出的 $E(R_P,r)$ 随气溶胶粒径变化的曲线。布朗扩散控制了气溶胶小粒子的去除，拦截和惯性撞击控制了大粒子的去除。当布朗扩散、拦截和惯性撞击作用不明显时，$E(R_P,r)$ 便出现了最小值，通常 $E(R_P,r)$ 的最小值处于气溶胶粒径为 1 μm 附近，实验表明在气溶胶粒径为 0.5~1.0 μm 时有 1 个清除盲区，降水的冲刷作用对这部分粒子的清除效应很小。

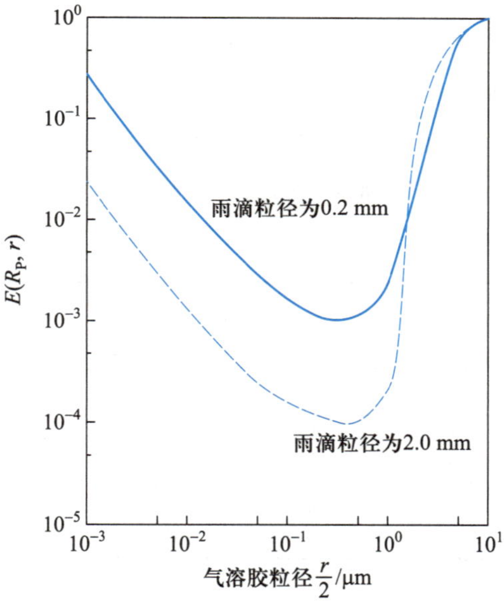

图 6-13 捕获系数与气溶胶粒径的半经验相关

（资料来源：引自 Seinfeld，1986）
假设捕集粒子密度为 1

3. 气溶胶粒子的云下清除

单位时间内雨滴（粒径为 R_P）收集的气溶胶（粒径为 r）的质量为

$$\pi(R_P+r)^2u(R_P)E(R_P,r)=\frac{4}{3}\pi r^3\rho n(r)\mathrm{d}r$$

被所有雨滴收集到的气溶胶的质量为

$$\frac{4}{3}\pi r^3\rho n(r)\mathrm{d}r\int_0^\infty \pi(R_P+r)^2u(R_P)E(R_P,r)f(R_P)\mathrm{d}R_P$$

气溶胶粒子的清除系数为

$$\Lambda(r) = \frac{\text{被雨水收集的气溶胶(粒径为 } r \text{)的质量}}{\text{该粒径气溶胶的总质量}} = \int_0^{\infty} \pi (R_{\mathrm{P}} + r)^2 u(R_{\mathrm{P}}) E(R_{\mathrm{P}}, r) f(R_{\mathrm{P}}) \mathrm{d}R_{\mathrm{P}} \tag{6-29}$$

所有气溶胶粒子的 q 次矩的平均清除系数为

$$\overline{\Lambda}_q = \frac{\int_0^{\infty} \Lambda(r) r^q n(r) \mathrm{d}r}{\int_0^{\infty} r^q n(r) \mathrm{d}r} \tag{6-30}$$

当 q=2 时,式(6-30)为气溶胶表面积平均清除系数,q=3 时为气溶胶体积或质量清除系数。

一般认为,在降水时大气气溶胶质量浓度随时间呈指数衰减:

$$C_{\mathrm{P}}(t) = C_{\mathrm{P}}(0) \mathrm{e}^{-\overline{\Lambda}_t} \tag{6-31}$$

从式(6-30)计算出 $\overline{\Lambda}_q$ 后就可由式(6-31)计算 t 时刻大气气溶胶的浓度。

四、云内和云下清除过程的比较

云内和云下清除是污染物降水清除的两个组成部分,它们对降水组成的相对贡献,不同的研究者在不同地点、不同时间,用不同方法得到了不同的结论。

表 6-16 收集了一些研究者根据现场测量或实验结果,采用 Junge 提出的近似计算方法得出的雨除及冲刷过程对降水中微量组分浓度的贡献。

表 6-16 雨除和冲刷过程对降水中微量组分的贡献 单位:%

	Beilke 等, 1968			Petrenchuk 等, 1970	Miller 等, 1972			Varhelyi, 1977		
	SO_2	SO_4^{2-}	总	总	SO_2	SO_4^{2-}	总	SO_2	SO_4^{2-}	总
雨除	5	20	25	55	—	—	—	34	34	68
冲刷	70	5	75	45	—	—	—	25	7	32
总计	75	25	100	100	15~20	80~85	100	59	41	100

由表可见,雨除对雨水中 SO_4^{2-} 的贡献占 25%~68%,冲刷则贡献了 32%~75%。从 SO_2 转化而通过湿沉降去除的 SO_4^{2-} 占 15%~75%,而以 SO_4^{2-} 形式直接湿沉降去除的 SO_4^{2-} 占 25%~85%。

Graedel 等以云水的实测值作为雨滴离开云滴时的初始化学组成,模拟了雨滴组成在降落中的变化,模式包括 94 个无机和有机反应,共 53 种物质,模拟结果认为云下冲刷作用对地面雨水中强无机酸的浓度影响不大。Durbam 等则认为如果云滴雨水已酸化,那么云下清除过程对雨滴的 pH 影响较小,但不影响雨滴中 SO_4^{2-} 的增加。这种增加与云滴酸度关系不大,只与环境大气的组成浓度及云滴中的氧化剂类型和浓度有关。Hegg 等在模拟冷锋雨云和暖锋雨云中硫和氮的清除时,得出雨除对 SO_4^{2-} 湿沉降的贡献大约占 50%,但在某些情况下,雨除又占主导地位。

Scott 等同时观测了云水和雨水中的 SO_4^{2-} 浓度,发现云水中 SO_4^{2-} 浓度与雨水中 SO_4^{2-} 浓度相近，这说明云下冲刷的影响很小。在美国阿迪朗达克山脉云水和雨水组成的研究中，Castillo 等发现在一些情况下雨水组成与云水组成很相近，而在另一些情况下云下清除对雨水中总离子浓度的贡献可达到 45%。我国在西南、华南等地区也对降水清除过程做了各种研究，建立了各种描述云下冲刷的模式，有关结果可参阅各刊物上发表的文章。

总之，雨除和冲刷过程受大气污染程度和许多环境参数的影响，同时对云水和雨水的测量值也未必都具有代表性（特别是云水），这就使得雨除和冲刷的相对重要性在不同地理区域、不同源排放和不同气象条件等情况下有不同的结论。

第四节　酸雨生成机理

气态物质和气溶胶粒子在降水清除过程中的化学转化是造成酸化的关键性步骤。有关气体在气相中的化学转化已在第三章中做了介绍，而气体物质如何进入液相，在液相中进行均相和非均相的化学转化，则结合降水酸化放在本章讨论。到目前为止，对大气物质的液相转化及非均相转化的研究不如气相均相反应成熟，本节仅就已经报道的主要结果做一些介绍。

图 6-14 展示出致酸污染物由污染源排放后，通过迁移和在大气中扩散转化，以及形成酸沉降后对生态系统的影响过程。图 6-15 概括出影响降水酸度的主要酸性气体 SO_2 和 NO_x 在大气中生成硫酸盐和硝酸盐的主要路径。由图 6-15 可见，SO_2 和 NO_x 在气相中被氧化成 H_2SO_4 和 HNO_3 后，以气溶胶或气体的形式进入液相，或者 SO_2 和 NO_x 被吸收进入液相后，在液相中被氧化成 SO_4^{2-} 和 NO_3^-，此即 SO_2 和 NO_x 转化为 SO_4^{2-} 和 NO_3^- 的气相路径和液相路径。此外，SO_2 和 NO_x 还可以在气液界面发生化学反应，转化为 SO_4^{2-} 和 NO_3^-，这就是多相气液反应。目前还不太清楚碳氢化合物转化为有机酸的路径，有关资料也较少。

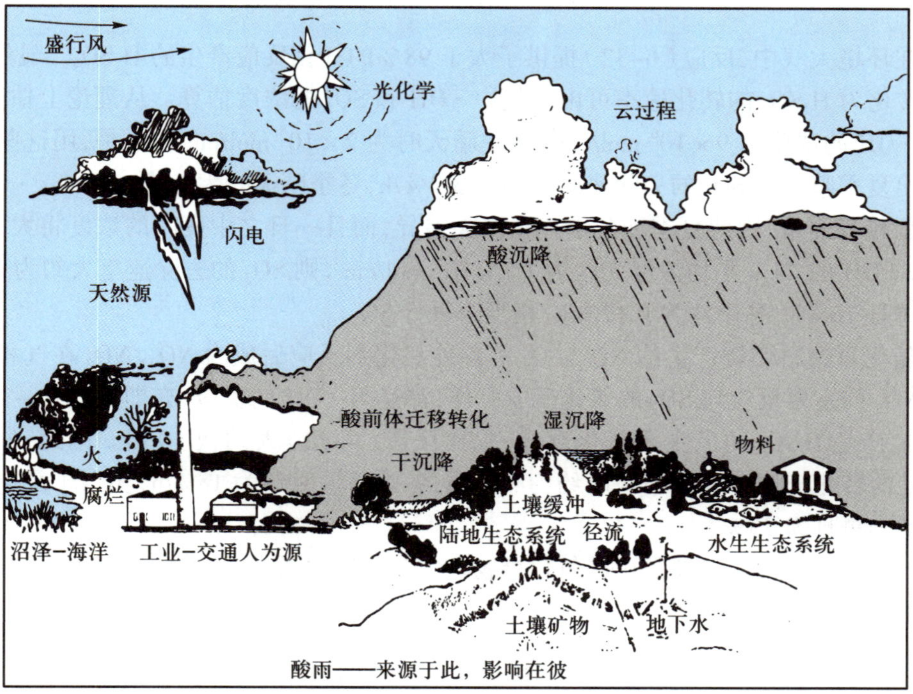

图 6-14　酸沉降的形成及其影响过程

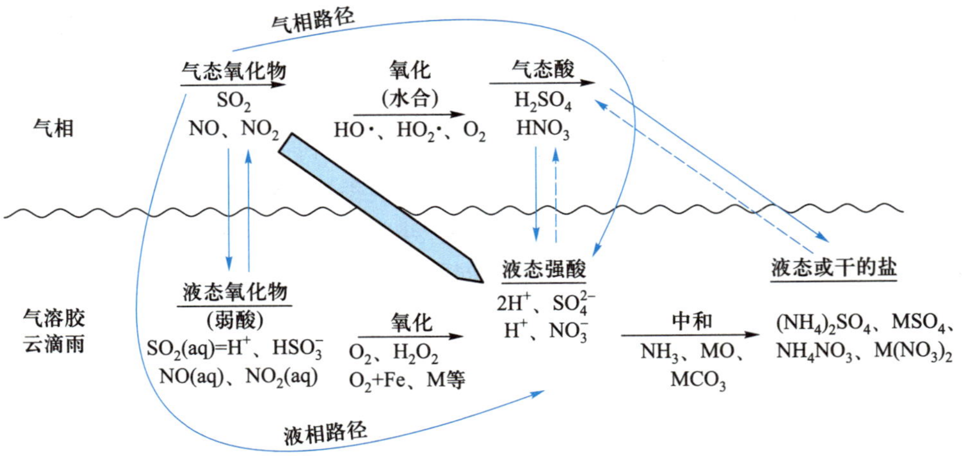

图 6-15 大气中硫酸盐和硝酸盐生成的主要路径

（资料来源：Schwartz，1985）

大气中气相反应虽已做介绍，但为了叙述的系统性，本节仍简要概括酸性物质形成的主要气相反应。

一、SO_2 和 NO_x 的气相氧化反应

气相 SO_2 和 NO_x 向 H_2SO_4 和 HNO_3 的转化主要与 ·OH 有关：

$$SO_2 + \cdot OH \xrightarrow{多步} H_2SO_4 \tag{6-32}$$

$$NO_2 + \cdot OH \longrightarrow HNO_3 \tag{6-33}$$

据估计在环境大气中，反应（6-32）提供了大于 98% 的气相反应产生的 H_2SO_4。显然，·OH 将 SO_2 转化为 H_2SO_4 的转化速率可由大气中 ·OH 和 SO_2 的浓度估算。从理论上估算，夏季晴天时 ·OH 的浓度为 9×10^6 mol/cm^3，冬季晴天时为 2×10^6 mol/cm^3。于是，用这些数值可以估算出夏季晴天时 SO_2 的去除速率大约为 3.7%/h，冬季晴天时大约为 1.0%/h。·OH 的浓度强烈依赖日照量，因此夏季和冬季存在较大差异，而且一日之中夜间的浓度将大大减少。在夏季，·OH 的 24 h 平均浓度大约为 1.7×10^6 mol/cm^3，则 SO_2 的去除速率大约为 0.7%/h，相当于每日 16.4%，冬季约为 0.12%/h，相当于每日 3%。

伴随化石燃料燃烧产生的 NO 与 O_3 等各种氧化剂反应后成为 NO_2，NO_2 在气相中转变成为 HNO_3 的主要反应与 SO_2 的氧化反应一样，都是与 ·OH 的反应，亦即反应（6-33）是气相中 NO_x 产生 HNO_3 的最主要氧化反应，它比反应（6-32）大约快 10 倍。因此，NO_2 转化为 HNO_3 的转化速度在夏季晴天时约为 34%/h，冬季晴天时约为 18%/h，相当于夏季每日为 150%、冬季每日为 25%。

大气中有机酸可能主要是由碳氢化合物在大气中转化而来的，反应机制大致如下。

甲醛：

$$HCHO + HO_2\cdot \longrightarrow \cdot O_2CH_2OH \tag{6-34}$$

$$\cdot O_2CH_2OH + HO_2\cdot \longrightarrow HO_2CH_2OH + O_2 \tag{6-35}$$

$$2\cdot O_2CH_2OH \longrightarrow 2\cdot OCH_2OH+O_2 \tag{6-36}$$

$$2\cdot OCH_2OH \xrightarrow{O_2} 2HCOOH+2HO_2\cdot \tag{6-37}$$

$$\cdot O_2CH_2OH+NO \xrightarrow{O_2} HCOOH+HO_2\cdot+NO_2 \tag{6-38}$$

$$HO_2CH_2OH \xrightarrow{M} HCOOH+H_2O \tag{6-39}$$

$$HO_2CH_2OH+h\nu \longrightarrow HCOOH+H_2O \tag{6-40}$$

乙醛：

$$CH_3CHO+HO_2\cdot \longrightarrow CH_3CO_2\cdot+H_2O \tag{6-41}$$

$$CH_3CHO+\cdot OH \longrightarrow CH_3CO\cdot+H_2O \tag{6-42}$$

$$CH_3CHO+h\nu \xrightarrow{O_2} CH_3O_2\cdot+HO_2\cdot+CO \tag{6-43}$$

$$CH_3CO\cdot+h\nu \xrightarrow{O_2} CH_3O_2\cdot+CO \tag{6-44}$$

$$CH_3CO\cdot+O_2 \longrightarrow CH_3CO_3\cdot \tag{6-45}$$

$$CH_3CO_3\cdot+CH_3O_2\cdot \longrightarrow CH_3COOH+HCHO+O_2 \tag{6-46}$$

乙烯：

$$CH_2{=}CH_2+\cdot OH \longrightarrow HOC_2H_4O_2\cdot+C_2H_3\cdot \tag{6-47}$$

$$HOC_2H_4O_2 \xrightarrow{\text{多步}} HCOOH \tag{6-48}$$

$$C_2H_3\cdot \xrightarrow{\text{多步}} HCOOH \tag{6-49}$$

$$CH_2{=}CH_2+O_3 \longrightarrow \cdot CH_2OO^* \tag{6-50}$$

$$\cdot CH_2OO^* \xrightarrow{M} HCOOH \tag{6-51}$$

异戊二烯：

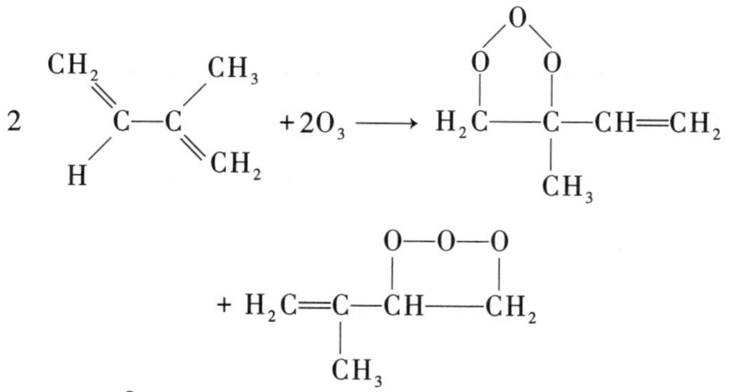

（6-52）

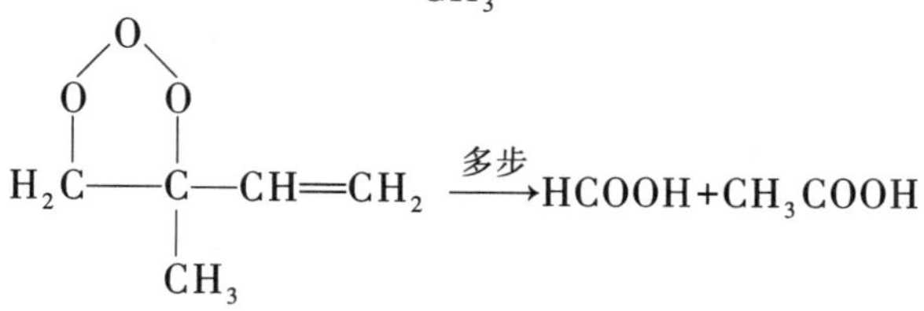

（6-53）

此外烷烃在气相也可氧化成有机酸。有机酸的生成机制目前还不十分清楚，因此上述途径对有机酸的相对贡献还无法评述。

二、气、液吸收平衡和液相化学平衡

（一）气、液吸收平衡

SO_2 和 NO_x 等气体由气态转入水相主要是通过气体在溶液中的吸收（溶解）平衡。吸收平衡指液体吸收气体至饱和，吸收平衡遵从亨利定律：

$$A(g) \rightleftharpoons A(aq) \qquad (6\text{-}54)$$

$$H_A = \frac{[A(aq)]}{P_A}$$

式中：P_A——物种 A 在液面上的分压（Pa）；

$[A(aq)]$——物种 A 在液相中的浓度（mol/L）；

H_A——物种 A 的亨利常数 mol/（L·Pa）。

如果气相和液相浓度都用 mol/L 表示，那么亨利常数为无量纲常数 $\hat{H}_A$，H_A 和 $\hat{H}_A$ 的换算关系为

$$\hat{H}_A = H_A RT \qquad (6\text{-}55)$$

当压力不变时，亨利常数随温度而变化：

$$\frac{\mathrm{d}\ln H_A}{\mathrm{d}T} = \frac{\Delta H}{RT^2} \qquad (6\text{-}56)$$

式中：ΔH——物种 A 从气态变成液态的焓变；

T——绝对温度。

通常 ΔH 为负值，因此亨利常数随温度增加而下降。

亨利常数作为反映物质在气液平衡时相对挥发性或水溶性的关键物理常数，常用 H 表示，对研究多相过程中气态物质在溶液表面的吸附和扩散，以及在溶液表面或内部进行的催化过程，还有物质干、湿沉降等都具有重要意义。表 6-17 列出了常见气体在水中的亨利常数。

表 6-17 常见气体在水中的亨利常数

气体	H/（mol·L^{-1}·Pa^{-1}）（298K）	$\hat{H}$，量纲为 1（298K）	ΔH_{298}/（kJ/mol）
O_2	1.28×10^{-8}	3.18×10^{-2}	—
NO	1.88×10^{-8}	4.64×10^{-2}	-12.3
C_2H_4	4.84×10^{-8}	1.20×10^{-1}	—
O_3	9.28×10^{-8}	0.23	-21.1
NO_2	9.87×10^{-8}	0.24	-20.9
N_2O	2.74×10^{-7}	0.61	—

续表

气体	H/(mol·L^{-1}·Pa^{-1})(298K)	$\hat{H}$,量纲为1(298K)	ΔH_{298}/(kJ/mol)
CO_2	3.36×10^{-7}	0.83	−20.3
SO_2	1.22×10^{-5}	30.3	−26.1
HCHO	3.41×10^{-5}	84.5	—
·OH	2.47×10^{-4}	6.1×10^{2}	—
HNO_3	4.84×10^{-4}	1.2×10^{3}	—
NH_3	6.12×10^{-4}	1.52×10^{3}	−34.2
HO_2·	1.97×10^{-2}	4.9×10^{4}	—
HCl	2.47×10^{-2}	6.1×10^{4}	—
H_2O_2	0.70	1.7×10^{6}	−60.7
HNO_3	2.07	5.1×10^{6}	—

(二)SO_2的溶解平衡

若大气中SO_2的浓度为0.2×10^{-9}~200×10^{-9},设SO_2在气相与液相达到平衡,则

$$SO_2(g)+H_2O \rightleftharpoons SO_2\cdot H_2O,\ H_{SO_2}=1.22\times10^{-5}\ \text{mol/(L·Pa)}$$

$$HSO_3^- \rightleftharpoons H^+ + SO_3^{2-},\ K_{\alpha_1}=1.32\times10^{-2}\ \text{mol/L},\ K_{\alpha_2}=6.42\times10^{-8}\ \text{mol/L}$$

溶解的总硫[S(Ⅳ)]为

$$[S(\text{Ⅳ})]=[SO_2\cdot H_2O]+[HSO_3^-]+[SO_3^{2-}] \tag{6-57}$$

将各种平衡关系式代入式(6-35)得

$$[S(\text{Ⅳ})]=[SO_2\cdot H_2O]\left(1+\frac{K_{\alpha_1}}{[H^+]}+\frac{K_{\alpha_1}K_{\alpha_2}}{[H^+]^2}\right) \tag{6-58}$$

亨利定律只适用于气液同形态分子,上式可变为

$$[S(\text{Ⅳ})]=H_{SO_2}\left(1+\frac{K_{\alpha_1}}{[H^+]}+\frac{K_{\alpha_1}K_{\alpha_2}}{[H^+]^2}\right)P_{SO_2} \tag{6-59}$$

可见溶解的总硫S(Ⅳ)不仅与气相SO_2浓度有关,同时还随液相pH而变化,图6-16描绘了273 K和298 K时溶液中[S(Ⅳ)]与pH的关系。尽管在温度不变时,[$SO_2\cdot H_2O$]不随pH变化,但由于HSO_3^-和SO_3^{2-}随pH增加而增加,致使[S(Ⅳ)]也随pH增加而增加,同时[S(Ⅳ)]随温度增加而减小。在pH为0~6和温度为273~298 K时,[S(Ⅳ)]一般为10^{-9}~10^{-2} mol/L。

显然S(Ⅳ)的三种形态所占的比例随pH而变化,定义摩尔分数(即分配系数)为

$$\alpha_0(SO_2 \cdot H_2O)=\frac{[SO_2 \cdot H_2O]}{[S(\mathrm{IV})]}=\frac{[H^+]^2}{[H^+]^2+K_{\alpha_1}[H^+]+K_{\alpha_1}K_{\alpha_2}}$$

$$\alpha_1(HSO_3^-)=\frac{[HSO_3^-]}{[S(\mathrm{IV})]}=\frac{K_{\alpha_1}[H^+]}{[H^+]^2+K_{\alpha_1}[H^+]+K_{\alpha_1}K_{\alpha_2}} \tag{6-60}$$

$$\alpha_2(SO_3^{2-})=\frac{[SO_3^{2-}]}{[S(\mathrm{IV})]}=\frac{K_{\alpha_1}K_{\alpha_2}}{[H^+]^2+K_{\alpha_1}[H^+]+K_{\alpha_1}K_{\alpha_2}}$$

图 6-17 表明了 S(Ⅳ)三种形态的摩尔分数(α_0~α_2)随 pH 的变化,在典型大气液滴的 pH 范围内(2~6),S(Ⅳ)的主要形态是 HSO_3^-。

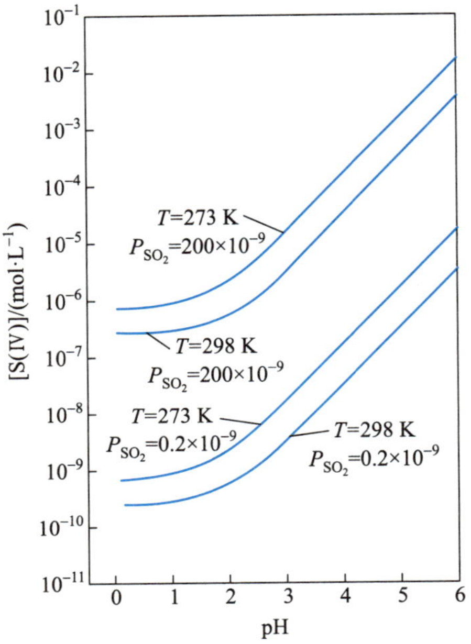

图 6-16 [S(Ⅳ)]与 pH、SO_2 气相浓度和温度的关系
(资料来源:Seinfeld,1986)

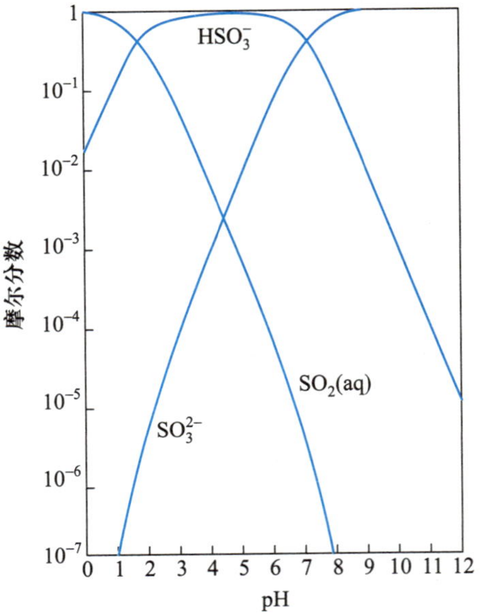

图 6-17 在不同酸度溶液中各种形态硫的摩尔分数
(资料来源:Pitts,1986)

(三)NH_3 和 HNO_3 的溶解平衡

NH_3 进入液体会产生如下平衡:

$$NH_3(g)+H_2O \rightleftharpoons NH_3 \cdot H_2O,\ H_{NH_3}=6.12\times10^{-4}\ \mathrm{mol/(L\cdot Pa)}$$

$$HNO_3 \cdot H_2O \rightleftharpoons H^+ + NO_3^- + H_2O,\ K_b=1.75\times10^{-5}\ \mathrm{mol/L}$$

溶解的总氨浓度[N(-Ⅲ)]为

$$[N(-\mathrm{III})]=[NH_3 \cdot H_2O]\left(1+\frac{K_b}{[OH^-]}\right)$$
$$=H_{NH_3}\left(1+\frac{K_b[H^+]}{K_\omega}\right)P_{NH_3} \tag{6-61}$$

HNO_3 进入液体会产生如下平衡:

$$HNO_3(g)+H_2O \rightleftharpoons HNO_3 \cdot H_2O, H_{NH_3}=2.07 \text{ mol/(L·Pa)}$$
$$HNO_3 \cdot H_2O \rightleftharpoons H^+ + NO_3^- + H_2O, K_{\alpha_1}=15.4 \text{ mol/L}$$

从平衡常数 K_{α_1} 可知，HNO_3 在溶液中几乎全部以 NO_3^- 形式存在。溶解的 HNO_3 总浓度[N(V)]为

$$\begin{aligned}[N(V)] &= [HNO_3 \cdot H_2O]\left(1+\frac{K_{\alpha_1}}{[H^+]}\right) \\ &= H_{HNO_3}\frac{K_{\alpha_1}}{[H^+]}P_{HNO_3}\end{aligned} \quad (6\text{-}62)$$

同理有 HNO_2 在液相的平衡和溶解总浓度[N(Ⅲ)]

$$[N(\text{Ⅲ})] = H_{HNO_2}\frac{K_{\alpha_1}}{[H^+]}P_{HNO_2} \quad (6\text{-}63)$$

(四) 亨利定律的修正

从式(6–59)、式(6–61)、式(6–62)和式(6–63)可见，有必要对亨利定律进行修正，使气相浓度同该物种在溶液中的总浓度相联系。修正后的实际亨利常数称有效亨利常数，以 H^*_A 表示。

对酸性物质 A：

二元酸

$$H_A^* = H_A\left(1+\frac{K_{\alpha_1}}{[H^+]}+\frac{K_{\alpha_1}K_{\alpha_2}}{[H^+]^2}\right)=\frac{H_A}{\alpha_0} \quad (6\text{-}64)$$

一元酸

$$H_A^* = H_A\left(1+\frac{K_{\alpha_1}}{[H^+]}\right)=\frac{H_A}{\alpha_0} \quad (6\text{-}65)$$

对碱性物质 B：

一元碱

$$H_B^* = H_B\left(1+\frac{K_b}{[OH^-]}\right)=\frac{H_B}{\alpha_0'} \quad (6\text{-}66)$$

修正后的亨利定律表达式与修正前相同：

$$[S(\text{Ⅳ})]=H^*_{SO_2}\cdot P_{SO_2} \quad (6\text{-}67)$$

图 6–18 描绘了 SO_2、NH_3、HNO_2 和 HNO_3 气体在水中有效亨利常数与溶液 pH 的关系，因为 α_0 总小于 1，所以 H_A^* 或 H_B^* 总大于 H_A 或 H_B。

(五) NO_x 的液相平衡

NO_x 在液相中的平衡比较复杂，因为 NO_2 和 NO 没有相应的酸与之对应。现简要讨论 NO_x 的液相平衡。

$$NO(g) \rightleftharpoons NO(aq) \quad H_{NO}$$
$$NO_2(g) \rightleftharpoons NO_2(aq) \quad H_{NO_2}$$

$NO(aq)$ 和 $NO_2(aq)$ 可以通过两条路径生成 NO_3^- 和 NO_2^-：

$$H_2O+NO_2(aq)+NO_2(aq) \rightleftharpoons 2H^+ + NO_2^- + NO_3^- \quad K_1$$

$$H_2O+NO(aq)+NO_2(aq) \rightleftharpoons 2H^+ + 2NO_2^- \quad K_2$$

从上面两个平衡反应中可以计算出生成的 NO_2^- 和 NO_3^- 的比例为

$$\frac{[NO_3^-]}{[NO_2^-]}=\frac{[NO_2]K_1}{[NO]K_2}=\frac{H_{NO_2}K_1P_{NO_2}}{H_{NO}K_2P_{NO}} \qquad (6-68)$$

当温度为 298 K 时，$H_{NO_2}K_1/(H_{NO}K_2)=7.4\times10^6$，如果 $P_{NO_2}/P_{NO}>10^{-5}$，那么 $[NO_3^-]>>[NO_2^-]$。除非大气中不存在 NO_2，在一般情况下，NO_3^- 是 $NO(g)$ 和 $NO_2(g)$ 在液相中的主要组分。根据电中性原理，NO_x 在液相中存在下式关系：

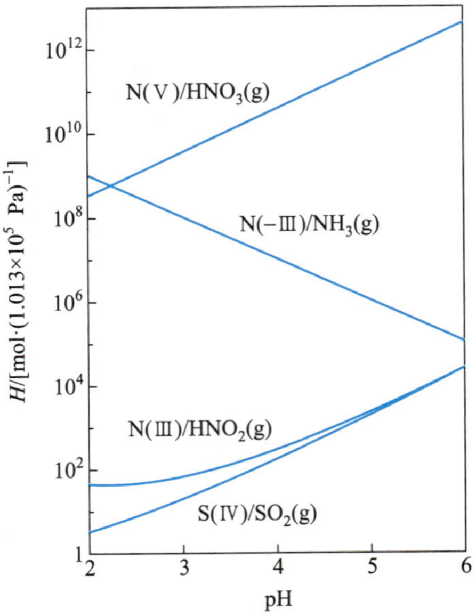

图 6-18 不同 pH 下各气体的有效亨利系数
（资料来源：Seinfeld，1986）

$$[H^+]=[OH^-]+[NO_2^-]+[NO_3^-]=[NO_3^-] \qquad (6-69)$$

NO_2^- 是弱酸根，存在平衡：

$$HNO_2 \rightleftharpoons H^+ + NO_2^- \quad K_3$$

利用式(6-46)、式(6-47)及下述平衡关系式：

$$K_1=\frac{[H^+]^2[NO_3^-][NO_2^-]}{[NO_2]^2}$$

$$K_2=\frac{[H^+]^2[NO_2^-]^2}{[NO][NO_2]}$$

$$K_3=\frac{[H^+][NO_2^-]}{[HNO_2]}$$

则可求出 NO_3^-、NO_2^- 和 HNO_2 浓度：

$$[NO_3^-]=\left(\frac{H_{NO_2}^3K_1^2P_{NO_2}^3}{H_{NO}K_2P_{NO}}\right)^{1/4} \qquad (6-70)$$

$$[NO_2^-]=\left(\frac{H_{NO}^3K_2^3P_{NO}^3}{H_{NO_2}K_1^2P_{NO_2}}\right)^{1/4} \qquad (6-71)$$

$$[HNO_2]=\frac{(H_{NO_2}H_{NO}K_2P_{NO}P_{NO_2})^{1/2}}{K_3} \qquad (6-72)$$

三、大气中的液态水

悬浮于大气中的液态水以气溶胶、云、雾和雨等形式存在。由于气溶胶小颗粒在大气中停留时间长，这些含水小颗粒中的水以稀溶液形式或以含水薄层覆盖不溶核的形式存在，其含水量可高达颗粒质量的50%，即含水量与颗粒的质量处于同一数量级。云、雾和雨含有更多的液态水，因此对大气液相氧化的潜在贡献更大。它们的存在形式、粒径和含水量如表6-18所示。

通常大气液态水含量的单位为：水的体积（cm^3）/空气的体积（m^3），或无量纲（m^3/m^3）。尽管云和雾的含水量远远大于小颗粒气溶胶，但气溶胶中溶质的浓度可能远远大于云和雾，更为重要的是这些小颗粒通常是产生云和雾的凝结核。

表6-18　大气液态水的存在形式、粒径和含水量

存在形式	粒径/μm	含水量 L/（cm^3/m^3）	含水量 L/（m^3/m^3）
气溶胶	—	10^{-5}~10^{-4}	10^{-11}~10^{-10}
云	5~50	0.1~1.0	10^{-7}~10^{-6}
雾	0.5~10	0.05~0.6	5×10^{-8}~5×10^{-7}
雨	200~2 000	—	—

物种在气相和液相的分布与液态水含量有关。设A物种达到气液平衡，则

$$\frac{\text{A 物种液相浓度(mol/L)}}{\text{A 物种气相浓度(mol/L)}}=\frac{H_A P_A L}{P_A/RT}=H_A RTL=\hat{H}_A L \tag{6-73}$$

可见L和$\hat{H}_A$越大，A物种在液相中的比例越大。如果$\hat{H}_A L \ll 1$，那么A物种主要存在于气相，反之如果$\hat{H}_A L \gg 1$，那么A物种主要存在于液相。

物种在液相中的浓度也与液态水含量有关。设同体积空气中的气态A物种全部溶于同体积空气中的液态水，则液相中A的最大浓度$[A]_{max}$为

$$[A]_{max}=\frac{P_A}{RTL} \tag{6-74}$$

根据亨利定律计算的液相浓度$[A]_H$为

$$[A]_H=H_A P_A \tag{6-75}$$

两者之比为

$$\frac{[A]_H}{[A]_{max}}=H_A RTL=\hat{H}_A L \tag{6-76}$$

如果$\hat{H}_A^{-1}=L$，那么最大浓度刚好满足亨利定律；如果$\hat{H}_A^{-1}<L$，那么$[A]_H>[A]_{max}$，不能达到亨利定律平衡，因此对溶解度大的气体，在液相中的溶解量可能要从质量平衡的角度来确定；如果$\hat{H}_A^{-1}>L$，那么亨利定律的平衡浓度在最大浓度的范围内，$[A]_H<[A]_{max}$。

液态水含量对确定SO_2在液相中的氧化速率也有作用。单位体积空气中S（Ⅵ）的生成速率为

$$\frac{d[S(\text{Ⅵ})]}{dt}=k[X][S(\text{Ⅳ})]L$$

式中：[X]和[S（Ⅳ）]的单位为mol/L；k的单位为L/（mol·s）；L的单位为L/m^3；$\frac{d[S(\text{Ⅵ})]}{dt}$的单位为mol/（$m^3$·s）。

大气中气相 SO_2 的浓度为

$$\left(\frac{n}{V}\right)_{SO_2}=\frac{1\,000P_{SO_2}}{RT}$$

液相中[S(Ⅳ)]为

$$[S(Ⅳ)]=H^*_{SO_2}P_{SO_2}$$

则单位体积空气中的总 S(Ⅳ)的摩尔数为

$$\frac{1\,000P_{SO_2}}{RT}+H^*_{SO_2}P_{SO_2}L$$

所以 SO_2 气体在液相的氧化速率为

$$\left[\frac{100k}{1\,000P_{SO_2}/RT+H^*_{SO_2}P_{SO_2}L}\right]\times 3\,600\quad(\%/h)\qquad(6-77)$$

式(6-77)适用于 SO_2 气相和液相 S(Ⅳ)浓度同时测量时计算液相中 S(Ⅵ)的生成速率。

四、大气水系统中的氧化剂

大气水系统指的是云、雾、雨等降水水滴和气溶胶粒子表面的水层等,其中主要的含氧和含氢物种间的相互关系示意于图 6-19。低价态的酸性物质在大气水系统中被氧化成高价态的硫酸盐、硝酸盐等,这与存在于大气水系统中的氧化剂有关,这些氧化剂主要是 H_2O_2、O_3 及 ·OH 和 HO_2· 等,它们对 SO_2 和 NO_x 的液相氧化起了重要作用。

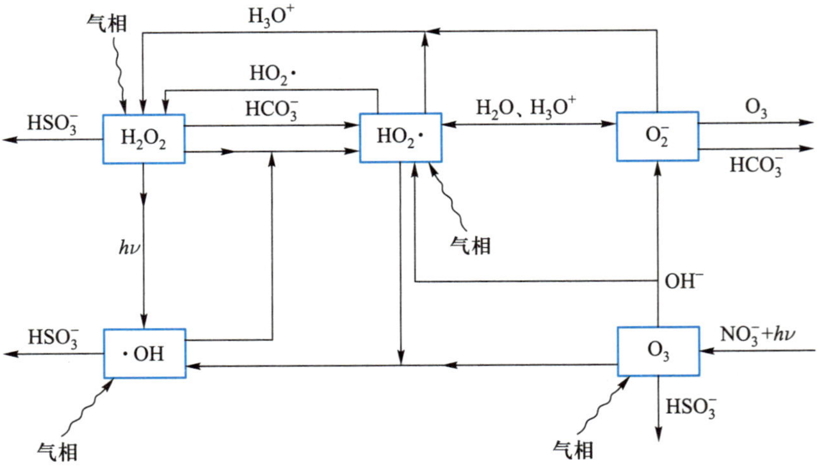

图 6-19 大气水系统中起化学作用的主要含氧和含氢物种间相互关系示意图
(资料来源:Pitts,1986)

液相 H_2O_2、O_3、·OH 和 HO_2· 的一个重要来源显然是液滴对气相的清除。这些物种达到气液平衡的特征时间与供应系数成反比。由于缺乏供应系数 α 的资料,很难准确地估算气相清除对液相氧化剂的重要性。Schwantz(1984)认为:如果 $\alpha\geqslant 10^{-3}$,那么 HO_2· 从气相的清除可能是气相 HO_2· 的一个主要汇,当 $\alpha \ll 10^{-2}$ 时,HO_2· 越过气液界面的质量传输就受到了限制。除了从气相的清除外，H_2O_2、O_3、·OH 和 HO_2· 在液相中也有来源，近年来的一些模式模拟结果表明，液相反应产生的氧化剂在某些情况下可与气相清除的贡献相比。

（一）O_3

O_3 微溶于水，它在溶液中的无机反应比较简单。其液相中的主要来源是一些光解反应产生的基态原子氧发生类似于气相中产生 O_3 的反应。

$$NO_3^- \xrightarrow{h\nu} NO_2^- + O \quad K_{78}=1.8\times10^{-7}\ s^{-1} \tag{6-78}$$

$$O+O_2 \longrightarrow O_3 \quad K_{79}=3.0\times10^{9}\ L/(mol\cdot s) \tag{6-79}$$

在城市地区，O_3 最重要的去除过程是同低价硫和氮反应：

$$O_3+NO_2^- \longrightarrow NO_3^-+O_2 \quad K_{80}=1.6\times10^{5}\ L/(mol\cdot s) \tag{6-80}$$

$$O_3+S(\text{IV}) \longrightarrow S(\text{VI})+O_2 \tag{6-81}$$

而 O_3 同有机物的反应并不显著。此外，O_3 还可以同 OH^-、HO_2^-、·OH 和 HO_2· 反应产生超氧离子 O_2^- 和 O_2，O_2^- 是产生 H_2O_2 的重要反应物。

$$O_3+OH^- \longrightarrow HO_2\cdot+O_2^- \quad K_{82}=3.7\times10^{2}\ L/(mol\cdot s) \tag{6-82}$$

$$O_3+HO_2^- \longrightarrow \cdot OH+O_2^-+O_2 \quad K_{83}=2.8\times10^{6}\ L/(mol\cdot s) \tag{6-83}$$

$$O_3+\cdot OH \longrightarrow HO_2\cdot+O_2 \quad K_{84}=1.1\times10^{8}\ L/(mol\cdot s) \tag{6-84}$$

$$O_3+HO_2\cdot \longrightarrow \cdot OH+2O_2 \quad K_{85}=4.0\times10^{6}\ L/(mol\cdot s) \tag{6-85}$$

（二）H_2O_2

H_2O_2 极易溶于水，气相清除的 H_2O_2 是大气水系统中 H_2O_2 的主要来源。此外液相光化学和热化学反应均可产生 H_2O_2，但热化学产生 H_2O_2 的路径不如光化学反应重要。有机物光照后产生的超氧离子 O_2^-，或从气相清除到液相的 HO_2·：由反应（6–86）解离出的 O_2^-，通过反应（6–87）~ 反应（6–89）生成 H_2O_2，其中反应（6–88）比反应（6–89）更为重要。

$$HO_2 \longrightarrow O_2^-+H^+ \quad K_{86}=1.05\times10^{6}\ s^{-1} \tag{6-86}$$

$$O_2^-+H^+ \longrightarrow HO_2\cdot \quad K_{87}=5\times10^{10}\ L/(mol\cdot s) \tag{6-87}$$

$$O_2^-+HO_2\cdot \xrightarrow{H^+} H_2O_2+O_2 \quad K_{88}=9.7\times10^{7}\ L/(mol\cdot s) \tag{6-88}$$

$$HO_2\cdot+HO_2\cdot \longrightarrow H_2O_2+O_2 \quad K_{89}=8.3\times10^{5}\ L/(mol\cdot s) \tag{6-89}$$

除反应（6–86）外，超氧离子 O_2^- 的其他生成机制还不能确定。有报道说天然水中电子激活的有机物、能自动氧化的有机物、不稳定的还原性金属、金属配合物和溶液中的水合电子等同 O_2 的反应都可能是 O_2^- 的潜在来源。此外 O_3 同 OH^- 和 HO_2^- 的反应［反应（6–82）、反应（6–83）］也会产生 O_2^-，由于反应（6–81）和反应（6–82）受溶液酸性的控制，当溶液酸性增加时，反应就不重要了。

当有低价态硫和氮存在时，H_2O_2 同 HSO_3^- 和 HNO_2 的反应是 H_2O_2 最重要的去除过程，H_2O_2 的光解及同·OH 的反应在某些情况下也是 H_2O_2 的重要去除过程。

$$H_2O_2+HSO_3^- \xrightarrow{H^+} SO_4^{2-}+H^++H_2O \tag{6-90}$$

$$H_2O_2+HNO_2 \xrightarrow{H^+} NO_3^-+H^++H_2O \quad K_{91}=4.6\times10^{3}[H^+]\ L/(mol\cdot s) \tag{6-91}$$

$$H_2O_2 \xrightarrow[\leqslant 380\ nm]{h\nu} 2\cdot OH \tag{6-92}$$

$$H_2O_2 + \cdot OH \longrightarrow HO_2\cdot + H_2O \quad K_{93}=2.7\times10^7\ L/(mol\cdot s) \tag{6-93}$$

（三）$HO_2\cdot$

$HO_2\cdot$ 在液相最重要的来源是 ·OH 同 $H_2C(OH)_2$、H_2O_2 和 $HCOO^-$ 的反应：

$$\cdot OH + H_2C(OH)_2 \xrightarrow{O_2} HCOOH + HO_2\cdot + H_2O \quad K_{94}=2.0\times10^9\ L/(mol\cdot s) \tag{6-94}$$

$$\cdot OH + H_2O_2 \longrightarrow HO_2\cdot + H_2O$$

$$\cdot OH + HCOO^- \xrightarrow{O_2} HO_2\cdot + CO_2 + OH^- \quad K_{95}=2.5\times10^9\ L/(mol\cdot s) \tag{6-95}$$

由于 $HO_2\cdot$ 易溶于水，而且它在水中的解离［反应（6-86）和反应（6-87）］更增加了它在水中的溶解度，按照 Chameides 的计算，H_2O_2 最主要的来源是气相 $HO_2\cdot$ 的清除。

$HO_2\cdot$ 最主要的去除过程是反应（6-88）和反应（6-89），以及同 O_3 的反应：

$$HO_2\cdot + O_2^- \xrightarrow{H^+} H_2O_2 + O_2$$

$$HO_2\cdot + HO_2\cdot \longrightarrow H_2O_2 + O_2$$

$$HO_2\cdot + O_3 \xrightarrow{H_2O} \cdot OH + 2O_2 + H_2O \quad K_{96}=4\times10^6\ L/(mol\cdot s) \tag{6-96}$$

（四）·OH

·OH 是液相中非常重要的自由基，·OH 在液相中的反应十分复杂。它的来源除了从气相清除外，还可以在 H_2O_2 的光解及 O_3 同 $HO_2\cdot$ 的反应中产生 ·OH：

$$H_2O_2 \xrightarrow{h\nu} 2\cdot OH$$

$$O_3 + HO_2\cdot \longrightarrow \cdot OH + 2O_2$$

Chameides（1982）认为 ·OH 的气相清除可能是液相 ·OH 的主要来源，在供应系数 α 小时，H_2O_2 的光解也同样重要，但 α 增大，H_2O_2 光解产生 ·OH 的重要性减小。Jacob 认为 O_3 同 O_2^- 的快速反应，使液相反应在边远地区产生的 ·OH 同气相清除到液相的 ·OH 大体相当。

$$O_3 + O_2^- \xrightarrow{H_2O} \cdot OH + 2O_2 + OH^- \quad K_{97}=1.5\times10^9\ L/(mol\cdot s) \tag{6-97}$$

但是以上模式中没有考虑过渡金属离子在大气水系统中产生 ·OH 的潜在作用。Graedel 等（1985）认为锰、镍、铁和铜的反应应该受到重视，例如，一些铁的配合物吸收光后可以产生 ·OH：

$$Fe^{3+}S(\text{IV})^{2-} \xrightarrow{h\nu} \cdot OH \tag{6-98}$$

$$[Fe(OH)^-(H_2O)_5]^{2+} \xrightarrow[<400\ nm]{h\nu} [Fe(OH)(H_2O)_5]^{2+} \tag{6-99}$$

$$[Fe(OH)(H_2O)_5]^{2+} \xrightarrow{H_2O} [Fe(H_2O)_6]^{2+} + \cdot OH \tag{6-100}$$

在晚上可通过 Fenton 反应继续生成 ·OH：

$$Fe^{2+} + H_2O_2 \longrightarrow Fe^{3+} + \cdot OH + OH^- \tag{6-101}$$

·OH 最重要的去除反应是同 $H_2C(OH)_2$、H_2O_2、$HCOO^-$［反应（6-94）~反应（6-96）］和 HSO_3^- 的反应：

$$\cdot OH + HSO_3^- \longrightarrow SO_3^- + H_2O \quad K_{102}=9.5\times10^9\ L/(mol\cdot s) \tag{6-102}$$

其他一些去除反应如下所示：

$$\cdot OH+Cl^-+H^+ \longrightarrow Cl+H_2O \quad K_{103}=2\times10^{10}\ L/(mol\cdot s) \tag{6-103}$$

$$\cdot OH+HO_2\cdot \longrightarrow O_2+H_2O \quad K_{104}=7.0\times10^{9}\ L/(mol\cdot s) \tag{6-104}$$

$$\cdot OH+HCOOH \xrightarrow{O_2} CO_2+H_2O+HO_2\cdot \quad K_{105}=2.0\times10^{8}\ L/(mol\cdot s) \tag{6-105}$$

$$\cdot OH+CH_3OH \xrightarrow{O_2} HCHO+H_2O+HO_2\cdot \quad K_{106}=4.5\times10^{8}\ L/(mol\cdot s) \tag{6-106}$$

$$\cdot OH+O_2^- \longrightarrow O_2+OH^- \quad K_{107}=1.0\times10^{10}\ L/(mol\cdot s) \tag{6-107}$$

五、液相硫化学反应动力学

液相S(Ⅳ)被氧化成S(Ⅵ),是大气液相化学最主要的化学转化过程,是降水酸化的主要途径之一。溶解在大气液相中的SO_2主要以$SO_2\cdot H_2O$、HSO_3^-及SO_3^{2-}三种形式存在。在一般的大气液相pH(2~7)条件下,S(Ⅳ)主要以$SO_2\cdot H_2O$形式存在,在高pH(>7)条件下,S(Ⅳ)主要以SO_3^{2-}形式存在,而当液相的pH很低时(<2),HSO_3^-为溶液中S(Ⅳ)的主要存在形式。由于SO_2各种形式的解离速率很快,发生时间大概在10^{-6} s或更低的数量级,任意一个消耗$SO_2\cdot H_2O$、HSO_3^-及SO_3^{2-}的化学反应发生以后,新的电离平衡会马上建立。溶解态SO_2很高的离解速率大大提高了大气液相中S(Ⅳ)的溶解度,因此大气液相中S(Ⅳ)的实际溶解度远远超过了用亨利定律估算的溶解度,它在很大程度上依赖于大气的pH。已经知道的S(Ⅳ)的液相氧化反应有S(Ⅳ)与O_3、H_2O_2、O_2[在金属离子Mn(Ⅱ)和Fe(Ⅲ)的催化下]、OH、SO_5^-、HSO_5^-、SO_4^-、PAN、CH_3OOH、$CH_3C(O)OOH$、$HO_2\cdot$、NO_3、NO_2、N(Ⅲ)、HCHO、HXO(其中X= Cl、Br和I)及Cl_2^-的反应。已经有大量文献报道了这些氧化反应的动力学数据,在这里我们简要介绍几种主要的S(Ⅳ)液相氧化反应。

(一)液相中S(Ⅳ)的O_3氧化

在气相中O_3对S(Ⅳ)的氧化速率很慢,但是在水溶液中这种反应很快。已经有很多人做了相关的研究,Hoffmann(1985)详细评述了O_3氧化S(Ⅳ)的反应机理及动力学资料,认为最符合现有动力学资料的速率表达式为

$$-\frac{d[S(Ⅳ)]}{dt}=(k_0[SO_2\cdot H_2O]+k_1[HSO_3^-]+k_2[SO_3^{2-}])[O_3] \tag{6-108}$$

它是根据下述反应求得的:

$$\frac{1}{3}O_3+SO_2\cdot H_2O \longrightarrow 2H^++SO_4^{2-} \quad k_0=2.4\times10^{4}\ L/(mol\cdot s) \tag{6-109}$$

$$\frac{1}{3}O_3+HSO_3^- \longrightarrow H^++SO_4^{2-} \quad k_1=3.7\times10^{5}\ L/(mol\cdot s) \tag{6-110}$$

$$\frac{1}{3}O_3+SO_3^{2-} \longrightarrow SO_4^{2-} \quad k_2=1.5\times10^{9}\ L/(mol\cdot s) \tag{6-111}$$

O_3氧化S(Ⅳ)是通过上述三个独立路径进行的,即S(Ⅳ)的三种形态$SO_2\cdot H_2O$、HSO_3^-、SO_3^{2-}亲核攻击O_3。S(Ⅳ)的亲核反应性由大到小顺序为$SO_3^{2-}>HSO_3^->SO_2\cdot H_2O$,因此可以预测S(Ⅳ)同$O_3$反应的快慢顺序为$SO_3^{2-}>HSO_3^->SO_2\cdot H_2O$。但这三个反应的重要性随溶液的pH而变化,pH较低时,$SO_2\cdot H_2O$同O_3的反应比较显著,pH较高时,SO_3^{2-}同O_3的反应占优势。因此液相pH的提高,可以提高SO_3^{2-}与HSO_3^-的平衡浓度,从而可以提高整个反应的反应速率。大气中O_3的浓度约为30×10^{-9},该反应的速率为:pH=2时,

约 0.01%SO_2(g)·g(水)/[m^3(空气)·h];pH=6 时,约 7 000%SO_2(g)·g(水)/[m^3(空气)·h]。而气相中·OH 对 S(Ⅳ)的氧化速率为 1%/h,因此,在 pH>4 的液相中,O_3 对 S(Ⅳ)的非均相氧化就显得尤为重要。

(二)液相中 S(Ⅳ)的 H_2O_2 氧化

H_2O_2 是云雾化学中氧化 S(Ⅳ)很快的氧化剂。由于 H_2O_2 的亨利系数很大,常温下,水溶液中 H_2O_2 的浓度比 O_3 的浓度高 6 个数量级,这就使得 H_2O_2 有可能成为 S(Ⅳ)最有效的氧化剂。H_2O_2 氧化 S(Ⅳ)的速率常数与 pH 有关,当 pH>1.5 时,速率常数随 pH 增加而减小,这与 S(Ⅳ)溶解的方向相反,结果使 S(Ⅳ)的生成速率在一定的 pH 范围内与 pH 无关。尽管氧化反应所涉及的 S(Ⅳ)形态还不确定,但是通常认为氧化机理可能是

$$HSO_3^-+H_2O_2 \rightleftharpoons SO_2OOH^-+H_2O$$
$$SO_2OOH^-+H^+ \longrightarrow H_2SO_4$$

从 SO_2OOH^- 到 H_2SO_4 的反应涉及一个质子,因此反应在酸性条件下加快。速率表达式为

$$-\frac{d[S(Ⅳ)]}{dt}=\frac{7.45\times10^7[H^+][HSO_3^-][H_2O_2]}{1+13[H^+]} \tag{6-112}$$

当 pH≫1 时,1+13[H^+]≈1,同时[H^+][HSO_3^-]=$K_{\alpha1}$[$SO_2\cdot H_2O$],因此,在实际大气环境中,氧化速率与 pH 无关。

$$-\frac{d[S(Ⅳ)]}{dt}=7.45\times10^7K_{\alpha1}[SO_2\cdot H_2O_2] \tag{6-113}$$

当 pH≈1 时,氧化速率随 pH 下降而下降。

大气气相中 H_2O_2 的浓度为 1×10^{-9},该反应的速率为 700% SO_2(g)·g(水)/[m^3(空气)·h]。无论是实验室研究还是野外实验研究均证明该反应速率很大,因此,H_2O_2(g)与 SO_2(g)在云雾等液相体系中是不能共存的。

(三)液相中 S(Ⅳ)的 ROOH 氧化

有机过氧化物 ROOH 可能是 S(Ⅳ)潜在的氧化剂,它可能以与 H_2O_2 相同的方式氧化 S(Ⅳ):甲基过氧化氢(CH_3OOH)和过氧乙酸[$CH_3C(O)OOH$]都已被证明能氧化 S(Ⅳ),氧化机理如下:

$$HSO_3^-+CH_3OOH+H^+ \longrightarrow SO_4^{2-}+2H^++CH_3OH$$

当大气环境的 pH 在 2.9~5.8 时,氧化速率为

$$R=1.7\pm0.3\times10^7[H^+][CH_3OOH][HSO_3^-] \tag{6-114}$$

其中,当 T=291 K 时,$k_{6.87}=1.7\pm0.3\times10^{-7}$ L^2/($mol^2\cdot s$),活化能为 31.6 kJ/mol,反应速率与 pH 无关。

$$HSO_3^-+CH_3C(O)OOH \longrightarrow SO_4^{2-}+H^++CH_3COOH$$

当大气环境的 pH 在 2.9~5.8 时,氧化速率为

$$R=(k_a+k_b[H^+])[HSO_3^-][CH_3C(O)OOH] \tag{6-115}$$

其中,当 T=291 K 时,k_a=601 L/(mol·s),$k_b=3.64\pm0.4\times10^{-7}$ L^2/($mol^2\cdot s$),反应速率随 pH 增大

而增大。

甲基过氧化氢（CH_3OOH）和过氧乙酸[$CH_3C(O)OOH$]的亨利常数比 H_2O_2 小两个数量级，大气中甲基过氧化氢浓度为 1×10^{-9}，过氧乙酸浓度为 0.01×10^{-9}。根据亨利定律，液相中甲基过氧化氢浓度为 0.2 μmol/L，过氧乙酸浓度为 5 nmol/L，如此低的浓度使得有机过氧化物对 S(Ⅳ)的氧化速率在 1 μmol/(L·h)（当大气中 SO_2 的浓度为 1×10^{-9}）这样一个很低的水平，相当于 1% SO_2(g)· 0.2 g(水)/[m^3(空气)· h]。

（四）液相中 S(Ⅳ)的 O_2 非催化及催化氧化

在无金属离子存在的条件下，溶解 O_2 对 S(Ⅳ)的氧化速率始终是一个有争议的问题，在许多研究中，它的准一级反应速率常数不仅绝对相差较大，而且速率常数与 pH 相关方向不一致。许多研究者认为单纯溶解 O_2 同 S(Ⅳ)的氧化反应相对于在重金属离子催化下的氧化反应就显得不重要了。但近年来有研究表明，酸性气溶胶表面 S(Ⅳ)和 O_2 之间的界面氧化是 SO_2 转化为 SO_4^{2-} 的重要途径。界面反应的发生主要是酸性条件下气 – 液界面处活化能较低、界面水分子结构变化导致的分子择优取向，以及界面的反应性随 pH 变化。Huang 等（2015，2018）在 pH<3.5，以及除氧气外无其他氧化剂存在的条件下，监测到了酸性液滴表面 S(Ⅵ)的生成，过程中酸性液滴表面发生 SO_2 到 O_2 的直接界面电子转移。实验结果表明氧含量增加可提高 S(Ⅳ)到 S(Ⅵ)的转化程度。在 pH 为 2~4 的条件下添加 Fe(Ⅱ)/Fe(Ⅲ)，过渡金属离子对 S(Ⅳ)的催化作用几乎可忽略不计。

在酸性液滴表面 SO_2 的 O_2 非催化氧化反应如下：

$$H_2O+SO_2+O_2 \longrightarrow SO_3^-+O_2^-+2H^+$$

$$SO_3^-+O_2 \longrightarrow SO_5^-,\quad k=1.5\times10^9\ \text{L/(mol·s)}$$

$$SO_5^-+SO_3^{2-} \longrightarrow SO_4^{2-}+SO_4^-,\quad k=1.3\times10^7\ \text{L/(mol·s)}$$

$$SO_4^-+SO_3^{2-} \longrightarrow SO_4^{2-}+SO_3^-,\quad k=2.0\times10^9\ \text{L/(mol·s)}$$

烟尘颗粒在 O_2 氧化 SO_2 形成硫酸盐的过程中也可起重要作用。He 等（2018）证实烟尘颗粒可以催化 O_2 氧化 SO_2 形成硫酸盐，该过程在夜间光化学减弱时也可进行，且高相对湿度可加快其反应速率。在含碳烟尘气溶胶表面水分子分解为羟基，促进 SO_2 被 O_2 氧化转化为 SO_3。烟尘表面 SO_2 的氧化受其组分影响，其在烟尘表面的反应有效性取决于烟尘表面上芳香族 C—H 官能团和含氧官能团的数量。

Fe(Ⅲ)可以催化 S(Ⅳ)，催化反应的内禀速率取决于 S(Ⅳ)和 Fe(Ⅲ)的浓度、pH、离子强度和温度，同时对某些阳离子（如 Mn^{2+}）和阴离子（如 SO_4^{2-}）的存在非常敏感。

Fe(Ⅲ)在水溶液中的沉淀平衡如下：

$$Fe^{3+}+H_2O \rightleftharpoons FeOH^{2+}+H^+$$

$$FeOH^{2+}+H_2O \rightleftharpoons Fe(OH)_2^++H^+$$

$$Fe(OH)_2^++H_2O \rightleftharpoons Fe(OH)_3(s)+H^+$$

$$2FeOH^{2+} \rightleftharpoons Fe_2(OH)_2^{4+}$$

溶液中可溶性铁的浓度为

$$[Fe]_{\text{可溶}}=[Fe^{3+}]+[FeOH^{2+}]+[Fe(OH)_2^+]+[Fe_2(OH)_2^{4+}]$$

而溶液中总铁浓度由可溶态和固态组成：

$$[Fe]_{总}=[Fe]_{可溶}+[Fe(OH)_3(s)]$$

由此可见，水溶液中铁的主要存在形式随 pH 的变化而变化，当 pH 为 4.5 时，Fe^{3+} 的浓度约为 3×10^{-11} mol/L。

当 pH ≤ 4 时，Fe(Ⅲ)催化 O_2 氧化 S(Ⅳ)的氧化速率同 S(Ⅳ)和 Fe(Ⅲ)浓度的一次方成正比：

$$\frac{d[SO_4^{2-}]}{dt}=1.2\times10^6[Fe(Ⅲ)][SO_3^{2-}] \tag{6-116}$$

当 pH > 4.5 时，Fe(Ⅲ)的溶解度显著减小，Fe(Ⅲ)可能主要以凝聚的 $Fe(OH)_3$ 或 Fe_2O_3 形式存在。Martin(1984)在 pH=5 时确定了 Fe(Ⅲ)催化氧化 S(Ⅳ)的速率表达式：

$$\frac{d[SO_4^{2-}]}{dt}=5\times10^5[Fe^{3+}(aq)][S(Ⅳ)] \tag{6-117}$$

Fe(Ⅱ)对 S(Ⅳ)的氧化似乎没有催化作用。在 pH 较低时，Fe(Ⅱ)的催化要经历一段诱发期，这表明 Fe(Ⅱ)必须先转化为 Fe(Ⅲ)后对 S(Ⅳ)的氧化反应才有催化作用。

Mn(Ⅱ)催化氧化 S(Ⅳ)的速率表达式同 S(Ⅳ)和 Mn(Ⅱ)的浓度大小有关。

当 [S(Ⅳ)] ≤ 10^{-4} mol/L，[Mn(Ⅱ)] ≤ 10^{-5} mol/L 时：

$$-\frac{d[S(Ⅳ)]}{dt}=k_2[Mn(Ⅱ)][HSO_3^-] \tag{6-118}$$

当 [S(Ⅳ)] > 10^{-4} mol/L，[Mn(Ⅱ)] > 10^{-5} mol/L 时：

$$-\frac{d[S(Ⅳ)]}{dt}=k_1[Mn^{2+}]^2[H^+]^{-1}\beta_1 \tag{6-119}$$

式中：$k_1=2\times10^9$ L/(mol·s)；

$k_2=3.4\times10^3$ L/(mol·s)；

$\beta_1=\dfrac{[MnOH^+][H^+]}{[Mn(Ⅱ)]}$，当温度为 298 K 时，$\lg\beta_1=-9.9$。

当 Fe(Ⅲ)和 Mn(Ⅱ)同时存在时，Fe(Ⅲ)和 Mn(Ⅱ)之间便产生了协同效应，S(Ⅳ)的去除比 Fe(Ⅲ)和 Mn(Ⅱ)单独催化氧化之和快 3~10 倍。协同效应时的速率表达式为：

$$\frac{d[SO_4^{2-}]}{dt}=4.7[H^+]^{-1}[Mn(Ⅱ)]^2+0.82[H^+]^{-1}[Fe(Ⅲ)][S(Ⅳ)]+\frac{0.82\times1.7\times10^3[H^+][Fe(Ⅲ)][Mn(Ⅱ)]^{1.5}[S(Ⅳ)]}{6.31\times10^{-6}+[Fe(Ⅲ)]} \tag{6-120}$$

从等式可知第一项为 Mn(Ⅱ)的单独催化氧化速率。第二项为 Fe(Ⅲ)的单独催化氧化速率，第三项为 Fe(Ⅲ)和 Mn(Ⅱ)的协同效应。该表达式仅适用于 [S(Ⅳ)] > 10^{-6} mol/L 的情况，当 [S(Ⅳ)] ≤ 10^{-6} mol/L 时，协同效应仍然存在，但目前还无资料。

(五) 液相中 S(Ⅳ)的 ·OH 氧化

溶液中存在 O_3、H_2O_2 及氮氧化物，也就必然存在自由基，此外自由基也可以来自气相的清除。据估计，·OH 和 HO_2· 参与了 30 多种液相反应，也可能在 S(Ⅳ)的氧化过程中有一定的作用，但机理不是很清楚，可能包括以下几步反应：

链引发

$$\cdot OH + HSO_3^- \longrightarrow SO_3^- + H_2O \quad k_1=4.5\times10^9\ L/(mol\cdot s) \tag{6-121}$$

$$\cdot OH + SO_3^{2-} \longrightarrow SO_3^- + OH^- \quad k_2=5.2\times10^9\ L/(mol\cdot s) \tag{6-122}$$

链传递

$$SO_3^- + O_2 \longrightarrow SO_5^- \quad k_3=1.5\times10^9\ L/(mol\cdot s) \tag{6-123}$$

$$SO_5^- + HSO_3^- \longrightarrow HSO_5^- + SO_3^- \quad k_4=2.5\times10^4\ L/(mol\cdot s) \tag{6-124}$$

$$SO_5^- + SO_3^{2-} \xrightarrow{H_2O} HSO_5^- + SO_3^- + OH^- \quad k_5=2.5\times10^4\ L/(mol\cdot s) \tag{6-125}$$

$$SO_5^- + HSO_3^- \longrightarrow SO_4^- + SO_4^{2-} + H^+ \quad k_6=7.5\times10^4\ L/(mol\cdot s) \tag{6-126}$$

$$SO_5^- + SO_3^{2-} \longrightarrow SO_4^- + SO_4^{2-} \quad k_7=7.5\times10^4\ L/(mol\cdot s) \tag{6-127}$$

$$SO_5^- + 2HSO_3^- \longrightarrow SO_3^- + 2SO_4^{2-} + 2H^+ \quad k_8=7.5\times10^8\ L/(mol\cdot s) \tag{6-128}$$

$$SO_5^- + 2SO_3^{2-} \longrightarrow SO_3^- + 2SO_4^{2-} \quad k_9=5.5\times10^8\ L/(mol\cdot s) \tag{6-129}$$

$$SO_5^- + SO_5^- \longrightarrow 2SO_4^- + O_2 \quad k_{10}=6\times10^8\ L/(mol\cdot s) \tag{6-130}$$

链终止

$$SO_3^- + SO_3^- \longrightarrow S_2O_6^{2-} \quad k_{11}=7\times10^8\ L/(mol\cdot s) \tag{6-131}$$

$$SO_4^- + SO_4^- \longrightarrow S_2O_8^{2-} \quad k_{12}=4.5\times10^8\ L/(mol\cdot s) \tag{6-132}$$

$$SO_5^- + SO_5^- \longrightarrow S_2O_8^{2-} + O_2 \quad k_{13}=1.4\times10^8\ L/(mol\cdot s) \tag{6-133}$$

$$HSO_5^- + HSO_3^- + H^+ \longrightarrow 2SO_4^{2-} + 3H^+ \quad k_{14}=7.1\times10^6\ L/(mol\cdot s) \tag{6-134}$$

事实上，上述反应机理可以简化，当 pH < 6 时，$[HSO_3^-] >> [SO_3^{2-}]$，我们可以忽略反应(6-122)、反应(6-125)、反应(6-127)和反应(6-129)，假设反应(6-131)和反应(6-132)的速率很小，则 SO_3^-、SO_4^-、SO_5^- 及 HSO_5^- 的平衡浓度可以通过如下假设得到：

$$\frac{d[SO_3^-]}{dt} = \frac{d[SO_4^-]}{dt} = \frac{d[SO_5^-]}{dt} = \frac{d[HSO_5^-]}{dt} = 0 \tag{6-135}$$

从而得到平衡态浓度表达式：

$$[HSO_5^-]_{ss} = \frac{k_4}{k_{14}[H^+]}[SO_5^-]_{ss} \tag{6-136}$$

$$[SO_4^-]_{ss} = \frac{k_6}{k_8}[SO_5^-]_{ss} + \frac{2k_{10}}{k_8[HSO_3^-]}[SO_5^-]_{ss}^2 \tag{6-137}$$

$$[SO_3^-]_{ss} = \frac{k_4 + k_6}{k_3[O_2]}[SO_5^-]_{ss}[HSO_3^-] + \frac{2(k_{10} + k_{13})}{k_3[O_2]}[SO_5^-]_{ss}^2 \tag{6-138}$$

$$[SO_5^-]_{ss} = \sqrt{\frac{k_1}{2k_{13}}}[\cdot OH]^{\frac{1}{2}}[HSO_3^-]^{\frac{1}{2}} \tag{6-139}$$

最终 SO_4^{2-} 通过上述机理的生成速率可以用下式表示：

$$\frac{d[S(Ⅵ)]}{dt} = k_6[SO_5^-][HSO_3^-] + k_8[SO_4^-][HSO_3^-] + 2k_{14}[HSO_5^-][HSO_3^-][H^+] \tag{6-140}$$

（六）液相中S（Ⅳ）的氮氧化物氧化

氮氧化物NO、NO_2、HNO_2和HNO_3都可能是S（Ⅳ）的氧化剂，然而HNO_3和NO氧化S（Ⅳ）的速率很慢。NO_2和HNO_2是液相中两种主要的氧化SO_2的活性氮物质。目前，气溶胶中HNO_2氧化SO_2的研究较少。Martin等（1981）确定了HNO_2同S（Ⅳ）的反应速率表达式：

$$\frac{d[SO_4^{2-}]}{dt}=142[H^+]^{\frac{1}{2}}[N(\text{Ⅲ})][S(\text{Ⅳ})] \quad (6-141)$$

HNO_2的亨利常数不大，气相浓度不高，因此它的液相浓度比H_2O_2要小得多，同时在pH ≈ 3时，H_2O_2的氧化速率常数比HNO_2约大10^4倍，因此HNO_2在有H_2O_2、O_3等氧化剂存在时不是一种有效的氧化剂。Li等（2018）提出城市冬季雾霾期间气溶胶颗粒中SO_2氧化可能被HNO_2/ NO_2^-驱动。Zhang等（2018）研究了在NH_3存在的情况下黑炭（BC）颗粒表面SO_2与NO_2的反应。结果表明NO_2与BC反应产生的HNO_2促进了硫酸盐的形成。

目前，NO_2是否对S（Ⅳ）的氧化有明显的贡献还不清楚。Lee等（1982）在pH为6.4~5.0、[S（Ⅳ）] ≈ 10^{-6} mol/L、$P_{NO_2}=100\times10^{-9}$时，研究了该反应，总反应可用下式表示：

$$2NO_2+HSO_3^- \xrightarrow{H_2O} 2NO_2^-+3H^++SO_4^{2-}$$

速率表达式可能为

$$\frac{d[SO_4^{2-}]}{dt}=k[S(\text{Ⅳ})][NO_2] \quad (6-142)$$

速率常数强烈依赖于pH，当pH从6.4降至5.0时，k值也从大于等于2×10^6 L/（mol·s）降至1.4×10^5 L/（mol·s）。该反应在高pH下对S（Ⅳ）氧化的贡献可能比较显著。Wang等（2016）认为仅在两种大气条件下液相中SO_2被NO_2氧化是形成硫酸盐的重要途径：① 在云雾条件下；② 相对湿度较高和有能够充分中和酸性的物质（如NH_3）存在时。云雾中，无论中和剂存在或不存在，只要SO_2和NO_2共存且水平较高，SO_2就会被NO_2氧化。在气溶胶中，酸性作用抑制气溶胶中的氧化过程，因此需要碱性物质来维持氧化。只有当气溶胶pH大于5.5时，该途径才会变得重要。气溶胶中的SO_2被NO_2氧化的总反应如下：

$$2NH_3(g)+SO_2(g)+2NO_2(g)+2H_2O(aq) \longrightarrow 2NH_4^+(aq)+SO_4^{2-}(aq)+2HONO(g)$$

Cheng等（2016）认为雾霾期间气溶胶液态水中的SO_2被NO_2氧化是硫酸盐的重要来源。气溶胶液态水作为液相反应的介质，SO_2被气溶胶中碱性组分捕获，继而被NO_2氧化形成硫酸盐。气溶胶pH升高有利于增加SO_2溶解度和亨利常数，将更多SO_2吸入气溶胶液态水中，从而提高反应速率。pH增加一个单位，SO_2的反应速率可增加一个数量级。

但是，有学者认为NO_2主导的SO_2氧化不太可能是硫酸盐形成的主要途径，原因在于气溶胶呈中度酸性，不满足NO_2氧化SO_2生成硫酸盐的条件。Guo等（2017）认为在中国或世界上其他国家和地区（如美国、地中海）的气溶胶的酸性一直偏强，即使在NH_3排放量很高的情况下也不能有效提升气溶胶pH至中性。另有研究表明超过95%的NO_2在液相亚硫酸氢钠（$NaHSO_3$）表面发生歧化反应形成HONO和HNO_3，并非氧化溶解的HSO_3^-。有学者认为在NH_3存在的情况下，潮解的NaCl气溶胶颗粒中NO_2氧化SO_2超过了NO_2的歧化反应。

SO_2 和 NO_2 在矿物粉尘表面的多相反应是当前的研究热点。此反应过程受 O_2、NH_3 和 RH 的影响。O_2 作为主要氧化剂，NO_2 引发自由基形成，反应启动机制如下：

$$NO_2+HSO_3^- \longrightarrow NO_2^-+H^++SO_3^-$$

NH_3 可促进 α-Fe_2O_3 和 α-Al_2O_3 酸性表面上硫酸盐的形成，而这种作用在 CaO 和 MgO 表面上较弱，可能是受 CaO 和 MgO 的碱性特征影响。此类研究多在实验室中进行，由于实验室研究中使用的物质表面的物理和化学性质可能与环境条件下完全不同，如何将实验室参数外推到大气环境还是很具有挑战性的工作。

（七）液相中 S(Ⅳ)的碳催化氧化

大气中的 SO_2 可以在石墨、煤烟颗粒、矿物粉尘、沙尘、黑炭等表面氧化，其表面去除速率与颗粒的表面性质及其他污染物如 NO_2 的存在和相对湿度等因素有关。目前已经知道水蒸气的增加可使反应速率增加，这表明 SO_2 的表面氧化可能发生在固体表面的薄层水中。Zhang 等（2020）结合外场观测、实验室研究和模型模拟确定了 BC 催化在硫酸盐形成过程中的重要作用。该机制主要是 BC 表面物理吸附 NO_2，然后在还原性表面位点将 NO_2 转换为 HONO，HONO 进一步促使 S(Ⅳ)转化为硫酸盐。研究表明 NO_2 和 NH_3 同时存在时，即使在 SO_2 水平很低（低至 $\times10^{-9}$ 数量级）和中等相对湿度（30%~70%）条件下，BC 也能有效催化 SO_2 氧化。

（八）液相中 S(Ⅳ)的次卤酸氧化

液相中次卤酸 HOX（其中 X= Cl、Br 和 I）可以氧化 S(Ⅳ)。该反应主要通过 HSO_3^- 和 SO_3^{2-} 中硫原子电子对 HOX 的卤原子亲核攻击形成 XSO_3^- 中间体，然后 XSO_3^- 快速水解形成 SO_4^{2-}。液相中 HOX 氧化 S(Ⅳ)的反应如下：

$$HSO_3^-+HOX \longrightarrow XSO_3^-+H_2O$$

$$SO_3^{2-}+HOX \longrightarrow XSO_3^-+OH^-$$

$$XSO_3^-+H_2O \longrightarrow 2H^++SO_4^{2-}+X^-$$

海洋边界层（MBL）中 HOX 对 SO_2 的液相氧化通常是生成硫酸盐的重要途径。但越来越多的研究表明，在远离海洋相当远的地方也存在大量活性含卤素物质。燃煤、盐湖和道路用盐均会排放卤素。在沿海城市，HOX 对 SO_2 的液相氧化对硫酸盐生成有重要贡献。

尽管 HOX 对 SO_2 的液相氧化对 MBL 中硫酸盐的形成具有重要作用，但由于 HOX 和 HSO_3^- 之间的反应速率常数、HOCl 和 HOBr 的亨利常数，以及（3）MBL 中 HOX 的浓度等均存在很大的不确定性，因此大多数硫化学模型中还未包含“S(Ⅳ)+HOX”反应。

（九）S(Ⅳ)的多相光化学氧化

SO_2 的多相光化学氧化研究主要涉及气溶胶颗粒中硝酸盐光解、光敏剂和矿物粉尘表面的光化学反应。气溶胶颗粒中硝酸盐光解产物对 SO_2 的多相光化学氧化研究主要集中在相关反应动力学和反应机制，如图 6-20 所示。300 nm 波长下进行的光解实验表明硫酸盐的产生主要由硝酸盐光解形成的 N(Ⅲ)主导。SO_2 在气溶胶中的吸收系数对气溶胶 pH 不敏感，与 RH 略呈负相关，与光子通量呈正相关。该反应不受有机物的影响，可被卤离子加速。除了硝酸盐光解外，气溶胶中含有的氯化铁光解产生 $Cl\cdot/Cl_2^-$，也会导致 SO_2 的快速多相氧化。

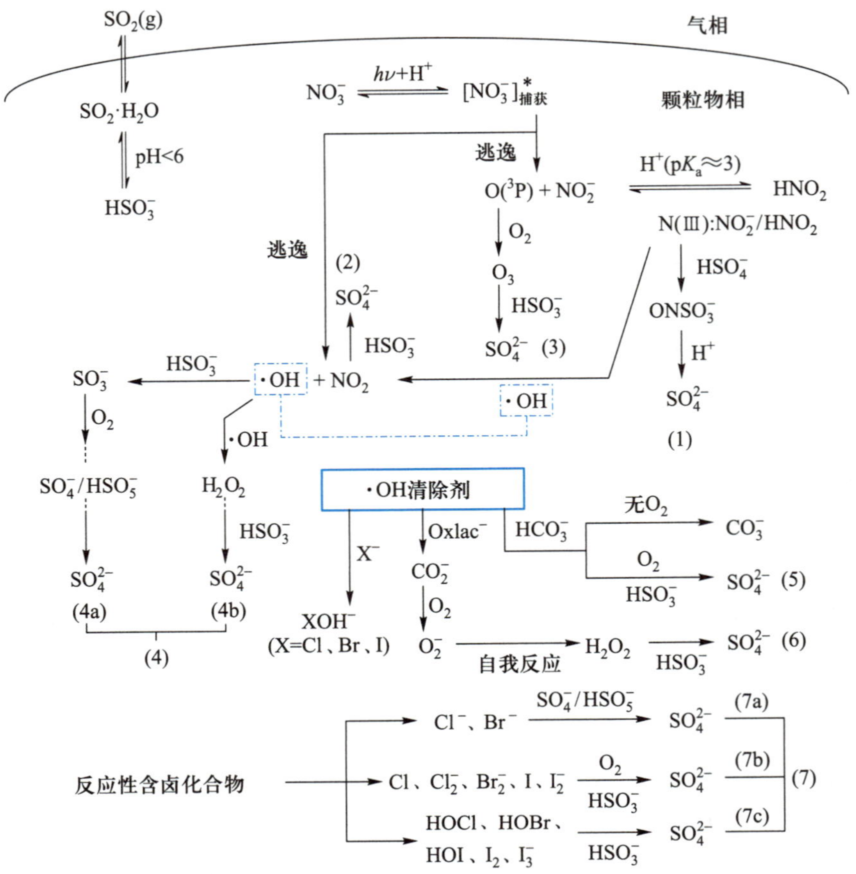

图 6-20 在卤离子或·OH 清除剂（$NaHCO_3$ 和草酸）存在时，300 nm 波长下硝酸盐光解对 SO_2 的多相氧化机理

（资料来源：Zhang，2020）

光敏化学是气溶胶化学的新兴研究领域。S(Ⅳ)的光敏氧化主要是太阳辐射将光敏分子激发到三重态，然后通过能量转换、电子转移或氢原子提取等方式诱导水合二氧化硫和亚硫酸氢盐转化为硫酸盐 S(Ⅵ)。Wang 等（2020）通过脉冲激光实验确定了 S(Ⅳ)和不同三重激发态的光敏剂分子（T^*）的反应速率常数。T^* 类型不同，其速率常数差别很大，范围从 6.9×10^7 L/(mol·s)（与 4- 苯甲酰苯甲酸光敏剂反应）到 1.0×10^9 L/(mol·s)（与氧杂蒽酮光敏剂反应）。pH 和离子强度对该反应的影响还未确定。

矿物粉尘表面 SO_2 的多相光化学氧化主要是金属氧化物产生电子－空穴对，然后发生氧化和还原过程。Ma 等（2019）认为在 TiO_2 表面，水可以在紫外光的作用下转化为高活性·OH，然后与 SO_2 反应形成硫酸盐。同时，紫外光照射可以显著促进矿物粉尘或 TiO_2 表面 SO_2 向硫酸盐的转化。一些学者研究了在矿物粉尘表面 SO_2 多相光化学氧化的反应动力学。亚利桑那州实验粉尘（ATD）表面 SO_2 的吸收系数（γ_{SO_2}）在紫外光照射下比暗室中高 1 个数量级。当有其他氧化剂（如 O_3 和 NO_2）存在时，γ_{SO_2} 也会增大。此外，γ_{SO_2} 随 RH 的增加而增大。相比之下，在紫外光照射条件下 TiO_2 表面 SO_2 的吸收系数随 RH 的增加而减小。

（十）液相中 S（Ⅳ）氧化途径的比较

现在我们比较一下各种 S（Ⅳ）氧化路径的相对重要性。由于各种液相和多相反应的速率有很大的不定性，同时，这些反应还可能被环境中存在的各种金属催化，精确地定量评价各反应对 S（Ⅳ）氧化的贡献是不可能的。作为一种粗略估计，假设质量传输不是决速步，并且各种反应存在于含水量为 1 cm^3/m^3 的云中，Martin（1984）估算的一个典型大气中各种液相氧化路径在某一 pH 下的氧化速率表达式如下：

$$\frac{100\mathrm{d}[\mathrm{S(VI)}]/\mathrm{d}t}{H_{\mathrm{SO_2}}^{*}P_{\mathrm{SO_2}}L+\dfrac{1000}{RT}P_{\mathrm{SO_2}}}3\ 600 \quad (\%/\mathrm{h}) \tag{6-143}$$

$$\frac{\mathrm{d}[\mathrm{S(IV)}]}{\mathrm{d}t}=k[\mathrm{X}][\mathrm{S(IV)}]L \tag{6-144}$$

图 6-21 描绘了在 $P_{\mathrm{SO_2}}=5\times10^{-9}$，$T$=298 K 条件下 S（Ⅳ）在溶液中和碳表面上的氧化速率与 pH 的关系。

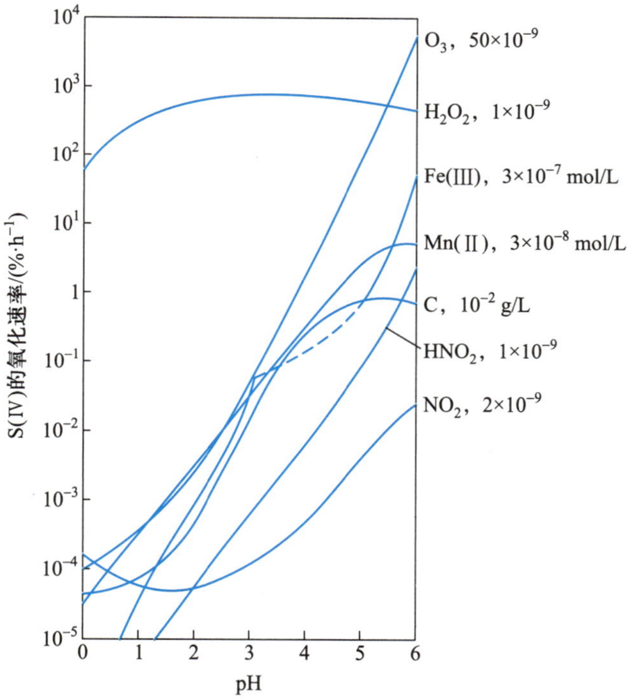

图 6-21　S（Ⅳ）在溶液中和碳表面上的氧化速率与 pH 的关系

（资料来源：Martin，1984）

由图 6-21 可见，H_2O_2 氧化 S（Ⅳ）在 pH<5 时是最有效的路径，当 pH>5 时，O_3 氧化 S（Ⅳ）比 H_2O_2 快 10 倍。Fe（Ⅲ）和 Mn（Ⅱ）催化 O_2 氧化 S（Ⅳ）在高 pH 下可能比较重要，但由于速率表达式在高 pH 下的不定性，不能得到一个肯定的结论。在所研究的 pH 及气态 NO_2 和 HNO_2 浓度水平范围内，NO_2 和 HNO_2 对氧化 S（Ⅳ）不重要。从图中可见，碳的催化氧化对 S（Ⅳ）的氧化速率在低 pH 下可与 Fe（Ⅲ）、Mn（Ⅱ）相比。

Hoffmann 等（1985）估算了在洛杉矶大气条件下，含水量为 0.2 cm^3/m^3 的理想云中的各种反应速率。设云与气相达到平衡，各物种气相浓度分别为：$P_{\mathrm{SO_2}}=20\times10^{-9}$、$P_{\mathrm{H_2O_2}}=1\times$

10^{-9}、$P_{CH_3OOH}=0.2\times10^{-9}$、$P_{CH_3C(O)OOH}=0.01\times10^{-9}$、$P_{PAN}=30\times10^{-9}$、$P_{HO_2\cdot}=0.04\times10^{-9}$、$P_{HCHO}=30\times10^{-9}$。图 6-22 描绘了 H_2O_2、CH_3OOH、$CH_3C(O)OOH$、PAN、$HO_2\cdot$ 和 HCHO 同 S(Ⅳ)在不同 pH 下的氧化速率。很明显在 pH<5 时，H_2O_2 仍是最有效的氧化剂。只有在较高 pH 下，$HO_2\cdot$ 和 PAN 对 S(Ⅳ)的氧化才有所贡献，而 CH_3OOH 和 $CH_3C(O)OOH$ 在整个考察的 pH 范围内对 S(Ⅳ)氧化速率的贡献极小。HCHO 同 S(Ⅳ)的络合速率随 pH 增加而快速增加，在 pH 约为 5 时，络合速率就超过了 H_2O_2 的氧化速率。最重要的自由基 ·OH 对 S(Ⅳ)氧化速率的贡献较大(图中未画出)，在 pH=4 时，·OH 的氧化速率与 H_2O_2 差不多，在 pH=5 时就超过了 H_2O_2，·OH 的氧化速率为 500%/h，而 H_2O_2 仅为 331%/h。

从图 6-21、图 6-22 中可见，只有 H_2O_2 氧化 S(Ⅳ)的氧化速率相对独立于 pH，这是因为其速率常数和 S(Ⅳ)的溶解度对 pH 的依赖性正好方向相反。其他物种的这两个依赖性处于同一方向，这就使得其氧化速率随 pH 的变化而显著变化。

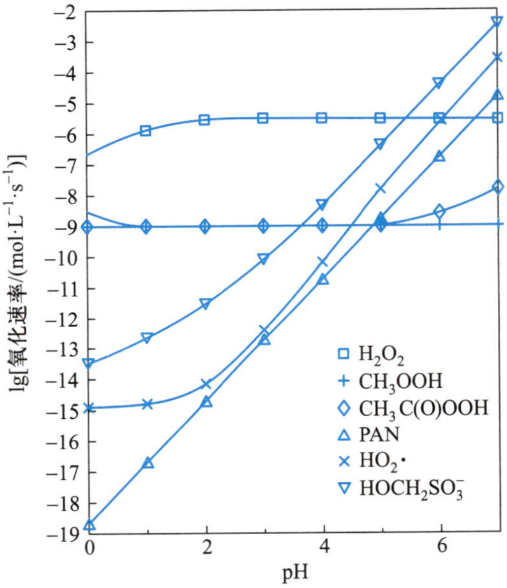

图 6-22 不同 pH 下 S(Ⅳ)的氧化速率

(资料来源：引自 Hoffmann 等，1985)

温度对 H_2O_2、O_3 等氧化剂氧化速率的影响是两个因子竞争的结果。温度低，气体溶解度大，但速率常数 k 小；温度高，气体溶解度小，但速率常数 k 大。这两种作用处于相反的方向，可能使得氧化速率对温度的变化不敏感。温度对 Fe(Ⅲ)、Mn(Ⅱ)、碳等催化剂的催化氧化速率有一定的影响，Fe(Ⅲ)、Mn(Ⅱ)催化氧化的活化能较大，增加温度，反应速率可能有较大的增加。

六、液相氮化学反应动力学

含氮化合物是大气中的重要污染物，它们可溶于大气中的液相并构成一个液相平衡体系，在这个体系中含氮化合物有特定的转化过程。如 NO 氧化转化为 NO_2，最终转化为 HNO_3、PAN 和其他氧化物形式等。NO_3^- 是酸雨中一种重要的致酸物质，在此过程中，溶液中的氮化学是非常重要的，不仅仅是由于 HNO_3 的强酸性，同时也由于一些含氮化合物光解产生了活性中间产物，这就预示着溶液中的氮化学是有活力的，图 6–23 概括了含氮化合物的相互关系。

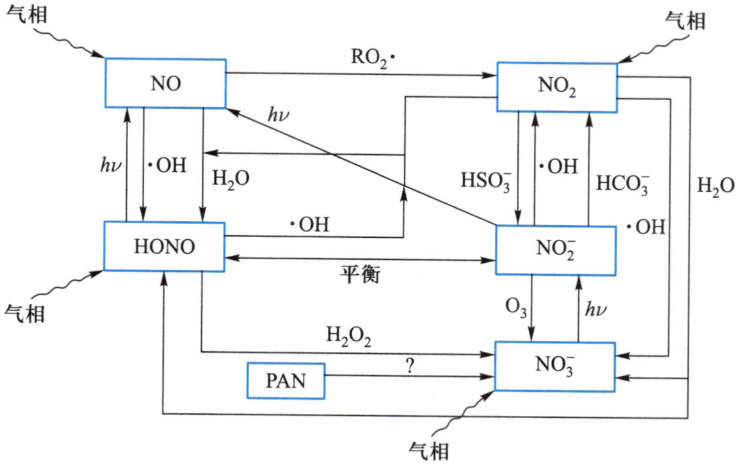

图 6–23　含氮化合物的相互关系示意图

（资料来源：引自 Pitts，1986）

（一）NO_x 的液相转化

NO 和 NO_2 在液相中的平衡比较复杂。研究发现，在一定的气象条件下，NO 和 NO_2 在液相表面吸附并发生氧化的作用不明显，反应进行得比较缓慢。NO 和 NO_2 液相反应的平衡常数列于表 6–19。

表 6–19　NO 和 NO_2 液相反应的平衡常数

反应	反应平衡表达式	反应平衡常数
$NO(g) \rightleftharpoons NO(aq)$	$H_{NO}=\dfrac{[NO]}{P_{NO}}$	1.93×10^{-3} mol/（L·Pa）
$NO_2(g) \rightleftharpoons NO_2(aq)$	$H_{NO_2}=\dfrac{[NO_2]}{P_{NO_2}}$	1.0×10^{-2} mol/（L·Pa）
$2NO_2(aq) \rightleftharpoons N_2O_4(aq)$	$K=\dfrac{[N_2O_4]}{[NO_2]}$	7×10^{4} L/mol
$NO(aq)+NO_2(aq) \rightleftharpoons N_2O_3(aq)$	$K=\dfrac{[N_2O_3]}{[NO][NO_2]}$	3×10^{4} L/mol
$2NO_2(aq)+H_2O(l) \longrightarrow 2H^++NO_2^-+NO_3^-$	$R_{12}=k_{12}[NO_2]^2$	7×10^{7} L/（mol·s）
$NO(aq)+NO_2(aq)+H_2O(l) \longrightarrow 2H^++2NO_2^-$	$R_{13}=k_{13}[NO][NO_2]$	3×10^{7} L/（mol·s）

NO 和 NO_2 溶于水后会发生下列反应：

$$H_2O+NO+NO_2 \longrightarrow 2HNO_2 \quad K_{145}=3.0\times10^{7}\ \text{L/(mol·s)} \tag{6–145}$$

$$H_2O+NO_2+NO_2 \longrightarrow HONO+NO_3^-+H^+ \quad K_{146}=7.0\times10^{7}\ \text{L/(mol·s)} \tag{6–146}$$

$$HONO \rightleftharpoons H^++NO_2^- \quad K_{147}=10^{-3.29}\ \text{mol/L} \tag{6–147}$$

由于 NO 和 NO_2 在水中的溶解度很小，仅当 $P_{NO_2}^2$、$P_{NO_2}P_{NO}$ 和 P_{NO_2} 大于 1.0×10^{-4} Pa² 时，

上述反应才有意义（Lee，1984）。相对于氮氧化物在大气气相中的反应，氮氧化物在液相中的反应速率不大，在常温条件下，反应很慢，对于氮氧化物的氧化去除及对液相中硝酸盐的贡献不大，所以氮氧化物对液相的酸化不是很重要。

（二）$NO_3\cdot$ 的液相转化

$NO_3\cdot$ 在白天有很快的光解速率，其浓度很低，几乎可以忽略不计，但是它却是夜间主要的氧化剂。$NO_3\cdot$ 水溶性很好，是重要的 HNO_3 前体物。

$$NO_3\cdot + H_2O(l) \longrightarrow HNO_3(aq)$$

$NO_3\cdot$ 与 VOCs 的反应是颗粒物中无机硝酸盐和有机硝酸盐的重要来源。$NO_3\cdot$ 与饱和烃反应时主要发生氢摘取反应，生成烷基和 HNO_3，此类反应的速率常数通常小于 3×10^{-16} $cm^3/(mol\cdot s)$。因此，VOCs 和 $NO_3\cdot$ 反应与 VOCs 和 $\cdot OH$ 反应相比并不重要。NO_3 与烯烃反应时主要是 $NO_3\cdot$ 添加到双键上。$NO_3\cdot$ 与较小烯烃（$C<3$）反应的速率非常低，但与较大烯烃反应时速率增大，以致在 24 h 内，与 $NO_3\cdot$ 的夜间反应可成为影响烯烃收支平衡的重要因素。$NO_3\cdot$ 可与多种 OVOCs 反应，当化合物是酚类或化合物中存在双键时，反应更快。NO_3 与醛反应时夺取醛基中的氢原子，形成酰基过氧自由基（$RCO_3\cdot$）和 HNO_3。$NO_3\cdot$ 与不同醛的反应速率常数变化较大，如与 HCHO 的反应速率常数为 5.6×10^{-16} $cm^3/(mol\cdot s)$，与较大醛的反应速率常数增至 1×10^{-14}~5×10^{-14} $cm^3/(mol\cdot s)$。$NO_3\cdot$ 与酮的反应速率太小以至于这些反应在大气中不重要。$NO_3\cdot$ 也可与 BVOCs（如异戊二烯）反应。实验室研究表明，NO_3 与异戊二烯的反应产物主要为有机硝酸盐（约 80%）、HCHO（低于 5%）、甲基乙烯基酮（3.5%）、甲基丙烯醛（3.5%）。

二甲基硫（DMS）是大气中硫的主要天然来源。许多研究证实了 $NO_3\cdot$ 对 DMS 氧化的重要性。$NO_3\cdot$ 与 DMS 反应是通过夺取 H 原子形成硝酸和 $CH_3SCH_2\cdot$ 的。$CH_3SCH_2\cdot$ 经过一系列反应，最终生成 H_2SO_4/SO_4^{2-}。$NO_3\cdot$ 与 DMS 反应也可以作为 NO_x 的重要汇，在许多情况下主导 $NO_3\cdot$ 的源、汇平衡。

$$NO_3\cdot + CH_3SCH_3 \longrightarrow CH_3SCH_2\cdot + HNO_3$$
$$CH_3SCH_2\cdot + O_2 + M \longrightarrow CH_3SCH_2O_2\cdot + M$$
$$CH_3SCH_2O_2\cdot + NO \longrightarrow CH_3S\cdot + CH_2O\cdot + NO_2$$
$$CH_3S\cdot \longrightarrow SO_2 \longrightarrow H_2SO_4/SO_4^{2-}$$

$NO_3\cdot$ 的形成需要 NO_2，因此 $NO_3\cdot$ 生成时总是伴随着 N_2O_5 的形成。N_2O_5 易发生光解和热分解，但在夜间相对稳定。云雾或气溶胶中 N_2O_5 水解是夜间城市大气中 HNO_3 的重要来源。N_2O_5 是 HNO_3 的酸酐，因此该反应在热力学上非常有利，其反应焓为 −40.1 kJ/mol。

$$NO_2 + O_3 \longrightarrow NO_3\cdot + O_2$$
$$NO_2 + NO_3\cdot + (M) \longrightarrow N_2O_5 + (M)$$
$$N_2O_5 + (M) \longrightarrow NO_2 + NO_3\cdot + (M)$$
$$N_2O_5(g) \rightleftharpoons N_2O_5(aq)$$
$$N_2O_5(aq) \longrightarrow NO_2^+(aq) + NO_3^-(aq)$$
$$NO_2^+(aq) + H_2O(l) \longrightarrow HNO_3(aq) + H^+(aq)$$
$$NO_3^-(aq) + H^+(aq) \longrightarrow HNO_3(aq)$$
$$2HNO_3(aq) \rightleftharpoons 2HNO_3(g)$$

实验室研究和外场观测结果表明，夜间 N_2O_5 水解变化幅度很大，主要受气溶胶组成、相对湿度和温度影响。N_2O_5 在含水无机气溶胶和水滴上的吸附系数（$\gamma_{N_2O_5}$）相对较大，通常为 0.01~0.04。气溶胶中的硝酸盐（NO_3^-）可抑制 N_2O_5 在气溶胶上的吸附，主要是通过与液态水竞争 NO_2^+（aq）从而影响 N_2O_5 的电离。这种抑制作用被称为硝酸盐效应。

$$NO_2^+(aq)+NO_3^-(aq) \longrightarrow N_2O_5(aq)$$

N_2O_5 与含卤气溶胶反应时，NO_2^+（aq）与不同卤化物的阴离子结合，生成不同的产物，如在含氯气溶胶中，该反应生成 $ClNO_2$。与 $NO_2^+(aq)+NO_3^-(aq)$ 反应相似，NO_2^+（aq）与 Cl^-（aq）的反应速率远高于 NO_2^+（aq）与液态水的反应。此外，气溶胶中存在 Cl^- 时可以有效地抵消硝酸盐效应。

$$NO_2^+(aq)+Cl^-(aq) \longrightarrow ClNO_2(aq)$$

有机物被认为是大气气溶胶中越来越重要的成分。有机气溶胶和有机 / 无机混合气溶胶也可能抑制 N_2O_5 在气溶胶上的吸附，使 $\gamma_{N_2O_5}$ 减小多达两个数量级。研究结果表明，气溶胶中有机组分的表面活性剂特性是抑制 N_2O_5 吸附的主要原因。

HONO、NO_2^- 和 NO_3^- 在光照下会产生自由基：

$$HONO \xrightarrow{h\nu} \cdot OH+NO \quad K_{148}=3.7\times10^{-5}\ s^{-1} \tag{6-148}$$

$$NO_2^- \xrightarrow[H_2O]{h\nu} \cdot OH+NO+OH^- \quad K_{149}=6.3\times10^{-6}\ s^{-1} \tag{6-149}$$

$$NO_3^- \xrightarrow{h\nu} O+NO_2 \quad K_{150}=1.8\times10^{-8}\ s^{-1} \tag{6-150}$$

光解产生的原子氧同溶解 O_2 反应生成 O_3，成为液相 O_3 的重要来源，而 ·OH 则可以同 NO、NO_2、NO_2^- 和 HONO 反应生成 HONO、NO_3^- 和 NO_2：

$$\cdot OH+NO \longrightarrow HONO \quad K_{151}=1.0\times10^{10}\ L/(mol\cdot s) \tag{6-151}$$

$$\cdot OH+NO_2 \longrightarrow NO_3^-+H^+ \quad K_{152}=1.3\times10^{9}\ L/(mol\cdot s) \tag{6-152}$$

$$\cdot OH+NO_2^- \longrightarrow NO_2+OH^- \quad K_{153}=1.0\times10^{10}\ L/(mol\cdot s) \tag{6-153}$$

$$\cdot OH+HONO \longrightarrow NO_2+H_2O \quad K_{154}=1.0\times10^{9}\ L/(mol\cdot s) \tag{6-154}$$

溶液中的其他氧化剂如 H_2O_2 和 O_3 能氧化低价态的氮：

$$H_2O_2+HONO \longrightarrow NO_3^-+H^++H_2O \quad K_{155}=4.6\times10^{3}[H^+]\ L/(mol\cdot s) \tag{6-155}$$

$$O_3+NO_2^- \longrightarrow NO_3^-+O_2 \quad K_{156}=5.0\times10^{5}\ L/(mol\cdot s) \tag{6-156}$$

反应（6-155）受 pH 强烈影响，在 pH 为 5 时，$P_{H_2O_2}P_{HNO_2}$ 要达到 $1.3\times10^{-4}\ Pa^2$ 才有意义，而反应（6-156）则受碱催化，pH 为 5 时该反应对 NO_3^- 的生成有一定的重要意义。

气相反应生成的过氧乙酰硝酸酯（PAN）可能对大气水系统中的 NO_3^- 有所贡献，PAN 进入水相后发生水解反应：

$$PAN \xrightarrow{H_2O} NO_3^-+CH_3C(O)O^-+2H^+ \quad K_{157}=(4\pm1)\times10^{-4}\ s^{-1} \tag{6-157}$$

有报道说该水解反应的速率常数为 1×10^{-4}~$4\times10^{-4}\ s^{-1}$。但 PAN 的亨利常数比 HNO_3 小得

多，当 PAN 小于 1 Pa 时，PAN 不是大气水系统中 NO_3^- 的主要来源。

（三）液相氮反应动力学

由上述可见，生成 NO_2^- 和 NO_3^- 的主要反应路径如下：

$$2NO_2 \xrightarrow{H_2O} 2H^+ + NO_2^- + NO_3^- \quad k_1=4.25\times10^7\ L/(mol\cdot s)$$

$$NO+NO_2 \xrightarrow{H_2O} 2H^+ + 2NO_2^- \quad k_2=3.7\times10^7\ L/(mol\cdot s)$$

$$NO_2^-+O_3 \longrightarrow NO_3^-+O_2 \quad k_3=200[H^+]\ L/(mol\cdot s)$$

$$NO_2^-+H_2O_2 \longrightarrow NO_3^-+H_2O \quad k_4=4.6\times10^3[H^+]\ L/(mol\cdot s)$$

$$NO_2+Fe^{2+} \longrightarrow NO_2^-+Fe^{3+} \quad k_5=5\times10^4\ L/(mol\cdot s)$$

设物质在气液相达到平衡，液相内达到解离平衡，$P_{O_3}=50\times10^{-9}$、$P_{HNO_2}=0.1\times10^{-9}$、$[Fe^{2+}]=10^{-5}$ mol/L、$[H_2O_2]=10^{-5}$ mol/L，则 NO_3^- 和 NO_2^- 的生成速率分别为

$$\frac{d[N(V)]}{dt}=k_4[H^+][NO_2^-][H_2O_2]+k_3[H^+]^{-1}[NO_2^-][O_3]+k_1[NO_2]^2$$

$$\frac{d[N(III)]}{dt}=k_1[NO_2]^2+k_2[NO][NO_2]+k_5[NO_2][Fe^{2+}]-k_4[H^+][NO_2^-][H_2O_2]-k_3[H^+]^{-1}[NO_2^-][O_3]$$

将各浓度及平衡常数和速率常数代入上两式，可得

$$\frac{d[N(V)]}{dt}=1.1\times10^{-13}+\frac{3.2\times10^{-19}}{[H^+]^2}+4\ 250P_{NO_2}^2 \qquad (6-158)$$

$$\frac{d[N(III)]}{dt}=4\ 250P_{NO_2}^2+1\ 400P_{NO}P_{NO_2}+5\times10^{-3}P_{NO_2}-1.1\times10^{-13}+\frac{3.2\times10^{-19}}{[H^+]^2} \qquad (6-159)$$

根据式(6-158)可以绘出图 6-24，说明在 pH—P_{NO_2} 图上存在不同反应的优势区域。同样根据式(6-159)可以绘出图 6-25，说明在某一 pH 下，lg P_{NO}—lg P_{NO_2} 图上存在不同反应的优势区域。从图 6-24 可见，在典型中等污染的 P_{NO_2} 条件下，当 pH<3 时，NO_3^- 的生成由 H_2O_2 控制，pH ≥ 3 时则由 O_3 控制。

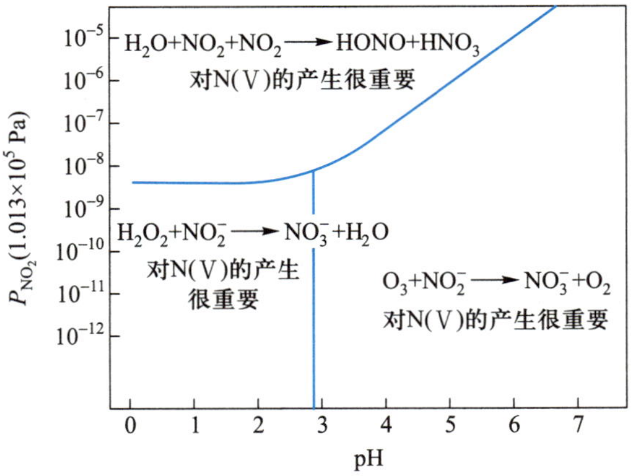

图 6-24 对生成 N(V)有贡献的反应

（资料来源：引自 Seinfeld, 1986）

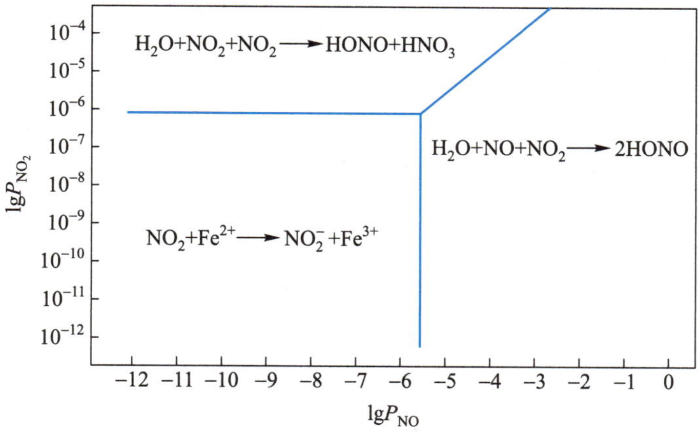

图 6-25 水溶液中含氮化合物反应区域与 $\lg P_{NO}$ 和 $\lg P_{NO_2}$ 的关系

（资料来源：Seinfeld，1986）

根据（6-159）式还可以确定 N（Ⅲ）从生成转化为消耗的临界 pHc，令 $\frac{d[N(\text{Ⅲ})]}{dt}=0$，可得

$$[H^+]_C=\left[\frac{3.2\times10^{-19}}{P_{NO_2}(4\,250P_{NO_2}+1\,400P_{NO}+5\times10^{-3})-1.1\times10^{-13}}\right]^{\frac{1}{2}} \qquad (6\text{-}160)$$

当 pH<pHc 时，N（Ⅲ）净增加；当 pH>pHc 时，N（Ⅲ）净消耗。

七、液相有机反应

长期以来，人们很少研究大气水系统中的有机物，主要是因为有机反应的复杂性和缺乏动力学资料，而不是因为其不重要。

在酸雨研究中最重要的有机物可能是醛和有机酸。现在已经在雨水和雾中测出大量的醛、有机酸及醛与 S（Ⅳ）的配合物，这些配合物的存在使得 S（Ⅳ）的液相浓度大大超过了纯水中亨利定律所计算的平衡浓度。大气中主要的醛是甲醛，由于甲醛水合速率很快，且平衡常数很大，甲醛在水溶液中主要以甲二醇的形式存在：

$$HCHO+H_2O \rightleftharpoons H_2C(OH)_2 \quad K_{161}=2.5\times10^3 \qquad (6\text{-}161)$$

甲醛同 S（Ⅳ）反应生成羟基甲磺酸 HMSA，从而抑制了 H_2O_2 和 O_3 对 S（Ⅳ）的氧化。

$$HCHO+HSO_3^- \longrightarrow CH_2(OH)SO_3^- \quad K_{162}=6.91\times10^2\ L/(mol\cdot s) \qquad (6\text{-}162)$$

$$HCHO+SO_3^{2-} \longrightarrow {}^-OCH_2SO_3^- \quad K_{163}=5.28\times10^6\ L/(mol\cdot s) \qquad (6\text{-}163)$$

HMSA 是弱酸，存在解离平衡：

$$HOCH_2SO_3^- \rightleftharpoons H^+ + {}^-OCH_2SO_3^- \quad K_{164}=2.0\times10^{-12}\ mol/L \qquad (6\text{-}164)$$

HMSA 的一个有趣的特征是有利于生成的条件却不利于保存，它在 pH>5 时很快生成，但保存 HMSA 必须将其酸化。这是因为 OH^- 亲核置换 HMSA 中的 HSO_3^-：

$$HOCH_2SO_3^-+OH^- \longrightarrow HCHO+SO_3^{2-}+H_2O \quad K_{165}=3.6\times10^3\ L/(mol\cdot s) \qquad (6\text{-}165)$$

该反应在酸性条件下很慢，在碱性条件下却很快。

HMSA 的另一个特点是不能被 H_2O_2 和 O_3 氧化，因此 HMSA 的生成能使 S(Ⅳ)稳定，然而 HMSA 却可能被 ·OH 快速氧化：

$$HOCH_2SO_3^- + \cdot OH \longrightarrow HCHO + SO_3^- + H_2O \quad K_{166}=1.4\times10^9\ L/(mol\cdot s) \qquad (6-166)$$

除了同 S(Ⅳ)生成 HMSA 外，甲二醇的另一个重要反应是同 ·OH 反应，提供 $HO_2\cdot$ 和生成甲酸：

$$H_2C(OH)_2 + \cdot OH \xrightarrow{O_2} HCOOH + HO_2\cdot + H_2O \quad K_{167}=2.0\times10^{-9}\ L/(mol\cdot s) \qquad (6-167)$$

Jacob(1986)认为该反应是边远地区云水中 ·OH 的重要去除反应和 HCOOH 的生成反应。而 ·OH 同甲酸及甲酸根反应，又成为甲酸最重要的去除过程，此外 H_2O_2 和 O_3 也能氧化甲酸，但速率比 ·OH 同甲酸的反应要慢得多。

$$\cdot OH + HCOOH \xrightarrow{O_2} CO_2 + HO_2\cdot + H_2O \quad K_{168}=2.0\times10^8\ L/(mol\cdot s) \qquad (6-168)$$

$$\cdot OH + HCOO^- \xrightarrow{O_2} CO_2 + HO_2\cdot + OH^- \quad K_{169}=2.5\times10^9\ L/(mol\cdot s) \qquad (6-169)$$

$$O_3 + 2HCOOH \longrightarrow 2CO_2 + 2\cdot OH + H_2O \quad K_{170}=5.0\times10^9\ L/(mol\cdot s) \qquad (6-170)$$

$$O_3 + HCOO^- \longrightarrow CO_2 + OH + O_2^- \quad K_{171}=1.0\times10^2\ L/(mol\cdot s) \qquad (6-171)$$

烷烃同 ·OH、O_3 和 NO_3^- 等物种的反应机制还不清楚，动力学数据较少。

八、液滴中各组分浓度的变化

大气中水蒸气凝结在粒子上形成液滴，刚生成的液滴又暴露在含有各种气体的环境中，吸收气体后液滴有一个初始 pH 和液滴组成。如果随后发生液相反应，液滴的 pH 和液滴组成就会随反应时间而变化。气相浓度的变化可能存在两个极端情况：① 气体浓度维持不变，即有外来物料补充，称为开放体系；② 气体浓度由于液相的吸收而逐渐减小，无外来物料的补充，称为封闭体系，实际情况可能介于这两者之间。

Seinfeld(1986)在忽略液滴生长的情况下，考察了液滴 pH 和 SO_4^{2-} 浓度在开放体系和封闭体系中随时间的变化。假设物种在气相和液相间达成平衡，液相中始终存在离解平衡，初始气相浓度 $P_{SO_2}=3.03\times10^{-9}$、$P_{NH_3}=1.87\times10^{-9}$、$P_{HNO_3}=8.54\times10^{-9}$、$P_{O_3}=5\times10^{-9}$、$P_{H_2O_2}=0.465\times10^{-9}$，液态水含量 $L=10^{-6}$，初始 pH 为 6.7。开放体系和封闭体系中 SO_4^{2-} 浓度和 pH 随时间的变化如图 6-26、图 6-27 所示。

开放体系中产生的 SO_4^{2-} 比封闭体系多，但是开放体系中 pH 减小的幅度却比封闭体系小。这是多种因素综合作用的结果。

(1) 初始气体组成虽然以酸性气体为主，但是碱性气体 NH_3 的浓度占有相当比重。由于 NH_3 的溶解度较大，它对开放体系的影响必然大于封闭体系。

(2) 由于封闭体系中 H_2O_2、O_3、S(Ⅳ)和 NH_3 的消耗，虽然使 SO_4^{2-} 的生成量较小，但是 NH_3 提供的中和能力也较小。两者比较，氧化剂氧化 S(Ⅳ)提供的 H^+ 大大超过了 NH_3 消耗的 H^+，这就使得体系 pH 大幅度下降。由于 pH 较低，更抑制了 O_3 的氧化能力，这也导致了 SO_4^{2-} 的生成量较小。

(3) 在开放体系中，H_2O_2、O_3、SO_2 和 NH_3 源源不断地从气相进入液相，虽然 H_2O_2 和 O_3 氧化了较多的 S(Ⅳ)，产生了大量的 H^+，但是由于 NH_3 提供了较多的中和作用，使得开放体系中液相 pH 降低较小。

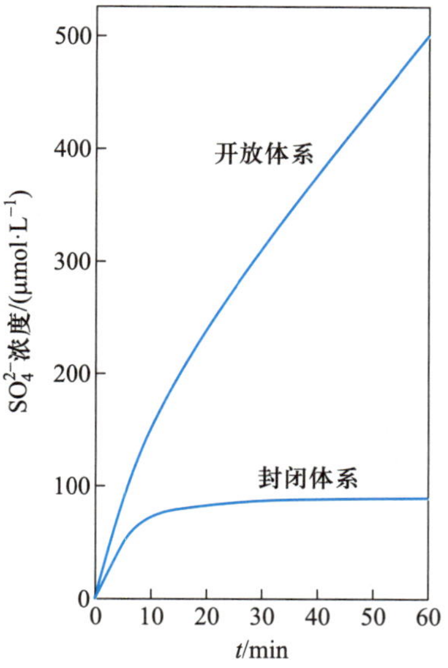

图 6-26　开放体系和封闭体系中 SO_4^{2-} 浓度与时间的关系

（资料来源：引自 Seinfeld，1986）

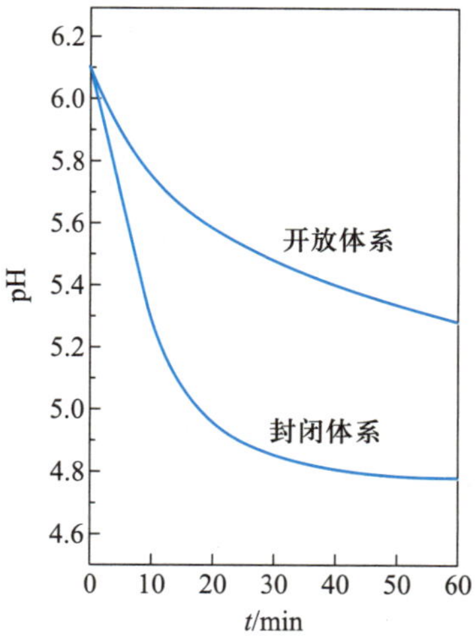

图 6-27　开放体系和封闭体系中 pH 与时间的关系

（资料来源：引自 Seinfeld，1986）

对于开放体系，H_2O_2 在生成 SO_4^{2-} 中的重要性随时间显著增加，从开始的 20% 增加到 1 h 后的 80%。对于封闭体系，H_2O_2 的重要性在较低 pH 下得到加强，但由于 H_2O_2 的消耗又受到抑制，并且随着消耗效应逐渐占优势，30 min 后 SO_4^{2-} 的生成就停止了。在封闭体系中，SO_2、O_3 和 H_2O_2 浓度的反应分数在 60 min 时分别是 0.432、0.233 和 0.977，O_3 氧化生成的 SO_4^{2-} 的分数在开放体系和封闭体系中分别是 0.444 和 0.639。

第五节　酸沉降临界负荷

一、酸沉降临界负荷的概念

目前有两种不同类型的临界负荷，一是不致使系统酸化的酸沉降临界负荷，二是不致使系统富营养化或不引起营养元素失去平衡的营养元素氮的临界负荷。生态系统的酸沉降临界负荷，指不致使生态系统的结构和功能发生长期有害影响的化学变化的酸性化合物最高沉降；生态系统的氮临界负荷，指不致使生态系统的任何部分或生态系统的接受体产生富营养化或任何类型的营养元素失去平衡的氮化合物最高沉降。可见，临界负荷代表了系统得到保护或遭到破坏的临界状态。该状态由选择的能够响应不同酸化水平的敏感性生物来识别，该敏感性生物称为指示生物有机体。通常用一组化学指标如碱度（Alk）、pH、Al 浓度和盐基阳离子浓度与 Al 浓度的比值（BC/Al）来作为指示生物有机体对系统响应的度量，这些指标在临界状态时的数值称为临界化学值，使系统性质处于这些极限值的最大酸度输入就是临界负荷。必须指出的是，临界负荷是生态系统的固有属性，对于相同区域土壤、地下水和地表水是不同的，而且从一个地点到另一个地点也是不相同的，必须分别确定各自的临界负荷。

二、确定酸沉降临界负荷的方法

临界负荷可通过实验研究、野外观测和应用各种模型计算得到，早期估算临界负荷的方法有经验关系法、离子衡算法、酸化模型法、古湖泊学调查法，目前估算临界负荷的方法有稳定状态质量平衡法、动态酸化模型法和基于土壤矿物风化速率的半定量方法，这里仅简单介绍确定酸沉降临界负荷的稳定状态质量平衡法。

稳定状态质量平衡法是计算各种系统酸沉降临界负荷的较好方法，包括简单质量平衡（SMB）法和多层模型法计算临界负荷，其基本原理是确定系统中酸度和碱度的长期平均源，并在生物安全的界限内利用质量平衡关系确定生态系统的最大酸度输入，即为该系统的酸沉降临界负荷。该模型最早是由欧洲学者于20世纪90年代提出的。土壤的酸度临界负荷（硫和氮）推导是基于土壤淋溶通量中的电荷平衡：

$$H_{le}+Al_{le}+BC_{le}+NH_{4,le}=SO_{4,le}+NO_{3,le}+Cl_{le}+HCO_{3,le}+RCOO_{le} \quad (6-172)$$

式中：下标 le——淋溶；

BC——盐基阳离子。

BC=Ca+Mg+K+Na，所有通量项的单位为 keq/（$hm^2\cdot a$）。定义一个参数酸中和容量（acid neutralizing capacity，ANC），也可叫作碱度淋溶：

$$ANC_{le}=HCO_{3,le}+RCOO_{le}-H_{le}-Al_{le} \quad (6-173)$$

将式（6–173）代入式（6–172）便可得到

$$BC_{le}+NH_{4,le}-SO_{4,le}-NO_{3,le}-Cl_{le}=ANC_{le} \quad (6-174)$$

假定土壤中没有 Cl 的源和汇，则 Cl 的淋溶量等于沉降量：

$$Cl_{le}=Cl_{dep} \quad (6-175)$$

稳定状态下，盐基阳离子的淋溶量等于净输入量：

$$BC_{le}=BC_{dep}+BC_{w}-BC_{u} \quad (6-176)$$

式中：BC_{dep}——盐基阳离子的沉降量；

BC_w——土壤风化产生盐基阳离子的量；

BC_u——植被对盐基阳离子的吸收量。

此时 BC=Ca+Mg+K，因为植被对 Na 没有吸收。

稳态模型不考虑土壤中硫酸根的吸附、永久固定和减少，则

$$SO_{4,le}=S_{dep} \quad (6-177)$$

同样，模型忽略了氮的反硝化、吸附或解吸，以及侵蚀、森林火灾或挥发引起的氮损失，同时假定 NH_4 完全硝化而使得 $NH_{4,le}=0$，则推得

$$N_{le}=NO_{3,le}=N_{dep}-N_{i}-N_{u}-N_{de} \quad (6-178)$$

式中：N_{dep}——氮沉降量；

N_i——长期平均固氮速率；

N_u——植被吸收氮的量；

N_{de}——因反硝化而损失氮的量。

将式（6–175）、式（6–176）、式（6–177）、式（6–178）代入式（6–174）可得到

$$S_{dep}+N_{dep}=BC_{dep}-Cl_{dep}+BC_{w}-BC_{u}+N_{i}+N_{u}+N_{de}-ANC_{le} \quad (6-179)$$

当 ANC_{le} 取临界值时，S 和 N 的沉降量即为生态系统能够承受的临界负荷：

$$CL(S)+CL(N)=BC^*_{dep}-Cl^*_{dep}+BC_w-BC_u+N_i+N_u+N_{de}-ANC_{le,crit} \tag{6-180}$$

式中：CL(S)和 CL(N)——硫和氮的临界负荷；

*——经海盐校正后的离子沉降量。

因为临界负荷是针对人为排放的硫和氮沉降，所以认为海盐输入的硫酸盐和硝酸盐的量应排除在计算之外；$ANC_{le,crit}$ 为临界碱度淋溶速率。

临界碱度淋溶速率的计算方法根据所选择的化学指标不同而不同。

以临界铝离子浓度（$[Al]_{crit}$）为指标：

$$ANC_{le,crit}=-Q\left\{\left(\frac{[Al]_{crit}}{K_{gibb}}\right)^{\frac{1}{3}}+[Al]_{crit}\right\} \tag{6-181}$$

式中：Q——径流量，$m^3/(hm^2\cdot a)$；

K_{gibb}——水铝矿平衡常数。

上式是根据[H]和[Al]之间的关系等式$[Al]=K_{gibb}[H]^3$推得到的。

以临界盐基阳离子与铝离子之比$[(Bc/Al)_{crit}]$为指标：

$$ANC_{le,crit}=-Q^{\frac{2}{3}}\left[1.5\frac{BC_{dep}+BC_w-BC_u}{K_{gibb}(Bc/Al)_{crit}}\right]^{\frac{1}{3}}-1.5\frac{BC_{dep}+BC_w-BC_u}{(Bc/Al)_{crit}} \tag{6-182}$$

以临界 pH 为指标：

$$ANC_{le,crit}=-Q([H]_{crit}+K_{gibb}[H]^3_{crit}) \tag{6-183}$$

以临界盐基阳离子与氢离子之比$[(Bc/H)_{crit}]$为指标：

$$ANC_{le,crit}=0.5\frac{BC_{dep}+BC_w-BC_u}{(Bc/H)_{crit}} \tag{6-184}$$

在式（6-180）的基础上，可定义潜在酸度临界负荷：

$$CL(Ac_{pot})=BC_w-BC_u+N_i+N_u+N_{de}-ANC_{le,crit} \tag{6-185}$$

式中：$Ac_{pot}=S_{dep}+N_{dep}-BC^*_{dep}+Cl^*_{dep}$。这里使用“潜在”一词是因为假定 NH_4 全部硝化而作为酸度输入。

此外，在氮的质量平衡关系式（6-178）中引入临界氮淋溶，可以得到营养氮临界负荷：

$$CL_{nut}(N)=N_i+N_u+N_{de}+N_{le(acc)} \tag{6-186}$$

式中：$N_{le(acc)}$——允许的氮淋溶速率。

假设氮的反硝化速率与氮的净输入量呈线性关系，则

$$N_{de}=\begin{cases}f_{de}(N_{dep}-N_i-N_u) & \text{当 } N_{dep}>N_i+N_u \text{ 时}\\ 0 & \text{其他}\end{cases} \tag{6-187}$$

式中：f_{de}——反硝化率，$0\leqslant f_{de}<1$。

将上式代入式（6-186）可得到

$$CL_{nut}(N)=N_i+N_u+\frac{N_{le(acc)}}{1-f_{de}} \tag{6-188}$$

于是，式（6-180）可进一步改为

$$CL(S)+(1-f_{de})CL(N)=BC_{dep}+BC_w-BC_u+(1-f_{de})(N_i+N_u)-ANC_{le,crit} \tag{6-189}$$

从式（6–189）可以发现，通过该式无法得到唯一确定的 CL（S）和 CL（N）。若将等式中的（N_i+N_u）项看作生态系统的氮汇，则可定义最小氮临界负荷：

$$CL_{min}(N)=N_i+N_u \qquad (6\text{–}190)$$

由于生态系统中的氮汇无法作为硫沉降所输入的酸度的汇，则定义最大硫临界负荷为

$$CL_{max}(S)=BC_{dep}+BC_w-BC_u-ANC_{le,crit} \qquad (6\text{–}191)$$

当硫沉降量为 0 时，即所有酸度均由氮沉降输入时，将式（6–190）和式（6–191）代入式（6–189）可得到最大氮临界负荷：

$$CL_{max}(N)=CL_{min}(N)+\frac{CL_{max}(S)}{1-f_{de}} \qquad (6\text{–}192)$$

上式就定义了临界负荷函数（critical load function，CLF），由 CL_{max}（S）、CL_{min}（N）和 CL_{max}（N）三项确定，分别以 N_{dep} 和 S_{dep} 为横坐标和纵坐标，可绘制出二维临界负荷函数曲线图。

还有一个概念是超临界负荷，就是污染物的沉降量超出临界负荷的量。对于单一的污染物，计算超临界负荷十分容易，当沉降量小于临界负荷时，超临界负荷为 0；当沉降量大于临界负荷时，超临界负荷为沉降量减去临界负荷所得到的数值。但是酸沉降包括了硫沉降和氮沉降两种污染物，从超临界的状态达到临界状态可以有多种途径，例如，仅削减硫沉降、仅削减氮沉降或以不同比例同时削减硫沉降和氮沉降，因此需要定义一个多物质的超临界负荷，使得计算得到的数值具有唯一性。通常定义"超临界负荷"为由已知的（N_{dep}，S_{dep}）点到达临界负荷函数（CLF）的最短途径所需削减的硫沉降与氮沉降之和。

基于稳定状态质量平衡法，我国研究人员开发并应用三维临界负荷模式获得我国土壤的硫沉降和氮沉降临界负荷分布（图 6–28）。我国硫沉降临界负荷小于 0.2 kmol/（hm^2·a）的地区主要分布在东北的大小兴安岭和长白山地区、青藏高原南部雅鲁藏布江谷地、云南东南部怒江和澜沧江流域及海南岛西部。氮沉降会同时造成酸化和富营养化问题，因此氮沉降临界负荷应取酸化氮临界负荷和营养氮临界负荷二者中的较小者。我国的氮沉降临界负荷与硫沉降临界负荷分布趋势相反，总体上呈现东高西低的格局，氮沉降临界负荷小于 1.0 kmol/（hm^2·a）的区域分布在青藏高原西部和阿拉善高原的温带高寒草原和矮半灌木荒漠，氮沉降临界负荷大于 4.0 kmol/（hm^2·a）的生态系统则是各种栽培植被，它们主要分布在东部。

我国土壤硫沉降和氮沉降临界负荷图

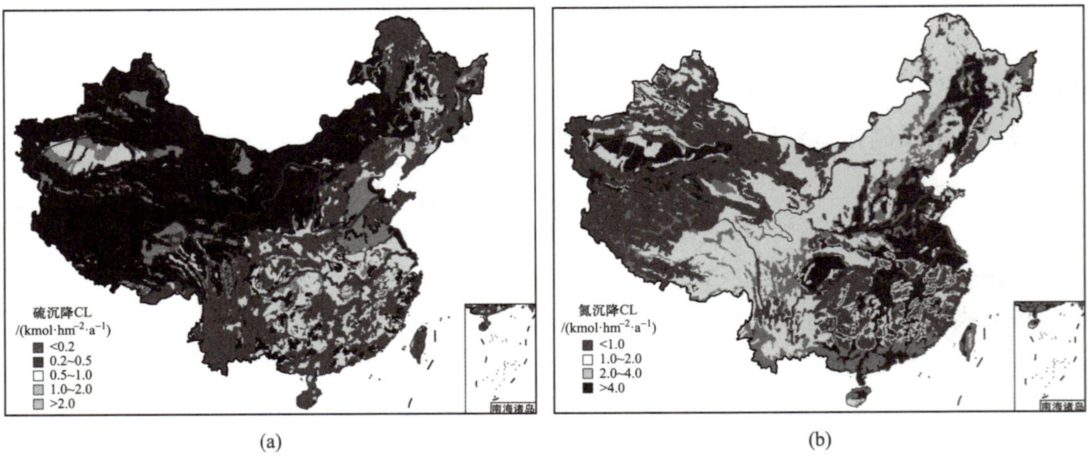

(a) (b)

图 6–28 我国土壤硫沉降（a）和氮沉降（b）临界负荷图

（资料来源：余倩，段雷，郝吉明，2021）

将硫和氮的沉降通量与临界负荷相比较，可以得到我国的超临界负荷分布。2005 年，我国硫沉降超临界负荷的区域主要集中在东南部，占全国国土面积的 16% 以上。其中西南重庆一带、长江中下游地区和珠江三角洲地区的硫沉降超临界负荷尤为严重，成为我国硫沉降控制的重点区域。

第六节 酸沉降控制行动与效果

一、国际控制致酸前体物的重要举措

1972 年瑞典政府将酸沉降作为一个国际性的环境问题提交人类环境会议，1975 年在美国举行了第一届世界酸雨大会，以后每 5 年一届，其中第八届大会于 2011 年在北京召开。1972 年的斯德哥尔摩会议之后 10 余年，酸雨在欧洲的危害范围越来越广。最早酸雨多发生在挪威、瑞典等北欧国家，后来又由北欧扩展到东欧和中欧，直至几乎覆盖整个欧洲。随着酸沉降危害的日益严重，欧洲各国纷纷制定了适合自己国情的控制策略。酸雨是跨国环境问题，酸雨及致酸物质往往存在越境迁移，这使得缔结国际公约成为各国酸雨控制对策的重要组成部分。1979 年 11 月，欧洲各国在日内瓦签署了《远程越界空气污染公约》，这是历史上首个针对大气污染物具有法律效力的文书，规定了各国在减排方面的国际合作和共同推进相关研究和政策的实施。1985 年 7 月，丹麦、芬兰、挪威、瑞典、澳大利亚、加拿大、法国、联邦德国、新西兰、瑞士、比利时、保加利亚、白俄罗斯、捷克、民主德国、匈牙利、意大利、列支敦士登、卢森堡、乌克兰和苏联等 21 个国家在芬兰的赫尔辛基签订了硫排放控制协定，要求所有缔约国应以 1980 年的硫排放量为基础，最迟到 1993 年将其硫的年排放量或跨国通量削减 30%。1988 年 10 月在索非亚又签署了 NO_x 排放议定书，明确了 NO_x 的负面影响；1991 年 12 月在日内瓦签订了 VOCs 排放量控制议定书。这些措施的实施促使欧洲硫和 NO_x 排放量分别减少了 70% 和 30% 以上。1994 年 6 月签署了硫议定修正案，摒弃了统一减排目标，要求各缔约国建立基于临界负荷的长期控制目标，这标志着酸雨控制历程进入一个新时代。不仅基于生态学基础有效地权衡各缔约国之间的差异，同时也兼顾了各国的减排历史，促使各国建立一个长期、稳定的空气质量目标，使减排更具合理性和针对性，有效地调动了各国的减排积极性，同时也使主要污染物排放在原本已获得较好成效的基础上得到了进一步控制。

1988 年欧盟又分别签署了重金属议定书和 POPs 议定书，严格限制了多污染物的排放上限。1999 年 12 月在哥德堡整合了多个条约，签署了酸化、富营养化和近地面臭氧削减议定书，这是欧洲签署的最后一个针对酸雨跨界传输的公约。该公约以控制酸化、富营养化和地面臭氧的排放为目标，分别限制了硫、NO_x、VOCs、重金属和 NH_3 的排放，注重了多污染物之间的相互影响和协同控制。2001 年欧盟进一步推行了欧洲洁净空气计划（clean air for Europe，CAFE）。基于临界负荷延伸的污染物协同控制策略，将酸雨控制延伸到大气环境整体改善，使整个控制体系更加成熟，也更具合理性。

美国于 1990 年启动了酸雨控制计划，针对电力部门 SO_2 排放制定了全国范围内的强制性排放量上限值。加拿大于 1985 年建立了酸雨控制计划，要求将 SO_2 的排放量在 1980 年排放基础上降低 40%。不仅如此，1991 年加拿大还与美国签署了酸雨问题的合作协议，承诺各国 SO_2 和 NO_x 的减排量。

经过近 50 年的大气污染物减排，欧洲和北美的硫、NO_x 排放量已大幅度下降，酸雨问题得到了有效控制。

二、我国控制酸沉降的重大行动

我国政府对酸雨和 SO_2 污染问题十分重视。1990 年开始实施《关于控制酸雨发展的意见》，1992 年在贵州、广东两省和柳州、南宁、桂林、杭州、青岛、重庆、长沙、宜昌和宜宾等 9 市开展征收工业燃煤 SO_2 排污费和酸雨综合防治试点工作，这些措施对推动 SO_2 污染治理起到了积极作用。1995 年将控制酸雨和 SO_2 污染纳入新修订的《中华人民共和国大气污染防治法》，其中第 27 条明确规定“国务院环境保护部门会同国务院有关部门，根据气象、地形、土壤等自然条件，可以对已经产生、可能产生酸雨的地区或者其他二氧化硫污染严重的地区，经国务院批准后，划定为酸雨控制区或者二氧化硫污染控制区”。1998 年 2 月，国务院批准了国家环境保护局（现为生态环境部）提出的酸雨控制区和二氧化硫污染控制区划分方案，明确提出了“两控区”酸雨和二氧化硫污染控制目标，发布了有关酸雨和二氧化硫污染控制的政策与措施。为了贯彻落实国务院对“两控区”划分方案的批复意见，指导全国“两控区”的污染防治工作，国家环境保护总局（现为生态环境部）于 1998 年 5 月制定了《“两控区”酸雨和二氧化硫污染综合防治行动方案》。

2002 年 10 月，国务院批复了《两控区酸雨和二氧化硫污染防治“十五”计划》，将 SO_2 排放控制总量落实到各省级单位及其所属的“两控区”，主要防治对象为电力行业。2006 年，我国发布了《国民经济和社会发展第十一个五年规划纲要》，SO_2 排放总量首次纳入国家约束性指标体系，提出针对 SO_2 总量削减 10%~20% 的规划目标。可见，我国一直以来采取的都是以控制 SO_2 为主的酸雨控制措施，对于遏制酸雨污染的进一步恶化起到了积极的作用。

随着大范围内 NO_3^-、SO_4^{2-} 当量比的逐年升高，酸沉降类型也发生变化。我国适时转变了控制思路，在《国家酸雨和二氧化硫污染防治“十一五”规划》中进一步提出了稳定 NO_x 排放的目标，以期通过多污染物的协同作用，实现控制酸雨的目标。2011 年我国发布的《国民经济和社会发展第十二个五年规划纲要》，将 SO_2、NO_x 排放总量双指标纳入国家“十二五”约束性指标体系。此外，国家出台和实施了一系列配套规划和政策，全国 SO_2、NO_x 排放总量出现大幅下降，我国的酸雨污染得到了持续性的控制。2013 年，国务院颁布了《大气污染防治行动计划》，要求到 2017 年全国 SO_2 和 NO_x 排放总量相较于 2013 年分别下降 59.5% 和 21.1%。2018 年，国务院又颁布了《打赢蓝天保卫战三年行动计划》，要求到 2020 年 SO_2 和 NO_x 排放总量分别比 2015 年下降 15% 以上。随着 SO_2 和 NO_x 等致酸前体物排放总量的大幅度削减，我国酸沉降污染问题得到进一步改善。图 6-29 为 2010 年和 2021 年我国降水 pH 年均值等值线分布示意图，2021 年相对 2010 年酸雨面积大幅减少。2021 年全国酸雨区面积约为 36.9 万 km^2，占国土面积的 3.8%，比 2010 年下降 10%，已无重酸雨区，相比 20 世纪 80 年代至 90 年代中期酸雨区面积占国土面积的 30% 以上，我国酸雨已得到显著控制。

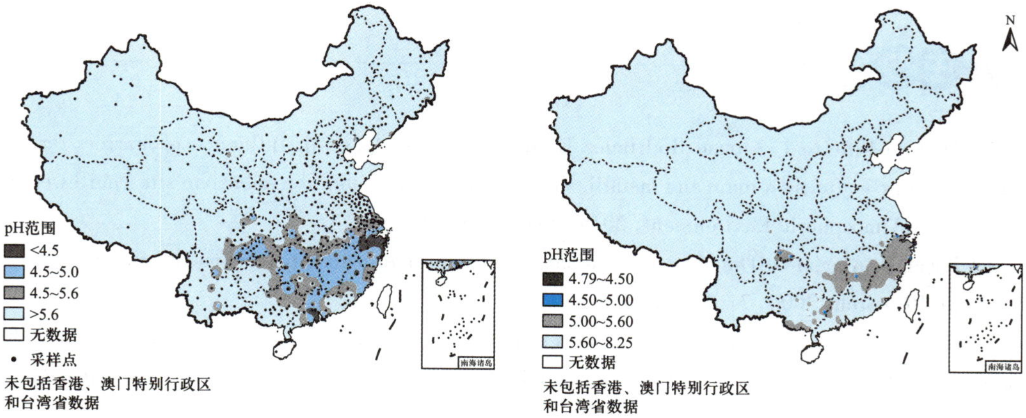

(a) (b)

图 6-29　2010 年（a）和 2021 年（b）我国降水 pH 年均值等值线分布示意图

（资料来源：中国生态环境状况公报）

思考题

1. 简述酸雨的定义。

2. 比较酸沉降与酸雨的定义。

3. 天然降水与酸雨的化学组成有哪些不同？我国酸雨的主要化学组成是什么？

4. 降水中含有哪些有机酸？它们是怎样形成的？

5. 简述降水组成与降水量之间的关系。

6. 阐述酸雨化学组分的可能来源。

7. 简述中国酸沉降的区域分布特征及其化学组成的时空变化。

8. 为什么中国北方大部分地区降水不酸，而南方大部分地区降水严重酸化？

9. 雾、露、霜与酸雨的化学组成有哪些不同？

10. 气溶胶在雾形成和蒸发中有什么作用？

11. 简述降水的酸化过程。

12. 阐述酸雨的形成过程及其影响过程。

13. 评述大气 NH_3 在酸沉降中的作用。

14. 大气中 SO_4^{2-} 和 NO_3^- 生成的主要路径是什么？

15. 简述 SO_2 和 NO_x 的气相氧化反应。

16. 简述大气水系统中的氧化剂及其来源。

17. 简述液相中 S(Ⅳ)转化为 S(Ⅵ)的主要化学途径及其反应动力学，以及影响 S(Ⅳ)氧化的主要因素。

18. 简述液相中氮的主要化学转化途径及其反应动力学，以及氮转化的主要氧化剂。

19. 解释酸沉降临界负荷、临界负荷函数、超临界负荷的概念。

20. 阐述确定酸沉降临界负荷的方法及其基本原理。

21. 结合文献资料概述中国酸沉降临界负荷的分布及其在中国酸沉降控制中的应用。

22. 国际上控制致酸前体物有哪些重要举措？

23. 结合文献资料阐述中国酸沉降的原因和控制酸沉降的重大行动与效果。

主要参考文献

[1] Moreda-Piñeiro J, Alonso-Rodríguez E, Moscoso-Pérez C, et al. Influence of marine, terrestrial and anthropogenic sources on ionic and metallic composition of rainwater at a suburban site (northwest coast of Spain) [J]. Atmospheric Environment, 2014, 88 (1): 30–38.

[2] Başak B, Alagha O. The chemical composition of rainwater over Buyukcekmece Lake, Istanbul [J]. Atmospheric Research, 2004, 71: 275–288.

[3] Bisht D S, Srivastava A K, Joshi H, et al. Chemical characterization of rainwater at a high-altitude site "Nainital" in the central Himalayas, India [J]. Environmental Science and Pollution Research International, 2017, 24 (4): 3959–3969.

[4] Brewer R L, Gordon R J, Shepard L S, et al. Chemistry of mist and fog from the Los Angeles urban area [J]. Atmospheric Environment, 1983, 17: 2267–2270.

[5] Brocco D, Tappa R. Determination of organic and inorganic acid species in atmosphere and in rain-water by ion chromatography [J]. Journal of Chromatography A, 1986, 367: 240–246.

[6] Bubenick D V. Acid rain information book [M]. 2nd ed. New York: Noyes Publications, 1984.

[7] Calvert J G, Lazrus A, Kok G L, et al. Chemical mechanisms of acid generation in the troposphere [J]. Nature, 1985, 317: 27–35.

[8] Castillo R A, Jiusto J E, Mclaren E. The pH and ionic composition of stratiform cloud water [J]. Atmospheric Environment, 1983, 17: 1497–1505.

[9] Chadwick M J, Kuylenstierna J C I. Critical loads and critical levels for the effects of sulphur and nitrogen compounds [M] // Longhurst J W S, Ed. Acid deposition: origins, impacts and abatement strategies. New York: Springer-Verlag, 1991: 279–315.

[10] Chameides W. The coupled gas-phase free radical chemistry of cloud [M] // Pruppacher H R, Ed. Precipitation scavenging, dry deposition, and resuspension. New York: Elservier, 1983: 431–443.

[11] Chameides W. The free radical chemistry of cloud droplets and its impact upon the composition of rain [J]. Journal of Geophysical Research, 1982, 87: 4863–4877.

[12] Charlson R J, Rodhe H. Factors controlling the acidity of natural rainwater [J]. Nature, 1982, 295: 683–685.

[13] Cheng Y F, Zheng G J, Wei C, et al. Reactive nitrogen chemistry in aerosol water as a source of sulfate during haze events in China [J]. Science Advances, 2016, 2 (12): e1601530.

[14] Conradie E H, Van Zyl P G, Pienaar J J, et al. The chemical composition and fluxes of atmospheric wet deposition at four sites in South Africa [J]. Atmospheric Environment, 2016, 146: 113–131.

[15] Cowling E B. Acid precipitation in historical perspectives [J]. Environmental Science and Technology, 1982, 16 (2): 110A–112A.

[16] Daum P H, Schwartz S E, Newman L. Acidic and remote constituents in liquid water stratiform clouds [J]. Journal of Geophysical Research, 1984, 89 (D1): 1447–1458.

[17] De Vries W, Reinds G J, Posch M. Assessment of critical loads and their exceedance on European forests using a One-Layer Steady-State Model [J]. Water, Air, and Soil Pollution, 1994, 72: 357–394.

[18] De Vries W. Average critical loads for nitrogen and sulfur and its use in acidification abatement policy in the Netherlands [J]. Water, Air, and Soil Pollution, 1993, 68: 399–434.

[19] Downing R J, Hettelingh J-P, De Smet P A M, et al. Calculation and mapping of critical load in Europe[R]. CCE Status Report 1993, RIVM, Bilthoven, The Netherlands, 163.

[20] Durham J L, Barnes H M, Overton J H Jr. Acidification of rain by the oxidation of dissolved sulfur dioxide and the absorption of nitric acid[M]// Teasley J I, Series, Ed. Chemistry of particle, fog, and rain. Acid precipitation series. Butterworth, Boston, 1984: 197–235.

[21] Finlayson-Pitts B J, Pitts J N Jr. Atmospheric chemistry: Fundamentals and experimental techniques[M]. New York: Wiley, 1986.

[22] Galloway J N, Likens G E, Hawley M E. Acid precipitation: Natural versus anthropogenic components[J]. Science, 1984, 226: 829–831.

[23] Galloway J N, Likens G E, Keene W C, et al. The composition of precipitation in remote areas of the world[J]. Journal of Geophysical Research, 1982, 87(11): 8771–8786.

[24] Galloway J N, Knap A H, Church T M. The composition of western Atlantic precipitation using shipboard collectors[M]. Journal of Geophysical Research, 1983, 88(C15): 10859–10864.

[25] Galloway J N, Thornton J D, Norton S A, et al. Trace metals in atmospheric deposition: A review and assessment[J]. Atmospheric Environment, 1982, 16: 1677–1700.

[26] Ge B Z, Xu D H, Wild O, et al. Inter-annual variations of wet deposition in Beijing during 2014–2017: implications of below-cloud scavenging of inorganic aerosols[J]. Atmospheric Chemistry and Physics, 2021, 21(12): 9441–9454.

[27] Glavas S, Moschonas N. Origin of observed acidic-alkaline rains in a wet-only precipitation study in a Mediterranean coastal site, Patras, Greece[J]. Atmospheric Environment, 2002, 36: 3089–3099.

[28] Graedel T E, Weschler C J. Chemistry within aqueous atmospheric aerosols and raindrops[J]. Reviews of Geophysics and Space Physics, 1981, 19: 505–539.

[29] Graedel T E, Goldberg K I. Kinetics studies of raindrop chemistry: 1. Inorganic and organic processes[J]. Journal of Geophysical Research, 1983, 88(C15): 10865–10882.

[30] Guo H, Weber R J, Nenes A. High levels of ammonia do not raise fine particle pH sufficiently to yield nitrogen oxide-dominated sulfate production[J]. Scientific Reports, 2017, 7(1): 12109.

[31] He G Z, Ma J Z, He H. Role of carbonaceous aerosols in catalyzing sulfate formation[J]. ACS Catalysis, 2018, 8(5): 3825–3832.

[32] Hegg D A, Rutledge S A, Hobbs P V. A numerical model for sulfur and nitrogen scavenging in narrow cold-frontal rainbands: 2. Discussions of chemical fields[J]. Journal of Geophysical Research, 1986, 91(D13): 14403–14416.

[33] Hegg D A, Rutledge S A, Hobbs P V. A numerical model for sulfur chemistry in warm-frontal rainbands[J]. Journal of Geophysical Research, 1984, 89(D5): 7133–7147.

[34] Hileman B. Acid fog[J]. Environmental Science and Technology, 1983, 17: 117A–120A.

[35] Hiroshi Hara. Acid deposition chemistry in Asia, Europe, and North America[J]. Progress in Nuclear Energy, 1998, 32(3/4): 331–338.

[36] Hoffmann M R, et al. Chemical transformation modules for Eulerian acid deposition models. Volume 2. The aqueous-phase chemistry[M]. National Center for Atmospheric Research, Boulder, CO, 1985.

[37] Hung H M, Hoffmann M R. Oxidation of gas-phase SO_2 on the surfaces of acidic microdroplets: Implications for sulfate and sulfate radical anion formation in the atmospheric liquid phase[J]. Environmental Science and Technology, 2015, 49(23): 13768–13776.

[38] Hung H M, Hsu M N, Hoffmann M R. Quantification of SO_2 oxidation on interfacial surfaces

of acidic micro-droplets: Implication for ambient sulfate formation [J]. Environmental Science and Technology, 2018, 52 (16): 9079–9086.

[39] Jacob D J. The chemistry of OH in remote clouds and its role in the production of formic acid and peroxymonosulfate [J]. Journal of Geophysical Research, 1986, 91: 9807–9826.

[40] Jickelles T, Knap A, Church T. Acid rain on Bermuda [J]. Nature, 1982, 297: 55–57.

[41] Karadeniz H, Yenisoy-Karaka S. Evaluation of hourly-based precipitation chemistry in suburban site of Bolu [J]. Atmospheric Pollution Research, 2020, 11 (12): 2164–2172.

[42] Kawamura K, Ng L L, Kaplan I R. Determination of organic acids (C1–C10) in atmosphere, motor exhausts and engine oils [J]. Environmental Science and Technology, 1985, 19 (11): 1082–1086.

[43] Kumar S. Reactive scavenging of pollutants by rain: a modeling approach [J]. Atmospheric Environment, 1986, 20 (5): 1015–1024.

[44] Langan S J, Hornug M. An application and review of the critical load concept to the soils of Northern England [J]. Environmental Pollution, 1992, 77 (2–3): 205–210.

[45] Langan S J, Wilson M J. Critical loads of acid deposition on Scottish soils [J]. Water, Air, and Soil Pollution, 1994, 75:177–191.

[46] Le Bolloch O, Guerzoni S. Acid and alkaline deposition in precipitation on the western coast of Sardinia, Central Mediterranean (40°N, 8° E) [J]. Water, Air and Soil Pollution, 1995, 85: 2155–2160.

[47] Lee Yin-lan. Atmospheric Aqueous-Phase Reaction of Nitrogen Species, at the conference on Gas-Liquid Chemistry of Natural Waters, April, 1984.

[48] Li L, Hoffmann M R, Colussi A J. Role of nitrogen dioxide in the production of sulfate during Chinese haze-aerosol episodes [J]. Environmental Science and Technology, 2018, 52 (5): 2686–2693.

[49] Ma Q, Wang L, Chu B, et al. Contrary role of H_2O and O_2 in the kinetics of heterogeneous photochemical reactions of SO_2 on TiO_2 [J]. Journal of Physical Chemistry A, 2019, 123 (7): 1311–1318.

[50] Martins E H, Nogarotto D C, Mortatti J, et al. Chemical composition of rainwater in an urban area of the southeast of Brazil [J]. Atmospheric Pollution Research, 2019, 10 (2): 520–530.

[51] Martin L R. Kinetic studies of sulfur oxidation in aqueous solution [M]// Teasley J I, Series, Ed. SO_2, NO, and NO_2 oxidation mechanisms: Atmospheric consideration. Acid Precipitation Series. Boston: Butterworth, 1984, 63–100.

[52] McMahon T A, Denison P J. Empirical atmospheric deposition parameters: A survey [J]. Atmospheric Environment, 1979, 13 (5): 571–585.

[53] Meagher J F. Reaction of OH with C_2H_4 [J]. Journal of Physical Chemistry, 1976, 80: 1645–1654.

[54] Munger J W, Jacob D J, Waldma J M, et al. Fogwater chemistry in an urban atmosphere [J]. Journal of Geophysical Research, 1983, 88 (C9): 5109–5121.

[55] Nilsson J, Grennfelt P. Critical loads for sulphur and nitrogen. Report from a workshop head at Skokloster, Sweden [R]. March 1988, Nordic Council of Ministers, Copenhagen.

[56] Overton J H J, Aneja V P, Durham J L. Production of sulfur in rain and raindrops in polluted atmosphere [J]. Atmospheric Environment, 1979, 13, 355–367.

[57] Plaisance H, Coddeville P, Roussel I, et al. A qualitative determination of the source locations of precipitation constituents in Morvan, France [J]. Environmental Technology, 1996, 17 (9): 977–986.

[58] Raynor G S, Hayes J V. Acidity and conductivity of precipitation on Central Long Island, New York in relation to meteorological variables [J]. Water, Air, and Soil Pollution, 1981, 15 (2): 229–245.

[59] 雷科德 F A. 酸雨手册[M]. 王绍基,周熙钦,译. 北京:原子能出版社, 1992.

[60] Rutledge S A, Hegg D A, Hobbs P V. A numerical model for sulfur and nitrogen scavenging in narrow cold-frontal rainbands: 1. Model description and discussion of microphysical fields [J]. Journal of Physical Research, 1986, 91(D13): 14385–14402.

[61] Schwartz S E. Gas-aqueous reaction of sulfur and nitrogen oxides in liquid-water clouds [M]// Teasley J I, Series, Ed. SO_2, NO, and NO_2 oxidation mechanisms: Atmospheric consideration. Acid Precipitation Series. Boston: Butterworth, 1984, 173–208.

[62] Seinfeld J H. Atmospheric chemistry and physics of air pollution [M]. New York: Wiley, 1986.

[63] Stensland G J, Semonin R G. Another interpretation of pH trend in the United States [J]. Bulletin of the American Meteorological Society, 1982, 63(11): 1277–1284.

[64] Stensland G J. Precipitation chemistry trend in Northeastern United States [M]// Toribara T Y, Ed. Polluted Rain. New York: Plenum Press, 1977, 96.

[65] Su F, Calvert J G, Shaw J H. A FA IR spectroscopic study of the ozone-ethene reaction mechanism in oxygen-rich mixtures [J]. Journal of Physical Chemistry, 1980, 84(3): 239–246.

[66] Su F, Calvert J G, Shaw J H. Mechanism of the photooxidation of gaseous formaldehyde [J]. Journal of Physical Chemistry, 1979, 83(25): 3185–3191.

[67] Sverdrup H, Warfvinge P. Critical loads for forest soil in the Nordic Countries [J]. AMBIO, 1992, 21(5):348–355.

[68] Sverdrup H, Warfvinge P. Assessment of critical loads of acid deposition on forest soils [M]// Nilsson J, Grennfelt P, Ed. Critical loads for sulphur and nitrogen. Nordic Council of Ministers and the United Nations Economic Comission for Europe (ECE). 1988: 15, 1988: 81.

[69] Sverdrup H, De Vries W. Calculating critical loads for acidity with the simple mass balance method [J]. Water, Air, and Soil Pollution, 1994, 72: 143–162.

[70] Sverdrup H, Warfvinge P, Rabenhorst M, et al. Critical loads and steady-state chemistry for streams in the State of Maryland [J]. Environmental Pollution, 1992, 77(2–3): 195–203.

[71] Vet R, Artz R S, Carou S. A global assessment of precipitation chemistry and deposition of sulfur, nitrogen, sea salt, base cations, organic acids, acidity and pH, and phosphorus [J]. Atmospheric Environment, 2014, 93: 3–100.

[72] Wang G H, Zhang R Y, Gomez M E, et al. Persistent sulfate formation from London Fog to Chinese haze [J]. Proceedings of the National Academy of Sciences of the United States of America, 2016, 113(48): 13630–13635.

[73] Wang X K, Gemayel R, Hayeck N, et al. A new pathway for sulfate formation [J]. Environmental Science and Technology, 2020, 54(6): 3114–3120.

[74] Warfvinge P, Sverdrup H. Calculating critical loads of acid deposition with PORFILE: A steady-state soil chemistry model [J]. Water, Air, and Soil Pollution, 1992, 63(1): 119–143.

[75] Stumm W, Sigg L, Schnoor J L. Aquatic chemistry of acid deposition [J]. Environmental Science and Technology, 1987, 21(1): 8–13.

[76] Wilson J W, Mohnen V A, Kadlecek J A. Wet deposition variability as observed by MAP3S [J]. Atmospheric Environment, 1982, 16(7): 1667–1676.

[77] Wisniewski J. The potential acidity associated with dews, frosts, and fogs [J]. Water, Air, and Soil Pollution, 1982, 17(4): 361–377.

[78] Xie S D, Hao J M, Zhou Z P, et al. Assessment of critical loads in Liuzhou, China using static

and dynamic model[J]. Water, Air, and Soil Pollution, 1995, 85(4): 2401–2406.

[79] Ambe Y, Nishikawa M. Variations in differential sized water insoluble particulate matter in rain water[J]. Atmospheric Environment, 1987, 21, 1468–1471.

[80] Zhao Y, Duan L, Larssen T, et al. Simultaneous assessment of deposition effects of base cations, sulfur, and nitrogen using an extended critical load function for acidification[J]. Environmental Science and Technology, 2007, 41(6): 1815–1820.

[81] Zhang F, Wang Y, Peng J, et al. An unexpected catalyst dominates formation and radiative forcing of regional haze[J]. Proceedings of the National Academy of Sciences of the United States of America, 2020, 117(8): 3960–3966.

[82] Zhang R F, Gen M, Huang D D, et al. Enhanced sulfate production by nitrate photolysis in the presence of halide ions in atmospheric particles[J]. Environmental Science and Technology, 2020, 54(7): 3831–3839.

[83] 曹洪法，舒俭民，刘燕云，等．酸雨对两广地区农作物的经济损失研究[J]. 环境科学研究，1991，4(2)：1–6.

[84] 曹洪法，舒俭民，刘燕云，等．酸沉降对两广地区农作物、森林影响的经济损失研究[M]// 国家环境保护局编．大气污染防治技术研究．北京：科学出版社，1993.

[85] 陈定茂，谢绍东，胡泳涛．生态系统对酸沉降敏感性评价方法与进展[J]. 环境科学，1998，19(5)：92–96.

[86] 冯宗炜．酸雨对生态系统的影响——西南地区酸雨研究[M]. 北京：中国环境科学技术出版社，1993.

[87] 郝吉明，谢绍东，贺克斌．生态系统对酸沉降相对敏感性评价原理与方法[J]. 环境科学，1996，17(3)：77–80.

[88] 郝吉明，谢绍东，段雷，等．中国酸沉降临界负荷及其应用[M]. 北京：清华大学出版社，2001.

[89] 李宗恺，潘云仙，孙润桥．空气污染气象学原理及应用[M]. 北京：气象出版社，1985.

[90] 刘建军，朱玉玲，郭萌萌，等．2020 年济南市大气降水无机离子组分特征分析[J]. 环保科技，2021，27(5)：18–22.

[91] 国家环境保护局南京环境科学研究所，中国环境科学研究院．华南地区酸雨对生态影响和经济损失估计[R].“七五”科技攻关研究报告，1990，63–186.

[92] 蒋冰艳，吴尧，李少艾，等．深圳市 2010—2017 年降水中化学组分特征及来源解析[J]. 环境化学，2019，38(8)：1872–1881.

[93] 全文哲，李友琼．广州地区酸雨现状的研究[J]. 中国环境科学，1989，9(2)：123–128.

[94] 王念飞，张棋，龙小兰，等．泸州市大气降水的化学特征的探讨[J]. 四川环境，2020，39(6)：42–46.

[95] 谢绍东，郝吉明，周中平．柳州红壤的酸沉降临界负荷[M]// 陈志远主编．中国酸雨研究．北京：中国环境科学出版社，1997，200–210.

[96] 谢绍东，郝吉明，周中平．稳态法确定酸沉降临界负荷的基本理论探讨[J]. 环境科学，1997，18(4)：5–9.

[97] 谢绍东，郝吉明，周中平．应用简单质量平衡法计算酸沉降临界负荷的研究[J]. 环境科学，1997，18(6)：5–8.

[98] 谢绍东，郝吉明，周中平．应用稳态酸化模型计算酸沉降临界负荷[J]. 环境科学，1997，18(5)：6–9.

[99] 谢绍东，郝吉明，周中平．柳州地区酸沉降临界负荷的确定[J]. 环境科学，1996，17(5)：1–4.

[100] 谢绍东,郝吉明,周中平,等. 酸化模型及其在确定酸沉降临界负荷中的应用[J]. 环境科学,1996,17(1):80–84.

[101] 谢绍东,郝吉明,周中平,等. 中国酸沉降临界负荷区划[J]. 环境科学,1998,19(1):13–17.

[102] 解淑艳,王胜杰,于洋,等. 2003—2018 年全国酸雨状况变化趋势研究[J]. 中国环境监测,2020,36(4):80–88.

[103] 熊毅,李庆逵. 中国土壤[M]. 2 版. 北京:科学出版社,1987.

[104] 余倩,段雷,郝吉明. 中国酸沉降:来源、影响与控制[J]. 环境科学学报,2021,41(3):731–746.

[105] 云雅如,柴发合,王淑兰,等. 欧洲酸雨控制历程及效果综合评述[J]. 环境科学研究,2010,23(11):1361–1367.

[106] 赵殿五. 我国酸雨的化学特点[J]. 环境化学,1985,专辑,137–146.

[107] 张厚勇,孙雷,刘春花,等. 庐山酸性降水的化学特征及致酸因子研究[J]. 环境科学与技术,2016,39(11):133–137.

[108] 张丽明,胡晓艳. 上海市中心城区大气降水化学组分变化趋势及来源研究[J]. 环保科技,2020,26(6):28–34.

[109] 张永江,邓茂,李莹莹,等. 重庆市黔江区降水地球化学特征[J]. 中国环境监测,2018,34(2):47–56.

[110] 中国环境科学学会. 酸雨文集[M]. 北京:中国环境科学出版社,1989.

[111] 中国科学院生态环境研究中心等. 酸沉降对生态环境的影响及其经济损失[R]. “八五”国家科技攻关研究报告,1995.

[112] 中华人民共和国环境保护部. 2010. 2010 中国环境状况公报.

[113] 中华人民共和国环境保护部. 2015. 2015 中国环境状况公报.

[114] 中华人民共和国生态环境部. 2021. 2021 中国生态环境状况公报.

第七章 大气化学传输模式

污染物在大气中的浓度水平和时空分布主要是由污染物的排放、化学转化及气象因素决定的，这其中既包括物理过程，又涉及化学过程，影响因素众多，且各因素之间有相互作用。模拟和预测大气污染物的变化规律，可以利用数学的方法，综合考虑各种过程和影响因素，定量描述污染物在大气中的迁移、转化和沉降，这类模式通常称为大气化学传输模式。数值模式具有现场实测和实验室研究所不可替代的功能和特性，因此，模式计算成为大气环境化学研究的一类重要方法。

本章重点介绍城市、区域及全球尺度的对流层化学和传输模式，平流层化学和传输模式不属于本章的内容范畴。

第一节 模式及其类型

一、模式及其发展历史

来源于自然界和人类活动排放的污染物在进入大气后，经过物理传输和化学转化等过程的作用，产生各种一次和二次的大气污染物，当污染物的浓度超过一定水平后，会影响空气质量，产生对流层的大气环境问题，如城市或区域尺度的光化学污染、酸沉降污染、颗粒物污染等。大气化学传输模式是用于大气污染物研究的一种数学工具，它建立在科学的理论和假设基础上，用数值方法描述大气中污染物的传输、扩散、化学反应及清除过程，通过结合研究地区的源排放、地形及气象资料、运行模式可以获得所关注地区的大气污染物时空演变结果及空气质量数据。大气化学传输模式在功能结构上包括四个层次：

（1）物理模型：通过一系列假设和近似，将真实的物理问题简化为理想的物理模型，并保持原有问题的重要本质特征；

（2）数学模型：描述理想物理体系的基本数学关系和附设条件；

（3）数值解法：解基本方程的数值算法；

（4）程序：具体执行计算的计算机程序和代码。

大气化学传输模式发展开始于 20 世纪 60 年代，至今已经发展到了第三代模式。

20 世纪 60 年代至 80 年代初，是第一代模式的发展时期，以局地烟流扩散模式、盒子模式、拉格朗日轨迹模式为主要代表。高斯（Gauss）在大量实测资料分析的基础上，应用湍流统计理论建立了正态分布模型，即高斯模式；以高斯模式为基础，逐步形成了 ISC 模式和 CALPUFF 模式。这一时期的扩散模式一般采用离散的 Pasquill-Gifford 稳定度分类法和扩散参数体系描述大气湍流过程，采用简单的、高度参数化的线性机制描述大气物理化学过程，适用于模拟惰性污染物的长期平均浓度。20 世纪 60 年代末，美国开始了对光化学污染模式的开发和研究。1969 年，美国的系统发展公司（System Development Corporation），大众研究公司（General Research Corporation），系统、科学与软件公司（System，Science and Software）及加州理工学院 / 系统应用有限责任公司（CIT/Systems Applications Inc.）差不多同时开始臭氧模式的研发工作。两年后，美国劳伦斯伯克利国家实验室也开始了这方面的研究。在 20 世纪 70 年代中期，美国国家环境保护局推行建立于盒子模式基础上的经验动力学模拟方法（empirical kinetic modeling approach，EKMA），用于制定有关臭氧的控制对策。

20 世纪 70 年代末，随着大气化学、云雨物理、干湿沉降等方面的研究进展，大气化学传输模式得到了长足发展，加入了较为复杂的气象模型和详细的非线性化学反应机制，逐步形成了以欧拉网格模型为主的第二代模式。对于光化学污染，在早期工作的基础上，逐步发展起来一些三维城市尺度的光化学污染模式（例如，CIT 模式、UAM 模式）和区域光化学污染模式（例如，ROM 模式、RTM 模式等），其中 UAM–Ⅳ模式被美国国家环境保护局确定为法规模式。在发展光化学污染模式的同时，美国也开始了气溶胶模式的研究工作。早期的气溶胶模式通常在物理、化学过程上的处理非常简单，此后，随着对大气气溶胶研究的深入，发展了许多侧重于气溶胶微物理过程或基于气粒化学平衡理论的气溶胶模式，并发展了对气溶胶粒径进行分档处理的方法，研究气溶胶的谱变化特征。80 年代中期，美国和加拿大相继开发出 3 个区域酸沉降模式：RADM 模式、STEM–Ⅱ模式和 ADOM 模式，这几个酸沉降模式除了主要被用于模拟酸沉降外，也被用于研究光化学污染问题。进入 90 年代，在 UAM 模式的基础上发展起来 CALGRID 模式，在 RTM–Ⅲ模式基础上发展起来 UAM–Ⅴ模式，欧洲则在 RADM 模式的基础上发展起来 EURAD 模拟系统。这一时期的模式仍以单一的大气污染问题为研究重点，由于开始引入网格嵌套技术，模式能够同时模拟城市和区域尺度的大气污染问题，很好地反映出城市尺度现象的区域影响；另外，气溶胶模块开始被引入模式，使大气化学传输模式初步具有综合模拟功能。

从 20 世纪 90 年代起，美国国家环境保护局开始致力于开发第三代模式系统 Models–3。Models–3 模式不再针对单一的污染问题，提出了“一个大气”的概念，将整个大气作为研究对象，在各个空间尺度上模拟所有大气物理和化学过程。Models–3 模式系统力图增强模式通用性，采用完全模块化的结构，研究人员可以基于空间尺度、研究对象、研究目的等不同需求，选择不同模块组合进行模拟。Models–3 模式致力于提供一个功能强大而且易于使用的模拟平台，克服第一、二代模式在功能上的局限和使用上的难度，同时促进大气科学各类模式在这一平台下的评估、交流与合作。Models–3 模式系统具有通用性、灵活性、开放性等优点，迅速发展成为国际上应用最为广泛的大气化学传输模式之一。历经 30 余年，基于“一个大气”的理念，能够同时模拟多种污染问题的大气化学传输模式已经成为当今的主流模式类型，如 Models–3/CMAQ、CAMx、WRF–Chem、NAQPMS 等。

二、模拟系统的框架结构

在利用数值模式对空气质量进行模拟研究时，为了实现大气化学传输模式对污染物在大气中的物理传输、化学转化及清除等过程的模拟，一般需要确定模拟的初始条件和边界条件，还涉及气象场和污染源排放的模拟，以及模拟结果的分析和运用等。也就是说，模拟研究的工具并非单一的大气化学传输模式本身，而是以大气化学传输模式为核心的、包括多个相关组成部分的模拟系统（图 7-1）。

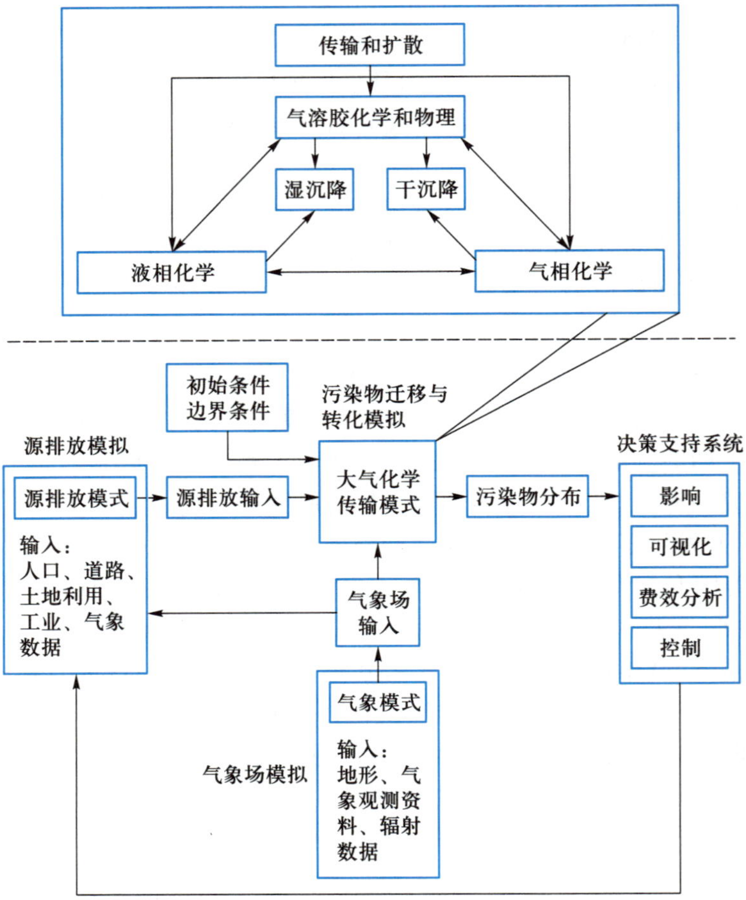

图 7-1 大气化学传输模拟系统的组成和各部分间的数据输入与输出

上图为大气化学传输模式内部功能模块的构成；下图为模拟系统的框架结构

图 7-1 所示的大气化学传输模拟系统包括气象场模拟、源排放模拟、污染物迁移与转化模拟和决策支持系统四个主要组成部分，以及对模拟研究初始条件和边界条件的设定。

初始条件和边界条件：当对大气污染过程进行数值模拟研究时，需要确定模拟开始时所有相关污染物的浓度场，即所谓的初始条件；除全球尺度的大气化学传输模拟以外，城市和区域尺度的模拟还需要确定从模拟区域的侧边界和上边界进入的污染物浓度，即模拟的边界条件。对于大气化学传输模拟，有以下一些确定初始条件和边界条件的常用方法：使用更大尺度的区域模式或全球尺度模式的模拟结果作为初始条件和边界条件；通过对大气观测数据进行客观分析或者插值计算得到模拟的初始浓度和边界条件；也可以采样默认的背景浓度，并且通过扩大模拟研究的地理范围、延长模拟时间来减小由于缺少实测资料所带来的不确定性。

气象场模拟及输入：大气化学传输模式的运行通常需要输入具有一定时空分辨的气象

数据，如风向和风速、气温、湿度、混合层高度、太阳辐射等，有的模式还要求垂直扩散系数、云特征（含水量、液滴大小、云的大小等）、降水量等输入数据。早期的研究在整个模拟区域内通过对气象观测资料进行客观分析，利用内插方法得到气象场输入；由于实测的气象资料相对有限，后来的模拟研究一般运用气象预报模式获得气象输入数据，例如，具有四维数据同化技术（FDDA）的非流体静力学气象模式用于模拟气象场，为大气化学传输模式提供气象场输入。在进行大气污染模拟时，一般假设大气运动控制方程与污染物的化学动力学方程是相互独立的，也就是说，大气中污染物浓度的变化对于辐射传输、云的形成等过程的影响非常小，不会显著改变气象条件，在这样的模拟系统中，气象输入数据的模拟过程是独立于污染物在大气中的迁移、转化模拟过程的，称为离线模拟方法（off-line approach）。如果由于某些污染物的大气浓度发生变化而影响了辐射传输和云的形成等，最终对气象条件产生不可忽略的影响，这种情况下就需要使用在线模拟方法（on-line approach）对大气污染问题进行模拟研究。近年来，大气污染模拟研究更加注重气象－化学耦合作用的影响，一些大气化学传输模拟系统发展了气象－化学在线模拟功能，加强了气象模式与化学传输模式的相互耦合。

源排放模拟及输入：污染源排放数据是大气化学传输模式的一类重要输入数据，模式研究的一项重要内容是考察污染源排放对大气污染物浓度的影响，因此，准确的源排放输入对于模拟结果的优劣起到关键的作用。源排放输入要满足模式化学反应机理和模拟研究时空分辨的要求。对于欧拉模式，多数情况是要求具有空间网格化的小时排放数据，所涉及的污染物通常有 CO、NO、NO_2、SO_2、NH_3、VOCs、颗粒物等。在进行源排放估算时，一般采用源排放处理程序将排放数据处理成模式所要求的统一格式，因此，源排放处理程序也是大气化学传输模拟系统的一个组成部分。一些重要的源排放处理工具有早期的 EPS（emission preprocessor system）、EMS-95（emissions modeling system-95）、CONCEPT（consolidated community emission processing tool），以及目前使用较多的 SMOKE（sparse matrix operator kernel emissions modeling system）。

大气化学传输模式：是整个模拟系统的核心部分，通过输入初始条件和边界条件、气象场和源排放数据及其他信息，对污染物在大气中的物理和化学行为进行模拟，从而获得污染物在一定时空范围内的浓度分布情况。为了实现上述模拟功能，大气化学传输模式自身也由不同功能的模块组成（图 7-1 的上图）。相关的具体内容将在本章后面几节进行详细介绍。

决策支持系统：在实际的应用中，利用模式对大气污染进行模拟研究的目的是掌握污染问题的特征、规律，探究其产生的原因，最终提供可行的控制对策，因此，决策支持系统往往也是大气化学传输模拟系统的一个组成部分，可以对模拟结果进行可视化显示、评估对环境和经济的影响，以及制定相应的控制政策和方案等。

三、模式的主要类型

大气化学传输模式经历了几十年的发展，加之研究对象的不同、设计方法的差异，涉及具体的模式有很多的类型，可从不同角度或采取不同标准予以区分。

按照模式描述的空间尺度大小不同，可以分为微尺度模式、城市尺度模式、区域尺度模式、大陆尺度模式和全球模式（见表 7-1）。

表 7-1 按空间尺度分类的大气化学传输模式

模式分类	典型模拟域范围	典型分辨率
微尺度模式	200 m × 200 m × 100 m	5 m
城市尺度模式	100 km × 100 km × 5 km	4 km
区域尺度模式	1 000 km × 1 000 km × 10 km	20 km
大陆尺度(天气尺度)模式	3 000 km × 3 000 km × 20 km	80 km
全球模式	65 000 km × 65 000 km × 20 km	5°× 5°

资料来源:引自 Seinfeld 和 Pandis,2016。

按照模式空间维数的不同,可以分为零维模式(如盒子模式)、一维模式(如轨迹模式)、二维模式(柱子模式)、三维模式。

按照对扩散描述方法的不同,可以分为拉格朗日模式、欧拉模式和混合模式。拉格朗日模式又称轨迹模式,使用移动的坐标系描述污染物的传输;欧拉模式采用固定的欧拉坐标系,描述由大气湍流运动引起的污染物浓度变化;混合模式是指许多欧拉型的模式在对次网格烟羽进行处理时采用了拉格朗日方法,以减少大的点源排放在网格内部瞬间稀释所带来的影响。

按照所研究的大气环境问题的侧重点不同,可以分为光化学氧化模式、酸沉降模式、气溶胶模式、综合空气质量模式,以及全球大气化学传输模式等。

1. 光化学氧化模式

光化学氧化模式是以光化学污染为主要研究对象的大气化学传输模式,用于模拟光化学污染的发生、演变过程,研究臭氧的生成机制和各种影响因素的作用,探讨控制 NO_x、VOCs 等前体物排放对于控制光化学污染的效果,为制定控制方案和对策提供科学依据和支持。光化学氧化模式从 20 世纪六七十年代到 20 世纪 90 年代经历了 30 多年的发展历程,设计和开发了很多种类的模式。光化学氧化模式具有一些共同的特点,一般为边界层模式,模式顶距地面 2~4 km;采用的气相化学反应机理非常精细,如 CBM-Ⅳ、SAPRC 等;不考虑云过程和液相化学,为“干”模式,即使考虑湿沉降也非常简单,往往采用湿清除系数;需要输入详细的气象资料和源排放资料,尤其对 VOCs 源排放清单要求高。

对于光化学氧化模式,可以按照模拟域范围划分为城市尺度、区域尺度和多尺度嵌套三类。

城市尺度的光化学氧化模式,如 UAM-Ⅳ模式、CIT 模式、CALGRID 模式等,一般模拟范围的垂直尺度仅限于边界层(CALGRID 模式垂直方向的模拟能够达到 5 km),水平尺度仅一二百千米,因此边界条件和初始条件对预测值的影响非常大。针对这个弱点,UAM-Ⅳ采取的方法是将模式嵌套在区域模式 ROM 中,由 ROM 的运行提供初始条件和边界条件。另外,城市尺度模式也不能模拟远距离源排放的影响,而研究表明光化学氧化污染具有显著的区域性输送特征。城市尺度模式中 UAM-Ⅳ曾是美国国家环境保护局推荐的制定臭氧控制政策的法规模式。

区域尺度模式有 ROM 模式、RTM-Ⅲ模式、LOTOS 模式等,它们能够用于模拟上风向源排放对所关注地区光化学污染的影响。早期发展的区域光化学氧化模式一般网格较粗,垂直分层简单，适于模拟臭氧的长期变化情况，例如，LOTOS 模式对臭氧模拟的时间尺度为 1 个月。区域尺度模式能够模拟臭氧的区域输送，缺点是对城市地区短期光化学过程的模拟显得分辨率不够。

多尺度嵌套光化学氧化模式是针对城市尺度和区域尺度模式的弱点发展起来的，如 UAM-Ⅴ模式、SAQM 模式、CAMx 模式，它们的最大特点是可以在区域尺度上（如 1 000 km）嵌套适于模拟城市地区的细网格（如 5 km），而且可以同时嵌套多个城市地区，甚至多重嵌套，因此能够模拟城市地区的光化学污染及其区域影响。嵌套模式一般采用气象预报模式产生输入气象场；模式顶较高，垂直分层可以多达 15 层，对污染物垂直混合的模拟能力也大大加强。UAM-Ⅴ模式与城市尺度的 UAM-Ⅳ模式相比，在垂直结构、次网格等很多方面做了改进；SAQM 模式由酸沉降模式 RADM 发展而来，它的特点是模式层顶高至平流层，易于研究臭氧的平流层卷入，具有详细的云模式和液相化学，便于研究臭氧的多相化学过程；CAMx 模式是 1997 年发展起来的大气化学传输模式，它的重要特征是：采用快速而又结构简单的 PiG（plume-in-grid）方法处理次网格大点源，另外，模式开发出了臭氧来源识别（OSAT）技术，采用示踪方法量化不同地区排放、不同种类污染源对臭氧浓度的贡献。

2. 酸沉降模式

酸沉降模式以大气酸沉降问题为主要研究对象，模拟酸沉降的发生、发展过程，预测酸性物质浓度和沉降速率的时空分布，研究各种因素对酸沉降的作用，以及酸沉降对大气环境造成的影响。在 20 世纪 80 年代，酸沉降问题受到重视，一系列酸沉降模式得到开发和发展。由于酸沉降具有区域输送的特点，因此主要的酸沉降模式都是区域模式，如 RADM 模式、STEM-Ⅱ模式、ADOM 模式、EURAD 模式等。区域酸沉降模式的共同特点是，考虑云模式和液相化学比较详尽，着重考虑湿清除机制，液相化学主要为硫化学；由于气相成分是酸化物质的主要来源，酸沉降模式采用了与光化学氧化模式同样精致的气相化学机理，如 RADM2 机理、SAPRC 机理等；模式层顶高至对流层顶或平流层，有助于研究污染物的垂直混合过程。

RADM 模式利用一个中尺度静力气象模式作为气象场输入，输入量包括逐时的三维风场、温度场和水蒸气混合比，以及逐时的二维地面温度场、气压场和降水率；该气象模式后来发展为 MM4 模式，并进一步发展为包括非静力处理的 MM5 模式。RADM 模式的均相化学机理为归纳机理 RADM1 机理，包括 36 个化学物种（下文简称“物种”）间的 77 个反应，后来发展为 RADM2 机理。光解速率常数由 delta-Eddington 辐射传输模式提供，它考虑了 O_2 和 O_3 的吸收、云和气溶胶的吸收和散射、瑞利散射及地表反射等。对于次网格现象，在垂直传输上采用一维动力微物理模式进行参数化，液相化学转化用一个液相化学箱模式进行描述（该模式包括 H_2O_2、O_3、微量金属和有机过氧化物对硫的氧化，以及所有可溶性痕量气体的溶解平衡），气体、粒子的云清除使用清除子模式处理。RADM 模式水平网格距为 80 km，模拟域为 2 400 km × 2 400 km，垂直分为 6 层或 15 层，模式顶距地面 15 km（100 mb），网格距和网格数均可调。后来引入了嵌套网格技术，可以对所关注区域的水平网格人为加密，水平细网格格距是粗网格的 1/3。

STEM-Ⅱ模式的气象输入可以利用客观分析从地面和探空观测资料得到，也可以采用气象模式的预测值。它的气相化学机理基于 ALW 机理，包括 55 个物种和 84 个反应，也可以采用 LLA 机理，该机理后来发展为 SAPRC 机理。STEM-Ⅱ模式详细地考虑了有云和无云环境下边界层与自由大气之间的交换，给出云内、云下洗脱和液相化学过程，采用 ASM 或

RSM（针对降水层状云）模块给出云水、雨水和雪垂直密度廓线，以及云微物理过程、云和降水分布、相间交换等。液相化学机理用 31 个反应描述云水和雨水内硫的氧化途径和硝酸的产生，其中硫化学包括了·OH、H_2O_2、O_3 和 NO_3·的氧化。STEM-Ⅱ模式采用地形追随坐标，模拟范围的网格数和网格距可变，模式顶高为 8 km。该模式曾被用于模拟不同尺度如城市及郊区尺度、中尺度和区域尺度的酸沉降，其模拟域分别为 200 km × 200 km × 6 km（水平网格距为 20 km，垂直分为 14 层）、720 km × 360 km × 7.2 km（水平网格距为 40 km，垂直分为 23 层）、1 600 km × 1 040 km × 5 km（水平网格距为 80 km，垂直分为 11 层）。

ADOM 模式的气象输入采用的方法是：先从 CMC（加拿大气象中心）的数值天气预报模式和 MEP 公司的高分辨率边界层模式获得预报气象场，然后通过诊断模块用预测值去内插实测气象资料以获得输入气象场，这个方法的好处是模式输入的气象场与实测吻合较好。气相化学机理采用 LLA 机理，包括 50 个物种间的 100 多个反应；液相化学包括 13 个物种和 25 个反应，描述了 O_2、O_3 和过氧化物对硫的氧化，以及气相和液相间的物质平衡。ADOM 模式用一维稳态模式处理层状云，用观测资料参数化处理积云，没有包括详细的微物理过程，模式中云物理模块的目的是描述污染物垂直混合和清除并作为液相化学反应的容器。ADOM 模式模拟域为 30°×16°，水平网格距为 1°（约 127 km），垂直分为 12 层，模式顶距地面 10 km。ADOM 模式有一个欧洲版本：TADAP 模式，它与 ADOM 模式的主要区别在于获得输入气象场的方式不同。TADAP 模式采用德国气象组织的静力中尺度气象预报模式 EUM 生成所需的输入气象参数，包括降水和所有云过程。TADAP 模式的网格数为 42 × 33 × 10，水平网格距为 63.5 km，垂直方向 10 km 分为 10 层，其中有 5 层在 1 km 以下；其气相化学机理基本与 ADOM 模式相同，包括 50 个物种间的 90 个反应，其中 30 个物种考虑平流传输。

RADM 模式具有科学合理的结构，加上最早引入网格嵌套技术，因此该模式成为随后以城市和区域尺度大气污染现象为模拟对象的各种模式研发的基础，在北美、欧洲和亚洲许多国家得到了应用和发展，至今已经成为一个数量庞大的模式家族，包括欧洲的 EURAD 模式、中国台湾地区的 TAQM 模式、韩国的 CADM 模式等均以 RADM 模式为原型。区域颗粒物模式 RPM 则在 RADM 模式和 MARS 气溶胶模式的基础上发展而来，而 RPM 模式的发展工作成为发展 Models-3/CMAQ 多尺度大气化学传输模拟系统的基础。

3. 气溶胶模式

气溶胶模式以大气颗粒物污染问题为主要研究对象，在大气物理和化学基本理论及经验规律基础上，在获得颗粒物及其前体物污染源排放特征和排放速率的前提下，模拟大气中一定粒径谱分布的气溶胶质量浓度和化学组分浓度的时空变化。根据气溶胶粒子大气物理、大气化学过程处理方法的不同，气溶胶模式可分为动力学模式和热力学平衡模式。气溶胶动力学模式主要考虑气溶胶形成过程中的核化、凝结、蒸发、碰并、化学转化、传输、扩散及去除等动力学过程，有助于了解气溶胶粒子的尺度和浓度分布的演变规律。气溶胶热力学平衡模式主要考虑气体和粒子之间的热力学平衡过程，通过计算使得整个化学体系的吉布斯自由能最小，从而确定气相、液相、颗粒相之间各组分的平衡浓度。

Bassett 和 Seinfeld 于 1983 年开发了第一个基于热力学平衡原理的气—粒平衡模式 EQUIL。此后的 20 多年里，针对无机气溶胶的热力学平衡模拟发展了多种模式，如 KEQUIL、MARS、SEQUILIB、AIM 和 AIM2、SCAPE 和 SCAPE2、EQUISOLV 和 EQUISOLV Ⅱ、GFEMN、ISORROPIA 和 ISORROPIA Ⅱ等，这些平衡模式对气—粒热力学平衡问题提出了不同的解决方法，主要差别在于化学组分、计算方法和热力学处理方式的复杂性与严格性方面。

气溶胶动力学模式建立在气溶胶质量（或粒子数）守恒方程之上，对影响其形成的各个动力学过程进行模拟，不受限于化学组分瞬时建立起气—粒平衡的假设，相比热力学平衡模式更具有普遍适用性。例如，Wexler 和 Seinfeld 在 1991 年发展的 AIM 模式中就考虑了气相和气溶胶相之间的非平衡传质过程，模型首先根据颗粒物的组成计算颗粒物表面的物种平衡分压，如果该平衡分压与物种的气相分压不相等，那么接着计算该物种在气溶胶和气相之间的质量传输。Meng 和 Seinfeld 在对 SCAPE 模式的改进中不仅包括了详细的无机气溶胶热力学过程，而且计算了颗粒物的表面蒸气压，用于气溶胶动力学的模拟；Jacobson 在大气化学传输模式 GATOR 中，考虑了气溶胶动力学，对颗粒物的粒径尺度采用新的分档结构，模拟结果可以给出比较细致的粒子尺度分布和化学组分。

4. 综合空气质量模式

前面介绍的光化学氧化模式、酸沉降模式和气溶胶模式主要是针对某种大气污染问题设计和开发的。实际上，大气的各种污染问题是相互关联的，对空气质量的模拟研究需要对各种相关的污染问题进行综合考虑。从 20 世纪 90 年代开始发展起来的综合空气质量模式，是将对流层大气作为一个整体来描述、以多种类型污染问题为模拟对象的大气化学传输模式。与以往的模式相比，综合空气质量模式具有以下特点：① 基于“一个大气”的思想，将大气中各种污染物和各类型污染问题通过化学反应紧密联系起来，同时模拟多种污染物和污染问题，如光化学污染、酸沉降、细颗粒物污染、能见度恶化等；② 具有很好的通用性，模式采用广义坐标系，使得在空间上能够进行多尺度、多层网格的模拟；建立标准的输入、输出数据接口，方便各个模块的连接和数据交换；③ 具有灵活的模块化结构，建立起可供选择的模块库和算法库。例如，模式可以选用不同的源排放模型和气象模型，为主要的大气物理过程模块提供多种参数化选择方案，支持多种化学反应机理，用户可以对大气物理化学过程的机理或算法进行修改，或者加入新的过程模块；④ 具有很强的开放性和扩展性，随着对大气污染问题研究和认识的深入，模式也在不断地更新和发展，综合空气质量模式能够不断引入最新的研究成果和数值模拟技术，增强对大气污染问题的研究能力。综合空气质量模式已经成为当今大气化学传输模拟研究的主流模式类型，如 Models-3/CMAQ、CAMx、WRF-Chem、CHIMERE、NAQPMS 等。

Models-3/CMAQ 模式是美国国家环境保护局开发的第三代大气化学传输模式，于 1998 年 7 月首次发布。Models-3/CMAQ 模式是三维欧拉型的大气化学传输模式，能够模拟对流层的臭氧、颗粒物、有毒污染物、大气能见度、酸性和营养性污染物等，既可用于对流层多尺度多物种的复杂大气污染问题的科学研究，也可用于环境管理和政策分析。图 7-2 是 Models-3/CMAQ 模式的模块构成示意图。在 Models-3/CMAQ 模式外部，由区域气象模式（如 WRF）及气象 - 化学接口模块（MCIP）提供气象输入数据，由源排放模式（SMOKE）提供源排放输入数据；在 Models-3/CMAQ 模式内部，主要包括初始条件模块（ICON）、边界条件模块（BCON）和化学传输模块（CCTM）。CCTM 模块是 Models-3/CMAQ 模式的核心部分，该模块用于模拟污染物在大气中的传输和扩散过程、气相化学过程、液相化学过程、气溶胶化学和动力学过程、云化学和动力学过程等，CCTM 模块可以输出各种气态污染物和气溶胶组分的逐时浓度，以及逐时的能见度和干、湿沉降等，模拟输出结果可以使用可视化与分析工具进行后续处理。

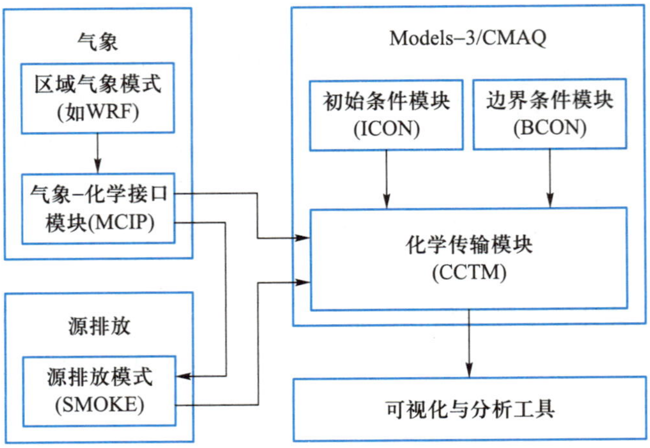

图 7-2 Models-3/CMAQ 模式的模块构成示意图

WRF-Chem 模式是由美国国家海洋与大气管理局等多家研究机构共同开发的大气化学传输模式,该模式在气象模式 WRF 内集成了化学模块 Chem,实现了气象模式与大气化学传输模式的完全在线耦合。WRF 是美国研发的新一代中尺度数值气象预报模式,具有合理的动力学框架并集成了目前在中尺度方面的研究成果,对湍流交换、大气辐射、积云降水、云微物理及陆面等多种物理过程提供了不同的参数化方案,可用于大气科学研究和业务化预报工作。化学模块 Chem 考虑了污染物的排放、传输、扩散、沉降、光解、气相化学反应、气溶胶动力学和气溶胶化学等过程,采用高度模块化的设计,有利于模式的维护和扩展。与很多模式将大气化学传输模拟和驱动污染物传输过程的气象场模拟分开进行的传统方式(称为"离线"模式)不同,WRF-Chem 模式的化学和气象过程模拟使用相同的水平和垂直坐标系,相同的物理参数化方案,不存在时间上的插值,并且考虑化学过程对气象过程的反馈作用,这些特点有利于模拟再现一种更加真实的大气环境。

嵌套网格空气质量预报模式系统(NAQPMS)是由中国科学院大气物理研究所自主研发的三维欧拉型大气化学传输模式,该模式在研发过程中充分结合我国大气复合污染的排放、输送和演变特点,包括污染源排放、平流与扩散、沉降、气溶胶过程,以及气相、液相和非均相大气化学反应等模块,并纳入了污染来源与过程跟踪、敏感性分析和资料同化等技术方法。NAQPMS 模式的主要特色有:采用双向嵌套技术,实现了从区域尺度到城市尺度污染的同时计算,并能反映不同模拟区域间的相互作用;建立了东亚地区起沙机制模型,可以计算亚洲沙尘的传输;在化学反应机制上不断跟踪和吸纳国内外的相关研究进展;能够通过利用空气质量监测系统实际监测资料进行计算结果的同化,提升对污染物浓度模拟预测的准确性。NAQPMS 可研究区域和城市尺度的沙尘输送、酸雨、臭氧和细颗粒物污染等问题,同时在我国空气质量预报和业务管理等方面也有广泛的应用。

5. 全球大气化学传输模式

全球大气化学传输模式,模拟范围覆盖整个地球,没有水平边界限制,是研究对流层污染物大气化学收支与循环的重要模型工具之一。除了用于大气化学研究,全球模式在野外观测、卫星反演、气溶胶与气候相互作用,以及国际环境政策评估等方面也发挥着重要作用。

GEOS-Chem 模式是当前广为使用的一个全球三维大气化学传输模式，由美国哈佛大学开发。标准版的 GEOS-Chem 模式是一个离线模式，由美国国家航空航天局戈达德地球观测系统（GEOS）的同化气象数据驱动化学模块，化学模块包含复杂的对流层臭氧、氮氧化物、挥发性有机物、卤化物和气溶胶的大气化学过程，可以模拟全球或部分区域大气组分的排放、对流输送、边界层混合、化学反应、干沉降及湿清除过程。GEOS-Chem 模式的水平分辨率在全球模拟中为 4°×5°或 2°×2.5°（纬度 × 经度），而在欧洲、北美、亚洲及非洲地区可以实现更高分辨率的嵌套模拟。

MOZART 模式是由美国国家大气研究中心发展的另一个全球大气化学传输模式，主要用于模拟大气中臭氧及其相关微量成分的时空分布规律。MOZART 模式以 MATCH 模式为框架，包括对化学物种平流和对流输送、垂直扩散，以及干、湿沉降过程的参数化计算。MOZART 模式的发展经历了 MOZART-1 模式至 MOZART-4 模式共 4 个版本，其中，MOZART-4 模式是针对对流层开发的，模式顶高为 2 hPa，垂直分为 28 层，水平分辨率约为 2.8°×2.8°。目前，美国国家大气研究中心已不再进一步发展 MOZART-4 模式，转而支持另外一个全球模式 CAM-Chem 的研发和应用。

第二节　模式的基本方程

一、盒子模式的基本方程

盒子模式是最简单的大气化学传输模式，该模式假设盒子内部的污染物是混合均匀的，下面介绍盒子模式计算污染物浓度变化的基本方程。

（一）欧拉盒子模式

欧拉盒子模式将模拟区域简化为一个盒子，盒子的底部是地面，顶部是混合层顶，并且在东西南北存在假想的盒子侧面。盒子内部的污染物与外部的交换一般通过风传输及混合层的变化（即盒子高度的变化）实现，导致盒子内污染物浓度发生变化的因素还有源排放、化学反应及沉降过程。

如图 7-3 所示的模拟区域，盒子底部面积是 $\Delta x\Delta y$，盒子高度是混合层的高度 H。假设污染物 i 的源排放强度是 Q_i（kg/h），在大气中的去除速率是 S_i（kg/h），大气化学反应生成速率是 R_i[kg/（m^3·h）]，盒子内部的浓度是 c_i，盒子外面上风向的背景浓度是 c_i^0，风速为 u，风向稳定。

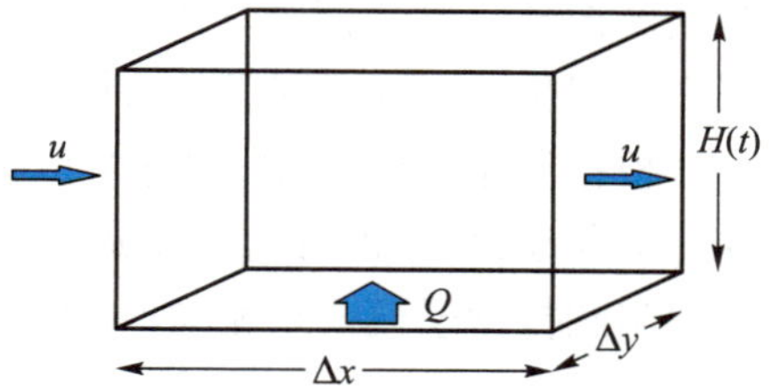

图 7-3　盒子模式模拟示意图
（资料来源：引自 Seinfeld 和 Pandis，2016）

如果混合层高度 H 保持不变，那么根据质量守恒的原则，对盒子内污染物 i 的质量变化可以建立下面的方程：

$$\frac{\mathrm{d}}{\mathrm{d}t}(c_i\Delta x\Delta yH)=Q_i+R_i\Delta x\Delta yH-S_i+uH\Delta y(c_i^0-c_i) \quad (7\text{-}1)$$

对式（7-1）两边同时除以盒子的体积 $\Delta x\Delta yH$，得

$$\frac{\mathrm{d}c_i}{\mathrm{d}t}=\frac{q_i}{H}+R_i-\frac{s_i}{H}+\frac{u}{\Delta x}(c_i^0-c_i) \quad (7\text{-}2)$$

式中：q_i 和 s_i——污染物 i 单位面积的排放速率和去除速率，$kg/(m^2 \cdot h)$。

如果去除过程是由干沉降引起的，且污染物 i 的干沉降速率是 $v_{d,i}$，那么 $s_i=v_{d,i}c_i$；盒子长度 Δx 与主导风速 u 的比值代表污染物在盒子内部的停留时间，以 τ_r 表示，于是有

$$\frac{dc_i}{dt}=\frac{q_i}{H}+R_i-\frac{v_{d,i}}{H}c_i+\frac{c_i^0-c_i}{\tau_r} \tag{7-3}$$

如果考虑混合层高度 H 在一天中随着大气混合状态的发展而变化，那么当混合层高度降低时，虽然盒子内部的部分污染物停留在盒子顶部以上，但是对盒子内部的污染物浓度没有直接影响；在混合层高度升高的情况下，原来处于盒子上边界以外的空气进入盒子内部，由于混合层上、下的污染物浓度往往不同，一般会对盒子内部浓度产生影响。同样根据质量守恒，可以推导出混合层高度上升对盒子内部污染物浓度变化的影响如下：

$$\frac{dc_i}{dt}=\frac{c_i^a-c_i}{H}\frac{dH}{dt} \tag{7-4}$$

式中：c_i^a——混合层以上的污染物浓度。

因此，欧拉盒子模式的数学方程可以总结如下：

$$\begin{aligned}\frac{dc_i}{dt}&=\frac{q_i}{H}+R_i-\frac{v_{d,i}}{H}c_i+\frac{c_i^0-c_i}{\tau_r}\quad\left(当\frac{dH}{dt}\leqslant 0\text{ 时}\right)\\ \frac{dc_i}{dt}&=\frac{q_i}{H}+R_i-\frac{v_{d,i}}{H}c_i+\frac{c_i^0-c_i}{\tau_r}+\frac{c_i^a-c_i}{H}\frac{dH}{dt}\quad\left(当\frac{dH}{dt}>0\text{ 时}\right)\end{aligned} \tag{7-5}$$

上述欧拉盒子模式方程描述了在大气充分混合的地区，污染源排放、化学反应、去除过程、大气传输，以及混合层高度变化对大气污染物浓度的影响。

（二）拉格朗日盒子模式

欧拉盒子模式假设在整个模拟空间内大气是充分混合的，无法反映污染物浓度的空间差异，而使用拉格朗日盒子模式则能够避免这一问题。拉格朗日盒子模式可针对尺度较小的气团进行模拟，气团的下表面为地面，上表面是混合层顶，该气团沿着风传输的轨迹移动。在气团内部空气是混合均匀的，污染物的浓度受到气团途经地区的源排放、化学反应、混合层高度变化及沉降等因素的共同影响。

根据质量守恒原则，同样可以推导出拉格朗日盒子模式的基本方程。由于气团随着风的传输移动，拉格朗日盒子模式方程中除了没有水平传输项外，其他过程对污染物浓度的作用项与欧拉盒子模式是相同的，如下：

$$\begin{aligned}\frac{dc_i}{dt}&=\frac{q_i}{H}+R_i-\frac{v_{d,i}}{H}c_i\quad\left(当\frac{dH}{dt}\leqslant 0\text{ 时}\right)\\ \frac{dc_i}{dt}&=\frac{q_i}{H}+R_i-\frac{v_{d,i}}{H}c_i+\frac{c_i^a-c_i}{H}\frac{dH}{dt}\quad\left(当\frac{dH}{dt}>0\text{ 时}\right)\end{aligned} \tag{7-6}$$

与欧拉盒子模式相比，拉格朗日盒子模式除了能够给出污染物浓度在空间上的变化，还可以用来追踪化学反应对气团内污染物转化的影响。同时需要注意到，由于上述拉格朗日盒子模式的计算方程中没有考虑水平扩散过程的影响，可能会导致在污染源下风向地区的模拟结果出现偏差。

二、三维模式的基本方程

尽管大气化学传输模式的种类很多，结构和功能各异，但大都建立在相同的污染物连续性方程的基础上，该方程描述污染物的化学反应、气象传输和扩散、沉降及源排放等过程，是模式计算的基本方程：

$$\frac{\partial n}{\partial t}+\frac{\partial(un)}{\partial x}+\frac{\partial(vn)}{\partial y}+\frac{\partial(wn)}{\partial z}=\frac{\partial}{\partial x}\left(K_x\frac{\partial n}{\partial x}\right)+\frac{\partial}{\partial y}\left(K_y\frac{\partial n}{\partial y}\right)+\frac{\partial}{\partial z}\left(K_z\frac{\partial n}{\partial z}\right)+R+S \quad (7\text{-}7)$$

式中：n——气体的浓度；

t——时间；

u、v、w——风速在 x、y、z 方向上的分量；

K_x、K_y、K_z——水平和垂直扩散系数；

S——污染物的源和汇；

R——化学反应项，描述污染物在大气中的化学转化过程，由污染物在大气中的化学反应机理决定。

下面以欧拉坐标系的情况为例，推导模式的基本方程。

（一）气体连续性方程的推导

假设要计算三维欧拉坐标系中某种气体的浓度（数浓度，分子 /cm^3），可以考虑如图 7-4 所示的一个小立方体，该立方体的体积为 $\Delta x\Delta y\Delta z$，以 x 方向（东西向）为例，输入和输出的风速分别为 u_1 和 u_2，立方体东西边界处的气体浓度分别是 n_1 和 n_2，那么，输入和输出立方体的气体通量密度分别为 $F_{x1}=u_1n_1$ 和 $F_{x2}=u_2n_2$［分子 /（$cm^2\cdot s$）］。该立方体中气体浓度的变化受以下过程的影响：

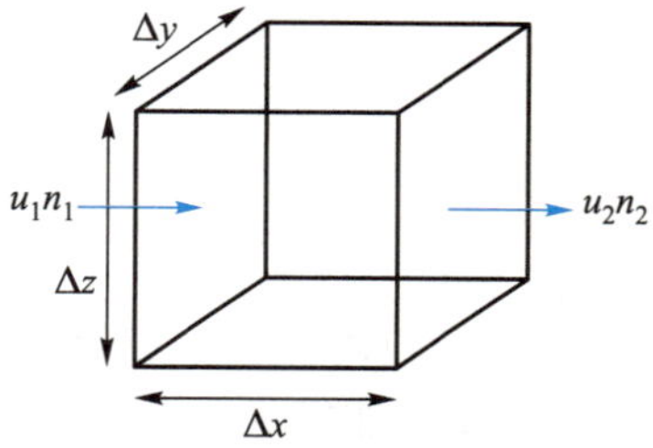

图 7-4　三维欧拉坐标系中某个立方体内的气体输入和输出
（资料来源：引自 Jacobson，1999）

（1）传输：包括输入和输出。在 x 方向上，在 Δt 时间内，输入和输出立方体的分子数分别为 $u_1n_1\Delta y\Delta z\Delta t$ 和 $u_2n_2\Delta y\Delta z\Delta t$，由此引起的变化量为 $u_1n_1\Delta y\Delta z\Delta t-u_2n_2\Delta y\Delta z\Delta t$，那么，单位时间和单位体积内的变化量为

$$\frac{u_1n_1\Delta y\Delta z\Delta t-u_2n_2\Delta y\Delta z\Delta t}{\Delta x\Delta y\Delta z\Delta t}=\frac{F_{x1}-F_{x2}}{\Delta x}=\frac{u_1n_1-u_2n_2}{\Delta x}$$

当 $\Delta x\to 0$ 时，x 方向上传输所导致的单位时间内气体浓度的变化为 $-\frac{\partial(F_x)}{\partial x}=-\frac{\partial(un)}{\partial x}$。类似地，$y$ 方向和 z 方向上传输所导致的单位时间内气体浓度的变化分别为 $-\frac{\partial(F_y)}{\partial y}=-\frac{\partial(vn)}{\partial y}$ 和 $-\frac{\partial(F_z)}{\partial z}=-\frac{\partial(wn)}{\partial z}$。

（2）化学反应：包括化学反应生成和消耗，用 R［分子 /（$cm^2\cdot s$）］来表示。

（3）源和汇：包括源排放和沉降，用 S［分子 /（$cm^2\cdot s$）］来表示。

这样，就可以用如下的公式来表示该体积内气体浓度随时间的变化：

$$\frac{\partial n}{\partial t}=-\frac{\partial(un)}{\partial x}-\frac{\partial(vn)}{\partial y}-\frac{\partial(wn)}{\partial z}+R+S=-\nabla\cdot(Un)+R+S \quad (7\text{-}8)$$

式中：$U=(u,v,w)$，$\nabla=(\partial/\partial x,\partial/\partial y,\partial/\partial z)$。式（7-8）就是建立于固定坐标系上的欧拉形式的气体连续性方程，是与空间、时间有关的一阶微分方程；它将气体的浓度场与气体的化学反应、源、汇及风场联系起来，如果知道 U、R 和 S，那么通过对该方程积分就可以求出浓度场 $n(x,y,z,t)$。

（二）雷诺分解与湍流扩散的 k 理论

大气运动是一种湍流运动，也就是无规则运动，因此，很难表征传输通量密度 $F=Un$。

图 7-5 中的例子给出垂直风速 w 和气体浓度 n 随时间变化的情况，可以看到，在垂直方向上，大气的湍流运动使得气体浓度 n 和垂直风速 w 均随时间表现出很大的波动，由于 $F_z=wn$，因此垂直传输的通量密度 F_z 也是随时间波动的。实际上，真正令人感兴趣的并非是瞬时通量值（因为它是随机变化的），而是在某段时间间隔内平均通量的大小。于是，可以采用雷诺分解的方法处理上述问题，也就是将 n 和 u、v、w 等的数值分解为平均值和相对于平均值的扰动值两部分，即

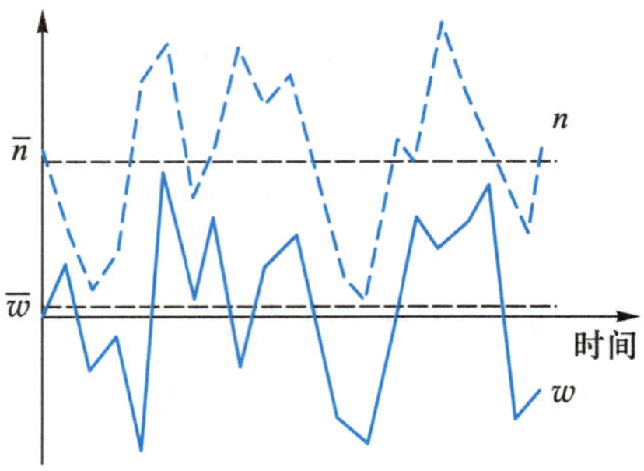

图 7-5 垂直风速 w 和气体浓度 n 随时间的变化

（资料来源：引自 Jacob，1999）

$\bar{w}$是平均速度，$\bar{n}$是平均浓度

$$
\begin{aligned}
n(t)&=\bar{n}+n'(t)\\
u(t)&=\bar{u}+u'(t)\\
v(t)&=\bar{v}+v'(t)\\
w(t)&=\bar{w}+w'(t)
\end{aligned}
\tag{7-9}
$$

式中：$\bar{n}$、$\bar{u}$、$\bar{v}$、$\bar{w}$——某段时间内 n、u、v、w 的平均值；

$n'(t)$、$u'(t)$、$v'(t)$、$w'(t)$——t 时刻上述物理量相对于平均值的扰动值。

根据上述定义：

$$\overline{n'}=0,\overline{u'}=0,\overline{v'}=0,\overline{w'}=0 \tag{7-10}$$

那么，在垂直方向上，

$$
\begin{aligned}
\overline{F_z}&=\overline{wn}\\
&=\overline{(\bar{w}+w')(\bar{n}+n')}\\
&=\overline{\bar{w}\bar{n}+\bar{w}n'+w'\bar{n}+w'n'}\\
&=\overline{\bar{w}\bar{n}}+\overline{\bar{w}n'}+\overline{w'\bar{n}}+\overline{w'n'}\\
&=\bar{w}\bar{n}+\overline{w'n'}\\
&=\overline{F_{z,A}}+\overline{F_{z,T}}
\end{aligned}
\tag{7-11}
$$

同样地，

$$\overline{F_x}=\overline{un}=\bar{u}\bar{n}+\overline{u'n'}=\overline{F_{x,A}}+\overline{F_{x,T}},\ \overline{F_y}=\overline{vn}=\bar{v}\bar{n}+\overline{v'n'}=\overline{F_{y,A}}+\overline{F_{y,T}} \tag{7-12}$$

式（7-11）、式（7-12）中右边的第一项是平均的平流通量密度（advection flux，记为$\overline{F_A}$），由平均风的传输而产生；右边的第二项是平均的湍流通量密度（turbulent flux，记为$\overline{F_T}$），由风速和浓度的协方差产生。在垂直方向上，大气湍流产生的向上和向下的运动一般比较接近，

因此平均风速$\overline{w}$往往要比w'小很多，这使得$\overline{F_T}$通常大于$\overline{F_A}$，成为影响垂直传输的主要部分；在水平方向上，平均风速一般是垂直分量的10^3倍，因此$\overline{F_A}$要比$\overline{F_T}$大很多，是影响水平传输的主要部分（在Δt不过大的情况下，通常小于1天）。

垂直湍流通量密度可以通过对w和n的高频测量来获得，这种技术叫作涡旋相关技术；但是由于对仪器高频测量的要求（1 Hz或更高），在应用上受到限制。到目前为止，对大气湍流的讨论仅限于经验的结果，事实上，还没有一个令人满意的理论能够将湍流的基本特征规律解释清楚。在大气化学传输模式中，需要求助于经验的参数化方法来估算湍流通量密度，其中一种被广泛应用的简单方法是k理论的参数化方法，即假设湍流运动所导致的扩散过程类似于分子扩散，根据描述分子扩散的Fick定律，采用类比的方法定义一个经验的湍流扩散系数K，即

$$\begin{aligned}\overline{F_{x,T}}&=\overline{u'n'}=-K_x\frac{\partial\overline{n}}{\partial x}\\\overline{F_{y,T}}&=\overline{v'n'}=-K_y\frac{\partial\overline{n}}{\partial y}\\\overline{F_{z,T}}&=\overline{w'n'}=-K_z\frac{\partial\overline{n}}{\partial z}\end{aligned}\tag{7-13}$$

式中：K_x、K_y、K_z——x、y、z方向上的湍流扩散系数。

也就是说，根据k理论（又称为梯度传输理论），气体在某个方向上的湍流通量密度可以表示为该方向上的湍流扩散系数与气体平均浓度梯度的乘积。

在z方向上，湍流扩散在传输中起主导作用。由于K_z是一个经验值，需要通过实验同时测定$\overline{F_{z,T}}$和$\frac{\partial\overline{n}}{\partial z}$的数值来确定其大小，如果得到的数值不具有普遍性的话，那么这样的结果其意义并不大。实际上，研究发现，K_z的数值并不依赖于具体的扩散气体本身的不同性质，而是在对流层的下部与如下因素相关：① 风速和地表粗糙度（决定气流与障碍物碰撞产生的机械湍流大小）；② 空气的热力结构（决定浮力湍流的大小）；③ 高度（决定湍流涡旋的尺度）。K_z值的范围，在稳定大气条件下为10^2~10^5 cm²/s，在近中性大气条件下为10^4~10^6 cm²/s，在不稳定的大气中为10^5~10^7 cm²/s。

（三）平均连续性方程

前面提到，由于大气运动的湍流特性，很难计算传输通量密度$F=Un$，也就很难求得气体随时间连续变化的浓度场$n(x,y,z,t)$。要解决这个问题，可以采用前面介绍的参数化方法处理湍流扩散，进而求解气体平均浓度的连续性方程。

对于式（7-8）所示的气体连续性方程，两边取平均值，并代入式（7-11）、式（7-12）和式（7-13），转化为如下形式：

$$\begin{aligned}\frac{\partial\overline{n}}{\partial t}&=-\frac{\partial(\overline{un})}{\partial x}-\frac{\partial(\overline{vn})}{\partial y}-\frac{\partial(\overline{wn})}{\partial z}+\overline{R}+\overline{S}\\&=-\frac{\partial(\overline{u}\,\overline{n})}{\partial x}-\frac{\partial(\overline{u'n'})}{\partial x}-\frac{\partial(\overline{v}\,\overline{n})}{\partial y}-\frac{\partial(\overline{v'n'})}{\partial y}-\frac{\partial(\overline{w}\,\overline{n})}{\partial z}-\frac{\partial(\overline{w'n'})}{\partial z}+\overline{R}+\overline{S}\\&=-\frac{\partial(\overline{u}\,\overline{n})}{\partial x}-\frac{\partial(\overline{v}\,\overline{n})}{\partial y}-\frac{\partial(\overline{w}\,\overline{n})}{\partial z}+\frac{\partial}{\partial x}\left(K_x\frac{\partial\overline{n}}{\partial x}\right)+\frac{\partial}{\partial y}\left(K_y\frac{\partial\overline{n}}{\partial y}\right)+\frac{\partial}{\partial z}\left(K_z\frac{\partial\overline{n}}{\partial z}\right)+\overline{R}+\overline{S}\\&=-\nabla\cdot(\overline{U}\,\overline{n})+\nabla\cdot(K\nabla\cdot\overline{n})+\overline{R}+\overline{S}\end{aligned}\tag{7-14}$$

式中：$\bar{U}=(\bar{u},\bar{v},\bar{w})$，$K=(K_x,K_y,K_z)$。请注意式(7-8)和式(7-14)的区别，式(7-14)是平均形式的连续性方程，采用该方程进行模式计算的好处是使用经验的统计方法来处理湍流运动，避免了对湍流运动进行(高频)分辨的困难。由于后面提到的浓度在一般情况下均为平均浓度，为简化起见，去掉式(7-14)中的平均符号：

$$\frac{\partial n}{\partial t}=-\nabla\cdot(Un)+\nabla\cdot(K\nabla\cdot n)+R+S \tag{7-15}$$

(四)求解连续性方程——离散化处理

对于三维的大气化学传输模式，无法求得解析解，只有通过数值的方法进行求解。假设已知 t_0 时的浓度 $n(X,t_0)$，计算 $t_0+\Delta t$ 时的浓度 $n(X,t_0+\Delta t)$，其中 $X=(x,y,z)$。

首先，将连续性方程式(7-15)中的不同过程分开考虑，即

$$\frac{\partial n}{\partial t}=\left[\frac{\partial n}{\partial t}\right]_{\text{advection}}+\left[\frac{\partial n}{\partial t}\right]_{\text{turbulence}}+\left[\frac{\partial n}{\partial t}\right]_{\text{chemistry}} \tag{7-16}$$

其中，平流项$\left[\frac{\partial n}{\partial t}\right]_{\text{advection}}=-\nabla\cdot(Un)$，湍流项$\left[\frac{\partial n}{\partial t}\right]_{\text{turbulence}}=\nabla\cdot(K\nabla\cdot n)$，化学项$\left[\frac{\partial n}{\partial t}\right]_{\text{chemistry}}=P-L$，这里的“化学项”除了化学转化外，还包括源排放和沉降。

在某一时步 Δt 内，对式(7-16)中的各项独立进行积分运算。以不同的算符来代表对各项的运算：平流算符 A，湍流算符 T，化学算符 C。

对于平流：$$\mathrm{A}\cdot n(X,t_0)=n(X,t_0)+\int_{t_0}^{t_0+\Delta t}\left[\frac{\partial n}{\partial t}\right]_{\text{advection}}\mathrm{d}t \tag{7-17}$$

对于湍流：$$\mathrm{T}\cdot n(X,t_0)=n(X,t_0)+\int_{t_0}^{t_0+\Delta t}\left[\frac{\partial n}{\partial t}\right]_{\text{turbulence}}\mathrm{d}t \tag{7-18}$$

对于化学：$$\mathrm{C}\cdot n(X,t_0)=n(X,t_0)+\int_{t_0}^{t_0+\Delta t}\left[\frac{\partial n}{\partial t}\right]_{\text{chemistry}}\mathrm{d}t \tag{7-19}$$

对于所要求解的浓度 $n(X,t_0+\Delta t)$，则：$n(X,t_0+\Delta t)=\mathrm{C}\cdot\mathrm{T}\cdot\mathrm{A}\cdot n(X,t_0)$。　(7-20)

上述方法称为算符分离(operator splitting)。在一个时步内将算符分离，可以简化计算过程；但需要注意的是，算符分离是建立在平流、湍流和化学过程彼此独立的假设基础上的，因此，时步必须足够小，以保证上述假设在时步内是合理的。

为了对每个算符进行积分运算，可以将整个模拟区域划分成网格(空间的离散化处理)，如图 7-6 所示：

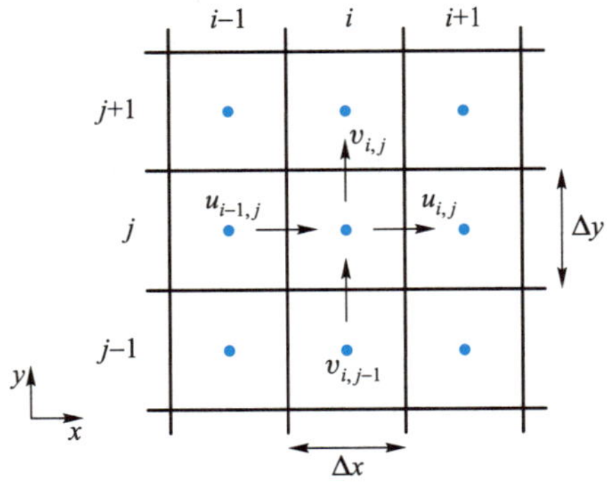

图 7-6　连续性方程的空间离散化

(资料来源：引自 Jacob，1999)

仅显示出二维空间部分，圆点代表计算浓度的网格点，线代表计算传输通量密度的网格边界

在这种情况下，空间连续的浓度函数 $n(X,t)$ 就变成了离散的函数 $n(i,j,k,t)$，这里 i、j、k 分别代表 x、y、z 方向上的网格编号。那么，平流算符就可以表达为代数式，以图 7-6 所示的情况为例，最简单的一种计算公式为

$$\begin{aligned} n(i,j,k,t_0+\Delta t) = n(i,j,k,t_0) + \\ \frac{u(i-1,j,k,t_0)n(i-1,j,k,t_0) - u(i,j,k,t_0)n(i,j,k,t_0)}{\Delta x}\Delta t + \\ \frac{v(i,j-1,k,t_0)n(i,j-1,k,t_0) - v(i,j,k,t_0)n(i,j,k,t_0)}{\Delta y}\Delta t + \\ \frac{w(i,j,k-1,t_0)n(i,j,k-1,t_0) - w(i,j,k,t_0)n(i,j,k,t_0)}{\Delta z}\Delta t \end{aligned} \quad (7\text{-}21)$$

当然，还有许多更好的、更稳定的（但是更复杂的）数学算法来计算离散网格上的平流项。对于离散网格上的湍流项，计算方法与平流项类似；至于所涉及的网格边界处的浓度梯度，可以通过相邻两个网格间浓度的线性插值来计算，或者采用更高阶的算法。

对于化学项的计算，是在时步 $[t_0, t_0+\Delta t]$ 内，对每个网格点 (i,j,k) 上的描述化学反应的一阶常微分方程（ODE）进行积分。通常，物种 p 的化学生成及消耗是和与之反应或生成该物种的其他物种 $q=1,\cdots,m$ 的局地浓度集合 $\{n_q\}$ 相关的。因此，需要求解一个包含有 m 个耦合的常微分方程的方程组，对于其中的每个物种有：

$$\frac{\mathrm{d}n_q(i,j,k,t)}{\mathrm{d}t} = P\{n_q(i,j,k,t)\} - L\{n_q(i,j,k,t)\} \quad (7\text{-}22)$$

综上，通过一系列的近似处理，可以得到连续性方程的数值解，而解的好坏则依赖于网格分辨、时步，以及用于求解传输和化学转化的数值算法。

第三节　气相化学过程的模拟

大气化学在很多空气污染问题中扮演着重要的角色，单独定量描述因化学转化引起的污染物浓度随时间变化的数学表达式称为大气污染物的化学模式。很多大气污染物或其前体物是以气态排放进入大气的，并且主要在气相中发生化学反应；有一些重要的大气过程，例如，酸沉降和气溶胶的形成，会涉及气相、液相和固相中相关成分的化学作用。因此，化学模式一般需要对三种相态中发生的化学转化过程都予以考虑。出于计算效率的原因，模式对不同相态中的化学反应往往是分别进行模拟的。本节以光化学氧化模式为例，重点介绍大气化学传输模式对气相化学过程进行模拟的原理和方法。

一、气相化学反应机理

光化学污染是城市和区域尺度备受关注的对流层大气污染问题之一，光化学氧化模式以光化学污染为主要的模拟研究对象，而描述光化学污染形成的化学反应机理则是光化学氧化模式的核心部分。这是因为衡量光化学污染程度的主要标志污染物臭氧，不是由污染源直接排放的，而是大气中的前体物在太阳光的作用下通过化学反应形成的，它的生成量及形成速度与包括氮氧化物、挥发性有机物初始浓度及光强在内的多种因素有关，不能用一个

简单的数学表达式表示。光化学氧化模式的发展与大气污染化学本身的发展紧密相连。在发生光化学污染初期,人们对它的形成机理了解得很少,1961 年 Leighton 对大气中污染物的光化学做了比较完整的描述,1969 年才提出简单的光化学污染形成的化学动力学机理。随着对自由基(·OH、HO_2· 等)在光化学污染形成过程中作用的认识的深入,对光化学污染中间产物的鉴定技术,以及烟雾箱模拟技术的提高,研究人员对光化学污染形成机理的了解日益深入,提出了包括几百个化学反应的光化学污染形成机理。由于受计算机容量及计算速度的限制,在大气化学传输模式中所用的化学动力学机理大部分都是简化机理,是在详细机理的基础上简化得到的。

对流层大气是一种氧化型的大气,从化学的观点来看,光化学污染实际上是挥发性有机物在氮氧化物和日光作用下缓慢氧化,同时形成一定量臭氧等氧化性很强的产物的过程。最早提出的光化学污染形成的化学动力学机理仅包括 7 个反应:

$$NO_2 + h\nu \longrightarrow NO + O$$

$$O + O_2(+M) \longrightarrow O_3$$

$$O_3 + NO \longrightarrow NO_2 + O_2$$

$$O + RH \longrightarrow R\cdot + \text{产物}$$

$$RH + O_3 \longrightarrow \text{产物(包括 R·)}$$

$$NO + R\cdot \longrightarrow NO_2 + R'\cdot$$

$$NO_2 + R\cdot \longrightarrow \text{产物(包括 PAN)}$$

该机理是 Friedlander 和 Seinfeld 于 1969 年提出的,上述反应的反应速率常数是可调的,以使之与典型的烟雾箱模拟实验数据相匹配。随着对光化学污染形成机理认识的深入,研究人员先后提出了多种不同类型的机理,大体上可分为特定化学机理和归纳化学机理两大类。

(一)特定化学机理

详细列出大气化学反应中所包括的反应物、产物、中间产物及其反应速率的反应机理,称为特定化学机理。对流层大气的氧化反应及其涉及的物种数量很多,可达 20 000 多个反应,几千个物种。表 7-2 摘录了由 Leone 和 Seinfeld 于 1984 年提出的甲苯—苯甲醛—NO_x 光化学体系特定机理的一部分,在这个反应机理中,虽然只包括了甲苯和苯甲醛两种有机物,但是仍需 102 个反应来描述它们在大气中的化学行为。

其中,有些反应产物很活泼,一旦形成能立即与其他反应物反应形成另一类产物,这样的反应可以合并起来表示,例如,甲苯的氢摘除反应:

$$C_6H_5CH_3 + \cdot OH \longrightarrow C_6H_5CH_2\cdot + H_2O$$

形成的 $C_6H_5CH_2\cdot$ 很快与 O_2 反应:

$$C_6H_5CH_2\cdot + O_2 \longrightarrow C_6H_5CH_2O_2\cdot$$

因此,以上两个反应可以合并成:

$$C_6H_5CH_3 + \cdot OH + O_2 \longrightarrow C_6H_5CH_2O_2\cdot + H_2O$$

表 7-2　部分甲苯—苯甲醛—NO_x 光化学体系特定机理

反应	反应速率常数①
无机反应	
1. $NO_2+h\nu \longrightarrow NO+O(^3P)$	$0.35\sim0.40\ min^{-1}$
2. $O(^3P)+O_2 \longrightarrow O_3$	2.6×10^1
3. $O_3+NO \longrightarrow NO_2+O_2$	2.7×10^1
4. $O(^3P)+NO_2 \longrightarrow NO+O_2$	1.4×10^4
5. $O_3+NO_2 \longrightarrow NO_3\cdot+O_2$	4.7×10^{-2}
……	
醛反应和 PAN 的形成	
30. $CH_3CHO+h\nu \xrightarrow{2O_2} CH_3O_2\cdot+HO_2\cdot+CO$②	—
31. $CH_3CHO+OH \xrightarrow{O_2} CH_3CO_3\cdot+H_2O$	2.4×10^4
32. $CH_3O_2\cdot+NO \longrightarrow NO_2+CH_3O\cdot$	1.1×10^4
……	
α-二羟基化学	
43. $CH_3COCHO+\cdot OH \xrightarrow{O_2} CH_3COO_2\cdot+CO+H_2O$	2.5×10^4
44. $CH_3COCHO+h\nu \xrightarrow{2O_2} CH_3COO_2\cdot+HO_2\cdot+CO$③	—
45. $CH_3COCHO+h\nu \xrightarrow{2O_2} CH_3O_2+HO_2\cdot+2CO$③	—
……	
甲苯摘除反应	
48. $C_6H_5CH_3+\cdot OH \xrightarrow{O_2} C_6H_5CH_2O_2\cdot+H_2O$	7.5×10^2
49. $C_6H_5CH_2O_2\cdot+NO \longrightarrow NO_2+C_6H_5CH_2O\cdot$	9.0×10^3
50. $C_6H_5CH_2O_2\cdot+NO \longrightarrow C_6H_5CH_2ONO_2$	1.0×10^3
……	
甲苯加成反应	
64. $C_6H_5CH_3+\cdot OH \longrightarrow C_6H_5(CH_3)OH$	8.7×10^3
65. $C_6H_5(CH_3)OH+O_2 \longrightarrow C_6H_4(CH_3)OH+HO_2\cdot$	1.0×10^1
66. $C_6H_5(CH_3)OH+NO_2 \longrightarrow C_6H_4(CH_3)NO_2+H_2O\cdot$	4.4×10^4
……	

资料来源：引自 Leone 和 Seinfeld，1984。

注：表中序号为原机理序号。

① 除说明外，单位为 $10^6\ min^{-1}$。

② $k_{30}=4.4\times10^{-4}k_1$。

③ $(k_{44}+k_{45})=0.019\ k_1$。

即表中反应 48。

气相化学机理 MCM（master chemical mechanism）是当前大气化学研究中被广为使用的一个准特定化学机理，其详细描述了一次排放的 VOCs 在对流层大气中氧化降解的气相化学反应，可用于对流层 O_3 的光化学生成，以及其他需要对大气化学进行详细表征的科学研究。MCM 最显著的特点是给出了各个 VOCs 非常详细的化学机理，充分考虑了自由基参与的反应，光化学过程更为具体。用于构建 MCM 基元反应的机理和动力学数据主要来自实验室研究报道及理论数据，MCM 对小概率的反应途径、了解有限的化学反应和某些参数做了适当简化。MCM 在 1996 年发布的首个版本（Jenkin 等，1997），有 120 种 VOCs，含 18 种芳香烃、101 种非芳香族人为排放的有机物和 1 种天然源有机物（即异戊二烯），整个机理涉及约 2 500 个物种和 7 000 个反应；此后更新的 MCM 机理所包含的 VOCs 和物种数目、反应个数不断增多，目前最新版本的 MCM 扩展到 143 种 VOCs（含 7 种天然源 VOCs）、约 6 700 个物种和 17 000 个反应。

（二）归纳化学机理

特定化学机理一般包含大量的化学物种和反应方程，主要用在盒子模式的大气化学传输模拟上，而三维欧拉型的大气化学传输模式出于计算效率考虑，通常使用物种数和反应个数较少的归纳化学机理进行模拟计算。归纳化学机理是在特定化学机理的基础上，按照一定方法进行归纳、合并而得到的简化化学机理。

在大气化学机理中，无机物的种类和反应个数较少，并且对其反应历程的认识较为成熟，而有机物的种类和反应数目却非常多，因此归纳化学机理主要对有机物进行归纳和精简。目前对有机物进行归纳简化的方法主要有按分子结构分类归纳和按分子种类及性质分类归纳两类，例如，碳键机理是采用前一类方法建立的归纳机理，而 SAPRC 机理和 RACM 机理则属于采用后一类方法建立的归纳机理。

1. 碳键机理

碳键机理（carbon bond mechanism）是一种按分子结构进行归纳的化学机理。自 1976 年开始发展，经过多次修改和更新，是光化学氧化模拟中应用较多的气相化学机理之一。到目前为止，被广泛应用于大气化学传输模式且影响较大的碳键机理主要有 CBM-Ⅳ机理、CB05 机理和 CB6 机理等。CBM-Ⅳ机理由 Gery 等在 1989 年提出，包括 33 个物种和 81 个反应，根据有机物官能团及反应活性的不同，将碳键分为 PAR（C—C，饱和键）、ETH（乙烯）、OLE（C=C，不饱和键）、TOL（甲苯）、XYL（二甲苯）、ISOP（异戊二烯）、FORM（甲醛）、ALD2（乙醛或更高级的醛）、MGLY（α-羰基醛）、CRES（甲酚或更高分子量的酚）、PAN（过氧乙酰硝酸酯）、NTR（有机硝酸酯）等 12 类。

1999 年，Zaveri 等在 CBM-Ⅳ机理的基础上开发了 CBM-Z 机理，对无机反应及活性烷烃、烯烃和芳香烃的反应参数进行了修订和补充，增加了长寿命物种甲烷和乙烷的反应，考虑了烷基、酰基过氧自由基间的反应及其与 $NO_3\cdot$ 的反应，加入有机硝酸盐和有机过氧化物，并更新了异戊二烯化学反应。CBM-Z 机理包括 52 个物种和 132 个反应，适用于在背景地区、城市、远郊等多种场景下的大气化学反应模拟。

2005 年美国国家环境保护局发布了 CB05 机理，共包括 51 个物种和 156 个反应。CB05 机理根据 IUPAC 和 NASA 提供的最新反应速率常数对机理进行了更新，其中，在有机反应方面给出了甲烷和乙烷的详细化学机理，将高碳数醛类细分为乙醛（ALD2）和更高分子量的醛（ALDX），并加入了代表萜烯的物种（TERP）。CB05 机理的更新有助于改善对臭氧、颗粒物、酸沉降、大气能见度及空气有毒有害污染物的大气化学模拟。

在 2010 年发布的 CB6 机理，物种数目和反应个数分别增加到 77 和 218。该机理体现出对低浓度臭氧模拟的关注，增强了对长寿命大气有机物的氧化反应和有机硝酸盐及其降解过程的影响，增加了丙烷、丙酮、苯、乙炔等机理物种；同时，加强了对二次有机气溶胶模拟的考虑，更新了部分过氧自由基化学反应以改进对过氧化物生成的模拟，将乙二醛和羟基乙醛作为独立物种来增强机理对二次有机气溶胶模拟的支持。

碳键机理的优点在于体系中 C 守恒，有机物及反应数目较少，计算速度相对较快，模拟结果精度较高；不足之处主要是将一些大分子有机物分解成官能团来处理，忽略了一些含氧自由基（如 RO·、RO_2·）在反应性质上的差异。

2. SAPRC 机理

SAPRC（statewide air pollution research center）机理由 Carter 于 1990 年开发，命名为 SAPRC90，包括 64 个物种和 137 个反应，机理中无机化学部分与 CBM-Ⅳ机理的相似，但有机物种数目却是 CBM-Ⅳ的 3 倍。SAPRC 机理经过多次改进，被广泛应用于大气化学传输模拟的版本有 SAPRC99 和 SAPRC07。2000 年发布的 SAPRC99 在此前版本的基础上增加了萜烯物种，共包括 78 个物种和 211 个反应；2010 年发布的 SAPRC07 增加到 110 个物种和 291 个反应，主要更新了部分反应速率常数和芳香烃的反应机理，并增加了氯化学的反应。

SAPRC 机理建立的最初目的是研究和量化机动车尾气中 VOCs 的反应活性，所以对有机物的处理比较详细。该机理根据有机物分子与·OH 的反应活性对一次排放的 VOCs 进行分类，以 SAPRC99 为例，将烷烃分成了 5 类——ALK1（$k_{\cdot OH}<5\times10^8\ min^{-1}$）、ALK2（$5\times10^8\ min^{-1}<k_{\cdot OH}<2.5\times10^9\ min^{-1}$）、ALK3（$2.5\times10^9\ min^{-1}<k_{\cdot OH}<5\times10^9\ min^{-1}$）、ALK4（$5\times10^9\ min^{-1}<k_{\cdot OH}<1\times10^{10}\ min^{-1}$）和 ALK5（$k_{\cdot OH}>1\times10^{10}\ min^{-1}$）；将芳香烃分成了两类——ARO1（$k_{\cdot OH}<2\times10^{10}\ min^{-1}$）和 ARO1（$k_{\cdot OH}>2\times10^{10}\ min^{-1}$）；将除乙烯之外的烯烃又分成了两类——OLE1（$k_{\cdot OH}<7\times10^{10}\ min^{-1}$）和 OLE2（$k_{\cdot OH}>7\times10^{10}\ min^{-1}$）；对于来自天然源排放的 VOCs，SPARC99 用 TRP1 代表异戊二烯以外的其他烯烃化合物。

SAPRC 机理的一个重要特点是可以根据 VOCs 排放清单对机理中的 VOCs 进行参数化处理，以最大限度地反映实际 VOCs 的污染特性；不过，当前的大气化学传输模式使用较多的仍是 SAPRC 的固定参数化机理。

3. RADM 机理和 RACM 机理

RADM（regional acid deposition model）机理是 Stockwell 于 1986 年为美国国家环境保护局的区域酸沉降模式发展的气相化学机理，包含 25 个物种和 80 个反应；在 1990 年该机理更新为 RADM2，物种和反应的数目分别增至 63 和 156，新版本的机理提升了对 PAN、HNO_3 和 H_2O_2 等的模拟能力，改善了对 O_3、HNO_3 和 H_2SO_4 的模拟效果。RADM 机理采用固定参数化的方法，按照不同有机物与·OH 的反应活性进行分类，以 RADM2 机理为例，烷烃分为 4 类（乙烷，$k_{\cdot OH}<3.4\times10^{-12}\ cm^3/s$，$3.4\times10^{-12}\ cm^3/s<k_{\cdot OH}<6.8\times10^{-12}\ cm^3/s$，$k_{\cdot OH}>6.8\times10^{-12}\ cm^3/s$）；烯烃分成 3 类（乙烯、端烯烃和内烯烃）；芳香烃按反应性分成 2 类；异戊二烯单独一类；羰基化合物 6 类（甲醛、乙醛代表其他醛、酮、乙二醇、甲基乙二醇和不饱和二羰基化合物代表芳香烃的氧化产物）；有机产物包括烷基硝酸酯、饱和 PANs、不饱和 PANs、甲基过氧化氢、高级有机过氧化物、过氧乙酸、甲酸、乙酸、高级酸和甲酚等 10 种。

RACM（regional atmospheric chemistry mechanism）机理由Stockwell等于1997年提出，是在改进RADM2机理基础上发展而来的，包括77个物种和237个反应。与RADM2机理相比，RACM机理不仅对一些无机和有机反应的速率进行了更新，而且对异戊二烯、芳香烃部分做了较大修改。目前该机理在大气化学模拟中被广泛使用的版本是2013年更新的RACM2机理，新版本机理采用更多物种拓展对芳香烃化学的描述，并细化了甲基乙烯基酮、丙酮、醇类物质的反应，共包括119个物种和363个反应，使得该机理能够较好地模拟从偏远地区到污染城市等不同条件下的大气化学过程，适用于从近地面到对流层上部臭氧、酸沉降和气溶胶前体物形成的模拟研究。

在建立了归纳机理后，需要尽可能地使用大量的、完整的烟雾箱实验数据对其进行检验。检验的目的一方面是要了解归纳机理是否以某种合适的形式反映了未知的化学反应过程，另一方面是要确定用于进行机理归纳的方法的有效性。之所以选择使用烟雾箱数据检验机理，是因为这样可以排除气象和其他过程的影响。前面介绍的CBM、SAPRC、RADM、RACM等归纳机理都与几十、上百乃至数百个烟雾箱的实验数据进行过对照。

二、化学反应中物种浓度的计算

在确定了大气反应体系的化学机理后，根据质量作用定律，可以列出物种浓度随时间变化的常微分方程组（ODEs）：

$$\frac{\mathrm{d}C_i}{\mathrm{d}t}=P_i-L_iC_i\,(i=1,\cdots,n) \tag{7-23}$$

式中：C_i——第i个物种的浓度；

P_i——物种i的生成速率，它是$C_1, C_2, \cdots, C_n$（不包括C_i）的函数；

L_iC_i——物种i的消耗速率，L_i是$C_1, C_2, \cdots, C_n$的函数；

n——化学机理的物种数目。

由式（7-23）可见，物种i的浓度随时间的变化与各物种的浓度有关。

对于一般较详细的反应机理，式（7-23）代表了一组数量较大、非线性且相互耦合的常微分方程组，通常无法求得其解析解，只能在给定各物种初值后，采用各物种浓度对时间数值积分的方法，求出污染物在特定时刻的浓度。最初的方法是在固定时步的条件下进行欧拉积分，但是由于各物种在大气中的寿命不同，物种间的反应速率可能相差几个数量级，造成了常微分方程组的刚性。为了保证求解方程组的准确性和稳定性，必须设定很小的时步，使得计算效率较低。因此，在大气化学动力学方程组求解的数值积分过程中存在着积分时步与各物种寿命是否匹配的问题。如果积分时步取得较大，对于寿命短的物种就会产生较大误差；但时步取得过小，又会造成计算过慢，计算效率偏低。

Gear在1971年提出了一种常微分方程组的数值计算方法，称为GEAR法，适用于求解大气化学动力学方程组，直到现在仍被许多模式采用。随着大气化学研究体系中物种数量的增多和模拟时空范围的扩大，对计算速度的要求不断提高，后来发展出很多大气化学模拟的快速计算方法。总体上，大气化学的模拟计算中常微分方程组的数值计算方法可以分为3类：① GEAR法，包括GEAR、LSODE、SMVGEAR等方法，这类方法的基本思路来源于GEAR法；② 拟稳态近似法，包括QSSA、MQSSA、HYBRID、MHYBRID、Gong&Cho等，此类方法根据物种寿命与时步比值的不同进行分类，对不同类物种采用不同的计算公式；③ 其他方法，如小参数法、Hertel 等改进的 EBI 法，前者因求解刚性常微分方程组的计算中不使用雅可比（Jacobian）矩阵而降低了计算负担，后者则对大气反应体系中具有强化学循环的几组物种（如 $HO_x\cdot$、NO_x 等）采用解析法计算浓度，以提高欧拉后向迭代方法的计算效率。

下面简要介绍一下几种大气化学模拟的数值计算方法。

（一）GEAR 法

GEAR 法是一种预测－校正法，具有适用范围广、可以自动调节时步与误差，以及计算结果准确度高等特点，是一种较为理想的数值计算方法。但是，这种方法的最大缺点是计算步骤烦琐，要频繁计算 Jacobian 矩阵并做矩阵的求逆运算，当计算的物种比较多时，会耗费大量的机时和内存。

对于由化学反应机理得到的常微分方程组

$$\begin{cases} \dfrac{dC}{dt} = C' = F(C) \\ C(t_0) = C_0 \end{cases} \tag{7-24}$$

GEAR 法的数值计算公式如下：

预测公式 $Z_{n+1}^{0} = AZ_n$

校正公式 $Z_{n+1}^{m+1} = Z_{n+1}^{m} - L\left[\left(l_1 I - l_0 h\dfrac{\partial F}{\partial C}\right)^{-1} G(Z_{n+1}^{m})\right]^T$

最终公式 $Z_{n+1} = Z_{n+1}^{M}$

式中：Z_n——$P+1$ 行 k 列矩阵，即 $(P+1)\times k$ 矩阵，其中 $1\leqslant P\leqslant 6$

$$Z_n = \begin{bmatrix} C_1 & hC_1' & \dfrac{h^2}{2!}C_1{}^{(2)} & \cdots & \dfrac{h^P}{p!}C_1{}^{(P)} \\ C_2 & hC_2' & \dfrac{h^2}{2!}C_2{}^{(2)} & \cdots & \dfrac{h^P}{P!}C_2{}^{(P)} \\ \vdots & \vdots & \vdots & & \vdots \\ \vdots & \vdots & \vdots & & \vdots \\ C_k & hC_k' & \dfrac{h^2}{2!}C_k{}^{(2)} & \cdots & \dfrac{h^P}{P!}C_k{}^{(P)} \end{bmatrix}^T$$

A 为 $(P+1)\times(P+1)$ 矩阵

$$A = \begin{bmatrix} 1 & 1 & 1 & 1 & \cdots & 1 \\ & 1 & 2 & 3 & \cdots & P \\ & & 1 & 3 & \cdots & \cdots \\ & & & 1 & \cdots & \cdots \\ & & & & & P \\ & & & & & 1 \end{bmatrix}$$

L 为校正公式的常系数：$L=(l_0, l_1, \cdots, l_P)^T$，它的取值由阶 P 决定；I 为单位矩阵；$\dfrac{\partial F}{\partial C}$ 为

式(7-24)右端函数 $F(C)$ 的 Jacobian 矩阵:

$$\frac{\partial F}{\partial C}=\begin{bmatrix}\frac{\partial f_1}{\partial C_1} & \frac{\partial f_1}{\partial C_2} & \cdots & \frac{\partial f_1}{\partial C_k}\\ \frac{\partial f_2}{\partial C_1} & \frac{\partial f_2}{\partial C_2} & \cdots & \frac{\partial f_2}{\partial C_k}\\ \vdots & \vdots & & \vdots\\ \frac{\partial f_k}{\partial C_1} & \frac{\partial f_k}{\partial C_2} & \cdots & \frac{\partial f_k}{\partial C_k}\end{bmatrix}$$

$G(Z_{n+1}^m)$为$k\times 1$矩阵,$G(Z_{n+1}^m)=hF(C^{m-1})-hF(C^m)$,$C^{m-1}$为前一步的 C 值,C^m为本步的 C 值;h 为时步;n 为计算步数;M 为每时步校正总次数,m 为当前校正次数。

积分开始时,$Z_0=(C_0,hC_0')^T$,C_0为初值,$C_0'=\frac{\mathrm{d}C}{\mathrm{d}t}=F(C_0)$。第一步步长一般取得较小,$P$ 取 1,以后根据计算的误差大小可以按照一定的方法自动调整时步 h 和阶 P 的值。

(二)拟稳态近似法

化学反应中,有些反应的中间物种比较活泼,在进行一段很短时间的反应之后,其生成速率和消耗速率达到相等,即

$$\frac{\mathrm{d}C_i}{\mathrm{d}t}=P_i-L_iC_i=0$$

从总体看,此时物种 i 的浓度 C_i 随 t 变化很小,在一定的时间间隔内,可以认为它的浓度不变,其值可由上式求出,即$C_i=P_i/L_i$,该浓度称为稳态浓度。在一个反应体系中,可以有一种或数种物种的浓度用此法求出,再用一般解常微分方程的数值解法计算其他物种浓度。这样的处理方法称为拟稳态近似(quasi-steady-state-approximations)法。

在一个反应体系中,哪些物种可以用拟稳态近似法处理,是由处于该体系的各物种浓度、它们之间的反应速率,以及研究的时间尺度决定的,或者说与该体系中物种的平均寿命长短有关。通常把浓度为 C_i 的物种 i 消失的时间定为该物种的平均寿命,用 τ_i 表示,即

$$C_i=L_iC_i\tau_i$$

所以

$$\tau_i=\frac{1}{L_i}$$

τ 是物种化学反应活性大小的量度,τ 越小,表明该物种越活泼。

拟稳态近似法代表了一类快速数值计算方法,大气反应体系中物种的寿命相差很大是造成常微分方程组刚性的原因,因此该类方法的核心思想是对寿命很小和很大的物种采用较为简单的公式计算,而对寿命适中的物种进行复杂计算,达到提高计算速度的目的。但是,此类方法的计算精度依赖于时步取值大小,当时步取值较大时,计算精度较差;而当时步取值较小时,虽然提高了精度,但是计算速度较低。

以 Hesstwedt 等提出的 QSSA 法为例,该方法根据积分时步 Δt 与物种寿命 τ 的比值不同将物种分成 3 类,采用不同计算方法:

(1)当$\Delta t/\tau_i>10$时,物种 i 寿命很短,按稳态假设处理,即将 P_i 和 L_i 看成常数,n 为当

前时步，下一时步的浓度计算公式如下：

$$C_i^{n+1}=\frac{P_i^n}{L_i^n}$$

（2）当 $0.01\leqslant\Delta t/\tau_i\leqslant 10$ 时，物种 i 寿命与积分时步接近，假设 P_i 和 L_i 为常数，对式（7–23）进行积分可以得到

$$C_i^{n+1}=\frac{P_i^n}{L_i^n}+\left(C_i^n-\frac{P_i^n}{L_i^n}\right)e^{L_i^n\Delta t}$$

（3）当 $\Delta t/\tau_i<0.01$ 时，物种 i 寿命较长，使用简单欧拉积分公式计算：

$$C_i^{n+1}=C_i^n+(P_i^n-L_i^nC_i^n)\Delta t$$

（三）小参数法

小参数法由韩天敏提出，计算方法比较简单，计算中不使用 Jacobian 矩阵，对于中等刚性的常微分方程组具有较高的计算效率。该方法进行迭代计算的公式如下：

$$\begin{cases}C_{n+1}^0=C_n+x_n\\ x_{n+1}^{m+1}=P[\varepsilon f(t_{n+1},C_{n+1}^m)+C_{n+1}^m-C_n]\\ C_{n+1}^{m+1}=C_n+(1-\alpha)x_n+\alpha x_{n+1}^{m+1}\end{cases}$$

式中：$x_n=hC'_n$；

$P=h/(h+\varepsilon)$；

ε——小参数，$\varepsilon>0$；

h——时步；

n——计算的步数；

m——迭代次数；

α——0~1，一般取 0.5。

小参数法使用下式估算计算误差：$\frac{1}{2}(1-2\alpha+P)(x_{n+1}-x_n)(h+\varepsilon)/\varepsilon$。

大气化学模式的数值计算方法有多种，不同方法在原理上也各有不同，但多数都围绕在计算精度和计算效率的取舍上建立。GEAR 和 LSODE 等方法代表了一类计算精度较高的算法，往往作为研究其他方法精确度的参照方法，而 LSODE 因其在计算速度上的优势已被广泛应用。拟稳态近似法属于快速计算方法，这类方法的计算精度与系统稳定性能也在不断提高。随着化学机理复杂性和详细程度的增强，以及三维模式在大尺度范围内的广泛应用，当前在数值计算方法的研究和使用上更加注重提升计算速度。

第四节　气溶胶过程的模拟

气溶胶指液体或固体微粒均匀分散在气体中所形成的相对稳定的悬浮体系。与气态污染物相比，对气溶胶的数值模拟研究要复杂得多。这是因为，一方面，气溶胶的化学组成复杂，主要的成分包括硫酸盐、硝酸盐、铵盐、钠盐、氯化物、水、有机物、元素碳、痕量金属等，不同组成成分具有各自的来源，即使是相同的化学成分，也可能来自不同的源和形成机制（图 7–7）；另一方面，气溶胶在大气中的生成和去除是受到一系列复杂的动力学过程

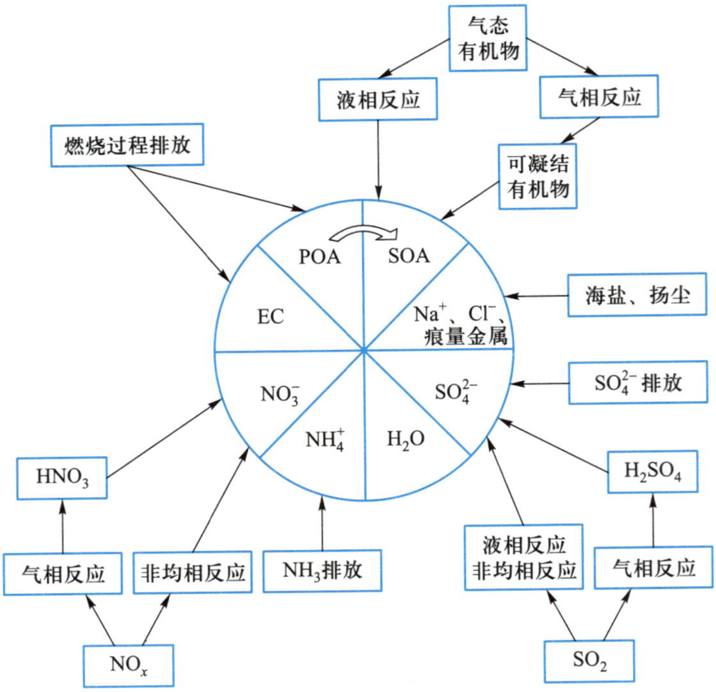

图 7-7 气溶胶的组成成分、主要来源和形成机制

控制的，包括核化、凝结和蒸发、碰并、化学转化、传输和扩散、不同相间的转换与平衡、沉降等；此外，气溶胶粒子具有较大的粒径分布范围，从几纳米到 100 μm，不同粒径范围的气溶胶粒子其化学成分组成和形成机制是不同的，换言之，气溶胶中化学组分的浓度除了与气体一样，具有随时间变化并呈现三维空间分布的特征外，还体现出随粒径尺度的分布特征。因此，对于气溶胶的模拟研究，往往是在五维空间内进行的：空间三维、时间一维、粒径一维。

根据气溶胶模式对气溶胶粒子在大气中物理、化学过程的处理方法不同，对气溶胶过程的模拟可以分为热力学平衡过程模拟和动力学过程模拟两部分。

一、热力学平衡过程模拟

这里的热力学平衡指在一定的热力学条件下，气体和气溶胶两相间物质输送达到动态平衡，对气溶胶热力学平衡过程的模拟主要考虑气体和粒子之间的热力学平衡过程，通过计算使得整个化学体系的吉布斯自由能最小，从而确定气相、液相、气溶胶之间各组成成分的平衡浓度。

对于一个温度为 T、压力为 P 的封闭体系，热力学平衡的条件是体系各组分使得体系的总吉布斯自由能 G 达到最小：

$$\min\{G(T, P, n_i)\} \tag{7-25}$$

式中：n_i——体系中物种 i 的浓度。

与吉布斯自由能最小的平衡条件等价，有关系式：

$$\sum_i \nu_{ij}\mu_i = 0 \tag{7-26}$$

式中：ν_{ij}——反应 j 中物种 i 的化学计量系数；

μ_i——物种 i 的化学势，即

$$\mu_i = \mu_i^0(T) + RT\ln\alpha_i \tag{7-27}$$

式中：$\mu_i^0(T)$——标准状态下的化学势；

α_i——物种 i 的活度。

于是，有

$$\sum_i \nu_{ij}\mu_i^0 + RT\ln\prod_i \alpha_i = 0 \tag{7-28}$$

或者

$$\exp\left(-\frac{\sum_i \nu_{ij}\mu_i^0}{RT}\right) = \prod_i \alpha_i \equiv K_j(T) \tag{7-29}$$

式中：$K_j(T)$——反应 j 的平衡常数。

在热力学平衡模式中，有 4 个热力学参数对计算气—粒转化非常重要：平衡常数 K 或化学势 μ、溶液活度系数 γ、水的活度 α_w、潮解时的相对湿度 DRH。前 3 个参数决定了各个组分的浓度，最后一个参数决定固体物种可以存在的最大可能相对湿度。

经过几十年的发展，对无机气溶胶热力学平衡过程的模拟已经比较成熟。无机气溶胶热力学平衡模式的任务是计算 H_2SO_4、NH_3、HNO_3、海盐和 H_2O 等大气无机物在气相与气溶胶相达到热力学平衡后，气相、气溶胶相内的组成及各组成成分的平衡浓度，通常处理的体系为 NH_4^+–SO_4^{2-}–NO_3^-– Na^+–Cl^-–H_2O 体系，不同的模式可能存在一定差异，例如，有的体系不包括海盐离子 Na^+、Cl^-，有的体系还包括主要来自矿物尘的 K^+、Ca^{2+}、Mg^{2+} 等。

为了提高计算效率，热力学平衡模式在模拟时通常进行如下假设：① 气溶胶内部是混合一致的，气溶胶内各物种浓度分布均匀，相同粒径粒子的化学组成相同；② 整个气相—气溶胶相体系达到热力学平衡，气相—气溶胶相物种组成及浓度满足相关的热力学平衡方程和其他约束条件；③ 在气溶胶的形成机制上也进行了简化，热力学平衡模式一般不考虑成核机制，另外，大多数模式也不考虑在极细粒子表面的凝结机制，从而可忽略开尔文（Kelvin）效应。

热力学平衡模式在模拟过程中要处理的内容包括：① 确定气相物种、液相物种和固相物种的种类；② 求解气—液—固三相之间的化学平衡方程组；③ 液相物种的活度系数计算；④ 固相物种潮解相对湿度的计算；⑤ 水的活度与气溶胶含水量计算等。表 7–3 列出了几个气溶胶热力学平衡模式的对比情况，可以看出，不同的热力学平衡模式除了在考虑化学物种个数、不同相态化学成分方面存在一定差异外，各个模式在计算热力学平衡时的热力学控制变量、计算二元和多元活度系数的方法，以及是否考虑气溶胶颗粒的曲率影响等也有一些差别。

例如，为了建立一个计算效率和计算精度都比较高的热力学模型，以用于区域和全球气溶胶模式中，Nenes 等开发出了 ISORROPIA 模型，用于模拟 NH_4^+–SO_4^{2-}–NO_3^-– Na^+–Cl^-–（K^+–Ca^{2+}–Mg^{2+}–）H_2O 体系的组成和各相之间的热力学平衡问题。在该模型于 2007 年发布的第二个版本 ISORROPIA Ⅱ 中，考虑了气相、液相和固相物种之间的 27 个平衡反应（表 7–4）。

表 7-3 气溶胶热力学平衡模式的对比

模式名称	KEQUIL	MARS	SEQUILIB	AIM	EQUISOLV	SCAPE	ISORRPIA Ⅱ
化学物种	硫酸盐、硝酸盐、铵盐	硫酸盐、硝酸盐、铵盐	硫酸盐、硝酸盐、铵盐、钠盐、氯化物	硫酸盐、硝酸盐、铵盐、钠盐、氯化物	硫酸盐、硝酸盐、铵盐、钠盐、氯化物	硫酸盐、硝酸盐、铵盐、钠盐、氯化物	硫酸盐、硝酸盐、铵盐、钠盐、氯化物、钾盐、钙盐、镁盐
液相组分	H^+、NH_4^+、NO_3^-、HSO_4^-、SO_4^{2-}、H_2O	H^+、NH_4^+、NO_3^-、HSO_4^-、SO_4^{2-}、H_2O、NH_3	H^+、NH_4^+、Na^+、NO_3^-、Cl^-、HSO_4^-、SO_4^{2-}、H_2SO_4、H_2O	H^+、NH_4^+、Na^+、NO_3^-、Cl^-、SO_4^{2-}、H_2O	Na^+、Cl^-、NH_3、H_2SO_4、HNO_3、H^+、NH_4^+、OH^-、NO_3^-、HSO_4^-、SO_4^{2-}、H_2O	H^+、NH_4^+、Na^+、OH^-、NO_3^-、Cl^-、HSO_4^-、SO_4^{2-}、H_2SO_4、NH_3、H_2O	H^+、NH_4^+、Na^+、Cl^-、NO_3^-、SO_4^{2-}、HNO_3、NH_3、HCl、HSO_4^-、OH^-、H_2O、Ca^{2+}、K^+、Mg^{2+}
固相组分	NH_4HSO_4、$(NH_4)_2SO_4$、NH_4NO_3、$(NH_4)_3H(SO_4)_2$、$(NH_4)_2SO_4 \cdot 2NH_4NO_3$、$(NH_4)_2SO_4 \cdot 3NH_4NO_3$	NH_4HSO_4、NH_4NO_3、$(NH_4)_2SO_4$、$(NH_4)_3H(SO_4)_2$	NH_4HSO_4、NH_4NO_3、$(NH_4)_2SO_4$、$NaCl$、NH_4Cl、$NaNO_3$、$NaHSO_4$、Na_2SO_4、$(NH_4)_3H(SO_4)_2$	NH_4HSO_4、NH_4NO_3、$(NH_4)_2SO_4$、$NaCl$、NH_4Cl、$NaNO_3$、$NaHSO_4$、Na_2SO_4、$(NH_4)_3H(SO_4)_2$	NH_4HSO_4、$(NH_4)_2SO_4$、NH_4NO_3、NH_4Cl、$NaCl$、$NaNO_3$、$NaHSO_4$、Na_2SO_4	NH_4HSO_4、NH_4NO_3、$(NH_4)_2SO_4$、$NaCl$、NH_4Cl、$NaNO_3$、$NaHSO_4$、Na_2SO_4、$(NH_4)_3H(SO_4)_2$	$(NH_4)_2SO_4$、NH_4HSO_4、$(NH_4)_3H(SO_4)_2$、NH_4NO_3、NH_4Cl、$NaCl$、$NaNO_3$、$NaHSO_4$、Na_2SO_4、$CaSO_4$、$Ca(NO_3)_2$、$CaCl_2$、K_2SO_4、$KHSO_4$、KNO_3、KCl、$MgSO_4$、$Mg(NO_3)_2$、$MgCl_2$
气相组分	NH_3、HNO_3、H_2SO_4、H_2O	NH_3、HNO_3、H_2O	NH_3、HNO_3、HCl、H_2O	NH_3、HNO_3、HCl、H_2O	NH_3、HNO_3、HCl、H_2O	NH_3、HNO_3、HCl、H_2O	NH_3、HNO_3、HCl、H_2O
多元活度系数	K-M(Kusik 和 Meissner, 1978)	Bromely(Bromely, 1973)	Bromely	K-M	Bromely	Bromely、K-M、Pitzer	Bromely
二元活度系数	K-M	Pitzer(Pitzer 和 Kim, 1974)	Pitzer	K-M	Pitzer	K-M	K-M
水的活度	K-M	ZSR(Stokes 和 Robinson, 1966)	ZSR	ZSR	ZSR	ZSR	ZSR
Kelvin 效应	是	无	无	无	无	无	无
MDRH①	无	无	无	无	无	无	是

资料来源：颜鹏等，2004。

注：① MDRH——协同潮解相对湿度(mutual deliquescence relative humidity)。

表 7-4 ISORROPIA Ⅱ模型中的平衡反应

反应方程式	平衡常数表达式	K^0(298.15 K)	单位
$Ca(NO_3)_2(s) \rightleftharpoons Ca^{2+}(aq)+2NO_3^-(aq)$	$[Ca^{2+}][NO_3^-]^2\gamma_{Ca^{2+}}\gamma_{NO_3^-}^2$	6.067×10^5	mol^3/kg^3
$CaCl_2(s) \rightleftharpoons Ca^{2+}(aq)+2Cl^-(aq)$	$[Ca^{2+}][Cl^-]^2\gamma_{Ca^{2+}}\gamma_{Cl^-}^2$	7.974×10^{11}	mol^3/kg^3
$CaSO_4\cdot 2H_2O(s) \rightleftharpoons Ca^{2+}(aq)+SO_4^{2-}(aq)+2H_2O$	$[Ca^{2+}][SO_4^{2-}]\gamma_{Ca^{2+}}\gamma_{SO_4^{2-}}a_w^2$	4.319×10^{-5}	mol^2/kg^2
$K_2SO_4(s) \rightleftharpoons 2K^+(aq)+SO_4^{2-}(aq)$	$[K^+]^2[SO_4^{2-}]\gamma_{K^+}^2\gamma_{SO_4^{2-}}$	1.569×10^{-2}	mol^3/kg^3
$KHSO_4(s) \rightleftharpoons K^+(aq)+HSO_4^-(aq)$	$[K^+][HSO_4^-]\gamma_{K^+}\gamma_{HSO_4^-}$	24.016	mol^2/kg^2
$KNO_3(s) \rightleftharpoons K^+(aq)+NO_3^-(aq)$	$[K^+][NO_3^-]\gamma_{K^+}\gamma_{NO_3^-}$	0.872	mol^2/kg^2
$KCl(s) \rightleftharpoons K^+(aq)+Cl^-(aq)$	$[K^+][Cl^-]\gamma_{K^+}\gamma_{Cl^-}$	8.680	mol^2/kg^2
$MgSO_4(s) \rightleftharpoons Mg^{2+}(aq)+SO_4^{2-}(aq)$	$[Mg^{2+}][SO_4^{2-}]\gamma_{Mg^{2+}}\gamma_{SO_4^{2-}}$	1.079×10^5	mol^2/kg^2
$Mg(NO_3)_2(s) \rightleftharpoons Mg^{2+}(aq)+2NO_3^-(aq)$	$[Mg^{2+}][NO_3^-]^2\gamma_{Mg^{2+}}\gamma_{NO_3^-}^2$	2.507×10^{15}	mol^3/kg^3
$MgCl_2(s) \rightleftharpoons Mg^{2+}(aq)+2Cl^-(aq)$	$[Mg^{2+}][Cl^-]^2\gamma_{Mg^{2+}}\gamma_{Cl^-}^2$	9.557×10^{21}	mol^3/kg^3
$HSO_4^-(aq) \rightleftharpoons H^+(aq)+SO_4^{2-}(aq)$	$\frac{[H^+][SO_4^{2-}]}{[HSO_4^-]}\frac{\gamma_{H^+}\gamma_{SO_4^{2-}}}{\gamma_{HSO_4^-}}$	1.015×10^{-2}	mol/kg
$NH_3(g) \rightleftharpoons NH_3(aq)$	$\frac{[NH_3(aq)]}{P_{NH_3}}\gamma_{NH_3}(aq)$	5.764×10^1	mol/(kg·atm)
$NH_3(aq)+H_2O(aq) \rightleftharpoons NH_4^+(aq)+OH^-(aq)$	$\frac{[NH_4^+][OH^-]}{[NH_3(aq)]a_w}\frac{\gamma_{NH_4^+}\gamma_{OH^-}}{\gamma_{NH_3}(aq)}$	1.805×10^{-5}	mol/kg
$HNO_3(g) \rightleftharpoons H^+(aq)+NO_3^-(aq)$	$\frac{[H^+][NO_3^-]}{P_{HNO_3}}\gamma_{H^+}\gamma_{NO_3^-}$	2.511×10^6	$mol^2/(kg^2\cdot atm)$
$HNO_3(g) \rightleftharpoons HNO_3(aq)$	$\frac{[HNO_3(aq)]}{P_{HNO_3}}\gamma_{HNO_3}(aq)$	2.100×10^5	mol/(kg·atm)
$HCl(g) \rightleftharpoons H^+(aq)+Cl^-(aq)$	$\frac{[H^+][Cl^-]}{P_{HCl}}\gamma_{H^+}\gamma_{Cl^-}$	1.971×10^6	$mol^2/(kg^2\cdot atm)$
$HCl(g) \rightleftharpoons HCl(aq)$	$\frac{[HCl(aq)]}{P_{HCl}}\gamma_{HCl}(aq)$	2.500×10^3	mol/(kg·atm)
$H_2O(aq) \rightleftharpoons H^+(aq)+OH^-(aq)$	$\frac{[H^+][OH^-]}{a_w}\gamma_{H^+}\gamma_{OH^-}$	1.010×10^{-14}	mol^2/kg^2

续表

反应方程式	平衡常数表达式	K^0(298.15 K)	单位
$Na_2SO_4(s) \rightleftharpoons 2Na^+(aq)+SO_4^{2-}(aq)$	$[Na^+]^2[SO_4^{2-}]\gamma_{Na^+}^2\gamma_{SO_4^{2-}}$	4.799×10^{-1}	mol^3/kg^3
$(NH_4)_2SO_4(s) \rightleftharpoons 2NH_4^+(aq)+SO_4^{2-}(aq)$	$[NH_4^+]^2[SO_4^{2-}]\gamma_{NH_4^+}^2\gamma_{SO_4^{2-}}$	1.817×10^{0}	mol^3/kg^3
$NH_4Cl(s) \rightleftharpoons NH_3(g)+HCl(g)$	$P_{NH_3}P_{HCl}$	1.086×10^{-16}	atm^2
$NaNO_3(s) \rightleftharpoons Na^+(aq)+NO_3^-(aq)$	$[Na^+][NO_3^-]\gamma_{Na^+}\gamma_{NO_3^-}$	1.197×10^{1}	mol^2/kg^2
$NaCl(s) \rightleftharpoons Na^+(aq)+Cl^-(aq)$	$[Na^+][Cl^-]\gamma_{Na^+}\gamma_{Cl^-}$	3.766×10^{1}	mol^2/kg^2
$NaHSO_4(s) \rightleftharpoons Na^+(aq)+HSO_4^-(aq)$	$[Na^+][HSO_4^-]\gamma_{Na^+}\gamma_{HSO_4^-}$	2.413×10^{4}	mol^2/kg^2
$NH_4NO_3(s) \rightleftharpoons NH_3(g)+HNO_3(g)$	$P_{NH_3}P_{HNO_3}$	4.199×10^{-17}	atm^2
$NH_4HSO_4(s) \rightleftharpoons NH_4^+(aq)+HSO_4^-(aq)$	$[NH_4^+][HSO_4^-]\gamma_{NH_4^+}\gamma_{HSO_4^-}$	1.383×10^{0}	mol^2/kg^2
$(NH_4)_3H(SO_4)_2(s) \rightleftharpoons 3NH_4^+(aq)+HSO_4^-(aq)+SO_4^{2-}(aq)$	$[NH_4^+]^3[SO_4^{2-}][HSO_4^-]\times\gamma_{NH_4^+}^3\gamma_{SO_4^{2-}}\gamma_{HSO_4^-}$	2.972×10^{1}	mol^5/kg^5

资料来源：引自 Fountoukis 和 Nenes，2007。

在气溶胶的热力学体系中，存在不同物理状态的多种物种，但在某些具体的模拟条件下，有些物种可能不会同时存在。为了减少气溶胶体系的复杂性并提高计算速度，气溶胶热力学平衡模式通常采用一些物理及化学上的简化假设，限定气相、液相、固相中可能存在的物种及相关化学反应；按照一定的法则（物种浓度比例、相对湿度等）将气溶胶体系划分为若干组分构成类型；在计算中，根据体系输入的初始条件，直接将问题归入对应类型的研究，从而减少所考虑的物种数和方程数，以达到降低复杂性，加快计算速度的目的。

基于上述考虑，ISORROPIA Ⅱ模型对模拟体系进行了如下一些简化假设：① 由于硫酸、钠盐和来自地壳的矿物组分（钙、钾、镁）的蒸气压非常低，假设体系中的硫酸、钠盐和地壳组分全部存在于气溶胶相中；② 对于体系中的氨来说，如果体系存在硫酸，那么优先与硫酸发生不可逆反应生成铵盐，只有在氨中和硫酸后仍有剩余的情况下，才会和 HNO_3、HCl 发生可逆反应生成 NH_4NO_3、NH_4Cl；③ 对于体系中的硫酸来说，如果体系存在地壳组分，那么硫酸优先与地壳组分反应，多余的硫酸再与钠反应生成钠盐，只有在地壳组分和钠不足的情况下，硫酸才会和氨反应。根据这些假设，ISORROPIA Ⅱ模型引入了下面 3 个判断参数，用来将模拟体系划分为亚体系：

$$总硫酸盐比值R_1 = \frac{[NH_4^+]+[Ca^{2+}]+[K^+]+[Mg^{2+}]+[Na^+]}{[SO_4^{2-}]}$$

$$地壳组分和钠盐比值R_2 = \frac{[Ca^{2+}]+[K^+]+[Mg^{2+}]+[Na^+]}{[SO_4^{2-}]}$$

地壳组分比值$R_3=\frac{[Ca^{2+}]+[K^+]+[Mg^{2+}]}{[SO_4^{2-}]}$

根据R_1、R_2和R_3的不同取值，可将气溶胶组分构成划分为5种类型，各类型中可能存在的气相、液相和固相物种见表7-5。

表 7-5　气溶胶组分构成类型及其可能存在的物种

R_1	R_2	R_3	气溶胶类型	主要物种			次要物种
				固相	液相	气相	
$R_1<1$	任意值	任意值	硫酸盐过量（有硫酸存在）	$NaHSO_4$、NH_4HSO_4、$KHSO_4$、$CaSO_4$	Na^+、NH_4^+、H^+、HSO_4^-、SO_4^{2-}、NO_3^-、Cl^-、Ca^{2+}、K^+、H_2O	H_2O	$NH_3(g)$、$NO_3^-(aq)$、$Cl^-(aq)$、$NH_3(aq)$、$HNO_3(aq)$、$HCl(aq)$
$1\leqslant R_1<2$	任意值	任意值	硫酸盐过量（无硫酸存在）	$NaHSO_4$、NH_4HSO_4、Na_2SO_4、$(NH_4)_2SO_4$、$(NH_4)_3H(SO_4)_2$、$CaSO_4$、$KHSO_4$、K_2SO_4、$MgSO_4$	Na^+、NH_4^+、H^+、HSO_4^-、SO_4^{2-}、NO_3^-、Cl^-、Ca^{2+}、K^+、Mg^{2+}、H_2O	H_2O	$NH_3(g)$、$NO_3^-(aq)$、$Cl^-(aq)$、$NH_3(aq)$、$HNO_3(aq)$、$HCl(aq)$
$R_1\geqslant 2$	$R_2<2$	任意值	硫酸盐不足，地壳组分和钠盐不足	Na_2SO_4、$(NH_4)_2SO_4$、NH_4NO_3、NH_4Cl、$CaSO_4$、K_2SO_4、$MgSO_4$	Na^+、NH_4^+、H^+、SO_4^{2-}、NO_3^-、Cl^-、Ca^{2+}、K^+、Mg^{2+}、H_2O、$NH_3(aq)$、$HNO_3(aq)$、$HCl(aq)$	HNO_3、HCl、NH_3、H_2O	$HSO_4^-(aq)$
$R_1\geqslant 2$	$R_2\geqslant 2$	$R_3<2$	硫酸盐不足，地壳组分和钠盐过量，地壳组分不足	Na_2SO_4、$NaNO_3$、$NaCl$、NH_4NO_3、NH_4Cl、$CaSO_4$、K_2SO_4、$MgSO_4$	Na^+、NH_4^+、H^+、SO_4^{2-}、NO_3^-、Cl^-、Ca^{2+}、K^+、Mg^{2+}、H_2O、$NH_3(aq)$、$HNO_3(aq)$、$HCl(aq)$	HNO_3、HCl、NH_3、H_2O	$HSO_4^-(aq)$
$R_1\geqslant 2$	$R_2\geqslant 2$	$R_3>2$	硫酸盐不足，地壳组分和钠盐过量，地壳组分过量	$NaNO_3$、$NaCl$、NH_4NO_3、NH_4Cl、$CaSO_4$、K_2SO_4、$MgSO_4$、$Ca(NO_3)_2$、$CaCl_2$、$Mg(NO_3)_2$、$MgCl_2$、KNO_3、KCl	Na^+、NH_4^+、H^+、SO_4^{2-}、NO_3^-、Cl^-、Ca^{2+}、K^+、Mg^{2+}、H_2O、$NH_3(aq)$、$HNO_3(aq)$、$HCl(aq)$	HNO_3、HCl、NH_3、H_2O	$HSO_4^-(aq)$

资料来源：引自 Fountoukis 和 Nenes，2007。

因为固相物种只有在相对湿度小于它的潮解相对湿度时才会存在，所以在利用上述方法确定了气溶胶构成类型后，体系中存在的物种种类还与大气的相对湿度和各种盐潮解相对湿度之间的大小有关。与其他无机气溶胶热力学模型不同，ISORROPIA Ⅱ不仅考虑了模型中所涉及的每种盐的潮解相对湿度（见表 7-6），它还考虑了多组分盐的协同潮解问题，表 7-7 列出了模型中盐的混合物在 298.15 K 时的协同潮解相对湿度。

表 7-6 ISORROPIA Ⅱ模型中各种盐的潮解相对湿度

盐	潮解相对湿度（298.15 K）
$Ca(NO_3)_2$	0.490 6
$CaCl_2$	0.283 0
$CaSO_4$	0.970 0
$KHSO_4$	0.860 0
K_2SO_4	0.975 1
KNO_3	0.924 8
KCl	0.842 6
$MgSO_4$	0.861 3
$Mg(NO_3)_2$	0.540 0
$MgCl_2$	0.328 4
NaCl	0.752 8
Na_2SO_4	0.930 0
$NaNO_3$	0.737 9
$(NH_4)_2SO_4$	0.799 7
NH_4NO_3	0.618 3
NH_4Cl	0.771 0
NH_4HSO_4	0.400 0
$NaHSO_4$	0.520 0
$(NH_4)_3H(SO_4)_2$	0.690 0
H_2SO_4	0.000 0
$H-HSO_4$	0.000 0
HNO_3	N/A
HCl	N/A

资料来源：引自 Fountoukis 和 Nenes，2007。

表 7-7　ISORROPIA Ⅱ模型中盐的混合物在 298.15 K 时协同潮解相对湿度

盐的混合物	协同潮解相对湿度(298.15 K)
NH_4NO_3、$(NH_4)_2SO_4$	0.600
NH_4NO_3、$(NH_4)_2SO_4$、Na_2SO_4、NH_4Cl	0.500
$(NH_4)_2SO_4$、Na_2SO_4、NH_4Cl	0.540
$(NH_4)_2SO_4$、Na_2SO_4	0.760
NH_4NO_3、NH_4Cl、Na_2SO_4、$NaCl$、$NaNO_3$	0.500
NH_4Cl、Na_2SO_4、$NaCl$、$NaNO_3$	0.540
$(NH_4)_3H(SO_4)_2$、$NaHSO_4$、Na_2SO_4、$(NH_4)_2SO_4$	0.360
$(NH_4)_3H(SO_4)_2$、Na_2SO_4、$(NH_4)_2SO_4$	0.675
$(NH_4)_3H(SO_4)_2$、NH_4HSO_4	0.360
$(NH_4)_3H(SO_4)_2$、$(NH_4)_2SO_4$	0.675
$Ca(NO_3)_2$、$CaCl_2$、K_2SO_4、KNO_3、KCl、$MgSO_4$、$Mg(NO_3)_2$、$MgCl_2$、$NaNO_3$、$NaCl$、NH_4NO_3、NH_4Cl	0.200
$(NH_4)_2SO_4$、NH_4NO_3、NH_4Cl、Na_2SO_4、K_2SO_4、$MgSO_4$	0.460
$Ca(NO_3)_2$、K_2SO_4、KNO_3、KCl、$MgSO_4$、$Mg(NO_3)_2$、$MgCl_2$、$NaNO_3$、$NaCl$、NH_4NO_3、NH_4Cl	0.240
$(NH_4)_2SO_4$、NH_4Cl、Na_2SO_4、K_2SO_4、$MgSO_4$	0.691
$Ca(NO_3)_2$、K_2SO_4、KNO_3、KCl、$MgSO_4$、$Mg(NO_3)_2$、$NaNO_3$、$NaCl$、NH_4NO_3、NH_4Cl	0.240
$(NH_4)_2SO_4$、Na_2SO_4、K_2SO_4、$MgSO_4$	0.697
K_2SO_4、$MgSO_4$、$KHSO_4$、NH_4HSO_4、$NaHSO_4$、$(NH_4)_2SO_4$、Na_2SO_4、$(NH_4)_3H(SO_4)_2$	0.240
$(NH_4)_2SO_4$、NH_4NO_3、Na_2SO_4、K_2SO_4、$MgSO_4$	0.494
K_2SO_4、KNO_3、KCl、$MgSO_4$、$Mg(NO_3)_2$、$NaNO_3$、$NaCl$、NH_4NO_3、NH_4Cl	0.240
K_2SO_4、$MgSO_4$、$KHSO_4$、$NaHSO_4$、$(NH_4)_2SO_4$、Na_2SO_4、$(NH_4)_3H(SO_4)_2$	0.363
K_2SO_4、KNO_3、KCl、$MgSO_4$、$NaNO_3$、$NaCl$、NH_4NO_3、NH_4Cl	0.596
K_2SO_4、$MgSO_4$、$KHSO_4$、$(NH_4)_2SO_4$、Na_2SO_4、$(NH_4)_3H(SO_4)_2$	0.610
$Ca(NO_3)_2$、K_2SO_4、KNO_3、KCl、$MgSO_4$、$Mg(NO_3)_2$、$NaNO_3$、$NaCl$、NH_4NO_3、NH_4Cl	0.240
K_2SO_4、KNO_3、KCl、$MgSO_4$、$Mg(NO_3)_2$、$NaNO_3$、$NaCl$、NH_4NO_3、NH_4Cl	0.240

资料来源：引自 Nenes 等，1998；Fountoukis 和 Nenes，2007。

为了提高计算效率,ISORROPIA Ⅱ模型除了采用上述方法简化气溶胶组分构成外,还使用了其他一些计算技术,例如,在针对每一个亚体系求解方程组时,尽可能多使用解析法求解,以减少数值迭代的次数;使用二分法代替牛顿法迭代寻根等。此外,模型还事先计算出各种盐在较大离子强度范围内的二元活度系数表,形成内部数据库,在模拟过程中,根据溶液的离子强度直接到该表内查询二元活度系数值,不必花时间重新计算,从而提高计算速度。

二、动力学过程模拟

气溶胶热力学平衡过程模拟是建立在挥发性物种能够瞬时建立起气—粒平衡的假设基础之上的,但是,在某些情况下,一些化合物建立气—粒平衡的过程比较慢,使得在建立起平衡之前,由于一些其他时间尺度较短的过程的作用,体系本身已经发生了变化。这使得更具有普遍适用性的气溶胶动力学模式得以发展,这种模式的建立不依赖挥发性物种的瞬时、局地平衡的假设,它描述气溶胶的核化、凝结和蒸发、碰并、化学转化、传输和扩散、去除等动力学过程对大气中气溶胶的形成和去除的影响,以及气溶胶粒子的尺度和浓度分布的演变规律。

模拟气态污染物浓度时空分布的大气化学传输模式是建立在气态物种质量守恒方程的基础上的,同样,模拟颗粒物的粒径 - 组成分布时空变化的气溶胶动力学模式是建立在颗粒物质量(或粒子数)守恒方程的基础上的,该方程描述颗粒物的传输和扩散、气—粒转化、碰并、去除等过程。Wexler 等(1994)提出的描述内部混合均匀的气溶胶组分浓度随时间变化的动力学方程如下:

$$\begin{aligned}\frac{\partial q_i(m,\vec{x},t)}{\partial t} = & -\left[\vec{v}(\vec{x},t) - \vec{v}_s(m)\vec{k}\right]\cdot\nabla q_i(m,\vec{x},t) + \\ & H_i(m,\vec{x},t)q(m,\vec{x},t) - \frac{\partial(mq_iH)}{\partial m} + \\ & \int_0^m \beta(m_c,m-m_c,\vec{x},t)q_i(m_c,\vec{x},t)\frac{q(m-m_c,\vec{x},t)}{m-m_c}\mathrm{d}m_c - \\ & q_i(m,\vec{x},t)\int_0^\infty \beta(m_c,m,\vec{x},t)\frac{q(m_c,\vec{x},t)}{m_c}\mathrm{d}m_c + \\ & \nabla\cdot\left[K(\vec{x},t)\nabla q_i(m,\vec{x},t)\right] + \\ & E_i(m,\vec{x},t) + R_i(m,\vec{x},t) + N_i(m,\vec{x},t)\end{aligned} \tag{7-30}$$

式中:m——单个粒子的总质量;

m_c——总质量为 m_c 的单个粒子;

q——气溶胶的总质量浓度分布;

q_i——物种 i 的质量浓度分布;

H_i——在质量为 m 的粒子中物种 i 的标准化凝结 - 蒸发速率;

β——粒子间的碰并系数;

$\vec{v}$——风速矢量;

$\vec{v}_s$——重力沉降速度;

K——湍流扩散系数;

$\vec{x}$——空间坐标矢量；

$\vec{k}$——垂直方向的单位矢量；

t——时间；

E_i——物种 i 的排放速率；

R_i——物种 i 的化学反应速率；

N_i——物种 i 的核化速率。

气溶胶物种的传输、扩散、排放过程一般与气相物种采用相同方法模拟；由于挥发性物种在气相和气溶胶相之间的质量输送受环境大气浓度与该物种平衡浓度的差值驱动，相关的热力学平衡计算就成为挥发性物质气—粒间传质模拟的一个环节。因此，气溶胶动力学过程的模拟需要结合气相、液相化学模拟及气象场的模拟，从表 7-8 列出的气溶胶模式的主要模拟方法中能够反映出不同模式的特点及气溶胶模拟的复杂性。其中，CIT-AERO 和 UAM-AERO 是两个城市尺度的模式，分别以气相的 CIT 和 UAM 为主模式；GATOR 是一个将气溶胶和气体、辐射、气象完全整合在一起的城市尺度模式；RPM 则是一个区域尺度的模式，以 RADM 的气相物种输出为基础进一步预测气溶胶，对气溶胶粒径采取双对数模态分布，以节省计算时间。这些模式均采用传质的方法计算气溶胶中硫酸盐的生成；对气溶胶中硝酸盐生成的模拟，MARS 和 SEQUILIB 采用热力学平衡方法，而 SCAPE2 和 EQUISOLV 采用传质方法。

三、二次有机气溶胶生成过程模拟

二次有机气溶胶（SOA）的生成涉及气相和颗粒相中一系列复杂的物理和化学过程。挥发性有机物经气相氧化反应生成的可凝结有机物，通过在气—粒两相间分配进入气溶胶是形成 SOA 的重要途径，此外，一些低挥发性有机物能够在颗粒相中通过化学过程（如聚合反应）转化为不挥发性的物质，水溶性有机物可通过液相的氧化和低聚反应生成 SOA。

早期挥发性有机物通过氧化反应生成 SOA 的定量计算，是假设氧化产物的气相浓度受其饱和蒸气压的限制，当氧化产物的气相浓度达到饱和浓度时，产物中超过饱和浓度的部分进入颗粒相，所形成的 SOA 浓度等于该有机产物总浓度与饱和浓度之差。

实际上，当颗粒相中存在有机物时，即使可凝结氧化产物的浓度低于饱和浓度，可凝结氧化产物也能进入颗粒相，不存在阈值浓度，并且该气—粒分配与可凝结氧化产物和颗粒相有机物的性质，以及颗粒相中吸收氧化产物的有机物浓度有关；当颗粒相中不存在有机物时，吸附机制可以用来解释可凝结有机物的气—粒分配。

Pankow 等提出的气—粒分配吸收理论当前被广泛应用于描述 SOA 的生成过程。该理论认为构成 SOA 的各种半挥发性有机物在气相和颗粒相之间达到一种平衡的分配状态，对于每种半挥发性有机物可定义如下的平衡分配系数 K_p（即该有机物的饱和蒸气浓度 C^* 的倒数，$m^3/\mu g$）：

$$K_p = \frac{P}{GM} \tag{7-31}$$

式中：G 和 P——半挥发性有机物在气相和颗粒相中的质量浓度（$\mu g/m^3$）；

M——颗粒吸收相的总质量浓度（$\mu g/m^3$）。

根据式（7-31），只要颗粒相中存在吸收物质，就会有一部分半挥发性有机物进入颗粒相，即使它的气相浓度低于饱和蒸气压。半挥发性有机物进入颗粒相的比例 F 为

表 7-8 几个气溶胶模式及其主要模拟方法

名称缩写	CIT-AERO	GATOR	RPM	UAM-AERO
模式全称	CIT Aerosol	Gas, Aerosol, Transport, Radiation and Meteorological Model	Regional Particulate Model	UAM Aerosol
水平网格和模拟域	网格 5 km,模拟域 400 km × 150 km	网格 4.6 km × 5.0 km,模拟域 230 km × 170 km	网格 80 km,模拟域 2 400 km × 2 400 km	网格 5 km,模拟域 255 km × 180 km
垂直分层和模式顶	垂直 5 层,模式顶离地面 1.1 km	垂直 14 层,模式顶至 2.5×10^4 Pa	垂直 15 层,模式顶至 10^4 Pa	垂直 5 层,模式顶离地面 1.5 km
气象场	利用诊断模式对实测资料内插	气象模块 MMTD 作在线气象预报	MM4	利用诊断模式对实测资料内插
气相化学	LLA 机理	GATOR 机理(无机部分基于 SAPRC,有机部分基于 CBM-Ⅳ)	RADM2	SAPRC
气溶胶热力学	SCAPE2	EQUISOLV	MARS	SEQUILIB
无机气溶胶	硫酸盐、硝酸盐、铵盐、氯化物、钠、钾、钙、镁、碳酸盐、水、元素碳和其他颗粒物	硫酸盐、硝酸盐、铵盐、氯化物、钠、钾、钙、镁、元素碳、7 个金属氧化物和其他颗粒物	硫酸盐、硝酸盐、铵盐和其他颗粒物	硫酸盐、硝酸盐、铵盐、氯化物、钠和其他颗粒物
有机气溶胶	考虑芳香烃由·OH 氧化,产出系数可变,依赖气溶胶中有机物含量	考虑 10 个可溶和可凝结有机物,方法基于有机物溶解度	VOCs 由·OH 氧化,产出系数固定	VOCs 由·OH 氧化,产出系数固定
粒径分布	分段分布(0.039~10 μm,分为 8 段)	分段分布(74 μm 以下分为 16 段)	对数正态分布(2.5 μm 以下分为两个模态)	分段分布(0~10 μm 分为 8 段,10~30 μm 为第 9 段)
干沉降	阻力传输方法处理粒子干沉降,考虑粒子的重力沉降	两步法处理重力沉降,干沉降用阻力模式	沉降速率方程	修正的 Wesely 模式,考虑粒子的重力沉降
能见度	无	气、粒光散射和吸收,Mie 散射理论分层计算粒子光散射	无	无
参考文献	Meng 等, 1998	Jacobson 等, 1997	Binkowski 和 Shankar, 1995	Wexler 等, 1994

$$F=\frac{P}{P+G}=\frac{MK_p}{1+MK_p}=\frac{1}{1+C^*/M} \tag{7-32}$$

因此，吸收物质的浓度（M）越大、半挥发性有机物的挥发性（C^*）越低，半挥发性有机物进入颗粒相的比例越大。

定义 SOA 的产率为气相氧化反应消耗单位质量挥发性有机物所生成的有机气溶胶的质量大小。考虑一个氧化反应可能产生多种半挥发性有机物，于是有

$$Y=\frac{\Delta M}{\Delta ROG}=M\sum_i \frac{\alpha_i K_{p,i}}{1+MK_{p,i}} \tag{7-33}$$

式中：　Y——SOA 产率；

ΔM——通过某一气相氧化反应所形成 SOA 的质量浓度；

ΔROG——该反应消耗的挥发性有机物的质量浓度；

α_i 和 $K_{p,i}$——该反应生成的第 i 种半挥发性有机物的质量化学计量系数及其气—粒分配系数。

从式（7-33）可知，对于某种挥发性有机物而言，它发生氧化反应生成 SOA 的产率 Y 并非固定值，而是随着大气中作为吸收相的有机颗粒物浓度增加而增加的；该氧化反应生成 SOA 的多少取决于一系列半挥发性有机物的产率（α）及其平衡分配系数（K_p），即由此形成的反应产物的挥发性分布。

理论上讲，利用式（7-33）可以计算出某一给定的挥发性有机物发生氧化反应生成 SOA 的总量，但实际上，由于可能生成多种氧化产物，以及单独测定各种半挥发性有机物存在困难而无法实现。在大气化学传输模式中，一般采用多产物模型的方法估算 SOA 的生成量，如双产物模型和 VBS（volatility basis set）模型。

双产物模型使用两种具有不同挥发性的替代产物来描述 SOA 形成反应中多种产物的挥发性分布情况。该方法考虑挥发性有机物一代氧化产物的气—粒分配，根据氧化反应的烟雾箱实验结果拟合出两种替代产物的产率和饱和蒸气压（见图 7-8），则 SOA 产率的计算如下式：

$$Y=\frac{\alpha_1 MK_{p,1}}{1+MK_{p,1}}+\frac{\alpha_2 MK_{p,2}}{1+MK_{p,2}}$$

双产物模型简化了半挥发性氧化产物通过气—粒分配形成 SOA 的模拟计算，其结果也比较符合实验室烟雾箱的测量数据。

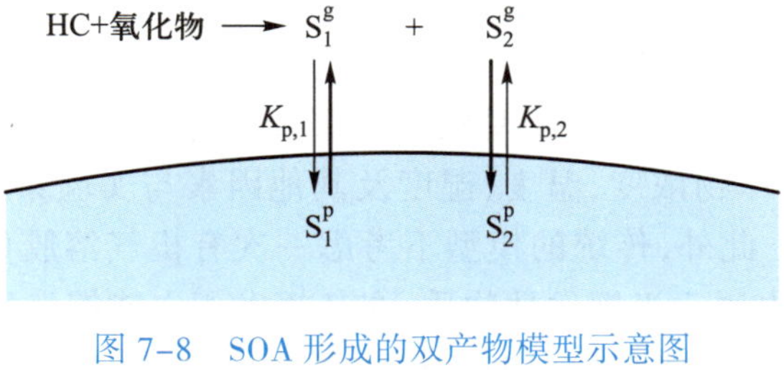

图 7-8　SOA 形成的双产物模型示意图

（资料来源：引自 Kroll 和 Seinfeld，2008）

在 Models-3/CMAQ 的气溶胶模型 AERO6 中，有机气溶胶模块的示意图如图 7-9 所示，SOA 的主要生成途径、物种名称及其重要参数见表 7-9。在生成 SOA 的气相氧化途径中，AERO6 采用双产物模型模拟不同前体物氧化生成的半挥发性氧化产物的气—粒分配过程，包括来自人为源排放的长链烷烃（C6~C20）和芳香烃（苯、甲苯、二甲苯、萘等）氧化生成的半挥发性氧化产物，以及来自天然源排放的异戊二烯和单萜类的半挥发性氧化产物；此外，苯、甲苯、二甲苯、萘等芳香烃前体物在低 NO_x 浓度的大气条件下能够生成低挥发性的氧化产物，模型中它们被当作不具有挥发性的有机物全部进入颗粒相。在低 NO_x 浓度条件下，由 ·OH 引发的异戊二烯光化学氧化反应所生成的气态环氧化物 IEPOX，被酸性气溶胶摄取并发生开环反应后，生成不具有挥发性的有机产物（AISO3）。AERO6 还考虑了 SOA 的液相生成途径（乙二醛、甲基乙二醛在云水中与 ·OH 反应生成的低挥发性产物进入颗粒相，即 AORGC）和颗粒相生成途径（半挥发性的 SOA 物种通过聚合反应生成不挥发的物种，即 AOLGA 和 AOLGB）。

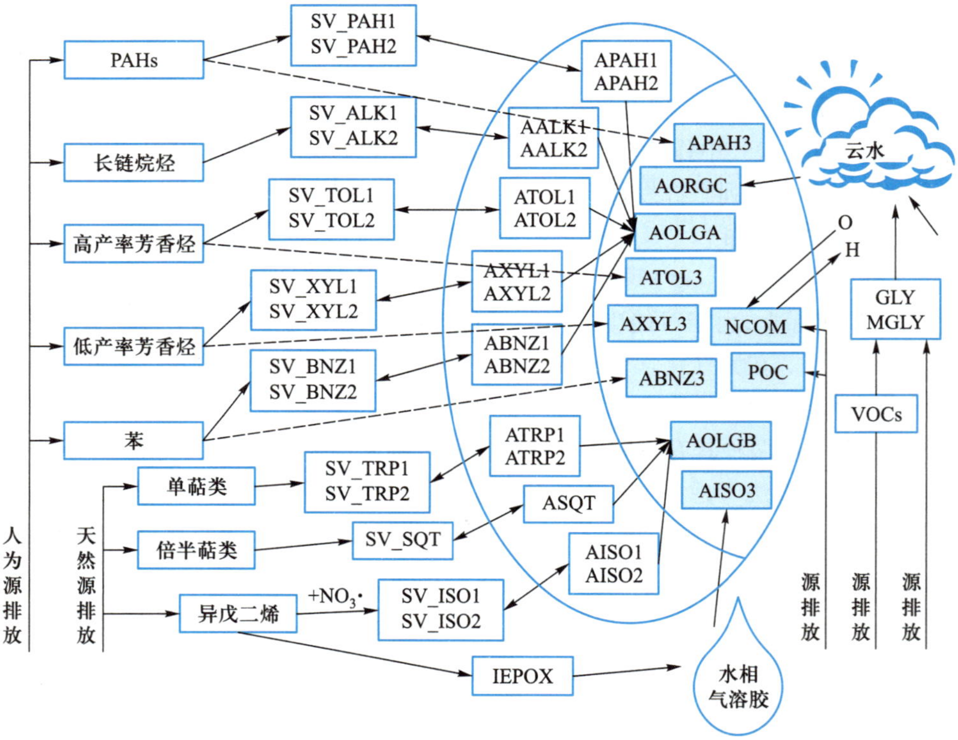

图 7-9 Models-3/CMAQ 的气溶胶模型 AERO6 中有机气溶胶模块示意图

（资料来源：引自 CMAQ 模式网站）

尽管基于双产物的气—粒分配模型可以描述 SOA 的形成，但是该模型的缺点是无法反映出真实产物的复杂性，不能处理 SOA 在多代氧化过程中挥发性的变化，而且当大气中的氧化剂水平、前体物浓度、温度、湿度及其他因素与实验条件相差较大时，模型对 SOA 的预测误差较大。此外，传统的模型不考虑一次有机气溶胶（POA）的挥发性，但研究发现很多 POA 组分也属于半挥发性物质，在其挥发相中能够发生光化学氧化反应。这些问题的解决需要 SOA 模型所考虑的有机物氧化产物能够覆盖有机物挥发性的全部范围。

表 7–9　AERO6 模型中 SOA 的主要生成途径、物种名称及其重要参数

前体物	氧化剂	半挥发性氧化产物	质量化学计量系数 α	饱和浓度 C^*/（$\mu g \cdot m^{-3}$）	SOA 物种
长链烷烃	·OH	SV_ALK1	0.033 4	0.147 2	AALK1
		SV_ALK2	0.216 4	51.877 4	AALK2
高产率芳香烃	·OH、NO	SV_TOL1	0.031 0	2.326 0	ATOL1
		SV_TOL2	0.090 0	21.277 0	ATOL2
	·OH、HO_2	—	0.30	—	ATOL3
低产率芳香烃（不含萘）	·OH、NO	SV_ XYL1	0.031 0	1.314 0	AXYL1
		SV_ XYL2	0.090 0	34.483 0	AXYL2
	·OH、HO_2	—	0.36	—	AXYL3
苯	·OH、NO	SV_BNZ1	0.072 0	0.302 0	ABNZ1
		SV_BNZ2	0.888 0	111.110 0	ABNZ2
	·OH、HO_2·	—	0.37	—	ABNZ3
萘	·OH、NO	SV_PAH1	0.210 0	1.659 8	APAH1
		SV_PAH2	1.070 0	264.667 5	APAH2
	·OH、HO_2·	—	0.73	—	APAH3
异戊二烯	·OH、NO_3·	SV_ISO1	0.232 0	116.010	AISO1
		SV_ISO2	0.028 8	0.617 0	AISO2
	酸催化摄取	—	—	—	AISO3
单萜类	·OH、O（^{3}P）、O_3、NO_3·	SV_TRP1	0.139 3	14.792 0	ATRP1
		SV_TRP2	0.454 2	133.729 7	ATRP2
倍半萜类	·OH、O_3、NO_3·	SV_SQT	1.537 0	24.984 0	ASQT
人为源 SOA	聚合反应	—	—	—	AOLGA
天然源 SOA	聚合反应	—	—	—	AOLGB
乙二醛、甲基乙二醛（云水氧化）	·OH	—	—	—	AOLGC

资料来源：引自 CMAQ 模式网站。

Donahue 等（2006）建立的 VBS 模型可以对有机物挥发性的整个变化范围（以气相饱和浓度 C^* 表示）进行统一的全面表征，例如，考虑 C^* 的变化范围为 $0.01\sim10^6\ \mu g/m^3$，则采用如下一系列固定的饱和浓度值来反映有机物在挥发性上存在的显著差异与变化：

$$\{C_i^*\} = \{0.01, 0.1, 1, 10, 100, 1\,000, 10\,000, 100\,000, 1000\,000\}\ \mu g/m^3 \qquad (7\text{–}34)$$

在将 VBS 模型用于某种挥发性有机物氧化生成 SOA 的计算时，需要先利用式（7–32）分别计算出式（7–34）定义的具有不同饱和浓度 C_i^* 的氧化产物经气—粒分配进入颗粒相的量，将其加和后就可以得到生成 SOA 的总量。VBS 模型采用多个挥发性区间替代双产物模型的两个代表物种，可以兼顾 POA 和 SOA 中不同挥发性的组分，更合理地反映实际大气和污染源排放中有机物的挥发性分布，而且能够追踪有机物的化学老化过程所带来的挥发性变化。

除了挥发性以外，氧化状态是形成 SOA 的另一个重要性质。例如，二十三烷（$C_{23}H_{48}$）和左旋葡聚糖（$C_6H_{10}O_5$）在挥发性上处于同一水平（饱和浓度约为 10 $\mu g/m^3$），但是前者是疏水物质，后者却具有亲水性，而且两者的氧化途径完全不同。最初提出的 VBS 模型只对有机物的挥发性进行分组区分（称为 1–D VBS 模型），无法反映出大气中具有相似挥发性的有机气溶胶在氧化程度上的不同。为了解决这个问题，后来发展出 2–D VBS 模型，同时考虑有机物在挥发性和氧化状态（例如，以有机物的 O：C 表示）两个维度的分布和演变。2–D VBS 模型不需要知道有机物确切的分子结构，可以随着有机物每代氧化反应的进行将产物划分到相应的挥发性区间上。

VBS 模型已经在很多大气化学传输模式中用于 SOA 的模拟。例如，在 CAMx 模式的 SOA 模块中建立了 1.5–D VBS 模拟方法，它在 1–D VBS 模型框架基础上整合入多条 2–D VBS 所定义的反应路线，能够从氧化状态和挥发性两个维度描述有机气溶胶在大气中发生的变化。图 7–10 是 CAMx 模式中使用的 1.5–D VBS 模块示意图，该模块使用了 5 个基组描述有机气溶胶的不同氧化程度：2 个是化学老化的含氧有机气溶胶（人为源 OOA 和天然源 OOA），另外 3 个代表一次排放的有机气溶胶（生物质燃烧产生的 BBOA、肉类烹饪排放的 HOA 和其他人为源 HOA）。每个基组都划分了 5 个挥发性区间，饱和浓度（C^*）从 $10^{-1}\ \mu g/m^3$ 变化到 $10^3\ \mu g/m^3$，这一范围基本覆盖了半挥发性有机物的挥发性范围。

CAMx 模式中使用的 1.5–D VBS 模块对应于不同挥发性区间的有机气溶胶物种，其分子结构通过参考 Donahue 等（2011，2012）定义的不同种类有机物在挥发性 – 氧化状态 2–D 空间上的位置来确定。该方案 SOA 和含氧 POA 的化学老化过程是沿着预先定义的 OOA 基组的反应路径发生的，老化过程在降低有机物挥发性的同时增加了氧化状态。POA 老化过程经历从 HOA（或 BBOA）基组到 OOA 基组的不同路径，对此做了简化处理，将 POA 的氧化产物表示为下一个低挥发性区间中 POA 和含氧 POA 的混合物。该方案暂时没有考虑天然源 SOA 的化学老化，因为之前的模拟研究发现天然源 SOA 的老化会导致农村地区有机气溶胶浓度被严重地高估。1.5–D VBS 模块模拟得到的总有机气溶胶浓度等于 5 个挥发性区间全部气溶胶物种（包括一次形成的 PAP、PCP、PFP 和二次形成的 PAS、PBS）的浓度之和。

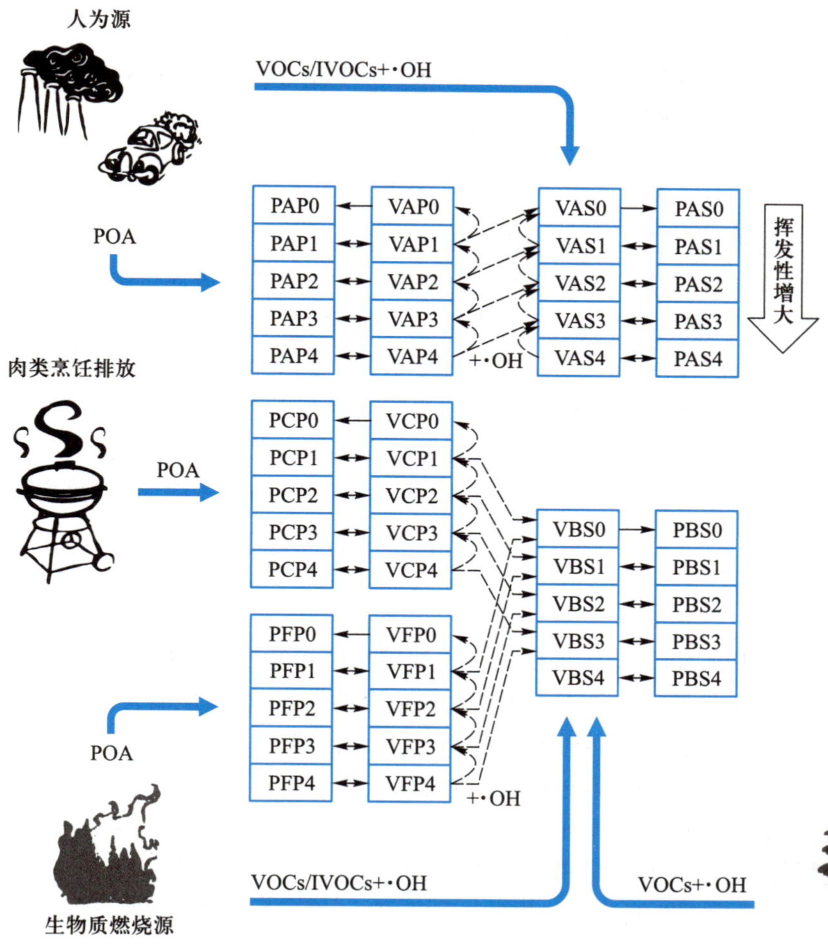

图 7-10 CAMx 模式中使用的 1.5-D VBS 模块示意图

（资料来源：引自 Ramboll Environment and Health，2018）

VBS 物种名称中的字母或数字分别表示相态（P- 颗粒相，V- 气相）、来源（A- 人为源，B- 天然源，C- 烹饪，F- 燃烧）、形成方式（P- 一次，S- 二次）和挥发性区间编号；黑色实心和虚线箭头分别表示气—粒分配和化学老化过程；蓝色粗箭头表示 POA 排放和 SOA 前体物氧化过程。

第五节 模式性能评价

在利用大气化学传输模式进行大气污染问题的模拟研究时，模式性能评价是十分重要的工作。实践表明，模式计算结果不可能与实际情况完全相符，存在着误差和不确定性；而在模式模拟研究的工作中，往往需要弄清楚一些基本的情况或回答某些重要的问题。例如：模式是否对基准个例进行了成功模拟？模式是否同样能够成功模拟源排放显著减少时的情境？模式是否正确揭示了控制前体污染物（如 NO_x 和 VOCs）排放对削减二次污染物（如 O_3）的效果？是否已经确定了模式对输入数据发生变化的敏感程度？在模式分析中有哪些不确定性，根据模拟结果制定实际的污染物排放控制对策时又会增加哪些不确定性？模式模拟失败是由于模式本身存在欠缺，还是主要源于输入的基础数据问题？等等。模式性能评价可以帮助回答上述问题，因此，其成为模式研究中必不可少的工作程序。

通常来讲，对于大气化学传输模式的评价包括操作评价（operational evaluation）和诊断评价（diagnostic evaluation）两种类型。

一、操作评价

操作评价，又称为模式检验，一般使用同步的源排放、气象和空气质量监测资料，与模拟计算结果进行对比，检验计算值和实测值的符合程度。这是模式性能评价中最主要的内容。模式检验所用的资料应当满足以下条件：与计算值具有同时性，对所要求的时间和空间分辨率具有代表性，需要不同于建立模式所使用的独立数据。污染物模拟值与实测结果的比较是通过计算一系列的统计指标来实现的，常用的检验项目有以下几类：浓度差分析、最大浓度分析、浓度比值分析、相关分析、浓度分布分析等。表 7-10 列出了操作评价中部分常用的统计指标，分别用于定量表征模拟浓度（M_i）与实测浓度（O_i）的相关性、差异及相对差异三个方面的情况。

二、诊断评价

诊断评价与操作评价不同，操作评价主要告知用户模式的模拟结果与实际情况的吻合程度，而诊断评价则主要告知用户是否由于使用了适合的模式、合理地输入资料并正确地使用模式而得到了符合实际情况的结果，或者反过来说，诊断模式可以帮助确定模式的欠缺所在，寻找模拟失败产生的原因，对模式的性能进行深入的考察和探究。在进行诊断评价时，模拟研究主要关注的污染物、污染物前体物、重要中间产物的浓度，以及气象参数、化学反应的参数和反应过程等，都可能被追踪和测试，用来对模式的性能进行评价。

敏感性分析是进行模式性能诊断分析的一种重要方法。这里的敏感性指模式输出对模式参数或输入变量发生变化的响应程度。大气化学传输模式的敏感性分析至少有两方面的意义：一方面，分析模式输入和输出响应关系的合理性，即考察这种响应关系是否与模式的基本物理和化学假设相一致，其结果可作为改进模式的依据；另一方面，明确模式所依据的各项基础资料的相对重要性，以及对其精度和分辨率的要求，定量地估计输入和参数的不确定性导致的模式模拟结果不确定性大小，以便改进观测和收集方案并确定模式输入参数的方法，其中，对模拟结果不确定性的研究称为不确定性分析。

大气化学传输模式的敏感性分析可以分为三类。

（1）模块或化学机理敏感性的单一测试：这一类型的敏感性分析包括研究化学机理中参数化的影响。例如，Seinfeld 研究了臭氧模拟结果对有机物分配为化学机理物种的敏感性（不确定性小于 10%）；Harley 等研究表明，流动源排放有机物的不同物种分配方案对臭氧预测结果的影响很小；研究人员在臭氧和其他二次污染物对反应速率常数和产物产率的敏感性分析研究中发现，化学常数对臭氧和其他二次污染物预测结果的不确定性影响很大，正确的光解速率常数十分重要。

（2）三维模式的敏感性分析：这一类型的敏感性分析包括模式输出结果对过程参数化的敏感性（如干沉降阻力系数参数化方案、垂直传输参数化方案等）、对模式数值解法和模式结构（如网格的水平分辨尺度和垂直分辨尺度）的敏感性，以及对模式输入数据（如源排

表 7-10　操作评价中部分常用的统计指标

类别	统计指标	计算公式
相关性	相关系数	$r=\frac{\sum_{i=1}^{N}(M_i-\overline{M})(O_i-\overline{O})}{\sqrt{\sum_{i=1}^{N}(M_i-\overline{M})^2(O_i-\overline{O})^2}}$
差异	平均偏差	$\mathrm{MB}=\frac{1}{N}\sum_{i=1}^{N}(M_i-O_i)$
	平均误差	$\mathrm{ME}=\frac{1}{N}\sum_{i=1}^{N}\lvert M_i-O_i\rvert$
	均方根误差	$\mathrm{RMSE}=\sqrt{\frac{1}{N}\sum_{i=1}^{N}(M_i-O_i)^2}$
相对差异	平均标准化偏差	$\mathrm{MNB}=\frac{1}{N}\sum_{i=1}^{N}\left(\frac{M_i-O_i}{O_i}\right)$
	平均标准化误差	$\mathrm{MNE}=\frac{1}{N}\sum_{i=1}^{N}\left(\frac{\lvert M_i-O_i\rvert}{O_i}\right)$
	标准化平均偏差	$\mathrm{NMB}=\frac{\sum_{i=1}^{N}(M_i-O_i)}{\sum_{i=1}^{N}O_i}$
	标准化平均误差	$\mathrm{NME}=\frac{\sum_{i=1}^{N}\lvert M_i-O_i\rvert}{\sum_{i=1}^{N}O_i}$
	分数偏差	$\mathrm{FB}=\frac{1}{N}\sum_{i=1}^{N}\frac{M_i-O_i}{(M_i+O_i)/2}$
	分数误差	$\mathrm{FE}=\frac{1}{N}\sum_{i=1}^{N}\frac{\lvert M_i-O_i\rvert}{(M_i+O_i)/2}$

注：$\overline{M}=\frac{1}{N}\sum_{i=1}^{N}M_i$，$\overline{O}=\frac{1}{N}\sum_{i=1}^{N}O_i$

放、气象场、初始条件和边界条件等)的敏感性。Kumar 和 Russell 比较了由诊断模式和预测模式得到的气象场分别作为光化学氧化模式的气象输入条件时对模拟结果的影响,结果表明,预测模式即使经过四维同化,预测结果也并不令人满意。许多研究一致认为,三维模式输出结果的不确定性主要来自模式输入数据的影响。

(3)模式或输入变量的改变对模式输出源与受体关系的影响:在控制臭氧污染的问题上,NO_x 和 VOCs 源排放削减的有效性一直是光化学氧化模式研究中关注的主要问题。敏感性分析的结果表明,源排放和气象场输入的不确定性所导致的源排放削减有效性的不确定性是显著的。Sistla 等研究了气象场的不确定性对臭氧控制政策的影响,该研究使用不同方法发展混合层的高度来预测臭氧峰值浓度,结果显示,在不同的混合层高度方案下得到了相反的臭氧控制政策建议。Sillman 在 1995 年的研究工作也表明,模式输入数据的不确定性会使臭氧控制政策的有效范围发生偏移。

第六节 污染诊断分析的模式技术

为了深入研究大气污染的成因与来源问题,基于大气化学传输模式发展出各种污染诊断分析技术方法,增强了模式对污染形成过程、反应机制、来源等方面的研究能力,主要有过程分析技术、敏感性分析技术、污染来源解析技术等。

一、过程分析技术

根据模式的基本方程式(7-7),三维欧拉型大气化学传输模式计算得到的污染物浓度变化,是一系列物理和化学过程(例如,源排放、化学反应、平流、扩散、沉降等)共同作用的结果,模拟输出的浓度是所有过程的累积效应,单独过程的作用效果并不明确。过程分析技术本质上是通过增加模式对单独过程作用的统计和输出,量化出不同物理过程(例如,源排放、平流输送、湍流扩散,以及干、湿沉降等)和化学过程对大气污染物浓度的影响,用于解释模拟浓度的变化,认识各个大气过程对污染的影响规律。例如,Models-3/CMAQ 模式和 CAMx 模式均提供了以下两种过程分析技术:积分过程速率分析(integrated process rate analysis,简称为 IPR 分析)和积分反应速率分析(integrated reaction rate analysis,简称为 IRR 分析)。

IPR 分析技术提供不同大气物理、化学过程对污染物浓度变化的独立贡献,用于分析导致模拟浓度变化的原因。大气化学传输模式描述化学物种的质量守恒方程是复杂的偏微分方程,一般采用算符分离的方法将其分解成多个简单的偏微分方程或常微分方程进行求解,每个方程描述一个或几个大气过程对污染物浓度的影响。在模式模拟过程中,分别求解不同过程的微分方程对物种浓度的影响,过程 n 对浓度影响的积分速率 IPR_n 可表示为

$$IPR_n = (\Delta C)_n = \int_t^{t+\Delta t} L_n \mathrm{d}t$$

式中:$(\Delta C)_n$——过程 n 贡献的污染物浓度变化量;

L_n——由过程 n 产生的浓度变化速率;

Δt——时步。

IPR 分析技术统计不同大气过程积分项计算出的污染物浓度变化量,量化出各个物理

和化学过程在指定时间内对污染物浓度变化的贡献量（即 IPR），其中，化学过程的 IPR 大小是全部化学反应对物种浓度的净改变量。在 Models-3/CMAQ 模式中，通过 IPR 分析技术可以获得以下大气过程导致的污染物浓度变化速率：水平平流、垂直平流、水平扩散、垂直扩散、源排放、化学反应、云过程、气溶胶过程、干沉降等。

IRR 分析技术是大气化学传输模式量化气相化学反应影响的一种分析方法。在大气反应体系中，某一物种的浓度变化是大量相互关联的化学反应共同作用的净效应，IRR 分析技术则通过对单个化学反应速率进行积分，计算每一个化学反应进行的程度，进而量化出不同反应的重要性。某一化学反应 l 造成的污染物浓度变化的积分速率 IRR_l 可表示为

$$\mathrm{IRR}_l = (\Delta C)_l = \int_t^{t+\Delta t} r_l \mathrm{d}t$$

式中：$(\Delta C)_l$——化学反应 l 产生的浓度变化量；

r_l——化学反应 l 的反应速率。

对 IRR_l 的计算，有助于分析复杂的化学反应体系，确定其中对某些污染物的生成或消耗起关键作用的化学反应。

在我国的大气污染模拟研究中，过程分析技术常用于污染演变影响因素、化学反应机制等问题的分析。例如，刘宁等（2012）采用 IPR 分析技术，定量分析了珠江三角洲地区秋季 PM_{10} 浓度日变化受到不同大气过程作用的影响规律。图 7-11 给出了广州市麓湖站和万顷沙站在一次污染过程中近地面 PM_{10} 浓度日变化的 IPR 分析结果，麓湖站代表的是城市污染高排放地区的情况，万顷沙站是珠江口附近的区域性站点，在污染期间处于广州、东莞等高排放地区的下风向。虽然两个站点的 PM_{10} 浓度水平相近，但各大气过程对 PM_{10} 浓度变化的影响却呈现出不同特点：源排放是提升麓湖站 PM_{10} 浓度的主要过程，大气传输、干沉降及气溶胶过程则起到降低近地面浓度的作用；在万顷沙站，大气传输是主导日间 PM_{10} 浓度升高的过程，源排放的影响相对较小，此外，气溶胶过程在夜间也能够一定程度地增加 PM_{10} 浓度水平。由图 7-11 可见，麓湖站和万顷沙站的 PM_{10} 浓度在早晨 9:00 和晚上 21:00 前后均出现了峰值，从过程分析的角度看，在不同站点 PM_{10} 浓度峰值出现的原因却不同：麓湖站早晨的浓度峰值是源排放增大所致，晚上的峰值是干沉降和气溶胶过程去除作用下降的结果；对于万顷沙站，PM_{10} 浓度峰值的出现主要是传输贡献或气溶胶生成作用增大所致。

Wang 等（2010）在对我国珠江三角洲地区秋季 O_3 污染的模拟研究中，使用 IPR 分析技术分析了化学反应、水平传输、垂直传输和干沉降等过程对边界层 O_3 从早晨 9 点到下午 3 点期间浓度上升的影响，量化出光化学反应对 O_3 浓度达到日间峰值的主导作用；发现来自珠江三角洲地区中部不同高排放地区的前体物在夜间和上午的传输过程中不断混合，向位于下风向的西部和南部等城市郊区及边远地区提供了大量前体物，使得这些低排放地区出现活跃的光化学反应，提升了日间的 O_3 污染水平，导致了珠江三角洲地区区域性 O_3 污染的形成。Qu 等（2021）在研究台风外围天气对珠江三角洲地区 O_3 污染的影响中，基于 IPR 分析结果，对比分析了在受台风影响和无台风影响的不同条件下传输和化学等过程对边界层内（约 1 km 高度以下）日间 O_3 浓度变化的影响。如图 7-12 所示，对珠江三角洲地区的总体情况而言，O_3 主要来自水平传输和气相化学过程的贡献，垂直对流和扩散导致 O_3 浓度

下降；在秋季（以 2015 年 10 月为例）和夏季（以 2016 年 7 月为例）的 O_3 污染日，台风外围天气均会显著增强边界层内的水平传输贡献，但是其对气相化学过程的影响却不同。在秋季，台风外围天气一般带来低云量和强辐射等有利于光化学反应的气象条件，这使得边界层内的气相化学过程贡献比无台风的结果增加约 11%，而在夏季，台风外围天气一般会增加珠江三角洲地区的天空云量，减弱太阳辐射，气相化学过程的贡献相比无台风情况下降低约 21%。

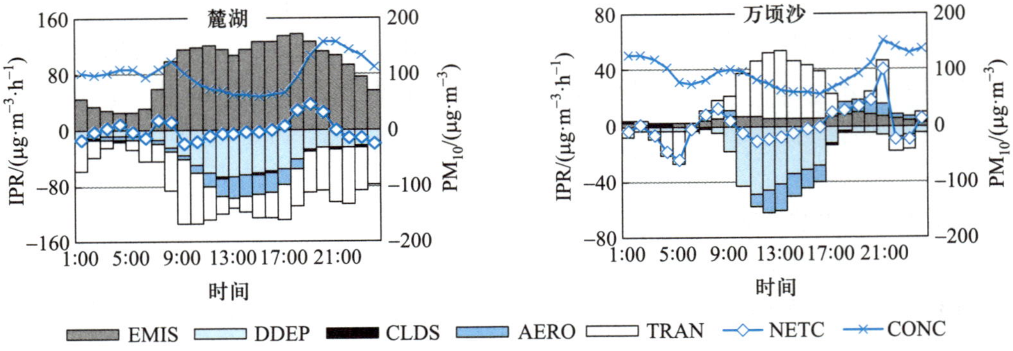

图 7-11　珠江三角洲地区城市和区域站点秋季 PM_{10} 浓度日变化的 IPR 分析结果

（资料来源：刘宁等，2012）

EMIS、DDEP、CLDS、AERO、TRAN 分别表示源排放、干沉降、云进程、气溶胶过程、传输过程的 IPR，NETC 表示所有过程的总积分速率，CONC 表示 PM_{10} 浓度。

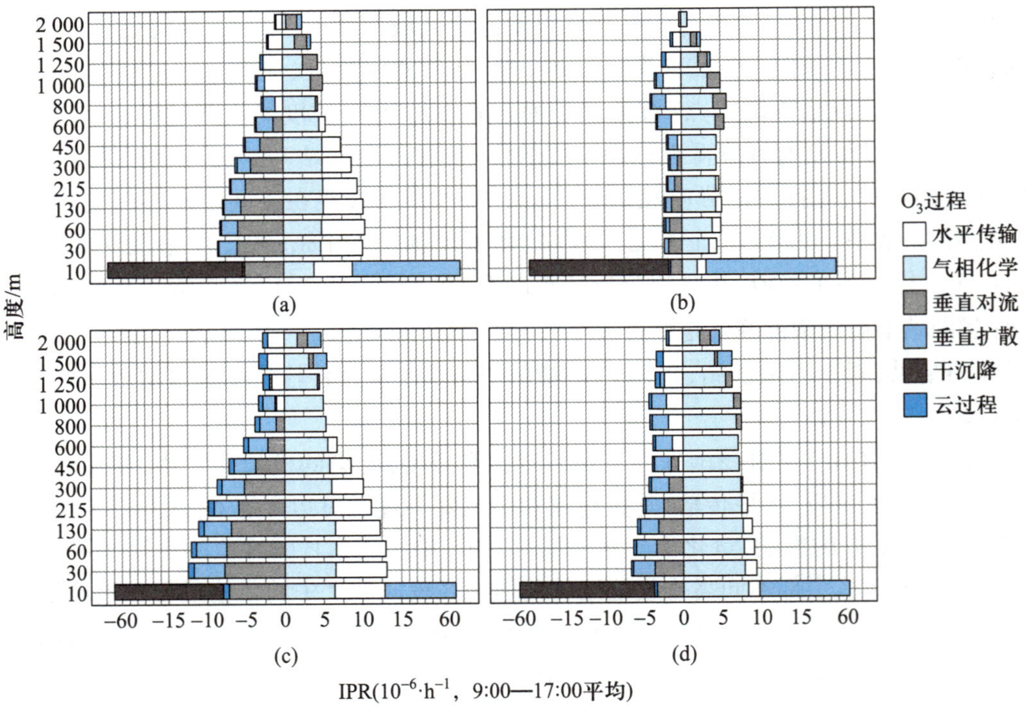

图 7-12　珠江三角洲地区 O_3 污染日各大气过程在不同高度上对 O_3 浓度变化的影响

（资料来源：Qu 等，2021）

（a）2015 年 10 月受台风外围天气影响的污染日；（b）2015 年 10 月未受台风天气影响的污染日；（c）2016 年 7 月受台风外围天气影响的污染日；（d）2016 年 7 月未受台风天气影响的污染日

二、敏感性分析技术

敏感性分析技术用于定量地估计模式输入数据和模式参数对污染物模拟结果的影响。强力法(brute-force method)是数值模拟研究中最常用的一种敏感性分析方法,该方法通过将基准情景下的模式模拟结果与模式输入或参数改变后重新模拟得到的结果做比较,来分析模式输出对模式输入或参数的敏感性。强力法的概念简单,所得结果容易解释;缺点是计算效率低,如果模式输出的响应是非线性的,那么计算得到的敏感性依赖于模式参数或输入变化的尺度,而且当参数或输入变化很小时,计算结果易受到数值计算误差的影响,不确定性会增加。去耦合直接法(decoupled direct method,DDM)是模式敏感性分析的另一种方法,它通过求解大气化学传输模式的敏感性方程,得到各类敏感性系数,进行敏感性分析。敏感性系数是指模式输出浓度对模式参数或输入的偏导数。同强力法相比,DDM 具有计算效率高,能够反映输入参数较小扰动带来的影响,并能有效避免数值计算误差影响等优点。

在大气污染模拟中,最常见的敏感性分析是研究污染物模拟浓度对污染源排放输入变化的响应。在 Models-3/CMAQ 模式和 CAMx 模式中都建有基于 DDM 的敏感性分析功能,能够计算模式输出浓度对污染源排放输入的敏感性系数,可用于研究二次污染物(如 O_3)受前体物(NO_x 和 VOCs)排放的影响规律,分析 O_3 和二次有机气溶胶的生成机制等问题。例如,Wang 等(2011)使用 Models-3/CMAQ 模式对我国珠江三角洲地区秋季 O_3 污染过程进行模拟,运用 DDM 技术分析了 O_3 与 NO_x 和 VOCs 排放间的敏感性关系,发现在珠江三角洲地区的西部、东部和北部,O_3 浓度受 NO_x 排放控制,而在污染经常发生的中部和南部地区,O_3 生成则主要处于 VOCs 控制区,并且 O_3 对前体物排放的敏感性在一天中存在变化,上午对 VOCs 更为敏感,到了下午转变为对两类前体物的敏感性相当,或对 NO_x 敏感性更高(图 7-13)。

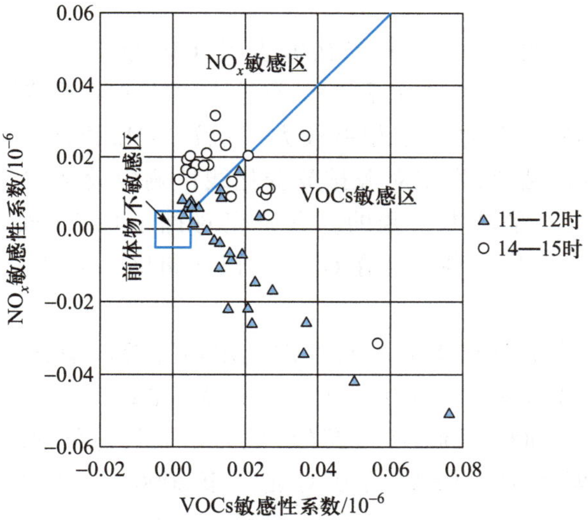

图 7-13 2004 年 10 月 4—31 日珠江三角洲地区开平站 O_3 对前体物的敏感性系数

(资料来源:Wang 等,2011)

三、污染来源解析技术

污染来源解析技术是指大气化学传输模式中用于量化污染源排放对大气污染物浓度贡献的技术和方法,常用的有强力法、去耦合直接法和示踪法。

强力法用于污染来源解析是通过对某类源的排放量进行扰动,以基础排放情境下(即扰动前)污染物模拟浓度与扰动后模拟结果的差值作为扰动源排放对污染物的浓度贡献。零排放法(zero-out modeling)是强力法的一种特殊情况,它将特定源排放设置为0,基础情境与扰动情境的模拟浓度之差视为该源的浓度贡献量。考虑大气中化学反应的非线性较强,强力法在解析 O_3 和二次有机气溶胶的来源时,容易受到非线性响应的影响而带来不确定性。

用于敏感性分析的DDM同样也可应用于污染物的来源解析,指用该方法得到的污染物浓度对某类源排放的敏感性系数作为该类源贡献量的估计值。对于惰性污染物或者排放量较小的污染源(或者排放扰动量较小的情况下),DDM和强力法计算的源贡献一般具有较好的一致性;对于二次污染物在排放扰动量较大的情况下,仅使用DDM计算的一阶敏感性系数进行估算,误差可能比较大,这时需要引入HDDM(高阶去耦合直接法)计算得到的高阶敏感性系数来量化污染物对源排放变化的非线性响应,从而得到更合理的源解析结果。

示踪法在模式中设置示踪物,通过示踪物与模式机理物种的同步在线模拟,实现对污染来源的示踪和源贡献的量化。CAMx模式中的臭氧来源识别技术(ozone source apportionment technology,OSAT)和颗粒物来源识别技术(particulate source apportionment technology,PSAT),以及CMAQ模式中的积分源解析方法(integrated source apportionment method,ISAM)都属于此种类法。以OSAT为例,该技术采用标记的方法,对所关注的污染源设置一组示踪物,利用它们追踪该污染源排放的 NO_x 和VOCs,以及生成的 O_3 在大气中的各种物理、化学过程(包括排放、传输、扩散、化学转化、沉降等),从而量化出该污染源 O_3 生成贡献的时空变化。

应用上述方法对细颗粒物的源解析研究表明,CMAQ模式的ISAM和强力法对细颗粒物中的一次颗粒物,以及 SO_2、NO_x 和 NH_3 等前体物的源解析结果基本一致,但是硫酸盐和硝酸盐等二次颗粒物的结果则相差较大;比较CAMx模式的PSAT、DDM与强力法获得的细颗粒物源解析结果,发现对源排放变化线性响应较强的污染物,不同方法得到的敏感性和源解析结果是基本一致的。有研究对比了CAMx模式中OSAT和DDM对 O_3 来源解析的结果,显示出两种方法在 O_3 来源识别和化学生成敏感性方面的结果较为一致。

掌握大气污染的来源规律是有针对性地制定污染控制措施的重要基础,基于化学传输模式的来源解析技术被广泛应用于大气污染物(尤其是二次污染物)的来源解析研究。例如,北京大学在2000—2002年主持的“北京市大气污染的成因和来源分析”科技专项中,利用CAMx模式中的OSAT方法对北京市2000年6月25日—7月2日两次严重的光化学污染过程进行了 O_3 来源分析。在该研究中,污染源排放被划分成6类:流动源、油品储运和溶剂使用排放源、工业面源(包括工业燃烧排放和工艺过程排放)、工业高架点源、其他人为面源和天然源;研究区域被划分为10个地理分区:北京市城近郊区，大兴和通州，房山和门头沟，昌平、顺义等北京市北部各区县，天津源区（包括天津市和廊坊市的三河、大厂、香河），唐山和秦皇岛，承德，张家口，保定、石家庄等河北省南部地区，山西、内蒙古、辽宁、山东各省及渤海。在运行CAMx模式模拟北京市光化学污染过程的同时，模式内嵌的OSAT模块计算出不同地区各类污染源排放对O_3的生成贡献。

1. 各类源排放对O_3的生成贡献

北京市在2000年6月27日出现了O_3浓度严重超标的情况，以这一天14时各类污染源对京津及周边地区近地面O_3浓度贡献的解析结果为例，从对O_3贡献的空间分布来看，各类人为源生成O_3的高值区域主要出现在北京市城近郊区的下风向，位于海淀区北部、昌平、延庆等地，此外，天津市区、唐山市区的下风向也有一定浓度的O_3生成。这一空间分布特征与大、中城市市区人为源排放量显著高于周边地区的实际情况相吻合。对于天然源生成的O_3，其空间分布与人为源的情况不太一样，此时的最大浓度出现在张家口市境内，这是由于天然源贡献的O_3在空间分布上受到了天然源VOCs排放和人为源NO_x排放的共同影响。另外，27日14时的O_3源解析结果显示，在各类污染源中，流动源贡献O_3的浓度最大，然后是油品储运和溶剂使用排放源，工业高架点源和工业面源贡献接近，天然源和其他人为面源的相对贡献较小。

2. 各地区源排放对O_3的生成贡献

对2000年6月27日14时，不同地区污染源排放对京津及周边地区近地面O_3生成贡献的解析结果表明，北京市城近郊区源排放贡献的O_3主要分布于城近郊区及其以北的地区，高值区域出现在海淀区和昌平区境内；大兴和通州、房山和门头沟这两个源区前体物排放对O_3的浓度贡献低于同一时间北京市城近郊区的贡献，除了对本地造成主要影响外，大兴和通州的源排放还对北京市城近郊区的O_3浓度水平产生一定影响。天津源区所包括的地理范围较大，因此源排放生成的O_3分布区域较广，同时由于天津市的污染源排放量较大，所贡献的O_3浓度较高。另外，6月27日天津源区排放对北京地区的O_3浓度产生了较大影响，而在7月1日14时，虽然当时天津源区排放生成的O_3浓度很高，但对北京地区的影响却很小，这主要与这两天不同的气象条件和大气传输特征有关。

3. 北京市城近郊区O_3来源的分担率

将北京市城近郊区作为受体，利用OSAT的计算结果，可以统计出不同种类污染源、不同地理分区的污染物排放对受体地区O_3浓度的贡献，从而研究受体地区的O_3来源分担情况。表7-11给出的是2000年6月27日13时和7月1日13时按污染源种类统计得到的北京市城近郊区O_3来源分担率，表7-12是按排放地区统计的结果。从这两个小时的情况来看，在各类污染源中，流动源对北京市城近郊区的O_3生成贡献最大，平均为32%，其次是油品储运和溶剂使用排放源、工业面源、天然源及工业高架点源，其他人为面源的贡献相对较小。从不同地区排放对北京市城近郊区O_3贡献的角度来看，北京市城近郊区本地源排放的贡献一般占有主要份额或较高份额，而来自外地的O_3贡献也占有相当的比例，外地贡献的多少往往受到气象条件的显著影响，位于上风向的大兴和通州、天津源区、河北省的保定、廊坊等地的源排放影响值得关注。

表 7-11 北京市城近郊区 O_3 来源分担率（按污染源种类统计）

污染源种类	O_3 来源分担率 /%	
	2000 年 6 月 27 日 13 时	2000 年 7 月 1 日 13 时
流动源	34.8	29.5
油品储运和溶剂使用排放源	15.5	14.8
工业面源	12.6	15.4
工业高架点源	8.7	6.5
其他人为面源	2.8	2.3
天然源	7.5	16.2
其他（初始、边界等的影响）	18.1	15.3

表 7-12 北京市城近郊区 O_3 来源分担率（按排放地区统计）

地理分区	O_3 来源分担率 /%	
	2000 年 6 月 27 日 13 时	2000 年 7 月 1 日 13 时
北京市城近郊区	24.6	46.8
北京东南部：大兴、通州	9.1	7.4
北京西南部：房山、门头沟	0.9	4.7
北京北部：昌平、延庆、顺义等	0.9	5.0
天津源区：天津及三河、大厂、香河	33.1	0.2
河北南部：保定、石家庄等	11.2	15.2
河北北部：承德	0.2	0.0
河北东北部：唐山、秦皇岛	1.2	0.0
河北西北部：张家口	0.6	3.7
山西、内蒙古、辽宁、山东及渤海	0.09	1.7
其他（初始、边界等的影响）	18.1	15.3

思考题

1. 什么是大气化学传输模式？大气化学传输模式在功能结构上包括哪几个层次？
2. 总结大气化学传输模式的发展历史，第三代模式与第一、二代模式相比，主要的进步体现在哪里?

3. 模式有哪些不同的类型?试着用本章没有提到的其他标准,对模式进行分类。

4. 什么是综合空气质量模式?综合空气质量模式具有哪些特点?

5. 模式的基本方程是什么?试推导拉格朗日坐标系下的模式基本方程。

6. 什么是特定化学机理?什么是归纳化学机理?归纳化学机理有哪些主要类型?试举例说明。

7. 在进行大气化学反应的模拟计算时,对反应体系中的物种进行拟稳态近似处理,需要考虑哪些因素?

8. 与气态污染物相比,气溶胶的数值模拟研究具有哪些复杂性?

9. 什么是气溶胶热力学平衡模式?列举并比较主要的气溶胶热力学平衡模式。

10. 什么是可凝结有机物气—粒分配的吸收理论?用于估算二次有机气溶胶生成量的双产物模型有哪些优点和不足?VBS 模型相比双产物模型有什么改进?

11. 模式性能评价有什么作用?对模式的操作评价和诊断评价有什么区别?

12. 什么是模式的敏感性分析?对模式进行敏感性分析有什么用途?

13. 什么是过程分析技术?积分过程速率分析与积分反应速率分析有什么不同和关联?

14. 请对比强力法和去耦合直接法应用于敏感性分析时的优缺点。

15. 基于大气化学传输模式的源解析技术主要有哪几类?它们的原理有哪些异同之处?

主要参考文献

[1] Bassett M, Seinfeld J H. Atmospheric equilibrium model of sulfate and nitrate aerosols [J]. Atmospheric Environment, 1983, 17: 2237–2252.

[2] Binkowski F S, Shankar U. The regional particulate matter model: 1 model description and preliminary results [J]. Journal of Geophysical Research, 1995, 100: 26191–26209.

[3] Byun D W, Ching J K S. Science algorithms of the EPA models-3 community multiscale air quality (CMAQ) modeling system. EPA/600/R-99/030, US EPA, March 1999.

[4] Carter W P L. A detailed mechanism for the gas-phase atmospheric reactions of organic compounds [J]. Atmospheric Environment, 1990, 24A: 481–518.

[5] Donahue N M, Epstein S A, Pandis S N, et al. A two-dimensional volatility basis set: 1. organic-aerosol mixing thermodynamics [J]. Atmospheric Chemistry and Physics, 2011, 11(7): 3303–3318.

[6] Donahue N M, Kroll J H, Pandis S N, et al. A two-dimensional volatility basis set-Part 2: Diagnostics of organic-aerosol evolution [J]. Atmospheric Chemistry and Physics, 2012, 12(2): 615–634.

[7] Donahue N M, Robinson A L, Stanier C O, et al. Coupled partitioning, dilution, and chemical aging of semivolatile organics [J]. Environmental Science and Technology, 2006, 40(8): 2635–2643.

[8] Fountoukis C, Nenes A. ISORROPIA Ⅱ: a computationally efficient thermodynamic equilibrium model for K^+-Ca^{2+}-Mg^{2+}-NH_4^+-Na^+-SO_4^{2-}-NO_3^--Cl^--H_2O aerosols [J]. Atmospheric Chemistry and Physics, 2007, 7: 4639–4659.

[9] Gery M W, Whitten G Z, Killus J P, et al. A photo-chemical mechanism for urban and regional scale computer modeling [J]. Journal of Geophysical Research, 1989, 94: 12925–12956.

[10] Goliff W S, Stockwell W R, Lawson C V. The regional atmospheric chemistry mechanism, version 2 [J]. Atmospheric Environment, 2013, 68: 174–185.

[11] Jenkin M E, Saunders S M, Pilling M J. The tropospheric degradation of volatile organic compounds: a protocol for mechanism development [J]. Atmospheric Environment, 1997, 31(1): 81–104.

[12] Jacob D J. Introduction to Atmospheric Chemistry [M]. Princeton: Princeton University Press, 1999.

[13] Jacobson M Z. Devepolment and application of a new air pollution modeling system - Part Ⅲ: Aerosol-phase simulations [J]. Atmospheric Environment, 1997, 31: 587–608.

[14] Jacobson M Z. Fundamentals of Atmospheric Modeling [M]. Cambridge: Cambridge University Press, 1999.

[15] Jacobson M Z. Development and application of a new air pollution modeling system - Ⅱ: Aerosol module structure and design [J]. Atmospheric Environment, 1997, 31(2): 131–144.

[16] Koo B, Knipping E, Yarwood G. 1.5-Dimensional volatility basis set approach for modeling organic aerosol in CAMx and CMAQ [J]. Atmospheric Environment, 2014, 95: 158–164.

[17] Kroll J H, Seinfeld J H. Chemistry of secondary organic aerosol: Formation and evolution of lowvolatility organics in the atmosphere [J]. Atmospheric Environment, 2008, 42(16): 3593–3624.

[18] Kumar N, Russell A G. Comparing prognostic and diagnostic meteorological fields and their impacts on photochemical air quality modeling [J]. Atmospheric Environment, 1996, 30: 1989–2010.

[19] Leone J A, Seinfeld J H. Updated chemical mechanism for atmospheric photooxidation of Toluene [J]. International Journal of Chemical Kinetics, 1984, 16: 159–193.

[20] Meng Z, Dabdub D, Seinfeld J H. Size-resolved and chemically resolved model of atmospheric aerosol dynamics [J]. Journal of Geophysical Research, 1998, 103: 3419–3435.

[21] Meng Z, Seinfeld J H. Time scales to achieve atmospheric gas/aerosol equilibrium for volatile species [J]. Atmospheric Environment, 1996, 30: 2889–2900.

[22] Nenes A, Pilinis C, Pandis S N. ISORROPIA: A new thermodynamic model for inorganic multicomponent atmospheric aerosols [J]. Aquatic Geochemistry, 1998, 4: 123–152.

[23] Pitzer K S, Kim J J. Thermodynamics of electrolytes - Ⅳ. Activity and osmotic coefficients for mixed electrolytes [J]. Journal of American Chemical Society, 1974, 96: 5701–5707.

[24] Qu K, Wang X, Yan Y, et al. A comparative study to reveal the influence of typhoons on the transport, production and accumulation of O_3 in the Pearl River Delta, China [J]. Atmospheric Chemistry and Physics, 2021, 21: 11593–11612.

[25] Ramboll Environment and Health. User's Guide Comprehensive Air Quality Model with Extensions, Version 6.50 [S]. Novato, California, 2018.

[26] Russell A, Dennis R. NARSTO critical review of photochemical models and modeling [J]. Atmospheric Environment, 2000, 34: 2283–2324.

[27] Seinfeld J H. Ozone air quality models: A critical review [J]. Journal of the Air Pollution Control Association, 1988, 38(5): 616–645.

[28] Seinfeld J H, Pandis S N. Atmospheric Chemistry and Physics: From Air Pollution to Climate Change [M]. 3rd Edition. Hoboken, New Jersey: John Wiley & Sons, Inc., 2016.

[29] Sillman S. The use of NO_y, H_2O_2, and HNO_3 as indicators for ozone-NO_x-hydrocarbons sensitivity in urban locations [J]. Journal of Geophysical Research, 1995, 100: 14175–14188.

[30] Stockwell W R, Middleton P, Chang J S, et al. The second generation Regional Acid Deposition Model chemical mechanism for regional air quality modeling [J]. Journal of Geophysical Research, 1990, 95(10): 16343–16367.

[31] Stockwell W R, Kirchner F, Kuhn M. A new mechanism for regional atmospheric chemistry modeling [J]. Journal of Geophysical Research, 1997, 102(22): 25847–25879.

[32] Stokes R H, Robinson R A. Interactions in aquesous non-electrolyte solutions: Ⅰ. Solute-solvent equilibria[J]. Journal of Physical Chemistry, 1966, 70: 2126-2130.

[33] Wang X, Zhang Y, Hu Y, et al. Decoupled direct sensitivity analysis of regional ozone pollution over the Pearl River Delta during the PRIDE-PRD2004 campaign[J]. Atmospheric Environment, 2011, 45: 4941-4949.

[34] Wang X, Zhang Y, Hu Y, et al. Process analysis and sensitivity study of regional ozone formation over the Pearl River Delta, China, during the PRIDE-PRD2004 campaign using the Community Multiscale Air Quality modeling system[J]. Atmospheric Chemisity and Physics, 2010, 10: 4423-4437.

[35] Wexler A S, Lurmann F W, Seinfeld J H. Modeling urban and regional aerosols. 1. Model development[J]. Atmospheric Environment, 1994, 28: 531-546.

[36] Yarwood G, Morris R, Yocke M, et al. Development of a methodology for source apportionment of ozone concentration estimates from a photochemical grid model. Presented at the 89th AWMA Annual Meeting, Nashville TN, June 23-28, 1996.

[37] Zaveri R A, Peters L K. A new lumped structure photochemical mechanism for large-scale applications[J]. Journal of Geophyscial Research, 1999, 104(D23): 30387-30415.

[38] 刘峻峰,李金龙,白郁华. 大气化学模式的数值计算方法[J]. 环境科学研究, 2000, 13(1): 44-49.

[39] 刘宁,王雪松,胡泳涛,等. 珠江三角洲秋季 PM_{10} 污染模拟与形成过程分析[J]. 中国环境科学, 2012, 32(9): 1537-1545.

[40] 王雪松. 区域大气中臭氧和二次气溶胶的数值模拟研究[D]. 北京: 北京大学, 2002.

[41] 王自发,谢付莹,王喜全,等. 嵌套网格空气质量预报模式系统的发展与应用[J]. 大气科学, 2006, 30(5): 778-790.

[42] 颜鹏,李维亮,秦瑜. 近年来大气气溶胶模式研究综述[J]. 应用气象学报, 2004, 15(5): 629-640.

第八章　气候变化与大气化学

大气中的化学成分对短波或长波辐射的吸收、散射影响了大气辐射平衡，因此大气化学成分的变化最终导致全球气候变化。本章首先介绍了大气辐射传输过程的理论与概念，在“大气污染与气候变化”一节介绍了大气污染与气象条件和气候变化的相互作用，大气痕量组分对辐射平衡的直接影响，大气化学过程对辐射平衡的间接影响，气候变化对大气化学过程的影响，气候—大气化学耦合模式。在“温室效应及温室气体”一节，主要介绍了气体分子的红外吸收和发射，大气中的温室气体及其辐射强迫，全球变暖潜势等。在“气溶胶的辐射强迫”一节，介绍了气溶胶－辐射及气溶胶－云相互作用，气溶胶的总辐射强迫评估。在大气组分与气候变化趋势”一节，介绍了气候与大气组分变化理论，地质历史时期古气候的重建及温室气体的重建方法，人类活动造成的大气组分浓度变化。在“气候变化与臭氧层损耗的耦合机制”一节，介绍了臭氧层损耗对气候变化的影响，以及气候变化对臭氧层损耗的影响。最后，在“碳中和与大气环境变化”一节，介绍了碳中和概念及碳中和实现路径，进而从大气物理环境变化与大气化学组分变化等角度讨论了碳中和与大气环境变化。

第一节　大气辐射传输过程

太阳辐射是地球最重要的能量来源。地球离太阳的远近、对太阳辐射的接收能力和地球大气系统自身向外辐射的能力成为决定地球大气系统气候状况的最基本因子。

一、大气对辐射的吸收和散射

（一）吸收过程

吸收：空气分子与电磁波发生相互作用时，一部分电磁场的能量转化为分子或原子内部的能量。被吸收的能量一般变为分子或原子的内能，可使温度增加，也可变化为化学能或导致光化学反应。

一方面，空气分子对辐射能的吸收与分子内部的能级结构有关，具有波长选择性。吸收一般都伴随着分子内部的能级跃迁。只有满足跃迁所需要的能量才被吸收，相对应的是某一个频率的辐射被吸收。

另一方面，频率合适的光子是否被吸收存在着一个概率分布，它决定了吸收系数的大小。对一个吸收分子来说，常用吸收截面σ来表示，单位为cm^2/分子。

单位体积中有N个分子（分子/cm^3），它的吸收系数k_{ab}（cm^{-1}）：

$$k_{ab}=\sigma_{ab}N$$

一束波在吸收气体中通过路径dl时，其强度I变化为

$$\Delta I=-IN\sigma_{ab}dl$$

对整个路径积分

$$I = I_0 e^{-\int_0^L \sigma_{ab} N dl}$$

（二）散射过程

散射：电磁波照射到折射率分布不均匀的介质发生波传播方向改变的现象。大气中的空气分子、水滴、气溶胶粒子、冰晶等颗粒物会造成散射，由于温度不均匀导致的湍流块也会造成散射。散射过程的特点是波传播的方向发生改变。若散射波的波长不变，则这种过程称为弹性散射；若散射波的波长发生变化，则这种过程称为非弹性散射，主要是拉曼散射。

入射光在粒子上的散射称为一次散射；散射光在其他粒子上的进一步散射称为多次散射。多次散射可以反复进行，使整个散射过程变得异常复杂。

散射参数与入射电磁波的波长、散射粒子的大小与形状、粒子的折射率有关。散射理论表明，散射特性只与尺度数 $x=2\pi r/\lambda$ 有关。短波长的波在小粒子上的散射、长波长的波在大粒子上的散射可能是一样的。此外，散射会改变波的偏振状态，散射光分布和散射的效率都与入射光的偏振状态有关。

粒子的散射特性依据其相对尺度数 x 的不同可用三种不同的理论来处理。当 $x \ll 1$ 时，用瑞利（Rayleigh）散射处理；当 $0.1<x<50$ 时，用米（Mie）散射处理；当 $x>50$ 时，用几何光学方法处理。

（三）大气散射参数的观测研究

主要的大气散射参数包括散射、吸收和消光系数、单散射反射率、相函数和对称度因子、整层大气的光学厚度等。

消光系数 k_{ex}（所有消光因素的总效果）是测量最多的一个参数。地面消光系数的观测最基本的方法是入射光（I_0）通过一段距离（l）的衰减，即根据下式测出 I 值后即可计算出 k_{ex}。

$$I = I_0 e^{-k_{ex} l}$$

光学厚度 δ 是一段路径大气消光系数的总和，其定义为

$$\delta = \int k_{ex} dl$$

垂直路径 z 的大气光学厚度为

$$\tau(z) = \int_z^{\infty} k_{ex} dz$$

整层大气垂直光学厚度为

$$\tau(0) = \int_0^{\infty} k_{ex} dz$$

用太阳光度计可测量整层大气垂直光学厚度，它以太阳作为光源，测量其直接辐射强度 S 随天顶距 θ_0 的变化。对水平分层大气有：

$$S = S_0 \exp[-\tau(0)\sec\theta_0]$$

式中：S_0——大气外界的太阳辐照度；

$\tau(0)$——整层大气垂直光学厚度。

太阳光度计一般测量某一点的大气光学厚度，通过卫星遥感的方法可获得面上的光学厚度分布。

二、辐射在大气中的传输

（一）短波辐射在大气中的传输

短波辐射指波长为0.2~4.0 μm的辐射。在这一波长范围，大气自身的热辐射相对较弱。该波段的波长与大气气溶胶的尺度相近，因此要考虑气溶胶的散射和吸收过程。

短波辐射在大气中传输时，其消光系数（光学厚度）由四部分构成，即空气分子的瑞利散射、空气分子的选择吸收、气溶胶粒子的散射、气溶胶粒子的吸收。其中空气分子的选择吸收主要是O_3、水蒸气和O_2等比例相对稳定的气体的吸收，而气溶胶粒子的吸收常常被忽略。波数为λ的光的消光系数k_λ可以写为

$$k_\lambda = k_{\lambda,R} + k_{\lambda,a} + k_{\lambda,O} + k_{\lambda,W} + k_{\lambda,G}$$

式中： $k_{\lambda,R}$——空气分子的瑞利散射；

$k_{\lambda,a}$——气溶胶粒子的散射；

$k_{\lambda,O}$、$k_{\lambda,W}$和$k_{\lambda,G}$——O_3、水蒸气和O_2等相对稳定的气体的吸收。

相应的整层大气垂直光学厚度为

$$\begin{aligned}\tau_\lambda(0) &= \int_0^\infty k_\lambda(z)\mathrm{d}z = \int_0^\infty (k_{\lambda,R} + k_{\lambda,a} + k_{\lambda,O} + k_{\lambda,W} + k_{\lambda,G})\mathrm{d}z \\ &= \tau_{\lambda,R}(0) + \tau_{\lambda,a}(0) + \tau_{\lambda,O}(0) + \tau_{\lambda,W}(0) + \tau_{\lambda,G}(0)\end{aligned}$$

太阳直接辐射在大气中传输时会由于空气分子和气溶胶粒子的吸收和散射而使强度减弱，即消光。到达地面的太阳直接辐射强度为

$$S(\lambda) = S_0(\lambda)\mathrm{e}^{-\int_0^\infty k_{ex}(\lambda,z)\sec\theta\mathrm{d}z}$$

（二）长波辐射在大气中的传输

由于地球—大气系统的温度为200~300 K，其辐射能量主要集中在4~120 μm，这种辐射常称为长波辐射或地球辐射。地球—大气系统各个组成辐射出的能量在系统传输过程中，一部分被其他组分吸收，一部分从大气顶射出，离开地球—大气系统。从大气顶离开地球—大气系统的长波辐射称为出射长波辐射，其数量和分布对地球大气气候有着十分重要的影响。

地面对于长波辐射的吸收率A_λ接近常数（故可认为地面为灰体，吸收率取常数A，A接近1）。

大气的长波辐射不仅与吸收物质（水蒸气、CO_2与O_3）的分布有关，也与大气温度和压力有关。整层大气的长波吸收在8~12 μm处有一个大气窗，它恰好在地面长波辐射最强的波段。液体水的吸收在长波区很强，一般都可把云体当作黑体表面。

长波辐射在大气中的传输过程有以下特点：地球与大气都是红外辐射源，通过大气中的任一平面射出的都是具有多个方向的漫射辐射；除非在云或尘埃等大颗粒质点较多时，否则大气对长波辐射的散射削弱极小，可忽略不计；大气不仅是削弱辐射的介质，它本身也放射辐射，有时其放射的辐射甚至会超出吸收部分，因此必须将大气的放射与吸收同时考虑。

（三）辐射平衡

1. 地球—大气系统的辐射平衡

地球—大气系统短波和长波辐射的总和决定能量是净收入还是净支出。从全球长期平均温度来看，地球—大气系统的温度多年基本不变，对全球来说是辐射平衡。可用一个简单的地球—大气系统辐射平衡模式来估算地球—大气系统的辐射平衡。设地球—大气系统是一个半径为 R 的球，它对短波辐射的反射率为 A，则其接收的太阳短波辐射为

$$S_0\pi R^2(1-A)$$

S_0 为太阳常数。设地球—大气系统可看作黑体，其有效温度为 T_e，它向宇宙空间发射的长波辐射能为

$$4\pi R^2\sigma T_e^4$$

在地球—大气系统达到辐射平衡时：

$$S_0\pi R^2(1-A)=4\pi R^2\sigma T_e^4$$

$$T_e=\sqrt[4]{\frac{S_0(1-A)}{4\sigma}}$$

取 S_0=1 367 W/m^2，A=0.3，可算出 T_e=255 K（约 −18 ℃），这就是地球—大气系统平衡时的有效温度。

地球—大气系统的有效温度取决于两个因子，一是太阳常数，二是地球—大气系统的行星反照率。

2. 地球大气的温室效应

地球—大气系统的有效温度为 255 K，实际上地球表面平均温度为 15 ℃，高于有效温度 33 ℃，这是大气“温室效应”的结果。

地球—大气系统的两个组成部分——地球和大气，对辐射的吸收和发射的特性是不同的。大气对短波辐射吸收很小，对长波辐射有吸收也有发射。这一特性如温室的玻璃，玻璃可让太阳的短波辐射通过，但对长波辐射的透射率低，因此温室内的温度可以比外边高。大气层包围在地球外面，起到温室玻璃的作用，使地面温度升高了 33 ℃。温室玻璃还有一个作用是隔绝了温室内外的空气对流，地球大气并没有这一作用。

设地球表面的温度为 T_g，地球—大气系统为黑体，大气层的温度为 T_a，行星反照率为 A，大气对短波辐射的吸收率为 A_S，对长波辐射的吸收率为 A_L。地面和大气顶辐射平衡时的方程为

$$\frac{\bar{S}_0}{4}(1-A)=\sigma T_a^4A_L+\sigma T_g^4(1-A_L)$$

$$\frac{\bar{S}_0}{4}(1-A)(1-A_S)+\sigma T_a^4A_L=\sigma T_g^4$$

求解上列方程可得

$$T_g^4=\frac{\frac{\bar{S}_0}{4}[(1-A)(2-A_S)]}{\sigma(2-A_L)}$$

$$T_a^4=\frac{\frac{\bar{S}_0}{4}(1-A)(A_S+A_L-A_SA_L)}{\sigma A_L(2-A_L)}$$

取 A_L=0.8，A_S=0.2，A=0.3，则 T_g=282.05 K，T_a=246.50 K。

可见，大气层的存在使地面平衡温度高于全球的有效温度，但大气层的平均温度却低于有效温度。当 A_L 加大时，地面平均温度也将升高。大气中对长波辐射吸收的主要气体是水蒸气、CO_2 和 O_3。这些气体的含量增加，将使 A_L 加大，从而导致地面增温。

3. 辐射平衡沿纬度的变化

由于地球上不同纬度带接收到的太阳辐射情况不同，它们所达到的平衡温度（T_φ）也不同。当两个相邻纬度带平衡温度不同时，会出现水平方向的能量输送。另外，当各纬度带平衡温度不同时，其下垫面的情况也将发生变化。尤其是对吸收太阳辐射较少的极区，低的平衡温度造成下垫面冰雪覆盖，而冰雪的高反射率又使该地区吸收的太阳辐射进一步减小。

$$T_\varphi=\frac{S_\varphi(1-R_\varphi)+K_0\bar{T}-A}{B+K_0}$$

式中：S_φ——某纬度带吸收的太阳辐射；

R_φ——该纬度带的行星反照率；

$\bar{T}$——全球平均温度；

K_0，A 和 B——经验常数。

4. 地面的辐射平衡

地面的净辐射通量 $F_{Surface}$ 是太阳辐射通量（或短波净辐射通量）F_{SW} 和长波净辐射通量 F_{LW} 之和：

$$F_{Surface}=F_{SW}+F_{LW}$$

短波和长波的净辐射通量可表示为

$$F_{SW}=F_{SW}^{\downarrow}-F_{SW}^{\uparrow}$$

$$F_{LW}=F_{LW}^{\downarrow}-F_{LW}^{\uparrow}$$

因此，总的净辐射通量为

$$F_{Surface}=F_{SW}^{\downarrow}-F_{SW}^{\uparrow}+F_{LW}^{\downarrow}-F_{LW}^{\uparrow}$$

入射的短波辐射通量 $F_{SW}^{\downarrow}$ 是太阳直接辐射通量和天空散射辐射通量之和，它有着显著的日变化和季节变化，并强烈地受到云的影响。

射出的短波辐射通量 $F_{SW}^{\uparrow}$ 是地面对入射辐射通量的反射，有

$$F_{SW}^{\uparrow}=A_gF_{SW}^{\downarrow}$$

A_g 是地面反射率。因此地面短波净辐射通量为

$$F_{SW}=(1-A_g)F_{SW}^{\downarrow}$$

地面入射的长波辐射 $F_{SW}^{\downarrow}$ 来自大气，它取决于大气层的温度和湿度的垂直分布，并且与云的状况有密切的关系。地面射出的长波辐射通量 $F_{LW}^{\uparrow}$ 在给定地面的辐射率和温度以后，可

由斯特藩－玻尔兹曼定律算出。它随地面温度变化产生日变化，午后最强，早晨最弱。

大气中水蒸气和 CO_2 发射到达地面的长波辐射通量可用经验公式计算：

$$F_{LW}^{\downarrow}=\sigma T_g^4\left(a+b\sqrt{e}\right)$$

式中：e——蒸气压；

a、b——经验常数。

地面的净辐射通量可写为

$$F_{Surface}=F_{SW}^{\downarrow}\left(1-A_g\right)-\varepsilon\sigma T_g^4+F_{LW}^{\downarrow}$$

在白天无云条件下，它是正值，使地面加热，在夜间则为负值，使地面降温。从全年平均值看，各地地面净辐射通量 $F_{Surface}$ 是正的，即地面的辐射收入总是大于支出。多出的能量用于地面水分蒸发，以潜热形式或以热对流方式直接给予大气。

5. 整层大气的辐射平衡

整层大气的辐射平衡关系可写为

$$F_{大气}=F_{大气上界}-F_{地面}$$

在大气上界净辐射通量为零，$F_{大气上界}=0$。而 $F_{地面}$一般为正的。因此就整层大气而言，辐射平衡为负的。这里所缺少的那部分能量通过地面提供的显热和潜热而得到补偿。

6. 各层大气的辐射平衡

取高度为 $z\sim z+\mathrm{d}z$ 的薄层大气，其上、下边界的净辐射通量分别为 $F(z)$ 和 $F(z+\mathrm{d}z)$，则这层大气的变温率为

$$\rho c_P\left(\frac{\partial T}{\partial t}\right)\mathrm{d}z=\frac{\partial F}{\partial z}\mathrm{d}z$$

$$\frac{\partial T}{\partial t}=\frac{1}{\rho c_P}\frac{\partial F}{\partial z}$$

式中：F——净辐射通量；

c_P——定压比热容；

ρ——空气密度。

上式中变温率的单位为℃ /d，则

$$\frac{\partial T}{\partial t}=\frac{8.64\times10^4}{\rho c_P}\frac{\partial F}{\partial z}$$

净辐射通量包括短波辐射的净通量和长波辐射的净通量。上、下两个面短波辐射的净通量差取决于这一层大气对太阳辐射的吸收能力。长波辐射引起的变温率取决于这层大气中对长波辐射吸收物质的多少及大气层本身的温度。大气中对长波辐射吸收的物质主要是水蒸气、CO_2 和 O_3，它们一方面吸收辐射，另一方面又放射辐射，其最终的结果取决于许多复杂的因素。

（四）观测到的辐射平衡

1. 大气层顶部观测到的辐射平衡

全球大气顶观测到的行星反照率在赤道地区最小（约 20% 或更小一些），反照率向两极逐渐加大，在极地达到最大（一般为 60%~95%），冰雪覆盖和较大的太阳天顶角导致极地高

的反照率。热带区域的极小值位于海洋上，副热带大陆上的反照率稍大，这与云的分布相联系。年平均有效太阳辐射的分布与反照率呈负相关，最大值大致位于热带海洋，然后向极地逐渐减小。

地球大气向外发射的长波辐射通量在副热带地区有最大值（一般为 270~280 W/m²），然后向两极减小，在极地约为 160 W/m² 或更小。热带地区的数值大致与云的分布呈负相关。因为有云存在时，发射取决于云顶较低的温度，所以发射的辐射通量也较少。

大气顶净辐射通量的年平均分布呈纬向分布。赤道附近净能量输入为 60~70 W/m²，而在南极和北极，能量损失约为 100 W/m²。对年平均而言，海洋地区吸收的能量较陆地多，这表明大气环流必然将净能量自海洋向陆地输送。

入射的太阳辐射通量在冬半球有很强的梯度（从夏半球副热带的 475 W/m² 逐渐减小至冬半球极区的 0 W/m²）。但在夏半球，随着纬度的增高，太阳辐射通量减弱很慢。这部分入射的太阳辐射通量有相当一部分被反射回太空，在高纬度被反射的能量就更多。夏半球吸收的太阳辐射通量也有显著的南北梯度。

大气顶出射的地球长波辐射通量在 30 °N—30 °S 有一个大范围的高值区，其值约为 250 W/m²。而在中高纬度区，数值则较低。射出长波辐射通量的南北梯度很小。从吸收的太阳辐射通量中减去出射的长波辐射通量，便得到净辐射通量。净辐射通量的分布与吸收的太阳辐射通量分布十分相似。

2. 地球表面观测到的辐射平衡

在地球表面任何一处收到的和反射的太阳辐射通量与长波辐射通量都有复杂的日变化、年变化及长年的变化。这和该处的地理位置、云、温度、湿度及地表状况等众多因子有关。

全球地球表面的年平均辐射通量见图 8-1。这是根据陆地和海洋上的一些直接观测资料计算得到的。

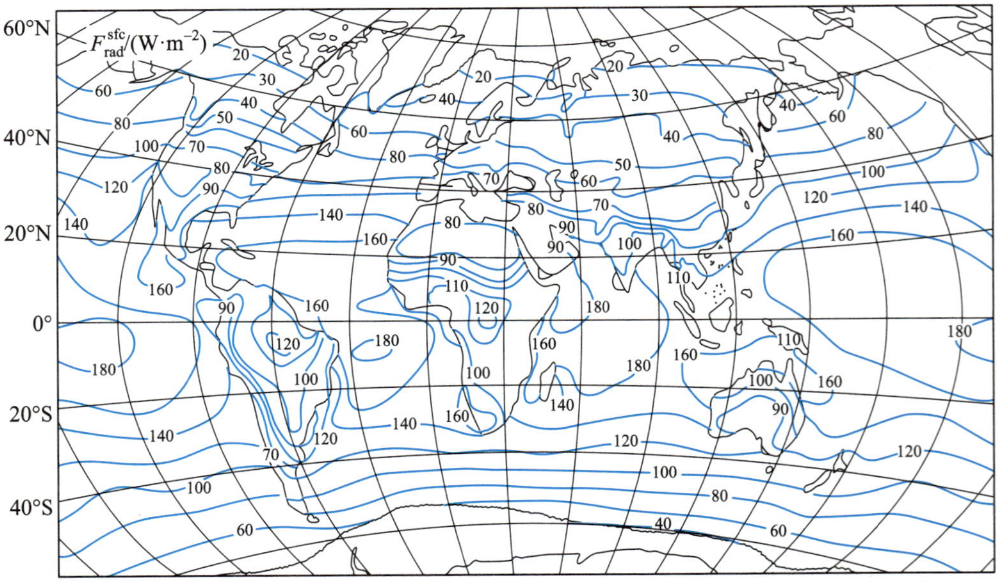

图 8-1 全球地球表面的年平均辐射通量

（资料来源：Budyko，1986）

辐射通量随纬度增加而减小，赤道附近为 160~180 W/m^2，60° 纬度处减小为 20~40 W/m^2。在全球大多数地区，地面的净辐射通量是向下的。不过在冬季极区，地面净辐射通量是向上的。这是因为极夜太阳入射辐射非常小或接近零。在同一纬度上，海洋上的净辐射通量大于陆面上，其最大值达 180 W/m^2，出现于热带海洋。赤道地区第二个极大值位于大陆上。热带的最小值位于沙漠地区，这是由于地面反射率较大、云量较少、湿度小及地面温度高。

3. 地球—大气系统总辐射平衡

图 8-2 是地球陆地年平均能量平衡的示意图。数字表明了对全球平均能量平衡组成部分大小的最佳估计，括号内是它们的不确定性范围，代表了 21 世纪初的气候条件。地表热向上通量既包含表面热辐射，也包含向下热辐射反射部分的少量贡献。

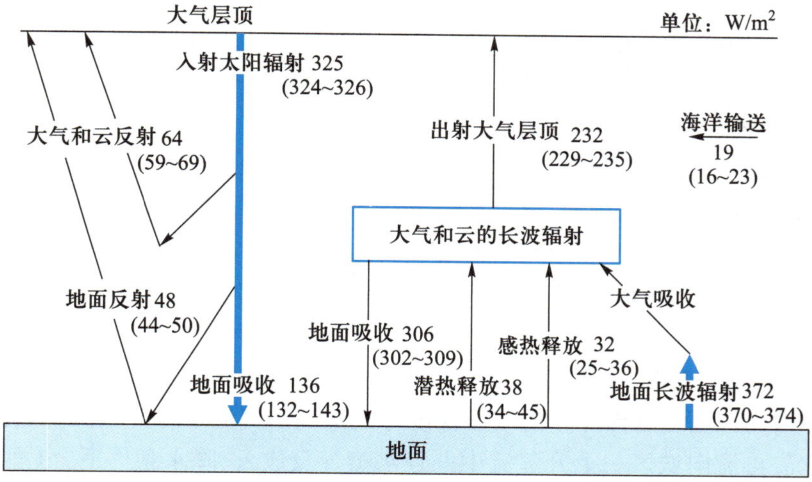

图 8-2 地球陆地年平均能量平衡的示意图

（资料来源：改编自 Wild 等，2015）

人类的活动大大改变了地表覆盖层性质，同时向大气排放了大量的温室气体和颗粒物，这在一定程度上改变了辐射平衡，不仅影响了大气光化学过程，也影响了天气过程并导致气候变化。

第二节 大气污染与气候变化

一、大气污染与气象条件的相互作用

（一）气象条件对大气污染的影响

大气层的厚度约为 160 km，95% 的大气成分集中在对流层，大气污染和天气现象都发生在这一层大气里。气象条件决定大气污染物的扩散和传播，风向、风速、气温、气压、湿度和降水的变化都会影响污染物的分布，进而影响其暴露水平和沉降量。

城市的空气污染物在大气中传输和扩散的区域主要是在距地面约 1 000 m 之内的大气层，即所谓“行星边界层”（planetary boundary layer）。这个边界层代表了地表在大气中能够影响风的性质的高度。在边界层内,湍流扩散对空气污染的传播有重要意义:高浓度的污染气团,通过湍流作用,与附近洁净气体混合稀释。大气的温度廓线对风及湍流有重要影响,低层大气的温度廓线决定了大气的稳定性。在大气非常稳定的情况下(静稳态),湍流将被大大减弱,大气的混合作用被抑制,在这种情况下容易发生大气重污染事件。

(二)大气污染对气象条件的影响

城市的存在使大气边界层的特征发生了很大改变:城市的人为热改变了大气扩散条件,城市的建筑结构使得风速降低而湍流加强。这些特征改变了大气污染可能扩散的程度,以及污染物在白天和夜间的属性,对城市的气象有显著影响。大气污染可降低能见度,减少太阳的直接辐射和日照时长。影响能见度的主要大气污染物包括硫酸盐、硝酸盐和黑炭。此外,大气污染更容易造成雾的增多,大城市中城区的日照时长往往低于郊区。大气污染也可能导致云量增加,其可能原因包括:城市的热岛效应有利于对流云的形成;城市下垫面粗糙度高,机械湍流作用有利于低云的形成。大气污染对降水的影响目前尚有争议,有的研究认为污染会导致降水增加,有的研究则认为污染会导致降水减少。

比较典型的城市气象有热岛效应和雨岛效应。

热岛效应指由于城市人口集中,建筑、公路密集,工业和民用的能源消耗散发大量热量,同时人造设施改变了下垫面的热力学性质,使城区的显热增加,此外,城市建筑的密集使得气流通行受阻。这些因素使得城市气温上升,并在空间分布上犹如一个突出于周围乡村的温暖岛屿,“热岛”之名由此而来。热岛效应导致城市年平均气温升高(尤其是夏季),以及污染物气团抬升。

雨岛效应则是由于“热岛效应”的存在使城区气压相对四周气压偏低,当区域尺度环流微弱时,这种因局部温度场而产生的气压梯度导致四周的气流聚合到城区。城区气流上升,并在四周下沉,再流向城区。上升气流中一旦水蒸气及成云、降水条件适合(如有足量凝结核),便可产生城区的对流雨,即“雨岛效应”。

二、大气污染和气候变化的相互作用

(一)气候敏感性

气候因为地球的能量平衡被打破而发生气温、降水及冰雪覆盖等方面的变化。气候敏感性可以理解为气候对地球能量变化响应的快慢和幅度。最常用的衡量气候变化的指标是地表的年平均气温。以工业革命前为基准,当 CO_2 浓度上升到工业革命前 CO_2 浓度的两倍,且气候系统完全响应到新的平衡状态时,全球地表平均气温的变化被称为“平衡态气候敏感性”(equilibrium climate sensitivity, ECS),简称为“气候敏感性”。基于多方面的观测与模拟数据,联合国政府间气候变化专门委员会(Intergovernmental Panel on Climate Change, IPCC)第六次评估报告(2021 年)估算,平衡气候敏感性的估值基本不可能低于 1.5 ℃,最可能的值是 3 ℃,可能区间是 2.5~4 ℃。

气候敏感性关注的是最后的平衡状态,要求一定的时间尺度以使得地球达到平衡。但是,已经发生的气候变化,以及预估的未来某一时期的气候变化都不能看作平衡态。因此,需要另一个量来衡量尚未达到平衡态时的气候敏感性,这个指标被称为“瞬态气候响应(transient climate response, TCR)”,定义为在 CO_2 浓度每年增长 1% 的情况下,CO_2 浓度达到工业革命前的二倍时(约需要 70 年),地表平均气温相对工业革命前的变化,用 T_s 表示。根据 IPCC 第六次评估报告的估算，瞬态气候响应最可能的值是 1.8 ℃，可能区间是 1.4~2.2 ℃。

（二）气候反馈

气候敏感性描述的是气候对辐射强迫变化的响应。最终响应的大小不仅取决于辐射强迫，还会受到各种反馈过程的影响。因此，气候反馈参数用于量化气候系统对因辐射通量变化引起的全球地表气温变化做出的响应，定义为

$$\alpha = \frac{\Delta N - \Delta F}{\Delta T_s}$$

式中：α——气候反馈参数 W/（m^2·℃）；

ΔN——对流层顶净辐射通量的变化，W/m^2；

ΔF——有效辐射强迫，W/m^2；

ΔT_s——全球平均地表气温的变化，℃。

气候反馈代表了气候响应通过一系列机制对地球辐射收支变化的反作用。

能够直接影响大气层顶辐射收支的气候反馈包括以下几个方面。

（1）水汽反馈：在地球的气候反馈中，水汽的反馈最强。根据克拉佩龙 – 克劳修斯（Clapeyron-Clausius）方程，大气中水汽含量严格受温度控制，大气每升温 1 ℃，其水汽容量相应增加 7%；当辐射强迫导致地表升温时，更多的水分蒸发进入大气，升温后的大气又能容纳更多的水汽，增加的水汽则会阻挡更多向外的长波辐射而增大大气层顶的辐射强迫。在目前的大气 CO_2 浓度情况下，水汽贡献了约 50% 的温室效应，CO_2 贡献约 20%。

（2）温度递减率反馈：温度递减率是否会引起气候反馈，取决于其是否和海拔高度的变化一致。如果随着海拔高度变化均匀变温，就没有气候反馈；而如果对流层上方升温更剧烈，那么往外的长波辐射将会增加，导致能量丧失，产生负的气候反馈。反之，如果地表升温更剧烈，那么往外的长波辐射减少，产生正向气候反馈。在热带地区，更多的水汽在对流层中上层凝结，释放潜热使得高层大气升温幅度大于低层大气，产生的负反馈作用较大，因此温度递减率最终的气候反馈效应为负。

（3）云反馈：云在很大程度上可改变地球辐射收支，云对地球温度的响应占了气候反馈总效应的主要部分。云量、云高、云粒子大小，以及云的相态改变都能影响大气层顶的辐射通量，且云的某种属性改变可能同时具有正、负两种反馈效应。不同高度的云辐射效应不同，高云更易阻挡向外长波辐射，而低云则以反射短波辐射为主，因此，高云的增多和低云的减少都会产生正反馈。

（4）地表反照率反馈：高纬度的雪面和海冰能够对地表气温的变化产生较快的响应，升温导致冰雪融化，从而减少地球—大气系统的反照率，使得从大气层顶往外反射出的短波辐射减少，向下的辐射强迫增大，产生正反馈。北冰洋海冰的减少导致了更多海面暴露，从而吸收更多的阳光照射；1979—2011 年，北冰洋因为冰面覆盖减少而导致多吸收的太阳辐射通量估算为 6.4 ± 0.9 W/m^2，平均到全球则约为 0.21 W/m^2。

气候系统对于辐射强迫的响应结果由多种气候反馈过程决定，因此气候反馈参数反映了气候系统中各种反馈过程的总效果。总体来说，对于稳定的气候系统，全球平均地表气温增加会引起更多的能量向太空散失，气候反馈参数为负值。IPCC 第六次评估报告估算的气候反馈综合评估如图 8-3 所示，其中净气候反馈参数为 –1.16［–1.81~–0.51］W/（m^2·℃），这主要是气候变化的基础反馈（也称为普朗克温度反馈）导致的，表明气候系统对外界向其

施加的辐射强迫的响应较为稳定。水汽和温度递减率的综合反馈对全球变暖的单一贡献最大，而云反馈仍然是整体不确定性的最大来源。

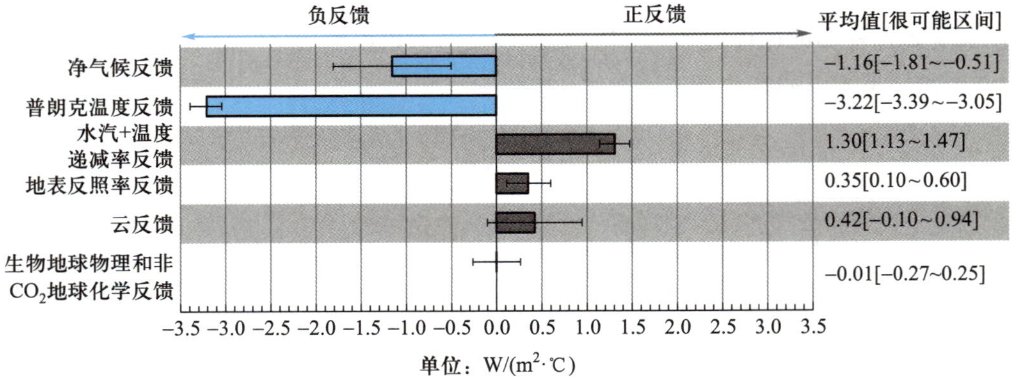

图 8-3 气候反馈综合评估

（资料来源：摘自 IPCC 第六次评估报告，2021）

注："很可能区间" 表示 5%~95% 的置信区间

（三）辐射强迫

气候系统总体趋于平衡状态，即地球—大气系统所吸收的太阳辐射应等于向外发射的红外长波辐射。如果某种扰动打破了这个平衡，气候系统就会通过调整地表气温来形成新的平衡。为了定量评估地球气候系统辐射收支的外加扰动，IPCC 引入了辐射强迫（radiative forcing）的概念。

辐射强迫指某一扰动作用于气候系统所产生的对流层顶净辐射通量（向上辐射与向下辐射的差值）的变化，单位是 W/m^2。任何能够打破气候系统平衡的扰动，称为辐射强迫因子。例如，某种温室气体大气含量的变化、气溶胶浓度的变化，以及太阳活动、火山喷发等。传统的辐射强迫是按照平流层温度已调整至辐射平衡状态，而地表和对流层仍保持未扰动的状态计算的。2014 年的 IPCC 报告引入了有效辐射强迫的概念。有效辐射强迫的计算考虑了气候系统的快速调整（如气温、水蒸气与云），只保持海洋与海冰在未扰动状态（也就是全球平均地表气温不变），因此能够更好地表征全球平均地表气温对辐射扰动的响应。

根据前述气候反馈参数的定义，可以看出对流层顶净辐射通量的变化、全球平均地表气温、有效辐射强迫和气候反馈参数 α 之间存在线性响应关系，如图 8-4 所示：

$$\Delta N = \Delta F + \alpha \Delta T_s$$

式中：ΔT_s——全球平均地表气温的变化，℃；

α——气候反馈参数，$W/(m^2 \cdot ℃)$；

ΔN——对流层顶净辐射通量的变化，W/m^2；

ΔF——有效辐射强迫，W/m^2。

因此，在平衡状态下（$\Delta N=0$），$ECS=-\Delta F_{2\times CO_2}/\alpha$。

（四）大气痕量组分对辐射平衡的直接影响

工业革命以来，人类活动对气候的影响开始加剧，特别是在化石燃料和生物质燃烧过程中向大气排放了大量温室气体和气溶胶，直接改变了辐射强迫，从而对局部和全球的气候

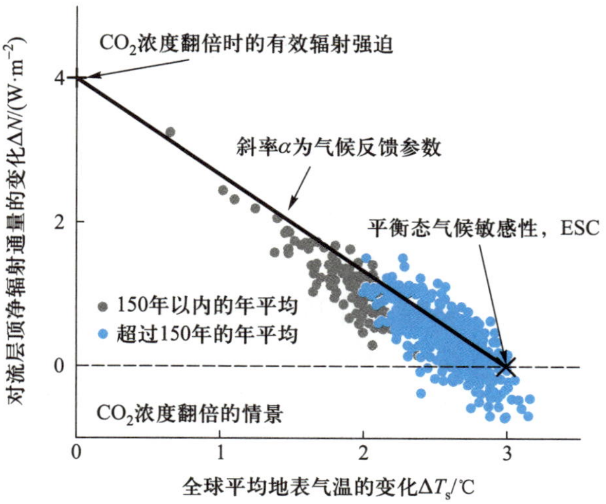

图 8-4　对流层顶净辐射通量的变化与全球平均地表气温的变化的关系
（资料来源：摘自 IPCC 第六次评估报告，2021）

产生了影响。影响气候变化的大气成分，根据其在大气中存留的时间，分为长寿命温室气体（CO_2）和短寿命的气候强迫因子（SLCFs）。SLCFs 在气候变化和大气环境中均有重要作用，主要由气溶胶（硫酸盐、硝酸盐、铵盐、含碳气溶胶、沙尘和海盐）和化学反应性气体[CH_4、O_3、某些卤代烃（HFCs）、NO_x、CO、VOCs、SO_2 和氨气等]组成。

2011 年大气中 CO_2、CH_4 和 N_2O 的含量分别为 391×10^{-6}、$1\ 803\times10^{-9}$ 和 324×10^{-9}；与工业革命之前相比，它们的浓度分别增长了约 40%、150% 和 20%。这三种温室气体的浓度已经超过了距今 800 000 年以来根据冰芯记录推算的最高大气浓度。

包括甲烷、黑炭、O_3 和 HFCs 等在内的短寿命污染物贡献了约 1/3 的温室气体辐射强迫。这类物质对气候的影响很强，但是它们在大气中的寿命相对短暂：黑炭的寿命为数天到几周，甲烷约为十年，HFCs 约为数十年。甲烷浓度上升会增加平流层的水蒸气浓度（约 7% 的甲烷会在大气层上层被氧化），也会通过与 NO_x 的反应导致对流层 O_3 浓度上升。因此，甲烷通过导致水蒸气和 O_3 浓度上升产生了间接的辐射强迫。

与温室气体仅仅影响地球往外的红外辐射不同，气溶胶对地球能量的输入和输出都有影响。气溶胶可通过散射和吸收太阳辐射直接影响气候，也可通过形成云凝结核间接影响气候。气溶胶数浓度的改变会导致云滴数量和大小改变，从而改变云的反照率和分布，还可能导致降水改变。粒径小于 1 μm 气溶胶的散射作用非常强烈，将来自太阳的辐射部分散射到太空，因此对地球有冷却作用。大部分气溶胶对辐射强迫的贡献为负值，但是黑炭由于吸收太阳辐射而对辐射强迫贡献为正值。

（五）大气化学过程对辐射平衡的间接影响

除了因大气痕量组分浓度变化对辐射平衡造成直接影响外，大气化学过程也会导致对大气辐射平衡的间接影响。如 H_2O、CH_4、CO、NO_x、O_3 和对流层太阳辐射会影响大气 ·OH 浓度，改变 $\cdot OH/HO_x\cdot$ 值；CH_4 和 CO 浓度增加可能通过将 $HO_2\cdot$ 转化为 ·OH 而导致 ·OH 浓度上升。由于许多辐射活性的重要大气成分都参与大气化学过程，自由基浓度变化影响这些大气组分的大气寿命，进而影响辐射效应。而且，大气化学过程还可影响大气 CO_2 浓度变化，作用于碳循环过程，并影响其他大气痕量组分的收支；虽然卤代烃和 N_2O 在对流层的大气化学反应可以忽略，但是进入平流层后可通过光化学反应导致臭氧层的破坏。O_3 和 ·OH 是对流层化学过程中最重要的成分，与 CH_4、CO、VOCs 和 NO_x 之间的反应彼此交错。尽管这些重要痕量成分的净辐射强迫对对流层表面的影响是可叠加的，但是其大气化学过程却往往是非线性的，其效应往往不可直接叠加，对气候造成的间接影响非常复杂。对流层化学过程对气候变化的影响目前尚未完全阐明。

（六）气候变化对大气化学过程的影响

气候变化对大气化学过程的影响，除了通过改变辐射、气温和降水等影响大气化学反应速率和进程外，还会影响大气成分的传输过程、大气成分收支、天然源排放和沉降速率（土地利用改变）等，改变大气成分从城市、区域到全球的输送和转化规律。这些影响往往具有很强的相互作用，例如，水蒸气含量的改变会影响多个大气成分的浓度，从而改变大气 ·OH 浓度及对流层 O_3 浓度。

（七）气候—大气化学耦合模式

气候—大气化学耦合模式主要用于研究大气污染与气候变化之间的相互作用，特别是气溶胶的直接和间接效应、O_3 和温室气体对全球和区域气候的影响。气候—大气化学耦合模式涉及短期气候强迫和化学反应性气体的气候强迫和反馈，用于分析大气化学成分的变化、预估其未来趋势，并估计这些变化对全球和区域气候的响应。根据空间尺度的不同可分为全球模式和区域模式两类。

代表性的全球气候—大气化学耦合模式有：AMTRAC（GFDL，美国）、GEOSCCM（NASA/GSFC，美国）、CCSRNIES（NIES，日本）、CMAM（MSC，加拿大）及 UMSLIMCAT（英国利兹大学）。

代表性的区域气候—大气化学耦合模式有：RegCM-Chem（ICTP，意大利）、RIEMS-Chem（IAP，中国）和 RegCCMS（ICTP，意大利）。

与全球气候—大气化学耦合模式相比，区域气候—大气化学耦合模式有较高的时间分辨率和空间分辨率，更重要的是，区域气候—大气化学耦合模式能够很好地模拟更小尺度的大气特征，满足大气化学和区域气候相互作用研究的需要。

第三节 温室效应及温室气体

大气中的一些微量气体，如水蒸气和 CO_2 等，能够吸收来自地面、大气和云层的红外辐射，并向外发射红外辐射。由于这些微量气体发射的红外辐射是朝着各个方向的，其中一部分辐射又将返回地面，净的结果是将能量阻截在底层大气中，使地面温度升高。这种作用机制被形象地称为天然温室效应（natural greenhouse effect）。能够产生温室效应的气体就称为温室气体。天然温室效应使地球大气的平均温度从 −18 ℃ 提升到 15 ℃左右，为人类和大多数动植物创造了适宜的生存温度。

工业革命以后，由于人类生产和社会活动的不断加强，CO_2、CH_4 和 O_3 等温室气体的大气浓度急剧升高，而 CFCs 等人工合成的温室气体也进入大气，导致温室效应增强（enhanced greenhouse effect）。温室效应增强在地球大气温度自然变化的基础上，叠加了人为因素造成的变暖，带来一系列的影响和风险。

一、气体分子的红外吸收和辐射

（一）气体分子对红外辐射的吸收

温室气体吸收红外辐射是由于气体分子能够发生振动－转动跃迁或纯转动跃迁，其跃迁的频率一般位于 1~100 μm 的红外区。只有能够产生振荡偶极距的分子才能发生振动－转动跃迁。同核双原子分子不能产生振荡偶极距，故大气中的 N_2 和 O_2 不能吸收地球长波辐射。

地球长波辐射的能量绝大部分被低层大气中的水蒸气、CO_2、CH_4、N_2O 和 O_3 吸收。图 8-5 给出了这几种气体的吸收光谱，以及它们对太阳辐射和地球长波辐射的总吸收。其中，水蒸气是最重要的温室气体，它在 6 μm 附近有一个较强的吸收带，而对 18 μm 以上的地面长波辐射则几乎能够全部吸收。CO_2 在 15 μm 有一个强吸收带，在 2.7~4.3 μm 的波段也有较强吸收。在 7~13 μm 的波段，地球本身辐射量很大，但 H_2O 和 CO_2 对它的吸收很小，地球—大气系统向外的长波辐射主要集中于此，因此被形象地称为“大气窗口”。在“大气窗口”中强烈吸收的温室气体有 O_3 和 CFCs 等，N_2O 和 CH_4 在其附近有强烈的吸收（图 8-5 和图 8-6），因此它们的浓度升高对温室效应增强十分有效。

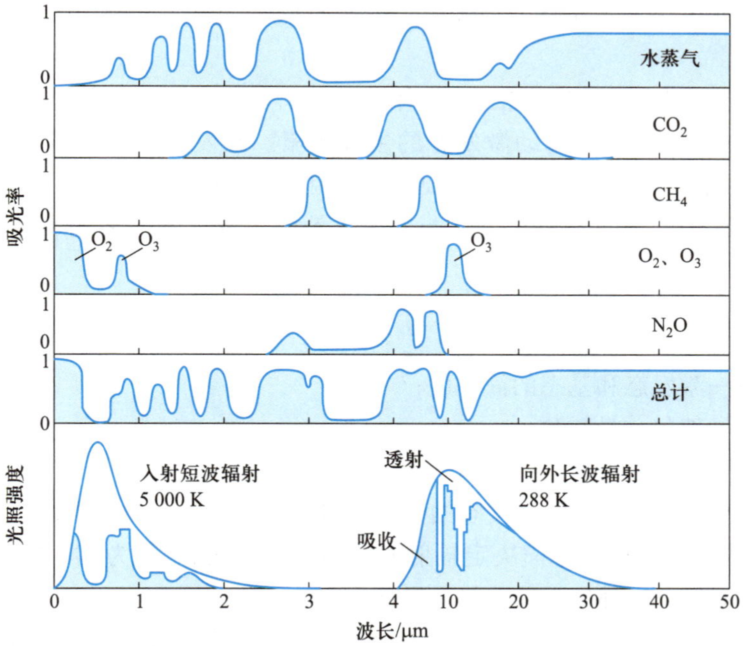

图 8-5　大气中几种天然温室气体的吸收光谱

（资料来源：引自 Masters，1998）

判断一种物质是不是大气中潜在的重要温室气体，主要从三个方面考虑：第一，该气体是否有足够宽的红外吸收带，在大气中的浓度是否足够高，是否能显著吸收红外辐射；第二，若该气体在 7~13 μm 的“大气窗口”有吸收，则对温室效应增强最有效；第三，大气寿命是否足够长。

（二）气体分子的红外辐射

处于基态（E_0）的分子可以通过碰撞活化和吸收光子两种途径跃迁至振动－转动激发态（E_1），跃迁至激发态 E_1 的分子又可以通过自发发射、受激发射和碰撞失活三种方式回到基态。受激发射在大气中不重要，自发发射的强度取决于处于激发态的分子数目。

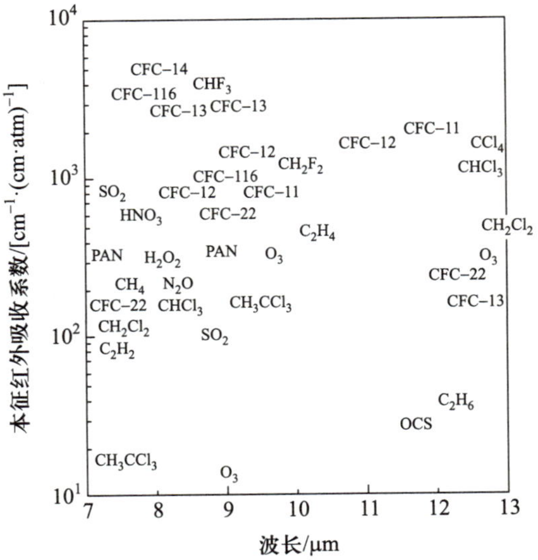

图 8-6 几种潜在温室气体在“大气窗口”的本征红外吸收系数

（资料来源：Ramanathan 等，1987；Ramanathan，1988）

由于对流层大气中气体浓度很高，气体分子具有较高的碰撞频率，碰撞活化是温室气体分子从基态跃迁至振动－转动激发态的主导因素。激发态分子的寿命相当长，一般为1~100 μs，碰撞失活也是激发态分子的主要归宿。因此，碰撞决定了分子在各个振动－转动能级的分布，处于激发态 E_1 的分子数目 N_1 与处于基态 E_0 的分子数目 N_0 符合玻尔兹曼分布：

$$\frac{N_1}{N_0}=\frac{g_1}{g_0}e^{-(E_1-E_0)/kT}$$

式中：g_1 和 g_0——激发态和基态的简并度；

k——玻尔兹曼常数；

T——环境温度。

由玻尔兹曼分布可知，处于激发态的分子数目随着温度降低而减少，因此辐射能量也随着温度降低而减少。这种由碰撞决定辐射能量的热平衡状态，称为“局地热力平衡”，从近地面到 50~60 km 的高空都处于局地热力平衡状态。

由于温室效应产生于地球—大气系统的辐射传输过程，温室气体的净效应由它对地球长波辐射的吸收与自身发射的红外辐射共同决定。温室气体的红外辐射强度由所处环境大气温度决定。平流层的温度随高度增加而升高，平流层中 CO_2 激发态分子的比例也随高度增加而增加，净结果是更多的辐射能量进入宇宙空间。因此，与对流层 CO_2 相反，平流层 CO_2 起降温作用。但由于平流层 CO_2 的浓度很低，对地球—大气系统的降温效应有限。

二、大气中的温室气体

引起温室效应增强的温室气体主要包括两种，一种能够吸收和发射辐射，称为辐射活性气体，另一种不能或只能微弱地吸收和发射红外辐射，但是可以通过化学转化来影响辐射活性气体的浓度水平，称为反应活性气体。

（一）辐射活性气体

辐射活性气体包括 CO_2、CH_4、N_2O 和卤代烃等寿命较长、在对流层大气中均匀混合的气体，也包括时空分布差异很大的 O_3 与平流层水蒸气。

O_3 既可以吸收紫外辐射，又可以吸收红外辐射，因此在平流层和对流层中都是重要的温室气体。O_3 的红外吸收带位于“大气窗口”中央，对流层 O_3 能够高效地吸收地球长波辐射，是一种非常重要的温室气体。O_3 可由光化学反应生成和去除，具有很高的反应活性，其浓度分布的时空差异大，加上平流层 O_3 注入和多种汇机制的存在使 O_3 的时空分布变得更加复杂。

在平流层，O_3 一方面强烈吸收太阳的紫外辐射，起到加热平流层的作用，另一方面发射红外辐射向下传输至对流层，也起到温室气体的作用。人为活动引起平流层 O_3 损耗，降低了平流层温度，使红外辐射强度降低；而 O_3 损耗本身也减少了平流层的红外辐射源。这样，由平流层向对流层传输的红外辐射也相应减少，降低了对流层温度。此外，平流层 O_3 损耗增强了进入对流层的紫外辐射，对流层大气的光化学过程变得活跃，·OH 浓度增加，加速了 CH_4 和 HFCs 等温室气体的去除，也间接起到了降低温室效应的作用。

近年来，人们认识到平流层水蒸气也可能起到温室气体的作用。平流层水蒸气主要分布在平流层下部，水蒸气浓度的增加可以增加向下传输至对流层的红外辐射，起到温室气体的作用。平流层水蒸气的来源包括热带地区对流层的传输、火山喷发、飞机尾气的排放，以及平流层甲烷与氢气的氧化。

（二）反应活性气体

除了 CO_2 和 H_2O，温室气体主要是通过大气化学过程去除的。分子中含有一个及一个以上 H 的温室气体（如 CH_4、HFCs 和 HCFCs）主要通过与对流层·OH 反应而被去除。因此，大气的氧化能力决定着温室气体的大气寿命。大气中的一些反应活性气体，包括 NO_x、CO 和 VOCs，虽然本身大气浓度微量或不能吸收红外辐射，但却影响着大气的氧化能力和 O_3 浓度，间接起到了温室气体的作用。

CO 是一种重要的间接温室气体。释放 100 t CO 所起到的温室作用相当于 5 t CH_4。VOCs 的大气寿命很短，对辐射的直接影响很小。它主要通过参与光化学反应和生成有机气溶胶来影响气候。

NO_x 是对流层大气化学的关键物质。NO_x 浓度的变化会影响几种温室气体的源和汇。例如，NO_x 浓度升高会使 CH_4 和 HFCs 浓度降低，同时会使对流层 O_3 浓度升高。

三、温室气体的辐射强迫

温室气体的辐射强迫可以是直接的，也可以是间接的。辐射活性温室气体通过吸收和发射辐射对辐射平衡产生的影响，称为直接辐射强迫。例如，CO_2、CH_4 和对流层 O_3 等吸收地球长波辐射所产生的辐射强迫是直接辐射强迫。一些温室气体可以通过影响化学转化过程和大气中反应活性物种（如·OH）的分布对辐射平衡产生间接的影响，称为间接辐射强迫，如反应活性气体 NO_x、CO 和 VOCs。

一些辐射活性气体也可同时产生间接辐射强迫，如 CH_4、平流层 O_3 和 CFCs。CH_4 的间接辐射强迫表现在与·OH 的反应上，通过与·OH 反应既减少了 CH_4 的大气寿命，又促进了对流层 O_3 和平流层水蒸气的生成，并影响气溶胶与卤代烃的大气寿命。平流层 O_3 损耗一方面使由平流层进入对流层的红外辐射减少，产生直接辐射强迫，另一方面使进入对流层的紫外光通量增加，加速了对流层光化学反应，产生间接辐射强迫。CFCs 的间接辐射强迫主要是通过吸收长波辐射及进入平流层消耗 O_3 而产生的。

考虑各个气候因子直接和间接效应的交互作用，IPCC 分别基于大气含量与排放量的变化进行有效辐射强迫的估算。基于大气含量的有效辐射强迫估算限于辐射活性气体与直接效应。1750—2019 年，在所有辐射活性气体中，CO_2 大气浓度变化的有效辐射强迫最大（2.16 W/m^2），其次是 CH_4（0.54 W/m^2），再次是 O_3（0.47 W/m^2）、卤代烃（0.41 W/m^2）与 N_2O（0.21 W/m^2）。平流层水蒸气（由甲烷氧化生成）的有效辐射强迫最小，不确定度也最大（0.05 ± 0.05 W/m^2）。

图 8-7 给出了 1750—2019 年各气候因子基于排放的有效辐射强迫估算。根据定义，估算不包括二次生成的温室气体如 O_3。由于间接效应的贡献，CH_4 排放增加导致的有效辐射强迫（1.21 W/m^2）显著高于 CH_4 浓度变化的有效辐射强迫（0.54 W/m^2）。对于卤代烃，尽管损耗平流层 O_3 产生负的有效辐射强迫，但净效应仍可能是正的辐射强迫。反应活性气体中，VOCs 和 CO 的排放增加产生正的有效辐射强迫（0.45 W/m^2）。而 NO_x 的排放增加降低 CH_4 的大气寿命，净效应可能为负的有效辐射强迫（−0.29 W/m^2）。

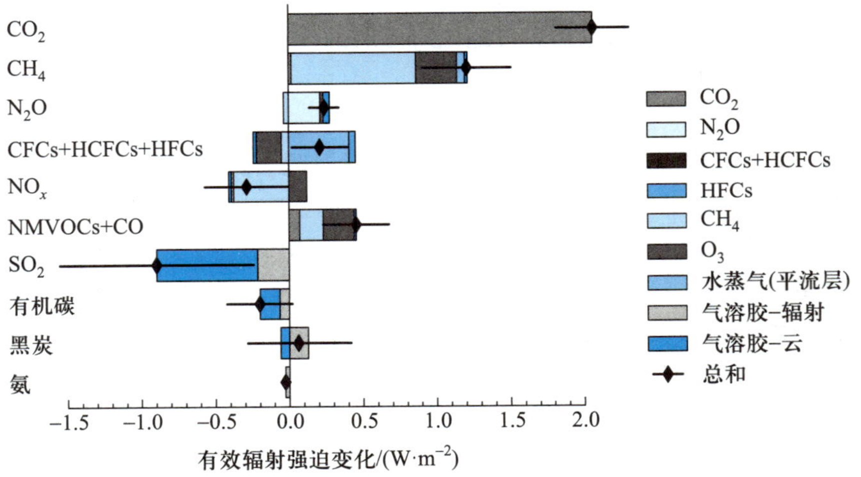

图 8-7 1750—2019 年各气候因子基于排放的有效辐射强迫估算

（资料来源：摘自 IPCC 第六次评估报告，2021）

四、全球变暖潜势

一定量温室气体的含量变化对大气所产生的影响不仅与它的辐射特性有关，而且与它在大气中的寿命有关。辐射特性决定了单位时间单位质量温室气体吸收的辐射量，寿命决定了该温室气体发生作用的时间长度。辐射强迫提供了一种简化的方法来比较不同温室气体对当前气候系统的影响，但对长期的影响无能为力。为了帮助决策者度量各种长寿命温室气体对地球变暖的潜在影响，IPCC 引入“全球变暖潜势”（global warming potential，GWP）的概念。

全球变暖潜势是一个相对概念，其定义为单位质量的某一温室气体在一定时间内相对于参考气体的累积辐射能力，即

$$\mathrm{GWP}(x)=\frac{\int_0^{TH} a_x\cdot[x(t)]\mathrm{d}t}{\int_0^{TH} a_r\cdot[r(t)]\mathrm{d}t}$$

式中：　TH——所考察的时间长度，a；

a_x——大气中所考察气体增加单位质量所产生的辐射效率，W/(m^2·kg)；

$[x(t)]$——所考察气体进入大气后的质量衰减函数（即该气体在 t=0 时释放到大气后，随时间衰减的比例），a^{-1}；

a_r 和 $[r(t)]$——参考气体的单位质量辐射效率和质量衰减函数，一般以 CO_2 作为参考气体。例如，N_2O 的 20 年 GWP 是 273，意味着现在释放 1 kg N_2O 在今后 20 年产生的全球变暖效应是现在释放 1 kg CO_2 的 273 倍。

考察时间长度的选择，主要由所关注的问题决定。如果关注地表温度变化等短期效应，那么选择较短的时间；如果关注海平面上升等长期效应，那么选择较长的时间。如果考察潜在的气候变化速度，那么选用较短的考察时间。标准的时间长度为 20、100 和 500 年。

表 8-1 列出 IPCC 第六次评估报告中几种长寿命温室气体的全球变暖潜势。全球变暖潜势这一指数已考虑各温室气体在大气层中的存留时间及其吸收辐射的能力。但在计算全球变暖潜势时，需要了解各温室气体在大气层中的演变情况和它们在大气层的余量所产生的辐射能力。因此，全球变暖潜势含有一些不确定因素，以 CO_2 作为相对比较，一般不确定性为 30%~50%。

表 8-1　几种长寿命温室气体的全球变暖潜势

温室气体	大气寿命 / 年	全球变暖潜势		
		20 年	100 年	500 年
CO_2	不确定	1	1	1
CH_4	11.8	82.5	29.8	10.0
N_2O	109	273	273	130
CFC-11	52	8 320	6 230	2 090
HFC-32	5.4	2 690	770	220
HFC-134a	14	4 140	1 530	436
CF_4	50 000	5 300	7 380	10 600

资料来源：摘自 IPCC 第六次评估报告，2021。

第四节　气溶胶的辐射强迫

大气气溶胶的增加一方面散射太阳作用，导致反照率增加，产生负的辐射强迫；另一方面吸收太阳光，产生正的辐射强迫。如硫酸盐和气溶胶的辐射强迫为负，黑炭的辐射强迫为正(图 8-8)。大气气溶胶通过气溶胶-辐射相互作用(又称"直接效应")和气溶胶-云相互作用(又称"间接效应")两种方式影响全球气候。如图 8-8 所示,目前估算全球气溶胶总辐射强迫与温室气体的辐射强迫大小可比,但方向相反。

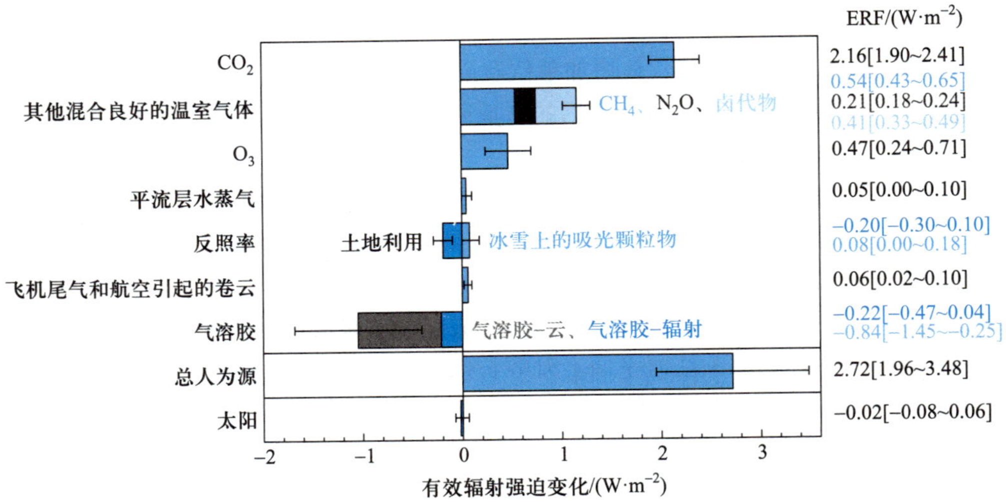

图 8-8 1750—2019 年各种辐射强迫因子的全球平均有效辐射强迫

(资料来源:摘自 IPCC 第六次评估报告,2021)

与温室气体相比,估算气溶胶的辐射强迫有很大的不确定性,且具有以下特点:① 气溶胶的直接和间接效应都与颗粒物粒径和化学组成有关,不能简单以气溶胶质量浓度衡量其辐射强迫的相对大小;② 气溶胶的辐射强迫与其浓度的关系是非线性的,天然源气溶胶的影响复杂;③ 气溶胶作为云的凝结核,影响云滴形成和降水的过程复杂,准确定量间接辐射强迫非常困难;④ 与其来源有关,对流层大气中气溶胶的停留时间很短(一般几天),而且差异很大,导致空间分布高度不均;⑤ 气溶胶的直接辐射强迫是太阳光短波辐射过程,主要在白天起主导作用。

因此,虽然气溶胶的负辐射强迫和温室气体辐射的正强迫在数值上可比,但是不能简单地看成是对温室效应的抵消。

IPCC 从第五次评估报告开始采用有效辐射强迫的概念。气溶胶-辐射相互作用的有效辐射强迫包括即时的大气层顶辐射变化(即时辐射强迫)和随后的调整过程。调整过程在 IPCC 第六次评估报告中被定义为气候强迫因子所造成的独立于全球地表平均温度变化的能影响大气层顶辐射通量的变化,包括对流层和平流层温度、水蒸气、云和某些地表性质(如植被变化造成的地表反照率的变化)。本节采用的估算气溶胶有效辐射强迫的时间段除特别说明外均为 2014 年相对于 1750 年,即 IPCC 第六次评估报告中所采用的时间范围,这也是大部分关于气溶胶的辐射强迫模式和观测评估研究所采样的时间范围。

一、气溶胶-辐射相互作用

气溶胶在大气中所占的质量比例非常小(约 $1:10^9$),但是其对辐射传递和气候变化的影响却非常显著。虽然人们早在 20 世纪 30 年代就认识到气溶胶可以散射和吸收太阳短波辐射而对气候变化产生影响,但是定量描述这种辐射强迫却进展十分缓慢,其中相对明确的是气溶胶–辐射相互作用引起的辐射强迫。

（一）气溶胶的消光作用

1. 散射和吸收

大气气溶胶的消光作用包括散射和吸收。单个粒子的光散射效率由粒子的粒径大小、折射指数、形状及入射光波长决定。吸收指粒子将接收的辐射能转变成其他形式的能（如热能、化学能）的过程。大气中气溶胶与光的作用以散射为主。

2. 散射类型

根据气溶胶的粒径与散射波长之间相对尺度 x 的大小，气溶胶的散射主要分为三类。

瑞利散射：粒径 <0.05 μm 的爱根核模态粒子比可见光波长小很多，主要发生瑞利散射。瑞利散射对波长很短的紫外光散射较大，对可见光的散射不大。

米散射：粒径在 0.1~1 μm 的积聚模态粒子的主要散射方式，对气溶胶辐射强迫作用起主要贡献。

消光佯谬（extinction paradox）：粒径大于 10 μm 的粗粒子模态粒子的散射方式。

（二）气溶胶的辐射特性及相关理化性质

1. 特征参数

气溶胶的辐射特性参数包括：气溶胶的光学厚度δ、消光系数σ_e（$\sigma_e=\sigma_{sp}+\sigma_{ap}$，$\sigma_{sp}$是光散射系数，$\sigma_{ap}$是光吸收系数）、相对湿度消光增长因子$f$（RH）、单次散射反照率 Ω 及不对称因子g。它们都是入射光波长的函数。单次散射反照率是表示气溶胶散射和吸收相对重要性的参数，定义为：$\Omega=\sigma_{sp}/\sigma_e$。不对称因子 g 反映的是粒子前、后向散射的相对强度，在 −1（完全后向散射）到 +1（完全前向散射）之间变化。以上参数除了光学厚度以外都可以通过米氏散射理论计算得到。

气溶胶消光系数$\sigma_e(\lambda)$（m^{-2}）的米氏散射理论计算公式为

$$\sigma_e(\lambda)=\int_0^{D_p^{max}}\frac{\pi D_p^2}{4}Q_e(m,\alpha)n(D_p)\mathrm{d}D_p \tag{8-1}$$

式中：$n(D_p)$——气溶胶数浓度，个 /m^3；

$Q_e(m,\alpha)$——量纲为 1 的消光效率因子；

D_p^{max}——气溶胶最大粒径，m；

α——尺度参数。

将气溶胶的密度代入式（8–2）可以得到气溶胶的质量消光效率E_e（g/m^2）、质量光散射效率E_{sp}（g/m^2）和质量光吸收效率E_{ap}（g/m^2）：

$$\begin{aligned}E_e(D_p,\lambda,m)&=\frac{3}{2\rho_pD_p}Q_e(m,\alpha)\\E_{sp}(D_p,\lambda,m)&=\frac{3}{2\rho_pD_p}Q_{sp}(m,\alpha)\\E_{ap}(D_p,\lambda,m)&=\frac{3}{2\rho_pD_p}Q_{ap}(m,\alpha)\end{aligned} \tag{8-2}$$

2. 粒径、化学成分和吸湿性的重要性

（1）粒径

积聚模态气溶胶颗粒粒径范围是 0.1~1 μm，可吸水使粒径变为 0.1~2 μm，在这个粒径

范围内，气溶胶的质量消光效率最高。积聚模态的气溶胶粒径与太阳短波辐射波长相近，具有最大的质量消光效率，同时其大气寿命较长，因此是辐射强迫的主要贡献者。积聚模态的水溶性气溶胶（如硫酸盐）是有效的云凝结核，因此间接辐射强迫也较强。爱根核模态会很快碰撞合并，而粗粒子模态气溶胶颗粒则很快沉降去除。

人为源气溶胶可大致分为五类：硫酸盐气溶胶、硝酸盐气溶胶、有机气溶胶（生物质燃烧或挥发性有机物氧化生成）、烟炱（Soot），以及由人为活动产生的沙尘气溶胶。这些气溶胶主要集中在积聚模态，是大气中积聚模态气溶胶数浓度和质量浓度的主要来源，显著影响大气气溶胶的时间和空间分布及其光学性质（表 8–2）。

表 8–2 污染大气和清洁大气气溶胶光学性质的区别

光学参数	污染陆地大气	清洁陆地大气（非城市）（人类干扰少）	清洁海洋大气（人为活动干扰可忽略）
光学厚度δ	0.2~0.8	0.02~0.1	0.05~0.1
单次散射反照率 Ω	0.8~0.95	0.9~0.95	接近 1
光散射系数σ_{sp} /Mm^{-1}	50~300	5~30	5~20
光吸收系数σ_{ap} /Mm^{-1}	5~50	1~10	0.01~0.05
亚微米级质量浓度 /($\mu g \cdot m^{-3}$)	5~50	1~10	1~5
CCN 数浓度 0.7%~1% 过饱和度 /cm^{-3}	1 000~5 000	10~1 000	10~20

资料来源：引自 IPCC，1994。

注：$Mm = 10^6$ m。

（2）化学成分

气溶胶的化学成分决定了气溶胶的光学性质和吸湿性，对直接辐射有重要影响。大气中的颗粒物通常不是单一组分的，而是不同来源污染物的混合体。气溶胶有两种混合状态：外混合，即不同成分的气溶胶颗粒物以独立个体的形式存在，单个颗粒物由单一的化学成分组成，如单个的硫酸盐或者黑炭颗粒物，对于不同化学成分的颗粒物，它们都有各自的粒径分布；内混合，指每个单颗粒物是由多种化学成分组成的，如以黑炭为内核外层覆盖硫酸盐等其他气溶胶颗粒物。假设气溶胶颗粒物由吸光物质黑炭和其他颗粒（如硫酸盐）混合而成，则外混合中两种不同光学特性的颗粒互不影响，可以简单地看作辐射强迫作用的加和；内混合中两种物质互相影响，混合后的光学性质复杂，吸光系数显著增加。

（3）吸湿性

气溶胶的吸湿性对气溶胶的粒径和形成云凝结核有重要作用。只有含有一定量吸湿性物质的气溶胶颗粒才能成为云凝结核。大气中吸湿性气溶胶种类丰富，包括硫酸盐气溶胶、海盐气溶胶和硝酸盐气溶胶等无机颗粒物，以及表面含有亲水基团的有机气溶胶等。气溶胶混合状态对气溶胶的吸湿增长也有影响。

颗粒物的吸湿性是决定其粒径分布及质量消光效率的重要因子，吸湿后气溶胶粒径和消光系数都会增大（见图 8–9）。例如，在 90% 的相对湿度条件下，硫酸铵的散射截面比干态下大 5 倍以上。

吸湿性对粒径的影响：吸湿性的气溶胶都有一个潮解相对湿度（deliquescence relative

humidity, DRH)。当环境相对湿度高于潮解相对湿度时，颗粒发生潮解并吸湿增长，粒径突跃增大。表 8-3 显示氯化钠在相对湿度为 75% 左右时，粒径发生了显著的变化，因此定义 75% 为氯化钠的 DRH。低层对流层大气的典型相对湿度可达 75%~80%，吸湿增长对气溶胶辐射强迫的影响非常大。

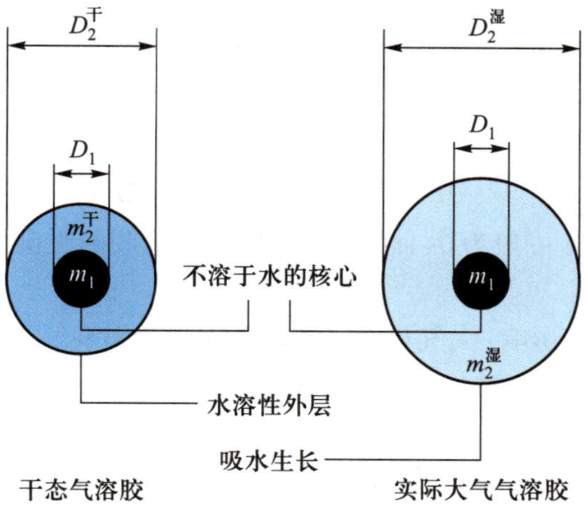

图 8-9　大气气溶胶吸湿生长

（资料来源：改自 Nessler 等，2005）

表 8-3　氯化钠颗粒半径随相对湿度的变化

相对湿度 /%	颗粒半径 /μm	相对湿度 /%	颗粒半径 /μm
80	5.4	60	3.8
75	5.1	50	3.6
70	3.8	>7	3.5
65	3.9		

资料来源：Kenneth, 1998。

不同颗粒的 DRH 不同。大气气溶胶大多是混合颗粒，不同组分之间相互影响，使相平衡变得很复杂。

大气气溶胶吸湿生长的 Köhler 公式（见下式）可以用来计算平衡状态液滴半径与相对湿度的关系，也可预测气溶胶的半径随相对湿度的变化，理论值和实测值很接近。

$$\ln RH=\frac{4M_w\sigma_{s/a}}{RT\rho_wD}-\frac{M_w}{\rho_w}\frac{1}{\left[\left(\frac{D}{D_0}\right)^3-1\right]}\times\sum_k v_k\Phi_{s,k}\frac{\rho_{s,k}v_{s,k}(r_0)}{M_{s,k}}$$

式中：RH——相对湿度；

M_w——水的分子量；

R——普适气体常数；

T——大气温度；

D——湿态下的颗粒物粒径；

D_0——干态下的颗粒物粒径；

ρ_w——水的密度；

$\sigma_{s/a}$——溶液的表面张力；

$\Phi_{s,k}$——平均摩尔渗透系数（按摩尔质量加权平均）；

v_k——每个溶质分子电离成的离子个数；

$v_{s,k}(r_0)$——第 k 种可溶成分在干态半径 r_0 下的体积分子数。

气溶胶的吸湿性可以用一个参数来表示，常用的是吸湿性参数 κ，根据 κ–Köhler 理论，一定相对湿度（或水蒸气饱和度）、湿态下的颗粒粒径与干态下的颗粒粒径之间的关系如下：

$$\mathrm{RH}=\frac{D^3-D_d^3}{D^3-D_d^3(1-\kappa)}\exp\left(\frac{4\sigma_{s/a}M_w}{RT\rho_w D}\right)$$

不同气溶胶组分的 κ 一般为 0~1.4，κ 越高代表气溶胶的吸湿性越强，越容易吸湿长大和作为云凝结核。

吸湿性对消光效率的影响：大气相对湿度的变化显著影响气溶胶的粒径分布，进而影响气溶胶的消光系数。例如，硫酸盐气溶胶在对流层典型湿度条件下（75%~80%）的质量消光效率约为干态下的 2 倍。

估算辐射强迫需要了解相对湿度如何影响气溶胶的消光系数。为此定义相对湿度消光增长因子：

$$f(\mathrm{RH})_e=\frac{\sigma_e(\mathrm{RH})}{\sigma_{e,0}(\mathrm{RH})}$$

由 DRH 的定义可知 $f(\mathrm{RH})_e$ 随相对湿度变化的曲线有一个突变点，这个点就是相应的潮解相对湿度点。$f(\mathrm{RH})_e$ 与相对湿度的大小、气溶胶的化学组成、混合状态及入射光的波长均有关。表 8–4 列出了不同来源气溶胶的质量散射系数及 $f(\mathrm{RH})_e$。不同来源大气气溶胶的 $f(\mathrm{RH})_e$ 没有显著差异，污染陆地气溶胶的 $f(\mathrm{RH})_e$ 比较大，而细颗粒土壤沙尘以及生物质燃烧气溶胶的 $f(\mathrm{RH})_e$ 比较低。

表 8–4 不同来源气溶胶的质量散射系数及 $f(\mathrm{RH})_e$（光波长 550 nm）（改自 IPCC，2001）

气溶胶类型	粒径 /μm	质量散射系数① α_{sp} /（$m^2\cdot g^{-1}$）	$f(\mathrm{RH})_e$②（RH=80%）
大西洋海洋气溶胶	0.15 ± 0.05	3.8 ± 1.1	2.2 ± 0.3
细颗粒土壤沙尘	0.10 ± 0.26	1.8 ± 0.1	1.3 ± 0.2
污染陆地气溶胶	0.10 ± 0.08	3.5 ± 1.2	2.0 ± 0.3
生物质燃烧烟羽	0.13 ± 0.02	3.6 ± 1.0	1.1 ± 0.1
生物质燃烧区域霾	0.16 ± 0.04	3.6 ± 1.1	1.2 ± 0.2

注：① 质量散射系数通过米氏散射理论计算获得。
② $f(\mathrm{RH})_e$ 来自文献值。

（三）气溶胶 – 辐射相互作用的辐射强迫估算及不确定性

早期的研究采用简单的辐射传输方程和盒子模型估算辐射强迫。1992 年 Charlson 利用的公式如下：

$$\overline{\Delta F_R} \cong -0.5F_T T^2(1-A_C)(1-R_S)^2\beta\alpha_{SO_4^{2-}} f(RH)_e \times Q_{SO_2} Y_{SO_4^{2-}} \tau_{SO_4^{2-}}/A$$

式中：$\overline{\Delta F_R}$——太阳短波辐射强迫，W/m^2；

F_T——全球平均大气顶辐射通量，W/m^2；

A_C——云的覆盖率；

T——气溶胶上部大气传输的入射光强度百分数；

R_S——地面的反照率；

β——气溶胶的前向散射分数；

$\alpha_{SO_4^{2-}}$——相对湿度为 30% 条件下细颗粒硫酸气溶胶的光散射效率，m^2/g；

$f(RH)_e$——相对湿度消光增长因子；

Q_{SO_2}——二氧化硫的人为源强，g(S)/a；

$Y_{SO_4^{2-}}$——气相二氧化硫向硫酸盐转化效率；

$\tau_{SO_4^{2-}}$——硫酸盐颗粒物的寿命，a；

A——考虑区域的面积，m^2。

模型假设气溶胶净水平传输通量为零，区域辐射强迫与颗粒质量浓度成正比。模型主要用于估算硫酸盐气溶胶的散射辐射强迫，忽略了云中气溶胶的辐射强迫，以及除硫酸盐之外其他气溶胶颗粒（如生物质燃烧产生的黑炭）的辐射强迫。

IPCC 第六次评估报告中采用包括基于卫星观测和全球模式的多种方法来估计气溶胶－辐射相互作用的有效辐射强迫。其中基于观测得到的气溶胶－辐射相互作用的即时辐射强迫结果为 $-0.4\pm0.4\ W/m^2$（中信度），而基于全球模式得到的结果为 $-0.2\pm0.2\ W/m^2$（中信度），二者综合考虑气溶胶－辐射相互作用的即时辐射强迫为 $-0.25\pm0.2\ W/m^2$；调整过程后得到的气溶胶－辐射相互作用的有效辐射强迫为 $-0.3\pm0.3\ W/m^2$。

全球气溶胶－辐射相互作用引起的平均辐射强迫清单见表 8–5。

表 8–5　全球气溶胶－辐射相互作用引起的平均辐射强迫清单

气溶胶种类	全球平均辐射强迫 /（$W\cdot m^{-2}$）［不确定因子］	
	IPCC，1995，SAR	IPCC，2013，AR5
硫酸盐	−0.40［−0.80~−0.20］	−0.40［−0.60~−0.20］
来自化石和生物燃料的黑炭	+0.10［+0.03~+0.30］	+0.40（+0.05~+0.80）
来自化石和生物燃料的一次有机气溶胶	未估计	−0.09［−0.16~−0.03］
生物质燃烧气溶胶	−0.20［−0.60~+0.07］	−0.0［−0.20~+0.20］
二次有机气溶胶	未估计	−0.03［−0.27~+0.20］
硝酸盐	未估计	−0.11［−0.30~−0.03］
沙尘	未估计	−0.10［−0.30~+0.10］
总计	未估计	−0.35［−0.85~+0.15］

资料来源：引自 IPCC，1995；IPCC，2013。

二、气溶胶 – 云相互作用

人为源气溶胶可以通过增加云凝结核(cloud condensation nuclei, CCN)而影响云。吸湿性的气溶胶颗粒是云凝结核的主要来源。因此气溶胶颗粒的浓度、粒径大小和吸湿性对云滴粒径和数浓度都有很大影响,可以改变云的辐射性质。当人为源气溶胶浓度大幅度上升时,CCN 数目增加,在云中液态水量不变的情况下,云滴的数浓度增加,粒径减小,云对太阳辐射的反照率增加,造成负的辐射强迫(称为 Twomey 效应,又称为"云反照率效应"或"第一间接辐射强迫")。这一作用主要针对短波辐射,而对于长波辐射如红外光,由于云本身是红外不透明的,对红外光的光学厚度很大,可以认为已完全吸收,继续增加云滴数浓度对云吸收红外辐射的影响可以忽略。而在随后发生的调整过程(adjustment)中,云滴粒径的减小,使云滴碰并变慢,延迟或抑制降水,导致云的寿命增长、云水路径及云量增加,从而产生更大的辐射强迫(又称为"第二间接辐射强迫")。云寿命的增加对云的短波和长波红外辐射都有很大的影响。

气溶胶除了通过作为云凝结核影响暖云(云体的温度在 0 ℃以上,由液态水滴构成的云)外,还可以通过作为冰核而影响冰云(几乎完全或完全由冰晶所组成的云)和混合相云(既含有液态水滴又含有冰晶粒子的云)的形成。

气溶胶 – 云相互作用的辐射强迫影响过程如下:

一次排放、二次生成 —(气溶胶浓度升高)→ {CCN ⟶ CDNC —(浓度增加、粒径变小)→ {云的反照率增加;云的光学厚度增加;云的生命周期增加};IN ⟶ IP}

⇒辐射强迫(ΔF)

其中,CDNC 为云滴的数浓度(cloud droplet number concentration);IN 为冰核;IP 为冰晶。

(一)气溶胶对于暖云成云的影响

1. 气溶胶 – 云相互作用的即时辐射强迫

(1)气溶胶与 CCN 及 CDNC 的关系

海洋上空有近一半的气溶胶可作为云的凝结核,而污染严重的陆地上空气溶胶浓度虽然远高于海洋上空,但是只有约 1% 的气溶胶可作为云的凝结核。气溶胶的吸湿性对于形成云的凝结核有重要作用,只有含有可溶性物质的气溶胶(吸湿性气溶胶)才能成为 CCN。气溶胶 – 云相互作用中的过程如图 8–10 所示。虽然吸湿性气溶胶种类丰富,但是很多研究全球间接辐射强迫的模型主要选用硫酸盐作为模型气溶胶。

已知气溶胶的粒径分布和化学组成,CCN 的数浓度可以由下式计算:

$$\mathrm{CCN}(s) = \int_0^{\infty} f_s(D_p)\, n(D_p)\, \mathrm{d}D_p$$

式中:CCN(s)——饱和度为 s% 时 CCN 的数浓度,个 /cm^3;

$n(D_p)$——气溶胶数浓度谱分布,个 /cm^3;

$f_s(D_p)$——粒径为D_p的气溶胶可以成为 CCN 的百分数。

目前有两种方法估算 CDNC 同气溶胶浓度之间的关系:一是经验关系法,即用气溶胶浓度和 CDNC 的观测结果进行回归，得到经验关系式，引入模型计算间接辐射强迫。Boucher 和 Lohmann 以硫酸盐为模型气溶胶得到了 CDNC 同气溶胶浓度的经验关系：

$$N_d = Am_{SO_4^{2-}}^{B}$$

式中：N_d——云滴数浓度；

$m_{SO_4^{2-}}$——硫酸盐的质量浓度，μg/m³；

A 和 B——经验常数。

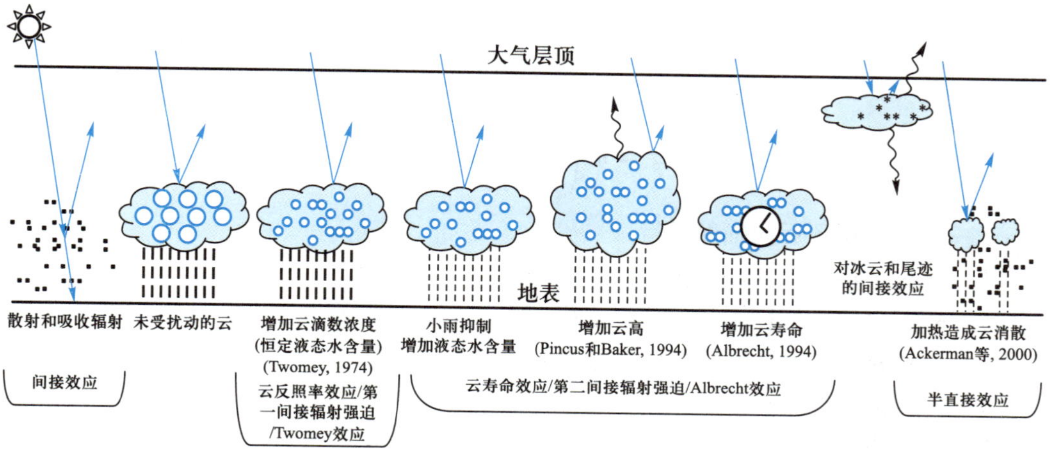

(a)

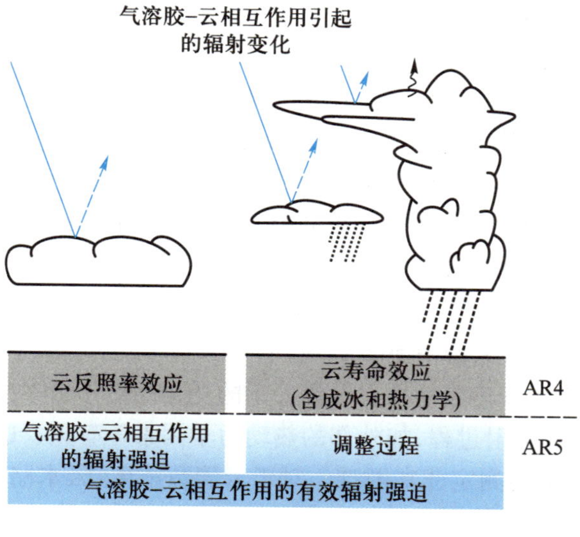

(b)

图 8-10　气溶胶 - 云相互作用中的过程

（a）来自 IPCC，2007；（b）来自 IPCC，2013

二是数值模拟法，利用计算机模型模拟云滴形成过程，获得气溶胶浓度同 CDNC 之间的关系。模拟过程考虑了气溶胶成为云凝结核的能力、云形成相关动力学和热力学性质的描述，以及 CCN 谱分布特征。

（2）气溶胶－云相互作用的即时辐射强迫的简单估算

由箱子模型得到气溶胶－云相互作用的即时辐射强迫估算公式：

$$\Delta F = F_d T_a^2 f_c \Delta A_p$$

忽略云对太阳辐射的吸收：

$$A_p = A_c + R_s \frac{(1-A_c)^2}{1-R_s A_c}$$

$$A_c = \frac{\tau_c}{\tau_c + 7.7}$$

$$\tau_c = h\left(\frac{9\pi LWC^2 N_d}{2\rho^2}\right)^{\frac{1}{3}}$$

式中：F_d——大气层顶后向辐射通量；

T_a——云上层的大气辐射传输；

f_c——受气溶胶浓度影响的云覆盖率；

ΔA_p——CDNC 增加导致的行星反照率的增加值；

A_c——云的反照率；

R_s——地表反照率；

τ_c——云的光学厚度；

h——云的几何厚度。

2. 调整过程（adjustment）

调整过程，指除了 CCN 增加对云的反照率所产生即时辐射强迫变化外，其他较慢的影响辐射过程（时间尺度为数小时到数月），如改变云水路径（垂直总云水量）、云量和云寿命等。当云中含水量一定时，气溶胶增加导致的云凝结核浓度增加将增加云滴数浓度，降低云滴大小，从而降低云滴的碰并速率和降水效率。降水效率的降低使得云寿命变长和云量增加，从而增加气溶胶－云相互作用辐射强迫的绝对强度。而在非降水云中增加气溶胶可能产生相反的作用（降低云水路径和云量），这主要是由于小液滴的蒸发增强和随后的云与周围空气的混合增强，而导致云的消散。

值得注意的是，由于气溶胶增加而导致云量的变化相对于云本身的变化非常小，并且云的寿命还与其他很多非辐射过程，如外部的热动力学因素等有关，气溶胶－云相互作用的调整过程引起的辐射强迫的测定非常困难。对于云滴数浓度、云水路径和云量的关系目前还存在很大的不确定性。

（二）气溶胶对冰云和混合相云的影响

气溶胶中一部分可以作为冰的凝结核（ice nuclei，简称为冰核），有利于过冷液滴中冰相的形成，从而改变云的辐射特性和寿命。一些观测和模拟结果都表明气溶胶冰核的存在会增加冰云的覆盖率，也有实验室研究表明人为源气溶胶（特别是黑炭）作为冰核的能力很小。由于冰核粒子仅占气溶胶的很小一部分，从卫星观测中识别冰核粒子与云之间的关系很有挑战性。仅有少数卫星观测印证了模式中冰云对人为源气溶胶的响应，但还难以量化冰云的气溶胶－云相互作用的即时或有效辐射强迫。仅有少数地球系统模式包括了人为源冰云粒子对气溶胶－云相互作用辐射强迫的贡献，而对其辐射强迫的大小和正负的研究结果却并不一致。有限的结果表明冰云粒子引起的卷云改变对气溶胶－云相互作用辐射强迫的贡献为负值，但值很小（低信度）。考虑没有观测表明气溶胶对混合相云和冰云明显的辐射强迫，目前对气溶胶－云相互作用有效辐射强迫的观测估计中仅考虑了液相云。

（三）气溶胶－云相互作用的有效辐射强迫估算

与气溶胶－辐射相互作用类似，IPCC 第六次评估报告采用了包括基于卫星观测和全球模式的多种方法来估计气溶胶－云相互作用的有效辐射强迫。从观测来看，多项卫星观测的综合结果显示，气溶胶－云相互作用的即时辐射强迫为 -0.7 ± 0.5 W/m^2（中信度），云水路径引起的调整过程的辐射强迫为 -0.5 ± 0.4 W/m^2（中信度），云量变化引起的调整过程的辐射强迫为 0.2 ± 0.2 W/m^2，考虑即时辐射强迫和调整过程后，气溶胶－云相互作用的有效辐射强迫为 -1.0 ± 0.7 W/m^2（中信度）；从模式方面，气溶胶－云相互作用的即时辐射强迫为 -0.86 ± 0.57 W/m^2，不同模式对调整过程的贡献估算存在很大差异，CMIP6 集合模式给出平均气溶胶－云相互作用辐射强迫的贡献为 -0.2 W/m^2，因此，基于模式结果，气溶胶－云相互作用的有效辐射强迫为 -1.0 ± 0.8 W/m^2（中信度）。综合观测和模型模拟研究，IPCC 第六次评估报告给出的气溶胶－云相互作用的有效辐射强迫为 -1.0 ± 0.7 W/m^2（中信度）。

三、气溶胶的总有效辐射强迫评估

基于气溶胶－辐射相互作用的有效辐射强迫（-0.3 ± 0.3 W/m^2）和气溶胶－云相互作用的有效辐射强迫（-1.0 ± 0.7 W/m^2），IPCC 第六次评估报告给出的气溶胶总有效辐射强迫（2014 年相对于 1750 年）为 -1.3 ± 0.7 W/m^2（中信度）。考虑 2014—2019 年气溶胶和前体物排放的变化，2019 年相对于 1750 年的气溶胶总有效辐射强迫为 -1.1［-1.7~-0.4］W/m^2（中信度）。可以确认的是，气溶胶的总有效辐射强迫为负值，气溶胶的总有效辐射强迫主要由气溶胶－云相互作用的有效辐射强迫所贡献。模式研究表明，对全球平均气溶胶总有效强迫贡献最大的是硫酸盐气溶胶。

除了气溶胶的辐射强迫以外，吸光性气溶胶如黑炭和有机碳还可以通过沉降在冰雪上改变其反照率从而对辐射产生影响，这一过程造成的有效辐射强迫为 $+0.08$［0.0~-0.4］W/m^2（低信度）。

第五节　大气组分与气候变化趋势

多年来，人们通过对酸雨、O_3、CO_2、CH_4、CO、SO_2、NO_x 和 VOCs 等物质进行长期的地面观测，结合飞机航测、探空观测、卫星遥感观测等手段，掌握了一些重要的大气痕量组分对气候变化的影响，大气颗粒物（包括黑炭）也是研究关注的重点。

颗粒物能够通过很多自然过程如火山活动、沙尘暴和海洋波浪的破碎等进入大气；气态组分可以从海洋、湿地和土壤中排放进入大气。土地利用方式的变化改变这些物质的地气交换通量。这些物质通过碰撞、沉积、雨雪雾水的清除而最终沉积在地表，进而成为冰川及大洋和湖泊沉积物的一部分而保存下来。这些沉积物记录了几百年、几千年甚至更长远时间尺度的大气化学成分，对这些沉积物的化学记录及其影响过程（包括来源、物理化学过程等）的研究已成为化学气候学的一个重要内容。它能够揭示空气污染的历史及其变化特征和人类活动的影响。更长时间尺度上的变化通常借助冰芯、海底或湖底沉积物等天然化学的记录来完成。

一、气候与大气组分变化理论

（一）气候变化的天文学理论

气候变化是大气层顶部接收的太阳辐射与地球大气圈、水圈、生物圈及大陆冰盖共同作用的结果，其中太阳对地球辐射量的变化是全球气候变化的主要因素，三大圈层及大陆冰盖的作用则或反馈、或放大、或缩小气候变化的幅度，或推迟气候对太阳向地球辐射量变化的响应时间。因此，气候变化是一个包含众多因子的复杂巨系统。

20 世纪晚期古气候研究的最大突破，在于证实了地球轨道参数变动造成的冰期旋回即“米兰科维奇周期”。地球的运转遵循着天体力学规律，同时也使太阳对地球的辐射量产生变化。基于此，南斯拉夫科学家米兰科维奇提出了地球轨道运转与古气候周期性变化的天文学周期，后人称之为米兰科维奇周期，其主要周期成分有包括地球轨道偏心率周期、地轴倾斜度周期和岁差周期，各周期成分对古气候变化的贡献不是等权的，因时间、纬度等的不同而存在明显差异。

米兰科维奇理论解释了第四纪的主要气候波动，但是近年来的研究表明，仍然有其他因素影响全球气候变化，例如，冰期天文理论的一些结论与实际情况并不完全符合，其中最明显的问题是：根据冰期天文理论，地球南北两半球都将以 2.3 万年为周期交替发生冷期和暖期。冷期称为冰期，暖期称为间冰期。一个冷期和一个暖期合称为一个冰期—间冰期旋回。最近 40 万年中旋回的时间为 10 万年。这就是冰期天文理论关于南北两半球交替发生冰期的学说。然而迄今所获得的地质纪录却证明，南北半球的冰期是同步进行的。而且，第四纪气候旋回周期并不是恒定的，在大约 80 万年前，旋回周期为 4.1 万年，接下来以 100 000 年为周期的气候旋回占统治地位。在距今 80 万 ~70 万年前，北半球冰原（覆盖大面积冰雪的陆地）相比于距今 170 万 ~160 万年前有大幅度增加。这些都证明气候系统中还有一些重要的其他因素会改变由轨道引发的气候强迫。

（二）大气成分与气候变化

经典物理和辐射理论能够准确地证明，地球表面如果没有温室气体，全球平均地表温度将比现在实际测到的全球地表平均温度低 33 ℃，由此推理大气温室气体浓度增加将会使全球地表温度升高，即通常所说的“全球气候变暖”。1995 年 IPCC 第二次评估报告认为，大量的证据表明人类活动已对全球气候产生了可识别的影响。2001 年 IPCC 第三次评估报告更加确认了 20 世纪全球升温是人类活动影响的结果。2021 年 IPCC 第六次评估报告指出人类活动致使气候以前所未有的速度变暖，人类活动的影响使大气、海洋、冰冻圈和生物圈发生了广泛而迅速的变化。人类活动导致温室气体浓度达到过去 200 万年以来的最高值。温室气体的变化是导致长期和短期气候变化的重要因素。

冰芯记录恢复的温室气体浓度与冰芯中氧同位素推导的气温记录有很好的吻合。在间冰期，CO_2 和 CH_4 的浓度都与气候指标有很好的近似。南极 Byrd 冰芯记录显示，在末次冰盛期到全新世初，大气 CO_2 浓度从 200×10^{-6} 增加到 270×10^{-6}。在距今 4.6 万 ~1.8 万年前，CO_2 浓度的变化在 20×10^{-6} 上下。这些变化都反映了不同气体“源”和“汇”的改变。在冰期，植被覆盖较少，海洋充当 CO_2“汇”的角色；在末次冰期和全新世早期，海洋变暖导致了 CO_2 向大气的挥发，接着 CO_2 被陆地植被和有机土壤吸收。CH_4 的天然释放来自泥炭地、动物、有机物的燃烧、海洋和湖泊，其中湿地面积和组成的变化是 CH_4 释放的主要原因。Vostok（东方站，78 °S,106 °E）冰芯记载的 CO_2 和 CH_4 浓度在距今大约 2.1 万年前出现最大值，在距今大约 4.1 万年前出现次最高值。CO_2 和 CH_4 浓度的变化被认为是导致 Vostok 冰芯记载温度变化的部分原因。

由于气候系统的复杂性，要认识温室气体含量变化与气候变化的关系，还需从二者的变化历史来进一步认识这一问题。

二、地质历史时期古气候的重建

（一）极地冰芯记录反映的气候变化

在大气中循环的物质会随大气环流而抵达冰川上空，并沉降在冰雪表面，最终形成冰芯记录。冰芯分析的每一个参数都至少载有一个地球系统变化过程的信息。冰芯中氢、氧同位素比率是度量气温高低的指标；净积累速率是度量降水量大小的指标；冰芯气泡中的气体成分和含量可以揭示大气成分的演化历史；宇宙成因的同位素信息可以提供宇宙射线强度变化、太阳活动和地磁场强度变化的证据；冰芯中微粒含量和各种化学物质成分的分析结果可以提供不同时期大气气溶胶、沙漠演化、植被演替、生物活动、大气环流强度和火山活动等信息；冰芯还记录了人类活动对气候环境的影响和各种信息。

（1）冰芯中稳定同位素的变化

Epstein 和 Dansgaard 等研究了自然界各种水体中稳定氧同位素比率的变化，提出了影响氧同位素比率大小的主要因素是降水时气温、水蒸气来源和降水云系的发展历史，并在 20 世纪 50 年代中期首次将氧同位素比率引入冰川学研究的领域。研究表明，冬季低气温可以通过降水中较小的氧同位素比率（很大的负值）来反映，而夏季高气温与降水中较大的氧同位素比率（较小的负值）相对应；在一个确定的地点，气温的季节变化引起降水中氧同位素比率同样的季节变化；降水中氧同位素比率的季节变化幅度是实验测量误差的 100~200 倍。这些结果表明冰芯中氧同位素比率变化是恢复过去气候环境变化的一种可靠手段，从而确立了氧同位素比率在冰芯研究中的地位。

（2）冰芯中的气体组分

在由雪向冰的转变过程中，粒雪缝隙间的气泡可以被分离并保留在冰中。因此冰芯中的包裹气体成为研究过去大气成分的重要手段，其中 CO_2 和 CH_4 是主要的研究对象。空气只有在粒雪—冰的转变深度才能封闭在冰内气泡中，而在这个深度之上的粒雪空隙间气体可以与外界大气进行交换，因而气泡中包裹的气体与同层位的冰有显著的年代差，冰芯包裹气体与每一次的降水事件不具有同步性。要准确恢复大气成分的历史纪录，不仅要对冰芯定年，还要根据成冰过程中粒雪密度的变化确定气泡封闭的深度，从而对包裹的气体进行定年。此外，在某一层位的冰芯包裹气体并不是同时被封闭的，从冰芯中提取的气体并不代表某一时刻的大气气体成分，而是多年的混合结果。

（3）冰芯中微粒和放射性示踪物质

冰芯微粒含量的大小直接反映了大气尘埃含量的变化，而大气尘埃含量的多寡直接与尘埃源区状况的变化和大气环流强度有关，因此冰芯中微粒的含量是一个重要的环境指标。

不溶微粒含量与氧同位素和化学元素一样，具有清楚的规律性变化。研究表明，不溶微粒含量的变化主要受干湿状况和大气环流变化的影响，某些不溶微粒含量和矿物组成的变化可提供大气环流的位置和强度的信息。像冰期、间冰期这样规模的气候变化，不溶微粒含量变化所显示的差异特征，在所有已研究过的冰芯中都存在。已有的研究表明，末次冰盛期极地冰中的不溶微粒含量达最大值。在 Dome C、Byrd 和 Camp Century 的冰芯中，末次冰盛期与全新世冰中不溶微粒含量比值分别为 6∶1、3∶1 和 12∶1。造成冰期冰中不溶微粒含量高的主要原因是在这一时期存在强烈的干旱、更强的风及更强的大气循环。

（二）四次冰期理论

由于中、新生代的大陆漂移和构造运动改变了全球热量传送方式，新生代以来，全球气候逐渐变冷。第四纪的主要特征是冰期与间冰期交替发生，即包含多个冰期—间冰期旋回。根据米兰科维奇的轨道理论，第四纪冰期—间冰期旋回的原因在于地球轨道几何形态的波动，造成太阳辐射量的周期性变化。小冰期事件是全新世期间一个重要的气候事件，处在中世纪暖期和当前的全球变暖期之间，是目前全球变暖的背景事件。无论是深海沉积、南极冰盖，还是中国黄土，均揭示出第四纪中充满气候冷暖交替的变化。

1998 年 1 月，美、法、俄三国在南极的 Vostok 发现了长度为 3 623 m 的冰芯。该冰芯共覆盖了 4 个冰期—间冰期旋回，其记录显示间冰期期间大气中 CO_2、CH_4 浓度高。冰期间冰期温度相差约 12 ℃，后两个旋回比前两个旋回历时要长。利用 Vostok 冰芯获得的历史时期全球大气中 CO_2、CH_4 和 N_2O 这三种温室气体变化的直接记录，可以推断气候变化对人为活动导致的温室气体浓度增加的敏感性。研究者们发现南极气温与大气中 CO_2 和 CH_4 浓度的变化有很好的相关性（R^2 分别为 0.71 和 0.73），表明温室气体是当初地球轨道驱动力的重要放大剂，对冰期—间冰期的变化有重要贡献。到 1999 年，研究获得了最近四个冰期—间冰期（42 万年前至今）大气中 CO_2 和 CH_4 浓度记录，在这四个循环周期内 CO_2 和 CH_4 浓度的变化周期与每个冰期—间冰期的循环周期是一致的。浓度由最低值向最高值的转变与冰期向间冰期的过渡有关（图 8-11）。在这四个循环周期内，地球大气中 CO_2 浓度为 180×10^{-6}~300×10^{-6}，CH_4 浓度为 320×10^{-9}~700×10^{-9}。欧洲科学家在南极 Dome C 成功钻取一根时间跨度为 65 万年的冰芯，覆盖了 6 个冰期—间冰期旋回，并对该冰芯中的温室气体进行了分析，其中 CH_4、N_2O 的分析结果如图 8-12 所示。在冰期—间冰期气候转变期间，估计由于温室气体（CO_2、CH_4、N_2O）含量增加产生的直接辐射效应的初始气候强迫引起全球温度上升 0.95 ℃。晚第四纪（过去 100 万年）的气候变化主要表现为以大约 10 万年为时间尺度的冰期—间冰期旋回。在冰期—间冰期尺度上，大气 CO_2 浓度与气候变化明显保持一致。当充分考虑各种反馈效应时，在冰期向间冰期气候转变期间，CO_2 可以引起气温升高 2 ℃。在过去 42 万年中，大气 CH_4 含量曾发生重大变化，其含量的变化与气候变化联系紧密。CO_2 在驱动冰期向间冰期气候变化过程中所起的作用大约是 CH_4 的 5 倍。

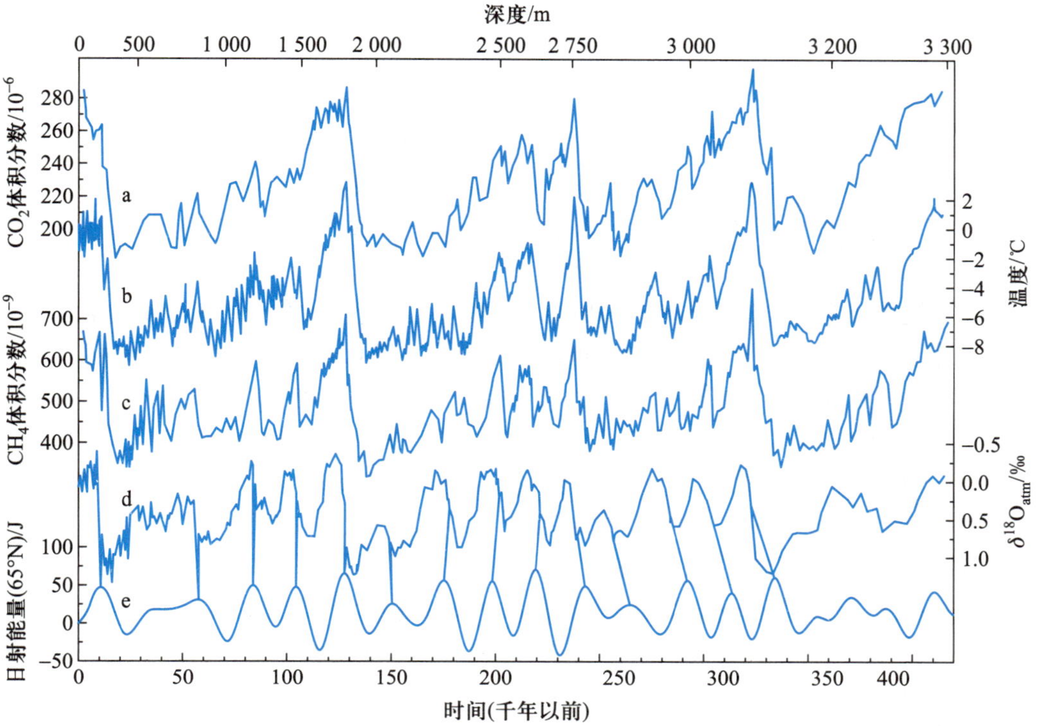

图 8-11　Vostok 冰芯重建的 42 万年来大气温室气体浓度变化趋势

（资料来源：Petit 等，1999）

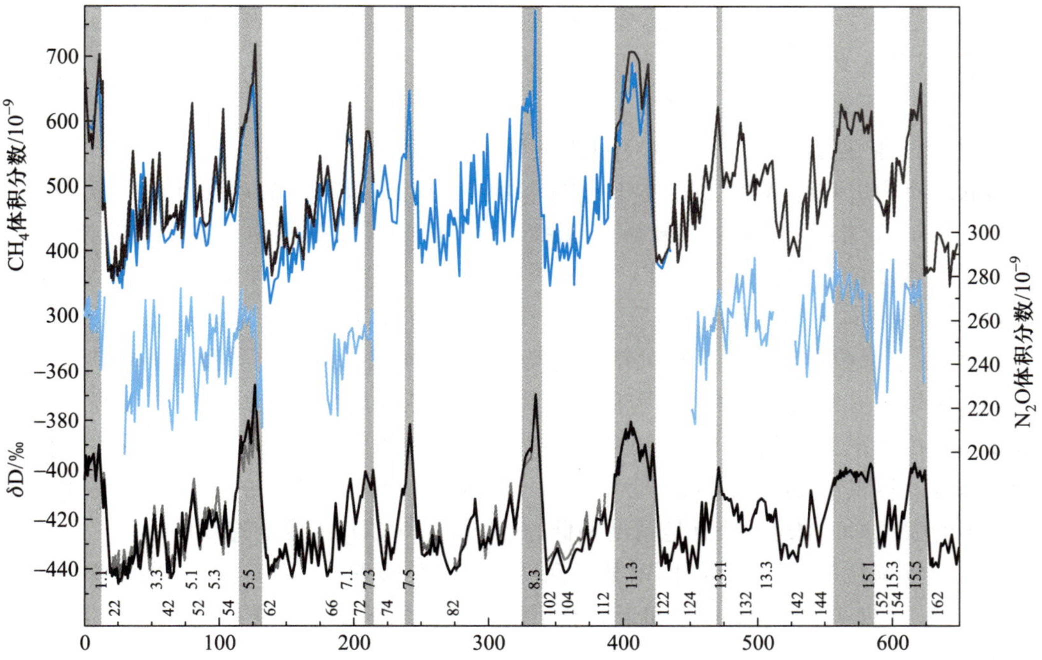

图 8-12　Dome C 冰芯重建的 65 万年来 CH_4、N_2O 温室气体浓度变化趋势

（资料来源：Spahni 等，2005）

CH_4 曲线中，灰色表示 Dome C 数据，蓝色为 Vostok 数据。

三、地质历史时期温室气体的重建方法

（一）冰芯气泡重建温室气体浓度

对包裹于冰川冰中气体的分析是重建大气成分历史最直接、最连续的方法。随着冰芯包裹气体提取技术的不断创新，人们获得了历史时期大气成分及其含量的变化。20 世纪 50 年代科学家在南北极地区实施了一系列的冰芯钻取计划，从冰芯中可以得到相应历史年代的气温和 CO_2 等大气化学成分含量的资料。

上节所述南极 Vostok 的冰芯研究为历史时期地球上的环境变化提供了丰富的信息。南极和格陵兰冰芯分析恢复了涵盖整个全新世的高分辨率大气 CH_4 记录。冰芯记录表明，在人类活动开始对大气温室气体施加影响之前，大气 CH_4 含量的自然波动幅度为 150×10^{-9}，格陵兰冰芯记录的大气 CH_4 含量较南极冰芯记录高出 6% 左右。格陵兰 GRIP、GISP2 冰芯与南极 D47、EPICA 及 Byrd 冰芯的对比研究发现，全新世两极间大气 CH_4 最小的含量差[$(33\pm7)\times10^{-9}$]出现在距今 5 000~7 000 年前，而最大的含量差[$(50\pm3)\times10^{-9}$]出现在距今 2 500~5 000 年前，相对较高的含量梯度同样也出现在全新世早期。全新世早期的冰芯 CH_4 含量记录了从末次冰期到暖期这一过程结束时的情景，在新仙女木期结束时，大气 CH_4 含量突然增长，并出现两极间 CH_4 含量梯度扩大的现象。这一现象表明，随着气候变暖，北半球中纬度地区或北方区作为潜在的大气 CH_4 源区开始发挥作用。

尽管南北极冰芯记录均表明，新仙女木期大气中 CH_4 浓度曾一度突然降低，然而南极冰芯记录却揭示出，自距今约 1.6 万年前至全新世大气中 CO_2 含量的稳定增加趋势并未被新仙女木事件所中断，只是在南极气候转冷事件时 CO_2 的增加速率有所减弱。这些说明地球系统中控制大气 CO_2 和 CH_4 含量变化的过程与因素是存在差异的，前者主要与海洋系统变化有关，后者主要与陆地生态系统变化有关。

（二）替代指标重建 CO_2 浓度

替代指标重建方法根据大气 CO_2 浓度控制的不同替代指标进行 CO_2 浓度的反演。按照适用的地质历史时间从远至近，本书分别介绍铁矿物法、成壤碳酸盐法、植物气孔法。

（1）铁矿物法：该方法通过分析前寒武纪的土壤或其他沉积物中铁矿物的类型，对当时大气 CO_2 浓度的上限值进行估计。含 Fe^{2+} 硅酸盐在风化成壤过程中受雨水淋滤，土壤上部的 Fe^{2+} 会逐渐向下部迁移沉积，导致富含铁元素的矿物在土壤下部大量出现。在不同条件下，Fe^{2+} 在土壤中淋滤积淀形成的铁矿物类型不同，根据铁矿物的类型可推断其形成时的大气 CO_2 浓度。在现代土壤中，植物根系呼吸及有机质分解导致土壤 CO_2 浓度高于大气中的浓度。但由于前寒武纪没有陆地植物，CO_2 在风化剖面中的浓度反而因水的渗入低于大气 CO_2 浓度。因此，该方法估算的是大气 CO_2 浓度的上限。该方法的优点是能够研究地质历史早期的大气 CO_2 浓度，缺点是精度偏低，且难以获得 CO_2 浓度的连续序列。

（2）成壤碳酸盐法：土壤剖面中某一深度的 CO_2 浓度是大气 CO_2 和土壤呼吸 CO_2 共同作用的结果。假设土壤呼吸 CO_2 和土壤有机质具有相同的碳同位素组成，大气 CO_2 浓度可以通过下式计算：

$$C_a=\frac{S_Z(\delta_S-1.004\,4\delta_\Phi-4.4)}{\delta_a-\delta_S}$$

式中：　C_a——大气 CO_2 浓度；

S_Z——生物呼吸作用导致的 z 深度的特征 CO_2 浓度；

δ_a、δ_S 和 δ_Φ——大气 CO_2、土壤 CO_2 和土壤呼吸 CO_2 的 $\delta^{13}C$ 值。

此方法适用于年降水量小于 800 mm，具有中到高呼吸速率的土壤，不适用于干旱的土壤，也不适用于有 C4 植物的研究区域。此方法较适用的地质时代为泥盆纪与古近纪之间，时间分辨率可到 10^3~10^4 年，精度为 500×10^{-6}~$1\ 000\times10^{-6}$。

（3）植物气孔法：植物在光合作用时需要从空气中吸收 CO_2。古植物学研究表明，大气 CO_2 浓度上升会导致植物叶片上单位面积的气孔数量下降。因此，当植物叶片化石上的表皮细胞及气孔保存完好时，可以利用化石叶片的气孔参数研究古大气的 CO_2 浓度，气孔参数包括气孔密度和气孔指数。植物气孔法研究大气 CO_2 浓度的时间范围可以从新生代延伸到中生代乃至古生代，CO_2 浓度时间序列分辨率可达 100 年，对古近纪和新近纪的重建精度可达 10×10^{-6}~40×10^{-6}，但是气孔指标在 CO_2 浓度高于 350×10^{-6} 时变得不敏感，影响了该方法的实用性。

四、人类活动造成的大气组分浓度变化

（一）温室气体浓度变化

根据世界气象组织融合全球大气观测计划各站点的观测资料进行的分析表明，全球 CO_2 近地面浓度自有观测以来持续升高，2019 年达到约 410×10^{-6}。工业化前的水平为 278×10^{-6}，代表了大气、海洋和陆地生物圈之间 CO_2 交换通量的平衡。2019 年大气 CO_2 达到工业化前水平的 148%，增加的 CO_2 主要来自人为活动排放，如 2019 年化石燃料 CO_2 排放估计达到 36.7 ± 2 Gt CO_2，森林破坏及其他土地利用变化的排放约为 5.5 GtCO_2。在 2009—2018 年人类活动造成的总排放量中，约 44% 累积在大气中，23% 累积在海洋中，29% 累积在陆地上，未分配的收支失衡是 4%。

排入大气中的 CH_4 约 40% 来自天然源（如湿地和白蚁），约 60% 来自人为源（如养牛、水稻种植、化石燃料利用、垃圾填埋和生物质燃烧）。CH_4 年平均增幅从 20 世纪 80 年代末的每年约 12×10^{-9} 减少到 21 世纪初的接近零。但自 2007 年以来，由于人为源排放的增加，大气 CH_4 浓度一直在上升，达到了工业化前水平（约 722×10^{-9}）的 260%，上升的原因可能是热带湿地及北半球中纬度地区人为源 CH_4 的排放增加。

N_2O 通过天然源（约 60%）和人为源（约 40%）排入大气，包括海洋、土壤、生物质燃烧、化肥使用和各类工业过程。2019 年全球平均 N_2O 浓度是工业化前水平（270×10^{-9}）的 123%。由农业施肥导致的全球人为 N_2O 排放在过去 40 年间增长了 30%，从而导致了大气 N_2O 浓度的增长。

根据《关于消耗臭氧层物质的蒙特利尔议定书》（简称《蒙特利尔议定书》），消耗臭氧层物质（ODS）如氯氟碳化物（CFCs）和四氯化碳（CCl_4）的大气浓度自 20 世纪 90 年代以来缓慢下降，但是 ODS 的替代物如氢氟碳化物（HFCs）等的大气浓度却迅速上升。此外，六氟化硫、全氟碳化物（PFC）及三氟化氮等含氟温室气体的浓度也均突破有观测以来的最高值。这些来自工业生产和使用的温室气体尽管大气浓度水平很低（处于 10^{-12} 水平），但是由于其大气寿命长、全球增温潜势高，到 2019 年整体对长寿命温室气体的辐射强迫贡献率约为 11%。

温室气体的历史记录表明，2019 年地球大气中 CO_2 的浓度不仅超出了前四次冰期—间

冰期的 42 万年期间大气 CO_2 浓度的波动范围，更达到了过去 200 万年以来的最高值，表明近 200 万年来人类活动对地球大气中温室气体浓度的显著影响（图 8-13 所示），显示人类的活动已经打破了自然变化的平衡。

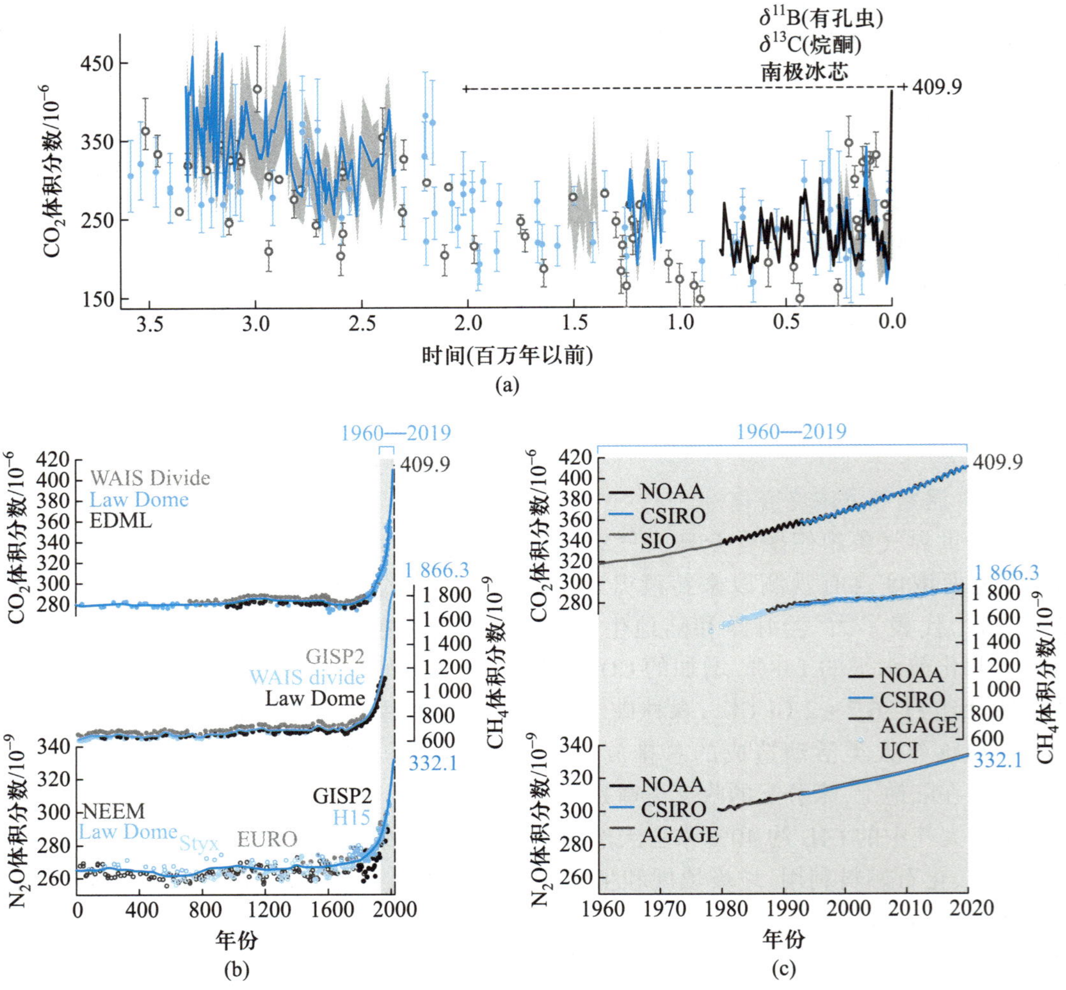

图 8-13　现代人类活动带来的大气温室气体浓度升高

（资料来源：IPCC，2021）

（二）其他大气组分浓度变化

其他对地球辐射平衡有重要影响的人为来源大气组分包括对流层气溶胶、臭氧等。

对流层气溶胶主要通过直接反射太阳辐射和间接提高云层反射率从而起到降温作用。冰芯研究显示，自 1700 年以来，北半球中纬度地区的气溶胶有所增加，自 20 世纪末以来有所减少。气溶胶光学厚度（aerosol optical depth，AOD）自 2000 年以来在南、北半球的中纬度陆地都有所下降，但在南亚和东非有所增加，人为影响大的亚微米气溶胶的 AOD 趋势更为明显。由于观测有限，全球含碳气溶胶排放和浓度的变化特征并不明了，但是造成气候变暖的黑炭在北半球几个地区的大气浓度可能正在下降。

由于臭氧前体物（氮氧化物、甲烷、一氧化碳和非甲烷挥发性有机物）的人为排放增加，对流层臭氧从1750年开始显著增加。自20世纪中期以来，北半球对流层臭氧表面浓度增加了30%~70%；自20世纪90年代中期以来，大部分北半球中纬度地区的自由对流层臭氧每十年增加2%~7%，在有观测的热带地区，每十年增加2%~12%。未来近地面臭氧浓度的变化仍将主要由前体物排放的变化而不是气候变化驱动。

·OH的全球平均浓度或“大气氧化能力”决定了许多短寿命气候强迫因子（SLCFs）如甲烷、臭氧、二次气溶胶和许多含卤气体的寿命，因此也影响了它们的辐射强迫。模型估计表明，从1850年到1980年大气氧化能力没有显著变化，而自1980年以来，·OH浓度整体稳定或者略有上升，这意味着·OH不是工业革命以来CH_4增长的主要原因。

第六节　气候变化与臭氧层损耗的耦合机制

一、概述

臭氧层损耗与气候变化均为全球变化的重大问题，二者之间通过化学、辐射和动力学机制存在非常密切的耦合作用（图8-14），如温度的变化可以影响平流层反应速率，云量会对光解速率有直接的影响，长距离输送能够影响大气的化学组成。实际上，气候变化和平流层

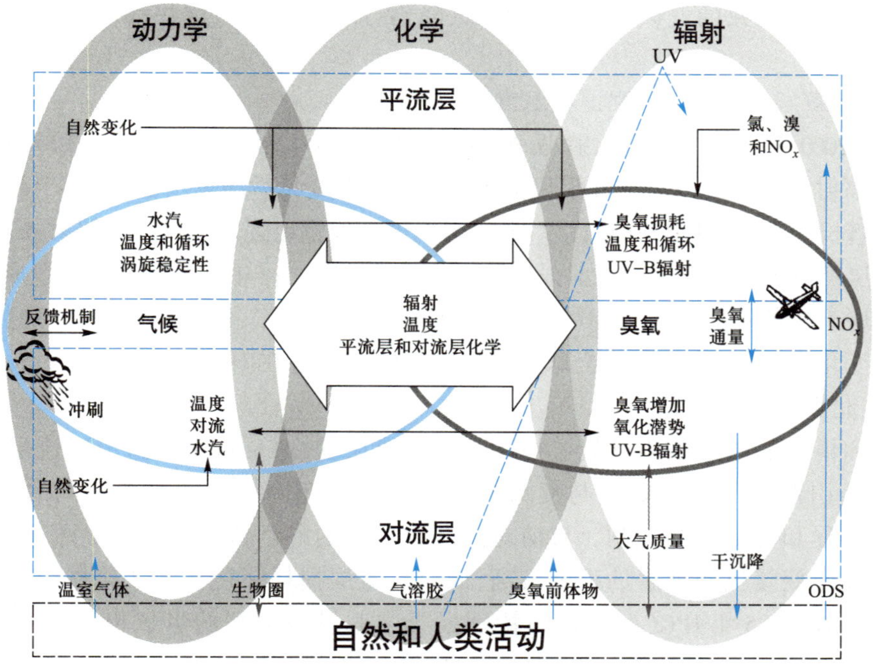

图8-14　臭氧和气候交互作用过程示意图

（资料来源：改自European Community，2003）

蓝色虚线表示大气区域，黑色虚线表示源区域；气候和臭氧环内的文字表示受气候和臭氧影响的主要过程，环外的文字表示能够影响气候和臭氧的自然和人为过程；蓝色实线箭头表示温室气体、气溶胶、臭氧前体物、干沉降、ODS等的传输，黑色箭头表示影响臭氧和气候的过程，灰色箭头表示对流层臭氧对大气质量的影响，以及气候变化对生物圈的影响；温室气体包括CO_2、CH_4、N_2O、CFCs、HFCs；气溶胶包括硫酸盐气溶胶、有机气溶胶、海盐气溶胶和矿尘气溶胶等；臭氧前体物包括NO_x、CO、NMHC、CH_4；ODS包括CFCs、哈龙和其他含溴化合物、N_2O；蓝色虚线箭头表示紫外辐射，影响平流层和对流层的化学过程，以及人类和生物圈。

化学之间的耦合作用发生在大气圈、生物圈、水圈等多个圈层：首先是人类或自然活动向大气中排放大量温室气体和ODS，这些物质进入对流层引起温度分布变化、产生辐射强迫、影响大气中物质和能量的循环过程，之后这种影响传导到平流层，改变平流层温度分布，大量ODS加剧平流层臭氧的损耗；其次，臭氧是重要的温室气体，不但能够吸收太阳辐射中大部分的紫外辐射，还能够吸收地表的长波辐射，所以臭氧层损耗会对全球范围内的辐射平衡产生影响，导致全球性和区域性的气候变化，以及对流层大气化学性质的改变。全球性气候变化会继续作用于平流层臭氧的损耗，对流层大气化学性质的变化同样会作用于气候系统并影响平流层臭氧的损耗。

二、臭氧层损耗对气候变化的影响

从20世纪末到21世纪初，全球臭氧总的柱浓度下降呈现平缓趋势。由于臭氧层能够吸收太阳短波辐射中大部分的紫外辐射，臭氧层损耗会造成到达地表紫外辐射增强，影响人类的健康。作为一种温室气体，平流层臭氧在大气长波辐射和短波辐射的收支平衡中起重要作用，平流层臭氧浓度的改变将直接形成辐射强迫，造成大气温度的变化，影响气候变化；平流层臭氧损耗还能通过改变平流层的动力学过程，如影响极地位涡的形成来间接影响气候变化。此外，臭氧层损耗造成紫外辐射的改变将影响平流层和对流层的化学过程。臭氧层损耗导致的气候变化包括成云、降雪、冰雪覆盖等，这些都对紫外辐射有重要影响。

（一）臭氧层损耗对辐射强迫和温度变化的影响

1850—2000年总臭氧的辐射强迫约为0.28 ± 0.17 W/m^2，2014年约为0.30 ± 0.17 W/m^2。总臭氧的辐射强迫在20世纪70年代前迅速增长，2000年后缓慢增长，在近十几年来又出现了新的增长。自20世纪90年代以来，总臭氧的短波辐射强迫超过长波辐射强迫。

平流层臭氧损耗造成负的辐射强迫，《蒙特利尔议定书》中估算管制气体造成的平流层臭氧破坏所产生的辐射强迫为 −0.05 ± 0.10 W/m^2，小于IPCC第三次评估报告的数值，对全球气候的变化有“致冷”效应。全球平流层臭氧辐射强迫在1930—1970年为正，之后转为负，但是在北半球始终为正。

观测和模拟的结果表明臭氧层损耗使得平流层变冷，反过来又造成对流层和地表的冷却。ODS引起的气候变暖及与臭氧层损耗相关的变冷是两种截然不同的机制，由不同的物理过程和反馈机制控制。目前对这两种机制的科学认识程度有显著差异，人们对ODS引起气候变暖机制理解的程度较高，而对臭氧层损耗间接气候变化作用机制理解的程度较低。在2005年IPCC/TEAP的特别报告中假设观测到的臭氧损耗完全由ODS引起，并且臭氧辐射强迫被认为是ODS引起的一种间接效应。1970—2000年与臭氧层损耗相关的间接辐射强迫最佳估算值为 −0.15 ± 0.10 W/m^2，其中大的不确定性由模式估算值的范围决定，主要是由臭氧层损耗的垂直分布存在不确定性而引起的。间接效应很可能小于ODS引起的正的直接辐射强迫（0.32 ± 0.03 W/m^2）。不同种类气体对正的直接辐射强迫和负的间接辐射强迫的相对贡献如图8-15所示。然而，由直接和间接辐射强迫产生的变暖和变冷效应并不能简单地相互抵消，因为这两种气候效应的空间和季节分布不同。

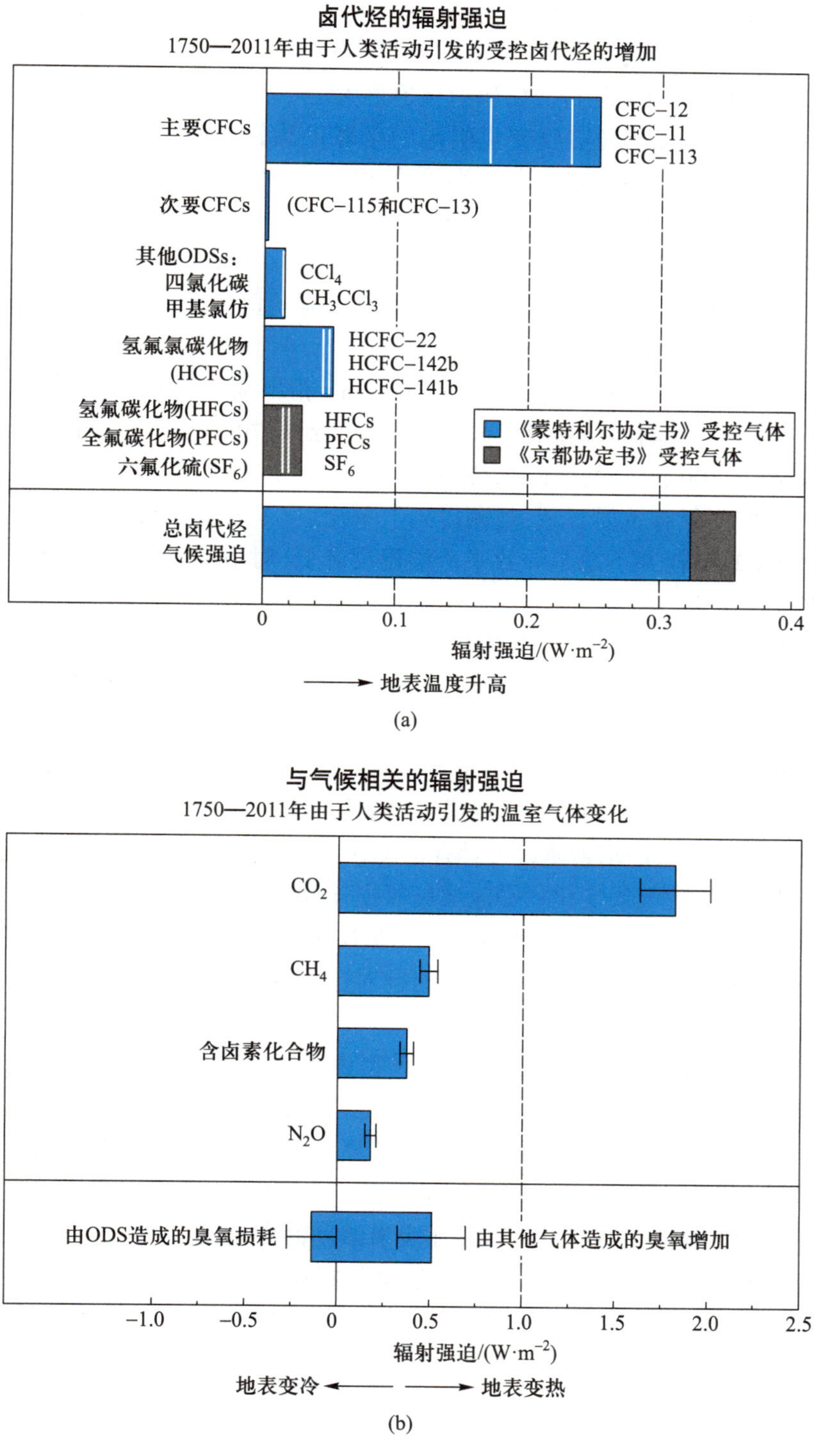

图 8-15　1750—2011 年由人类活动引发的受控卤代烃的增加和温室气体变化引起的辐射强迫

（资料来源：修改自 Twenty Questions and Answers About the Ozone Layer：2014 Update，2014）

荷兰国家公共卫生及环境研究院1997年的报告（以下简称“荷兰1997年报告”）中指出由臭氧损耗引起的辐射强迫的强度与损耗发生的高度有关。臭氧损耗造成更多的太阳短波辐射进入对流层，形成正的辐射强迫；长波辐射刚好相反，更多的辐射射出地球，形成负的辐射强迫，对流层顶的臭氧损耗造成的辐射强迫最大。

1990—2015年，由臭氧和气溶胶变化引起的全球平均辐射强迫增加了$0.17 \pm 0.08\ W/m^2$，其中约1/3由臭氧引起。对流层均匀混合的温室气体和臭氧形成的辐射强迫约为$2.78\ W/m^2$（不确定度为12%），平流层臭氧损耗形成的负的辐射强迫一般为$0.05 \sim 0.25\ W/m^2$，约能抵消对流层均匀混合的温室气体形成的正辐射强迫的2%~11%。如果考虑近20年形成的辐射强迫，那么平流层臭氧损耗形成的负的辐射强迫能抵消对流层温室气体增长形成的正辐射强迫的15%~20%。

臭氧层损耗导致平流层的温度变化。Ramaswamy指出全球范围内平流层的年均温度在下降，通过对无线电高空测候仪和卫星数据的分析得到1979—1994年平流层臭氧损耗对低平流层（一般为50~100 hPa）的致冷趋势为0.6 K/（10 a）；在上平流层，均匀混合的温室气体和臭氧都对温度降低有重要贡献，观测得到上平流层（1 hPa）的致冷趋势为2 K/（10 a）。然而，平流层的臭氧损耗并不总是导致平流层温度降低，对中、高纬度地区低平流层臭氧损耗的模式模拟结果表明，臭氧层损耗能够导致中、上平流层温度升高，特别是在春季。

臭氧层损耗影响平流层动力学过程主要体现在对极地位涡的形成上。臭氧层损耗导致平流层温度降低，更有利于平流层极地位涡的形成。Langematz的研究中发现臭氧层损耗导致极地上平流层温度的降低，Braesicke通过模拟研究发现中纬度地区低平流层臭氧的损耗能够延长春季极地位涡的存在时间。由于极涡的形成是造成两极地区臭氧极大损耗的重要条件，平流层臭氧损耗对极涡的影响又促进了臭氧层损耗。

因为对流层和平流层的动力学过程具有相关性，所以臭氧层损耗在导致平流层气候变化的同时，也引起对流层的气候变化。平流层臭氧损耗改变了平流层的循环过程，同时统计学证据证明这种改变传播到了对流层，可能由于平流层中异常的强烈西风和正涡旋引发对流层中的平衡响应，从而引起对流层气候的改变，目前对这种传播方式的动力学机制尚不清楚。

（二）臭氧层损耗对大气组成和空气质量的影响

平流层臭氧是太阳辐射中UV-B的重要吸收物质，平流层臭氧损耗使太阳辐射中更多的UV-B到达近地面参与大气化学反应。全球范围的许多观测点都确认了臭氧柱浓度降低，到达地表的紫外辐射增加的事实。观测和计算结果显示，20世纪80年代到21世纪初的20年间，紫外辐射增加6%~14%，部分观测点紫外辐射增加的50%是由于臭氧柱浓度变化引起的。紫外辐射长期的变化并不仅源于臭氧浓度的变化，也受成云、气溶胶颗粒和表面反照率的影响。模式研究的结果显示，平流层臭氧损耗导致UV-B的增加能够引起清洁环境中（南半球）对流层臭氧的减少；而在北半球污染相对严重的地区，UV-B的增加会引起对流层臭氧的增加。

三、气候变化对臭氧层损耗的影响

南极臭氧洞生成的重要前提条件包括：① 平流层存在大量ODS；② 低温（<195 K），有助于极地平流层云（polar stratosphere clouds，PSCs）形成；③ 极涡形成，造成相对封闭的环境。臭氧层损耗的关键化学机制是ODS和臭氧在PSCs表面发生的非均相化学反应。平

流层温度变化能够极大地影响极地平流层云的形成，进而影响臭氧层损耗的程度。

比较世界气象组织的平流层温度数据和卫星数据可以发现，两极的中、高纬度地区在 1979—1998 年温度有降低的趋势，平流层探测器（stratospheric sounding unit，SSU）的数据显示在 9、10、11 月份南纬 70° 上空和 3、4、5 月份北纬 70° 上空的平流层温度降低 3 K/（10 a）。另外，微波探测装置（microwave sounding unit，MSU）的数据显示在 9、10、11 月份南纬 70° 上空和 3、4、5 月份北纬 70° 上空的平流层温度分别降低 1.1 K/（10 a）和 1.8 K/（10 a）。

因为对流层温度的改变也会引起平流层的变化，进而影响中、高纬度地区臭氧层损耗的程度，所以这一小节重点分析温度变化对臭氧层损耗的作用。

（一）温室气体与臭氧层损耗

近几十年，全球发展导致温室气体的大量排放（图 8-16）。温室气体增加是导致全球气候变化的重要因素，对近地层有升温作用，但是对平流层却有降温的作用。温室气体对平流层臭氧损耗的影响主要体现在两方面：一是部分温室气体进入平流层之后能够生成直接或间接破坏臭氧的物质，如卤代烃类物质进入平流层之后生成具有臭氧损耗能力的活性氯化物和溴化物，具有直接的臭氧破坏作用，甲烷通过大气输送进入平流层之后能够被氧化生成 H_2O，H_2O 发生光解生成 HO_x·（H·、·OH、HO_2·），这些物质都可以和 O_3 发生反应，达到间接破坏臭氧层的作用。二是温室气体的存在改变全球、特别是平流层的温度分布，因为平流层臭氧损耗的化学机制对温度非常敏感，所以能够影响平流层臭氧的损耗；同时平流层温度的改变能够影响平流层云的形成，进而改变臭氧损耗的程度。

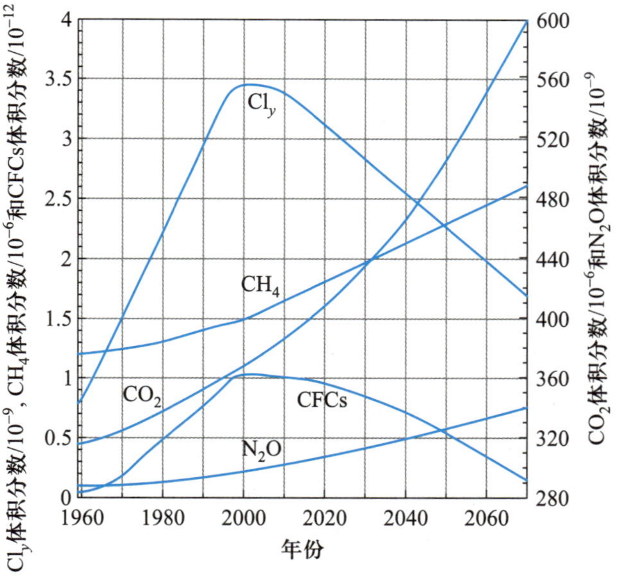

图 8-16　五种温室气体在大气中的浓度于 1960—2000 年呈现显著的增长趋势

（资料来源：Drew T，1998）

CFCs、Cl_y 类物质由于近年来的禁用从 2000 年以后浓度会逐渐减少。

1. 卤代烃类温室气体与臭氧层损耗

人为 ODS 包括哈龙、CFCs、HCFCs、甲基氯仿（CH_3CCl_3）、四氯化碳（CCl_4）和一溴甲烷

（CH_3Br）。氯氟烃与四氯化碳和甲基氯仿是人类活动排放的最重要的含氯卤素源气体。臭氧损耗的化学过程主要是由于活性氯化物和溴化物的浓度增加引起的，而这两种化合物都产生于人为 ODS 的降解过程。自 1970 年以来，人类活动已经使平流层氯含量相对于估算的自然背景水平增加了 5 倍。CFCs 是导致这种变化的主要根源，而目前 HCFCs 对平流层氯含量的贡献约为 5%。大部分卤代烃类化合物浓度的增加发生在最近几十年，由于《蒙特利尔议定书》的控制，卤素源气体的丰度在 1993—2012 年有所下降。CFC-12 的浓度在 2000 年达到峰值后开始下降，2012 年的浓度比 1993 年高 2.4%。作为氯氟烃的替代气体，氟氯烃在 1993—2012 年大幅增加（+157.5%）。随着 2013 年以来对全球生产实施的新限制，氟氯烃将在 2020—2030 年达到峰值。

目前预测平流层卤代烃类化合物将于 2050—2060 年恢复到 1980 年以前，即南极"臭氧空洞"发生前的水平，这个时间将比对流层卤代烃类化合物达到这个浓度晚 15~25 年。

2. CO_2 与臭氧层损耗

与其他微量元素气体不同，CO_2 不通过直接的化学反应影响臭氧层损耗。平流层 CO_2 向空间逸散红外辐射，因此平流层 CO_2 浓度的增加会降低平流层温度，导致依赖温度的臭氧损耗反应（$O+O_3$，$NO+O$）的速度放慢，从而造成平流层臭氧浓度的增加。对于极地平流层臭氧的损耗过程来说，平流层温度的降低，有利于极地平流层云的形成，增加破坏平流层臭氧的非均相化学反应。而且较低的温度会使 Cl· 与 CH_4 的反应速率减慢，使破坏臭氧的 Cl· 和 ClO· 去除的速度变慢，即对臭氧的破坏能力增强，导致臭氧层的损耗加快。由于臭氧在平流层吸收光又产生热，可以部分抵消 CO_2 造成的温度降低。

3. CH_4 与臭氧层损耗

CH_4 在大气中的寿命是 12 年，能够大量进入平流层，参与平流层的大气化学反应。有研究指出，20 世纪 CH_4 浓度的升高导致低、中、高平流层水蒸气分别增加 1%、8% 和 15%。

CH_4 对平流层臭氧损耗的一个重要作用体现在通过与 Cl· 反应生成 HCl，成为 Cl· 的汇，因而 CH_4 浓度的增加会使从地面到 45 km 高度处的臭氧量增加。在平流层，CH_4 既是 Cl_x· 的源，又是 Cl_x· 的汇：

$$CH_4 + Cl\cdot \longrightarrow HCl + \cdot CH_3\text{，}\ \cdot OH(\text{来自 } CH_4) + HCl \longrightarrow \cdot Cl + H_2O$$

在 35~40 km 处，臭氧的显著增加主要来源于 ClO_x· 的减少。在这一区域，Cl· 与 CH_4 反应生成 HCl 是 Cl· 的主要损耗过程，Cl_x· 的这一损耗过程要比经生成而引起的增加来得快。平流层 Cl· 和 ClO· 分别减少了 20% 和 25%，导致低平流层臭氧损耗减少 2% 和 4%。

在对流层和低平流层，通过 CH_4 和 NO_x 之间的光化学反应，CH_4 氧化产生 O_3。此作用取决于对流层和低平流层中 NO 的含量，如果 NO 的浓度太小，那么由 CH_4 氧化而增加的 HO_x· 将使臭氧浓度减小。在对流层顶以上，CH_4 对 O_3 的影响还来源于 CH_4 氧化而产生 H_2O：

$$CH_4 + \cdot OH \longrightarrow \cdot CH_3 + H_2O$$

H_2O 可以发生光解反应生成 HO_x·（H·、·OH、HO_2·），这些物质都可以和 O_3 发生化学反应，起到损耗臭氧的作用。CH_4 浓度增加使平流层中 ·OH 和 HO_2· 的浓度升高，随之

有更多的 HNO_3 和 HNO_4 生成，从而减小了 NO_x 的浓度，结果使 NO_x 催化损耗臭氧的速率减小。在许多平流层区域，臭氧浓度由于这一机理而增加。在距地面 45 km 以上，经 CH_4 氧化而增加了的 $HO_x\cdot$ 直接催化破坏臭氧层，结果在该高度以上臭氧浓度减少。

4. 水蒸气与臭氧层损耗

平流层中的水蒸气是消耗臭氧层物质 $HO_x\cdot$ 的重要源，H_2O 可光解生成 $HO_x\cdot$（$H\cdot$、$\cdot OH$、$HO_2\cdot$），这些物质和 O_3 发生反应，起到损耗臭氧的作用，如下：

$$H\cdot + O_3 \longrightarrow \cdot OH + O_2$$

$$\cdot OH + O \longrightarrow H\cdot + O_2$$

$$\cdot OH + O_3 \longrightarrow HO_2\cdot + O_2$$

$$HO_2\cdot + O \longrightarrow \cdot OH + O_2$$

$$\text{总反应}: O + O_3 \longrightarrow 2O_2$$

平流层的水蒸气主要来自对流层的传输和平流层中 CH_4 的氧化。平流层中的水蒸气同样在气溶胶的形成、平流层致冷和致热效应中起到一定作用。尽管有时间和空间等条件的限制，仍有实验观测到平流层水蒸气的增加。由 Boulder 的 20 年连续观测数据，可以发现自 1980 年以来平流层水蒸气增加了 1 mL/m^3。在对流层观测到 CH_4 浓度增加了 0.5 mL/m^3，这个现象能解释平流层水蒸气浓度增加的部分原因，目前对平流层水蒸气的增加是否具有全球性趋势并不清楚。

（二）气溶胶与臭氧层损耗

气溶胶能够强烈影响大气循环和温度等影响化学反应过程的因素。对流层气溶胶和低平流层含硫气溶胶对气候变化具有潜在影响。含硫气溶胶对非均相化学反应非常重要，其表面的非均相反应是低平流层臭氧损耗的主要过程，此外还能改变辐射强迫。通过对太阳短波辐射和地面长波辐射的吸收，气溶胶对平流层的辐射强迫、平流层大气反应动力学起一定作用。全球和区域性二氧化硫排放的改变，是导致低平流层含硫气溶胶变化的关键因素。

模式模拟显示，低平流层硫酸气溶胶表面积密度的显著增加会通过非均相化学过程改变 $NO_x\cdot$、$HO_x\cdot$、$Cl_x\cdot$ 浓度和 $Br_x\cdot$ 催化循环过程，有助于促进臭氧层损耗。Pitari 通过计算得到气溶胶表面积浓度的改变对全球臭氧的影响约为 –0.3%。

海洋排放的含硫气溶胶的前体物二甲基硫在大气中可以被氧化成二氧化硫，进而形成硫酸盐气溶胶。二甲基硫能够影响大气中气溶胶和云的形成，继而通过非均相化学反应和光解速率常数的改变来影响对流层臭氧的浓度。

第七节　碳中和与大气环境变化

一、碳中和

（一）碳中和的定义

碳中和（carbon neutral）早在 1997 年就成为环保者之间的流行词汇，在 2015 年第 21 届联合国气候大会（巴黎气候大会）上成为应对气候变化的温室气体减排目标（carbon neutrality)。虽然尚存在认识上的差别,但是不同组织表述的碳中和的科学内涵是基本一致的,即其中"碳"代表 CO_2,而"中和"代表一段时间内全球 CO_2 收支相抵。

IPCC 第六次评估报告定义的碳中和:在一定时期内全球 CO_2 人为排放与人为去除相互抵消,也称为净零 CO_2 排放。该报告同时还明确了人为排放和人为去除的计算方法,使得 CO_2 收支计算过程更加清晰,并使碳中和作为温室气体减排的政策更具操作性。考虑可持续发展和社会公平等外部因素,IPCC 第六次评估报告建议全球在 2030 年左右实现碳达峰(即 CO_2 排放达到峰值,之后逐步回落),在 2050 年左右实现碳中和。

一些碳中和的相关概念简要介绍如下。

净零排放:在一定时期内全球温室气体人为排放与人为去除相互抵消。由于温室气体排放单位的不可比性,多种温室气体的排放计算需要借助 CO_2 排放当量的概念。在选定时间窗口(一般 100 年)时,非 CO_2 气候因子的 CO_2 排放当量以所对应的全球增温潜势(GWP)或者全球温度变化潜势来计算。

非 CO_2 温室气体(non-CO_2 GHGs)排放:排除 CO_2 后的所有其他人为温室气体排放,包括短寿命气候因子和长寿命气候因子。短寿命气候因子包括甲烷、短寿命氟化物、臭氧及其光化学前体物和气溶胶及其前体物等;长寿命气候因子包括一氧化二氮和长寿命氟化物等。

对比净零 CO_2 排放(即碳中和)与净零排放概念,可以发现碳中和概念中的"碳"仅仅指代 CO_2,而非所有温室气体。

生命周期评估(life cycle assessment, LCA):一个产品或者一项服务在其生命周期内环境潜在影响的评估。

生命周期评估可以推广应用到温室气体收支计算中,并已经成为碳中和核算中一个非常重要的概念。碳中和核算要求对温室气体生命周期中重要源、汇进行准确量化。对温室气体生命周期的科学认识,也能够推动更合理的碳中和核算。例如,生物质燃烧曾被认为是碳中和的,原因是燃烧所排放的 CO_2 最终通过光合作用被生态系统摄取和封存。然而,近期的研究评估了生物质燃烧所排放的 CO_2 从排放到封存期间的 CO_2 排放当量,其结果并不为零。

气候中性(climate neutrality):人为活动对气候系统没有产生净影响的状态。气候中性不等同于碳中和或者净零排放,因为人为排放的间接辐射强迫和生物地球物理效应(biogeophysical effect)都将改变其全球增温潜势。

(二)碳中和与 1.5 ℃目标

2015 年 12 月,巴黎气候大会通过了《巴黎协定》。依据巴黎气候大会委托 IPCC 工作组所做出的评估,《巴黎协定》明确提出为了有效降低全球变暖带来的风险,"将全球平均气温较工业革命前上升幅度控制在 2 ℃以内,并努力将温度上升幅度限制在 1.5 ℃以内的长期目标"。

图 8-17 显示工业革命以来,人为 CO_2 累积排放量约为 2 560 $GtCO_2$,对应全球平均气温升高约 1.1 ℃。假设维持目前 CO_2 排放速率不变,2100 年全球变暖将突破 2 ℃。假设立即实现碳中和,全球变暖将得到有效控制。但考虑可持续发展和社会公平等外部因素,有序实现碳中和更具有实际操作性。气候模式综合考虑 CO_2 累积排放与全球变暖的关系及气候系统反馈作用,计算了设定增温情景下所允许的最大 CO_2 累积排放量(碳达峰),以及碳达峰和碳中和的最晚时间节点。对应 1.5 ℃目标,全球变暖的空间是 0.4 ℃,未来所允许的 CO_2 累

积排放量约为 500 $GtCO_2$，碳达峰、碳中和的最晚时间节点分别是 2030 年和 2050 年。考虑气候模式的不确定性，越早实现碳达峰和碳中和的“双碳”目标，实现 1.5 ℃目标就越有保障。

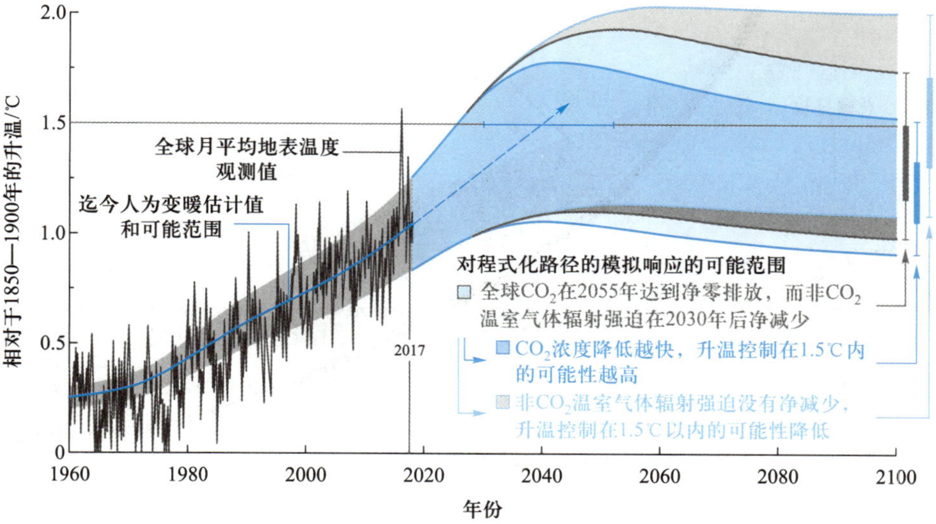

图 8-17　IPCC 第六次评估报告中 CO_2 累积排放与全球变暖预期

维持目前 CO_2 排放速率不变，2100 年全球变暖将突破 2 ℃；立即实现碳中和，全球平均温度将在短时间内维持不变后缓慢下降；按照建议碳中和路径，全球变暖趋势将得以抑制，并且 2100 年增温相较于工业革命前不超过 1.5 ℃。

绝大多数重要经济体在 2020 年前后做出正式承诺，将在 2040—2060 年实现各自的“双碳”目标。这体现了碳中和行动已经成为世界发展的新趋势。依据 IPCC 第六次评估报告，在保证可持续发展和消除贫穷目标实现的前提下，可以实现“双碳”目标和 1.5 ℃目标。但是，1.5 ℃目标要求尽快实现碳达峰，因此“每一份减排努力都非常重要，实现每年的减排目标都非常重要”。

（三）碳中和实现路径

碳中和的实现路径有两方面的考虑：一是全球平均温度上升曲线，二是 CO_2 减排路线及对应减排措施选择。目前讨论中的可能温度上升曲线有两种：一是全球平均气温上升至 1.5 ℃并维持到 2100 年不变；二是前期上升略超过 1.5 ℃后再下降，但仍能在 2100 年实现 1.5 ℃目标。两种温度上升曲线对应于不同的减排路线。由于温室气体天然汇机制的存在，在碳中和背景下，温室气体全球浓度下降进而实现全球气温的缓慢下降是可以预期的。因此，先升后降的增温曲线能够最大限度地利用人为减排和天然减排的协同作用，同时给人为减排提供必要的缓冲时间，所对应的碳中和实现路径可参考图 8-18。从 CO_2 的源、汇收支分析看，能源、建筑、工业和交通行业是 CO_2 主要人为排放源，而土地利用变化对 CO_2 的源、汇影响巨大。因此，实现碳中和目标的主要技术选择是能源、建筑、工业、交通等行业的减排技术和起补充调节作用的碳捕集与封存技术（carbon capture and storage，CCS）。其中能源和土地利用相关领域的 CO_2 减排潜力最大，是实现碳中和的关键所在，而 CCS 的作用具有很大的不确定性，取决于社会经济技术的综合发展情况。

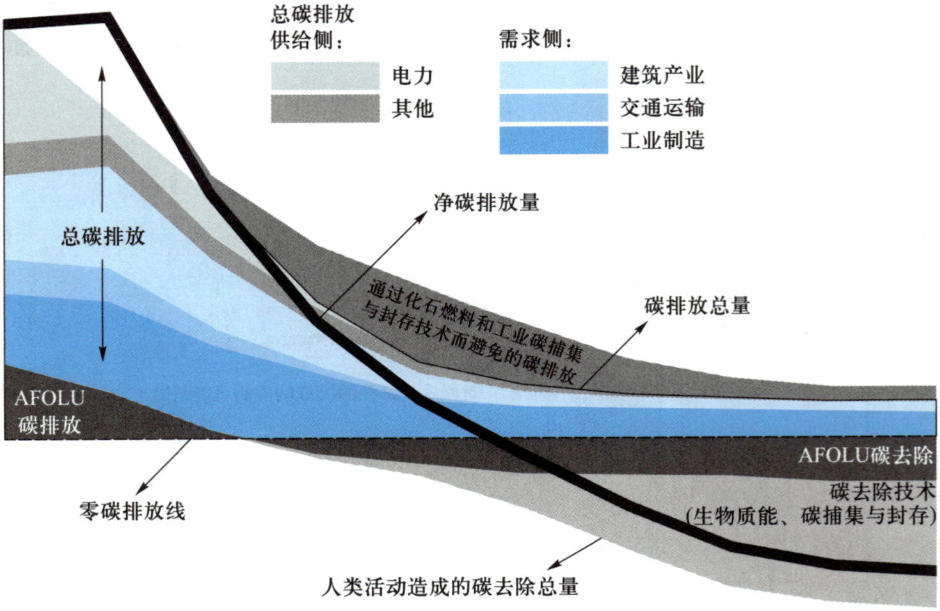

图 8-18 供应端碳中和实现路径

突出能源和土地利用两个方面的 CO_2 减排潜力及碳捕获技术的不确定性。

在预期减排路径下，能源结构的剧烈变化是可以预期的。这是因为能源消耗降低和能源结构转变是实现碳中和目标的先决因素。能源结构调整将增加可观的 CO_2 减排潜力，而且能源消耗降低和清洁能源比重增加将支撑绿色建筑和绿色交通等的实现，给减排路径留下更多的选择空间。新能源作为一个关键的技术途径，预期在能源结构占比中快速增长。IPCC 第六次评估报告预测全球生物能、水电、风电和光伏等新能源占比将达到 52%~67%，而煤炭的占比将降至 1%~7%；石油和天然气用量的减少预期也较为一致，以 2020 年为基准，2050 年将分别减少 39%~77% 和 13%~62%。而且，在未来技术更加成熟的前提下，预期碳捕集技术将得到广泛应用，将化石能源排放的 CO_2 在进入大气前就收集起来。

二、碳中和下的大气环境

碳中和将在很大程度上改变全球变暖趋势，并伴随着温室气体和污染物排放的巨大变化，从而带来整体大气物理环境和大气化学环境的变化。

（一）大气物理环境的变化

无论是先升后降的变暖模式，还是一步到位的变暖模式，已有的观测证据说明全球温度不会均匀上升（IPCC 第六次评估报告）。相反地，极端温度、区域升温不均一，以及全球范围温度分布不均等现象将更加频繁或者严重。气候模式预测，在 1.5 ℃增温情景下，高纬度地区的全球增温幅度和速率均高于中低纬度地区，而陆地增温速率高于海洋；相对于地面和对流层变暖，下平流层可能变冷。

除气温升高和区域气温时空变异性加大之外，还会造成大气环流的改变。长期观测证实三圈环流和季风强度发生了不一致的明显变化，而海洋表面气压呈增大趋势。全球水循环观测到中低纬地区降雨增加，全球大雨概率增大的特征。温度和水循环的变化情况预示着中高纬地区干旱天气更加严重。同时，在地表水蒸气含量总体增高情况下，海洋表面相对湿度增加，而陆地表面相对湿度下降。

（二）大气化学环境的变化

1. 长寿命气候因子减排及协同减排

长寿命气候因子主要包括 CO_2、N_2O 和部分氟氯烃。

CO_2 不仅是最重要的气候因子，而且其减排更能够广泛和深刻地影响能源、工业和土地利用类型等，进而影响一系列其他气候因子的排放。例如，化石燃料燃烧过程中 NO_x、SO_2 和 BC 的排放，以及土地利用类型改变所影响的 CH_4、N_2O 和 VOCs 等的排放。

CO_2 的人为源、汇可分为三部分，分别为能源供应（主要指化石燃料燃烧）与能源消耗（主要包括建筑、工业和交通等），以及土地利用。碳中和目标首先确定了控制能源需求和改善能源结构的减排路线。该减排路线也贡献了大部分的减排潜力，同时具有促进气候因子协同减排的优点。当能源消耗控制和能源结构转型的成本过高时，能源对碳捕集技术的诉求将加强。紧随能源领域，土地利用类型改变贡献了第二大减排潜力，农业和林业的改革有望实现 CO_2 由碳源到碳汇的转变，还可能带动 N_2O 协同减排。不同于全球平均情景，中国农业施肥和农业 N_2O 排放正在经历深刻的变化，N_2O 减排仍有相当大的潜力。提高陆地生态系统和森林的固碳能力同时也将伴随生物源 VOCs 及其他生物源排放的增强。VOCs 不仅是重要的短寿命气候因子，还是气溶胶的前体物，能够影响区域空气质量。

总之，其他长寿命气候因子、短寿命气候因子和大气污染物的协同减排是碳中和必然结果。碳中和实现路径、协同减排的路径和强度，将导致气候和与大气环境变化的不同结果，在战略上需要高度重视碳中和路径选择中兼顾全球变化与大气环境质量变化的约束。

《蒙特利尔议定书》有效控制了氟氯烃排放，其全球浓度呈现明显稳定的下降趋势，然而其替代产品 HCFCs 和 HFCs 的浓度却有明显上升趋势，这是臭氧层破坏和全球变暖需要共同应对的问题。

2. 短寿命气候因子减排

短寿命气候因子减排协同 CO_2 减排，减缓全球变暖的同时有利于空气污染控制，并且短寿命气候因子通过影响大气氧化性间接影响温室气体大气寿命。与 CO_2 同源的短寿命气候因子的减排路径在各种情景预测中差别不大。相对于 2010 年，全球 BC 和 SO_2 排放量在 2050 年将降低 80% 左右，而 CO 和 NO_x 的排放路径分别依赖于能源结构转变速率和氮的地球化学循环，存在一定不确定性。HCFCs 和 HFCs 的减排取决于《蒙特利尔协议书》清单物种的增添和技术发展。有模型预测，碳中和时期内 HFCs 的减排能到达到 90%。各种气候模式模拟情景都预期 CH_4 存在明显减排，因此 CH_4 浓度上升趋势将得到抑制，甚至出现下降，CH_4 浓度变化的不确定性主要在于 2010 年后 CH_4 快速上升的趋势没有得到合理解释，说明我们对 CH_4 全球收支的认识存在不足。天然源 VOCs 的排放与土地利用类型的改变相关，预期将增强。而人为源 VOCs 的排放与石化和化石燃料利用相关，排放降低和浓度下降的趋势是可以预期的。NH_3 与 N_2O 类似，减排潜力较小，预期环境浓度保持稳定或略有下降。海盐、沙尘和土壤源气溶胶与土地利用类型和风场有关，排放或存在下降趋势。二次气溶胶生成如硫酸盐、硝酸盐和铵盐的趋势随着前体物浓度的下降而受到抑制，因此其浓度也将出现下降趋势，有机气溶胶浓度可能具有潜在上升趋势，这与前体物 VOCs 排放上升有关。野火排放影响了绝大多数短寿命气候因子，特别在人为排放下降的背景下野火排放的贡献将更加突出。然而，野火排放强度的预测具有极大不确定性。持续变暖趋势下，土地利用和野火管理的影响还难以精准确定。

比较确定的是，短寿命气候因子的减排可能造成短期的增温贡献。考虑 CH_4 进一步减排和臭氧柱浓度的恢复，情景分析认为该增温贡献在 2100 年可以控制在 0.1 W/m^2 以下。

（三）对流层化学

短寿命气候因子和大气污染物如 CO、CH_4、NO_x 和 VOCs 等的减排能够直接影响对流层大气化学。总体而言，减排将抑制大气氧化性，而受抑制的大气氧化性，一方面将降低温室气体和绝大多数大气污染物的汇，另一方面可能抑制气溶胶二次生成。

1. 大气氧化性上升趋势逆转？

短寿命气候因子中 NO_x 能够在很大程度上调节大气氧化性。对流层 O_3 化学生成途径为 NO_2 的光解，而 NO 浓度决定了自由基链传递反应，因此 NO_x 浓度水平在相当程度上决定了全球大气氧化性水平。

工业革命以来，NO_x 的排放增加可能是对流层大气氧化性变化的重要原因之一。有观测数据以来，对流层 O_3 存在明显上升趋势。这与平流层臭氧损耗同时发生，说明对流层 O_3 光化学生成的增强。基于大气污染物源清单的全球化学模式计算，可以认为对流层·OH 浓度随着人为源排放增强而上升。从区域观测来看，NO_x 排放大幅度提升了区域大气氧化性水平。21 世纪以来，中国东南部和印度半岛由于污染排放增强而成为全球大气氧化性的高值区域，区域·OH 浓度水平比全球平均高 2 倍以上。

从观测结果来说，更远的下风向和背景区域也受到人为 NO_x 排放的影响并且增强了大气氧化性。然而，NO_x 大气寿命短（2~10 h），难以以 NO_x 分子形式远距离传输，因此推测存在其他方式辅助 NO_x 传输和提高背景地区 NO_x 浓度。

过氧乙酰硝酸酯（PAN）是最重要的过氧硝酸酯，PAN 具有热不稳定性和温度敏感性，环境温度从 20 ℃降低到 0 ℃时，PAN 大气寿命能够增加几个数量级。因此，PAN 的高空传输提供了 NO_x 远距离传输的途径之一。

除了 PAN 之外，已有的研究还讨论了另外几种可能延长 NO_x 传输距离的化学机理。包括表面硝酸光解和硝酸酯的氧化分解。硝酸（HNO_3）是 NO_x 氧化最重要的终产物。HNO_3 或直接干沉降到地表或被摄取到气溶胶颗粒物上再以颗粒物形态干沉降，大气寿命可达 1~2 周。有研究发现，环境表面附着的 HNO_3 和冰雪表面准液态水层中的 HNO_3 发生增强光解，环境寿命降低到小时量级，因此可以与其干沉降竞争，延长 NO_x 有效大气寿命。在森林地区，硝酸酯是 NO_x 氧化重要的终产物之一。部分硝酸酯能够水解或者氧化，再次释放 NO_x，成为区域 NO_x 远距离传输的又一种储库分子。

发达国家已经历了 NO_x 的减排过程，结果显示区域 NO_x 浓度水平下降速率远远低于减排速率，这说明对 NO_x 的大气环境行为的科学认识尚存在明显的不足。可以预见，在碳中和背景下，一方面 NO_x 减排和浓度降低可以预见，另一方面现有的理论还不能精确预测 NO_x 浓度降低程度，给全球大气氧化性预测带来了不确定性。

除 NO_x 减排外，碳中和时期全球大气氧化性水平减弱的趋势还受到 CO、CH_4 和 VOCs

排放的影响。从全球尺度上看，CO 和 CH_4 的减排导致其大气浓度下降，降低了·OH 的汇，从而能在一定程度上抵消 NO_x 浓度下降所导致的大气氧化性水平下降。而在森林地区，VOCs 作为·OH 重要的汇，其增强排放将进一步抑制局地大气氧化性。

全球水蒸气浓度增加通过提高 O_3 光解生成·OH 的产率而提升大气氧化性。总之，全球大气氧化性预期将随 NO_x 排放降低而下降，并受到局地汇 VOCs 和区域全球汇（CH_4 和 CO 的反应）的影响，为此，在推进 NO_x 深度减排的情景下，NO_x 浓度水平将如何响应，大气氧化性水平如何随之演变，值得高度关注。

2. 气溶胶浓度持续下降?

最近 50 年的观测结果表明，气溶胶柱浓度呈现明显上升趋势，但是该趋势在部分地区已经在近年间出现反转。碳中和期间气溶胶总体浓度下降的趋势或在全球尺度上更加普遍，这是由多重原因造成的。首先，一次气溶胶减排引起其浓度下降；其次，气溶胶前体物浓度下降趋势，以及大气氧化性的潜在下降趋势直接和间接降低了二次气溶胶的产率；最后，降雨的增加、土地利用类型改变和风速下降等因素将加大气溶胶的干、湿沉降。预测的各气溶胶组分的变化趋势或与气溶胶质量浓度变化趋势基本一致，唯一例外的可能是有机碳组分。

然而，与人为活动影响显著的区域相比，全球背景地区气溶胶浓度的观测尚不能提供明确的证据来支撑气溶胶组分浓度下降的结论。目前存在充分观测证据的，是大气 BC 浓度已多年持续下降。观测暂时不能支撑预期的原因，主要是全球背景站点的数据尚不充分及气溶胶化学的复杂性。总之，碳中和背景下全球气溶胶化学如何变化仍是一个值得需要持续关注和验证的问题。

思考题

1. 米氏散射和瑞利散射各有什么特点？地球大气中主要是什么物质发生米散射和瑞利散射？

2. 如果要建立一个辐射传输模型，那么应考虑大气中的哪些因素？请简要说明。

3. 气候敏感度、气候反馈和辐射强迫之间的关系是什么？

4. 全球变暖可能给人类和环境带来哪些影响和后果？

5. 为什么 CO_2 是温室气体，而 O_2 不是？

6. 平流层和对流层中 O_3 的温室效应机制有何不同？

7. 温室气体与气溶胶的有效辐射强迫符号相反，若二者强度相同可否相互抵消？

8. 中国自 2013 年以来施行的多项大气污染防治政策对气溶胶的有效辐射强迫有什么影响？

9. 现有的技术可以重建哪些影响气候的关键大气组分的地质历史时期浓度变化？这些技术的优缺点又是什么？

10. 当前大气中温室气体的浓度与地质历史时期的温室气体浓度相比如何？会带来什么样的气候影响？

11. 臭氧层损耗影响气候变化的直接和间接效应机制是什么？

12. 试述气候变化影响臭氧层损耗的可能途径。

13. 假设 IPCC 第六次评估报告关于碳中和实现路径的预测完全正确，并且所有国家和地区都理想地实现碳中和，那么全球气温和空气质量能恢复到工业革命之前的水平吗？

14. 人为 CO_2 排放伴随很多重要污染物的排放，因此碳中和能够带动总体空气质量改善。试分析主要污染物的浓度水平变化趋势，并识别哪些污染物需要额外动力才能更有效提升空气质量。

主要参考文献

[1] Blunier T, Chappellze J, Schwander J, et al. Variations in the atmospheric methane concentration during the Holocene epoch[J]. Nature, 1995, 374(6517): 46–49.

[2] Boucher O, Lohmann U. The sulfate-CCN-cloud albedo effect: A sensitivity study using two general circulation models[J]. Tellus B: Chemical and Physical Meteorology, 1995, 47: 281–300.

[3] Budyko M I. The evolution of the biosphere[M]. Riedel, Dordrecht, Netherlands: Springer, 1986.

[4] Chappellaz J, Blunier T, Raynaud D, et al. Synchronous changes in the atmospheric CH_4 and Greenland climate between 40-kyr and 8-kyr BP[J]. Nature, 1993, 366(6454): 443–445.

[5] Charlson R J, Schwartz S E, Hales J M, et al. Climate forcing by anthropogenic aerosols[J]. Science, 1992, 255(5043): 423–430.

[6] Checa-Garcia R, Hegglin M I, Kinnison D, et al. Historical tropospheric and stratospheric ozone radiative forcing using the CMIP6 database[J]. Geophysical Research Letters, 2018, 45(7): 3264–3273.

[7] Dominé F, Shepson P B. Air-snow interactions and atmospheric chemistry[J]. Science, 2002, 297(5586): 1506–1510.

[8] Fisher J A, Jacob D J, Travis K R, et al. Organic nitrate chemistry and its implications for nitrogen budgets in an isoprene-and monoterpene-rich atmosphere: Constraints from aircraft(SEAC4RS) and ground-based(SOAS) observations in the Southeast US[J]. Atmospheric Chemistry and Physics, 2016, 16(9): 5969–5991.

[9] Hand J L, Schichtel B A, Pitchford M, et al. Seasonal composition of remote and urban fine particulate matter in the United States[J]. Journal of Geophysical Research: Atmospheres, 2012, 117(5): D05209.

[10] Hansen J, Sato M, Ruedy R. Radiative forcing and climate response[J]. Journal of Geophysical Research: Atmospheres, 1997, 102(D6): 6831–6864.

[11] Haywood J M, Shine K P. Multi-spectral calculations of the direct radiative forcing of tropospheric sulphate and soot aerosols using a column model[J]. Quarterly Journal of the Royal Meteorological Society, 1997, 123(543): 1907–1930.

[12] IPCC. Climate change 1994: Radiative forcing of climate change and an evaluation of the IPCC IS92 Emission Scenarios[R]. Cambridge: Cambridge University Press, 1995.

[13] IPCC&TEAP. Safeguarding the ozone layer and the global climate system[R]. Cambridge: Cambridge University Press, 2021.

[14] IPCC. Climate change 1995: The science of climate change[R]. Contribution of Working Group I to the Second Assessment Report of the Intergovernmental Panel on Climate Change. Cambridge: Cambridge University Press, 1995.

[15] IPCC. Climate change 2001: The scientific basis[R]. Contribution of Working Group I to the Third Assessment Report of the Intergovernmental Panel on Climate Change. Cambridge: Cambridge University Press, 2001.

[16] IPCC. Climate change 2007: The physical science basis[R]. Contribution of Working Group I to the Fourth Assessment Report of the Intergovernmental Panel on Climate Change. Cambridge: Cambridge University Press, 2007.

[17] IPCC. Climate change 2013: The physical science basis[R]. Contribution of Working Group I to the Fifth Assessment Report of the Intergovernmental Panel on Climate Change. Cambridge: Cambridge

University Press, 2013.

[18] IPCC, Climate change 2021: The physical science basis [R]. Contribution of Working Group I to the Sixth Assessment Report of the Intergovernmental Panel on Climate Change. Cambridge: Cambridge University Press, 2022.

[19] Masters G M. Introduction to environmental engineering and science [M]. New Jersey: Prentice Hall, 1998.

[20] Myhre G, Aas W, Cherian R, et al. Multi-model simulations of aerosol and ozone radiative forcing due to anthropogenic emission changes during the period 1990–2015 [J]. Atmospheric Chemistry and Physics, 2017, 17(4): 2709–2720.

[21] Nessler R, Weingartner E, Baltensperger U. Effect of humidity on aerosol light absorption and its implications for extinction and the single scattering albedo illustrated for a site in the lower free troposphere [J]. Journal of Aerosol Science, 2005, 36: 958–972.

[22] Nicely J M, Anderson D C, Canty T P, et al. An observationally constrained evaluation of the oxidative capacity in the tropical western Pacific troposphere [J]. Journal of Geophysical Research, 2016, 121(12): 7461–7488.

[23] Petit J R, Basile I, Leruyuet A, et al. Four climate cycles in Vostok ice core [J]. Nature, 1997, 387(6631): 359–360.

[24] Petit J R, Jouzel J, Raynaud D, et al. Climate and atmospheric history of the past 420 000 years from the Vostok ice core, Antarctica [J]. Nature, 1999, 399(6735): 429–436.

[25] Petters M D, Kreidenweis S M. A single parameter representation of hygroscopic growth and cloud condensation nucleus activity [J]. Atmospheric Chemistry and Physics, 2007, 7: 1961–1971.

[26] Pistone K, Eisenman I, Ramanathan V. Observational determination of albedo decrease caused by vanishing Arctic sea ice [J]. Proceedings of the National Academy of Sciences of the United States of America, 2014, 111(9): 3322–3326.

[27] Putaud J P, Van dingenen R, Alastuey A, et al. A European aerosol phenomenology – 3: Physical and chemical characteristics of particulate matter from 60 rural, urban, and kerbside sites across Europe [J]. Atmospheric Environment, 2010, 44(10): 1308–1320.

[28] Ramanathan V, Callis L, Cess R, et al. Climate-chemical interactions and effects of changing atmospheric trace gases [J]. Reviews of Geophysics, 1987, 25(7): 1441–1482.

[29] Ramanathan V. The radiative and climate consequences of the changing atmospheric compositon of trace gases [M]. New York: Wiley, 1988.

[30] Raynaud D, Chappellza J, Barnola J M, et al. Climatic and CH_4 cycle implications of glacial interglacial CH_4 change in the Vostok ice core [J]. Nature, 1988, 333(6174): 655–657.

[31] Seinfeld J H. Atmospheric chemistry and physics: from air pollution to climate change [M]. 3rd edition. New York: Wiley, 2016.

[32] Siegenthaler U, Stocker T F, Monnin E, et al. Stable carbon cycle-climate relationship during the late Pleistocene [J]. Scicence, 2005, 310(5752): 1313–1317.

[33] Snider G, Weagle C L, Murdymootoo K K, et al. Variation in global chemical composition of $PM_{2.5}$: emerging results from SPARTAN [J]. Atmospheric Chemistry and Physics, 2016, 16(15): 9629–9653.

[34] Soden B J, Wetherald R T, Stenchikov G L, et al. Global cooling after the eruption of Mount Pinatubo: A test of climate feedback by water vapor [J]. Science, 2002, 296(5568): 727–730.

[35] Spahin R, Chappellaz J, Stocker T F, et al. Atmospheric methane and nitrous oxide of the late Pleistocene

from Antarctic ice cores [J]. Sciences, 2005, 310 (5752): 1317–1321.

[36] Thornhill G D, Collins W J, Kramer R J, et al. Effective radiative forcing from emissions of reactive gases and aerosols-a multimodel comparison [J]. Atmospheric Chemistry and Physics, 2021, 21: 853–874.

[37] Vogelmann A M, Flatau P J, Szczodrak M, et al. Observations of large aerosol infrared forcing at the surface [J]. Geophysical Research Letters, 2003, 30 (12): 1655.

[38] Wild M, Folini D, Hakuba M Z, et al. The energy balance over land and oceans: an assessment based on direct observations and CMIP5 climate models [J]. Climate Dynamics, 2015, 44: 3393–3429.

[39] World Meteorological Organization. WMO Greenhouse gas bulletin: The state of greenhouse gases in the atmosphere based on global observations through 2019 [EB/OL]. 2020–11–23.

[40] Ye C, Zhou X, Pu D, et al. Rapid cycling of reactive nitrogen in the marine boundary layer [J]. Nature, 2016, 532 (7600): 489–491.

[41] Liou K N. 大气辐射导论 [M]. 2 版 . 郭彩丽，周诗健，译 . 北京：气象出版社，2004.

[42] 周鑫，刘恋，郭正堂 . 地质历史时期大气 CO_2 浓度恢复方法 [M]// 丁仲礼 . 固体地球科学研究方法 . 北京：科学出版社，2013, 39–54.

第九章　平流层化学

第一节　引　　言

如第一章所述，平流层是从对流层顶到距地面 55 km 附近的大气层。平流层的温度不受地面影响，整体上随高度增高而上升，一般为 210~270 K，压力随着平流层高度的增加由 2×10^4 Pa 降至 100 Pa 附近，密度随着压力的降低也逐渐减小，如图 9-1 所示。

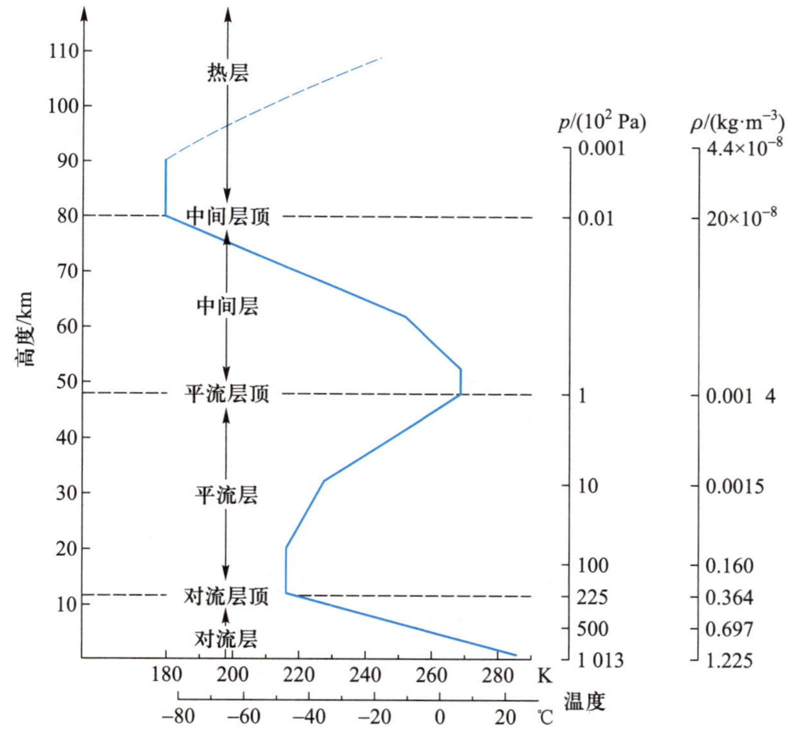

图 9-1　大气压力、温度、密度变化曲线

（资料来源：引自 ESPERE，2005）

平流层 30 km 以上的温度随高度的升高增加很快。臭氧对紫外线的强烈吸收，以及氧分子与氧原子重新生成臭氧时所释放的能量是平流层温度升高的主要原因。平流层内的红外辐射活性组分（如 CO_2、CH_4 和水蒸气等）向平流层外发射，与平流层臭氧的紫外吸收之间构成平流层的辐射平衡。

因为平流层的温度梯度是由下而上递增的，所以在该层中大气十分稳定，大气运动主要以水平运动为主，垂直对流运动很少，平流层也因此而得名。平流层中水蒸气和灰尘含量极少，没有云、雨等天气现象。由于平流层大气稳定，污染物一旦进入该层，将形成薄层气流并随着地球旋转而运动，如果没有光化学等化学反应发生，那么甚至可以停留多年。

太阳辐射在通过大气层到达地面的过程中，不断地被各层大气中的分子和原子吸收。从第一章图 1-4 给出的太阳紫外辐射最大吸收与距地面高度的关系可以看出，到达平流层的为波长大于 200 nm 的辐射，平流层氧分子和臭氧分子的吸收使到达对流层的辐射波长大于 290 nm。当对流层的长寿命分子被输送到平流层后，如果光吸收波长范围合适，就有可能发生光解反应，从而引发一系列其他反应。虽然平流层内的化学组分与对流层相比要少得多，但是平流层内的化学反应也十分活跃。

一、臭氧层

平流层集中了大气中约 90% 的臭氧，臭氧是平流层天然大气最关键的组分，臭氧浓度的峰值出现在 20~25 km 处，这里臭氧分子浓度相对较高，因而又被称为臭氧层，如图 9-2 所示。臭氧最大浓度出现的高度随地理位置和季节而不同，一般来说，赤道最大浓度出现在 25 km 左右，中纬度地区出现在 20 km 左右，极地则位于 16 km 左右，夏季臭氧浓度高于冬季。由于臭氧是平流层主要的热源，其在平流层的垂直分布对平流层的温度结构和大气运动起决定性的作用。

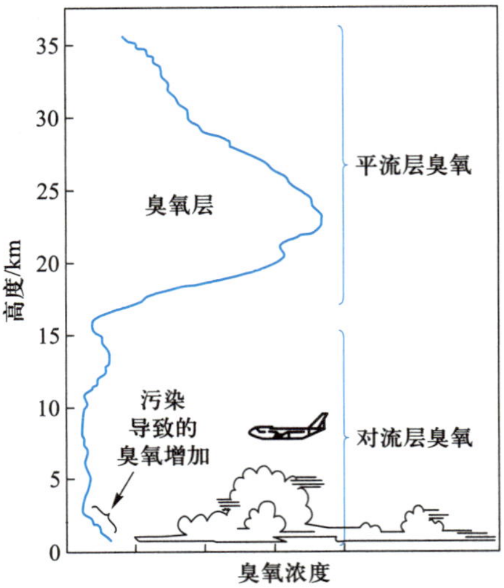

图 9-2 对流层和平流层臭氧变化示意图

（资料来源：引自 WMO，2003）

臭氧分子在地球大气的不同高度上具有显著不同的环境作用。近地面臭氧是光化学烟雾的特征污染物，环境大气中臭氧的浓度超过 100×10^{-9}（体积分数），即已超过我国空气质量标准，而平流层内大气臭氧的典型浓度达到 5×10^{-6}~10×10^{-6}（体积分数）。

全球大气中臭氧总量并不很多，约为 30×10^{8} t，在 0 ℃时，沿着垂直于地表的方向可以将大气中的臭氧全部压缩到压力为 101 325 Pa，总厚度平均约为 3 mm。臭氧的浓度可以采用柱浓度、质量浓度、数浓度、分压和体积混合比等多种方法来表示，其中柱浓度是最常用的一种表示法，与其测量方法有关。用光学方法可以测得从地面到高空垂直柱中的臭氧总密度。柱浓度采用从地面到高空垂直柱中的臭氧在 273 K 和 101 325 Pa 下的总层厚来反映大气中臭氧的含量，以 10^{-3} cm 厚的臭氧层为 1 个多布森单位（Dobson unit，简称 DU）。DU 来源于英国科学家 G.M.B.Dobson 的名字，以纪念他在臭氧测量上的贡献。正常大气中臭氧的柱浓度约为 300 DU。

二、臭氧层的作用

与对流层中近地面臭氧的作用不同，平流层中臭氧的存在对地球生命物质至关重要，因为它阻挡了高能量的紫外辐射到达地面。来自太阳的紫外辐射根据波长可分为 EUV、UV-C、UV-B 和 UV-A 区（图 9-3）。能量最高的部分称为 EUV 区，在平流层以上就被大气中的氧原子和氧分子吸收；波长为 200~280 nm 的紫外辐射一般称为 UV-C 区，该区紫外辐射波长短、能量高,能被大气中的 O_2 和臭氧完全吸收,在平流层中可被完全吸收;波长为 315~400 nm 的紫外辐射称为 UV-A 区,该区的紫外辐射不能被平流层臭氧有效吸收,这一波段的紫外辐射也是地表生物所需要的,不会造成地表生物圈的损害;波长为 280~315 nm 的紫外辐射称为 UV-B 区,该波段的紫外辐射能量仍较强,对人类和地球生命系统会造成危害,正常情况下 90% 以上的 UV-B 可以被平流层臭氧吸收。因此,臭氧层对高能量紫外辐射的吸收对保护地表生物系统具有很重要的作用(表 9-1)。

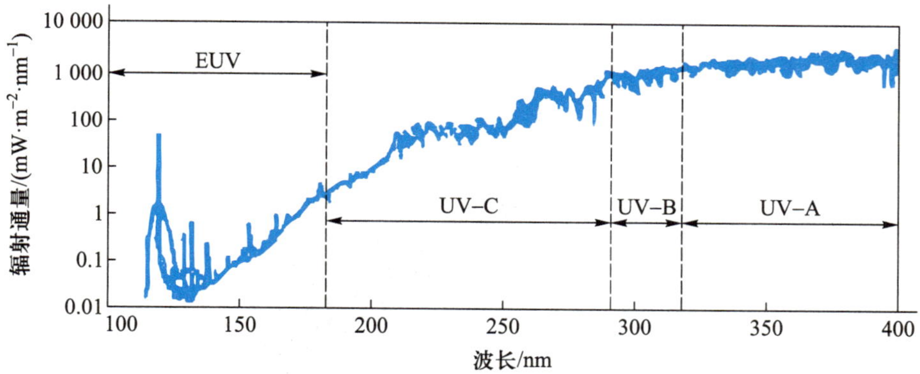

图 9-3 阳光紫外辐射不同波段的分布

(资料来源:引自 UARS,1989)

表 9-1 紫外辐射的波段、对人体健康的影响和臭氧层的吸收情况

紫外辐射区	波段 /nm	对人体健康的影响	臭氧层的吸收情况
UV-A	315~400	促进维生素 D 的合成	基本不吸收
UV-B	280~315	损害蛋白质和 DNA	吸收 90% 以上
UV-C	200~280	可致蛋白质和 DNA 破坏,造成严重伤害作用	全部吸收

如果平流层臭氧含量减少(臭氧层减薄),那么就会使其吸收紫外辐射的能力大大减弱,导致到达地球表面 UV-B 区辐射强度明显增加,给人类健康和生态环境带来严重的危害。联合国环境规划署(UNEP)组织了臭氧层损耗的环境影响评估委员会(EEAP),自 1988 年起以评估报告的方式向全球公布臭氧层损耗对环境影响的研究进展,研究证实了平流层臭氧的减少与进入对流层的 UV-B 之间的密切联系(图 9-4)。因此,UV-B 在对流层的增加究竟会对地球环境(包括对人体健康、生态和生存条件)产生怎样的影响已成为全球关注的一个重大问题。

臭氧层损耗的环境影响基本上是与相应的紫外辐射变化相联系的。研究表明,UV-B 能破坏生物蛋白质和基因物质脱氧核糖核酸(DNA),造成细胞死亡,使人类皮肤癌发病率增高;伤害眼睛导致白内障而使眼睛失明等。据分析,若平流层臭氧减少 1%,全球白内障的发病率将增加 0.6%~0.8%,全球由于白内障而失明的人数将增加 10 000~15 000 人;利用动物实验和人类流行病学的数据资料得到的最新研究结果显示,若臭氧浓度下降 10%,非恶性皮肤瘤的发病率将会增加 26%,浅肤色的人群尤其是儿童更严重;人体研究结果也表明,增加 UV-B 暴露可能会使人体免疫系统的机能减退,抵抗传染病的能力下降。

对陆生植物影响的研究表明，许多植物受到来自 UV–B 的负影响，如豆类、瓜类、马铃薯、番茄、甜菜等的质量将会下降。对于森林和草地，辐射强度的改变可能会改变物种的组成，进而影响不同生态系统的生物多样性分布。

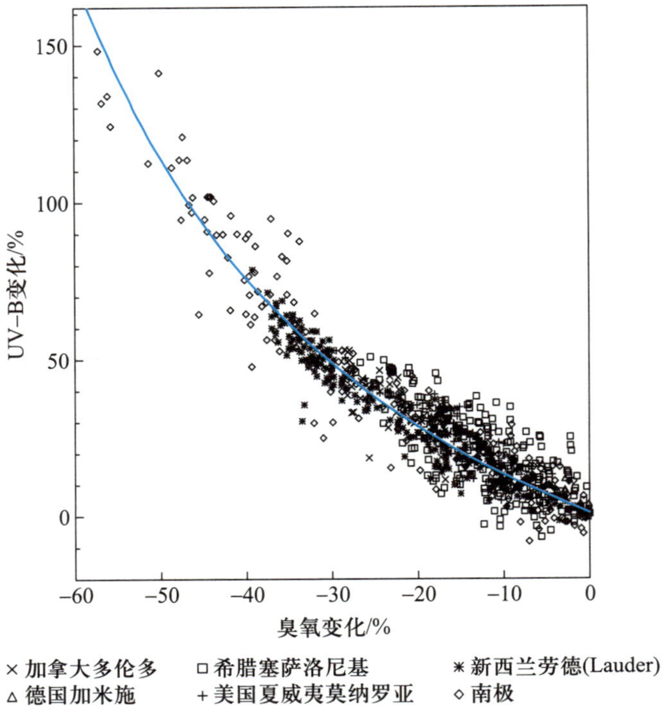

图 9–4　地表的 UV–B 和平流层臭氧变化之间的关系

（资料来源：引自 UNEP，1998）

UV–B 的辐射强度对水生生态系统具有重要作用。研究人员对臭氧洞范围内和臭氧洞以外地区的浮游植物生产力进行比较的结果表明，浮游植物生产力下降与臭氧减少造成的 UV–B 增加直接相关。粗略估计，如果平流层臭氧减少 25%，那么浮游生物的初级生产力将下降 10%，这将导致水面附近的生物减少 35%。此外，研究发现 UV–B 对鱼、虾、蟹、两栖动物和其他动物的早期发育阶段都有危害作用。

紫外辐射的增加会影响陆地和水体的生物地球化学循环，从而改变地球 – 大气系统中一些重要物质在地球各圈层中的循环。例如，UV–B 增加将抑制硝化细菌的作用，且可直接光降解硝酸盐，对水中的氮循环产生影响；UV–B 对海洋中硫循环的影响可能会改变 COS 和二甲基硫（DMS）的海 – 气释放，这两种气体可分别在平流层和对流层中被降解为硫酸盐气溶胶。

UV–B 的增加无论是对人工聚合物还是天然聚合物及其他材料都会产生不良影响，加速它们的光降解，从而限制了它们的使用寿命；此外还会加速建筑、喷涂、包装及电线电缆等所用材料尤其是高分子材料的降解和老化变质。特别是在高温和阳光充足的热带地区，这种破坏更为严重。

平流层臭氧的变化对对流层化学的影响是一个值得关注的问题。对流层化学在很大程度上是由太阳辐射驱动的光化学过程。当平流层臭氧减少时，进入对流层的高能 UV–B 将导致对流层的大气化学过程更加活跃。然而其净结果还与发生 UV-B 增加地区的大气化学条件有关。对流层中重要的辐射活性气体臭氧对紫外辐射的变化十分敏感，而 NO_2 的光解速率常数基本不随紫外辐射波段的变化而变化，因此，在纯净的空气体系中，UV-B 增加直接导致臭氧由于光解而被破坏的速率加快。在 NO_x 和有机物浓度较低的偏远地区，地面臭氧的增加较少甚至还可能出现臭氧减少的情况。然而，在污染地区（如工业区和人口稠密的城市），臭氧光解的加速会进一步增加 ·OH、HO_2· 和 RO_2· 等自由基的生成速率，出现 NO 转化速率加快和臭氧光解加速的双重效果，而且也促进对流层其他相关的氧化剂如过氧化氢（H_2O_2）等的生成。

但无论是污染较严重的地区还是清洁地区，对流层中一些控制大气化学反应活性的重要微量气体的光解速率将提高，H_2O_2 和 ·OH 等氧化剂的浓度都会增加，意味着整个大气氧化能力的增强。其中 H_2O_2 浓度的变化可能会对酸沉降的地理分布带来影响。

另外，·OH 浓度的增加会使甲烷和 CFCs 替代物（如 HCFCs 和 HFCs）的浓度成比例下降，从而对这些温室气体的气候效应产生影响。此外，对流层反应活性的增加还会导致颗粒物生成的变化。例如，由来自人为源和天然源的硫（如氧硫化碳和二甲基硫）的氧化和凝聚形成云的凝结核等。尽管人们目前对这些过程还不十分清楚，但是平流层臭氧的减少与对流层大气化学及气候变化之间复杂的相互关系正在引起广泛的重视。

三、平流层化学研究

1930 年，英国科学家 Sydney Chapman 开创了平流层化学的先河，以纯氧体系中氧的光解离和再结合的平衡模型为依据，首先揭示臭氧层产生原因，指出平流层臭氧的生成和清除是一个自然的过程，提出了关于平流层臭氧的形成理论。他指出：当臭氧分子在平流层的生成速率与清除速率一致的时候，平流层的臭氧总量处于动态平衡状态且保持稳定。

到 20 世纪 70 年代，一些研究开始分析平流层臭氧生成和清除的定量关系，很快发现 Chapman 机制还不够完整。1974 年美国科学家 Johnston 做了计算，发现在 45 km 以下的平流层中，通过 Chapman 机制消耗的 O_3 加上迁移到对流层的臭氧仅占臭氧生成量的 20% 左右。由此推测，在全球臭氧平衡中一定存在着一些除 Chapman 机制以外的更重要的臭氧清除机制。

20 世纪 60 年代，由于超音速飞机的出现，平流层大气直接受到了飞机排放的水蒸气、氮氧化物等物质的污染，Hampson、Hunt 等人提出了含氢自由基与臭氧反应的机理，以及水蒸气损耗平流层臭氧的可能性，对 Chapman 机制进行了一定的修正。从此，平流层化学受到了广泛重视，并得到迅速发展。

20 世纪 70 年代初，Crutzen 和 Johnston 分别提出了氮氧化物分解臭氧的催化机理，开创了氮氧化物污染臭氧层的研究。1974 年 Stolarski 和 Cicerone 等提出了含氮自由基催化分解臭氧的可能性；不久，Molina 和 Rowland 又提出，被广泛用作冷冻剂和喷雾剂的氟氯甲烷气体（如 $CFCl_3$、CF_2Cl_2 等卤代烃）在高平流层中光解产生含氯自由基能导致臭氧的损耗，于是含氯自由基被引入了平流层化学，并居于重要位置。1977 年 HO_2· 的测定成功，使许多重要的化学反应速率常数获得了修正。一些关键性的自由基，如 ·OH、HO_2·、NO、NO_2、Cl· 和 ClO· 都先后在平流层被观测到，从而大大推动了平流层光化学催化反应机理的发展。平流层中存在的催化反应修正了 Chapman 机制中的臭氧清除途径。而 $ClONO_2$、N_2O_5 和 $HONO_2$ 等物种在平流层确实存在的证实，为了解平流层光化学提供了有力的依据。

1985 年英国南极考察站的科学家 Farman 等在哈雷湾(Halley Bay)站观测到了早春时期南极上空臭氧急剧减少，即形成所谓的臭氧洞(ozone hole)后(图 9-5)，大气臭氧损耗(ozone depletion)问题进一步引起了全世界的关注。

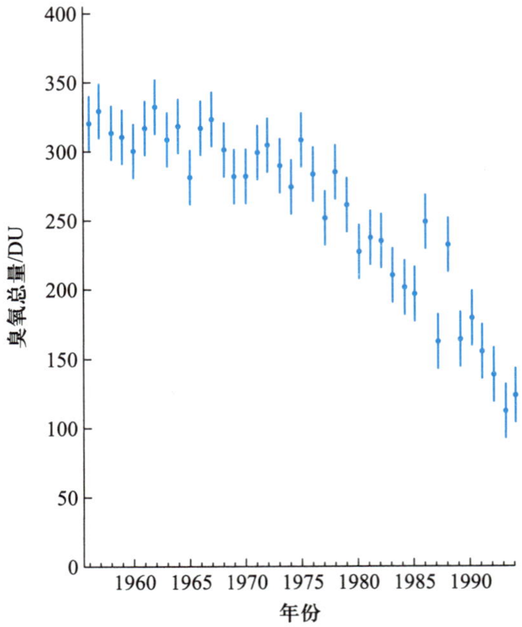

图 9-5　南极哈雷湾 10 月份观测的臭氧柱浓度的变化趋势

众多的科学观测和研究证实了氯和溴在平流层通过催化化学过程破坏臭氧是造成南极臭氧洞的根本原因。随着研究的深入，Crutzen 等人发现南极平流层极地云及其非均相化学反应对南极臭氧层损耗有不可忽视的影响，平流层非均相化学体系逐渐被建立，南极臭氧洞的形成机理也逐渐清晰。随着观测技术和计算机技术的发展与应用，平流层化学在定量方面的研究也逐渐展开。南极臭氧洞臭氧损耗机制的研究对推动大气非均相化学的研究起了重要作用。

继之，研究人员又在北极上空和其他中纬度地区发现了不同程度的臭氧层损耗现象，进一步说明臭氧总浓度的减少是全球性的。于是，对不同地区臭氧层损耗的物理和化学机制、臭氧浓度分布的全球模式及预测、由损耗引起的环境影响及控制对策等的研究，已成为大气科学、环境科学、生态学、医学等各界研究的一个重大课题。

Paul Crutzen、Mario Molina 和 Sherwood Rowland 由于在平流层化学领域做出的突出贡献，获得了 1995 年的诺贝尔化学奖，这是世界大气环境化学发展的一个里程碑。平流层臭氧化学的研究发展很快，目前已经基本弄清了平流层臭氧的生成和清除机理。随着研究的不断深入，人们逐步认识到平流层臭氧化学还有一些新的因素需要考虑，如短寿命含卤素化合物的排放和大气化学过程，卤族元素中的 Br 和 I 对平流层和对流层上部的化学行为，以及全球气候变化的作用等对平流层臭氧变化的影响等问题，还需要众多科学工作者开展更深入的研究。

第二节　平流层的基本化学过程

平流层化学与对流层化学的不同之处在于两者发生的条件有着显著的不同。在平流层，有波长约 200 nm 的紫外线射入，高能量紫外线引起的光解离反应引发了一些在对流层一般不能发生的反应。尽管如此，许多对流层的化学知识、基本化学动力学和化学反应机理仍可应用于平流层。

一、平流层臭氧的生成和清除反应

（一）Chapman 机制

早在 1930 年，Chapman 为了解释平流层为何存在着稳定的臭氧层，提出了一个在纯氧体系中平流层臭氧生成与清除的光化学机制。其生成和清除反应如图 9-6 所示。

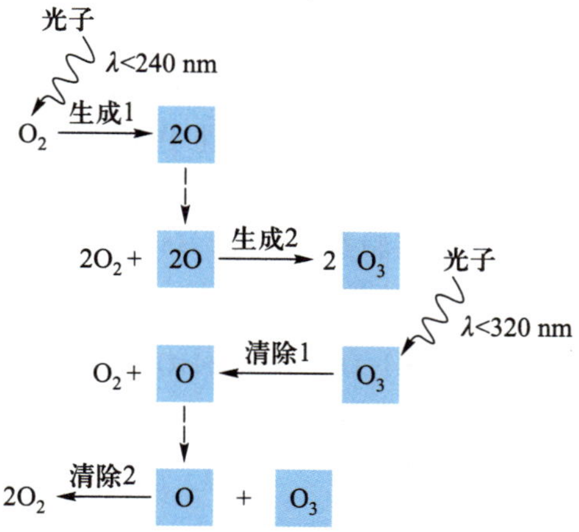

图 9-6 纯氧体系中臭氧的生成和清除反应

（资料来源：ESPERE，2005）

Chapman 机制认为，臭氧的生成反应（发生在 25 km 以上）是由 O_2 分子在短波紫外辐射作用下光解引发的：

$$O_2+h\nu(\lambda \leqslant 240\ \text{nm}) \longrightarrow 2O(^3P) \qquad (9\text{-}1)$$

$$2O(^3P)+2O_2+M \longrightarrow 2O_3+M \qquad (9\text{-}2)$$

$$\text{净反应：} 3O_2+h\nu \longrightarrow 2O_3$$

而臭氧的清除反应如下：

$$O_3+h\nu \longrightarrow O_2+O(^3P) \qquad (9\text{-}3)$$

$$O_3+O(^3P) \longrightarrow 2O_2 \qquad (9\text{-}4)$$

$$\text{净反应：} 2O_3+h\nu \longrightarrow 3O_2$$

清除反应（9-3）可写为

$$O_3+h\nu(210\ \text{nm} \leqslant \lambda \leqslant 310\ \text{nm}) \xrightarrow{40\ \text{km 以上高空}} O_2(^1\Delta)+O(^1D) \qquad (9\text{-}3a)$$

$$O(^1D)+M \longrightarrow O(^3P)+M$$

$$O_3+h\nu(400\ \text{nm} \leqslant \lambda \leqslant 1\ 140\ \text{nm}) \longrightarrow O_2(^3\Sigma)+O(^3P) \qquad (9\text{-}3b)$$

反应（9-3）并不能真正清除臭氧，因为光解后产生的氧原子会很快与氧分子结合而重新生成臭氧。但是，在此过程中，臭氧吸收了大量的太阳辐射，有效地保护了地球生命免遭过量辐射的危害。因此，真正起清除臭氧作用的是反应（9-4）。

Chapman 提出的纯氧体系中氧的光解离和再结合的平衡模型，解释了平流层臭氧的生成机制及其吸收太阳紫外辐射的机理，为平流层光化学的发展奠定了基础。该理论在历史上对臭氧层的生成机理起了重要的作用，至今仍被认为是平流层臭氧生成机制的经典理论。

由于 Chapman 讨论的是纯氧体系，未考虑地球大气层中其他痕量组分的传输和化学作用，若单以此机制对臭氧浓度进行估算，必然会出现计算值和实测值的偏差。由此推测，在全球臭氧平衡中，一定存在着一些除反应（9–4）以外的更重要的清除臭氧的机制。

（二）催化机制

20 世纪 60 年代中期，Benson 和 Axworthy 提出：Chapman 机制中的清除反应（9–4）太慢，不足以与生成反应（9–1）达成平衡。实际上，在 1950 年 David Bates、Marcel Nicolet 和 Chapman 就一起提出：含有 ·OH 与 HO_2· 的催化反应可以平衡臭氧在中间层和热层的生成反应。受此启发，加上英国剑桥大学实验室的研究，Hampson 和 Hunt 在 1965 年、1966 年提出了一对由 HO_x· 参与的清除臭氧的催化反应。

$$\cdot OH + O_3 \longrightarrow O_2 + HO_2 \cdot \quad (9\text{–}5)$$

$$HO_2 \cdot + O_3 \longrightarrow \cdot OH + 2O_2 \quad (9\text{–}6)$$

$$\text{净反应：} 2O_3 \longrightarrow 3O_2$$

该反应中的 ·OH 来自臭氧的光解，生成的 $O(^1D)$ 和水分子作用产生 ·OH。在此循环反应中，自由基并未被消耗，还可以再进入消耗臭氧的循环，如此循环往复，一个自由基可以造成成百上千个臭氧分子的破坏。

Paul Crutzen 于 1969 年提出平流层含氮化合物的光化学机制。在一些实测数据的基础上，他提出了 NO–NO_2 的催化循环，认为这是关键步骤，是平流层臭氧损失（ozone loss）中最重要的反应。

$$NO + O_3 \longrightarrow NO_2 + O_2 \quad (9\text{–}7)$$

$$NO_2 + O \longrightarrow NO + O_2 \quad (9\text{–}8)$$

$$\text{净反应：} O + O_3 \longrightarrow 2O_2$$

平流层中的 NO 来自对流层地表天然过程排放的 N_2O，N_2O 进入平流层后发生光解反应，产生 NO

$$N_2O + O(^1D) \longrightarrow 2NO \quad (9\text{–}9)$$

虽然该反应的量子产率很低，但是随后的实验研究和模式研究证实反应所产生的 NO 可以使 NO_x 循环成为平流层中距地面 25~45 km 高度内臭氧损失的一个重要途径。但是在低平流层，NO_x 循环的作用较小。

1974 年，Cicerone 和 Stolarski 提出如果在平流层有氯原子的源，就有可能发生氯的催化循环：

$$Cl \cdot + O_3 \longrightarrow ClO \cdot + O_2 \quad (9\text{–}10)$$

$$ClO \cdot + O \longrightarrow Cl \cdot + O_2 \quad (9\text{–}11)$$

$$\text{净反应：} O_3 + O \longrightarrow 2O_2$$

他们当时主要考虑的可能性是火山喷发将含氯化合物带入平流层。也有人认为平流

层 $ClO_x\cdot$ 的天然源是海洋生物产生的 CH_3Cl。大部分 CH_3Cl 在对流层中被 $\cdot OH$ 分解，生成可溶性氯化物后又被降水清除，少部分 CH_3Cl 则进入平流层。CH_3Cl 能吸收紫外线，放出 $Cl\cdot$：

$$CH_3Cl+h\nu \longrightarrow Cl\cdot + \cdot CH_3 \tag{9-12}$$

据计算，这两种来源产生的氯原子量很少，不足以显著地消耗低平流层的臭氧。后来，Molina 和 Rowland 提出对流层由人类活动排放的氟氯烃（CFCs）可以被输送进入平流层，并在平流层紫外辐射的作用下光解产生氯原子。在此之后，对损耗平流层臭氧的含氯化合物催化循环机制的研究不断深入和完善。

总之，自 1960 年以来，对平流层消耗臭氧的化学研究表明，平流层存在的一些微量组分可以使 O 与臭氧转化成 O_2，而本身不受破坏。物种 Y 的催化机制总体上可以表示为

$$Y+O_3 \longrightarrow YO+O_2 \tag{9-13}$$

$$YO+O \longrightarrow Y+O_2 \tag{9-14}$$

$$\text{净反应：}O_3+O \longrightarrow 2O_2$$

目前已知的物种 Y 有奇氮化合物 NO_x（NO、NO_2）、奇氢化合物 $HO_x\cdot$（$H\cdot$、$\cdot OH$、$HO_2\cdot$）、奇氯（溴）化合物 $ClO_x\cdot$（$Cl\cdot$、$ClO\cdot$）和 $BrO_x\cdot$（$Br\cdot$、$BrO\cdot$）。这些可直接参加破坏 O_3 的催化循环的物种被称为活性物种或催化物种。这些催化循环反应的重要性主要与 Y 的浓度和循环反应速率的快慢有关。这些活性物种在平流层的浓度虽然仅为 10^{-9}（体积分数）数量级，但是由于它们以循环方式进行反应，一个活性分子往往导致上百、上千乃至上万个 O_3 分子的破坏，对臭氧层造成很大损耗。

二、平流层中的气相化学

平流层中除臭氧外，还存在多种其他痕量物质，这些物质与臭氧的化学过程组成了平流层的气相均相反应化学。表 9-2 列出了其中的主要物种，其浓度随高度的变化如图 9-7 所示。

表 9-2 平流层中的主要物种

物种类别	主要物种
O_x	O、O_3
$HO_x\cdot$	$H\cdot$、$\cdot OH$、$HO_2\cdot$、HNO_2、HNO_3、HOCl、H_2O_2
NO_x	NO、NO_2、HNO_3、$ClONO_2$、N_2O_5
$Cl_x\cdot$	$Cl\cdot$、$ClO\cdot$、HOCl、$ClONO_2$、HCl
$Br_x\cdot$	$Br\cdot$、$BrO\cdot$、$BrONO_2$、HBr

上述成分实际上也可以归为含氢、含氮和含氯（溴）的三大类化合物（也可称为三大家族）。它们虽然在平流层的含量很少，却通过各种光化学反应控制了平流层大气中的臭氧分布。这三大家族有各自成分间的反应，也有家族与家族间的耦合反应。每个家族都含有三个基本类型的物种：源分子、自由基和储库（汇）分子。

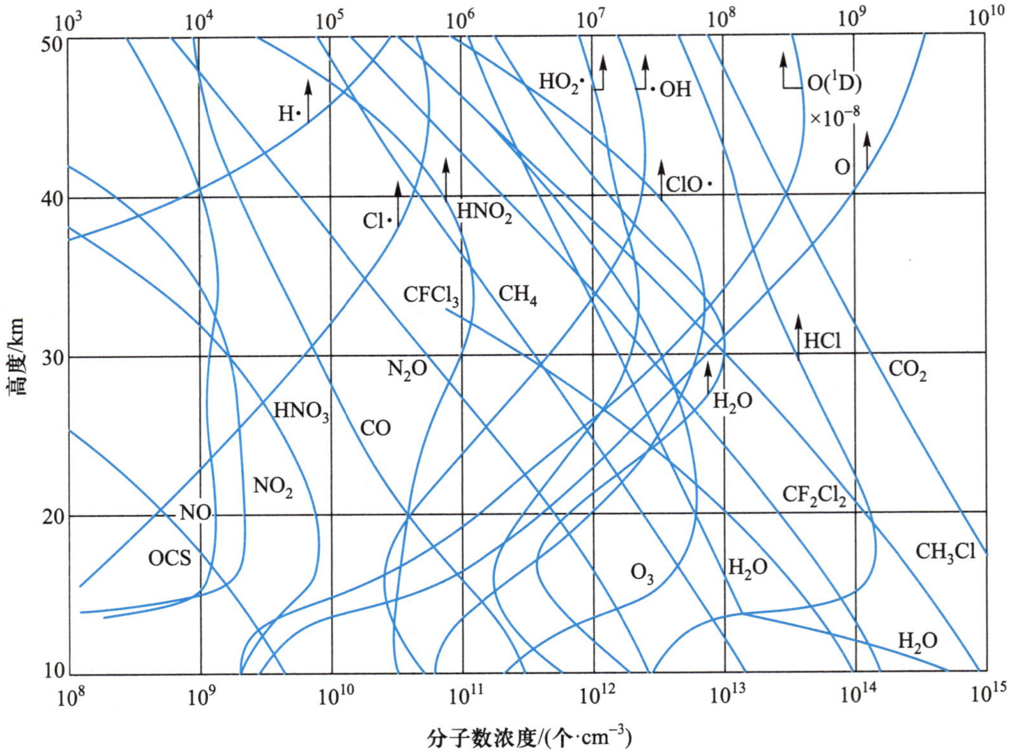

图 9-7 平流层中各物种浓度随高度的变化

（资料来源：引自 Wayne，2000）

源分子（source molecule）是由地表的天然活动或人为活动过程排放出来的在对流层寿命较长的物质。它们会全部或部分进入平流层，并在平流层解离产生活性自由基，是平流层自由基的源。

自由基（radical）是由源分子在平流层阳光作用下或与其他物质作用而产生的活性中间体，是平流层链反应的催化剂。它们寿命很短，活性很强，可以在链反应中不断再生，继续引发反应。

储库（汇）分子（reservoir/sink molecule）是自由基与其他物质结合而生成的较长寿命的稳定物质（反应产物），起到降低自由基浓度从而减弱活性物种对臭氧的破坏的作用。储库（汇）分子一旦生成，就终止了催化循环。这些储库（汇）分子有可能被输送到对流层通过湿沉降而被清除。还存在“临时储库分子”（temporary reservoir molecule），它们往往寿命较短，但是仍能在一定的时间段内起储库（汇）分子的作用。

我们所要探讨的平流层化学就是：源分子如何进入平流层，又如何在平流层引发化学反应，反应产生的中间物种——活性自由基，如何进行催化反应构成反应链，反应链又如何结束；在反应过程中如何影响平流层臭氧的生成和消耗；各类物种之间如何自成体系，又如何交叉、相互影响等。在平流层化学的发展中，人们的注意力开始是放在气相均相反应上的，对其研究得相对较多；非均相反应的研究起步较晚，主要在于解释“南极臭氧洞”现象。至今，平流层化学在理论上、方法上、定量关系上都有了很大进展，但仍需进一步深入研究。本节重点介绍气相均相化学，在第三节中介绍非均相化学。

下面简要介绍三大家族中的主要气相化学反应，它们之间相互交叉，构成了平流层主要的气相反应化学。

（一）NO_x

1. 平流层中 NO_x 的源

由上述已知，平流层中 NO、NO_2 的主要天然源是 N_2O 的氧化：

$$N_2O+O(^1D)\longrightarrow 2NO$$

N_2O 由地表产生，主要来自地球表面缺氧土壤和水中微生物的硝化过程。它不溶于水，因此，在对流层中基本上是惰性的，主要清除途径就是传输到平流层。图 9-8 简要阐述了与平流层相关的 N 循环。由于人为影响，目前 N_2O 的大气浓度已经增长到大约 333×10^{-9}（体积分数），由于其寿命很长，浓度变化对于平流层的影响很可能在几十年以后才开始出现。

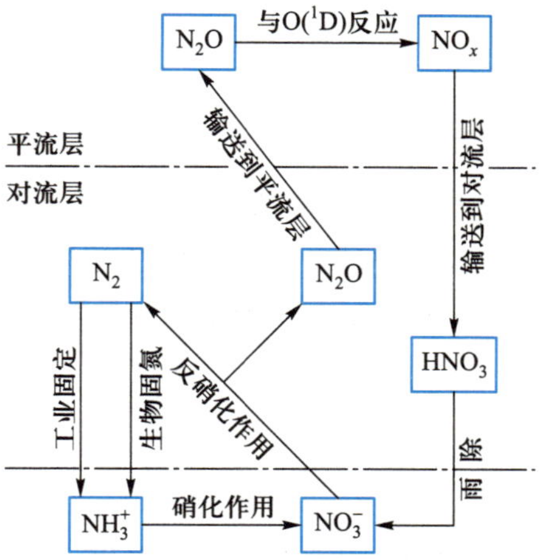

图 9-8　与平流层相关的 N 循环

（资料来源：引自 NASA，2003）

当 N_2O 被输送进入平流层后，约有 90% 的 N_2O 经光解转变为 N_2：

$$N_2O+h\nu(\lambda\leqslant 315\ \text{nm})\longrightarrow N_2+O(^1D) \tag{9-15}$$

有约 2% 转变为 NO。NO_x 还有一个较小的天然源，即来自银河系的宇宙射线对 N_2 的分解，主要发生在纬度 45° 到极地上空 10~30 km 的平流层中：

$$N_2+\text{宇宙射线}\longrightarrow N+N \tag{9-16}$$

$$N+O_2\longrightarrow NO+O \tag{9-17}$$

$$N+O_3\longrightarrow NO+O_2 \tag{9-18}$$

此外，超音速和亚音速飞机在平流层飞行过程中排放的 NO 也是平流层 NO_x 的一个人为源。随着超音速飞机的发展，其排放物有可能成为平流层重要的源（下面另有叙述）。地面产生的 NO_x 由于受到对流层降水的有效清除，一般不易进入平流层成为平流层的 NO_x 源。

2. NO_x 的化学反应

平流层中 NO_x 的化学反应主要是两个反应之间的竞争：

$$NO_2+O\longrightarrow NO+O_2$$

$$NO_2+h\nu\longrightarrow NO+O \tag{9-19}$$

当反应（9-19）占优势时，NO_2 反应消耗一个 O，使 O 与 O_2 生成 O_3 的可能性减少，同时，又生成了一个 NO 并消耗一个 O_3，其净反应如下。

循环 1：

$$NO_2+O\longrightarrow NO+O_2$$

$$NO+O_3\longrightarrow NO_2+O_2$$

$$\text{净反应：}O_3+O\longrightarrow 2O_2$$

此循环是在中、高平流层氧原子较多时 NO_x 消耗臭氧的重要反应。它生成的 NO_2 与臭氧反应可以生成 $NO_3\cdot$ ，$NO_3\cdot$ 进一步发生光解，构成下列循环。

循环 2：

$$NO+O_3 \longrightarrow NO_2+O_2$$

$$NO_2+O_3 \longrightarrow NO_3\cdot+O_2 \quad (9-20)$$

$$NO_3\cdot+h\nu \longrightarrow NO+O_2 \quad (9-21)$$

$$\text{净反应：}O_3+O_3 \longrightarrow 3O_2$$

NO_x 对臭氧的清除效应受制于排放高度，在中、上平流层，由于循环 1 的反应会导致臭氧被破坏，循环 2 的重要性也随之增加。

在低平流层，氧原子浓度低时，反应（9–19）占优势，生成的 NO_2 易进行光解：

$$NO+O_3 \longrightarrow NO_2+O_2$$

$$NO_2+h\nu \longrightarrow NO+O$$

$$O+O_2 \xrightarrow{M} O_3$$

净反应为 0，即没有臭氧的变化。因此，在低平流层（25 km 以下）NO_x 循环起的作用很小。而当它与 $HO_x\cdot$ 循环和 $ClO_x\cdot$ 循环有相互作用时对臭氧的变化有间接的作用，NO_2 与 $ClO_x\cdot$ 和 $BrO_x\cdot$ 作用生成储库分子 $ClONO_2$ 和 $BrONO_2$ 等，可降低 $ClO_x\cdot$ 对臭氧的消耗。

3. NO_x 的主要储库分子

能削弱上述 NO_x 催化循环反应的重要储库分子有以下几种。

（1）$HONO_2$（HNO_3）

$$NO_2+\cdot OH \xrightarrow{M} HNO_3 \quad (9-22)$$

$$HNO_3+h\nu(\lambda<345\ nm) \longrightarrow \cdot OH+NO_2 \quad (9-23)$$

$$\cdot OH+HNO_3 \longrightarrow H_2O+NO_3\cdot \quad (9-24)$$

生成 HNO_3 的总量主要取决于 $\cdot OH$ 的浓度，而 $\cdot OH$ 的浓度又部分取决于以下反应：

$$NO+HO_2\cdot \longrightarrow \cdot OH+NO_2 \quad (9-25)$$

但反应 $NO+O_3 \longrightarrow NO_2+O_2$ 与反应（9–25）存在竞争，因此臭氧的消耗取决于以上所有反应的竞争结果，为此，必须精确地测定这些反应在平流层温度下的速率常数。

（2）$ClONO_2$

$$ClO\cdot+NO_2 \xrightarrow{M} ClONO_2 \quad (9-26)$$

$ClONO_2$ 可以作为 $ClO\cdot$ 或 $Cl\cdot$ 在夜间的暂时储库，黎明时 $ClONO_2$ 会发生光解再生成 $Cl\cdot$：

$$ClONO_2+h\nu \longrightarrow Cl\cdot+NO_3\cdot \quad (9-27)$$

（3）HO_2NO_2（HNO_4）

$$HO_2\cdot+NO_2 \xrightarrow{M} HO_2NO_2 \quad (9-28)$$

$$HO_2NO_2+h\nu \longrightarrow \cdot OH+NO_3\cdot \quad (9-29)$$

$$HO_2NO_2+\cdot OH \longrightarrow H_2O+NO_2+O_2 \quad (9-30)$$

（4）N_2O_5

在夜间或极地冬季上空的平流层中会发生如下反应：

$$NO_2+O_3 \longrightarrow NO_3\cdot +O_2$$

$$NO_2+NO_3\cdot \xrightarrow{M} N_2O_5 \quad (9-31)$$

白天 N_2O_5 又迅速光解生成 NO_2：

$$N_2O_5+h\nu(\lambda \leqslant 400\ nm) \longrightarrow 2NO_2+O \quad (9-32)$$

NO、NO_2 和 HNO_3 都是易溶于水的气体，当它们被下沉气流带到对流层时，即迅速被雨水冲刷掉，这就是平流层中 NO_x 最重要的汇。NO_x 在平流层中另一个较小的汇发生在平流层顶：

$$NO+h\nu(\lambda \leqslant 192\ nm) \longrightarrow N+O \quad (9-33)$$

若 N 原子与 O_2 或 O_3 反应，则 NO 重新生成；若 N 原子与 NO_x 反应，则 N 原子和 NO_x 都被清除：

$$N+NO \longrightarrow N_2+O \quad (9-34)$$

$$N+NO_2 \longrightarrow N_2O+O \quad (9-35)$$

奇氮循环的各个主要反应路线如图 9-9 所示。

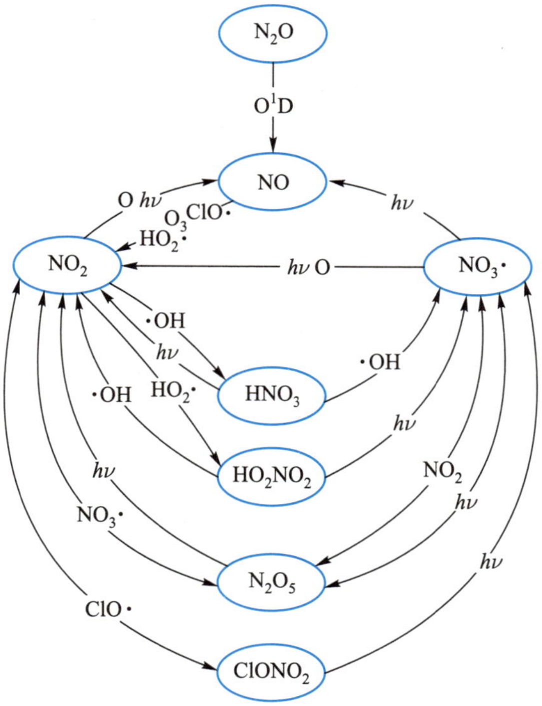

图 9-9　奇氮循环

（二）HO_x·

1. HO_x·的源

平流层大气中奇氢化合物的主要来源是由甲烷、水蒸气或 H_2 与激发态氧原子 $O(^1D)$ 反应产生的。$O(^1D)$ 由 O_3 的光解产生：

$$O_3+h\nu(\lambda \leqslant 310\ \text{nm}) \longrightarrow O_2+O(^1D)$$

$$CH_4+O(^1D) \longrightarrow \cdot OH+\cdot CH_3 \tag{9-36}$$

$$H_2O+O(^1D) \longrightarrow 2\cdot OH \tag{9-37}$$

$$H_2+O(^1D) \longrightarrow \cdot OH+H \tag{9-38}$$

2. HO_x·的化学反应

平流层中对各高度的臭氧起作用的 HO_x·是相对浓度随高度变化的 O、·OH 和 HO_2·。H·、O、·OH 和 HO_2·在平流层中的浓度都随着高度的增加而逐渐增加。观测显示，对于·OH，在 16 km 附近，其浓度大约为 1×10^{-12}（体积分数），25 km 处达到 3×10^{-12}（体积分数），在 45 km 处则增长到 400×10^{-12}（体积分数）；而对于 HO_2·，在 25 km 处，其浓度接近 10×10^{-12}（体积分数），45 km 处则为 200×10^{-12}（体积分数）。

在高平流层，由于氧原子的浓度相对高一些，清除臭氧的主要反应如下。

循环 1：

$$H\cdot+O_3 \longrightarrow \cdot OH+O_2 \tag{9-39}$$

$$\cdot OH+O \longrightarrow H+O_2 \tag{9-40}$$

$$\text{净反应：}O_3+O \longrightarrow 2O_2$$

由于 H·的缘故，此反应只有在 40 km 以上的范围才有其重要性。

循环 2：

$$\cdot OH+O_3 \longrightarrow HO_2\cdot+O_2$$

$$\cdot OH+O \longrightarrow H\cdot+O_2 \tag{9-41}$$

$$\text{净反应：}O_3+O \longrightarrow 2O_2$$

循环 3 不需要氧原子的参与，可以在低平流层发生。

循环 3：

$$\cdot OH+O_3 \longrightarrow HO_2\cdot+O_2$$

$$HO_2\cdot+O_3 \longrightarrow \cdot OH+2O_2$$

$$\text{净反应：}2O_3 \longrightarrow 3O_2$$

3. HO_x·的主要储库分子

在 HO_x·循环中，主要的储库分子有 HO_2NO_2、HNO_3、HOCl 和 H_2O_2。HO_2NO_2 和 HNO_3 与 NO_x 循环互为储库，其生成路径相同（参见 NO_x 循环）。其他两个储库分子的生成途径如下。

HOCl：

$$ClO\cdot+HO_2\cdot \longrightarrow HOCl+O_2 \tag{9-42}$$

$$HOCl + \cdot OH \longrightarrow ClO\cdot + H_2O \tag{9-43}$$

$$HOCl + h\nu \longrightarrow \cdot OH + Cl\cdot \tag{9-44}$$

H_2O_2：

$$HO_2\cdot + HO_2\cdot \longrightarrow H_2O_2 + O_2 \tag{9-45}$$

$$H_2O_2 + h\nu(\lambda \leqslant 300\ \mathrm{nm}) \longrightarrow 2\cdot OH \tag{9-46}$$

$$H_2O_2 + \cdot OH \longrightarrow H_2O + HO_2\cdot \tag{9-47}$$

$$\cdot OH + HO_2\cdot \longrightarrow H_2O + O_2 \tag{9-48}$$

$$\cdot OH + \cdot OH \longrightarrow H_2O_2 \tag{9-49}$$

关于 $HO_x\cdot$ 物种的主要反应，汇总于图 9-10。

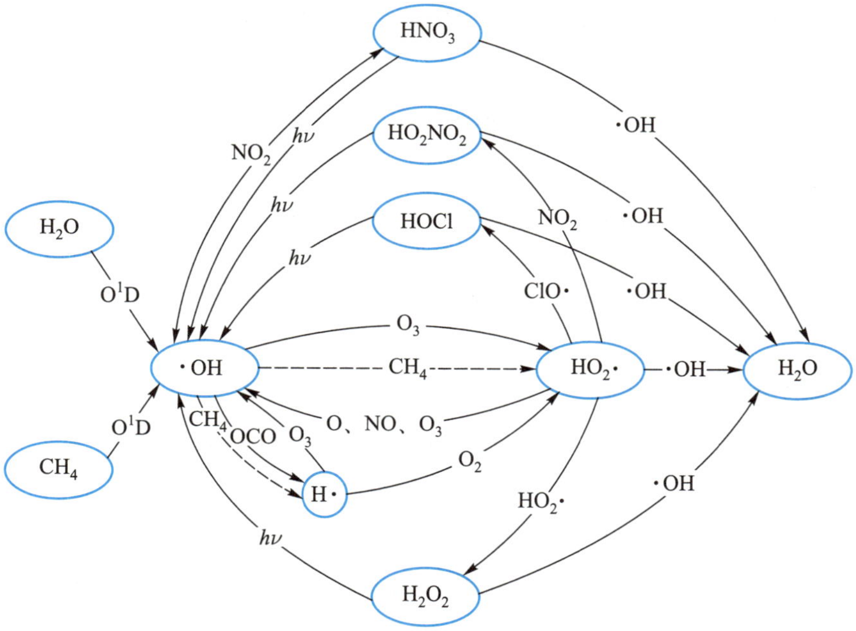

图 9-10　奇氢循环

4. 甲烷对平流层臭氧的影响

除了直接作为 $HO_x\cdot$ 循环重要的源分子，甲烷在平流层这个循环中的重要作用还在于它产生了水蒸气分子。H_2O 在对流层含量很丰富，当它上升到达对流层顶时，由于那里温度极低而被冻住，直接进入平流层的水蒸气量极少，低平流层也就很干燥。甲烷在进入低平流层时，由于温度低而不发生多少反应，当进入中、高平流层时，会与 $\cdot OH$ 发生氧化反应而产生水分子。1 个甲烷分子可以产生 2 个水分子。

第一个水分子：

$$CH_4 + \cdot OH \longrightarrow \cdot CH_3 + H_2O \tag{9-50}$$

第二个水分子：

$$CH_4 + O(^1D) \longrightarrow \cdot CH_3 + \cdot OH$$

$$\cdot CH_3+O_2 \xrightarrow{M} CH_3O_2\cdot \tag{9-51}$$

$$CH_3O_2\cdot +NO \longrightarrow CH_3O\cdot +NO_2 \tag{9-52}$$

$$CH_3O\cdot +O_2 \longrightarrow HCHO+HO_2\cdot \tag{9-53}$$

$$HCHO+\cdot OH \longrightarrow \cdot CHO+H_2O \tag{9-54}$$

而水分子与 $O(^1D)$ 反应产生的 ·OH，以及后续的 H· 和 HO_2· 是平流层 HO_x· 循环的重要组成。

（三）ClO_x· 和 BrO_x·

1. ClO_x· 和 BrO_x· 的源

（1）ClO_x· 的源

平流层 ClO_x· 的天然源是海洋生物产生的 CH_3Cl。大部分 CH_3Cl 在对流层中被 ·OH 分解，生成可溶性氯化物后又被降水清除，少部分 CH_3Cl 进入平流层。CH_3Cl 能吸收紫外线，放出 Cl·：

$$CH_3Cl+h\nu \longrightarrow Cl\cdot +\cdot CH_3$$

此来源产生的氯原子量很少。

1974 年，Molina 等人首先提出，氟氯甲烷 $CFCl_3$（CFC-11）和 CF_2Cl_2（CFC-12）是向平流层提供氯原子的重要污染源。其后的研究发现，人类使用和排放的氟利昂 CFCs 和哈龙等物质是导致平流层卤族元素剧增的主要原因。相应的源反应有两个，下面以 CF_nCl_{4-n} 为例说明。

一个源反应是在平流层光解：

$$CFCl_3+h\nu\,(175\ \text{nm}<\lambda<220\ \text{nm}) \longrightarrow \cdot CFCl_2+Cl\cdot \tag{9-55}$$

$$\cdot CFCl_2+h\nu\,(175\ \text{nm}<\lambda<220\ \text{nm}) \longrightarrow \cdot CFCl+Cl\cdot \tag{9-56}$$

生成物继续光解，最终释放出全部氯原子。因此，可以看出每个 $CFCl_3$ 分子可产生 3 个氯原子，每个 CF_2Cl_2 分子可产生两个氯原子，氯原子又将引发损耗臭氧的循环。

另一个源反应是与 $O(^1D)$ 的反应，即

$$O(^1D)+CF_nCl_{4-n} \longrightarrow \cdot CF_nCl_{3-n}+ClO\cdot \tag{9-57}$$

一个 $CFCl_3$ 分子可形成 3 个 ClO·，ClO· 也可参与催化损耗臭氧的反应。Cl· 和 ClO· 是构成 ClO_x· 循环的活性分子，也被称为 Cl_x·。

（2）BrO_x· 的源

溴是卤族元素中另一种能有效破坏臭氧的元素。它主要的源分子是甲基溴和哈龙。海洋和土壤是 CH_3Br 的天然源，海藻等物质生成的 CH_3I 通过与溶解在海水中的溴离子反应生成 CH_3Br，随后将其释放到大气中。在工业中，甲基溴被广泛用作作物熏蒸剂和用于农业活动。生物质燃烧产物和含铅汽油的汽车尾气均含有甲基溴。

CH_3Br 一旦被释放到大气中，就可以和 ·OH 反应。CH_3Br 的大气寿命约为 5 年，所以大部分的甲基溴在对流层可以与水、·OH 等作用而被破坏、去除。但是剩余的一部分仍可以进入平流层，成为平流层 Br· 的一个源，破坏平流层臭氧。CH_3Br 的大气浓度大约为 10×10^{-12}（体积分数）。

哈龙是人工合成的含溴灭火剂的工业名称，包括 Halon-1211（$CBrClF_2$）、Halon-1301（$CBrF_3$）和 Halon-2402（CF_2BrCF_2Br），它们在使用过程中进入大气，已经在大气中被监测到。其中，Halon-1211 和 Halon-1301 是主要的，排放高峰在 20 世纪 80 年代，排放量约为 12.5×10^6 kg（Halon-1211）和 4.5×10^6 kg（Halon-1301）。它们在对流层大气中非常稳定，寿命很长，只有在输送进入平流层后，才会被 λ<280 nm 的强紫外光光解。其活性物种 $Br_x\cdot$ 与 $Cl_x\cdot$ 相似，为 $Br\cdot$ 和 $BrO\cdot$。

2. $ClO_x\cdot$ 和 $BrO_x\cdot$ 循环及储库反应

（1）$ClO_x\cdot$ 循环及储库反应

$Cl_x\cdot$ 造成臭氧损耗的主要循环反应是：

$$Cl\cdot + O_3 \longrightarrow ClO\cdot + O_2$$
$$ClO\cdot + O \longrightarrow Cl\cdot + O_2$$
$$\text{净反应：} O_3 + O \longrightarrow 2O_2$$

其中，第二个反应是反应速率快慢的决定步骤。由于此循环要求氧原子参与，它在中、高平流层比较重要，而在低平流层 $Cl_x\cdot$ 引起的臭氧损失较小，根据 Wennberg（1994）的计算，在 15 km 高度 $Cl_x\cdot$ 引起的 O_3 损失仅占由卤素引起的总损失的 5%，在 21 km 约为 25%。

对于低平流层的臭氧损失，Solomon、Crutzen 和 Arnold 等认为主要是由下列循环造成的：

$$Cl\cdot + O_3 \longrightarrow ClO\cdot + O_2$$
$$ClO\cdot + HO_2\cdot \longrightarrow HOCl + O_2$$
$$HOCl + h\nu \longrightarrow Cl\cdot + \cdot OH$$
$$\cdot OH + O_3 \longrightarrow HO_2\cdot + O_2$$
$$\text{净反应：} 2O_3 \longrightarrow 3O_2$$

根据 Wennberg 等 1994 年的计算，此循环在低平流层造成的臭氧损失相当于 30%，而与之相应的 $BrO_x\cdot$ 循环为 20%~30%。

$ClO_x\cdot$ 的储库反应如下：

$$Cl\cdot + CH_4 \longrightarrow HCl + \cdot CH_3 \qquad (9-58)$$
$$ClO\cdot + HO_2\cdot \longrightarrow HOCl + O_2$$
$$ClO\cdot + NO_2 \xrightarrow{M} ClONO_2$$

HCl、HOCl 和 $ClONO_2$ 是 $Cl_x\cdot$ 的储库分子，它们的寿命较短，因而也被称为临时储库。其中 HCl 寿命最长为几星期，HOCl 寿命最短为几小时。HOCl 在阳光下很快光解，$ClONO_2$ 也发生光解反应（9-59），因而也属于夜间储库。

$$HCl + \cdot OH \longrightarrow Cl\cdot + H_2O \qquad (9-59)$$
$$ClONO_2 + h\nu \longrightarrow Cl\cdot + NO_3\cdot$$

（2）$BrO_x\cdot$ 循环

$BrO_x\cdot$ 循环破坏平流层臭氧的活性物种是 $Br\cdot$ 和 $BrO\cdot$。在平流层存在 4 个循环。

循环 1（$Br_x\cdot$-O_x 循环）：

$$Br\cdot + O_3 \longrightarrow BrO\cdot + O_2 \qquad (9-60)$$

$$BrO\cdot+O\longrightarrow Br+O_2 \tag{9-61}$$

$$净反应:O_3+O\longrightarrow 2O_2$$

循环 2（$Br_x\cdot$–$Cl_x\cdot$–O_x 循环）:

$$BrO\cdot+ClO\cdot\longrightarrow Br\cdot+ClOO\cdot \tag{9-62}$$

$$ClOO\cdot\xrightarrow{M}Cl\cdot+O_2 \tag{9-63}$$

$$Cl\cdot+O_3\longrightarrow ClO\cdot+O_2$$

$$Br\cdot+O_3\longrightarrow BrO\cdot+O_2$$

$$净反应:2O_3\longrightarrow 3O_2$$

循环 3（$Br_x\cdot$–NO_x–O_x 循环）:

$$BrO\cdot+NO_2\xrightarrow{M}BrONO_2 \tag{9-64}$$

$$BrONO_2+h\nu\longrightarrow Br\cdot+NO_3\cdot \tag{9-65}$$

$$NO_3\cdot+h\nu\longrightarrow NO+O_2$$

$$NO+O_3\longrightarrow NO_2+O_2$$

$$Br\cdot+O_3\longrightarrow BrO\cdot+O_2$$

$$净反应:2O_3\longrightarrow 3O_2$$

循环 4（$Br_x\cdot$–$HO_x\cdot$–O_x 循环）:

$$BrO\cdot+HO_2\cdot\longrightarrow HOBr+O_2 \tag{9-66}$$

$$HOBr+h\nu\longrightarrow Br\cdot+\cdot OH \tag{9-67}$$

$$\cdot OH+O_3\longrightarrow HO_2\cdot+O_2$$

$$Br\cdot+O_3\longrightarrow BrO\cdot+O_2$$

$$净反应:2O_3\longrightarrow 3O_2$$

这些循环使 $Br_x\cdot$ 成为几个循环中活性最强、最有效破坏臭氧的物种。

在 4 个循环中，循环 2、3、4 不要求与 $O(^1D)$ 反应，因此，这 3 个循环可以在低平流层发生。

$ClO_x\cdot$ 重要的平流层反应归纳于图 9-11 中。

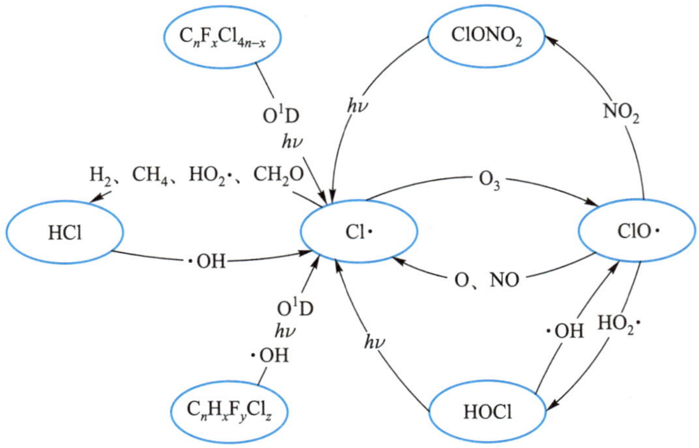

图 9-11　奇氯循环

综上所述，NO_x、HO_x·及 ClO_x·和 BrO_x·对臭氧的减少都有重要的影响，这些平流层中的自由基在不同的高度作用有所不同（图 9-12），而且这些循环的化学反应之间存在相互的耦合过程。

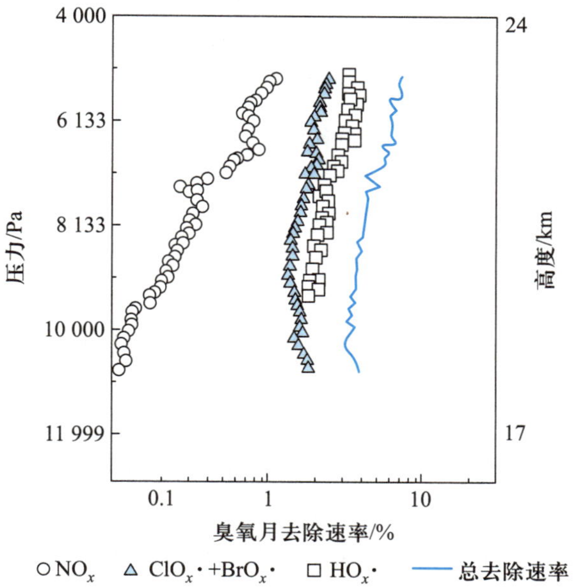

图 9-12　NO_x、（ClO_x·+BrO_x·）与 HO_x·导致的臭氧月去除速率

（资料来源：引自 Wennberg，1994）

1993 年 5 月，北纬 39°

第三节　南极臭氧洞及其成因

“南极臭氧洞”是在特定地区、特定时间出现的一种特殊的现象，即指 20 世纪 70 年代以来在南极冬—春交替季节出现的平流层臭氧极度损耗的现象。当该地区臭氧的柱浓度降低到正常水平的 2/3 以下时，认为该地区出现了臭氧洞。南极的臭氧洞现象始于每年的 8 月（南极的冬季），然后臭氧的损耗逐步发展，到 10 月初（南极的春季到来的时节）前后达到极大，到同年的 12 月左右，此现象消失。此现象被发现并报道后，引起了社会各界的震惊与关注。进一步的大量观测数据证实了此现象的确存在。

究竟什么机制能引起如此大幅度、大面积和长时间的臭氧损耗？Farman 等人（1985 年）认为是南极的极低温度和极地含氯化合物浓度增加造成的；1986 年 Solomon 等和 McElroy 等对 Farman 提出的理论进行了模式计算，结果表明，在臭氧损耗最大的 15~24 km 处氧原子的量太少，不足以通过催化循环造成如此大的损耗；之后又有 3 种假说试图解释南极臭氧洞现象，它们是南极平流层的大气动力学的天然变化、平流层的氮氧化物的化学变化，以及由人为原因造成的含氯化合物的非均相化学变化。科学家们通过长期大量的现场观测和模拟研究，揭示了南极臭氧洞形成的非均相化学机制。

一、南极臭氧洞的发现及其变化

英国南极考察站的科学家 Farman 等人在 1985 年报道了哈雷湾（Halley Bay）观察站自

1975 年起每年早春（10 月份）期间总臭氧的减弱大于 30%，1957—1975 年则变化很小。这一报道引起了科学家的极大关注。如此大幅度的臭氧减弱是过去各模式计算中从未预测到的。1986 年，Stolarski 等报道了用载在雨云七号（Nimbus7）卫星上的紫外反射仪器测到的数据，证实了 1979 年到 1984 年 10 月份在南极地区的确出现了总臭氧的大幅度减弱。这样显著的变化已经超出了由气候引起的变化范围，其他季节没有类似的现象。Angell 在进一步分析了地面测得的总臭氧和用臭氧探空仪所获得的资料后提出，在 9、10、11 这三个月份中出现了全球性的臭氧减少，而南极地区减少得最多。

图 9-13 是 1967—2021 年 10 月极地上空臭氧丰度。数据表明 10 月份南极的臭氧均值从 1967—1971 年的约 280 DU 减少到 1990—2021 年的约 150 DU，南极上空的臭氧层已极其稀薄，与周围相比，好像是形成了一个“洞”。于是，南极春季期间，一个“臭氧洞”（南极地区的臭氧柱浓度低于 220 DU）覆盖着南极大陆大部分地区的现象得到了承认。1986 年、1987 年在南极地区的观测说明了“臭氧洞”依然存在，且总臭氧仍在继续减少。据美国国家环境保护局（USEPA）估计，1987 年南极上空受到破坏的臭氧层已经超过 10%，其中一半的损耗发生在 1987 年 9—10 月，并且臭氧的减少不只限于极地区域，已逐年显著地向赤道方向扩展至南纬 20°。过去的各种模式计算从未预测到如此大幅度的臭氧减少。20 世纪 80 年代后，南极臭氧洞几乎每年都季节性地发生，臭氧洞的面积也越来越大，在 20 年中增长了 10 倍。1992 年和 1993 年 10 月臭氧损耗非常严重，个别区域臭氧浓度下降了 99%（14~19 km）。据专家推测，其可能与 1991 年印度皮纳图博（Pinatubo）火山喷发有关，火山产生的硫酸盐气溶胶进入平流层，加剧了含氯化合物和含溴化合物对臭氧的破坏。

Chubachi 等首先测出了在南极平流层臭氧损耗的垂直廓线，揭示出臭氧损耗主要发生在低平流层 15~24 km 高度处。

极地上空臭氧丰度

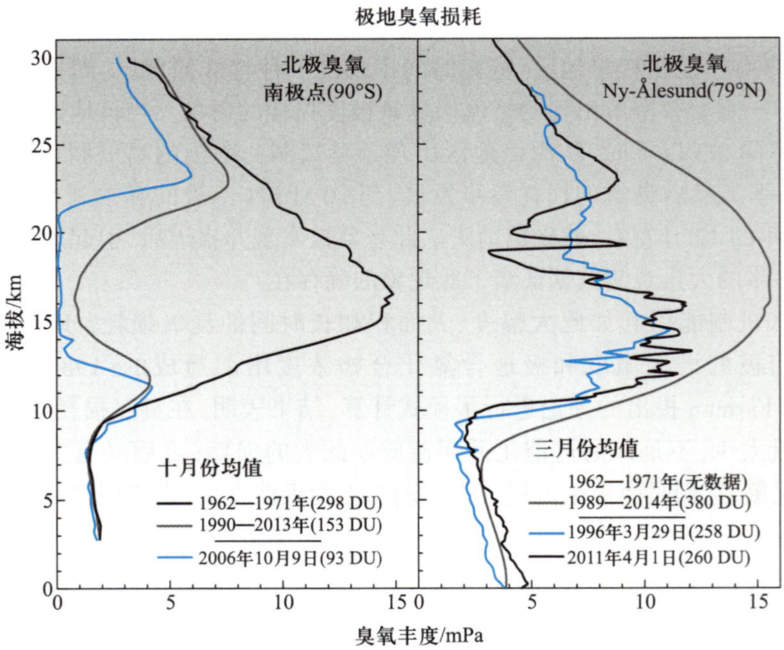

图 9-13 极地上空臭氧丰度

（资料来源：引自 WMO，2014）

图 9-14 给出了南极臭氧洞面积、臭氧平均日最低浓度和臭氧质量亏损的历年变化曲线。臭氧洞臭氧浓度的最低值达到 100 DU 左右。臭氧洞面积在 2000 年前持续扩大，随后保持恒定水平，略有下降的趋势。1996 年以后臭氧洞的面积大约在两个南极洲之上，1998 年、2000 年和 2003 年臭氧洞的面积甚至超过北美洲的面积。同时，臭氧洞持续的时间也变得越来越长。

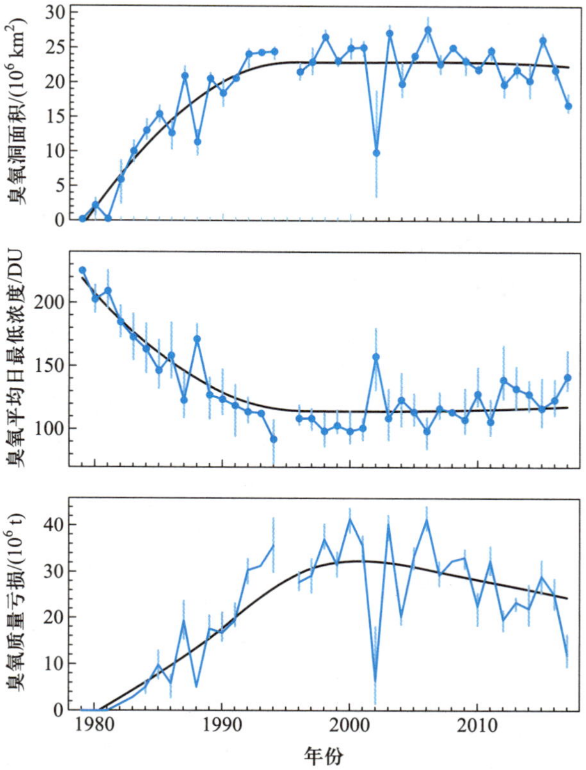

图 9-14　南极臭氧洞面积、臭氧平均日最低浓度和臭氧质量亏损的历年变化曲线
（资料来源：引自 WMO，2018）

二、南极臭氧洞的形成——非均相化学机制

要揭开南极臭氧洞的形成机制，必须阐明下述问题：① 由于臭氧大量损耗发生在南极的低平流层，NO_x 和 CH_4 的混合比相对高，进入低平流层的 Cl_x· 很容易生成储库分子而终止催化循环，如生成 $ClONO_2$、HCl 等。什么机理才能释放它们的活性，使之有效地消耗臭氧？② 南极存在什么特殊条件使得主要在北半球排放的臭氧损耗物质集中到南极并造成严重的臭氧损耗？

1986 年有许多科学家尝试揭开臭氧洞形成的机理。Solomon 等和 McElroy 等估计均相反应机制已不足以用来解释臭氧洞的生成，他们观察到南极平流层气溶胶的增长与臭氧的减少有很好的相关性，于是提出了极地平流层云中的冰晶表面可以产生使氯活化的作用。Solomon 提出了如下机制：

$$HCl + ClONO_2 \longrightarrow Cl_2 + HNO_3$$

$$Cl_2 + h\nu \longrightarrow 2Cl\cdot$$

Crutzen 认为这一过程尚不完善，提出如果能把 HNO_3 和 NO_x 由气相清除到颗粒相，就可以避免通过下列反应形成储库分子：

$$ClO\cdot+NO_2\xrightarrow{M}ClONO_2$$

$$ClO\cdot+NO\longrightarrow Cl\cdot+NO_2$$

$$Cl\cdot+CH_4\longrightarrow HCl+\cdot CH_3$$

在这一思路的引导下，根据大量的南极臭氧洞发生期间的实测，结合南极特殊的气象及大气动力学条件，形成了南极臭氧损耗的非均相化学机制。南极上空臭氧层的化学条件如图 9-15 所示。

南极臭氧洞的科学解释

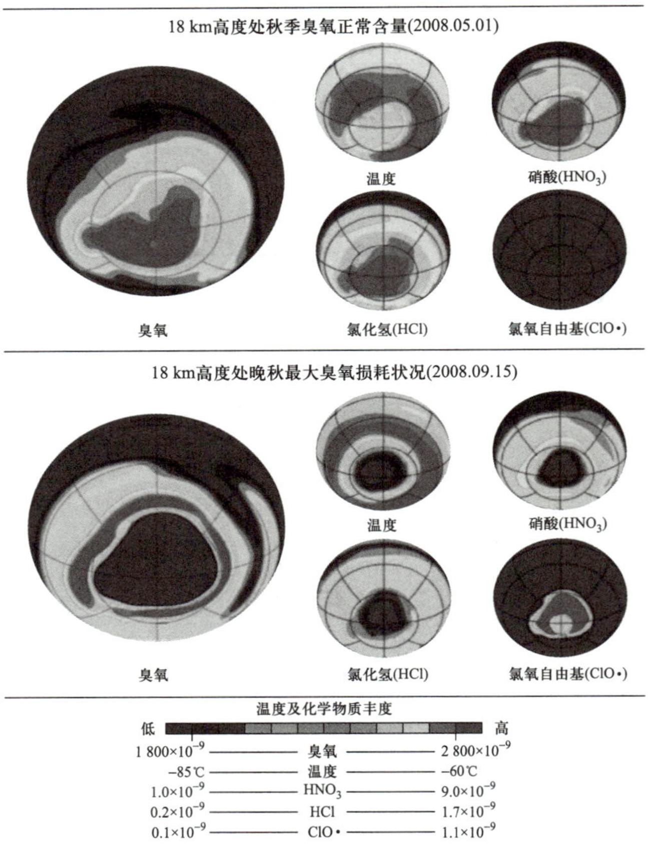

图 9-15 南极上空臭氧层的化学条件

（资料来源：引自 WMO，2014）

1. 极地平流层云

平流层空气极为干燥，相对湿度只有 1% 左右，几乎没有云、雨等天气现象，但是在漫长的极地冬季期间，仍会因严寒而形成极地平流层云（polar stratospheric clouds，PSCs）。

早在 1961 年，大气化学的鼻祖 Christine Junge 就已指出，在平流层下部存在薄层超冷水状硫酸气溶胶。它们由气相 H_2SO_4 的成核作用形成。平流层二氧化硫或由火山喷发直接喷入而来，或由地表排放的 OCS 转化而成。虽然在南极平流层的高度，硫酸分子的含量不到水分子的 10^{-8}，但是硫酸分子使平流层有了凝结核的存在，促成水分子的凝结。

在南极，当冬季到来时，下沉的空气由于在南极洲的山地受阻，停止环流而就地旋转，吸入冷空气形成一股很强的围绕极地旋转的西向环流，称为“极地涡旋”（polar vortex）。该涡旋的重要作用是使涡旋内部的空气与外部大气隔离，只有平流层上部的空气可以进入涡旋内。

由于涡旋造成了内外隔绝，涡旋内可以保持极低的温度。当气温下降至 240~195 K，水蒸气即开始凝结成细小的晶体，形成极地平流层云。

平流层内氮氧化物含量相对丰富，平流层的储库分子 HNO_3 浓度可以达到 5×10^{-9}（体积分数）左右，大约为硫酸分子的 5 倍。极地平流层云可以分为两种，当气温下降到 195 K 时，较稳定的 $HNO_3\cdot3H_2O$ 就会包围住直径约 0.1 μm 的硫酸微粒，形成直径约 1 μm 的颗粒，成为极地平流层云的主体，称为 Ⅰ 型。如果气温继续下降到 190 K 以下，那么平流层中浓度达到 2×10^{-6}~5×10^{-6}（体积分数）的水蒸气将直接发生大量的凝结，冰晶颗粒可以长大到粒径达 10 μm，即 Ⅱ 型。冰晶颗粒较大，因此数量较少，但是这样的大颗粒容易沉降到对流层而被去除，其下沉速率可达 1.5 km/d。图 9–16 为极地平流层云形成过程示意图。南极平流层中的 HNO_3 就能以这种方式由气相清除进入颗粒相。

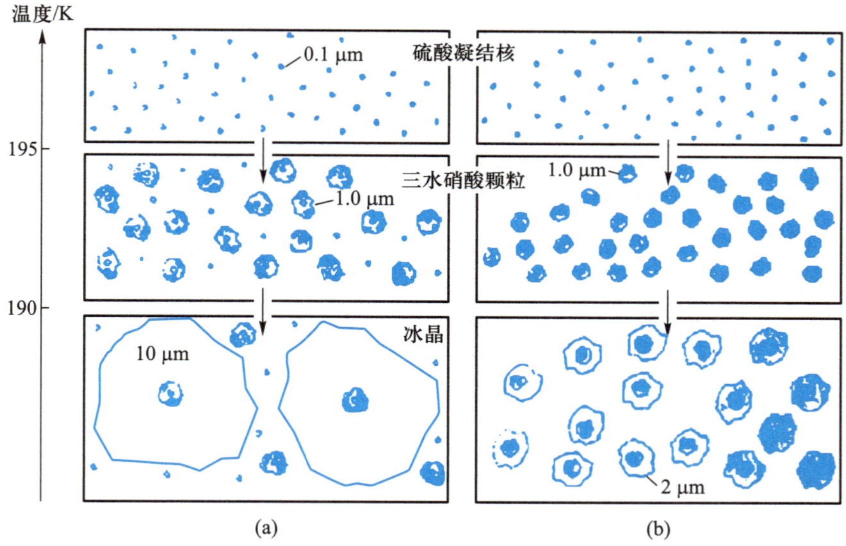

图 9–16 极地平流层云形成过程示意图

（资料来源：引自 Toon，1991）

（a）Ⅱ 型；（b）Ⅰ 型

2. 南极臭氧洞形成中的非均相反应

当不存在图 9–16 所示的平流层云形成的条件时，来自 CFCs 和哈龙的活性自由基 ClO·、BrO·与 NO_2 和 CH_4 等作用生成储库分子的可能性大大降低了这些自由基的催化作用。

当 PSCs 生成时，氯原子的临时储库分子（如 $ClONO_2$ 和 HCl）可以在这些晶体表面发生非均相分解反应，释放出活性形式的氯（如 Cl_2 和 HOCl），其机理可用下列反应表示：

$$ClONO_2(g)+HCl(s)\longrightarrow Cl_2(g)+HNO_3(s) \quad (9\text{–}68)$$

$$HOCl(g)+HCl(s)\longrightarrow Cl_2(g)+H_2O(s) \quad (9\text{–}69)$$

$$ClONO_2(g)+H_2O(s)\longrightarrow HOCl(g)+HNO_3(s) \quad (9\text{–}70)$$

$$N_2O_5(g)+H_2O(s)\longrightarrow 2HNO_3(s) \quad (9\text{–}71)$$

$$N_2O_5(g)+HCl(s)\longrightarrow ClNO_2(g)+HNO_3(s) \quad (9\text{–}72)$$

促成南极臭氧显著损耗的非均相反应示意图

上述非均相反应在极地的黑暗条件下即可发生。

通过反应(9-71)和反应(9-72),含氮的组分向颗粒相的 HNO_3 转化,而在平流层的气相过程中,N_2O_5 与 NO_2 之间存在化学平衡:

$$2N_2O_5 \rightleftharpoons 4NO_2+O_2 \tag{9-73}$$

因此,上述反应的结果是自由基形态的 NO_2 不断转化为 HNO_3 并迁移到平流层云中固定。这种平流层中活性自由基形态的 NO_2 被转移到颗粒相中固定的过程称为氮的去活化过程(denoxification)。当然,如果含 HNO_3 的颗粒物在平流层中发生分解,含氮组分又可能重新成为 NO_2,这一相反的过程称为氮的再活化过程(renoxification)。

在上述过程中产生的 HNO_3 和 H_2O 提供了平流层生成 $HNO_3\cdot 3H_2O$ 颗粒的前体物。这样的颗粒物不断长大后自平流层沉降到低层而被清除,导致了平流层含氮化合物的减少,此作用称为脱氮作用(denitrification)。脱氮作用可以进一步加强氮的去活化过程。相应地,通过这样的过程也造成了平流层水蒸气的减少,称为平流层的脱水作用(dehydrate)。

总之,平流层云上的化学过程实际上是含氮、含卤素和含氢的化合物均参与的复杂过程,通过脱氮和脱水,加速含卤素氯化合物以活性分子形态的富集。原来以化学惰性的储库分子形态存在的含氯化合物通过含氮化合物气相的清除,以及在云中晶体表面的非均相反应,以极易光解的气态 HOCl、Cl_2 的形式释放出来,暂时保留在云中。当南极早春来临,极地太阳升起时,这些 Cl_2 和 HOCl 等氯的活性物质在可见光和近紫外光的作用下,释放出氯原子,促进臭氧的催化循环,导致大面积、大量的臭氧损耗。含溴化合物也有类似的机制。

上述的非均相催化过程大约持续到南极的 10 月底至 11 月初,由于气温的回升,南极的极地涡旋被破坏,中纬度地区的空气补充到南极,南极臭氧洞暂时消失。

3. Cl· 和 Br· 的催化反应

Cl· 不仅可以单独大量地破坏臭氧,还可以和 Br· 产生耦合作用,进一步对臭氧产生损耗作用。研究显示,ClO·-ClOOCl 催化循环反应造成的臭氧损耗约占总臭氧损耗的 75%,而 BrO·-ClO· 催化循环约占 20%。

(1)ClO·-ClOOCl 催化循环

$$Cl\cdot+O_3 \longrightarrow ClO\cdot+O_2$$

$$ClO\cdot+ClO\cdot \xrightarrow{M} ClOOCl \tag{9-74}$$

$$ClOOCl+h\nu \longrightarrow Cl\cdot+ClO_2\cdot \tag{9-75}$$

$$ClO_2\cdot \xrightarrow{M} Cl\cdot+O_2 \tag{9-76}$$

$$\text{总反应:}2O_3+h\nu \longrightarrow 3O_2$$

(2)BrO·-ClO· 催化循环(平流层下部约 20%)

$$Cl\cdot+O_3 \longrightarrow ClO\cdot+O_2$$

$$Br\cdot+O_3 \longrightarrow BrO\cdot+O_2$$

$$BrO\cdot+ClO\cdot \longrightarrow Br\cdot+ClO_2\cdot$$

$$ClO_2\cdot \xrightarrow{M} Cl\cdot+O_2$$

$$\text{总反应:}2O_3+h\nu \longrightarrow 3O_2$$

近几年的观测结果和模式计算研究的结果进一步证明南极平流层中 ClO· 浓度大小与臭氧损耗速率相一致，表明了南极臭氧洞损耗的非均相反应机制是主导过程，含卤素（Cl 和 Br）的碳氢化合物对南极臭氧洞的形成起了主要的作用。

第四节　北极和中纬度地区的平流层化学

科学家对南极臭氧洞以外地区的平流层臭氧的变化也给予了关注，并进行了大量的观测和研究，发现臭氧层的损耗不只发生在南极，在北极上空和其他纬度地区也都出现了不同程度的臭氧层损耗现象。实际上，臭氧总浓度的减少是在全球范围内发生的，全球平流层臭氧总量变化情况，以及不同纬度的臭氧变化情况如图 9-17 所示。

与 1980 年前的平均值相比，1980—2000 年，全球臭氧总量大幅度减少。尤其是在 1991 年 Pinatubo 火山喷发后，出现了臭氧损耗的最大值；与 1964—1980 年的平均值相比，1997—2001 年臭氧减少了大约 3%。图 9-17 显示了 1970—2019 年不同纬度臭氧层臭氧总量的变化。可以看出，南北半球均发生了臭氧的损耗，而赤道附近长时间来未出现明显减少趋势。下面简要介绍北极地区和中纬度地区平流层臭氧的变化及其相关的化学。

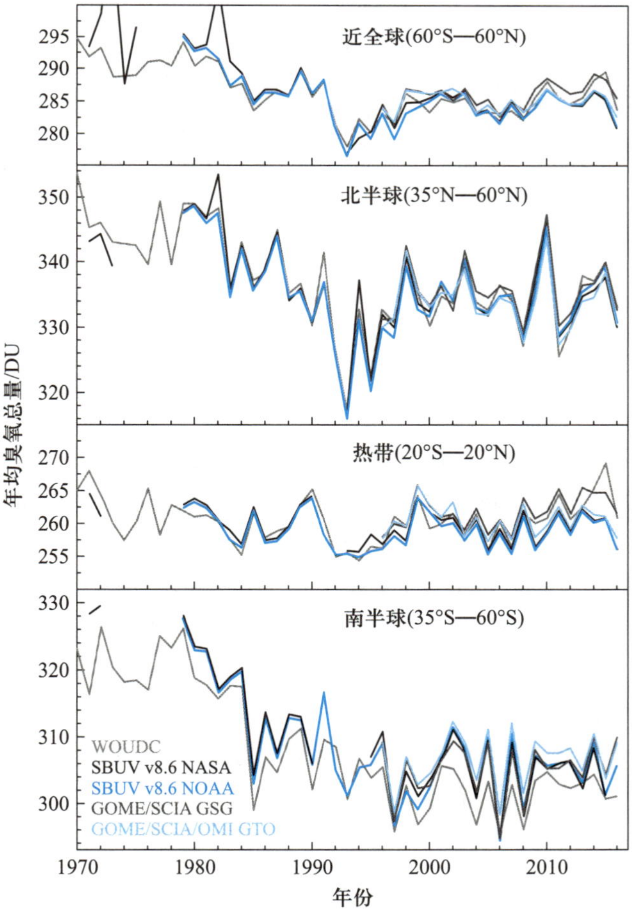

图 9-17　臭氧总量变化曲线

（资料来源：引自 WMO，2018）

一、北极臭氧层变化

南极臭氧洞发现后必然出现这样的问题：北极有没有臭氧损耗？有没有形成臭氧洞现象？如果有，北极的臭氧洞与南极有无不同？等等。

科学家对北极的研究起步并不很晚，始于 20 世纪 80 年代，从组织观测实验研究开始，目的是研究在南极起主导作用的非均相化学在北极是否存在。观测研究也与对南极的研究一样，采用了飞机、地面和卫星等多种手段，对北极的冬季（每年 3 月前后）进行了连续多年的观测，并利用观测资料和卫星数据进行模式研究和计算。图 9-18 给出了 1970—2016 年南极和北极臭氧总量的变化对比。

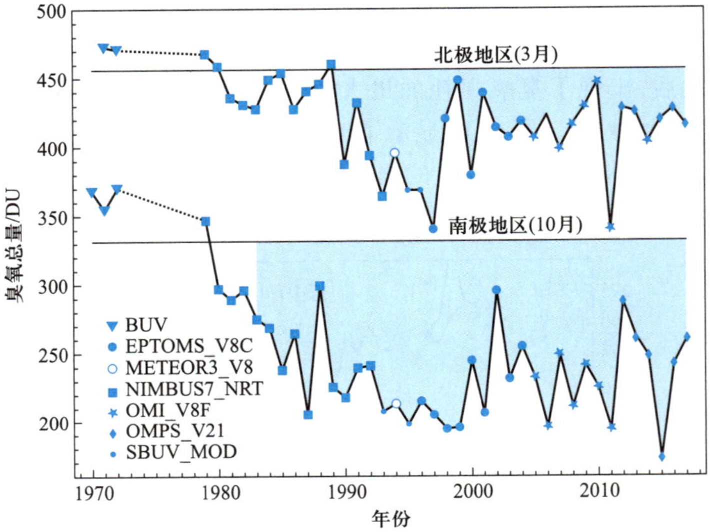

图 9-18 1970—2016 年南极和北极臭氧总量变化

（资料来源：引自 WMO，2018）

图例为不同年份使用的不同卫星数据；水平实线为 1983 年前地区臭氧浓度均值。

由图可见，虽然北极臭氧没有出现像南极一样的臭氧洞，但是，自 1982 年以来，北极冬天的平流层已被多次观测到出现臭氧浓度下降的现象，在过去十年北极比较寒冷的几个冬季中，臭氧总量损耗最多时可达到 30%。欧洲的实验在北极冬季的极地涡旋中测到了高浓度的 ClO·。Mckenna 等 1990 年的计算表明，如果有平流层云存在，那么臭氧损耗速率约为 20×10^{-9}（体积分数）$\cdot d^{-1}$；Chipperfield 等对 1989—1990 年臭氧总量的计算表明，臭氧损耗速率在 2 月（冬季）为 15×10^{-9}（体积分数）$\cdot d^{-1}$，到 3 月会增加到 25×10^{-9}（体积分数）$\cdot d^{-1}$。这些计算表明，如果北极冬季的低温能持续到春季，那么大量臭氧损耗在北极是有可能发生的。

从上图还可看出，在 1997/1998 年北极地区的臭氧总量达到了 2002 年前的最低值（354 DU），比 1990 年前的正常值低了 21%，损耗的幅度增大很多。但是，损耗幅度与南极臭氧洞不能相比，并且到 1998 年几乎已恢复，这也得到欧洲平流层臭氧研究计划科学家们的观测结果的证实。科学家们也对 1999/2000 年北极冬季臭氧进行了全面的研究，一致认为在此时期的臭氧柱浓度较其他年份均显著地偏低，北极平流层 20 km 处的臭氧损耗在 20% 以上，局部 20 km 处的损耗达 70%，可能与该时期北极的低温持续时间较长有关。北极臭氧总量在 2011 年再次出现极低值。

北极臭氧损耗的现象没有南极严重，并且相差很大，原因在于这两个地区大气环流类型不同，因而它们平流层的气候不同。在北半球地形大尺度变化，陆地海洋温差大，风场是经向的，使赤道与极地的空气混合较好，因而，北极的温度不像南极那么低。在冬季，赤道富含臭氧的空气会向下及向极地输送。极地臭氧的含量较高，使极地气温较高，而且北极与中纬度地区空气的较好混合，使北极的极地涡旋不像南极那样与外部空气隔绝，中纬度地区富含 NO、NO_x 的空气就会进入涡旋。NO_x 是 Cl_x· 的储库分子，涡旋的隔离性越好，进入的 NO_x 越少。

图 9-19 给出了南极与北极多年来温度的变化。可以看出其间有明显的不同：北极冬季气温总体比南极高至少 10 ℃；南极冷空气持续时间长，一直要维持到春季，而北极在冬季的中期就开始变暖，因而在北极很少能形成极地平流层云，导致非均相反应和活性氯的释放概率大大降低。因此当北极春天来临时，臭氧的损耗不大。1997/1998 年是例外，当时北极温度很低，一直持续到春天，活化了 Cl_x·，造成了 O_3 的损耗。

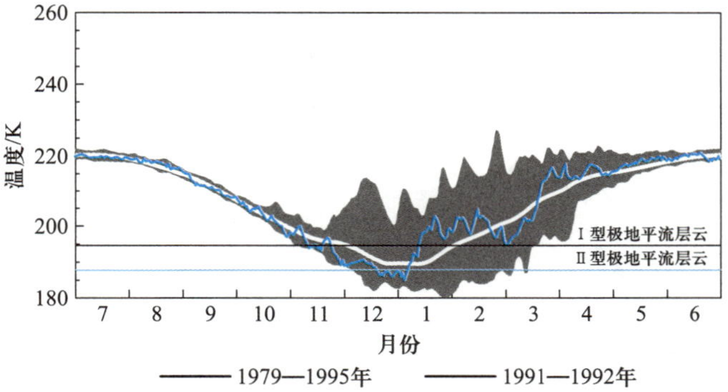

(a)

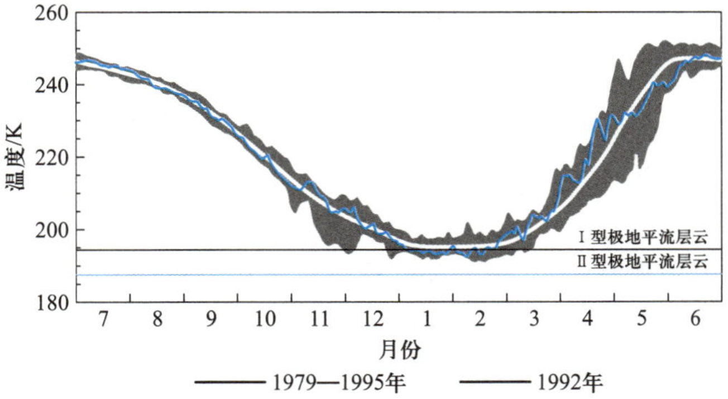

(b)

图 9-19 南极与北极多年来温度的变化

（资料来源：引自 NASA，2003）

（a）北纬 80°（50 hPa）；（b）南纬 80°（50 hPa）

北极臭氧损耗现象在不同年份之间的变化较大，主要是因为每年冬季平流层的气候情况不同，所以冬 / 春季臭氧损耗情况有很大的差异。对于北极而言，通常的变化规律是冬季温度低，臭氧损耗大；温度高，臭氧损耗就很小。

含氮化合物被清除的脱氮作用在北极寒冷冬季的低平流层中也被观测到。在 1999/2000

年的全面观测中观测到活性氮的清除量达到70%，模式计算表明，在距地面20 km高度处，春天的脱氮作用使臭氧损耗增加了30%。

20世纪90年代末期，有报道表明通过实地和遥感观测，在北极涡旋中观测到了BrO·，其量的估计值约为(20±4)×10^{-12}(体积分数)。Br·在总臭氧损耗贡献中所占比重估计为30%~60%，取决于温度和ClO·的量。有人预测，今后北极的臭氧损耗仍会出现，如果有火山喷发事件发生，就可能出现大幅度的臭氧损耗。

二、中纬度地区平流层化学

1. 中纬度臭氧层变化

图9-20是TOMS、SBUV给出的1978—1994年从南纬70°到北纬70°各个纬度范围的臭氧总量变化情况。从图中可以看出，在赤道附近，臭氧总量的减少不到1%；每10年的变化在北纬45°一般为-4%~-5%，在南纬45°为-3%~-4%，而在南纬60°则达到了-8%。

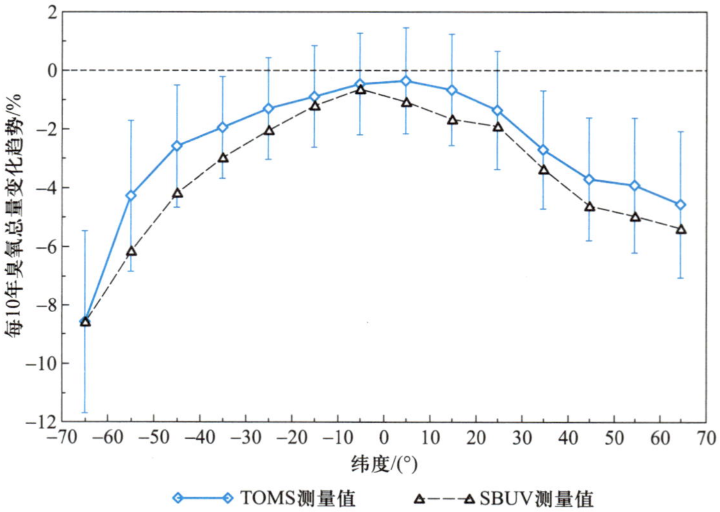

图9-20 1978—1994年各纬度臭氧总量变化平均值

(资料来源：引自NASA，2003)

随后的一些研究和观测显示，中低纬度臭氧总量在1992—1994年达到相对最低值后，在20世纪90年代末期开始了轻微地回升。有研究对1997—2001年的数据进行分析后表明，北半球和南半球中纬度地区的平均臭氧总量分别比1980年前的平均值降低了大约3%和6%。同时，南、北半球的中纬度地区臭氧损耗的季节性变化并不相同。在北半球，大幅度臭氧损耗(约4%)发生在冬、春季，而夏、秋季的损耗值大约只有最大时候的一半；在南半球，整个四季均有长期的臭氧损耗，大约为6%。

2. 中纬度低平流层的非均相化学过程

对中纬度低平流层臭氧损耗的研究表明，损耗中纬度臭氧的化学机理与其他地区没有明显的不同。本节中涉及的气相均相化学与影响南极臭氧洞的非均相化学原则上都能用于解释中纬度地区出现的现象。

在气相化学方面，近期主要的工作在于减小一些化学反应速率常数的不确定性，如$O+NO_2$、$·OH+NO_2+M$、$·OH+HNO_3$等，$HO_2·+O_3$和$·OH+O_3$的反应速率常数也有改进。新的进展是关于平流层中碘（I）的化学。1999—2001 年对 IO·+HO_2·、BrO·+IO·的化学动力学研究表明，IO·+HO_2·的反应速率常数比 1994 年 Solomon 等计算中使用的高约 30%，使含碘化合物对平流层臭氧的影响比预计要高。

非均相化学反应也并不只在极地平流层云中发生。目前已知在大气中全球分布的颗粒物在整个平流层中也存在。对它们的发现和化学行为的认识对于理解平流层化学十分重要。

在平流层中只有很少的一部分颗粒物可以吸附气态分子，进而进行非均相化学反应，其中大部分是硫酸盐气溶胶。上一节中已经介绍了这些细小的硫酸盐气溶胶在 1961 年被 Junge 等人发现，它们通常由液态的 H_2SO_4 和水组成，中纬度地区适宜的温度使得它们可以保持在液体状态。

已知这些粒子中的 H_2SO_4 通常来源于 COS 和 SO_2，而 COS 和 SO_2 是通过气流循环由热带开始迁移最终进入平流层的。由于硫酸盐气溶胶非常细小，它们在平流层的下沉速率非常缓慢（直径为 0.1 μm 的球状气溶胶粒子，下沉速率大约为 100 m/a）。因此大多数硫酸盐气溶胶主要通过高纬度循环的下沉气流带出平流层。硫酸气溶胶上发生的非均相化学反应通常有以下几类。

（1）酸性液滴上的水解反应

在 H_2SO_4/H_2O 上最重要的水解反应是 N_2O_5 和 $BrONO_2$ 的水解，因为它们的水解基本上不受温度和液滴中浓度的影响，具体的反应如下所示。

$$N_2O_5(g)+H_2O(l) \longrightarrow 2HNO_3(l) \qquad (9-77)$$

$$BrONO_2+H_2O \longrightarrow HOBr+HNO_3 \qquad (9-78)$$

$$HOBr+h\nu \longrightarrow Br\cdot+\cdot OH$$

$$\cdot OH+HCl \longrightarrow H_2O+Cl\cdot$$

虽然 N_2O_5 的水解反应使得 NO_2 转化成相对稳定的 HNO_3，减少了由于 NO_x 所造成的臭氧损耗，但是却由于阻碍了 $ClONO_2$ 的形成，导致 ClO·更多地积累。对 $BrONO_2$ 水解反应的定量研究也取得了一定的进展，Lary 等人发现，中纬度的平流层 Br·的非均相化学反应使得平流层的活性组分 BrO_x·、ClO_x·及 HO_x·的浓度增加了大约 20%。

（2）Cl·在低温气溶胶上的活性反应

在很低的温度下，平流层可以通过吸收 HNO_3 形成 PSCs。但是在大约 200 K，比液态 PCSs 形成温度略高几开尔文时，含氯化合物就已经在这些低温 H_2SO_4/H_2O 气溶胶上发生非均相活性反应，释放活性 Cl·。在 HNO_3 被大量吸收之前，HCl 和 $ClONO_2$ 的溶解性就已经开始增长。但是这种低温非均相活性反应到底对中纬度低平流层的影响有多大还在讨论之中。

（3）冰晶上潜在的 Cl·的活性反应

低温气溶胶——冰晶也是中纬度低平流层非均相化学反应的一个潜在载体。尽管冰晶云通常在高纬度对流层顶被观测到，但是，中纬度不同的温度变化也使得这些冰晶颗粒偶尔会出现，进而使得 Cl·的这种非均相活性反应可能发生。1997 年，Borrmann 等人在北纬 45° 的美国缅因州发现了高空云，在这些高空云附近伴随着的活性组分 ClO·的浓度范围高达 10^{-12} 数量级（体积分数）。根据以上观测，Solomon 在 1997 年的模型中加入了卫星观测到的这种肉眼看不到的冰晶云的因素，并且推断在这些气溶胶和冰晶云的颗粒上很可能发生了 Cl·的活化反应。

近 40 年来，平流层化学研究有了很大的进展，人们对于平流层存在的活性物种的化学行为，以及它们之间可能的相互作用有了较好的了解。可以用 Paul Crutzen 的示意图（图 9-21）作为对已建立起来的平流层化学（包括均相和非均相化学）的归纳和总结。

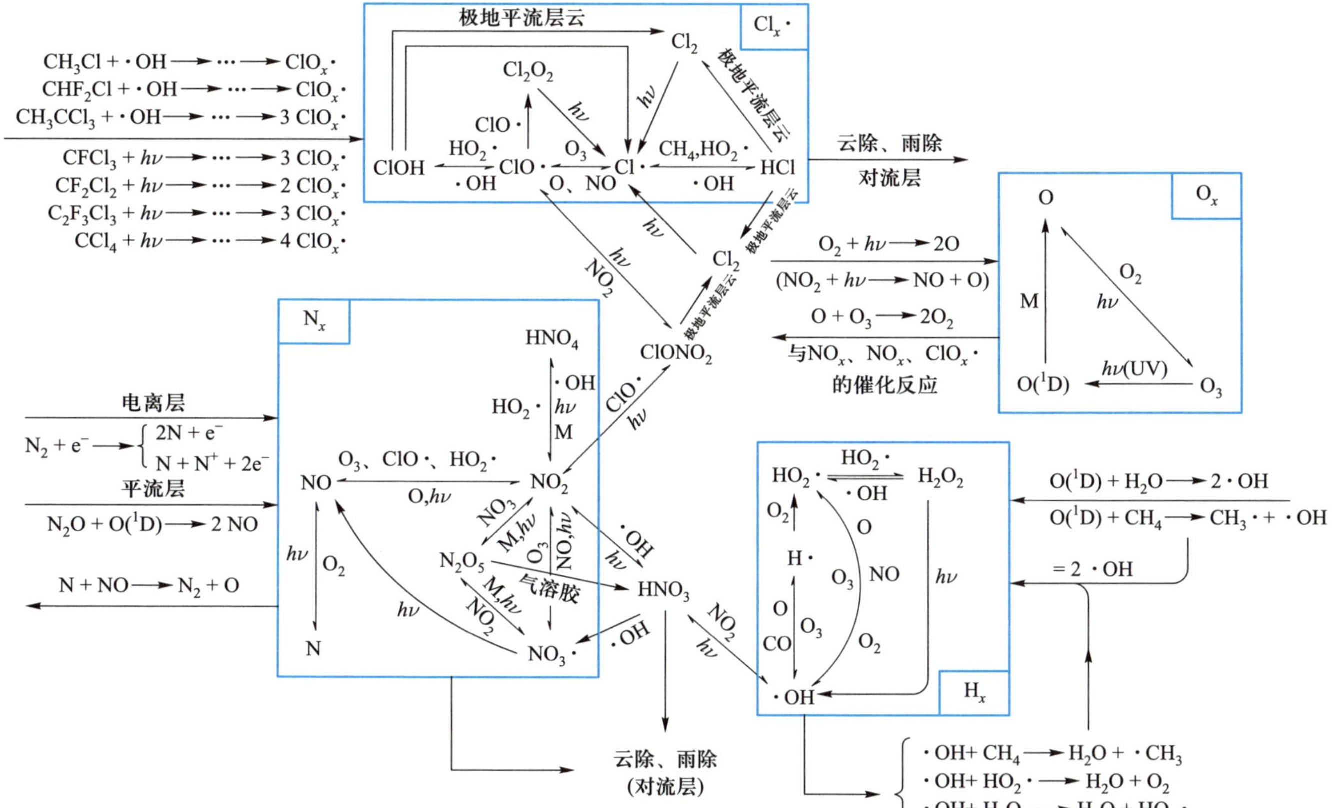

O$_x$：奇氧化合物

H$_x$：H·、·OH、HO$_2$·、H$_2$O$_2$

N$_x$：N、NO、NO$_2$、NO$_3$·、N$_2$O$_5$、HNO$_3$、HNO$_4$

Cl$_x$·：Cl·、ClO·、Cl$_2$O$_2$·、ClONO$_2$、HCl、ClOH、Cl$_2$

图 9-21　平流层化学反应示意图

（资料来源：引自 Crutzen，1996）

含溴化合物的反应未标明，应与含氯化合物类同

第五节　重要源气体变化对平流层臭氧的影响

平流层可以通过两个途径受到源气体的影响：一是源气体或颗粒物直接注入平流层，如火山喷发等天然过程和超音速飞机、火箭等飞过、进入平流层；二是对流层排放的长寿命惰性物质通过输送进入平流层，受 UV 的作用，源气体在平流层释放出活性自由基（如前所述，N_2O 提供 NO_x，CFCs 提供 Cl·，哈龙提供 Br·，甲烷和水蒸气等提供 HO_x·）。

一、直接进入平流层的源气体

（一）火山喷发

作为源气体直接进入平流层的一个重要过程，火山喷发的问题近年来受到了关注。20 世纪 70 年代，科学家已经从地基、机载和空间遥感等观测发现了平流层气溶胶的存在。在最近 20 余年中发生的火山喷发已经对平流层产生了影响。1982 年墨西哥埃尔奇琼（El Chichon）火山喷发和 1991 年菲律宾的皮纳图博（Mt. Pinatubo）火山喷发，是自 1883 年喀拉喀托（Krakatau）火山喷发以来对平流层产生影响最大的两次火山喷发。图 9–22 列出了 Jäger 等 1995 年发表的由德国弗劳恩霍夫（Fraunhofer）大气环境研究所用激光雷达观测 25 年的平流层气溶胶反向散射的数据和卫星 SAGE II 测得的 17 年气溶胶光学厚度（1 020 nm）的数据。由图可看出各次火山喷发的影响：多次小火山的喷发影响很小，而埃尔奇琼和皮纳图博的火山喷发造成了很大影响，他们的数值比平时几乎大出 100 倍，并连续延伸几年。从那时起到 2000 年前未再发生重大事件。火山喷发将含硫气体喷入平流层导致生成新的硫酸盐粒子，它们开始在喷发地的上空形成，随着平流层内的气流输送至全球各地，在粒子表面发生损耗臭氧的非均相反应。实验室研究和观测结果表明，火山产生的能在表面进行非均相化学反应的粒子数增加了 10 倍。几年后，火山产生的粒子被平流层天然的空气环流逐渐由平流层中移出，火山粒子的影响也逐渐消失。正因为粒子能被除去，所以不能用近 20 年的火山喷发来解释平流层臭氧的长期损耗。

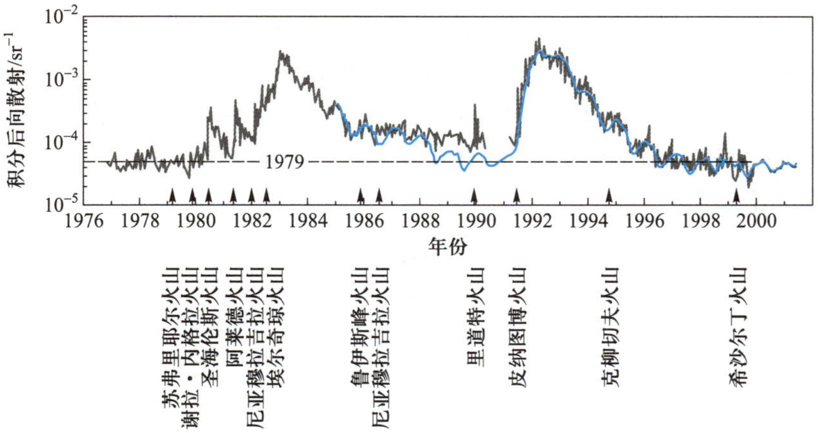

图 9–22　平流层气溶胶历年变化曲线

（资料来源：引自 WMO，2003）

图中横坐标为年份；纵坐标为积分后向散射，用来表示平流层气溶胶的变化；图中横坐标上方的箭头表示在对应的时间内有火山喷发，下方为火山名；图中灰色曲线为在德国南部加米施（Garmisch）（北纬 47.5°，东经 11.1°）的雷达监测（694.3 nm）数据；蓝色曲线为北纬 40°—50° 地球卫星 SAGE Ⅱ测到的平流层气溶胶光学厚度（1 020 nm）的平均值；虚线为 1979 年的水平。雷达数据给出的是从对流层上方 1 km 到气溶胶层顶的数据，来自 SAGE Ⅱ的数据在使用时除以 40。

对 1991 年皮纳图博火山喷发影响的追踪研究认为，其对平流层环流和大气化学产生了重要的影响。在北半球的温带观测到冬、春季节臭氧明显减少，延续到 1996 年，其最大影响出现在 1992/1993 年。在南半球中纬度地区没有明显的影响，原因尚不明。Koike 等在 1994 年观测到了平流层 HNO_3 的增加和 NO_2 的减少及低平流层 ClO· 浓度的升高，也观测到了臭氧垂直分布的变化，在距地面 12~22 km 高度处减少，在 24 km 以上增加。观测结果还表明火山气溶胶使热带平流层变暖。

（二）超高速飞行器的排放

1966 年，Hainpson 最早提出，超音速飞机排出的水蒸气将导致 O_3 的损耗，自此引起了有关平流层臭氧损耗问题的研究。当然，后来的研究已经大大超出了原来飞机排放物的范围，扩展到了整个平流层的化学，但是飞机及飞行器排放一直是被关注的一个问题。

20 世纪 70 年代对超音速飞机排放的氮氧化物可能引起的臭氧层损耗的问题开展了大量的研究，曾认为如果超音速飞机获得成功，这些机群向平流层排放 NO_x 的速度将达到每年 1.8×10^6 t，即 7.5×10^{26} 分子 /s，这个速度超过了当时估计的平流层 NO_x 的天然源（5×10^{26} 分子 /s）。模式计算得出，由此引起的 O_3 损耗，北半球约为 16%，南半球约为 8%，航线附近约为 25%。此数字在当时是相当惊人的，曾一度引起对超音速飞机计划的不安。实际上，当时在酝酿中的协和式飞机计划（曾假设 1990 年将达到 500 架）没有被付诸实施（到 1998 年仅为 13 架）。到 20 世纪 70 年代后期，随着实验技术的发展，人们对一些重要反应的速率常数值进行了修正。尤其是在 NO_x、ClO_x· 和 HO_x· 三循环催化理论日趋成熟后，对由飞机排放的影响有了较为客观的估计，对飞机排放问题的关注也大为下降。

科学家曾对亚音速飞机做过估计，它们消耗燃料和排放集中在距地面 10~12 km 高度处。它们给此区域提供了大量 NO_x。1996 年 Brasseur 等对亚音速飞机的排放用 3D 模式进行了计算：在中纬度高对流层的 NO_x，15%~30% 来自飞机排放，15%~25% 来自地表源，15%~60% 来自闪电。模式还提出亚音速飞机排放的 NO_x 造成了对流层上层臭氧的升高。

目前，根据对平流层化学的认识，NO_x 对平流层臭氧的影响不仅与飞行高度和纬度有关，而且与同时存在的物质有关（参见对三个循环的讨论）。对平流层会产生影响的飞机排放物除 NO_x 外，还有 CO、CO_2、H_2O、SO_2 和烟炱（黑炭）。图 9–23 显示了飞机排放物对大气的一些潜在影响。排放的化学物质之间存在着相互作用和反馈作用。表 9–3 给出了目前一些飞机排放物的排放因子。

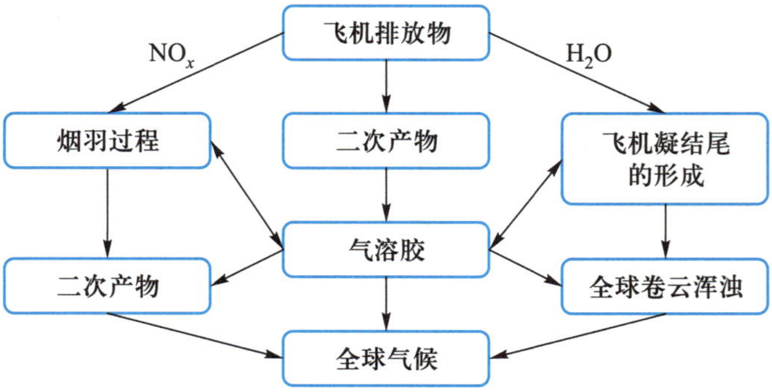

图 9–23 飞机排放物对大气的一些潜在影响

（资料来源：引自 Brasseur G P，1998）

表 9-3 飞机排放物的排放因子

种类		排放因子 /[g·kg(燃料)$^{-1}$]		
		空转	起飞	航行
NO_x(以 NO_2 计)	短途	3~6	20~65	7.9~11.9
	长途	3~6	10~53	11.1~15.4
CO		10~65	<1	1~3.5
碳氢化合物		0~12	<0.5	0.2~1.3
H_2O(水蒸气)		1 230	1 230	1 230
CO_2		3 160	3 160	3 160
SO_2		1.0	1.0	1.0

资料来源：引自 Brasseur，1998。

飞机排放物中排放量最大的是 CO_2。由于 CO_2 与温室效应之间的关系，飞机排放物的重要性是毋庸置疑的。但是由于燃烧化石燃料的缘故，全球的飞机所排放的 CO_2 只占全球排放到大气中的 CO_2 总量的 2%~3%，即便将来飞机数量增加，燃烧效率提高，通过飞行排放出 CO_2 的量相对还是很少的。排放量第二大的就是水蒸气。水蒸气在高空会凝结，对全球的气候产生影响，更重要的是，飞机排放的水蒸气可能增加极地平流层云形成的概率。

另一个引起关注的飞行器是高速民用运输机（HSCT），除 H_2O、CO_2 和 NO_x 外，HSCT 也排放颗粒物和 SO_2，SO_2 被氧化生成 H_2SO_4 和硫酸盐气溶胶。1995 年曾在协和飞机的尾气中测到了高浓度的颗粒物，后来又发现在烟羽中 SO_2 大部分被氧化生成 H_2SO_4 粒子，其量比由 ·OH 氧化的生成量要高得多。Hanisco 等提出在飞机烟羽中 SO_2 的氧化尚存在未知的机制。Kärcher 等于 1996 年提出在平流层曾观测到黑炭表面的氧化。低平流层会由于 HSCT 的排放增加大量颗粒物及非均相化学反应的表面积。前述已知，表面上的催化反应对臭氧在平流层中的分布很重要，一些含氮的储库分子，如 $ClONO_2$、$BrONO_2$、HO_2NO_2 和 N_2O_5 会在颗粒物的表面上被氧化生成 HNO_3，从而有可能从平流层清除。HSCT 飞行对平流层从多方面产生影响，值得关注。

火箭和飞船发射也将废气直接排入平流层，尾气包含 Al_2O_3（30%，均为质量分数）、CO（2%）、HCl（21%）、H_2O（10%）、N_2（9%）、CO_2（4%）和 H_2（2%）等。其主要问题是 HCl 对臭氧的影响，HCl 会在 Al_2O_3 颗粒表面发生非均相化学反应，很快转化成活性 Cl·，在它们飞行路程中就可能形成“微型臭氧洞”。

二、对流层排放的挥发性卤代烃

工业上大量生产和使用的氟利昂（氟氯烃，简称 CFCs）、哈龙（氟溴碳化物）等在大气中十分稳定的长寿命物质，当它们被释放并上升到平流层时，受到强烈的太阳紫外线 UV-C 的照射，吸收波长为 185~227 nm 的紫外线并分解出 Cl· 和 Br·。

以氯为例：

$$CFCl_3 + h\nu\,(185\ \text{nm} < \lambda < 227\ \text{nm}) \longrightarrow CFCl_2 + Cl\cdot$$

继续反应可使分子中的全部氯原子都以自由基的形式释放到大气中。

$$CFCl_3+h\nu \longrightarrow 3Cl\cdot$$

$$CF_2Cl_2+h\nu \longrightarrow 2Cl\cdot$$

$$CF_3Cl+h\nu \longrightarrow Cl\cdot$$

在平流层的上层，CFCs 又会与由臭氧光解产生的 $O(^1D)$ 作用释放出氯原子，继续作用也能释放出全部氯原子。

在平流层催化反应中，1 个氯原子可以和 10^5 个臭氧分子发生链反应。因此，即使排入大气进入平流层的 CFCs 量极小，也能导致臭氧层的破坏。由于 CFCs 在大气中的寿命极长（几十年至上百年），即使现在停止向大气排放，过去已排放的量造成臭氧的损耗仍要持续几十年。有人做过计算，如果现在排放 CFC-12 100 kg，那么 50 年后尚有 59 kg 存在大气中，100 年后仍有 26 kg 存在。人们把这些破坏大气臭氧层、危害人类生存环境的物质称为消耗臭氧层物质（ozone-depleting substances，ODS）。目前认为 ODS 包括下列物质：CFCs、哈龙、四氯化碳、甲基氯仿、溴甲烷等。

为表征 ODS 损耗臭氧能力的相对大小，Wuebbles 于 1981 年提出臭氧消耗潜势（ozone depletion potential，ODP）的概念。对于特定物种，其 ODP 的定义为单位质量该物种引起的臭氧损耗除以单位质量 CFC-11 引起的臭氧损耗，可由下式进行计算：

$$ODP=\frac{D_A/V_A}{D_{CFC-11}/V_{CFC-11}} \tag{9-79}$$

式中：D_A 和 D_{CFC-11}——A 物质和 CFC-11 各以 V_A 和 V_{CFC-11} 的排放速度向大气排放达到稳态时所引起的臭氧损耗。

ODP 概念的应用便于直接比较不同物质对臭氧层的影响。

（一）氟利昂

氟利昂是 ODS 中最大的一类。由于氟氯烃类化合物具有优异的化学稳定性、不燃性并对人体安全，其用途范围极广，除大量用作家用和商用冷藏、冷冻、空调等设备的制冷剂外，还被广泛用作聚氨酯、聚苯乙烯等的发泡剂、气溶胶的喷雾剂、工业用清洗剂及服装干洗剂等。需要注意的是，绝大部分 ODS 同时也是温室气体，其 100 年温室效应潜能值（GWP-100）可达 CO_2 的百倍到万倍。主要氟氯烃类化合物的性质与用途如表 9-4 所示。

表 9-4 主要氟氯烃类化合物的性质与用途

商品名	化学式	大气寿命 / 年	ODP	GWP-100	主要用途
CFC-11	CCl_3F	52	1.0	4 750	发泡剂、烟丝膨胀剂、制冷剂
CFC-12	CCl_2F_2	102	1.0	10 900	制冷剂、喷雾剂、发泡剂
CFC-113	CCl_2FCClF_2	93	0.8	6 130	化工助剂、清洗剂
CFC-114	$CClF_2CClF_2$	189	1.0	10 000	助剂、制冷剂
CFC-115	$CClF_2CF_3$	540	0.6	7 370	助剂、制冷剂
HCFC-22	$CHClF_2$	11.9	0.055	1 810	制冷剂、发泡剂
HCFC-141b	CH_3CCl_2F	9.4	0.11	725	发泡剂、清洗剂
HCFC-142b	CH_3CClF_2	18	0.065	2 310	发泡剂、制冷剂

资料来源：大气寿命引自 WMO，2018；ODP 引自《蒙特利尔议定书》；GWP-100 引自 IPCC，2007。

其中，CFC-11 和 CFC-12 产量很大，CFC-114 和 CFC-115 产量很小，主要与其他 CFCs 化合物混合使用。随着工业的发展，氟氯烃的使用量逐年上升，到 20 世纪 80 年代后期，世界 CFCs 年产量就已经高达 120 万 t，成为大气中氯的主要来源。但由于 CFCs 具有很强的臭氧损耗能力，ODP 相对较低的 HCFCs 开始作为其替代品被投入使用。2010 年，除医用等少量用途之外，全球停止了 CFCs 的生产和使用。在 2011 年之后，全球开始全面控制 HCFCs 的生产和使用，并预计在 2030 年将其淘汰。

由于绝大多数 CFCs 的使用是“开放”式的，几乎所有的 CFCs 都能进入大气。1993—2020 年平流层氯浓度及来源如图 9-24 所示，可以看出 2020 年平流层氯中天然源的占比只有 16.9%，而 CFC-11、CFC-12、CFC-113 则分别占了 20.8%、30.8%、6.4%。

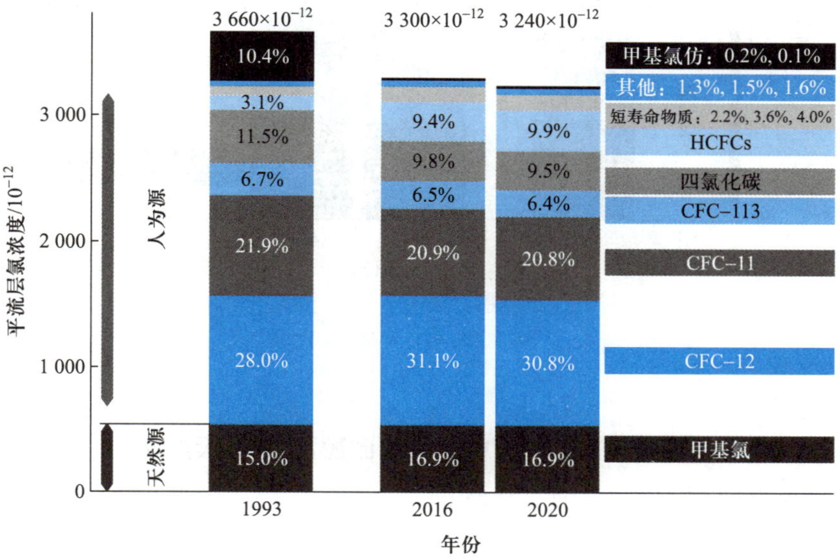

图 9-24 平流层氯浓度及来源分析

（资料来源：引自 WMO，2022）

自《蒙特利尔议定书》执行起，尤其在 1996 年发达国家实现 CFCs 基本淘汰后，CFCs 在大气中混合比的增加幅度开始减小，近年来已呈现下降趋势。2000 年时，CFC-11 和 CFC-113 的混合比已下降，CFC-12 的混合比随后也开始逐步下降，而作为 CFCs 替代物的 HCFCs 在此期间占比逐渐上升。

（二）哈龙类

哈龙类化合物，含有溴，没有天然来源，主要有 Halon-1211 和 Halon-1301 等，它们由于具有既清洁又安全的特性，被用作高质量的灭火剂，广泛用于不能用水的场合，如保护大型计算机、飞机、潜艇、反应堆等重要场所。

哈龙类化合物在对流层也十分稳定，通过迁移进入平流层。由于 C—Br 键强度不如 C—Cl 键，它比相应的氯代物更易光解，释放的溴原子再引发臭氧分解的链反应。溴在平流层中的反应基本与氯相同，只是溴的重要源的分解和反应与氯相比，发生在较低的高度。Cl· 与 CH_4 反应生成 HCl，限制了平流层活性氯自由基物种的含量，而 ·Br 与 CH_4 的反应是吸热的，速率很慢，以至可以忽略。同时，HBr 比 HCl 光解更快，·OH 与 HBr 的反应也比 ·OH 与 HCl 的反应快，结果是多数溴以活性物质 BrO· 存在。以每分子计，溴是比氯更有效的平流层奇氧的汇。

图 9-25 为平流层溴浓度及来源分析，可以看出在 2020 年 Halon-1211 和 Halon-1301 分别占 16.7% 和 17.7%，平流层中 Halon-1211 和 Halon-1301 两种物质的浓度不高并呈现下降趋势。

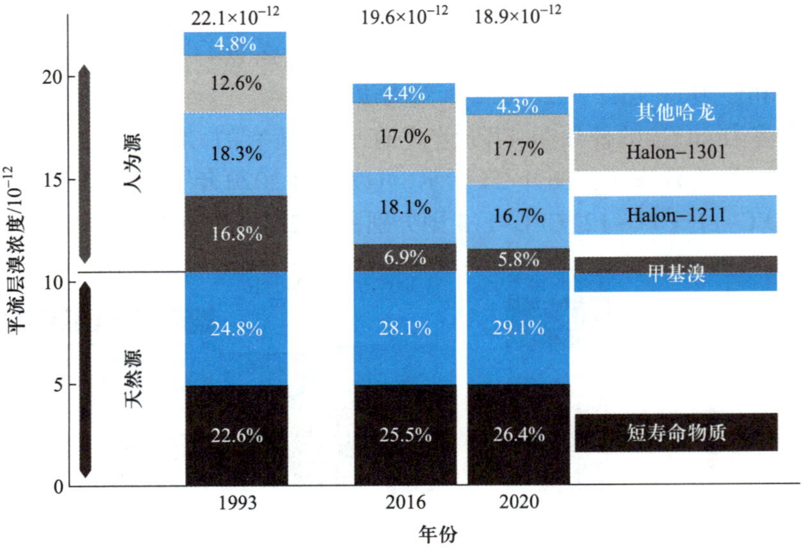

图 9-25 平流层溴浓度及来源分析

（资料来源：引自 WMO，2022）

（三）甲基溴

CH_3Br 是排入大气量最多的含溴有机物。前已述及，它有天然和人为的来源，各种源的年排放量列于表 9-5 中。

表 9-5 CH_3Br 年排放量的估计

来源	排放量		
	范围 /(10^6 kg · a^{-1})	人为源 /(10^6 kg · a^{-1})	天然源 /(10^6 kg · a^{-1})
海洋	60~160	0	90
农业	20~60	35	0
生物质燃烧	10~50	25	5
汽油添加剂	0.5~22	1~15	0
白蚁防治	4	4	0
工业排放	2	2	0
总量	97~298	67~81	95

资料来源：引自 Finlayson-Pitts，2000。

当《蒙特利尔议定书》中受控的氟利昂和哈龙被相继淘汰后，CH_3Br 就成为众所瞩目的 ODS 了。CH_3Br 与哈龙不同，在对流层大气中有自己的汇。一旦被释放到大气中，它就可以和 ·OH 反应：

$$CH_3Br + \cdot OH \longrightarrow \cdot CH_2Br + H_2O$$

$\cdot CH_2Br$ 还可以继续反应，最后产生 Br· ：

$$\cdot CH_2Br+O_2 \xrightarrow{M} CH_2BrOO\cdot$$

$$CH_2BrOO\cdot \xrightarrow{NO} CH_2BrO\cdot$$

$$CH_2BrO\cdot \xrightarrow{分解} HCHO+Br\cdot$$

然后 Br· 催化破坏 O_3 的反应。

CH_3Br 的大气寿命约为 5 年，大部分的 CH_3Br 在对流层被破坏、清除，但是剩余的一部分仍可以进入平流层，成为平流层溴的一个源，破坏平流层臭氧。

总之，卤代碳化物在平流层化学中起着最关键的作用。这方面的研究进展很快，除了氯和溴外，碘化学也已逐步成为一个新的研究方向。

溴在平流层大气中的气相和非均相化学反应可以归纳为如图 9-26 所示。

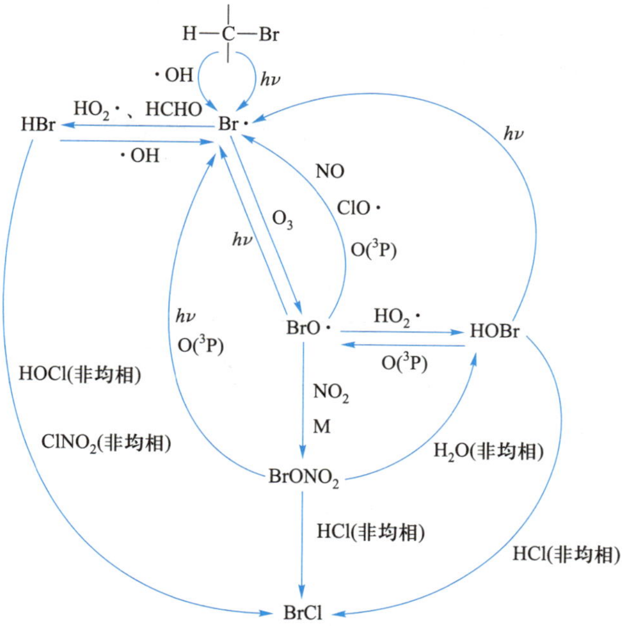

图 9-26　平流层溴化学（气相、非均相）示意图

（资料来源：引自 Finlayson-Pitts，2000）

（四）未受控卤代烃

除了上述提到的受《蒙特利尔议定书》管控的长寿命挥发性卤代烃以外，还有一部分物质对平流层臭氧的影响不可忽视，这部分物质包括二氯甲烷、三氯甲烷、三氯乙烯、四氯乙烯、溴丙烷等，其大气寿命小于 0.5 年，被称为短寿命卤代物质（very short-lived halogenated substances，VSLSs）。如前文图 9-24 和图 9-25 所示，其对平流层卤素的贡献在逐渐增加。

这部分物质过去未受到重视，由于其大气寿命较短，较快被降解，被认为对平流层卤素贡献较小。但后续研究发现，短寿命卤代物质对平流层的影响有很强的空间变化。热带地区排放的这类物质能够在当地强对流的作用下，较快地抬升进入平流层，示意图如图 9-27 所示。而中、高纬度地区排放的短寿命卤代物质，在特定的季节下，也能由季风传递的方式传输进入平流层。

短寿命卤代物质即使在对流层被降解掉了，其降解产物也同样能够进入平流层参与臭氧破坏循环。短寿命卤代物质在大气中的化学过程示意图如图 9-28 所示。其物质本身

（称为源气体，source gas，SG）在向平流层传输过程中，有一部分参与对流层化学而被降解，生成的产物（称为产物气体，product gas，PG）能够继续向上传输，向平流层输送卤素。

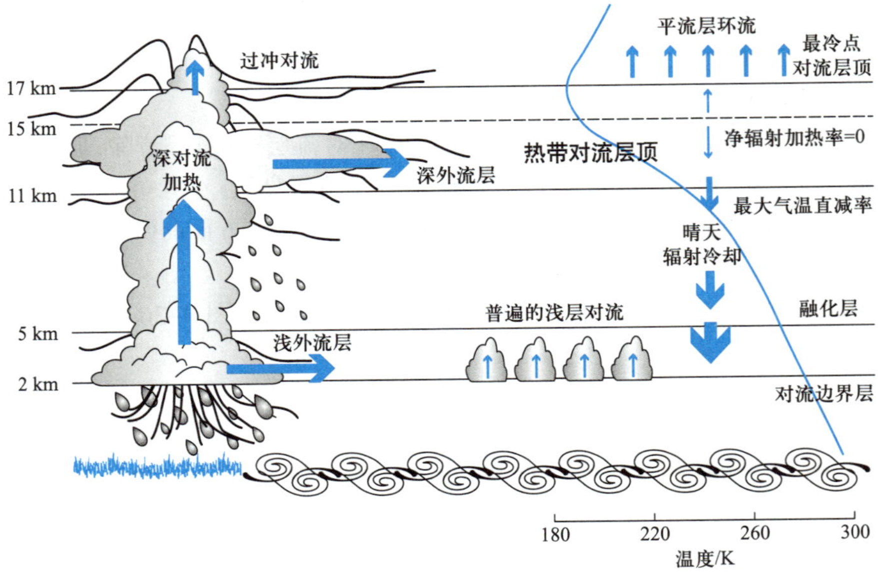

图 9-27 热带地区强对流过程示意图

（资料来源：引自 WMO，2014）

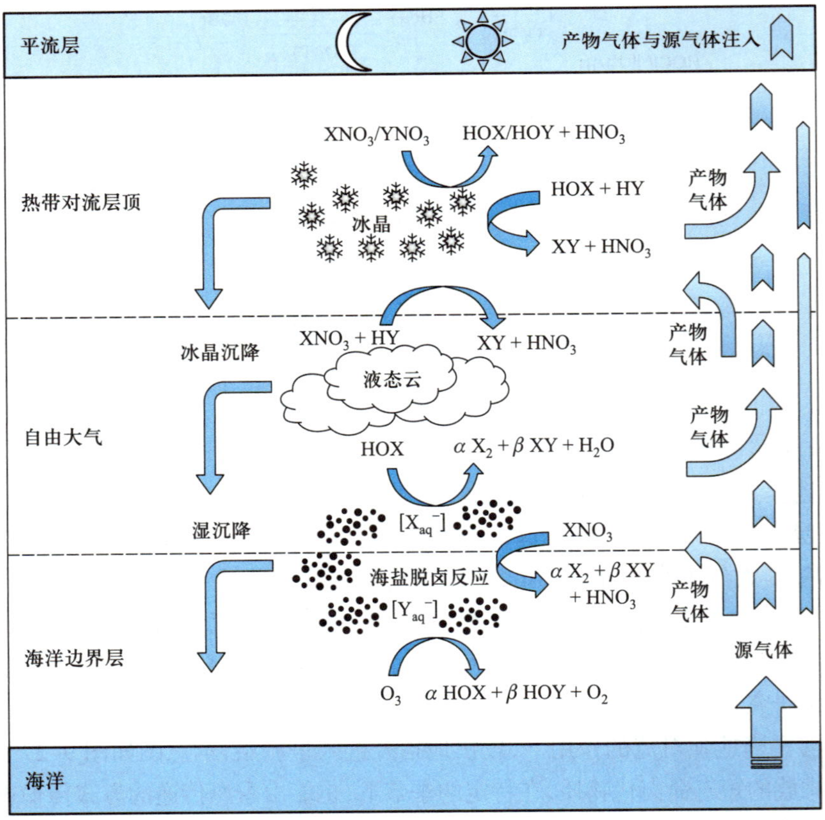

图 9-28 短寿命卤代物质在大气中的化学过程

（资料来源：引自 WMO，2018）

三、主要消耗臭氧层物质的排放变化

图 9-29 展示了自 1960 年起全球 ODS 的排放情况，以及履行《蒙特利尔议定书》所避免的 ODS 排放量。全球 ODS 排放量在 1960 年后快速上升，至 1975 年前后增长逐渐平稳。直到《蒙特利尔议定书》生效后，全球 ODS 排放量开始逐渐下降。在 2020 年，履行该议定书避免了约 390 万 t CFC-11 当量的 ODS 排放，同时也相当于避免了 230 亿 t CO_2 当量的排放。

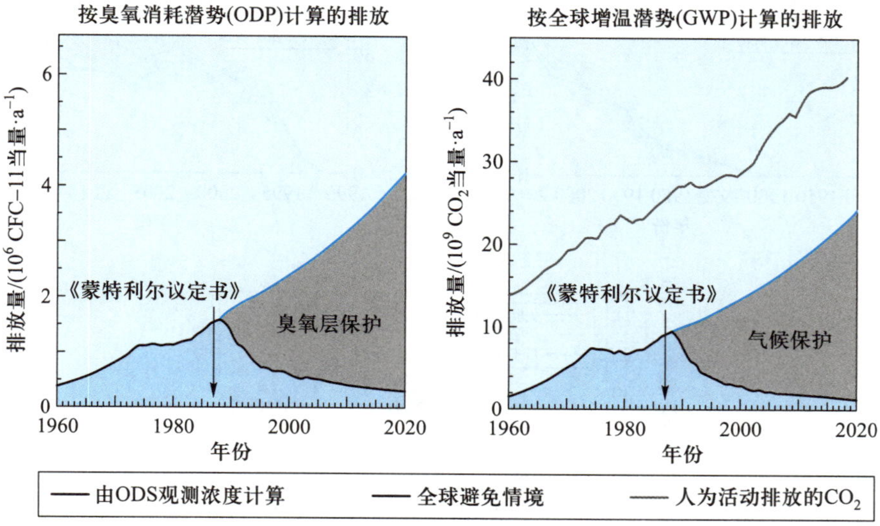

图 9-29　全球 ODS 排放情况

（资料来源：引自 WMO，2022）

图 9-30 展示了全球主要 CFCs 的排放情况。在《蒙特利尔议定书》开始执行以后，CFC-11、CFC-12 等 CFCs 的排放量呈现快速下降趋势。至 2010 年，CFC-11 和 CFC-12 的年排放量分别约为 50 Gg 和 60 Gg。

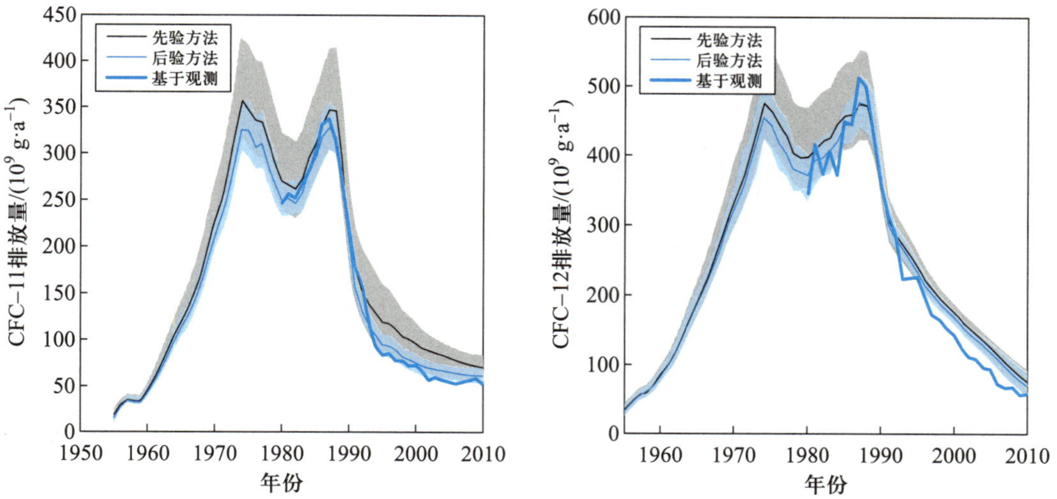

图 9-30　全球主要 CFCs 的排放情况

（资料来源：引自 WMO，2022）

图 9-31 展示了全球主要 HCFCs 的排放情况。在 CFCs 被逐步淘汰后，作为 CFCs 替代品使用的 HCFCs 的排放量首先经历了一段时期的快速上升，但随着《蒙特利尔议定书》对 HCFCs 也提出管控要求，其排放量在 2010 年前后开始出现下降趋势。2019 年 HCFC-22、HCFC-141b 的年排放量分别约为 335 Gg、50 Gg，2018 年 HCFC-142b 的年排放量约为 23 Gg。

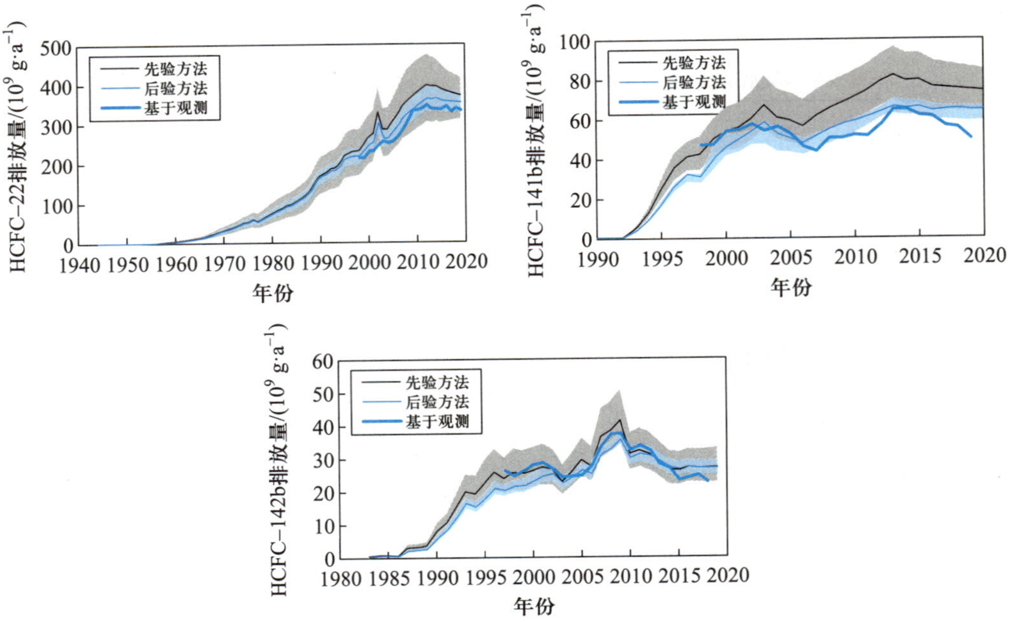

图 9-31　全球主要 HCFCs 的排放情况

（资料来源：引自 WMO，2022）

图 9-32 展示了全球主要哈龙的排放情况。可以看出 Halon-1211 和 Halon-1301 排放量均在 2000 年以前达到峰值，随后开始减少，并持续保持下降趋势。

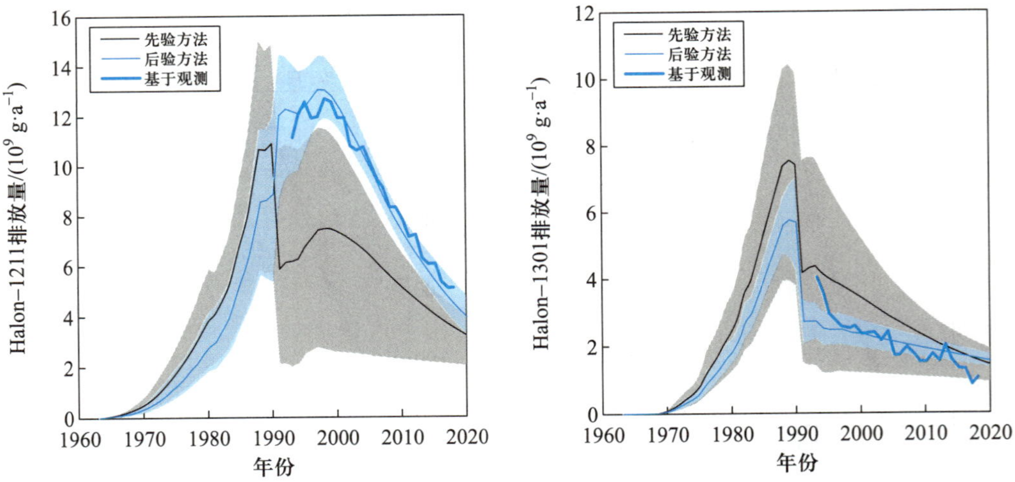

图 9-32　全球主要哈龙的排放情况

（资料来源：引自 WMO，2022）

中国 ODS 的排放情况如图 9-33 所示。ODS 总排放量在 1995 年以前持续上升，至 1995 年达到峰值，为 4.8 万 t CFC-11 当量。随着中国履行《蒙特利尔议定书》的逐步推进，ODS 总排放量在 2020 年下降在 1.3 万 t CFC-11 当量，在 1996—2020 年累计减少了 38.3 万 t CFC-11 当量的 ODS 排放。与没有《蒙特利尔议定书》管控的 ODS 排放情况相比，中国履行《蒙特利尔议定书》（1991—2020 年）累计避免了 580（480~690）万 t CFC-11 当量的 ODS 排放。如果考虑 ODS 减排带来的直接气候效应（ODS 同时也是温室气体）和间接气候效应（ODS 减排导致的替代品强效温室气体 HFCs 排放增加，以及通过减少臭氧损耗间接增加的由臭氧引起的温室效应），那么净避免了 220（190~280）亿 t CO_2 当量的温室气体排放，相当于净避免了 0.025 W/m^2 的辐射强迫和 0.020 ℃的增温。

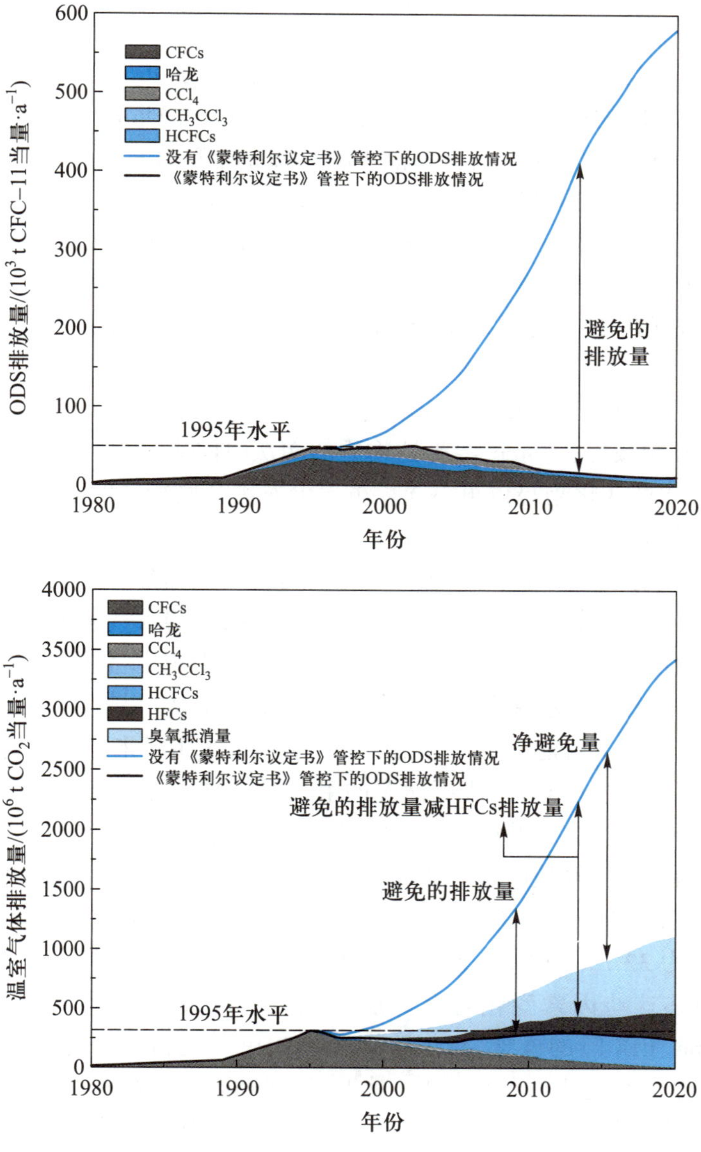

图 9-33　中国 ODS 的排放情况

（资料来源：引自 Wu，2023）

第六节 臭氧层变化的预测

在基本认识平流层臭氧化学尤其是南极臭氧洞的形成机制的基础上，未来平流层臭氧的变化及预测，直接与控制臭氧层损耗的《蒙特利尔议定书》是否真正发挥作用有关。实测的证据显示，对于受控的ODS，其大气浓度的增长速率显著减缓，而曾作为ODS替代物质的变化趋势，其他具有臭氧损耗作用的组分如含溴、含碘化合物的平流层化学行为，以及全球气候变化等在未来平流层臭氧变化中的影响，都是估计臭氧层变化规律可能的重要因素。

一、消耗臭氧层物质的浓度变化

由于确定了臭氧层损耗的主要原因，与臭氧损耗有关的ODS及其替代物质在大气中浓度变化很快，这些变化是分析臭氧层未来变化的主导因素。最近几十年来，世界范围内出现了数个全球性的ODS观测网络，在背景站点观测ODS的全球背景浓度值，从而了解全球ODS的浓度变化，最主要的观测网络包括AGAGE（Advanced Global Atmospheric Gases Experiment）和NOAA（National Oceanic and Atmospheric Administration）。AGAGE观测网络数据表明，在20世纪，ODS全球背景浓度显著增加。随着《蒙特利尔议定书》的实施，CFC-11和CFC-12的全球背景大气浓度在21世纪显著下降，而作为CFCs的替代物，HCFC-22和HCFC-141b的浓度持续上升。

图9-34给出了对ODS的未来大气浓度在不同情境下的预测。大部分ODS的大气浓度增长速率已经开始减慢，但是这些受控物质的淘汰时间表，以及各国实际执行情况的差异，反映出的大气浓度变化趋势也很不同。虽然哈龙类某些物质的浓度还可能再持续增长一段时间，但是随着《蒙特利尔议定书》对其控制的生效，其浓度也将逐渐降低。值得注意的是，氟利昂的替代物质如HCFCs在短时间内仍可能继续增加，未来变化趋势取决于不同的管控情境，虽然这些物质的ODP较小，但是在主要ODS的大气浓度大幅度下降之后，这些用于替代ODS的组分的变化将起更大的作用。另外，由于甲基氯存在巨大的天然源，同时该物质未被纳入《蒙特利尔议定书》的受控物质清单，其大气浓度在未来将不断增加，最终达到稳定，在21世纪末可能会成为平流层活性氯的一个主要来源。特别是甲基溴的浓度已经开始大幅度下降，同样具有很大天然源的甲基溴，如果严格遵守该议定书，那么它的浓度将在小幅度的降低后，在21世纪下半叶达到一个稳定值。

部分代表性的未受到管控的短寿命卤代物质的大气浓度见图9-35。可以看出，二氯甲烷的大气浓度较高，其大气浓度从21世纪开始显著上升。NOAA观测网络的结果显示，其在2016年的浓度为32.7×10^{-12}，和21世纪初相比接近翻了一倍。

为了直接描述这些因素变化与臭氧层变化之间的关系，引入等效活性氯（effective equivalent chlorine，EECl）的概念，与化学物质的ODP相比，EECl实际上是物质臭氧损耗能力以大气中氯原子浓度表达的归一化，是根据实测的ODS浓度，考虑其他卤族原子（如溴、碘等）与氯原子相比时损耗平流层臭氧的相对效率及其源分子在平流层分解和释放卤族原子的相对速率等因素计算而得的。

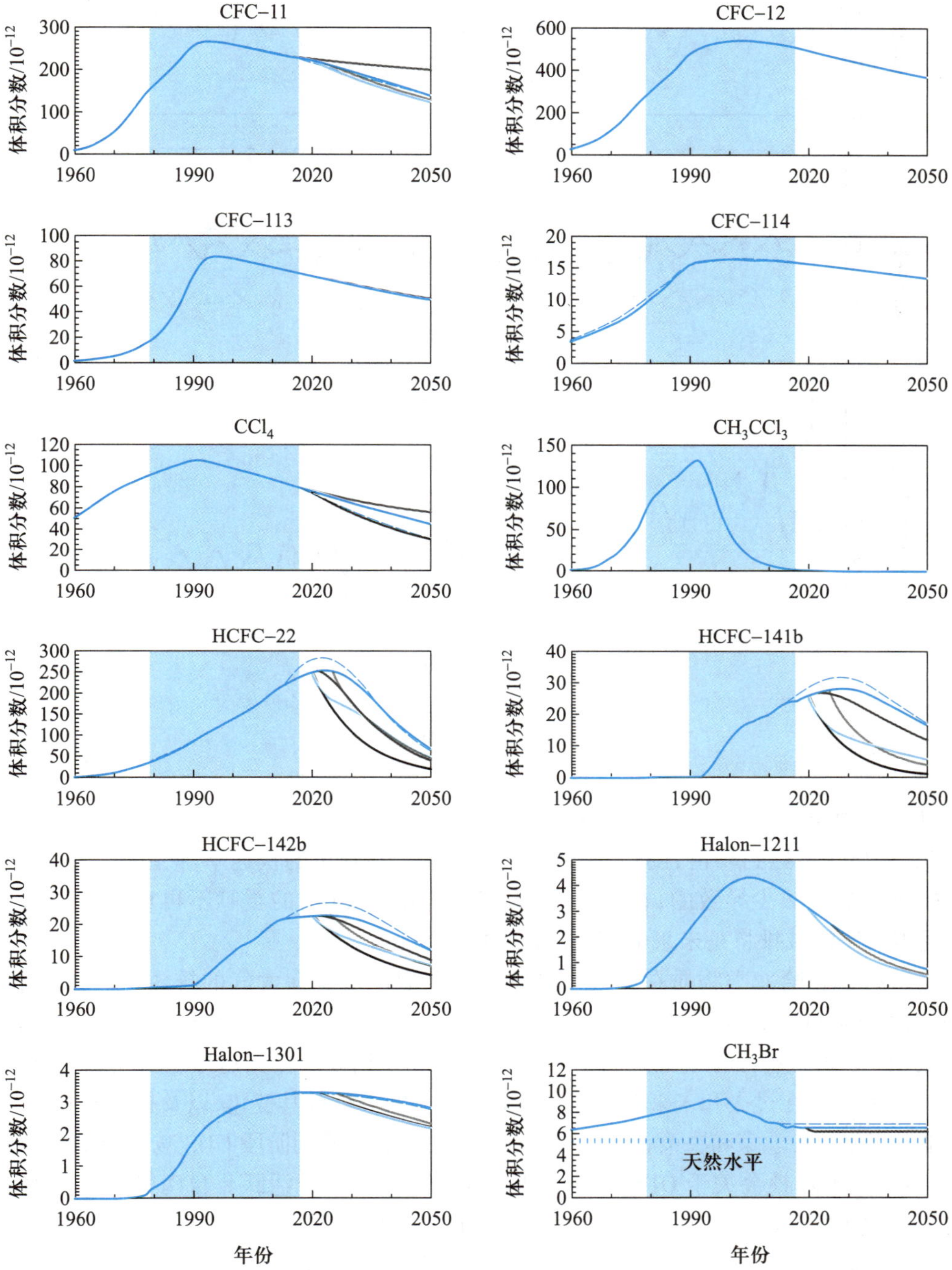

图 9-34　ODS 大气浓度预测

（资料来源：引自 WMO，2018）

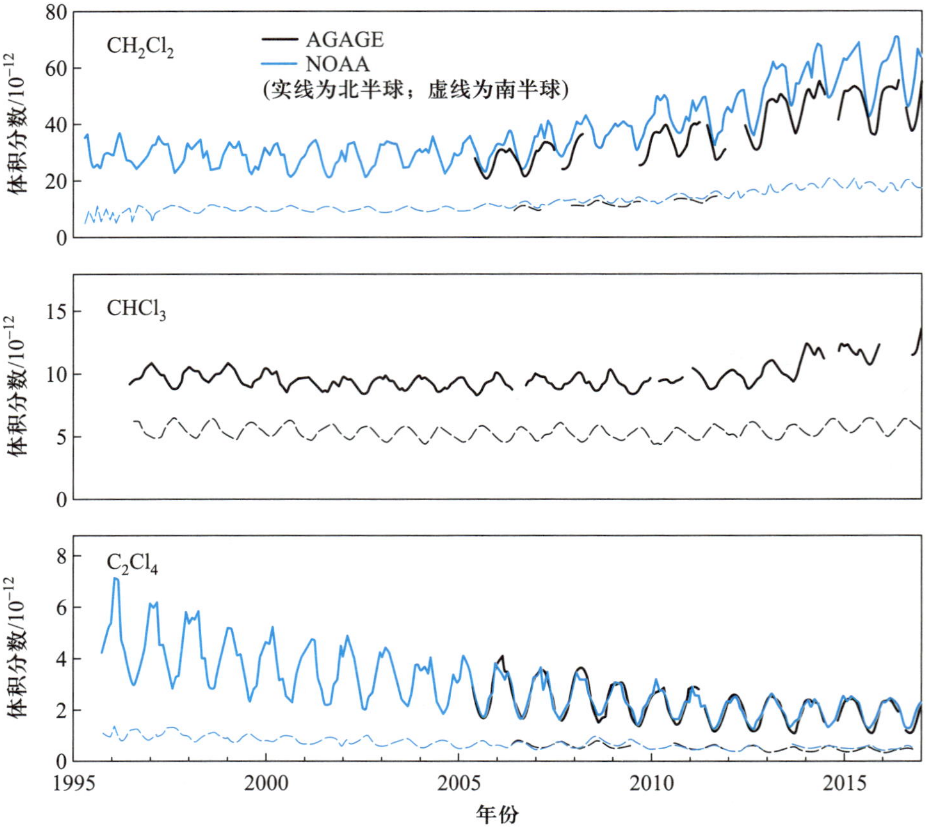

图 9-35 部分代表性的未受到管控的短寿命卤代物质的大气浓度

（资料来源：引自 WMO，2018）

对大气中丰度较高的主要 ODS 的地面观测结果和 EECl 的计算显示，大气中的 EECl 在 1992—1994 年达到峰值，随后持续下降。1995—2000 年的快速下降主要是大气中甲基氯仿的排放快速减少导致的，在这之后，甲基氯仿在 EECl 中的贡献不再重要，而氟利昂类和哈龙类物质的减排将是未来 EECl 变化的决定性因素。

氟利昂类和哈龙类物质在大气中的浓度主要取决于其向大气的排放量。如果不加限制，那么 CFCs 和其他 ODS 的生产和使用势必不断地增加，但如前文所述，《蒙特利尔议定书》及其修正案的签订有效地控制了 ODS 的生产和使用量。根据这些组分的变化，图 9-36 分析了几种 ODS 在过去和未来对平流层等效活性氯的贡献及其变化，以及折合成 CFC-11 当量的排放变化。科学家和决策者可以根据这样的估算分析不同阶段 ODS 减排的重点和关键。

实际上，国际社会关于 ODS 减排的研究和决策一直十分活跃。自南极臭氧洞被发现，人类从科学研究、决策响应到付诸行动都非常迅速。由于深入的科学研究不断揭示大气臭氧层损耗的状况还在继续加重，1990 年通过了《蒙特利尔议定书》的《伦敦修正案》，1992 年又通过了《哥本哈根修正案》，1999 年通过《北京修正案》，各次的修改结果都是受控物质的种类被再次扩充，完全淘汰的日程也被一次次提前。如图 9-37 所示，在不同的未来管控条件下，平流层等效活性氯浓度将以不同速率进行下降，并在 21 世纪后不同时间点恢复到臭氧洞出现前的水平。

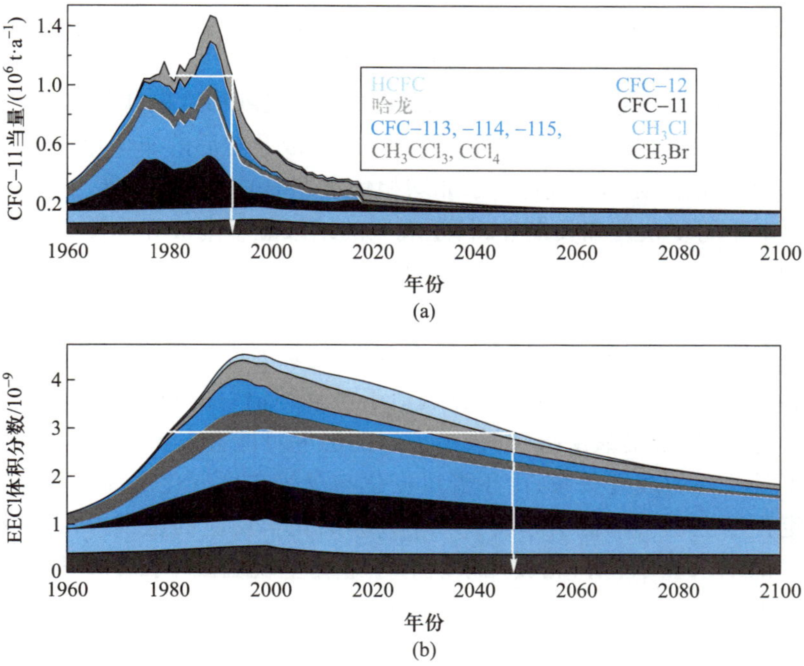

图 9-36 几种 ODS 过去的变化和未来发展趋势的预测

（资料来源：引自 WMO，2018）

（a）以 CFC-11 当量计；（b）以等效活性氯计

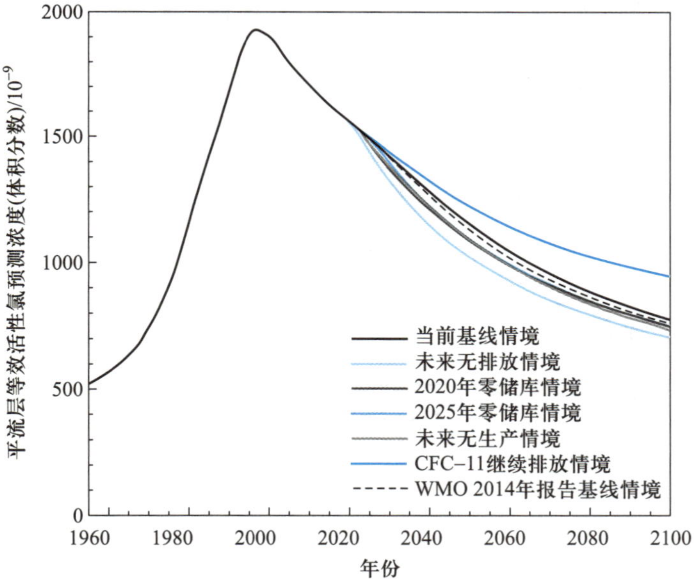

图 9-37 平流层等效活性氯浓度变化预测

（资料来源：引自 WMO，2018）

二、平流层臭氧的变化预测

南极臭氧洞的发现引起了对平流层臭氧的研究和全球保护热潮。在人类社会采取了迅速、及时的控制措施之后，科学家、决策者和公众都十分关注未来平流层臭氧的变化趋势，特别是南极臭氧洞的恢复时间和北极臭氧的发展趋势。

经过长期和大量的研究，目前对南极臭氧洞的形成机制和过程具有良好的科学认识，除了人为活动释放的 ODS 进入大气，南极平流层云的形成及随后的非均相化学过程也起到重要的作用，而南极极地涡旋的生成促进了非均相化学过程的发生和发展。

由于问题本身的复杂性和长期性，科学观测的结果显示南极春季发生的臭氧损耗依然严重，要掌握极地臭氧的未来变化，除了准确地预测 ODS 大气浓度的变化规律，还需要考虑极地的气象条件、痕量组分及化学过程等的变化和进展。

极地气温的变化是影响极地平流层云的关键气象因素。南极出现独特的臭氧洞，就与其极地的温度有关。另外，平流层的臭氧由于对紫外辐射的吸收，对平流层而言起到加热的作用。因此，在出现臭氧层损耗时，平流层的温度可能会发生相应的变化（图 9-38）。这种变化并不是单一的线性关系，由于温度变化与臭氧浓度变化之间可能存在反馈，更低的温度在一定程度上也会降低引起臭氧分子破坏的化学反应的速率。在南极和北极的平流层温度实测的结果显示，南、北极几乎所有季节均呈现温度下降的趋势。由此看来，极地的温度确实发生了可以探测的变化，这种变化是预测极地平流层臭氧变化不容忽视的因素。

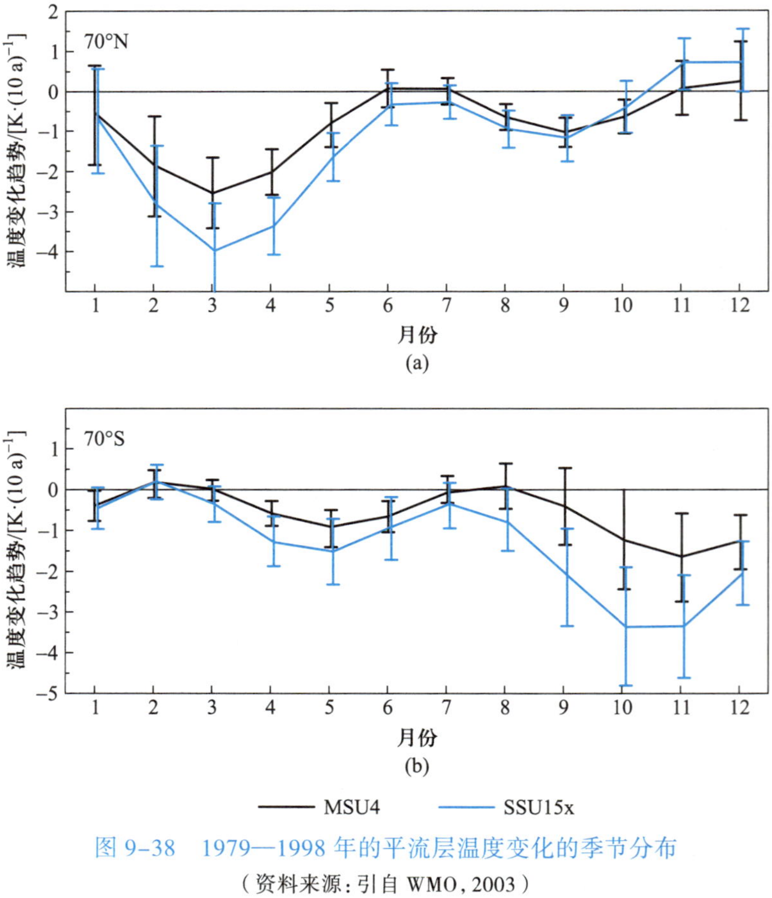

图 9-38 1979—1998 年的平流层温度变化的季节分布

（资料来源：引自 WMO，2003）

MSU4——微波探测器测量结果；SSU15x——平流层探测器测量结果

还有一个值得关注的现象是平流层水蒸气的变化。在平流层化学研究的早期阶段就有对平流层水蒸气的观测研究，水蒸气的变化不仅影响平流层的辐射平衡，而且水分子在平流层形成 ·OH 和 HO_2· 参与平流层臭氧破坏的化学过程，更为重要的是，水蒸气是平流层云生成的重要组分。大量的观测显示 1964—2000 年的平流层水蒸气浓度呈上升趋势。由于大部分的研究比较零散，目前具有最长连续记录的研究是美国科罗拉多州的观测结果（图 9-39）。这一结果清楚地表明平流层水蒸气确实在增加的过程中。但是造成这一结果的机制尚不清楚，因此，目前还不能量化水蒸气增加的程度及在地球上不同区域的分布。

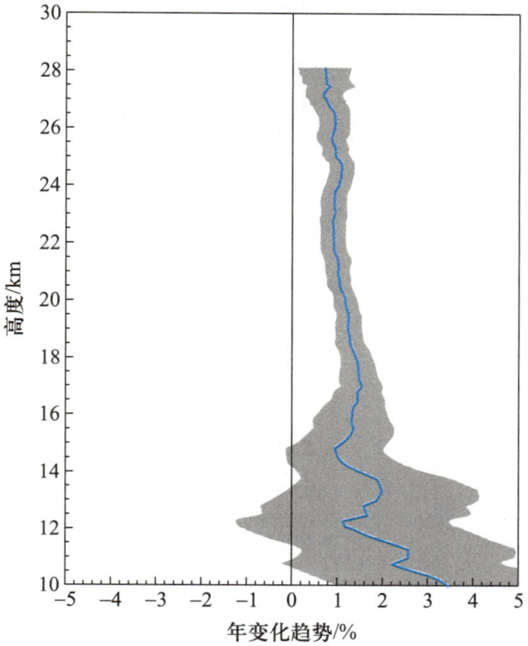

图 9-39　平流层水蒸气浓度变化的垂直分布

（资料来源：引自 Oltmans 等，2000）

以 1981—2000 年的平均值为基础的百分数增长率，蓝色实线是每隔 250 m 的变化趋势线，灰色区域是 95% 置信度区间

平流层条件下的低温化学动力学研究也有新的研究进展。Molina 曾揭示 ClO· 的二聚物 ClOOCl 是非常重要的催化破坏臭氧分子的组分，Cl· 通过此二聚物的反应并不需要氧原子的参与，因此 Cl· 的催化作用在低平流层也是十分关键的过程。最近的研究揭示，从原来高温条件下得到的 ClOOCl 催化破坏臭氧的反应速率常数外推到实际的平流层低温条件存在误差，在实验室模拟实际的南极或北极平流层低温条件，则该反应速率常数增大约 25%。

因此，未来的极地平流层臭氧变化的预测需要综合考虑气象因素和化学因素的变化，通过建立气象过程 - 化学过程耦合的数值模式来模拟和预测未来极地平流层臭氧的变化趋势。观测显示南极臭氧洞及全球臭氧在 2000—2020 年越过损耗最严重的时段，最新的证据显示全球臭氧进入恢复期，模型预测南极臭氧将于 2060 年左右恢复到 1980 年的水平，而全球平均臭氧将于 2040—2050 年恢复到 1980 年的水平。同样，随着《蒙特利尔议定书》对卤代物质的管控，全球各地区的等效平流层氯原子负荷在逐渐降低，模型预测未来值将继续降低，而北极臭氧和中纬度地区的臭氧也在逐渐恢复当中（图 9-40）。

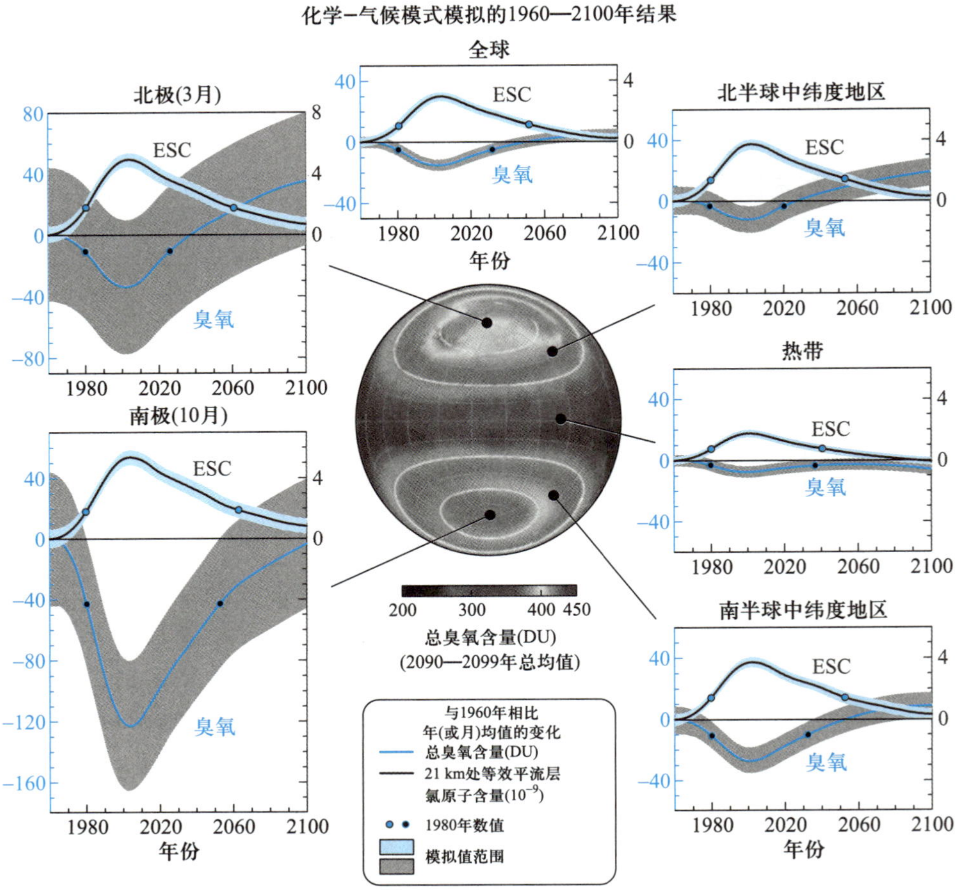

图 9–40 全球各纬度总臭氧含量和等效平流层氯原子变化

（资料来源：引自 WMO，2018）

传统的模型对全球臭氧的预测未包括部分未受管控的短寿命臭氧层破坏物质，如二氯甲烷等，若包括这类物质，则南极臭氧洞的变化趋势将会改变。如图 9–41，在模拟过程中加入二氯甲烷将推迟长达 17 年的南极臭氧洞恢复时间。

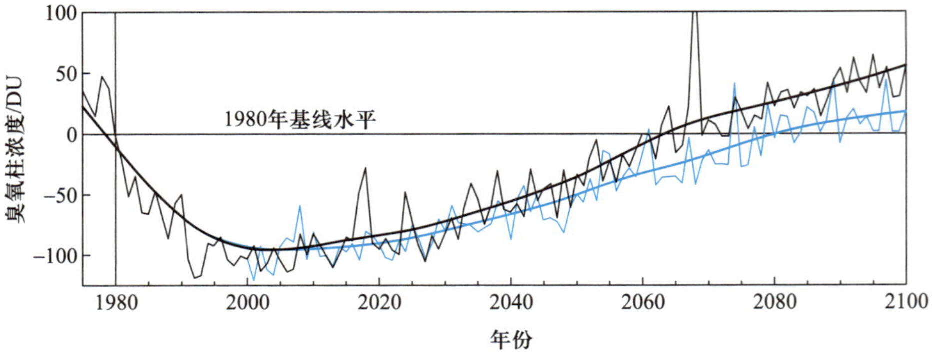

图 9–41 南极臭氧洞柱浓度变化

（资料来源：引自 WMO，2018；原引自 Hossaini 等，2017）

黑色：未考虑二氯甲烷；蓝色：考虑二氯甲烷

同时，气候变化和臭氧损耗具有协同环境作用，温室气体浓度的变化也会影响全球臭氧量的变化。图 9-42 显示了温室气体对未来全球臭氧量变化的影响。模型模拟包含了温室气体 CO_2、N_2O 和 CH_4 的变化，显示了每一种特定气体如何影响全球总臭氧量。增长的 CO_2 导致了臭氧量的增加，这是因为 CO_2 会降低平流层温度并减缓臭氧破坏反应。增长的 CH_4 也导致了臭氧量的增加，而 N_2O 则与 ODS 类似，导致了臭氧量的减少。将这一结果与模型在包含所有温室气体下的模拟进行对比。结果表明，这些温室气体对总臭氧量的混合影响，并不是每种气体影响的简单加和，而是在很大程度上取决于各气体的相对含量。考虑全部温室气体时，全球臭氧量要比仅考虑 ODS 高。

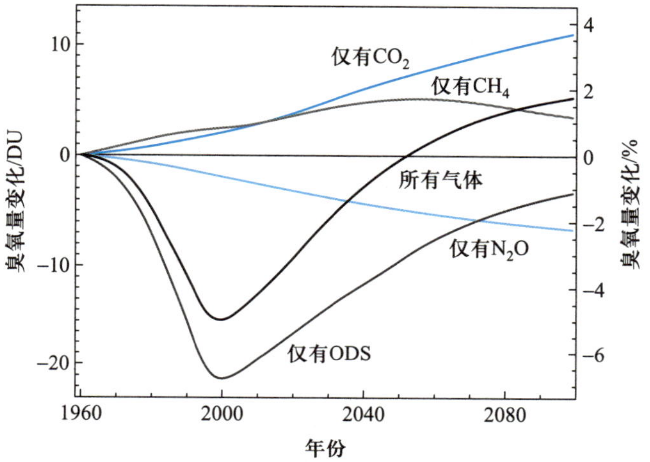

图 9-42　温室气体对未来全球臭氧量变化的影响

（资料来源：WMO，2014）

思考题

1. 简述臭氧在平流层的分布情况。

2. 为什么平流层臭氧受到广泛的关注？

3. 简述平流层臭氧的形成机理。

4. 简述平流层臭氧的去除机理。

5. 简述平流层 NO_x 的源、汇及相关循环反应。

6. 简述平流层 HO_x· 的源、汇及相关循环反应。

7. 简述平流层 ClO_x· 的源、汇及相关循环反应。

8. 导致臭氧层破坏的主要人为因素是什么？为什么？

9. 目前 ODS 有哪几类？简要叙述它们的相关用途。

10. 除了 ODS 对臭氧层有破坏作用外，平流层中其他物质对平流层臭氧有影响吗？如果有，简述其作用。

11. 臭氧层损耗是否只发生在南、北极？为什么？

12. 简述南极臭氧洞近年的变化。

13. 简述南极臭氧洞的形成机理。

14. 为什么在整个平流层臭氧洞只出现在南极？

15. 北极会出现臭氧洞吗？

16. 简述已知的与平流层臭氧相关的非均相化学反应，它们的作用如何？

17. 简述《蒙特利尔议定书》的作用。

18. 何为 ODS 的替代物？目前采用的主要有哪几类？

19. ODS 的替代物对平流层臭氧有影响吗？

20. 平流层臭氧能够恢复吗？如果可以，什么时候能够恢复到损耗前的水平？

主要参考文献

[1] Bowman K P. Global trends in total ozone [J]. Science, 1988, 239 (4835): 48–50.

[2] Crutzen P J. My life with O_3, NO_x, and other YZO_x compounds (Nobel Lecture) [J]. Angewandte Chemie International Edition, 1996, 35 (16): 1758–1777.

[3] Cunnuld D M, Weiss R F, Prinn R G, et al. GAGE/AGAGE measurements indicating reductions in global emissions of CCl_3F and CCl_2F_2 in 1992–1994 [J]. Journal of Geophysical Research, 1997, 102 (D1): 1259–1269.

[4] Fisher D A, Duafala T, Midgley P M, et al. Production and emission of CFCs, Halons, and related molecules [R] // Kaye J A, Penkett S A, Ormond D M. Report on concentrations, lifetimes, and trends of CFCs, Halons, and related species. National Aeronautics and Space Administration, Washington D C: NASA Referene Publication, 1994.

[5] Fraser P J, Oram D E, Reeves C E, et al. Southern hemisphere halon trends (1978–1998) and global halon emissions [J]. Journal of Geophysical Research, 1999, 104 (D13): 15985–15999.

[6] Heath D F. Non-seasonal changes in total column ozone from satellite observations, 1970–1986 [J]. Nature, 1988, 332 (17): 219–227.

[7] Johnston H S. Reduction of stratospheric ozone by nitrogen oxide catalysts from supersonic transport exhaust [J]. Science, 1971, 173 (3996): 517–522.

[8] Molina M J, Rowland F S. Stratospheric sink for chlorofluoromethanes: chlorine atom catalyzed destruction of ozone [J]. Nature, 1974, 249: 810–812.

[9] Montzka S A, Spivakovsky C M, Butler J H, et al. New observational constraints for atmospheric hydroxyl on lobal and hemispheric scales [J]. Science, 2000, 288: 500–503.

[10] Montzka S A, Butler J H, Elkins J W, et al. Present and future trends in the atmospheric burden of ozone-depleting halogens [J]. Nature, 1999, 398: 690–694.

[11] Newman P A, Gleason J F, McPeters R D, et al. Anomalously low ozone over the arctic [J]. Geophysical Research Letters, 1997, 24 (22): 2689–2692.

[12] Oram D E, Reeve C E, Penkett S A, et al. Meeasurement of HCFC-142b and HCFC-141b in the Cape Grim air archive: 1978–1993 [J]. Geophysical Research Letters, 1995, 22: 2741–2744.

[13] Osterman G B, Salawatch R J, Sen B, et al. Ballon-borne measurements of stratospheric radicals and their precursors: Implications for the production and loss of ozone [J]. Geophysical Research Letters, 1997, 24 (9): 1107–1110.

[14] Prather M J, McElroy M B, Wofsy C. Reduction in ozone at high concentrations of stratospheric halogens [J]. Nature, 1984, 312: 227–231.

[15] Prinn R G, Weiss P F, Fraser P J, et al. A history of chemically and radiactively important gases in air deduced from ALE/GAGE/AGAGE [J]. Journal of Geophysical Research, 2000, 105 (D14): 17751–

17792.

[16] Rowland F S, Molina M J. Chlorofluoromethanes in the environment [J]. Reviews of Geophysics and Space Physics, 1975, 13 (1): 1–35.

[17] Solomon R M, Dezafra R, et al. Diurnal variation of stratospheric chlorine monoxide: a critical test of chlorine chemistry in the ozone layer [J]. Science, 1984, 224 (4654): 1210–1214.

[18] Solomon S. The hole truth [J]. Nature, 2004, 427: 289–291.

[19] Solomon S, Gacia R R, Rowland F S, et al. On the depletion of Antarctic ozone [J]. Nature, 1986, 321 (6072): 755–758.

[20] Sturrock G A, Porter L W, Fraser P J. In situ measurement of CFC replacement chemicals and halocarbons at Cape Grim: AGAGE GC-MS program [M] // Tindale N W, Francey R J, Derek N. Baseline Atmospheric Program (Australia) 1997–1998. Bureau of Meteorology and CSIRO Division of Atmospheric Research, Melbourne, Austalia, 2001: 43–49.

[21] Toon O B, Turco R P. Polar stratospheric clouds and ozone depletion [J]. Scientific American, 1991, 6: 40–47.

[22] Uchino O, Bojkov R D, Balis D S, et al. Essential characteristics of the Antarctic ozone decline: Update to 1998 [J]. Geophysical Research Letters, 1999, 26: 1377–1380.

[23] Watson R T, Geller M A , Stolarski R S, et al. Present state of knowledge of the upper atmosphere: An assessment report [R]. NASA Refernce Publication 1162, 1986.

[24] Wennberg P O, Cohen R C, Stimpfle R M, et al. Removal of stratospheric O_3 by radicals: in situ measurements of OH, HO_2, NO, NO_2, ClO, and BrO [J]. Science, 1994, 266 (5184): 398–404.

[25] Wuebbles D J. Natural and antropogenic perturbations to the stratosphere [J]. Reviews of Geophysics, 1987, 25 (3): 487–493.

[26] European Commission. Ozone-climate interactions [R]. Air pollution research report, No. 81, 2003.

[27] National Aeronautics and Space Administration. Upper atmosphere research satellite [R]. A Program to Study Gobal Ozone Change, 1989.

[28] Intergovernmental Panel on Climate Change. Climate change 2001: The scientific basis (IPCC WG1 Third Assessment Report) [R]. 2001.

[29] United States Environmental Protection Agency. CFCs and stratospheric ozone [R]. 1987, 12.

[30] Wayne R P. Chemistry of atmospheres [M]. 3rd ed. Oxford: Oxford University Press, 2000.

[31] World Meterological Organization. Scientific assessment of ozone depletion: 2002 [R]. Global Ozone Research and Monitoring Project-Report, No. 47, 2003.

[32] World Meteorological Organization. Scientific assessment of ozone depletion: 2014 [R]. World Meteorological Organization, Global Ozone Research and Monitoring Project-Report No. 55, Geneva, Switzerland, 2014.

[33] World Meteorological Organization. Scientific assessment of ozone depletion: 2018 [R]. Global Ozone Research and Monitoring Project-Report No. 58, Geneva, Switzerland, 2018.

[34] Hossaini R, Chipperfield M P, Montzka S A, et al. The increasing threat to stratospheric ozone from dichloromethane [J]. Nature Communications, 2017, 8: 15962.

[35] Intergovernmental Panel on Climate Change. Climate change 2007: The physical science basis [R]. Cambridge, UK and New York, USA, 2007.

[36] Intergovernmental Panel on Climate Change. Climate change 2021: The physical science basis

[R]. Cambridge, UK and New York, USA, 2021.

[37] Environmental Science Published for Everybody Round the Earth (ESPERE)[EB/OL]. 2004-07.

[38] National Aeronautics and Space Administration. Stratospheric ozone [EB/OL]. 2003-05.

[39] World Meterological Organization. Executive Summary. Scientific assessment of ozone depletion: 2022 [R]. GAW Report No. 278, 2022.

[40] Wu J, Ding S, Fang X K, et al. Banks, emissions, and environmental impacts of China's ozone depletion substances and hydrofluorocarbon substitutes during 1980-2020 [J]. Science of The Total Environment, 2023, 882: 163586.

第十章　室内环境化学

室内空气是地球大气中一个既特殊又重要的部分。相对于地球大气开放体系而言，室内环境（包括住宅、办公场所、公共场所及各种交通工具）是相对封闭的微小环境。尽管室内空气在地球大气中的占比微不足道，但是由于人们80%~90%的时间在室内环境中度过，室内空气质量与人群健康息息相关。此外，在人口密度较高的地区，某些室内空气污染物向室外的传输也会加剧局地大气污染。近年来，室内空气污染已成为社会普遍关注的重要环境问题，也是环境科学领域一个新的研究热点。

相对于室外大气环境，室内环境比表面积高，紫外光照弱，污染物在室内空气中停留时间较短，人的活动对环境的影响更加显著。这些特征共同决定了室内空气污染物具有不同于大气污染物的源、汇特征。臭氧是室内最重要的氧化剂，而氧化反应主要发生在室内的各种表面，包括人体表面。此外，室内表面还可能发生歧化、水解、分解等多种反应，进而影响室内空气质量。

室内空气污染暴露直接影响人的身体健康。除了NO_x、O_3、颗粒物等大气中常见的污染物以外，室内空气中还可能存在一些具有特殊室内源的污染物，包括甲醛、苯及苯系物、塑化剂、阻燃剂、生物气溶胶、放射性气体氡等。当然，由于室内空间建筑装修材料、内部人员密度、外部环境等差异性大，不同室内环境中的特征性空气污染物可能显著不同。总体而言，室内空气质量可通过控制释放污染源、加强通风、采用空气净化技术三个方面进行改善。

第一节　概　　述

一、历史回顾

对室内空气污染的系统性研究晚于对大气污染的研究。20世纪60年代，欧洲一些研究者开始在室内环境中开展大气污染物浓度测量。可追溯的最早论文是1965年Biersteker等对荷兰鹿特丹60户住宅中烟尘与SO_2浓度的报道。20世纪70年代，室内甲醛、氡及二手烟暴露的问题逐渐引发关注。1978年，有关室内空气的首个国际研讨会在丹麦哥本哈根召开，之后室内空气污染研究迎来了快速发展的时期，也取得了一系列重要成果，例如，证实了固体燃料燃烧引起的室内空气污染对全球疾病具有重要贡献；认识到了室内二手烟暴露的健康危害，进而促进了公共场所禁烟令的推广。

国内外学者经过几十年的研究，对室内空气污染的认识不断加深，但是仍有很多重要问题尚未解决，其中既包括一些由来已久的问题，也包括一些新的问题，例如，在人多、密闭的室内环境中人们往往会表现出身体不适、工作效率低下，这是否由人体自身释放的化学物质所引起？过去几十年间，新型化学品的大量使用与哮喘、过敏等“现代疾病”间到底有怎样的关系？

二、室内环境基本特征

室内空气是地球大气环境的一部分，其基本物理化学性质与地球大气相同。同时，由于室内是用天然或人工材料围隔而成的小空间，室内外的空气交换速率、室内空间的高比表面积，以及处于室内的人及其活动会对室内空气产生重要影响。

（一）通风

尽管室内环境相对封闭，室内空气仍与室外空气发生着一定程度的交换，也就是所谓的通风。通风一方面可将室外的大气污染物引入室内，另一方面也可将室内空气污染物去除。此外，通风还可影响建筑的热舒适及实现热舒适所需的能源消耗。通风的这些不同效应往往会相互冲突，例如，加强通风可有效降低室内源的空气污染物浓度，却也会增加室内冬季取暖能耗。

通风大致可分为三种方式，即渗透、自然通风和机械通风。渗透与自然通风由自然力驱动，包括室外风力造成的风压和室内外温差产生的热压。渗透指经由建筑围护结构缝隙发生的无组织空气交换，而自然通风指经由设定的建筑开口，如门、窗、换气孔等发生的空气交换。机械通风则指利用机械手段，如风机、风扇等驱动的空气交换。一个建筑中往往多种通风方式并存。渗透存在于所有建筑，其中老旧建筑的渗透速率往往远大于新建筑。传统建筑的通风主要依靠渗透和自然通风。现代建筑中，特别是现代公共建筑中，机械通风的使用越来越普遍。

人们常用换气次数来定量表征室内通风的强弱。换气次数（A）是单位时间内室内空气被置换的次数，单位是次 / 小时（次 /h）。从定义上，换气次数等于室外空气进入室内的总通风量（Q，m^3/h）除以室内空间的体积（V，m^3），其中总通风量是三种通风方式效果的加和，包括渗透量（Q_i，m^3/h）、自然通风量（Q_n，m^3/h）与机械通风量（Q_m，m^3/h）。

室内环境中换气次数的大小受建筑特征、室内外温差、风速、人的开窗习惯、排风扇的使用等多种因素影响，可通过释放示踪物的方法来估算换气次数。研究显示，不同室内空间、同一室内空间中不同时间段的换气次数均存在较大差异性，近似服从对数正态分布。据综述文献报道，住宅换气次数的几何均值约为 0.5 次 /h，几何标准偏差为 2.0，也就是说，95% 的住宅换气次数为 0.13~2.0 次 /h。

（二）高比表面积

相对于大气环境，室内环境的一个显著特点是具有很大的比表面积。这里所说的比表面积，是与室内空气接触的几何表面积除以室内空气的体积。一个房间中的表面主要由墙壁、地板、屋顶、家具、饰品等构成。室内环境的比表面积一般为 2~5 m^2/m^3，较室外大气高上千倍，因此表面过程对室内空气的影响远高于室外。

与室内空气直接接触的表面材料，往往不同于构成建筑空间和室内物件等的主体材料，例如，木地板和木质家具一般会上漆，水泥地面一般会铺有瓷砖或塑胶地板等合成材料，一些地面上还会铺地毯，墙面上一般覆有墙漆或壁纸，外墙的窗户上还往往会挂有窗帘、装有百叶窗等，屋顶也会有墙漆或者天花板。尽管室内表面材料多种多样，但是也存在一定的规律性。调查发现，室内大约 2/3 的表面由涂层覆盖，包括墙面上的墙漆、木质地板与家具表面的木器漆等。

室内巨大的表面会显著影响室内空气质量：一方面，气态物质可吸附于室内表面或被室内表面吸收。普遍存在的多孔、可渗透的涂层对室内有效吸附面积的贡献可能尤为显著。研究显示，室内表面是室内环境中半挥发性有机物及部分挥发性物质的重要储库，可对其在室内空气中的浓度起到关键的调节作用。另一方面，颗粒物可沉降于室内表面。巨大的比表面积使得沉降成为室内颗粒物的一个重要的汇。此外，室内多样的表面类型及表面上丰富的活性物质为多种表面反应的发生提供了可能性。表面反应不仅是室内 NO_2、臭氧等活性物质主要的汇，也是 HONO 与一些含氧有机物的重要二次源。

（三）人

建筑为人而建，关注室内空气质量的出发点是保护人体健康，同时，人的活动也从多方面对室内空气质量产生影响。由于室内空间较为封闭，人体代谢、人体皮肤的化学反应与微生物降解都可能成为室内空气某些微量组分的重要来源。人在室内进行的烹饪、吸烟、打扫卫生等活动也可能产生多种气态与颗粒态污染物，影响室内空气质量。呼吸系统传染病患者与致病菌携带者在咳嗽、打喷嚏、谈话、呼吸时，可释放出携带有流行性感冒病毒、新型冠状病毒、结核分枝杆菌等病原体的液态微粒，污染室内空气。此外，人的开窗习惯、空调的使用习惯等，也可改变通风量，间接影响室内空气质量。

三、室内空气污染特征

室内环境的自身性质决定了室内空气污染具有如下特征：

（1）复杂性

除室外复杂的大气污染源外，室内空气还受多种特殊的室内排放源影响，如家用燃料燃烧、建筑房基材料、室内装修装饰材料、涂料、家具、日用化学品、家用电器、人体散发与人的各种活动等。因此，室内空气污染物的种类也复杂多样，如甲醛、香烟烟雾、烹饪油烟、氡、生物气溶胶（如细菌、孢子、病毒、真菌等）及各种各样的新型化学品。此外，室内的物理化学过程也很复杂：由于高活性表面的大量存在，室内会发生多种多样的化学反应（如光反应、热反应、氧化反应、表面催化反应等），也会发生释放、吸附、吸收、解吸等物理过程。

（2）长期性

室内环境暴露的特点之一是低剂量长期暴露。有些室内污染源，如日用化学品、香烟烟雾等，在长期的生活过程中不断释放；有些产生室内污染的材料，一旦使用，将长期释放污染物。例如，放射性气体氡及其子体是存在于地基和建材中的放射性元素镭衰变的产物，由于镭的半衰期长达千年，如果房基中含有镭，那么将源源不断地向室内释放氡；如果购置的家具板材或黏合剂中使用了含有大量游离甲醛的酚醛树脂，那么板材中的甲醛也将释放几年或者更长的时间。

四、室内空气质量标准

考虑室内空气质量对人体健康的重要性，一些国家和地区发布了室内空气质量标准或指南。我国在 2022 年颁布了《室内空气质量标准》（GB/T 18883—2022，如表 10-1 所示），并于 2023 年开始实施。

表 10-1 我国《室内空气质量标准》(GB/T 18883—2022)

序号	指标类别	指标	计量单位	要求	备注
1	物理性	温度	℃	22~28	夏季
				16~24	冬季
2		相对湿度	%	40~80	夏季
				30~60	冬季
3		空气流速	m/s	≤ 0.3	夏季
				≤ 0.2	冬季
4		新风量	m^3/(h·人)	≥ 30	—
5	化学性	臭氧(O_3)	mg/m	≤ 0.16	1 h 平均值
6		二氧化氮(NO_2)	mg/m	≤ 0.20	1 h 平均值
7		二氧化硫(SO_2)	mg/m	≤ 0.50	1 h 平均值
8		二氧化碳(CO_2)	%①	≤ 0.10	1 h 平均值
9		一氧化碳(CO)	mg/m^3	≤ 10	1 h 平均值
10		氨(NH_3)	mg/m^3	≤ 0.20	1 h 平均值
11		甲醛(HCHO)	mg/m^3	≤ 0.08	1 h 平均值
12		苯(C_6H_6)	mg/m^3	≤ 0.03	1 h 平均值
13		甲苯(C_7H_8)	mg/m^3	≤ 0.20	1 h 平均值
14		二甲苯(C_8H_{10})	mg/m^3	≤ 0.20	1 h 平均值
15		总挥发性有机物(TVOC)	mg/m^3	≤ 0.60	8 h 平均值
16		三氯乙烯(C_2HCl_3)	mg/m^3	≤ 0.006	8 h 平均值
17		四氯乙烯(C_2Cl_4)	mg/m^3	≤ 0.12	8 h 平均值
18		苯并[*a*]芘(B[*a*]P)②	ng/m^3	≤ 1.0	24 h 平均值
19		可吸入颗粒物(PM_{10})	mg/m^3	≤ 0.10	24 h 平均值
20		细颗粒物($PM_{2.5}$)	mg/m^3	≤ 0.05	24 h 平均值
21	生物性	细菌总数	CFU/m^3	≤ 1 500	—
22	放射性	氡(^{222}Rn)	Bq/m^3	≤ 300	年平均值③(参考水平④)

注:① 体积分数。

② 指可吸入颗粒物中的苯并[*a*]芘。

③ 至少采样 3 个月(包括冬季)。

④ 表示室内可接受的最大年平均氡浓度,并非安全与危险的严格界限。当室内氡浓度超过该参考水平时,宜采取行动降低室内氡浓度。当室内氡浓度低于该参考水平时,也可以采取防护措施降低室内氡浓度,体现辐射防护最优化原则。

相较于环境空气质量标准，各个国家和地区的室内空气质量标准具有更大的差异性，普遍被纳入的只有温度、相对湿度等物理性指标，以及几种常见环境大气污染物和有限的典型室内污染物（甲醛、三氯乙烯和四氯乙烯），其他指标的数量和限值差别很大。这也在一定程度上反映了人们对于室内空气污染认识的局限性。此外，各标准中规定的污染物测试条件也有所不同。例如，中国的标准规定在关闭门窗 12 h 后检测，日本对于新建建筑是在关闭门窗 5 h 后检测，而加拿大和美国加利福尼亚州采用现场检测。也就是说，中国的测试条件对应的是最坏的情境（只通过渗透换气），而加拿大和美国的测试条件对应的是日常暴露情境。

第二节 室内空气污染物的源、汇特征

室内空气质量受很多因素影响（图 10-1），包括室内污染源排放、室内化学反应、室内表面上的吸附、吸收与解吸和室内表面上的沉降。由于所有室内空间都有通风，影响因素还包括室外向室内的传输及室内向室外的传输。本节首先介绍质量守恒方程，将这些过程与室内空气质量定量联系在一起，然后介绍各个过程及相应的参数化方案。室内化学反应将在第三节具体介绍。

图 10-1 室内空气微量组分源、汇过程示意图

一、质量守恒方程

各种源、汇过程对室内空气中微量组分含量的影响，可通过质量守恒方程来表达。此类方程基于质量守恒定律，通过综合考虑某一空间中特定物质产生和去除的所有过程，将该物质在空间中的浓度与各种过程参量定量地联系在一起。

质量守恒方程的一个假设是空间内物质浓度近似均匀分布。这对于室内空气是一个较为合理的假设，因为室内是一个相对封闭的小空间，室内空气中微量组分浓度的空间差异性较小。因此，某一微量组分在体积为 V 的室内空间中的浓度 C_{in} 满足以下关系：

$$\frac{\mathrm{d}C_{\mathrm{in}}}{\mathrm{d}t}V=F_{\mathrm{in}}+E-F_{\mathrm{out}}-F_{\mathrm{dep}}+F_{\mathrm{sorp}}+R \tag{10-1}$$

式中：$\frac{\mathrm{d}C_{\mathrm{in}}}{\mathrm{d}t}V$——室内空气中该物质总量随时间的变化；

F_{in} 与 F_{out}——室外向室内与室内向室外的传输；

E——室内源排放；

F_{dep} 与 F_{sorp}——室内表面的沉降与吸附解吸；

R——室内反应。

以上各项单位均为质量/时间。其中，室外向室内的传输和室内源排放是源，而室内向室外的传输和沉降是汇。

具体分析某一污染物时，可以根据污染物的物理化学性质和室内环境特征，对公式（10-1）做一定程度的简化：室内空气中的沉降过程主要对颗粒物较为重要，而表面吸附解吸过程主要针对气态成分；当有室内强源时，室外向室内的输入就可以忽略不计；当考虑较长时间尺度（一个月或一年）的平均浓度时，可以近似认为$\frac{\mathrm{d}C_{\mathrm{in}}}{\mathrm{d}t}V=0$，同时表面吸附解吸过程的影响也可近似为 0。

二、室外污染物向室内的传输

室外污染物向室内的传输通量取决于室外浓度、通风量及污染物穿越建筑围护结构进入室内过程中的损失。

损失主要发生在两类物质上，一类是像臭氧这样的反应性气体，另一类是颗粒物。当室外空气通过建筑围护结构（门、窗、墙体、地面、屋顶）上的孔隙渗透进入室内时，臭氧可以与建筑物表面发生化学反应而被去除，而颗粒物则可能通过重力沉降或布朗扩散而被去除。一般以穿透系数 p_{i} 来表征特征污染物 i 通过渗透进入室内的比例（$0 \leqslant p_{\mathrm{i}} \leqslant 1$）。对于机械通风，由于新风进口一般装有过滤器，颗粒物进入室内时会被部分滤去。尽管现有的通风系统大都没有设计臭氧去除功能，但是臭氧也可以与过滤器中的滤网及滤网上收集的颗粒物发生反应而部分被去除。一般以去除效率 η 来表征室外污染物通过机械通风系统进入室内时被去除的比例。对于自然通风，由于开口较大，可近似认为所有物质都能完全穿透。综合以上情况，室外污染物向室内单位时间的总输入量 F_{in} 的表达式为

$$F_{\mathrm{in}}=C_{\mathrm{out}}[p_{\mathrm{i}}Q_{\mathrm{i}}+Q_{\mathrm{n}}+(1-\eta)Q_{\mathrm{m}}] \tag{10-2}$$

在对实际的室内环境进行研究时，很难区分不同换气方式的通风量，因此常常对上式进行简化：

$$F_{\mathrm{in}}=pC_{\mathrm{out}}Q=pC_{\mathrm{out}}AV \tag{10-3}$$

式中：p——表观穿透系数，总体表征室外污染物通过各种方式穿透建筑围护结构的能力，其定义式为

$$p=\frac{p_{\mathrm{i}}Q_{\mathrm{i}}+Q_{\mathrm{n}}+(1-\eta)Q_{\mathrm{m}}}{Q_{\mathrm{i}}+Q_{\mathrm{n}}+Q_{\mathrm{m}}} \tag{10-4}$$

对于除颗粒物与臭氧等反应活性物质以外的其他物质，进入室内的损失可以近似为0，式（10–2）可以简化为

$$F_{in}=C_{out}Q=C_{out}AV \tag{10-5}$$

以下将简单介绍表征颗粒物与臭氧由室外向室内传输的关键参数。

（一）颗粒物

颗粒物穿透系数 p_i 取决于室内外压力差、建筑缝隙尺寸及颗粒物粒径。室内外压力差越大，缝隙宽度越大、深度越浅，颗粒物穿透系数 p_i 越大。同时，颗粒物的穿透系数 p_i 与颗粒物粒径呈倒U形的关系，如图10–2（a）所示。超细颗粒物主要通过快速的布朗扩散而去除，穿透系数随粒径减小而减小。微米级颗粒物主要通过重力沉降而去除，穿透系数随粒径增大而减小。中间粒径的颗粒物穿透能力最强，p_i 可接近1。

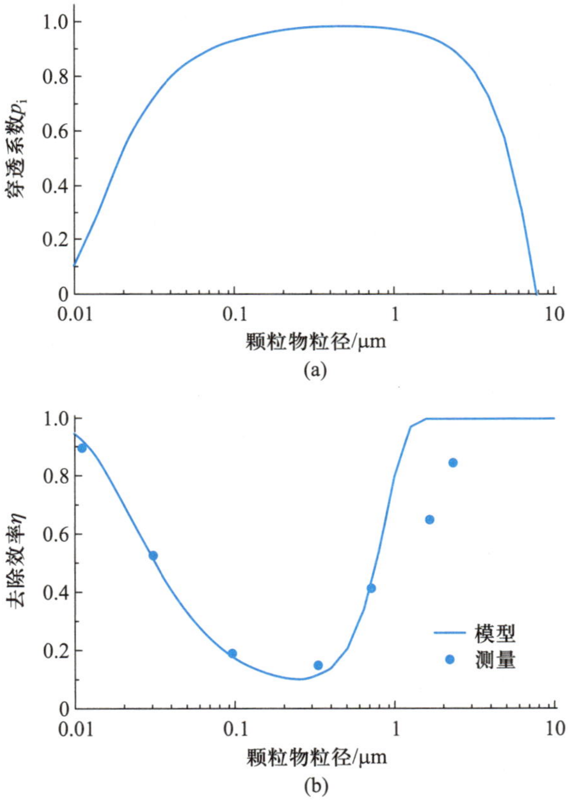

图10–2　颗粒物在（a）建筑缝隙的穿透系数 p_i 与（b）机械通风系统过滤器上的去除效率 η 随颗粒物粒径的变化

（资料来源：摘自 Nazaroff，2004）

颗粒物在机械通风系统过滤器上的去除效率 η 也随粒径变化[图10–2（b）]。过滤器一般由直径为几十微米的纤维错综排列构成，厚几厘米。小颗粒物由于无规则的布朗运动可离开气体流线，与滤网纤维发生碰撞，因范德华力吸附在滤网上。而粗颗粒物则可通过惯性作用与滤网纤维发生碰撞或直接被滤网拦截而去除。粒径在0.3 μm左右的颗粒物既不容易发生扩散，也不容易发生惯性碰撞与拦截，过滤去除效率较低。

（二）臭氧

臭氧穿透系数的模型和实验室研究还十分有限，报道的测量值为 0.5~0.7。

对臭氧在通用过滤器上的去除效率的研究也不多。研究表明，滤膜本身的臭氧反应性较弱，新过滤器的臭氧去除效率随着滤膜本身臭氧活性物质的消耗在几小时内就会降为零。实际使用中过滤器的臭氧去除主要是由所捕获的颗粒物贡献的，去除效率一般为 10%~40%。

三、室内污染源排放

室内污染源大致分为燃料燃烧，香烟燃烧，厨房烹饪，建筑、装饰装修材料，日用化学品，家用电器与办公用品，以及人体本身几类。本小节简要介绍除人体本身之外的排放源及其排放量的定量表征方法。

燃料燃烧：室内常见的燃料主要包括气体燃料、煤炭、生物质燃料三大类。煤油、甲醇、乙醇等液体燃料在某些地区也有使用，但相对较少。

气体燃料主要有煤制气、液化石油气和天然气，是我国城市居民的主要家用燃料。煤制气又称煤气，是由原煤制出的气态可燃成分，主要由一氧化碳（约 45%）、氢气（约 50%）、二氧化碳（约 5%），以及少量的氮气和甲烷等组成。液化石油气（LPG）主要由含有 3~5 个碳原子的烃类组成。天然气的主要成分是甲烷，其体积浓度高达 98%，是气体燃烧中比较清洁的一种。气体燃料燃烧较为充分，主要产物为 CO_2 和 H_2O，也可能会产生少量 CO、氮氧化物等。

煤炭主要由碳、氢两种元素组成，此外还含有大量的硫、多种金属和其他非金属元素等杂质。煤炭的燃烧产物除 CO、CO_2、SO_2 等气态污染物外，还包括大量的颗粒物。在高氟煤或高砷煤地区，煤炭燃烧排放的污染物还可导致氟、砷中毒。在燃烧供氧不足的情况下，燃煤的污染排放尤其高。

生物质燃料主要指木材、植物秸秆和粪便（主要指大牲畜如牛、马、骆驼等的干粪）。在发展中国家的农村地区，生物质燃料被普遍用于家庭取暖和做饭。与矿物燃料相比，生物质燃料含有大量的有机物，燃烧时产生大量 CO、颗粒物和有机污染物，其中苯并［*a*］芘等多种致癌物的含量很高。

排放因子是量化燃烧过程污染物排放的一个重要指标。燃料燃烧的排放因子定义为单位质量干重的燃料燃烧后排放的某种污染物的质量，单位为 g/kg。燃烧源的排放因子不仅与燃料类型有关，也在很大程度上取决于炉罩设施及燃烧情况。

香烟燃烧：吸烟是室内污染物的重要来源之一。香烟在燃烧过程中，局部温度可高达 900~1 000 ℃，产生大量的烟雾。据估计，一支烟能产生 200 mL 的烟雾。香烟烟雾成分复杂，包含上千种的气态或颗粒态化合物，其中很多是致癌、致畸、致突变物质。香烟烟雾中气体成分占 90% 以上，主要含有氮氧化物、一氧化碳、二氧化碳、尼古丁、醛类（如乙醛、丙烯醛）、碳氢化合物（如苯、甲苯及一些多环芳烃）、挥发性亚硝胺、吡啶、氰化氢等；颗粒态成分主要是尼古丁、煤焦油、低挥发性亚硝胺、^{210}Po 等物质。

厨房烹饪：食用油和食物在高温加热的条件下，会发生氧化、水解、聚合、裂解等反应，反应产物可形成烹饪油烟并散发到空气中，造成室内厨房油烟污染。烹饪油烟是一种混合性污染物，主要成分包括醛、酮、烃、脂肪酸、醇、芳香族化合物、酯和杂环化合物等。其组分和毒性与原油的品种、加工精制技术、变质程度、加热温度、加热容器的材料和清洁程度、加热所用燃料种类、烹饪物种和质量等因素有关。研究表明烹饪油烟中含有苯并[a]芘等数十种多环芳烃、挥发性亚硝胺、杂环胺类化合物等已知的致突变和致癌物质，可引起呼吸系统疾病及癌症。

建筑、装饰装修材料： 人们居住的环境由建筑材料和装饰装修材料围隔而成。这些材料本身含有一些挥发性与半挥发性组分，可散发至室内空气中，进而影响室内空气质量。此外，随着使用时间的增加，或在高温情况下，一些材料还可能发生分解，产生小分子的有机物，释放到空气中。

无机建筑材料包括石材、砖、沙石、石灰、水泥、混凝土等，可能含有较高本底的镭，镭可衰变成氡，通过墙缝、窗缝等进入室内，造成室内氡及其子体污染。因产地不同，建材中放射性组分含量有很大差异。

很多建筑、装饰装修材料为有机材质，可能释放出多种多样的气态有机物。人造板材如胶合板、细木工板、中密度纤维板和刨花板在制作过程中需大量使用黏合剂，黏合剂主要由环氧树脂、酚醛树脂、脲醛树脂等聚合物构成，在使用时可挥发出大量的甲醛、酚类、乙醛、苯乙烯、甲苯、乙苯、二异氰酸盐等。涂料一般由成膜物质、颜料、助剂及溶剂等构成；成膜材料的主要成分有酚醛树脂、脲醛树脂、乙酸纤维剂、过氧乙烯树脂、丁苯橡胶、氯化橡胶等，因此涂料在使用过程中可向空气中释放大量的游离甲醛、氯乙烯、苯、酚类等有害气体；而溶剂的作用是将涂料中的成膜物质溶解分散为液体，在其作用完成后就会挥发到空气中。以苯、甲苯等苯系物为主的油性溶剂曾经被广泛使用，现在越来越多的涂料以水作为溶剂，但是一般仍含有多种有机物作为助溶剂。此外，壁纸、地板、地毯、隔热材料、隔声材料及吸声材料均可成为特定有机物的释放源。

定量表征物质从固体材料向室内空气散发需要考虑相应的传质过程，包括物质在材料中的扩散，在空气－材料界面处的分配，以及在材料表面空气边界层的对流传输，图 10-3 展示了物质从材料释放的过程及关键参数。物质在材料内部的扩散可通过菲克定律描述：

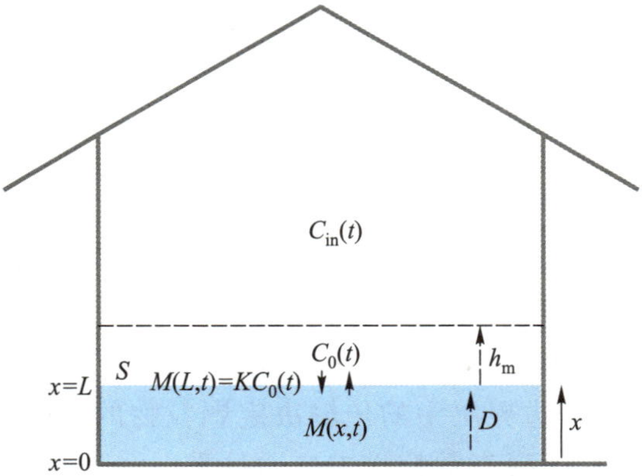

图 10-3 物质从材料释放过程的示意图

$$\frac{\partial M(x,t)}{\partial t}=D\frac{\partial^2 M(x,t)}{\partial x^2} \tag{10-6}$$

式中：M——材料中的浓度；

D——扩散系数。

在空气－材料界面处（$x=L$）满足以下两个边界条件：

$$-D\left.\frac{\partial M(x,t)}{\partial x}\right|_{x=L}=h_m\left[C_0(t)-C_{in}(t)\right] \tag{10-7}$$

$$M(x,t)\big|_{x=L}=KC_0(t) \tag{10-8}$$

式中：h_m——对流传质系数；

K——材料 - 空气分配系数；

C_0——材料界面处空气中的浓度。

对于挥发性较强的物质（大部分挥发性有机物），内部扩散是整个散发过程的决速步骤。而对于挥发性较弱的物质（大部分半挥发性有机物），外部的对流传质是决速步骤。在以上两种情况下，可分别对以上计算式进行简化。

日用化学品：护肤品与化妆品中的化学物质主要是有机物和重金属。有机物包括甲苯、二甲苯等芳香族化合物，甲醇、乙醇、氯代乙醇等醇类有机物，以及环硅氧烷等。在使用护肤品与化妆品后，一些有机组分可从身体表面散发到空气中。重（类）金属有汞、铅、砷、镉、镍等，其中以铅和汞的污染较为突出。

室内常用的维护及清洁用品包括洗涤剂、杀虫剂、消毒剂、空气清新剂等。这些试剂化学组成各异，如消毒剂就分为含氯消毒剂、过氧化物消毒剂、醛类消毒剂、醇类消毒剂、酚类消毒剂等。使用过程中所含挥发性有机物的释放可造成室内空气污染。

家用电器与办公用品：现代的家用电器与现代办公用品如复印机、打印机及家用电脑等，其在制造过程中可能产生某些挥发性或半挥发性的组分，也可能在使用过程中产生各种有害物质。例如，复印机使用的复印纸通常含有酚醛树脂化合物，可释放甲醛；高温、高速运动中的复印机墨粉会部分外逸，产生粉尘污染；复印时由于采用电晕充电，周围空气会被电离产生臭氧等。

四、室内污染物的汇机制

通风去除是室内所有空气组分共有的汇机制，可由下式表征：

$$F_{out}=C_{in}Q=C_{in}AV \tag{10-9}$$

由于空气在室内环境中的停留时间较短，沉降对气态组分的影响可以忽略不计。然而，沉降仍然是室内颗粒物重要的汇。颗粒物在室内表面的沉降由多种机制造成。对流和湍流扩散可以快速地将颗粒物从空气的核心区域带到室内表面的边界层（<1 cm 的厚度）。边界层中的传输决定颗粒物的沉降速率。超细颗粒物主要通过布朗运动沉降；而粗粒子模态颗粒物主要通过重力沉降。与过滤和渗透相似，积聚模态的颗粒物最难发生沉降。

颗粒物在室内的沉降常用一级沉降损失速率常数 β（h^{-1}）来表征：

$$F_{dep}=\beta C_{in}V \tag{10-10}$$

实际室内环境测量结果显示，粗粒子模态颗粒物与超细颗粒物的 β 值可达到 10 h^{-1}。即使对于积聚模态的颗粒物，β 值也在 0.1~1.0 h^{-1} 的水平上。将沉降损失速率常数与室内环境中典型的换气次数相比较时发现：沉降对于积聚模态颗粒物的去除作用可与通风相当，而对于粗粒子模态颗粒物和超细颗粒物的作用则可以远大于通风。此外，室内环境中的 β 值随室内的比表面积增加而增大，随空气流速增加而增大。

五、室内表面储库作用

空气中的很多微量组分会在室内表面发生吸附或吸收。由于室内环境的高比表面积，室内表面吸附、吸收的某些化学物质的量可能远高于其在室内空气中的总量，使得室内表面成为室内环境中这些化学物质的重要储库，进而对其室内空气浓度起到重要的调节作用。研究发现，不仅尼古丁这样的半挥发性有机物的室内空气浓度受到室内表面储库作用影响，HONO、NH_3、甲酸、乙酸等小分子酸、碱，甚至乙苯等挥发性高、水溶性低的物种，都会受到表面储库不同程度的影响。室内表面储库的具体作用机制因化学成分的不同而不同，下面对非极性挥发性物质、半挥发性物质与极性挥发性物质的作用机制分别进行简要介绍。

对于非极性挥发性物质，室内表面的储库作用主要归因于这些物质在室内表面材料上的吸附，特别是在多孔、可渗透表面材料上的吸附。实验室和观测研究显示，基于朗缪尔吸附方程和菲克定律的简化汇扩散模型可以较好地模拟和预测吸附过程。汇扩散模型假设在多孔、可渗透材料表面上存在表面汇和内部汇，表面汇通过吸附、解吸与室内空气发生物质交换，而表面汇与内部汇之间通过渗透发生物质的交换，如图 10-4 所示。

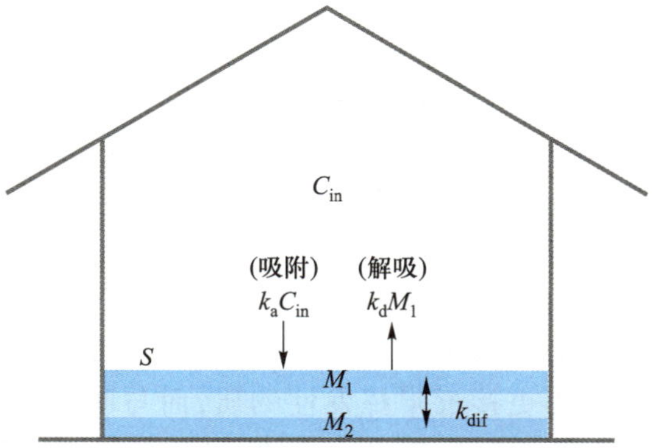

图 10-4　描述室内表面吸附作用的汇扩散模型示意图

整合汇扩散模型后，非极性挥发性物质的室内动态浓度变化可以由以下三个方程近似描述：

$$F_{sorp}=k_dM_1S-k_aC_{in}S \tag{10-11}$$

$$\frac{dM_1}{dt}=k_aC_{in}-k_dM_1+k_{dif}(M_2-M_1) \tag{10-12}$$

$$\frac{dM_2}{dt}=-k_{dif}(M_2-M_1) \tag{10-13}$$

式中：M_1 和 M_2——物质在表面汇和内部汇中的单位面积浓度，μg/m^2；

k_a——吸附速率常数，h^{-1}；

k_d——解吸速率常数，h^{-1}；

k_{dif}——渗透速率常数，h^{-1}；

S——吸附表面积，m^2。

对于半挥发性物质，除吸附外，还可能在室内表面发生吸收。研究显示，室内环境表面普遍存在几到几十纳米厚的有机膜。有机膜主要由正辛醇/空气分配系数（K_{OA}）为 10^{10}~10^{13} 的半挥发性有机物在室内表面累积形成，测量到的化学物质包括长链脂肪酸、长链烷烃、多环芳烃、邻苯二甲酸酯、多溴联苯醚等。将玻璃片等非渗透性材料放置在室内环境中，一个月后即可测到几纳米厚的表面膜的形成。有机膜的形成为异质性的室内表面提供了一种均一性。室内空气中的半挥发性物质可以可逆地吸收于表面膜中。据估算，对于 $K_{OA}>10^{10}$ 的有机物，室内表面膜中的含量是室内空气中的含量的上百倍。因此，相较于非极性挥发性物质，半挥发性物质表现出更强的表面储库作用。

考虑半挥发性物质在凝聚相－气相间的传质主要由气相传质控制，有机膜的吸收过程可以用以下模型简单表征。假设有机膜内半挥发性物质浓度沿膜的厚度方向均匀分布，半挥发性物质在有机膜表面的气相浓度与膜相浓度 M_s（μg/m²）近似瞬间达到平衡：

$$F_{sorp}=-h_{m,s}\left(\frac{C_{in}-M_s}{K_s}\right)S \tag{10-14}$$

$$\frac{dM_s}{dt}=h_{m,s}\left(\frac{C_{in}-M_s}{K_s}\right) \tag{10-15}$$

式中：K_s——有机膜－空气分配系数，m；

$h_{m,s}$——有机膜表面的对流传质系数，m/h；

S——有机膜的面积，m²。

室内表面除了存在有机膜这样的非极性挥发性物质储库，可能还存在极性挥发性物质储库。对于极性挥发性物质储库，目前只有间接的观测性证据，即发现室内空气中的 HONO、NH_3、甲酸、乙酸等低 K_{OA} 的小分子酸、碱在通风再关窗后浓度快速反弹，这一行为更接近半挥发性物质，而与同等挥发性的非极性物质不同。极性储库可能是由室内表面凝聚态水构成的，包括石灰墙板等吸水性材料中的吸附水、空调系统中的凝结水等。

第三节 室内化学反应

一、室内空气中的氧化剂

室外大气中主要的氧化剂 ·OH、O_3、NO_3· 及 Cl· 主要来源于光化学反应。由于室内太阳光（特别是紫外光）的强度较弱，室内氧化剂的浓度与氧化反应速率远低于室外。

（一）臭氧

臭氧是室内空气中重要的氧化剂。室内的臭氧主要来源于室外臭氧向室内的传输。此外，室内的一些设备在运行过程中也可能会产生一定量的臭氧，其生成机制包括两种，即电晕放电（打印机、复印机、静电除尘器）与紫外灯照射（某些空气净化器和消毒杀菌设备）。

综合评估全球范围室内臭氧的观测结果，室内臭氧浓度的中位数为 6×10^{-9}[（2~11）$\times10^{-9}$]，室内外臭氧浓度比值（I/O）的中位数是 0.25（0.11~0.37）。臭氧的室内浓度远低于室外，主要是由于臭氧在室内表面的反应性沉降，这既包括与室内材料表面（包括材料表面的构成物质及吸附、吸收、沉降的反应性物质）的反应，也包括与人体表面（包括裸露的皮肤、毛发和衣服）的反应。不同住宅环境中测得的臭氧在室内表面反应去除的速率常数为 $2.8\pm1.2\ h^{-1}$，远高于一般室内环境中的换气次数。臭氧在人体表面的反应性沉降在教室等人数较多的室内环境中较为重要。例如，在一间 25 人的教室中，通过臭氧观测值推算的人体臭氧去除速率常数为 2.3 ± 0.5 h^{-1}，与室内固定表面的臭氧去除速率常数相当。此外，在室内 NO 浓度较高的情况下，NO 与臭氧的反应也是室内臭氧重要的汇：

$$O_3+NO \longrightarrow O_2+NO_2 \tag{10-16}$$

在 293 K 和大气压条件下，以上二级反应的速率常数为 1.6×10^9 h^{-1}。也就是说，当 NO 浓度达到 1×10^{-9} 时，与 NO 反应造成的 O_3 去除速率常数可达 1.6 h^{-1}。

（二）羟基自由基（·OH）

由于空气中·OH 的寿命很短，室外大气中的·OH 很难传输到室内。·OH 主要的室内源是烯烃与臭氧的反应。HONO 在室内的光解也可以生成·OH，特别是在有直接光照的情况下。

测量结果显示，室内·OH 的浓度一般在 10^5 个 /cm^3 的数量级。有个别研究报道了室内·OH 浓度在短时间内达到 10^6~10^7 个 /cm^3 数量级的情形，包括室内 HONO 浓度高且在阳光直射的窗边（HONO 光解），或者大量使用含有萜烯的清洁用品（萜烯的臭氧反应）。

（三）其他

NO_3· 是夜间室外大气重要的氧化剂。NO_3· 由 NO_2 和 O_3 反应生成，在日照下迅速光解。NO_3· 在室内环境中光解很慢，但是室内较低的 O_3 浓度与很短的停留时间同样不利于 NO_3· 的生成。此外，考虑 NO_3· 的高反应性，其与室内表面的非均相化学反应速率也可能很高。根据模型估算，室内 NO_3· 的浓度低于 0.03×10^{-12}（体积分数）。目前，只有一项研究在人为升高住宅中 O_3 浓度后观测到了 NO_3·，而其他时段 NO_3· 浓度均低于检测线（1.5×10^{-12}）。

含氯消毒剂常常被用于室内清洁。当用含氯消毒剂擦拭室内表面时，大量的含氯化合物可以被释放到空气中，包括 HOCl、Cl_2、$ClNO_2$、NCl_3、NH_2Cl、$NHCl_2$ 等。在室内光照条件下，HOCl 和 Cl_2 光解生成反应性的·OH 和 Cl·，也可能引起自由基浓度的短时间上升。

二、室内气相反应

（一）光化学反应

由于室内环境缺乏太阳光的直接照射，一般认为室内光解反应并不活跃。实际上，太阳光可通过敞开的门窗直接进入室内，或者透过玻璃窗部分进入室内；同时，室内使用的某些光源也可能少量释放紫外光。LED 灯在 400 nm 以下基本没有发射，但荧光灯的光谱在 360~370 nm 处有较强的尖峰［如图 10-5（a）所示］。因此，室内也发生光解反应，只是比室外更慢。

室内不同物质的光解速率较室外降低的程度取决于光解反应发生所需的波长。图 10-5（b）显示出在某一间实验室中心区域或窗口附近测到的太阳光直射、散射及日光灯的光谱强度，以及由此计算出的不同光解反应的速率常数。臭氧光解反应需要较高的能量，室内外光解速率的差别可以达到 3~4 个数量级；而对于 NO_2 和 HONO 的光解，窗口附近有太阳光直射时的光解速率与室外的差别小于 1 个数量级，散射太阳光与日光灯引起的光解速率差别也很显著。

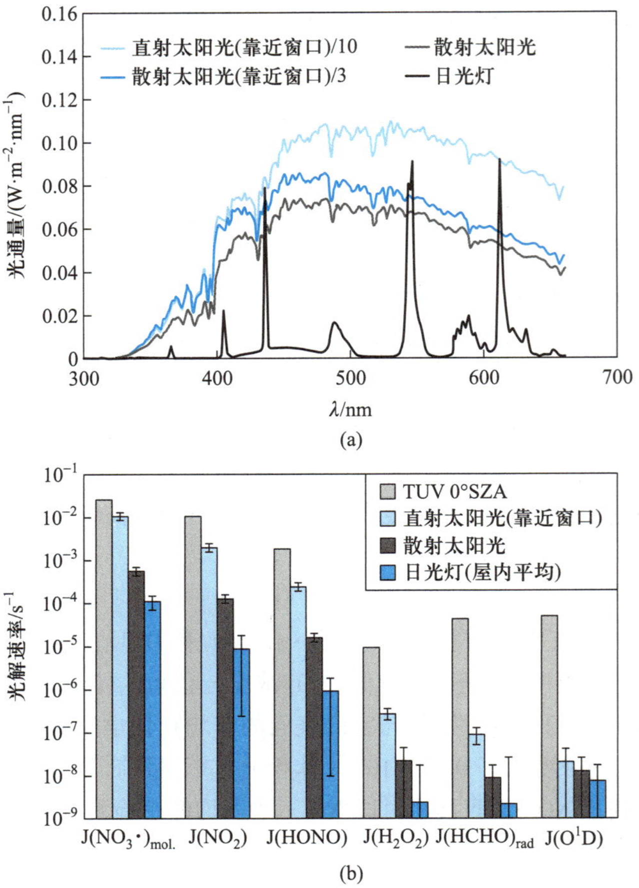

图 10-5 室内不同位置的光通量与光解速率

（资料来源：摘自 Kleffmann，2018）

（a）室内不同位置测得的光通量；（b）根据实测光通量计算得到的不同物种的光解速率

室内环境中各类光化学反应速率相较于室外速率的不同比例的降低，部分决定了室内外 HO_x· 光化学循环中各个自由基的主导源、汇机制存在较大的差别。图 10-6 比较了模型模拟出的典型室内外条件下 ·OH、RO_2·、HO_2· 的各类源、汇的强度。

（二）气相氧化反应

尽管气相氧化反应决定地球大气中甲烷、萜烯等还原性气体的大气寿命，但在室内环境中气相氧化反应只是还原性气体较为次要的汇机制，对大部分气态组分的影响可以忽略不计。这一方面是由于室内氧化剂浓度水平低，另一方面是由于空气在室内的停留时间短。例如，尼古丁与 ·OH 的反应速率已接近碰撞速率［二级速率常数约为 10^{-10} cm^3/（个 ·s）］，但在室内常见的 ·OH 浓度（10^5 个 /cm^3）下，尼古丁通过 ·OH 反应损耗的一级速率常数也只有 0.04 h^{-1}，远低于换气次数，基本可以忽略不计。臭氧是室内主要的氧化剂，但是臭氧氧化反应只对个别反应活性很高的萜烯类物质（如柠檬烯）的去除有一定贡献。柠檬烯、异戊二烯在室温下与臭氧反应的速率常数分别是 5×10^3 s^{-1} 与 3×10^2 s^{-1}。在臭氧浓度为 6×10^{-9} 的条件下，两者与臭氧反应的损耗速率分别是 0.1 h^{-1} 和 0.006 h^{-1}。也就是说，臭氧反应对异戊二烯基本没有影响，但是对柠檬烯的去除则有一定的贡献，特别是在臭氧浓度较高的情况下。

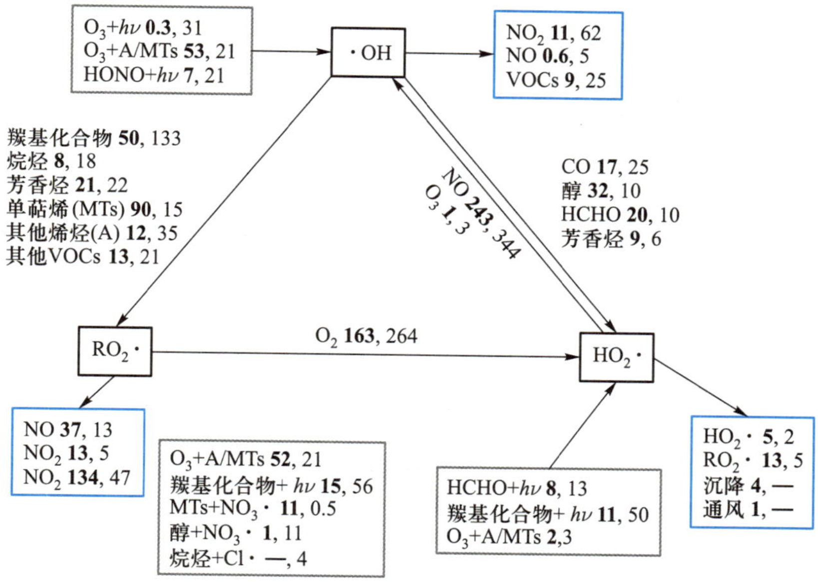

图 10-6 关键自由基在典型室内(加粗)与室外(正常)情境下生成(灰色方框)与消耗(蓝色方框)速率的对比

(资料来源:摘自 Weschler 和 Carslaw, 2018)

所示为模型模拟结果,单位为 10^5 分子 $\cdot \mathrm{cm}^{-3} \cdot \mathrm{s}^{-1}$。

尽管室内气相氧化反应对还原性反应物的影响有限,但从产物的角度而言,这些反应本身仍有一定的重要性。例如,很多研究表明使用芳香产品、清洁产品所释放的高浓度萜烯可与臭氧反应生成二次有机气溶胶。有证据表明,烹饪油烟、香烟烟雾中的挥发性组分也可以在室内空气中发生氧化反应进而生成二次有机气溶胶。

三、室内表面反应

室内表面可发生多种反应。从影响室内空气的角度而言,特别关注有气态组分参与的反应(非均相化学反应或多相反应)与有挥发性产物生成的反应(也包括一些凝聚相反应)。气态物质在室内表面的反应性摄取(R)常用沉降速率(v_d)来表征:

$$R=v_d C_{in} S \tag{10-17}$$

沉降速率的大小由两部分因素决定,分别为表面反应摄取系数 γ 与表面边界层的传质阻力。如图 10-7 所示,当室内表面的反应性很强($\gamma \geq 10^{-4}$)时,沉降速率主要由气相传质控制,不受反应摄取系数大小的影响;而当室内表面的反应性较弱时,沉降速率则与反应摄取系数成正比。如图 10-7 所示,在室内典型摩擦速率 u^*=1 cm/s 条件下,最大沉降速率为 0.07~0.08 cm/s,而典型的臭氧沉降速率为 0.04 cm/s。

(一)表面氧化反应

室内表面反应是室内臭氧重要的汇。最早受到关注的是室内表面材料与臭氧的反应,图 10-8 给出了实验室研究测得的一系列材料表面臭氧的反应摄取系数范围,可以看到臭氧在地毯、砖、石膏等材料表面有很高的反应活性。臭氧的表面反应机制包括:① 臭氧在无机固体表面分解形成氧分子。虽然高浓度臭氧暴露会使表面失活,但随着时间的推移,反应活性

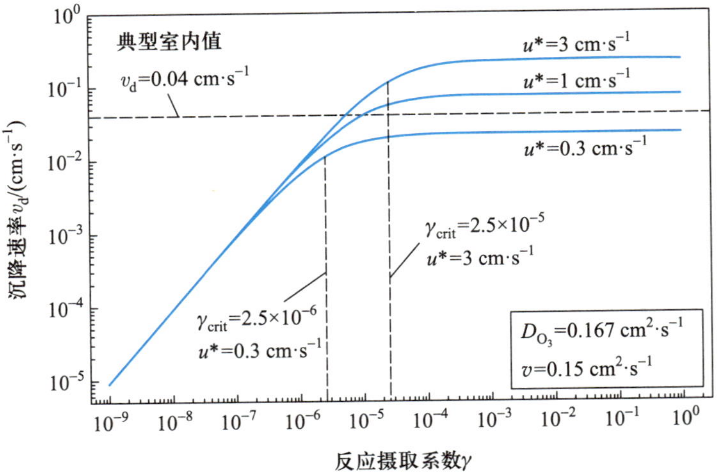

图 10-7 光滑表面上的气相物质的沉降速率随反应摄取系数的变化

（资料来源：摘自 Morrison 和 Nazaroff, 2002）

又可以一定程度再生。这种机制利用了陶瓷与金属氧化物催化去除臭氧的商用设备正是基于这一原理；② 臭氧与不饱和碳碳双键反应，这些双键一部分来源于材料的主要组分，另一部分来源于材料改性的添加剂、残留的合成原料及降解产物等。值得注意的是，同一类材料的臭氧反应摄取系数可能存在几个数量级的差别。这一方面是由于同一类材料的具体材质可能千差万别，另一方面是由于很多材料的臭氧反应性会随时间的延长而逐渐降低。

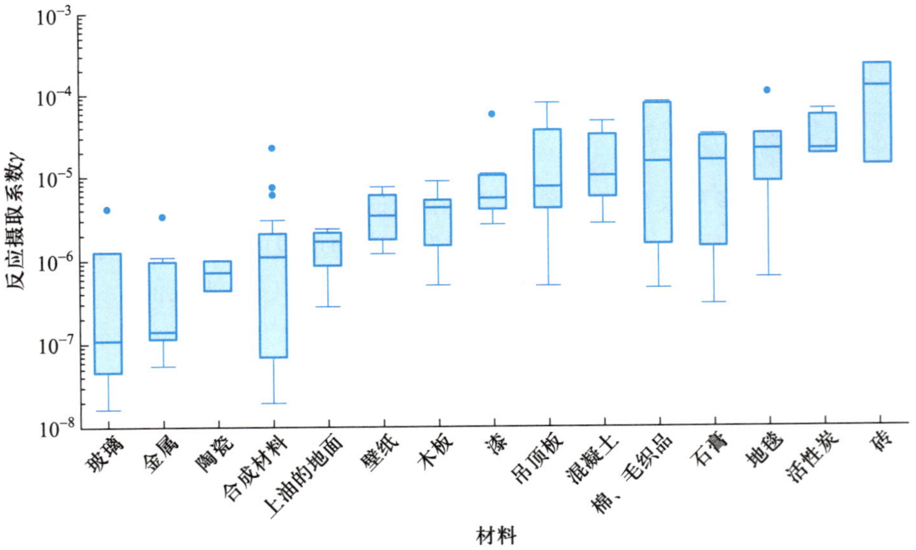

图 10-8 臭氧在不同室内材料表面的反应摄取系数

（资料来源：摘自 Shen 和 Gao, 2018）

研究发现，根据各类材料表面臭氧沉降的实验室研究结果计算的室内臭氧沉降速率远低于实测值，通常只有实测值的 1/5~1/3，这意味着室内还存在其他重要的臭氧去除途径。一个可能的途径与室内表面有机膜有关：释放到空气中的富含不饱和碳碳双键的物质，如烹任排放的食用油、使用清洁用品时排放的萜烯，以及人体脱落的皮脂皮屑等，都可能在室内材料表面沉积，从而导致臭氧沉降。

值得关注的是，人体也是室内臭氧的重要反应表面。人的皮肤表面覆盖着一层由皮脂腺与表皮角质层细胞分泌形成的油脂层。人体皮肤油脂富含不饱和有机物，其中角鲨烯的含量高达 12%，不饱和脂肪酸的含量也在 8% 以上，包括顺-6-十六碳烯酸、油酸、顺-8-十八碳烯酸等。高含量的不饱和有机物使得人体皮脂具有很强的臭氧反应性。如图 10-9 所示，在一个体积为 28 m^3、恒速通入臭氧的测试舱中，两个人入舱后臭氧浓度会降低一半。据此估算，臭氧在人体表面的沉降速率一般为 0.4~0.5 cm/s，比图 10-7 给出的室内典型摩擦速率下由气相传质控制的沉降速率最高值还高出了一个数量级。这一差异可能一方面是由于人体热羽流的作用，人体表面的空气摩擦速率远高于室内物品表面上的摩擦速率；另一方面，从实验测量的臭氧浓度反推的沉降速率（0.4~0.5 cm/s）只考虑了人体的几何表面积，没有考虑微观表面积，可能会有一定程度的高估[见公式（10-17），由 R 反推 v_d]。总而言之，图 10-9 形象地展示了人体表面的高臭氧反应性。据推算，在 30 m^3 的房间中，单个居住者对臭氧去除的贡献可能占室内臭氧反应和通风造成的总臭氧损失的 10%~25%。

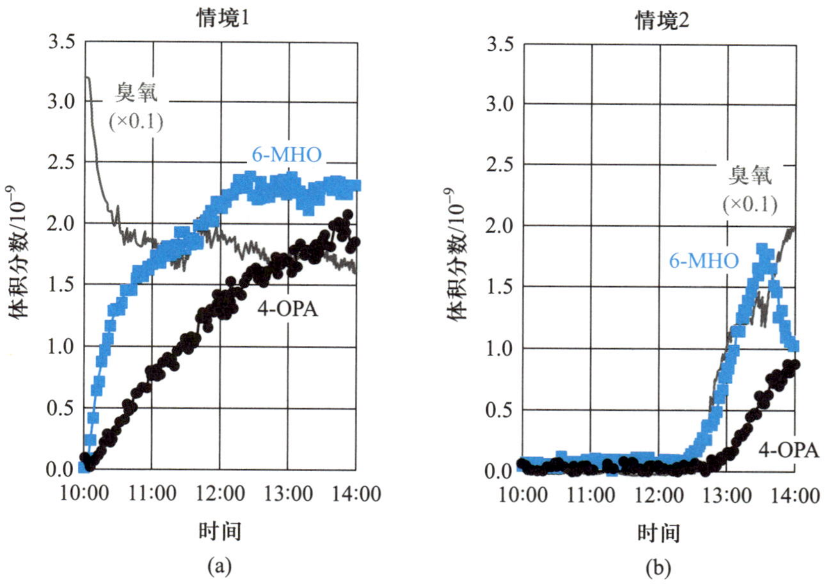

图 10-9 臭氧与人体反应的测试舱模拟结果

（资料来源：Wisthaler 和 Weschler，2010）

（a）情境 1：两位受试者进入以恒定速率通入臭氧的测试舱；

（b）情境 2：两位受试者在测试舱一段时间后通入臭氧

臭氧与不饱和有机物的反应机理如图 10-10 所示。首先，臭氧与碳碳双键结合快速生成初级臭氧化物，初级臭氧化物不稳定，快速分解成羰基化合物和克里奇中间体；克里奇中间体接下来可能发生多种反应，包括与水反应生成 α-羟基过氧化氢（α-HHP），并在水的催化下进一步分解成羰基化合物和过氧化氢，还包括异构化生成羧酸，与羧酸反应生成氢过氧化物，以及与羰基化合物反应生成次级臭氧化物。在这一系列反应产物中，羰基化合物

（可能由初级臭氧化物分解生成或者由 α- 羟基过氧化氢分解生成）的挥发性相对比较高，更容易散发到室内空气中，进而影响室内空气质量。

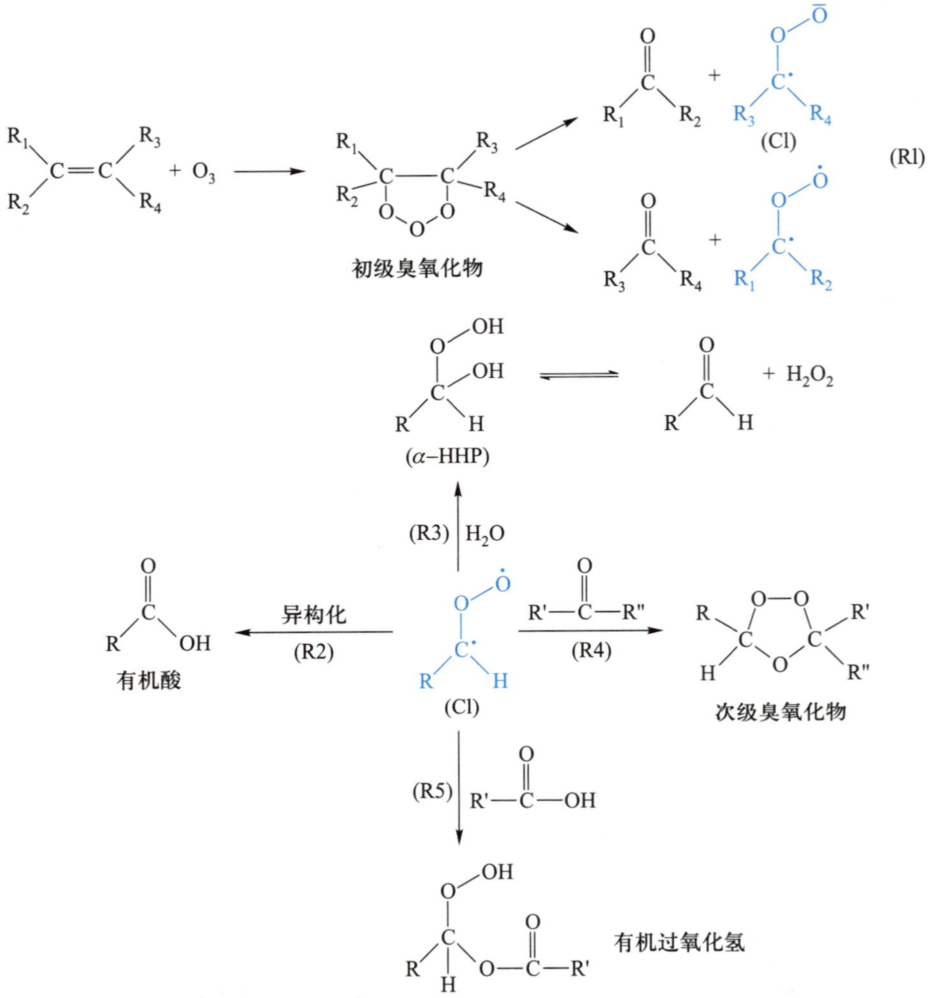

图 10-10 臭氧与不饱和有机物的反应机理示意图

（资料来源：引自 Abbatt 和 Wang，2020）

人体皮脂富含的角鲨烯（$C_{30}H_{50}$）含有六个碳碳双键（如图 10-11 所示），具有极高的臭氧反应活性。不仅角鲨烯本身可以与臭氧反应，而且其反应生成的一些不饱和产物也可能进一步与臭氧发生反应。根据上述机理，角鲨烯与臭氧反应生成的较高挥发性的羰基化合物主要包括 6-甲基-5-庚烯-2-酮（6-MHO）、香叶基丙酮、丙酮、4-羰基戊醛（4-OPA）。其中，香叶基丙酮是一次产物，4-OPA 是二次产物，而 6-MHO 和丙酮既可能是一次产物也可能是二次产物，例如，由香叶基丙酮的进一步臭氧化反应生成。类似地，不饱和脂肪酸与臭氧反应则可以生成一系列的直链醛。上述羰基化合物的生成已得到实验室研究与室内观测结果的验证。

臭氧与皮肤油脂的反应会受到一些物理因素和化学因素的影响，如温度、相对湿度及其他可能参与反应的气态物质浓度（如 SO_2）等。其中对相对湿度影响的研究最多而且结果最一致。

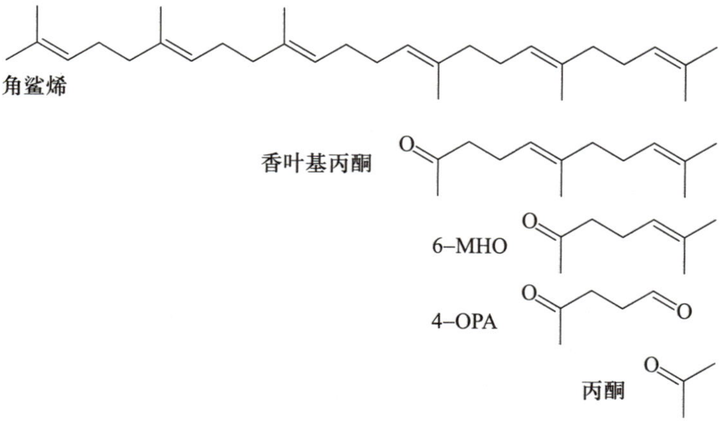

图 10–11　角鲨烯及其常见氧化产物

如图 10–10 所示，克里奇中间体的多种竞争反应包括了与水的反应。考虑凝聚相中的水含量可能与室内空气中的相对湿度具有正相关关系，相对湿度的增加可增加克里奇中间体与水的反应速率，从而使所生成的羰基化合物和过氧化氢的产率增加。而这些产物的挥发性比其他产物高，因此相对湿度的增加通常会导致挥发性产物的产率增加。实验结果表明，相对湿度从 0% 变化到 70%，角鲨烯与臭氧反应中不同羰基化合物的产率增加 2~6 倍。相反，对于克里奇中间体其他反应路径的产物（如次级臭氧化物），产率会相应降低。由于这些产物挥发性较低，主要分布在凝聚相，相对湿度的增加一般会导致凝聚相产物产率的降低。空气相对湿度的变化虽然会影响产物的分布，但是由于臭氧与碳碳双键的反应不需要水的参与，相对湿度对皮肤油脂中不饱和有机物的臭氧损失速率影响不明显。

（二）NO_2 歧化反应

除臭氧外，NO_2 的非均相化学反应活性也很高。NO_2 在室内表面上可以与吸附的水分子发生歧化反应：

$$2NO_2+H_2O \longrightarrow HONO+HNO_3 \tag{10-18}$$

现有研究在多种室内表面上都观察到了 NO_2 的摄取，以及气态或者吸附态 HONO 和 HNO_3 的生成，表明表面歧化反应的发生具有一定的普遍性。这一歧化反应被认为是室内 NO_2 浓度普遍远低于室外大气浓度的主要原因，也是室内空气中 HONO 浓度较室外高的一个主要原因。

NO_2 在室内表面发生歧化反应的动力学机制很复杂。对于 NO_2 和 H_2O，通常都是一级反应，但是摄取系数与表面条件和光照水平有关。在较高 NO_2 浓度条件下，反应可能通过 N_2O_4 中间体的形成而进行。此外，光诱导效应也可能是室内表面 NO_2 非均相化学反应的一个重要机制。

（三）凝聚相光化学反应

光化学反应也可能在室内表面发生。由于室内紫外光较弱，太阳光直接照射的玻璃窗（室内一侧）上发生光化学反应的概率更大。研究发现，吸附在玻璃窗上的多环芳烃可以在太阳光下发生光降解；在有机膜沉积的玻璃窗上，NO_2 的摄取系数在太阳光直射条件下可较黑暗条件高出 1~2 个数量级。

多类物质可在凝聚相发生光解反应。羰基是一种活性很强的生色团。研究发现，涂有清漆的人造板材在光照下苯甲醛的释放会显著增强，其可能的机制是，清漆中添加的光引发剂 2-羟基-2-甲基苯基丙烷-1-酮发生 α- 裂解，形成酰基自由基和烃基自由基，酰基自由基再夺取氢，进而生成苯甲醛。一些含官能团的芳香族化合物可以吸收近紫外与可见光，触发光化学反应。此外，在室内光照条件下，室内表面的硝酸盐可以发生光解，生成凝聚相 ·OH，释放 NO_x 和 HONO，此反应是室内 HONO 的一个可能来源。

除了直接反应，还存在间接的光诱导效应。有机膜中多环芳烃等富电子的有机物可吸收近紫外光从基态跃迁至激发三重态，将一个电子转移给吸附在有机膜表面的 NO_2，形成 PAH^+-NO_2^- 电荷转移配合物。该配合物解离形成的 NO_2^- 再与质子结合，从而生成 HONO。这一光诱导反应机制可能是光照下玻璃窗上 NO_2 摄取系数较高的原因。

室内环境中普遍存在的一类光化学反应活性物质是锐钛矿型 TiO_2，它是涂料中常用的增白剂。研究显示，白色涂料可以促进 NO_2 的摄取及硝酸盐的光解，且促进的程度与 TiO_2 的含量成正比。

（四）水解及分解反应

室内材料中的一些酯类物质可能在生物或非生物（碱催化）作用下发生水解反应。这些物质包括作为塑化剂的邻苯二甲酸酯、己二酸酯，作为阻燃剂或者杀虫剂的有机磷酸酯，作为抗氧化剂的对羟基苯甲酸酯等。水解反应虽然在气相中的反应速率很慢，但是可能在室内表面发生。

其中邻苯二甲酸双酯的水解有一定的直接与间接证据，邻苯二甲酸双酯水解分两个步骤，首先生成邻苯二甲酸单酯和相应的醇类，而后进一步水解生成邻苯二甲酸和醇类。将以邻苯二甲酸二（2- 乙基己基）酯（DEHP）作为塑化剂的 PVC 地板铺设在潮湿的水泥地基上，可以观测到 2-乙基己醇的释放；此外，有研究在室内灰尘及室内空气中观测到了多种邻苯二甲酸单酯的存在，而且单、双酯的浓度比例远高于邻苯二甲酸酯工业化学品中的值。这些水解产物可能对人体产生不利的健康影响，有研究表明，2-乙基己醇可引起病态建筑综合征，邻苯二甲酸单酯则具有比母本双酯更高的生殖毒性。

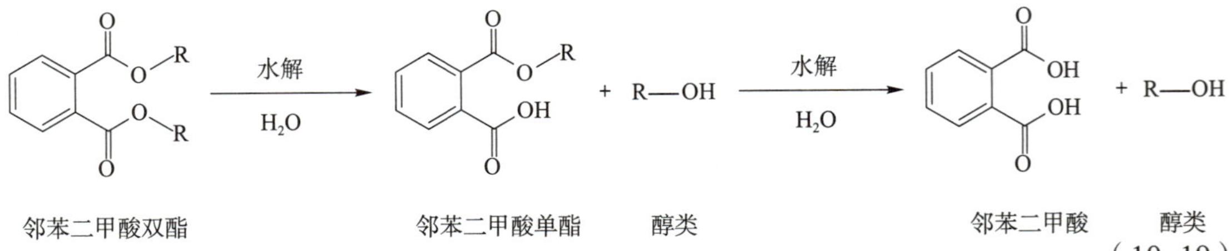

（10-19）

另外，木材的分解反应也可能影响室内空气的有机组分。观测证据显示木制建材持续向室内空气释放甲酸、乙酸、糠醛等挥发性成分，这可能是木材的主要成分纤维素和半纤维素分解缓慢所致。

（五）其他反应

室内表面也可能发生其他类型的反应。例如，HONO 可以与吸附在室内表面的尼古丁发生反应，生成致癌性的亚硝胺类物质：

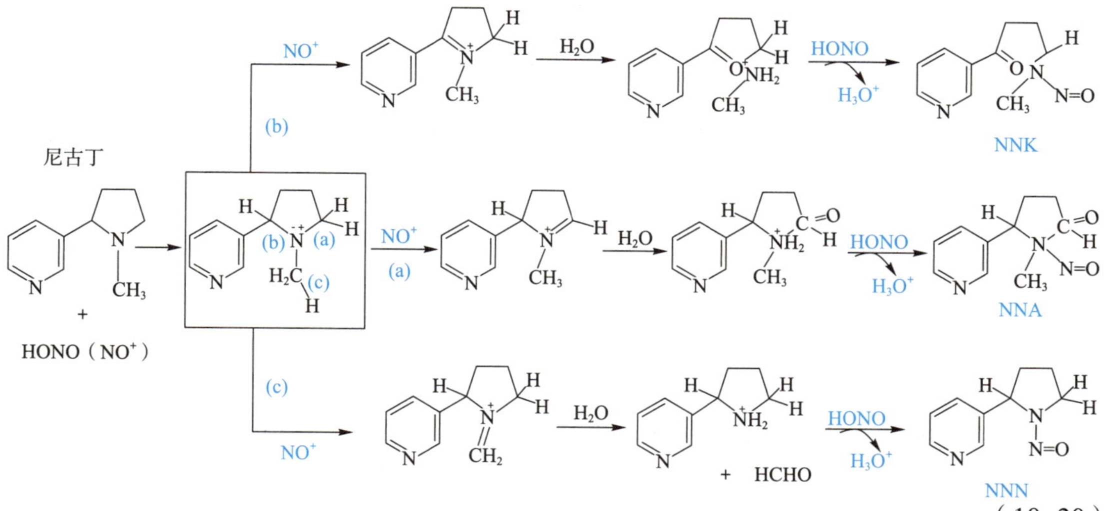

（10–20）

第四节　室内空气污染暴露及健康风险

一、暴露评价

（一）基本概念

暴露指一种及一种以上化学、生物或物理因子与人体在一定暴露时段、一定暴露界面上的接触。根据定义的不同，暴露界面可以是人体外部边界（皮肤、嘴及鼻孔），也就是所谓的外暴露；也可以是人体内部器官（如胃肠道与肺部），也就是所谓的内暴露。暴露时段可长可短，从几个小时、几年到人的一生。这些不同的定义导致了暴露定量过程中相关术语与单位的不一致。

我国生态环境部发布的《环境污染物人群暴露评估技术指南》中，定义暴露发生在人体外部可见的边界层。在这种定义下，可将人体假想成具有外部边界层的有机体，该边界层将身体内部与外部分开。该边界层包括皮肤或人身体上有开口的部位，如口、鼻、皮肤上的小孔及伤口。暴露于某种化学物质中指在身体的外部与该化学物质接触。

暴露评价是对这种接触定性及定量的评价，通过直接测量或估算表征特定人群对于某一因素的暴露浓度、频率和持续时间。暴露评价的各种形式要追溯到20世纪初期，最早被应用于流行病学、劳动卫生学及保健学等领域。由于越来越多的公众、学术机构、工业企业及政府部门开始关注化学污染问题，暴露评价自20世纪70年代起越来越受到重视，成为大气污染研究与环境健康风险评价中一个必不可少的部分。

（二）暴露评价流程

评价人群暴露有三个主要步骤。

（1）确认人体暴露途径及浓度：人们可以通过多种途径接触特定污染物形成暴露。以人体外部边界作为暴露界面，污染物可能经口摄入、呼吸道吸入及皮肤接触这三种暴露途径中的一种或多种进入人体内部。空气中挥发性较高的气态物质如甲醛和苯，主要通过呼吸道吸入进入人体；颗粒态污染物则可能通过呼吸道吸入与食物、灰尘摄入两种方式进入人体；对于一些半挥发性有机物（如较高挥发性的邻苯二甲酸酯），皮肤吸收也可能是一种有效的暴露途径。确定暴露途径后，可通过现场测量、模型模拟与文献查阅三种方式评估暴露浓度。

（2）获取暴露参数：暴露参数主要包括人体特征参数（性别、年龄、身高、体重、皮肤接触面积等）、时间—活动模式参数（暴露周期、暴露频率、不同暴露场所的停留时间等）、其他参数（摄入率、呼吸速率、皮肤渗透系数等）。在获取暴露参数时宜充分考虑暴露参数的差异性，获取尽可能符合实际情况的暴露参数。

（3）估算人体暴露量：暴露量是指人体经呼吸道、消化道和皮肤等途径接触环境污染物的量。可以运用直接和间接法来对人体暴露量进行估算。直接法通过直接测量所获得的实测数据对暴露量进行估算，通常有以下三种测量方法：第一，在发生的接触点（身体的外边界层）处测量，测量接触的暴露浓度和时间，然后对它们进行积分（点接触测量法）；第二，通过评价在不同环境下接触的暴露浓度和时间来估算，然后将上述信息合并（场景评价法）；第三，通过剂量来估算，剂量可以通过暴露发生以后的内标物（生物标记、体重、排泄物水平等）再现来得到（再现法）。间接法通过数学模型来预测人体暴露量。

二、环境健康风险评价

（一）基本概念

环境健康风险评价是对暴露在污染物中所引起人类不良反应的因素进行系统评价并对这些因素和反应进行定量的过程。人体健康风险的表达要依靠两个主要信息，即毒性和暴露。换句话说，人必须暴露于特定物质才会导致不良反应并产生风险。环境健康风险评价的目的就是评价以上重要信息，估算发生不良反应的可能性并确定最终可能受到影响的人群数量。

目前用于确认风险的方法可以上溯到职业健康、食品安全及放射性暴露这些研究领域。最初，毒理学家试图以暴露剂量低于某一特定值就没有不良反应发生这一假设为前提，对暴露在有毒物质中的暴露剂量的安全级别进行确认。随后，由于环境健康风险评价内容的不断增加，毒理学家引入了“无阈”假设，针对致癌物质进行评价。现在，环境健康风险评价包括有阈反应和无阈反应的评价。

（二）环境健康风险评价流程

环境健康风险评价通常通过 4 个步骤来实现（图 10-12）。

（1）危害识别：用于确认环境中的化学、物理及生物元素与人群发生不良反应之间的联系危害识别，是环境健康风险评价的第一步。危害识别是一个定性的过程，其目的在于确定人体暴露于某种污染物后所产生的健康结局。它包括两个关键部分：第一，确认具有潜在危险的污染物；第二，根据人体健康信息来权衡某一物质是否对人体具有明显的危害，这种危害是什么，是否需要进行下一步的评价。以上两部分需要将专业知识与科学判断相结合。污染物使人体产生不良反应的类别，以及暴露量或剂量的数值范围很宽。例如，单一污染物就可以引发多重反应。在危害认定过程中，我们要总结目前所掌握的信息并进行综合判断，以确认污染物引起人体各种不良反应的可能性。这些信息主要包括污染物进入人体后的行为方式信息和污染物所引起的人体不良反应信息。

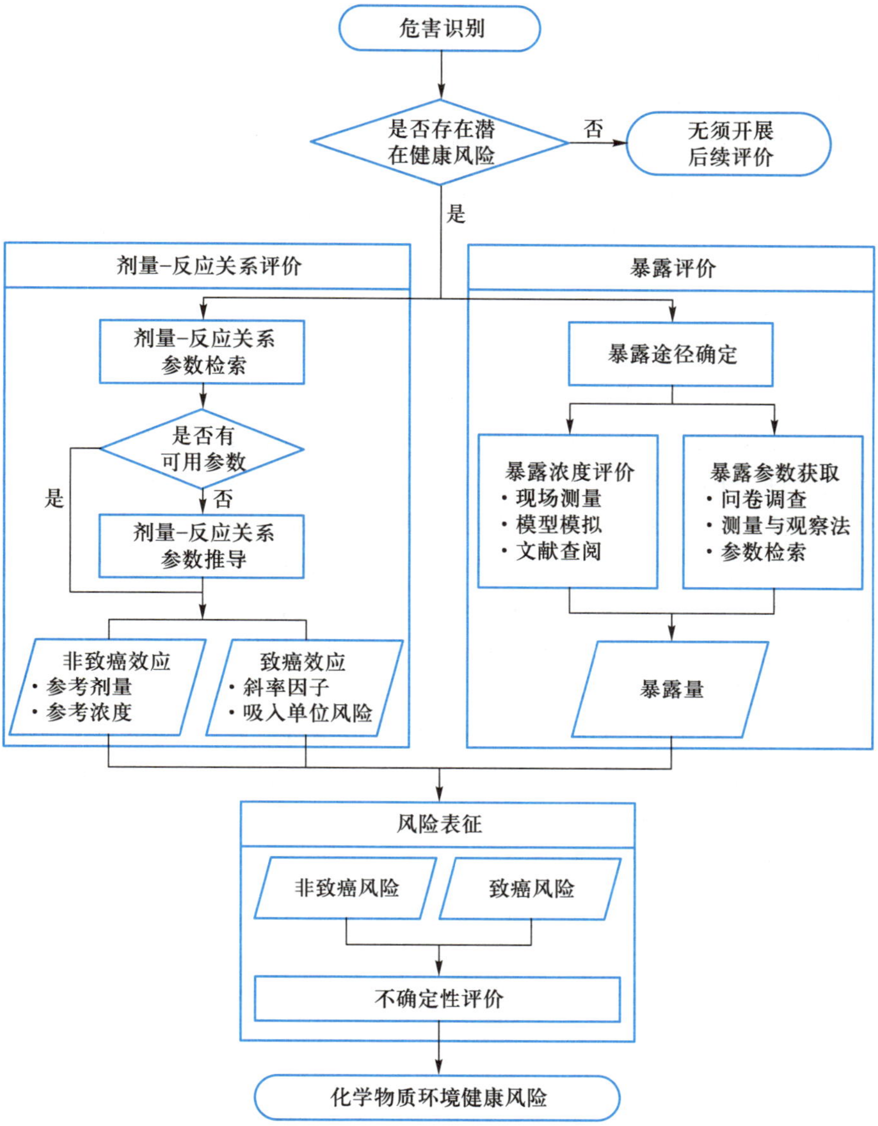

图 10–12　环境健康风险评价的 4 个步骤

（2）剂量 – 反应关系评价：用于获取污染物在特定暴露途径和健康效应下的剂量 – 反应关系参数，以提供将暴露信息转换为评估风险的数学基础。剂量 – 反应关系评价回答了关于物质可能造成人体不良反应方面的两个主要问题：第一，发生在最低剂量的不良反应是什么？在多大剂量下该反应可以被观测到？此时的这个反应被称为临界反应。第二，暴露和不良反应之间的定量关系是什么？这个问题经常用图来表示，横轴为暴露量（剂量），纵轴为个体（可以是人，也可以是动物）以显现出临界反应的比率。随着剂量的增加，更多的个体将显现出反应。随剂量增加的临界反应的比率就是剂量 – 反应的斜率。毒理学家常常用数学模型来模拟剂量 – 反应图，以预测还未进行实验的反应。

（3）暴露评价：已在上一节中展开介绍。当暴露评价作为环境健康风险评价的一部分时，要充分考虑暴露评价与危害识别、剂量 – 反应关系，以及环境健康风险评价之间的衔接性。

（4）风险表征：风险表征是环境健康风险评价的最后一步，主要内容为整合前三部分的信息，描述人体风险的性质和大小，并呈现出不确定性。在描述整个风险表征的过程中，有两个元素必须要考虑：第一，风险表征必须用定量和定性的评价来表达，也就是说，与定量风险评价一起呈现的总的风险表征必须清晰地确认各种假设及其产生的影响，包括在结论和估算过程中的所有假设，以及在对基本原理和假设进行合理选择后所产生的影响。第二，必须确认评价中的不确定性，这部分要讨论评价的可信程度。在评价中要确认所有主要的不确定性并针对它们对评价造成的影响进行评述。

三、室内污染暴露与健康风险

过去几十年针对空气污染物个体暴露的直接测量研究充分揭示了室内空气污染的重要性。其中最有影响力的一项工作是美国国家环境保护局在1978—1987年开展的全暴露评估方法研究（TEAM）。该研究对美国4座重工业或超大城市约750位居民进行了24 h的VOCs个体采样，旨在评估人群对有毒或致癌性化学品（苯等20种目标VOCs）的个体暴露。该研究发现，很多VOCs的个体暴露中位数浓度超过室外浓度数倍，机动车、石油化工这些传统认知中的主要VOCs排放源对VOCs人群暴露的贡献只有20%~25%，相对更重要的来源反而是在人身边的、小型的释放源，如建筑装修材料、日用化学品的使用、吸烟等个人行为等，而这些释放主要发生在室内。图10-13给出了TEAM研究得出的不同来源对苯的排放与人群暴露的贡献。可以看到，从苯的排放总量上看，机动车与工业的排放占到了99.9%，但从人群暴露上看，这两者的贡献只有23%，而吸烟与二手烟分别占到了40%与5%，开车与建筑装修材料等室内源的贡献达到12%与20%。大约同一时期，对颗粒物人群暴露的研究也得出了非常相似的结果。

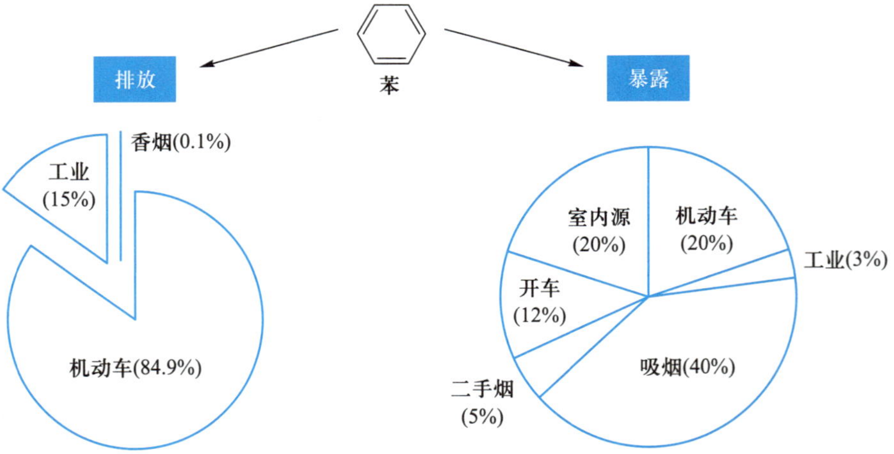

图10-13 不同来源对苯的排放与人群暴露的贡献

（资料来源：摘自Wallace，2001）

基于此，加利福尼亚大学伯克利分校Kirk Smith教授等提出了摄入因子的概念，即人群对某类污染源所释放的某种污染物的总摄入量与其总排放量的比值。摄入因子的概念有助于判断如何更加有效地进行污染源控制，以达到保护人体健康的目的。对于大气污染物，室外污染源的摄入因子为0.5 μg/g（即每排放1 g大气污染物有0.5 μg被人群摄入）到几百微克每克。对于相同的污染物，室内污染源的摄入因子一般要比室外污染源高出约三个数量级。因此，通过控制室内污染源来降低污染物的暴露往往可以达到事半功倍的效果。

相比于大气污染的环境健康风险评价，室内空气污染的环境健康风险评价研究还非常有限，其中一个关键制约因素是缺乏室内环境污染物浓度水平与实际人群健康效应之间的剂量－反应关系。由于室内空气污染状况的时空差异性很大，很难对人群的室内空气暴露进行准确表征或测量，室内空气污染的环境健康风险评价往往依赖职业暴露所得到的剂量－反应关系的外推，或者基于环境大气浓度所得到的剂量－反应关系。目前只对放射性气体氡的暴露，以及二手烟或者固体燃料等特定室内污染源暴露建立起了较为确凿的室内剂量－反应关系。

第五节　典型室内空气污染物及健康效应

依据健康效应机制，室内空气污染物可分为化学性、生物性与辐射性污染物三大类。化学性污染物种类繁多，可大致分为气态无机污染物、挥发性与半挥发性有机污染物、颗粒物三大类。而生物性污染物主要是病毒、细菌、真菌及具有生物活性的细小颗粒物，统称为生物气溶胶。室内空气中的辐射性污染物主要是放射性气体氡。

一、气态无机污染物

室内常见的气态无机污染物主要包括一氧化碳（CO）、二氧化碳（CO_2）、二氧化氮（NO_2）、二氧化硫（SO_2）、氨气（NH_3）与臭氧（O_3）。表10-2中列出了常见室内气态无机污染物的主要室内源、汇机制及室内外浓度比值（I/O）。其中，CO、NO_2及SO_2的主要室内源都与燃烧过程有关，但生成机制不尽相同：CO主要来源于碳质燃料的不完全燃烧，NO和NO_2来源于高温燃烧条件下空气中N_2的氧化，而SO_2则来源于含硫碳质燃料（煤炭与煤油）的燃烧。碳质燃料燃烧过程同样产生CO_2，但室内CO_2更重要的来源是人的呼出气。NH_3可能来源于建筑排放与人的排放。这几种无机气体中，NO_2、SO_2与O_3均可通过室内表面反应而被去除，因此在没有显著室内源的情况下，I/O值往往远小于1。

表10-2　常见室内气态无机污染物的主要室内源、汇机制及I/O值

	主要室内源	室内汇机制（除通风外）	常见室内I/O值（24 h或更长时间）
CO	碳质燃料不完全燃烧（如做饭、供暖、吸烟、燃香）	无	约1（除室内CO急性中毒等极端情况外）
CO_2	人的呼吸（单人CO_2呼出速率为18~39 g/h）	无	无人：约1；有人：1.5~8
NO_2	高温燃烧（如煤气灶和煤气炉烹饪、吸烟等）	表面反应，生成HONO和HNO_3等，沉降速率随湿度增大而增大	0.6~2
SO_2	室内含硫碳质燃料（煤炭与煤油）的燃烧	表面反应，室内表面上的沉降速率随湿度增加而增加	约0.4

续表

	主要室内源	室内汇机制（除通风外）	常见室内 I/O 值（24 h 或更长时间）
NH_3	建筑排放，包括室内下水管道系统、混凝土、木板和装饰材料等①；人的排放，包括人体排放和活动排放②	与酸发生中和反应	>1
O_3	紫外灯照射（某些空气净化器和消毒杀菌设备）与电晕放电（打印机、复印机、静电除尘器）	表面反应	0.25（0.11~0.37）

注：① 其中，高碱混凝土膨胀剂和含尿素与氨水的混凝土防冻剂的使用是我国北方地区一些老旧建筑中重要的 NH_3 排放源。

② 人体释放的 NH_3 来自呼吸、皮肤、肠胃胀气、尿液和粪便。微生物可以将尿液和粪便中的尿素转化为 NH_3。人们的一些行为，如吸烟、烹饪、使用清洁产品、养宠物、换尿布、未冲净厕所等，也会导致 NH_3 的排放。

CO 对人体健康的主要急性效应是造成缺氧。CO 唯一的外暴露途径是呼吸，CO 可以通过肺泡膜扩散进入血液，并与血红蛋白（Hb）结合生成碳氧血红蛋白（COHb）。CO 与血红蛋白结合的速度与 O_2 接近，但 CO 与血红蛋白结合的键强度是 O_2 的 245 倍。因此，CO 与血红蛋白可以较为容易地结合但却很难分离，当人较长时间处于 CO 浓度超标的环境中时，血液中血红蛋白浓度会下降，血液对 O_2 的运输能力也随之下降，造成人体动脉低氧血症。相较于急性 CO 中毒，长期、低剂量 CO 暴露有着更加广泛的健康影响。大样本的流行病学研究显示，较低浓度下 CO 的长期暴露与低出生体重、先天性缺陷、婴儿与成人的死亡、心血管疾病、中风等不利健康影响有关。目前，CO 长期暴露影响心血管系统的证据较为充足。值得注意的是，CO 长期、低剂量暴露的健康效应很难通过缺氧来解释，可能与某些细胞机制有关。

CO_2 急性中毒症状的浓度阈值约为 3%，远高于室内环境浓度，因此一般不认为 CO_2 是室内空气污染物，CO_2 浓度主要被作为衡量人居环境通风状况的指标使用。然而，有证据显示室内 CO_2 暴露可能影响人的认知能力。一项人体暴露控制实验发现，相较于暴露于 600×10^{-6} 的 CO_2 浓度，受试者暴露于 $1\ 000\times10^{-6}$ 的 CO_2 浓度后多项决策能力显著降低，而暴露于 $2\ 500\times10^{-6}$ 的 CO_2 浓度后相应能力降低幅度更大（比例为 0.06~0.56），原因可能是血液中 CO_2 分压的小幅增加对自主神经系统产生了影响。

NO_x 对人皮肤、眼睛黏膜和呼吸道具有很强的刺激性，主要症状包括咽喉痛、咳嗽、头晕等。NO 也可与血红蛋白结合，在高浓度时造成缺氧、中枢神经麻痹。NO_x 中 NO_2 对健康的危害更大，其毒性是 NO 的 4~5 倍。NO_2 对人体的健康影响主要是增加呼吸道炎症的易感性，引发呼吸系统疾病。临床对照实验结果表明，哮喘患者短时间暴露于 500 $\mu g/m^3$ 左右的 NO_2 环境中会引起肺功能变化，并增加呼吸道对各种刺激的反应性。

SO_2 是一种具有酸性的黏膜刺激物。SO_2 与眼睛接触时，会造成红肿和疼痛。当 SO_2 通过呼吸道时，能被内膜的水分吸收，转化为亚硫酸、硫酸，刺激作用更强。研究显示，24 h 平

均 SO_2 浓度与哮喘住院率、哮喘急症率及呼吸系统疾病死亡率具有相关性。

人对 NH_3 的嗅觉阈值为 0.5~1 mg/m^3。高浓度的 NH_3 暴露会刺激眼睛和皮肤。吸入高浓度 NH_3 会刺激和腐蚀呼吸道，严重时引起肺水肿或呼吸窘迫综合征，也会导致心血管系统、神经系统和免疫系统的不良健康后果。NH_3 的长期暴露会造成鼻咽部疾病和慢性呼吸道疾病的患病率升高、女性生殖功能减弱等危害。

O_3 微溶于水，易进入呼吸道深部，引发呼吸道炎症，造成呼吸道阻力增加和反应性增高，引发喘息、咳嗽，加重哮喘症状，增加对哮喘诱因的敏感性。此外，O_3 还可以通过血液进入循环系统，危害心血管系统，阻碍血液的输氧功能，造成组织缺氧。O_3 暴露的敏感人群包括哮喘患者、心血管疾病患者与老年人等。大规模人群研究显示，较高的日均 O_3 浓度与住院人数增加、人口死亡率增加具有较强的相关性。

二、挥发性与半挥发性有机污染物

室内空气中挥发性与半挥发性有机污染物种类繁多，很多有机污染物的浓度比室外高数倍甚至数十倍，可能引起不利的健康效应。然而，目前我们对大多数有机污染物的人群健康效应缺乏科学认识。以下将介绍室内空气中常见且有明确健康效应的四类有机污染物。

（一）甲醛

甲醛（HCHO）是分子结构最简单的醛类物质，是室内外空气中普遍存在的无色气体。甲醛的室内来源主要有建筑材料、家具、黏合剂、涂料、合成织物等，其中甲醛树脂混合物如酚醛树脂、三聚氰胺甲醛树脂、脲醛树脂，是常用的黏合剂。脲醛树脂由尿素和甲醛聚合而成（如下式所示），常用作室内装饰的胶合板、刨花板和纤维板等人造板材的黏合剂，是室内甲醛的主要来源之一。含有脲醛树脂的板材的甲醛释放由两部分构成：原生甲醛，即合成树脂时加入的过量、未反应的甲醛单体；次生甲醛，由脲醛树脂水解产生。此外，室内化学过程、人的代谢、人的活动等过程也会释放一定量的甲醛。

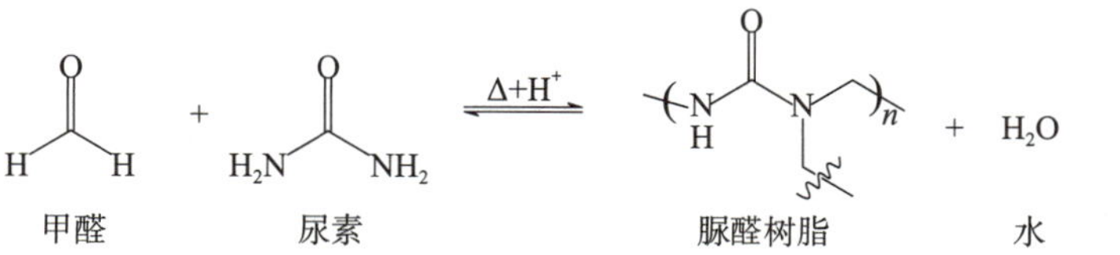

（10–21）

由于各类室内源的贡献，室内的甲醛浓度显著高于室外。清洁大气中甲醛浓度一般为 0.1~1 μg/m^3，污染大气中甲醛浓度可达几至十几微克每立方米。而室内环境中甲醛浓度一般为几十微克每立方米，在污染严重的室内环境则可以达到几百微克每立方米。由于甲醛树脂混合物中原生甲醛挥发较快，新装修室内环境中甲醛浓度较高，随时间推移浓度逐渐降低。一项研究显示，我国城市住宅的甲醛中位数浓度在装修 1 个月后为 200 μg/m^3，6 个月后降到 110 μg/m^3，24 个月后则降到 80 μg/m^3（见图 10–14）。

甲醛可能的健康危害主要包括：急性刺激症状、哮喘等呼吸系统疾病和癌症。其中，甲醛的致癌性最引人关注。国际癌症研究机构在 1995 年把甲醛归为 2a 类动物致癌物，以及极有可能的人类致癌物，在 2006 年和 2012 年又分别归为 1 类人类致癌物（鼻咽癌）和 1 类人类致癌物（鼻咽癌 + 白血病）。

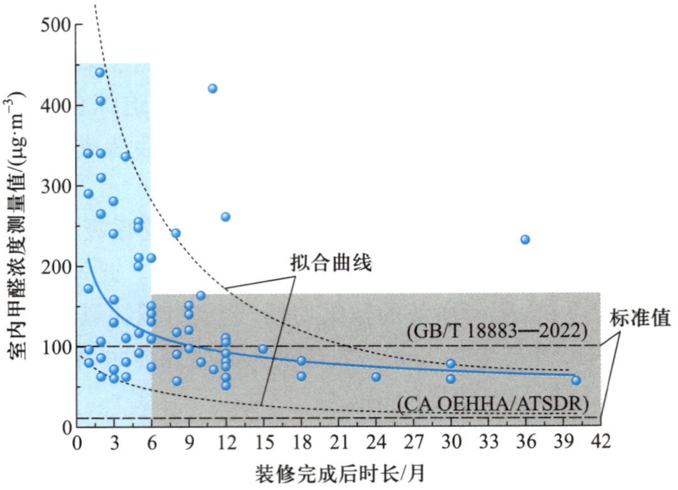

图 10-14 我国典型城市住宅中室内甲醛浓度随装修时间的变化

（资料来源：摘自 Ye 等，2017）

其中每个点代表文献中报道的一项研究

甲醛致癌的最早证据是 20 世纪 70 年代 James A. Swenberg 等人开展的为期两年的大鼠甲醛暴露实验。研究发现，暴露于 15×10^{-6} 和 6×10^{-6}（体积分数）的甲醛环境中一年后，大鼠的死亡率明显高于控制组和 2×10^{-6}（体积分数）甲醛环境暴露组，主要死因为鼻腔癌。进一步研究显示，甲醛的致癌机制主要是形成 DNA 加合物，导致基因突变。由于体内存在一定量的内源性甲醛，甲醛致癌的剂量 - 反应关系呈现非线性。

鉴于动物实验中显著的甲醛致癌性，很多流行病学研究试图探究甲醛暴露是否会诱发人体癌症。其中，影响力最大的是美国国家癌症研究所（NCI）组织的一项队列研究，涵盖了在美国十个生产或使用甲醛的工厂工作过的超过 25 000 名工人。研究发现鼻咽癌的标准化死亡率（SMR，实际死亡率与考虑了年龄和性别的预期死亡率之比）在暴露组显著高于对照组。基于这一证据及其他研究结果的支持，国际癌症研究机构认为有足够的流行病学证据支持甲醛能够引发人的鼻咽癌，并于 2006 年将其列为 1 类人类致癌物。甲醛暴露引发白血病的主要证据同样来自 NCI 队列研究。对 2004 年以来 NCI 队列研究结果的追踪分析显示，暴露组髓细胞白血病的相对风险随跟踪时间增加呈现降低趋势。这些工人的高剂量甲醛暴露主要发生于 20 世纪 70 年代，观察到的相对风险的时序变化与白血病潜伏期短的特征具有一致性。基于这一证据，国际癌症研究机构于 2012 年给出了甲醛职业暴露导致白血病的结论。

值得注意的是，对于甲醛暴露是否能增加人群鼻咽癌和白血病的患病风险，现在仍然存在很大的争议。在美国，鼻咽癌是一种比较罕见的癌症，每年的发病率小于每 10 万人 1 例。截至 1994 年，NCI 队列研究中仅有 10 例鼻咽癌致死的案例。有研究者发现其中 6 个案例发生在美国康涅狄格州的一个工厂，整个队列的剂量 - 反应关系由该工厂的结果主导。后续研究发现该工厂的高鼻咽癌发病率可能与当地其他职业暴露有关。该工厂位于“世界银城”梅里登附近，5 名鼻咽癌死者曾做过银器制造相关的工作，而银器制造使用的酸雾是已知的引发鼻咽癌的风险因素。此外，近年的研究结果大多不支持甲醛暴露与鼻咽癌有相关性。

髓细胞白血病分为急性与慢性两类。慢性髓细胞白血病与特定基因变异有关，已知的风险因子只有高剂量电离辐射（如原子弹爆炸、核反应事故）。急性髓细胞白血病的风险因子包括吸烟、苯暴露、化疗、放疗等。如果甲醛暴露能够诱发髓细胞白血病，那么更可能为急性。对 NCI 队列研究数据的再分析显示，急性髓细胞白血病的 SMR 在暴露组与对照组相当，而对照组慢性髓细胞白血病去世的人数比例远低于正常人群。另外，甲醛引发髓细胞白血病的假设从生物学机制上也缺乏可信性。已有动物实验显示，由于甲醛的高水溶性，外源性甲醛的 DNA 加合物只在鼻黏膜中检出，在身体其他器官没有检出。外源性甲醛如何抵达靶器官髓细胞值得怀疑。

综上所述，甲醛职业暴露是否会导致鼻咽癌和白血病还需进一步确认。在正常的室内环境中，甲醛的暴露浓度更低，甲醛暴露致癌的不确定性也更大。甲醛致癌性的科学争议从一个侧面显示，室内污染的人群健康效应研究，特别是致癌性这样的慢性效应研究，十分重要但也极具难度。

甲醛引发急性刺激症状与影响呼吸系统的证据相对充分而自洽。甲醛室内暴露的急性症状是对眼和上呼吸道的感觉刺激。人体实验表明，甲醛暴露引发眼睛三叉神经刺激（如眨眼频率增加）的阈值为 0.63 mg/m^3，引发主观感觉刺激的阈值为 0.38 mg/m^3。一般来说，甲醛的嗅觉阈值高于触发眼部和呼吸道感觉刺激的阈值，因此人们可能在低于甲醛嗅觉阈值的情况下出现症状。流行病学研究显示，甲醛暴露与儿童哮喘具有显著的相关性，甲醛浓度增加 10 $\mu g/m^3$ 的儿童哮喘患病率的优势比为 1.03~1.17。从机制上讲，甲醛主要起到了免疫佐剂的作用，能够加强哮喘患者对过敏源的应答。目前，世界卫生组织（WHO）及其他地区性组织对于室内甲醛暴露浓度限值的规定主要是基于甲醛暴露引发的急性刺激。

（二）苯与苯系物

苯（C_6H_6）及其同系物甲苯（C_7H_8）、二甲苯（C_8H_{10}）、乙苯（C_8H_{10}）等是室内环境中常见且危害较大的有机物。苯的室内源主要包括香烟烟雾、燃料燃烧和建筑装修材料。冬季燃煤供暖是我国北方地区室内苯浓度偏高的一个重要原因，在印度等使用生物质燃烧取暖的国家室内苯浓度也非常高。除了燃烧活动之外，苯常用作建筑施工中的有机溶剂，例如，各种油漆的添加剂和稀释剂、防水材料添加剂、空气消毒剂、杀虫剂溶剂等。苯还广泛存在于家具材料和聚合物材料中，如乙烯基 /PVC/ 橡胶地板、尼龙 / 乳胶衬底地毯、地板黏合剂、油漆、油漆去除剂，这些源是新建筑或新装修室内环境中苯浓度高的主要原因。随着时间推移，室内建筑装修材和家具的苯排放速率会逐渐衰减，在几个月甚至一年内逐步稳定。

由于室内外空气的交换，室外苯的浓度水平也会对室内苯浓度产生影响。一般来说，室外空气中苯的浓度决定了室内苯浓度的基线水平，室内苯的浓度通常高于室外浓度。在没有强源的情况下，室内苯浓度一般在几至十几微克每立方米（24 h 均值）。在吸烟、焚香、使用无通风采暖或使用煤油炉烹饪的室内环境中，苯的峰值浓度则可达到上百微克每立方米。综合中国 2007—2012 年住宅室内苯浓度调查数据（多为国标方法测量），苯的室内浓度范围为几微克每立方米到高于 100 mg/m^3，极高值主要出现在一些新装修的住宅中。开展石油产品加工、化工生产、制鞋、油漆、印刷和橡胶制造等工业活动的车间中苯暴露浓度可高达几至上百毫克每立方米。

苯的暴露途径以吸入暴露为主。对于不吸烟的成年人，经由饮食途径暴露的苯只占每日总摄入量的一小部分。苯可由肺泡进入血液系统，到达身体各个脏器。由于具有亲脂性，苯主要富集在脂肪含量高的部位（如脂肪和骨髓）。苯在人体肝脏与骨髓中生成一些酚类、醌类等具有很强基因毒性的代谢产物。苯暴露的毒性主要由这些代谢产物决定。

苯暴露可以引起急性和慢性中毒。急性效应包括嗜睡、头晕、心率加快、头痛、颤抖、意识模糊和失去知觉。急性效应的浓度阈值为上千毫克每立方米,在室内环境中极少出现这样的情况。更值得重视的是苯暴露的慢性效应。目前可以证实的慢性效应主要包括引发恶血质与白血病(特别是急性髓细胞白血病)。WHO 认为苯的暴露不存在安全阈值,空气中 1 $\mu g/m^3$ 苯浓度对应的白血病风险为 6×10^{-6}。

(三)塑化剂

塑化剂是高分子材料生产过程中为了提高其可塑性、柔韧性而添加的助剂。塑化剂主要用于柔软的聚氯乙烯(PVC)产品,这些产品包括地板、墙纸等建筑材料,以及家具、电器、电线、玩具和鞋等。目前我国是全球塑化剂生产和使用量最大的国家。

邻苯二甲酸酯类化合物是使用最早且最为广泛的塑化剂,近年来越来越多的证据指向其可能导致不利的健康效应,并被一些国家和地区限制使用。2020 年全球邻苯二甲酸酯类塑化剂的使用率已经从几年前的 60%~65% 下降至 55%,预计在未来几年还将继续下降。与此同时,新型塑化剂逐渐兴起,主要有对苯二甲酸类、脂肪族二元酸酯类、环氧类、柠檬酸酯类化合物。由于新型塑化剂的环境行为和毒理学研究还刚刚起步,本节重点介绍邻苯二甲酸酯类塑化剂。

邻苯二甲酸酯类塑化剂主要是邻苯二甲酸与 C4 以上的醇形成的双酯,包括邻苯二甲酸二丁酯(DBP)、邻苯二甲酸二异丁酯(DIBP)、邻苯二甲酸丁苄酯(BBP)、邻苯二甲酸二戊酯(DnPP)、邻苯二甲酸二(2-乙基己基)酯(DEHP)、邻苯二甲酸二辛酯(DnOP)、邻苯二甲酸二异壬酯(DINP)、邻苯二甲酸二异癸酯(DIDP)等,其中常见的几种邻苯二甲酸酯的结构式如图 10-15 所示。常温下邻苯二甲酸酯以无色油状液体形式存在,有特殊气味。随碳数增加,其沸点升高、饱和蒸气压降低、亲脂性增强。在塑料制品中,邻苯二甲酸酯以氢键和范德华力形式穿插在聚合物分子间,减小聚合物分子间作用力,增强其柔韧性和可塑性。由于邻苯二甲酸酯未与聚合物基体形成共价键,在使用过程中很容易迁移到周围环境中,其迁移过程可大体分为直接接触和二次分配两类,直接接触指由于分子扩散作用,这类化合物从释放源迁移到与其接触的物质(包括空气、源表面的灰尘);二次分配指由于这些化合物属于半挥发性物质,在直接迁移后还会再向其他介质(如室内其他表面上的有机膜、灰尘)分配。考虑邻苯二甲酸酯在多种室内环境介质中的分布,其进入人体的方式包含经皮肤吸收(气相)、经呼吸道吸入(气相与颗粒相)与经口摄入(食物、灰尘)。

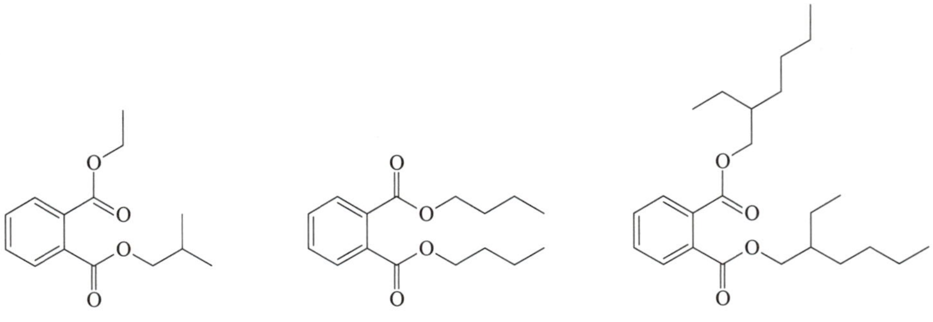

图 10-15 常见的几种邻苯二甲酸酯的结构式

室内邻苯二甲酸酯的暴露表征需要综合考虑其在气相、颗粒相及灰尘中的浓度。研究者通常测定其中一种或两种相态中的浓度，再根据平衡状态下的稳态模型来估算其他相态的浓度水平。室内环境中经常检测到的邻苯二甲酸酯有 DIBP、DBP、DEHP、BBP 等，这些物种在灰尘中的浓度水平从“未检出”到 10^3 μg/g 数量级，空气中的浓度变化更大，总浓度水平（气相 + 颗粒相）可以从“未检出”到 10^5 ng/m^3 数量级。气相与颗粒相的分配则与其挥发性有关，挥发性越低，对应的颗粒相占比越高。总体上，室内邻苯二甲酸酯浓度显著高于室外。室内邻苯二甲酸酯的污染特征主要受释放源类型和强度影响，同一地区的不同住户室内邻苯二甲酸酯种类和浓度会有较大差异。当释放源固定时，污染特征还会受室内环境条件的影响，例如，室内温度升高往往会引起空气中邻苯二甲酸酯浓度的增加，同时还会促进其从凝聚相向气相的分配。

邻苯二甲酸酯是 WHO 认定的一类环境内分泌干扰物，具有抗雄性激素作用。在以大鼠为研究对象的毒理学实验中，有大量可信的数据表明这类内分泌干扰物的暴露可引起睾丸发育不良综合征。大鼠孕期暴露于这类物质后，其雄性后代生殖系统发育受到影响，具体体现在肛殖距缩短、附睾发育不全、尿道下裂等。这一现象在人群研究中也得到了一定程度的证实，例如，有研究发现母亲孕期邻苯二甲酸酯暴露水平与男婴生殖系统发育水平呈负相关。另外，有比较可靠的流行病学研究显示，邻苯二甲酸酯的暴露与人体免疫功能紊乱及相关疾病（如过敏、哮喘等）的发生有关，目前尚不明确具体的作用机制，但从初步的动物实验看，邻苯二甲酸酯本身并不是直接引发过敏反应的过敏原，而是通过增强动物对特定过敏原的过敏反应起到“环境佐剂”的作用。

美国国家环境保护局于 2012 年将 8 种塑化剂 DBP、DIBP、BBP、DnPP、DEHP、DnOP、DINP、DIDP 划入管控清单；于 2019 年启动的《有毒物质控制法案》现有物质优先级筛选工作将 5 种邻苯二甲酸酯纳入了 20 种高优先级候选化学品中。尽管流行病学研究表明邻苯二甲酸酯的室内暴露与多种不利健康效应有关联，但目前还没有相关室内空气浓度限值的规定，更多是在食品包装、婴儿用品等日用品上做出限定。例如，美国消费品安全委员会（CPSC）2008 年规定儿童玩具及护理用品中 DBP、BBP、DEHP、DnOP、DINP、DIDP 含量不得超过 0.1%。原中国质量监督检验检疫总局规定（GB 6675.1—2014）所有玩具产品包括可放入口中的产品中 DBP、BBP、DEHP 三种塑化剂的总含量小于 0.1%，其中可放入口的产品中 DnOP、DINP、DIDP 三种塑化剂的总含量不超过 0.1%。原中国卫生部 2011 年规定食品、食品添加剂中的 DEHP、DINP 和 DBP 最大残留量分别为 1.5 mg/kg、9.0 mg/kg 和 0.3 mg/kg。

（四）阻燃剂

阻燃剂是提高高分子材料难燃性与自熄性的功能性助剂，广泛应用于电子设备、房屋隔热材料、家具、泡沫材料、纺织品等。阻燃剂分为无机和有机两类，无机阻燃剂包括氢氧化铝与氧化锑，有机阻燃剂主要包括溴代阻燃剂和磷代阻燃剂。溴代阻燃剂，特别是多溴二苯醚（PBDEs），因其良好的阻燃效果和低廉的价格，目前应用最为广泛。随着研究的深入，PBDEs 被证实在环境中具有持久性和生物积蓄性，各国逐渐限制 PBDEs 的生产和使用。在这种背景下，有机磷阻燃剂（OPFRs）作为 PBDEs 的主要替代产品，使用量呈现逐年增加的趋势。OPFRs 近年来也在很多环境介质中被检出，但对其毒性作用的研究还处于起步阶段。另外，尽管部分 PBDEs 产品被列入控制名单，但由于过去的大量生产和使用，其污染在短期内不会消失，本节将重点介绍 PBDEs。

PBDEs 是一类苯环上的氢原子被溴原子取代的联苯醚化合物，其分子结构如图 10-16 所示，根据溴原子的取代数量和取代位置，可分为十种同系组（一溴代物至十溴代物），共有 209 种化合物。这些化合物都属于半挥发性有机物，在气相和凝聚相都有分配，类似邻苯二甲酸酯，PBDEs 进入各类环境介质的方式也可以分为直接接触和二次分配，进入人体的方式也包含了经皮肤吸收、经呼吸道吸入和经口摄取。

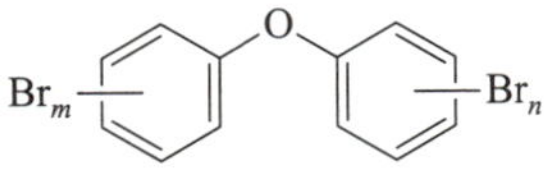

图 10-16 PBDEs 的分子结构示意图（$m+n=1\sim10$）

PBDEs 存在的相态及浓度水平决定了人体暴露方式和暴露强度。室内环境中最常检测到的有五溴二苯醚、八溴二苯醚和十溴二苯醚，这三类物质的挥发性随着溴原子数的增加而减小，在颗粒相的分配也随之增大，其在灰尘中的浓度水平从“未检出”到 10^2 μg/g 数量级，空气中的总浓度水平从“未检出”到 10^2 ng/m^3 数量级。目前比较确定的是，室外大气中的 PBDEs 主要来源于室内传输，郊区大气中的浓度一般显著低于市区；对于有释放源的房间，室内浓度可以是室外浓度的几十甚至上百倍。

PBDEs 是 WHO 认定的一类环境内分泌干扰物。对野生动物的研究表明，PBDEs 暴露与生殖系统发育障碍和低精子质量有关。针对人群的流行病学研究发现，孕期 PBDEs 暴露与男婴患隐睾症具有弱相关性，PBDEs 暴露与甲状腺功能紊乱具有相关性。

目前尚未有法规限定室内空气中 PBDEs 的浓度，但 PBDEs 中的很多成分被列入《关于持久性有机污染物的斯德哥尔摩公约》持久性有机污染物名单中，截至 2021 年，名单中包括四溴二苯醚、五溴二苯醚、六溴二苯醚、七溴二苯醚、八溴二苯醚和十溴二苯醚。原中国质量监督检验检疫总局规定（GB/T 10004-2008）食品和非食品包装所用塑料与塑料复合膜、袋都不得检出 PBDEs。原中国环境保护部规定自 2014 年起禁止生产、流通、使用和进出口四溴二苯醚、五溴二苯醚、六溴二苯醚和七溴二苯醚。

三、颗粒物

室内颗粒物的来源包括室外传输和室内源。颗粒物的室内源均与人的活动有关，主要包括燃烧过程（燃料燃烧、吸烟、焚香等）、烹饪过程，以及走路、除尘、扫地等活动引起的再扬尘，表现出间歇性强和变化幅度大的特征。燃烧与烹饪过程是室内细颗粒物（包括超细颗粒物）的主要来源，而再扬尘主要产生粗粒子模态颗粒物。室内环境也存在颗粒物的二次来源，如在使用含有大量萜烯的地板清洁剂或芳香用品时，萜烯与臭氧的反应可形成二次有机气溶胶，但二次生成贡献可能远不如室外大气显著。

一般而言，使用固体燃料的农村住宅内颗粒物浓度远高于城市住宅，吸烟住宅远高于无烟住宅。不同粒径的颗粒物浓度 I/O 值不同，且昼夜差别明显（图 10-17）。在夜间，由于没有人的活动，室内颗粒物主要来源于室外，由于传输过程的损失及室内表面沉降，颗粒物的 I/O 值总体小于 1，且粗粒子模态与核模态颗粒物的 I/O 值又低于积聚模态颗粒物；在白天，人的活动造成颗粒物的室内源增强，可使粗粒子模态与核模态颗粒物的 I/O 值超过 1。

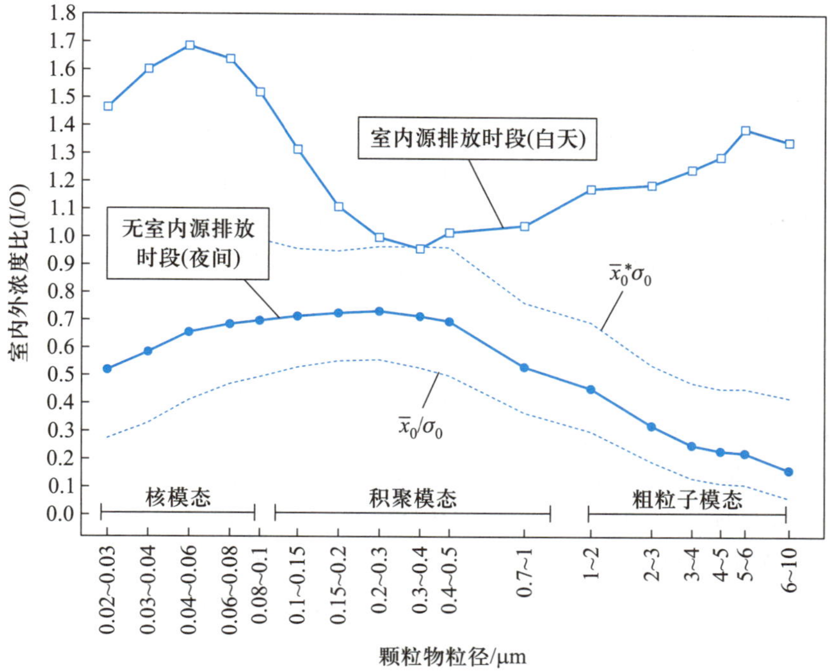

图 10-17　波士顿地区 9 所无烟住宅中不同粒径颗粒物浓度 I/O 值的几何中位数

（资料来源：摘自 Long 等，2001）

其中实心代表夜间、无室内源排放时段，空心代表白天、有室内源排放时段

室内空气中颗粒物的化学组成主要取决于颗粒物来源，半挥发性有机物的气粒分配会在一定程度上影响颗粒物的组成。由于室内环境半挥发性有机物来源丰富，空气中半挥发性有机物组分含量一般比室外更高，室内环境中颗粒物有机组分含量也显著高于室外。

颗粒物暴露可对人体的呼吸系统、心血管系统、神经系统等产生多种不利的健康效应，然而大部分流行病学证据都是基于室外大气颗粒物的研究。对于室内颗粒物暴露的流行病学证据，目前主要集中于固体燃料燃烧与二手烟两类特殊源。据 WHO 统计，2021 年全世界仍有 26 亿人在使用简单的燃烧装置以煤炭和生物质燃料等固体燃料取暖做饭，室内固体燃料燃烧可使细颗粒物超过可接受限度数百倍，在室内时间更长的妇女儿童暴露尤为严重。固体燃料燃烧造成的室内空气污染导致每年 380 万人过早死亡，其中 27% 归因于肺炎，18% 归因于中风，27% 归因于缺血性心脏病，20% 归因于慢性阻塞性肺疾病，8% 归因于肺癌。二手烟引起的健康危害也不容小觑。目前已有充分证据证实，成人的二手烟暴露可导致鼻腔刺激、中风、心血管疾病与肺癌等不良健康效应。孕妇与儿童对二手烟的暴露尤为敏感。孕妇的二手烟暴露可引发婴儿猝死综合征，而儿童的二手烟暴露会导致呼吸道感染、肺功能下降、中耳炎和婴儿猝死综合征等疾病。据 WHO 统计，仅 2017 年二手烟导致的死亡人数就为 122 万。尽管 2007—2017 年全球吸烟率下降了 15%，但是吸烟率仍达 19.2%。在我国，2018 年成年人吸烟率为 26.6%，非吸烟者的二手烟暴露率高达 68%，其中家庭和室内工作场所二手烟的暴露率分别为 45% 和 51%，是导致健康危害的重要因素。

四、生物气溶胶

生物气溶胶指悬浮在空气中的含有微生物（细菌、真菌、病毒）或生物性物质（内毒素、代谢物、毒素和其他微生物碎片）的微小颗粒。

室内生物气溶胶的主要来源有：① 通过通风从室外进入；② 室内的人及其活动；③ 霉变的物品；④ 室内的其他生物（如尘螨、宠物、盆栽、灰尘中的微生物等）。其中，人类活动是室内生物气溶胶最重要的来源，说话、打喷嚏、咳嗽、清扫地面和冲厕等活动会产生大量的生物气溶胶。此外，食物、室内植物、灰尘、宠物等，偶尔也会向空气中释放各种真菌孢子。

室内生物气溶胶的浓度水平受到建筑装修材料的水分含量、室内温度、室内湿度、室外浓度、通风速率，以及人和宠物数量的影响。除此之外，居住条件、居住者的活动与生活方式对生物气溶胶的浓度也有很大影响。大多数细菌和真菌需要特定的环境条件才能生长和繁殖，通常温暖的气候条件下室内生物气溶胶的浓度更高；在潮湿的环境中，细菌和真菌更容易滋生，如配备中央空调的大型楼宇建筑内冷却塔水中易滋生军团菌。

生物气溶胶可导致多种传染性疾病的传播。表 10–3 列出与生物气溶胶传播相关的传染性疾病，包括感冒、流行性感冒（流感）、肺炎等呼吸系统疾病和水痘、胃肠炎、麻疹等非呼吸系统疾病。近年来相继爆发的重大公共卫生事件，如 2003 年传染性非典型肺炎疫情、2009 年甲型 H1N1 流感病毒疫情，特别是 2020 年以来的新型冠状病毒感染疫情，使得呼吸系统传染性疾病的传播受到高度关注。

表 10–3　与生物气溶胶传播相关的传染性疾病

疾病	病原微生物	类型
水痘	带状水痘疱疹病毒	病毒
感冒（常规）	鼻病毒	病毒
胃肠炎	诺如病毒	病毒
流行性感冒	甲型流感病毒	病毒
军团病	嗜肺军团菌	细菌
麻疹	麻疹病毒	病毒
肺炎	肺炎链球菌	细菌
肺病	非结核分枝杆菌	细菌
传染性非典型肺炎	非典型肺炎冠状病毒	病毒
天花	重型天花或类天花病毒	病毒
葡萄球菌感染	金黄色葡萄球菌	细菌
肺结核	结核分枝杆菌	细菌
百日咳	百日咳博德特氏菌	细菌
新型冠状病毒感染	新型冠状病毒	病毒

资料来源：改自 Nazaroff，2016。

室内气溶胶传播可能是导致呼吸系统传染性疾病大规模爆发的一个重要原因。感染者咳嗽、打喷嚏、说话、唱歌或深呼吸时，会从口或鼻中释放出微小的携带有致病菌的液态颗粒。这些液态颗粒从较大的“飞沫”到较小的“气溶胶”不等，它们的物理尺寸很大程度上决定了它们能在空气中停留多久、传播多远、是否可被吸入，以及吸入后能进入呼吸道多深的位置。较大的“飞沫”在空气中很快发生沉降，可能接触近距离的人的眼、鼻或口，进而使其感染。较小的“气溶胶”则可以进入呼吸道更深处引发感染。根据传播距离的不同，气溶胶传播又可分为短距离传播（≤ 1 m）和长距离传播（>1 m）。相较于室外环境，室内环境通风量小、人口密度大，有利于气溶胶传播的发生。新型冠状病毒聚集性感染事件大都发生于室内（如日本钻石公主号游轮事件），而室外感染事件鲜有报道，甚至国外一些人群密集的户外抗议活动也没有出现感染人数增加，在一定程度上间接证明了室内气溶胶传播的重要性。

此外，生物气溶胶的常见健康效应是引发过敏。室内环境中的尘螨、宠物（猫、狗、仓鼠等）、昆虫（蟑螂、飞蛾等）和霉菌（青霉菌、曲霉菌等）均可产生过敏原，引起过敏症状。其中，尘螨是一类微小的节肢动物，主要以人的皮屑为食，喜欢湿热、黑暗的环境，分布在床垫、床上用品和地毯等家居织物上。尘螨粪便中的消化酶会引起哮喘和过敏性鼻炎等过敏症状。空气中的尘螨过敏原主要分布在 10~20 μm 的颗粒物上。这些颗粒物在无扰动的室内空气中含量很低，只在有强烈扰动的情况下产生。对于猫、狗等有皮毛的宠物，过敏原主要是其皮肤分泌的特定蛋白质。这些过敏原部分分布在小于 5 μm 的颗粒物上，过敏者进入养宠物的室内环境后，半小时内即可出现过敏症状。

此外，尽管没有明确的证据，但有研究认为生物气溶胶还与癌症和病态建筑综合征的发生有关。室内真菌释放的毒素可能会引发癌症。生产肉类和禽类产品的工人肺癌发生风险增高约 30%，可能是由于高剂量的生物气溶胶暴露；在猪的养殖场中，高浓度内毒素的暴露可能导致肺癌发生风险增加。

五、放射性气体氡

氡（Rn）是一种天然产生的放射性气体。氡对人体不产生化学毒性，氡的毒性由其放射性决定。

放射性指不稳定的原子核自发地衰变并放出射线的现象。自然界中的天然放射性核素主要存在于三个天然放射系列中，分别以钍 -232（^{232}Th）、铀 -238（^{238}U）与铀 -235（^{235}U）为首。氡是这些天然衰变链上唯一的气态中间产物。在自然界中，氡有 3 种放射性同位素，即 ^{220}Rn、^{222}Rn 和 ^{219}Rn，分属于以上三个天然放射系。其中，^{222}Rn 半衰期最长，为 3.8 天。另外两种同位素的半衰期都非常短（<1 分钟），往往还没有到达人的呼吸带即基本衰变完毕，不会危及人体健康。因此，通常所说的氡是指 ^{222}Rn。

铀广泛存在于地壳中，一旦衰变成气态的氡，即可从岩石土壤向上扩散进入空气。室内的氡主要来源于建筑物下的土壤与岩石，通过地基裂缝、施工缝、墙壁空隙和孔洞、管道周围的空隙等渗入室内。由于建筑物的烟囱效应，再加上室内通风有限，氡在室内可累积到比室外更高的浓度。此外，建筑材料（包括混凝土、砖块、天然建筑石材、天然石膏等）、源自地下水的生活用水和饮用水也可能会释放氡，但这些一般不是室内氡的主要来源。

作为放射性污染物，空气中的氡及其子体的浓度由单位体积中的放射性来度量。相应的国际制单位为贝克勒尔每立方米（Bq/m^3），其中贝克勒尔（Bq）是放射性单位，1 Bq 代表每秒发生 1 次衰变。还有一种常见的单位是皮居里每升（pCi/L），转换关系为 1 pCi/L=37 Bq/m^3。环境大气中的氡浓度一般在 10 Bq/m^3 的数量级。而在不同的室内环境中，氡的浓度可以相差几个数量级，从 10 Bq/m^3 到 10^4 Bq/m^3 以上。全球范围内的室内氡浓度均值约为 40 Bq/m^3。1983—1990 年，由原国家环境保护局组织的对我国 15 省 21 城市的氡浓度调查显示，这些城市室外氡浓度均值为 3.3~40.8 Bq/m^3，而相应的室内浓度为 7.5~170.8 Bq/m^3。

氡暴露的主要健康效应是引发肺癌。据 WHO 估算，全球 3%~14% 的肺癌由氡暴露引起。在很多国家，氡的室内暴露是仅次于吸烟的重要肺癌诱因。从机制上讲，氡暴露引发肺癌的直接原因实际上是其子体的 α 衰变。尽管氡本身也是 α 粒子射体，但是由于氡呈气态，自身的半衰期较长且化学性质不活泼，吸入的大部分氡都会被呼出。与氡不同，氡的子体呈固态，生成后可形成分子簇或黏附在颗粒物上，这些颗粒态的子体可沉降在肺部的上皮组织上。因此，引起肺癌的辐射剂量主要来自氡的子体钋 −218（^{218}Po）和钋 −214（^{214}Po）的 α 衰变，而不是氡自身的 α 衰变。α 粒子（即氦原子核）的穿透力较弱，但电离能力很强，主要作用于肺部上皮细胞，能够使细胞中 DNA 双链断裂。细胞能够高效地修复 DNA 单链上的断裂，但很难修复双链断裂，因此相应的 DNA 损伤可能遗传给子代细胞，最终导致细胞分裂生长失控，形成癌变。

氡暴露的致癌效应具有确凿的流行病学证据支持。氡暴露引发肺癌的早期认识主要来自针对地下矿工（特别是铀矿工人）的流行病学研究。20 世纪 70 年代后，人们陆续在一些国家的个别住宅中检测到高浓度的氡，引发了公众对于室内氡暴露风险的关注。据 WHO 发布的《室内氡防护手册》（2009 年），以及国际原子能机构 2014 年发布的相关报告，对氡暴露的致癌风险形成的共识有：① 氡暴露的风险不存在阈值，低浓度氡暴露仍引起肺癌风险的小幅增加；② 长期氡暴露浓度平均每增加 100 Bq/m^3，肺癌的风险就会增加约 16%，剂量 − 反应关系基本上呈线性；③ 氡与吸烟可产生协同效应，显著增加肺癌的风险。

第六节　室内空气污染控制

室内空气质量与人群健康关系密切。研究室内空气质量的目的是找出室内空气污染的主要原因，评估其对人群健康的影响程度，构建室内空气污染防控的技术方法和举措。本节简要介绍室内污染源控制、室内通风技术和室内空气净化技术。

一、室内污染源控制

污染源控制是改善室内空气质量最简单、直接的途径，有时也是费用 − 效益最高的方法，在可能的情况下应优先考虑。室内空气污染物主要来源于以下几个方面：室外污染物、建筑及室内装饰材料、燃烧产物和人的活动。

室内空气污染物部分来源于室外，在选址的阶段就应当慎重规划，调研周围环境背景浓度、风向等气象条件，选择合适的门窗位置和空调新风口位置，必要时需考虑新风口增设污染物去除装置。

建筑本体污染主要包括两类：一类是建筑施工中加入的化学物质，另一类是地基和建筑材料中的氡。建筑材料中的化学品和氡可以通过建筑材料优选来控制，地基氡污染可以根据当地的氡背景含量来决定是否需要增加适当的防护工程。

室内装饰材料污染主要来源包括油漆、胶合板、刨花板、泡沫填料、内墙涂料、塑料贴面等。室内装饰材料是室内空气化学污染的重要来源，可以通过减少使用会产生污染物的材料，改用绿色建材来控制。

尽管在室内环境中，人的活动产生室内空气污染相对随机且难以避免，但是仍可以通过使用清洁能源、减少高排放活动（如室内吸烟、焚香）、减少空气清新剂等高排放日用化学品的使用等来控制。

二、室内通风技术

通风是降低室内源空气污染的有效方法。欧美国家针对建筑污染与人员污染通风需求，制定了不同应用场合的最小通风量。我国《室内空气质量标准》（见表 10-1）也对最小新风量做出了规定。如前所述，建筑通风的方式包括渗透、自然通风与机械通风，在同一建筑中往往多种方式并存。渗透为无组织空气交换，现代建筑为降低能耗，在设计上会尽量降低渗透通风量。自然通风是利用室外风力造成的风压或室内外温差产生的热压进行的气体交换，不消耗动力，因此运行费用较低，但是风量大小依赖于室内人员的开窗习惯，并随室外条件变化而变化。机械通风与自然通风相比，最大的优点是可控制性强，可以通过调整风口尺寸、风量大小和风向等因素来调节室内的气流分布，达到比较满意的通风效果。机械通风具体又可分为三种类型：一种是送风和排风都依靠机械，如大型楼宇的中央空调系统；一种是通过机械送风在室内形成正压，再经由设定的开口或建筑缝隙自然排风，如小型新风机；还有一种是机械排风与自然送风相结合，如卫生间换气扇及厨房抽油烟机。机械通风系统主要由管道、风扇组成，多数机械通风还有过滤装置。采用机械通风特别需要关注通风系统的设计与运维。研究发现，很多装有机械通风系统的建筑实际通风量远小于设计值或调试值。

三、室内空气净化技术

当难以根除室内污染源，或受室外天气状况、室外污染物水平、建筑结构的影响不便进行通风换气时，则需要采用空气净化技术。空气净化是利用物理、化学或物理化学过程将污染物去除的过程。

目前室内空气净化技术种类较多，按照它们对于污染物的处理方式可以划分为捕获型和破坏型两类：捕获型空气净化技术指通过过滤、拦截、吸附等方式将空气中的污染物聚集在净化器中，从而实现降低空气污染物浓度的目的，其中过滤主要针对颗粒态污染物，吸附主要针对气态污染物；破坏型空气净化技术指通过化学反应或者离子化的方式将空气中的污染物分子去除，或破坏空气中微生物的正常结构杀灭微生物，从而实现控制室内空气污染的目的。

（1）机械过滤

机械过滤又称为纤维过滤，即使用纤维材料过滤室内空气中的颗粒物。颗粒物主要通过三种方式被捕获：① 扩散，悬浮在空气中的粒子随机运动，增加了颗粒物与过滤器纤维的接触概率。在大气压下，小于 0.2 μm 的颗粒物通常会明显偏离它们的流线，并且当流速较慢时，颗粒物有充足的时间偏离流线，这使得扩散成为过滤分离的主要机制。② 直接拦截，有些较大粒径的颗粒物扩散效应不明显，它们可能与过滤器纤维直接接触而被捕获。对于粒径大于 0.5 μm 的颗粒物，直接拦截比较有效。③ 惯性碰撞，大的颗粒物难以跟随空气在弯曲的纤维组织中运动，由于惯性它们将偏离流线，被迫与纤维碰撞，从而被捕获。机械过滤是应用最为广泛的室内空气净化技术，室内空调系统会加装滤网，空气净化器往往也采用机械过滤的方法去除颗粒物。

（2）静电除尘

含尘空气经过高压电场后被电离为正离子和电子，带电粒子在电场力的作用下定向运动，并与颗粒物碰撞，使后者带电。随后，带电颗粒物也在电场力的作用下定向运动到电极，从而从气流中分离出来。相比于机械过滤，静电除尘成本和运行成本更高，并且需要主动去除积聚在板上的颗粒。静电除尘目前主要应用于燃煤电厂和各类工厂中，用于净化烟气。

（3）吸附

吸附可以分为物理吸附和化学吸附。从原理上来说，物理吸附是由分子间范德华力引起的，吸附质和吸附剂间不发生化学反应，吸附质和吸附剂间的吸附力不强，当气体中吸附质分压降低或温度升高时，被吸附的气体易从固体表面逸出，而气体本身性状并没有改变。化学吸附是由吸附剂和吸附质间的化学键力引起的，吸附需要一定的活化能，即升高温度可提高吸附效率等，吸附过程的分离效果取决于吸附平衡与吸附速率。

物理吸附用多孔性、比表面积大的材料如活性炭、硅胶、分子筛等作为吸附剂，去除空气中的污染物，其吸附速率快，适用于各种场合，但易吸附饱和，需再生使用，同时已吸附的污染物存在二次释放的风险。化学吸附则是以活性炭、硅胶、分子筛和氧化铝等作为载体，浸渍一些活性化学物质或与这些活性化学物质混合，经过适当的处理制备为复合净化材料，通过化学反应去除空气中的污染物，其优点是能同时对多种空气污染物起到催化氧化、中和及吸附的作用，去除效果更加显著，但使用寿命有限，需要定期更换材料。

（4）光催化和化学催化

光催化空气净化技术主要通过紫外光照射某些半导体材料（如 TiO_2），使其激发产生带负电的电子及带正电的空穴。这些电子或空穴能够与吸附在材料表面的污染物产生氧化或还原反应，将有害的污染物分解成无害的 CO_2 和水蒸气等气体。光催化反应的本质是光电转换中进行氧化还原反应，紫外光和催化剂是触发紫外光催化反应的必要条件，二者缺一不可。该方法几乎能分解所有室内挥发性有机物，包括芳香烃、烷烃、烯烃等。紫外光对微生物也有一定的杀灭作用。不过，光催化的净化效率往往不高，还可能产生一些不完全氧化产物。

化学催化利用 Pt、MnO_x 等活性组分具有高效催化氧化甲醛的特性，在室温无光条件下去除室内空气中的低浓度甲醛。室温化学催化设备简单，不需加热和光照，反应产物对人体无害。但是，催化剂表面会有不完全氧化中间体的吸附，引起催化剂失活，需要定期更换催化剂。

（5）其他净化方法

室内空气污染的净化方法还包括臭氧净化、等离子净化、负离子净化、紫外杀菌、植物净化等。这些净化技术虽已部分商品化，但其安全性与有效性还存在较大争议。

臭氧净化：通过紫外灯或者电晕放电的方式来产生臭氧，基于臭氧的强氧化性和灭菌性能，达到杀灭微生物、去除有机污染物的目的，但臭氧本身也是污染物。现有证据表明，在不超过环境空气标准的浓度下，臭氧去除室内空气污染物的能力极为有限。由于臭氧的健康风险，美国国家环境保护局不建议将臭氧用于室内空气净化。

等离子净化：常压下通过空气放电产生低温等离子体，包含电子、粒子、活性氧物种和激发态分子等具有极高活性的化学物种，与污染气体分子反应而将其去除。然而，放电过程中容易产生 NO_x 与臭氧等具有健康危害的副产物。由于这些副产物的健康风险，美国国家环境保护局不建议将等离子体用于室内空气净化。

负离子净化：利用负离子发生技术使处于电中性的气体分子得到电子形成负离子，负离子易吸附于颗粒物，有助于颗粒物凝结、沉降，达到空气净化效果。但负离子净化并不能清除室内空气污染物或将其排至室外，同时高浓度的负离子也可能对人体产生不良影响。

紫外杀菌：利用短波长的紫外光破坏微生物体内核酸，进而破坏微生物的繁殖能力，达到杀灭微生物的目的。紫外杀菌也存在产生臭氧等副产物的问题。

植物净化：利用特定植物吸收和代谢甲醛及其他气态有机污染物。研究认为，植物净化甲醛实质上是植物在甲醛的胁迫下开启的自身保护机制，通过降解、转化或同化方式，将甲醛代谢为无毒无害的物质。植物吸收污染物的能力总体较为有限，高浓度暴露可能导致植物死亡，因此利用植物净化室内空气污染的效果可能不明显。

思考题

1. 与室外大气环境相比，室内环境具有哪些特点？

2. 在你所居住的室内环境中，室内空气通过哪几种方式与室外发生交换？

3. 请简述室内环境的高比表面积如何影响室内空气中微量组分浓度。

4. 人如何影响室内空气质量？请列举至少三种不同的影响机制。

5. 在一个 50 m^3 的四人间寝室中，假设四名同学都在晚上 10 点钟回寝室，早上 8 点钟离开，请估算在寝室完全密闭与寝室换气次数为 0.5 次 /h 两种情况下，早上寝室内 CO_2 浓度可达到多高。假设 CO_2 室外浓度约为 400×10^{-6}（体积分数），休息时成人的人均 CO_2 排放速率约为 0.22 L/min。

6. 观测发现，挥发性与半挥发性有机污染物在室内空气中的浓度往往是室外的数倍甚至数十倍。请简述可能的原因。

7. 室内环境中最重要的氧化剂是什么？为什么？

8. 请列举出室内环境中普遍存在的三类表面反应。

9. 甲醛可以引发癌症吗？请分析现有科学证据是否充分。

10. 控制室内空气污染的策略有哪些？

主要参考文献

[1] Abbatt J P D, Wang C. The atmospheric chemistry of indoor environments [J]. Environmental Science: Processes & Impacts, 2020, 22(1): 25–48.

[2] Kleffmann J. Comment on “Wavelength-resolved photon fluxes of indoor light sources: implications for HO_x production.” [J]. Environmental Science and Technology, 2018, 52(20): 11964–11965.

[3] Li Y. Hypothesis: SARS-CoV-2 transmission is predominated by the short-range airborne route and exacerbated by poor ventilation [J]. Indoor Air, 2021, 31(4): 921–925.

[4] Long C M, Suh H H, Catalano P J, et al. Using time-and size-resolved particulate data to quantify

indoor penetration and deposition behavior [J]. Environmental Science and Technology, 2001, 35 (10): 2089–2099.

[5] Morrison G C, Nazaroff W W. Ozone interactions with carpet: secondary emissions of aldehydes [J]. Environmental Science and Technology, 2002, 36 (10): 2185–2192.

[6] Nazaroff W W. Indoor bioaerosol dynamics [J]. Indoor Air, 2016 (1), 26: 61–78.

[7] Nazaroff W W. Indoor particle dynamics [J]. Indoor Air, 2004, 14 (S7): 175–183.

[8] Nazaroff W W. Residential air-change rates: A critical review [J]. Indoor Air, 2021, 31: 282–313.

[9] Nazaroff W W, Weschler C J. Indoor ozone: concentrations and influencing factors [J]. Indoor Air, 2022, 32: e12942.

[10] Shen J L, Gao Z. Ozone removal on building material surface: a literature review [J]. Building and Environment, 2018, 134: 205–217.

[11] Spengler J D, Samet J M, McCarthy J F. Indoor air quality handbook [M]. New York: McGraw-Hill, 2001.

[12] Wallace L A. Human exposure to volatile organic pollutants: implications for indoor air studies [J]. Annual Review of Energy and the Environment, 2001, 26: 269–301.

[13] Weschler C J, Carslaw N. Indoor chemistry [J]. Environmental Science and Technology, 2018, 52 (5): 2419–2428.

[14] Wisthaler A, Weschler C J. Reactions of ozone with human skin lipids: sources of carbonyls, dicarbonyls, and hydroxycarbonyls in indoor air [J]. Proceedings of the National Academy of Sciences of the United States of America, 2010, 107 (15): 6568–6575.

[15] Ye W, Zhang X, Gao J, et al. Indoor air pollutants, ventilation rate determinants and potential control strategies in Chinese dwellings: a literature review [J]. Science of the Total Environment, 2017, 586: 696–729.

[16] Zeeb H, Shannoun F. WHO Handbook on indoor radon: a public health perspective [M]. Geneva: World Health Organization, 2009.

[17] 邓启红 . 中国室内环境与健康研究进展报告 (2013—2014) [R]. 北京: 中国建筑工业出版社, 2014.

[18] 李景广 . 中国室内环境与健康研究进展报告 (2015—2017) [R]. 北京: 中国建筑工业出版社, 2017.

[19] 张寅平 . 中国室内环境与健康研究进展报告 (2012) [R]. 北京: 中国建筑工业出版社, 2012.

[20] WHO Global air quality guidelines: particulate matter ($PM_{2.5}$ and PM_{10}), ozone, nitrogen dioxide, sulfur dioxide and carbon monoxide [S]. Geneva PP-Geneva: World Health Organization, 2021.

[21] WHO Guidelines for indoor air quality: selected pollutants [S]. Copenhagen PP-Copenhagen: World Health Organization, Regional Office for Europe, 2010.

附 录

附录一 电磁辐射典型波长、频率、波数和能量范围

名称		典型波长或波长范围 /nm	典型频率范围 /s^{-1}	典型波数范围 /cm^{-1}	典型能量范围 /（kJ·爱因斯坦 $^{-1}$）
无线电波		$10^8 \sim 10^{13}$	$3\times10^4 \sim 3\times10^9$	$10^{-6} \sim 0.1$	$10^{-3} \sim 10^{-8}$
微波		$10^7 \sim 10^8$	$3\times10^9 \sim 3\times10^{10}$	$0.1 \sim 1$	$10^{-2} \sim 10^{-3}$
远红外		$10^5 \sim 10^7$	$3\times10^{10} \sim 3\times10^{12}$	$1 \sim 100$	$10^{-2} \sim 1$
近红外		$10^3 \sim 10^5$	$3\times10^{12} \sim 3\times10^{14}$	$10^2 \sim 10^4$	$1 \sim 10^2$
可见光	红	700	4.3×10^{14}	1.4×10^4	1.7×10^2
	橙	620	4.8×10^{14}	1.6×10^4	1.9×10^2
	黄	580	5.2×10^{14}	1.7×10^4	2.1×10^2
	绿	530	5.7×10^{14}	1.9×10^4	2.3×10^2
	蓝	470	6.4×10^{14}	2.1×10^4	2.5×10^2
	紫	420	7.1×10^{14}	2.4×10^4	2.8×10^2
近紫外		$200 \sim 400$	$(7.5 \sim 15.0)\times10^{14}$	$(2.5 \sim 5)\times10^4$	$(3.0 \sim 6.0)\times10^2$
真空紫外		$50 \sim 200$	$(1.5 \sim 6.0)\times10^{14}$	$(5 \sim 20)\times10^4$	$(6.0 \sim 24)\times10^2$
X 射线		$0.1 \sim 50$	$(0.6 \sim 300)\times10^{14}$	$(0.2 \sim 100)\times10^8$	$10^3 \sim 10^6$
γ 射线		$\leqslant 0.1$	约 3×10^{18}	$\geqslant 10^8$	$>10^6$

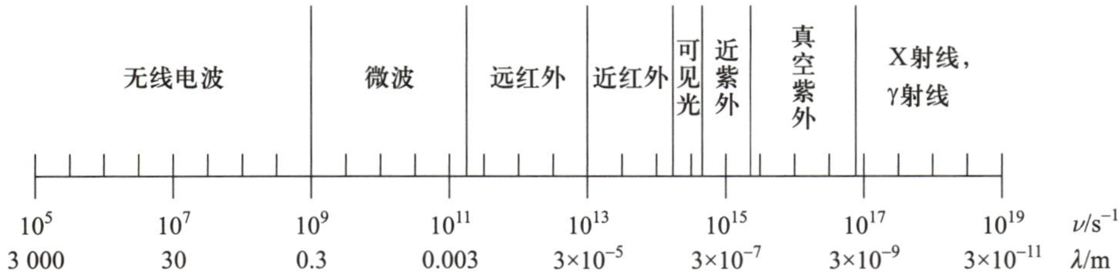

电磁波谱

附录二 各种微量气体以 mg/m^3 和 ppm（质量分数）表示的相互换算因子

气体	分子量	换算因子（f）	
		$ppm=f \cdot mg/m^3$	$mg/m^3=f' \cdot ppm$
氢（H_2）	2.02	12.10	0.083
氦（He）	4.00	6.11	0.16
甲烷（CH_4）	16.04	1.52	0.66
一氧化碳（CO）	28.01	0.87	1.15
臭氧（O_3）	48.00	0.51	1.96
氧化亚氮（N_2O）	44.01	0.56	1.79
二氧化氮（NO_2）	46.01	0.53	1.89
一氧化氮（NO）	30.01	0.82	1.22
氨（NH_3）	17.03	1.44	0.69
二氧化硫（SO_2）	64.06	0.38	2.63
硫化氢（H_2S）	34.08	0.72	1.39

附录三　世界卫生组织（WHO）2021 年推荐空气质量指导值（AQGs）和中期目标

污染物	取样时间	浓度单位	中期目标				AQGs
			1	2	3	4	
$PM_{2.5}$	年平均值	μg/m³	35	25	15	10	5
	24 h 平均值①		75	50	37.5	25	15
PM_{10}	年平均值	μg/m³	75	50	30	20	15
	24 h 平均值①		150	100	75	50	45
O_3	暖季峰值（6 个月）②	μg/m³	100	700	—	—	60
	日最大 8 h 平均值①		160	120	—	—	100
NO_2	年平均值	μg/m³	40	30	20	—	10
	24 h 平均值①		120	50	—	—	25
	1 h 平均值③						200
SO_2	24 h 平均值①	μg/m³	125	50	—	—	40
	10 分钟平均值③						500
CO	24 h 平均值①	mg/m³	7	—	—	—	4
	8 h 平均值③						10
	1 h 平均值③						35
	15 分钟平均值③						100

资料来源：引自 World Health Organization（2021），WHO global air quality guidelines. Particulate matter（$PM_{2.5}$ and PM_{10}），ozone，nitrogen dioxide，sulfur dioxide and carbon monoxide.

注：① 第 99 百分位（即每年超标 3~4 天）。

② 年最大 6 个月 MDA8 滑动平均值，其中 MDA8 为日最大 8 小时 O_3 浓度滑动平均值。

③ 未重新评估并且仍然有效的空气质量指南（短的取样时间）。

附录四 美国大气环境质量标准

污染物	取样时间	一级标准	二级标准	限定条件
一氧化碳（CO）	8 h 平均值	9×10^{-6}	无	每年不能超过一次
	1 h 平均值	35×10^{-6}	无	
铅（Pb）	3 个月滑动平均值	0.15 μg/m^3	同一级	不能超过
二氧化氮（NO_2）	1 h 平均值	100×10^{-9}	无	每日小时最大浓度的 98% 的 3 年平均值
	1 年平均值	53×10^{-9}	同一级	年平均值
臭氧（O_3）	8 h 平均值	0.070×10^{-6}	同一级	每年第四高的每日 8 小时最大浓度的 3 年平均值
颗粒物 $PM_{2.5}$	1 年平均值	12.0 μg/m^3	15.0 μg/m^3	年平均值的 3 年平均值
	24 h 平均值	35 μg/m^3	同一级	98% 的 3 年平均值
颗粒物 PM_{10}	24 h 平均值	150 μg/m^3	同一级	3 年平均值每年不能超过一次
二氧化硫（SO_2）	1 h 平均值	75×10^{-9}	无	每日小时最大浓度的 99% 的 3 年平均值
	3 h 平均值	无	0.5×10^{-6}	每年不能超过一次

资料来源：引自美国国家环境保护局，National Ambient Air Quality Standards（NAAQS），2015。

附录五　中国环境空气质量标准

污染物	取样时间	浓度限值		浓度单位
		一级	二级	
二氧化硫(SO_2)	年平均值[①]	20	60	μg/m³
	24 h 平均值[②]	50	150	
	1 h 平均值[③]	150	500	
二氧化氮(NO_2)	年平均值	40	40	
	24 h 平均值	80	80	
	1 h 平均值	200	200	
一氧化碳(CO)	24 h 平均值	4	4	mg/m³
	1 h 平均值	10	10	
臭氧(O_3)	日最大 8 h 平均值[④]	100	160	μg/m³
	1 h 平均值	160	200	
颗粒物(PM_{10})	年平均值	40	70	
	24 h 平均值	50	150	
颗粒物($PM_{2.5}$)	年平均值	15	35	
	24 h 平均值	35	75	
总悬浮颗粒物(TSP)	年平均值	80	200	
	24 h 平均值	120	300	
氮氧化物(NO_x)	年平均值	50	50	
	24 h 平均值	100	100	
	1 h 平均值	250	250	
铅(Pb)	年平均值	0.5	0.5	
	季平均值[⑤]	1	1	
苯并[*a*]芘(B*a*P)	年平均值	0.001	0.001	
	24 h 平均值	0.002 5	0.002 5	

资料来源：引自《环境空气质量标准》(GB 3095-2012)，涵盖 2018 年 9 月 1 日起实施的修改单。

注：① “年平均值”指一个日历年内各日平均浓度的算术平均值。

② “24 h 平均值”指一个自然日 24 h 平均浓度的算术平均值。

③ “1 h 平均值”指任何 1 h 污染物浓度的算数平均值。

④ “8 h 平均值”指连续 8 h 平均浓度的算术平均值，也称 8 小时滑动平均值。

⑤ “季平均值”指一个日历季内各日平均浓度的算术平均值。

附录六　·OH 与烷烃、烯烃和芳香烃的反应速率常数及其与温度的关系

有机物	$10^{12}\times k$(298 K)/(cm^3·分子$^{-1}$·s^{-1})	A/(cm^3·分子$^{-1}$·s^{-1})	n	B/K	温度范围/K
		烷烃			
甲烷	0.006 40	1.85×10^{-20}	2.82	987	195~1 234
甲烷-d_1	0.005 28	3.19×10^{-18}	2	1 322	249~422
甲烷-d_2	0.003 40	2.18×10^{-12}		1 926	270~354
甲烷-d_3	0.001 95	1.46×10^{-12}		1 972	270~354
甲烷-d_4	0.000 916	5.70×10^{-18}	2	1 882	244~800
乙烷	0.248	1.49×10^{-17}	2	499	180~1 225
丙烷	1.09	1.65×10^{-17}	2	87	190~1 220
正丁烷	2.36	1.81×10^{-17}	2	−114	231~753
2-甲基丙烷	2.12	1.17×10^{-17}	2	−213	213~1 146
正戊烷	3.80	2.52×10^{-17}	2	−158	224~753
2-甲基丁烷	3.6				
2,2-二甲基丙烷	0.825	1.86×10^{-17}	2	207	287~901
正己烷	5.20	2.54×10^{-14}	1	112	292~962
2-甲基戊烷	5.2				
3-甲基戊烷	5.2				
2,2-二甲基丁烷	2.23	3.37×10^{-11}		809	245~328
2,3-二甲基丁烷	5.78	1.66×10^{-17}	2	−407	247~1 220
正庚烷	6.76	1.95×10^{-17}	2	−406	299~1 086
2,4-二甲基戊烷	4.77				
2,2,3-三甲基丁烷	3.81	9.20×10^{-18}	2	−459	243~753
正辛烷	8.11	2.72×10^{-17}	2	−361	299~1 078
2,2,4-三甲基戊烷	3.34	2.35×10^{-17}	2	−140	297~1 186
2,3,4-三甲基戊烷	6.6				243~313
2,2,3,3-四甲基丁烷	0.972	1.99×10^{-17}	2	178	290~1 180
正壬烷	9.70	2.53×10^{-17}	2	−436	295~1 097
3,3-二乙基戊烷	4.8				
正癸烷	11.0	3.17×10^{-17}	2	−406	296~1 109

续表

有机物	$10^{12}\times k$(298 K)/(cm³·分子⁻¹·s⁻¹)	A/(cm³·分子⁻¹·s⁻¹)	n	B/K	温度范围/K
3,4-二乙基己烷	6.92				
正十一烷	12.3				
正十二烷	13.2				
正十三烷	15.1				
		烯烃			
乙烯	8.52	1.96×10^{-12}		−438	291~425
丙烯	26.3	4.85×10^{-12}		−504	293~467
1-丁烯	31.4	6.55×10^{-12}		−467	295~424
顺-2-丁烯	56.4	1.10×10^{-11}		−487	295~425
反-2-丁烯	64.0	1.01×10^{-11}		−550	295~425
2-甲基丙烯	51.4	9.47×10^{-12}		−504	295~425
1-戊烯	31.4				
顺-2-戊烯	65				
反-2-戊烯	67				
2-甲基-1-丁烯	61				
3-甲基-1-丁烯	31.8	5.32×10^{-12}		−533	295~423
2-甲基-2-丁烯	86.9	1.92×10^{-11}		−450	295~426
1-己烯	37				
2-甲基-1-戊烯	63				
2-甲基-2-戊烯	89				
反-4-甲基-2-戊烯	61				
3,3-二甲基-1-丁烯	28				
2,3-二甲基-2-丁烯	110				
1-庚烯	40				
反-2-庚烯	68				
2-甲基-1,3-丁二烯(异戊二烯)	100	2.7×10^{-11}		−390	249~422
3-甲基-1,2-丁二烯	57				
莰烯	53				
2-蒈烯	80				
3-蒈烯	88				

续表

有机物	$10^{12}\times k$(298 K)/(cm³·分子⁻¹·s⁻¹)	A/(cm³·分子⁻¹·s⁻¹)	n	B/K	温度范围/K
柠檬烯	164	4.28×10^{-11}		−401	294~363
α-水芹烯	313				
β-水芹烯	168				
α-蒎烯	52.3	1.21×10^{-11}		−436	294~364
β-蒎烯	74.3	1.55×10^{-11}		−467	294~364
桧萜	117				
α-萜品烯	363				
γ-萜品烯	177				
萜品油烯	225				
α-柏木烯	67				
β-石竹烯	197				
α-葎草烯	293				
长叶烯	47				
芳香烃					
苯	1.22	2.33×10^{-12}		193	239~342
甲苯	5.63	1.18×10^{-12}		−338	213~383
乙苯	7.0				
邻二甲苯	13.6				
间二甲苯	23.1	2.31×10^{-11}		0	250~315
对二甲苯	14.3	1.43×10^{-11}		0	296~335
正丙基苯	5.8				
异丙基苯	6.3				
邻乙基甲苯	11.9				
间乙基甲苯	18.6				
对乙基甲苯	11.8				
1,2,3-三甲基苯	32.7				
1,2,4-三甲基苯	32.5				
1,3,5-三甲基苯	56.7				
4-异丙基甲苯	14.5				
六甲基苯	113				
茚满	19				

续表

有机物	$10^{12}\times k$(298 K)/(cm^3·分子$^{-1}$·s^{-1})	A/(cm^3·分子$^{-1}$·s^{-1})	n	B/K	温度范围/K
茚	78				
1,2,3,4-四氢化萘	34				
苯乙烯	58				
α-甲基苯乙烯	51				
β-甲基苯乙烯	57				
β,β-二甲基苯乙烯	32				
萘	23.0	1.56×10^{-11}		−117	294~366
联苯	7.1				
		醛			
甲醛	9.37	1.2×10^{-14}	1	−287	228~1 205
乙醛	15	4.4×10^{-12}		−365	202~348
丙醛	20	5.1×10^{-12}		−405	240~372
丁醛	24	6.0×10^{-12}		−410	258~422
2-甲基丙醛	26	7.3×10^{-12}		−390	243~423
戊醛	28	9.9×10^{-11}		−310	243~410
2-甲基丁醛	33				
3-甲基丁醛	27				
2,2-二甲基丙醛	28	4.3×10^{-11}		−560	243~425
己醛	30				
2-甲基戊醛	33				
3-甲基戊醛	29				
4-甲基戊醛	26				
3,3-二甲基丁醛	21				
2-乙基丁醛	40				
庚醛	30				
苯甲醛	12				
邻甲基苯甲醛	18				
间甲基苯甲醛	17				
对甲基苯甲醛	13				
	二元或不饱和羰基化合物				
乙二醛	11				

续表

有机物	$10^{12}\times k$(298 K)/(cm³·分子⁻¹·s⁻¹)	A/(cm³·分子⁻¹·s⁻¹)	n	B/K	温度范围/K
丙酮醛	15				
甲基乙烯基酮	20	2.6×10^{-12}		–610	232~378
甲基丙烯醛	29	8.0×10^{-12}		–380	234~373
蒎酮醛	44				
莤酮醛	48				
3–异丙烯基–6–氧代–庚醛	110				
酮					
丙酮	0.17				202~395
2–丁酮	1.22	2.53×10^{-18}	2	–503	240~440
2–戊酮	4.4				
3–戊酮	2.0				
3–甲基–2–丁酮	2.9	1.58×10^{-12}		–193	253~372
2–己酮	9.1				
3–己酮	6.9				
3–甲基–2–戊酮	6.9				
4–甲基–2–戊酮	13	7.9×10^{-13}		–834	253~372
3,3–二甲基–2–丁酮	1.2				
2–庚酮	11				
5–甲基–2–己酮	10	1.33×10^{-12}		–649	263~372
2,4–二甲基–3–戊酮	5.0				
2–辛酮	11				
2–壬酮	12				
2,6–二甲基–4–庚酮	26				
2–癸酮	13				
环丁酮	0.87				
环戊酮	2.9				
环己酮	6.4				
莰尼酮	4.8				
诺蒎酮	15				
桧酮	4.9				

续表

有机物	$10^{12}\times k(298\ \mathrm{K})$/（$cm^3$·分子$^{-1}$·$s^{-1}$）	A/（cm^3·分子$^{-1}$·s^{-1}）	n	B/K	温度范围/K
2- 莰酮	4.3				
		醇			
甲醇	0.94	6.0×10^{-18}	2	−170	235~1 205
乙醇	3.2	6.1×10^{-18}	2	−530	227~599
1- 丙醇	5.8	4.6×10^{-12}		−70	263~372
2- 丙醇	5.1	4.03×10^{-18}	2	−792	253~587
1- 丁醇	8.5	5.3×10^{-12}		−140	263~372
2- 丁醇	8.7				
2- 甲基 -1- 丙醇	9.3				
2- 甲基 -2- 丙醇	1.06	4.07×10^{-18}	2	−321	240~440
1- 戊醇	11				
2- 戊醇	12				
3- 戊醇	13				
3- 甲基 -1- 丁醇	13				
3- 甲基 -2- 丁醇	12				
2,2- 二甲基 -1- 丙醇	5.5				293~764
1- 己醇	15				
2- 己醇	12				
1- 庚醇	14				
1- 辛醇	14				
环戊醇	11				
环己醇	19				
		过氧化氢类			
甲基过氧化氢	5.5	2.9×10^{-12}		−190	223~423
叔丁基过氧化氢	3.0				
		醚			
二甲醚	2.8	1.14×10^{-17}	2	−303	230~650
乙醚	13.1	8.91×10^{-18}	2	−837	230~442
甲基叔丁基醚	2.94	6.54×10^{-18}	2	−483	230~440
乙基叔丁基醚	8.7	6.70×10^{-18}	2	−800	234~372
甲基叔戊基醚	6.1	7.56×10^{-18}	2	−656	231~372

续表

有机物	$10^{12}\times k$(298 K)/(cm³·分子⁻¹·s⁻¹)	A/(cm³·分子⁻¹·s⁻¹)	n	B/K	温度范围/K
烷基硝酸酯					
甲基硝酸酯	0.023	4.0×10^{-13}		845	221~298
乙基硝酸酯	0.18	6.7×10^{-13}		395	233~298
1-丙基硝酸酯	0.58				
2-丙基硝酸酯	0.29	6.2×10^{-13}		230	233~300
1-丁基硝酸酯	1.6				
2-丁基硝酸酯	0.86				
2-甲基-1-丙基硝酸酯	1.5				
1-戊基硝酸酯	3.0				
2-戊基硝酸酯	1.7				
3-戊基硝酸酯	1.0				
2-甲基-1-丁基硝酸酯	2.3				
3-甲基-1-丁基硝酸酯	2.3				
3-甲基-2-丁基硝酸酯	1.7				
2,2-二甲基-1-丙基硝酸酯	0.79				
2-己基硝酸酯	3.0				
3-己基硝酸酯	2.5				
2-甲基-2-戊基硝酸酯	1.6				
3-甲基-2-戊基硝酸酯	2.8				
环己基硝酸酯	3.1				
3-庚基硝酸酯	3.4				
3-辛基硝酸酯	3.6				

资料来源：引自 Atkinson 和 Arey，2003。

注：$k=AT^{n}e^{-B/T}$，$B=Ea/R$。

附录七 O_3 与烃类化合物的反应速率常数及其与温度的关系

有机物	$10^{17}\times k(298\ K)$/ (cm^3·分子$^{-1}$·s^{-1})	A/ (cm^3·分子$^{-1}$·s^{-1})	B/K	温度范围/K
	烷烃			
所有的烷烃	$<1\times10^{-6}$			
	烯烃			
乙烯	0.159	9.14×10^{-15}	2 580	178~362
丙烯	0.01	5.51×10^{-15}	1 878	235~362
1-丁烯	0.964	3.36×10^{-15}	1 774	225~363
顺-2-丁烯	12.5	3.22×10^{-15}	968	225~364
反-2-丁烯	19.0	6.64×10^{-15}	1 059	225~364
2-甲基丙烯	1.13	2.70×10^{-15}	1 632	225~363
1-戊烯	1.06	2.13×10^{-15}	1 580	240~324
顺-2-戊烯	13	3.7×10^{-15}	1 002	278~353
反-2-丁烯	16	7.1×10^{-15}	1 132	278~353
2-甲基-1-丁烯	1.4	4.9×10^{-15}	1 741	278~353
3-甲基-1-丁烯	0.95(293 K)			
2-甲基-2-丁烯	40.3	6.51×10^{-15}	829	227~363
1-己烯	1.13	1.62×10^{-15}	1 480	240~324
顺-2-己烯	11	3.2×10^{-15}	1 017	278~353
反-2-己烯	15	7.6×10^{-15}	1 163	278~353
顺-3-己烯	14(295 K)			
顺-3-己烯	16(290 K)			
2-甲基-1-戊烯	1.6			
3-甲基-1-戊烯	0.38(286 K)			
4-甲基-1-戊烯	1.0			
顺-3-甲基-2-戊烯	45			
反-3-甲基-2-戊烯	56(299 K)			
2,3-二甲基-1-丁烯	1.00(285 K)			

续表

有机物	$10^{17}\times k$(298 K)/(cm³·分子⁻¹·s⁻¹)	A/(cm³·分子⁻¹·s⁻¹)	B/K	温度范围/K
3,3-二甲基-1-丁烯	0.39(285 K)			
2,3-二甲基-2-丁烯	113	3.03×10^{-15}	294	227~363
2-乙基-1-丁烯	1.3			
1-庚烯	1.2	4.2×10^{-15}	1 756	278~353
2,3,3-三甲基-1-丁烯	0.775(294 K)			
1-辛烯	1.4			
丙二烯	0.018 5	1.54×10^{-15}	2 690	226~325
1,3-丁二烯	0.63	1.34×10^{-14}	2 283	231~324
1,3-戊二烯	4.3	2.1×10^{-15}	1 158	240~324
1,4-戊二烯	1.45			
2-甲基-1,3-丁二烯(异戊二烯)	1.27	1.03×10^{-14}	1 995	242~353
环戊烯	57	1.8×10^{-15}	350	240~324
1-甲基-1-环戊烯	67			
环己烯	8.1	2.87×10^{-15}	1 063	240~324
1,3-环己二烯	120			
1,4-环己二烯	4.6			
环庚烯	25	1.3×10^{-15}	494	240~324
莰烯	0.090(296 K)			
2-蒈烯	23			
3-蒈烯	3.7			
柠檬烯	21	2.95×10^{-15}	783	296~363
α-水芹烯	300			
β-水芹烯	4.7			
α-蒎烯	8.4	5.0×10^{-16}	530	276~363
β-蒎烯	1.5	1.2×10^{-15}	1 300	296~363
桧萜	8.3			
α-萜品烯	2 100			
γ-萜品烯	14			

续表

有机物	$10^{17}\times k$(298 K)/(cm³·分子⁻¹·s⁻¹)	A/(cm³·分子⁻¹·s⁻¹)	B/K	温度范围/K
萜品油烯	190			
α-柏木烯	2.8			
β-石竹烯	1 160(296 K)			
α-葎草烯	1 170(296 K)			
长叶烯	<0.05(296 K)			
	芳香烃			
苯和烷基苯	$<1\times10^{-3}$			
茚	17			
苯乙烯	1.7			
萘	<0.02			
联苯	<0.02			
	饱和醛、酮、醇			
所有饱和醛、酮、醇	$<1\times10^{-3}$			
	不饱和羰基化合物			
甲基乙烯基酮	0.52	8.5×10^{-16}	1 520	240~324
甲基丙烯醛	0.12	1.4×10^{-15}	2 100	240~324
3-异丙烯基-6-氧代-庚醛	0.83			

资料来源：引自 Atkinson 和 Arey，2003。

注：$k=Ae^{-B/T}$，$B=Ea/R$。

附录八 NO_3· 与烃类化合物的反应速率常数及其与温度的关系

有机物	k(298 K)/(cm^3·分子$^{-1}$·s^{-1})	A/(cm^3·分子$^{-1}$·s^{-1})	n	B/K	温度范围/K
		烷烃			
甲烷	$<1\times10^{-18}$				
乙烷	$<1\times10^{-17}$				
丙烷	$<7\times10^{-17}$				
正丁烷	4.59×10^{-17}	2.76×10^{-12}		3 279	298~423
2- 甲基丙烷	1.06×10^{-16}	3.05×10^{-12}		3 060	296~423
正戊烷	8.7×10^{-17}				
2- 甲基丁烷	1.62×10^{-16}	2.99×10^{-12}		2 927	296~523
正己烷	1.1×10^{-16}				
2- 甲基戊烷	1.8×10^{-16}				
3- 甲基戊烷	2.2×10^{-16}				
2,3- 二甲基丁烷	4.4×10^{-16}				
正庚烷	1.5×10^{-16}				
2,4- 二甲基戊烷	1.5×10^{-16}				
2,2,3- 三甲基丁烷	2.4×10^{-16}				
正辛烷	1.9×10^{-16}				
2,2,4- 三甲基戊烷	9×10^{-17}				
2,2,3,3- 四甲基丁烷	$<5\times10^{-17}$				
正壬烷	2.3×10^{-16}				
正癸烷	2.8×10^{-16}				
环己烷	1.4×10^{-16}				
		烯烃			
乙烯	2.05×10^{-16}	4.88×10^{-18}	2	2 282	295~523
丙烯	9.49×10^{-15}	4.59×10^{-13}		1 156	296~423
1- 丁烯	1.35×10^{-14}	3.14×10^{-13}		938	232~437
顺 -2- 丁烯	3.52×10^{-13}				
反 -2- 丁烯	3.90×10^{-13}	1.22×10^{-18}	2	−382	204~378
2- 甲基丙烯	3.44×10^{-13}				

续表

有机物	k(298 K)/(cm³·分子⁻¹·s⁻¹)	A/(cm³·分子⁻¹·s⁻¹)	n	B/K	温度范围/K
1-戊烯	1.5×10^{-14}				
2-甲基-2-丁烯	9.37×10^{-12}				
1-己烯	1.8×10^{-14}				
2,3-二甲基-2-丁烯	5.72×10^{-11}				
2-乙基-1-丁烯	4.52×10^{-13}				
1-庚烯	2.0×10^{-14}				
1,3-丁二烯	1.0×10^{-13}				
2-甲基-1,3-丁二烯(异戊二烯)	7.0×10^{-13}	3.15×10^{-12}		450	251~381
2,3-二甲基-1,3-丁二烯	1.4×10^{-12}				
顺-1,3-戊二烯	1.4×10^{-12}				
反-1,3-戊二烯	1.6×10^{-12}				
反-2,反-4-己二烯	1.6×10^{-11}				
月桂烯	1.1×10^{-11}				
罗勒烯(顺和反)	2.2×10^{-11}				
环戊烯	4.2×10^{-13}				
环己烯	5.1×10^{-13}		约0		267~349
1,3-环己二烯	1.15×10^{-11}				
1,4-环己二烯	6.6×10^{-13}				
环庚烯	5.1×10^{-13}				
1,3-环庚二烯	6.5×10^{-12}				
1,3,5-环庚三烯	1.2×10^{-12}				
1-甲基-1-环己烯	1.0×10^{-11}		约0		265~371
亚甲基环丙烷	1.49×10^{-14}				
亚甲基环丁烷	4.21×10^{-13}				
亚甲基环戊烷	1.52×10^{-12}				
亚甲基环己烷	5.38×10^{-13}				
亚甲基环庚烷	1.01×10^{-12}				
3-亚甲基-环己烯	5.72×10^{-12}				
1,2-二甲基-1-环己烯	5.15×10^{-11}				

续表

有机物	k(298 K)/(cm^3·分子$^{-1}$·s^{-1})	A/(cm^3·分子$^{-1}$·s^{-1})	n	B/K	温度范围/K
2,3-二甲基-1-环己烯	1.54×10^{-11}				
二环[2,2,1]-2-庚烯	2.5×10^{-13}				
二环[2,2,1]-2,5-庚二烯	1.0×10^{-12}				
二环[2,2,2]-2-辛烯	1.45×10^{-13}				
莰烯	6.6×10^{-13}				
2-蒈烯	1.9×10^{-11}				
3-蒈烯	9.1×10^{-12}				
柠檬烯	1.22×10^{-11}				
α-水芹烯	7.3×10^{-11}				
β-水芹烯	8.0×10^{-12}				
α-蒎烯	6.16×10^{-12}	1.19×10^{-12}		−490	261~384
β-蒎烯	2.51×10^{-12}				
桧萜	1.0×10^{-11}				
α-萜品烯	1.4×10^{-10}				
γ-萜品烯	2.9×10^{-11}				
萜品油烯	9.7×10^{-11}				
α-柏木烯	8.2×10^{-12}				
β-石竹烯	1.9×10^{-11}				
α-葎草烯	3.9×10^{-11}				
长叶烯	6.8×10^{-13}				
		芳香烃			
苯	$<3\times10^{-17}$				
甲苯	7.0×10^{-17}				
乙苯	$<6\times10^{-16}$				
邻二甲苯	4.1×10^{-16}				
间二甲苯	2.6×10^{-16}				
对二甲苯	5.0×10^{-16}				
4-乙基甲苯	8.6×10^{-16}				
1,2,3-三甲基苯	1.9×10^{-15}				
1,2,4-三甲基苯	1.8×10^{-15}				

续表

有机物	k(298 K)/ (cm³·分子⁻¹·s⁻¹)	A/ (cm³·分子⁻¹·s⁻¹)	n	B/K	温度范围 / K
1,3,5- 三甲基苯	8.8×10^{-16}				
4- 异丙基甲苯	1.0×10^{-15}				
茚满	7.3×10^{-15}				
1,2,3,4- 四氢化萘	8.5×10^{-15}				
茚	4.1×10^{-12}				
苯乙烯	1.5×10^{-12}				
		醛			
甲醛	5.6×10^{-16}				
乙醛	2.7×10^{-15}	1.4×10^{-12}		1 860	264~374
丙醛	6.5×10^{-15}				
丁醛	1.1×10^{-14}	1.7×10^{-12}		1 500	267~322
2- 甲基丙醛	1.1×10^{-14}	3.6×10^{-12}		1 724	267~332
戊醛	1.5×10^{-14}				
2- 甲基丁醛	2.7×10^{-14}				
3- 甲基丁醛	1.9×10^{-14}				
2,2- 二甲基丙醛	2.4×10^{-14}				
己醛	1.6×10^{-14}				
2- 甲基戊醛	2.7×10^{-14}				
3- 甲基戊醛	2.4×10^{-14}				
4- 甲基戊醛	1.7×10^{-14}				
2- 乙基丁醛	4.5×10^{-14}				
3,3- 二甲基丁醛	1.8×10^{-14}				
庚醛	1.9×10^{-14}				
辛醛	1.7×10^{-14}				
壬醛	2.0×10^{-14}				
癸醛	2.2×10^{-14}				
苯甲醛	2.4×10^{-15}				
		二元和不饱和羰基化合物			
甲基乙烯基酮	$<6\times10^{-16}$				
甲基丙烯醛	3.4×10^{-15}				
蒎酮醛	2.0×10^{-14}				

续表

有机物	k(298 K)/(cm³·分子⁻¹·s⁻¹)	A/(cm³·分子⁻¹·s⁻¹)	n	B/K	温度范围/K
蒈酮醛	2.5×10^{-14}				
3-异丙烯基-6-氧代-庚醛	2.6×10^{-13}				
		酮			
丙酮	$<3 \times 10^{-17}$				
诺蒎酮	$<2 \times 10^{-15}$				
桧酮	$<6 \times 10^{-16}$				
2-莰酮	$<3 \times 10^{-16}$				
		醇			
甲醇	1.3×10^{-16}	9.4×10^{-13}		2 650	258~367
乙醇	$<2 \times 10^{-15}$				
2-丙醇	1.4×10^{-15}				
2-丁醇	2.1×10^{-15}				

资料来源：引自 Atkinson 和 Arey，2003。

注：$k=AT^n e^{-B/T}$，$B=Ea/R$。